Nr. 11
S. 3837–4216

1963
13. März

Chemisches Zentralblatt

Vollständiges Repertorium für alle Zweige der reinen und angewandten Chemie

1830 gegründet. 1897—1945 von der Deutschen Chemischen Gesellschaft fortgeführt. Im Auftrage der Deutschen Akademie der Wissenschaften zu Berlin, der Chemischen Gesellschaft in der DDR, der Akademie der Wissenschaften zu Göttingen und der Gesellschaft Deutscher Chemiker (in der BRD)

herausgegeben von Prof. Dr. Heinrich Bertsch und Prof. Dr. Dr. h. c. Wilhelm Klemm

134. Jahrgang

1963

Chefredakteure: Dr. Eugen Klever und Prof. Dr.-Ing. Eberhard Leibnitz

Akademie-Verlag GmbH., Berlin — Verlag Chemie, GmbH., Weinheim/Bergstr.

Inhalt

Sprachenbezeichnung in den Referaten des Chemischen Zentralblattes

(Abkürzungen laut DIN-Normblatt 1502, Beiblatt 1)

Albanisch	= alb.	Griechisch	= griech.	Rumänisch	= rum.
Bulgarisch	= bulg.	Irisch	= ir.	Russisch	= russ.
Chinesisch	= chin.	Italienisch	= ital.	Schwedisch	= schwed.
Dänisch	= dän.	Japanisch	= jap.	Serbokroatisch	= serbokroat.
Deutsch	= dt.	Lateinisch	= lat.	Slowakisch	= slowak.
Englisch	= engl.	Litauisch	= litau.	Slowenisch	= slowen.
Estnisch	= estn.	Niederländisch	= niederl.	Spanisch	= span.
Finnisch	= finn.	Norwegisch	= norw.	Tschechisch	= tschech.
Flämisch	= fläm.	Persisch	= pers.	Türkisch	= türk.
Französisch	= franz.	Polnisch	= pol.	Ukrainisch	= ukrain.
		Portugiesisch	= port.	Ungarisch	= ung.

Chemisches Zentralblatt

1963 Bibliographien Nr. 11

Neue Bücher

Geschichte. Unterricht

Albert Delaunay, Pasteur et la microbiologie. 2e édit. Paris: Presses universitaires de France. 1962. (128 S. m. Abb.) 2,50 NF.

Albert Einstein und **Leopold Infeld,** Die Evolution der Physik. Von Newton bis zur Quantentheorie. Reinbek b. Hamburg: Rowohlt-Taschenbuch-Verl. 1962. (210 S. m. Abb.) 8⁰ = Rowohlts deutsche Enzyklopädie. 12. Sachgebiet Physik. DM. 2,20.

Friedrich Klages, Lehrbuch der organischen Chemie. 3 Bde. Bd. 2: Theoretische und allgemeine organische Chemie. 3., völlig neubearb. Aufl. Berlin: de Gruyter. 1962. (XIX + 639 S. m. 145 Abb. u. 40 Tab.) 8⁰. DM 56,—.

Ján Wegiel a Ján Šojdr, Laboratórne cvičenie z organickej chémie. (Laboratoriumsexperimente der organischen Chemie). Praha: SVTL. 1962. (195 S. m. 46 Abb.) Kčs 6,10.

A_1. Kernphysik und Kernchemie

Hervé Bongrain, Bernard Perrier et **Jean-Paul Bailliard,** Recueil de problèmes de physique mucléaire. 1. Paris: Éditions de la Revue d'optique théorique et instrumentale. 1962. (VI + 121 S. m. Abb.) 4⁰. 15 NF.

A_2. Optisches Verhalten der Materie

A. Mangini, ed., Advances in molecular spectroscopy: proceedings of the IVth International Meeting on Molecular Spectroscopy. Oxford, London: Pergamon Press. 1962. 1: (XXXII + 483 S. m. Abb., Tab. u. Diagr.) 2: (XV + 477 S. m. Abb., Tab. u. Diagr.) 3: (XI + 433 S. m. Abb., Tab. u. Diagr.) Zus. 15 £.

A_7. Gleichgewichte. Kinetik

O. A. Jessin und **P. W. Geld,** Physikalische Chemie pyrometallurgischer Prozesse. 1. Teil. Reaktionen zwischen der gasförmigen und festen Phase. 2. verb. u. vervollst. Ausgabe. Swerdlowsk: Metallurgisdat, Swerdlowsker Abt. 1962. (671 S. m. Abb.) 2 Rbl. 34 Kop. [russ.]

A_9. Mineralogische und geologische Chemie

Cornelis Schouten, Determination tables for ore microscopy. New York: Amer. Elsevier. 1962. (242 S.) $ 10,—.

B. Allgemeine und theoretische organische Chemie

Theodore Albert Geissman, Principles of organic chemistry. 2nd edit. San Francisco: Freeman. 1962. (854 S. m. Abb.) $ 9.75.

Frederick William Gibbs, Organic chemistry today. Gloucester (Massachusetts): Peter Smith. 1962. (294 S. m. Abb.) $ 3.50.

—, Radiolyse der Kohlenwasserstoffe. Moskau: Verl. der Akad. der Wiss. der UdSSR. 1962. (208 S. m. Zeichng.) 97 Kop. [russ.]

C. Präparative organische Chemie. Naturstoffe

I. G. Drushinin, S. Bakassowa und **Ss. A. Arbajew,** Die Wechselwirkung der Saccharose mit Natrium-, Kalium-, Calcium- und Magnesiumchlorid. Frunse: Verl. der Akad. der Wiss. der KirgisSSR. 1962. (147 S. m. Zeichng.) 70 Kop. [russ.]

A. W. Toptschijew, Ss. W. Sawgorodni und **W. G. Krjutschkowa,** Die Alkylierungsreaktion organischer Verbindungen mit Olefinen. Moskau: Verl. der Akad. der Wiss. der UdSSR. 1962. (324 S. m. Abb.) 1 Rbl. 67 Kop. [russ.]

D. Makromolekulare Chemie

J. V. Bennett and **P. J. Fydelor,** A literature survey on radiation induced polymerisation in the solid state. London: H.M.S.O. 1962. (44 S. m. Tab. u. Diagr.) 8 s.

Hermann Staudinger und **Werner Kern,** Hrsg., Die makromolekulare Chemie. Bd. 55. Basel: Hüthig & Wepf. 1962. (244 S. m. Abb.) 8°. DM. 36,—.

E_1. Allgemeine Biologie und Biochemie

Lauren Vedder Ackerman, Cancer: diagnosis, treatment, and prognosis. 3rd edit. St. Louis: Mosby. 1962. (1296 S. m. Abb.) $ 29.50.

Geoffrey Malcolm Badger, The chemical basis of carcinogenic activity. Springfield.: Thomas. 1962. (72 S. m. Abb.) = Amer. lecture ser., no. 490. $ 5.—.

Randolph Lee Cark and **Russell W. Cumley,** eds., Year book of cancer. 1962. Chicago: Year Bk. Med. 1962. (527 S. m. Abb.) $ 8.50.

Joseph Francis Fazekas, Coma: biochemistry, physiology and therapeutic principles. Springfield (Illinois): Thomas. 1962. (114 S. m. Abb.) = Amer. lect. ser., pubn. no. 507. $ 5.75.

George Thomas Pack, Treatment of cancer and allied diseases; vol. 7. 2nd edit. New York: Hoeber dist. Harper & Row. 1962. (397 S. m. Abb.) $ 18.—.

—, The use of vital and health statistics for genetic and radiation studies. New York: United Nations. 1962. (XI + 259 S. m. Abb.) $ 7.50.

E_2. Enzymologie. Gärung

James Henry Wilkinson, An introduction to diagnostic enzymology. Baltimore: Williams & Wilkins. 1962. (288 S. m. Abb.) $ 9.—.

E_3. Mikrobiologie. Bakteriologie. Immunologie

Harry Howard Weiser, Practical food microbiology and technology. Westport (Connecticut): Avi. 1962. (345 S. m. Abb.) $ 11.—.

E_5. Tierchemie. Tierphysiologie. Tierpathologie

Kathleen E. Boorman, An introduction to blood group serology; theory, techniques, practical applications. 2nd edit. Boston: Little. 1962. (336 S. m. Abb.) $ 10.50.

Norman Jolliffe, ed., Clinical nutrition. 2nd edit. New York: Harper. 1962. (1012 S. m. Abb.) $ 23.50.

Roger John Williams, Nutrition in a nutshell. Garden City (New York): Doubleday. 1962. (171 S.) $ —.95.

E_6. Pharmakologie. Therapie. Toxikologie. Hygiene

P. K. Djatschenko und **W. M. Winogradow,** Die Lokalanasthäsie. Die Wahl der schmerzlosen Methode. Leningrad: Medgis. 1962. (408 S. m. Abb.) 1 Rbl. 59 Kop. [russ.]

William Butler Eldridge, Narcotics and the law. New York: Amer. Bar Found dist. New York Univ. Pr. 1962. (204 S.) $ 5.—.

Rolf Kaiser, Die hormonale Behandlung von Zyklusstörungen. 2., überarb. u. erw. Aufl. Stuttgart: Thieme. 1962. (V + 100 S. m. 41 Abb.) 8°. DM. 9,—.

A. V. A. De Reuck and Margaret P. Cameron, eds., Resistance of bacteria to the pencillins. London: Churchill. 1962. (VIII + 125 S. m. Taf., Tab. u. Diagr.) 15 s.

Hans Hermann Weber, Die Rolle des Adenosintriphosphats und die Kontraktions- und die Erschlaffungsphase der Bewegungen von Muskeln und Zellen. Leipzig: J. A. Barth. 1962. (24 S. m. 13 Abb. u. 2 Tab.) 4⁰ = Nova Acta Leopoldina. N.F. Bd. 25. Nr. 159. DM. 2,—.

G. Analyse. Laboratorium

M. Bozzi et A. Tombini, Appunti di chimica analitica quantitativa e problemi di esame. Milano: Ufficio dispense dell'interfacoltà. 1961. (70 S. m. Abb.).

R. E. Dodd, Chemical spectroscopy. New York: American Elsevier Publishing Company. 1962. $ 8.75.

Jura Tölgyessy, Jadrové žiarenie v chemickej analýze. (Kernreaktionen in der chemischen Analyse). Praha: SVTL; SNTL. 1962. (384 S. m. 128 Abb. u. 15 Tab.) Kcs 29,50.

H_{11}. a) Farben. Anstriche. Lacke. Naturharze

—, Fortschrittsbericht Lacke und Anstrichstoffe. Ein Compendium der Literatur des Lack- und Farbenfaches. Berichtszeitraum 1958. Garmisch-Partenkirchen: Fachliteratur-, Ermittlungs- und Berichtsdienst Moser. 1962. (115 Bl.) 4⁰. DM. 100,—.

H_{11}. b) Plaste (Kunstharze, Plastische Massen)

Edward Raymond Yescombe, Plastics. London: Library Association. 1962. (41 S.) = Special subject lists no. 38. 8 s.

Jean Vène, Les plastiques. Nouv. édit. Paris.: Presses Universitaires de France. 1962. (128 S.) = Coll. „Que sais-je?" no. 312. 2.50 NF.

William Samuel Penn, P.V.C. technology. London: Maclaren. 1962. (XIV + 385 S. m. 16 Taf., Tab. u. Diagr.) 50 s.

Allan L. Griff, Plastics extrusion technology. New York: Reinhold; London: Chapman & Hall. 1962. (IX + 278 S. m. Abb. u. Diagr.) 64 s.

Ausgewertete Bibliographie-Fachzeitschriften

Belgien	Bibliographie de Belgique — Belgische Bibliographie
ČSSR	Bibliography of Publications Dealing with the Polarography method [Praha]
	Bulletin — Die Neuesten Forschungsergebnisse der Tschechoslowakischen Wissenschaft
	Nové Knihy (Neue Bücher)
	Novinky (Neuheiten)
Dänemark	Danske Bogmarked
Deutschland	Börsenblatt für den Deutschen Buchhandel — Frankfurter Ausgabe
	Börsenblatt für den Deutschen Buchhandel — Leipziger Ausgabe
	Deutsche Bibliographie. Wöchentliches Verzeichnis. Ausgabe II. [Frankfurt/Main]
	Deutsche Nationalbibliographie. Reihe A: Neuerscheinungen des Buchhandels [Leipzig]
England	British National Bibliography
Frankreich	Bibliographie de la France
Griechenland	Greek Bibliography [Athen]
Italien	Bibliografia Nazionale Italiana
Niederlande	Nieuwsblad voor de Boekhandel
Österreich	Österreichische Bibliographie
Schweiz	Schweizer Buch. Serie A und Serie B
UdSSR	Bücherverzeichnis des Jahres (Книжная летопись)
	Neue Bücher (Новые книги)
USA	Publishers' Weekly

Namenregister

Patentregister

Nr. Seite

Belgische Patente (Belg.P.)

Canadische Patente (Can.P.)

Englische Patente (E.P.)

Französische Patente (F.P.)

Indische Patente (Ind.P.)

Japanische Auslegeschriften (Jap.A.S.)

Niederländische Patente (Niederl.P.)

Österreichische Patente (Oe.P.)

Portugiesische Patente (Port.P.)

Schweizer Patente (Schwz.P.)

Chemisches Zentralblatt

1963 Nr. 11 13. März

Geschichte. Unterricht

Heinrich Bertsch zum 65. Geburtstag. F. Püschel. (Z. Chem. **2,** 1—2, 1962; dt.) — Würdigung der Verdienste von Prof. H. Bertsch auf dem Gebiete der grenzflächenakt. Stoffe, bes. der wichtigsten synthet. waschakt. Stoffe aus Anlaß seines 65. Geburtstages am 11/1. 1962. E. Klever. 1□

John Eggert. Kurt Schwabe. (Forsch. u. Fortschr. **35,** 253—54, Aug. 1961; Dresden; dt.) — Zum 70. Geburtstag des deutschen Physikochemikers (geb. 1/8. 1890) u. langjährigen Leiters des wissenschaftlichen Labor. der Agfa Wolfen. A. Blaschette. 1□

Gilm Chairewitsch Kamai. A. D. Nikolajewa und W. Ss. Nikolajew. (Журнал Общей Химии [J. allg. Chem.] **31** **(93),** 2085—89, Juli 1961; russ.) — Glückwunschadresse zum 60. Geburtstag von Professor G. Ch. Kamai (geb. 23/2. 1901 in Tetjuschi) u. kurze Würdigung seiner Arbeiten auf dem Gebiete der P- u. As-organ. Verbindungen. Ch. Weiske. 1□

Karl Hermann Scheumann. R. Eigenfeld. (Tschermaks mineralog. petrogr. Mitt. [3] **8,** 3—12, 1962; Würzburg; dt.) — Glückwunschadresse zum 80. Geburtstag des emeritierten Direktors des Mineralog.-Petrolog. Instituts der Universität Bonn (geb. 25/2. 1881 in Metz); zahlreiche Arbeiten über Petrographie u. Tektonik. — Bild. — 30 Literaturangaben. A. Blaschette. 1□

Ciro Andreatta. K. H. Scheumann. (Neues Jb. Mineralog., Mh. **1960,** 73—78, Juni; dt.) — Nachruf auf Ciro Andreatta (1906—1960), zuletzt Professor für Mineralogie u. Petrologie in Bologna. — Bild. J.-E. Hiller. 1□

John Crawford Bower. W. E. Burcham. (Year Book physic. Soc. **1958,** 78—79, engl.) — Nachruf auf den austral. Physiker (gest. 12/8. 1957 im Alter von 45 Jahren); Arbeiten über Fluorescenzstrahlung u. Kernprozesse (Verw. der Wilson-Kammer). A. Blaschette. 1□

Mahendra Nath Goswami. Anonym. (Sci. and Cult. [Calcutta] **27,** 138—40, März 1961; engl.) — Nachruf auf den Professor für Angewandte Chemie an der Universität Calcutta (geb. 1894; gest. 9/2. 1961); Arbeiten über synthet. organ. Chemie, Katalyse, organ. As-Verbindungen. — Bild. A. Blaschette. 1□

Irène Joliot-Curie. Jean Teillac. (Cahiers de Physique **11,** Nr. 82, 217—22, Juni 1957; franz.) — Nachruf auf die französ. Kernphysikerin (geb. 1897; gest. 17/3. 1956); Zusammenstellung ihrer wichtigsten Veröffentlichungen (21); Bild. A. Blaschette. 1□

Max von Laue. S. N. Bagchi. (Sci. and Cult. [Calcutta] **26,** 17—19, Juli 1960; engl.) — Nachruf auf den am 24/4. 1960 an den Folgen eines Unfalls verstorbenen Nobel-Preisträger für Physik (1914) u. früheren Direktor des Kaiser-Wilhelm-Instituts für Physik (1922—1943) bzw. Fritz-Haber-Instituts der MPG (1951—1958) in Berlin-Dahlem (geb. 9/10. 1879). — Auszug aus einem Brief v. Laues an den Vf.; Bild. A. Blaschette. 1□

Max von Laue, 1879—1960. P. P. Ewald. (Acta crystallogr. [Copenhagen] **13,** 513—15, 10/7. 1960; engl.) — Vgl. vorst. Referat. — Bild. A. Blaschette. 1□

Max von Laue als Wissenschaftler und Mensch (9. Oktober 1879 bis 24. April 1960). Walther Meissner. (S.-B. math.-naturwiss. Kl. bayer. Akad. Wiss. München **1960,** 101—21; München; dt.) — Vgl. C. **1962,** 2241. — Gedenkrede am 15/10. 1960 in Berlin bei der Trauerfeier der Max-Planck-Gesellschaft. E. Klever. 1□

Charles Edward Kenneth Mees zum Gedächtnis. Walter Clark. (Abridged sci. Publ. Kodak Res. Lab. **37,** XI—XX, 1960; engl.) — Umfassende Würdigung des Lebenswerks. H. Czech. 1□

Amedeo Avogadro. Cyril N. Hinshelwood und Linus Pauling. (Science [Washington] **124,** 708—13, 19/10. 1956; Oxford, Univ., Phys. Chem. Labor.; Pasadena, Calif., California Inst. of Technol., Div. of Chem. and Chem. Engng.; engl.) — Vgl. C. **1958,** 4077. — Würdigung der wissenschaftlichen Tätigkeit von Avogadro. Ch. Weiske. 1□

William Cullen und der Chemieunterricht. 2. Mitt. William P. D. Wightman. (Ann. of Sci. **12**, 192—205, Sept. 1956; Aberdeen, Univ.; engl.) — 1. vgl. C. **1956**, 12730. — Fortsetzung des Quellenstudiums bis 1759. Ch. Weiske. 1□

Alexander von Humboldt, ein bedeutender Bergmann. Erich Burisch. (Glückauf **95**, 609—29, 9/5. 1959; Dorsten; dt.) — Ausführliche Biographie A. v. Humboldts anläßlich der 100. Wiederkehr seines Todestages (geb. 14/9. 1769 in Berlin; gest. 6/5. 1859 in Berlin); besondere Würdigung seiner Verdienste auf montanist. Gebiet. — 46 Literaturangaben. A. Blaschette. 1□

Die Geognosie im Weltbild Alexander von Humboldts. Kurd von Bülow. (Geologie **8**, 355—65, Mai 1959; dt.) — Vgl. vorst. Referat. — Kurzer Überblick. — Bild u. Erstveröffentlichung (Faksimile) zweier Briefe an den Zoologen u. Botaniker C. G. Ehrenberg (1795—1876). A. Blaschette. 1□

Alexander von Humboldt und seine Bedeutung für die Mineralogie. Will Kleber. (Wiss. Z. Humboldt-Univ. Berlin, math.-naturwiss. R. **9**, 303—12, 1959/60; Berlin, Humboldt-Univ., Min.-Petrograph. Inst. u. Museum; dt.) — Bericht über die mineralog. u. geolog. Studien A. v. Humboldts während seines Studiums in Freiberg bei A. G. Werner u. danach auf seiner Reise nach Südamerika, die eine Wandlung Humboldts vom Neptunisten zum Plutonisten bewirkte. Ch. Weiske. 1□

A. v. Humboldt und die Agrikulturchemie. Max Trénel. (Wiss. Z. Humboldt-Univ. Berlin, math.-naturwiss. R. **9**, 13—26, 1959/60; Berlin, Humboldt-Univ., Inst. für Pflanzenernährung der Landwirtsch.-Gärtner. Fak.; dt.) — Bericht über die Arbeiten von A. v. Humboldt über die Bedeutung der Düngung u. über Düngemittelzusammenstellungen. Ch. Weiske. 1□

Ein unbekannter Brief von Ernst Abbe an Hermann v. Helmholtz. Herbert Kühnert. (Sprechsaal Keram., Glas, Email **94**, 213—16, 10/5. 1961; 322—23, 20/6. 1961; Rudolstadt/Thür.; dt.) — Der 1955 aufgefundene Brief vom 15/5. 1883 liefert eine wichtige Ergänzung zur Gründungsgeschichte des Jenaer Glaswerks Schott und Genossen. A. Blaschette. 2□

Alfred Krupp — Henry Bessemer. Herbert Dickmann. (Stahl u. Eisen **82**, 911—14, 21/6. 1962; dt. u. engl.) — Histor. Aktenmaterial des Krupp-Archivs. M. Gehlen-Keller. 2□

Antoine-Laurent Lavoisier und die Französische Revolution. 4. Mitt. Denis I. Duveen. (J. chem. Educat. **35**, 470—71, Sept. 1958; Long Island City, N.Y., Duveen Histor. Library; engl.) — 3. vgl. C. **1959**, 12436. — Vf. gibt in freier engl. Übersetzung eine Stelle aus den autobiograph. Memoiren von Jean Michel Raymond-Latour (1766—1837) wieder, in der dieser von einer Begegnung mit Lavoisier Anfang 1792 oder Ende 1791 berichtet. W. Kuntz. 2□

Der Weg der theoretischen Physik von Newton bis Schrödinger. Hans Thirring. (Acta physica austriaca **14**, 257—91, 1961; Wien; dt.) — Übersicht über die Entw. der theoret. Physik bis zur Begründung der Wellenmechanik. Gerhard Schmidt. 2□

Zwischenatomare Kräfte: Von Maxwell bis Schrödinger. C. A. Coulson. (Nature [London] **195**, 744—49, 25/8. 1962; Oxford, Univ., Math. Inst.; engl.) — Übersicht über die histor. Entw.: Frühe Ansichten der kinet. Theorie, Ursprung u. Natur der zwischenatomaren Kräfte, weitreichende Dispersionskräfte, Abstoßungskräfte durch Überlappung, Valenzkräfte. A. Blaschette. 2□

Mendelejew und das Periodengesetz der chemischen Elemente. W. P. D. Wightman. (J. Roy. Inst. Chem. **82**, 688—95, Nov. 1958; Aberdeen, Univ.; engl.) A. Blaschette. 2□

Die Mendelejew-Archive und das Museum der Leningrader Universität. V. A. Krotikov. (J. chem. Educat. **37**, 625—28, Dez. 1960; Leningrad, Univ.; engl.) — Bericht über Bilder, Urkunden u. Handschriften von Mendelejew, Ginsburg, Jaroshenko u. a., die in den Archiven u. dem Museum aufbewahrt werden. Ch. Weiske. 2□

Die Wismarschen Apothekenordnungen aus den Jahren 1599 und 1606. Carl Lüdtke. (Mitt. Gesch. Med. Naturwiss. **41**, 17—33, 30/5. 1961; Kyritz/Kr. Potsdam; dt.) — Besprechung der beiden Apothekenordnungen aus den Jahren 1599 u. 1606 mit wörtlichem Abdruck der bisher unbekannt gebliebenen „Ordnung Der Apoteken zur Wissmar De Anno 1606". E. Klever. 2□

Die ältere Geschichte und die Entwicklung der gegenwärtigen einheimischen Drogen in Indien. L. D. Kapoor und I. C. Chopra. (Planta med. [Stuttgart] **9**, 47—52, März 1961; Jammu, Kashmir, India, Reg. Res. Labor.; engl.) — Übersicht über die Bedeutung der ind. Heilpflanzenkunde in alter Zeit u. die Entw. der Arzneipflanzenforschung während der letzten Jahrzehnte. H. Althoff. 2

Der erste wissenschaftliche Bericht über das Curare. Renée Gicklhorn. (Dtsch. Apotheker-Ztg. **101,** Nr. 13, Beil.: Zur Geschichte der Pharmazie **13,** Nr. 1, 4—5, 1961; Wien, Univ.; dt.) — Franz Xaver Veigl berichtet zum ersten Mal über *Curare* in seinem Buch „Gründliche Nachrichten über die Verfassung der Landschaft der Maynas in Südamerika bis zum Jahre 1768". F. Thomas. 2□

Aufbau und Arbeitsrichtungen der Abteilung Sondermetalle am Max-Planck-Institut für Metallforschung in Stuttgart. E. Gebhardt. (Metall **16,** 633—39, Juli 1962; Stuttgart; dt.) M. Gehlen-Keller. 2□

Die Photographische Gesellschaft in Wien 1861—1961. Robert Zahlbrecht. (Jubil.-Festschr. 100 Jahre Photogr. Ges. Wien **1861—1961,** 1—14, 1961; 4. Sonderh. zu: Photogr. Korresp.; dt.) — Umfassende Darst. der Geschichte der Gesellschaft u. Würdigung ihrer Verdienste. H. Czech. 2□

Werden und Sein der Chemigraphie. A. F. Gygax. (Jubil.-Festschr. 100 Jahre Photogr. Ges. Wien **1861—1961,** 99—101, 1961; 4. Sonderh. zu: Photogr. Korresp.; Bern; dt.) — Kurzer Überblick von den Anfängen bis zur Gegenwart. H. Czech. 2□

Reflexphotographie — ein historischer und literarischer Rückblick. S. Rösch. (Jubil.-Festschr. 100 Jahre Photogr. Ges. Wien **1861—1961,** 125—30, 1961; 4. Sonderh. zu: Photogr. Korresp.; Wetzlar; dt.) — Übersicht. H. Czech. 2□

25 Jahre Agfacolor-Verfahren. Kurt Meyer. (Veröff. wiss. Photo-Lab. Agfa **9,** 1—6, 1961; dt.) — Geschichtlicher Überblick unter besonderer Berücksichtigung der Weiterentw. in den Wolfener Produktionsbetrieben. H. Czech. 2□

Geometrie im Chemiekurs für Anfänger. L. E. Strong, L. B. Clapp und J. O. Edwards. (J. chem. Educat. **38,** 530—33, Okt. 1961; Richmond, Ind., Earlham Coll.; Providence, R.I., Brown Univ.; engl.) — Zurückführung des unterschiedlichen Verh. von CO_2 u. SiO_2 [CO_3^{2-}-$SiO_2(OH)_2^{2-}$; CO_2-$(SiO_2)]_n$, der Rk. $H_2O + HCl \rightleftharpoons H_3O^+ + Cl^-$, der Differenz in der Säurestärke von H_2CO_3 u. H_2SO_3, des Anwachsens der Acidität in der Reihe $Na(H_2O)_6^+$, $Mg(H_2O)_6^{2+}$ u. $Al(H_2O)_6^{3+}$ u. a. auf ster. Ursachen. Ch. Weiske. 6□

Lehrbuchirrtümer. 22. Mitt. **Verschiedenes.** Karol J. Mysels. (J. chem. Educat. **36,** 303—04, Juni 1959; Los Angeles, Calif., Univ. of Southern California; engl.) — Im ersten Abschnitt weist Vf. darauf hin, daß entgegen manchen Lehrbuchmeinungen $NaNO_3$ u. KNO_3 bis $>600^0$ stabil sind. Bei höheren Temp. zerfallen die Nitrate stufenweise u. bilden Gleichgewichte mit den entstehenden Nitriten. Im zweiten Abschnitt wird auf den oft unexakt angewandten Begriff der Äquivalentleitfähigkeit hingewiesen. im dritten Abschnitt wird auf den Unterschied Gramm-Molgew. (Dimension g) u. Molgew. (dimensionslos) hingewiesen. Ch. Weiske. 6□

Lehrbuchirrtümer. 23. Mitt. **Atommassen, Bindungsenergien und isobare Stabilität.** A. J. Poë. (J. chem. Educat. **37,** 92—93, Febr. 1960; London, Imp. Coll. of Sci. and Technol.; engl.) — Die in Lehrbüchern zu findende Regel, daß ein Anwachsen der Bindungsenergie ein Maß für die Tendenz einer spontanen Kern-Rk. ist, trifft nur für den α-Zerfall, aber nicht für den isobaren Zerfall (β^--, β^+-Emission) zu. Es werden isobare Zerfallsenergien berechnet. Ch. Weiske. 6□

Halbwertszeitversuche für Chemiestudenten. W. T. Smith und J. H. Wood. (J. chem. Educat. **36,** 492—93, Okt. 1959; Knoxville, Tenn., Univ. of Tennessee; engl.) — Für die Verss. wird eine Bi-Lsg. ($BiCl_3$) mit ^{210}Bi ($t_{1/2}$ ca. 5 Tage) verwendet. Die Ur-Lsg. wird auf eine Ni-Platte gebracht, auf der das Bi niedergeschlagen wird. Die Testplatte soll dann eine Aktivität von >1200 Impulsen/min haben. Die Impulswerte werden sofort, nach 7 u. 14 Tagen abgelesen. Besonderer Schutz ist für die 1,17-MeV-β-Strahlung nicht vorgesehen. Als Tochterelement tritt ^{210}Po auf. Ch. Weiske. 6□

Eine Thorium-234-Muttersubstanz für ^{234}Pa. D. J. Carswell und J. J. Lawrance. (J. chem. Educat. **36,** 499—501, Okt. 1959; Lucas Heights, Sydney, Australia, Atom. Energ. Comm.; engl.) — Vgl. C. **1959,** 12163. — Das aus ^{238}U entstehende ^{234}Th wird durch Ionenaustausch über De Acidite FF von U abgetrennt u. Th im Kationenaustauscher Zeo-Karb 225 aufgefangen. Th wird mit Oxalsäure wieder eluiert. ^{234}Th zerfällt unter Aussendung von β-Strahlen in ^{234}Pa, dessen Halbwertszeit bestimmt wird. Der Vers. eignet sich als Vorlesungsversuch. Ch. Weiske. 6□

Experiment über die Schwächung von γ-Strahlen für Unterrichtszwecke. H. W. Taylor und G. N. Whyte. (Amer. J. Physics **29,** 315—18, Mai 1961; Kingston, Queen's Univ., Dep. of Phys.; engl.) — Es wird eine für Unterrichtszwecke geeignete Anordnung zur Best. des Schwächungsgesetzes enger u. breiter γ-Bündel beschrieben. Als Detektor wird ein Geiger-Zähler verwendet. Das ^{60}Co-Präp. kann wahlweise aus einem Pb-Kanal (enger Strahl) oder unkollimiert (breiter Strahl) auf den in der Dicke variablen Absorber, der verschiebbar zwischen Quelle u. Detektor angeordnet ist, strahlen. Besondere Bedeutung wird der Beobachtung des Buildup-Faktors im Absorber gewidmet. W. Reusse. 6□

Voltasche Zellen und Elektrolyse im Unterricht. H. G. Andrew. (School Sci. Rev. **61**, 203–11, März 1960; Harrow, Lower School of John Lyon; engl.) — Behandlung von voltaschen Zellen in Theorie u. Praxis im Unterricht (Daniell-, Leclanché-Element, H_2-O_2-Zelle, Akkumulatoren). Ch. Weiske. 6□

Kristallmodelle. W. H. Slabaugh. (J. chem. Educat. **36**, 288, Juni 1959; Corvallis, Ore., State Coll.; engl.) — Empfehlung zur Verw. von Plexiglaskristallmodellen für Unterrichtszwecke. Ch. Weiske. 6□

Versuche zum Stoffwechsel der Pflanzen. Werner Heiligmann. (Mikrokosmos **48**, 278–83, Sept. 1959; München; dt.) — Schüler-Verss. (Pflanzenaschenanalyse, Assimilations- u. Atmungs-Verss.). W. Betcke. 6□

A. Allgemeine, physikalische und anorganische Chemie

Stochastisch gestörte Felder mit Anwendungen auf Wellenfortpflanzung in beliebigen Medien. R. C. Bourret. (Nuovo Cimento [10] **26**, 1–31, 1/10. 1962; Malibu, Calif., Hughes Res. Labor.; engl.) — Vff. analysieren die statist. Eigg. der Fortpflanzung eines klass. Feldes durch ein Medium nach einer Meth., nach der das Medium durch die bilokale Korrelationsfunktion seiner Charakteristiken beschrieben wird. Gerhard Schmidt. 10□

Über den Zerfall der Feldoperatoralgebra im Falle einer Vakuumentartung. H. Reeh und S. Schlieder. (Nuovo Cimento [10] **26**, 32–42, 1/10. 1962; München, MPI für Phys. u. Astrophys.; dt.) — Vff. betrachten die Feldtheorien, welche die Wightmanschen Axiome erfüllen, wobei sie von den Voraussetzungen ausgehen, daß es mehrere (endlich viele oder unendlich viele) Vakuumzustände gibt u. der Punkt $p_\mu = 0$ im Impulsspektrum isoliert ist. Gerhard Schmidt. 10□

Asymptotische Bedingungen in der Quantenelektrodynamik. L. E. Evans und T. Fulton. (Nuclear Physics [Amsterdam] **21**, 492–507, Dez. 1960; Baltimore, Md., Johns Hopkins Univ.; engl.) — Die Anwendbarkeit der asymptot. Bedingungen nach Lehmann, Symanzik u. Zimmermann (C. **1955**, 6441) in der Quantenelektrodynamik wird diskutiert, die Probleme der Renormalisierung u. der S-Matrix werden erörtert. M. Wiedemann. 10□

Zur Kinematik vielfacher freier Enden. V. E. Asribekov. (Nuclear Physics [Amsterdam] **34**, 461–75, Juni 1962; Moscow, USSR Acad. of Sci., Inst. of Scient. Informat.; engl.) — Die Beziehungen, die die invarianten Variablen der Amplituden der Feynman-Darst. mit n-freien Enden verbinden, wurden aufgefunden. Dadurch wird es möglich, alle möglichen invarianten Variablen durch 3n–10 unabhängige Variable auszudrücken. H. Schroeder. 10□

A_1. Kernphysik und Kernchemie

Supernovae als Höhenstrahlquellen. Maurice M. Shapiro. (Science [Washington] **135**, 175–93, 19/1. 1962; Washington, D.C., US Naval Res. Labor.; engl.) — Vf. gibt zunächst eine Übersicht über die Eigenschaften der prim. Höhenstrahlung, über die Sonne als Quelle, die Galaxis u. die Fermi-Theorie der statist. Beschleunigung von Ionen durch Stöße mit Plasmanebeln. Dann werden die Supernovae behandelt, als Überrest einer solchen vor allem der Krebs-Nebel, die Kernprozesse in ihnen, wie Zerfall von ^{254}Cf u. die Radioemission. Schließlich wird die Theorie der Supernovae als Höhenstrahlquellen entwickelt. M. Wiedemann. 85□

Tagesschwankung und Forbush-Abnahme. D. Cattani, M. Galli und P. Randi. (Nuovo Cimento [10] **21**, 923–34, 16/9. 1961; Bologna, Univ., Ist. di Fis.; engl.) — An Daten aus den Jahren 1957 u. 1958 wird gezeigt, daß viele Eigg. der Forbush-Abnahmen durch die Überlagerung des Tagesganges gedeutet werden können. M. Wiedemann. 85□

Über die Berechnung des Anteils der Elektronen und Photonen hoher Energie in der Nähe der Achse der breiten atmosphärischen Schauer. I. W. Rakobolskaja. (Журнал Экспериментальной и Теоретической Физики [J. exp. theoret. Physik] **41**, 1125–29, Okt. 1961; Moskau, Univ., Inst. für Kernphys.; russ., Auszug: engl.) — Der Anteil der hochenerget. Elektronen u. Photonen in ausgedehnten Luftschauern im Abstand von bis zu 3 m von der Schauerachse wird berechnet. Übereinstimmung mit den experimentellen Befunden wird erzielt, wenn eine kontinuierliche Erzeugung von π^0 durch die Atmosphäre angenommen wird. M. Wiedemann. 85□

Absorption von kernaktiven Teilchen der Höhenstrahlung in Luft. G. Bosoki, E. Fenwesch, T. Sandor, O. Balea, M. Batagui, Je. Fridlender, B. Betew, Sch. Kawlakow und L. Mitrani. (Журнал Экспериментальной и Теоретической Физики [J. exp. theoret. Physik] **41**, 1043—45, Okt. 1961; russ., Auszug: engl.) — Mittels einer Koinzidenzanordnung aus Zählern u. Filtern wurde auf 80, 410, 950 u. 2925 m Höhe die Absorption der kernakt. Höhenstrahlung in Luft bestimmt. Es ergab sich eine freie Weglänge für Absorption von (119 ± 1) g/cm^2. Die mittlere Energie der kernakt. Teilchen wurde zu ca. 30 GeV abgeschätzt. M. Wiedemann. 85□

Magnetisches Moment positiver und negativer Myonen. D. P. Hutchinson, J. Menes, G. Shapiro, A. M. Patlach und S. Penman. (Physic. Rev. Letters **7**, 129—33, 15/8. 1961; New York, N.Y., Columbia Univ., IBM Watson Sci. Comput. Labor.; Chicago, Ill., Univ.; engl.) — Mit einer verbesserten Anordnung (höhere Myonen-Präzessionsfrequenz u. extrem homogenes Magnetfeld) wurden die magnet. Momente positiver u. negativer Myonen bestimmt. Als Bremsmedien dienten CH_2J_2, H_2O, HCl, CBr_3H u. Graphit. Für μ^+ ergab sich $f_\mu/f_p = 3{,}18334 \pm 0{,}00005$, die Werte für μ^- sind weniger genau, doch dürften die Momente innerhalb $5/10^4$ gleich sein. M. Wiedemann. 90□

Modell der anomalen Wechselwirkung des Myons. I. Ju. Kobsarew und L. B. Okun. (Журнал Экспериментальной и Теоретической Физики [J. exp. theoret. Physik] **41**, 1205—14, Okt. 1961; Inst. für theoret. u. exp. Phys. der Akad. der Wiss. der UdSSR; russ.) — Die Massendifferenz zwischen Myon u. Elektron wird auf die Wechselwrkg. des Myons mit einem hypothet. neutralen Vektormeson χ zurückgeführt. Dessen Wechselwrkg. mit dem Myon-Neutrino u. den Baryonen wird behandelt. M. Wiedemann. 90□

Weitere Bemerkungen über die vorgeschlagene μ-e-Auswahlregel. N. Cabibbo und R. Gatto. (Nuovo Cimento [10] **19**, 612—14, 1/2. 1961; Roma u. Cagliari, Ist. di Fis. delle Univ.; Roma, Comitato Naz. per l'Energia Nucl., Labor. Naz. di Frascati; engl.) — Vgl. C. **1962**, **13643**. — Unters. zu den $\mu \to$ e-Umwandlungen. Herbert Weber. 90□

Das Spektrum der Zerfallselektronen aus gebundenen μ-Mesonen. H. Überall. (Nuovo Cimento [10] **15**, 163—65, 1/1. 1960; Pittsburgh, Pa., Carnegie Inst. of Technol.; engl.) — Systemat. Best. des Elektronenspektrums aus dem μ^--Zerfall für leichte Punktkerne, exakt bis zur ersten Potenz in $\gamma = Z/137$. Gerhard Schmidt. 90□

Was ist schwerer „Myonium eins" oder „Myonium zwei"?. L. B. Okun und B. Pontecorvo. (Журнал Экспериментальной и Теоретической Физики [J. exp. theoret. Physik] **41**, 989—991, Sept. 1961; Verein. Inst. für Kernforsch.; russ.) — Die Analogie zwischen $M \rightleftarrows \overline{M}$ u. $K^0 \rightleftarrows \overline{K}^0$ mit $M \equiv (\mu^+e^-)$ u. $\overline{M} \equiv (\mu^-e^+)$ ist fast vollkommen. Ferner wird gezeigt, daß der Zerfall der kombiniert gerade-ungerade Syst. $M_1 = (M + \overline{M})/\sqrt{2}$ u. $M_1 = (M + \overline{M})/\sqrt{2}$ über verschiedene Kanäle verlaufen kann. Über das Vorzeichen der Massendifferenz läßt sich nichts aussagen. M. Wiedemann. 90□

Die Elektronabsorption positiver μ-Mesonen. Viktor Georgé. (Helv. physica Acta **34**, 629—34, 15/9. 1961; Bern, Univ., Seminar für theor. Phys.; dt.) — Es werden die Wrkg.-Querschnitte für die Prozesse $\mu^+ + e \to \nu + \overline{\nu}$ u. $\mu^- + p \to n + \nu$ bei universeller V-A-Fermi-Wechselwrkg. u. ein andermal bei einem Bosonzwischenzustand berechnet. Der Prozeß $\mu^+ + e \to \nu + \overline{\nu}$ ist außerordentlich unwahrscheinlich im Vergleich zum μ^--Einfang. Der freie Zerfall des μ^+ ist 10^{11} mal wahrscheinlicher als $(\mu^+ + e \to \nu + \overline{\nu})$. H. Laue. 90□

Pion-Pion-Wechselwirkung und Pionenerzeugung beim Pion-Nucleon-Stoß. Tetsuro Sakuma. (Progr. theoret. Physics [Kyoto] **23**, 810—14, Mai 1960; Sapporo, Hokkaido Univ., Dep. of Phys.; engl.) — Vf. untersucht die π-π-Wechselwrkg. durch Betrachtung der Winkelverteilung des Nucleons bei der Pionenerzeugung durch π-N-Stoß. G. Jordan. 90□

Multiple Pionenerzeugung durch Pionen und das Isobarenmodell. V. P. Kenney, J. G. Dardis und G. Brunhart. (Physic. Rev. [2] **124**, 1568—74, 1/12. 1961; Lexington, Ky., Univ. of Kentucky; engl.) — Für $\pi^- + p \to p + \pi^- + \pi^+ + \pi^-$ in H_2 wurden totale Querschnitte (in mbarn) von $0{,}26 \pm 0{,}14$ bei 810 MeV, $0{,}32 \pm 0{,}21$ bei 970 MeV u. $0{,}54 \pm 0{,}32$ bei 1100 MeV gemessen. Die Kinematik der Rk. spricht für ein „Isobarenkaskade"-Schema, bei dem die „zweite Resonanz" T = 1/2 angeregt wird u. zum Isobar T = J = 3/2 zerfällt; letzteres zerfällt dann zu einem Endzustand aus Nucleon, Rückstoßpion u. 2 Zerfallspionen. Herbert Weber. 90□

Schwellensingularitäten beim totalen Streuquerschnitt von π-Mesonen durch Protonen. N. P. Klepikow, W. R. Rokitjanski, Ju. G. Rudoi, F. W. Ssajewski, W. W. Fedorow und W. A. Judin. (Журнал Экспериментальной и Теоретической Физики [J. exp. theoret. Physik] **41,** 937—38, Sept. 1961; Univ. Moskau, Inst. für Kernphys.; russ.) — Bei der Analyse der Daten über den Streuquerschnitt von Pionen an Protonen werden Hinweise für Singularitäten bei den Energiewerten (164,8 u. 172,5 MeV) gefunden, die die Schwellenwerte für die Rkk. $\pi^+p \rightarrow \pi^+\pi^0p$ u. $\pi^+p \rightarrow \pi^+\pi^+n$ darstellen. M. Wiedemann. 90□

Gesamtwirkungsquerschnitte für Pionen an Protonen im Impulsbereich 4,5 bis 10 GeV/c. G. von Dardel, R. Mermod, P. A. Piroué, M. Vivargent, G. Weber und K. Winter. (Physic. Rev. Letters **7,** 127—29, 15/8. 1961; Geneva, CERN; engl.) — Ein Pionenbündel wurde durch Zähler, Čerenkov-Zähler u. Linsen definiert u. die Abschwächung im H_2-Target durch Koinzidenzmessungen bestimmt. Der Gesamt-wrkg.-Querschnitt von (π^-, p) nimmt im Bereich 4,5—10 GeV/c für die Pionen von 30,2 auf 27,0 mbarn ab, der von (π^+, p) von 27,6 auf 25,2 mbarn. M. Wiedemann. 90□

Der derzeitige Stand der nichtlinearen Spinortheorie der Elementarteilchen. W. Heisenberg. (Acta physica austriaca **14,** 328—39, 1961; München, MPI für Phys. und Astrophys.; dt.) — Vortrag, gehalten am 3/11. 1960 in Graz.
Gerhard Schmidt. 90□

Schwache Wechselwirkungen in der Theorie der Elementarteilchen mit endlichem Raum. I. S. Shapiro. (Nuclear Physics [Amsterdam] **21,** 474—91, Dez. (1) 1960; Moskau, Akad. der Wiss. der UdSSR, Inst. für Theoret. und Exp. Phys.; engl.) — Die Theorie von Coish (C. **1960, 1390**), wonach der Konfigurationsraum der Feldtheorie aus einer endlichen Zahl von Punkten besteht u. die zur Quantisierung der elektr. Ladung führt, wird behandelt. Es ergeben sich 2 neue Quantenzahlen, deren Auswahlregeln die Umwandlung von Baryonen in Leptonen u. den Zerfall von Myonen zu Elektronen ohne Neutrinoemission verbieten. M. Wiedemann. 90□

Ein Modell für nichtleptonische schwache Wechselwirkungen. W. B. Zeleny. (Nuovo Cimento [10] **21,** 958—65, 16/9. 1961; Sydney, Univ., School of Phys., Daily Telegraph Theoret. Dep.; engl.) — Vgl. C. **1962,** 17286. — Das entwickelte Modell gibt die $|\Delta T| = 1/2$-Regel sowie die Asymmetrieparameter bei den Pionenzerfällen der Hyperonen gut wieder. M. Wiedemann. 90□

Erzeugung von Leptonenpaaren an einem Coulomb-Zentrum. M. A. Koshuschner und Je. P. Schabalin. (Журнал Экспериментальной и Теоретической Физики [J. exp. theoret. Physik] **41,** 949—53, Sept. 1961; Inst. für theoret. u. exp. Phys. der Akad. der Wiss. der UdSSR; russ.) — Die Wrkg.-Querschnitte für die Prozesse $\nu + A \rightarrow \nu + A + \mu^+ + \mu^-$ u. $\mu + A \rightarrow \mu + A + \nu + \bar{\nu}$ im Coulomb-Feld eines Kerns werden nach der Weizsäcker-Williams-Meth. berechnet.
M. Wiedemann. 90□

Ein neues Verfahren beim statistischen Modell der Teilchenerzeugung. T. Ericson. (Nuovo Cimento [10] **21,** 605—32, 16/8. 1961; Geneva, CERN; engl.) — Es wird ein neues Näherungs-Verf. eingeführt, das die Erhaltungssätze berücksichtigt. Für große Multiplizitäten wird die Näherung exakt. Man erhält einfache analyt. Ausdrücke, aus denen sich sofort der Einfl. der verschiedenen Erhaltungssätze abschätzen läßt.
H. Laue. 90□

Die Vernichtung von Positronen im Fluge. Peter Kilian. (Z. Physik **164,** 416—24, 4/9. 1961; Göttingen, Univ., II. Physik. Inst.; dt.) — Der differentielle Wrkg.-Querschnitt bei 0° für die Vernichtung von Positronen im Fluge wurde mit Lucit-, Al-, Cu-, Ag-, Sn-, Au- bzw. Pb-Folien gemessen. Mittels eines magnet. Spektrometers (Kofoed-Hansen-Typ) wurden Positronen von ^{64}Cu u. ^{56}Co mit Energien von 400, 600, 800 u. 1000 keV ausgeblendet u. die β^+-Vernichtung in einer teleskopartigen App., die aus 3 Scintillationszählern bestand, bestimmt. Die Ergebnisse wurde mit Werten, die aus dem Zweiquanten-Wrkg.-Querschnitt unter Berücksichtigung des Einfl. vielfacher Streuung der Positronen errechnet waren, verglichen. Für leichte Elemente wurde gute Übereinstimmung mit einer statist. Genauigkeit von 10% gefunden, während für schwere Elemente die experimentellen Werte um 15% größer als die theoret. Werte waren.
H. Schroeder. 90□

Messung der Unterdrückung von Ortho-Positronium-Vernichtung in Gasen. F. F. Heymann, P. E. Osmon, J. J. Veit und W. F. Williams. (Proc. physic. Soc. **78,** 1038—47, 15/11. 1961; London, Univ. Coll.; London, Norwood Techn. Coll.; engl.) — Es wurden Dreiphotonenvernichtungen von Orthopositronium in Gasen als Funktion vom Druck mittels eines Scintillationsspektrometers untersucht. Unterdrückungsraten pro at wurden bestimmt für Ar (0,035 λ_0), Ne (0,024 λ_0), He (0,014 λ_0), O_2 (3 λ_0), NO (400 λ_0) u. CO_2 (0,08 λ_0), wobei die letzten drei nur sehr angenähert sind. λ_0 ist die natürliche Vernichtungsrate von Orthopositronium, $0{,}7 \cdot 10^7\ s^{-1}$. Die hohen Unterdrückungsraten in O_2 u. NO werden der ortho → para-Konversion durch Elektronenaustausch zugesprochen. Die Größenordnung der kleineren Raten läßt sich verstehen, wenn sich das Positroniumatom mit dem Elektron eines Gas-Mol. während eines Zusammenstoßes vernichtet. H. Laue. 90□

Vernichtung von Positronen in Isolatoren. A. Bisi, A. Fasana, E. Gatti und L. Zappa. (Nuovo Cimento [10] **22,** 266—74, 16/10. 1961; Milano, Ist. di Fis.; Politecn.; engl.) — Die zeitliche Verteilung von Positronenvernichtungsstrahlung in verschiedenen plast. Isolatoren wurde mit einem Zeit-zu-Impulshöhe-Konverter gemessen. Für jedes Material wurden die Häufigkeit I_2 u. die Lebensdauer τ_2 von langlebigem Positronium zusammen mit der Lebensdauer τ_1 von Positronen, die schneller vernichtet werden, gemessen. Die Werte für I_2, τ_2 u. τ_1 schwankten zwischen 10 u. 45%, 1,2 u. $2{,}6 \cdot 10^{-9}$ s, 1,5 u. $3{,}0 \cdot 10^{-10}$ s. Da der Hauptanteil der τ_1-Komponente vom Nicht-Positroniumzerfall herrührt, wurde die Lebensdauer τ_f für Vernichtung ungebundener Positronen von den τ_1-Werten abgeleitet. τ_f schwankt zwischen 1,5 u. $3{,}0 \cdot 10^{-10}$ s. Die Verbindung von gemessenen Lebensdauern mit effektiven Elektronendichten legte nahe, daß mit mkr. Feldern verbundene Polarisationseffekte eine wesentliche Rolle spielen. H. Laue. 90□

Vernichtung von polarisierten Positronen in magnetisiertem Eisen. W. D. McGlinn. (Nuovo Cimento [10] **22,** 225—34, 16/10. 1961; Evanston, Ill., Northwestern Univ., Phys. Dep.; engl.) — Man versucht, die Winkelkorrelationen für die Vernichtung von polarisierten Positronen in Fe für ein sättigendes Magnetfeld zu beschreiben. Man erhielt die Positron-Wellenfunktion, die zur Berechnung der Winkelkorrelation bei Vernichtung der 3s-, 3p- u. 3d-Elektronen von Fe benutzt wurde, aus einer Wigner-Seitz-Rechnung für Kristallimpuls Null, wobei als Potential in der Schrödinger-Gleichung das Ionenrumpfpotential genommen wurde. Die Winkelkorrelation für die Vernichtung von Leitungselektronen wurde unter der Annahme eines entarteten Fermi-Gases für die Elektronen abgeleitet. H. Laue. 90□

Theorie der Nucleon-Nucleon-Streuung bei niedriger Energie. 2. Mitt. **Hohe Wellen.** D. Amati, E. Leader und B. Vitale. (Nuovo Cimento [10] **18,** 409—29, 1/11. 1960; Geneva, CERN; engl.) — 1. vgl. C. **1962,** 4797. — Die in der 1. Mitt. auf der Grundlage der Doppeldispersionsbeziehungen entwickelte Theorie wird auf den Fall höherer Wellen angewendet. Es wird eine gültige Darst. der N—N-Partialwellenamplituden für Bahnimpulswerte $l \geqq 2$ erwartet. Herbert Weber. 90□

Theorie der Nucleon-Nucleon-Streuung bei niedriger Energie. 3. Mitt. **Partialwellen-Integralgleichungen für niedrige Bahnimpulsamplituden.** D. Amati, E. Leader und B. Vitale. (Nuovo Cimento [10] **18,** 458—65, 1/11. 1960; engl.) — 2. vgl. vorst. Referat. — Unters. unter Berücksichtigung der π–N- u. π-π-Beiträge. Herbert Weber. 90□

Isotopenspinabhängigkeit von Nucleon-Nucleon-Wirkungsquerschnitten zwischen 600 und 1000 MeV. G. Martelli, H. B. van der Raay, R. Rubinstein, K. R. Chapman, J. D. Dowell, W. R. Frisken, B. Musgrave und D. H. Reading. (Nuovo Cimento [10] **21,** 581—92, 16/8. 1961; Birmingham, Univ. of Birmingham, Phys. Dep.; engl.) — Es wurde das Verhältnis der differentiellen Wrkg.-Querschnitte für p-p- u. p-n-Streuung bei 90° im Schwerpunkts-Syst. mit schnellen Scintillationszählern zusammen mit einer Analyse der magnet. Momente gemessen. Der Wert dieses Quotienten (σ_{pp}/σ_{pn}) nimmt merklich mit steigender Energie ab, von 3,04 ± 0,56 bei 596 MeV auf 1,00 ± 0,18 bei 775 MeV u. auf 0,683 ± 0,097 bei 1010 MeV; d. h. über 600 MeV wird die Streuamplitude im T = 0-Zustand verstärkt. Dieses Verh. läßt sich zu der zweiten Resonanz bei π-p-Streuung in Beziehung setzen. H. Laue. 90□

Wechselwirkungen von Antiprotonen in Kernemulsionen. G. B. Chadwick und P. B. Jones. (Philos. Mag. [8] **34,** 1189—91, Okt. 1958; Oxford, Clarendon Labor.; engl.) — 160 Schichten einer Ilford-G5-Kernemulsion wurden einem Antiprotonenbündel des Bevatron ausgesetzt. Die mittlere freie Weglänge des Antiprotonen von 100—235 MeV, bezogen auf Absorption, Ladungsaustausch u. unelast. Streuung durch komplexe Kerne, beträgt $21\ ^{+2,8}_{-2,2}$ cm. Die Zahl der elast. Streuungen an freien Protonen (2) entspricht einem Querschnitt von $41\ ^{+10}_{-7}$ mbarn. 82 Einfangsterne wurden untersucht. Von den 32 identifizierten Spuren stammen 2 von K-Mesonen mit E = 151 u. 148 MeV, der Rest von $\pi^{\pm}$-Mesonen mit mittlerer Energie von 245 MeV. Das Energiespektrum der π-Mesonen reicht von 0—500 MeV. B. Stein. 90□

Der Strahlungseinfang von Protonen durch Neutronen bei 50 MeV. N. C. Barford, R. B. Palmer und B. Tallini. (Proc. physic. Soc. **78,** 912—17, 15/11. 1961;

London, Imperial Coll.; engl.) — Ein Neutronenstrahl geringer Intensität mit Energiemaximum bei 50 MeV passierte eine 9-cm-Waserstoff-Blasenkammer u. erzeugte Rkk. der Art $n + p \rightarrow d + \gamma$, die sich von dem Nulleffekt der elast. n–p-Streuungen durch die Reichweite–Winkel-Verteilung der Deuteronen unterscheiden ließen. Der Wrkg.-Querschnitt war 110 ± 60 μbarn. H. Laue. 90□

Messung der Neutron-Proton-Endzustandswechselwirkung bei der Elektrozertrümmerung von Deuterium. H. W. Kendall, J. I. Friedman, E. F. Erickson und P. A. M. Gram. (Physic. Rev. [2] **124,** 1596—1691, 1/12. 1961; Stanford, Calif., Stanford Univ., High Energy Phys. Labor. and Dep. of Phys.; engl.) — Differentielle Querschnitte für $e + d \rightarrow e + p + n$ wurden für E von 0—12 MeV gemessen, wobei E die Energie im n–p-Schwerpunkts-Syst. im Endzustand ist. Die Energien der Primärelektronen lagen zwischen 204 u. 500 MeV (Vgl. mit der Theorie). Herbert Weber. 90□

Revidierte Berechnungen über die Photozertrümmerung des Deuterons. W. Zikkendraht, D. J. Andrews, M. L. Rustgi, W. Zernik, A. J. Torruella und G. Breit. (Physic. Rev. [2] **124,** 1538—40, 1/12. 1961; New Haven, Conn., Yale Univ.; engl.) — Verbesserung von Koeff. u. Diagrammen in früheren Arbeiten (Rustgi u. Mitarbeiter, C. **1961,** 7823 u. Zernik u. Mitarbeiter, C. **1960,** 4410 durch Berücksichtigung eines numer. Fehlers (vgl. auch C. **1962,** 17288). Herbert Weber. 90□

Auseinanderbrechen von Deuteronen nach den Reaktionen H(d, p)pn mit E_d = 18 MeV und D(p, p)pn mit E_p = 9 MeV. Keigo Nisimura. (J. physic. Soc. Japan **16,** 2097—2100, Nov. 1961; Kitatama-gun, Tokyo, Univ. of Tokyo, Inst. for Nucl. Study; engl.) — Die Energiespektren von Protonen aus obigen Rkk. wurden als Funktion des Winkels gemessen. Die Spektren wurden mit der Paar-Wechselwrkg. zwischen Nucleonen im Endzustand in Verbindung gebracht. Der differentielle Wrkg.-Querschnitt von $p + d \rightarrow p + p + n$ hat bei ungefähr 120° ein Minimum. H. Laue. 90□

Multipolarität des 2,14-MeV-Überganges in ^{11}B. S. Gorodetzky, F. Scheibling, P. Chevallier, P. Mennrath und G. Sutter. (Physics Letters [Amsterdam] **1,** 24—25, 1/4. 1962; Strasbourg, Inst. de Rech. Nucl.; franz.) — Das 2,14-MeV-Niveau von ^{11}B wurde nach (p, p′) mit 2,66-MeV-Protonen angeregt. Mittels zweier Plastescintillatoren wurde durch Winkelkorrelation der inneren Konversionspaare die Multipolarität des Übergangs bestimmt. Er ist vom reinen M1-Typ. Demnach wird dem Niveau negative Parität u. ein Spin 1/2 zugeordnet, was der Spin-Flip-Hypothese entspricht. M. Wiedemann. 95□

γ-Strahlen aus Protonenbeschuß von ^{31}P und die angeregten Zustände von ^{31}P. Tetsuo Wakatsuki, Yasuo Hirao, Eiji Okada und Iwao Miura. (J. physic. Soc. Japan **16,** 2385—92, Dez. 1961; Osaka, Osaka Univ., Dep. of Phys. and Labor. of Nucl. Stud., Fac. of Sci.; engl.) — γ-Strahlung von mit Protonen bis zu 5,7 MeV beschossenem ^{31}P wurde untersucht. Die Ergebnisse stimmen im allg. mit den aus ^{30}Si (p, γ) ^{31}P gewonnenen überein, einige Unterschiede werden diskutiert. Die γ-Strahlung beim Übergang zwischen den beiden Zuständen bei 4,784 u. 3,133 MeV ist bei einer Beschußenergie von 5,7 MeV recht intensiv. Diese selektive Anregung könnte die Folge der kollektiven Natur des 4,784-MeV-Zustands sein. Die Anregungskurve für die γ-Intensität ergab die Compoundniveaus von ^{32}S bei 13,61, 13,97 u. 14,27 MeV. H. Laue. 95□

Quadrupolmoment von ^{57m}Fe. R. Bersohn. (Physic. Rev. Letters **4,** 609—10, 15/6. 1960; New York, N.Y., Columbia Univ., Dep. of Chem.; engl.) — Aus den bekannten Quadrupolkopplungs-Konst. von ^{57m}Fe in α-Fe_2O_3 (−5,6 ± 1,4 MHz) u. von ^{27}Al in α-Al_2O_3 (2,393 MHz) berechnet Vf. ein Quadrupolmoment Q = −0,19 b für ^{57m}Fe als rohe Abschätzung. D. Jörchel. 95□

Der Spin von ^{124}Sb und Spin und Momente von ^{122}Sb. P. C. B. Fernando, G. K. Rochester und K. F. Smith. (Philos. Mag. [8] **5,** 1309, Dez. 1960; Cambridge, Cavendish Labor.; engl.) — Nach der magnet. Atomstrahl-Resonanz-Meth. wurde der Spin von ^{124}Sb zu $I_{124} = 3$ u. der von ^{122}Sb zu $I_{122} = 2$ in Übereinstimmung mit anderen Best.-Meth. ermittelt. Gleichfalls wurden die Hyperfeinstruktur-Konst. zu $A_{122} = 212{,}01 \pm 0{,}06$ MHz u. $B_{122} = 8{,}7 \pm 0{,}5$ MHz erhalten. Das Quadrupolmoment ergab sich zu $Q_{122} = (+0{,}47 \pm 0{,}03) \cdot 10^{-24}$ cm³. G. Heinsohn. 95□

Anisotrope Verteilung der γ-Quanten der inneren Bremsstrahlung beim K-Einfang durch polarisierte Kerne. Ss. F. Timaschew und W. A. Kaminski. (Журнал Экспериментальной и Теоретической Физики [J. exp. theoret. Physik] **38,** 284 bis 285, Jan. 1960; Moskau, Univ., Inst. für Kernphys.; russ.) — Für die Berechnung der anisotropen Verteilung werden Gleichungen entwickelt u. danach die Anisotropie-Koeff. α berechnet. Für ^{49}V ist $\alpha = (0{,}32\, B^2 - 2{,}1\, B)/(1 + 1{,}42\, B^2)$, für ^{55}Fe −0,6, für ^{71}Ge −0,33, für ^{93}Mo −0,78 u. für ^{131}Ce +1. R. K. Müller. 103□

42 γ-Spektren kurzlebiger Nuclide. Minoru Okada. (Nucleonics [New York] **19,** 79—81, Sept. 1961; Tokyo, Governm. Chem. Ind. Res. Inst.; engl.) — Die γ-Spektren von Nucliden mit Halbwertszeiten von 1 Sek. bis 6 Min., die durch Neutronenaktivierung erhalten wurden, wurden mittels NaJ(Tl)-Scintillator aufgenommen u. tabelliert. Die Spektren sind wiedergegeben für ^{19}O, ^{20}F, ^{28}Al, ^{38m}Cl, ^{46m}Sc, ^{51}Ti, ^{52}V, ^{66}Cu, ^{71}Zn + ^{69m}Zn, ^{75m}Ge, ^{77m}Se, ^{79m}Se, ^{83}Se + ^{77m}Se, ^{80m}Br + ^{82}Br + ^{80}Br, ^{104}Rh, ^{104m}Rh, ^{108}Ag, ^{110}Ag, ^{108}Ag + ^{110}Ag, 2,5-s-^{m}In, ^{137m}Ba, ^{161}Gd, ^{165m}Dy, ^{178m}Hf, ^{179m}Hf, ^{183m}W + ^{185m}W, ^{187}W, ^{185m}W, ^{187}W + ^{185m}W, ^{192m}Ir + ^{192}Ir, ^{199m}Pt + ^{199}Pt, ^{205}Hg, ^{136}J u. Uranspaltprodukte.
M. Wiedemann. 103□

Über die Einfangquerschnitte für thermische Neutronen. H. S. Hans und M. L. Sehgal. (Indian J. Physics Proc. Indian Assoc. Cultivat. Sci. **32 (41),** 276—80, Juni 1958; Aligarh, Muslim Univ., Dep. of Phys.; engl.) — Die Einfangsquerschnitte für therm. Neutronen wurden für 46 Isotope nach der Breit-Wigner-Gleichung berechnet u. mit den experimentellen Werten verglichen. B. Stein. 103□

Experimente, welche die Emission von Teilchen aus Compoundkernen einschließen. R. S. Storey, W. Jack und A. Ward. (Proc. physic. Soc. **75,** 526—38, 1/4. 1960; Glasgow, Univ., Dep. of Natural. Philos.; engl.) — Mit der Scintillationszählertechnik führen Vff. Schnellbest. der Energiespektren u. Querschnitte bei (n, p)-Rkk. in 4π-Geometrie durch. Bei E_n = 14,1 MeV werden Messungen an ^{27}Al, ^{54}Fe, ^{56}Fe, ^{58}Ni, ^{59}Co, ^{60}Ni, ^{63}Cu, ^{64}Zn u. ^{65}Cu u. bei E_n = 13,0 u. 15,7 MeV an ^{54}Fe, ^{58}Ni u. ^{64}Zn durchgeführt. Die experimentellen Werte von T_m u. σ (n, p) sind tabellar. wiedergegeben.
Gerhard Schmidt. 103□

Wirkungsquerschnitte für die Reaktion ^{11}B (n, γ)^{12}B. W. L. Imhof, R. G. Johnson, F. J. Vaughn und M. Walt. (Physic. Rev. [2] **125,** 1334—36, 15/2. 1962; Palo Alto, Calif., Lockheed Missiles and Space Comp., Res. Labor.; engl.) — Nach einer Aktivierungs-Meth. bestimmen Vff. die Querschnitte für die Rk. ^{11}B (n, γ) ^{12}B für Neutronenenergien von 139—2325 keV u. bei therm. Energie. Resonanzen in der Rk. werden bei Neutronenenergien von 430, 1030, 1280 u. 1780 keV beobachtet. Da die Resonanz bei 1030 keV nicht einem bekannten Niveau in ^{12}B entspricht, wird der totale Neutronenquerschnitt für B mit einer 4-keV-Auflösung im Neutronenenergiebereich zwischen 950 u. 1350 keV gemessen. Es wird eine S-Wellenresonanz im totalen Querschnitt bei 1027 ± 10 keV beobachtet. Diese Resonanz entspricht einem Niveau in ^{12}B bei einer Anregungsenergie von 4,31 MeV; sie besitzt wahrscheinlich Spin u. Parität 1^- sowie eine Breite von 10 ± 4 keV. Aus einer Analyse der Resonanzen des Einfangquerschnittes werden Strahlungsbreiten der Niveaus von 0,3 eV bei 430 keV, 0,3 eV bei 1027 keV, 0,2 eV bei 1280 keV u. von 0,9 eV bei 1780 keV mit geschätzten Unsicherheiten von 50% ermittelt. Der gemessene Wert des Querschnittes der Rk. ^{11}B (n, γ) ^{12}B für therm. Neutronen ergibt sich zu 5 ± 3 mbarn.
Gerhard Schmidt. 103□

Die Resonanzabsorption von γ-Strahlen in ^{14}N. G. M. Griffiths. (Proc. physic. Soc. **72,** 337—44, 1/9. 1958; Cambridge, Cavendish Labor.; engl.) — Die Resonanzabsorption von γ-Strahlen des 8,06-MeV-Niveaus in ^{14}N wurde durch Beobachtung der Rk. ^{14}N (γ, p) ^{13}C in einem mit N_2 gefüllten Proportionalzählrohr untersucht. Die Breite des 8,06-MeV-Niveaus beträgt 10,5 ± 0,6 eV. Der Resonanzcharakter der Absorption wurde durch Messung der Protonenausbeute bei unterschiedlichen Winkeln zwischen dem Proportionalzähler u. dem Protonenbündel nachgewiesen. B. Stein. 103□

Verzögerte α-Teilchen aus ^{16}N. R. E. Segel, J. W. Olness und E. L. Sprenkel. (Philos. Mag. [8] **6,** 163—65, Jan. 1961; Dayton, Ohio, Aeronaut. Res. Labor.; engl.) — Vff. führten Unterss. zum Nachw. von α-Teilchen beim ^{16}N-Zerfall durch. Auf 96% angereichertes ^{15}N wurde period. 15 Sek. lang mit Deuteronen bestrahlt, anschließend wurden 15 Sek. lang Messungen zum Nachw. von α-Teilchen mit einem Halbleiterkristall vorgenommen. α-Teilchen mit einer Energie von 1,72 MeV wurden nachgewiesen u. dem 9,58-MeV-Zustand von ^{16}O zugeordnet mit Γ_α = 450 ± 100 keV u. log ft = 7,2 ± 0,2. Für den 8,80-MeV-Zustand wurde $\Gamma_\alpha/\Gamma_\gamma < 1{,}3 \cdot 10^{-4}$ abgeleitet. H. Schroeder. 103□

Winkelverteilungen von energiereichen γ-Strahlen aus der ^{19}F(p, γ)^{20}Ne-Reaktion. Kiichi Etoh, Kazuo Hisatake, Takatoshi Kobayashi, Kinuko Horie, Haruko Ohmura und Yozo Nogami. (J. physic. Soc. Japan **16,** 2091—97, Nov. 1961; Bunkyo-ku, Tokyo, Univ. of Tokyo, Dep. of Phys.; engl.) — ^{19}F(p, γ)^{20}Ne wurde für Protonenenergien zwischen 550 u. 1500 keV untersucht. Eine 1322-keV-Resonanz wurde nicht beobachtet. Die Winkelverteilungen der γ-Strahlen von den ^{20}Ne-Compoundzuständen, die den Resonanzen mit E_p = 669 u. 1425 keV entsprechen, sind isotrop bis zu 2%. Aus der Resonanz bei E_p = 1090 keV bestimmte man Spin u. Parität des 13,91-MeV-Niveaus von ^{20}Ne zu 2^-. H. Laue. 103□

Hochenergetische Photospallation, die zu ^{18}F führt. T. G. Walker und W. T. Morton. (Proc. physic. Soc. **75**, 4—7, 1/1. 1960; Glasgow, Univ., Natural Philos. Dep.; engl.) — Vff. bestimmen die Querschnitte für die Erzeugung von ^{18}F aus ^{19}F, ^{23}Na, ^{24}Mg, ^{27}Al, ^{28}Si, ^{31}P u. ^{32}S durch Bremsstrahlung (Synchrotron) mit einer maximalen Energie von 240 MeV. Die Querschnitte für die Erzeugung von ^{18}F aus ^{19}F, ^{23}Na u. ^{27}Al werden auch bei maximalen Bremsstrahlungsenergien von 180 u. 120 MeV erhalten. Die Ergebnisse zeigen die erwartete Abnahme des Querschnittes mit zunehmender Zahl der emittierten Nucleonen u. mit abnehmender Photonenenergie.
Gerhard Schmidt. 103□

Untersuchungen über die γ-Strahlung bei der Bestrahlung der Isotope ^{24}Mg, ^{25}Mg und ^{26}Mg mit Po-α-Strahlen. Eva Csongor. (Magyar fizik. Folyóirat. [Ung. physik. Z.] **8**, 357—417, 1960; Debrecen, Inst. für exp. Phys.; ung.) — Ausführliche Darst. der C. **1962**, 1113 referierten Arbeit. J. Kis. 103

Protonenverteilungen aus $^{32}S(n, p)^{32}P$. H. P. Eubank, R. A. Peck jun. und F. L. Hassler. (Nuclear Physics [Amsterdam] **9**, 273—86, Dez. 1958; Providence, R.I., Brown Univ., Dep. of Phys.; engl.) — Die Energiespektren der Protonen, die beim Beschuß von natürlichem S mit 14-MeV-Neutronen emittiert werden, wurden unter 0, 30, 60 u. 90° mit einem CsJ-Scintillationsspektrometer in Koinzidenz mit 2 Proportionalzählern untersucht. Die integrale Auswertung der Spektren liefert eine mittlere Kern-Temp. von 2,1 MeV u. einen Querschnitt von 185 $\pm$ 30 mbarn bis 9,5 MeV Restanregung.
B. Stein. 103□

Die Photozertrümmerung von Kalium durch $^{7}Li(p, \gamma)$-Strahlung. T. R. Ophel. (Proc. physic. Soc. **72**, 321—25, 1/9. 1958; Canberra, Austral. Nat. Univ., Res. School of Physic. Sci.; engl.) — Das Protonenspektrum der ^{39}K (γ, p)-Rk. wurde bei Bestrahlung mit 17,6-MeV-γ-Quanten untersucht. Es wurden Übergänge zu den ^{38}Ar-Niveaus bei 2,16; 3,75; 4,3; 5,0; 5,4; 6,3; 6,6; 7,3 u. 7,85 MeV beobachtet. Der Gesamtquerschnitt der (γ, p)-Rk. bei 17,6 MeV beträgt $>$11 mbarn. B. Stein. 103□

Energie- und Winkelverteilung von Protonen aus den Reaktionen von 14-MeV-Neutronen mit Cu. D. L. Allan. (Nuclear Physics [Amsterdam] **6**, 464—76, April 1958; Harwell, Berks., A.E.R.E.; engl.) — Vgl. C. **1961**, 6381. — Die Energie- u. Winkelverteilungen der Protonen aus den Rkk. $^{63,65}Cu$ (n, p) u. ^{63}Cu (n, np) mit 14-MeV-Neutronen wurden in gleicher Weise wie l. c. bestimmt. Vf. findet eine symm. Winkelverteilung für 2—3-MeV-Protonen bei 90°, für andere Energien eine mit wachsender Protonenenergie progressiv stärker werdende Vorwärtsasymmetrie. H. Schroeder. 103□

Das β-Spektrum des ^{114}In. H. Daniel und Ph. Panussi. (Z. Physik **164**, 303 bis 309; 1961; Heidelberg, MPI für Kernphys.; dt.) — Vff. bestimmten den Verlauf des ^{114}In-β-Spektrums mit einem Doppellinsenspektrometer. Es wurde ein Spektrum prakt. erlaubter Form erhalten. Die Grenzenergie des β-Kontinuums beträgt 1,987 $\pm$ 0,002 MeV, das K/LMN-Verhältnis von ^{114m}In wurde zu 1,00 $\pm$ 0,2 bestimmt.
H. Schroeder. 103□

Der Zerfall von Neodym-147. P. Rice Evans. (Philos. Mag. [8] **34**, 1061—68, Okt. 1958; London, Univ., Bedford Coll.; engl.) — Das Zerfallsschema von ^{147}Nd wurde mit Hilfe eines sphäroidalen Magnetfeld-Spektrometers in Verbindung mit einem Scintillationsspektrometer für β–γ-Koinzidenzmessungen untersucht. β-Gruppen mit Maximalenergien 802 (76%), 404 (1,2%), 362 (20%) u. 220 keV (2,8%) wurden beobachtet. Die Energien der γ-Linien u. ihre relativen Intensitäten werden wiedergegeben.
B. Stein. 103□

β-γ-Koinzidenzspektrometer-Untersuchung des Zerfallsschemas von ^{147}Nd. D. Berényi. (Nuclear Physics [Amsterdam] **8**, 607—12, Nov. 1958; Debrecen, Hung. Acad. Sci., Inst. of Nucl. Res.; engl.) — Anzahl u. Maximalenergie partieller β-Gruppen, die beim Zerfall von ^{147}Nd emittiert werden, wurden durch Koinzidenzmessungen mit Hilfe eines magnet. Spektrometers u. eines γ-Spektrometers mit NaJ(Tl)-Kristall untersucht. Es wurden β-Gruppen mit Endpunktenergien bei 815 $\pm$ 10, 529 $\pm$ 25, 365 $\pm$ 15 .215 $\pm$ 15 keV gefunden. B. Stein. 103□

Die Halbwertszeit von ^{153}Sm. R. E. Green und W. H. Walker. (Canad. J. Physics **39**, 1216—20, Aug. 1961; Chalk River, Ontario, Canada, AE of Canada Ltd.; engl.) — Vff. bestimmten die Halbwertszeit von ^{153}Sm an auf 97,5% angereicherten, bestrahlten ^{152}Sm-Proben neu u. erhielten $t_{1/2} = 46{,}2 \pm 0{,}1$ Stunden.
H. Schroeder. 103□

Die Halbwertszeit von ^{196}Tl und die Multipolarität des 426-keV-Überganges in ^{196}Hg. G. Andersson, J. O. Burgman und B. Jung. (Philos. Mag. [8] **3**, 105—06, Jan. 1958; Uppsala, Gustaf Werner Inst. for Nucl. Chem.; engl.) — Vff. bestimmten mit einem doppelfokussierenden β-Spektrometer an massenspektrometr. abgetrennten ^{196}Tl-Quellen über die K-Linie die Halbwertszeit von ^{196}Tl zu $t_{1/2} = (1{,}8 \pm 0{,}1)$ Std. u. das K/L-Verhältnis zu $2{,}75 \pm 0{,}28$. H. Schroeder. 103□

Winkelkorrelationen in ^{223}Ra (AcX). F. Braganca Gil, R. Foucher und G. Y. Petit. (J. Physique Radium **22**, 289—94, Mai 1961; Orsay, Inst. du Radium, Labor. de Phys. Nucl.; franz.) — Vff. bestimmen die Korrelationen zwischen den γ-Strahlen von 236 u. 50 keV von ^{223}Ra in festen u. fl. Quellen verschiedener Viscosität. Der 236-keV-γ ist $E1 + M2$ mit $3{,}6 \pm 2{,}4 \cdot 10^{-4}$ M2. Die Spinwerte der 0-, 50- u. 286-keV-Zustände werden analysiert, der Wert der axialen quadrupolaren Deformation in ^{223}Ra wird diskutiert. Gerhard Schmidt. 103□

Neutronenquerschnitte von ^{235}U durch eine Breit-Wigner-Analyse. Devereux L. Kavanagh. (Nuclear Sci. Engng. **4,** 155—65, Aug. 1958; Quehanna, Pa., Curtiss-Wright-Corp., Res. Div.; engl.) — Mit Hilfe der Breit-Wigner-Gleichungen wurden die Neutronenquerschnitte σ_a, σ_f u. σ_s von ^{235}U für den Resonanzbereich von 0,0252 bis 33,7 eV berechnet. Die Werte stimmen mit den experimentellen Ergebnissen befriedigend überein. B. Stein. 103□

Der Strahlungseinfang-Querschnitt von ^{236}U für Neutronen im Energiebereich 0,3 bis 4,0 MeV. J. F. Barry, J. L. Bunce und J. L. Perkin. (Proc. physic. Soc. **78,** 801—07, 15/11. 1961; Aldermaston, Berkshire, Atom. Weapons Res. Establ.; engl.) — Der Wrkg.-Querschnitt für ^{236}U(n, γ)^{237}U wurde mit einer Aktivierungs-Meth. gemessen. Spalt-Prodd. in den bestrahlten Proben wurden chem. entfernt, u. das erzeugte ^{237}U wurde durch Messen der γ-Aktivität mittels eines NaJ-Scintillationszählers bestimmt. Der Wrkg.-Querschnitt wächst von ungefähr 300 mbarn bei 0,3 MeV auf ungefähr 400 bei 1,1 MeV an u. fällt dann scharf auf 30 mbarn bei 4 MeV ab. H. Laue. 103□

Die Erzeugung von Plutonium in Oberflächenschichten von Brennstoffelementen. F. Winterberg. (Atomkernenergie **1956,** 306—08, Sept.; Hamburg, Studienges. für Kernenergieverwert. in Schiffahrt u. Industrie; dt.) — Im Gegensatz zum Inneren findet an der Oberfläche von Brennstoffelementen eine scharfe Linienabsorption bei Resonanzenergien in Breit-Wigner-Wrkg.-Querschnitten statt. Diese scharfe Linienabsorption hohen Wrkg.-Querschnittes läßt in hochkonz. Form *Pu* zu einem erheblichen Prozentsatz der Gesamtausbeute in den Randpartien entstehen. Gerhard Schmidt. 103□

Isotopentrennung durch Thermodiffusion in flüssiger Phase. K. A. Alexander. (Успехи Физических Наук [Fortschr. physik. Wiss.] **76,** 711—48, April 1962; russ. — C. **1962,** 5550.) E. Klever. 104□

Ionisationsdetektoren. U. Facchini. (Energia nucleare **6,** 237—48, April 1959; Milano, CISE; ital.) — Übersicht über die neueste Entw. von Ionisationsdetektoren. — 43 Literaturhinweise. G. Platzer. 112□

Funkenzähler im Dauerbetrieb. W. Burkhardt und H. Erler. (Mber. dtsch. Akad. Wiss. Berlin **1,** 419—20, 1959; Leipzig, Dt. Akad. der Wiss., Forsch.-Gemeinsch., Inst. für angew. Radioaktivität; dt.) — Es wird über Dauer-Verss. an einem Funkenzähler (11 Fe–Ni–Mo-Drähte gegenüber einer vernickelten Platte) berichtet. Dabei zeigte sich, daß die Kennlinie (Impulsrate als Funktion der Zählspannung) bei der Messung von α-Strahlen sich mit der Zahl der insgesamt registrierten Impulse charakterist. ändert, so daß ein Zähler dieses Typs für Dauerregistrierungen ungeeignet ist. W. Reusse. 112□

α-Zähler für Freiluftmessungen John W. Dewdney. (Amer. J. Physics **30,** 140—43. Febr. 1962; Hanover, N.H., Dartmouth Coll.; engl.) — Es wird ein α-Funkenzähler beschrieben, der sich für Demonstrationszwecke eignet. Die Kurve Zählrate in Abhängigkeit von der Spannung zeigt kein Plateau. Wird statt ^{226}Ra ^{210}Po als Quelle verwendet, kann die Reichweite demonstriert werden. M. Wiedemann. 112□

Temperaturabhängigkeit von Scintillationszählern. H. Schneider und H. Wassel. (Atomkernenergie **6,** 98—100, März 1961; Gießen, Univ., Physik. Inst.; dt., Auszug: engl.) — Es wurde der Einfl. der Temp. (20—40^0) auf das Verh. der 3 Komponenten eines Scintillationszählers (Kristall, Photovervielfacher, Spannungsteiler) untersucht. Zur Messung diente die γ-Strahlung von ^{137}Cs. Die Impulshöhen an der Anode des Vervielfachers zeigten prozentuale Änderungen von $-0{,}15$ bis $-0{,}45\%$ pro Grad, die Temp.-Koeff. der Kristalle CsJ(Tl) u. NaJ(Tl) sind dagegen positiv u. unterschiedlich. W. Reusse. 112□

Eine verbesserte Anordnung zur Lebensdauermessung. Peter Weinzierl. (Acta physica austriaca **14,** 324—27, 1961; Seibersdorf, Reaktorzentrum; dt.) — Im Vgl. zu einer Anordnung von β-Spektrometern für die Unters. von (n, γ)-Rkk. wurde eine verbesserte Koinzidenzanordnung entworfen, bei der Zeit- u. Energiemessung in 2 Scintillatoren verschiedenen Typs vor sich geht. Gerhard Schmidt. 112□

Die bildliche Darstellung der Bewegung radioaktiver Substanzen in unzugänglichen Raumbereichen. A. Scheidweiler. (Atomkernenergie **6,** 104—08, März 1961; Aachen, TH, Physik. Inst.; dt., Auszug: engl.) — Es wird eine Anordnung zur Ermittlung der raumzeitlichen Aktivität von mit Radioisotopen markierten festen, fl. u. gasförmigen Stoffen an unzugänglichen Stellen beschrieben. Eine große Anzahl von Scintillationskristallen ist über Plexiglaslichtleiter mit Photovervielfachern opt. gekoppelt, deren Ausgangssignale über Verteilerstufen auf Zeilen- u. Spaltenkanäle verteilt werden. Die Einzelheiten der Anordnung werden erläutert. W. Reusse. 112□

Apparatur zur Messung der Rutherford-Streuung von α-Teilchen in dünnen Metallfolien. Robert G. Marcley. (Amer. J. Physics **29,** 349—54, Juni 1961; New York, N.Y., Amer. Inst. of Phys.; engl.) — Eine einfache Anordnung zur Messung der α-Streuung in festen Stoffen enthält koaxial in einem evakuierten Rohr den Strahler (^{210}Po), einen Ring aus dem Streumaterial (Au) u. als Detektor einen Zn(Ag)-Scintillator mit Photomultiplier. Durch Abstandsänderung zwischen Absorberring u. Detektor kann der Streuwinkel zwischen 28 u. 71^0 variiert werden. W. Reusse. 112□

Der Neutronenverstärker (neutron booster). M. J. Poole. (Contemporary Physics **2,** 15—20, Okt. 1960; Harwell, AERE; engl.) — Vf. verwendet eine unterkrit. Anordnung von ^{235}U, um den Neutronenausstoß einer gepulsten Quelle um einen Faktor 10 anzuheben. Die Quelle besteht aus einem Elektronen-Linearbeschleuniger, der ein gepulstes Bündel hochenerget. Elektronen erzeugt, mit dem über Röntgenstrahlerzeugung Neutronen hervorgerufen werden. Um das Neutronentarget ist ausreichend spaltbares Material angeordnet, um eine Ketten-Rk. schneller Neutronen zu erzeugen, die Anordnung bleibt dabei unterkritisch. Gerhard Schmidt. 112□

A_2. Optisches Verhalten der Materie

Kernreaktionen in Sternen. T. G. Cowling. (Proc. Roy. Soc. [London], Ser. A **260,** 170—75, 21/2. 1961; Leeds, Univ.; engl.) — Vgl. C. **1962,** 16207. — Diskussion der thermonuclearen Rkk. als Quelle stellarer Energie. Gerhard Schmidt. 113□

Experimentelle und theoretische Ergebnisse über Kernreaktionen in Sternen. William A. Fowler. (Mém. Soc. roy. Sci. Liège [Serie 5] **3,** 207—23, 1960; Pasadena, Calif., California Inst. of Technol., Kellogg Radiat. Labor.; engl.) — Wiedergabe neuerer Ergebnisse über die Proton—Proton-Kette, den CNO- u. NeNa-Zyklus sowie über den 3 ^{4}He $\rightarrow$ ^{12}C-Prozeß. Gerhard Schmidt. 113□

Chemische Entwicklung der Sterne. A. G. W. Cameron. (Mem. Soc. roy. Sci. Liège [5] **3,** Nr. 1, 163—206. 1960; Chalk River, Ontario, AE of Canada Ltd.; engl.) — Übersicht über die allg. Klassen von Kern-Rkk. bei langsamen u. schnellen Umwandlungen. Gerhard Schmidt. 113□

Elektronenstreuung am Thomas-Fermi-Potential. S. C. Mukherjee. (Indian J. Physics Proc. Indian Assoc. Cultivat. Sci. **35 (44),** 165—69, April 1961; Jadavpur, Calcutta, Indian Assoc. for Cultivat. of Sci., Dep. of Theoret. Phys.; engl.) — Berechnung des elast. Streuquerschnitts von Elektronen am Thomas-Fermi-Potential nach der Bornschen Approximationsmethode. J.-M. Spaeth. 114□

Die elastische Streuung langsamer Elektronen an Wasserstoffatomen. B. H. Bransden, A. Dalgarno, T. L. John und M. J. Seaton. (Proc. physic. Soc., Sect. B **71,** 877—92, 1/6. 1958; Glasgow, Univ., Dep. of Nat. Philos.; Belfast, Queen's Univ., Dep. of Appl. Mathemat.; London, Univ. Coll., Dep. of Phys.; engl.) — Unter Verw. von Variations-Meth. berechnen Vff. die Phasen für die s- u. p-Wellenstreuung von Elektronen an H-Atomen unter voller Berücksichtigung des Elektronenaustauschs u. untersuchen bes. den Einfl. der Polarisation. D. Jörchel. 114□

Verzerrungsnäherung für die Wirkungsquerschnitte der Anregung der 1s-2p-Übergänge von wasserstoffähnlichen Ionen durch nackte Kerne. D. R. Bates. (Proc. physic. Soc. **78,** 1080—81, 15/11. 1961; Belfast, Queen's Univ., Dep. of Appl. Math.; engl.) — Die Wrkg.-Querschnitte werden nach der Näherung von Bates als Funktion der Einfallsenergie für verschiedene Werte des Verhältnisses der Ladungen des Target- u. des einfallenden Kerns berechnet. H. Laue. 114□

Anregung von Helium zu den (1s, 2p)^{1}P- u. (1s, 3p)^{1}P-Zuständen durch Proton- und α-Teilchenstöße. R. J. Bell. (Proc. physic. Soc. **78, 903—11, 15/11. 1961;** Belfast, Queen's Univ., Dep. of Appl. Math.; engl.) — Die Verzerrungsnäherung wird auf folgende Prozesse angewandt: H^+ (oder He^{2+}) + $He(1s^2)^1S \rightarrow H^+$ (oder He^{2+}) + He $(1s,2p)^1P$ u. H^+ (oder He^{2+}) + $He(1s^2)^1S \rightarrow H^+$ (oder He^{2+}) + $He(1s,3p)^1P$. Man erhält Wrkg.-Querschnitte für Energien der einfallenden Protonen im Bereich 10 keV bis 1000 keV u. für einfallende α-Teilchen zwischen 40 u. 4000 keV. Für Protonstoß sind die maximalen Wrkg.-Querschnitte $0{,}18\,\pi\,a_0^2$ u. $0{,}035\,\pi\,a_0^2$ bei 88 bzw. 124 keV. Für α-Teilchen-Stoß sind sie $0{,}61\,\pi\,a_0^2$ u. $0{,}101\,\pi\,a_0^2$ bei 511 bzw. 935 keV.

H. Laue. 114□

Compton-Streuung an Elektronen der K-Schale. J. W. Motz und G. Missoni. (Physic. Rev. [2] **124,** 1458—68, 1/12. 1961; Rome, Ist. Super. di Sanità, Labor. di Fisica; engl.) — Der differentielle Querschnitt für die Compton-Streuung von 600-keV-Photonen an den K-Elektronen von *Sn* u. *Au* wird nach einer Meth. bestimmt, bei der ein gestreutes Photon in Koinzidenz mit einem begleitenden K-Röntgenstrahl ausgewählt wird. (Vgl. mit dem Klein-Nishina-Querschnitt für ein anfänglich freies u. ruhendes Elektron).

Herbert Weber. 116□

Systematische Untersuchung der Elektronenbindungsenergien einiger Elemente der vierten und sechsten Periode mit Hilfe der Photoelektronenmethode. Evelyn Sokolowski. (Ark. Fysik **15,** 1—30, 1959; Uppsala, Univ., Inst. of Phys.) — Mit Hilfe der von Sokolowski u. Mitarbeitern (vgl. C. **1959,** 11460) sowie von Nordling u. Mitarbeitern (vgl. C. **1959,** 13381) genau beschriebenen Meth., die auf der magnet. Analyse von Röntgenstrahlenphotoelektronen basierte, maß Vf. die Elektronenbindungsenergien der K-Energien von *Mn, Fe, Co* u. *Ni* u. der L_{II}- u. L_{III}-Energien von *Ir, Pt* u. *Au* sowie der L_{III}-Energien von *Hg, Tl, Pb* u. *Bi*. Die Vers.-Ergebnisse sind tabellar. u. graph. zusammengestellt.

C. Gottfried. 116

K- und L-Energieniveaus in einigen Elementen der vierten und fünften Periode. Carl Nordling. (Ark. Fysik **15,** 397—429, 1959; Uppsala, Univ., Inst. of Phys.; engl.) — Mit Hilfe der von Nordling u. Mitarbeitern (vgl. C. **1959,** 13381) beschriebenen Photoelektronen-Meth. führte Vf. Messungen der Bindungsenergien der K-Elektronen in *Cu, Zn, Ga, Ge* u. *Se*, der L_I-Elektronen in Ge u. *Sn*, der L_{II}-Elektronen in Sn sowie der L_{III}-Elektronen in *Rh, Pd, Ag, Cd, In, Sn, Sb* u. *Te* durch. Die Ergebnisse sind graph. u. tabellar. wiedergegeben. Außerdem wurden diese Ergebnisse zusammen mit röntgenograph. Daten anderer Autoren in modifizierten Moseley-Diagrammen wiedergegeben. Es scheinen gewisse Diskrepanzen zwischen den mit der vorliegenden Meth. erhaltenen Energien u. denen zu bestehen, die mit Hilfe der üblichen Röntgenabsorptions-Meth. erhalten wurden.

C. Gottfried. 116

Elektronenbindungsenergien in Uran. Carl Nordling und Stig Hagström. (Ark. Fysik **15,** 431—43, 1959; Uppsala, Univ., Inst. of Phys.; engl.) — Mit Hilfe der von Nordling u. Mitarbeitern (vgl. C. **1959,** 13381) beschriebenen Photoelektronen-Meth. wurden die Energien der L_{III}-, M_{II}—M_V- u. N_I—N_V-Niveaus von U gemessen. Die Photoelektronenquellen wurden als 15 μ dicke auf Al aufgedampfte Schichten erhalten. Als Kalibrierungslinie wurde bei allen Messungen die AC-Auger-Linie von Cu verwendet (vgl. Ark. Fysik **15,** [1959], 241). Im Ganzen wurden 10 Energien der L-, M- u. N-Schalen gemessen; ihre Bindungsenergien, deren numer. Werte tabellar. angegeben sind, liegen zwischen 17 keV bis herab zu 700 eV; die Meßgenauigkeit beträgt einige Zehntel eines eV. Die Energiewerte der K- u. L-Niveaus wurden durch Addition der Röntgenlinien zu den passenden u. hier gemessenen Bindungsenergien erhalten. Eine für die L_{III}-Energie beobachtete Diskrepanz wird diskutiert. Es wird noch darauf hingewiesen, daß nur ein kleiner Teil der entsprechenden Röntgenabsorptionskanten beobachtet werden konnte.

C. Gottfried. 116

Untersuchung von Verbindungen mit Perowskitstruktur durch Röntgenspektren. 2. Mitt. A. T. Schuwajew. (Известия Академии Наук СССР, Серия Физическая [Nachr. Akad. Wiss. UdSSR, physik. Ser.] **23,** 569—72, Mai 1959; Rostow, Univ.; russ.) — Vf. bestimmt die K-Fluorescenzspektren des metall. Ti sowie von Ti in $CaTiO_3$, $SrTiO_3$, $BaTiO_3$, $PbTiO_3$ u. Ti_2O_3. Aus dem Intensitätsverhältnis (IV) $I_{K\beta_{5,2}}/I_{K\beta_1}$ werden die Anzahl der p-Elektronen u. der Bindungscharakter bestimmt. Ferner wird für die Elemente mit den Ordnungszahlen Z = 22—47 das angegebene IV untersucht. Mit zunehmender Zahl der 4 p-Elektronen nimmt auch IV zu. Für die Elemente mit Z = 40—78 werden das IV $I_{L\beta_2}/I_{L\alpha_1}$ sowie $I_{L\gamma_1}/I_{L\alpha_1}$ für die inneren Quantenzahlen j = $^5/_2$ u. $^3/_2$ u. die Anzahl der d-Elektronen bestimmt.

D. Hoene. 116□

Die Struktur von f^n-Konfigurationen. 1. Mitt. **Berechnung der Energieniveaus.** B. G. Wybourne. (J. chem. Physics **36,** 2295—2300, 1/5. 1962; Baltimore, Md., Johns Hopkins Univ.; engl.) — Vf. erörtert die Berechnung der Energiematrizen u. die Konstruktion der Energieniveauschemata für f^n-Elektronenkonfigurationen u. die Anwendung von Näherungs- u. Computer-Meth. auf dieses Problem. Für die 3 dreiwertigen Ionen der Seltenerdmetalle werden numer. Rechnungen durchgeführt.

G. M. Neumann. 118□

Die Struktur von f^n-Konfigurationen. 2. Mitt. **f^5- und f^9-Konfigurationen.** B. G. Wybourne. (J. chem. Physics **36**, 2301—11, 1/5. 1962; engl.) — Vgl. vorst. Referat. — Vf. berechnet nach Meth. von Racah die kompletten Energiematrizen für die f^5-Konfiguration. Für die Ionen Sm^{3+}, Dy^{3+} u. Pu^{3+} werden Energieniveauschemata entworfen u. vorläufige Analysen der experimentellen Spektren durchgeführt. G. M. Neumann. 118□

Energieübertragung von Molekülen im Triplett-Zustand. G. Porter. (Pure appl. Chem. **4**, 141—42, 1962; Sheffield, Univ., Chem. Dep.; engl.) — Die Zerfalls-Geschw. eines angeregten Mol. in seinem niedrigsten Triplett-Niveau hängt von der Konz. der löschenden Moll. ab. Vf. unterscheidet paramagnet. Löschen nach D(Triplett) + P → D(Singulett) + P mit P als paramagnet. Mol., Löschen durch schwere Atome u. Löschen durch Singulett-Moll. nach D(Triplett) + A(Singulett) → D(Singulett) + A(Triplett), wobei D das Donor- u. A das Acceptor-Mol. ist. Auf letztere Weise wird bei vielen Mol. Paaren Energie übertragen. G. Heller. 118□

Schwingungsstruktur molekularer Excitonzustände. R. E. Merrifield. (J. chem. Physics **36**, 2519—20, 1/5. 1962; Wilmington, Del., E. I. du Pont de Nemours & Co., Exp. Stat., Central Res. Dep.; engl.) — Vf. zeigt, daß die Born-Oppenheimer-Näherung für einzelne Moll. gültig u. eine Trennung der Kern- u. der Elektronenbewegung für Excitonzustände eines isolierten Mol. möglich ist. G. M. Neumann. 118□

Über den Mechanismus der „Trägerwirkung" auf die Spektrallinienintensität. S. N. Ssamssonowa. (Оптика и Спектроскопия [Optik u. Spektroskopie] **12**, 466—72, April 1962; russ.) — Zur systemat. Unters. des Wrkg.-Mechanismus spektroskop. „Träger" (T) wurde *BeO* mit 0,01—0,1% *Cd, Ba, Au, Sb, Fe, Mn, Mg, Tl, Pb, Te, Cr, Sn, Pt, Bi, Al, Ni, Mo, Co, V, Cu, In, Ag* u. *Ca* versetzt u. im Gleichstrombogen (270 V, 14 A) aus Kohleelektroden angeregt. Die Linien (L)-Intensität wurde bei vollständiger Verdampfung von je 30 mg Probe mit u. ohne Zusatz von $NaCl$, Ga_2O_3, $AgCl$, Ag-Pulver, H_3BO_3 u. S in Konzz. von 0,35; 0,91; 1,94; 4,40; 11,62 u. 26,16 Atom-% (Na, Ga, Ag, B u. S bezogen auf Be) als T gemessen. Vorverss. mit gemeinsamer u. getrennter Verdampfung von Probe u. T in das Bogenplasma (BP.) zeigten, daß die Verdampfungskinetik nur in wenigen Fällen durch den T beeinflußt wird. Anwesenheit des T (außer H_3BO_3 u. S) im BP. führt zu einer Erniedrigung der Temp. (gemessen nach Ornstein) u. des effektiven Ionisationsgrades x (berechnet nach dem Intensitätsverhältnis der L. Fe(I) 2735/Fe(II) 2739 Å, für die $\lg(P_I/P_{II}) = 0{,}857 \pm 0{,}100$ bestimmt wurde; P = abs. Übergangswahrscheinlichkeit) sowie zu einer Vergrößerung der effektiven Verweilzeit τ der Atome u. Ionen im BP. Daraus resultiert eine Verstärkung der meisten untersuchten L. u. eine Abschwächung einiger L. mit hohem Anregungspotential. Es wurde versucht, den Einfl. der einzelnen Faktoren quant. zu erfassen. Zusammenhänge zwischen τ u. x deuten auf eine wichtige Funktion des elektr. Feldes beim Massentransport im BP. hin. Ein Einfl. der T. auf die Verteilung der Atome u. Ionen im BP. (z. B. Abschwächung des Kathodenschichteffektes) wurde beobachtet. R. Gerbatsch. 118□

Spektrum von UCl_4. Ralph McLaughlin. (J. chem. Physics **36**, 2699—2705, 15/5. 1962; Berkeley, Calif., Univ. of California, Lawrence Radiat. Labor.; engl.) — Das Absorptionsspektrum von dünnen UCl_4-Einkristallen wurde im Wellenlängenbereich von 4000—7000 Å u. von 7000—11600 Å bei der Temp. des fl. He aufgenommen, wodurch die normalerweise auftretenden breiten Banden in Liniengruppen aufgelöst werden konnten. Durch Verw. von Polarisationsspektren u. durch Auswertung des Auftretens u. der Lage der Linien war es möglich, Zuordnungen zu Übergängen zwischen Kristallfeldzuständen vorzunehmen. Mit Hilfe der so bestimmten Lage der Kristallfeldzustände wurde die Lage der feldfreien J-Niveaus des U^{4+} u. der ^{2s+1}L-Terme berechnet. Auf Grund von Änderungen dieser Terme wird die Konfigurations-Wechselwrkg. diskutiert. Auf die Bedeutung der Ergebnisse für Messungen der magnet. Susceptibilität, für Betrachtungen der kovalenten Bindung u. der Bldg. von f-Orbitals sowie für Beschreibungen der 5f-Eigenfunktionen wird hingewiesen. Gerhard Schulze. 118□

Spektrale Struktur von neutralem und ionisiertem Osmium. Th. A. M. Van Kleef und P. F. A. Klinkenberg. (Physica [Utrecht] **27**, 83—94, Jan. 1961; Amsterdam, Univ., Zeeman-Labor.; engl.) — Vff. berichten über eine ausführliche Analyse aller verfügbaren Daten über die Spektren von *Os(I)* u. *Os(II)*. Auf quantentheoret. Basis ließen sich von 263 Os(I)-Niveaus 155 deuten. Die Anzahl klassifizierter Os(I)-Linien beträgt ca. 40% aller bekannten Linien. Für das Ionisationspotential des Os-Atoms wurde ein Wert von 8,5 ± 0,1 V gefunden. Von allen oberhalb 2000 Å bekannten Os(II)-Linien konnten ca. 15% klassifiziert werden. Tabellar. sind die Energieniveaus von Os(I) u. Os(II) mit den beobachteten J- u. g-Werten u. den Quantenbezeichnungen zusammengestellt. C. Gottfried. 118

Temperaturabhängigkeit der optischen Konstanten massiver Metalle. M. Otter. (Z. Physik **161**, 539—49, 1961; Darmstadt, TH, Phys. Inst.; dt.) — Nach einer in einer früheren Arbeit des Vf. beschriebenen Meth. wurden die opt. Konst. k^2-n^2 an kleinen Metall-Einkristallkugeln aus Cu; Ag u. Au im Vakuum zwischen Zimmer-Temp. u. F. im sichtbaren Spektralbereich gemessen. Als Metallproben dienten halbkugelförmige Einkristalle nach Menzel; die Beobachtung erfolgte visuell nach dem Drudeschen Verf. der ellipt. Analyse. Bei Cu u. Au zeigte sich beim Vgl. der opt. Eigg. am F., daß sich bei beiden Metallen die Absorption u. bei Au auch die Polarisation beim Schmelzen unstetig ändern. Wird das opt. Verh. durch die Eigg. der Leitungselektronen bestimmt, so nimmt mit steigender Temp. die Relaxationszeit ab. Die Temp.-Abhängigkeit der Absorption u. Polarisation wird auf der Basis der Elektronentheorie der Festkörper diskutiert. Heinz Liebscher. 119□

Infrarot-Gitterbanden von Quarz. W. G. Spitzer und D. A. Kleinman. (Physic. Rev. [2] **121**, 1324—35, 1/3. 1961; Murray Hill, N.J., Bell Telephone Labors.; engl.) — Die IR-Gitterbanden von α-Quarz wurden bei 297°K zwischen 5 u. 37 μ in Reflexion u. Transmission mit polarisiertem Licht untersucht. Die opt. Konst. werden mit den bisher veröffentlichten Werten verglichen. Im gesamten Bereich genügen die Ergebnisse der Dispersionstheorie. Für die Dispersionsparameter u. die opt. Konst. werden genaue Werte angegeben. Für 14 opt. akt. Gitterschwingungen werden Stärke, Breite u. Frequenz ermittelt; 10 der Resonanzen werden Fundamentalschwingungen zugeordnet. H. Liepack. 119□

Künstliche und natürliche photoelastische Effekte in Quarz und Feldspaten. Hans Ramberg. (Amer. Mineralogist **46**, 934—51, Juli/Aug. 1961; Ouro Preto, Brasilien, Escola Nat. de Minas e Metallur.; engl.) — Beschreibung opt. Anomalien von Quarz u. Feldspaten an Stress-Zentren, die beim Schleifvorgang bei der Dünnschliff-Herst. entstehen. H. Moenke. 119□

Thermisches Ausbleichen von Cl_2^--Zentren. Theodore J. Neubert und John A. Reffner. (J. chem. Physics **36**, 2780—82, 15/5. 1962; Chicago, Ill., Illinois Inst. of Technol., Dep. of Chem.; engl.) — Durch Messung der Geschw., mit der die opt. Absorption bei 3650 Å verschwindet, wurde bei konst. Temp. im Bereich von 180—210° K die Kinetik des therm. Ausbleichens von Cl_2^--Zentren in röntgenbestrahltem, Pb-dotiertem KCl untersucht. Das therm. Ausbleichen ist im Hinblick auf die Cl_2^--Konz. von 2. Ordnung. Ein zweistufiger Mechanismus wird vorgeschlagen. Zunächst diffundiert das Cl_2^-, indem das positive Loch von Punkt zu Punkt durch das Gitter wandert, dann rekombinieren die Lücken mit in Pb^{2+} eingefangenen Elektronen. Die Aktivierungsenergie des Ausbleichens beträgt für ein Cl_2^--Zentrum in KCl(Pb) ca. 0,53 eV. Gerhard Schulze. 119□

Reflexionsspektroskopie und selektive Reflexion von Kupferhalogeniden bei tiefer Temperatur. S. Nikitine und R. Reiss. (Physics Chem. Solids **16**, 237—45, Nov. 1960; Strasbourg, Univ., Inst. de Phys., Labor. de Spectrosc. et d'Optique du Corps Solide; franz.) — Durch Unters. der Reflexionsspektren dünner Kristallfilme können Absorptionslinien beobachtet werden, die bei Durchlässigkeitsmessungen an zu dicken Kristallen nicht wahrnehmbar sind. Mit Hilfe der Interferenzlinien von Cu-Halogenidfilmen können Dispersionskurven erhalten werden. Aus diesen Kurven kann unter Benutzung der Drudeschen Theorie für die anomale Dispersion die Oscillatorstärke der Absorptionslinien abgeschätzt werden. Im Falle einer starken Absorptionslinie zeigt das Reflexionsspektrum ein Maximum, dem ein Minimum zu kürzeren Wellenlängen hin folgt. J. Peters. 119□

Anwendung der Fraunhoferschen Beugung zur Messung der Lichtdispersion. W. G. Chomasjuk. (Оптика и Спектроскопия [Optik u. Spektroskopie] **12**, 501—04, April 1962; russ.) — Die Beugungsbilder bei Beleuchtung einer Öffnung, die zur Hälfte mit einer durchsichtigen planparallelen Platte bedeckt ist, mit parallelgerichtetem Licht einer spaltförmigen Lichtquelle, werden analysiert. Wegen der Abhängigkeit der Lage der einzelnen Interferenzstreifen vom opt. Gangunterschied in der planparallelen Platte eignet sich eine auf diesem Prinzip aufgebaute einfache App. zur Messung des Brechungsindex n der Platte. Bei Verw. einer kontinuierlichen Lichtquelle (Hg-Höchstdrucklampe + Spalt) u. Kreuzung mit einem Spektrographen (ISsP-22) kann die Abhängigkeit von n von der Wellenlänge, d. h. die Dispersion, einfach gemessen werden. Ein Vorteil der beschriebenen App. besteht in ihrer hohen Lichtstärke. R. Gerbatsch. 119□

Brechungsvermögen, Dispersion, Rotationsvermögen. René de Mallemann. (C. R. hebd. Séances Acad. Sci. **254**, 2265—70, 26/3; Erratum: C. R. hebd. Séances Acad. Sci. **254**, 3160, 30/4. 1962; franz.) — Krit. Diskussion der Definition u. der Invarianz der genannten Größen. A. Blaschette. 119□

Kritische Untersuchung der visuellen Messung der akustischen Doppelbrechung. J. Badoz. (J. Physique Radium **19**, 590–94, Juni 1958; Paris, Ecole Sup. de Phys. et de Chim. Ind.; franz.) — Theoret. u. experimentelle Unters. der von Zwetkow, Mindlina u. Makarow (Actaphysico chim. URSS **21**, [1946], 135) zur Messung der beim Durchgang einer Ultraschallwelle durch eine viscose Fl. auftretenden akust. Anisotropie vorgeschlagenen Methode. Die Empfindlichkeitsgrenze beträgt (3–4)$\cdot 10^{-4}\,\lambda$. Absolutmessungen sind wegen der zahlreichen möglichen systemat. Fehler kaum durchführbar. A. Blaschette. 119□

Einfluß des Lösungsmittels auf die Ramanintensität. H. J. Bernstein. (Pure appl. Chem. **4**, 23–26, 1962; Ottawa, Nat. Res. Council; engl.) — Die Raman-Intensität einer fl. Phase hängt nicht nur von der Anordnung der App., dem geometr. Brechungsindexeffekt, dem inneren Feldeffekt u. dem Einfl. des intermol. Feldes ab, sondern auch vom Lsgm., wie an Beispielen (CCl_4 in *Hexan*; CS_2 in *Bzl.*) gezeigt wird. G. Heller. 120□

Erregung von Ramanspektren im langwelligen Bereich. H. Stammreich. (Pure appl. Chem. **4**, 97–103, 1962; São Paulo, Univ., Dep. de Fis.; engl.) — Vf. berichtet über Verbesserungen der Technik zur Anregung von Raman-Spektren im roten u. nahen IR-Gebiet, z. B. photoelektr. Aufzeichnung, u. gibt einige typ. Anwendungsbeispiele (Raman-Spektren von CJ_4, von $K_4[Mo(CN)_8]$, von „Sandwich"-Moll., *Metallcarbonylen*, J_2, JCl, JBr, J_3^-, JBr_2^- u. fl. Cl_2). G. Heller. 120□

Schwingungsrotationsspektren. E. Bright Wilson jun. (Pure appl. Chem. **4**, 1–13, 1962; Cambridge, Mass., Harvard Univ.; engl.) — Kurze Übersicht: IR-Spektroskopie mit Isotopen; Konstellationsanalyse von *Methylnitrat*, NSF_3, O_2F_2 u. CH_2NOH; Barrieren der inneren Rotation; Ringspannungen; nichtebene Schwingungen; Rotationsisomere; Unterss. nichtbindender Kräfte. — 34 Literaturangaben. G. Heller. 120□

Dispersionsanomalien der Schwingungsrotationsbanden von Gasen. J. Hayotte, F. Legay und P. Barchewitz. (J. Physique Radium **21**, 1S–5S, Febr. 1960; Paris, Fac. des Sci., Labor. d'IR; franz.) — Mit Hilfe einer empfindlichen Interferenz-Meth. wurden Dispersionsanomalien an Rotationsschwingungsbanden von CO_2 u. HCl bei verschiedenen Drücken u. Temp. (um 20°) untersucht. Die Effekte sind viel stärker bei CO_2 als bei HCl; in ersterem Fall kann der Indexüberschußwert n — 1 negative Werte annehmen (kleinster Wert: $-110\cdot 10^{-5}$ bei 2376 cm^{-1}). Der entsprechende Isotopeneffekt konnte an der P(1)-Doppelbande von $H^{35}Cl$ u. $H^{37}Cl$ nachgewiesen werden. A. Blaschette. 120□

Coriolis-Resonanz zwischen der Parallelschwingung ω_2 und der Perpendikularschwingung ω_4 in pyramidenförmigen Molekülen. M. H. H. Nielsen. (J. Physique Radium **21**, 8S–12S, Febr. 1960; Columbus, Ohio, Ohio State Univ., Dep. of Phys. and Astronom.; franz.) — Theoret. Diskussion der Coriolis-Resonanz zwischen ω_2 u. ω_4 an Hand experimenteller Ergebnisse für NH_3, PH_3, AsH_3 u. SbH_3. A. Blaschette. 120□

Beziehungen zwischen der Symmetrie der Moleküle und ihrer Schwingungsrotationsenergie. Vorl. Mitt. G. Amat, M.-L. Grenier und L. Henry. (J. Physique Radium **21**, 12S–13S, Febr. 1960; Paris, Fac. des Sci., Labor. de Chim. phys.; franz.) A. Blaschette. 120□

Molekülrotation in Edelgaskristallen. Robert L. Armstrong. (J. chem. Physics **36**, 2429–32, 1/5. 1962; Baltimore, Md., Johns Hopkins Univ., Radiat. Labor.; engl.) — Vf. diskutiert die Rotationszustände geringer Konzz. kleiner polarer Moll. in einer Edelgasmatrix bei Temp. von 4,2° K. Es zeigt sich, daß bei Vernachlässigung der Austauschkräfte die Kristallwechselwrkg. nur eine geringe Aufspaltung derjenigen Rotationszustände hervorruft, die bei den betrachteten Temp. besetzt sind. Diese Modellvorstellung läßt eine Erläuterung der freien Rotationseffekte bei der Unters. der IR- oder der paramagnet. Resonanzspektren dieser Syst. zu. G. M. Neumann. 120□

Einige neuere Ergebnisse über die Absorptionsspektren von Gasgemischen bei hohen Drücken. Hai-Vu, L. Galatry und B. Vodar. (J. Physique Radium **21**, 5S–8S, Febr. 1960; franz.) — Unterss. über die in Gasgemischen bei erhöhtem Druck auftretenden intermol. Kräfte an Hand ihres Einfl. auf das Absorptionsspektrum des Gemisches. An Gemischen von HCl (Partialdruck $<0{,}5$ atm bei 20°) mit N_2, O_2 bzw. Ar wurde der Einfl. der Temp. (−95 bis 250°) bei Drücken bis ca. 1000 atm verfolgt. Zwischen den P- u. R-Zweigen der Grundbande des HCl tritt eine breite Zentralbande auf, deren Intensität mit sinkender Temp. zunimmt. Die Zentralbande tritt bei einer Dichte des Störgases von ca. 25 Amagat bei 2884 cm^{-1} in Erscheinung; mit zunehmendem Druck wird sie intensiver u. verschiebt sich gleichzeitig zu höheren Wellenlängen. A. Blaschette. 120□

Störung der Bande der ersten harmonischen Schwingungsrotation des HCl-Moleküls unter Druck. Merle Atwood und Vu Hai. (C. R. hebd. Séances Acad. Sci. **250**, 3816–18, 8/6. 1960; Bellevue, Seine-et-Oise, C.N.R.S., Labor. des Hautes Pressions; franz.) — Vgl. vorst. Referat. — Den l. c. beschriebenen Störungen analoge Effekte werden bei -70^0 in Gemischen von HCl (2 atm bei 20^0) mit *He*, H_2, *Ar*, N_2 bzw. *CO* im Verh. der ersten harmon. Rotationsschwingungsbande beobachtet.
A. Blaschette. 120□

Infrarotspektren der Halogenide der II. Gruppe: Zinkhalogenide und das Ionenmodell. Alfred Büchler, William Klemperer und Alfred G. Emslie. (J. chem. Physics **36**, 2499–2508; 1/5. 1962; Cambridge, Harvard Univ., Dep. of Chem.; Cambridge, Mass., Arthur D. Little, Inc.; engl.) — Vff. berichten über Unterss. der IR-Spektren von gasförmigem $ZnCl_2$ u. $ZnBr_2$. Im CsJ-Bereich wurden Spreizschwingungen bei 295 u. 225 cm^{-1} beobachtet. Vff. zeigen, daß Modellvorstellungen mit polarisierbaren Ionen die beobachteten Frequenzen nicht zu deuten vermögen.
G. M. Neumann. 120□

Infrarotabsorptionsspektren von LiOH und LiOD. R. A. Buchanan, E. L. Kinsey und H. H. Caspers. (J. chem. Physics **36**, 2665–75, 15/5. 1962; Los Angeles, Calif., Univ. of California, Phys. Dep.; engl.) — Die Spektren von LiOH- u. LiOD-Filmen im Bereich von 450 cm^{-1} (22 μ) bis 4500 cm^{-1} (2,2 μ) sowie die polarisierten Spektren von LiOH-, LiOD- u. LiOH/LiOD-Mischkristallen bei Raum-Temp. u. bei 15^0 K werden mitgeteilt. Die fundamentalen Streckschwingungen des OH^- bei 3678 cm^{-1} u. des OD^- bei 2713 cm^{-1} werden nahezu symm. von Seitenbanden eingeschlossen. Die Seitenbanden an der Seite niedriger Wellenzahlen jeder Fundamentalschwingung verschwinden bei 15^0 K, während die hauptsächlichen Kennzeichen der Seitenbanden an der Seite höherer Wellenzahlen bei niedrigen Temp. erhalten bleiben. Außerdem zeigt die bessere Auflösung auf Grund der verminderten Bandenbreite bei niedrigen Temp. einige neue Summationsseitenbanden, die im Spektrum bei Raum-Temp. nicht beobachtet werden. Eine Beziehung zwischen den LiOH- u. LiOD-Summationsseitenbanden wird mitgeteilt, die Deuterierungseffekte werden diskutiert. Diese Effekte stimmen sehr gut mit der Theorie überein, die von der Annahme ausgeht, daß die Seitenbanden das Ergebnis bin. Kombinationen von niederfrequenten Gitterschwingungen u. OH^--Streckschwingungen sind. Sie stimmen jedoch nicht mit der Rotationstheorie überein, die annimmt, daß die Seitenbanden von LiOH, $Mg(OH)_2$ u. $Ca(OH)_2$ das Ergebnis einer Kopplung lokalisierter Rotationen des OH^- mit der inneren Streckfrequenz sind. Eine Analyse der Mischkristallspektren zeigt die Bedeutung der OH^-—OH^--Wechselwrkg. bei dem Entstehen der beobachteten Seitenbandenintensitäten.
Gerhard Schulze. 120□

Das Infrarotspektrum von $Th(OH)_4$. C. W. F. T. Pistorius. (J. inorg. nuclear Chem. **15**, 187–88, Sept. 1960; Los Angeles, Calif., Univ. of California, Inst. of Geophys.; engl.) — $Th(OH)_4$ (I) wurde durch Fällung aus einer wss. Lsg. von $Th(NO_3)_4$ mit NaOH-Lsg. hergestellt, das Rk.-Prod. mit W., A. u. Ae. gewaschen u. anschließend getrocknet. Zur Aufnahme der IR-Spektren wurden sowohl KBr-Preßlinge als auch Nujol-Suspensionen verwendet; folgende Absorptionen von I treten auf: 845, 1061, 1299, 1406, 1534 u. 3295 cm^{-1}. Die intensitätsstarke Bande bei 3295 cm^{-1} wird der OH-Valenzschwingung zugeordnet, die bei 841, 1060 u. 1534 cm^{-1} sind wahrscheinlich Grundschwingungen u. die bei 1299 u. 1406 cm^{-1} vermutlich Kombinationsschwingungen. C_{4h} wird als wahrscheinlichste Punktgruppe angegeben. G. Gattow. 120□

Ramanspektroskopische Untersuchungen wässeriger Lösungen von seleniger Säure. G. E. Walrafen. (J. chem. Physics **36**, 90–93, 1/1. 1962; Murray Hill, N.J., Bell Telephone Labor., Inc.; engl.) — Raman-Spektren von verd. wss., stark alkal. u. halb neutralisierten Mischungen von NaOH u. SeO_2 u. konz. wss. Lsgg. (8,070m) von SeO_2 (entsprechend der Ionen SeO_3^{2-}, $HSeO_3^-$ u. H_2SeO_3) wurden photoelektr. aufgenommen, u. die Bandenzuordnung wird diskutiert. Spektren u. Zuordnung werden tabellar. mitgeteilt. Die Konz.-Abhängigkeit der Intensitäten zeigt, daß die Rkk. $SeO_2 + H_2O \rightleftharpoons H_2SeO_3$ u. $H_3O^+ + HSeO_3^- \rightleftharpoons H_2SeO_3 + H_2O$ ganz nach rechts verlaufen. SeO_3^{2-} hat die Symmetrie C_{3v}, $HSeO_3^-$ u. H_2SeO_3 haben die Symmetrie C_s. H_2SeO_3 scheint in wss. Lsg. assoziiert zu sein. P. Sartori. 120□

Untersuchung wasserfreier und hydratisierter Bromate durch Infrarotabsorptionsspektrographie. Claude Rocchicciolo. (C. R. hebd. Séances Acad. Sci. **249**, 236–38, 15/7. 1959; Paris, Ecole Nat. Sup. de Chim.; franz.) — Die IR-Frequenzen u. -Intensitäten nachst. Bromate werden mitgeteilt u. diskutiert (300–4000 cm^{-1}): $NaBrO_3$, $KBrO_3$, $AgBrO_3$, $Ba(BrO_3)_2 \cdot H_2O$, $Sr(BrO_3)_2 \cdot H_2O$, $Pb(BrO_3)_2 \cdot H_2O$; $Co(BrO_3)_2 \cdot$

x H_2O, $Ni(BrO_3)_2 \cdot x\, H_2O$, $Mg(BrO_3)_2 \cdot x\, H_2O$, $Zn(BrO_3)_2 \cdot x\, H_2O$, $Cu(BrO_3)_2 \cdot x\, H_2O$ (x = jeweils 2 u. 6). Die BrO_3^--Ionen besitzen pyramidale Geometrie der Symmetrie C_{3v}. Die Spektren der höheren Hydrate weisen einige zusätzliche Banden auf, die der gehemmten Rotation der W.-Moll. zugeordnet werden. A. Blaschette. 120□

Das Infrarotabsorptionsspektrum kristallisierter Cyanokomplexe. Antonio Hidalgo und Jean-Paul Mathieu. (C. R. hebd. Séances Acad. Sci. **249**, 233—35, 15/7. 1959; Sorbonne, Labor. de Rech. Phys.; franz.) — Die IR-Frequenzen u. -Intensitäten nachst. Cyanokomplexe in krist. Zustand werden mitgeteilt (250—2200 cm^{-1}): $Hg(CN)_2$, $K[Ag(CN)_2]$, $K[Au(CN)_2]$, $K_2[Zn(CN)_4]$, $K_2[Cd(CN)_4]$, $K_2[Hg(CN)_4]$, $K_3[Cu(CN)_4]$, $K_2[Ni(CN)_4]$, $K_2[Pd(CN)_4]$, $K_2[Pt(CN)_4]$, $K[Au(CN)_4]$, $K_3[Cr(CN)_6]$, $K_3[Mn(CN)_6]$, $K_3[Fe(CN)_6]$, $K_3[Co(CN)_6]$, $K_3[Rh(CN)_6]$, $K_3[Ir(CN)_6]$, $K_4[Mn(CN)_6]$, $K_4[Fe(CN)_6]$, $K_4[Ru(CN)_6]$, $K_4[Os(CN)_6]$, $K_4[Mo(CN)_8]$. Ausschlaggebend für die von Vff. weitgehend zugeordneten Spektren ist die jeweilige Raumgruppe des Komplexions. Der Einfl. des Kristallzustands auf die Struktur der Grundbanden wird diskutiert.
A. Blaschette. 120□

Die Absorption von Coesit im Wellenlängenbereich von 5—22 µ. I. G. Austin, H. A. Gebbie und I. Morin. (Proc. physic. Soc. **78**, 1260—61, 1/12. 1961; Teddington, Middlesex, Nat. Phys. Labor., Bas. Phys. Div.; engl.) — Das IR-Absorptionsspektrum von Coesit wurde im Bereich von 5—22 µ aufgenommen. Coesit wurde aus Kristallquarz bei 1400° u. 42 Kilobar Druck dargestellt. Zum Vgl. wurden die Spektren von α-Quarz u. Cristobalit herangezogen, von denen sich das Coesitspektrum bei 13—18 µ u. 22—22 µ stark unterscheidet. Harro Zimmer. 120□

Maser. K. W. H. Stevens. (Contemporary Physics **2**, 1—13, Okt. 1960; Nottingham, Univ.; engl.) — Überblick über Bedeutung, phyiskal. Grundlagen u. spezielle Ausführungsformen der Maser. J.-M. Spaeth. 121□

Hyperfeinstruktur im Mikrowellenspektrum von Wasser. 2. Mitt. **Einflüsse magnetischer Wechselwirkungen.** D. W. Posener. (Austral. J. Physics **13**, 168—85, Juni 1960; Chippendale, N.S.W., Univ., Grounds, C.S.I.R.O., Div. of Electrotechnol.; engl.) — 1. vgl. C. **1958**, 9678. — Bericht über die Analyse der Hyperfeinstruktur im Mikrowellenspektrum von *HDO* u. D_2O. Bei Berücksichtigung der Kernquadrupol- u. der magnet. Dipolwechselwrkg. läßt sich der Tensor des elektr. Feldgradienten aus den H-Kernen des H_2O-Mol. in Richtung der Bindungsachse zu $(+1{,}59 \pm 0{,}04) \cdot 10^{15}$ e.s.E. bestimmen. Für die Quadrupolkopplungs-Konst. des Deuterons ergibt sich dann $(eqQ)_{OD} = 315 \pm 7$ kHz. G. M. Neumann. 121□

Das Mikrowellenspektrum isotopensubstituierter Schwefeldioxid-Moleküle. W. E. Smith. (Austral. J. Physics **12**, 109—15, Juni 1959; University Grounds, Chippendale, N.S.W., C.S.I.R.O., Div. of Electrotechnol.; engl.) — In den Spektren von $^{33}SO_2$ u. $^{34}SO_2$ wurden einige neue Linien gemessen u. am Modell eines halbstarren Rotators gedeutet. Die benötigten Zentrifugaldistorsions-Koeff. wurden aus den von Kivelson (C. **1955**, 7609) für $^{32}SO_2$ erhaltenen Werten abgeleitet. Die Hyperfeinstruktur des $(1_{11} \leftarrow 2_{02})$-Übergangs von $^{33}SO_2$ stimmt mit der Quadrupolkopplungs-Konst. von Bird u. Townes (C. **1955**, 4051) überein. A. Blaschette. 121□

Thermoluminescenz von festem Stickstoff nach Elektronenbeschuß bei 4,2° K. Brian Brocklehurst und George C. Pimentel. (J. chem. Physics **36**, 2040—46, 15/4. 1962; Berkeley, Calif., Univ. of California, Dep. of Chem.; engl.) — Vff. berichten über Thermoluminescenz-Unterss. an festen N_2-Proben, die bei 20° K ausgeheilt u. dann bei 4° K mit Elektronen beschossen wurden. Beim langsamen Erwärmen treten bei 10, 14,5 u. 19° K Maxima der Glimmintensität auf, die bei nicht vorbehandeltem N_2 breiter erschienen. Die Ergebnisse werden im Hinblick auf zwei Mechanismen diskutiert, der Speicherung von angeregten $N(^2D)$-Atomen u. der Rekombination von $N(^4S)$-Atomen durch Diffusion. Vff. bevorzugen den zweiten Mechanismus u. schlagen ein einfaches Modell zur Deutung der Aktivierungsenergien für die Diffusion entsprechend den drei Luminescenzpeaks vor. G. M. Neumann. 125□

Eine Bemerkung zum Verlauf der Luminescenz von AgCl-Einkristallen. K. Vacek. (Physics Chem. Solids **16**, 337—39, Nov. 1960; Prag, Karlsuniv., Phys. Inst.; engl.) — Bei der Messung des Spektralverlaufes der Luminescenz von dünnen Einkristallschichten des AgCl mißt Vf. eine Reihe sehr kleiner, scharfer Banden an der Emissionsbande, deren Lage der Serienregel entspricht, u. zwar den zwei Serien mit den Kantenlängen 4640 u. 5080 Å. In Übereinstimmung mit Matyáš können die beobachteten Banden mittels des Excitonenmechanismus der Luminescenz erklärt werden, d. h. daß die Luminescenz während der Vernichtung des lokalisierten Excitons bei einer Kationenleerstelle oder bei einer Kationenleerstelle an einer Versetzungssprungsstelle entsteht.
J. Peters. 125□

Die Grün-2-Bande der ultravioletten Luminescenz von Zinksulfid. T. B. Tomlinson und E. A. D. White. (J. Electronics [1] **2**, 404—05, Jan. 1957; Wembley, England, Gen. Electr. Comp. Ltd., Res. Labor.; engl.) — Vff. zeigen, daß die Grün-1- u. die Grün-2-Bande der UV-Luminescenz von ZnS auf die gleichen Aktivierungszentren zurückzuführen sind. Das Erscheinen der Grün-2-Bande ist dabei nur von der Dichte der Zentren u. der Temp. abhängig. G. M. Neumann. 125□

Durch Mangan aktivierte Cadmiumdiphosphat-Phosphore. R. C. Ropp. (J. electrochem. Soc. **109**, 569—74, Juli 1962; Towanda, Pa., Sylvania Electr. Prod., Inc., Chem. and Metallurg. Div.; engl.) — Unterss. des Einfl. der Herst. auf die Absorptions- u. Anregungs-Eigg. von $Cd_2P_2O_7$: Mn zeigen, daß es sich um einen durch das Gasatom sensibilisierten Phosphor handelt u. Anregung durch Bestrahlung (2537 Å) nur dann eintritt, wenn bei der Herst. erneutes Glühen in einer reduzierenden Atmosphäre (N_2 — 20% H_2) erfolgt. Die $Cd_2P_2O_7$-Matrix zeigt eine Anregungsbande im Bereich hoher Energie, die durch Mn^{2+} als prim. Aktivator nicht verändert wird, sich jedoch bei Red. u. in Abhängigkeit vom Mn-Geh. nach niedrigeren Energien verschiebt. Letzteres wird auf die Bldg. von Cd^+/Mn^{2+}-Paaren als akt. Zentren zurückgeführt, ersteres auf die Bldg. von Cd^+-Teilchen. Vf. erörtert den Mechanismus der Energieübertragung u. den spezif. Einfl. der Reduktion. Letzteres scheint die verbotene Zone des $Cd_2P_2O_7$, möglicherweise auf Grund von Trägerinjektion in das Valenzband, zu beeinflussen. P. Frenzel. 125□

Elektrofluorescenz von mit Seltenerdmetallen aktiviertem Al_2O_3. I. Adams und J. W. Mellichamp. (J. chem. Physics **36**, 2456—59, 1/5. 1962; Fort Monmouth, N.J., U.S. Army Signal Res. and Dev. Labor.; engl.) — Vff. berichten über Unterss. der Elektroluminescenz von γ-Al_2O_3-Proben, die mit Sm^{2+}-, Sm^{3+}-, Eu^{3+}-, Gd^{3+}-, Tb^{3+}- u. Dy^{3+}-Ionen aktiviert waren u. nacheinander in einer N_2- u. Cl_2-Atmosphäre bei 800—1000° getempert wurden. Es zeigt sich, daß die Emissionsspektren charakterist. für die Fluorescenz von Ionen der Seltenerdmetalle in Korundstruktur sind. Die Spektren werden diskutiert, u. es wird ein Anregungsmechanismus vorgeschlagen. Die Fluorescenz wurde zwischen einer Metall- u. einer leitenden Glasplatte bei ca. 500 V Gleichstrom angeregt. G. M. Neumann. 125□

Einfluß von Substitutionen durch Seltenerdmetalle auf die Fluorescenz von Terbiumhexaantipyrintrijodid. R. R. Soden. (J. appl. Physics **32**, 750—51, April 1961; Murray Hill, N.J., Bell Telephone Labor., Inc.; engl.) — Vf. untersucht die Fluorescenz folgender fester Antipyrin (AP)-Verbb.: $Gd_{1-x}Tb_x(AP)_6J_3$, $Er_{1-x}Tb_x(AP)_6J_3$, $Dy_{1-x}Tb_x(AP)_6J_3$ u. $Y_{1-x}Tb_x(AP)_6J_3$ mit $x = 1{,}0; 0{,}5; 0{,}2; 0{,}1; 10^{-2}; 10^{-3}; 10^{-4}; 10^{-5}; 10^{-6}; 5\cdot10^{-2}; 5\cdot10^{-3}$ u. $5\cdot10^{-4}$. Da die Hexaantipyrintrijodide der Seltenerdmetalle selbst nicht fluorescieren, durch Spuren Tb jedoch eine deutliche Fluorescenz hervorgerufen wird, ist hiermit eine Möglichkeit gegeben, den Tb-Geh. hochreiner Seltenerdmetalle (z. B. Gd u. Y) zu ermitteln. J. Peters. 125□

A$_3$. Elektrizität. Magnetismus. Elektrochemie

Bemerkungen über die Ausbildung der Funkenentladung in Gasen und Flüssigkeiten. Georges Buchet, Jacqueline de Courville, Anna Fakiris, Alice Goldman, Max Goldman und Jean Reinhardt. (C. R. hebd. Séances Acad. Sci. **254**, 2946—48, 16/4. 1962; Irvy-sur-Seine, C.N.R.S., Labor. de Synth. atom. et d'Optique; engl.) — An Hand des vorliegenden experimentellen Materials über den Coronaeffekt u. die Ausbldg. von Funkenentladungen in Gasen ($p\cdot d > 1000$ Torr cm) u. Fll. wird ein neuerer Mechanismus für die am elektr. Durchschlag beteiligten Ionisationsvorgänge entwickelt. A. Blaschette. 131□

Entladungsformen bei Verwendung von Glühkathoden. R. B. Cairns und G. C. McCullagh. (J. Electronics and Control [1] **6**, 65—69, Jan. 1959; Belfast, Queen's Univ., Phys. Dep.; engl.) — Untersucht werden die Form der Entladungen von einer Oxidkathode (Niederspannungsbogen) in *Ar* bei 1—5 Torr, die Abhängigkeiten zwischen diesen Formen sowie die Einfl. der Diffusion u. von Oscillationsvorgängen. Die Übergänge, die zum Langmuirschen Bereich führen, lassen sich nicht in 4 verschiedene, definierte Erscheinungen auflösen. Der Langmuirsche Bereich tritt auf, wenn die blaue Aureole die Kathode erreicht. Dieser Übergang ist diskontinuierlich u. wird von Elektronenoscillationen im Plasma beeinflußt. Die Ausdehnung des Anodenglimmsaumes hinter der Anode wird durch einfache Diffusion erklärt. P. Frenzel. 131□

Spannungs-Strom-Charakteristika von Wolfram-Elektroden in Cäsiumdampf. L. H. Stauffer. (ARS Journal **31**, 322—26, März 1961; Schenectady, N.Y., General Electric Co.; engl.) — Vf. bestimmt experimentell die Beziehung zwischen Strom u. Spannung von W-Elektroden in reinem Cs-Dampf bei Drücken von 10^{-6}—10^{-3} Torr. Die Anoden- u. Kathoden-Temp. werden von Raum-Temp. bis über 1500° variiert. Bei den untersuchten niedrigen Drücken wird der Leitungsmechanismus vollständig durch Elektrodenoberflächenerscheinungen bestimmt, wie Sekundärelektronenemission u. Kontaktionisation. Da die mittlere freie Weglänge für Elektron–Atom-Zusammenstöße mehrere Elektrodenabstände beträgt, können die Ladungsträger nur an den Elektroden entstehen. Vf. stellt fest, daß bei allen Elektroden-Temp. der Strom stufenweise mit dem Cs-Druck zunimmt, unabhängig davon, welche Elektrode erhitzt wird. Überschreitet der Cs-Druck $(3-5) \cdot 10^{-6}$ Torr, kann kein Potential im kV-Bereich ohne große Energieverluste aufrechterhalten werden. J. Peters. 131 □

Zünden von Gasmischungen durch elektrische Entladungen zwischen einer geheizten und einer kalten Elektrode: Anwendung in einer Durchschlagapparatur zur Prüfung der Betriebssicherheit. W. Rogulski. (Nature [London] **194,** 858-59, 2/6. 1962; Isleworth, Middles., Nat. Coal Board, Mining Res. Establ.; engl.) — Vf. untersucht den therm. Einleitungsvorgang bei der Zündung von 8,3 Vol.-%ig. CH_4–Luft-Gemischen bei Atmosphärendruck. Gezündet wird mit Hilfe einer erhitzen Nichrom-Elektrode, durch Unterbrechungsentladungen eines 24-V-Gleichstromkreises mit kernfreier Selbstinduktion sowie durch einen 24-V-Kreis mit sehr niedriger Induktivität. Weiterhin wird das Verh. einer geheizten u. einer kalten Pt-Drahtelektrode bei Unterbrechungsentladung sowie das induktive Zünden zwischen nichtgeheizten Pt- u. W- sowie Ni–Cr-Draht untersucht. Aus den Verss. schließt Vf., daß durch Heizen der Elektroden eine Zündung von explosiven Gasgemischen unter Bedingungen eintreten kann, die für kalte Elektroden als nichtkrit. angesehen werden. Unter Verw. eines Entladungs-Syst., bei dem eine oder beide Elektroden geheizt werden, können Sicherheitsprüfgeräte mit hoher Empfindlichkeit hergestellt werden. P. Frenzel. 131 □

Untersuchungen der Gleichrichtung in einer Gas-(Stickstoff)-Entladung zwischen koaxialen zylindrischen Elektroden. 3. Mitt. **Gleichrichtung in vollkommenen Ozonisatoren.** V. L. Talekar. (J. Electronics [1] **2,** 341—57, Jan. 1957; Jaipur, India, Maharaja's Coll., Dep. of Phys.; engl.) — 2. vgl. J. Electronics [1] **2,** [1956], 205. — Vf. untersucht die Potentialänderung der Gleichrichtung in Ozonisatoren über einen Druckbereich von 6—350 mm Hg bei einer Frequenz von 50 Hz. Die experimentellen Ergebnisse stimmen mit der Theorie in Größe u. Vorzeichen gut überein. Dabei zeigt sich, daß die an den Glaswänden gebildeten aktivierten Schichten nicht nur eine bedeutende Rolle für den Startmechanismus der positiven u. negativen Entladung haben, sondern daß sie den Einfl. der Elektrodenasymmetrie auf das Vorzeichen u. das Ausmaß der Gleichrichtung in Ozonisatoren völlig abschirmen. Ferner wendet Vf. die Theorie erfolgreich auf die Ergebnisse von Chiplonkar (1939, 1941) über die Gleichrichtung in Geissler-Röhren an. G. M. Neumann. 131 □

Die chemische Reaktion in stillen elektrischen Entladungen. 1. Mitt. Kihei Morinaga und Momotaro Suzuki. (Bull. chem. Soc. Japan **34,** 157—61, Febr. 1961; engl.) — Vff. untersuchen die O_3-Bldg. in einem Siemens-Ozonisator unter bes. Berücksichtigung der hochfrequenten Entladungsströme, die mit einem Oszillographen gemessen wurden. Die O_3-Ausbeute Y ist dem hochfrequenten Entladungsstrom proportional, wenn Y auf die Verweilzeit $\tau = 0$ des O_2 im Ozonisator bezogen wird. Die Proportionalität gilt unabhängig von dem Elektrodenabstand d u. von der effektiven Elektrodenfläche A. Wird Y auf $\tau = 0$ u. auf konst. Entladungsstrom bezogen, so besteht Proportionalität zwischen Y u. A/d. K. Roß. 131 □

Untersuchung freier Radikale durch Massenspektrometrie. Jacques Collin. (Ind. chim. belge **24,** 25—34, Jan. 1959; Liège, Univ., Inst. de Chim. gén.; franz.) — Vgl. C. **1962,** 12986. — Übersicht. — 59 Literaturangaben. A. Blaschette. 131 □

Die Polarisierbarkeit des Radons. D. G. Tuck. (J. physic. Chem. **64,** 1775—76, Nov. 1960; Nottingham, Univ., Dep. of Chem.; engl.) — Vf. errechnet aus der bereits bestimmten Adsorptionswärme ΔH des Rn (vgl. C. **1958,** 7975) die Polarisierbarkeit α des Rn nach der halbempir. Beziehung $\Delta H = 0{,}29 + 2{,}11\alpha$ zu $6{,}3 \pm 0{,}6$ Å^3. Dieser Wert stimmt gut mit dem höheren der von Miller (vgl. C. **1960,** 10862) errechneten α-Werte überein. H.-J. Hartmann. 132 □

Struktur und Phasenübergänge ferroelektrischer Natrium–Blei-Niobate und anderer Natriumniobatkeramiken. M. H. Francombe und B. Lewis. (J. Electronics [1] **2,** 387—403, Jan. 1957; Wembley, England, Gen. Electr. Co. Ltd., Res. Labor.; engl.) — Dielektr. Unterss. von Keramikmaterial auf der Basis von $NaNbO_3$ u. $PbNb_2O_6$ zeigen, daß feste Lsgg. vom Perowskit-Typ bis zu einem 35%ig. Austausch von Na-Atomen durch Pb-Atome bzw. Leerstellen gebildet werden. Dicht unterhalb des Curie-Punktes wird eine tetragonale ferroelektr. Phase gebildet, die zu tieferen Temp. immer schwächer ferroelektr. wird u. in den orthorhomb. $NaNbO_3$-Typ übergeht. Sind mehr

als 25% der Na-Atome ausgetauscht, so ist die tetragonale bis zu Zimmer-Temp. beständig. Durch teilweisen Austausch der Nb-Atome durch Ta wird die ferroelektr. Umwandlungs-Temp. erniedrigt. Ein Vgl. der Eigg. von $NaNbO_3$ mit denen der festen Lsgg. von $PbNb_2O_6$, $CdNb_2O_6$ u. $KNbO_3$ zeigt, daß das Auftreten mehrfacher Elementarzellen auf die Abstände im Nb–O-Gitter zurückzuführen ist. Die Struktur unterhalb des Curie-Punktes ist dann nur von dem Zustand des Nb–O-Grundgitters u. dem Grad der ferroelektr. u. antiferroelektr. Kopplung abhängig. Die Curie-Temp. selbst wird weniger durch die Größe der Substitutionsatome als durch ihre Natur beeinflußt.
G. M. Neumann. 133□

Besonderheiten der piezoelektrischen Eigenschaften keramischer Piezoelemente aus $BaTiO_3$, geschnitten unter einem Winkel von 45° zur Polarisationsrichtung. Ss. W. Bogdanow, B. M. Wul und R. Ja. Rasbasch. (Кристаллография [Kristallographie] **6,** 271—73, März/April 1961; Phys. Lebedew-Inst. der Akad. der Wiss. der UdSSR; russ.) — Experimentell wurde gefunden, daß das elektr. Feld einen Einfl. auf die durch mechan. Spannungen bewirkte Reorientierung der Domänen hat.
G. Winkhaus. 133□

Über den Einfluß der Dispergierung auf die Elektronenaustrittsarbeit. A. A. Shuchowitzki und L. A. Andrejew. (Доклады Академии Наук СССР [Ber. Akad. Wiss. UdSSR] **142,** 1319—22, 21/2. 1962; Moskau, Inst. für Stahl; russ.) — Vff. leiten über die kinet. Energie des Elektronengases einen Ausdruck für die Elektronenaustrittsarbeit von Kristallen in Abhängigkeit vom Teilchendurchmesser ab. Hierbei zeigt sich, daß eine Erniedrigung der Austrittsarbeit erst bei recht kleinen Teilchen auftritt. Durch plast. Deformation wird über die Einführung von Versetzungen, Mosaikblöcken u. Gleitebenen ebenfalls die Austrittsarbeit herabgesetzt. Vff. zeigen dies am Beispiel der Kontaktpotentialdifferenz (KD) zwischen zwei Fäden aus Mo-Einkristallen ($\varnothing = 50\mu$), von denen der eine in zunehmendem Maße verformt wurde. KD nimmt mit der Verformung zu. KD tritt sowohl bei Verformung bei 10^{-8} bzw. 10^{-4} Torr als auch an oxydierten Proben auf.
D. Hoene. 134□

Feinstruktur der Sekundäremission von Titaneinkristallen in Abhängigkeit vom Einfallswinkel des Primärstrahls. R. W. Soshea und A. J. Dekker. (Physic. Rev. [2] **121,** 1362—69, 1/3. 1961; Minneapolis, Minn., Univ. of Minnesota, Dep. of Electr. Engng.; engl.) — Das Sekundäremissionsverhältnis δ von Ti-Einkristallen wurde in Abhängigkeit vom Einfallswinkel θ der Primärelektronen bei Beschuß der (0 0 0 1) Fläche bestimmt, wobei der Primärstrahl in der ($1\,\bar{1}\,0\,0$)- u. in der ($1\,\bar{2}\,1\,0$)-Ebene lag. Die Kurven zeigen eine allg. Zunahme von δ mit zunehmendem Winkel zwischen Elektronenstrahl u. Flächennormale. Dieser allg. Zunahme sind kleine relative Maxima überlagert. Diese Maxima werden größer u. breiter, wenn der Primärstrahl entlang einer der Hauptzonenachsen des Kristalls einfällt. Die Größenordnung dieser Banden variiert mit der Energie der auftreffenden Elektronen, während ihre Winkelabhängigkeit von der Energie unabhängig ist. Die kleineren, extrem schmalen Banden entsprechen nicht den Hauptzonenachsen. Größenordnung u. Winkelabhängigkeit dieser Maxima variieren mit der Primärenergie. Diese Maxima werden auf Beugung der einfallenden Elektronen durch das Kristallgitter zurückgeführt.
H. Liepack. 134□

• **Photoelektrische Emission von der Oberfläche von Cr_2O_3, NiO und ZnO.** F. I. Wilessow. (Доклады Академии Наук СССР [Ber. Akad. Wiss. UdSSR] **141,** 1068—71, 11/12. 1961; Leningrad, Shdanow-Univ., Physikal. Inst.; russ.) — Vf. untersucht die Energieverteilung der Photoelektronen von Cr_2O_3, NiO u. ZnO verschiedener Herst.-Verff. bei Bestrahlung mit Lichtquanten von 7,7—11,2 bzw. 6,3—9,8 bzw. 7,7—11,2 eV. Die Herst.-Art hat nur geringen Einfl. auf die Energieverteilung. Die Austrittsarbeiten betragen 5,9, 5,3 u. 6,3 eV; das Fermi-Niveau liegt bei 5,9, 6,0 u. 4,6 eV (im Vakuum).
D. Hoene. 134□

Oberflächenzustände von eindimensionalen Kristallen. 1. Mitt. E. Aerts. (Physica [Utrecht] **26,** 1047—56, Dez. 1960; Gent, België, Labor. voor Kristallogr. en Studie van Vaste Stoffen; engl.) — Vf. berechnete mit Hilfe der Streumatrix von Saxon u. Hutner (vgl. Philips Res. Rep. **4,** [1949], 81) die Energieniveaus an der Oberfläche eines eindimensionalen halbunendlichen Kristalls. Es wurde gefunden, daß die Anzahl u. die Lage der lokalisierten Energieniveaus an der Grenzfläche eines linearen eindimensionalen halbunendlichen Kristalls durch das Potential aller Atome, durch die Potentialstörung der Oberflächenatome infolge Fremdatomen, durch die Gitter-Konst. u. durch die Potentialstufe an der Oberfläche beeinflußt wird. Ist das Potential an der Oberfläche schwächer als im ganzen Kristall, dann entsteht ein n-Halbleiter, ist es dagegen an der Oberfläche stärker, so entsteht ein p-Leiter.
C. Gottfried. 135

Oberflächenzustände von eindimensionalen Kristallen. 2. Mitt. E. Aerts. (Physica [Utrecht] **26**, 1057—62, Dez. 1960; engl.) — 1. vgl. vorst. Referat. — Vf. legte seinen theoret. Betrachtungen ein halbunendliches Kristallmodell zugrunde, das aus 2 Arten von Atomen zusammengesetzt ist u. wobei Ionen- u. Valenzkristalle berücksichtigt wurden. Außerdem wurde angenommen, daß das Potential der Atome an der Oberfläche asymm. ist. Es konnte bewiesen werden, daß die Anzahl u. die Lage der lokalisierten Oberflächenzustände durch die Gitter-Konst., die atomare Potentialstärke der zwei verschiedenen Arten von Atomen sowie durch die Potentialstufe an der Oberfläche bestimmt werden. Für verschiedene numer. Werte der obigen Parameter wurde mit Hilfe der l. c. beschriebenen Meth. die Lage der Energieniveaus an der Oberfläche berechnet, wobei jedoch nur ein Kristall mit einer sauberen Oberfläche berücksichtigt wurde. Ganz allg. findet man nur ein Niveau in der ersten verbotenen Zone, ausnahmsweise 2 oder keins, C. Gottfried. 135

Oberflächenzustände von eindimensionalen Kristallen. 3. Mitt. E. Aerts. (Physica [Utrecht] **26**, 1063—72, Dez. 1960; engl.) — 2. vgl. vorst. Referat. — Mit Hilfe der l. c. erwähnten Streumatrix-Meth. berechnete Vf. die lokalisierten Oberflächenenergieniveaus für Kristallmodelle mit einem symm. Potential für das Oberflächenatom. Für eine saubere Oberfläche findet man keine Niveaus in Übereinstimmung mit Ergebnissen von Shockley [1939]. Ist jedoch die Oberfläche mit einer adsorbierten Verunreinigung bedeckt, dann findet man Oberflächenniveaus, wenn das Potential der Verunreinigung schwächer ist als das aller Atome. Es konnte theoret. bewiesen werden, daß Grenzflächenzustände an der Grenzfläche von 2 halbunendlichen eindimensionalen Kristallen auftreten. Sie treten jedoch nur auf, wenn die erste verbotene Zone des einen Kristalls der zweiten verbotenen Zone des anderen Kristalls entspricht. C. Gottfried. 135

Das Energiespektrum einer amorphen Substanz. P. Phariseau. (Physica [Utrecht] **26**, 1185—91, Dez. 1960; Gent, België, Labor. voor Kristallogr. en Studie van Vaste Stoffen; engl.) — Unter Bezugnahme auf theoret. Unterss. von Saxon u. Hutner (vgl. Philips Res. Rep. **4**, [1949], 82) untersuchte Vf. mit Hilfe einer Greenschen Funktion das Energiespektrum eines Elektrons, das sich in einem eindimensionalen Modell einer amorphen Substanz bewegt, die aus Atomen der gleichen Art besteht u. wobei jedes Atom durch eine Diracsche δ-Funktion dargestellt wird. Eine unendliche Anzahl solcher Atome wird regellos verteilt u. irgendwelche Annahmen über die Atomabstände werden nicht gemacht. Rechner. konnte die Existenz von erlaubten Energiebändern in amorphen festen Substanzen bewiesen werden. C. Gottfried. 135

Oberflächenzustände in eindimensionalen Kristallen. P. Phariseau. (Physica [Utrecht] **26**, 1192—1200, Dez. 1960; engl.) — Vgl. vorst. Referat. — Vf. untersuchte theoret. mit Hilfe einer Greenschen Funktion das Energiespektrum eines Elektrons in einem eindimensionalen Gitter, das nur einen Atomtyp enthält. Jedes Atom wird dabei als eine Diracsche δ-Funktion dargestellt. Wird das unendliche Kristallmodell auf einer Seite begrenzt, dann erhält man nicht nur eine Potentialstufe auf der Oberfläche, sondern man kommt zu der Annahme, daß die ersten n Atome verschoben sind. Rechner. ergibt sich, daß die Lokalisierung der Oberflächenzustände nicht nur von der Größe der Potentiale, der Gitter-Konst. u. der Höhe der Potentialschwelle auf der Oberfläche abhängt, sondern auch von den verschiedenen Verschiebungen der n Atome, also dem Eindringen des Oberflächenpotentials in den Kristall. C. Gottfried. 135

Hysterese beim Feldeffekt mit starkem Signal in Halbleiteroberflächen. D. R. Frankl. (J. electrochem. Soc. **109**, 603—11, Juli 1962; Bayside, N.Y., Gen. Telephone & Electronics Labor., Inc.; engl.) — Die endliche Bldg.- u. Rekombinations-Geschw. der überschüssigen Minoritätsträger kann bei oscillograph. Messungen des Feldeffekts mit starkem Signal auch bei Frequenzen $< (2\pi\tau)^{-1}$ zu starker Hysterese führen. Die Hystereseschleifen erscheinen auf der Seite der Inversionsschicht in der Leitfähigkeits-Feldspannungs-Kurve u. verbreitern sich in Abhängigkeit von der Oberflächenbehandlung mit zunehmender Frequenz u. zunehmender Lebensdauer der Minoritätsträger. Vf. teilt experimentelle Ergebnisse für Ge sowie eine einfache theoret. Behandlung des Hystereseeffekts mit. P. Frenzel. 135□

Tunnelstrom in Esaki-Dioden. Clayton Wilson Bates jun. (Physic. Rev. [2] **121**, 1070—71, 15/2. 1961; Wilmington, Mass., AVCO Res. and Adv. Dev. Div., Solid State Phys. Group; engl.) — Das Integral für den Nettotunnelstrom durch den Übergang in einer Esaki-Diode wird berechnet u. der Tunnelstrom in Abhängigkeit von der Spannung für 200, 300 u. 350° K für Donator- u. Acceptor-Konzz. von 10^{19} bzw. $1{,}6 \cdot 10^{19}$ cm^{-3} dargestellt. H. Liepack. 135□

Äquivalentbasiswiderstand von Transistoren mit punktförmigen Kontakten. Frederick J. Young. (Appl. sci. Res. [The Hague] B **7**, 361—65, 1959; Pittsburgh, Pa., Carnegie Inst. of Technol.; engl.) — Mit Hilfe eines dreidimensionalen elektr. Feldmodells leitet Vf. theoret. eine Gleichung für den Äquivalentbasiswiderstand R_b (Verhältnis Emitterspannung/Kollektorstrom) von Transistoren mit punktförmigen Kontakten ab. Es wird gezeigt, daß R_b von der Anordnung des Emitters, dem spezif. Widerstand des Halbleiters u. der Dimensionierung des Bauteils abhängig ist. P. Frenzel. 135□

Über die Änderung des Transportfaktors eines Flächentransistors mit der Konzentration injizierter Ladungsträger. A. N. Dawi. (Indian J. Physics Proc. Indian Assoc. Cultivat. Sci. **34** (43), 20—35, Jan. 1960; Calcutta, Univ., Inst. of Radio Phys. and Electronics; engl.) — Eine allg. Gleichung für die Verteilung der injizierten Ladungsträger (LT) im Basisbereich eines p n p-Flächentransistors sowie für den Transportfaktor s wird abgeleitet, wobei die Emitterstromdichte als Funktion der LT-Konz. gegeben ist. Die Beziehung wird bzgl. der Rekombinationsvorgänge an der Oberfläche u. im Innern überprüft u. mit früheren Ergebnissen verglichen. Der Einfl. einer elektron. Komponente durch den Emitter–Basis-Übergang ist sehr klein, diese wirkt sich jedoch auf den Stromverstärkungsfaktor aus. P. Frenzel. 135□

Querschnitte und Ohmscher Widerstand röhrenähnlicher Diffusionsbereiche in Silicium. A. Goetzberger und C. Stephens. (J. electrochem. Soc. **109,** 604—07, Juli 1962; Palo Alto, Calif., Snockley Transistor, Unit of Clevite Transistor; engl.) — Mit Hilfe eines Abtragungs-Verf. durch anod. Oxydation u. Emissionsmessungen untersuchen Vff. die Querschnittsformen röhrenartiger Diffusionsbereiche hoher Donator-Konz. in p-Diffusionsschichten in Si. Die Bereiche werden durch Behandlung von ebenen, B-dotierten p^+n-Diffusionsdioden mit P_2O_5-Aerosol erzeugt. Die theoret. vorausgesagten Formen (ellipsenförmig, rotationshyperbol. u. „eingetaucht" rotationshyperbol.) werden nachgewiesen. In einigen Fällen nimmt der Durchmesser mit der Tiefe zu, in anderen Fällen ab. Die relativ unbedeutenden Abweichungen von der Theorie führen Vff. auf Diffusionshemmung nahe der Oberfläche zurück. Messungen des Ohmschen Widerstandes der Bereiche mit Hilfe eines neuen Kontakt-Verf. mit einer n^+-Diffusionsschicht bestätigen die Ergebnisse der opt. Profilmessungen. P. Frenzel. 135□

Dünne epitaktische Siliciumfilme. K. J. Miller, R. C. Manz und M. J. Grieco. (J. electrochem. Soc. **109,** 643—45, Juli 1962; Murray Hill, N.J., Bell Telephone Labor., Inc.; engl.) — Vgl. Theuerer, C. **1962,** 1123. — Das l. c. beschriebene Abscheidungs-Verf. von epitakt. Si-Filmen auf Si-Substraten durch Red. von $SiCl_4$ mit H_2 ist auf Grund der hohen Reproduzierbarkeit der Schichtstärken zur Herst. von pn-Übergängen während des Ziehverf. geeignet. Eine Abscheidungs-App. wird beschrieben. Gut ausgebildete Filme erhält man bei Abscheidungs-Temp. von 1200—1275°, $<1050°$ entstehen häufig vielkristalline Filme, zwischen 1050 u. 1200° solche mit Wachstumsfehlstellen. Durch H_2O- u. O_2-freies H_2 wird die Oxid-Bldg. auf der Probenoberfläche vermieden. Dotierung erfolgt über die Zugabe von PCl_3 zum zugeführten $SiCl_4$. Die prozentuale Änderung des spezif. elektr. Widerstandes R durch die Probe ist proportional der Uneinheitlichkeit der Filmdicke u. der Größe von R. Kennlinien von Dioden mit nach diesem Verf. hergestellten pn-Übergängen werden erörtert. P. Frenzel. 135□

Untersuchungen zur tiegelfreien Herstellung von Siliciumstäben. F. Eckart und H. Menniger. (Mber. dtsch. Akad. Wiss. Berlin **3,** 169—70, 1961; Dt. Akad. der Wiss., Forschungsgemeinschaft, Physikal.-techn. Inst.; dt.) — Zur tiegelfreien Herst. von Si-Stäben wird Si, das durch therm. Zers. von $SiCl_4$ oder $SiHCl_3$ dargestellt wird, auf einem Si-Kristall abgeschieden. Die optimalen Arbeitsbedingungen für ein stabförmiges Wachstum werden angegeben. Die erhaltenen Einkristalle wurden der Zonenschmelze unterworfen, wobei p-leitende Kristalle mit 250 $\Omega \cdot$cm (aus $SiCl_4$) bzw. 40 $\Omega \cdot$cm (aus $SiHCl_3$) erhalten wurden. Harro Zimmer. 135□

Struktur der Oberflächenschichten von Germanium und Silicium nach optischen und elektronographischen Meßergebnissen. W. W. Andrejewa und N. A. Schischakow. (Журнал Физической Химии [J. physik. Chem.] **35,** 1351—58, Juni 1961; Inst. für physikal. Chem. der Akad. der Wiss. der UdSSR; russ., Auszug: engl.) — Vff. untersuchen opt., röntgenograph. u. durch Elektronenbeugung die Umsetzungen von Ge-Filmen u. Ge- u. Si-Einkristallen mit O_2, W. u. Wasserdampf. Gleichzeitig wird der Einfl. der Adsorption u. des Ätzens auf die elektr. Leitfähigkeit ermittelt. Reine Oberflächen werden sehr schnell mit einem Oxidfilm bedeckt, auf dem eine Peroxid- u. reversibel adsorbierte O-Schicht ausgebreitet ist. W. bildet mit Ge z. T. lösl. GeO_2, z. T. $GeO_2 \cdot H_2O$. Die d-Werte der Rk.-Prodd. von Ge mit Wasserdampf u. W. sind angegeben. D. Hoene. 135□

Die Grenzfläche zwischen Germanium und einem gereinigten Neutralelektrolyten. W. H. Brattain und P. J. Boddy. (J. electrochem. Soc. **109,** 574—82, Juli 1962; Murray Hill, N.J., Bell Telephone Labor.; engl.) — Messungen der differentiellen

Kapazität an der Grenzfläche zwischen Ge (1 0 0) u. einer hochreinen, phosphatgepufferten (pH 7,4) 0,1m K_2SO_4-Lsg. mit Hilfe einer Hochfrequenzimpuls-Meth. zeigen, daß nur die Kapazität des Raumladungsbereiches von Ge eingeht. Für die Potentialverteilung bei Anwendung einer anod. Vorspannung ergibt sich die einfache Beziehung $\psi_s - kT/e \cdot \ln \lambda = V_E + K$ (K = Konst.; ψ_s = Oberflächenpotential; V_E = Elektrodenpotential; $\lambda = p/n_i$; p = Loch-Konz.). Die Oberflächenrekombinations-Geschw. wird zu annähernd Null bestimmt. Vff. schließen aus den Ergebnissen auf die Abwesenheit von schnellen Oberflächenzuständen (ca. $< 10^{9,5}$ cm^{-2}). Messungen der Oberflächenleitfähigkeit von Ge in Abhängigkeit von Ψ_s weichen außer bei geringen Polarisationsströmen von der Theorie ab, sind jedoch reproduzierbar. P. Frenzel. 135□

Untersuchung einiger ungewöhnlicher Oberflächenbehandlungsverfahren von Germanium. W. A. Albers jun. und A. M. Rickel. (J. electrochem. Soc. **109,** 582–88, Juli 1962; Southfield, Detroit, Mich., Bendix Corp., Res. Labor. Div.; engl.) – Geätzte Ge-Oberflächen werden nach verschiedenen Verff. behandelt u. bzgl. ihrer Oberflächenenergieniveaus u. Empfindlichkeit gegenüber Änderungen der umgebenden Atmosphäre (trocknes u. feuchtes O_2; O_3) charakterisiert. Weiterhin messen Vff. die Leitfähigkeitsänderungen im elektr. Wechselfeld u. die Oberflächenrekombinations-Geschw., beide in Abhängigkeit vom Oberflächenpotential. Aus den Ergebnissen schließen Vff. auf bestimmte Beziehungen zwischen den Eigg. geätzter Ge-Oberflächen u. den sich aus der anschließenden Oberflächenbehandlung ergebenden, bei denen eine gegenüber Änderungen der umgebenden Atmosphäre relativ passive Oberfläche resultiert. Die Einfangquerschnitte für Löcher sind für verschiedene Oberflächenzustände relativ konst., während sich die für Elektronen stark ändern. Sek. Rekombinationsniveaus stehen wahrscheinlich im Zusammenhang mit der starken Oxydation. Das relativ passive Verh. führen Vff. auf eine verhältnismäßig hohe Ladungs-Konz. in schnellen Oberflächenzuständen zurück, die eine gewisse „abschirmende" Wrkg. ausüben. – Die Proben wurden behandelt mit 30%ig. H_2O_2, mit O_2, mit KJO_3, mit Br_2, mit SiO_2, mit H_2SO_4–$Cr_2O_7^{2-}$. P. Frenzel. 135□

Die Bedeutung des Selendampfdruckes bei der Herstellung von silberdotiertem Manganselenid. W. D. Johnston. (J. electrochem. Soc. **109,** 595–99, Juli 1962; Pittsburgh, Pa., Westinghouse Electr. Corp., Res. Labor.; engl.) – Vf. untersucht mit Hilfe von Gew.-, Widerstands- u. Thermokraftmessungen sowie mit röntgenograph. u. metallograph. Verff. den Einfl. des Dampfdruckes p von Se über MnSe, das geringe Mengen Ag_2Se enthält ($Ag_xMn_{1-x}Se$; x = 0,005, 0,01, 0,02, 0,03, 0,06), u. stellt drei verschiedene Druckbereiche fest: Bei geringem p wird Se durch die Mischung unter Bldg. einer gemischtwertigen Verb. $Ag_xMn_{1-x}Se\oplus_x$ ($\oplus$ = Loch-Konz.) aufgenommen. Der Wert von $\oplus$ nimmt in Abhängigkeit von p zu, bis das gesamte Ag_2Se verbraucht ist u. nur noch eine Einzelphase vorliegt. Danach nimmt p stark mit geringer Änderung der Zus. zu. Schließlich wird p so hoch, daß Mn-Fehlstellen entstehen. Vf. beschreibt die Bereiche mit Massenwrkg.-Beziehungen für den Zusammenhang zwischen p mit den Fehlstellen u. der Ladungsträgerkonzentration. P. Frenzel. 135□

Entartung in Ag_2Te. C. Wood, V. Harrap und W. M. Kane. (Physic. Rev. [2] **121,** 978–82, 15/2. 1961; Philadelphia, Pa., Philco Corp., Res. Div.; engl.) – Vff. untersuchten Hall-Koeff., spezif. Widerstand u. Seebeck-Koeff. von n- u. p-leitendem Ag_2Te zwischen 55 u. 300° K. Die Ergebnisse zeigen, daß die Verb. im angegebenen Temp.-Bereich stark entartet ist. Die red. Massen u. Fermi-Niveaus werden für verschiedene Proben u. Temp. für Streuung durch Verunreinigungsionen u. durch Gitterphononen mitgeteilt. Obwohl die Verb. im Störleitungsbereich stark entartet erscheint, die Verunreinigungen also teilweise ionisiert sind, ist die Hall-Konst. bei tiefen Temp. temperaturunabhängig. Vff. nehmen an, daß die Verunreinigungsniveaus die entsprechenden Bandkanten überlappen. In n-leitenden Proben erfolgt die Phononenstreuung nur bei höheren Temp., nicht aber im Störleitungsbereich. Für p-leitende Proben erfolgt für den gesamten Temp.-Bereich, in dem die Konst. der Ladungsaustauschstreuung r = 0 ist, vorwiegend Gitterstreuung durch akust. Schwingungen. Für eine spezielle p-leitende Probe werden für r = 0 folgende Werte für die Breite des verbotenen Bandes u. die effektiven Massen angegeben: E = 0,028 eV, $m_n/m_p = 0,71$, $m_n/m_0 = 0,12$, $m_p/m_0 = 0,17$. H. Liepack. 135□

Halbleiter-„Verbindung" $AgFeTe_2$. J. H. Wernick und R. Wolfe. (J. appl. Physics **32,** **749,** April 1961; Murray Hill, N.J., Bell Telephone Labor., Inc.; engl.) – Vgl. C. **1962,** 1125. – An Hand der Röntgenstrukturanalyse u. von Unterss. an angeätzten Mikroschliffen der synthet. Verb. $AgFeTe_2$ wird gezeigt, daß es sich um keine einphasige Verb. handelt, sondern daß mindestens 2 Phasen vorhanden sind, von denen die eine Ag_2Te ist. Ob eine tern. Phase der idealen Zus. $AgFeTe_2$ vorliegt, wurde nicht ermittelt. J. Peters. 135□

Ladungsträgercharakteristiken in Cu-dotiertem WO_3, ermittelt aus der Leitfähigkeit, Hall-Spannung und thermischen EMK-Untersuchungen. M. J. Sienko und Paul F. Weller. (Inorg. Chem. [Washington] **1**, 324—31, Mai 1962; Ithaka, N.Y., Cornell Univ., Baker Labor. of Chem.; engl.) — Einkristalle der Zus. $Cu_{0,076}WO_3$ (I), $Cu_{0,094}WO_3$ (II) u. $Cu_{0,95}WO_{3+\delta}$ (III) wurden durch therm. Zers. (24 Std., 950—1000° unter Ar, Abkühlen bis 400° mit 0,5°/min) aus Gemischen $CuWO_4/WO_3$ erhalten. Diagramme log ϱ gegen 1/T wurden aufgenommen. II (orthorhomb.) zeigt 3 lineare Bereiche: unterhalb 170° K mit der Aktivierungsenergie 0,05 eV, zwischen 170 u. 220° K mit der Aktivierungsenergie 0,4 eV u. über 500° K mit der Aktivierungsenergie 0,45 eV. Zwischen 220 u. 500° K liegt metall. Leitfähigkeit vor. III (triklin) zeigt keinen Bereich metall. Leitfähigkeit u. 2 lineare Bereiche: unterhalb 700° K mit der Aktivierungsenergie 0,10 eV u. oberhalb 700° K mit der Aktivierungsenergie 0,15 eV. Thermokraftmessungen u. Hall-Effekt zeigen n-Leitung an. Bei 300° K betragen für I, II u. III die Ladungsträger-Konzz. u. Ladungsträgerbeweglichkeiten $5 \cdot 10^{18}$, $15 \cdot 10^{18}$ u. $1 \cdot 10^{18}$ Elektronen/cm^3 u. 6, 10 u. 0,4 cm^2/V·s. Die Thermokraftwerte liegen zwischen —220 u. —300 μV/Grad. Für I u. II werden die Ergebnisse am Modell eines Leitungsbandes gedeutet, das unterhalb Zimmer-Temp. zusammenbricht, wahrscheinlich in Verbindung mit dem Übergang vom antiferroelektr. in den ferroelektr. Zustand des WO_3-Gastgitters. Mit steigender Temp. liegen in I u. II folgende Leitungsprozesse vor: a) Springen der Elektronen von Haftstelle zu Haftstelle, b) Überlappen der Haftstellenniveaus, Bldg. des Leitungsbandes, c) abnehmende Bandleitung auf Grund der einsetzenden Gitterschwingungen — Erschöpfungsgebiet — u. d) starker Anstieg der Bandleitung durch Erhöhung der Ladungsträgerkonzentration. Die Ergebnisse für III deuten Vff. mit einem üblichen 2-Donatoren-Modell; δ wird aus diesem Modell in Übereinstimmung mit der chem. Analyse zu 0,2 bestimmt. δ-Sauerstoff-Acceptor-Niveaus sind in I u. II in geringer Konz., in III in großer Konz. vorhanden. K. Jaeger. 135□

Spezifische elektrische Leitfähigkeit von nichtstöchiometrischem α-Nb_2O_5. E. H. Greener und W. M. Hirthe. (J. electrochem. Soc. **109**, 600—03, Juli 1962; Milwaukee, Wis., Marquette Univ., Coll. of Engng.; engl.) — Die spezif. elektr. Leitfähigkeit σ von red. α-Nb_2O_5 (I) wird nach Vakuum-Red. von einkristallinen u. gesinterten Proben in Luft (10^{-6} atm; 1—8 Std.) im Temp.-Bereich von 350—1150° K gemessen. Für σ von einkristallinem I wird eine exponentielle Temp.-Abhängigkeit mit einer Aktivierungsenergie (AE) von 0,9 eV im Bereich 1150—650° K u. von 0,2 eV im Bereich 650—350° K festgestellt. σ von gesintertem I ist ebenfalls exponentiell von der Temp. abhängig. Es wird jedoch nur eine von der Fehlstellen-Konz. abhängige AE erhalten, die von 1,0 eV beim niedrigsten Red.-Grad bis fast Null beim höchsten variiert. Im letzteren Fall verhält sich I im wesentlichen als entarteter Halbleiter. Vff. schlagen eine Deutung vor, die von sich überlappenden Bahnen eingefangener Elektronen ausgeht, u. erörtern zwei Leitungsmechanismen. Vgl. der σ-Werte mit Ergebnissen von Thermolumineszenz-Unterss. legt ein Modell nahe, bei dem zwei eingefangene Elektronen aus einer O-Lücke in das d-Band der Nb(V)-Kationen gehoben werden. P. Frenzel. 135□

Bestimmung der Elektronenleitfähigkeit und der Überführungszahlen von Ionen und Elektronen in festem TlBr. A. Morkel und H. Schmalzried. (J. chem. Physics **36**, 3101—02, 1/6. 1962; Göttingen, MPI für physikal. Chem.; engl.) — Best. der elektr. Leitfähigkeit von festem TlBr (I) als Funktion der angelegten Spannung (0,0—0,7 V) in der Zelle Tl/TlBr/C in inerter Gasatmosphäre bei 210 u. 221° ergaben, daß unter den vorgegebenen Vers.-Bedingungen der Stromtransport ausschließlich durch Überschußelektronenleitung erfolgt. Zur Ermittlung der Überführungszahlen (ÜZ) in festem I befand sich zwischen Tl-Elektroden eine Pille von I, wobei als Markierung ein Quarzfaden (Ø 10 μ) zwischen I u. der Tl-Anode diente; Stromstärke ca. 0,5 mA, ca. 1 Tag bei 270°. Durch mkr. Unterss. konnte festgestellt werden, daß der Anionenanteil am Gesamttransport der elektr. Ladungen weniger als 5% beträgt. Zwischen 200 u 260°. beträgt die ÜZ der Elektronen in festem I 0,07 $\pm$ 0,01. G. Gattow. 135□

Die effektive Masse der Defektelektronen in Wismut. G. E. Smith. (Physics Chem. Solids **20**, 168—69, Juni 1961; engl.) — Es wird versucht, die in den letzten Jahren aufgetretenenen Diskrepanzen bei der Interpretation von Vers.-Ergebnissen, in welche die Fermi-Energie u. die effektive Masse der Defektelektronen eingehen, durch ein neues Modell der Fermi-Niveaufläche teilweise zu beseitigen. Bisher wurden die Fermi-Niveauflächen im k-Raum durch 1 oder 2 Rotationsellipsoide wiedergegeben. Dieses Modell ergab bei auf verschiedenen Wegen erhaltenen Effektivmassewerten Unterschiede bis 1 : 10. Die Ergebnisse von 3 — nach Ansicht des Vf. die zuverlässigsten — Arbeiten können zur Übereinstimmung gebracht werden, wenn für die Fermi-Niveaufläche des Defektelektronenbandes ein 6-Ellipsoid-Modell verwendet wird. Auch die

Ergebnisse von 4 weiteren Arbeiten ergeben bei der Interpretation mit Hilfe dieses Modells gute Übereinstimmung in den Effektivmassewerten. Hans Böhm. 135□

Die Temperaturabhängigkeit des Widerstandes ferromagnetischer Metalle. R. R. Birss und S. K. Dey. (Proc. Roy. Soc. [London], Ser. A **263**, 473–82, 10/10. 1961; London, Imp. Coll.; engl.) — An *Ni*- u. *Gd*-Proben wird oberhalb u. unterhalb der Curie-Punkte in weiten Temp.-Bereichen der spezif. elektr. Widerstand gemessen u. in Abhängigkeit von der red. Temp. T/θ (θ = Curie-Temp.) aufgetragen. Für Ni sind die Ergebnisse sehr gut mit der Bändermodelltheorie von Fletcher (C. **1956**, **2374**) zu beschreiben. Bei Gd konnte keine Übereinstimmung der Meßwerte mit den bestehenden Theorien erreicht werden. Die Widerstandsänderung war in diesem Falle sehr genau gleich der vierten Potenz der auf die Sättigungsmagnetisierung red. Magnetisierung, ohne daß bisher eine theoret. Erklärung dafür gegeben werden konnte.

H. Fahlenbrach. 136□

Der Grundzustand des flächenzentriert kubischen Ising-Gitters. A. Danielian. (Physic. Rev. Letters **6**, 670–71, 15/6. 1961; London, King's Coll., Wheatstone Phys. Labor.; engl.) — Es wird ein antiferromagnet. Syst. mit N Spinmomenten eines kub.-flächenzentrierten Gitters betrachtet u. dabei Ising-Wechselwrkg. zwischen den nächsten Nachbarn zugenommen. Mit einfachen topolog. u. Energieargumenten gelingt dann eine vollständige Klassifizierung für den Grundzustand eines solchen Gitters, von dem man bisher nur wußte, daß er entartet war. Mit diesen Rechnungen kann man jetzt Aussagen über die Größe dieser Entartung u. über die thermodynam. Beziehungen, bes. bei $T = 0^0$ K, gewinnen. H. Fahlenbrach. 137□

Magnetische Ordnung kurzer Reichweite und spezifische Wärme bei ferro- und antiferromagnetischen Stoffen. J. S. Smart. (Physics Chem. Solids **20**, 41–49, Juni 1961; Washington, D.C., Dep. of the Navy Office of Naval Res.; engl.) — Die Oguchische Theorie (C. **1957**, 5474), die auf einem einfachen Modell magnet. Syst. mit willkürlichen Atompaaren u. deren Wechselwrkg. mit dem Kristallrest aufbaut, wird in der Weise erweitert, daß sie die Wechselwrkg. sowohl mit den nächsten als auch mit den übernächsten Nachbarn erfaßt. Mit dieser Theorie werden dann die Parameter der magnet. Ordnung kurzer Reichweite u. des magnet. Anteils der spezif. Wärmen, u. zwar sowohl für Ferromagnetika als auch für Antiferromagnetika, berechnet.

H. Fahlenbrach. 137□

Über Besonderheiten der Erkennung der Domänenstruktur ferromagnetischer Kristalle durch verschiedene Methoden. W. D. Dylgerow und I. F. Degtjarew. (Кристаллография [Kristallographie] **5**, 809–11, Sept./Okt. 1960; Inst. für Phys. der Sibir. Abt. der Akad. der Wiss. der UdSSR; russ.) — Die Domänenstruktur der Oberfläche, nahe der kristallograph. Fläche (1 1 0), von Transformatorstahl-Einkristallen mit 3% Si-Geh. wurde magnetoopt. u. nach der Pulver-Meth. untersucht.

G. Winkhaus. 137□

Vorrichtung für die Orientierung und Markierung ferromagnetischer Einkristall-Kügelchen. A. W. Salesski und Ss. Ss. Fonton. (Кристаллография [Kristallographie] **5**, 825–27, Sept./Okt. 1960; Inst. für Kristallogr. der Akad. der Wiss. der UdSSR; russ.) — Eine Anordnung zur Orientierung von kugelförmigen ferromagnet. Einkristallen u. zur Anmerkung der Achsen mit Hilfe eines Magneten wird beschrieben. Die Meth., bei der die Kügelchen auf einer heizbaren eingewachsten Scheibe liegen, ist genauer als die magnet. Orientierung unter Verw. einer kardan. Aufhängung. Der Fehler in der Achsen-Best. ist kleiner als $3-4^0$. G. Winkhaus. 137□

Ursprüngliche magnetische Susceptibilität und ihre Abhängigkeit vom Entmagnetisierungsverfahren in Ein- und Polykristallen von Eisen mit 0,5% Aluminium. Mikio Yamamoto und Ryôfu Miyasawa. (Nippon Kinzoku Gakkai-Si [J. Japan Inst. Metals] **25**, 502–06, 1961; jap., Auszug: engl.) — Unterss. über die ursprüngliche magnet. Susceptibilität χ_0 von Ein- u. Polykristall-Stäben aus Fe mit 0,53% Al in therm. (TE) u. durch Wechselstrom entmagnetisiertem (WE) Zustand zeigen: $(\chi_0)_{TE} > (\chi_0)_{WE}$; $\chi_{0[100]} > \chi_{0[110]} > \chi_{0[111]}$, $(\chi_0)_{Einkristall} < (\chi_0)_{Polykristall}$. Die Ergebnisse werden erörtert.

W. Wesly. 137□

Zweiphasen-Permalloy für hohe Schaltgeschwindigkeiten. E. A. Nesbitt und E. M. Gyorgy. (J. appl. Physics **32**, 1305–08, Juli 1961; Murray Hill, N.J., Bell Telephone Labor.; engl.) — An Fe–Ni–Au-Legg. mit Ni-Geh. von 71–78% u. Au-Geh. von 2–14% lassen sich durch geeignete Wärmebehandlung die Werte der Koerzitivkraft u. des Schwellenfeldes für Ummagnetisierungs-Drehprozesse stark beeinflussen. Gegenüber der bin. Fe–Ni-Leg. Permalloy besitzen einige der Au-haltigen Legg. 4mal geringere

Schaltzeiten. Um die neuen Legg. für Schaltzwecke geeignet zu machen, werden folgende Arbeitsgänge empfohlen: Anlassen bei 900° mit rascher Abkühlung, Kaltwalzen von 0,014 auf 0,00013 in. u. erneutes Anlassen bei Temp. zwischen 600 u. 650°. Die Legg. mit 7 u. mit 14% Au zeigten danach rechteckige Hystereseschleifen mit H_c-Werten von 1,7 bzw. 4,3 Oe. Bei der 7%ig. Au-Leg. betrug das Schwellenfeld für die Ummagnetisierungsrotation 2,5 Oe. H. Fahlenbrach. 137□

Magnetische Messungen an einigen substituierten Nickel(II)-Salicylaldimin-Komplexen. R. H. Holm und T. M. McKinney. (J. Amer. chem. Soc. **82**, 5506—07, 20/10. 1960; Cambridge, Mass., Harvard Univ., Dep. of Chem.; engl.) — Magnet. u. kryoskop. Messungen an N-substituierten Bis-[salicylaldiminato]-nickel(II)-Komplexen zeigen, daß der Paramagnetismus u. die Assoziation der Komplex-Verbb. weitgehend vom Substituenten R abhängen. Für die folgenden Substituenten R werden bei ca. 300° K in Bzl.-Lsgg. vergleichbarer Konzz. die magnet. Momente μ ermittelt: (R =) Äthyl, (μ =) 0,23 (B.M.); n-Propyl, 0,29; n-Butyl, 0,45; Isopropyl, 2,18; sek.-Butyl, 2,10; Cyclopentyl, 2,58. — Für die letzten drei Komplexe wurde kryoskop. in Bzl. eine Erhöhung des Molgew. auf den 1,5—2fachen Wert des Monomeren nachgewiesen. — Weiterhin wurden folgende μ-Werte bestimmt: (R=) C_6H_5, 3,08; p-C_6H_4F 3,0; p-C_6H_4Cl 2,91 (in Chlf.), p-Tolyl, 3,14; m-Tolyl, 3,26; o-Tolyl, 0,96; 1,5 $C_6H_3(CH_3)_2$, 0,30. Die Ergebnisse werden im Zusammenhang mit denen anderer Autoren ausführlich in bezug auf die Feinstruktur des Ni diskutiert. H.-J. Hartmann. 137□

Elektronenspinresonanz-Untersuchungen an Verunreinigungsionen in Magnesiumoxid. J. W. Orton, P. Auzins, J. H. E. Griffiths und J. E. Wertz. (Proc. physic. Soc. **78**, 554—68, 1/10. 1961; Oxford, Clarendon Labor.; Univ. of Minnesota, School of Chem.; engl.) — Die EMR von Fe^+, Co^+ u. Ni^+ in krist. MgO wurde gemessen. Die Ionen wurden durch UV- oder Röntgen-Bestrahlung von mit den zweiwertigen Ionen verunreinigten (Konz. ca. 10^{-4}) MgO-Kristallen erhalten. Die Stabilität der Zentren hängt von der Zahl der Kationen-Fehlstellen ab. Die Spektren sind ähnlich denen der isoelektron. Ionen Co^{2+}, Ni^{2+}, Cu^{2+}. Die Spektren von Fe^+ u. Ni^+ zeigten eine Linie, Co^+ eine 8-Linien-Hyperfeinstruktur. Werte für g u. Hyperfeinkonst. sind wiedergegeben; alle Größen sind isotrop. Beobachtete Linienbreiteneffekte werden durch kleine Abweichungen von der kub. Symmetrie des Kristalls erklärt. Der Übergang vom isotropen zum anisotropen Spektrum bei tiefer Temp. bei Cu^+ u. Ni^+ wird auf das Vorhandensein eines bei tiefer Temp. einfrierenden Jahn-Teller-Effektes zurückgeführt. Durch Vgl. mit der beobachteten Hyperfeinstruktur des Co^+-Spektrums wurde aus der Hyperfeinstruktur des Ni^+-Spektrums das Kernmoment des ^{61}Ni zu 0,30 Kernmagnetonen abgeschätzt. G. Winkhaus. 137□

Paramagnetische Resonanz von Nickelionen in Doppelnitratkristallen. J. W. Culvahouse. (J. chem. Physics **36**, 2720—26, 15/5. 1962; Lawrence, Kans., Univ. of Kansas, Dep. of Phys. and Astronomy; engl.) — Vf. zeigt, daß in Doppelnitratkristallen der Zus. $M_2'M_3''(NO_3)_{12}\cdot 24\,H_2O$ (M' = dreiwertiges Ion der Seltenerdmetalle mit einer Ordnungszahl kleiner als Ho, M'' = zweiwertiges Ion der Fe-Gruppe) zwei verschiedene paramagnet. Komplexe für M'' = Ni^{2+} existieren. Der eine, bereits bekannte weist eine sehr große Nullfeldaufspaltung mit $D = 2,25 \pm 0,10\,cm^{-1}$ für 1% Ni in $La_2Zn_3(NO_3)_{12}\cdot 24\,H_2O$ bei 77° K auf. In diesem Komplex besetzt Ni^{2+} dieselbe Lage wie in dem entsprechenden Co-Komplex, der das stärker anisotrope Co-Spektrum liefert, nämlich die Y-Ionenlage. Es zeigt sich, daß sich die Wechselwrkg. zwischen Ce^{3+} u. Ni^{2+} in dem zweiten Komplex mit der X-Ionenlage von der Wechselwrkg. zwischen Ce^{3+} u. Co^{2+} derselben Lage unterscheidet. Die Ursache dieser Unterschiede wird qual. erklärt. Gerhard Schulze. 137□

Spektrum der paramagnetischen Elektronenresonanz des durch Bestrahlung von H_2O_2 mit ultraviolettem Licht erhaltenen freien Radikals. Ss. D. Kaitmasow und A. M. Prochorow. (Журнал Физической Химии [J. physik. Chem.] **34**, 227—28, Jan. 1960; Akad. der Wiss. der UdSSR, Physik. Lebedew-Inst.; russ.) — Vgl. C. **1958**, 7965. — Zur Identifizierung des aus Wasserdampf oder H_2O_2-Dampf in einer elektr. Entladung erhaltenen Radikals wird dessen paramagnet. Elektronenresoanzspektrum mit demjenigen des Radikals verglichen, das bei der UV-Bestrahlung von H_2O_2 entsteht. Aus der Ähnlichkeit des Spektrums bei 12000 MHz folgt, daß es sich um $OH^{\cdot}$ handelt. Die Konz. beträgt nach 10 Std. ca. 5%. R. K. Müller. 137□

Berechnung der kernmagnetischen Abschirmung im Wasserstoffmolekül. S. K. Ghosh und S. K. Sinha. (J. chem. Physics **36**, 737—40, 1/2. 1962; Calcutta, India, Saha Inst. of Nucl. Phys.; engl.) — Vff. wenden die Variations-Meth. von Das u. Bersohn (C. **1958,** 2051) zur Berechnung der kernmagnet. Abschirmung auf die protonenmagnet. Abschirmung in H_2 an. Es zeigt sich, daß mit einem geeigneten Vektorpotential für das äußere angelegte gleichförmige Magnetfeld bekannte Ergebnisse ohne Berücksichtigung der angeregten elektron. Zustände des Mol. berechenbar sind.

D. Jörchel. 137□

Kernrelaxation in verunreinigtem Wasserstoff. C. S. Johnson jun. und J. S. Waugh. (J. chem. Physics **36,** 2266—72, 1/5. 1962; Cambridge, Mass., MIT, Dep. of Chem., Res. Labor. of Electron., Labor. of Chem. and Solid State Phys.; engl.) — Vff. berichten über Messungen der Protonen–Spin–Gitter-Relaxationszeit T_1 als Funktion der Dichte u. Zus. in normalem H_2 u. Mischungen von H_2 mit *He, Ar,* O_2, SF_6, CF_4, N_2, *CO, NO,* $CClF_3$, N_2O, CO_2 u. CHF_3 bei Zimmertemperatur. Aus der Bloembergen-Schwingerschen Beziehung abgeleitete Querschnitte für m_J-Übergänge des H_2-Mol. werden qual. unter Verw. der elektr. Multipolmomente als Maß für die Anisotropie der intermol. Kräfte interpretiert. Die Übergangsnäherung wird für H_2–CO_2-Mischungen durch die Temp.-Abhängigkeit von T_1 bestätigt. Ferner werden die Annahmen der Bloembergen-Schwingerschen Beziehung diskutiert u. ein Experiment zur Best. der Beziehung zwischen den zwei in der Theorie auftretenden Korrelationszeiten vorgeschlagen.

G. M. Neumann. 137□

Kernmagnetische Relaxation in festem Wasserstoff. Tôru Moriya und Kazuko Motizuki. (Progr. theoret. Physics [Kyoto] **18,** 183—99, Aug. 1957; Tokyo, Tokyo Metropolitan Univ., Dep. of Phys.; engl.) — Theoret. Unterss. der Mechanismen der kernmagnet. Relaxation in festem H_2 u. D_2. Wenn die Selbstdiffusion keine Rolle spielt, beruht die Relaxation vorwiegend auf der intramol. Wechselwrkg., die durch intermol. Wechselwrkg. u. die damit verbundene Orientierungsänderung der Moll. moduliert wird. Auf dieser Grundlage wird eine Beziehung für T_1 entwickelt u. für H_2 u. D_2 bei Temp. oberhalb des Umwandlungspunkts numer. ausgewertet. Die Ergebnisse für H_2 stimmen mit den experimentellen Werten von Bloom ($> 11^0$ K) sowie Hatton u. Rollin ($4{,}2-10^0$ K) überein. Der Einfl. der Selbstdiffusion auf T_1 wird für festes H_2 u. D_2 unter Verw. der Theorie von Bloembergen, Purcell u. Pound u. einer aus den Bloomschen T_2-Werten abgeschätzten Selbstdiffusionszeit untersucht. Dieser Effekt ist gering bei 30, jedoch erheblich bei 5,4 MHz. Weiterhin wird das Relaxations-Verh. bei sehr schneller Selbstdiffusion diskutiert. Die Rolle der Spin–Spin-Relaxation bei der Einstellung der therm. Gleichgewichte im gesamten Spinsyst. ist bes. ausgeprägt im Fall des festen D_2.

A. Blaschette. 137□

Kernmagnetische Relaxation in flüssigem Wasserstoff. Tôru Moriya. (Progr. theoret. Physics [Kyoto] **18,** 567—72, Dez. 1957; engl.) — Vgl. vorst. Referat. — Erweiterung der l. c. entwickelten Theorie der Kernrelaxationszeit T_1 auf den Fall des fl. H_2. Von bes. Bedeutung ist hier die Diffusionsbewegung der Moll. (τ = ca. 10^{-12} s), welche die anisotropen intermol. Kräfte modifiziert. Die im Ausdruck für T_1 auftretenden Korrelationsfunktionen des Drehimpulses werden mit Hilfe eines vereinfachten Kubo-Tomita-Formalismus berechnet. Die Ergebnisse stimmen in ihrer Größenordnung u. ihrer qual. Temp.- u. Konz.-Abhängigkeit mit den Meßergebnissen von Bloom überein.

A. Blaschette. 137□

Kernmagnetische Resonanzspektren von Siliciumwasserstoffen und Derivaten. 1. Mitt. Kopplungskonstanten unter Einschluß von Wasserstoff. E. A. V. Ebsworth und J. J. Turner. (J. chem. Physics **36,** 2628—34, 15/5. 1962; Cambridge, Univ., Chem. Labor.; engl.) — Vff. berichten über Messungen der H–H-, H–Si-, H–F- u. Si–F-Kopplungs-Konst. für folgende Verbb. (Werte in Hz in der angegebenen Reihenfolge): SiH_4 2,75 ± 0,15; 202,5 ± 0,2; —; —; SiH_3F 15,6 ± 0,2; 229,0 ± 0,6; 45,8 ± 0,1; 281 ± 3; SiH_3Cl 12,7 ± 0,2; 238,1 ± 0,2; —; —; SiH_3Br 12,7 ± 0,5; 240,5 ± 0,3; —; —; SiH_3J 11,7 ± 0,3; 240,1 ± 0,2; —; —; SiH_2F_2 36,2 ± 0,7; 282 ± 3; 60,48 ± 0,07; 297,8 ± 2,5; SiH_2Cl_2 27,8 ± 0,4; 288,0 ± 0,4; —; —; SiH_2Br_2 26,9 ± 0,7; 289,0 ± 0,6; —; —; SiH_2J_2 22,7 ± 0,3; 280,5 ± 0,2; —; —; $SiHF_3$ —; 381,7 ± 1,5; 96,28 ± 0,03; 274,8 ± 0,3; $SiHCl_3$ —; 362,9 ± 0,2; —; —; $(SiH_3)_2O$ 13,5 ± 0,2; 221,5 ± 0,2; —; —; $(SiH_3)_2S$ 9,43 ± 0,13; 224,0 ± 0,3; —; —; u. $(SiH_3)_3N$ 10,4 ± 0,2; 212 ± 2; —; —. Das Versagen der Berechnung der einfachen Valenzbindung zur Interpretation der H–H-Kopplungs-Konst. als Funktion des H–Si–H-Winkels wird den d-Orbitals des Si zugeschrieben. Die H–H- u. H–Si-Kopplungs-Konst. werden verglichen.

Gerhard Schulze. 137□

Chemische Verschiebung bei der protonenmagnetischen Resonanz freier (gasförmiger) und assoziierter (flüssiger) Hydridmoleküle. W. G. Schneider, H. J. Bernstein und J. A. Pople. (J. chem. Physics **28,** 601—07, April 1958; Ottawa, Canada, Nat. Res. Council, Div. of Pure Chem.; engl.) — Es wurden protonenmagnet. Messungen an nachst. Verbb. im gasförmigen u. fl. Zustand durchgeführt: CH_4, C_2H_6, C_2H_4, C_2H_2, NH_3, H_2O, SiH_4, PH_3, H_2S, *HCl*, *HBr*, *HJ*, *HF*, *HCN*. Die chem. Verschiebung im gasförmigen Zustand erweist sich als bedingt durch den kombinierten Einfl. der Elektronegativität u. der magnet. Anisotropie des jeweiligen Atoms, an das die Protonen gebunden sind. Im fl. Zustand in der Nähe des F., d. h. im Bereich maximaler Assoziation gemessene Protonensignale sind im Vgl. zu den entsprechenden Resonanzen der Gase stark zu geringerer magnet. Feldstärke verschoben. Es wird angenommen, daß die Verschiebung in einem derartigen Syst. mit Wasserstoffbindungen (Y···H—X) weitgehend auf der Verminderung der diamagnet. Zirkulation in der H—X-Bindung durch das elektrostat. Feld des Donators Y beruht. Als weitere mögliche Ursachen werden der partielle kovalente Charakter der H-Bindung (Y^-··· $H-X^+$) sowie die Dämpfung des intramol. paramagnet. Effekts diskutiert. A. Blaschette. 137□

Untersuchungen der protonenmagnetischen Resonanz von polykristallinen Uranoxidhydraten. 1. Mitt. **β-UO_3·2 H_2O.** A. L. Porte, H. S. Gutowsky und J. E. Boggs. (J. chem. Physics **36,** 1695—99, 1/4. 1962; Glasgow, Scotland, Univ., Dep. of Chem.; Urbana, Ill., Univ. of Illinois, Noyes Chem. Labor.; Austin, Tex., Univ. of Texas, Dep. of Chem.; engl.) — Durch Erhitzen von UO_4·2 H_2O auf 170° (48 Std.), Hinzufügen des Zers.-Prod. (vermutlich U_2O_7) zu sd. W. u. 15 Min. langes Siedenlassen wurde nach Filtration u. Trocknung bei 105° (3 Std.) β-UO_3·H_2O (I) hergestellt. Polykristallines I wurde mit Hilfe der protonenmagnet. Resonanz (Oscillatorfrequenz: 26,925 MHz; permanente magnet. Feldstärke: 6324 Gauß) im Temp.-Bereich von 77—350° K untersucht. Das zweite Moment des Absorptionsspektrums bei 77° K zeigt, daß einige der Protonen nicht als Kristallwasser vorliegen. Die Analyse der Liniengestalt ergab, daß I als das Trihydrat der Dipuransäure $U_2O_5(OH)_2$·3 H_2O (A) aufzufassen ist. Unter Zugrundelegung von Literaturangaben werden die chem. Eigg. von I auf der Basis der Formel A besprochen. G. Gattow. 137□

Untersuchungen der protonenmagnetischen Resonanz von polykristallinen Uranoxidhydraten. 2. Mitt. **β-UO_3·H_2O.** A. L. Porte, H. S. Gutowsky und J. E. Boggs. (J. chem. Physics **36,** 1700—03, 1/4. 1962; engl.) — 1. vgl. vorst. Referat. — Durch Erhitzen von β-UO_2·2 H_2O in W. auf 100° (5 Tage) u. Trocknen des isolierten Rk.-Prod. bei 105° (3 Tage) wurde β-UO_3·H_2O (I) in Form rhomb. Täfelchen hergestellt u. durch protonenmagnet. Resonanz zwischen 77 u. 370° K untersucht. Die Analyse des Absorptionsspektrums über das zweite Moment bei 77° K ergab, daß I kein Kristallwasser enthält, sondern ein Uranylhydroxid $UO_2(OH)_2$ ist, was auch in Übereinstimmung zu seinen chem. Rkk. steht. Vff. nehmen an, daß das neben $UO_2(OH)_2$ u. $U_2O_5(OH)_2$·3 H_2O im Syst. UO_3–H_2O auftretende UO_3·½ H_2O als $U_2O_5(OH)_2$ vorliegt. Über die Beziehungen der einzelnen Phasen im Syst. UO_3–H_2O untereinander wird berichtet. G. Gattow. 137□

Relaxationszeiten bei der kernmagnetischen Resonanz einer sich bewegenden Probe. K. Antonowicz. (Bull. Acad. polon. Sci., Cl. III **5,** 1069—72, 1957; Toruń, Nicholas Copernicus Univ., Phys. Dep.; engl.) — Es wurden Messungen der protonenmagnet. Resonanz in *W.* beschrieben, das in einem Glasrohr eingeschlossen innerhalb der Empfängerspule bewegt wird. Bei geeigneter Geschwindigkeit der Probe wurden T_1-Werte von ca. 2,3 s erhalten. A. Blaschette. 137□

Über die Beziehung zwischen λ_0 und η. Ja. F. Meshenny. (Украинский Химический Журнал [Ukrain. chem. J.] **24,** 703—05, 1958; Ukrain. Akad. der Landwirtsch.-Wiss., Lehrst. für phys. u. Kolloidchem.; russ.) — Vf. leitet eine Beziehung für die Grenzleitfähigkeit λ_0 von HCl-Lsgg. in Abhängigkeit von der Viscosität η des Lsgm. ab: $\lambda_0 = [P_l \cdot \exp(-\gamma/D)]/\eta$, wobei D die DK des Lsgm. u. γ eine Konst. bedeuten; P_l (= $[\lambda_0 \cdot \eta]_l$; Prod. aus Grenzäquivalentleitfähigkeit u. Viscosität für den hypothet. Fall $D \to \infty$) wird als Pissarshewski-Zahl bezeichnet. Die Beziehung wird auf die von Owen u. Waters (J. Amer. chem. Soc. **60,** [1938], 2371) mitgeteilten Leitfähigkeitsmessungen an Lsgg. von HCl in *Dioxan*-W. (im DK-Bereich von 64,0—8,6 bei 15, 25 u. 35, 45°) angewandt u. gute Übereinstimmung zwischen gemessenen u. berechneten λ_0-Werten festgestellt. H.-J. Ostmann. 138□

Physikalisch-chemische Untersuchung von ätherischen Chlorwasserstofflösungen. N. G. Dorofejewa und O. K. Kudra. (Украинский Химический Журнал [Ukrain. chem. J.] **24,** 706—11, 1958; Kiew, Polytechn. Inst.; russ.) — Die elektr. Leitfähigkeit, die Dichte u. die Viscosität von HCl-Lsgg. in trockenem Ae. werden untersucht. Die höchste erreichbare HCl-Konz. beträgt 26,8 Gew.-Prozent. Die Leitfähigkeit bleibt während der ersten 2—3 Tage nach Herst. der Lsgg. konst. u. beginnt dann langsam anzusteigen. Die Ergebnisse zeigen ein Anwachsen der spezif. Leitfähigkeit mit der Konz. u. eine schnelle Abnahme der mol. Leitfähigkeit mit der Verdünnung; letztere zeigt somit anomalen Charakter. Die im Intervall 0—21,2° bestimmten Temp.-Koeff. der Leitfähigkeit sind negativ u. wachsen mit der von 1,05 auf 5,2 Mol/Liter steigenden HCl-Konz. von $-0{,}015 \cdot 10^{-6}$ auf $-5{,}5 \cdot 10^{-6}$ an. Die Dichte steigt nahezu linear mit der Konz. an; die Viscositäts-Konz.-Kurve ist zur Ordinate hin konvex, ohne charakterist. Punkte zu zeigen. Aus den Resulaten wird gefolgert, daß die Hauptmenge des gelösten HCl in Form der Additions-Verb. *$(C_2H_5)_2O \cdot HCl$* vorliegt, die Konz. freier H^+-Ionen sehr gering ist u. das H^+-Ion normale Beweglichkeit besitzt. Darauf weisen auch die Strom-Spannungs-Diagramme solcher Lsgg. hin, auf denen die „ersten" (niedrigen) Zers.-Spannungen (der Zus. von HCl entsprechend) fehlen, während die „zweiten" (hohen), der Zers. der Additions-Verb. zuzuordnenden Zers.-Punkte nachweisbar sind. Diese Verhältnisse kehren sich beim längeren Stehen (20 Tage) der Lsgg. um, was auf die Rk. $(C_2H_5)_2O + 2\,HCl \rightleftharpoons 2\,C_5H_2Cl + H_2O$ zurückgeführt wird. H.-J. Ostmann. 138□

Über die Selbstdiffusion von Ionen in einer Polyelektrolytlösung. Shneior Lifson und Julius L. Jackson. (J. chem. Physics **36,** 2410—14, 1/5. 1962; Rehovoth, Israel, Weizmann Inst. of Sci.; engl.) — Vff. untersuchen die Selbstdiffusion von Ionen in Polyelektrolyt-Lsgg. im Hinblick auf die mittlere Zeit, die ein Ion mit einem bestimmten Polyelektrolyt-Mol. assoziiert ist, u. den Einfl. des elektrostat. Feldes des Makroions auf die makroskop. Selbstdiffusionskonstante. Die Ergebnisse für die Selbstdiffusions-Konst. stimmen mit experimentellen Ergebnissen für die Difussion von Gegenionen in Polyelektrolyt-Lsgg. überein. Die Ergebnisse für die Assoziationszeiten lassen sich dagegen mit Überführungs-Verss. nicht in Einklang bringen. G. M. Neumann. 138□

Aktivitätskoeffizienten und Leitfähigkeiten von hochgeladenen (3—1, 1—3, 3—2)-Elektrolyten. 1. Mitt. Richard A. Wynveen, James L. Dye und Carl H. Brubaker jun. (J. Amer. chem. Soc. **82,** 4441—45, 5/9. 1960; East Lansing, Mich., Michigan State Univ., Kedzie Chem. Labor.; engl.) — Die mittleren Aktivitäts-Koeff. u. osmot. Koeff. werden bei 25° in wss., bis zu 1,8 molalen bzw. gesätt. Lsg. durch isobaren (isopiest.) Vgl. mit KCl-Lsgg. für folgende Verbb. bestimmt: *Tris-[propylendiamin]-kobalt(III)-perchlorat* (I), *Tris-[äthylendiamin]-kobalt(III)-nitrat* (II), *Tris-[äthylendiamin]-kobalt(III)-sulfat* u. *Kaliumhexacyanocobaltat(III)* (III). Die Berechnung der osmot. Koeff. nach der Meth. von Scatchard u. Prentiss ergab nur für I Übereinstimmung mit den gemessenen Werten u. erlaubte die Berechnung der Aktivitäts-Koeff.; die übrigen Koeff. werden durch graph. Integration ermittelt. Die Leitfähigkeitsmessungen ergaben für die untersuchten Verbb. eindeutige Abweichungen von der Onsager-Gleichung. Die unter Verw. von Literaturdaten ermittelten Grenzleitfähigkeiten für die Komplexionen stimmen mit den bereits bekannten Werten überein. Die Löslichkeit von II u. III in W. von 25° wurde zu 0,2749 (molal) bzw. 1,311 bestimmt.

Versuche: *Tris-[propylendiamin] kobalt(III)-perchlorat* (I) durch Rk. von Tris-[propylendiamin]-kobalt(III)-chlorid mit $AgClO_4$ in wss. Lsg., Abfiltrieren des nach 1 std. Erwärmen auf dem Wasserbad gebildeten AgCl, Einengen u. Ausfällen mit Alkohol. — *Tris-[äthylendiamin]-kobalt(III)-nitrat* (II), analog I. H.-J. Hartmann. 138□

Aktivitätskoeffizienten und Leitfähigkeiten von hochgeladenen (4—1, 1—4, 1—2)-Elektrolyten. 2. Mitt. Kenneth O. Groves, James L. Dye und Carl H. Brubaker jun. (J. Amer. chem. Soc. **82,** 4445—48, 5/9. 1960; engl.) — 1. vgl. vorst. Referat. — Die mittleren Aktivitäts-Koeff. u. die osmot. Koeff. werden analog l. c. in bis zu ca. 1,5 molalen, wss. Lsgg. bei 25° für *Tris-[1.2-diaminopropan]-platin(IV)-chlorid, Tetramethylammoniumoktacyanomolybdat(IV), Kaliumoktacyanowolframat(IV),* u. *Kaliumtetracyanoplatinat(II)* bestimmt. Leitfähigkeitmessungen ergeben auch für diese Elektrolyte Abweichungen von der Onsager-Gleichung. Die das elektrolyt. Verh. der untersuchten unsymm. Elektrolyte bestimmenden Faktoren werden diskutiert. H.-J. Hartmann. 138□

Hydratation und die Aktivitätskoeffizienten von Ionen. A. Ss. Ssolowkin. (Журнал Физической Химии [J. physik. Chem.] **35,** 2123—24, Sept. 1961; russ.) — Vf. leitet unter Berücksichtigung der Hydratation Werte für die Aktivitäts-Koeff. von 1 : 1-Elektrolyten ab u. vergleicht sie mit experimentellen Ergebnissen an *LiCl, NaCl, KCl, RbCl, CsCl, LiBr, NaBr, KBr, RbBr, CsBr, RbJ* u. *CsJ.* D. Hoene. 139□

Aktivitätskoeffizienten 1-1-wertiger Salze in nichtwässerigen Lösungen. N. A. Izmailov und E. F. Ivanova. (J. Chim. physique Physico-Chim. biol. **55,** 354—62, Mai 1958; Kharkov, Univ. d'Ét., Chaire de Chim. Phys.; franz.) — Vff. diskutieren den Verlauf der Aktivitäts-Koeff. als Funktion der Konz. für NaCl, KBr u. NaBr in CH_3OH, C_2H_5OH u. C_4H_9OH in Abhängigkeit von den elektrostat. Wechselwrkg., der Ionenassoziation u. der Ionensolvatation. G. Kelbg. 139□

Ein revidiertes Modell für Ammoniaklösungen der Alkalimetalle. Marvin Gold, William L. Jolly und Kenneth S. Pitzer. (J. Amer. chem. Soc. **84,** 2264—65, 5/6. 1962;

Berkeley, Calif., Univ. of California, Dep. of Chem. and Lawrence Radiat. Labor.; Houston Tex., Rice Univ., Dep. of Chem.; engl.) — Vff. diskutieren die experimentellen Unters.-Ergebnisse (Absorptionsspektren, scheinbare Mol-Voll., kernmagnet. Resonanz) anderer Autoren, die sie z. T. durch eigene Messungen nicht bestätigen können, bzw. die anders gedeutet werden müssen. In NH_3 (fl.) gelöste Alkalimetalle liegen im untersuchten Konz.-Bereich in folgendem Gleichgewicht vor: $M_2 \rightleftharpoons 2e^- + 2\,M^+$, mit geringer Verzerrung der von NH_3 solvatisierten Elektronen u. Metallionen, wobei diese vermutlich eine quadrat. oder rhomb. Konfiguration besitzen. Die Wellenfunktionen der beiden Elektronen in M_2 werden überlappt, u. es ist wahrscheinlich, daß der Singulett-Zustand eine geringere Energie als der Triplett-Zustand besitzt. Es wird angenommen, daß in höherkonz. Lsg. Polymere (z. B. M_4) vorliegen u. daß die NH_3-Konz. nicht ausreicht, um sowohl die Elektronen als auch die Metallionen zu solvatisieren. Vff. vermuten, daß in Lsgg. oberhalb 0,03m höhere Polymere existieren, in denen metall. Bindung vorliegt. G. Gattow. 139□

Über die Anwendung von Salzbrücken bei elektrochemischen Messungen. M. Kahlweit. (Z. physik. Chem., Frankf. Ausg. [N.F.] **15**, Bonhoeffer-Gedenkband, 196—206, April 1958; Göttingen, MPI für phys. Chem.; dt.) — Bei elektrochem. Messungen dürfen Salzbrücken nur dann verwendet werden, wenn die Diffusionspotentiale E_0 an den Brückenverschlüssen von der Konz. der Meßlsgg. unabhängig sind. Das Versagen von Salzbrücken kann durch den sog. Suspensionseffekt nach Pallmann u. Wiegner bedingt sein. Vf. zeigt, daß dieser Effekt auf die Potentialdifferenz an der in die Suspension eintauchenden KCl-Brücke zurückgeführt werden kann. Verss. an Suspensionen gemahlener Kationenaustauscherharze bestätigen diese Annahme. Weiterhin wird ein Verf. zur Best. der Konz.-Abhängigkeit von E_0 an der in die KCl-Lsg. eingetauchten KCl-Brücke beschrieben, das auf andere Metallionen ausgedehnt werden kann. Aktivitäts-Koeff. von NH_4Cl in W. bei 25° sowie E_0 in *KCl-*, *HCl-*, NH_4Cl-, $BaCl_2$- u. $SrCl_2$-Lsgg. in Abhängigkeit von der Konz. werden mitgeteilt. E_0 liegt in allen Fällen in der Größenordnung weniger Millivolt u. ist von der Konz. der Meßlsg. prakt. unabhängig. P. Frenzel. 140□

Beitrag zur potentiometrischen Untersuchung einer Siliciumelektrode. Georges Feuillade. (C. R. hebd. Séances Acad. Sci. **252**, 3958—60, 19/6. 1961; Issy-les-Moulineaux, Centre Nat. d'Études des Télécommunications; franz.) — Hochdotierte, n- u. p-leitende Si-Stäbe werden an einer geschliffenen u. chem. polierten Fläche mit wss. Lsgg. von 0,5m HF + 2m NH_4Cl, 0,5m NaF + 2m NH_4Cl, 0,01m Fe^{2+}–Fe^{3+} + 1m H_2SO_4, NaOH (pH > 10) bzw. 0,01m Fe^{2+}–Fe^{3+} + 1m H_2SO_4 + 0,056m HF in Kontakt gebracht, die Lsgg. mit Pt als Gegenelektrode bei großen Austauschstromdichten ν_0 elektrolysiert u. das Mischpotential δV_0 von *Si* u. *Pt* bestimmt. Aus dem Verlauf der Differenz der Mischpotentiale $\Delta\,\delta V$ bei Änderung der Elektronenstromdichte (C. **1961**, 12744) folgt ein photoelektr. Sättigungseffekt, d. h. in der Lsg. existiert ein Syst. „parasitärer" Verunreinigungen als Majoritätsladungsträger u. weniger ein Syst. von Minoritätsladungsträgern. An den Rkk. $2\,H_2O \rightleftharpoons O_2 + 4\,H^+ + 4e$ u. (1) $4\,OH^- \rightleftharpoons O_2 + 2\,H_2O + 4\,e$ sind vorwiegend Elektronen des Si beteiligt. Im alkal. Bereich ist die Rk. $Si + 4\,OH^- \rightleftharpoons SiO_2 + 2\,H_2O + 4\,e$ (gemischte Elektronen- u. Löcher-Rk.) bei großem ν_0 von der Rkk. $H + OH^- \rightleftharpoons H_2O + e$ u. (1) maskiert; trotz der starken Korrosion ist Si in diesem Bereich als H_2- bzw. O_2-Elektrode verwendbar. Die Meth. der Mischpotentiale gestattet, das zeitliche Verh. der Elektrode u. Änderungen der Kinetik u. Passivierung zu untersuchen. In HF-Lsgg. wird die Löslichkeit des SiO_2 nicht nur von F^- sondern auch von Kationen in der Reihenfolge $NH_4^+ > H^+ > K^+ > Li^+ > Na^+$ bestimmt. Herbert Müller. 140□

Über die Anwendung der Silber- und Silberchloridelektrode in geschmolzenen Salzen. A. A. Koloti. (Украинский Химический Журнал [Ukrain. chem. J.] **24**, 712—17, 1958; Inst. für allg. u. anorg. Chem. der Akad. der Wiss. der UkrainSSR; russ.) — Vf. beschreibt Unterss. über die Anwendbarkeit der Ag–AgX-Bezugselektrode (X = Cl, Br) zur elektrochem. Unters. von Salzschmelzen. Die EMK der Kette vom Typ Ag/AgX–NaX (50 Mol.-%)/Glas/Sn–Na (30,8 Gew.-%), wobei X = J, Br, Cl, beträgt bei 630° 1,857, 2,187 bzw. 2,423 V, bei 700° 1,828, 2,148 bzw. 2,372 V, ist also stark vom Anion abhängig. Weiter wird das Elektrodenpotential des Ag in Abhängigkeit von der Zus. der aus Chloriden bzw. Bromiden bestehenden Salzschmelzen untersucht, u. zwar durch Messung der EMK galvan. Ketten des Typs Ag/AgX–NaX–CaX_2/Korunddiaphragma/NaX–CaX_2/Glas/Sn–Na; X = Cl, Br, variiert wird c_{AgX}. Als Standardelektrolyt für die Ag-Elektrode wird die Verw. geschmolzener Gemische von AgX, CaX_2 u. NaX vorgeschlagen. Die bin. Gemische NaX–CaX_2 sind bei eutekt. Zus. leicht schmelzbar (als verwendete Zus. sind angegeben: $CaCl_2$–NaCl mit 33,2 Mol% NaCl u.

F. 570°; $CaBr_2$–NaBr mit 49,03 Mol.-% NaBr u. F. 550°) u. können beliebige Mengen AgX aufnehmen. Die Abweichungen zwischen gemessenen u. theoret. berechneten EMK-Werten (0,04—0,1 V) werden nicht nur auf Vers.-Fehler, sondern auch auf irreversible Prozesse u. auf die Nichtidealität der geschmolzenen Syst. zurückgeführt. Beim Übergang von Chloriden auf Bromide wird das Potential der Ag-Elektrode negativer. Für 600° werden Aktivitäten u. Aktivitäts-Koeff. von AgBr bei 3 verschiedenen Konzz. in NaBr–$CaBr_2$ angegeben; der in allen Fällen von 1 abweichende Aktivitäts-Koeff. steigt mit fallender AgBr-Konz.; eine gewisse, auch im Syst. NaJ–AgJ nachgewiesene chem. Wechselwrkg. wird für möglich gehalten. Vf. weist abschließend darauf hin, daß die von Corio, Dirian u. Huré (C. **1957**, 23) beschriebene [Ag/AgCl–NaCl]-Elektrode im Gegensatz zu den Angaben dieser Autoren als Elektrode 1. Art anzusehen ist; hingegen ist die Elektrode von Bonnemay u. Pineaux (C. **1956**, 28) eine echte Ag/AgCl-Elektrode.

H.-J. Ostmann. 140□

Untersuchung von Redoxsystemen. 3. Mitt. **Das reversible System Ti^{4+}–Ti^{3+}.** F. Verbeek und Z. Eeckhaut. (Bull. Soc. chim. belges **68**, 303—14, Juli/Aug. 1959; Ghent, Univ. of Ghent, Labor. for Anal. Chem.; engl.) — 2. vgl. C. **1962**, 12933. — Die Redoxpotentiale des Paares Ti(IV)–Ti(III) in HCl-Lsgg. werden in Abhängigkeit von der Zeit u. der Verdünnung bestimmt u. Polarisationskurven aufgenommen. Die Nernstsche Gleichung ist erfüllt. E_0 beträgt in 3n HCl für eine Ti-Gesamtkonz. von $2 \cdot 10^{-1}$m 0,100 V. Das Potential nimmt mit zunehmender Säure-Konz. zu. Geringe positive Abweichungen von der Nernstschen Gleichung für den Fall der verdünnteren Lsgg. werden, wie sich aus den Polarisationskurven ergibt, auf den Einfl. des kathod. Red.-Stromes für das Lsgm. zurückgeführt. Da die anod. Oxydation von Ti(III) bei negativeren Potentialen als die Red. des Lsgm. erfolgt, kann seine Oxydation auch in N_2-Atmosphäre nicht verhindert werden. Ggf. ist das gesamte Ti(III) zu Ti(IV) oxydiert.

P. Frenzel. 140□

Die Entladeeigenschaften von α-PbO_2 im verdünnten H_2SO_4-Elektrolyten. Harry B. Mark jun. (J. electrochem. Soc. **109**, 634—38, Juli 1962; Chapel Hill, N.C., Univ. of North Carolina, Dep. of Chem.; engl.) — Vgl. Dodson, C. **1961**, 17110. — Vf. untersucht die Entlade-Eigg. von α- (I), β-PbO_2 (II) u. von Elektroden mit I- bzw. II-Zwischenschichten in 0,1m H_2SO_4 sowie den Einfl. der Änderung des Entladestroms u. der theoret. Entladekapazität. Für I u. II ergeben sich verschiedene Entlademechanismen. Das aus I gebildete *$PbSO_4$* (III) liegt als dichter festhaftender Film auf dem restlichen nichtentladenen I vor, während III aus II nur teilweise in stark verteilter Form auf der Elektrodenoberfläche zurückbleibt. Bei der Elektrode mit einer II-Schicht auf I reagiert zuerst die äußere II-Schicht, I erst nach deren fast vollständigem Verbrauch. Die Entladekurven der Elektroden mit I-Schicht auf II weisen drei Plateaus auf: 1. ausschließliche Red. von I; 2. gemischte Red. von I u. II u. 3. Red. von II.

P. Frenzel. 140□

Untersuchungen an Pasten für Bleiakkumulatoren. 10. Mitt. **Mikroskopische Untersuchung der PbO–H_2SO_4-Paste des Akkumulators.** Tokujiro Takagaki. (J. electrochem. Soc. Japan [Overseas Edit.] **26**, E 103—E 104, 1958; Kyoto, Nippon Storage Battery Co., Ltd.; jap., Auszug: engl.) — 8. vgl. J. electrochem. Soc. Japan **25**, [1957], 492; 7. vgl. C. **1959**, 14526. — Mkr. Unterss. von bei 75—85° getrockneten bzw. 0,5—3 Std. mit Wasserdampf behandelten PbO–H_2SO_4-Mischungen zeigen, daß die PbO-Teilchen mit feinen nadelähnlichen Teilchen mit zunehmendem $PbSO_4$-Geh. bedeckt sind. Bei Dampfbehandlung erfolgt Umwandlung der gelben PbO-Form in die rote, die kugelförmigen Teilchen nehmen nach 1std. Einw. nadelig-kristalline Gestalt an. Mit zunehmendem $PbSO_4$-Geh. der Paste (8,8 — ca. 44,6%) nehmen Menge u. Größe der Nadeln bis zu einem Maximum bei 25,1% zu, danach ab, was mit den Ergebnissen von Röntgenunterss. übereinstimmt. Vf. nimmt an, daß die Nadelkristalle die γ-Form von bas. $PbSO_4$ sind. P. Frenzel. 140□

Untersuchungen an Pasten für Bleiakkumulatoren. 11. Mitt. **Beziehungen zwischen dem in der PbO–H_2SO_4-Paste und dem durch eine trockene Methode hergestellten basischen Bleisulfat.** Tokujiro Takagaki. (J. electrochem. Soc. Japan [Overseas Edit.] **26**, E 118—E 119, 1958; jap., Auszug: engl.) — 10. vgl. vorst. Referat. — Vf. untersucht die Beziehungen zwischen bas. $PbSO_4$ (I) in der Paste [25,1 (%), Erhitzen; 25,1 u. 31,1, Dampfbehandlung] u. dem nach einem trockenen Verf. hergestellten u. nimmt Röntgenbeugungsdiagramme der auf verschiedene Temp. (70—640°) erhitzten Proben auf. α-I wird bei 200—420° entwässert u. geht >480—500° in die l. c. beschriebene γ-Form über. In Pasten, die die γ- u. β-Form enthalten, ändert sich γ-I beim Schmelzen nicht, es ist ident. mit dem nach der trockenen Meth. erhaltenen *4 PbO·$PbSO_4$*. In einer beide Formen enthaltenden, auf 630° erhitzten Paste mit 40,6% wird eine neue Phase, *2 PbO·$PbSO_4$*, festgestellt. Die β-haltige Paste mit 58,2% ändert sich nicht beim Schmel-

zen, es liegt *PbO·PbSO₄* vor. Die in Pb-Akkumulatoren verwendete Paste besteht also hauptsächlich aus H_2O-haltigem I, daneben liegt H_2O-haltiges PbO bzw. sein Komplex mit $PbSO_4$ oder eine ähnliche Verb. sowie nicht umgesetztes PbO vor.
P. Frenzel. 140□

Bestimmung des inneren Widerstands von Leclanché-Elementen durch die Methode der quadratischen Wellen. Aladar Tvarusko. (J. electrochem. Soc. **109**, 557—60, Juli 1962; Yardley, Pa., Electr. Storage Battery Co., Carl F. Norberg Res. Center; engl.) — Der innere elektr. Widerstand R von Leclanché-Tockenbatterien wird mit Hilfe quadrat. konst. Stromimpulse in Ruhe u. während kontinuierlicher Entladung untersucht, wobei die Potentialänderungen in der Zelle beim Durchschicken des quadrat. Impulses durch einen hochempfindlichen Oscillographen aufgezeichnet werden. Der sofortige Spannungsabfall im Oscillogramm stellt ein Maß für R dar. R ist unabhängig von der Amplitude u. der Frequenz des angewendeten Stromes u. vom Momentanwert des Gleichstromes, dagegen abhängig von der Art des verwendeten MnO_2 [afrikan.; afrikan. + synthet. H_2O-haltiges (4% Alkali, 10% W.); 2 elektrolyt. dargestellte γ-MnO_2-Proben] sowie der Zus. des Elektrolyten. P. Frenzel. 140□

Übergangsmetalle vom Raney-Typ als Katalysatoren für Brennstoffelektroden. H. Krupp, H. Rabenhorst, G. Sandstede, G. Walter und R. McJones. (J. electrochem. Soc. **109**, 553—57, Juli 1962; Frankfurt/Main, Battelle-Inst. e. V.; Columbus, Ind., Cummins Engine Co., Inc.; engl.) — Poröse Metallelektroden mit Raney-Katalysatoren werden aus den Übergangsmetallen *X* (X = *Cu, Co, Ni, Rh, Pd, Pt*) der I. u. VIII. Gruppe mit Hilfe von Pulver-Verff. hergestellt u. durch Messungen in der Halbkette u. Brennstoffzelle (H_2-Verbrennung) in verschiedenen wss. Elektrolyten im Temp.-Bereich von 20—100° untersucht. Die scheibenförmigen Elektroden (1,2 cm ⌀) werden durch Verpressen u. Sintern (Cu 400°; Co, Ni 600°) einer Mischung des pulverförmigen Skelettmaterials mit der gepulverten Raney-Leg. (X–Al) u. anschließender Auflösung des Al in verd., dann konz. KOH sowie anod. in KOH nach Einbettung in Plexiglas hergestellt. Bei 80° ergeben sich für C_6H_{14} (I) u. CH_3OH (II) im 5n KOH- bzw. 5n H_2SO_4-Elektrolyten Stromdichten >300 mA/cm², in 5n K_2CO_3 eine Grenzstromdichte der Größenordnung von 10 mA/cm². I u. Methylcyclohexan werden unter den gegebenen Bedingungen nicht wesentlich elektrochem. oxydiert. Bei II dagegen scheint im sauren u. alkal. Elektrolyten (CO_2 bzw. CO_3^{2-}) sowie in der Halbkette u. Brennstoffzelle fast vollständige Oxydation zu erfolgen. P. Frenzel. 140□

Natur des Elektrodenprozesses. Everett Gorin und H. L. Recht. (Ind. Engng. Chem. **52**, 306—08, April 1960; Library, Pa., Consolid. Coal Co., Res. and Developm. Div.; engl.) — Vff. untersuchen das Verh. von Hochtemp.-Brennstoffzellen im Temp.-Bereich von 700—800° unter Verw. von H_2-Dampf- u. CO–CO_2-Mischungen an der Anode u. nicht an der Kathode. Als Elektrolyt dienen Alkalicarbonatschmelzen auf einem reinen porösen MgO-Träger; als Kathode poröses gesintertes Ni u. Fe (mittlere Teilchengröße 65 μ), als Anode Ag-Gaze (90 mesh) oder gesintertes Li-haltiges NiO. Die Stromspannungskurven werden statist. ausgewertet, der innere Widerstand des Trägers u. die Polarisationskurven berechnet sowie die Gasdurchlässigkeit der Elektroden u. die Diffusion durch die Elektrodenoberfläche u. im Innern der Elektrode quant. behandelt. Für die H_2–Ni- u. H_2–Fe-Elektroden wird Diffusion im Innern der Metalle angenommen, während für den Transport an der Ag-Elektrode eine beschleunigte Diffusions-Geschw. des O in einer dünnen Oberflächenschicht des Metalls wahrscheinlich ist.
P. Frenzel. 140□

Über den Mechanismus der Sauerstoffübertragung durch dünne Elektrolytschichten. I. L. Rosenfeld und K. A. Shigalowa. (Доклады Академии Наук СССР [Ber. Akad. Wiss. UdSSR] **104**, 876—79, 21/10. 1955; Inst. für phys. Chem. der Akad. der Wiss. der UdSSR; russ.) — Vff. geben einen Ausdruck für den Stromfluß bei der elektrolyt. Bldg. von O_2 an Elektroden an, der als Parameter den Diffusions-Koeff. von O_2 im Elektrolyten u. die Schichtdicke (δ') des Elektrolyten auf der Elektrode enthält. Für die Elektrolyse einer 0,1 n NaCl-Lsg. an Cu-Elektroden werden die experimentellen u. theoret. Ergebnisse in Abhängigkeit von δ' verglichen. Es zeigt sich, daß die Kathodenprozeß-Geschw. (KP) im Vers. größer ist als dem δ'-Wert entspricht u. daß bei höheren δ'-Werten KG einen Grenzwert erreicht. Die Unterschiede zwischen Theorie u. Experiment werden dadurch erklärt, daß neben der Diffusion auch noch eine Konvektionsübertragung von O_2 an Cu stattfindet, woraus eine geringere „effektive Schichtdicke δ''" resultiert. Erst bei Schichtdicken von $30 \cdot 10^{-4}$ cm stimmen δ u. δ' überein. KG ist ferner vom Wasserdampdruck (p) über der Lsg. abhängig. Bei kleinerem p ist KG größer. Aus Korrosions-Verss. ergibt sich, daß die aus 3%ig. NaCl-Lsg. an Fe adsorbierte O_2-Menge ebenfalls von p abhängig ist. Bei 7,29 Torr ist sie 2—3mal größer als bei 17,0 Torr. D. Hoene. 141□

Untersuchungen über Wechselstromelektrolyse. 4. Mitt. Mathematische Behandlung des reversiblen Elektronenübergangs mit Steuerung der Wechselspannung und verzerrtem Strom. A. Edward Remick und R. A. Marcus. (J. electrochem. Soc. **109**, 628—34, Juli 1962; Detroit, Mich., Wayne State Univ., Dep. of Chem.; Brooklyn, N.Y., Polytechn. Inst. of Brooklyn; engl.) — 3. vgl. C. **1960**, 5396. — Mathemat. Behandlung zur Ableitung von Beziehungen zwischen Faradayschem Strom I, Spannung u. Zeit T bei der Wechselstromelektrolyse für den Fall reversibler Redoxreaktionen. Die Gleichungen weisen auf die schnelle Einstellung eines „Gleichgewichts" period. Art, ermöglichen Aussagen über den reversiblen Mechanismus sowie die Best. des Normalpotentials u. ergeben eine Beziehung zwischen I u. T für den period. Vorgang. Allg. Erweiterung auf Syst. mit reversiblem elektrochem. Vorgang u. nachfolgender langsamer Sekundärreaktion. P. Frenzel. 141□

Kinetik der anodischen Stickstoffbildung aus Azidionen. J. G. N. Thomas. (Trans. Faraday Soc. **58**, 1412—23, Juli 1962; Swansea, Univ. Coll., Dep. of Chem.; engl.) — Die anod. Bldg. von N_2 aus N_3^--Ionen wurde an Pt-, Pd-, Rh-, Fe-, Ni- u. Au-Elektroden untersucht. Die Entladung der N_3^--Ionen erfolgt nur an Metalloberflächen, die mit adsorbierten Azid-Radikalen bedeckt sind; die Adsorptionswärme derselben nimmt mit steigender Bedeckung ab. Die Rk.-Kinetik wird durch eine schnelle reversible Entladungs-Rk. charakterisiert, bei der die adsorbierten Azid-Radikale gebildet werden. Der Entladungsvorgang ist zum größten Teil für die beobachtete hohe Überspannung verantwortlich. Der geschwindigkeitsbestimmende Schritt ist wahrscheinlich die Rk. zweier adsorbierter Azid-Radikale unter Bldg. von N_2-Molekülen. Zwischen der Kinetik der Entladung des N_3^--Ions u. der Zers. von NH_3 in der Gasphase am gleichen Metall wurden Beziehungen beobachtet. Wolfgang Krüger. 141□

Elektrochemische Oxydation der Ionen OH^- und O^{2-} in einer eutektischen LiCl/KCl-Schmelze. Guy Delarue. (J. electroanalyt. Chem. [Amsterdam] **1**, 13—25, Aug. 1959; Paris, Ecole de Phys. et de Chim., Labor. de Chim. Anal.; franz.) — In einer eutekt., durch HCl-Behandlung vorher hydroxidfrei gemachten LiCl/KCl-Schmelze wurden Strom–Spannungskurven von *KOH* aufgenommen. Als Arbeitselektroden dienten Pt, W oder Graphit; als Bezugselektrode Pt/$PtCl_2$ in LiCl/KCl oder Ag/AgCl. Nach Ansicht des Vf. beruht die beobachtete Oxydationsstufe des **KOH** nicht auf einer Oxydation von OH^-, sondern auf der Entladung der nach $2\,OH^- \rightarrow H_2O + O^{2-}$ oder $OH^- + Cl^- \rightarrow HCl + O^{2-}$ gebildeten O^{2-}-Ionen. Die Existenz von O^{2-}-Ionen konnte auch aus dem Verh. der im Eutektikum gelösten Metalloxide (*PbO, NiO, CaO, MgO, CuO*) abgeleitet werden, die unter den Vers.-Bedingungen in Metallion u. O^{2-} dissoziieren. E. Moisar. 141□

Die anodische Auflösung von Nickel in Acetonitril. Thomas C. Franklin und Charles R. Parsons. (J. electrochem. Soc. **109**, 641—42, Juli 1962; Waco, Tex., Baylor Univ., Chem. Dep.; engl.) — Durch Best. des Gew.-Verlusts sowie durch colorimetr. [Ni(II)] u. coulometr. Titrations-Verff. [Ni(I)] ermitteln Vff. die Wertigkeit von Ni bei der anod. Auflösung in Dimethylformamid (I), das [$(CH_3)_4N$]Cl enthält, u. Acetonitril (**II**). Ni löst sich in **I** mit einer mittleren Oxydationszahl von 1,66 ± 0,12 (5 Verss.), in **II** beträgt diese 1,39 ± 0,17 (11), was auf das Vorliegen von Ni(I) neben Ni(II) hinweist. Ni(I) ist in **II** ausreichend stabil für die Titration mit J_2. P. Frenzel. 141□

Über elektrolytisch gefälltes Thallium(III)-oxid. William T. Foley. (Canad. J. Chem. **40**, 408—12, März 1962; Antigonish, Nova Scotia, St. Francis Xavier Univ., Chem. Dep.; engl.) — Aus mit NH_4NO_3–NH_4OH gepufferter Lsg. vom pH-Wert 9,5, die Ag^+-Ionen als kathod. Depolarisator enthielt, wurde Tl_2O_3 anod. abgeschieden. Das Oxid enthielt ca. 1% Tl(I) u. wechselnde Mengen relativ fest gebundenen Wassers. Es besitzt offensichtlich eine Defektstruktur. Die Leitfähigkeit (n-Typ) betrug $(1{,}54 \pm 0{,}03) \cdot 10^3\ \Omega^{-1}\,cm^{-1}$. Die Bindung des H_2O wurde röntgenograph. untersucht. Es liegt kein H_2O-Einschluß vor. Harro Zimmer. 141□

Die Anwendung des Lagrangeschen Theorems in der elektrochemischen Kinetik. 1. Mitt. Allgemeine Theorie. P. J. Gellings. (Z. Elektrochem., Ber. Bunsenges. physik. Chem. **66**, 477—81, 1962; Amsterdam, Werkspoor N. V.; engl.) — Bei Unterss. der elektrochem. Kinetik unter galvanostat. Bedingungen wird die Überspannung η als Funktion des Stromes i benötigt. Vff. zeigen, daß die Umkehrung der Grundgleichung der elektrochem. Kinetik, $i = f(\eta)$ unter Verw. des Lagrangeschen Theorems für beliebige Werte von i u. η möglich ist. Hierbei werden 3 Fälle unterschieden: $f > 2$ ($f = i/i_0$; i_0 Austauschstromdichte), $|f| < 2$ u. $f < 0$ bei großem $|f|$. P. Frenzel. 142□

Die Anwendung des Lagrangeschen Theorems in der elektrochemischen Kinetik. 2. Mitt. Polarisation beim galvanostatischen Einschaltvorgang und bei Anwendung eines rechteckigen Wechselstroms. P. J. Gellings. (Z. Elektrochem., Ber. Bunsenges. physik. Chem. **66,** 481—84, 1962; engl.) — 1. vgl. vorst. Referat. — Das l. c. beschriebene Umkehr-Verf. wird auf den galvanostat. Einschaltvorgang u. auf das Verf. der Verw. eines rechteckigen Wechselstroms angewendet. Vf. zeigt theoret., daß der Anwendungsbereich dieser Verff. erweitert werden kann. Weiterhin ist es möglich, die Fehler zu berechnen, die durch die früher abgeleiteten Näherungsgleichungen bedingt sind, sowie Aussagen über die Zuverlässigkeit solcher Vernachlässigungen zu machen. P. Frenzel. 142□

Oszillographische Bestimmung der kinetischen Parameter von Elektrodenreaktionen mit Hilfe eines sinusförmigen Stromes. J. H. Sluyters. (Recueil Trav. chim. Pays-bas **81,** 297—300, April 1962; Utrecht, State Univ., Labor. for Anal. Chem.; engl.) — Zur einfacheren u. schnellen oscillograph. Best. der kinet. Parameter einer Elektroden-Rk. schlägt Vf. die Anwendung eines sinusförmigen Stromes an Stelle eines Stromes mit Rechteckimpulsen vor u. vergleicht diese Meth. mit dem cycl. Stufen-Verf. nach Wijnen u. Smits. Die Gleichstromkomponente läßt sich leicht mit Hilfe eines Kondensators eliminieren. Es wird gezeigt, daß der störende Einfl. der Doppelschichtkapazität bei der Sinuswellen-Meth. genauer erfaßt werden kann. P. Frenzel. 142□

Erklärung der Messungen des Potentialabfalls bei offenem Stromkreis. Paul C. Milner. (J. electrochem. Soc. **107,** 343—48, April 1960; Murray Hill, N.J., Bell Telephone, Inc.; engl.) — Die zeitabhängigen Änderungen des Leerlaufelektrodenpotentials E ermöglichen Rückschlüsse auf die Elektrodenkinetik u. die spezif. Kapazität C der Doppelschicht. Die Deutung dieser Erscheinungen wird durch Kapazitätseffekte kompliziert, die aus konkurrierenden Faradayschen Vorgängen resultieren, was bei der beschriebenen theoret. Behandlung berücksichtigt wird. Unter bestimmten Bedingungen lassen sich derartige Erscheinungen nicht von C unterscheiden. Vf. erörtert die Analyse des Abklingverh. u. beschreibt eine neue Meth. zur Best. der charakterist. Abklingparameter, die nur durch die Genauigkeit der Potential- u. Zeitmessung begrenzt ist. P. Frenzel. 142□

Die Struktur einer elektrischen Doppelschicht in Gegenwart von adsorbierten organischen Molekülen. M. A. V. Devanathan. (Proc. Roy. Soc. [London], Ser. A **264,** 133—44, 24/10. 1961; Philadelphia, Pa., Univ. of Pennsylvania, John Harrison Labor. of Chem.; engl.) — Vgl. C. **1962,** 15504. — Am Modell der elektr. Doppelschicht werden Gleichungen für die Differentialkapazität der Metall/Elektrolyt-Zwischenschicht in Ggw. von organ. Moll. abgeleitet. Die Meth. zur Berechnung der Adsorption organ. Proben aus den Daten der Differentialkapazität wird erweitert u. auf *Thioharnstoff* an einer *Hg*–wss. *NaF*-Zwischenschicht angewendet. Die erhaltenen Werte stimmen gut mit thermodynam. Daten überein. Aus den berechneten Adsorptionsdaten wird abgeleitet, daß Thioharnstoff einer Virialzustandsgleichung gehorcht, aber elektr. Nebenkräfte außer bei hohen Beladungen zu vernachlässigen sind. Die freie Adsorptionsenergie wurde als Funktion der Ladung bestimmt. Sie besteht aus einem elektrostat. u. einem chem. Glied, das mit der Abnahme der Elektronendichte der Hg-Oberfläche abnimmt. H. Schibilla. 142□

Untersuchung des Einflusses von Platin in Quecksilberelektroden auf bestimmte Elektrodenvorgänge. W. Kemula, Z. Galus und Z. Kublik. (Bull. Acad. polon. Sci., Sér. Sci. chim., géol. géogr. **7,** 723—28, 1959; Pol. Acad. of Sci., Inst. of Phys. Chem.; Warsaw, Univ., Dep. of Inorg. Chem.; engl.) — Vgl. C. **1959,** 3037. — Vff. beschreiben voltammetr. Unterss. an elektrolyt. mit Hg überzogenen Pt-Elektroden (**A**) u. an der hängenden Hg-Tropfelektrode (**B**) in einem Leitelektrolyten mit Zusätzen von Zn^{2+}, Cd^{2+} (in 0,1n KCl-Lsg.), Sb^{3+} (1n HCl), Sn^{2+} (1n KOH) sowie $Zn^{2+} + Cd^{2+} + Pb^{2+}$-Spuren (0,1n KCl). Die kathod. Vorgänge an **A** u. **B** unterscheiden sich nur geringfügig, während für die anod. Oxydation beträchtliche Unterschiede festgestellt werden. Zn wird an **A** nicht vollständig oxydiert, für Cd ist das Minimum der Oxydationskurve an **A** beträchtlich schärfer ausgebildet. Für den Auflösungsstrom von Pb an **A** wird ein deutliches Minimum beobachtet, das an **B** kaum zu erkennen ist. Ebenso sind die Minima des Oxydationsstromes von Cd an **A** schärfer ausgeprägt. Bei den cycl. voltammetr. Kurven von Lsgg., die Pb^{2+}, Cd^{2+}, Cu^{2+} u. Tl^{+} enthalten, werden keine Unterschiede festgestellt. Vff. nehmen an, daß bei den **A** unter Bedingungen, bei denen die Oxydschicht des Pt entfernt u. gute Benetzung der Pt-Oberfläche erreicht wird, ähnlich wie bei Au eine Amalgam-Bldg. mit in Abhängigkeit von der Zeit verschiedenem Hg-Geh. erfolgt. Möglicherweise entstehen auch intermetall. Verbb. des Pt. P. Frenzel. 142□

Über die Abhängigkeit der Wasserstoffüberspannung vom Aggregatzustand des Galliums. St. G. Christov und Sv. Rajčeva. (Z. Elektrochem., Ber. Bunsenges. physik. Chem. **66,** 484—91, 1962; Sofia, Chem.-Technol. Inst., Lehrst. für Phys. Chem. u. Elektrochem.; dt.) — Vgl. C. **1962,** 2270. — Vff. untersuchen die H_2-Überspannung η

an festem (I) u. fl. Ga (II) in verd. HCl-Lsgg. in Abhängigkeit vom pH-Wert, von der Stromdichte i u. der Temperatur. η ist für I u. II in 0,1; 0,01 u. 0,001n HCl nicht vom pH-Wert abhängig. Bei 10—30° u. $i = 1\cdot10^{-6}$ bis $6\cdot10^{-4}$ A/cm² gelten an I Tafel-Gleichungen. Die η/log i-Kurven für II bei 30—65° u. $i = 1\cdot10^{-6}$ bis $1{,}3\cdot10^{-3}$ A/cm² zeigen anfänglich einen fast horizontalen Verlauf, der mit zunehmender Temp. länger wird u. den Vff. auf die Auflösung des Ga zurückführen. Danach schließt sich ein Tafel-Bereich an. Temp.-Koeff. von η bei verschiedenem i werden mitgeteilt. Allg. ist η im Gegensatz zu Literaturangaben unter gleichen Bedingungen an I größer als an II. „Reale" Aktivierungsenergie E, Frequenzfaktor K u. Austauschstromdichte i_0 werden nach verschiedenen Verff. mit guter Übereinstimmung berechnet. Für I erhält man die Werte E_0 (E beim Elektrodengleichgewicht, $\eta = 0$, $i = i_0$) = 21,750 kcal/Mol, $K = 2\cdot10^{6}$, $i_0 = 2{,}5\cdot10^{-10}$ A/cm², für II E_0 = 22,460 kcal/Mol, $K = 4{,}2\cdot10^{5}$ u. $i_0 = 1{,}3\cdot10^{-11}$ A/cm². Die unterschiedlichen Werte der kinet. Parameter führen Vff. auf die Verschiedenheit in der Elektronenaustrittsarbeit u. der Adsorptionsenergie des atomaren H bei I u. II zurück. P. Frenzel. 142□

Eine allgemeine Gleichung für die wechselstrompolarographische Welle. H. H. Bauer. (J. electroanalyt. Chem. [Amsterdam] **1**, 2—7, Aug. 1959; Sydney, Univ., Dep. of Agric., Sect. of Agric. Chem.; engl.) — Vf. leitet eine von einschränkenden Voraussetzungen weitgehend freie Gleichung für die wechselstrompolarograph. Kurve ab, die die Größe des Wechselstromanteiles (Δ i) als Funktion der Wechselstromfrequenz u. der Amplitude (Δ V) beschreibt. Während bei kleinem Δ V Proportionalität zwischen Δ i u. Δ V besteht, geht diese Abhängigkeit bei höherem Δ V in eine Funktion von tanh (n F Δ V/2 RT) über. Für das Spitzenpotential erreicht Δ i ein Maximum, jedoch läßt sich dieses Potential nur unter vereinfachenden Annahmen durch Differenzieren der ursprünglichen Gleichung errechnen. Das Spitzenpotential ist frequenzabhängig u. fällt im allg. nicht mit dem konventionellen Halbstufenpotential oder dem Normalpotential zusammen. E. Moisar. 142□

Einfluß der Wanderung auf den polarographischen Grenzstrom. Shinzo Okada, Shiro Yoshizawa, Fumio Hine und Kameo Asada. (J. electrochem. Soc. Japan **27**, E 51—E 52, 1959; Yoshida, Kyoto Univ., Dep. of Ind. Chem.; engl.) — Vff. leiten eine allg. Gleichung für den Einfl. einer Ionenwanderung auf den polarograph. Grenzstrom bei Verminderung der Leitsalz-Konz. ab. Die theoret. berechneten u. experimentell für die Syst. Tl^+/KCl u. Pb^{2+}/KCl ermittelten Änderungen des Grenzstromes bei verminderter Leitsalz-Konz. stimmen befriedigend überein. E. Moisar. 142□

Über einen Vergleich zweier Typen von Quecksilbertropfelektroden. Jean Bourzeix, Jane Robert und Loi'k Viet. (C. R. hebd. Séances Acad. Sci. **254**, 3532—34, 14/5. 1962; Paris, Sorbonne, C.N.R.S., Labor. de Phys.-Enseign.; École de Phys. et Chim., Labor. de Chim. phys.; franz.) — Ein Vgl. der Quecksilbertropfelektroden nach Heyrovsky (ElH) u. nach Kemula (ElK) wurde durch Unters. der polarograph. Red. von Cd^{2+} durchgeführt, wobei an die Hg-Elektrode u. eine Pt-Gegenelektrode zusätzlich eine Wechselspannung geringer Amplitude angelegt wurde. Impedanzmessungen ergaben Impedanzminima beim Potentialwert des Halbstufenpotentials; die Minima wurden mit steigender Depolarisator-Konz. u. abnehmender Wechselstromfrequenz ausgeprägter. Die einzelnen Impedanzkomponenten lassen sich ermitteln u. führen zu Aussagen über die Geschw.-Konst. der Entladungsreaktion. Ein Vgl. der Strom-Spannungskurven beider Elektroden ergab, daß im Fall von ElH der Ladungsübergang an der Elektrode durch den überlagerten Wechselstrom beeinflußt wird, ohne daß sich ein Einfl. auf die Höhe des Diffusionsstromes auswirkt, während letzteres bei ElK nicht zutrifft. E. Moisar. 142□

Polarographie des zweiwertigen Zinns in Natriumformiat. G. S. Deshmukh und Y. D. Kane. (J. sci. ind. Res. [New Delhi], Sect. B **21**, 235, Mai 1962; Varanasi, Banaras Hindu Univ., Anal. Chem. Div.; engl.) — In 0,5—1m Na-Formiat-Lsg. (pH 3—4) wird von Sn^{2+} je eine Red.- u. Oxydationsstufe bei —0,55 bzw. —0,15 V (gegen gesätt. Kalomelelektrode) erhalten. Die Stufenhöhen waren konzentrationsproportional bis zu $4\cdot10^{-4}$ g Sn. E. Moisar. 142□

Messung des Flade-Potentials von passivem Nickel in schwefelsaurer Lösung. G. Okamoto und N. Sato. (J. electrochem. Soc. Japan **27**, E 125—E 128, 1959; Hokkaido, Univ., Fac. of Engng., Dep. of Phys. Chem. and Electrochem.; engl.) — In dem an das Flade-Potential anschließenden Potentialbereich, in dem der Strom unabhängig vom Potential ist, beruht die elektr. Leitung in der ionenleitenden Ni-Oxidschicht auf dem elektr. Feld u. nicht auf der Diffusion der Leerstellen. Die lineare Abhängigkeit des Potentials E von der Zeit t wird für verschiedene Stromdichten gemessen. Wegen der Abwesenheit von Redox-Rkk. ist der Dickenzuwachs der passiven Schicht der Zeit proportional. Potential u. Schichtdicke sind also linear voneinander abhängig. Aus E (t) wird das Flade-Potential erhalten: $E_f = 0{,}435$ V bei 40° in $1\,n\,H_2SO_4$.

U. Siggel. 143□

Polarisations-Charakteristiken und Stabilität des passiven Zustands von rostfreien Stählen. G. Okamoto, M. Nagayama, Y. Mitani und T. Ishikawa. (J. electrochem. Soc. Japan **27**, E 129—E 133, 1959; engl.) — Vgl. vorst. Referat. — Es wurden für mehrere Stahlarten in N_2- u. luftgesätt. H_2SO_4 potentiostat. Strom-Spannungskurven unter verschiedenen Bedingungen aufgenommen u. die Auflösungs-Geschw. durch colorimetr. Best. des Fe ermittelt. Durch Differenz-Bldg. erhielt man die Teilströme für Metallauflösung, H_2-Abscheidung u. O_2-Reduktion. Die Stahlauflösung ist von Bewegung u. Gas-Geh. der Lsg. unabhängig, nicht aber der den Red.-Prozessen entsprechende kathod. Teilstrom. Ein höherer Mo-Geh. verlangsamt die anod. Auflösungs-Geschw. des Stahles. Deshalb ist unter sonst gleichen Bedingungen der passive Zustand des Mo-armen Stahls metastabil, der des Mo-reichen stabil. Außerdem wurde der Einfl. der Temp. für 2 Stahlarten gezeigt u. die Aktivierungsenergie der Auflösung berechnet. U. Siggel. 143□

Die Stromspannungskurve des Eisens in Schwefelsäure beim Übergang vom aktiven in den passiven Zustand. Jörg Osterwald. (Z. Elektrochem., Ber. Bunsenges. physik. Chem. **66**, 401—06; 1962; Göttingen, MPI für Phys. Chem.; dt.) — Die an Fe in H_2SO_4 bei einer vom passiven Gebiet ausgehenden Erniedrigung der Elektrodenspannung beobachtete plötzliche Aktivierung wird als Folge eines nicht mehr zu vernachlässigenden Ohmschen Spannungsabfalls U_Ω zwischen Elektrodenoberfläche u. Spitze der Luggin-Capillare gedeutet. Für U_Ω gilt die Beziehung $U_\Omega = f \cdot \varrho \cdot I = R_\Omega \cdot I$ (I Stromdichte; ϱ spezif. Widerstand des Elektrolyten; f geometr. Konst.). In $1\,n\,H_2SO_4$ mit $\varrho = 5\,\Omega \cdot$cm ist $R_\Omega \approx 0{,}5\,\Omega \cdot cm^2$. Die potentiostat. aufgenommene Strom-Spannungskurve (SSK) läßt erkennen, daß $|dI/dU|$ vor der Aktivierungsgrenze stark ansteigt u. daß sie im Bereich von 550—620 mV ungefähr einer Tafel-Geraden mit einer Steigung von 67 mV folgt. Sieht man deren Verlängerung als „wahre" SSK an, so liegt $U - U_w$ („scheinbare" bzw. „wahre" Elektrodenspannung) in der Größenordnung von $R_\Omega \cdot I$. Der Verlauf der „scheinbaren" SSK in der Nähe der Aktivierungsgrenze steht daher nicht im Widerspruch zu der Annahme, daß Fe in H_2SO_4 eine kontinuierliche „wahre" SSK aufweist. Vf. erörtert die Einfl. des pH-Wertes u. von I sowie im Anhang die Messung fallender Kennlinien bei hohem I (Einfl. der Oberflächenrauhigkeit, fehlerhafter Randabdeckung, von Konz.-Verschiebungen u. des Durchmessers der Capillaren).

P. Frenzel. 143□

Keimbildung und Kristallwachstum bei der anodischen Bildung von Silbersulfatdeckschichten auf Silber in Schwefelsäure. Jörg Osterwald. (Z. Elektrochem., Ber. Bunsenges. physik. Chem. **66**, 492—96, 1962; dt.) — Vgl. vorst. Referat. — Bei der anod. Bldg. von Ag_2SO_4 (I)-Deckschichten auf Ag in I-gesätt. $1\,n\,H_2SO_4$ bei 20° unter galvanostat. Bedingungen wird beobachtet, daß die I-Menge, die sich bis zur vollständigen Abdeckung auf der Elektrodenoberfläche niederschlägt, bei hohen Stromdichten i geringer ist als bei niedrigen. Zu Beginn der Elektrolyse bilden sich, wie eine Auszählung der I-Kristalle ergibt, sehr viele Kristallisationskeime, während im weiteren Verlauf der Elektrolyse im wesentlichen nur ein Wachstum der anfänglich gebildeten Kristalle erfolgt. Deren Anzahl ist von i weitgehend unabhängig. Die Abnahme der zur vollständigen Bedeckung notwendigen I-Menge kann daher nur auf ein bei höheren i stärkeres Wachstum der einzelnen I-Kristalle parallel zur Ag-Oberfläche als senkrecht zu ihr zurückgeführt werden. Dieses Verh. läßt sich nicht aus einer Rechnung ableiten, die lediglich lineare u. homogene Beziehungen zwischen den das Wachstum bestimmenden Größen berücksichtigt. Verss. an Ag-Einkristallen bestätigen, daß eine Wachstumshemmung der I-Kristalle im untersuchten i-Bereich nicht ausschlaggebend ist.

P. Frenzel. 143□

Über die bevorzugte Bildung von Platinoxiden an den Korngrenzen von Platinelektroden. David M. Mohilner, William J. Argersinger jun. und Ralph N. Adams. (Analytica chim. Acta [Amsterdam] **27**, 194—97, Aug. 1962; Lawrence, Kans., Univ. of Kansas, Dep. of Chem.; engl.) — Mkr. Unterss. elektropolierter Pt-Mikroelektroden nach chem. u. elektrochem. Oxydation u. Red. führen Vff. zu dem Schluß, daß im Gegensatz zu früheren Beobachtungen einer bevorzugten Abscheidung der Pt-Oxide an den Korngrenzen eine im wesentlichen regellose Bldg. der Oxide auf der Elektrodenoberfläche erfolgt. P. Frenzel. 143□

Adsorption des Gelösten während der Korrosion von Zinn in Natriumalkylsulfatlösungen. T. K. Ross und W. Harris. (J. appl. Chem. **10**, 24—27, Jan. 1960; Manchester, Manchester Coll. of Sci. and Technol., Dep. of Chem. Engng.; engl.) — Unterss. der Adsorption von *Na-Dodecylsulfat*-(^{35}S) (I) bei der Korrosion von Sn in 0,001—0,1 m wss. I-Lsgg. im Vgl. zu einer 0,1 m Na_2SO_4-(^{35}S)-Lsg. zeigen, daß die Adsorption an rauhen Oberflächen größer als an glatten ist u. mit der Konz. zunimmt. In 0,1 m Lsgg. entstehen multimol. Schichten, wodurch die herabgesetzte Korrosion erklärt wird. Die regelmäßige Bldg. der adsorbierten Schicht in 0,001 u. 0,01 m Lsgg. weist auf Ionenprozesse. Autoradiographien bestätigen die Annahme, daß die Adsorption bevorzugt an Oberflächenfehlern erfolgt. Die Desorption von I erfolgt langsam, jedoch vollständig, was auf eine geringe Chemisorption zurückgeführt wird. P. Frenzel. 143□

Beitrag zur magnetischen Rosttheorie von Ackermann. S. Yamaguchi. (Kolloid-Z. **168,** 56—57, Jan. 1960; Tokyo; dt.) — An einer Rasierklinge mit einem remanenten Magnetismus von ca. 10^4 Gauß wurde aus Elektronenbeugungsbildern die Stelle mit dem größten Feldgradienten ermittelt. Ein anschließender Korrosions-Vers. mit NaCl-Lsg. ergab in Übereinstimmung mit der Theorie von Ackermann (C. **1955,** 10937), daß diese Stelle bes. korrosionsanfällig ist. W. Betcke. 143□

A$_4$. Thermodynamik. Thermochemie

Die Annäherung an einen stabilen stationären Zustand in großem Abstand vom Gleichgewicht. H. H. Rosenbrock. (Proc. physic. Soc. **80,** 962—70, 1/10. 1962; Cambridge, Univ., Dep. of Engng.; engl.) — Für ein thermodynam. Syst., in dem einige in ihrem Wert festgelegte Kräfte groß sind, werden linearisierte Gleichungen in der Nähe des stationären Zustandes erhalten, welche zwei symm. u. endlich positive Matrizen enthalten. Für das Syst. existiert damit eine Liapounov-Funktion, die für den Fall, daß der stationäre Zustand in der Nähe des Gleichgewichtszustandes liegt, in die Entropieerzeugungs-Geschw. übergeht. A. Blaschette. 146□

Wärmekapazität von kritischen Mischungen. Marshall Fixman. (J. chem. Physics **36,** 1957—60, 15/4. 1962; Eugene, Oreg., Univ. of Oregon, Inst. of Theoret. Sci.; engl.) — Vf. behandelt ausführlich die Theorie der Wärmekapazität (WK) von fl. Mischungen im krit. Bereich von neuen Gesichtspunkten aus, wobei angenommen wird, daß die Entropiedichte eine Funktion der örtlichen Zus. ist; sie wird in quadrat. Terme der Schwankungen der Zus. entwickelt. Die anomalen WK, die sich aus der durchschnittlichen Entropieschwankung berechnen, sind wegen der extremen Empfindlichkeit großer Schwankungen der Zus. gegenüber der Temp. sehr hoch. Die Überprüfung der Theorie am Syst. Perfluormethylcyclohexan-CCl_4 zwischen 26 u. 34° ($T_{krit.}$ = 26,2°) zeigt relativ gute Übereinstimmung mit den experimentellen C_p-Werten. Der für die Berechnung notwendige Parameter kann mit Hilfe von Röntgen- oder Lichtbeugung bestimmt werden. G. Gattow. 146□

Absorption und Dispersion von Schallwellen in kritischen Mischungen. Marshall Fixman. (J. chem. Physics **36,** 1961—64, 15/4. 1962; engl.) — Vgl. vorst. Referat. — Vf. untersucht theoret. das Langwellenspektrum, das in engem Zusammenhang mit der Entropie steht, von Schwankungen in der Zus. im krit. Mischungsbereich unter der Annahme, daß sich die Temp. harmon. mit der Zeit ändert. Relaxationseffekte, die aus der Temp.-Änderung der radialen Verteilungsfunktion (vorwiegend aus dem Teil der langen Perioden) folgen, liefern eine komplexe Wärmekapazität. Die sich daraus ergebende Absorption der Schallwellen wächst auf einen maximalen Wert am krit. Punkt; dieses steht in Übereinstimmung zu den experimentellen Unters.-Ergebnissen am Syst. *n-Hexan-Anilin* ($T_{krit.}$ = 68,3°). G. Gattow. 146□

Wechselbeziehungen am kritischen Punkt. Marshall Fixman. (J. chem. Physics **36,** 1965—68, 15/4. 1962; engl.) — Vgl. vorst. Referate. — Es wird eine Erweiterung der Orstein-Zernike-Näherung für die Best. von radialen Verteilungsfunktionen g(r) im krit. Bereich beschrieben. Nichtlineare Terme für den örtlichen Druck werden als Funktion der örtlichen Dichte eingeführt. In guter Übereinstimmung mit der Theorie von Kaufman u. Onsager (Physic. Rev. [2] **76,** [1949], 1244) ergibt sich für ein „zweidimensionales Gittergas": $g_2(r) - 1 = G_2(r) \sim 0{,}86\, r^{-1/4}$ u. für den dreidimensionalen Fall am krit. Punkt $G_3(r) \sim r^{-1} (\ln r)^{1/2}$ oder $G_3(r) \sim r^{-1}$. G. Gattow. 146□

Dichte von Salpetersäure-Wasser-Mischungen bei sehr kleinen Konzentrationen an zugesetztem Wasser. Burton Fine. (J. chem. Engng. Data **7,** 177—78, April 1962; Cleveland, Ohio, Nat. Aeronautics and Space Administ., Lewis Res. Center; engl.) — Es wurden HNO_3-H_2O-Mischungen mit bis zu 3,0 Gew.-% H_2O bei den Temp. 16,61 ± 0,01°, 17,83 ± 0,01° u. 32,29 ± 0,01° hergestellt. Für die Dichte des HNO_3 in Abhängigkeit von der Temp. wurde aus diesen Unterss. der Ausdruck ϱ [g/ml] = 1,54918–0,001809 t mit einer Standardabweichung von $2,8 \cdot 10^{-4}$ g/ml erhalten. Das Vorliegen einer Selbstdissoziation des HNO_3 nach $2\ HNO_3 \rightleftharpoons NO_2^+ + NO_3^- + H_2O$, wie sie bei Zusatz geringer Mengen NH_4NO_3 oder $[(CH_3)_4N]NO_3$ eintritt, konnte nicht eindeutig geklärt werden. Wolfgang Krüger. 148□

Wärmeausdehnung von Zinn in der Nähe der β-γ-Umwandlung. V. T. Deshpande und D. B. Sirdeshmukh. (Acta crystallogr. [Copenhagen] **15,** 294–95, 10/3. 1962; Hyderabad, India, Osmania Univ., Univ. Coll. of Sci., Dep. of Phys.; engl.) — An Hand von Messungen der Gitter-Konst. wird der Wärmeausdehnungs-Koeff. von Sn von 30–212° bestimmt. Eine Umwandlung von tetragonaler zu rhomb. Symmetrie konnte in diesem Bereich nicht festgestellt werden. G. Falkenburg. 148□

Richtungsabhängige Wärmeausdehnungskoeffizienten von β-MnO_2. R. C. Bradt und J. S. Wiley. (J. electrochem. Soc. **109,** 651, Juli 1962; North Chicago, Ill., Fansteel Metallurg. Corp., Res. Div.; engl.) — Röntgenbeugungs-Unterss. an β-$MnO_{2,00} \cdot 0,04$ bis 0,09 H_2O, das durch therm. Zers. von $Mn(NO_3)_2$-Lsg. hergestellt wurde, zeigen, daß der Wärmeausdehnungs-Koeff. in der tetragonalen Elementarzelle im Temp.-Bereich von 25–500° 6,69 ($\cdot 10^{-6}$ cm/cm·Grad) entlang der a-Achse u. 6,93 entlang der c-Achse beträgt. P. Frenzel. 148□

Molvolumina ausgewählter borhaltiger Verbindungen. John L. T. Waugh und Phoebus M. Christopher. (Recueil Trav. chim. Pays-Bas **81,** 661–69, Aug. 1962; Honolulu, Univ. of Hawaii, Dep. of Chem.; engl.) —Mit Hilfe von aus der Literatur krit. ausgewählten Atomparachor-Werten (B: 51,9) werden die Molparachore für eine Reihe von B-Verbb. berechnet u. durch Gleichungen mit den Kpp., krit. Temp., krit. Vol. u. krit. Drücken in Beziehung gebracht. Für sämtliche Verbb. werden die isothermen Kompressibilitäten bei Temp. im Bereich 168,2–305,1° K bei 1 bzw. 2 atm berechnet: $B(OCH_3)_3$, $B(OC_2H_5)_3$, $B(OC_3H_7)_3$, $B(OC_4H_9)_3$, $B(OC_7H_{15})_3$, $B(OC_8H_{17})_3$, $B(OC_{10}H_{21})_3$, BF_3, BCl_3, BBr_3, B_2H_6, B_5H_9, $B(C_2H_5)_3$, $(n\text{-}C_4H_9BO)_3$, $B_3N_3H_6$, $(CH_3)_2NBCl_2$, $Al(BH_4)_3$, $B(OCH_2CH_2Cl)_3$, $B[OCH(CH_2Cl)_2]_3$. — 34 Literaturangaben. A. Blaschette. 148□

Die Volumenänderung beim Mischen für mehrere Flüssigkeitssysteme und der Unterschied im Molvolumen zwischen den ortho- und para-Modifikationen der Wasserstoffmoleküle. H. F. P. Knaap, M. Knoester und J. J. M. Beenakker. (Physica [Utrecht] **27,** 309–18, März 1961; Leiden, Kamerlingh Onnes Labor.; engl.) — Vff. berichten über eine Meth. zur direkten Messung der Vol.-Änderung beim Mischen von Fll. bei konst. Druck u. beschreiben den verwendeten Apparat. Messungen wurden durchgeführt für die fl. Syst. O_2–Ar bei 90° K, O_2–N_2 bei 77° K, n-H_2–n-D_2 bei 20,4° K, n-H_2–p-H_2 bei 20,4° K u. n-D_2–p-D_2 bei 20° K. Es wurde außerdem der Unterschied in den Mol-Vol. von n-H_2 u. p-H_2 bzw. n-D_2 u. o-D_2 bestimmt. C. Gottfried. 149

Die spezifischen Wärmen und Kompressibilitäten von flüssigem Ortho- und Parawasserstoff. A. van Itterbeek und W. van Dael. (Physica [Utrecht] **27,** 1202–08, Dez. 1961; Leuven, België, Inst. voor Lage Temperaturen en Techn. Fys.; engl.) — Mit Hilfe von bekannten Werten der spezif. Wärme C_σ, des Ausdehnungs-Koeff. α_σ, des Spannungs-Koeff. γ_σ u. experimentellen Werten der Schall-Geschw. berechnen Vff. zwischen 14 u. 20° K c_p u. c_v, die Kompressibilitäts-Koeff. β_s u. β_T, den Ausdehnungs-Koeff. α_p, den Spannungs-Koeff. γ_v u. die Ableitung $(\partial \varrho/\partial p)_T$. — Tabelle. D. Hoene. 151□

Molwärme von Diamant bei hohen Temperaturen. Andrew C. Victor. (J. chem. Physics **36,** 1903–11, 1/4. 1962; Washington, D.C., Nat. Bur. of Stand.; engl.) — Die Enthalpie von Diamant (Edelsteinqualität) wurde nach der „Drop“-Meth. in einem Eiscalorimeter nach Bunsen (App. nach Furukawa u. Mitarbeitern, C. **1958,** 2942) zwischen 273 u. 1073° K bestimmt; die Werte lassen sich durch folgende Gleichung wiedergeben (Werte in cal/Mol; Genauigkeit: ± 0,5%: $H_T - H_{273,15^0K} = -1,719204 \cdot T + 8,483729 \cdot 10^{-3} \cdot T^2 - 4,93677 \cdot 10^{-6} \cdot T^3 + 1,216183 \cdot 10^{-9} \cdot T^4 + 1,747331 \cdot 10^5 \cdot T^{-1} - 1,690974 \cdot 10^7 \cdot T^{-2} - 482,595$. C_v^0 wurde aus den experimentellen C_p-Werten u. neueren Messungen der therm. Ausdehnung u. der elast. Konst. ermittelt u. mit den theoret. berechneten verglichen. Debye-Temp. Θ_D = 1860°; extrapoliert wurde Θ_∞ zu 1880 ± 10°. G. Gattow. 151□

Einfluß von Sauerstoff auf die Molwärme von Gadolinium zwischen 1,3 und 5° K. L. T. Crane. (J. chem. Physics **36,** 10–11, 1/1. 1962; Dearborn, Mich., Ford Motor Co., Sci. Labor.; engl.) — Im Temp.-Bereich von 1,3–5° K wurden die Molwärmen von Gd (99,9% in Hinsicht auf die anderen Seltenerdmetalle; 0,002 Gew.-% N_2) mit verschiedenem Sauerstoff-Geh. (0,1080, 0,12 u. 0,22 Gew.-%) bestimmt. Anomalien treten bei 1,66 u. 3,4 °K auf. Mit steigendem O-Geh. wächst der Peak bei 1,66° K bzgl. seines

C_p-Wertes über den bei 3,4° K hinaus. Berechnungen der Entropie (Gd mit 0,1 Gew.-% O: 0,13 ± 0,01 J/Grad·Mol) zeigten, daß sich die Anomalien mit der magnet. Orientierung der Spinmomente (7/2) der Gd^{3+}-Ionen in den Gd_2O_3-Moll. erklären lassen.
G. Gattow. 151☐

Spezifische Wärme von $Cu(NH_3)_4SO_4 \cdot H_2O$ unterhalb 1° K. T. Haseda und A. R. Miedema. (Physica [Utrecht] **27**, 1102–12, Dez. 1961; Leiden, Kamerlingh Onnes Labor.; engl.) — Die spezif. Wärme C von $[Cu(NH_3)_4]SO_4 \cdot H_2O$ wurde bis herab zu 0,03° K gemessen. Die Unters. erfolgte durch Beobachtung der Temp.-Änderung bei der Abkühlung eines Einkristalls durch einen bekannten therm. Widerstand. C zeigt ein breites Schottky-Maximum bei ca. 3° K u. ein kleines scharfes Maximum bei 0,37° K, das möglicherweise einer weitreichenden magnet. Ordnung entspricht. Im unteren Temp.-Bereich zeigt C bei 0,08° K ein Minimum. Außerdem wurden die Susceptibilitäten in den Richtungen der 3 Kristallachsen gemessen. Die Cu-Atome sind in linearen Ketten angeordnet. Für die Austausch-Konst. in einer Kette wird ein Wert von J/k = –7° K abgeleitet.
D. Hoene. 151☐

Abhängigkeit zwischen der Molwärme fester Stoffe und der Temperatur des ersten Phasenübergangs. L. I. Iwanowa. (Журнал Физической Химии [J. physik. Chem.] **35**, 2120, Sept. 1961; Tadshik. Lenin-Univ.; russ.) — Vf. zeigt, daß für feste Stoffe die Molwärme (C_p) bei gleichem T/T_p-Wert angenähert den gleichen Wert hat (T_p = Temp. des ersten Phasenüberganges). Die Dulong-Petit-Regel gilt für solche Elemente, deren T/T_p-Wert zwischen 0,4 u. 0,6 liegt. Für Elemente ist $C_p = 5{,}238 + 1{,}987\ T/T_p$, für Verbb. $C_p = n\,(5{,}238 + 1{,}987 \cdot T/T_p)$, wobei n die Anzahl der Atome in die Anzahl der Atome in den Verbb. angibt. Untersucht wurden *Ag, Al, Au, B, Bi, Graphit, Cd, Cu, Ge, In, K, Mg, Na, Pb, Po, Rb, Sb, Se, Si, Sn, Tl, Y, Yb, Zn, As, J, Ba, Ca, Co, Ru* sowie 25 nicht namentlich genannte Verbindungen. D. Hoene. 151☐

Genaue Berechnung von sehr geringen Dampfdrücken: Eis, Benzol und Tetrachlorkohlenstoff. George A. Miller. (J. chem. Engng. Data **7**, 353–56, Juli 1962; Atlanta, Ga., Georgia Inst. of Technol., School of Chem.; engl.) — Vf. berechnet die Dampfdrücke von H_2O (I; 160–373° K), Bzl. (II; 160–278° K) u. CCl_4 (III; 140–353° K); die Werte sind tabelliert. Die errechneten Daten stimmen sehr gut mit den experimentellen Vers.-Ergebnissen anderer Autoren überein. Nachst. Sublimationswärmen u. Verdampfungswärmen wurden berechnet (in kcal/Mol): I (bei 273° K): 12,204 u. 10,768; II (278,68° K): 10,725 u. 8,367; III (225,35° K): 9,192 (Modifikation 1), 10,287 (Modifikation 2) u. 8,333 (bei 250,30° K).
G. Gattow. 155☐

Sublimationswärme und Dissoziationsenergie von gasförmigem C_2. Leo Brewer, W. T. Hicks und O. H. Krikorian. (J. chem. Physics **36**, 182–88, 1/1. 1962; Berkeley, Calif., Univ. of California, Dep. of Chem. and Lawrence Radiat. Labor. engl.) —Durch Best. des Temp.-Koeff. der Emissionsintensität der C_2-Banden zwischen 2700 u. 3100° K wurden in Verbindung mit dem thermodynam. bekannten Gleichgewicht ZrC (fest) ⇌ Zr (Gas) + C (Graphit) die Sublimationswärme von C_2 im Grundzustand ($^1\Sigma_g^+$ zu $\Delta H_0^0 = 195 \pm 5$ kcal u. die Dissoziationsenergie zu $6{,}25 \pm 0{,}2$ eV ermittelt. Die Differenz in der Sublimationswärme zwischen dem Grundzustand $^1\Sigma_g^+$ u. dem $^3\Pi_u$-Zustand beträgt 1,7 kcal.
G. Gattow. 155☐

Eigenschaften des Systems $N_2O_4 \rightleftharpoons 2\,NO_2 \rightleftharpoons 2\,NO + O_2$. Stephen S. T. Fan und David M. Mason. (J. chem. Engng. Data **7**, 183–86, April 1962; Stanford, Calif., Univ., Chem. Engng. Dep.; engl.) — Das Molgew., die Dichte, der Diffusions-Koeff., die Viscosität, Wärmeleitung, isobare spez.f. Wärme, spezif. Enthalpie u. der therm. Ausdehnungs-Koeff. werden für die Syst. $N_2O_4 \rightleftharpoons 2\,NO_2$ ($\Delta H_{25°}$ = 13,743 kcal/g-Mol N_2O_4) u. $2\,NO_2 \rightleftharpoons 2\,NO + O_2$ ($\Delta H_{25°}$ = 27,020 kcal/g-Mol O_2) im Temp.-Bereich von 300–1100° K bei 1 atm berechnet.
Wolfgang Krüger. 155☐

Das System Lithiumaluminiumhydrid–Diäthyläther bei 25° C. S. C. Chattoraj, C. A. Hollingsworth, D. H. McDaniel und G. B. Smith. (J. inorg. nuclear Chem. **24**, 101–04, Jan. 1962; Pittsburgh, Pa., Univ. of Pittsburgh, Dep. of Chem.; engl.) — Aus Dampfdruckmessungen bei 25° im Syst. $LiAlH_4$ (I)–Ae. bestimmen Vff. eine erheblich größere Löslichkeit des I (ca. 41 g/100 g Ae.) als bisher in der Literatur angegeben (25–30 g). Die Temp.-Abhängigkeit des Dampfdruckes im Zweiphasengebiet ergibt eine Verdampfungswärme des Ae. aus der Lsg. von 8170 cal/Mol. Für die Herst. einer gesätt. Lsg. von I in 1 Mol Ae. ergibt sich ΔH = –1950 cal/Mol, ΔG = –800 cal/Mol u. ΔS = –3,8 Entropieeinheiten. Die Existenz eines ätherlösl. $LiAlH_4 \cdot n\,(C_2H_5)_2O$ wird für möglich gehalten.
B. Sarry. 155☐

Dampfdrücke von NpF_6 und PuF_6; thermodynamische Berechnungen für UF_6, NpF_6 und PuF_6. B. Weinstock, E. E. Weaver und J. G. Malm. (J. inorg. nuclear Chem. **11**, 104–14, 1959; Lemont, Ill., Argonne Nat. Labor; engl.) — Die Dampfdrücke von NpF_6 u. PuF_6 wurden zwischen 0 u. 77° mit Hilfe eines Quarzlöffelmanometers gemessen. Daraus wurden die Tripelpunkte für NpF_6 (55, 10°; 780 Torr) u. PuF_6 (51,59°; 533,0 Torr) u. die Kpp. von NpF_6 (55,18°) u. PuF_6 (62,16°) berechnet. Die abgeleiteten Schmelzwärmen u. -entropien betragen für NpF_6 4198 (cal/Mol) u. 12,79 (cal/Mol·Grad) u. für PuF_6 4456 u. 13,72. Beim Vgl. mit UF_6 treten verschiedene Anomalien auf. Die Sublimations- u. Verdampfungswärmen von UF_6, NpF_6 u. PuF_6 wurden für den Temp.-Bereich zwischen 273,15 u. 350° K berechnet. Die thermodynam. Daten von UF_6 stimmen mit dem 3. Hauptsatz der Thermodynamik gut überein. Mit Hilfe von $b = -3{,}6 \cdot 10^3\ T^{-2} \cdot cal \cdot Mol^{-1}\ Torr^{-1}$ für den 2. Virial-Koeff. u. der Grundschwingungsfrequenzen von UF_6 ($\nu_1 = 667$, $\nu_2 = 535$, $\nu_3 = 623$, $\nu_4 = 181$, $\nu_5 = 202$ u. $\nu_6 = 140\ cm^{-1}$) wurde die Verdampfungswärme von UF_6 bei 0° K zu 12965 cal/Mol berechnet. Der Dampfdruck bei 0° ergab sich experimentell u. nach thermodynam. Berechnungen zu 17,65 Torr.

D. Hoene. 155□

Massenspektrometrische Untersuchung der Reaktionen von BF_3(g) mit BCl_3(g), $B(OH)_3$(g) und B_2O_3(fl). Richard F. Porter, Dino R. Bidinosti und K. F. Watterson. (J. chem. Physics **36,** 2104–08, 15/4. 1962; Ithaca, N.Y., Cornell Univ., Dep. of Chem.; engl.) — Die Rkk. von BF_3 mit BCl_3, $B(OH)_3$ u. B_2O_3 wurden massenspektrometr. untersucht. Für die Rkk. (1) $^2/_3\ BF_3 + {}^1/_3\ BCl_3 \rightarrow BF_2Cl$ u. (2) $^1/_3\ BF_3 + {}^2/_3\ BCl_3 \rightarrow BFCl_2$ wurden aus der Temp.-Abhängigkeit der Gleichgewichts-Konst. die Enthalpien $\Delta H_1^0 = 490 \pm 30$ (cal/Mol) u. $\Delta H_2^0 = 700 \pm 40$ bestimmt. Die Bldg.-Enthalpie bei 298° K von BF_2Cl (g) u. $BFCl_2$ (g) ist $-211{,}9 \pm 2{,}0$ bzw. $-154{,}1 \pm 1{,}0$ kcal/Mol. Bei Raum-Temp. reagiert BF_3 mit $B(OH)_3$ nach (3) $^2/_3\ BF_3(g) + {}^1/_3\ B(OH)_3(f) \rightarrow B(OH)F_2$ (g). Bei erhöhter Temp. tritt auch die Rk. (4) $^1/_3\ BF_3\ (g) + {}^2/_3\ B(OH)_3\ (g) \rightarrow B(OH)_2F$ ein. $\Delta H_3^0 = -0{,}6 \pm 0{,}2$ (kcal/Mol), $\Delta H_4^0 = -0{,}7 \pm 0{,}3$; Bldg.-Wärme (298° K) von $B(OH)F_2$ (f) bzw. $B(OH)_2F$ (f) $-260{,}2 \pm 2{,}5$ bzw. $249{,}8 \pm 2{,}5$ kcal/Mol. Die Rk. (5) $BF_3(g) + B_2O_3$ (fl) $\rightarrow (BOF)_3$ (g) verläuft bei Drücken zwischen 1 u. 10^{-3} Torr u. Temp. zwischen 412 u. 974° K mit einer Rk.-Wärme von $3{,}46 \pm 0{,}30$ kcal/Mol. Im Massenspektrum von $(BOF)_3$ tritt als Hauptbruchstück das Ion $B_2OF_3^+$ auf.

P. Sartori. 156□

Doppelofenversuche mit gasförmigen Lithiumhalogeniden. J. Berkowitz, H. A. Tasman und W. A. Chupka. (J. chem. Physics **36,** 2170–78, 15/4. 1962; Argonne, Ill., Argonne Nat. Labor.; engl.) — Vff. beschreiben ausführlich eine Doppelofenanordnung in einem Massenspektrometer, mit der bei unabhängiger Ermittlung des Druckes u. der Temp. in den Öfen die Teilchen u. die relativen Ionisationsquerschnitte der Komponenten in einer komplexen gasförmigen Phase unterschieden werden können. Die Dimerisierungsenergien ΔH der gasförmigen Li-Halogenide wurden aus der Temp.-Abhängigkeit der Gleichgewichts-Konst. erhalten: $Li_2F_2 \rightleftharpoons 2\ LiF$, $\Delta H_{1100°K} = 61{,}4$; $Li_2Cl_2 \rightarrow 2\ LiCl$, $\Delta H_{850°K} = 49{,}1$; $Li_2Br_2 \rightleftharpoons 2\ LiBr$, $\Delta H_{850°K} = 45{,}9$ u. $Li_2J_2 \rightleftharpoons 2\ LiJ$, $\Delta H_{800°K} = 37{,}9$ kcal/Mol.

G. Gattow. 156□

Thermodynamik des Systems Schwefelwasserstoff–Wasser in bezug auf den Zweitemperaturenprozeß für die Produktion von schwerem Wasser. Herbert A. Pohl. (J. chem. Engng. Data **6,** 515–21, Okt. 1961; Wilmington, Del., E.I. du Pont de Nemours & Co., Atomic Energy Div., Explosives Dep.; engl.) — Vf. führt thermodynam. Berechnungen für das Austausch-Syst. H_2O (fl.) + HDS (g.) $\rightleftharpoons$ HDO (fl.) + H_2S (g.) durch u. kommt zu einer Rk.-Enthalpie von $\Delta H^0 = -593$ cal/g-Atom D.

G. M. Neumann. 156□

Thermodynamische Funktionen des Systems Tantal–Wasserstoff. M. W. Mallett und B. G. Koehl. (J. electrochem. Soc. **109,** 611–16, Juli 1962; Columbus, Ohio, Battelle Mem. Inst.; engl.) — Im Temp.-Bereich von 300–700°, bei H_2-Drücken von 10–1000 Torr u. H-Atombrüchen $N_H = 0{,}05-0{,}333$ (entsprechend atomaren Verhältnissen H/Ta ca. 0,05–0,50) werden die Gleichgewichte im Syst. H–Ta bestimmt. Logarithm. Auftragung des Gleichgewichtsdruckes P gegen H/Ta ergibt bei Temp. $\geqslant 500°$ lineare Isothermen, bei niedrigeren Temp. weisen diese Krümmungen bes. merklich bei den geringeren Temp. auf. Vff. führen dies auf zunehmende Bldg. von zwei Phasen mit abnehmender Temp. (ca. $< 100°$) zurück, während im untersuchten Bereich nur eine einphasige feste Lsg. von H in Ta vorliegt. Es gilt die Beziehung log P [Torr] = $-(A/T) + B$ (T in °K; A, B Konst.). Bei $N_H = 0{,}05-0{,}20$ u. $\geqslant 500°$ gilt angenähert das Siewertsche Gesetz. Abweichungen für $N_H > 0{,}20$ werden auf Entropieeffekte zurückgeführt. Die Vers.-Werte werden zur Berechnung der relativen partiellen molaren u. Gesamtenthalpie, -entropie u. Freien Bldg.-Energie der festen Lsgg. verwendet.

P. Frenzel. 156□

Thermodynamische Eigenschaften der Komponenten in flüssigen Lösungen des Systems Aluminium–Zink. W. N. Jeremenko. (Журнал Физической Химии [J. physik. Chem.] **34,** 1495–1502, Juli 1960; Kiew, Schewtschenko-Univ.; russ., Aus-

zug: engl.) — Vf. bestimmt die EMK u. den Temp.-Koeff. der Zelle Al_{fl}/Al^{3+} in Schmelzen von KCl–NaCl/(Al, Zn)$_{fl.}$ zwischen 670 u. 850° im Konz.-Bereich von 0—100% Zn. Es werden die Aktivitäts-Koeff., Molwärmen u. Entropien der Komponenten sowie die Mischungswärmen berechnet, sowie die Abweichungen vom Raoultschen Gesetz ermittelt. Die Abweichungen sind nur von der Zus., nicht von der Temp. abhängig.
D. Hoene. 156□

Die Thermodynamik der Veränderungen im Kaolinit beim Erhitzen. P. P. Budnikov und O. P. Mchedlov-Petrosyan. (Trans. Brit. ceram. Soc. **59,** 479—82, Nov. 1960; Moscow, Mendeleev Inst. of Chem. Technol.; engl. — C. **1961,** 13823.)
H. Schumann. 156□

Differentialthermoanalyse von Aluminiumseifen. Sukekuni Shiba. (Bull. chem. Soc. Japan **34,** 804—09, Juni 1961; Tokyo, Railway Techn. Res. Inst. Kumitachi; engl.) — Es wurden die Al-Seifen von *Stearin-* (I), *Palmitin-*, *Myristicin-*, *Laurin-*, *Caprin-* u. *Caprylsäure* hergestellt, wobei von I noch eine Serie mit verschiedenen Zus. (I: Al-Verhältnis von 0,95—3,22) erhalten wurde, u. deren Umwandlungs-Temp. u. -wärmen mit Hilfe der DTA gemessen. Eine Zuordnung der erhaltenen Umwandlungspunkte zu Änderungen der Struktur oder der Zus. der Seifen wird durchgeführt; die Struktur der Seifen u. deren Bldg.-Mechanismus wird unter Berücksichtigung der Ergebnisse IR-spektrometr. Unterss. diskutiert.
K. Huste. 156□

Differentialthermoanalyse der Systeme Aluminiumseife–Kohlenwasserstoffe. Sukekuni Shiba. (Bull. chem. Soc. Japan **34,** 809—811, Juni 1961; Tokyo, Railway Techn. Res. Inst. Kanitachi; engl.) — Das Phasen-Verh. der Syst. *Al-Stearat* (I)–, *-Palmitat* (II)– u. *-Laurat* (III)–*Nujol* wurde mit Hilfe der DTA untersucht. An Hand der Phasendiagramme wurde gefunden, daß I u. II sich in dem KW-Stoff bei den niedrigeren Umwandlungspunkten der Seifen lösen u. daß die höheren Umwandlungspunkte durch Zusatz von KW-Stoff verschwinden. Ein unterschiedliches Phasen-Verh. wurde zwischen III u. den anderen Seifen festgestellt, da hier der Umwandlungspunkt konzentrationsabhängig ist. Die koll. Struktur der dispergierten Syst. Al-Seife–KW-Stoff wurde diskutiert.
K. Huste. 156□

A_5. Kolloidchemie. Grenzschichtforschung

Nachprüfung der Gleichung von Bhattacharya beim Gelieren einiger Succinatsole. Y. D. Upadhya und S. P. Mushran. (Kolloid-Z. **178,** 170—73, Okt. 1961; Allahabad, India, Univ., Chem. Labor.; engl.) — Die von Bhattacharya aufgestellte Beziehung zwischen Gelierungszeit u. Konz. der zur Gelierung benutzten Elektrolyte wird bei der Gelierung von *Ti-* bzw. *Zr-Succinatsolen* verschiedener Teilchengröße mit KCl ($^1/_4$n u. $^1/_{20}$n) sowie K_2SO_4 ($^1/_{75}$n) gut erfüllt.
P. Olschinka. 163□

Über die Oberflächenspannung rotierender Flüssigkeiten. M. Borneas und I. Băbuţia. (Acta physica polon. **20,** 187—96, 1961; Timişoara, Roumania, Polytechn. Inst., Phys. Labor.; engl.) — Der rotationskinet. Effekt (RE), d. h. die Änderung der Oberflächenspannung einer Fl., welche in Rotation versetzt wurde, hängt von der Temp., Rotations-Geschw., therm. u. mechan. Vorbehandlung sowie der Zus. der Fl. ab. Der RE ist bei niedrigen Temp. positiv, durchläuft mit steigender Temp. ein Minimum, das bei kontinuierlichem Rühren zu höheren Temp. verschoben wird u. verschwindet schließlich bei einer für die betreffende Fl. charakterist. Temperatur. Die Inversions-Temp. des RE hängt von der Anfangstemp. des Syst. ab. Ein negativer RE wird nach Schütteln positiv, ein positiver ändert sein Vorzeichen nicht. Vff. erklären das Auftreten des RE aus der Umordnung der Fl.-Moll. bei Rotation in eine energiereichere Struktur.
P. Olschinka. 166□

Die Messung der Filmelastizität. Karol J. Mysels, Michael C. Cox und John D. Skewis. (J. physic. Chem. **65,** 1107—11, 26/7. 1961; Los Angeles, Calif., Univ. of Southern California, Chem. Dep.; engl.) — Vff. maßen den Elastizitätsmodul von Seifenfilmen nach Gibbs. Die Meth. beruht auf der photograph. Registrierung der Bewegung von Interferenzfiguren auf einer Filmoberfläche nach einer plötzlichen Vergrößerung dieser Oberfläche. Einzelheiten u. Grenzen dieser Meth. werden diskutiert. Für eine Anzahl von Filmen beträgt der Elastizitätsmodul ca. 10 dyn/cm, während er für einen solchen aus Na-Laurylsulfat (I)–Laurylalkohol (II) in der Größenordnung von 100 dyn/cm liegt. Eine Folge dieses Effektes ist die bekannte stabilisierende Wrkg. von II auf I-Schäume.
B. Krebs. 166□

Einfluß von Titanzusätzen auf die Oberflächenspannung von Nickel und Kobalt und ihre Grenzflächenspannung an Aluminiumoxid. W. N. Jeremenko und W. I. Nishenko. (Журнал Физической Химии [J. physik. Chem.] **35,** 1301—06, Juni 1961;

Inst. für Metallkeramiken u. Spezial-Legg.; russ., Auszug: engl.) — Vff. untersuchen die Oberflächenspannung (OS) von Co–Ti- u. Ni–Ti-Legg. mit Ti-Geh. bis zu 2 Gew.-% bei 1600 bzw. 1550° nach der Meth. des liegenden Tropfens sowie die Kontaktwinkel mit Al_2O_3. Ti-Zusätze haben fast keinen Einfl. auf die OS von Co u. Ni. Ti hat eine hohe Grenzflächenaktivität, was sich in einer starken Adhäsion äußert. Die Adhäsionsenergien sind angegeben. Ein Maximum der Ti-Adsorption liegt bei $26 \cdot 10^{-10}$ g-Atom Ti/cm². Die Wechselwrkg. findet zwischen O-Atomen von Al_2O_3 u. Ti statt, jedes O- adsorbiert ein Ti-Atom. Die Ti—O-Bindungen in der Adsorptionsschicht sind kürzer als in niederen Ti-Oxiden. D. Hoene. 166□

Experimentelle Untersuchung der Oberflächenspannung von metallischen Lösungen. 3. Mitt. **Oberflächenerscheinungen in ternären metallischen Lösungen von Hg–Cd–K und Hg–Cd–Cs bei 22°.** P. P. Pugatschewitsch und W. B. Lasarew. (Журнал Физической Химии [J. physik. Chem.] **35,** 530—34, März 1961; Kurnakow-Inst. für allg. u. anorg. Chem. der Akad. der Wiss. der UdSSR; russ., Auszug: engl.) — 2. vgl. C. **1961,** 1115. — Im Vakuum wurde bei 22° die Oberflächenspannung σ der tern. Lsgg. Hg–Cd–K u. Hg–Cd–Cs gemessen u. festgestellt, daß σ eine Abhängigkeit von der Puffer-Konz. aufweist. Bei einer K-Konz. von ca. 0,04 (Atom-%) oder einer Cs-Konz. von ca. 0,00004 ist σ unabhängig von der Konz. des inakt. Cd. Bei höheren Konzz. von K u. Cs bewirkt eine Erhöhung des Cd-Geh. ein Erniedrigung der Oberflächenspannung der Lsg., obwohl Cd sich in bezug auf Hg als oberflächeninakt. erweist. In Übereinstimmung mit der Mol.-Theorie der Oberflächenprozesse von Ssementschenko verläuft die Adsorption von K u. Cs über ein Maximum. Für alle untersuchten Cd-Konzz. ist der Maximalwert für Cs größer als für K. Durch Erhöhung der Cd-Konz. wird der Maximalwert der Adsorption erhöht. O. Lebtag. 166□

Die Kohäsions- und Oberflächenenergien einiger Kristalle mit Fluoritstruktur. G. C. Benson und E. Dempsey. (Proc. Roy. Soc. [London], Ser. A **266,** 344—58, 20/3. 1962; Ottawa, Ontario, Canada, Nat. Res. Council, Div. of Pure Chem.; engl.) — Vff. berechnen die Kohäsions- u. Oberflächenenergien von CaF_2, SrF_2 u. BaF_2 nach Meth., die auf dem Born-Mayer-Modell eines Ionenkristalls basieren. Sie erläutern an den untersuchten Kristallen bes. die starke Abhängigkeit der berechneten Oberflächenenergien von den in die Rechnung eingesetzten Näherungswerten für die Kohäsionsenergien sowie die Einfl. der verwendeten Konst. der Wechselwrkg.-Potentiale. G. Ruban. 166□

Eine Untersuchung über die Beziehung zwischen elektrokinetischem Potential und Oberflächenladungsdichte. D. A. Haydon. (Proc. Roy. Soc. [London], Ser. A **258,** 319—28, 25/10. 1960; Cambridge, Univ., Dep. of Colloid Sci.; engl.) — Zur Unters. der Beziehungen zwischen der elektrophoret. Beweglichkeit u. der Oberflächenladungsdichte suspendierter Teilchen wurden die Oberflächenpotentiale an einer Öl–W.-Grenzfläche, berechnet für adsorbierte Filme oberflächenakt. Stoffe, mit den ζ-Potentialen von Öltröpfchen in ähnlichen Lsgg. oberflächenakt. Agentien verglichen. Mit abnehmender Ladungsdichte nähern sich die Oberflächenpotentiale den aus Viscosität (η) u. DK berechneten ζ-Potentialen, bei höheren Ladungsdichten liegen die ζ- unter den Oberflächenpotentialen. Eine Unters. der Ursachen für dieses Verh. u. ihre Eliminierung ergaben, daß nur die höheren Werte des η/DK-Verhältnisses in der elektr. Doppelschicht für die experimentellen Beobachtungen in Rechnung gesetzt werden können. Die Voraussetzungen für die Möglichkeit einer zuverlässigenBest. der Oberflächenladung aus elektrophoret. Messungen werden diskutiert. W. Betcke. 168□

Neue Versuche über Thermoosmose. Charles W. Carr und Karl Sollner. (J. electrochem. Soc. **109,** 616—22, Juli 1962; Bethesda, Md., Nat. Inst. of Health, Nat. Inst. of Arthritis and Metabol. Dis., Labor. of Phys. Biol.; Univ. of Minnesota, Dep. of Phys. Chem.; engl.) — Mit Hilfe einer besonderen Membran-App. mit schmalen, kreisförmigen Kammern untersuchen Vff. thermoosmot. Erscheinungen. Als Membranen dienen handelsübliche Dialysiermembranen aus (in Klammern Elektrolyt-Lsg.) nichtoxydiertem (0,02 m K_2SO_4) u. oxydiertem Kollodium (0,02 m K_2SO_4; 0,02 m KCl; Saccharose), Protaminkollodium (0,02 m KCl; 0,02 m $MgCl_2$), Cellophan (0,02 m K_2SO_4) u. Pergament (0,02 m NaOH). In W. u. wss. Nichtelektrolyt-Lsgg. wird keine Thermoosmose (TO) beobachtet, in wss. Elektrolyt-Lsgg. tritt diese durch elektr. geladene Membranen, nicht jedoch durch ungeladene, auf. Die TO-Effekte sind klein, aber gut reproduzierbar. Die Geschw. der TO ist proportional der Temp.-Differenz an der Membran, ihre Richtung abhängig vom Vorzeichen der Membranladung u. von der Konz. des Elektrolyten. Die Ergebnisse bestätigen die von Lippmann [1907] u. Aubert [1912] u. beweisen deren Annahme, daß die TO in Elektrolyt-Lsgg. eine elektrochem., mit der Elektroosmose verwandte Erscheinung ist. Richtung u. Geschw. der TO werden durch ähnliche Faktoren wie die anomale Osmose bestimmt, was als Beweis für eine enge Beziehung zwischen beiden angesehen wird. P. Frenzel. 170□

Transporteigenschaften binärer regulärer Lösungen. J. K. Horrocks und E. McLaughlin. (Trans. Faraday Soc. **58**, 1357—62, Juli 1962; South Kensington, London, Imp. Coll., Dep. of Chem. Engng. and Chem. Technol.; engl.) — Aus den von Bearman entwickelten theoret. Ausdrücken für die Transport-Eigg. bin. regulärer Lsgg. werden sämtliche Beziehungen zwischen den verschiedenen Transport-Koeff. abgeleitet. Die erhaltenen Gleichungen wurden an Hand der aus Messungen der Syst. C_2H_5J + n-Butyljodid, CCl_4 + Cyclohexan u. $CCl_4 + C_6H_6$ ermittelten Viscositäts-, Wärmeleitungs- u. Diffusions-Koeff. überprüft. Die Abweichungen von den berechneten Werten betragen bei Viscositäts- u. Selbstdiffusions-Koeff. für das Syst. C_2H_5J-n-C_4H_9J bis zu 2%, bei Wärmeleitungs-Koeff. bis zu 50%. Für reines C_2H_5J u. n-C_4H_9J wurden bei 19,35° folgende Werte gemessen: $\eta = 5{,}91 \cdot 10^{-3}$ (Poise) bzw. $\eta = 8{,}78 \cdot 10^{-3}$; $\lambda = 8{,}58 \cdot 10^{-3}$ (erg/cm·s·Grad) bzw. $\lambda = 8{,}91$. Wolfgang Krüger. 171□

Hydrostatik in verschiedenen Gravitationsfeldern. Ta Li. (J. chem. Physics **36**, 2369—75, 1/5. 1962; San Diego, Calif., Gen. Dynam. Corp., Astronaut. Div.; engl.) — Vf. zeigt, daß die Dupré-Young-Gleichung eine unmittelbare Konsequenz der Randbedingungen eines isoperimetr. Problems darstellt, u. daß sie in allen Gravitationsfeldern ihre Gültigkeit beibehält. Der Winkel zwischen der Grenzfläche von fl. u. dampfförmiger Phase u. der Behälteroberfläche ist konst. in allen Feldern. Dieses Ergebnis wird auf die Parameter der Capillargleichung von Bashford u. Adams angewendet. G. M. Neumann. 173□

Vergleich der Stromlinien in verschiedenen Arten rheologischer Körper. Sisir Chandra Das. (Canad. J. Physics **38**, 32—37, Jan. 1960; Madras, Indian Inst. of Technol., Dep. of Mathemat.; engl.) — Unterss. über die Art der Stromlinien in Binghamschen Körpern, die mittels paralleler Platten zusammengedrückt worden sind, zeigen, daß die Stromlinien denen der plast. u. viscosen Strömung sehr ähnlich sind. W. Wesly. 173□

Das viscoelastische Fließverhalten in dimensionsanalytischer Behandlung. 1. Mitt. Karl Wisseroth. (Kolloid-Z. **166**, 10—14, Sept. 1959; Ludwigshafen/Rh., Bad. Anilin- & Soda-Fabrik A.G., Ammoniak-Labor.; dt.) — Theoret. Diskussion der dimensionsanalyt. Behandlung rheolog. Probleme bei Schmelzen von makromol. Stoffen. Diese gibt einen Einblick in das Wesen des Fließ-Verh. viscoelast. Syst., wobei als Ursachen für den Übergang des Fließzustandes von Newtonschen zum nichtnewtonschen Verh. das Ansprechen elast. Deformationsmöglichkeiten neben „reinen“ Fließdeformationen festgestellt wird. Die abgeleiteten Beziehungen ermöglichen eine bequeme Ermittlung des Elastizitätsmoduls aus der Schmelzfließkurve, wodurch sich eine Möglichkeit zur Best. abs. Molgew. makromol. Stoffe ergibt. Eine Ausdehnung dieser Behandlungsweise auf beliebige Typen von Viscosimetern erscheint grundsätzlich möglich. E. Uhlein. 173□

Die Bestimmung des Elastizitätsmoduls viscoelastischer Systeme aus rheologischen Messungen. 2. Mitt. Karl Wisseroth. (Kolloid-Z. **166**, 14—19, Sept. 1959; dt.) — 1. vgl. vorst. Referat. — An 2 schmelzfl. *Polyäthylenen* (Lupolen H u. Marlex 50) unterschiedlichen Molgew. (50000 bzw. 90000) wurde die dimensionsanalyt. Fließtheorie viscoelast. Syst. bei Verw. eines Höppler-Konsistometers nachgeprüft. Dabei ergab sich befriedigende Übereinstimmung zwischen den rheolog. ermittelten Elastizitäts-Koeff. u. den Erwartungswerten. Es zeigte sich, daß sich das beschriebene Verf. in Verbindung mit der Gummielastizitätstheorie nach Kuhn [1934] für größenordnungsmäßige Absolut-Best. von Molgew. makromol. Stoffe im geschmolzenen Zustand eignet. Die relative Vgl.-Messung führte dagegen zu wesentlich genaueren Angaben des Molgew.-Verhältnisses der verglichenen Stoffe, die mit den lösungsviscosimetr. Daten ziemlich übereinstimmten. E. Uhlein. 173□

Einfluß von Dichte und Viscosität von Flüssigkeiten auf das Sedimentvolumen von Pulvern. Hiroshi Kuno. (Kolloid-Z. **166**, 54—55, Sept. 1959; Tokyo, Keio Univ., Fac. of Engng., Dep. of Appl. Chem.; engl.) — Bei der Sedimentation von Glaspulver in wss. H_2SO_4-Lsgg. sowie in Gemischen aus CCl_4 u. Bzl. ergab sich eine ziemlich lineare Abhängigkeit des Sediment-Vol. (SV) von der Dichte des Dispersionsmittels. Bei der Sedimentation in Gemischen aus Glycerin u. W. sowie aus Nitrocellulose, Aceton u. Methanol zeigte sich kein Einfl. der Viscosität der Fll. auf das SV des Pulvers. Im Falle der thixotropen wss. Lsg. von Na-Carboxymethylcellulose nahm dagegen das SV mit der Viscosität der Lsg. zu. E. Uhlein. 174□

Bestimmung der Oberflächengröße mittels eines Gaschromatographen. James F. Roth und Robert J. Ellwood. (Analytic. Chem. **31**, 1738–39, Okt. 1959; Easton, Pa., Gen. Aniline & Film Corp., Central Res. Labor.; engl.) — Es wird die Best. der Oberflächengröße der Katalysatoren Kupferchromit, Al_2O_3 zweier verschiedener Korngrößen u. Cr in Pulverform mittels eines Gaschromatographen beschrieben. Die Übereinstimmung mit den aus volumetr. Unterss. berechneten Werten ist gut. Auftretende Differenzen sind auf unterschiedliche Entgasungsprozesse zurückzuführen. Wolfgang Krüger. 176□

Physikalische Adsorptionsvorgänge und ihre Beziehung zur Ordnungs-Unordnungs-Theorie. J. M. Honig. (Trans. New York Acad. Sci. [2] **22**, 313–22, März 1960; Lexington, Mass., MIT, Lincoln Labor.; engl.) — Basierend auf den Arbeiten von Hijmans u. de Boer (C. **1956, 7461**) werden neue Rechnungsgrundlagen zur Best. von Gasadsorptionsisothermen mitgeteilt. Zur Vereinfachung wird ein Kanten- u. Ecken-Einfl. vernachlässigt u. das Kristallgitter in kleine Bezirke aufgespalten, um durch die dann kleinere Anzahl von Mikrovariablen die Probleme mathemat. erfassen zu können. J. Peters. 176□

Thermodynamik von Oberflächenfilmen. E. N. Carabateas. (J. appl. Physics **33**, 2698–2702, Sept. 1962; Cambridge, Mass., MIT; engl.) — Auf thermodynam. Wege wird eine Beziehung zwischen der Oberflächenbedeckung u. dem Oberflächenpotential eines adsorbierten Films hergeleitet. Als taugliche Variable für die Theorie der Oberflächenschicht erweisen sich die Temp. der Oberfläche u. die Sättigungs-Temp., die dem Druck des mit der Oberfläche im Gleichgewicht stehenden Dampfes entspricht. Die Beziehungen werden auf die von Taylor u. Langmuir (Physic. Rev. [2] **44**, [1933], 423) für *Cs* auf *W*-Oberflächen erhaltenen Ergebnisse angewendet. Mit Hilfe eines einfachen mkr. Modells ergibt sich eine Abschätzung des Wrkg.-Bereiches der Oberflächenkräfte. A. Blaschette. 176□

Stickstoff an Nickeloberflächen. L. H. Germer und A. U. MacRae. (J. chem. Physics **36**, 1555–56, 15/3. 1962; Murray Hill, N.J., Bell Telephone Labor.; engl.) — Vff. zeigen, daß keine Adsorption von N an der 1 1 0-Fläche eines Ni-Kristalls bei Zimmer-Temp. stattfindet u. ziehen daraus u. auf Grund früherer Verss. den Schluß, daß wahrscheinlich bei Zimmer-Temp. an keiner Fläche eines Ni-Kristalls N adsorbiert werden kann. J. Kraetsch. 176□

Adsorption von Gasen an Quarzeinkristallen. L. J. Slutsky und W. H. Wade. (J. chem. Physics **36**, 2688–92, 15/5. 1962; Seattle, Wash., Univ. of Washington, Dep. of Chem.; Austin, Tex., Univ. of Texas, Dep. of Chem.; engl.) — Für die Kristallfläche senkrecht zur y-Achse von Quarz wurden angenäherte Adsorptionsisothermen für *Hexan* u. *Ar* aufgenommen, wobei die Änderung der mechan. Resonanzfrequenz von 10 MHz eines senkrecht zur y-Achse geschnittenen Quarzkristalls als Maß für die adsorbierte Masse verwendet wurde. Die „Oberfläche" eines Hexan-Mol. wurde zu 50 Å^2 bestimmt, die isostere Adsorptionswärme bei monomol. Bedeckung betrug 1,5 kcal/Mol. Gerhard Schulze. 176□

Das Adsorptionsverhalten sehr dünner Kohlenstoff-Folien. H. P. Boehm, A. Clauss, G. O. Fischer und U. Hofmann. (Z. anorg. allg. Chem. **316**, 119–27, Juli 1962; Heidelberg, Univ., Anorgan.-chem. Inst.; dt.) — Vgl. C. **1963**, 2365. — Die Herst. sehr dünner Kohlenstoffolien erfolgte durch Red. einer Suspension von Graphitoxid (I) in verd. NaOH → red. I oder durch rasches Erhitzen von I auf 140–180° → I-Ruß. Die spezif. Oberflächen wurden bestimmt durch Adsorption von Methylenblau u. Phenol aus wss. Lsg. („nasse Meth.") sowie durch Adsorption von N_2 bei 77° K u. durch die katalyt. Leistung der HBr-Synth. aus den Elementen („trockene Meth."). Bei red. I sind die Art der Isolierung aus der Suspension u. die Temp. der Trocknung von großem Einfluß. Mit der nassen Meth. wurden größere spezif. Oberflächen gefunden als mit der trockenen Meth., der größte Wert direkt in der bei der Red. erhaltenen Suspension. Niedere Werte sind eine Folge der Agglomeration bei der Isolierung. Bei I-Ruß wurden mit allen Meth. gleiche Werte erhalten. In diesem Fall sind die Folien durchlöchert, stark zerknittert u. haben geringe Berührungsstellen. Folien aus red. I sind z. T. nicht durchlöchert u. verhältnismäßig glatt; sie haben große Berührungsflächen. Dadurch sind bei I-Ruß die Poren u. Flächen gut zugänglich für das Adsorbat. L. Lindner. 176□

Über die Bindung von Aluminium aus Aluminiumchlorid-Lösungen an Siliciumdioxid-Oberflächen. H.-P. Boehm und M. Schneider. (Z. anorg. allg. Chem. **316**, 128–33, Juli 1962; dt.) — Vgl. vorst. Referat. — Aerosil, ein feinteiliges, amorphes SiO_2, wurde mit bas. $AlCl_3$-Lsgg. (2 Mol NaOH/Mol $AlCl_3$, 0,02–0,1 m an $AlCl_3$) umgesetzt. Bei der Rk. werden in der Lsg. enthaltene mehrkernige Al–Hydroxo-Komplexe gebunden. Das am Aerosil gebundene Al ließ sich mit 1 n HCl quant. auswaschen, mit dest. W.

jedoch nur bis zu einem bestimmten Al-Gehalt. Dieser war prakt. der Menge der Silanolgruppen in der Oberfläche äquivalent. Diese Beobachtung wurde bestätigt durch Sublimation von wasserfreiem $AlCl_3$ auf entgastes Aerosil im Vakuum. Als denkbare Formulierungen für die Art der Bindungen des $Al(OH)_3$ werden angegeben: $\equiv Si-O^- \cdot [Al(OH)_2(H_2O)_4]^+$, $\equiv Si-OHAl(OH)_3 \cdot 2\,H_2O$ oder $=Si-O-Al(OH)_2 \cdot n\,H_2O$.
L. Lindner. 176□

Infrarotspektren und thermodynamische Eigenschaften von an hydratisierten Kieselsäureoberflächen adsorbiertem Wasser. A. W. Kisselew und W. I. Lygin. (Коллоидный Журнал [Kolloid-J.] **23,** 157–62, März/April 1961; Moskau, Lomonossow-Univ., Chem. Fak., Adsorptionslabor.; russ., Auszug: engl.) — Bei der Unters. von an hydratisierten Kieselsäureoberflächen adsorbiertem W. betrachten Vff. 2 Grenzfälle: H-Bindung zwischen 1 (Fall a) oder 2 OH-Gruppen (Fall b) der Oberfläche u. dem O-Atom eines Wassermoleküls. Unter Verw. der Formeln von Kemball (vgl. Proc. Roy. Soc. [London], Ser. A **187,** [1946], 73; **190,** [1947], 117) u. spektroskop. Daten (vgl. Kisselew u. Lygin, Коллоидный Журнал [Kolloid-J.] **22,** [1960], 403) werden Rotations-, Schwingungs- u. Bindungsentropie von nach a u. b gebundenen Wasser-Moll. näherungsweise berechnet. Die Summe der erhaltenen Entropiewerte mit 7,5 (a) u. 4,5 Entropieeinheiten (b) weicht vom experimentellen Wert der Entropie von an Silicagel adsorbierten Wasser-Moll. (ca. 11 Entropieeinheiten) ab. Die Differenz wird durch Nichtberücksichtigung der Schwingungsbewegungen der Wasser-Moll. längs der Oberfläche des Adsorbens u. der ungleichmäßigen Verteilung der Wasser-Moll. auf der Oberfläche erklärt. Abschließend besprechen Vff. den Weg der experimentellen u. theoret. Unterss., die zur Entw. u. Präzisierung der statist.-thermodynam. Behandlung von Adsorptionskomplexen erforderlich sind. U.-L. Rau. 176□

Adsorption aus Lösungen der Nichtelektrolyte an festen Adsorbentien. 3. Mitt. **Adsorption aus Zweistofflösungen von Benzol, Toluol, Tetrachlorkohlenstoff und Chlorbenzol an Silicagel und Aktivkohle.** M. Šišková und E. Erdös. (Collect. czechoslov. chem. Commun. **26,** 3086–3100, Dez. 1961; Prag, TH für Chem.; Tschech. Akad. der Wiss., Inst. für physikal. Chem.; dt.) — 2. vgl. C. **1962,** 751. — Die Adsorptionsisothermen an Silicagel u. Aktivkohle wurden bei 20 u. 40° für folgende 6 Zweistoff-Lsgg. gemessen: CCl_4 (I)–Chlorbenzol (**II**), I-Bzl. (**III**), I–Toluol (**IV**), **II–III**, **II–IV** u. **III–IV**. Der Adsorptionsvorgang wurde in zugeschmolzenen Ampullen durchgeführt u. die Änderung der Zus. der fl. Phase durch Messung der Unterschiede des Brechungsindex ermittelt. Die Vers.-Ergebnisse wurden mit theoret. Beziehungen verglichen. Das einfachste Adsorptionsmodell mit einer Potentialstufe erfaßt die Adsorption der untersuchten Syst. am Silicagel gut. Bei den Syst. **II–III** u. **II–IV**, wo auch noch Abweichungen vom idealen Verh. der Lsgg. zur Geltung kommen, kann die Zweckmäßigkeit des Modells nicht gut beurteilt werden. Die Adsorption der untersuchten Syst. an Aktivkohle kann mit Ausnahme des Syst. **I–II** nicht durch das Adsorptionsmodell mit einer Potentialstufe erfaßt werden. Darum wurde ein Modell mit zwei Potentialstufen angenommen, bei dem der Adsorptionsraum in zwei Teile mit verschiedenen Adsorptionspotentialen unterteilt war. Im Falle der Syst. **I–III** u. **I–IV** entsprechen die berechneten Abhängigkeiten ziemlich gut den Vers.-Ergebnissen. Bei der Adsorption der Syst. **I–II**, **I–III**, **I–IV** u. **III–IV** kann man das Verh. der Lsgg. in der adsorbierten Phase als ideal ansehen. Die Abweichungen vom idealen Verh. der Lsgg. kommen um so mehr zur Geltung, je kleiner die Differenz der Adsorptionspotentiale ist. I. Frič/Prag. 176

Adsorption und gemeinsame Fällung von zweiwertigen Kationen und Eisen(III)-oxidhydrat. Turiddu Tarantelli, Gianmario Piantoni und Guido Saini. (Atti Accad. Sci. Torino, Cl. Sci. fisiche, mat. natur. **92,** Nr. 1, 576–89, 1957/1958; Camerino, Univ., Ist. di Chim. gen.; ital.) — Es wird die gemeinsame Fällung von Ca^{2+}, Sr^{2+}, Ba^{2+}, Zn^{2+} bzw. Cu^{2+} u. $Fe(OH)_3$ durch Zugabe von NH_3 zu den entsprechenden Lsgg. der Metallnitrate u. Fe(III)-Nitrat untersucht. — Die mitgefällte Menge an Cu^{2+}, Sr^{2+} u. Ba^{2+} nimmt mit Zunahme der NH_3-Konz. zu; die prozentuale Menge der mitgefällten Kationen ist bei 60° kleiner als bei 20°. Die mitgefällte Menge Cu^{2+} u. Zn^{2+} nimmt dagegen bei Zunahme der NH_3-Konz. ab, was durch Komplex-Bldg. dieser Ionen erklärt wird. Da der Zn^{2+}–NH_3-Komplex weniger stabil als der des Cu^{2+} ist, wird Zn^{2+} durch NH_3 in größerer Menge als Cu^{2+} ausgefällt. A. Franco-Beyer. 176□

Über das Verhältnis der molekularen und der konvektiven Diffusion beim Übergang einer Substanz in die Gasphase. B. G. Rabowski und W. Ss. Schinjajewa. (Журнал Прикладной Химии [J. angew. Chem.] **34,** 287–91, Febr. 1961; russ.) — Vff. untersuchen die Absorption von Wasserdampf aus N_2, O_2, C_2H_4, CO_2 u. Vinylchlorid an fallenden Diäthylenglykoltropfen. Die Strömungs-Geschw. der Gase betrug 0,4 bis 3,0 m/s, die Re-Zahl überstieg nicht 2000, die Tropfenfolge war 3,5/min. Die Messung wurde bei $40 \pm 0{,}2°$ ausgeführt. Mit zunehmender Strömungs-Geschw. der Gase steigt die Absorption. Die Absorptions-Geschw. fällt mit zunehmender Zeit der Oberflächenerneuerung des Tropfens, während der Anteil der mol. Diffusion mit steigender Oberflächenerneuerungszeit anwächst. Er wird sehr klein bei einer Erneuerungszeit von $1 \cdot 10^{-7}$ Stunden. D. Hoene. 176□

Einfluß des Druckgefälles auf die Auflösung in der Gaschromatographie. George H. Stewart, Spencer L. Seager und J. Calvin Giddings. (Analytic. Chem. **31**, 1738, Okt. 1959; Salt Lake City, Utah, Univ. of Utah, Dep. of Chem.; engl.) — Vff. entwickeln eine Gleichung, die den Einfl. des Druckgefälles in der Säule des Gaschromatographen auf die Auflösung beschreibt. Wolfgang Krüger. 177□

Untersuchung des Kontaktaustausches von Ionenaustauschern unter Zuhilfenahme von Radionucliden. E. Blasius und K. D. Beccu. (J. inorg. nuclear Chem. **18**, 63—78, März 1961; Berlin, TU, Anorgan.-chem. Inst.; engl.) — Der direkte Ionenaustausch zwischen 2 Austauschern wird als Kontaktaustausch bezeichnet, sofern das Arbeitsmedium nicht akt. am Austauschvorgang teilnimmt. Er wird durch Oberflächendiffusion der Ionen an den Ankergruppen verursacht u. wird in den meisten Fällen durch die Diffusions-Geschw. der Ionen in dem Partikel bestimmt. Abweichungen treten bei schwach gebundenen Ionen, wie z. B. $H_2PO_4^-$, durch Hydrolyse der Salzform u. dadurch hervorgerufenen Elektrolytaustausch auf. Untersucht wird der Kontaktaustausch stark saurer (Dowex 50-X 8) bzw. stark bas. Austauscher (Dowex 2-X 8) mittlerer Korngröße hinsichtlich des Austauschvorganges, der Lage des Verteilungsgleichgewichts u. des geschwindigkeitsbestimmenden Schrittes. Als Arbeitsmedien dienten Rein-N_2 (getrocknet), N_2-Druck von 4 mm Hg, Luft (70% relative Feuchte), Äthylacetat (wasserfrei), Aceton (wasserfrei), Methanol (wasserfrei) u. Reinstwasser (ca. 5 μ S). Zur Verfolgung der Vorgänge wurden die Nuclide ^{36}Cl, ^{35}S (als $^{35}SO_4^{2-}$), ^{204}Tl u. ^{45}Ca verwendet. W. Hein. 177□

A₆. Strukturforschung

Methode zur Ätzung von Germanium innerhalb präziser Grenzen. B. T. Scofield. (J. sci. Instruments **36**, 371—72, Aug. 1959; Salfords, Surrey, Mullard Res. Labor.; engl.) — Vf. beschreibt ein Verf. zur Ätzung von Ge, bei dem die Ätzlsg. (20%ig. NH_4Cl-Lsg.) unter Druck auf die Probe gesprüht wird. H. Schroeder. 181□

Hochtemperaturöfen für Röntgenbeugungskameras. William J. Campbell, Stephan Stecura und Clark Grain. (U. S. Dep. Interior, Bur. Mines, Rep. Invest. **1961**, Nr. 5738, 1—30; College Park, Md., Bur. of Min.; engl.) — Zusammenfassender Überblick an Hand der einschlägigen Literatur. — 53 Literaturhinweise.
C. Gottfried. 181

Vorrichtung zum Biegen von Proben zur Verwendung im Elektronenmikroskop Hitachi H. U. 10. M. C. Huffstutler jun. und G. Thomas. (Rev. sci. Instruments **32**, 86—88, Jan. 1961; Berkeley, Calif., Univ., Dep. of Mineral Technol., Materials Res. Labor.; engl.) — Beschreibung der Vorrichtung. Das Biegen der Proben erwies sich als besonders vorteilhaft bei Transmissions-Unterss. der Feinstruktur dünner Metallfolien. Angabe zweier Mikrographien einer dünnen Mg-Folie. C. Gottfried. 181

Direkte Beobachtung der Gitterfehler in Metallen. P. Gondi. (Metallurgia ital. **53**, Nr. 9, Atti Notizie **16**, 193—200, Sept. 1961; Bologna, Univ., Ist. di Fis. „A. Righi"; ital.) — Nach einer allg. Übersicht über Bedeutung u. Stand der elektronenmkr. Unterss. von Versetzungen im Kristallgitter der Metalle behandelt Vf. ausführlich die bisher erreichten Auflösungsgrenzen der Elektronenmikroskopie u. die sog. indirekten Beobachtungs-Verff. mit besonderem Hinblick auf „Moiré-Effekte" u. Beugungskontrast, wobei die Kenntnis der theoret. Grundlagen der Gitterfehler in Metallen u. der Elektronenoptik vorausgesetzt wird. A. Sander. 181□

Der Einfluß von Gitterstörungen um eine Fehlstelle herum auf die Streuung langwelliger Neutronen. D. G. Martin. (Philos. Mag. [8] **5**, 1235—46, Dez. 1960; Harwell, AERE, Metallurgy Div.; engl.) — Vf. führt zunächst aus, daß in einem Kristall die Streuung langwelliger Neutronen durch eine Fehlstelle u. durch ein Atom ident. ist, daß dies aber nicht mehr zutrifft, wenn eine Gitterstörung um die Fehlstelle herum vorhanden ist; die Streuung einer solchen Fehlstelle ist nur anisotrop u. ändert sich mit der Wellenlänge. Bei seinen zunächst theoret. Unterss. leitete Vf. einen Ausdruck für den Wrkg.-Querschnitt einer Fehlstelle ab, wobei der Einfl. einer Gitterrelaxation um die Fehlstelle herum auf den Streuquerschnitt berücksichtigt wurde. Genauere Berechnungen wurden für *Cu* u. *Mo* durchgeführt, für die die Größe der Relaxation um Fehlstellen herum bekannt ist. Es wurde gefunden, daß der Streuquerschnitt beträchtlich durch die Relaxation der die Fehlstelle umgebenden Atome geändert wird, bes. von den Atomen, die nächste Nachbarn der Fehlstelle sind. C. Gottfried. 181

Automatisierung kristallographischer Berechnungen. Programmierung zur elektronischen Berechnung mit „Elea 9000". 1. Mitt. Dreidimensionale Berechnung der Strukturfaktoren für zentrosymmetrische Raumgruppen. Carlo Panattoni, Edoardo Frasson und Mario Mammi. (Ricerca sci. **30**, 2099–2107, Dez. 1960; Padova, Centro di studio per la strutturistica chim.; ital.) C. Gottfried. 181

Über Strukturbestimmungen aus Patterson-Diagrammen. Ingvar Lindqvist. (Ark. Mineralog. Geol. B **2**, 505–07, 1961; Uppsala, Univ., Inst. of Chem.; engl.) – Am Beispiel der Raumgruppen P $\bar{1}$, P $2/_1$ c u. P b c a wird die Benutzung unsymm. Vektoren demonstriert u. empfohlen. H. Moenke. 181□

Optische Fourier-Synthese für nichtzentrosymmetrische Projektionen von Kristallstrukturen. G. Harburn und C. A. Taylor. (Nature [London] **194**, 764, 26/5. 1962; Manchester, Coll. of Sci. and Technol., Dep. of Phys.; engl.) – Es wird eine Meth. zur dreidimensionalen opt. Fourier-Synth. bei nicht zentrosymm. Strukturprojektionen beschrieben, bei der sowohl die Amplitude als auch die Phasen des Lichts kontrollierbar sind. Hauptmerkmal der Meth. ist, daß die Phasendifferenzen durch die relative Orientierung von Halbwellenblättchen eines zirkular polarisierten Lichtstrahls in der Beugungsmaske erhalten werden u. daß die Amplitude bei Verw. einer Gaze (aus Cu-Folie geätzt) mit verschiedenen Transmissionsfaktoren kontrolliert werden kann. Die Anwendbarkeit der Meth. wurde an $NaNO_2$-Kristallen (Raumgruppe I m m u. Z = 2) demonstriert. Liegt jedoch eine größere Anzahl von Atomen in der Elementarzelle vor, so kann es zu Überlappungen der Reflexe kommen u. die Diagramme lassen sich nicht mehr so einfach interpretieren. Ernst Schulte. 181□

Messung des Debye-Wallerschen Temperaturfaktors für Silber und α-Eisen. C. W. Haworth. (Philos. Mag. [8] **5**, 1229–34, Dez. 1960; Sheffield, Univ., Dep. of Metallurgy; engl.) – Zur Best. des Debye-Waller-Temp.-Koeff. maßen Vff. an Pulverproben von 99,99%ig. Ag u. von α-Fe [mit 0,0053 (%) Ni, 0,0003 Mn, 0,063 unlösl. Bestandteile] die Änderungen der Intensitäten mit der Temp., u. zwar bei Ag von 286–1100° K u. bei α-Fe von 286–1190° K. Die Ag-Proben wurden vor den Messungen 10 Std. im Vakuum bei 1020° K angelassen; gemessen wurden die Intensitäten der (3 2 1)-, (4 2 2)- u. (5 1 1)-Interferenzen. Die α-Fe-Proben wurden zuerst 4 Std. im Vakuum bei 1400°K angelassen; gemessen wurde die Intensität der (2 2 0)-Interferenz. Für Ag entsprach der Debye-Waller-Temp.-Faktor einer charakterist. Temp. von 197° K (bei 286° K), für α-Fe einer charakterist. Temp. von 389° K (zwischen 286 u. 1190° K). Es wird noch darauf hingewiesen, daß bei den Intensitätsmessungen keine Diskontinuität bei der Curie-Temp. beobachtet werden konnte. C. Gottfried. 181

Suche nach einem anisotropen Debye-Waller-Faktor in kubischen festen Lösungen auf Kupferbasis. R. W. Cahn und R. Feder. (Acta crystallogr. [Copenhagen] **15**, 322–25, 10/4. 1962; Birmingham, Univ., Dep. of Phys. Metallurgy; Philadelphia, Pa., Frankford Arsenal, Pittman-Dunn Labor.; engl.) – Vff. untersuchen erneut den Debye-Waller-Temp.-Faktor, $\exp\{-2B(\sin\vartheta/\lambda)^2\}$, worin B nach Weiss u. Mitarbeitern eine Funktion von {h k l} ist. Hierzu werden Messungen an Pulvern von *α-Messing* u. *α-Aluminiumbronze* bei 77° K u. Zimmer-Temp. mit Mo–Kα-Strahlung durchgeführt. Durch vorherige Wärmebehandlung werden verschiedene Nahordnungsgrade hergestellt. Vff. finden, daß Abweichungen der B-Werte von der Isotropie nur zufällig sind u. keine Bedeutung besitzen, außer möglicherweise beim Reflex (2 2 2). Auf jeden Fall resultieren keine Abweichungen, die auch nur größenordnungsmäßig mit den von Weiss u. Mitarbeitern gefundenen zu vergleichen wären. G. Ruban. 181□

Atomstreuamplituden für Elektronen für einige der leichteren Elemente. B. Dawson. (Acta crystallogr. [Copenhagen] **15**, 417–18, 10/4. 1962; Melbourne, C.S.I.R.O., Chem. Res. Labor., Div. of Chem. Phys.; engl.) – Nach einem Interpolations-Verf. berechnet Vf. die Atomformamplituden für die Streuung von Elektronen an *Al*, *Si*, *P*, *S*, *Cl* u. *Ar*. Die Werte werden mit den nach Hartree-Fock errechneten verglichen. G. Ruban. 181□

Die Empfindlichkeit der Extinktionskorrektur in Kristallen bei Verwendung von polarisierten Röntgenstrahlen und Neutronen. P. Szabó. (Acta crystallogr. [Copenhagen] **14**, 1206–07, 10/11. 1961; Hamilton, Ontario, McMaster Univ., Dep. of Metallurgy and Metallurg. Engng.; engl.) C. Gottfried. 181

Eine Korrektur für die photometrisch gemessenen Intensitäten unter Berücksichtigung der α_1, α_2-Aufspaltung. W. W. Barker. (Acta crystallogr. [Copenhagen] **14**, 1208–09, 10/11. 1961; Nedlands, Western Australia, Univ. of Western Australia, Dep. of Chem.; engl.) C. Gottfried. 181

Eine weitere graphische Hilfe für die Bestimmung der Absorptionskorrekturen durch die Methode von Albrecht. D. E. Henshaw. (Acta crystallogr. [Copenhagen] **11,** 302—03, 10/4. 1958; Nedlands, Univ. of Western Australia, Dep. of Phys.; engl.) — Beschreibung der Meth., die dem von Rogers u. Moffett (vgl. C. **1957,** 11503) beschriebenen Verf. sehr ähnlich ist. C. Gottfried. 181

Mehrelektronentheorie der Atome und Moleküle. 1. Mitt. **Schalen, Elektronenpaare als Gegensätze zu den Mehrelektronenkorrelationen.** Oktay Sinanoğlu. (J. chem. Physics **36,** 706—17, 1/2. 1962; New Haven, Conn., Yale Univ., Sterling Chem. Labor.; engl.) — Vf. entwickelt eine Theorie der physikal. wichtigen Eigg. der Korrelationen in Atomen u. Moll. u. stellt ein quant. Schema für N-Elektronen-Syst., wie *He* u. H_2, auf. Die Modifizierungen des „chem. Bildes", der halbempir. Theorien u. der Schalenstruktur infolge der Korrelationen werden erörtert. Es wird gezeigt, warum sich im Unterschied zu einem Elektronengas in vielen Atomen u. Moll. vor allem Paarkorrelationen als wichtig erweisen. Bei der Konfigurations-Wechselwrkg. treten Mehrfachanregungen nicht als „Stöße" dreier oder mehrerer Elektronen, sondern als getrennte, zur gleichen Zeit erfolgende bin. „Stöße" auf. Die Theorie, deren Gültigkeit am Beispiel von *Be, LiH* u. *B* gezeigt wird, hängt nicht von irgendeiner Störungs- oder Reihen-Entw. ab, u. die r_{12}-Koordinaten-Meth. kann für ein N-Elektronen-Syst. wie He u. H_2 benutzt werden. D. Jörchel. 182□

Die Auswahl von Atomorbitalen, die bei komplexbildenden Gruppen eine bestimmende Rolle spielen. F. J. Gilde. (Acta Univ. Szegediensis, Acta physica chem. [N. S.] **6,** 3—6, 1960; Szeged, Univ., Inst. of Theoret. Phys.; engl.) — Vf. untersucht nach der halbempir. LCAO–MO-Meth. von Wolfsberg u. Helmholz, welche Atomorbitale (2 s σ, 2 p σ, 2 p π) bei der Komplex-Bldg. von $Me^{3+} = Mn^{3+}$, Fe^{3+}, Co^{3+} zu $[Me(CN)_6]^{3-}$ dominieren. Es zeigt sich, daß die 2 p σ-Orbitale die Hauptrolle spielen, die 2 p π-Orbitale jedoch nicht vernachlässigt werden dürfen, während die 2 s σ-Zustände nur von sek. Bedeutung sind. G. M. Neumann. 182□

Beiträge zur allgemeinen Theorie der LCAO-MO-Methode. M. I. Bán, F. J. Gilde und J. I. Horváth. (Acta Univ. Szegediensis, Acta physica chem. [N. S.] **6,** 8—17, 1960; Szeged, Univ., Inst. of Theoret. Phys.; engl.) — Vff. zeigen, daß die Unzuverlässigkeiten bei der Best. der Atomorbital-Koeff. in Mol.-Orbitalen, die entarteten Zuständen entsprechen, auf Rotationen im Eigenraum der Mol.-Orbitale zurückzuführen sind. Die physikal. Eigg., die von diesen Koeff. abhängen, sind im Fall von abgeschlossenen Schalen von den Unsicherheitsparametern unabhängig. Bei nicht abgeschlossenen Elektronenschalen sind die physikal. Größen nur dann von diesen Parametern unabhängig, wenn die Zahl der Elektronen in den verschiedenen Mol.-Orbitalen gleicher Energie gleich groß ist. G. M. Neumann. 182□

Ein eindimensionales Modell zur Berechnung von Bindungseigenschaften zweiatomiger Moleküle. H. Dunken, P. Kadura und H. Müller. (Z. Chem. **1,** 280—81, 1961; Jena, Friedrich-Schiller-Univ., Inst. für physikal. Chem.; dt.) — Vff. erweitern ein auf „kovalente Bindungen" allg. angewendetes Modell, um nicht nur den kovalenten Teil der Bindungsenergie $E_{kov.}$, sondern auch die polare Bindungsenergie $E_{pol.}$ u. das Dipolmoment μ wiederzugeben. Bei dieser Betrachtungsweise werden Einzelheiten des Potentialverlaufes, so auch der Wechselwrkg. des bindenden Elektronenpaares, vernachlässigt. Das sich aus den Atomkernen u. allen „Nichtbindungselektronen" ergebende Potential betrachtet man als einen Potentialtopf, der einzelne Abstandsparameter mit einem wirklichen Verlauf gemeinsam hat. Damit bezieht sich die ganze Berechnung nur auf beide Valenzelektronen; so z. B. für HCl auf H (1 s) u. Cl (3 p_x) mit x-Achse = Mol.-Achse. Mit dem verwendeten Modell läßt sich $E_{Bind.}$ getrennt nach den Anteilen $E_{kov.}$ u. $E_{pol.}$ aus einer transzendenten Eigenwertbedingung berechnen. Die Festlegung noch offener Stufenparameter erfolgt durch Anpassung an den Paulingschen Ausdruck für $E_{pol.}$ einer kovalenten Bindung. Die angegebenen Gleichungen gestatten die Anwendung auf andere Moll., denn sind von einem Mol. AB die Daten r_A, r_B, r_{AB} u. $(x_A - x_B)$ bekannt, so lassen sich die Bindungsgrößen errechnen. Vgl. zwischen berechneten u. experimentellen Werten für die Bindungsgrößen der Halogenwasserstoffe ergeben gute Übereinstimmung. W.-D. Heussner. 182□

Dreiatomige Moleküle und Ionen mit neunzehn Valenzelektronen. Michael Green. (J. chem. Soc. [London] **1962,** 2819—21, Juli; Chicago, Ill., Univ., Dep. of Chem.; engl.) — Die früher auf dreiatomige Moll. mit 17 Valenzelektronen angewandte Betrachtungsweise (Vf. u. Linnett, C. **1961,** 7134) wird sinngemäß auf die Elektronenkonfiguration nachst. Moll. sowie ihre Tendenz zur Dimerisierung übertragen: ClO_2, O_3^-, NO_2^{2-}, $NF_2 \rightleftharpoons N_2F_4$, $SO_2^- \rightleftharpoons S_2O_4^{2-}$. A. Blaschette. 182□

Bemerkung zu den Energieniveaus vielatomiger Moleküle. S. Datta Majumdar. (Progr. theoret. Physics [Kyoto] **19,** 452—53, April 1958; Calcutta, Univ. Coll. of Sci.;

engl.) — Vf. schlägt einige Operatoren vor, um die Berechnung der Energieniveaus vielatomiger Moll. zu vereinfachen. M. Guerlin. 182□

Ligandenfeldaufspaltung von d-Orbitalen in Komplexen der Koordinationszahl acht mit dodekaedrischer Struktur. Milan Randić. (J. chem. Physics **36,** 2094—97, 15/4. 1962; Zagreb, Institut „Rudjer Bošković".; engl.) — Vf. leitet die Aufspaltung u. die Ordnung der d-Orbitale in einem Dodekaeder (D_{2d}) aus der bekannten Orbitalordnung in einem Würfel ab unter Berücksichtigung des Einfl. der Verzerrung auf die einzelnen Orbitale. Es zeigt sich, daß das d_{xy}-Orbital am stabilsten ist u. interessanterweise an der dodekaedr. d^4 s p^3-Hybridisierung nicht teilnimmt. Eine Ligandenfeldberechnung verschiedener verzerrter kub. Anordnung bestätigt die qual. Diskussion. G. M. Neumann. 182□

Neuere Ergebnisse der Stereochemie des Nickels, Palladiums und Platins. J. R. Miller. (Advances inorg. Chem. Radiochem. **4,** 133—95, 1962; München, Univ., Inst. für anorgan. Chem.; engl.) — Fortschrittsbericht [Oxydationsstufen 0, +1, +2; Pt(IV)-Verbb.; PtF_6]. — 295 Literaturangaben. A. Blaschette. 182□

Oxidschmelzen. J. D. Mackenzie. (Advances inorg. Chem. Radiochem. **4,** 293—318, 1962; Schenectady, N.Y., Gen. Electr. Res. Labor.; engl.) — Übersicht über die physikal. Eigg. u. die Struktur geschmolzener Oxide (reine Oxide, bin. Silicat- u. Boratschmelzen, mehrkomponentige Syst.). — 65 Literaturangaben. A. Blaschette. 186□

Über die Schwankungen der Koordinationszahl in flüssigem Blei. Ja. I. Duttschak. (Журнал Технической Физики [J. techn. Physik] **30,** 1251—52, Okt. 1960; Lwow, Franko-Univ.; russ.) — Die mittlere Koordinationszahl in fl. Pb verringert sich mit steigender Temp. von 11,4 bei 330° auf 8,9 bei 450°. Die Schwankungen der Koordinationszahl werden mit steigender Temp. größer. Ch. Weiske. 186□

Charakterisierung der Zonenreinigung durch den Reinigungsfaktor. Louis Gold und Virginia Johnson. (J. Franklin Inst. **270,** 367—81, Nov. 1960; Princeton, N.J., Univ.; Lexington, Mass., MIT, Lincoln Labor.; engl.) — Ausführliche Wiedergabe der C. **1960,** 6746 referierten Arbeit. C. Gottfried. 190

Dendritisches Wachstum von Graphit aus Schmelzen. I. Minkoff und I. Einbinder. (Nature [London] **194,** 765—66, 26/5. 1962; Haifa, Israel, Technion Fac. of Mechanic. Engng.; engl.) — Ni-Schrot mit 0,1 (%) Fe u. 0,005 Co wurde in Graphittiegeln geschmolzen; die Temp. wurde auf 1450° gehalten, um die Schmelze zu sättigen u. hypereutekt. Zus. zu erhalten. Die Schmelze wurde dann mit 15 Grad/min abgekühlt. Mit Hilfe von Ätzmeth. u. durch Lsg. der Schmelze wurden Flocken prim. Graphits mit ca. 2—5 mm ∅ u. 0,5 mm Dicke erhalten. Die dendrit. Schichten sind im Innern der Flocken 0,01, an der Oberfläche 0,001 mm dick. Mkr. wurden Syst. aus konzentr.-ringförmigen u. hexagonalen Stufen gefunden. Die Beobachtungen sind nicht mit denen von Saratovkin (vgl. Dendritic Crystallization Consultants Bureau, Inc., N.Y., 1959) im Einklang. Der dendrit. Graphit weist Beziehungen zu einer Serie von Makrostufen in der Schmelze auf. Ernst Schulte. 190□

Änderung der Kristallformen von KBr und K_2SO_4 unter dem Einfluß der Ionenadsorption an den entstehenden Kristallen. Zenon Czerwiński, Krzysztof Klimczak und Andrzej Benedykt. (Studia Soc. sci. Torunensis, Sect. B **2,** Nr. **4,** 1—40, 6 Tafeln, 1960; Toruń, Uniw. Kopernika, Zakł. Chem. fiz.; pol., Auszug: engl.) — KBr krist. aus einer reinen gesätt. wss. Lsg. bei 20° in kub. Form. Bei Zusatz wss. Lsgg. von Fremdsalzen, wie $K_4[Fe(CN)_6]\cdot 3\,H_2O$, $KHSO_4$, $KClO_3$, KNO_3, KJO_3, $KAl(SO_4)_2\cdot 12\,H_2O$, $K_2Cr_2O_7$, K_2MoO_4, $KHC_8H_4O_4$, K_2CrO_4, $K_2C_2O_4\cdot H_2O$, K_2CO_3, $KHC_4H_4O_6$, KCl, KH_2PO_4, K_2WO_4, $NaBr\cdot 2H_2O$, NH_4Br, zu der gesätt. KBr-Lsg. verändert sich die Kristallform des KBr. Meist entstehen dendrit. Formen. Zusatz von Fremdsalzen verändert die Dichte der KBr-Lösung. Im Normalfall ist die Oberflächenspannung σ u. die Viscosität η der Salz-Lsg. eine Funktion der Dichte. Zusatz einer Lsg. mit niedrigerer Dichte muß σ u. η verkleinern, Zusatz einer Lsg. mit höherer Dichte σ u. η vergrößern. Bei Zusatz einer Reihe von Salzen — $K_4[Fe(CN)_6]$, K_2CrO_4, $KClO_3$, $KAl(SO_4)_2$, K-Oxalat, K-Hydrogenphthalat, $KHC_4H_4O_6$ u. a. — werden Abweichungen von dieser Regel festgestellt. Die Abweichungen werden mit Ionisierung, Hydratisierung u. Komplex-Bldg. erklärt. Das Verh. solcher Zusätze deutet auf die Wrkg. von Capillarkräften bei der Adsorption von Salzen an wachsenden KBr-Kristallen. Die Adsorption ist aber auch von dem Dispersionsgrad der festen Phase abhängig. Messungen der EMK konz. KBr-Lsgg. beim Zugeben von Fremdsalzen liefern Potentialkurven mit einem Minimum, die die vollständige Absättigung der Oberfläche der festen Phase mit Ionen anzeigen. Analoge Beobachtungen wurden bei der Kristallisation von K_2SO_4 aus gesätt. wss. Lsg. gemacht. Bei Zusatz von Fremdsalzlsgg. entsteht niemals die hexagonale Form von K_2SO_4. Am stärksten wirken auch hier die bei KBr wirksamsten Fremdsalze u. es werden ebenfalls Abweichungen bei σ u. η der Lsgg. u. Minima in den Potentialkurven festgestellt. F. Urban. 190□

Über die Kristallinität von GaAs, das horizontal in Quarzschiffchen gezogen wurde. L. R. Weisberg, J. Blanc und E. J. Stofko. (J. electrochem. Soc. **109**, 642—43, Juli 1962; Princteon, N.J., Radio Corp. of America, RCA Labor.; engl.) — Unterss. des Einfl. der Vorbehandlung des Schiffchens, des As-Dampfdruckes p über der Schmelze, des Temp.-Gradienten ΔT, des Impfens, der Ziehgeschw. R, der Schmelz-Temp. T_s u. von Verunreinigungen auf die Kristallinität (Kr) von in transparenten Quarzschiffchen gezüchtetem GaAs zeigen, daß hauptsächlich die Vorbehandlung u. p wirksam sind. Sandstrahlen des Schiffchens ergibt gegenüber 10 Min. langem Ätzen in HF vor dem abschließenden Ätzen in HCl–HNO_3 (1 : 1) u. Spülen eine passivere Oberfläche u. geringere Kontaktfläche zur Schmelze. Die stärkere Benetzung des Schiffchens durch die Schmelze nach HF-Ätzen setzt die Kr herab. Eine gute Kr wird mit zunehmender Temp. des As-Vorratsbehälters erreicht (625—630°), darüber setzt mit der Temp. zunehmende Porosität ein. R (0,4—2 cm/h), ΔT (5—24°/cm an der erstarrenden Grenzfläche) u. T_s (1250—1275°) sowie Impfen sind ohne wesentlichen Einfluß. Verunreinigungen wie 0,1—50 ppm Si, Mg, Cu, Al u. Fe sowie bis zu 0,04 (mg) O; 0,8 CO; 0,03 H u. 1 Cu im festen Material bewirken keine merkliche Änderung der Kr, dagegen wird diese in Ggw. von 1 Si in der Schmelze infolge stärkerer Benetzung beträchtlich herabgesetzt. Wasserdampf (56 bzw. 0,5 mg) ergibt vielkristalline, poröse Barren, die Risse aufweisen. P. Frenzel. 190□

Bestimmung des Ausmaßes der Mischkristallbildung im System GaSb–InSb durch Kristallziehversuche. F. A. Trumbore, P. E. Freeland und A. D. Mills. (J. electrochem. Soc. **109**, 645—47, Juli 1962; Murray Hill, N.J., Bell Telephone Labor., Inc.; engl.) — Mit Hilfe eines Kristallzieh-Verf. u. der Röntgenanalyse untersuchen Vff. die Mischkristall-Bldg. im pseudobin. Syst. GaSb–InSb. Abgesehen von den GaSb-reichen Legg. werden nur geringe Abweichungen von der Vegardschen Regel festgestellt. Zur Konstruktion des Phasendiagramms wird die Liquiduskurve aus früheren experimentellen Werten sowie aus dieser die Soliduskurve berechnet. Vff. zeigen, daß die Kristallziehtechnik zur Unters. der Mischkristall-Bldg. geeignet ist. P. Frenzel. 190□

Ätzgrübchen und Versetzungen in Eiskristallen. G. W. Bryant und B. J. Mason. (Philos. Mag. [8] **5**, 1221—27, Dez. 1960; London, Imp. Coll.; engl.) — Oberflächen von Eiskristallen, die entweder aus der Dampfphase oder aus der Schmelze hergestellt worden waren, wurden mit einer 1%ig. Lsg. von Formvar in Äthylendichlorid behandelt. Es wurde eine geringe Menge der Lsg. auf die Eisoberfläche gegossen; nach Verdampfen des Lsgm. blieb ein dünner, durchsichtiger plast. Film auf der Oberfläche zurück, der abgestreift u. als Abdruck untersucht wurde. In einigen Fällen wurde zur Steigerung des Kontrastes auf diesen Abdruck eine dünne Schicht Ag aufgedampft. Festgestellt wurde zunächst, daß die Oberflächendichten der kleineren Ätzgrübchen zwischen 10^5 u. 10^6/cm² lagen. Da diese Oberflächendichten der Ätzgrübchen vergleichbar sind mit den Oberflächendichten von Versetzungen in anderen Stoffen, muß man annehmen, daß die Ätzgrübchen austretende Versetzungen kennzeichnen. Die Ätzgrübchen auf den Basisoberflächen sind hexagonale Pyramiden, auf denen oft spiralartige oder geschlossene terrassenförmige Stufen sichtbar sind. Die Grübchen liegen bevorzugt entlang Kleinwinkelkorngrenzen u. Gleitlinien. Wird oder ist der Kristall mechan. beansprucht, dann treten Ätzkanäle auf der Basisfläche entlang den [1 1 $\bar{2}$ 0]-Richtungen auf, was vermuten läßt, daß dies die bevorzugten Gleitrichtungen sind. Zuweilen beobachtete doppelte Reihen von kleinen Ätzgrübchen, die strahlenartig an durch Verunreinigung hervorgerufenen Flecken u. lokalen Zentren hoher Spannung ausgehen, kennzeichnen wahrscheinlich die Stellen, an denen Versetzungsschleifen die Oberfläche durchschneiden. Die auf den Basisflächen von aus der Dampfphase erhaltenen Kristallen beobachteten kleinen Pyramiden, deren Konz. ca. 10^5/cm² betrug, werden als wachstumsbedingt angesehen, also nicht als eine Folge des Ätzens. C. Gottfried. 190□

Ätzgrübchen von elektrolumineseierenden Zinksulfidkristalliten. Paul Goldberg. (J. appl. Physics **32**, 1520—24, Aug. 1961; Bayside, N.Y., General Telephone and Electronics Labor., Inc.; engl.) — Durch Ätzen mit 7,5—30%ig. H_2O_2-Lsgg. entstehen an der Oberfläche von elektrolumineseierenden ZnS : Cu, Cl-Pulver dreieckige Ätzgrübchen (Dichte 10^6—10^8/cm²) u. Riefen, die im Elektronenmikroskop sichtbar sind. In nichtelektrolumineseierenden ZnS : Cu,Cl-Kristalliten treten diese Grübchen nicht auf. Alle dreieckigen Ätzgrübchen verlaufen in einer Richtung, die senkrecht zum Verlauf der Riefen steht. Diese Richtung ist eine der polaren kristallograph. Achsen beim *Sphalerit* u. die c-Achse beim *Wurtzit*. Die Grübchen können in anderen Verbb., wie ZnS : Cu,Al; ZnS : Cu,Cl–Pb u. ZnS : Cu,Cl–Mn gefunden werden. Die Natur der Ätzgrübchen u. Riefen wird diskutiert. J. Peters. 190□

Thermodynamische Gleichgewichtseigenschaften einer Gitterleerstelle in einem kubisch-flächenzentrierten Gitter mit zentraler Wechselwirkung. G. F. Nardelli und A. Repanai Chiarotti. (Nuovo Cimento [10] **18**, 1053—71, 16/12. 1960; Ispra, Centro Studi Nucleari, Gruppo di Fis. dell Stato solido; Milano, Univ., Ist. di Fis.; engl.) — Vff. untersuchten theoret. den Einfl. einer Gitterleerstelle auf die thermodynam. Gleichgewichts-Eigg. von Kristallen vom abs. Nullpunkt bis zum Schmelzpunkt, wobei die Änderung der Schwingungs-Eigg. mit Hilfe des Einsteinschen Modells berechnet wurden. Außerdem wurde die Unters. der elast. Relaxation auf ein schwingendes Gitter ausgedehnt; die freie Schwingungsenergie wurde berechnet u. hierbei das Verschiebungsfeld berücksichtigt. Berechnet u. mit experimentellen Daten aus der Literatur verglichen wurde die Konz. der Leerstellen in festem *Ar* für Temp. zwischen 20 u. 80° K, nur berechnet wurden für die Temp. 24, 109, 147° K die Leerstellen-Konz. für *Ne* bzw. *Kr* bzw. *Xe*. C. Gottfried. 190

Über die Bestimmung des Diffusionskoeffizienten von Bor in Silicium. Jiro Yamaguchi, Shiro Horiuchi, Koji Matsumura und Yasumasa Ogino. (J. physic. Soc. Japan **15**, 1541—42, Aug. 1960; Osaka, Univ., Fac. of Engng., Dep. of Electr. Engng.; Osaka Inst. of Technol., Dep. of Electr. Engng.; engl.) — Mit Hilfe von Leitfähigkeitsmessungen an dünnen abgetragenen Schichten bestimmen Vff. den Diffusions-Koeff. D von B in n-leitendem Si. Die Si-Proben waren mit B oder B_2O_3 überzogen. D folgt der Gleichung $D = 17{,}1 \exp(-84800/RT)\ cm^2/s$. Weiterhin werden die Oberflächen-Konzz. C_s berechnet. P. Frenzel. 190□

Randschichtgleichgewichte und Diffusion von Frenkel-Fehlstellen in Silberhalogenidkristallen. R. Matejec. (Z. Elektrochem., Ber. Bunsenges. physik. Chem. **66**, 326—31, Juni 1962; Leverkusen, Agfa A.G., Wiss.-Photograph. Labor.; dt.) — Durch Leitfähigkeits- u. Potentialmessungen reiner u. dotierter Silberhalogenideinkristalle in einer speziellen Elektrolysezelle werden „Randschichten" an der Grenze Kristall/Lsg. u. der Ag^+-Ionen-Diffusionsstrom im Kristall untersucht. Der bei der „chem." Entw. stattfindende Ag-Ionentransport zum Entw.-Keim hin wird durch den Diffusionsstrom i bedingt. G. Pankow. 190□

Über den Bau der Einschlußverbindung von Berylliumoxidacetat mit Schwefeldioxid. K. N. Ssemenenko. (Журнал Неорганической Химии [J. anorg. Chem.] **5**, 2687—89, Dez. 1960; russ.) — Die Bldg. u. die Struktur der Einschluß-Verbb. $Be_4O \cdot (CH_3COO)_6 \cdot n\ SO_2$ (n = 2; 1) (vgl. C. **1959**, 15933) werden diskutiert. Unter Annahme rein van der Waalsscher Bindungskräfte berechnet sich die Bldg.-Wärme der Einschuß-Verb. (n = 1) in guter Übereinstimmung mit dem experimentellen Wert zu 10—12 kcal/Mol. G. Winkhaus. 190□

Betrachtungen über die physikalisch-chemischen Eigenschaften von Oxiden der Übergangsmetalle. J. P. Brenet. (Silicates ind. **25**, 165—70, April 1960; Strasbourg, Fac. des Sci.; franz.) — Unters. einiger physikal.-chem. Eigg. der Modifikationen des MnO_2, wobei bes. auf die Elektronenkonfiguration von Mn u. einigen anderen Übergangsmetallen u. ihre Auswrkg. auf das elektrochem. u. katalyt. Verh. der Dioxidmodifikationen eingegangen wird. Systemat. Unterss. dieser Art ermöglichen die Aufstellung gewisser Regeln für die Herst. bestimmter Verbb. mit speziellen physikal.-chem. Eigenschaften. — 39 Literaturangaben. G. Bauer. 190□

Die Reaktionsserien Gibbsit → χ-Aluminiumoxid → ϰ-Aluminiumoxid → Korund. G. W. Brindley und J. O. Choe. (Amer. Mineralogist **46**, 771—85, Juli/Aug. 1961; University Park, Pa., Pennsylvania State Univ., Dep. of Ceramic Technol.; engl.) — Gibbsit u. seine Umwandlungs-Prodd. wurden bis 1350° erhitzt u. mit Hilfe von Elektronen- u. Röntgenbeugung, Thermogravimetrie, IR-Spektroskopie u. DTA untersucht. Zwischen 270 u. 870° wurde χ-Al_2O_3 nachgewiesen. Bei 270° enthält die Substanz noch 25% W., das bei 800° abgegeben wird. Zwischen 970 u. 1180° ist $\varkappa$-Al_2O_3 neben α-Al_2O_3 vorhanden. „$\varkappa$-Al_2O_3" könnte nach Ansicht der Vff. eine Mischung sein, da ν-Al_2O_3 u. ξ-Al_2O_3 ebenfalls beobachtet wurden. χ-Al_2O_3 wird charakterisiert durch einen dichten hexagonalen Strukturtyp mit a = 5,57, c = 8,64 Å u. c/a = 1,551. Der Hauptanteil von „$\varkappa$-Al_2O_3" ist ausgezeichnet durch eine große hexagonale Zelle mit a = 16,7 Å. H. Moenke. 190□

Untersuchung der Struktur des elementaren Schwefels aus Ammoniak-Sorptionslauge mit Röntgenstrahlen. T. Krupnik. (Przemysł chem. **41**, 260—61, Mai 1962; pol.; Auszug: engl.). — Elementares S, wie es bei der Rk. von HNO_3 mit H_2S, das in wss. Lsg. von NH_3 absorbiert ist, anfällt, wird zur kristallograph. Identifizierung mit Röntgenstrahlen untersucht. 3 S-Proben werden mit HNO_3 verschiedener Dichte (1050, 1225, 1402 g/Liter) hergestellt u. untersucht. S wird aus einer Lsg. vom pH 7 nach 8 Std. Sedimentation isoliert. Alle 3 Proben bestanden aus der krist. Modifikation des rhomb. α-Schwefels. Die Röntgenogramme lassen den Schluß zu, daß der Gitterzwischenraum unter 10^{-5} cm liegt. I. Kalzendorf. 190□

Die Kristallstruktur von Bariumthiosulfatmonohydrat. Mario Nardelli und Giovanna Fava. (Acta crystallogr. [Copenhagen] **15**, 477—84, 10/5. 1962; Parma, Univ., Inst. of Chem., Struct. Chem. Labor.; engl.) — Kristalle von $BaS_2O_3 \cdot H_2O$ sind rhomb., Raumgruppe D_{2h}^{14} — P b c n, mit a = 20,07 (±0,01 Å), b = 7,19, c = 7,37; $D_{exp.}$ 3,447, $D_{bez.}$ 3,337 $g \cdot cm^{-3}$, Z = 8. Aus 3dimensionalen Fourier-Synth. u. Differenz-Synth. nach Booth ergeben sich die Atomkoordinaten (x/a; y/b; z/c): Ba (0,1642; 0,2194; 0,0452), S_I (0,1582; 0,7272; 0,0412), S_{II} (0,0836; 0,6092; 0,1687), O_I (0,2017; 0,8398; 0,1798), O_{II} (0,1347; 0,8691; —0,0973), O_{III} (0,2021; 0,5843; —0,0247), H_2O (0,0256; 0,1562; 0,0758); Zuverlässigkeitsindex R = 0,13. Die Struktur ist aus 2 Arten von Schichten aufgebaut, die in Richtung [1 0 0] aufeinander folgen: Die eine wird aus 2 Schichten von Ba^{2+} u. $S_2O_3^{2-}$ gebildet, die andere aus H_2O. Jedes Ba^{2+} ist koordinativ von 5 $S_2O_3^{2-}$ u. einem H_2O umgeben. Wechselwrkg. von H-Bindungen werden diskutiert. G. Ruban. 195□

Elektronendichte und thermische Effekte in α-Quarz. R. A. Young und Ben Post. (Acta crystallogr. [Copenhagen] **15**, 337—46, 10/4. 1962; Brooklyn, N.Y., Polytechn. Inst.; engl.) — Die Atomlagen u. therm. Bewegungen in α-Quarz werden ausführlich untersucht. Die vollständigen 3dimensionalen Daten werden bei Zimmer-Temp. mit Hilfe von gefilterter Mo_K-Strahlung aufgenommen; die (h k 0)- u. (0 0 *l*)-Reflexe werden außerdem bei 223 u. 155° K gemessen. Die Intensitäten werden mit einem Scintillationszähler bestimmt, Fourier-Analyse u. die Meth. der kleinsten Quadrate dienen zur Best. der Atomparameter sowie der Größe u. Orientierung der therm. Ellipsoide. Atomparameter: x = 0,4152 ± 0,0007; y = 0,2678 ± 0,0006; z = 0,1184 ± 0,0004; n = 0,4705 ± 0,0003. Außerdem wurden die früher von Brill u. Mitarbeitern [1939; 1942, berichteten Daten verfeinert u. mit den vorliegenden Resultaten verglichen, wobei gute Übereinstimmung gefunden wird. Eine Analyse der Atomlagen führt in Verbindung mit den therm. Parametern zu folgenden Bindungslängen [Å] bei Zimmer-Temp.: Si—O 1,603 ± 0,003 u. 1,611 ± 0,002; Bindungswinkel: Si—O—Si 143,9°, O—Si—O 109 u. 110°. G. Ruban 195□

Eine neue Modifikation von Siliciumcarbid, 57 R. Ihre Struktur und ihr Wachstum. P. Krishna und Ajit Ram Verma. (Acta crystallogr. [Copenhagen] **15**, 383—87, 10/4. 1962; Banaras, Hindu Univ., Dep. of Phys.; engl.) — Vff. beschreiben eine neue SiC-Modifikation mit 57 Schichten, die rhomboedr. Symmetrie besitzt u. der die Struktur $(33\ 33\ 34)_3$ in der Aufstellung von Zhdanov zukommt. Sie krist. (in hexagonaler Darst.) mit den Gitter-Konst. a = 3,078 u. c = 143,52$_6$ Å; Z = 57; Raumgruppe R 3 m. Die gute Übereinstimmung der berechneten relativen Röntgenintensitäten mit den auf einer Weißenberg-Aufnahme beobachteten bestätigt die Strukturannahme. Außerdem wird das Wachstum diskutiert. G. Ruban. 195□

Struktur von Calciumaluminat, 12 CaO · 7 Al_2O_3. J. Jeevaratnam, L. S. Dent Glasser und F. P. Glasser. (Nature [London] **194**, 764—65, 26/5. 1962; Aberdeen, Univ., Dep. of Chem.; engl.) — Die von Büssem u. Eitel [1936] angenähert bestimmte Struktur des kub. krist. Calciumaluminats wurde durch neuerliche Unters. mit Hilfe von Einkristall-Meth. bestätigt. Die Gitter-Konst. a = 11,98 (Å) steht in guter Übereinstimmung mit dem l. c. gefundenen Wert (11,95). In der Raumgruppe T_d^6 können 64 der 66 O-Atome auf die vorhandenen Gitterplätze verteilt werden; über die Anordnung der restlichen beiden O-Atome herrscht noch immer Unklarheit. 12 CaO · 7 Al_2O_3 enthält zeolith. W., das bis ca. 1100° in den Kristallen verbleibt. Wird die Verb. oberhalb dieser Temp. dargestellt, erhält man das Anhydrid, das bei Raum-Temp. nur sehr langsam W. aufnimmt. Schnelle Wasseraufnahme erfolgt bei 400—500°.
Ernst Schulte. 195□

Unvollkommenheiten innerhalb der Phase Ti_2O_3 und ihre aus den Gitterparametern und nach der Dichtemethode ermittelte Struktur. M. E. Straumanis und T. Ejima. (Acta crystallogr. [Copenhagen] **15**, 404—09, 10/4. 1962; Rolla, Mo., Univ. of Missouri, School of Mines and Metallurgy, Dep. of Metallurgy; engl.) — Durch Interpolation der Gitter-Konst. von 7 Ti_2O_3-Proben mit 32,16—34,45 Gew.-% O ergeben sich bei 25° für reines Ti_2O_3 in hexagonaler Aufstellung die Gitter-Konst.: a = 5,148 ± 0,002 u. c = 13,636 ± 0,002 Å; in rhomboedr. Aufstellung: a_{rh} = 5,431 ± 0,001 Å u. α_{rh} = 56,58 ± 0,002°. Die linearen therm. Ausdehnungs-Koeff. zwischen 10 u. 60° in

Richtung a u. c betragen: $\alpha_a = -5{,}8\cdot10^{-6}$ u. $\alpha_c = 2{,}6\cdot10^{-5}$ Grad^{-1}; $D^{25}_{exp.}$ 4,5868 ± 0,0005 g·cm^{-3}; Z = 6,008 ± 0,015. Die Verteilung von Unvollkommenheiten (anion. u. kation. Leerstellen, Zwischengitterplätzen) wird ausführlich diskutiert. G. Ruban. 195□

Röntgenographische Untersuchung von Autunit. Yukio Takano. (Amer. Mineralogist **46**, 812—22, Juli/Aug. 1961; Tokyo, Univ., Coll. of General Educat., Inst. of Earth Sci.; engl.) — Während in Europa u. Amerika bisher im allg. nur die Meta-Autunit I-Phase gefunden wurde, kommt in japan. Lagerstätten Autunit vor. Weißenberg-Aufnahmen ergaben, das Meta-Autunit II rhomb. krist.: a_0 = 6,55, b_0 = 7,05 u. c_0 = 8,16 Å. Im Gegensatz zu anderen Angaben ist der c_0-Wert kleiner als der für Meta-Autunit I. H. Moenke. 195□

Bindungsabstände und thermische Bewegung in Eisen(II)-fluorosilicathexahydrat: Eine Neutronenbeugungsuntersuchung. Walter C. Hamilton. (Acta crystallogr. [Copenhagen] **15**, 353—60, 10/4. 1962; Upton, Long Island, N.Y., Brookhaven Nat. Labor., Chem. Dep.; engl.) — Vf. verfeinert die Kristallstruktur von $FeSiF_6\cdot6\,H_2O$ durch Neutronenbeugung an Einkristallen. Die Struktur läßt sich als leicht verzerrte *CsCl*-Struktur beschreiben, zusammengesetzt aus SiF_6^{2-} u. $Fe(H_2O)_6^{2+}$. Die für den Kristall gefundene Symmetrie R $\bar{3}$ m läßt sich durch einfache Fehlordnung einschließlich Rotation beider Ionen um die 3zählige Achse erklären. Jedes H-Atom ist an einer H-Bindung O—H··· F bei einem Abstand O—F von 2,72 Å u. einem Winkel O—H··· F von 186° beteiligt; jedes F-Atom nimmt an zwei solchen Bindungen teil. Das SiF_6^{2-}-Oktaeder ist regelmäßig gebaut, Abstand Si—F 1,706 Å. Das $Fe(H_2O)_6^{2+}$-Oktaeder ist in Richtung der 3zähligen Achse ausgedehnt; die beiden diagonal durch das Oktaeder verlaufenden Abstände O··· O unterscheiden sich um 0,07 Å. Die beiden H_2O-Moll. sind so orientiert, daß die 2zählige Achse jedes Mol. angenähert in Richtung auf das Metallion orientiert ist; der Abstand Fe—O beträgt 2,146 Å. Die therm. Bewegung der Ionen wird durch eine allg. Verfeinerung nach der Meth. der kleinsten Quadrate bestimmt. Die Wurzel aus dem mittleren Verschiebungsquadrat beträgt für die Translationsamplitude ca. 0,14 Å bei beiden Ionen, für die Oscillationsamplitude 2,5° bei $Fe(H_2O)_6^{2+}$ bzw. 5,6° für SiF_6^{2-}. Diese Bewegungen sind angenähert isotrop. G. Ruban. 195□

Kristallstruktur von Kupfer(II)-fluoriddihydrat bei 298° K. S. C. Abrahams und E. Prince. (J. chem. Physics **36**, 50—55, 1/1. 1962; Murray Hill, N.J., Bell Telephone Labor.; engl.) — $CuF_2\cdot2\,H_2O$ (I) krist. monoklin mit Z = 2 in der Raumgruppe C^3_{2h} — I 2/m; $D_{exp.}$ = 2,93, D_R = 2,958 g/cm³; Gitterdimensionen bei 298° K: a = 6,41690 ± 0,00004, b = 7,39584 ± 0,00007, c = 3,30018 ± 0,00003 Å, β = 99° 38′46″ ± 9″. Die Kristallstruktur von I wurde mit Hilfe von Neutronenbeugungsdaten um die Zonen hk0, 0kl u. hkh bestimmt u. bis auf die Zuverlässigkeitsfaktoren R(0kl) = 0,112, R(hk0) = 0,173 u. R(hkh) = 0,065 verfeinert. Folgende Parameter (x, y, z) werden angegeben für Cu: 0, 0, 0; für O: 0, 0,2638, 0; für F: 0,2208, 0, —0,3178; für H: 0,1148, 0,3306, —0,0836. Durch Einführung spezieller Temp.-Faktoren konnten die R-Werte für den 3dimensionalen Fall bis auf 0,097 erniedrigt werden. Die Struktur besteht aus gefalteten Schichten von nahezu quadrat. CuF_2O_2-Gruppen (Abstände: Cu—F = 1,898 ± 0,008 Å, Cu—O = 1,941 ± 0,005), die durch Wasserstoffbrücken von 2,715 ± 0,006 Å Länge zusammengehalten werden. Zwei weitere F ergänzen im Abstand von Cu—F = 2,465 ± 0,006 Å die verzerrt oktaedr. Koordination um das Cu. Nachst. wichtige Abstände (in Å) u. Winkel wurden berechnet: O—H = 0,980 ± 0,007, O···F = 2,645 ± 0,007 u. 2,715 ± 0,006, F···H = 1,687 ± 0,008; ∢ Cu—O—H = 122,4 ± 0,4°, ∢ H—O—H = 115,5 ± 0,4°, ∢ O—H···F = 164,9 ± 0,7°, ∢ H—O—H/O—Cu—F = 11,7 ± 0,5°. G. Gattow. 195□

Kristallstruktur und magnetische Struktur von Kupfer(II)-fluoriddihydrat bei 4,2° K. S. C. Abrahams. (J. chem. Physics **36**, 56—61, 1/1. 1962; engl.) — Vgl. vorst. Referat. — Mit Hilfe der Neutronenbeugung erfolgte die Best. der Kristallstruktur von $CuF_2\cdot2\,H_2O$ (I) unterhalb des Néel-Punktes (10,9° K) bei 4,2° K. Die Gitterdimensionen wurden bei 298, 273, 203 u. 83° K experimentell ermittelt u. linear auf 4,2° K extrapoliert: a = 6,370, b = 7,425, c = 3,244 Å (± 0,005), β = 101° 15′ ± 15′; Z = 2; D_R = 3,034 g/cm³; kristallograph. Raumgruppe C^3_{2h} — I 2/m, antiferromagnet. Raumgruppe (Shubnikov-Gruppe): P_I 2/m oder P_I 2_1/n. Die zur Best. der Kristallstruktur von I bei 4,2° K notwendigen Daten wurden in einem mit fl. He gekühlten Goniometer erhalten. Verfeinerung bis auf einen R-Faktor von 0,074 bei den Parametern (x, y, z) Cu: 0, 0, 0; O: 0, 0,2619, 0; F: 0,2221, 0, —0,3147 u. H: 0,1056, 0,3356, —0,0921. In Verbindung mit den Unters.-Ergebnissen bei 298° K treten bei 4,2° K folgende Abstände auf: In der quadrat. Anordnung um Cu^{2+} der CuF_2O_2-Gruppe innerhalb der Fehlerbreite keine Änderung (Cu—F = 1,899 ± 0,006 Å, Cu—O = 1,945 ± 0,004),

Verkürzung der weiten Cu—F-Abstände bei der verzerrten oktaedr. Koordination um das Cu^{2+} von 2,465 ± 0,006 Å (bei 298° K) auf 2,391 ± 0,004 (bei 4,2° K) u. der O—H-Abstände von 0,980 ± 0,007 Å auf 0,959 ± 0,005, Verkleinerung des Winkels ∢ H—O—H von 115,5 ± 0,4° auf 110,1 ± 0,4°; weitere Abstände u. Winkel sind tabelliert. — Die Richtung der Spinmomente ist fast parallel zur kristallograph. c-Achse. Der Unterschied zwischen der Néel-Temp. u. dem Maximum der magnet. Susceptibilität bei 26° K kann mit Hilfe der magnet. Struktur erklärt werden. G. Gattow. 195□

Wachstum von Halogenidschichten auf Kupfereinkristallen. A. Goswami. (J. electrochem. Soc. **109**, 565—68, Juli 1962; Poona, India, Nat. Chem. Labor.; engl.) — Elektronenbeugungs-Unterss. der Struktur u. Orientierung von auf den (1 1 1)-, (1 1 0)- u. (1 0 0)-Flächen von Cu-Einkristallen durch Dampfphasen-Rk. mit Halogenen bei Raum-Temp. gezüchteten Cu-Halogeniden zeigen epitakt. Wachstum an. Es werden nur Cu (I)-Halogenide mit Zinkblendestruktur (T_d^2) beobachtet. Oberflächlich entstehen die γ-Formen von *CuJ* u. *CuBr*. Die Kristallstruktur ändert sich allmählich mit der Rk.-Zeit über eine Schicht mit 2 bevorzugten Orientierungen sowie eine vielkristalline, regellose Struktur bis zu einer Struktur mit nur einer bevorzugten Orientierung. Vf. führt das Wachstum auf die Wanderung von Cu-Ionen nach außen u. Rk. mit Halogenidionen zurück. Wachstum über eine Diffusion der letzteren nach innen u. dortige Umsetzung mit Cu sowie bes. bevorzugte Korngrenzendiffusion sind nicht ganz auszuschließen. P. Frenzel. 196□

Diffusion von Au und Cu in einem Temperaturgradienten. C. J. Meechan und Guy W. Lehman. (J. appl. Physics **33**, 634—41, Febr. 1962; Canoga Park, Calif., North Amer. Aviat., Inc., Atom. Internat.; engl.) — **Vff.** untersuchen den Einfl. des Ludwig-Soret-Effektes auf die Selbstdiffusion in Au bzw. Cu. Zwischen Au- bzw. Cu-Plättchen mit verschiedener Dicke werden 20 μ dicke Quarzfäden gebracht u. die Plättchen in einem geeigneten Mo-Halter bei 1000° u. ca. 10^{-5} Torr unter dem durch Wämeausdehnung hervorgerufenen Druck zusammengesintert. Die Thermodiffusions-Verss. werden bei 10^{-5} Torr unter Verw. von Wasserkühlung auf der einen Seite (150 bis 250°) u. Strahlungsheizung auf der anderen Seite (900—1000°) des gesinterten Metallblocks ausgeführt; mit dieser Anordnung wird ein Temp.-Gradient von ca. 1200° K pro cm erreicht. Die Auswertung der Verss. erfolgt aus den Verschiebungen der Quarzmarkierungen. Aus dem Vgl. der Meßergebnisse mit der Theorie der Thermodiffusion nach Shewmon (C. **1959**, 3395) folgt, daß die geforderten Randbedingungen für Au u. Cu nicht erfüllt sind; vielmehr beträgt $\Delta E = E_m - E_f$ (E_m Aktivierungsenergie der Wanderung, E_f der Bldg. von Leerstellen) für Au — (0,3 ± 0,15) u. für Cu + (0,2 ± 0,15) eV. Eine 3dimensionale Betrachtung des reinen Leerstellenstromes zeigt, daß sich normal zum Temp.-Gradienten ein Konz.-Gradient der Leerstellen einstellt, der bes. in Cu eine Porosität zur Folge hat. Herbert Müller. 197□

Die Natur der durch Bestrahlung induzierten Fehlstellen-Cluster. R. S. Barnes und D. J. Mazey. (Philos. Mag. [8] **5**, 1247—53, 4 Tafeln, Dez. 1960; Harwell, Berks., A.E.R.E.; engl.) — Vf. beschossen *Al* u. *Cu*-Folien mit $1,4 \cdot 10^{17}$ α-Teilchen pro cm^2. Bei der elektronenmkr. Unters. des Cu beobachteten Vff. Versetzungsschleifen mit einem Radius von ca. 200 Å, die durch Anhäufung von Atomen auf Zwischengitterplätzen entstanden sind, u. außerdem sehr viel kleinere u. zahlreichere Punkte mit Durchmessern von ca. 20 Å, bei denen es sich wahrscheinlich um Anhäufungen handelt, die von den weniger beweglichen Leerstellen gebildet werden. Beim Anlassen auf ca. 350° vernichten sich die Anhäufungen gegenseitig unter Erzeugung einzelner Leerstellen, so daß die Proben zum großen Teil ihren ursprünglichen Zustand wieder erreichen. Enthält das Cu jedoch eine große Anzahl von He-Atomen, dann stabilisieren diese die Leerstellen-Cluster, u. bei ca. 350° beginnen diese zu wachsen infolge Aufnahme von Leerstellen aus den Versetzungsschleifen. Das Verh. von Al ist ähnlich dem von Cu.
C. Gottfried. 197

Bestimmung der Diffusionskoeffizienten durch die Absorption der β-Strahlung. A. A. Shuchowitzki und W. A. Geodakjan. (Доклады Академии Наук СССР [Ber. Akad. Wiss. UdSSR] **102**, 301—04, 11/5. 1955; Moskau, Stalin-Inst. für Stahl; russ.) — **Vff.** ändern die von Krjukow u. Shuchowitzki (C. **1954**, 2980) für dünne Schichten beschriebene Meth. zur Best. des Diffusions-Koeff. (D) auf dicke Schichten ab. Die Veränderungen durch Strahlungsabsorption in der dicken Schicht werden abgeleitet. Die neue Meth. wird an der Selbstdiffusion von *Ag* mit ^{110}Ag überprüft. Es ergeben sich bei 925, 900, 850, 800 u. 750° folgende Werte von D ($\cdot 10^{10} \cdot cm^2/s$): 33; 22; 9,2; 3,7; 1,3. D_0 = 0,53 cm^2/s. Aktivierungsenergie Q = 45000 (bzw. 45900) cal/Mol. Die Ergebnisse stimmen gut mit den Werten von Johnson [1941] u. Krjukow u. Shuchowitzki überein. D. Hoene. 197□

Messungen der Längenänderung von elektronenbestrahltem Germanium und Silicium bei tiefer Temperatur. Frederick L. Vook. (Physic. Rev. [2] **125**, 855—61, 1/2. 1962; Albuquerque, N.Mex., Sandia Labor.; engl.) — An hochreinem, elektronenbestrahltem (2 MeV) u. angelassenem Ge u. Si werden Präzisionsmessungen der Längenänderung durchgeführt. Ge wird bei 365° K u. 33 μA/cm² mit einem Elektronenfluß von $5{,}4 \cdot 10^{19}$/cm² bestrahlt, wobei eine spezif. Längenausdehnung von $\Delta L/L = (6 \pm 12) \cdot 10^{-26}$ (pro 2-MeV-Elektronen/cm²) beobachtet wurde. Bei 86° K (10 μA/cm²; $3{,}0 \cdot 10^{19}$ Elektronen/cm²) beträgt $\Delta L/L = (1{,}5 \pm 3{,}9) \cdot 10^{-25}$. Si wird bei ca. 50° K mit $8{,}3 \cdot 10^{18}$, dann bei ca. 115° K bis zu einem Gesamtelektronenfluß von $7{,}9 \cdot 10^{19}$ Elektronen/cm² bestrahlt u. auf Raum-Temp. angelassen; $\Delta L/L$ beträgt $(4 \pm 19) \cdot 10^{-26}$. Die Vol.-Änderungen pro Zwischengitterleerstelle sind im Vgl. zu Beobachtungen an deuteronen- u. neutronenbestrahltem Ge viel niedriger. Vf. erörtert die Ergebnisse hinsichtlich der Seitz-Koehlerschen Verschiebungstheorie, berechnet die Defektclustergrößenverteilung u. zeigt, daß die Vol.-Änderung pro Leerstelle nichtlinear ist u. mit zunehmender Clustergröße zunimmt. P. Frenzel. 197□

Die Atomparameter in α-Uran bei Zimmertemperatur und darüber. Melvin H. Mueller, Richard L. Hitterman und Harold W. Knott. (Acta crystallogr. [Copenhagen] **15**, 421—22, 10/4. 1962; Argonne, Ill., Argonne Nat. Labor.; engl.) — Auf Grund eigener Unterss. (Röntgen- u. Neutronenbeugung) u. durch Vgl. mit den Resultaten anderer Autoren diskutieren Vff. die Temp.-Abhängigkeit der Atomparameter u. Temp.-Faktoren von α-U. Als eigene Meßwerte werden $y = 0{,}1025 \pm 0{,}0005$ (durch Röntgen-Unters.) u. $y = 0{,}1024 \pm 0{,}0003$ (durch Neutronenbeugung) bei 25° angegeben. G. Ruban. 197□

Polygonisation in gebogenen Zinkkristallen. P. P. Sinha und Paul A. Beck. (J. appl. Physics **32**, 1222—26, Juli 1961; Urbana, Ill., Univ. of Illinois, Dep. of Mining and Metallurg. Engng.; engl.) — Hochreine Zn-Kristalle wurden aus der Schmelze gewonnen nach der Meth. von Noggle (vgl. C. **1955**, 9512) u. dann so gebogen, daß $[0\bar{1}10]$ parallel war zu der Biegeachse u. die $[21\bar{1}0]$-Gleitrichtung ungefähr 45° mit dem Biegeradius einschloß. Es wurde eine Verschiebungsätztechnik entwickelt, welche die Verschiebungslinien zeigt, ohne daß eine besondere Sichtbarmachung nötig ist. Es wurde gefunden, daß Kristalle, die entweder bei Zimmer-Temp. oder bei der Temp. des fl. N_2 gebogen worden waren, ca. $^2/_3$ der Verschiebungslinien in kleinwinkligen Grenzabschnitten senkrecht zu den Gleitebenen angeordnet zeigten. Die Tatsache, daß beim Erhitzen auf 225° für 5000 Min. keine Änderung der Verschiebungslinien auftrat, läßt vermuten, daß diese direkt durch die Biegung gebildet wurden u. nicht durch eine therm. Polygonisation, die vielleicht in dem Zeitraum zwischen dem Biegen u. Ätzen bei Zimmer-Temp. stattgefunden haben könnte. K. Huste. 197□

Elektrolyse im festen Zustand in Yttrium. J. M. Williams und C. L. Huffine. (Nuclear Sci. Engng. **9**. 500—06, 4/4. 1961; Evendale, Ohio, Gen. Electric Co., Aircraft Nucl. Propuls. Dep.; engl.) — Y-Metallstäbe handelsüblicher Reinheit (3300 ppm O) wurden 200 Std. lang durch Gleichstrom auf 1230—1370° in Ar-Atmosphäre erhitzt u. chem. u. metallograph. untersucht. Dabei wandern O u. einige metall. Verunreinigungen (Fe, Mn, Ni, B, Ti, Co) weitgehend zur Anode, wobei der O-Geh. nahe der Kathode um 80% herabgesetzt wird. Das Metall im Kathodenbereich wird duktil u. kalt walzbar. Die Verss. zeigen, daß reines Y ein verformbares Metall ist. D. Noack. 197

Volumen- und Strukturänderungen beim Erhitzen von kaltdeformiertem, elektrolytischem und umgeschmolzenem Nickel. Ss. D. Gerzriken, L. N. Larikow und N. N. Nowikow. (Физика Металлов и Металловедение [Metallphysik u. Metallkunde] **9**, Nr. 3, 478—80, März 1960; Inst. für Metallphys. der Akad. der Wiss. der UdSSR; Kiew, Schewtschenko-Univ.; russ.) — Vff. untersuchen die Vol.-Veränderungen (Δ V) von kaltdeformiertem, 99,99% ig. Ni (**I**) beim Erhitzen auf ca. 500°, gleichzeitig werden diese Unterss. an **I**, das vorher im Vakuum entgast wurde (**II**), durchgeführt. Parallel dazu werden röntgenograph. Unterss. vorgenommen. Δ V ist für **I** bei gleicher Temp. größer als bei **II**. Ferner tritt Rekristallisation ein. Vff. diskutieren den Einfl. gelöster Gase auf diese Effekte. D. Hoene. 197□

Messungen über den Beitrag thermischer Gitterfehler auf die strukturelle Energie und die Ausdehnung in reinen Metallen. H. U. Åström. (Ark. Fysik **18**, 465—77, 1961; Stockholm, Royal Inst. of Technol., Phys. Dep.; engl.) — Vf. untersucht die Entw. therm. Gitterfehler an 99,997% ig. *Al*, 99,998- u. 99,98% ig. *Au* u. 99,992% ig. *Mo* im Temp.-Bereich von 160—480°. Die Geschw. der Energieabsorption während der Annäherung an das Gleichgewicht bei der neuen Meßtemp. zeigte exponentiellen Abfall mit einer Zeit-Konst. von wenigen Stunden. Mit Hilfe einer isothermalen Meth. wurde außerdem die Wärmebehandlung von Au untersucht. In diesem Fall wurde eine exponentielle Ausdehnung beobachtet, die mit etwa der gleichen Geschw. stattfand wie die Energieabsorption. Die Temp.-Abhängigkeiten der Energie- u. Vol.-Zunahme entsprachen einer Bldg.-Energie von 0,11—0,26 eV. Die Zeit-Konst. der experimentellen Kurven änderten sich jedoch nur sehr wenig mit der Temperatur. Da Verunreinigungen, Leerstellen oder Versetzungen nur einen kleineren Teil der beobachteten Effekte zu erklären vermögen, wird angenommen, daß sie durch einen nicht identifizierten Typ von therm. Defekt verursacht werden. C. Gottfried. 197

Über die Thermodynamik des Systems Au–Pt. J. L. Meijering. (Physics Chem. Solids **18**, 267—68, Febr. 1961; Eindhoven, N. V. Philips Gloeilampenfabrieken, Philips Res. Labor.; engl.) — Vf. zeigt, daß in der Deutung der asymm. Mischungslücke des Syst. Au–Pt nach Weiss u. Tauer (C. **1962**, 5571) mit Hilfe der spezif. Elektronenwärmen bei Annahme einer symm. Energieverteilung bei 0° K zusätzliche, unerwünschte Effekte auftreten. Das aus diesen Meßwerten berechnete Phasendiagramm wird diskutiert. Herbert Müller. 197□

Elektronenbeugungsuntersuchungen an geordneten Legierungen des Systems Gold–Mangan. 3. Mitt. **Gitterschwingungen im geordneten Au_3Mn.** Denjiro Watanabe. (J. physic. Soc. Japan **16**, 469—78, März 1961; Sendai, Japan, Tohoku Univ., Res. Inst. for Iron, Steel and Other Metals; engl.) — 2. vgl. C. **1962**, 10761. — Es werden die Eigg. der Gitterschwingungen, die die Hauptreflexe umgebenden Nebenreflexe bei Elektronenbeugungsbildern der Verbb. Au_3Mn, *CuAu(II)* u. *Cu_3Pd* zu verursachen scheinen, diskutiert. Zwei Typen von Schwingungen werden angenommen: 1. eine period. Änderung des Gitterabstandes u. 2. ein Streuungsfaktor. Es wird darauf hingewiesen, daß das Valenzelektron möglicherweise eine bedeutende Rolle bei der Gitterschwingung spielt. Für eine Klärung des Problems sind detaillierte Röntgen-Unterss. erforderlich. D. Noack. 197□

Aufbau und Eigenschaften von Silber–Cadmium–Zink-Legierungen. 1. Mitt. Günter Petzow und Ewald Wagner. (Z. Metallkunde **52**, 736—42, Nov. 1961; Stuttgart, MPI für Metallforsch.; Pforzheim, Degussa, Metall-Labor.; dt.) — Mit therm., mkr. u. röntgenograph. Unterss. werden die Gleichgewichts-Beziehungen im Syst. Ag–Cd–Zn festgelegt. Die Lage der Schmelzflächen, der Verlauf der Schmelzrinnen u. die Aufstellung der Konz.-Ebenen bei 600, 500, 400, 280 u. 200° werden beschrieben. Ferner werden drei Temp.-Konz.-Schnitte mit gleichbleibenden Ag-Geh. von jeweils 60, 35 u. 10% wiedergegeben. Es wird bestätigt, daß sowohl zwischen den kub. raumzentrierten β-Hoch-Temp.-Phasen (*AgCd* bzw. *AgZn*) als auch zwischen den γ-Phasen (*Ag_5Cd_8* bzw. *Ag_5Zn_8*) der beiden Rand-Syst. Ag–Cd u. Ag–Zn eine vollständige Mischbarkeit besteht. Dagegen ist die Mischbarkeit zwischen den hexagonalen ε-Phasen (*$AgCd_3$* bzw. *$AgZn_3$*) der beiden Zweistoff-Syst. begrenzt. Der Verlauf der Gitter-Konst. im β-Mischkristallbereich wird röntgenograph. verfolgt. H. Hochstein. 197□

Diffusion von Kupfer in polykristallinem Silberselenid. K. W. Foster und M. V. Milnes. (J. appl. Physics **33**, 1660—62, Mai 1962; Dayton, Ohio, Monsanto Chem. Co., Res. and Engng. Div.; engl.) — Polykristalline Ag_2Se-Zylinder werden an einer Stirnseite elektrolyt. mit Cu plattiert u. mit eutekt. In–Bi-Lot kontaktiert; mit Hilfe einer Os-plattierten Nadel wird das elektr. Potentialprofil bei konst. Strombelastung als Funktion der Lagerungszeit bei Raum-Temp. bestimmt. Da der Widerstand von Cu-dotiertem Ag_2Se mit steigendem Cu-Geh. abfällt, können die Meßwerte mit der Annahme einer Cu-Diffusion gedeutet werden; bei Verw. einer Ag-Plattierung zur Kontaktierung wird keine Widerstandsänderung beobachtet. Unter Berücksichtigung der Eigg. der Ladungsträger wird mit der Diffusionsgleichung für einen halbunendlichen Raum der Diffusions-Koeff. bei Raum-Temp. zu $D = 4{,}7 \cdot 10^{-8}$ cm²/s erhalten. Herbert Müller. 197□

Die Kristallstruktur von CeCu. Allen C. Larson und Don T. Cromer. (Acta crystallogr. [Copenhagen] **14**, 545—46, 10/5. 1961; Los Alamos, N.Mex., Univ. of California, Los Alamos Sci. Labor.; engl.) — Aus Präzessionsaufnahmen wurde die Kristallstruktur von CeCu bestimmt. Die Kristalle sind orthorhomb., Raumgruppe P n m a, $a = 7{,}30$, $b = 4{,}30$, $c = 6{,}36$ Å, $Z = 4$, $D_{\text{ber.}} = 6{,}78$ g/cm³. Die Atomkoordinaten sind: Ce: (x =) 0,1670, (y =) $^1/_4$, (z =) 0,1469; Cu: 0,0413, $^1/_4$, 0,6034. Die Struktur ist derjenigen von *FeB* analog. Die Koordinationspolyeder sind kompliziert gebaut. Die Ce-Atome haben 15 Nachbarn (7 Cu, 8 Ce), die Cu-Atome 11 (7 Ce, 4 Cu). Die Atomabstände schwanken zwischen folgenden Grenzwerten: Ce–Ce 3,750 u. 4,025, Ce–Cu 3,039 u. 3,576, Cu–Cu 2,591 u. 4,099 Å. Heinz Hess. 197□

Über den Zerfall der ferromagnetischen Phase der Heusler-Legierung, Cu_2MnAl. Ren'iti Kimura, Tetuo Ohoyama und Keizo Endo. (J. physic. Soc. Japan **16**, 1266—67, Juni 1961; Tokyo, Metropolitan Univ., Fac. of Sci., Dep. of Phys.; engl.) — An einer Cu–Mn–Al-Leg. der stöchiometr. Zus. Cu_2MnAl wird der spezif. elektr. Widerstand der metastabilen, ferromagnet. Phase beim Zerfall im Temp.-Bereich zwischen 300

u. 500° gemessen. Bes. werden dabei die isothermen Widerstandsänderungen beobachtet, die anzeigen, daß bei dem Zerfall zwei Vorgänge mit verschiedenen Aktivierungsenergien wirksam sind. H. Fahlenbrach. 197□

Über die isotherme Umwandlung der eutektoiden und der untereutektoiden Zusammensetzung von binären Cu–Al-Legierungen. Hiroyasu Mitani und Norihiko Nakanishi. (Nippon Kinzoku Gakkai-Si [J. Japan Inst. Metals] **24,** 748—51, 1960; jap., Auszug: engl.) — Unterss. über die isotherme Umwandlung von *Cu*-Legg. mit 11,44 u. 12,18% *Al* zeigen, daß die Bldg. der β-Phase einen großen Teil im Zeit–Temp.-Umwandlungsdiagramm ausmacht. Die eutekt. Ausscheidung erfolgt unmittelbar aus der β_1-Phase mit ca. 12,4% Al bei Temp. $< T_c$, d. h. $<$ der krit. Temp. für die β–β_1-Umwandlung. Einige körnige Ausscheidungen oder Rosetten u. die α-Phase bilden sich gemeinsam mit der β_1-Phase. Die Art der Zers. der β- u. β_1-Phase wird erörtert. W. Wesly. 197□

Über die isotherme Umwandlung der übereutektoiden Zusammensetzungen in binären Cu–Al-Legierungen. Hiroyasu Mitani und Norihiko Nakanishi. (Nippon Kinzoku Gakkai-Si [J. Japan Inst. Metals] **24,** 752—55, 1960; jap., Auszug: engl.) — Vgl. vorst. Referat. — Unterss. über das Zeit–Temp.-Umwandlungsdiagramm der Cu-Leg. mit 12,49% Al, die annähernd der Zus. Cu_3Al entspricht, u. mit 12,96% Al zeigen, daß die β–β_1-Umwandlung hauptsächlich bei Temp. $< T_c$ erfolgt u. die Al-Konz. verändert. Die eutekt. Zers. geht unmittelbar aus der β-Phase der Leg. mit 12,49% Al vor sich. Der Verlauf der β–β_1-Umwandlung wird erörtert. W. Wesly. 197□

Einige Gesetzmäßigkeiten der Bildung von Rheniumverbindungen mit den Übergangsmetallen. N. W. Agejew und W. Sch. Schechtman. (Доклады Академии Наук СССР [Ber. Akad. Wiss. UdSSR] **127,** 1011—13, 11/8. 1959; Baikow-Inst. für Metallurg. der Akad. der Wiss. der UdSSR; russ.) — Vff. untersuchen die Bedingungen, die zur Bldg. der χ-Phase (**I**) vom α-Mn-Typ in Syst. von Re mit Übergangsmetallen führen. **I** bildet sich nur, wenn der Atomradius des Übergangsmetalls größer als der von Re ist, z. B. Ti, Zr, Nb, Ta, Mo, W. Die Elektronen-Konz. in **I** beträgt ca. 6,5—7 Elektronen/Atom. Die Beziehungen u. Unterschiede von **I** zur σ-Phase u. Laves-Phase werden diskutiert. D. Hoene. 197□

Metallische Verbindungen im Gebiet der α-Mischkristalle vom System Titan–Aluminium. N. W. Grum-Grshimailo, I. I. Kornilow, Je. N. Pylajewa und M. A. Wolkowa. (Доклады Академии Наук СССР [Ber. Akad. Wiss. UdSSR] **137,** 599—602, 21/3. 1961; Baikow-Inst. für Metallurg. der Akad. der Wiss. der UdSSR; russ.) — Vff. bestimmen an je drei Proben (durch Drucksinterung, Guß oder Homogenisierung hergestellt) von Ti-Al-Legg. (0—40 Gew.-%) die Hall-Konstante. Im Bereich der α-Mischkristalle existieren zwei Verbb., Ti_6Al u. Ti_3Al, die hexagonal kristallisieren. Im Bereich der γ-Phase wurde die Verb. *TiAl* festgestellt. D. Hoene. 197□

Über das Zustandsdiagramm Al–Zn. A. A. Pressnjakow, Ju. A. Gorban und W. W. Tscherwjakowa. (Журнал Физической Химии [J. physik. Chem.] **35,** 1289—91, Juni 1961; russ., Auszug: engl.) — Vff. untersuchen erneut das Zustandsdiagramm des Syst. Al–Zn im Bereich von 60—76 Gew.-% Zn. Die Proben werden bei 350° homogenisiert, dann verformt, erneut bei 350° angelassen, im Ofen abgekühlt u. zwischen 400° u. Zimmer-Temp. röntgenograph. untersucht. Die Gitter-Konst. der zwischen 340 u. 400° beobachteten Legg. zeigen bei 70 Gew.-% Zn eine Anomalie, dies entspricht der Umwandlung $\alpha' \rightarrow \alpha + \beta$. Bei ca. 443° tritt eine peritekt. Umwandlung der β-Phase auf. D. Hoene. 197□

Zur Kenntnis der Strontiumsilicide. G. Rocktäschel und Armin Weiss. (Z. anorg. allg. Chem. **316,** 231—36, Juli 1962; Darmstadt, TH, Eduard-Zintl-Inst.; Heidelberg, Univ., Chem. Inst.; dt.) — Vff. untersuchten das Syst. Sr–Si u. konnten neben *SrSi* (**I**) u. $SrSi_2$ (**II**) eine bisher unbekannte Phase der Zus. Sr_2Si (**III**) sicherstellen. **I** wurde in Form blauviolett gefärbter Einkristalle hergestellt, die der rhomb.-dipyramidalen Klasse zugeordnet werden; F. ca. 1060°, D. 3,39 g/cm³; mit Säuren reagiert **I** stürm. unter Bldg. von Silan. **I** besitzt die Gitterdimensionen a = 4,83, b = 11,33, c = 4,04 Å (± 0,01), krist. in der Raumgruppe D_{2h}^{17}–C m c m u. enthält 4 Formeleinheiten in der Elementarzelle (Röntgendichte: 3,47 g/cm³). Nach „trial and error" wurde die Struktur bestimmt; die Si- u. die Sr-Atome besetzen die Punktlage 4 (c) mit $y_{Si} = 0{,}066$ u. $y_{Sr} = 0{,}360$; Richtigkeitsquotienten [$Q = \Sigma|(F_{beob} - F_{ber})|/\Sigma|F_{ber}|$] der Struktur: $Q(0\,kl) = 0{,}16_8$, $Q(1\,kl) = 0{,}13_1$ u. $Q(2\,kl) = 0{,}09_7$. Die Struktur des **I** bauen eindimensional unendliche Ketten von Si-Atomen (Si–Si = 2,52 Å; ∢Si–Si–Si = 106,6°) auf, die in Richtung der c-Achse verlaufen; Abstand zu den nächsten Si-Atomen benachbarter Ketten: 4,83 Å; kürzeste Si-Sr-Abstände: 3,26, 3,33 u. 3,37 Å. **I** ist mit CaSi isotyp. **II** entsteht als hellsilbrige glänzende Masse durch Erhitzen eines stöchiometr. Gemenges von Sr u. Si unter Ar-Atmosphäre u. unter Verw. von SrF_2 als Flußmittel (1180°; 5 Std.).

II wird von wss. HCl nur wenig angegriffen. III läßt sich aus den Elementen unter Ar-Atmosphäre bei 1050° oder durch Rk. von SrH_2 mit Si (Mol-Verhältnis 2:1) als hellgraue Kristallmasse darstellen. III schmilzt bei ca. 1010° u. ist an der Luft äußerst empfindlich; mit Säuren erfolgt explosionsartige Zers. unter Entw. von Silan. Die Pulverdiagramme von III haben große Ähnlichkeit mit denen von Ca_2Si u. Ca_2Ge, so daß auf einen ähnlichen strukturellen Aufbau geschlossen werden kann. G. Gattow. 197□

Bestimmung von Gleichgewichtsdiagrammen durch Diffusion im festen Zustand. Y. Adda, M. Beyeler, A. Kirianenko und F. Maurice. (Mem. sci. Rev. Metallurgie **58**, 716—23, Sept. 1961; Saclay, Centre d'Études nucl.; franz.) — Unterss. über die Diffusion in einem Mehrphasen-Syst. scheinen anzuzeigen, daß in bestimmten Fällen die Konzz. an den Phasengrenzen nicht dem Gleichgew.-Diagramm entsprechen. Da es bisher nicht möglich war, mit Sicherheit festzustellen, ob diese Erscheinung auf eine Abweichung vom thermodynam. Gleichgew. oder auf experimentelle Ungenauigkeiten zurückzuführen ist, wird eine neue Unters.-Meth. unter Verw. des Mikroanalysators mit einer elektron. Sonde nach Castaing entwickelt. Hierbei zeigt sich, daß es schwierig ist, genau vorauszusehen, unter welchen Bedingungen die Diffusion im festen Zustand zur Bldg. von im thermodynam. Gleichgew. befindlichen Phasen führen wird. Diese Bedingungen können mit Sicherheit aus den Unters.-Ergebnissen abgeleitet werden; es zeigt sich, daß die Diffusion im festen Zustand zur Bldg. von Phasen im Gleichgew. führt, wenn die Keim-Bldg. leicht erfolgt u. das Wachstum keine bedeutenden inneren Spannungen verursacht. Die Meth. wurde auf die Syst. *U–Ti*, *U–Nb*, *Ni–Al*, *U–Al*, *U–Ni* u. *U–Cu* angewandt. H. Hochstein. 197

Über ternäre Verbindungen von Übergangsmetall, B-Metall und Metalloid. Hans H. Stadelmaier. (Z. Metallkunde **52**, 758—62, Nov. 1961; Raleigh, N.C., North Carolina State Coll.; dt.) — Nach einem Überblick über die bisher bekannten tern. Phasen zwischen einem Übergangsmetall T, B-Metall u. Nichtmetall wird ihre Stabilität nach folgenden drei Gesichtspunkten untersucht: 1. Größenfaktor; 2. Bindung T-Metall–Nichtmetall; 3. Bindung T-Metall–T-Metall u. B-Metall–T-Metall. Für die geometr. Verhältnisse ist das Radienverhältnis M:T bestimmend. Für die perowskitähnlichen Strukturen gilt die Häggsche Regel, wobei allerdings der Maximalwert von 0,59 überschritten werden kann. Dagegen versagt die bei Ionenkristallen gebräuchliche Perowskitregel. Beim Überschreiten des Grenzwerts 0,65 des Radienverhältnisses erhält man die gegenprismat. Koordination der Boride. Betrachtet man diese Phasen als Elektronen-Verbb., so ergibt sich, daß das Nichtmetall einen Elektronenrücktritt im T-Metall zu verhindern bestrebt ist u. der B-Metallzusatz in Übereinstimmung mit der Regel von Hume-Rothery erfolgt. H. Hochstein. 197□

Die Abhängigkeit der Fließspannung von Fe_3Al von der kristallographischen Ordnung. A. Lawley, E. A. Vidoz und R. W. Cahn. (Acta metallurg. [New York] **9**, 287—96, April 1961; Philadelphia, Pa., Univ. of Pennsylvania; Bariloche, Argentina, Inst. de Fís.; Birmingham, Univ.; engl.) — Polykristalline Zugproben aus Fe mit 24,8, 25,5 u. 27,8 Atom-% Al wurden homogenisiert u. von verschiedenen Temp. in Öl oder W. abgeschreckt, worauf die Fließspannung ermittelt wurde. Eine einzige Probe wurde für eine vollständige Vers.-Reihe verwendet; durch eine geringe Verformung u. geeignete Erholungsbehandlung wurde der Einfl. einer jeden Verformung auf den nächsten Vers. beseitigt. Bei Abschreck-Temp. nahe der krit. Ordnungs-Temp. treten stets Maxima der Fließspannung auf. In einer anderen Vers.-Reihe (Fe-Leg. mit 24,8% Al) wurde die Fließspannung der ursprünglich ungeordneten Leg. als Funktion der isothermen Glühzeit bei 440° gemessen u. eine Fließspannungsspitze nach einer Anlaßzeit von ca. 5 Min. gefunden. Ferner wird über orientierende Unterss. über die Härte einer Fe-Leg. mit 19,4 Atom-% Al mit Nahordnung berichtet. Die bestehenden Theorien der Aushärtung durch Ordnung werden erörtert u. ihre Anwendbarkeit auf die erzielten Ergebnisse wird erläutert. H. Hochstein. 197□

Zickzack-Anordnungen von Zwillingen in α-Eisen. A. W. Sleeswyk und J. N. Helle. (Acta metallurg. [New York] **9**, 344—51, April 1961; Amsterdam, Koninklijke Shell Labor: engl., Auszug: dt.) — Zickzackanordnungen von Zwillingsbändern in α-Fe, die nach geringer Zug- oder Druckverformung bei der Temp. des fl. O_2 auftreten, werden beschrieben. Es wird gezeigt, daß diese Anordnungen durch Betrachtungen der geometr. u. mechan. Kompatibilität der zwölf möglichen {2 1 1} ⟨1 1 1⟩-Zwillings-Syst. gut erklärt werden können. Die mechan. Kriterien für die Bldg. der Zickzackanordnungen sind für Zug- u. Druckverformung verschieden. H. Hochstein. 197□

Die innere Reibung in Eisen und Stahl, in angelassenen Proben von Eisen, Stählen und einer Fe-Legierung mit 3% Si bei Zimmertemperatur. Koichi Sugimoto und Masao Ibaraki. (Nippon Kinzoku Gakkai-Si [J. Japan Inst. Metals] **25**, 602—06, 1961; jap., Auszug: engl.) — Unterss. über die spannungsabhängige innere Reibung

(SIR) von Elektrolyt-Fe, magnet. Weich-Fe, niedrig gekohltem Stahl, eutekt. Stahl u. von einer Fe-Leg. mit 3% Si nach 2std. Anlassen bei 950° im Vakuum bei Spannungsausschlägen von $1 \cdot 10^{-8}$ bis $1 \cdot 10^{-4}$ u. Raum-Temp. zeigen, daß eine SIR bei Ausschlägen $> 1 \cdot 10^{-6}$ bis $1 \cdot 10^{-7}$ auftritt. Die Größe der SIR fällt in Ggw. innerer Spannungen (als Folge von plast. Verformung oder Abschreckung). Die SIR nimmt auch ab, wenn die Proben eine höhere C- oder N-Konz. in Lsg. aufweisen. Die Hauptursache der SIR ist der magnet.-mechan. Hystereseverlust. W. Wesly. 200□

Eine Eigenheit des Temperaturkoeffizienten des Elastizitätsmoduls von Elinvar-Legierung. Masatoshi Tôyama. (Nippon Kinzoku Gakkai-Si [J. Japan Inst. Metals] **25,** 607—10, 1961; jap., Auszug: engl.) — Die Best. des Temp.-Koeff. des Elastizitäts- u. des Festigkeitsmoduls in *Elinvar*-Leg. mit 36 (%) Ni, 10 Cr, Rest Fe u. Zusätzen von 0,16—0,5 C zeigt, daß eine Steigerung des C-Geh. um 0,1 den Temp.-Koeff. der genannten Moduln um $1{,}3 \cdot 10^{-5}$ bzw. $2{,}5 \cdot 10^{-5}$ erhöht. Der Einfl. einer Änderung des C-Geh. ist größer als der einer Änderung des Ni- oder Cr-Gehaltes. W. Wesly. 200□

Strukturzustand und Warmfestigkeit von Legierungen. I. L. Mirkin und W. S. Zeitlin. (Металловедение и Термическая Обработка Металлов [Metallkunde therm. Metallbearb.] **1961,** Nr. 2, 2—11, Febr.; Zentr. Forsch.-Inst. für Technol. u. Maschinenbau; russ.) — Auf Grund von 21 Literaturangaben wird der Einfl. des Strukturzustandes auf die Warmfestigkeit u. Dauerstandfestigkeit von Legg., bes. von Stählen, erörtert, wobei bes. auf die große Bedeutung der Kinetik von Dauerveränderungen des Strukturzustandes der Legg. hingewiesen wird. Es werden Ausführungen über die allg. Gesetzmäßigkeit des Kriechens u. des Bruchauftretens gemacht u. dargelegt, daß diese mit der chem. Natur u. somit auch mit der Struktur (Mischkristall-Bldg., Ausscheidung u. Verteilung bestimmter Carbide) der Legg. verbunden sind. So erhöht der gleichzeitige Zusatz einiger Leg.-Elemente (z. B. Cr, W, Mo, bis 2% Nb, Co) die Warmfestigkeit von Stahllegierungen. Andererseits verschlechtert eine chem. u. strukturelle Ungleichmäßigkeit der festen Lsg. den Widerstand gegen eine plast. Verformung in der Wärme wesentlich. So ist in Stählen mit gleichartiger Ausgangsstruktur (14% Cr, 14% Ni) das Auftreten der ferromagnet. α-Phase infolge einer Konz.-Veränderung bei der Carbid-Bldg. möglich. Diese Ausscheidung der α-Phase beeinflußt die Dauerstand- u. die Wechselfestigkeit sowie die Relaxationsbeständigkeit solcher Legg. nachteilig. Es wird auf die große Bedeutung der Carbidausscheidung, z. B. von Sondercarbiden des Aufbaues MeC, Me_3C, Me_7C_3 u. $Me_{23}C_6$ auf die Verfestigung der Phasen in der Wärme, z. B. bei 700—900°, hingewiesen. Hierbei wird bes. auf das Verh. von Cr u. Mo eingegangen. Für Stähle der Perlitklasse, z. B. Cr–Mo–V- u. Cr–Mo-Stähle, bewirkt die Bldg. eines ferrit.-carbid. Gemisches ohne vorhergehende Martensitumwandlung eine höhere Warmfestigkeit. Eine große Bedeutung für die im Dauerbetrieb befindlichen warmfesten Legg. hat die Kinetik der Phasenumwandlungsprozesse u. bes. die Kinetik der Ausscheidung u. Neubldg. überschüssiger Phasen. H. Hochstein. 200□

Der Bordoni-Effekt in Silber–Gold-Legierungen. I. Barducci, M. Nuovo und L. Verdini. (Nuovo Cimento [10] **19,** 653—67, 16/2. 1961; Roma, Ist. Naz. di Ultracustica „O. M. Corbino"; ital.) — Vff. berichten über Verss. mit Ag–Au-Legg., mit denen festgestellt werden sollte, ob der Bordoni-Effekt auch in Legg. auftritt. Außer den reinen Komponenten wurden 9 Legg. mit Au-Geh. (in Atom-%) von 0,69—60,15% untersucht. Der Bordoni-Effekt wurde in einem Temp.-Bereich zwischen 71,5°K für reines Ag u. 132° K für reines Au, u. zwar für eine Schwingungsfrequenz von ca. 20 kHz gefunden. Es wurde beobachtet, daß das Maximum der Zerstreuung der elast. Energie scharf u. deutlich auftritt, wenn in den Legg. die Konz. der zweiten Komponente niedrig ist, daß das Maximum jedoch zu einer flachen Kurve entartet, wenn die Atom-Konz. das Verhältnis 1:1 erreicht. Die experimentelle Kurve der bei Zimmer-Temp. gemessenen Fortpflanzungs-Geschw. u. der bei 293 u. 77° K gemessenen Kurve des Geschw.-Temp.-Koeff. zeigen ein anomales Verh. für Au-Konzz. < 10 Atom-%. Es steht dies in engem Zusammenhang mit der großen Anzahl von akt. Versetzungen, die in diesen Proben vorhanden ist. Für Legg. mit Konzz. > 10 Atom-% Au ist die Geschw.-Kurve konkav gegen die Konz.-Achse. Die Aktivierungsenergie W der Bewegung der Versetzungen wurde nicht direkt gemessen; eine Schätzung der W-Werte wurde jedoch unter der Annahme erhalten, daß die Kurve von W als Funktion der Konz. nicht eine Gerade, sondern eine gegenüber der Abszisse konkave Kurve ist (in Anbetracht der negativen Abweichung der Gitter-Konst. des Syst. Ag–Au von der Vegardschen Regel). C. Gottfried. 200

Versetzungsrelaxation bei hohen Frequenzen. P. G. Bordoni. (Suppl. nuovo Cimento Nr. 1 (zu [10] 17). 43—91, 1960; Pisa, Univ., Ist. di Fis. Mat.; Roma, Ist. Naz. di Ultracustica „O. M. Corbino"; engl.) — Vf. gibt einen allg. Überblick über den heutigen Stand unserer Kenntnisse von der Versetzungsrelaxation. An Hand zahlreicher experimenteller Daten aus der Literatur wird zunächst gezeigt, daß der beobachtete therm. aktivierte Relaxationseffekt Versetzungen zuzuschreiben ist, u. es werden die verschiedenen theoret. Erklärungen diskutiert, die für diesen Effekt vorgeschlagen worden sind. Hierauf bespricht Vf. im Einzelnen die Hauptparameter, die mit diesem Effekt in Zusammenhang stehen u. vergleicht die von vielen Seiten erhaltenen entsprechenden experimentellen Werte mit denen, die man aus der Theorie erhält. Vom quant. Standpunkt aus werden in diesem Zusammenhang der Einfl. von therm. oder mechan. Behandlung, der Einfl. des Geh. an Verunreinigungen, der Einfl. von Bestrahlung hoher Energie u. der Einfl. der Verformungsamplitude untersucht. Noch nicht gelöste Probleme der Versetzungsrelaxation, speziell für Metallkristalle, die kein kub.-flächenzentriertes Gitter besitzen, werden kurz erörtert. C. Gottfried. 200

Die Scher-Eigenschaften von Korngrenzen in Kupfer. S. Harper. (Iron Steel Inst., spec. Rep. **1961**, 56—74, Diskussion: 75—92; London, Brit. Non-ferrous Metals Res.; engl.) — Die Geschw. des Korngrenzengleitens in *Cu*-Bikristallen ist sowohl für Groß- als auch für Kleinwinkelgrenzen untersucht worden. Die angewendeten Spannungen wurden dabei so begrenzt, daß keine nachweisbare Kornverformung auftrat, die Verschiebung infolge des Korngrenzengleitens aber in der Größenordnung von 1 μ oder geringer war. Es wird festgestellt, daß ein Modell einer zähen, durch geometr. Unregelmäßigkeiten eingeschränkten Korngrenze unzulänglich ist, um alle beobachteten Erscheinungen zu erklären. — 27 Literaturangaben. H. Hochstein. 200□

Die Wirkung thermischer Cyclen auf das Kriechen von Uran. W. S. Blackburn, G. Harnby und J. J. Stobo. (J. nuclear Energy, Part A **12,** 162—71, Aug. 1960; Fossway, Newcastle-upon-Tyne, C. A. Parsons and Co. Ltd., Nucl. Res. Centre; engl.) — Im Anschluß an Verss. über das Kriechen von U bei 500° entwickeln Vff. eine Theorie unter der Annahme, daß die inneren Spannungen im Kristallgitter nicht ausreichen, um eine Dehnung hervorzurufen. Gerhard Schmidt. 200□

Die Oberflächenenergie von festem Niob. S. V. Radcliffe. (J. less-common Metals [Amsterdam] **3,** 360—66, Okt. 1961; Cambridge, Mass., Manufact. Labors., Inc., Res. Div.; engl.) — Die Kraft, die zur Kompensation der durch die Oberflächenspannung bedingten Kontraktion eines Drahtes von kleinem Durchmesser bei Temp. in der Nähe von dessen F. notwendig ist, kann zur Best. der Oberflächenenergie eines Metalls herangezogen werden. An Hand einer nach diesem Prinzip entwickelten Meß-Meth. wurde für eine durch Elektronenbeschuß auf 2250° aufgeheizte Nb-Probe (0,025 in. Ø, Reinheitsgrad: 99,8%) in einer auf 10^{-5} Torr evakuierten Meßzelle in Übereinstimmung mit dem theoret. abgeschätzten Wert eine Oberflächenenergie von 2100 erg/cm² bestimmt. Aus der opt. Best. des V-förmigen Winkels von therm. geätzten Korngrenzenfurchen ergab sich entsprechend der Beziehung $\gamma' = 2\gamma \cos \Theta/2$ (γ' = Korngrenzenzwischenflächenenergie, γ = Oberflächenenergie u. Θ = Furchenwinkel) im Falle des Nb für γ'/γ ein Wert von 0,36. D. Forst. 200□

Zum Temperaturwechselversuch bei der plastischen Verformung der kubisch-flächenzentrierten Metalle. P. Derner und E. Kappler. (Z. Physik **163,** 62—70, 1961; Münster, Univ., Phys. Inst.; dt.) — Beim Temp.-Wechsel-Vers. an vielkristallinen kub.-flächenzentrierten Metallen werden ebenso wie an Einkristallen eine reversible u. irreversible Streckgrenzenänderung beobachtet. Die erstere ist unabhängig von Reinheitsgrad, Korngröße u. Verformungsgeschwindigkeit. Die irreversible Streckgrenzenverkleinerung, der sog. Worksofteningeffekt, tritt bei Temp.-Erhöhung bei weiterer Verformung auf, so daß die Verfestigungskurve erst nach einer Übergangsperiode den normalen Verlauf zeigt. Nach Ansicht der Vff. ist der Worksofteningeffekt allein durch die bei tiefer Temp. durchgeführte Zwischenverformung bestimmt u. geht mit dieser gegen einen Sättigungswert. J. Uhlmann. 200□

Die Instabilität des plastischen Fließens von Metallen bei sehr tiefen Temperaturen. 2. Mitt. Z. S. Basinski. (Austral. J. Physics **13,** 354—58, Juli 1960; Ottawa, Canada, Nat. Res. Council, Div. of Pure Phys.; engl.) — 1. vgl. C. **1958,** 10582. — Die Unterss. des Vf. an der Al-Leg. 24 S wurden an der *Al-Leg.* 65 S fortgesetzt. Ganz allg. wurde gefunden, daß der bei den meisten Metallen, auch bei Legg., beobachtete Druckabfall während der Verformung bei sehr tiefen Temp. auf therm. u. nicht auf mechan. Instabilität des Gitters zurückzuführen ist. Die erhaltene Spannungs-Dehnungs-Kurven waren ähnlich den bei 24 S (vgl. l. c.) gefundenen Kurven. Die oscilloskop. beobachteten Temp.-Linien während des Druckabfalls ließen sich in 3 Gruppen einteilen. Ca. 8—10% des plötzlichen Druckabfalls standen in Zusammenhang mit einem steilen Temp.-Anstieg, dem ein sehr viel langsamerer Temp.-Abfall folgte. Ca. 20% des Druckabfalls waren von einer langsameren Temp.-Erhöhung begleitet. Bei dem restlichen Druckabfall konnte eine Temp.-Erhöhung nicht festgestellt werden. Diese Temp.-Steigerungen werden an Hand verschiedener Theorien vorläufig diskutiert. C. Gottfried. 200

Über den Mechanismus der Dauerzerstörung von Metallen unter Belastung. B. Ja. Piness und A. F. Ssirenko. (Доклады Академии Наук СССР [Ber. Akad. Wiss. UdSSR] **134**, 1061—64, 11/10. 1960; Charkow, Gorki-Univ.; russ.) — Die Dauerzerstörung von Metallen, wie z. B. Cu, unter Belastung wird durch das diffusionsbedingte Anwachsen der in den Metallen vorhandenen Ansätze von Rissen bis auf ein krit. Maß erklärt. Es erfolgt darauf eine sehr rasche Vergrößerung der Risse bis zum Bruch. Die Dauerzerstörung ist von der Temp. u. von der Größe der Belastung abhängig.
H. Treumann. 200☐

Einfluß von statischer Deformation auf die Diffusion. L. A. Girifalco und H. H. Grimes. (Physic. Rev. [2] **121**, 982—91, 15/2. 1961; Cleveland, Ohio, Nat. Aeronaut. and Space Administrat., Lewis Res. Center; engl.) — Ausgehend von der statist. Theorie der Sprungfrequenz nach Vineyard wird eine statist. mechan. Theorie entwickelt. Es folgt eine Gleichung für den Diffusions-Koeff., nach der dieser eine Exponentialfunktion der Vol.-Änderung ist. Für Diffusion unter hydrostat. Druck kann das Aktivierungs-Vol. aus der Kompressibilität u. der Geschw. der Änderung des Diffusions-Koeff. mit der Vol.-Deformation berechnet werden. Die Theorie stimmt innerhalb experimenteller Fehler mit Verss. überein. H. Liepack. 200☐

Einige Fragen der Mikrohärtemessung. W. M. Dolidse. (Физика Металлов и Металловедение [Metallphysik u. Metallkunde] **8**, 268—73, Aug. 1959; Inst. für Phys. der Akad. der Wiss. der GrusinSSR; russ.) — Vf. beschreibt die Justierung einer Diamantpyramide in einer App. zur Mikrohärtemessung, wodurch die Unters. bei geringen Belastungen verbessert wird. Die Mikrohärte (MH) von *Steinsalz-*, *Zn-* u. *Bi-*Kristallspaltflächen in Abhängigkeit von der Belastung (0,5—150 g) wird bestimmt. Die MH nimmt mit Abnahme der Belastung zu. Vf. ermittelt die Konst. a u. n der Gleichung $P = a.d^n$ (P = Belastung, d = Ø der Druckstelle) für die angegebenen Stoffe.
D. Hoene. 200☐

Methode zur Bestimmung der Elastizitätskonstanten für einige kristallographische Gruppen. Paul M. Parker und Walter G. Mayer. (Acta crystallogr. [Copenhagen] **15**, 334—36, 10/4. 1962; East Lansing, Mich., State Univ., Phys. Dep.; engl.) — Vff. entwickeln Ausdrücke für den Zusammenhang zwischen den Fortpflanzungs-Geschw. mechan. Schwingungen in Einkristallen u. den entsprechenden Elastizitätskonstanten. Die behandelten Symmetrien sind: trigonal (7 Elastizitäts-Konst.), trigonal (6), hexagonal, tetragonal (7), tetragonal (6) u. kubisch. Die angegebenen Ausdrücke leiten sich von den Christoffel-Gleichungen ohne Annahme von Näherungen ab.
G. Ruban. 200☐

Ultraschallmethoden zur Bestimmung der elastooptischen Konstanten von ein- und zweiachsigen Kristallen. T. S. Narasimhamurty. (Acta crystallogr. [Copenhagen] **14**, 1176—79, 10/11. 1961; East Lansing, Mich., State Univ., Dep. of Phys.; engl.) — Vf. zeigt, daß man die von Mueller [1938] entwickelte Ultraschall-Meth. zur Unters. des photoelast. Verh. von Kristallen, die bisher nur auf Gläser u. kub. Kristalle angewandt worden ist, auch auf opt. einachsige u. zweiachsige Kristalle anwenden kann. Die theoret. Grundlagen werden beschrieben. Angewandt wurde die Meth. zur Best. der elastoopt. Konst. an *Quarz*, *Calcit* u. *Baryt*. Die Genauigkeit der Meth. hängt prim. von der Größe des Polarisationswinkels des Lichtes ab. C. Gottfried. 200

A₇. Gleichgewichte. Kinetik

Ionisationsunterschiede zwischen den Koordinationszuständen eines Kations. Das Gleichgewicht Oktaeder–Tetraeder von Chloriden der Übergangselemente in Dimethylformamid. Leonard I. Katzin. (J. chem. Physics **36**, 3034—41, 1/6. 1962; Argonne, Ill., Argonne Nat. Labor., Chem. Div.; engl.) — In einem Medium mit hoher DK u. niedriger Basenstärke, wie Dimethylformamid, wird die Bldg. von Chloridkomplexen der Elemente der 1. Übergangsperiode in tetraedr. Konfiguration begünstigt. Der Einfl. ist mit einer stärkeren Dissoziation (schwächere Komplexierung des Anions) der oktaedr. Konfiguration verknüpft. Die entsprechenden Veränderungen im Absorptionsspektrum werden für die Chloride von Mn(II), Fe(II), Fe(III), Co(II), Ni(II) u. Cu(II) untersucht u. die Spektren mit u. ohne Zusatz von LiCl mitgeteilt. Auf Beziehungen zur Ligandenfeldtheorie im Hinblick auf die Konfigurationsänderung wird hingewiesen.
Gerhard Schulze. 223☐

Eine Abschätzung der Stabilitätsdaten von Metallchelatverbindungen mit besonderem Bezug auf die analytische Chemie. W. R. C. Crimmin. (Analytica chim. Acta [Amsterdam] **16**, 501—04, Juni 1957; Bangor, Caerns, Great Britain, Univ., Coll. of North Wales, Dep. of Chem.; engl.) — Der Wert der potentiometr. Meth. zur Best. von Komplexstabilitäts-Konst. wird an Hand von bekannten Daten über 8-Hydroxychinolin-Derivv. erörtert. W. Betcke. 223□

Reaktion von Cadmium mit Oxin. Roger D. Whealy und B. J. Bland. (Talanta [London] **9,** 823—26, Okt. 1962; College Station, Tex., Texas Agricult. and Mechanic. Coll., Dep. of Chem.; engl.) — Vff. untersuchten die stufenweise Rk. zwischen Cd^{2+} u. 8-Hydroxychinolin (Ox) u. berechneten die Gleichgewichts-Konst. K′ [Bldg. von $Cd(Ox)^+$] u. K″ [Bldg. von $Cd(Ox)_2$] bei der Ionenstärke 1,00, dem Anfangs-pH-Wert 6 u. der Temp. 25° auf Grund gravimetr. u. polarograph. Messungen zu $(5{,}9 \pm 0{,}5) \cdot 10^7$ bzw. $(4{,}0 \pm 0{,}3) \cdot 10^{11}$. Gerhard Schulze. 223□

Bildung von o-Phenolmethyloleisen(III)-Komplexen. 2. Mitt. H. Dakshinamurty und M. Santappa. (J. org. Chemistry **27,** 1842—44, Mai 1962; Madurai Centre, Univ. of Madras, Dep. of Chem.; engl.) — 1. vgl. J. org. Chemistry **27,** [1962], 1839. — Verschiedene *o-Phenolmethylole,* die von Vff. beschrieben wurden, bilden mit Fe^{3+}-Ionen gefärbte Komplexe. Die Art u. Zus. der Komplexe wurde spektrophotometr. untersucht. Sie sind in W. nicht sehr lösl., in organ. Lsgm. unlöslich. Dioxan-W. (1:1) ist ein gutes Lsgm.; bei Anwesenheit von $FeCl_3$ geben darin *o-Methylolphenole* eine stabile grüne Farbe, *o.o′-Dimethylolphenole* sind tiefblau, *Tri-* u. *Tetramethylolphenole* sowie *p-Monomethylolphenole* geben keine Färbung. Ernst Schulte. 223□

Polarographische Untersuchung der Kupfer(II)-Komplexe mit Mono-, Di- und Triäthanolamin. J. F. Fisher und J. L. Hall. (Analytic. Chem. **34,** 1094—98, Aug. 1962; Morgantown, W.Va., West Virginia Univ., Dep. of Chem.; engl.) — Vff. bestimmen polarograph. die Art der Komplexe, die Cu(II) mit jedem der drei Äthanolamine bei pH-Werten >8 bildet. Es wird einmal die freie Amin-Konz. konst. gehalten u. der pH-Wert variiert u. zum anderen die Amin-Konz. bei konst. pH variiert. Folgende Komplexe mit Mono-(A), Di-(B) u. Triäthanolamin (C) konnten identifiziert werden: $Cu(A)_2 \cdot (OH)_2$ bei pH >9, $Cu(B)_2(OH)_2$ bei pH 9—11, $Cu(C)(OH)_2$ bei pH 7—11,5 u. $Cu(C)(OH)_3^-$ bei pH >11. Die Gesamt-Bldg.-Konst. der Form $Cu(A)_2(OH)_2$ bzw. $Cu(B)_2(OH)_2$ liegt in der Größenordnung log K = 20. J. Peters. 223□

Löslichkeit des Gemisches Kohlendioxid–Wasserstoff in Methanol bei tiefer Temperatur unter Druck. Je. R. Schenderei, Ja. D. Selwenski und F. P. Iwanowski. (Химическая Промышленность [Chem. Ind.] **1961,** 309—12. Mai; russ.) — Vgl. C. **1962,** 9265. — Die Löslichkeit von CO_2 u. H_2 für sich u. in Gemischen in Methanol (I) wird bei —26 bis —45° u. bei Drücken bis zu 50 at untersucht. Während CO_2 im Gemisch mit H_2 die gleiche Löslichkeit in I zeigt wie für sich allein (bei gleicher Flüchtigkeit), löst sich aus Gemischen mit CO_2 mehr H_2 in I als ohne Ggw. von CO_2 bei gleicher Flüchtigkeit, u. die Löslichkeit des H_2 nimmt bei steigendem CO_2-Partialdruck P (at) zu. Wenn der Dampfdruck des fl. CO_2 bei der gleichen Temp. mit $P^0_{CO_2}$ bezeichnet wird, dann gilt bei einem Molanteil N_{CO_2} in I-Lsg. die Gleichung $N_{H_2} = (P - 2{,}38\, D^0_{CO_2} \cdot N_{CO_2})/K_{H_2}$, wobei K_{H_2} der Henrysche Koeff. ist. R. K. Müller. 224□

Die Löslichkeit von Wasserstoff in flüssigem Eisen und in Eisen–Kohlenstoff-Legierungen. Shizuya Maekawa und Yoshitaka Nakagawa. (Nippon Kinzoku Gakkai-Si [J. Japan Inst. Metals] **25,** 573—77, 1961; jap., Auszug: engl.) — Die Löslichkeit von H_2 in reinem, fl. Fe wird als Funktion von Druck u. Temp. bestimmt. Für die Gleichung $\frac{1}{2} H_{2(Gas)} \rightleftharpoons H$ (in Fe gelöst) gilt $K = -880/T - 2{,}155$; die Freie Standardlösungsenergie von H in reinem fl. Fe ist $\Delta F^0 = 4000 + 9{,}85T$. C vermindert die Löslichkeit; seine Einw. auf den Aktivitäts-Koeff. von H_2 wird dargestellt.
W. Wesly. 224□

Der Einfluß einiger Legierungselemente auf die Löslichkeit von Wasserstoff in flüssigem Eisen. Shizuya Maekawa und Yoshitaka Nakagawa. (Nippon Kinzoku Gakkai-Si [J. Japan Inst. Metals] **25,** 577—80, 1961; jap., Auszug: engl.) — Vgl. vorst. Referat. — Die Löslichkeit von H_2 in fl. Fe–*Si*-, Fe–*Mn*-, Fe–*Ni*-, Fe–*Cr*-, Fe–*Co*-, Fe–*Mo*-, Fe–*Al*- u. Fe–*S*-Legg. bei 1600 u. 1620° wird bestimmt; sie wird durch Si, Mn u. Co vermindert, durch Ni, Cr, Mo, Al u. S erhöht. Der Einfl. der Leg.-Elemente auf den Aktivitäts-Koeff. von H_2 wird in Form von Gleichungen dargestellt. W. Wesly. 224□

Auflösung von eventuell in Zinn enthaltenem Arsen, Blei und Antimon. Giulio Milazzo. (Rend. Ist. super. Sanità **22,** 397—406. 1959; Ist. Super. di Sanità, Labor. di Chim.; ital. — C. **1961,** 14569.) K. Ohls. 224□

Über auswählende Solvatation von Ionen in Lösungsmittelgemischen. 2. Mitt. H. Schneider und H. Strehlow. (Z. Elektrochem., Ber. Bunsenges. physik. Chem. **66,** 309—12, Juni 1962; Göttingen, MPI für Phys. Chem.; dt.) — 1. vgl. C. **1958,** 11745. — Die l. c. beschriebene Meth. zur Messung der auswählenden Solvatation von Ionen in Lsgm.-Mischungen wird auf das Syst. *$CaCl_2$–H_2O–CH_3OH* angewendet. Im Gegensatz zu dem l. c. bearbeiteten Fall von $AgNO_3$ in H_2O–Acetonitril, wobei sich die Einfl. der selektiven Solvatation von Kation u. Anion addierten, so daß eine besonders große

Solvensüberführung beobachtet wurde, werden hier sowohl Ca^{2+} als auch Cl^- in H_2O–Methanol bevorzugt vom W. solvatisiert u. die meßbaren Effekte sind dementsprechend kleiner. Die Änderung der Solvens-Zus. durch die Elektrolyse wird mit Dichte- u. Brechungsindexmessungen bestimmt. Der Gang der vier Solvatationszahlen mit der Zus. des Lsgm. wird halbquant. abgeschätzt. Das hier untersuchte Syst. entspricht dem von Debye u. McAulay [1925] diskutierten Fall, wonach aus rein elektrostat. Gründen die Lsgm.-Komponente mit der höheren DK sich im elektr. Feld der Solvathülle anreichert. G. Ruban. 224□

Hydrolyse von Uran(VI): Untersuchungen mit der Ultrazentrifuge und Aciditätsmessungen in Chloridlösungen. Richard M. Rush, James S. Johnson und Kurt A. Kraus. (Inorg. Chem. [Washington] **1**, 378—86, Mai 1962; Oak Ridge, Tenn., Oak Ridge Nat. Labor., Chem. Div.; engl.) — Mit Hilfe der Ultrazentrifuge werden Gleichgewichts-Unterss. an U(VI)-Chlorid-Lsgg. im Konz.-Bereich 0,01—0,1m u. weiterhin potentiometr. Aciditätsmessungen an 0,001—0,1m Lsgg. zur Aufklärung der Hydrolyse des U(VI) durchgeführt. Bei Hydroxidzahlen n [durchschnittlich pro U(VI) gebundene Zahl von OH^--Ionen] von $<0{,}8$ wird ein Polymerisationsgrad zwischen 1 u. 2 u. für höhere Werte von n ein Polymerisationsgrad von 2 bis etwas unterhalb 3 ermittelt. Einige an U(VI)-Perchlorat- u. -Nitrat-Lsgg. durchgeführte Messungen weisen auf einen in diesen Medien ähnlichen Hydrolyseverlauf hin. Die Ergebnisse stehen in Widerspruch zu den Hydrolyseschemata anderer Autoren, die keine Teilchen mit einem Polymerisationsgrad >2 enthalten, u. zu der von Ahrland u. Mitarbeitern (C. **1950/54**, 6650S) gegebenen Interpretation von potentiometr. Aciditätsmessungen mit Hilfe des „core-link"-Mechanismus. Unter Berücksichtigung des Teilchens $[(UO_2)_3(OH)_5]^+$ wird ein Hydrolyseschema mitgeteilt, das die Ergebnisse der Unterss. von Ahrland u. der Vff. einschließt. Eine Erklärung für die unterschiedlichen Hydrolyseschemata von U(VI) in Cl^-- u. ClO_4^--Medium wird darin gesehen, daß in 1m $NaClO_4$ als hauptsächliche Hydrolyse-Prodd. $[(UO_2)_2(OH)_2]^{2+}$ u. $[(UO_2)_3(OH)_5]^+$ vorliegen, wogegen im Cl^--Medium noch zusätzlich das $[(UO_2)_3(OH)_4]^{2+}$ hinzukommt. Das Mol.-Vol. u. die Inkremente des Brechungsindexes für U(VI) im Cl^--Medium werden als Funktion von n mitgeteilt. U. Skurnia. 224□

Organische Reagentien für die Lösungsmittelextraktion von Borfluorid. Akira Banno und Tsuguo Sawaya. (Technol. Rep. Tôhoku Univ. Sendai, Japan **25**, Nr. 2, 163—79, 1961; engl.) — Um geeignete Reagentien für die Extraktion von Borfluorid (**I**) zu finden, wurden Bindschedlers Grün, Variaminblau B', Neutralrot, Safranin T (**II**) und Bläulich (**III**), Brillantblau C (**IV**), Gallocyanin, Nilblau (**V**), Thionin, Toluidinblau, Methylenblau (**VI**), Methylenblau neu, Fluorescein, Acridinrot, Pyronin (**VII**), Rhodamin B (**VIII**) u. 6 G (**IX**), Acridingelb, Brilliantphosphin, Acridinorange, Michlers Hydrol u. Keton, Auramin O, Malachitgrün (**X**), Malachitgrün G, Parafuchsin, Fuchsin (**XI**), Methylviolett, Kristallviolett (**XII**), Methylviolett 6B, Methylgrün, Anilinblau, Victoriablau, Azurblau VX, Acidgrün B, Acidgrün GG, Acidviolett 5B, 6B u. 7B untersucht u. Absorptionsmessungen durchgeführt. Der Extraktionsgrad für **I** hängt vom pH-Wert des verwendeten Mediums ab. Gute Resultate wurden erzielt mit **II**—**XII**. Der Einfl. der Struktur der Farbstoffe, deren Strukturformeln angegeben werden, auf ihre Wirksamkeit, wird diskutiert. S. v. Schieszl. 224□

Lösungsmittelextraktion des Mono-[salicylato]-berylliums und pH-Titration des Systems Beryllium–Salicylsäure. H. J. De Bruin, D. Kairaitis und L. Szego. (Austral. J. Chem. **15**, 218—26, Mai 1962; Sutherland, N.S.W., Australian Atomic Energy Comm., Res. Establ.; engl.) — Be^{2+} läßt sich aus saurer Lsg. als Salicylsäure (**I**)-Komplex in polare Lsgm. extrahieren. Untersucht wurde die Verteilung von Be^{2+} zwischen wss. $HClO_4$-haltiger Lsg. u. einer Lsg. von **I** in Amylalkohol in Abhängigkeit von den Konz.-Verhältnissen u. dem pH. Der Verteilungsquotient stellt in bezug auf die Konz. der freien Liganden in der wss. Phase u. auf das pH eine symm. Funktion mit einem Maximum dar. Die Stabilitäts-Konst. des Mono- u. des Bis-[salicylato]-Be-Komplexes wurden aus den Extraktionsdaten zu $\beta_1 = 4{,}1 \cdot 10^{12}$ bzw. $\beta_2 = 4{,}3 \cdot 10^{22}$ (Ionenstärke 0,15) bestimmt. Die Werte stimmen mit den aus pH-Titrationen erhaltenen ($6{,}1 \cdot 10^{12}$ bzw. $7 \cdot 10^{22}$) gut überein. W. Betcke 224□

Trennung von Zirkonium und Hafnium durch Extraktion als substituierte Ammoniumchlorometallate. O. Glemser und A. v. Baeckmann. (Z. anorg. allg. Chem. **316**, 105—16, Juni 1962; Göttingen, Univ., Anorg.-chem. Inst.; dt.) — Durch Lsgg. organ. Amine in organ. Lsgm., z. B. mit Tribenzylamin in Chlf., können Zr u. Hf in Form von $ZrOCl_2$ u. $HfOCl_2$ aus halbkonz. bis konz. HCl extrahiert werden, wobei die Verteilungs-Koeff. des Zr größer sind als die des Hf. Trennfaktoren der Größenordnung

10—20 sind leicht zu erreichen. An Beispielen wird gezeigt, daß nach dem neuen Verf. aus handelsüblichen Prodd. Hf-arme Zr- (Hf < 0,01%) wie auch Zr-arme Hf-Verbb. (Zr < 0,01%) zu gewinnen sind, sowohl in großen Mengen durch kontinuierliche u. multiplikative Verteilung als auch in kleinen Mengen ohne apparativen Aufwand.
G. Heller. 224□

Solventextraktion aus Halogenidlösungen. 2. Mitt. **Verdünnungsreihen.** A. T. Casey und A. G. Maddock. (Trans. Faraday Soc. **58,** 918—22, Mai 1962; Cambridge, Univ., Chem. Labor.; engl.) — 1. vgl. C. **1959,** 12480. — Die Ergebnisse der Extraktion von ^{233}Pa (Konz. $5 \cdot 10^{-10}$m) aus 3n HCl mit Verdünnungsreihen (Diisopropylcarbinol + Diisopropylketon, verd. mit Bzl.) deuten darauf hin, daß das Carbinol u. das Keton unabhängig voneinander eigene Extraktionskomplexe bilden. Andere Deutungen sind jedoch nicht auszuschließen. Extraktions-Unterss. mit Diisopropylcarbinol-Benzolmischungen ergeben, daß die Extraktionskomplexe von Au(III), Fe(III) u. Pa(V) alle die gleiche Anzahl von Carbinol-Moll. enthalten.
M. Laser. 224□

Solventextraktion aus Halogenidlösungen. 3. Mitt. **Dissoziation in der organischen Phase.** A. G. Maddock, W. Smulek und A. J. Tench. (Trans. Faraday Soc. **58,** 923—37, Mai 1962; engl.) — 2. vgl. vorst. Referat. — Unterss. über die Extraktion von *Fe(III)* u. *Au(III)* aus salzsauren Lsgg. mit *Bzl.*, *Chlorbenzol* (**I**), *o-Dichlorbenzol* (**II**) u. *Nitrobenzol* (**III**) zeigen, daß die extrahierten Säuren $HMCl_4$ bei hoher Verdünnung in der organ. Phase dissoziieren. Die Dissoziations-Konst. betragen für Au bzw. Fe 4,5 bis $6 \cdot 10^{-6}$ bzw. $7 \cdot 10^{-7}$ in Bzl., $4 \cdot 10^{-7}$ bzw. $5 \cdot 10^{-7}$ in **I**, $4 \cdot 10^{-4}$ bzw. $1 \cdot 10^{-4}$ in **II** u. $2{,}5 \cdot 10^{-1}$ bzw. $6 \cdot 10^{-5}$ in **III**. Der Extraktions-Koeff. für Fe(III) nimmt mit steigender HCl-Konz. in der wss. Phase sowohl bei niedriger als auch bei hoher Fe-Konz. zu. Bei Au(III) nimmt der Koeff. bei hoher Au-Konz. mit steigender HCl-Konz. ab, bei niedriger Au-Konz. wird er kaum von der HCl-Konz. beeinflußt. Zusatz von stärkeren Säuren wie $HClO_4$, erniedrigt die Extraktion. Durch Elektrolyse wurde die Dissoziation in der organ. Phase direkt nachgewiesen.
M. Laser. 224□

Solvent-Extraktion des siebenwertigen Rheniums. 3. Mitt. **Heterogene Gleichgewichte in dem System wässerige Salpetersäure–Kaliumperrhenat–Dibutylphosphat.** Aviezer Stevan Kertes und Anna Beck. (J. chem. Soc. [London] **1961,** 5046—48, Nov.; Jerusalem, Hebrew Univ. of Jerusalem, Dep. of Inorg. and Analyt. Chem.; engl.) — 2. vgl. C. **1961,** 14204. — Vff. untersuchen die Extraktion von $HReO_4$ (**I**) mit *Dibutylhydrogenphosphat* (**II**) aus wss. HNO_3 (**III**)-Lsg. als Funktion der Konz. von **II** u. **III**. Verteilungsschemata von **I** in der wss. u. der organ. Phase werden angegeben u. ausführlich diskutiert. Die Kurven der Verteilungsdiagramme ähneln denen, die bei Verw. von Tributylphosphat an Stelle von **III** auftraten, wobei jedoch die Maxima bei einer anderen Konz. von **III** liegen. Als Extraktionsmechanismus wird die Rk.-Gleichung 3 $(Bu_2HPO_4)_{2,o}$ + H_a^+ + $ReO_{4,a}^-$ → $\{(Bu_2HPO_4)_2\}_3 \cdot HReO_{4,o}$(a = wss., o = organ. Phase) angegeben; die Gleichgewichts-Konst. $K_{HReO_4} = E_a^o\,[(Bu_2HPO_4)_2]_o^3 \cdot [H^+]_a$ wurde zu 0,016 berechnet. Der Wert der Gleichgewichts-Konst. blieb bis zu einer **III**-Konz. von 3 m konstant. Zusammenfassend stellen Vff. fest, daß **II** nur eine geringe Affinität zu **I** zeigt.
A. Nebelung. 224□

Reaktion von Wasserstoffatomen mit Stickstoffdioxid. P. G. Ashmore und B. J. Tyler. (Trans. Faraday Soc. **58,** 1108—16, Juni 1962; Lensfield, Cambridge, Dep. of Phys. Chem.; engl.) — Das Verhältnis der Geschw.-Konst. der Rkk. $H + NO_2 \rightarrow OH + NO$ u. $H + O_2 + M \rightarrow HO_2 + M$ ($M = H_2$, O_2, H_2O, N_2, He u. CO_2) wurde bei 360° an Hand von Unterss. der H_2–O_2-Rk., die durch NO_2 sensibilisiert wurde, gemessen. Für das Verhältnis wurde mit $M = H_2$ der Wert $1{,}01 \cdot 10^2 \pm 10\%$ cm³/Mol gefunden.
Wolfgang Krüger. 225□

Eine Untersuchung der CN-Emission von Flammen mit aktivem Stickstoff. Kyle D. Bayes. (Canad. J. Chem. **39,** 1074—85, Mai 1961; Bonn, Univ., Inst. für phys. Chem.; engl.) — Akt. Stickstoff wurde mit verschiedenen organ. Verbb., wie CCl_4, $CHCl_3$, $CHBr_3$, ClCN, BrCN u. HCN, sowie mit NH_3 versetzt, wobei im Flammenspektrum die roten ($A^2\Pi \rightarrow X^2\Sigma$)- u. die violetten ($B^2\Sigma \rightarrow X^2\Sigma$)-Banden des CN-Radikals emittiert werden. NH_3 reagiert nicht, unterdrückt aber die CN-Emission u. verhindert den Verbrauch der N-Atome. Es wird angenommen, daß im akt. Stickstoff noch eine zweite Teilchenart, vermutlich metastabile N_2 ($A^3\Sigma$)-Moll., vorliegen, die die Rk. auslösen. Messungen der Bandenintensitäten bei verschiedenen Temp. u. Drücken ergaben, daß ein Kettenmechanismus vorliegt. Mindestens drei Elektronenvorgänge erzeugen angeregte CN-Radikale, zwei liefern CN($A^2\Pi$), u. einer führt zu CN($B^2\Sigma$).
Harro Zimmer. 225□

Die Reaktionen von aktivem Stickstoff mit ^{15}NO und $^{15}N_2$. R. A. Back und J. Y. P. Mui. (J. physic. Chem. **66,** 1362—64, Juli 1962; Ottawa, Nat. Res. Council Labor., Div. of Pure Chem.; engl.) — Vff. bestätigen die von Verbeke u. Winkler (C. **1961,** 1838)

mitgeteilten unterschiedlichen Ergebnisse bei der Gasphasentitration von akt. Stickstoff (I) mit NO (Bldg. von N_2) bzw. C_2H_4 (Bldg. von HCN). Bei der Rk. von I mit ^{15}NO bei 1—2 Torr u. 20—380° entsteht prakt. ausschließlich $^{14}N^{15}N$, d. h. es überwiegt die Rk. $^{14}N^{15}NO \rightarrow {}^{14}N^{15}N + O$. $^{15}N_2$ wird nur zu ca. 0,5% gebildet, so daß die Rk. $N_2^* + NO \rightarrow N_2 + N + O$ nicht für die unterschiedlichen Ergebnisse der NO- u. C_2H_4-Meth. verantwortlich sein kann. Ein Austausch nach $^{14}N + {}^{15}NO \rightleftharpoons {}^{15}N + {}^{14}NO$ wurde prakt. nicht festgestellt (<0,2%). Die Ergebnisse bestätigen die Brauchbarkeit der Gasphasentitration mit NO zur Best. von I, erklären aber nicht die abweichenden Ergebnisse der Titration mit C_2H_4. — Eine Austausch-Rk. zwischen I mit natürlicher Isotopen-Zus. u. $^{15}N_2$ konnte bei 30—1000° nicht nachgewiesen werden. Die Rk. $^{15}N + {}^{14}N_2 \rightarrow {}^{14}N + {}^{14}N^{15}N$ verläuft extrem langsam im Vgl. zur Rk. zwischen I u. NO.
A. Blaschette. 225□

Massenspektrometrische Untersuchungen von Atomreaktionen. 2. Mitt. **Bildung von schwingungsangeregtem N_2 durch Reaktion von N-Atomen mit NO.** L. F. Phillips und H. I. Schiff. (J. chem. Physics **36**, 3283—86, 15/6. 1962; Montreal, Canada, McGill Univ., Upper Atmosphere Chem. Group; engl.) — 1. vgl. C. **1962**, 18037. — Mit Hilfe einer massenspektrometr. Meth. wird gezeigt, daß 75 ± 5% des nach $N + NO \rightarrow N_2^* + O$ gebildeten N_2 genügend überschüssige Energie (>24 kcal/Mol) für die Zers. von O_3 besitzen. Die Geschw.-Konst. der Rk. $N_2^* + O_3 \rightarrow O_2 + O + N_2$ ergibt sich zu $(5{,}4 \pm 1{,}1) \cdot 10^{-13}$ (cm^3/Molekül·s), die Geschw. der Stoßdesaktivierung von N_2^* zu Schwingungszuständen <4 zu $3{,}5 \cdot 10^{-16}$ mit nichtangeregtem N_2 u. zu $1{,}3 \cdot 10^{-15}$ mit N_2O als Stoßpartner. Erfolgt die Abgabe der Schwingungsenergie vorwiegend durch einzelne Quantensprünge, so ist die gemessene Geschw.-Konst. der Desaktivierung kleiner als die eines einzelnen Quantensprungs; der Faktor ist dabei gleich $[N_2^*(v = 4)]/[N_2^*(v \geq 4)]$.
A. Blaschette. 225□

Bestimmung einiger Rekombinationsgeschwindigkeiten von Jodatomen durch Blitzlichtphotolyse. Rolf Engleman jun. und Norman R. Davidson. (J. Amer. chem. Soc. **82**, 4770—74, 20/9. 1960; Pasadena, Calif., California Inst. of Technol., Gates and Crellin Labor. of Chem.; engl.) — In einer von Bunker u. Davidson beschriebenen App. werden die Geschw.-Konst. der Rekombinations-Rk. dritter Ordnung der J-Atome in einer homogenen Gasphase bei Zusatz folgender Gase bestimmt: Zwischen 323 u. 548°K für He zu $1{,}41 \cdot 10^9 (298/T)^{0{,}80}$ ($Liter^2 \cdot Mol^{-2} \cdot s^{-1}$), für H_2 zu $4{,}93 \cdot 10^9 \cdot (298/T)^{1{,}48}$, für Bzl. zu $1{,}00 \cdot 10^{11} \cdot (298/T)^{2{,}53}$ u. für CH_3J zu $1{,}50 \cdot 10^{11} (298/T)^{3{,}24}$; bei 323°K für C_2H_5J zu $2{,}38 \cdot 10^{11}$, für HJ zu $2{,}81 \cdot 10^{10}$ u. für CO zu $5{,}42 \cdot 10^9$. Mit NO konnte nur der untere Grenzwert der Geschw.-Konst. der Rekombinations-Rk. zu $4{,}8 \cdot 10^{14}$ abgeschätzt werden.
H. J. Hartmann. 225□

Schnelle Ionenreaktionen in Lösungen. 1. Mitt. **Die Bildung des Sulfatoaluminiumkomplexes.** Barbara Behr und Hartmut Wendt. (Z. Elektrochem., Ber. Bunsenges. physik. Chem. **66**, 223—28, April 1962; Göttingen, MPI für Phys. Chem.; dt.) — Bei Unterss. von Aluminiumsulfat-Lsgg. mit der Drucksprung-Meth. (C. **1960**, 9490) findet man eine relativ langsame chem. Rk., deren Relaxationszeit eine starke pH-, jedoch eine geringe Konz.-Abhängigkeit zeigt. Es handelt sich offenbar um eine Rk., deren geschwindigkeitsbestimmender Schritt monomol. ist u. durch OH^--Ionen katalysiert wird. Diese Relaxationszeit wird der Bldg.-Rk. des Aluminiummonosulfatokomplexes zugeordnet. Als geschwindigkeitsbestimmend wird der Austausch eines Hydratwasser-Mol. im Vorkomplex $AlH_2OSO_4^+$ gegen das Sulfation angenommen: $AlH_2OSO_4^+ \underset{k}{\rightleftarrows} AlSO_4^+ + H_2O$. Zur Auswertung der kinet. Messungen wurden die Gleichgewichtsverhältnisse in Lsgg., die Al^{3+}- u. SO_4^{2-}-Ionen enthalten, untersucht u. potentiometr. bei einer Ionenstärke $\mu = 0{,}6$ ($NaClO_4$) u. 25° folgende Komplex-Konst. ermittelt: $K_1 = [AlH_2OSO_4^+]/[Al^{3+}] \cdot [SO_4^{2-}] = (20 \pm 2)$ ($Mol^{-1} \cdot Liter$); $K_2 = [Al(SO_4)_2^-]/([AlH_2O \cdot SO_4^+] + [AlSO_4^+]) \cdot [SO_4^{2-}] = (10 \pm 3)$. Mit diesen Konst. wurden mit Hilfe kinet. Messungen bei $\mu = 0{,}1$ folgende Gleichgewichts-Konst. abgeschätzt: $K_{10} = [AlH_2OSO_4^+]/[Al^{3+}][SO_4^{2-}] = (19 \pm 3)$ $Mol^{-1} \cdot Liter$; $K_i = [AlSO_4^+]/[AlH_2OSO_4^+] = 10^{-1}$ bis 10^{-2}. Die Geschw.-Konst. k der unkatalysierten Austausch-Rk. für $\mu = 0{,}6$ u. 25° ist $k = (5{,}5 \pm 0{,}3)$ s^{-1}, die der durch OH^--Ionen katalysierten Austausch-Rk. $k^* = (9{,}2 \pm 0{,}5) \cdot 10^{-3}$ $Mol \cdot s^{-1} \cdot Liter^{-1}$.
P. Scharner. 225□

Schnelle Ionenreaktionen in Lösungen. 2. Mitt. **Die Bildung einiger einfacher Komplexe des Eisen(III)-Ions.** Hartmut Wendt und Hans Strehlow. (Z. Elektrochem., Ber. Bunsenges. physik. Chem. **66**, 228—34, April 1962; dt.) — 1. vgl. vorst. Referat. — Mit der Drucksprung-Meth. wurden bei 25 ± 1° Lsgg. untersucht, die Fe(III)-Ionen u. komplexbildende Anionen ($X^{n-} = Cl^-, SCN^-, SO_4^{2-}$) enthielten. Dabei ließen sich chem. Relaxationsprozesse beobachten, deren Relaxationszeiten im ms-Bereich liegen sowie konzentrations- u. pH-abhängig sind u. deren Amplitude bei geringer Konz. des Komplexbildners sehr klein wird. Diese Relaxationsprozesse werden der Bldg. einfacher Komplexe des Fe(III)-Ions gemäß $Fe^{3+} + X^{n-} \rightleftharpoons FeX^{(3-n)+}$ zugeordnet. Bei der Bldg. des Monochloroeisen(III)-Komplexes (I) erwies sich die Umwandlung des „outer-sphere"-Komplexes $FeH_2OCl^{2+} \cdot aq$ in den „inner-sphere"-Komplex $FeCl^{2+} \cdot aq$ als geschwindigkeitsbestimmend für die Gesamtreaktion. Diese Austausch-Rk. wird durch OH^--Ionen katalysiert. Es werden die den einzelnen Komplexliganden zugehörigen Geschw.-Konst. für die Bldg. der Komplexe $Fe^{3+} + X^{n-} \underset{}{\overset{K_{10}}{\rightleftharpoons}} FeH_2OX^{(3-n)+} \underset{k_{32}}{\overset{k_{23}}{\rightleftharpoons}} FeX^{(3-n)+} + H_2O$ bestimmt: Cl^-: $k_{23}^* \cdot K_{10}$ 21 ± 2 (s^{-1}) (k_{23}^* ist die katalyt. Rk.-Geschw.-Konst. für die durch OH^--Ionen katalysierte Rk.; Ionenstärke $\mu = 0{,}4$); SCN^-: $k_{23} \cdot K_{10}$ 150 ± 50 ($s^{-1} \cdot Mol^{-1} \cdot$Liter); $k_{23}^* \cdot K_{10}$ 45 ± 4 (bei $\mu = 0{,}5$); SO_4^{2-}: $K_{23} \cdot K_{10}$ 10^3 ($\mu = 0{,}6$); $k_{23}^* \cdot K_{10}$ 720 ± 40 ($\mu = 0{,}075$). Für I wurde aus kinet. Daten die Bldg.-Konst. des „inner"- sowie „outer-sphere"-Komplexes ermittelt: $K_{10} = (2 \pm 1)$ ($Mol^{-1} \cdot$Liter); K_i (1 ± 0,5). P. Scharner. 225□

Schnelle Ionenreaktionen in Lösungen. 3. Mitt. **Die Kinetik der Bildung des binuclearen Eisen(III)-hydroxokomplexes $Fe(OH)_2Fe^{4+}$.** H. Wendt. (Z. Elektrochem., Ber. Bunsenges. physik. Chem. **66,** 235—39, April 1962; dt.) — 2. vgl. vorst. Referat. — In Eisen(III)-Salz-Lsgg. kann man bei Unterss. mit der Drucksprung-Meth. neben der Bldg.-Rk. der einfachen Anionoeisenkomplexe eine wesentlich langsamer verlaufende Rk. (τ ca. 10^{-2} bis 1 s) beobachten. Diese Rk. kann der Bldg. des binuclearen Komplexes $Fe(OH)_2Fe^{4+}$ (I) zugeschrieben werden: $2\,FeOH^{2+} \underset{k_{21}}{\overset{k_{12}}{\rightleftharpoons}} Fe(OH)_2Fe^{4+}$, die Geschw.-Konst. der Rk. wurden zu k_{21} (1 ± 0,5) s^{-1} u. k_{12} (450 ± 50) $Mol^{-1} \cdot Liter \cdot s^{-1}$ bestimmt. Die Rk. verläuft beschleunigt in Ggw. von Anionen, die mit Fe(III)-Ionen Komplexe bilden können. Die katalyt. Wrkg. dieser Anionen X^{n-} ($X^{n-} = Cl^-$, SCN^-, SO_4^{2-}) beruht auf einer parallel verlaufenden Kondens. der Fe(III)-Komplexe mit den Fe(III)-Hydroxokomplexen, der eine schnelle Umwandlung in I folgt, entsprechend dem Schema: $FeX^{(3-n)+} + FeOH^{2+} \underset{k'_{21}}{\overset{k'_{12}}{\rightleftharpoons}} Fe(XOH)Fe^{(5-n)+} \xrightarrow{\text{sehr schnell}} Fe(OH)_2Fe^{4+}$. Für die Rk.-Geschw.-Konst. k'_{12} u. k'_{21} wurden bei 24,5° im Ionenstärkenbereich 0,3—0,5 Mol/Liter folgende Werte bestimmt: $X^- = OH^-$: k'_{12} (450 ± 50) ($Liter \cdot s^{-1}\, Mol^{-1}$) k'_{21} (1 ± 0,5) (s^{-1}); $X^- = Cl^-$: k'_{12} 100 ± 20; $X^- = SCN^-$: k'_{12} 85 ± 20; $X^{n-} = SO_4^{2-}$: k'_{12} 110 ± 20. P. Scharner. 225□

Orientierung bei der oktaedrischen basischen Hydrolyse. Christopher Ingold, R. S. Nyholm und M. L. Tobe. (Nature [London] **194, 344—47,** 28/4. 1962; London, Univ. Coll., Dep. of Chem.; engl.) — Vgl. C. **1962,** 5956. — Vff. diskutieren den Substitutionsmechanismus, den Einfl. des „orientierenden Liganden" A u. die stereochem. Möglichkeiten bei der bimol. bas. Hydrolyse am Beispiel der Rk.: $[Co\,en_2\,AX]^+ + OH^- \rightarrow [Co\,en_2 \cdot A\,OH]^+ + X^-$ (en: Äthylendiamin; X: cis- bzw. trans-Cl, -Br; A: Br; Cl, N_3, NO_2, NH_3, SCN; OH) auf Grund von Daten über die Substitutions-Geschw. in wss. Lsg. u. die Mengenverhältnisse der isomeren Rk.-Produkte. Bei der bas. Hydrolyse sind die Verhältnisse komplizierter als bei der Hydratation u. Konfigurationswechsel erfolgen häufiger. P. Scharner. 225□

Die thermische Hydrolyse von Metallchloriden. 2. Mitt. **Kobalt(II)-chlorid und Mangan(II)-chlorid.** A. Glasner und I. Mayer. (Bull. Res. Council Israel, Sect. A **9A,** 161—72, Nov. 1960; Jerusalem, Hebrew Univ., Dep. of Inorg. and Anal. Chem.; engl.) — 1. vgl. Bull. Res. Council Israel, Sect. A **8A,** [1959], 27; 3. vgl. C. **1962,** 15149. — Zur Unters. der therm. Hydrolyse von $CoCl_2 \cdot 6\,H_2O$, $MnCl_2 \cdot 4\,H_2O$ u. der entsprechenden wasserfreien Salze (durch Erhitzen der Hydrate im HCl-Strom erhalten) wurden die Salze im N_2-Strom, der H_2O von wechselndem Dampfdruck enthielt, auf 400—500° erhitzt. Das abgespaltene HCl wurde in W. absorbiert u. die Leitfähigkeit (K) gemessen. K nimmt in allen Fällen nach einer kurzen Anfangsperiode linear mit der Vers.-Dauer zu u. steigt mit wachsendem H_2O-Dampfdruck zunächst steil u. ab ca. 2—6 Torr langsamer u. linear an, ferner nimmt es mit wachsender Oberfläche der Probe zu. Der Logarithmus der Hydrolysen-Geschw.-Konst. (k) ergibt, gegen die reziproke abs. Temp. aufgetragen, Geraden, die für verschiedene Strömungs-Geschw. parallel zueinander liegen. Ihr Anstieg ergibt für $CoCl_2$ eine Aktivierungsenergie von 17,8 kcal/Mol. Die Zers. führt über die Hydroxide zu Oxiden. Der Rk.-Mechanismus wird diskutiert. W. Betcke. 225□

Die Kinetik der Reduktion von Permanganat durch Cyanid in basischer Lösung. T. Freund. (J. inorg. nuclear Chem. **15,** 371—76, Okt. 1960; San Diego, Calif., Convair Sci. Res. Labor.; engl.) — MnO_4^- wird in bas. Lsg. durch CN^- quant. nach $2\,MnO_4^- + CN^- + 2\,OH^- = 2\,MnO_4^{2-} + CNO^- + H_2O$ reduziert. Im OH^--Konz.-Bereich von 0,07 m gilt für die Rk.-Geschw. $-d(MnO_4^-)/dt = k\,[MnO_4^-] \cdot [CN^-]$ mit $k = 6{,}4 \cdot 10^7 \cdot$

exp(−9000/RT) Mol/Liter·s. Bei höherer OH^--Konz. greifen OH-Radikale in die Rk. ein; die Rk. ist dann von der OH^--Konz. abhängig. J. Peters. 225☐

Der Einfluß der Komplexbildung des Uran(IV) auf die Kinetik seiner Oxydation in schwefelsaurer Lösung. Je. A. Kanewski und L. A. Fedorowa. (Журнал Неорганической Химии [J. anorg. Chem.] **5**, 2216—19, Okt. 1960; russ.) — Vgl. C. **1962**, 16956. — Die Geschw. u. Aktivierungsenergie der Oxydation von U(IV) zu U(VI) in H_2SO_4 u. $HClO_4$ mittels $KClO_3$, $(NH_4)_2S_2O_8$ bzw. H_2O_2 wird untersucht. Die Oxydations-Geschw. ist bei Verw. von $KClO_3$ bzw. $(NH_4)_2S_2O_8$ in $HClO_4$ bedeutend größer als in H_2SO_4. Bei H_2O_2 ist sie so groß, daß die Komplex-Bldg. ohne Einfl. ist. Die Aktivierungsenergie beträgt in $HClO_4$ 9 kcal/Mol; in H_2SO_4 18 kcal/Mol. In $HClO_4$ wird daher U^{4+}, in H_2SO_4 $U(SO_4)_2$ u. USO_4^{2+} angenommen. W. Büttner. 225☐

Zweikernige Komplexionen. 4. Mitt. **Eine Untersuchung des Mechanismus der Umsetzung des Chrom(II)-Ions mit Sauerstoff in ammoniakalischer Lösung unter Verwendung von ^{18}O-markiertem Sauerstoff.** T. B. Joyner und W. K. Wilmarth. (J. Amer. chem. Soc. **83**, 516—20, 5/2. 1961; engl.) — 3. vgl. C. **1963**, 1602. — Vff. bestimmen den Anteil von ^{18}O in $[(NH_3)_5CrOCr(NH_3)_5]^{4+}$-Ionen, die durch Oxydation von Cr(II)-Ionen in ammoniakal. Lsg. mit ^{18}O-markiertem mol. O_2 gebildet werden. Die Verss. werden bei variierender Cr(II)-Konz. u. Temp. von −50 bis +23° u. bei verschiedenen pH-Werten durchgeführt. Im Komplexion wurden stets 40—70% des eingesetzten Geh. an ^{18}O gefunden. In Verbindung mit früheren Beobachtungen leiten Vff. daraus einen möglichen Rk.-Verlauf ab, in dem das zweikernige Ion $[(NH_3)_5CrOOCr\cdot(NH_3)_5]^{4+}$ u. ein Cr(IV)-Komplex, $[(NH_3)_5Cr(OH)]^{3+}$ als Zwischenglieder auftreten. H.-J. Becher. 225☐

Reaktionen auf Silberjodid-Oberflächen. E. Schulek, E. Pungor und I. Konkoly Thege. (Ann. Univ. Sci. Budapestinensis Rolando Eötvös nominatae, Sect. Chim. **2**, 23—29, 1960; Budapest, L. Eötvös Univ., Inst. für anorg. u. analyt. Chem.; dt.) — In Ggw. von *KCl*-Lsg. setzt HNO_2-Lsg. aus frischgefällten u. getrockneten AgJ-Ndd. elementares J_2 in Freiheit. Dieses J_2 wurde laufend abdest. u. mit $Na_2S_2O_3$-Maßlsg. bestimmt. Als weitere Oxydationsmittel wurden $Ce(SO_4)_2$ u. $KH(JO_3)_2$ verwendet. KCl bindet komplex die bei der Rk. freiwerdenden Ag-Ionen u. übt außerdem eine peptisierende Wrkg. aus. In Abwesenheit von KCl setzt die J_2-Bldg. zwar ein, kommt aber nach kurzer Zeit zum Stillstand. Die Ergebnisse werden kinet. gedeutet. Herbert Hoffmann. 225☐

Untersuchung des Prozesses der thermischen Zersetzung von Calciumsulfat und seiner Umsetzung mit Kohlenstoff. A. M. Ginstling und A. D. Wolkow. (Журнал Прикладной Химии [J. angew. Chem.] **32**, 2171—77, Okt. 1959; russ.) — Es werden experimentelle Unterss. der Kinetik der Bldg. von SO_2 u. der Veränderung der Zus. der festen Phasen bei der Umsetzung von $CaSO_4$ mit C beschrieben. Es wird festgestellt, daß die Temp. einen unterschiedlichen Einfl. auf die Einzel-Rkk. dieser Umsetzung ausübt. H. Treumann. 225☐

Die thermische Zersetzung von Nickeloxalatdihydrat. P. W. M. Jacobs und A. R. Tariq Kureishy. (Trans. Faraday Soc. **58**, 551—60, März 1962; London, Imp. Coll., Dep. of Chem.; engl.) — Die therm. Zers. des Nickeloxalatdihydrats verläuft in 3 Stufen: Zuerst erfolgt eine Oberflächen-Rk., an die sich eine Periode des langsamen Wachstums der gebildeten Keime anschließt, der schließlich das Wachstum dieser Keime mit einer konst. Geschw. folgt, wobei die Masse des Reaktanten umgesetzt wird. Die Geschw., mit der das Wachsen der Keime erfolgt, wird eingehend untersucht u. eine neue kinet. Gleichung für die Induktionsperiode vorgeschlagen. Der Einfl. des H_2O auf die therm. Zers. wird ausführlich behandelt. Wolfgang Krüger. 225☐

Oxydation von Niob. Tor Hurlen. (J. Inst. Metals **89**, 273—80, April 1961; Oslo, Norway, Central-Inst. for Ind. Forsk.; engl.) — Die Rk. von Nb mit O_2 bei Drücken von 10^{-2} bis 760 Torr u. bei Temp. von 150—1000° wird mit Hilfe von gravimetr. u. volumetr. Geschw.-Messungen sowie mit Röntgenstrahl- u. Elektronenbeugungs-Verss., mit dem Elektronenmikroskop u. mit Hilfe von metallograph. Meth. untersucht. Die Zeitabhängigkeit zeigt die folgenden aufeinanderfolgenden Oxydationsstufen: linear (I), parabol. (II), eine die Geschw. erhöhende Umwandlung, linear (III), parabol. (IV) u. parabol. (V). Der Einfl. des O_2-Druckes u. der Temp. auf das Auftreten u. die Geschw. der verschiedenen Oxydationsarten wird erörtert. Eine nahe Beziehung wird zwischen der Oxydations-Geschw. u. den gebildeten Oxydations-Prodd. gefunden. Die Lsg. von O_2 im Nb-Gitter spielt eine wesentliche Rolle. Diese Rk. kann frei von Störung durch gleichzeitige Oxid-Bldg. auf der Metalloberfläche untersucht werden. Unter den Oxydations-Prodd. sind drei Phasen mit Strukturen ermittelt worden, die nahe verwandt mit der von reinem Nb sind. Bei Proben, die oberhalb von 800° oxydiert werden, treten Pentoxid-Whisker auf, die bis zu 30 μ lang werden können. H. Hochstein. 225☐

Die Kinetik der Oxydation von Chromcarbiden. T. Ja. Kossolapowa und G. W. Ssamssonow. (Журнал Физической Химии [J. physik. Chem.] **35**, 363—66, Febr. 1961; Inst. für Metallkeramik u. Speziallegg. der Akad. der Wiss. der Ukrain. SSR; russ., Auszug: engl.) — Vgl. C. **1961**, 16402. — Cr_3C_2, Cr_7C_3 u. $Cr_{23}C_6$ wurden bei 400—1000° im O_2-Strom erhitzt. Die Oxydation der pulverförmigen Carbide beginnt bei 700°, während die kompakten Verbb. außer Cr_7C_3 bei 1000° noch nicht oxydiert werden. Es wurden Gleichungen für die Abhängigkeit der Oxydations-Geschw. von der Zeit u. der Temp. aufgestellt. Die Oxydation von pulverisiertem Cr_3C_2 zwischen 800 u. 1000° gehorcht dem parabol. Gesetz, die von Cr_7C_3 dem logarithm. u. von $Cr_{23}C_6$ dem parabol. bei 800° u. zwischen 900 u. 1000° dem logarithmischen. H. Jäger. 225□

Kinetische Gleichungen von nichtkettenartigen, monomolekularen strahlenchemischen Reaktionen. Ju. A. Kolbanowski und L. Ss. Polak. (Доклады Академии Наук СССР [Ber. Akad. Wiss. UdSSR] **135**, 361—64, 11/11. 1960; Inst. für petrolchem. Synth. der Akad. der Wiss. der UdSSR; russ.) — Die kinet. Gleichungen für verschiedene Klassen nichtkettenartiger, monomol. strahlenchem. Rkk. (bei kleinen u. mittleren Dosen mit u. ohne Inhibitoren) werden abgeleitet. H. Jäger. 226□

Theorie der Strahlungschemie. 5. Mitt. **Verallgemeinertes Spur-Diffusionsmodell.** Aryeh H. Samuel. (J. physic. Chem. **66**, 242—45, Febr. 1962; Menlo Park, Calif., Stanford Res. Inst.; engl.) — Das Modell von Mager (C. **1952**, 1961) für die Diffusion u. Rekombination durch ionisierende Strahlung gebildeter Radikale u. Ionen wird auf den Fall einer kugelsymm. Spur erweitert. A. Blaschette. 226□

Die Strahlenchemie des Wassers unter Einfluß von pulsierenden Elektronenstrahlen hoher Intensität. A. R. Anderson und Edwin J. Hart. (J. physic. Chem. **66**, 70—75, Jan. 1962; Argonne, Ill., Argonne Nat. Labor., Chem. Div.; engl.) — Reines W., wss. $FeSO_4$-Lsgg., H_2O_2 u. *Ameisensäure* wurden mit pulsierenden Elektronenstrahlen bestrahlt (Pulsdauer jeweils ca. 1,4 μs; Elektronenenergie ca. 15 MeV; Dosisleistung ca. $2 \cdot 10^{23}$ eV/ml·s während eines Pulses). Bei Bestrahlung von neutralem W. u. 0,8n H_2SO_4 zeigte sich, daß in saurer Lsg. sowohl die Wasserstoff- als auch die H_2O_2-Bldg. um ca. 80% höher ist als in neutralem W., daß aber stets $G(H_2) = G(H_2O_2)$ gilt. O_2 ist kein ursprüngliches Produkt. Die H_2-Bldg. wurde gemessen bei H_2O_2-Konzz. bis 8m in 0,8n H_2SO_4 u. bis 0,1m in neutraler Lsg. H_2O_2 hat in neutraler Lsg. eine weitaus stärkere Radikalfänger-Wrkg. als in saurem Medium. Die Abhängigkeiten der Radikalfänger-Wrkg. von der H_2O_2-Konz. gleichen von bestimmten Konzz. ab den bei ^{60}Co-γ-Bestrahlung u. weit niedrigeren Dosisleistungen erhaltenen Kurven. Die kurzzeitige Existenz folgender reduzierender Teilchen wird als wahrscheinlich angesehen: Solvatisierte Elektronen e^-_{aq}, vorwiegend in neutraler Lsg. beständig, u. H-Atome, bes. in saurer Lsg. auftretend. Die Unterdrückung der H_2-Bldg. durch H_2O_2 ist in neutraler Lsg. etwa 50fach stärker als in 0,8n H_2SO_4. Die relativen Rk.-Geschw.-Konst. des H-Atoms u. des OH-Radikals stimmen mit den $G(H_2)$- u. $G(H_2O_2)$-Werten überein. Im Gegensatz zu den etwas niedrigen G-Werten, die mit dem Fricke-Dosimeter erhalten wurden, ergab die Verw. des Ameisensäuredosismeters Resultate, die bereits bei ^{60}Co-γ-Bestrahlung u. weitaus niedrigeren Dosisleistungen erzielt worden waren. $G(H_2O_2)$ wurde auch für O_2-gesätt. neutrales W. gemessen. Ein höherer Wert als bei γ-Bestrahlung wurde gefunden, er kann auf der Grundlage von konkurrierenden Radikal—Radikal-Rkk. erklärt werden. T. Tamberg. 226□

Eine calorimetrische Prüfung der Oxydationsausbeute des Fricke-Dosimeters bei hohen Dosisleistungen der Elektronen. A. R. Anderson. (J. physic. Chem. **66**, 180—82, Jan. 1962; engl.) — Vgl. vorst. Referat. — Unter vorst. Vers.-Bedingungen wurden abwechselnd ein adiabat. arbeitendes Calorimeter u. eine Fricke-Dosimeterzelle mit Elektronenstrahlen verschiedener Pulszahl pro Min. u. verschiedener Pulsenergie bestrahlt. Der je Min. im Calorimeter auftretende Temp.-Anstieg sowie die unter gleichen Bedingungen auftretende Zunahme der Fe^{3+}-Konz. wurden gemessen. Das effektive bestrahlte Vol. wurde aus der Verfärbung eines Plexiglasblockes ermittelt, der unter gleichen Bedingungen bestrahlt wurde. Es wurde ein starkes Abfallen des $G(Fe^{3+})$-Wertes mit steigender momentaner Dosisleistung festgestellt, falls diese den Wert $3 \cdot 10^{22}$ eV/ml·s überschritt. Bei kleineren Werten ist $G(Fe^{3+})$ konst. u. stimmt gut mit dem anerkannten Wert $15{,}6 \pm 0{,}3$ überein. T. Tamberg. 226□

Konzentrationseffekte in der Strahlenchemie wäßeriger Lösungen. Catherine Vermeil. (Int. J. Radiat. Biol. **3**, 307—26, Mai 1961; Paris, Inst. du Radium; franz.) — An Hand der im Fachschrifttum erschienenen experimentellen Befunde über die Wrkg. ionisierender Strahlen auf wss. Lsgg. werden die direkten u. die indirekten Einfl. auf die gelösten Stoffe erörtert. Letztere treten vorwiegend in stark verd. Lsgg. in Erscheinung; sie sind im einzelnen gek. durch Rkk. der gelösten Stoffe mit den durch die Bestrahlung entstandenen Zerfalls-Prodd. des Wassers. Bei hoher Konz. treten vor allem die direkten Strahlen-Wrkg. auf. Es werden die Möglichkeiten diskutiert, im mittleren Konz.-Gebiet die Strahlen-Wrkg. als direkte oder indirekte zu erkennen. — 71 Literaturangaben. W. Reusse. 226□

Die Szilard-Chalmers-Reaktion in Metallphthalocyaninen. 2. Mitt. G. B. Cook. (J. inorg. nuclear Chem. **14**, 301—03, Aug. 1960; Didcot, Berks., A.E.R.E. Harwell, Isotope Div.; engl.) — 1. vgl. Payne, Radio-Isotop. in Sci. Res. **2**, [1958], 154. — Nach der Neutronenbestrahlung von Zn-Phthalocyanin (Zn-I) wird aus diesem mit kochender verd. H_2SO_4 mehr ^{65}Zn herausgewaschen als normalerweise, wenn es nach der Bestrahlung erst 4 Std. lang auf 150° erhitzt wurde. Dieses Verh. steht im Gegensatz zu dem anderer Metall-I-Komplexe (Cu, Co, Ga), bei denen die zurückgehaltene Menge Metall nach dem Erhitzen größer ist. Mit konz. H_2SO läßt sich aus dem bestrahlten Zn-I eine wesentlich größere Menge ^{65}Zn extrahieren, doch nimmt wie bei den anderen Metallen die zurückgehaltene Menge ^{65}Zn nach dem Erhitzen, allerdings wenig, zu. Die Erscheinung läßt sich aus dem Vorliegen von 2 Zn-Modifikationen erklären, deren Umwandlungs-Temp. bei 130° liegt u. von denen eine durch verd. H_2SO_4 leichter extrahierbar ist als die andere, während beim Lösen des ganzen Komplexes in konz. H_2SO_4 kein wesentlicher Unterschied mehr zu Tage tritt. W. Betcke. 226□

Einfluß der Formierungsbedingungen auf die spezifische Aktivität des Ammoniak-Katalysators. O. A. Strelzow, M. T. Russow und W. K. Skartschenko. (Журнал Физической Химии [J. physik. Chem.] **33**, 2521—23, Nov. 1959; Kiew, Pissarshewski-Inst. für phys. Chem. der Akad. der Wiss. der UkrainSSR; russ., Auszug: engl.) — Die katalyt. Aktivität der Katalysatoren der NH_3-Synth. auf Fe-Grundlage hängt nicht nur von ihrer Zus. u. Struktur ab, sondern sehr stark auch von ihrer Vorbehandlung, bes. den Bedingungen bei ihrer Reduktion. Unterss. an einem Fe-Katalysator mit 4% Al_2O_3 u. 2% K_2O, der bei der NH_3-Synth. bei 200—500° u. 730 Torr geprüft wird, ergeben Oberflächen von 16—21 m^2/g. Die Best. der spezif. Aktivität bei 225—300° zeigt deren Abnahme auf $^1/_7$—$^1/_9$ bei Zunahme der Körnung von 0,4 auf 5,5 mm bei 225°, u. weitere Abnahme auf $^1/_3$—$^1/_4$ bei Erhöhung der Red.-Temp. über 225°. Diese Erscheinungen werden auf eine Zunahme der Wasserdampf-Konz. in den Poren bei gröberer Körnung u. vermehrte Wasserdampf-Bldg. bei höherer Temp. zurückgeführt.
R. K. Müller. 227□

A_8. Präparative anorganische Chemie. Komplexverbindungen. Metallorganische Verbindungen

Die Reaktionen des Jods in alkalischer Lösung. Eine neue Verbindung: J_2OH^-. Jacques Sigalla. (J. Chim. physique Physico-Chim. biol. **58**, 602—05, Juni 1961, Bruxelles, Univ. libre, Fac. des Sci.; franz.) — Spektrophotometr. Messungen an alkal. Lsgg. von J_2 zeigen die Existenz der Rk. $J_2 + H_2O \rightleftharpoons J_2OH^- + H^+$, deren Gleichgewichts-Konst. K_4 zu $4{,}5 \cdot 10^{-11}$ bestimmt wurde. Für die Gleichgewichts-Konst. der anderen bekannten Rkk. des J_2 ($J_2 + H_2O \rightleftharpoons JOH + J^- + H^+$; $J_2 + H_2O \rightleftharpoons JO^- + J^- + 2\,H^+$; $J_2 + J^- \rightleftharpoons J_3^-$) ergeben sich damit die Werte $K_1 = 4{,}5 \cdot 10^{-13}$, $K_2 = 1{,}5 \cdot 10^{-23}$ u. $K_3 = 7{,}1 \cdot 10^2$. Viele Oxydations-Rkk. mit J_2 werden oft unter den Bedingungen untersucht, bei denen J_2OH^- stabiler als die anderen J-Verbb. ist. Die Struktur von $J_2O \cdot H^-$ entspricht wahrscheinlich der von J_2Cl^-, J_2Br^- u. J_3^-. K. Ross. 249□

Die Chemie von Dekaboran. 2. Mitt. **Jodierung in Lösung.** M. Hillman. (J. inorg. nuclear Chem. **12**, 383—84, Febr. 1960; Niagara Falls, N.Y., Olin Mathieson Chem. Corp., Energy Div.; engl.) — 1. vgl. C. **1960**, 16362. — Äquimol. Mengen von J_2, frisch rekrist. Dekaboran u. $AlCl_3$ werden in CS_2 8 Std. lang am Rückflußkühler gekocht. Die Rk. zu 65% *2-Jododekaboran* u. 35% *5-Jododekaboran* verlief glatt u. vollständig. Das Verhältnis der beiden Endprodd. war dasselbe wie bei der direkten Jodierung.
D. Hoene. 258□

Über die Sauerstoffsäuren des Antimons(V). 1. Mitt. **Messungen der Lichtabsorption und des Diffusionsvermögens von Antimonat(V)-Lösungen bei verschiedenen Wasserstoffionen-Konzentrationen.** Gerhart Jander und Hans-Joachim Ostmann. (Z. anorg. allg. Chem. **315**, 241—49, 1962; Berlin-Charlottenburg, TU, Anorg.-chem. Inst.; dt.) — Vff. beschreiben Messungen der Absorptionsspektren u. des Diffusionsvermögens von wss. K- u. $[(CH_3)_4N]$-Antimonat(V)-Lsgg. bei pH 1—14. Aus der Änderung der Absorptionsspektren mit steigendem pH-Wert geht hervor, daß das $[Sb(OH)_6]^-$-Ion im stärker alkal. Gebiet in ein anderes Teilchen umgewandelt wird, das nach den Diffusionsmessungen ebenfalls monomol. sein muß. Im sauren Bereich wird eine starke Konz.-Abhängigkeit der Vorgänge beobachtet; in 10^{-3} m Antimonat-Lsgg. findet keine Aggregation zu höhermol. Teilchen statt, während bei Erhöhung der Konz. auf 10^{-2} Mol Sb/Liter die Bldg. zweier Polyantimonatformen nachweisbar ist. Diese besitzen die Ionengewichte 960 bzw. 1560, woraus sich wahrscheinliche Aggregationsgrade von 6 bzw. 9 ergeben. Infolge der geringen Löslichkeit des K-Antimonats steht dieses als Bodenkörper wss. Lsgg. im Gleichgewicht mit monomol. Hexahydroxoantimonat. H.-J. Ostmann. 266□

Über die Sauerstoffsäuren des Antimons(V). 2. Mitt. **Elektrochemische Titrationen.** Gerhart Jander und Hans-Joachim Ostmann. (Z. anorg. allg. Chem. **315,** 250—58, 1962; dt.) — 1. vgl. vorst. Referat. — Vff. berichten über konduktometr. u. potentiometr. Titrationen von K- u. $[(CH_3)_4N]$-Antimonat-Lsgg. mit Säure. Aus den von der angewandten Sb-Konz. abhängigen Ergebnissen geht hervor, daß der bei der Titration von K-Antimonat-Lsgg. beobachtete Titrationsverlauf auf den verschiedenen Verteilungsgrad des prim. gebildeten $K_4[Sb_6O_{17} \cdot aq]$ u. die darauf beruhende langsamere oder schnellere Weiterumwandlung in das zweite Aggregations-Prod., $K_3[Sb_9O_{24} \cdot aq]$, zurückzuführen ist. Bei der konduktometr. Titration einer Lsg. von Sb_2O_5 in $[(CH_3)_4N]OH$ kann die nacheinander erfolgende Bldg. beider Hydrolyse-Prodd. sichtbar gemacht werden. Bei Sb-Konzz. $\leq 0{,}003$ (Mol Sb/Liter) kann auch hier keine Aggregation mehr festgestellt werden. Potentiometr. Kurven bei der Titration dieser Syst. sind wenig charakteristisch. Die Titration reiner Antimonsäure-Lsgg. (durch Ionenaustausch aus $K[Sb(OH)_6]$ gewonnen) zeigten, daß in ihnen mit fallender Sb-Konz. ein immer geringer werdender Anteil des Sb in aggregierter Form vorhanden ist, bis bei Sb-Konzz. $< 0{,}003$ die Kurve einer einfachen Neutralisation von $H[Sb(OH)_6]$ entspricht. H.-J. Ostmann. 266□

Einige Untersuchungen über Antimonsäure. 1. Mitt. **Einige Eigenschaften, Einwirkung von H_2O_2 und Reaktion mit Polyhydroxyverbindungen.** S. H. Gate und E. Richardson. (J. inorg. nuclear Chem. **23,** 257—63, Dez. 1961; Whitehaven, Cumberland, Coll. of Further Educ., Dep. of Chem.; engl.) — Die Gewinnung von Antimon(V)-säure-Lsgg. aus Kaliumantimonat (I) durch Umsetzung mit dem Kationenaustauscher Zeo-Karb-225 (H-Form) sowie konduktometr. u. potentiometr. Titrationen solcher Lsgg. (in Konzz. bis zu 0,02 m) werden beschrieben. Aus den durch UV-spektrophotometr. Messungen ergänzten Unterss. geht hervor, daß das Syst. als aus Gleichgewichten zwischen verschiedenen polymeren Teilchenarten bestehend anzusehen ist u. daß in den Lsgg. unter weiterer Polymerisation ein Alterungsvorgang stattfindet. In 0,001 m Lsgg. ist $H_n[Sb(OH)_6]_n$ die vorherrschende Teilchenform, ebenso in 0,01 m Lsgg., die einen Überschuß an *Mannit* (II) enthalten. Die durch Ionenaustausch gewonnenen Antimonsäure-Lsgg. sind gegen Elektrolytzusatz extrem empfindlich. Die Änderung der Extinktion gibt die Aggregationsvorgänge gut wieder; das gleiche gilt für die durch Verdünnung oder Zusatz komplexbildender Stoffe ausgelöste Depolymerisation. Die aufspaltende Wrkg. von H_2O_2 ist nur gering. Eine Reihe von Polyhydroxy-Verbb. (II, *Erythrit, Inosit, Glycerin, Glucose, Saccharose*) wird auf ihre depolymerisierende u. komplexbildende Wrkg. untersucht; unter ihnen zeigt II den ausgeprägtesten Effekt, so daß die Best. von Sb in I durch alkalimetr. Titration nach Übergabe über einen Kationenaustauscher in Ggw. von II-Überschuß möglich ist. H.-J. Ostmann. 266□

Einige Untersuchungen über Antimonsäure. 2. Mitt. **Komplexbildung zwischen Antimonsäure und Polyhydroxyphenolen sowie α-Hydroxysäuren.** S. H. Gate und E. Richardson. (J. inorg. nuclear Chem. **23,** 265—73, Dez. 1961; engl.) — 1. vgl. vorst. Referat. — Vff. untersuchen mit Hilfe von pH- u. Leitfähigkeitsmessungen, potentiometr. u. konduktometr. Titrationen sowie der Papierelektrophorese die Komplex-Bldg. zwischen Antimonsäure (metastabile, durch Ionenaustausch hergestellte Lsgg.) u. mehrwertigen Phenolen bzw. α-Hydroxysäuren in wss. Lösung. Alle untersuchten o-Dihydroxyphenole (aufgeführt werden *Brenzcatechin* u. *3.4-Dihydroxytoluol*) bilden 1 : 1-Komplexe, ebenso *Pyrogallol,* während *Phloroglucin* offenbar nicht reagiert. Ebenso bilden *Glykolsäure, Milchsäure, Äpfelsäure, Mandelsäure, Citronensäure, Gluconsäure, α-Hydroxybuttersäure* u. *Galaktonsäuren* 1 : 1-Komplexe, während *Weinsäure* (I) einen solchen mit I : Sb = 1 : 2 bildet. Von *Thioglykolsäure* u. *Thioäpfelsäure* werden Komplexe mit Säure/Sb-Verhältnissen von 1 : 1 bzw. 2 : 3 nachgewiesen. An der Komplex-Bldg. nehmen wahrscheinlich sowohl die Carboxylgruppen als auch die α-Hydroxy- bzw. α-Sulfhydrylgruppen teil. Für einige einfachere Komplexe werden Strukturformeln vorgeschlagen. Die Komplexstabilität reicht in den meisten Fällen zur Verhinderung der Fällung koll. Antimonsäure (beim Stehen der Lsg.) u. schwerlösl.

Salze (Al-, Zn-, Hg-, Sn- u. Ag-Antimonat) aus; die Sulfidfällung wird jedoch nicht verhindert. Die Anwendbarkeit der Job-Meth. auf die untersuchten Syst. wird als möglich angesehen. H.-J. Ostmann. 266□

Chemie des Berylliums. 2. Mitt. Verbindungen von Berylliumchlorid mit Aminen. Sarju Prasad und Kashi Prasad Srivastava. (J. Indian chem. Soc. **34,** 317—20, April 1957; Varanasi, Banaras Hindu-Univ., Chem. Labor.; engl.) — 1. vgl. C. **1962,** 2292. — Durch Zugabe eines geringen Überschusses äther. Amin-Lsgg. zu einer äther. $BeCl_2$-Lsg. werden im Falle der prim. u. sek. Amine sofort, im Falle der tert. Amine erst nach Abdestillieren des überschüssigen Ae. u. 4std. Stehenlassen in sd. W. Anlagerungs-Verbb. von 2 Moll. Monoamin, bzw. 1 Mol. Diamin an 1 Mol. $BeCl_2$ dargestellt: *$BeCl_2 \cdot 2R$*, R = *o-* bzw. *p-Anisidin, o-* bzw. *p-Phenetidin, m-Toluidin, Benzylamin, α-* u. *β-Naphthylamin, Äthyl-, Benzyl-, Dimethyl-, Diäthyl-, p-Aminodiäthyl-, Äthylbenzyl-* u. *Trimethylanilin*; *$BeCl_2 \cdot R$*, R = *p-Phenylendiamin, 1.2-Naphthylendiamin, Dianisidin* u. *p-Aminodiäthylanilin.* Mit *Diphenylamin* entsteht *$2\,BeCl_2 \cdot 3(C_6H_5NHC_6H_5)$*. Die Komplexe sind farbig (ausgenommen Benzyl- u. Trimethylamin), schmelzen nicht bei Temp. $<250^0$ u. zersetzen sich bei höheren Temp. ohne zu schmelzen. Sie sind z. T. unlösl. in W., z. T. lösl. unter Aufspaltung in $BeCl_2 \cdot 4\,H_2O$ u. das entsprechende Amin. U. Skurnia. 281□

Chemie des Berylliums. 3. Mitt. Verbindungen des Berylliumchlorids mit Aminophenolen, Aminobenzoesäuren, p-Nitroanilin und 2.4-Dinitrophenylhydrazin. Sarju Prasad und Kashi Prasad Srivastava. (J. Indian chem. Soc. **35,** 653—56, Sept. 1958; engl.) — 2. vgl. vorst. Ref.; 6. vgl. C. **1962, 15153.** — Beim Mischen der äther. Lsg. von $BeCl_2$ mit Aminophenolen, Aminobenzoesäuren u. p-Nitroanilin werden die Anlagerungskomplexe *$BeCl_2 \cdot 2\,RH$*, RH = *o-* bzw. *m-Aminophenol, o-* bzw. *m-Aminobenzoesäure, p-Nitroanilin* u. *2.4-Dinitrophenylhydrazin* gebildet, die abfiltriert u. mit Ae. gewaschen werden. Die Anlagerungskomplexe reagieren mit weiterer äther. $BeCl_2$-Lsg. bei Temp., die 10—15° über dem F. des entsprechenden Liganden liegen, unter Austritt von 2 Moll. HCl u. Bindung des Be an die beiden phenol. OH- bzw. COOH-Gruppen: *$Be_2Cl_2 \cdot 2\,R$*, RH = *o-* bzw. *m-Aminophenol* u. *o-* bzw. *m-Aminobenzoesäure.* Es sind gefärbte, in Bzl., CCl_4, Ae. (ausgenommen die Komplex-Verb. mit Nitroanilin) u. PAe. unlösl., in A. lösl. Verbindungen. U. Skurnia. 281□

Über die Reaktion von Calciumorthosilicat mit Lösungen von Natriumhydroxid. M. F. Malyschew, P. W. Jaschunin und G. W. Kasabrodskaja. (Цветные Металлы [Nichteisenmetalle] **33,** Nr. 3, 43—51, März 1960; russ.) — Vgl. C. **1959,** 16128. — Die Rk. von *β-2 CaO·SiO₂* (I) mit *NaOH*-Lsgg. wurde bei 50 u. 90° untersucht. Der SiO_2-Übergang in die Lsg. hängt von der Temp., Laugen-Konz. u. Zeit ab; der größte Anteil an SiO_2 geht bei 90° in ca. 8 Std. u. einer NaOH-Konz. von ca. 250 g/Liter in Lösung. Dem Lösen geht die Bldg. eines Hydrats mit der Zus. $2\,CaO \cdot SiO_2 \cdot H_2O$ voraus. Eine direkte Abhängigkeit zwischen dem Geh. an Hydratwasser im I u. dem Übergang von SiO_2 in Lsg. wurde nicht gefunden; gleichfalls wurde keine Umwandlung von I in Tricalciumhydrosilicat beobachtet. Im Syst. I–CaO–SiO_2–Na_2O–H_2O bilden sich bei 90° u. einer NaOH-Konz. von über 300 g/Liter Na-Ca-Silicate erst nach 8—10std. Rk.-Zeit; bei 50° wurde sogar nach 24 Std. bei allen Konzz. keine Silicat-Bldg. beobachtet. J. Tůmová. 283□

Phasenumwandlungsdiagramme von RbCl–$ZnCl_2$ und CsCl–$ZnCl_2$. B. F. Markow, I. D. Pantschenko und T. G. Kosstenko. (Украинский Химический Журнал [Ukrain. chem. J.] **22,** 287—91, 1956; Inst. für allg. u. anorg. Chem. der Akad. der Wiss. der UkrainSSR; russ.) — Vgl. C. **1950/54,** 8315S. — Vff. stellen nach der visuell-polytherm. Meth. die Zustandsdiagramme der Syst. RbCl–$ZnCl_2$ (A) u. CsCl–$ZnCl_2$ (B) auf. Im Syst. A existieren die beiden kongruent schm. Verbb. *$RbCl \cdot 2\,ZnCl_2$* (F. 306°) u. *$2\,RbCl \cdot ZnCl_2$* (F. 528°). Im Syst. B werden 3 Verbb. (*$CsCl \cdot 2\,ZnCl_2$*, F. 294°; *$2\,CsCl \cdot ZnCl_2$*, F. 601°; *$3\,CsCl \cdot ZnCl_2$*, F. 560°) nachgewiesen. Bei Vgl. der Phasendiagramme der Syst. MeCl–$ZnCl_2$ (Me = Na, K, Rb, Cs) ergibt sich, daß beim Übergang Na → Cs das Kristallisationsgebiet der Verb. $2\,MeCl \cdot ZnCl_2$ einen immer breiteren Raum einnimmt u. daß der F. dieses Verb.-Typs stetig anwächst (410—446—528—601°). H.-J. Ostmann. 288□

Die Reaktionen von Metallkomplexen mit Alkylhalogeniden. 1. Mitt. Reaktionen von Halogenotriphenylphosphinquecksilber(II)- und quaternären Halogenomercurat(II)-Komplexen. G. B. Deacon und B. O. West. (J. inorg. nuclear Chem. **24,** 169—78, Febr. 1962; Univ. of Adelaide, Dep. of Phys. and Inorg. Chem.; engl.) — Vff. untersuchten die Umsetzungen von $[(C_6H_5)_3P]_2HgX_2$ (**I**) u. $[(C_6H_5)_3P \cdot HgX_2]_2$ (**II**) (X = Cl, Br oder J) sowie von quatern. Halogenomercurat(II)-Komplexen mit Methyljodid (**III**), Äthyljodid (**IV**), Jodbenzol (**V**), Äthylbromid (**VI**) u. n-Butylbromid (**VII**). $[(C_6H_5)_3P]_2 \cdot HgJ_2$ (**VIII**) u. $[(C_6H_5)_3P \cdot HgJ_2]_2$ (**IX**) reagieren mit **III** oder **IV** zu den entsprechenden *Triphenylalkylphosphoniumjodomercuraten*: $[(C_6H_5)_3P]_nHgJ_2 + n\,RJ \rightarrow [(C_6H_5)_3PR]_n \cdot$

HgJ_{n+2} (R = CH_3 oder C_2H_5, n = 1 oder 2); die Chloro- u. Bromokomplexe von **I** u. **II** ergeben mit **III** unter Halogenaustausch u. Quaternisierung die entsprechenden *Triphenylmethylphosphoniumjodomercurate* $[(C_6H_5)_3PCH_3]_nHgJ_{n+2}$. Mit **VI** reagiert weder der Bromo- noch der Jodokomplex von **I** u. **II**, auch nicht in bzw. von Lsgm., in denen die Komplexe besser lösl. sind. **VIII** reagiert mit **VII** zu $[(C_6H_5)_3P]_2HgBr_2$; zur Quaternisierung ist eine wesentlich längere Rk.-Zeit erforderlich; es entsteht dann *Tris-[triphenyl-n-butylphosphosphonium]-heptabromodimercurat(II)*, während **VIII** mit **IV** *Bis-[triphenyläthylphosphonium]-tetrajodomercurat(II)* ergibt. Mit **V** reagiert **VIII** überhaupt nicht. Halogenotriphenylphosphinquecksilber(II)-Komplexe reagieren leichter mit Alkyljodiden als mit Alkylbromiden, vermutlich weil die Bindungsenergien von C–Br größer als die von C–J u. die Jodomercuratkomplexe stabiler als Bromokomplexe sind. Für die Quaternisierung u. den Halogenaustausch werden die möglichen Rk.-Mechanismen diskutiert. Von *Triphenylmethylphosphoniumbromodijodomercurat(II)* (**X**), *Triphenylmethylphosphoniumtrijodomercurat(II)* (**XI**) u. dem partiell bromierten Prod. (**XII**) der Rk. von **XI** mit **VI** wurden die UV-Spektren in Methanol bestimmt. Das Spektrum von **X** zeigt keine Anzeichen, die auf die Ggw. des $[HgBrJ_2]^-$-Ions deuten; die Dissoziation dieses Ions $[HgBrJ_2]^- \rightleftharpoons HgJ_2 + Br^-$ muß beträchtlich sein. Die Maxima bei 261–262, 267 u. 274 mμ gleichen denen des Triphenylmethylphosphoniumkations in Äthanol. Das Spektrum von **XI** gleicht dem des Tetramethylphosphoniumtrijodomercurat(II) in Methanol; beide Komplexe besitzen ein dem $[HgJ_3]^-$-Ion zugehöriges Maximum bei 302–304 mμ. Das Spektrum von **XII** liegt zwischen denen von **X** u. **XI**, die Bande des $[HgJ_3]^-$-Ions bei ca. 300 mμ ist, wenn auch schwächer u. leicht verschoben, noch vorhanden.

Versuche: *Dijodo-bis-[triphenylphosphin]-quecksilber(II)* (**VIII**), $C_{36}H_{30}HgJ_2P_2$, F. 246–247°, durch Rk. stöchiometr. Mengen des Phosphins u. HgJ_2 in Bzl.; farbloses Pulver. — *Di-μ-jododijodo-bis-[triphenylphosphin]-diquecksilber(II)* (**IX**), $C_{36}H_{30}Hg_2J_4P_2$, F. 242°, analog vorst. Verb.; farbloses Pulver. — *Dibromo-bis-[triphenylphosphin]-quecksilber(II)*, $C_{36}H_{30}Br_2HgP_2$, F. 258–259°, a) durch Ausfällen beim Vermischen der äthanol. Lsgg. von $HgBr_2$ u. Triphenylphosphin (**XIII**); b) durch 4std. Kochen von 0,53 g **VIII** mit **VII** unter Rückfluß u. fraktionierte Kristallisation aus Aceton–A. neben krist. Verbb. unbekannter Zus. (F. 117,5–118°). Bei 2std. Erhitzen mit **VII** entsteht nur die Dibromo-Verb.; farbloses Pulver. — *Di-μ-bromodibromo-bis-[triphenylphosphin]-diquecksilber(II)*, $C_{36}H_{30}Br_4Hg_2P_2$, F. 251–252°, analog vorst. Verb. nach Verf. a); farbloses Pulver. — *Dichloro-bis-[triphenylphosphin]-quecksilber(II)*, $C_{36}H_{30}Cl_2HgP_2$, F. ca. 270°, analog vorst. Verb.; aus Aceton farblose Nadeln. — *Di-μ-chlorodichloro-bis-[triphenylphosphin]-diquecksilber(II)*, $C_{36}H_{30}Cl_4Hg_2P_2$; F. ca. 300–310°, analog vorst. Verbb.; farbloses Pulver. — *Triphenyläthylphosphoniumbromid* (**XIV**), $C_{20}H_{20}BrP$, F. 204–204,5° (aus Ae./A.), a) durch Kochen von 1,19 g **XIII** mit überschüssigem **VI**; 52% (Ausbeute); b) durch 1std. Rk. von 0,11 g Triphenyläthylphosphoniumjodid in 10 ml Aceton mit 5 ml **VI**; >90%. — *Triphenyläthylphosphoniumtribromomercurat(II)* (**XV**), $C_{20}H_{20}Br_3HgP$, F. 136,5°, durch Rk. stöchiometr. Mengen **XIV** mit $HgBr_2$ in Aceton; aus Aceton oder Aceton/A. farbloses mikrokristallines Pulver. — *Triphenylmethylphosphoniumdibromojodomercurat(II)* (**XVI**), $C_{19}H_{18}Br_2HgJP$, F. 137,5°, analog **XV** aus Triphenylmethylphosphoniumjodid (**XVII**) u. $HgBr_2$, Tafeln. — *Triphenylmethylphosphoniumbromodijodomercurat(II)* (**X**), $C_{19}H_{18}BrHgJ_2P$, F. 140°, a) analog vorst. Verb. aus **XVII**, $HgBr_2$ u. HgJ_2; b) durch 4std. Kochen von **XI** mit überschüssigem **VII** oder durch 2std. Kochen mit **VI** in Aceton; blaßgelbe, feine Nadeln. — *Triphenyläthylphosphoniumbromodijodomercurat(II)* (**XVIII**), $C_{20}H_{20}BrHgJ_2P$, F. 93–94°, aus $(C_6H_5)_3C_2H_5PBr$ u. HgJ_2; blaßgelbes Pulver. — *Triphenylmethylphosphoniumtrijodomercurat(II)* (**XI**), $C_{19}H_{18}HgJ_3P$, F. 146–146,5°, a) aus nachst. Verb. u. HgJ_2; b) durch 2std. Kochen von 0,2–1 g **IX** mit 10–30 ml **III**; c) wie b) aus $[(C_6H_5)_3PHgBr_2]_2$ u. **III** nach 1 Std.; d) wie b) u. c) aus $[(C_6H_5)_3PHgCl_2]_2$ nach 1 Std.; >90%; e) aus 0,1–0,6 g **XVI** u. 5 ml **III** in 10 ml Aceton nach 1 Std. bei 25°, 90–100%; f) wie e) aus vorst. Verb. nach $2^1/_2$std. Kochen mit **III**; gelbe Nadeln. — *Bis-[triphenylmethylphosphonium]-tetrajodomercurat(II)*, $C_{38}H_{36}HgJ_4P_2$, F. 172–173°, a) aus **XVII** u. HgJ_2; b) durch 2std. Kochen von 0,2–1 g **VIII** in 10–30 ml **III**; c) wie b) aus $[(C_6H_5)_3P]_2HgBr_2$ nach $1^1/_2$ Std.; d) wie b) u. c) aus $[(C_6H_5)_3P]_2HgCl_2$ mit **III** u. Aceton; blaßgelbe Tafeln. — *Triphenyläthylphosphoniumtrijodomercurat(II)*, $C_{20}H_{20}HgJ_3P$, F. 127,5–128°, a) aus $(C_6H_5)_3 \cdot C_2H_5PJ$ u. HgJ_2; b) aus **IX** u. **IV** nach $2^1/_2$std. Kochen; c) aus 0,1–0,4 g **XV** u. 5 ml **III** in 10 ml Aceton nach 15 Min.; d) durch Rk. von 0,1–0,4 g **XVIII** u. 5 ml **III** in 10 ml Aceton nach 1 Std. bei 25°; aus Aceton/A. gelbe Nadeln. — *Bis-[triphenyläthylphosphonium]-tetrajodomercurat(II)*, $C_{40}H_{40}HgJ_4P_2$, F. 135–136°, a) aus vorst. Verb. u. $(C_6H_5)_3 \cdot C_2H_5PJ$; b) durch 8std. Kochen von 0,96 g **VIII** mit 25 ml **IV**; 80%; blaßgelbe Tafeln. — *Tris-[triphenyl-n-butylphosphonium]-heptabromodimercurat(II)*, $C_{66}H_{72}Br_7Hg_2P_3$, F. 111

bis 112°, durch 7½std. Kochen von 0,5 g $[(C_6H_5)_3P]_2HgBr_2$ mit **VII**; aus Aceton/A. Kristalle; 0,71 g. — *Quecksilberbromidjodid*, HgBrJ, F. 212—214° (unrein), durch 10std. Kochen von $HgBr_2$ mit überschüssigem **III** u. Extraktion mit Ae.; aus Ae. gelbes Pulver. — *Triphenyläthylphosphoniumjodid*, F. 166,5—167°, a) durch 1std. Kochen von **XIV** mit **IV** in Aceton in Ggw. von 5% A.; >90%; b) durch 1std. Rk. von 0,14 g **XIV** in 10 ml Aceton mit 5 ml **III** bei 25°. P. Scharner. 290□

Untersuchungen über Festkörperreaktionen im System $BaO-Al_2O_3-SiO_2$. 1. Mitt. **Festkörperreaktionen in den Teilsystemen $BaO-Al_2O_3$, $BaO-SiO_2$ und $Al_2O_3-SiO_2$.** J. E. Planz und H. Müller-Hesse. (Ber. dtsch. keram. Ges. e. V. **38**, 440—50, Okt. 1961; Aachen, TH, Inst. für Gesteinshüttenkunde; dt.) — Vff. berichten über IR-spektroskop. u. röntgenograph. Unterss. von Festkörper-Rkk. in den Syst. *$BaO-Al_2O_3$*, *$BaO-SiO_2$* u. *$Al_2O_3-SiO_2$*. Im Syst. $BaO-Al_2O_3$ verläuft die Rk. zum *Tribariumaluminat* u. *Bariumhexaaluminat* jeweils über das *Bariummonoaluminat*. Im Syst. $BaO-SiO_2$ entstehen mit steigendem SiO_2-Geh. nacheinander folgende Phasen: *$2\,BaO \cdot SiO_2$*; *$BaO \cdot SiO_2$*; *$2\,BaO \cdot 3\,SiO_2$*; *$5\,BaO \cdot 8\,SiO_2$*; *$3\,BaO \cdot 5\,SiO_2$* u. *$BaO \cdot 2\,SiO_2$*. Im reinen Syst. *$Al_2O_3-SiO_2$* tritt erst oberhalb 1000° *Mullit* auf. Die IR-Spektren aller in diesen Syst. vorkommenden Verbb. werden angegeben. H.-G. Moslé. 294□

Untersuchungen über sogenannte Pseudoalaune. 2. Mitt. Harendra Kumar Saha. (Sci. and Cult. [Calcutta] **25**, 164—65, Aug. 1959; Calcutta, Univ., Coll. of Sci., Inorg. Chem. Labor.; engl.) — 1. vgl. C. **1962**, **2664**. — Im Phasendiagramm der Syst. $ZnSO_4-Al_2(SO_4)_3-H_2O$ bzw. $CoSO_4-Al_2(SO_4)_3-H_2O$ treten die Verbb. *$ZnSO_4 \cdot Al_2(SO_4)_3 \cdot 22\,H_2O$* u. *$CoSO_4 \cdot Al_2(SO_4)_3 \cdot 22\,H_2O$* auf; sie wurden bei 19° in Form seidiger Nadeln erhalten. Analog wurde bei 11° *$CdSO_4 \cdot Al_2(SO_4)_3 \cdot 22\,H_2O$* dargestellt.
A. Blaschette. 294□

Untersuchungen über sogenannte Pseudoalaune. 4. Mitt. Harendra Kumar Saha. (Sci. and Cult. [Calcutta] **26**, 138—39, Sept. 1960; engl.) — 2. vgl. vorst. Referat. — Im Syst. $NiSO_4-Al_2(SO_4)_3-H_2O$ wurde bei 10° die Verb. *$NiSO_4 \cdot Al_2(SO_4)_3 \cdot 22\,H_2O$* erhalten; auch das analoge *Cu(II)-Salz* konnte dargestellt werden. Die in der Natur als Halotrichit vorkommende entsprechende *Fe(II)-Verb.* krist. ebenfalls mit 22 Moll. W., nicht mit 24, wie von Occleshaw (J. chem. Soc. [London] **1925**, 2599) mitgeteilt. Alle untersuchten Verbb. sind isomorph. A. Blaschette. 294□

Das Zustandsdiagramm der Indiumbromide. Wilhelm Morawietz, Hans Morawietz und Georg Brauer. (Z. anorg. allg. Chem. **316**, 220—30, Juli 1962; Duisburg, Duisburger Kupferhütte, Abt. Forsch.; Freiburg i. Br., Univ., Chem. Labor.; dt.) — Vff. beschreiben ausführlich eine Anordnung zur gesteuerten therm. Analyse (TA) im Temp.-Bereich bis 600°. Das Zustandsdiagramm des Syst. $In-InBr_3$ wurde mit Hilfe der TA durch Aufnahme von Aufheizungs- u. Abkühlungskurven an 48 Indiumbromidproben verschiedener Zus. aufgeklärt (In mit ca. $1 \cdot 10^{-4}$% Tl). In groben Zügen erscheint das Syst. eutekt. (Eutektikale bei 185,6°) mit den Randkomponenten *InBr* (**I**, F. 285,2°) u. *$InBr_3$* (**II**, 419,7°). Als weitere Verbb. treten *$InBr_{1,40}$* (**III**, F. 234,6°), *$InBr_{1,75}$* (**IV**, 199,2°) u. *$InBr_2$* (**V**, 197,1°) auf. **IV** ist die einzige Verb. im Syst., die kein Schmelzmaximum aufweist. Aus der Form der Liquiduskurve von **II**, die sich nach tiefen Temp. asymptot. dem Verhältnis Br : In = 2 : 1 nähert, kann geschlossen werden, daß in der Schmelze eine gewisse Assoziation von In^+ u. In^{3+} zu einer Verb. $(InBr_2)_x$ vorhanden ist. **III** krist. in citronengelben, quadrat. Täfelchen; mit steigender Temp. vertieft sich die Farbe (kurz unterhalb des F.: rot); **I** ist bei Raum-Temp. rotbraun. **II**, **IV** u. **V** zeigen hexagonalen, blättchenförmigen Habitus u. sind farblos, bei höherer Temp. tritt auch hier eine Farbvertiefung nach Gelb ein. G. Gattow. 296□

Mitfällung von Thallium mit Cadmiumsulfid. G. W. Efremow und I. Ju. Andrejewa. (Вестник Ленинградского Университета, Серия Физики и Химии [Nachr. Leningrader Univ.] **13**, Nr. 2, [Ser. Physik. Chem.] Nr. 10, 117—21, 1958; russ.) — Günstigste Mitfällung von Tl mit CdS wird erreicht bei pH 5—5,6, großem CdS-Überschuß, geringer Verdünnung, niedriger Temp. (<70—80°) u. kontinuierlicher Fällung von CdS. Der Nd. soll nur kurz aufbewahrt werden, Siede-Temp. darf nicht erreicht werden. D. Hoene. 297□

Untersuchung des Systems $Tl_2SO_4-Na_2S-H_2O$ (20 und 25°) mit den Methoden der Löslichkeit, der Analyse der festen Phase und des scheinbaren Volumens des Bodenkörpers. A. I. Uljanow. (Известия Академии Наук СССР, Отделение Технических Наук [Nachr. Akad. Wiss. UdSSR, Abt. chem. Wiss.] **1961**, 385—89, März; Moskau, Kurnakow-Inst. für allg. u. anorg. Chem. der Akad. der Wiss. der UdSSR; russ.) — Das Syst. $Tl_2SO_4-Na_2S-H_2O$ wurde bei 20 u. 25° u. einem S^{2-} : Tl-Verhältnis n von 0 bis 3 untersucht. Als einzige Verb. tritt Tl_2S auf. Obwohl im scheinbaren Bodenkörper sich zeitweise ein anderes Verhältnis einstellt, erreicht dieses nach einiger Zeit Maximalwerte von n = 0,5—0,6. Damit beweist Vf., daß Verbb. vom Typ Tl_8S_7, Tl_6S_7, Tl_4S_5, Tl_2S_5, Tl_2S_3 u. Tl_2S_2 nicht existieren. W.-D. Heußner. 297□

Chemie des Thoriums. 3. Mitt. Substitutionsreaktionen von Thorium(IV)-chlorid mit einigen organischen Säuren. Sarju Prasad und Suresh Kumar. (J. Indian chem. Soc. **39**, 444—46, Juli 1962; Varanasi, Banaras Hindu Univ., Chem. Labor.; engl.) — 2. vgl. C. **1962**, 15885. — Vff. untersuchen die Substitutions-Rkk. von $ThCl_4$ mit einfachen u. substituierten Carbonsäuren. Äther. Suspensionen der Säuren werden mit einer äther. Lsg. von $ThCl_4$ langsam auf 15—25° oberhalb des F. der Säuren erhitzt. Folgende Säuren werden untersucht: Laurin-, Myristin-, Palmitin-, Stearin-, Bernstein-, Adipin-, Sebacin-, Phthal-, Äpfel-, Salicyl-, Wein-, Citronen-, Croton- u. Zimtsäure. Die Eigg. der erhaltenen Prodd. werden untersucht, ihre Struktur wird diskutiert. J. Peters. 324□

Reduktion von Organozinnhalogeniden mit amalgamiertem Aluminium und Wasser. G. J. M. van der Kerk, J. G. Noltes und J. G. A. Luijten. (Chem. and Ind. **1958**, 1290—91, 4/10.; Utrecht, T.N.O., Inst. for Organ. Chem.; engl.) — Durch tropfenweise Zugabe von W. zu Gemischen aus amalgamiertem Al u. Organozinnhalogeniden in Ae., PAe. oder Cyclohexan werden bei 10° in 6—8 std. Rk. in guten Ausbeuten *Organozinnhydride* erhalten. Der Rk.-Verlauf hängt von der Qualität des Al ab. Bei Verw. von reinem Al (0,001—0,003% Si u. 0,001—0,002% Mg) werden z. B. 65% $(n\text{-}C_3H_7)_3SnH$ gebildet, ein Geh. an 0,7% Fe, 0,2% Si u. 0,002% Mg verschlechtert die Ausbeute auf 40%, in Ggw. von 1% Si u. 0,8% Mg findet keine Rk. statt. Zn an Stelle von Al ist wirkungslos. $(n\text{-}C_4H_9)_3SnCl$ liefert maximal 60% $(n\text{-}C_4H_9)_3SnH$. Die Ausbeuten an $(C_2H_5)_3SnH$ liegen unerwartet niedrig (ca. 30%). $(C_6H_5)_3SnH$ kann bis 56% erhalten werden. $(n\text{-}C_3H_7)_2SnCl_2$ ließ sich nicht umsetzen. L. Lamza. 327

Darstellung von Tropyliumzinnchlorid durch eine Hydrid-Chlorid-Austauschreaktion. D. Bryce-Smith und N. A. Perkins. (Chem. and Ind. **1959**, 1022, 8/8.; Reading, Berks., Univ., Chem. Dep.; engl.) — Cycloheptatrien (I) reagiert mit tert.-Butylchlorid (II) in Ggw. von $SnCl_4$ unter Bldg. von *Ditropyliumzinnhexachlorid* (**III**). Bei Einw. von NaOH auf **III** wird *Ditropyläther* gebildet. Bei Verw. von $TiCl_4$ (an Stelle $SnCl_4$) wird ein wasserlösl. *Tropyliumsalz* erhalten.

Versuche: *Ditropyliumzinnhexachlorid*, $C_{14}H_{14}Cl_6Sn$, F. 252° (Zers.), durch Zugabe (in 25 Min.) von 0,11 Mol $SnCl_4$ zu 0,30 Mol **I** u. 0,25 Mol **II** in Hexan bei 68° (Innen-Temp.), 5 std. Rühren, Waschen des braunen Nd. mit Hexan u. Soxhlet-Extraktion mit Ae. bis zur Farblosigkeit; 33,2% (Ausbeute). — *Ditropyläther*, $C_{14}H_{14}O$, Kp.$_2$ 115 bis 116°, durch 1½ std. Schütteln von **III** mit 2n NaOH u. Extraktion mit Pentan; n_D^{20} 1,5768; 25,5%. L. Lamza. 327

Thermogravimetrische Untersuchung von Hydratationsisomeren. D. Király, K. Zalatnai und M. T. Beck. (J. inorg. nuclear Chem. **11**, 170—72, 1959; Szeged, Hungary, Univ., Inst. of Inorg. and Analyt. Chem.; engl.) — Vff. untersuchten thermogravimetr. die Hydratationsisomeren $[Cr(H_2O)_6]Cl_3$ (**I**), $[Cr(H_2O)_5Cl]Cl_2 \cdot H_2O$ u. $[Cr(H_2O)_4 \cdot Cl_2]Cl \cdot 2\,H_2O$ mit Hilfe einer Torsionswaage im Vakuum u. bei Atmosphärendruck. **I** ist am stabilsten (Beginn der Zers. bei 100°). Wenn sich Cl in der Koordinationssphäre befindet, nimmt die therm. Stabilität ab. Das Endprod. der therm. Zers. ist *CrOCl*. D. Hoene. 335□

Verdrängungsreaktionen am Benzoldiphenylchrom. Fr. Hein und Kl. Kartte. (Z. anorg. allg. Chem. **307**, 22—37, 1960; Jena, Friedrich-Schiller-Univ., Inst. für anorg. Chem.; Dt. Akad. der Wiss. zu Berlin, Forsch.-Stelle für Komplexchem.; dt.) — Eine Reihe von Verdrängungs-Rkk. werden bei therm. Umsetzungen zwischen Aromatenkomplexen von Cr(0) mit verschiedenen aromat. KW-Stoffen bei Ggw. von $AlCl_3$ nachgewiesen. Dabei bleibt die „Sandwich"-Komplexstruktur erhalten. Die Umsetzungen werden unter Einschränkungen als Gleichgewichts-Rkk. aufgefaßt. Der Rk.-Ablauf ist abhängig von der ligandlockernden Wrkg. des $AlCl_3$, von der Konz. der Reaktanten und der relativen Stabilität der Komplexe. Die folgenden Rkk. wurden untersucht: Benzoldiphenylchrom (I) u. Diphenyl ergaben Bis-[diphenyl]-chrom (II) in einer Menge von 87% der Theorie. **I** u. Bzl. ergaben Dibenzolchrom (**III**; 50%). Aus **III** u. einem großen Überschuß an Diphenyl entstand **II** (ca. 40%). Bei längerem Erhitzen von **I** mit $AlCl_3$ entstehen **II** u. **III**. Beim Umsetzen von **I** mit Mesitylen, Tetralin u. p.p'-Ditolyl erfolgte glatte Verdrängung der Liganden in **I**. Die neuen Komplexe werden meist in Form der Jodide oder anderer schwerlösl. Verbb. isoliert u. oft durch Papierchromatogramme identifiziert.

Versuche: *Bis-[diphenyl]-chrom(0)*, a) aus $CrCl_3$, Al-Pulver, $AlCl_3$ u. Diphenyl in Anlehnung an die Vorschrift von Fischer u. Seus (vgl. C. **1960**, 3809) als Cu-bronzeähnliche Blättchen; b) Isolierung als *Jodid* (**IV**), $C_{24}H_{20}CrJ$, F. 153° (A.), durch Mischen von 0,84 g **I**, 1,2 g reinstem $AlCl_3$ u. 3,2 g Diphenyl in einer App. unter N_2, Erwärmen auf dem Ölbad zunächst auf 60—70°, dann auf 115° im Ölpumpenvakuum (10^{-1} bis 10^{-2} Torr), Zers. der dunkelroten, erkalteten Schmelze mit halbkonz. NaOH, Zerreiben in einer Reibschale an der Luft, Versetzen der filtrierten Lsg. mit KJ; feinkrist. orangerotes Prod.; 67% (Ausbeute); c) Isolierung als *Tetraphenylborat*, $C_{48}H_{40}BCr$, durch Zugabe von Kalignost statt KJ bei der Darst. der vorst. Verb.; quittegelber Nd.; 82%. — *Dibenzolchrom*, Isolierung als *Trijodid*, $C_{12}H_{12}CrJ_3$, a) durch Erhitzen von 0,64 g **I** in 30 ml Bzl. mit 1,0 g $AlCl_3$ am Rückfluß (1 Std.), Zers. mit Eis/NaOH, Abtrennen der Benzolschicht, Versetzen der wss., mit CH_3COOH angesäuerten Lsg. mit KJ_3; braungelbes Prod.; 48,3%; b) aus 0,42 g **IV**, $AlCl_3$ u. Bzl. analog Vorst.; 51,3%. — *Dimesitylenchromjodid*, $C_{18}H_{24}CrJ$, aus 0,6 **I** u. 20 ml Mesitylen sowie 0,85 g $AlCl_3$ durch Erhitzen auf 130° unter N_2, bis Bodenkörper in tiefrotes Öl übergeht; nach Zersetzen mit NH_3 + Eis u. Filtrieren wurde die wss. Phase mit Na_2SO_3-Lsg. u. festem KJ versetzt; eigelbe Kristalle; Ausbeute 0,62 g; nach Umkristallisieren aus A. hellorangefarben; in Methanol mit Isobutanol/W. R_F 0,58. — *Bis-[tetralin]-chromjodid*, $C_{20}H_{24}CrJ$, aus **I** u. Überschuß von $AlCl_3$ u. Tetralin durch 1 std. Erhitzen auf 120° u. Zersetzen mit Eis/NH_3, Versetzen der wss. Phase mit KJ; gelborangefarben; R_F 0,52. — *Bis-[ditolyl]-chromjodid*, $C_{28}H_{28}CrJ$, F. 125°, aus **I** u. 5—10fachem molarem Überschuß von p.p'-Dimethyldiphenyl u. $AlCl_3$ durch Erhitzen auf 118—120° (25 Min.), Zers. der rotbraunen Schmelze, Zugabe von KJ, Ausschütteln der wss. Lsg. mit Chlf. u. Aufnehmen mit wenig A.; braune Kristalle; R_F 0,85. — *Bis-[ditolyl]-chromtetraphenylborat*, $C_{52}H_{48}BCr$, aus 0,44 g **I**, 0,8 g $AlCl_3$ u. 2,0 g Ditolyl analog Vorst., Zugabe von Kalignost, gelbbrauner Nd.; 82%.
H.-J. Hartmann. 335□

Einige Untersuchungen über durch Ionenaustausch hergestellte Wolframsäure. E. Richardson. (J. inorg. nuclear Chem. **12**, 79—83, 1959; Whitehaven, Cumberland, Whitehaven Coll. of Further Educ.; engl.) — Vf. stellte gelbe, klare Wolframsäure-Lsgg. durch Ionenaustausch von $Na_2WO_4 \cdot 2\,H_2O$ an Zeocarb 225 her. Die Säure zersetzte sich rasch zu fester weißer Wolframsäure. In den konduktometr. u. potentiometr. Titrationskurven erscheinen Knickpunkte bei den Na:W-Verhältnissen 1:2 u. 2:1. Wahrscheinlich handelt es sich um eine *Hexawolframsäure*, $H_3[H_3W_6O_{21}]$. Der Einfl. von Polyhydroxy-Verbb. auf die elektr. Leitfähigkeit wurde an *Mannit*, *Erythrit*, *Inosit* u. *Glucose* untersucht. Mannit bewirkt anfänglich eine geringere, nach einem Tag eine stärkere Abnahme der Leitfähigkeit. D. Hoene. 337□

Reaktionen von Wolfram(VI)-oxidtetrachlorid mit Phenolen und Nitrophenolen. Sarju Prasad und K. S. R. Krishnaiah. (J. Indian chem. Soc. **38**, 400—02, Juli 1961; Varanasi, Banaras Hindu Univ., Chem. Labor.; engl.) — Die Rk. von 1 Mol. $WOCl_4$ mit 4 Moll. Monohydroxy- bzw. 2 Moll. Dihydroxy- oder Trihydroxyphenol führt zu den entsprechenden Phenoxiden, die gefärbt sind u. sich beim Erhitzen ohne scharfen F. zersetzen. Sie sind unlösl. in den üblichen organ. Lsgm., ausgenommen A. u. Aceton, in denen sie wenig lösl. sind. Die in trockener Atmosphäre sehr beständigen Verbb. hydrolysieren langsam in kochendem W. u. verd. alkal. Lösung. Die nachst. Verbb. werden durch Lösen der Phenole oder Nitrophenole in Bzl., Zugabe von $WOCl_4$ in CS_2 u. Erhitzen auf dem Wasserbad (bei den fl. oder niedrigschm. Phenolen) oder auf dem Ölbad (Bad-Temp. 10—15° über dem F. des entsprechenden höher schm. Phenols) bis zur Beendigung der HCl-Entw. dargestellt: WOR_4, RH = *Phenol*, schmutziggrün; *α-Naphthol*, schwarz; *β-Naphthol*, hellgelb; *o-Kresol*, grau; *m-Kresol*, gelbgrün; *p-Kresol*, gelbbraun; *o-Nitrophenol*, braun; *m-Nitrophenol*, dunkelbraun; *p-Nitrophenol*, braunschwarz; *1-Nitroso-2-naphthol*, glänzend schwarz; *2.4-Dinitrophenol*, braunschwarz; *2.4-Dinitro-α-naphthol*, schwarz; WOR_2, RH = *Resorcin*, braun, *Brenzcatechin*, *Hydrochinon*, *Orcin* u. *Pyrogallol*, schwarz; *Phloroglycin*, braun. U. Skurnia. 337□

Verbindungen von sechswertigem Uran. 1. Mitt. **Uranylalkoxide und Uranhexaalkoxide.** D. C. Bradley, Amar K. Chatterjee und Amiya K. Chatterjee. (J. inorg. nuclear Chem. **12**, 71—78, 1959; London, Birkbeck Coll.; engl.) — Vff. stellten verschiedene Uranylalkoxide her: $UO_2(OCH_3)_2 \cdot CH_3OH$ durch Rk. von Uranylchlorid (**I**) mit methanol. $LiOCH_3$, $UO_2(OC_2H_5)_2 \cdot 2\,C_2H_5OH$ entsprechend mit $LiOC_2H_5$, *Uranylisopropoxid-1-Isopropanol* durch Einw. von Dipyridiniumuranylchlorid, $(C_5H_6N)_2 \cdot UO_2Cl_4$ (**II**), u. NH_3 auf Isopropanol oder durch Rk. von NaO-iso-C_3H_7 mit **I**, *Uranylisoamyloxid* durch Einw. von Isoamylalkohol u. NH_3 entweder auf **I** oder auf **II**. Bei der Unters. der Einw. verschiedener Alkohole auf Uranylmethoxid wurden mittels Äthanol, n-Propanol, Isobutanol, Isoamylalkohol u. tert. Amylalkohol die entsprechenden Uranylalkoxide, mittels Isopropanol, sek.- u. tert.-Butanol neben Uranylalkoxiden durch Disproportionierung auch *Uranhexaalkoxide* erhalten. *Uranhexa-tert.-butoxid* ist gegen Hydrolyse bes. resistent. D. Hoene. 339□

Natriumcarbonatoplutonate. 2. Mitt. A. D. Gelman und L. M. Saitzew. (Журнал Неорганической Химии [J. anorg. Chem.] **3**, 1551—54, Juli 1958; russ.) — 1. vgl. Журнал Неорганической Химии [J. anorg. Chem.] **3**, [1958], 1304. — Durch Zusetzen von 55—60% ig. A. zu einer $Pu(C_2O_4)_2$-Lsg. in 18% ig. Na_2CO_3-Lsg. fällt $Na_4[Pu(CO_3)_4]\cdot 3\,H_2O$ aus. Aus 20% ig. Na_2CO_3-Lsg. krist. bei Zusatz von 45—50% ig. A. schwachgrünes $Na_6[Pu(CO_3)_5]\cdot 2\,H_2O$ aus. Durch langsames Eindunsten von Pu-Lsg. in 18—20% ig. Na_2CO_3-Lsg. bei Zimmer-Temp. entsteht grünes $Na_6[Pu(CO_3)_5]\cdot 4\,H_2O$. Else Heinemann. 343

Gemischte Oxalato-Carbonatoverbindungen von Plutonium(IV). 3. Mitt. A. D. Gelman und L. M. Saitzew. (Журнал Неорганической Химии [J. anorg. Chem.] **3**, 1555—64, Juli 1958; russ.) — 2. vgl. vorst. Referat. — Auf Zusatz von 80—85% ig. A. fällt aus einer $Pu(C_2O_4)_2$-Lsg. in 10% ig. K_2CO_3-Lsg. $K_2[P(CO_3)_2C_2O_4]\cdot nH_2O$, in 10% ig. Na_2CO_3-Lsg. $Na_4[Pu(CO_3)_2(C_2O_4)_2]\cdot 3(n)\,H_2O$, in 15% ig. K_2CO_3-Lsg. $K_4[Pu(CO_3)_2C_2O_4]\cdot nH_2O$, in K_2CO_3-Lsg. (Überschuß) $K_4[Pu(CO_3)_4]\cdot nH_2O$, in 18% ig. Na_2CO_3-Lsg. $Na_4\cdot[Pu(CO_3)_4]\cdot 3\,H_2O$, in 20% ig. K_2CO_3-Lsg. $K_6[Pu(CO_3)_5]\cdot(3-4)\,H_2O$, in 20% ig. Na_2CO_3-Lsg. $Na_6[Pu(CO_3)_5]\cdot 4\,H_2O$, in 20% ig. K_2CO_3-Lsg. + $H_2C_2O_4$ $K_6[Pu(CO_3)_3(C_2O_4)_2]\cdot nH_2O$, in 30—40% ig. K_2CO_3-Lsg. $K_8[Pu(CO_3)_6]\cdot nH_2O$, in 45% ig. K_2CO_3-Lsg. + $H_2C_2O_4$ $K_{10}[Pu(CO_3)_4(C_2O_4)_3]\cdot nH_2O$, in 50% ig. K_2CO_3-Lsg. $K_{12}[Pu(CO_3)_8]\cdot nH_2O$, in 50% ig. K_2CO_3-Lsg. + $H_2C_2O_4$ $K_{12}[Pu(CO_3)(C_2O_4)_7]\cdot nH_2O$. Durch Leitfähigkeitsmessungen u. kryoskop. Unters. (in W.) wird die komplexe Natur dieser Verbb. bewiesen. Else Heinemann. 343

Über den Einfluß der Feuchtigkeit auf die Oxydation von Manganhydroxid durch molekularen Sauerstoff. W. Feitknecht, P. Brunner und H. R. Oswald. (Z. anorg. allg. Chem. **316**, 154—60, Juli 1962; Bern, Univ., Inst. für anorg., analyt. u. phys. Chem., Labor. für Elektronenmikroskop.; dt.) — $Mn(OH)_2$ (**I**) wurde unter Ausschluß von O_2 aus $MnCl_2$-Lsg. (0,2m) mit der äquivalenten Laugenmenge bei Raum-Temp. gefällt, gewaschen, isoliert u. an der Luft unter konst. Wasserdampfpartialdruck getrocknet. Die Rk.-Prodd. wurden chem., röntgenograph. u. im Elektronenmikroskop untersucht. **I** oxydiert sich bei einer Luftfeuchtigkeit von 13—35% nach 2—3 Tagen topochem. zu plättchenförmigem β-MnOOH (**II**), bei Luftfeuchtigkeiten $>45\%$ bereits nach 1 Tag zu einem Gemenge von **II** u. Hausmannit, Mn_3O_4 (**III**). **II** verändert sich bei Feuchtigkeitsgraden $<35\%$ nicht, bei 86% entsteht jedoch nach 2 Wochen nadelförmiges γ-MnOOH (**IV**), das sich ebenfalls aus dem Gemenge von **II** u. **III** nach einiger Zeit bildet. **III**, das durch Oxydation von **I** in wss. Suspension mit O_2 bei 100° hergestellt wurde, wird auch bei wochenlangem Lagern an feuchter Luft nicht zu **IV** oxydiert. Aus den Ergebnissen folgern Vff., daß der früher als Verb. variabler Zus. beschriebene „Hydrohausmannit" ein Gemenge von **II** u. **III** mit wechselnder Zus. ist. G. Gattow. 350□

Absorptionsspektren und chemisches Verhalten mehrkerniger Carbonylferrate. 122. Mitt. **über Metallcarbonyle.** W. Hieber und H. Beutner. (Z. Naturforsch. **17b**, 211—16, April 1962; München, TH, Anorg.-Chem. Labor.; dt.) — 121. vgl. C. **1963**, 1196. — Vff. nahmen die Absorptionsspektren alkal. Lsgg. des Nitrosyltricarbonylferratanions u. von Carbonylferratanionen auf u. stellten bei den letzteren eine der Farbvertiefung parallel gehende Verschiebung ihrer charakterist. Absorptionsmaxima nach längeren Wellen fest; $[Fe(CO)_3NO]^-$ ($\lambda_{max.}$) 373 nm, (log $\varepsilon_{mol.}$) 2,90; $[Fe(CO)_4]^{2-}$ <330 nm; $[Fe_2(CO)_8]^{2-}$ 347 nm, 3,95; $[Fe_3(CO)_{11}]^{2-}$ 485 nm, 3,50; $[Fe_3H(CO)_{11}]^-$ 540 nm, 3,35; $[Fe_4(CO)_{13}]^{2-}$ 500 nm, 3,65; $[Fe_4H(CO)_{13}]^-$ 530 nm (?). Auf Grund dieser Spektren diskutieren Vff. die Vorgänge in angesäuerten Lsgg. von $[Fe_3(CO)_{11}]^{2-}$, $[Fe_4(CO)_{13}]^{2-}$ u. $[Fe_2(CO)_8]^{2-}$, die Vorgänge bei der Basen-Rk. von $Fe_2(CO)_9$ u. die Abbau-Rkk. mehrkerniger Carbonylferrate. Unter CO-Druck im Autoklaven lassen sich sämtliche mehrkernigen Carbonylferrate quant. zu $[Fe(CO)_4]^{2-}$ abbauen. Erhitzt man die alkal. Lsgg. ohne CO-Druck, so beobachtet man die Bldg. von $[Fe(CO)_4]^{2-}$ u. eines höherkernigen Carbonylferrats bzw. $Fe(OH)_2\cdot aq$. Dabei erscheint das Bestreben mehrkerniger Carbonylferrate, in die Endstufen mit Fe der Oxydationsstufe $+2$ u. -2 zu disproportionieren, sehr charakteristisch. Die bei niedrigeren Temp. zunächst stattfindende Disproportionierung unter Bldg. eines höherkernigen Anions u. $[Fe(CO)_4]^{2-}$ tritt dabei mit zunehmender Temp. in den Hintergrund. Das vierkernige Anion $[Fe_4(CO)_{13}]^{2-}$ wird infolge seiner großen Stabilität bei 100° nur teilweise abgebaut. In angesäuerten Lsgg. findet man stets $[Fe_3(CO)_{11}H]^-$.

Versuche: *Hexammineisen(II)-oktacarbonyldiferrat*, $[Fe(NH_3)_6][Fe_2(CO)_8]$, aus 5 ml $Fe(CO)_5$ durch ca. 6std. Schütteln mit 300 ml konz. NH_3 u. 2,6 g $NH_2OH \cdot HCl$, Abfiltrieren des roten Nd., Waschen mit konz. NH_3 u. Trocknen im Hochvakuum; hellrote, kristalline, pyrophore Substanz, die bei Raum-Temp. unter N_2 NH_3 verliert, in abs. Methanol, Aceton u. fl. NH_3 sehr mäßig, in konz. NH_3 nicht lösl. ist u. mit H_2O unter Bldg. von $[Fe_2(CO)_8]^{2-}$, NH_4^+, $Fe(OH)_2$ u. NH_3 hydrolysiert; 42,6% Ausbeute (aus dem Filtrat des ersten Nd. lassen sich nach 4 Tagen weitere 6,5% gewinnen).
Gerhard Schulze. 354□

Über Hydroxoniccolate(II) und Hydroxocobaltate(II). R. Scholder und E. Giesler. (Z. anorg. allg. Chem. **316**, 237—46, Juli 1962; Karlsruhe, TH, Inst. für Anorg. Chem.; dt.) — $Ba_2[Ni(OH)_6]$ (**I**) wurde durch Zugabe von $Ni(ClO_4)_2$- u. $Ba(ClO_4)_2$-Lsgg. zu ca. 45%ig. wss. sd. NaOH oder durch Einw. sehr konz., sd. wss. $Ba(OH)_2$-Lsg. auf $Ni(OH)_2$ u. anschließender Nachbehandlung mit CH_3OH hergestellt. Die Darst. von $Sr_2[Ni(OH)_6]$ (**II**) erfolgt in analoger Weise, jedoch ist hier nur 21%ig. wss. NaOH notwendig. **I** stellt ein hellgrünes bis gelbgrünes mikrokristallines Pulver dar u. gibt bei 245° genau 1 Mol H_2O unter Bldg. von NiO + 2 $Ba(OH)_2$ ab. Die Entwässerung des sehr feinkristallinen graugrünen **II** erfolgt im untersuchten Temp.-Bereich (213—380°) nahezu kontinuierlich. **I** u. **II** zersetzen sich mit W. bei Raum-Temp.; **II** jedoch langsamer als **I**. Blaßgrünes $Na_2[Ni(OH)_4]$ (**III**) entsteht bei der Umsetzung von $Ni(OH)_2$ mit sd. wss. NaOH im Konz.-Bereich von 61,5—76,8% u. wird durch W. u. CH_3OH rasch zersetzt; es ist jedoch gegen Isoamylalkohol beständig. Je nach der Herst.-Temp. erhält man die mikrokristalline Tieftemp.-Modifikation (<115°) oder die Hochtemp.-Modifikation (>120°) in Form sechseckiger Blättchen; eine Umwandlung von Tief-**III** in Hoch-**III** ist vermutlich nur unter konz. NaOH möglich. In analoger Weise (>160°) konnte erstmalig die Hochtemp.-Modifikation von $Na_2[Co(OH)_4]$ (**IV**) als braunviolettes Pulver erhalten werden. Die Debye-Diagramme von Tief-**III** u. Tief-**IV** sowie von Hoch-**IV** u. Hoch-**III** stimmen weitestgehend überein. Folgende Löslichkeiten (in g/100 g Lsg.) wurden in 50%ig. NaOH bestimmt: Hoch-**IV** 0,098 ± 0,008 (bei 20°); Tief-**IV** 0,190 ± 0,006 (20°); $Co(OH)_2$ 0,253 ± 0,002 (20°) u. 1,296 ± 0,004 (120°). Die Darst. von grobkristallinem $Ni(OH)_2$ in Form sechseckiger, dünner Plättchen durch Hydrolyse von Hoch-**III** wird beschrieben. G. Gattow. 356

Chemie der vic.-Dioxime. 26. Mitt. **4-Carboxy-1.2-cyclohexandiondioxim-Komplexe von Nickel(II) in alkalischen Medien.** Charles V. Banks und J. P. Laplante. (Analytica chim. Acta [Amsterdam] **27**, 80—89, Juli 1962; Ames, Iowa, Iowa State Univ., Inst. for Atomic Res. and Dep. of Chem.; engl.) — 22. vgl. C. **1959**, 15927; 23. vgl. Analytica chim. Acta [Amsterdam] **19**, [1958], 531; 24. vgl. C. **1960**, 1963; 25. vgl. C. **1960**, 6943. — Photometr. Unterss. der Rk. von 4-Carboxy-1.2-cyclohexandiondioxim (H_3D) u. Ni(II) in alkal. Lsg. lassen das Auftreten eines 1:1-Komplexes, NiD^-, erkennen. Messungen der magnet. Susceptibilität an einer Reihe von Lsgg. mit verschiedenen Mischungsverhältnissen der Reaktanten zeigen, daß das 1:1-Komplexion diamagnet. ist u. daß zwei weitere paramagnet. Komplexe der wahrscheinlichen Zus. NiD_2^{4-} u. NiD_3^{7-} in der Lsg. enthalten sind. Die Stabilitäts-Konst. der drei Komplexe wurden aus den photometr. u. magnet. Meßwerten berechnet, sie betragen $\log K_1$ = 28,74 ± 0,60, $\log K_2$ = 0,76 ± 0,15 u. $\log K_3$ = 3,67 ± 0,73. Gerhard Schulze. 356□

Zur Carbonylierung von Bis-[π-allylnickelbromid] und Allylhalogeniden. Ernst Otto Fischer und Gert Bürger. (Z. Naturforsch. **17 b**, 484—85, Juli 1962; München, Univ., Inst. für Anorg. Chem.; dt.) — Vgl. C. **1961**, 12021 u. C. **1962**, 4467. — Durch mehrstd. Umsetzung von $[C_3H_5NiBr]_2$ unter erhöhtem Druck bei ca. 100° im Autoklaven in Methanol mit CO erhielten Vff. $Ni(CO)_4$ u. schwach grüngefärbte Lsgg., in denen gaschromatograph. Methanol, etwas Allylbromid u. Methacrylsäuremethylester (**I**) neben polymeren Prodd. gefunden wurden. Crotonsäuremethylester (**II**) wurde nicht nachgewiesen. Ergänzende CO-Druck-Rkk. in Methanol mit Allylchlorid u. Allylbromid unter $Ni(CO)_4$-Katalyse ergaben, daß fast ausschließlich **I** neben äußerst geringen Mengen **II** entsteht. Da sowohl das Syst. $[C_3H_5NiBr]_2/CO/CH_3OH$ als auch die Umsetzung C_3H_5Cl bzw. $C_3H_5Br/CO/CH_3OH$ unter $Ni(CO)_4$-Katalyse in erster Linie zu **I** als Hauptprod. führt, folgern Vff., daß die Bis-[π-allylnickelhalogen]-Komplexe als mögliche katalyt. Zwischenstufe der Carbonylierung von Allylhalogeniden durch $Ni(CO)_4/CO$ aufzufassen sind. Vff. nehmen eine nucleophile Addition des CO am C-Atom 2 des Allylrestes, eine H-Wanderung sowie ROH-Anlagerung an. Gerhard Schulze. 356□

Diphenylcarbazidkomplexe des Kupfers. S. P. Thakur und B. C. Haldar. (Sci. and Cult. [Calcutta] **27**, 89—90, Febr. 1961; Ahmedabad, Gujarat Coll., Chem. Dep.; Bombay, Inst. of Sci., Inorg. Chem. Labor.; engl.) — Die Struktur der bei den Rkk. von Diphenylcarbazid (H_2X), bzw. Diphenylcarbazon (H_2Y) mit $CuSO_4$ sowie

H_2X mit Cu-Acetat in wss. Lsg. entstehenden unlösl. Ndd. wird spektrometr. nach der Meth. der kontinuierlichen Variation u. mit Hilfe von magnet. Messungen untersucht. Für die Komplexe ergeben sich auf Grund der Absorptionsmessungen die Zus. $Cu(HX)_2$, $Cu(HY)_2$, $Cu_3(CH_3COO)_2(X$ bzw. $Y)$ (**I**). Sie sind in Aceton u. in Chlf. lösl., die opt. Dichte der Lsgg. verändert sich stark mit der Zeit, nach ca. 48 Std. wird die Extinktion (E) konstant. Für die mol. E wurden die Werte 2045 (bei 530—540 mμ) bzw. 2596 (525 mμ) bzw. 1525 (530 mμ) cm^{-1} gemessen. Die paramagnet. Momente betragen 1,85 [$Cu(HX)_2$] bzw. 2,01 [$Cu(HY)_2$] Bohrsche Magnetone. Der in essigsaurer Lsg. mit H_2X bzw. H_2Y gebildete Komplex ist ebenfalls paramagnet., sein Moment läßt auf die Anwesenheit eines ungepaarten Elektrons schließen. Wahrscheinlich enthält er ein zweiwertiges u. zwei einwertige Cu-Atome, so daß ihm die Struktur I zugeschrieben werden könnte, in der beide substituierbaren H-Atome des H_2X bzw. H_2Y fehlen.

W. Betcke. 358□

Einige Eigenschaften von Kupfer(II)-α-Aminosäurechelaten. Eine Untersuchung der Löslichkeit und der Spektren im sichtbaren und Infrarot-Bereich in Beziehung zur Kristallstruktur. D. P. Graddon und L. Munday. (J. inorg. nuclear Chem. **23**, 231—44, Dez. 1961; Sydney, Univ. of New South Wales, Inorg. Chem. Dep.; Birkenhead, England, Techn. Coll.; engl.) — Vgl. Chem. and Ind. **1959**, 122. — Die Löslichkeit von 1:2-Chelaten des Cu(II) mit *Glycin, α-Alanin, α-Amino-n-buttersäure, Norvalin, Norleucin, α-Amino-n-octancarbonsäure, α-Aminoisobuttersäure, Valin, Leucin, Cyclopentan-, Cyclohexan-, 2-Methylcyclohexan-, 2-Äthylcyclohexan-* u. *2-n-Propylcyclohexan-1-amino-1-carbonsäure* in W. wird gemessen u. deren Absorptionsspektren im sichtbaren u. IR-Bereich werden mitgeteilt. Die angegebenen Chelate lassen sich auf Grund dieser Unterss. in 3 Gruppen einteilen, die sich in der Koordinationssphäre des Cu-Atoms unterscheiden: 1. die hydratisierten Verbb. einfacher α-Aminosäuren, die leichtlösl. sind u. bei denen die 6er-Koordination des Cu(II) durch Aufnahme von H_2O-Moll. erreicht wird; 2. Bis-[α-amino-n-butyrato]-kupfer(II) u. dessen höhere Homologe, die in W. schwer lösl. sind u. aus wss. Lsg. wasserfrei krist.; die 6er-Koordination der Cu(II) wird wahrscheinlich durch schwache intermol. C=O···Cu-Bindungen erreicht; 3. Bis-[α-aminoisobutyrato]-kupfer(II) u. Bis-[cyclopentan-1-amino-1-carboxylato]-kupfer(II), die sehr lösl. in W. sind u. aus wss. Lsg. wasserfrei in Form von violetten Platten krist.; auf Grund der Absorptionsspektren im sichtbaren Bereich wird geschlossen, daß die Cu(II) eine ebene 4er-Koordination besitzen. Mögliche Strukturen für die schwerlösl., hydratisierten, in 2-Stellung substituierten Bis-[cyclohexan-1-amino-1-carboxylato]-kupfer(II)-Chelate werden diskutiert; sie nehmen eine Mittelstellung zwischen den 1. beiden Typen ein.

U. Skurnia. 358□

A_9. Mineralogische und geologische Chemie

Die Häufigkeit der chemischen Elemente. Hans E. Suess. (Annu. Rep. Board Regents Smithsonian Instn. **1958**, 307—18; La Jolle, Calif., Univ. of California; engl.) — Vgl. C. **1959**, 737.

C. Gottfried. 378

Graphische und algebraische Lösungen zum Problem der diskordanten Blei-Uran-Altersbestimmung. L. R. Stieff und T. W. Stern. (Geochim. cosmochim. Acta [London] **22**, 176—99, März 1961; Washington, D.C., U. S. Geol. Surv.; engl.) — Die Berechnung des Alters von *U*-führenden Mineralien wird nach der Meth. von Wetherill auf Grund graph. Aufzeichnung des Verhältnisses $^{207}Pb/^{208}Pb$, bei Ggw. von *Th* auch des Verhältnisses $^{207}Pb/^{206}Pb$ durchgeführt.

R. G. Kaiser. 378□

Das Problem des Alkalihaushalts im Orogen. K. R. Mehnert. (Geol. Rdsch. **50**, 124—31, 1960; Berlin, FU, Miner. Inst.; dt.) — Bei der Metamorphose, bei der sich Rkk. zwischen festen Phasen abspielen, bleibt der Alkali-Geh. bis zu verhältnismäßig hohen Temp. im Gestein erhalten. Eine Wanderung der Alkalien auf größere Entfernungen tritt durch hydrothermale Lsgg. oder durch Bldg. anatekt. Schmelzen ein. Die prim. hohen Na-Geh. in den Biotit–Plagioklas-Gneisen könnten die Na-Lücke erklären. Die Alkaliverteilung im Orogen entsteht durch eine komplizierte Folge verschiedenartiger, z. T. sogar gegenläufiger Vorgänge.

F. Ensslin. 378□

Über Flüssigkeitseinschlüsse im Schwerspat von Pulivendla. Y. G. Dekate. (Current Sci. [Bangalore] **30**, 263, Juli 1961; Nagpur, Univ., Dep. of Geol.; engl.) — Vf. untersucht zahlreiche Fl.-Einschlüsse (FE) im Baryt aus dem Vempalle-Kalkstein u. den Diabas-Gängen der Papaghin-Serie im Cuddapah-System. Die röhrenförmigen FE sind meistens parallel {0 1 1}, ellipsoid. FE parallel {1 1 0} orientiert. Unregelmäßiger gestaltete FE sind an den Kristallgrenzen konzentriert. Die FE enthalten in den meisten

Fällen nur eine fl. Phase, seltener zusätzlich noch eine Gasphase u. gelegentlich noch fl. CO_2. Bei 18° beträgt das Gas-Vol. 10%, das fl. CO_2 nimmt dagegen ein Vol. von ca. 20% ein. Entlang von Spaltebenen kommen sek. Einschlüsse vor. Deren typ. Homogenisierungs-Temp. beträgt 50—65°, während der entsprechende Wert für prim. FE zwischen 125 u. 130° liegt. Mikrochem. wurden Cl^-, HCO_3^-, SO_4^{2-}, Ca^{2+}, Mg^{2+}, Fe^{2+} u. Na^+ nachgewiesen. Der pH-Wert der FE bei 20° wurde mit 8 ermittelt. Diese Daten lassen den Schluß zu, daß sich der Schwerspat niedrig-hydrothermal bildete.

H. Moenke. 378□

Einige Betrachtungen zur Bildung von Pyralspitgranat und Cordierit aus dem derzeitig verfügbaren experimentellen Befund. S. Matthes. (Neues Jb. Mineralog., Abh. **96**, 180—83, Juli 1961; Würzburg; dt.) — Bei Synth.-Verss. zur Darst. von Granaten bei Drücken bis ca. 1500 at u. Temp. bis ca. 800° entstand neben Granat häufig Cordierit. Die Granate hatten Pyralspit-Zus. eines eng begrenzten Feldes des Konz.-Dreiecks; bei Cordieriten dagegen waren alle erdenkbaren tern. Mischkristalle zu erreichen. An reinen Granaten konnte nur Spessartin erhalten werden. An Mischkristallen entstanden Spessartin–Almandin ($Spess_{30-40} \cdot Alm_{60-70}$), in die noch bis 15% Pyrop u. bis 20% Grossular eingebaut werden konnte. Das Feld der erzielten Zus. verringerte sich mit abnehmender Temp. gegen die Spessartinecke hin. Bericht über Ergebnisse anderer Vff. bei höheren Drücken u. Temperaturen. F. Ensslin. 378□

Zerfalls- und Umwandlungsvorgänge an Pyralspitgranaten. Siegfried Matthes. (Neues Jb. Mineralog., Abh. **96**, 184—206, 6 Tafeln, Juli 1961; dt.) — Vgl. vorst. Referat. — An Hand der vorliegenden Unterss. im p-t-Diagramm werden die natürlichen Zerfalls- u. Umwandlungsvorgänge von pyralspitbetonten Granaten mit u. ohne Stoffaustausch untersucht. Die Kelyphitsäume in ultrabas. metamorphen Gesteinen sind wahrscheinlich keine hysterogene Abbaubereiche von ehemaligem Granat. Sie entstehen durch synanthet. Rkk., die mylonit. aufbereitete Kornbereiche von Olivin voraussetzen.

F. Ensslin. 378□

Zur Rolle des Wassergehalts bei metamorphen Reaktionen. S. Matthes. (Neues Jb. Mineralog., Abh. **96**, 209—11, Juli 1961; dt.) — Vgl. vorst. Referate. — Die Ansicht von Yoder, daß der bei der Rk. vorhandene Wasser-Geh. bei der Bldg. von Silicatmineralien die Art der entstehenden Mineralien beeinflußt, ist bis jetzt nirgends nachgewiesen worden. Sehr geringe Wasser-Geh. verlangsamen nur enorm die meisten Umsetzungen, ohne daß unter denselben p-t-Bedingungen andere Mineralarten entstehen. Synth. Spessartin enthielt fest gebundenes W. in Form eines Gittereinbaus von Hydrospessartin. Die Menge von Hydrospessartin wird aber nicht durch die im Rk.-Raum vorhandene Menge an W., sondern nur durch die Temp. beim Vers. beeinflußt.

F. Ensslin. 378□

Beobachtungen über die Löslichkeit von Skelettcarbonaten in wässerigen Lösungen. K. E. Chave, K. S. Deffeyes, P. K. Weyl, R. M. Garrels und M. E. Thompson. (Science [Washington] **137**, 33—34, 6/7. 1962; Bethlehem, Pa., Lehigh Univ., Dep. of Geol.; Houston, Tex., Shell Dev. Co., Res. Div.; Cambridge, Mass., Harvard Univ., Labor. of Mining Geol.; engl.) — Vff. untersuchen die Löslichkeit (L) von Skelettcarbonaten mariner Organismen in CO_2-gesätt. dest. W. bei 25° u. in Seewasser im Vgl. zur L von Mg-freiem Calcit, der die geringste L besitzt. In den meisten Fällen verläuft die Auflösung irreversibel, es wird daher kein wahres Lsg.-Gleichgewicht erhalten. Von Goniolithon stammender Calcit (30% $MgCO_3$) hat im Verhältnis zu Mg-freiem Calcit eine L von 160, Lytechinus (11%) 66, Diploria (Aragonit) 17, Spisula (Aragonit) 6, Balanus (3%) 2. D. Hoene. 378□

Schnellbestimmung der angenäherten Zusammensetzung von Amphibolen und Pyroxenen. Ronald B. Parker. (Amer. Mineralogist **46**, 892—900, Juli/Aug. 1961; Univ. of Wyoming, Dep. of Geol. and Miner.; engl.) — Die aus der Literatur bekannten Best.-Kurven für Amphibole u. Pyroxene wurden unter Benutzung eines Bendix G 15-Gerätes neu berechnet. Auf 13 abgebildeten Diagrammen ist die Beziehung zwischen Brechungindex u. Auslöschungsschiefe — beide gemessen an (1 1 0)-Spaltflächen — u. chem. Zus. dargestellt. H. Moenke. 380□

Aragonit-Sinter als geologisches Thermometer. Hans-Werner Holz. (Z. dtsch. geol. Ges. **112**, 3. Teil, 513—14, 1960; Hannover, Niedersächs. Landesamt für Bodenforsch.; dt.) — Das Auftreten von Aragonit bei einer Kristallisations-Temp. über 15,6° kann nur bedingt als geolog. Thermometer verwendet werden. Das $CaCO_3$ scheidet sich auch noch bei Temp. unter 10° aus Mg-haltigen Lsgg. in der Aragonitform aus. Dies konnte beim Vgl. der Sinter in den Höhlen von Runderoth u. Wiehl (oberberg. Land) bestätigt werden. F. Ensslin. 380□

Über den Gehalt an Seltenen Elementen in Cordieriten. A. I. Ginsburg und O. D. Stawrow. (Геохимия [Geochemie] **1961**, Nr. 2, 183—85; Moskau, Allunions-Forsch.-Inst. für mineral. Rohstoffe; russ.) — Cordierit, dessen Struktur sehr große Ähnlichkeit mit der des Berylls hat, enthält bedeutende Mengen an den Alkalien Na, Li, Cs. Der höchste Li-Geh. existiert in Cordieriten im Bereich der Li-Pegmatite, der geringste im Bereich der Be-Pegmatite. Die Formel des natürlichen Li-Cordierits ist $LiMgAl_3[Si_6O_{18}]$. H. Noack. 380

Physikalisch-chemische Eigenschaften einiger Dolomite der Grusinischen SSR. Ch. I. Gogitschewa, K. Ss. Kutateladse und O. P. Mtschedlow-Petrossjan. (Сообщения Академии Наук Грузинской ССР [Mitt. Akad. Wiss. GrusinSSR] **21**, 57—61, Juli 1958; Tbilissi, Akad. der Wiss. der GrusinSSR, Inst. für angew. Chem. u. Elektrochem.; russ.) — Vff. beschreiben 4 Dolomitvarietäten aus der Lagerstätte Abano u. einen Dolomit von Bsybi. Im einzelnen werden angegeben: Chem. Analyse, Schütt-Gew., Spaltbarkeit, opt. Daten sowie die Ergebnisse der mkr. u. differentialthermoanalyt. Untersuchung. Als Beimengungen werden festgestellt: Fe-Oxide (z. B. Limonit), Mn-Oxide, freier Magnesit u. Calcit. Die untersuchten Mineralien sind technolog. verwertbar. H.-J. Ostmann. 380□

Bewertung von Dolomitvorkommen im nordwestdeutschen Korallenoolith. Gerhard Keller. (Z. dtsch. geol. Ges. **112**, 3. Teil, 483—90, 1 Tafel, 1960; Hannover, TH, Geol. Inst.; dt.) — Für den Gebrauch von Dolomit als feuerfestes Material ist ein Mindest-Geh. von 20% MgO erforderlich. Beschreibungen von Bohrungen in einem Korallenoolith mit Dolomiten. F. Ensslin. 380□

Zweifarbiger Fluorit aus dem Val Nalps. Max Weibel. (Schweiz. mineralog. petrogr. Mitt. **40**, 411—12, 1960; Zürich; dt.) — Vf. beschreibt einen Fluorit aus einer horizontalen Kluft am östlichen Gipfelabhang des Piz Blas im hinteren Val Nalps. Der oktaedr. Kristall wiegt 850 g u. hat eine Kantenlänge von 8—9 cm. Der Kern des Kristalls ist rot, die umhüllenden Partien haben einen lichtgrünen Farbton, die obere Spitze des Kristalls ist klar u. durchsichtig. C. Gottfried. 380

Innelit, ein neues Bariumsilicat. Ss. M. Krawtschenko, Je. W. Wlassowa, M. Je. Kasakowa, W. W. Iljuchin und K. K. Abraschew. (Доклады Академии Наук СССР [Ber. Akad. Wiss. UdSSR] **141**, 1198—99, 11/12. 1961; Inst. für Miner., Geochem. u. Kristallchem. seltener Elemente der Akad. der Wiss. der UdSSR; russ.) — Vff. untersuchen das 1957 in Aegirin-Eckermannit-Mikroklin-Pegmatiten des Inaglinsk-Massivs (Südjakutien) gefundene Mineral Innelit (I). I krist. triklin mit $a = 5{,}38 \pm 0{,}02$, $b = 7{,}14 \pm 0{,}03$ u. $c = 14{,}76 \pm 0{,}10$ Å, α = ca. 99°, β = 95°, γ = ca. 90°; wahrscheinliche Raumgruppe P 1; D. 3,96. Die schemat. Formel von I ist: $(Na, Ca, Mg, Fe^{3+}, Fe^{2+})_3 \cdot (Ba, K, Mn)_4(Ti, Al)_3Si_4O_{24}(OH, F)_{1,5} \cdot 1{,}15$ S. Die genaue Zus. sowie die Geh. an Nb, Sr, Zr, V u. Cu sind angegeben. I ist piezoelektr., opt. 2achsig positiv, pleochroit.; die Brechungsindices sind $N_p = 1{,}726$, $N_m = 1{,}737$ u. $N_g = 1{,}766$ (alle $\pm 0{,}001$). Farbe Dunkelgelb bis Braun. Härte 4,75, Mikrohärte 435 kp/mm². Spaltbarkeit (0 1 0), (1 1 0) u. (1 $\bar{1}$ 0). Synthet. I zeigte Manebacher Zwillinge. D. Hoene. 380□

Die Chalkocyanit-Reihe. H. Strunz. (Amer. Mineralogist **46**, 758—59, Mai/Juni 1961; Berlin, Techn. Univ., Inst. für Miner.; engl.) — Vf. weist darauf hin, daß in einer Arbeit von Pistorius (C. **1962**, 4831) mehrere ältere Beiträge über *Chalkocyanit*, *Zinkosit* u. $CoSO_4$ nicht berücksichtigt wurden. H. Moenke. 380□

Tonmineralien, beschleunigte Erosion und Sedimentation im Einzugsgebiet des Waipaoaflusses. G. G. C. Claridge. (New Zealand J. Geol. Geophysics **3**, 184—91, Mai 1960; Soil Bur., Dep. of Sci. and Ind. Res.; engl.) — Aus den Tonmineralien werden Schlüsse auf die Herkunft der feinen Sedimente im unteren Flußtal gezogen, wobei festgestellt wird, daß alle leicht erodierbaren Gesteine des Einzugsgebiets Material geliefert haben. Jedoch stammen die Sedimente nicht alle aus der Erosion. Montmorillonit kommt in allen Gesteinen vor u. wird für die starke Erosion der Tongesteine verantwortlich gemacht. F. Ensslin. 380□

Alkaligesteine und Nioblagerstätten bei Nemegos, Ontario. R. W. Hodder. (Canada, Dep. Mines techn. Surv., geol. Surv. Canada, Bull. **1961**, Nr. 70, 1—75; engl.) — Aus einem Alkalimagma drang in einen Gneis Nephelinsyenit ein, wobei der Gneis metasomat. verwitterte u. durch Zufuhr von Ca, CO_2, Fe, P u. Nb Malignit entstand. Ijolith bildete sich unter Pyroxen-Bldg. aus dem Syenit ebenfalls unter Zufuhr obiger Lsgg. u. Bldg. von Magnetitkörpern. Später entstanden aus den magmat. Lsgg. Magnetit-Apatit-Körper. Der Kalkstein ist direkt durch hydrothermale Lsgg. gebildet worden. Nb konz. sich in den Rest-Lsgg. u. ging in den Pyrochlor der bas. Alkaligesteine u. in den Kalk ein. Als jüngste Abscheidungen entstanden Lamprophyre. F. Ensslin. 380□

Frühorogene Sulfidlagerstätten. Hans-Peter Geis. (Geol. Rdsch. **50**, 46—52, 1960; Rausand, Norwegen, Rödsaud Gruber A/S; dt.) — Vor der kaledon., varist. u. alpinen Faltung treten mehr oder weniger schichtparallele Pb–Zn-Pyrit- u. Kupferkies–Pyrit-Lager auf. Sie liegen in einsinkenden Becken u. bauen sich staffelförmig nach dem Hangenden zu auf. An diesen Lagerstätten sind Gesetzmäßigkeiten zu erkennen, die für die Deutung der Absenkungsvorgänge in geosynklinalen Becken herangezogen werden können. F. Ensslin. 380□

Zur Genesis der oberschlesischen Bleizinkerz-Lagerstätte. 2. Mitt. Verschiedene Bleizinkerz-Vorkommen in Carbonatgesteinen, verglichen mit der oberschlesischen Lagerstätte. Kurt Seidl. (Neues Jb. Mineralog., Abh. **97**, 165—274, 8 Tafeln, Okt. 1961; München; dt.) — 1. vgl. C. **1961**, 16045. — Die Bleizinkerz-Vork. des Missouri-Mississippi-Gebiets, des Aspen Distrikts, Colo., der Rico Mountains, Colo., des Südappalachien-Gebiets, des Boler-Distrikts (Mex.), Tunesiens u. der Kalkalpen werden beschrieben u. mit den Dolomiten oberschles. Erz-Vork. verglichen. Auch hier konnte die Erz-Bldg. unter Einw. deszendenter Salzsolen bestätigt werden. Mit Hilfe dieser Theorie kann auch die auffallende horizontale Zonarstruktur erklärt werden. In Tunesien waren bei der Erz-Bldg. aszendente Salz-Lsgg. wirksam. Die mechan. Grundlagen für die Erz-Bldg. in Oberschlesien sind in einem großtekton. Störungshorizont in der Schichtungsebene u. in einer Breccien-Bldg. im Dolomit gegeben. F. Ensslin. 380□

Zink- und Bleilagerstätten in den Shawangunk Mountains, New York. Carlyle Gray. (Trans. New York Acad. Sci. [2] **23**, 315—31, Febr. 1961; Harrisburg, Pa., Bur. Topograph. and Geol. Survey; engl.) — Eine industriell wenig bedeutende Lagerstätte von *Chalkopyrit* mit Einsprenglingen von *Sphalerit* u. *Galenit* befindet sich in den Shawangunk Mountains im Südosten des Staates N.Y., entdeckt bei der Erbauung des Delaware Aquaedukttunnels vor 140 Jahren. Auf der schmalen Breccienspalte im silur. Gestein bauen zur Zeit mehrere Gruben ab. Der Ursprung ist hydrothermal. R. Kaiser. 380□

Die Druck-, Temperatur- und Energiefelder der Metamorphose. Arno Schüller. (Neues Jb. Mineralog., Abh. **96**, 250—90, 3 Tafeln, Juli 1961; Heidelberg; dt.) — Es wird versucht, die Phasenfelder der Metamorphose gegeneinander abzugrenzen. Die Diagenese mit der Phasenumwandlung Anthrazit—Graphit (200—250°) entspricht einer Tiefe von 6 km (p ca. 1500 atm). Es folgt die Metamorphose der Epizone (Grünschiefer- u. Prasinitfazies) bei 200—600° u. einem Druck von 1500—3000 atm. Zwischen 8—10 u. 18—20 km (p 3000—5000 atm) schließt sich bei 300—750° die Mesozone (Amphibolitfazies) an u. zwischen 20 u. 30 km (p 5000—8000 atm) u. Temp. von 600 bis 900° liegt das Feld der Katazone (Amphibol–Pyroxenit-Fazies). Bei 650—900° u. Drücken von 8000 atm beginnt das Feld magmat. Schmelzen granit. Zusammensetzung. Die Hornfelsfazies liegt bei 400° u. 1 km Tiefe bis 650° u. 10 km Tiefe als Keil zwischen der Phasengrenze Schmelze—Kristallisiert. Die Sanidinfazies ist endomorph bei oberflächennahen Magmen bei 850 bis $>$1200° u. niedrigem Druck. Die Hochdruckfazies liefert unter Energiestau Jadeitite, Glaukophanite u. Eklogite. F. Ensslin. 382□

Bemerkungen zur tertiären regionalen Metamorphose in den Schweizer Alpen. E. Niggli. (Neues Jb. Mineralog., Abh. **96**, 234—35, Juli 1961; Bern; dt.) — Die tert. Regionalmetamorphose vollzog sich in geschlossenen Regionen in konz. Zonen um ein Kerngebiet höchster Metamorphose. Es können von außen nach innen folgende Zonen mit den Mineralverbreitungsgebieten unterschieden werden. I. Stilpnomelan. II. Stilpnomelan u. Chloritoid (im gleichen Gebiet aber nicht im gleichen Gestein). III. Chloritoid. IV. Disthen. V. Sillimanit (nur lokal in der Wurzelzone). Die Metamorphose fand gegen Ende oder/u. nach Abschluß der großen tekton. Bewegungen statt. F. Ensslin. 382□

Neue Angaben über die Geologie der südwestlichen Vogesenregion in der Umgebung von Passavant-la-Rochère (Haute-Saône). Marie-José Jacoulet, Nicolas Théobald und Jean Thébaut. (C. R. hebd. Séances Acad. Sci. **250**, 3345—46, 16/5. 1960; franz.) — Neue geolog. Auffassungen über den Aufbau der südwestlichen Vogesenregion auf Grund der Auffindung eines neuen Ausbisses des krist. Vogesensockels im Norden von Passavant-la-Rochère. R. Kaiser. 382□

Bemerkungen über die sedimentäre Abfolge des lothringischen Aalénien. André Bernard und Louis Bubenicek. (C. R. hebd. Séances Acad. Sci. **250**, 3353—55, 16/5. 1960; Nancy, École Nat. Sup. de Géol. appl.; franz.) — Eine stratonom. u. petrograph. Studie über die Fe führenden rhythm. Ablagerungen der Minette. R. G. Kaiser. 382□

Die Stellung des Cordierits in metatektischen Granulitderivaten des sächsischen Granulitgebirges. Karl Hermann Scheumann und Thomas Bock. (Abh. sächs. Akad. Wiss. Leipzig, math.-naturwiss. Kl. **47**, 1—14, 9 Tafeln, 1961; dt.) — Die als

Cordierit-Granulit bezeichneten nachgranulit. Bldg. verdanken ihre Entstehung 2 Umwandlungsperioden: der varisc. Schieferungsbewegung, wodurch Granulit in plattigem Biotit aufging, u. nachfolgender metatekter Umwandlung in Cordierit führenden Migmatit. Dieser Vorgang wird mit der Genese des lappländ. cordieritführenden, migmatisierten Gneises verglichen, der ebenfalls auf Metatexis beruht. R. G. Kaiser. 385☐

Die Cordieritgneise und Granatgneise des sächsischen Granulitgebirges. K. H. Scheumann und G. Huckenholz. (Neues Jb. Mineralog., Abh. **96,** 131—61, 12 Tafeln, Juli 1961; dt.) — Vgl. vorst. Referat. — Die Cordieritgneise sind aus geschieferten Paragesteinen der kristallphyllit. Hülle des Granulits gebildet worden, die mit der Entstehung des Granulits nichts zu tun hat. Sie bildeten sich unter dem Einfl. einer Metatexis, die teilweise auch an der Grenze die Granulite betraf, also nach der Bldg. der letzteren stattfand. Sie fiel zeitlich mit der Bldg. der Granitgneise zusammen. Bei späteren tekton. Verschiebungen in einer Phyrasis wurden die Cordieritgesteine in die Granulitmasse gepreßt u. unter Bldg. von Sillimanit u. Granat in Granatgneise umgewandelt. F. Ensslin. 385☐

Über die Genesis des sächsischen Granulits. K. H. Scheumann. (Neues Jb. Mineralog., Abh. **96,** 162—71, 3 Tafeln, Juli 1961; dt.) — Vgl. vorst. Referate. — Geosynklinal abgeschiedene Schiefertone mit Graphit führenden Lagen u. quarzit. Einlagerungen wurden durch Orogenese in Kristallophyllit mit einem Kern migmatit. granitisierter Grundmasse umgewandelt. Dieser Migmatitgneis wurde später unter dem Einfl. hoher Temp. u. Drücke unter Verlust von W. u. Verdichtung des Mineralbestands granulitisiert. Die Randbereiche behielten ihre amphibolit. Facies, während der Kern granulitisierte. F. Ensslin. 385☐

Mineralfazies und Strukturbedingtheit der Gesteine. K. H. Scheumann. (Neues Jb. Mineralog., Abh. **96,** 244—49, Juli 1961; dt.) — Vgl. vorst. Referate. — Die Einteilung der Gesteine in bestimmte Mineralfazien stößt auf Schwierigkeiten, weil die Definition der Gesteine manchmal unzureichend ist. An Hand des Granulits u. Charnockits, die beide eine ähnliche Zus. haben, wird festgestellt, daß die Mineralfazies eines Gesteins nur darin als gesichert gelten kann, wenn dieses nicht nur mineral., sondern auch strukturell als Einheit festgestellt ist. F. Ensslin. 385☐

Präzision der Mineralfazies durch Feldspatanalysen. Tom. F. W. Barth. (Neues Jb. Mineralog., Abh. **96,** 217—20, Juli 1961; Oslo; dt.) — Bei der Definition der Mineralfazies sollte man sich nicht nur auf die qual. Aufzählung der Mineralien beschränken. Es ist notwendig, die chem. Zus. der einzelnen Mineralien u. der Vergesellschaftung zu bestimmen. Hierbei spielt die Zus. der in dem Gestein vorkommenden Feldspate eine hervorragende Rolle. Für ein chem. Gleichgewicht zwischen 2 Feldspatphasen muß die Aktivität des Na in beiden dieselbe sein. Dies ist bei niedrigen Temp. für Na_2O-reichen Plagioklas u. K_2O-reichen Kalifeldspat u. bei höheren Temp. für CaO-reichen Plagioklas u. K_2O-reichen Kalifeldspat erfüllt. Der Gang der Aktivität mit der Temp. ist nicht bekannt u. muß für jede Zus. bestimmt werden. Zur Best. der p–t-Verhältnisse bei der Entstehung eines Gesteins muß aber auch die chem. Zus. seiner anderen Mineralien bekannt sein. F. Ensslin. 385☐

Zum Problem der Gefügefazies der Granulite. Hans Hentschel. (Neues Jb. Mineralog., Abh. **96,** 291—98, Juli 1961; Wiesbaden-Mainz; dt.) — An Hand der Unterss. im sächs. Granulitgebirge, an den Granuliten des niederösterreich. Waldviertels u. am Eulekristallin wird eine Theorie der Entstehung der Granulite entwickelt. Im Eulegebiet wurde dem Kern aus Metabasiten durch die Hülle der Granulite W. entzogen, das für die Bldg. von Hornblende in den Amphiboliten u. Chlorit–Serpentin in den Ultrabasiten nötig war. Der Wasserentzug ging auf Kosten von Olivin u. Pyroxen aus dem Biotit u. führte zur Bldg. von Granat u. Cyanit. F. Ensslin. 385☐

Der Schalstein, ein durch Plättung geformter Tektonit. Hans Hentschel. (Neues Jb. Mineralog., Abh. **96,** 305—17, 6 Tafeln, Juli 1961; dt.) — Vgl. vorst. Referat. — Die Schalsteine sind verschieferte, submarine, bas. Tuffe aus bimssteinähnlichen blasigen Glasteilen. Dieses Glas hat eine Umwandlung über Palagonit bis zu chlorit. Zus. durchgemacht. Das Schieferungsgefüge beruht auf einer mehr oder weniger flachen Linsen- oder Blättchenform in Parallelanordnung, das durch einen Plättungsvorgang hervorgerufen wurde. Der Träger der Deformation ist der Chlorit, der andererseits seine Entstehung wieder der Deformation verdankt. F. Ensslin. 385☐

Basischer Magmatismus in der Geosynklinale. Hans Hentschel. (Geol. Rdsch. **50,** 33—45, 1960; dt.) — Vgl. vorst. Referate. Der Mineralbestand der spilit. Gesteine u. der Lahn–Dill-Geosynklinalen läßt sich durch exogene Wasseraufnahme eines basalt. Magmas durch die feuchten Sedimente vor u. während der Erstarrung oder durch direkte Berührung mit Meerwasser in Ggw. von CO_2 erklären. Es bildeten sich hierbei Diabas, Spilite u. Weilburgite. F. Ensslin. 385☐

Die Mineralfazien im polymetamorphen Gebirge. Ciro Andreatta. (Neues Jb. Mineralog., Abh. **96,** 242—43, Juli 1961; Bologna; dt.) — An Hand der Unterss. von metamorphen Gesteinen der Alpen u. von Sizilien wird gezeigt, daß bei der Metamorphose das Gleichgewicht, das für den Begriff der Mineralfazies erforderlich ist, oft nicht erreicht wird. Die Aufeinanderfolge von Vorgängen, die durch verschiedene Raumbedingungen u. Stoffmobilisierungen gek. sind, führt in der gleichen Formation zu verschiedenen Mineralparagenesen, außerdem konnten gleichartige mineral. u. chem. Zus. von Gesteinen beobachtet werden, die vollkommen verschiedene Geschicke durchgemacht haben. F. Ensslin. 385□

Metablastesen im kristallinen Sockel der Südalpen. Ciro Andreatta. (Neues Jb. Mineralog., Abh. **96,** 228—32, Juli 1961; dt.) — Vgl. vorst. Referat. — Der kristalline Sockel der Südalpen besteht aus kristallinen Schiefern (Chlorit-, Talk- u. Sericitschiefer) u. bildet Gesteine von 2 grundlegend verschiedenen Arten. Die ersteren sind Quarzphyllite mit typ. Epimetamorphose u. oft nur wenig Feldspat. Die 2. Art bildet durch Metablastesis verschieden stark vergneiste oder granitisierte Phyllite, die mit Zunahme der Vergneisung das Aussehen von Para- oder auch Augengneis, ja oft scheinbar Orthogneis annehmen. Sie bildeten sich unter Zufuhr von reichlich Na u. gelegentlich Ca, wobei albit. Plagioklase gebildet wurden, die manchmal das Aussehen typ. Porphyroblasten haben. Auf die Metablastese folgten kontaktmetamorphe Vorgänge am Rande von Intrusionen. Es fand hierbei Umkristallisierung unter Bldg. von Hornfels statt. F. Ensslin. 385□

Betrachtungen über die Unwahrscheinlichkeit stabiler Gleichgewichte bei der Gesteinsmetamorphose. C. Andreatta. (Geol. Rdsch. **50,** 190—92, 1960; dt.) — Vgl. vorst. Referate. — Bei der Gesteinsmetamorphose werden Gleichgewichtszustände im allg. nicht erreicht. Ausnahmen sind bestimmte Fälle von Kontaktmetamorphose. Die mangelnde Einstellung des Gleichgewichts beruht darauf, daß die Ionenwanderung bevorzugt längs der tekton. Gleitflächen verläuft, u. daß die physikal.-tekton. Bedingungen oft wechseln, ehe eine vollständige Umbildung des Gesteins erreicht ist. F. Ensslin. 385□

Struktur der Mesoperthite. Michot. (Neues Jb. Mineralog., Abh. **96,** 213—16, Juli 1961; dt.) — Die Mesoperthite bestehen aus einem innigen Ineinandergreifen von Kalifeldspat u. Plagioklas, die beide in den gleichen Proportionen vorhanden sind, wobei nicht zu entscheiden ist, welcher Feldspat den anderen einschließt. Im Egersundgebiet sind sie sowohl in eruptiven als auch in metasomat. Verdrängungsgesteinen weit verbreitet. In arkos. Sedimenten ohne Zufuhr sind sie in ihrer Entw. zu beobachten. Die Genesis ist unabhängig vom Wassergehalt. Ihre Entstehung ist durch Entmischung homogenen Feldspats mit ca. 50% Plagioklas u. Kalifeldspat durch Abkühlung zu erklären. Der Plagioklas von Egersund enthält häufig 17 bis selten 25% Anorthit, d. h. die regionale Temp. lag über 660°. F. Ensslin. 385□

Granitentstehung bei Orogenese und Epirogenese. Pentti Eskola. (Geol. Rdsch. **50,** 105—23, 1960; Helsinki, Helsingin Yliopisto, Geol. Laitos; dt.) — Erläuterung der Granitentstehung an Hand des archäischen Grundgebirges Finnlands, wo ein tiefdenudierter Horizontaldurchschnitt mindestens 2 Orogene freilegt. Von 78,3% Graniten des gesamten Gebiets sind 4% epirogene Gesteine. Es wurde festgestellt, daß während der karelid. Orogenese in archäischer Zeit eine viel weitgehendere u. verbreiterte Regeneration der Granite stattgefunden hat. F. Ensslin. 385□

Über finnische Granulite und ihren Mineralbestand. P. Eskola. (Neues Jb. Mineralog., Abh. **96,** 172—78, Juli 1961; dt.) — Vgl. vorst. Referat. — Der Unterschied in der Ausbildung der Granulite in Finnland im Vgl. zu denen der sächs. Vork. besteht darin, daß dort Cordieritgranulite auftreten, die aber nicht syngenet. mit der echten Granulit-Bldg. sind, sondern vor- oder nachher entstanden sind. Vf. betrachtet die grobkörnigen Granulite Lapplands als echte Granulite, nicht als Granatgneise. Die finn. Kinzigite sind Migmatite mit bis 80% granit. Metatekt. Die Amphibolitfazies wird von der Granulitfazies dadurch unterschieden, daß die Granate der letzteren über 50% Pyrop enthalten, mit einer Lichtbrechung kleiner als 1,8, während die Granate der Amphibolitfazies höchstens 25% Pyrop, entsprechend einer Lichtbrechung größer als 1,8, enthalten. F. Ensslin. 385□

Dünensande in der Nähe von Palana (Bikaner, Rajasthan). R. C. Misra und V. K. Verma. (J. sci. ind. Res. [New Delhi], Sect. B **16,** 263—67, Juni 1957; Lucknow, Univ., Dep. of Geol.; engl.) — Vff. beschreiben die phys. Eigg. u. chem. Zus. der Sanddünen von Palana (Bikauer). Die Korngröße schwankt zwischen 0,07 u. 0,3 mm, der Sortierungs-Koeff. beträgt 1,2. Zus. der Schwermineralien: 57,04 (%) *Limonit,* 22,1

Granat, 7,56 *Hornblende*, 5,1 *Magnetit*, 5,1 *Haematit*, 1,8 *Monazit*, 1,8 *Turmalin*, 1,7 *Sillimanit*, 1,2 *Epidot*, 0,9 *Zoisit*, 0,7 *Chiastolith*; $ZrSiO_4$ wurde nur in Spuren gefunden. H. Moenke. 385□

Wolfram-185 aus Kernbombenversuchen als Spurenelement für die stratosphärische Meteorologie. Herbert W. Feely und Jerome Spar. (Nature [London] **188**, 1062—64, 24/12. 1960; Westwood, N.J., Isotopes, Inc.; engl.) — Vff. analysierten die nach den sog. „Hardtack"-Verss. von verschiedenen Seiten gemessenen Verteilungen von ^{185}W in verschiedenen Breiten in der Stratosphäre. Die Verss. fanden bei ca. 12° N statt. Die Verteilung entsprach nicht den von Brewer (Quart. J. Roy. meteorol. Soc. **75**, [1949], 351) bzw. Dobson (vgl. C. **1957**, 6984) entwickelten Theorien. Vff. nehmen dagegen einen seitlichen turbulenten Austausch vom Vers.-Ort in die nördliche u. südliche polare Stratosphäre an. Die seitliche Vermischung scheint innerhalb einer Schicht aufzutreten, die an Höhe nach den Polen zu abnahm. Auch die Verteilung von ^{90}Sr scheint mit dieser Vorstellung in Einklang zu stehen. C. Gottfried. 396

Der Anteil der Zerfallsprodukte des Thorons an der Aerosolaktivität in Bodennähe und vergleichende Messungen mit Geräten verschiedener Herkunft. A. Maas. (Atompraxis **7**, 173—76, Mai 1961; Jülich, Kernforschungszentrum des Landes NRW; franz.) — Vf. erörtert die Bedeutung des Geh. der Luft an natürlichen radioakt. Stoffen, dessen Kenntnis für die Beurteilung der Verseuchung der Luft durch künstlich radioakt. Stoffe erforderlich ist. Aus zahlreichen Meßergebnissen an Aerosolproben aus der BRD wird geschlossen, daß deren Aktivität in Bodennähe im wesentlichen durch das Thoron-Folgeprod. ThB (HWZ 10½ Std.) bestimmt ist. W. Reusse. 396□

B. Allgemeine und theoretische organische Chemie

Intensität der ν_2-Infrarotbande von Methan. J. Herranz. (J. chem. Physics **36**, 173—74, 1/1. 1962; Chicago, Ill., Illinois Inst. of Technol., Dep. of Phys., Spectrosc. Labor.; engl.) — Es wird eine Beziehung für die abs. Intensität der „verbotenen" Grundbande ν_2 im IR für Moll. vom Methantyp abgeleitet, u. die beobachtete Intensität der CH_4-Bande wird quant. gedeutet. Der Ausdruck gestattet über das Vorzeichen des Verhältnisses aus Bindungsmoment des Mol. u. der Ableitung dieses Bindungsmomentes $\mu_{CH}/(\partial\mu/\partial r)_{CH}$ zu entscheiden. Für CH_4 ist das Verhältnis negativ. Die berechneten Werte für $\mu_{CH} = \pm 0{,}35_0$ D u. $(\partial\mu/\partial r)_{CH} = \pm 0{,}68_5$ D/Å stimmen mit experimentellen Daten gut überein. J. Richter. B 114□

Eine theoretische Interpretation der Regel von Dale für die Lage der Absorptionsbanden linear konjugierter Polyene. J. N. Murrell. (Acta chem. scand. **15**, 1783—84, 1961; Sheffield, England, Univ. of Sheffield, Dep. of Chem.; engl.) — Nach Dale ist die Wellenlänge der p-ten Absorptionsbande eines linear konjugierten Polyens, das n Doppelbindungen enthält, fast die gleiche wie die der ersten Absorptionsbande eines Polyens mit n/p Doppelbindungen. Zur Erklärung dieser Verallgemeinerung postulierte Dale eine Auswahlregel für die Polyenübergänge, nach der nur die äußerste π-Elektronenschale angeregt werden kann. Im Grundzustand des Polyens werden die ersten n Mol.-Bahnen gefüllt, so daß die Auswahlregel von Dale besagt, daß die Absorptionsbanden ihren Ursprung in den Übergängen $n \rightarrow n + 1$; $n \rightarrow n + 2$ usw. haben, während Übergänge $n - 1 \rightarrow n + 1$ usw. verboten sind. Auf der Grundlage der Theorie von Simpson (C. **1956**. 10422) wird die Lage der Absorptionsbanden befriedigend berechnet, so daß für eine Theorie auf der Grundlage der freien Elektronen, welche Bindungsaustausch u. Elektronen-Wechselwrkg. mit erfaßt u. ebenfalls zu befriedigenden Ergebnissen führt, eine Auswahlregel nach Dale nicht erforderlich ist. H. Harenz. B 114□

Die durchschnittliche XH-Valenzschwingungsfrequenz als ein Maß der XH-Bindungseigenschaften. H. J. Bernstein. (Spectrochim. Acta [London] **18**, 161—70, Febr. 1962; Ottawa, Ontario, Canada, Nat. Res. Council, Div. of Chem.; engl.) — Es werden Gleichungen angegeben, mit denen der Entkopplungsgrad der XH-Schwingungen von dem der Schwingungen des übrigen Mol. bestimmt u. die XH-Bindungslängen aus den XH-Valenzfrequenzen mit der gleichen durchschnittlichen Genauigkeit berechnet werden können wie aus den mit hoher Auflösung gewonnenen Spektren. Die Meth. wird an folgenden Verbb. mit CH-, OH- u. NH-Bindungen überprüft; sp-Bindungen: *Methylacetylen* (I), *Acetylen*, *HCN*; sp^2-Bindungen: *Bzl.*, *Äthen*, *asymm.-D_2-Allen*, *Ameisensäure*, *Formamid*, *Propargylaldehyd*, *Form-* u. *Acetaldehyd* (II); sp^3-Bindungen: *Trifluor-*, *Tribrom-* u. *Trichlormethan*, *Methyljodid*, *Methylbromid*, *Methylchlorid*, *Methylenchlorid*, *Methylenfluorid*, *1.1.1-Trifluoräthan*, *CH_4*, *Acetonitril*, *Methylfluorid*, II, *Methylmercaptan*, *Methanol*, *Äthan*; p-Bindung: CH-Gruppe; an *HNCS*,

HNCO, NH_3, Methylamin, Anilin, W., HNO_3, H_2O_2, Phenol u. *cis-* u. *trans*-HNO_2. Die Beziehung zwischen den XH-Bindungsabständen u. den durchschnittlichen XH-Valenzfrequenzen wird graph. dargestellt. Aus letzteren werden die Dissoziationsenergien der CH-Bindungen in folgenden Verbb. bestimmt: *$CH_3—H$, $C_2H_3—H$, $NC—H$, $HCC—H$, $H—CHO$, $CH_3CO—H$, $C_2H_5—H$, $C_6H_5—H$, $H—CH_2C_6H_5$, $H—CCl_3$, $H—CF_3$, $H—CH_2Br$*. In Verbindung mit den Bldg.-Wärmen wurden daraus die Dissoziationsenergien der CC-Bindungen in **I**, C_2H_2, **II**, *Butadien-(1.3)*, *Toluol*, *Propylen* u. C_2H_6 berechnet. Aus der beobachteten (D) u. in dieser Arbeit aus den ν(XH) berechneten Dissoziationsenergien (D_ν) werden nach $D = D_\nu—E$ die Resonanzstabilisierungsenergien E der durch die Dissoziation entstandenen Radikale bestimmt. U. Uhlich. B 114□

Theoretische Untersuchungen über Sauerstoffverbindungen. 2. Mitt. **Die Berechnung der Elektronenübergänge der Carbonylgruppe.** Michèle Sender und Gaston Berthier. (J. Chim. physique Physico-Chim. biol. **56**, 946—54, Nov./Dez. 1959; Paris, Fac. des Sci., Inst. de Biol. phys.-chim., Labor. de Chim. Théor.; franz.) — 1. vgl. C. **1961**, 17877. — Berechnung der Übergangsenergien N → A u. N → V der CO-Gruppe nach der Meth. der Konfigurations-Wechselwrkg. bzw. der Elektronenpaarmethode. Die Moffit-Korrektur ist je nach Art des betrachteten Übergangs von unterschiedlichem Einfl.; sie bewirkt eine Herabsetzung der Übergangsenergie bei N → V (in Richtung auf die experimentellen Werte), jedoch eine Erhöhung im Fall der N → A-Energie. Die beste Übereinstimmung mit den experimentellen Energiewerten wird mit der Korrektur nach Hurley (Berücksichtigung des partiellen Ionencharakters der Dissoziations-Prodd.) erreicht. A. Blaschette. B 114□

Das Absorptionsspektrum von in einer Argonmatrix eingefangenem CF_2. Arnold M. Bass und D. E. Mann. (J. chem. Physics **36**, 3501—02, 15/6. 1962; Washington, D.C., Nat. Bur. of Stand.; engl.) — Die Prodd. einer 2450-MHz-Entladung durch ein 1:30-Gemisch von Oktafluorcyclobutan u. Ar wurden auf einer durch fl. He gekühlten Saphiroberfläche kondensiert u. die UV-Absorptionsspektren untersucht. Es wurde eine Serie von 13 Banden in Form einer einzigen Progression zwischen 2300 u. 2670 Å beobachtet, die der von gasförmigem *CF_2* entspricht. W. Schramm. B 118□

Ultraviolettabsorptionsspektren von o-, m- und p-Nitrobenzoesäure. Asish Kumar Chandra. (J. physic. Chem. **66**, 562—64, März 1962; Calcutta, India, Univ. Coll. of Sci. and Technol., Dep. of Chem.; engl.) — Die UV-Spektren von *Benzoesäure*, *o-, m-* u. *p-Nitrobenzoesäure* werden gemessen u. unter Annahme einer intramol. Ladungsübertragungsabsorption erklärt. R. Albrecht. B 118□

Polarisation der Spektren von kristallinem Azobenzol und Mischkristallen von Azobenzol in Stilben bei 77 und 4,2° K im Bereich des niedrigsten n → π*-Übergangs. Robin M. Hochstrasser und Stephen K. Lower. (J. chem. Physics **36**, 3505—06, 15/6. 1962; Vancouver, British Columbia, Univ. of British Columbia; engl.) — Die polarisierten Absorptionsspektren von *trans-Azobenzol* (I) in trans-Stilben (II) wurden entlang der 3 Hauptachsen der Einkristalle im Bereich 20000—28000 cm^{-1} untersucht. Die Ergebnisse zeigen, daß der n → π*-Übergang symmetrieverboten u. von naheliegenden $\pi\pi$*-Zuständen des Mol. überlagert ist. Spektren von I-Kristallen wurden bei 300, 77 u. 4,2° K untersucht; relativ zum Mischkristall zeigten sich keine Änderungen, unterhalb 77° K tritt eine diffuse Struktur auf, die auch bei den Mischkristallspektren bei 77° K beobachtet wurde. Das Spektrum von I ähnelt auch dem von *o-Hydroxyphenylazobenzol* (?) (starke H-Bindung) in II, es treten demnach nicht 2 elektron. Übergänge auf. W. Schramm. B 118□

Feinstruktur der Luminescenzspektren von organischen Molekülen in kristallisierten Lösungen. Andrée Ciais. (J. Chim. physique Physico-Chim. biol. **58**, 190—203, Febr. 1961; Marseille, Fac. des Sci., Labor. de Phys. P.C.B.; franz.) — Bei 77, 20 u. 4° K untersuchte Vf. die durch eine Hg-Dampflampe angeregten Emissionsspektren von verd. festen Lsgg. von *Bzl.*, *Naphthalin*, *D_8-Naphthalin*, *Anthracen*, *Naphthacen* (*Tetracen*), *Pyren*, *Fluoren*, *Phenanthren*, *Acenaphthen* (I) u. *D-Acenaphthen* in n-Pentan, u. zwar mit besonderer Berücksichtigung des Überganges 0′—0″. Einige Vorverss. werden angestellt für I in n-Hexan u. n-Heptan sowie für Bzl. in Cyclohexan. Mit Ausnahme von Bzl. sind alle Moll. asymm. u. außerdem sind sämtliche Moll. eben. Jeder Übergang besteht aus mehreren starken Linien, deren Anzahl von der Natur des Lsgm. u. der gelösten Komponente abhängt. Die starken Linien werden von außerordentlich feinen Linien begleitet. Man kann jedes Spektrum in 3—5 Syst. einteilen, für die der Abstand zwischen 2 feinen Linien ein ganzes Vielfaches eines Grundabstandes ist; dieser Abstand ist der gleiche für die Fluorescenz- u. Phosphorescenzspektren. Dem Bzl. entspricht ein Spektrum mit einem Syst. von Linien gleichen Abstandes, die sich in mehreren Bereichen verstärken, das aus feinen u. den starken Linien besteht. Durch Temp.-Erniedrigung steigt die Anzahl der Linien u. das Spektrum wird insgesamt nach höheren Frequenzen verschoben. Vf. kommt zu der Auffassung, daß die gelösten Moll. in Lücken des Gitters des Lsgm. eingelagert werden; diese Lücken dürften um so bedeutender sein, je größer die Oberfläche des Mol. ist. Daher wird die Anzahl der dem gelösten Mol. benachbarten Moll. um so größer, je größer die Oberfläche des gelösten Mol. ist. Bei genügend kleiner Konz. sind die gelösten Moll. so weit voneinander entfernt, daß sie keine gegenseitige Wrkg. ausüben u. unterliegen der Wrkg. des Feldes der Moll. des Lösungsmittels. C. Gottfried. B 118

Zur Struktur von 5-Amino-1.3.4-thiodiazolthion-(2). Norbert Petri. (Z. Naturforsch. **17b**, 278—79, April 1962; Göttingen, Univ., Anorgan.-Chem. Inst.; dt.) — Das „5-Imino-2-mercapto-1.3.4-thiodiazolin" (F. 234°) von Janniah u. Guha [1930] ist auf Grund seines UV-Spektrums [λ_{max} 243 (ε 2760) u. 319 mμ (ε 14170) in A.] als *Δ^4-5-Amino-1.3.4-thiodiazolthion-(2)* zu formulieren. Für folgende Vgl.-Substanzen sind die UV-Maxima angegeben: 5-Methylmercapto-1.3.4-thiodiazolthion-(2), 5-Methylmercapto-3-methyl-1.3.4-thiodiazolthion-(2), 2.5-Bis-[benzylmercapto]-1.3.4-thiodiazol, Bis-[5-benzylmercapto-1.3.4-thiodiazolyl-(2)]-disulfid, 5-Amino-2-benzylmercapto-1.3.4-thiodiazol u. 5-Acetylamino-2-benzylmercapto-1.3.4-thiodiazol. J. Rothe. B 118□

Untersuchungen an γ-Pyronen. 2. Mitt. **Über optische Eigenschaften von Mekonsäurederivaten.** Fritz Eiden. (Arch. Pharmaz. Ber. dtsch. pharmaz. Ges. **292 (64).** 355 bis 362, Juli 1959; Marburg/Lahn, Univ., Inst. für pharmaz. Chem. u. Lebensmittelchem.; dt.) — 1. vgl. C. **1959,** 10228. — Mit einem Zeiß-Spektralphotometer (M 4 Q) wurden Absorptionskurven von *γ-Pyron, Komansäureäthylester, Chelidonsäurediäthylester, Pyromekonsäure, Komensäureäthylester* (**I**) u. *Mekonsäurediäthylester* (**IV**) im Sichtbaren sowie im UV-Bereich gemessen u. die Beobachtungen mit dem mesomeren Zustand des Pyron-Mol. in Einklang gebracht. In der angeführten Reihenfolge wurde eine zunehmende bathochrome Verschiebung festgestellt. Alkylierung der 3-Hydroxygruppe hat einen mäßig hypsochromen Einfl. auf die Lage der Hauptbanden. Nach Umsetzung der 3-Hydroxygruppe mit Chlorameisensäureäthylester (**II**) oder Acetylierungsmitteln tritt die Mesomerie des Säurerestes mit der Mesomerie des Pyronringes in Konkurrenz, so daß von ersteren Verbb. die Vorbanden stark ausgeprägt u. von letzteren Substanzen die Hauptmaxima in Lage u. Verlauf weitgehend mit denjenigen hydroxylfreier Verbb. ähnlich sind. Dieses ermöglicht einen spezif. Nachw. von Mekonsäure (**III**) u. ihren Derivaten.

Versuche: *γ-Pyron,* F. 32°, durch Decarboxylierung von Chelidonsäure. — *2.6-Dimethyl-γ-pyron,* F. 133° (Ligroin/A.), aus Dehydracetsäure nach Feist-Arndt [1936]. — *Komansäureäthylester,* F. 103° (A.), durch Decarboxylieren von Chelidonsäuremonoäthylester. — *Chelidonsäurediäthylester,* F. 62° (Ligron/A.), aus Acetondioxalsäureäthylester nach Riegel-Zwilgmeyer (Org. Syntheses Coll. Vol. II, [1943], 126). — *Pyromekonsäure,* F. 119° (Chlf.), durch Decarboxylieren von Mekonsäure (**III**). *3-O-Acetyl-Deriv.,* F. 91° (A.), durch Erhitzen der Säure mit Acetylchlorid (**VI**). — Komensäureäthylester: *Unsubstituiert* (**I**), F. 129—130° (A.), durch Verestern von Komensäure mit A./HCl. — *3-O-Methyl-,* F. 160° (W./A./Ligroin), durch Methylieren von **I** in Ae. mit Diazomethan. — *3-O-Äthyl-,* F. 78° (A./Ligroin), durch 2tägiges Kochen von **I**-Ag-Salz mit Äthylbromid (**V**) in Dioxan. — *3-O-Äthoxyformyl-,* F. 88° (A./Ligroin), durch mehrstd. Erhitzen von **I** mit **II**. — *3-O-Acetyl-,* F. 104° (A.), durch Erhitzen von **I** mit **VI**. — *3-O-Benzoyl-,* $C_{15}H_{12}O_6$, F. 118° (A.), durch Erhitzen von **I** mit Benzoylchlorid (**VII**). — Mekonsäurediäthylester (**IV**), F. 111° (A./W./Ligroin), durch Verestern von **III** mit A./HCl · *3-O-Äthyl-,* F. 53° (A./Ligroin), durch 2 tägiges Kochen von **IV**-Ag-Salz mit **V** in Dioxan. — *3-O-Äthoxyformyl-,* $C_{14}H_{16}O_9$, F. 79—80° (Isopropanol/Ligroin), durch Erwärmen von **IV**-Na-Salz mit **II** in Dioxan. — *3-O-Acetyl-,* F. 122° (A.), durch Erhitzen von **IV** mit **VI**. — *3-O-Benzoyl-,* $C_{18}H_{16}O_8$, F. 80° (Isopropanol), durch Erwärmen von **IV**-Na-Salz mit **VII** in Dioxan. K. Hartmann. B 118

Messungen des Kerr-Effekts von Dipolflüssigkeiten im Impulsbetrieb. Reinhard Küster. (Z. Elektrochem., Ber. Bunsenges. physik. Chem. **66,** 273—76, April 1962; Mainz, Univ., Physikal. Inst.; dt.) — Vf. beschreibt eine App. zur Messung des elektroopt. Kerr-Effektes, bei der die Hochspannung an den Elektroden der Zelle durch einen Impulsgenerator erzeugt wird. Das Verf. gestattet Messungen an Fll. mit merklicher elektr. Leitfähigkeit, bes. reiner Dipolflüssigkeiten. Vf. hat die Kerr-Konst. B von folgenden Fll. für $\lambda = 546$ mμ bei verschiedenen Temp. (20, 30, 40 u. 50°) in Einheiten von S, der Kerr-Konst. von CS_2, bestimmt: *Aceton* (B/Bs 5,05 bei 20°), *Methyläthylketon* (4,38), *Diäthylketon* (3,20), *Acetophenon* (18,5), *Cyclohexanon* (4,17), *Pyridin* (6,08), *Anilin* (—0,539), *Benzylalkohol* (—4,85), *Isopropylalkohol* (0,880), *n-Butylalkohol* (—1,07), *o-Dichlorbenzol* (10,4) u. *Jodbenzol* (2,66). Ferner sind die Widerstände der mit der betreffenden Verb. gefüllten Zelle angegeben. Messungen der Kerr-Konst. von *Butyl-* u. *Hexylamin* in Bzl. u. Hexan über den ganzen Konz.-Bereich zeigen Anomalien der Fl.-Struktur in den Benzollösungen. J. Weiner. B 119□

Das Inversionsphänomen bei der diffusen Beugung an Benzil bei tiefer Temperatur. Luisa M. Valdés und Marisa Canut. (Publ. Dep. Cristalogr. Mineralog. [Madrid] **1961,** Nr. 8, 41–48; Madrid, C.S.I.C., Dep. de Cristalogr. Fís., Sec. de Termodin. Crist.; span.) — Die diffuse Beugung an *Benzil* wurde bei Zimmer-Temp. u. bei -185^0 in Laue-Photographien längs der Achsen [0 0 0 1] u. [1 1 $\bar{2}$ 0] aufgenommen. Außerdem wurden Drehkristallaufnahmen um die Achse [1 1 $\bar{2}$ 0] bei 293 u. 100^0 K aufgenommen, um eine evtl. Polymorphie festzustellen. Ein Vgl. der erhaltenen Aufnahmen bei 293 u. 100^0 K zeigte die Inversionserscheinung der Ein-Phonon-Streuung. In den kontinuierlichen diffusen Bereichen, die nur bei Zimmer-Temp. erscheinen, tritt die Inversion nicht auf. Die Linien hatten bei niederer Temp. für kleine Werte des Diffusionsvektors geringere Intensität, waren aber schärfer, außerdem erschienen Linien in der Region der höheren Diffusionsvektoren. Weiterhin wurden bei 100^0 K in den Linien diffuse Maxima zwischen den Vertikalebenen [1 1 $\bar{2}$ 0] erhalten. Sie stehen in Übereinstimmung mit der Bornschen Theorie, da in diesen Richtungen die opt. Zweige des Schwingungsspektrums Frequenzminima besitzen. K. Huste. B 119□

Infrarotspektren und Schwingungszuordnungen für die cis- und trans-1.2-Difluoräthylene: HFC=CFH, HFC=CFD und DFC=CFD. Norman C. Craig und Eric A. Entemann. (J. chem. Physics **36,** 243–48, 1/1. 1962; Oberlin, Ohio, Oberlin Coll., Dep. of Chem.; engl.) — Die IR-Spektren der genannten Verbb. wurden im Bereich 4000–250 cm^{-1} aufgenommen (Abb.), die Grundschwingungen zugeordnet u. zum Teil die Schwingungstypen berechnet. W. Schramm. B 120□

Infrarotbeobachtung der OH-Bande von reinem Äthanol und Äthanollösungen bis zur kritischen Temperatur. E. Fishman. (J. physic. Chem. **65,** 2204–08, Dez. 1961; Syracuse, N.Y., Syracuse Univ.; engl.) — Mit Hilfe von Hochtemp.-Meßzellen (Abb.) wird der Bereich der ν(OH) (LiF-Prisma) von *A.* sowie von seinen Lsgg. (2- bzw. 4%ig) in Ae., Äthylvinyläther (**I**), Aceton (**II**), Acetonitril (**III**), Pentan (**IV**), CS_2 (**V**) u. CCl_4 (**VI**) bei Raum-Temp. sowie in verschiedenen Intervallen bis zur krit. Temp. (T_K) der Lsgm. aufgenommen. Mit steigender Temp. wird die breite assoziierte ν(OH) von reinem A. bei gleichbleibender Bandenkontur von 3325 (22^0) nach 3545 ($270^0 \triangleq T_K$) verschoben. Die durch Temp.-Erhöhung bei den Lsgg. von *A.* in den polaren Lsgm. **I**–**III** u. Ae. auftretenden Frequenzverschiebungen erfolgen ebenfalls hypsochrom; in keinem Fall konnte die ν(OH) der freien OH-Gruppe gefunden werden. Sie tritt jedoch bei tieferer Temp. in den Lsgg. von *A.* in den unpolaren Lsgm. **IV**–**VI** auf. Es besteht eine Linearität zwischen der Temp. u. den Frequenzen der assoziierten OH-Banden; die Steigungen der Geraden nehmen in der Reihenfolge A. (0,89) > **II** (0,36) > **I** (0,24) = **III** (0,24) > Ae. (0,14) ab. In den unpolaren Lsgm. tritt bei erhöhter Temp. eine zusätzliche Bande bei ca. 3500 cm^{-1} auf, die mit steigender Temp. hypsochrom verschoben wird, bei starker Temp.-Erhöhung jedoch verschwindet. Vf. führt diese Bande auf ein cycl. Wasserstoffbrückendimeres zurück. U. Uhlich. B 120□

Schwingungsfrequenzen von Trimethylamingallan und D_3-Trimethylamingallan. Duward F. Shriver, Robert L. Amster und Robert C. Taylor. (J. Amer. chem. Soc. **84,** 1321–22, 5/4. 1962; Evanston, Ill., Northwestern Univ., Dep. of Chem.; Ann Arbor, Mich., Univ. of Michigan, Dep. of Chem.; engl.) — Die IR- u. Raman-Spektren der Komplex-Verbb. von GaH_3 u. GaD_3 mit *Trimethylamin* werden gemessen u. versuchsweise zugeordnet. Die Valenzschwingungen der Ga–H-Bindungen liegen bei 1850 cm^{-1}, die der Ga–D-Bindungen bei 1330 cm^{-1}. Der symm. Deformationsschwingung der H–Ga–H-Gruppierung wird eine Absorption bei 730 cm^{-1} (D–Ga–D 536 cm^{-1}) zugeordnet, der entsprechenden asymm. Schwingung der IR-Bande bei 745 cm^{-1}, die jedoch im Raman-Spektrum fehlt. R. Albrecht. B 120□

Hochaufgelöste Infrarotspektren von Methylsilan. M. Randić. (Spectrochim. Acta [London] **18,** 115–22, Jan. 1962; Zagreb, Jugoslavia, Inst. „Rudjer Bošković"; engl.) — Das IR-Spektrum von *Methylsilan* wurde im gasförmigen Zustand u. hoher Auflösung aufgenommen u. die Banden mit Hilfe der Coriolis-ζ-Konst. vollständig zugeordnet. Die Normalkoordinaten u. ζ-Konst. wurden auf der Grundlage einfacher Diagonalpotentialfunktionen berechnet. U. Uhlich. B 120□

Schwingungsspektren von symm.-Trichlorbenzol und die Mair-Hornig-Zuordnung für Benzol. James R. Scherer, J. C. Evans, W. W. Muelder und John Overend. (Spectrochim. Acta [London] **18,** 57–75, Jan. 1962; Midland, Mich., Dow Chem. Co., Chem. Phys. Res. Labor.; engl.) — Die IR-Spektren zwischen 4000 u. 400 cm^{-1} von

1.3.5-Trichlorbenzol (**I**), D_3-**I** u. der Zwischenprodd., die bei der Behandlung von **I** mit D_2SO_4 infolge stufenweisen Austausches von H durch D entstehen, sowie die Raman-Spektren der letztgenannten Verbb. wurden aufgenommen. Diese Banden sowie die der H_2D- u. D_2H-Typen wurden teilweise u. die für die H_3- u. D_3-Typen vollkommen zugeordnet. Einige beobachtete B_2-Fundamentalschwingungen im Spektrum von D_3-**I** können durch das normale Urey-Bradley-Kraftfeld nicht erklärt werden. Die Diskrepanzen zwischen berechneten u. beobachteten Frequenzen können mit Hilfe des sog. Kekulé-Modells gedeutet werden, was Vff. als Beweis für die Gültigkeit der Mair-Hornig-Zuordnung für die B_{2u}-Grundschwingungen des *Bzl.* halten. Die Kekulé-Konst. betragen für **I** 0,400 ± 0,018 u. für Bzl. 0,351 ± 0,019 mdyn/Å.
U. Uhlich. B 120□

Das Infrarotspektrum von Kohlenmonoxid in einem Hydrochinon-Clathrat. D. F. Ball und D. C. McKean. (Spectrochim. Acta [London] **18**, 933—38, Juli 1962; Old Aberdeen, Univ. of Aberdeen, Dep. of Chem.; engl.) — In Übereinstimmung mit Schlußfolgerungen aus Messungen der spezif. Wärme zeigt das IR-Spektrum des CO-Hydrochinon-Clathrats, daß die Mehrzahl der Moll. in dem Käfig keine freie Drehbarkeit besitzen. Die bei niedrigen Temp. auftretenden Seitenbanden zur Q-Absorptionsbande werden Kombinationen der Frequenzen von „Rattling"- u. Torsionsschwingungen zugeordnet. Die Frequenzverschiebung des Bandenmittelpunktes, bezogen auf den Gaszustand, beträgt 10 cm^{-1}; nach der Gleichung von Kirkwood-Bauer u. Magat ergibt sich ein Wert von ca. 4 cm^{-1}. Gerhard Schulze. B 120□

Rotationsisomerie bei 3-Nitrosalicylsäureestern. H. Hoyer und R. MacDonald. (Z. Elektrochem., Ber. Bunsenges. physik. Chem. **66**, 269—73, April 1962; Bonn, Univ., Inst. für Physik. Chem.; dt.) — Zur Klärung der Richtung der Wasserstoffbrückenbindung in Salicylsäureestern wurden die IR-Spektren von 3- (**A**) u. 5-Nitrosalicylsäureestern (**B**) im Gebiet der ν(CO) aufgenommen. Die Stellung der NO_2-Gruppe übt offenbar keinen Einfl. auf die Stärke der Wasserstoffbrücken aus: Die ν(CO) liegt bei den **A** u. **B** bei den gleichen Frequenzen u. wird nach Verätherung der OH-Gruppe bei beiden Verb.-Gruppen hypsochrom verschoben. Außer der in den Spektren der **A** im Vgl. zu den Spektren der **B** zusätzlich auftretenden schwachen Bande bei ca. 1773 cm^{-1} ist in den **A**-Spektren die kurzwellige Flanke der ν(CO)-Bande verstärkt. Vff. deuten diese Ergebnisse in der Art, daß in Verbb. vom **B**-Typ Wasserstoffbrücken zwischen OH- u. Estergruppe gebildet werden, während in denen vom **A**-Typ zusätzlich Wasserstoffbrücken zwischen der OH- u. der NO_2-Gruppe auftreten. Eine Rotationsisomerie anderer Art zeigt sich bei den verätherten Verbb. an der Form ihrer Carbonylbanden. Es läßt sich unter Berücksichtigung früherer Ergebnisse folgende Reihe aufstellen, in der die Festigkeit innermol. H-Brücken zwischen OH-Gruppen u. o-ständigen Substituenten am Benzolkern zunimmt (bei Vernachlässigung der Einfl. zusätzlicher Substituenten): Aldehyd- < Nitro- < Keto- < Estergruppe. Allerdings zeigen Unterss. an *2-Hydroxy-3-nitrobenzophenonen* (Hoyer u. Hensel, unveröffentlicht), daß hier die H-Brücken zur NO_2-Gruppe stärker sind. Untersucht wurden folgende *Ester*: *3-Nitrosalicylsäuremethyl-* (F. 130—131,5°), *-äthyl-* (F. 44—45°), *-propyl-* (F. 32—33°), *-n-butylester* (F. 32 bis 33°), *2-Methoxy-3-nitrobenzoesäuremethyl-* (F. 49—50°), *-äthyl-* ($Kp._{0,02}$ 91—92°), *-propyl-* ($Kp._{0,02}$ 105—106°), *-n-butylester* ($Kp._{0,02}$ 112°), *5-Nitrosalicylsäuremethyl-* (F. 116—117°), *-äthyl-* (F. 97—99°), *-n-propyl-* (F. 44—45°), *-n-butylester* (F. 30—31°), *2-Methoxy-5-nitrobenzoesäuremethyl-* (F. 95—97°), *-äthyl-* (F. 71—72°) u. *-propylester* (F. 54—55°). Die Darst. der Verbb. erfolgte durch Methylierung der Säuren mit Diazomethan oder Rk. der betreffenden Säure mit dem entsprechenden Alkohol in Ggw. von konz. H_2SO_4. U. Uhlich. B 120□

Konformationsanalyse. 26. Mitt. **Einige stereochemische Untersuchungen am Cyclooctanring.** Norman L. Allinger und Seymour Greenberg. (J. Amer. chem. Soc. **84**, 2394—2402, 20/6. 1962; Detroit, Mich., Wayne State Univ., Dep. of Chem.; engl.) — 25. vgl. C. **1963**, 2782. — *cis-* (**I**) u. *trans-5-tert.-Butylcyclooctanol* (**II**) werden synthetisiert. Das **I**-Tosylat liefert bei der Acetolyse ein Gemisch von *1-* u. *5-tert.-Butylcycloocten-(1)* im Verhältnis 4:1, das **II**-Tosylat im Verhältnis 1:2, die 1-Verb. entsteht durch 1.5-Hydridverschiebung. Sowohl bei der Verseifung von **I**- ($\Delta H^{\neq}$ 15,7 kcal/Mol, $\Delta S^{\neq}$ —25,8 cal/Grad·Mol) u. **II**-*Hydrogenphthalat* (17,0, —22,7) u. zum Vgl. von *Cyclooctylhydrogenphthalat* (F. 134—135°; 13,7, —31) mit NaOH bei 50—73° als auch bei der Chromsäureoxydation von **I** (k·10^3 32,2 Liter/Mol·s), **II** (24,4) u. *Cyclooctanol* (19,1) in 75%ig. Essigsäure bei 19,87° reagiert die cis- schneller als die trans-Verb., die Unterschiede in den Rk.-Geschw. sind jedoch nicht stark ausgeprägt. In Analogie zu den Verhältnissen bei Cyclohexan-Derivv. (*cis-* u. *trans-4-tert.-Butylcyclohexylhydrogenphthalat*), bei denen im NMR-Spektrum ein axiales Proton bei höheren Feldstärken angezeigt wird, ist auf Grund des NMR-Spektrums für **I** das 1-Proton axial anzunehmen, bei **II** äquatorial.

Versuche: *γ-tert.-Butyl-ε-caprolacton*, $C_{10}H_{18}O_2$, F. 57,5—58,5° (Heptan), Kp.$_2$ 130—135°, aus Trifluoracetanhydrid u. 90%ig. H_2O_2 bei 5—10° u. Zugeben von 14,0 g 4-tert.-Butylcyclohexanon zu dieser Lsg. unter Kühlen u. Rühren bei 10—15°; 58% (Ausbeute). — *4-tert.-Butyl-6-bromhexansäure*, $C_{10}H_{19}BrO_2$, Kp.$_{0,2}$ 125—130°, aus vorst. Verb., 38%ig. HBr u. konz. H_2SO_4 durch 5std. Kochen; n_D^{25} 1,4842; 64%. *Äthylester*, $C_{12}H_{23}BrO_2$, Kp.$_8$ 141—144°, mit abs. A.-H_2SO_4; n_D^{25} 1,4674; 74%. — *4-tert.-Butyl-6-cyanhexansäureäthylester*, $C_{13}H_{23}NO_2$, Kp.$_9$ 161—164°, aus vorst. Ester, 95%ig. A. u. 5,6 g KCN durch 18std. Kochen, weitere KCN-Zugabe u. 20std. Kochen; n_D^{25} 1,4489; 69%. — *4-tert.-Butylheptandisäurediäthylester*, $C_{15}H_{28}O_4$, Kp.$_5$ 134—136°, aus vorst. Verb., 95%ig. A. u. konz. H_2SO_4 durch 70std. Kochen; n_D^{25} 1,4428; 75%. — *4-tert.-Butyl-1.7-dihydroxyheptan*, $C_{11}H_{24}O_2$, Kp.$_{0,7}$ 131°, aus vorst. Verb. durch $LiAlH_4$-Red.; n_D^{25} 1,4657; 100%. — *4-tert.-Butyl-1.7-dibromheptan*, $C_{11}H_{22}Br_2$, Kp.$_3$ 130—132°, aus vorst. Verb. durch 5std. Einleiten von trockenem HBr bei 125—130°; n_D^{25} 1,4990; 91%. — *4-tert.-Butyl-1.7-dicyanheptan*, $C_{13}H_{22}N_2$, Kp.$_2$ 165—166°, aus vorst. Verb. u. KCN wie oben; n_D^{25} 1,4579; 75%. — *5-tert.-Butylcyclooctanon* (**III**), $C_{12}H_{22}O$, Kp.$_7$ 113 bis 115°, aus vorst. Verb. in 900 ml abs. Ae. durch Zusetzen zu einer Phenyl-Li-Lsg. (in abs. Ae. u. N-Methylanilin) während 48 Std.; n_D^{25} 1,4714; 89%. *2.4-Dinitrophenylhydrazon*, $C_{18}H_{26}N_4O_4$, F. 172—173° (A.). *Semicarbazon*, $C_{13}H_{25}N_3O$, F. 188—199° (A.); *Oxim* (**IV**), $C_{12}H_{23}NO$, F. 89—90° (Pentan); 94,5%. — *5-tert.-Butyl-2-cyancyclooctanon* (?), $C_{13}H_{21}NO$, F. 97,5—98,5° (Ae.), als Nebenprod. von vorst. Verbindung. — *cis-5-tert.-Butylcyclooctanol* (**I**), $C_{12}H_{24}O$, F. 60—60,5° (Pentan), aus **III** durch $LiAlH_4$-Red.; 32%. *p-Nitrobenzoat*, $C_{19}H_{27}NO_4$, F. 109,5—110°. *Hydrogenphthalat*, $C_{20}H_{28}O_4$, F. 88,5—89°, mit Phthalsäureanhydrid in Pyridin, 17 Std. bei 90°; 85%. — *trans-5-tert.-Butylcyclooctanol* (**II**), $C_{12}H_{24}O$, F. 58,5—59,5° (Pentan), aus **I** durch Überführung in das Tosylat mit p-Toluolsulfochlorid in Pyridin, Acetolyse mit 34 g Tetraäthylammoniumacetatmonohydrat in trockenem Aceton durch 16std. Kochen Verseifen des Acetats mit KOH in 95%ig. A. u. Chromatographie an Al_2O_3 mit Pentan–60% Ae.; 53%; *p-Nitrobenzoat*, $C_{19}H_{27}NO_4$, F. 83,5—84,5°. *Hydrogenphthalat*, $C_{20}H_{28}O_4$, F. 121 bis 122° (Ae./Pentan). — *tert.-Butylcyclooctan*, $C_{12}H_{24}$, Kp.$_{21}$ 120° (Bad-Temp.), a) aus **III** durch Wolff-Kishner-Red.; n_D^{25} 1,4647; b) aus 1-tert.-Butylcycloocten durch Hydrierung in Ggw. von PtO_2; n_D^{25} 1,4620. — *5-tert.-Butylcyclooctylamin*, Kp.$_7$ 115 bis 119°, aus **IV** durch $LiAlH_4$-Red. in Tetrahydrofuran; n_D^{25} 1,4859; 81%. *Oxalat*, $C_{26}H_{52}\cdot N_2O_4$, F. 273—274° (Zers.; A.). — *N.N-Dimethyl-5-tert.-butylcyclooctylamin*, Kp.$_7$ 125 bis 140°, aus vorst. Verb. mit 88%ig. HCOOH u. 30%ig. Formaldehyd bei 90—100°; n_D^{25} 1,4800; 79%. — *cis-5-tert.-Butylcycloocten*, $C_{12}H_{22}$, Kp.$_{20}$ 105—110°, aus vorst. Verb. in Methanol durch Überführung in das Aminoxid mit 30%ig. H_2O_2 unter Eiskühlung während 20 Std. u. Zers. des Aminoxids bei 110—200° (25 mm); n_D^{25} 1,4735; 20%. — *1-tert.-Butylcyclooctanol*, $C_{12}H_{24}O$, Kp.$_{11}$ 118—120°, aus Cyclooctanon in Pentan u. einer Lsg. aus Li u. tert.-Butylchlorid in Pentan; n_D^{25} 1,4860; 68%. — *1-tert.-Butylcycloocten*, $C_{12}H_{22}$, Kp.$_{11}$ 88—89°, aus vorst. Verb. u. Jod in Toluol durch 17std. Kochen; n_D^{25} 1,4750; 66%. R. Albrecht. B 123

Strahlungslose Übergänge und Strahlungslebensdauer des $^3B_{1u}$-Zustandes von Benzol. E. C. Lim. (J. chem. Physics **36**, 3497—98, 15/6. 1962; Chicago, Ill., Loyola Univ., Dep. of Chem.; engl.) — Neubest. der abs. Quantenausbeuten der Fluorescenz u. Phosphorescenz von *Bzl.* in EPA bei 77° K ergaben 0,20 ± 0,02 für beide Emissionen. Damit ergibt sich eine Strahlungslebensdauer des $^3B_{1u}$-Zustands von 28 ± 2 s. Vgl. mit Unters.-Ergebnissen von Robinson (vgl. J. molekular Spectroscopy **6**, [1961], 58) zeigen, daß der strahlungslose $S_1 \rightarrow S_0$-Übergang in diesem Syst. weniger wesentlich als der strahlende $S_1 \rightarrow S_0$- u. der strahlungslose $S_1 \rightarrow T_1$-Übergang ist. W. Schramm. B 125 □

Polarisierte Phosphorescenz in kristallinem Hexachlorbenzol bei 77° K. Dan W. Olds. (J. chem. Physics **35**, 2248—49, Dez. 1961; Durham, N.C., Duke Univ., Dep. of Phys.; engl.) — Zur Unters. gelangte eine aus der Schmelze, die zwischen Quarzscheiben gepreßt wurde, krist. Probe von *Hexachlorbenzol*. Untersucht wurde ein Gebiet, das zwischen gekreuzten Nicolschen Prismen gleichmäßige Auslöschung zeigte. Die orientierte Probe wurde in sd. N_2 gebracht, von hinten mit Hg-Licht bestrahlt u. mit dem Hilger-Spektrographen untersucht. Die Auslöschungsrichtungen waren die C-Achse u. eine zu ihr senkrechte Richtung. Graph. sind die beobachteten 2 Polarisationskomponenten der Phosphorescenz angegeben. Beide Polarisationskomponenten haben eine erlaubte Form. Zur Erklärung muß jedoch das D_{6h}-Modell für das Mol. im Kristall aufgegeben werden, u. zwar zugunsten eines D_{3d}-Modells.

C. Gottfried. B 125

Anisotropie der Triplett-Singulett-Phosphorescenz aromatischer Verbindungen. F. Dörr und H. Gropper. (Angew. Chem. **74**, 354, 21/5. 1962; München, Phys.-chem.

Inst.; dt.) — Vff. untersuchten die Phosphorescenzpolarisation an bei 105° K in A. eingefrorenen Lsgg. (10^{-5} bis 10^{-3} m) von *Phenanthren* (**I**), *5.6-*, *7.8-Benzochinolin*, *o-*, *m-*, *p-Phenanthrolin*, *Benzochinoxalin*, *Triphenylen* (**II**), *Coronen* (**III**) u. *Chinolin* (**IV**). Die Phosphorescenz von **I**, seinen Derivv., **II** u. **III** ist stark negativ polarisiert: Polarisationsgrad (P) —0,15 bis —0,2, bei **IV** —0,08 u. höher bei höheren Konzentrationen. P ist bei allen Verbb. unabhängig von der Absorptionswellenlänge nahezu konstant. Nach diesen Ergebnissen ist die Singulett–Triplett-Phosphorescenz dieser Verbb. senkrecht zur Mol.-Ebene polarisiert. W. Schramm. B 125□

Untersuchungen auf dem Gebiet der konjugierten Systeme. 122. Mitt. **Dipolmomente und Reaktionsfähigkeit von Vinylacetylenketonen und -aminen.** 43. Mitt. **über Eninverbindungen.** A. A. Petrow, K. Ss. Mingalewa, I. A. Maretina und W. D. Nemirowski. (Журнал Общей Химии [J. allg. Chem.] **30** (**92**), 2248—50; Juli 1960; Leningrad, Technol. Lensowjet-Inst.; russ.) — 121. bzw. 42. vgl. C. **1963, 3942.** — Das Dipolmoment von *Hexen-(1)-in-(3)-on-(5)* ($Kp._{10}$ 35°, $D._4^{20}$ 0,9081, n_D^{20} 1,4840) ist mit 3,24 D größer, das von *Hexen-(3)-in-(1)-on-(5)* ($Kp._{20}$ 56—57°, $D._4^{20}$ 0,9308, n_D^{20} 1,4928) mit 2,71 D kleiner als das von Methylvinylketon (2,98 D). Für *1-Diäthylamino-penten-(2)-in-(4)* ($Kp._5$ 53—54°, $D._4^{20}$ 0,9068, n_D^{20} 1,5208) wurden 2,87 D gemessen. Die Ergebnisse bestätigen die Annahme von Verschiebungen im Elektronen-Syst. von 1.3-Eninen unter dem Einfl. von kunjugierten Gruppen, mit deren Kenntnis sich das chem. Verh. der Verbb. (z. B. bei der Bromierung) deuten lassen sollte.
H.-E. Toussaint. B 132□

VB-Berechnung von geminalen Spin–Spin-Kopplungskonstanten in substituierten Methanen. Michael Barfield und David M. Grant. (J. chem. Physics **36**, 2054 bis 2059, 15/4. 1962; Salt Lake City, Utah, Univ. of Utah, Dep. of Chem.; engl.) — Es wird eine theoret. Unters. über gemischte Protonen–Spin–Spin-Kopplungs-Konst. (PSK) für *substituierte Methane* durchgeführt. Auf Basis der VB-Näherung werden an Hand eines Sechs-Elektronen-Modells, das aus einer CH_2-Gruppe mit tetrahedralen sp^3-Hybridorbitalen besteht, der ein π-Elektronenpaar hinzugefügt wurde, die Hyperkonjugationsenergie (HE) u. der Beitrag [$J_{HH'gem}$ (∅)] zur PSK berechnet, der durch Berührung entsteht. Die Ergebnisse stimmen mit den experimentellen Beobachtungen (Literaturangaben) überein u. zeigen an, daß die Hyperkonjugation größere PSK liefert als bei alleiniger Abhängigkeit vom ∢ H—C—H erwartet werden. Dies liegt an der Wechselwrkg. des Spins der geminalen Protonen im Grundzustand als Folge einer delokalisierten Struktur. Die PSK ist abhängig von der Orientierung der CH_2-Gruppe bzgl. des π-Elektronensystems. Für r(C—C) = 1,46 Å ergibt sich: $J_{HH'gem}$ (∅) = 14,5 Hz u. HE = 2,4 kcal/Mol; für r(C—C) = 1,55 Å: 14,0 Hz bzw. 1,8 kcal/Mol. J. Richter. B 137□

ESR-Spektrum und Struktur des Formylradikals. Frank J. Adrian, Edward L. Cochran und Vernon A. Bowers. (J. chem. Physics **36**, 1661—72, 15/3. 1962; Silver Spring, Md., Johns Hopkins Univ., Appl. Phys. Labor.; engl.) — Die Elektronenspinresonanzspektren von *HCO* u. *DCO* wurden in festem CO im Temp.-Bereich 4,2 bis 30° K untersucht. Die Form der beobachteten Linien war temperaturabhängig. Das ESR-Spektrum von HCO zeigte eine sehr große Protonhyperfeinaufspaltung (137 Oe), die Linien waren breit u. unsymm., die Linienbreite änderte sich von einer Hyperfeinkomponente zur nächsten. Es konnte gezeigt werden, daß die Linienformen eine Folge der Kombination einer einheitlichen Anisotropie des g-Faktors mit einer kleineren Anisotropie der Protonhyperfein-Wechselwrkg. sind. Diese Ergebnisse stützen die Annahme anderer Autoren, daß HCO kein π-Elektronradikal ist. Die Radikale wurden durch photolyt. Zers. von HJ bzw. DJ in CO bei 4,2° K mit Licht der Wellenlänge 2537 + 1849 Å u. auch nach $CH_2O \rightarrow HCO + H$ (2537 + 1849 Å; in Ar) bzw. $CH_3OH \rightarrow HCO + 3\,H$ ($\lambda > 1450$ Å; in Ar) erzeugt. W. Schramm. B 137□

Untersuchung der Struktur von Ammoniumoxalatmonohydrat durch protonenmagnetische Resonanz. R. Chidambaram. (Acta crystallogr. [Copenhagen] **15**, 619, 10/6. 1962; Bangalore, India, Indian Inst. of Sci., Dep. of Phys.; engl.) — Die H-Bindungen der H_2O-Moll. im Gitterbau eines Einkristalls von $(NH_4)_2C_2O_4 \cdot H_2O$ (**I**) wurden mit einem NMR-Spektrometer bei 13 verschiedenen Stellungen des Kristalls zum Magnetfeld in der a–b-Ebene in Winkelabständen von 15° untersucht. In den Spektren werden neben der üblichen zentralen Spitze 2 Paare von Doppellinien gefunden, die von den nichtparallelen Proton–Proton-Vektoren der H_2O-Moll. herrühren. Aus der Betrachtung der ΔH-Werte für die Aufspaltung der Doppellinien wird auf die Bindungs-Eigg. der Wasser-Moll. in **I** geschlossen. Die Bindungswinkel u. -längen werden angegeben u. diskutiert. H. Schibilla. B 137□

Elektronenspinresonanz eines γ-bestrahlten Einkristalls von N-Acetylmethionin. Ernesto Cipollini und Walter Gordy. (J. chem. Physics **37**, 13—17, 1/7. 1962; Durham, N.C., Duke Univ., Dep. of Phys.; engl.) — Die bei der γ-Bestrahlung (48 Std.

oder länger, ^{60}Co) von Einkristallen von *N-Acetylmethionin* (**I**) auftretenden freien Radikale wurden durch Aufnahme ihrer Elektronenresonanzspektren bei verschiedener Orientierung im Magnetfeld untersucht. Zwei verschiedene Radikale wurden gefunden, die beide bei Raum-Temp. relativ stabil sind: eins hat wahrscheinlich die Struktur $CH_3-\dot{C}(=O)-NH-CH(COOH)-CH_2-CH_2-S\cdot$, das andere $CH_3-C(=O)-NH-\dot{C}(COOH)-(CH_2)_2-S-CH_3$. W. Schramm. B 137□

Das Elektronenspinresonanzspektrum des positiven p-Xylol-Ions. J. R. Bolton und A. Carrington. (Proc. chem. Soc. [London] **1961,** 174–75, Mai; Cambridge, Univ., Dep. of Theoret. Chem.; engl.) — Xylole geben in konz. H_2SO_4 in Ggw. von $K_2S_2O_8$ hinreichend stabil positive Ionen. Es wurde das Elektronenspinresonanzspektrum des *positiven p-Xylolions* (**I**) aufgenommen u. die Protonenhyperfeinstruktur analysiert. Die 6 Methylprotonen verursachen 7, durch die 4 Ringprotonen aufgespaltene Linien. Die Aufspaltungs-Konst. betragen: a_{CH_3} 3,89 u. a_H 3,00 (Gauß). Die Zuordnung wurde durch das Spektrum von **I** in konz. D_2SO_4 (a_{CH_3} 3,89) bestätigt. Die Unterss. zeigen, daß die Methylgruppe als Elektronendonatoren gegenüber der π-Elektronenlücke des Rings in **I** wirken. Gut aufgelöste Spektren in konz. H_2SO_4 in Ggw. von $K_2S_2O_8$ wurden ferner von folgenden Verbb. erhalten: *Toluol, o-* u. *m-Xylol, Mesitylen* u. *Durol. Bzl.* gibt eine grüne Lsg., deren schwach aufgelöstes Siebenlinienspektrum auf die sechs äquivalenten Protonen (a = 2,89) zurückgeführt wird. Es kann jedoch nicht geschlossen werden, daß es sich um das Spektrum des positiven Benzolions handelt.
H. G. Henkel. B 137□

^{13}C-Aufspaltungen in den protonenmagnetischen Resonanzspektren von Alkylcyclopropenen. G. L. Closs. (Proc. chem. Soc. [London] **1962,** 152, April; Chicago, Ill., Univ. of Chicago, Dep. of Chem.; engl.) — Vf. bestimmte die ^{13}C–H-Kopplungs-Konst. (^{13}C in natürlicher Häufigkeit) für die olefin. H-Atome in *3.3-Dimethyl-* u. *1.3.3-Trimethylcyclopropen* (**I**) zu 220 bzw. 218 Hz. Dies entspricht einem s-Charakter der H-bindenden C-Atombahnen von 44%; die Cyclopropene scheinen mehr den Acetylenen als den Olefinen verwandt zu sein. Die Bindungslänge errechnet sich zu 1,068 Å. $J_{^{13}C-H}$ für die geminalen Dimethylgruppen beträgt bei beiden Verbb. 123, die der allyl. Methylprotonen in **I** 128 Hz. W. Schramm. B 137□

Theoretische Auswertung von Hyperfeinwechselwirkungen des Kohlenstoffisotops 13 in Elektronenspinresonanzspektren. Martin Karplus. (J. chem. Physics **35,** 1312–23, Okt. 1961; New York, N.Y., Columbia Univ., Dep. of Chem.; engl.) — Eine quant. Theorie der isotropen Wechselwrkg. zwischen Elektronen- u. Kernspin von ^{13}C in π-Elektronenradikalen wird beschrieben u. auf die Hyperfeinaufspaltung in den ESR-Spektren von $\dot{C}H_3$, $(HOOC)_2\dot{C}H$, *Bzl.*$^{(-)}$, *Naphthalin*$^{(-)}$, *Cyclooctatetraen*$^{(-)}$, *p-Benzosemichinonion* ($C_6H_4O_2$) u. *Triphenylmethyl* angewendet. Hyperfeinwechselwrkg. ermöglichen eine ausgezeichnete Abschätzung der Gültigkeit einer Trennung von π- u. σ-Wellenfunktionen in den Elektronengrundzuständen von π-Elektronensystemen. Die Meth. zur Auswertung der Hyperfeinaufspaltungen läßt sich auf alle in geeigneter Weise gebundenen Elemente der 1. Reihe des Perioden-Syst. anwenden. W. Hegenberg. B 137□

NMR-Spektren von Gelseminderivaten. Die Struktur und Biogenese des Alkaloids Gelsemin. Harold Conroy und J. K. Chakrabarti. (Tetrahedron Letters [London] **1959,** Nr. 4, 6–13, Mai; New Haven, Conn., Yale Univ., Dep. of Chem.; engl.) — Vgl. auch Teuber u. Rosenberber, C. **1961,** 9419. — Vff. nahmen die NMR-Spektren (abgebildet) von *Gelsemin* (**I**; $C_{20}H_{22}N_2O_2$), *Desoxogelsemin* (**II**), *$N_{(a)}$-Acetyldesoxogelsemin* (**III**; $C_{22}H_{26}N_2O_2$, F. 137 bis 139°) u. des aus **III** durch OsJ_4-Perjodat-Oxydation erhaltenen *Nor-aldehydes* ($C_{21}H_{24}N_2O_3$, F. 172–174°) auf. Aus den erhaltenen Daten, Überlegungen zur Biogenese von **I** (ein Synth.-Weg aus Tryptamin u. 3.4-Dihydroxyphenylalanin über mit Corynoxein u. Rhyncophyllin verwandte Verbb. wird angegeben) sowie Abbau-Rkk. von **II** [→ *$N_{(a)}$-Acetyldesoxogelsemin-$N_{(b)}$-methojodid* ($C_{23}H_{29}JN_2O_2$; F. 297 bis 299°; Zers.), die Oxydation des entsprechenden *$N_{(b)}$-Methohydroxides* mit $KMnO_4$ zu einem *Betain* (ν_{max} = 1591 cm^{-1}), dessen Umwandlung in ein *pentacycl. Olefin* ($C_{21}H_{26}N_2O_2$, F. 130°; charakterisiert als *Methojodid*, $C_{22}H_{29}JN_2O_2 \cdot \frac{1}{2} H_2O$, F. 273–275° aus CH_3OH), das mit Pt/Eisessig hydriert wurde zum *Dihydro-Deriv.* ($C_{21}H_{28}N_2O_2$, F. 165–167°) oder mit OsJ_4-Perjodat zur *Keto-Base* (ν_{max} = 1748 cm^{-1}) oxydiert werden konnte] schließen Vff. auf die in der Abb. wiedergegebene Struktur von **I**. Unveröffentlichte röntgenograph. Unterss. von Lovell, Pepinsky u. Wilson brachten dasselbe Ergebnis.

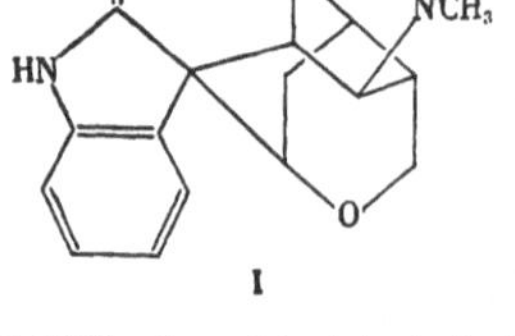

I

Ch. Zechel. B 137□

Ionisationskonstanten einiger aromatischer Säuren mit sterischer Hinderung. Melvin S. Newman und Herbert Boden. (J. Amer. chem. Soc. **83,** 115–16, 5/1. 1961; Columbus, Ohio, Ohio State Univ., McPherson Chem. Labor.; engl.) — Aus potentiometr. Messungen in 50%ig. wss. Dioxan bei 40° ergeben sich nachst. Ionisations-Konst. pK_a für folgende aromat. Säuren mit ster. Hinderung: *Benzoesäure* 6,21; *o-tert.-Butylbenzoesäure* 5,93; *1-* 6,05; *2-Naphthoesäure* 6,17; *Phenanthren-4-carbonsäure* 5,43; *-9-carbonsäure* 5,98; *Benzo-[c]-phenanthren-1-carbonsäure* 6,65; *-2-carbonsäure* 6,34; *-3-carbonsäure* 6,20; *-4-carbonsäure* 6,20; *-5-carbonsäure* 5,97 u. *-6-carbonsäure* 5,87. Die Ergebnisse werden im Hinblick auf die ster. Hinderung diskutiert. W. Niemitz. B 139□

Untersuchung des polarographischen Verhaltens substituierter Benzylbromide. G. Klopman. (Helv. chim. Acta **44,** 1908–13, 1/12. 1961; Cologny, Genève, Cyanamid Europ. Res. Inst.; franz.) — Vf. untersuchte die polarograph. Red. einiger substituierter Benzylbromide in wasserfreiem Methanol in Ggw. von 0,25m $LiOCH_3$ oder 0,25m LiCl. In der erstgenannten Lsg. wurden nachst. Halbstufenpotentiale gemessen: *Benzylbromid* (I; —1,329 V gegen Ag/AgCl-Elektrode), *p-Methoxy-* (—1,198), *p-Methyl-* (—1,218), *p-Brom-* (—1,128) u. *p-Nitrobenzylbromid* (II; —0,404) sowie *p-Brommethylbenzoesäure-methylester* (F. 53,5—54,5°; —0,912). Zwischen den gemessenen Halbstufenpotentialen u. den Werten der Hammettschen σ-Konst. besteht kein linearer Zusammenhang; sowohl nach Substitution durch Elektronenacceptoren wie durch Elektronendonatoren werden die Potentiale gegenüber dem von I zu positiveren Werten verschoben. Der Red.-Vorgang wird als S_N2-Rk. betrachtet, die am gesätt. C-Atom einsetzt, wobei die negativ geladene Hg-Elektrode die Rolle des nucleophilen Rk.-Partners übernimmt. Nach Halogenaustritt schließt sich die Dimerisation des prim. entstandenen Radikals an. Eine Dimerisation konnte experimentell durch potentiostat. Red. von II bestätigt werden. Es wurde 4.4'-Dinitrodibenzyl isoliert. E. Moisar. B 142□

Polarographische Untersuchung der Reaktion Hydroxychalkon ⇌ Chromanon. Strukturelle Einflüsse und Reaktionsmechanismus. Jean Tirouflet und André Corvaisier. (C. R. hebd. Séances Acad. Sci. **252,** 3818–20, 12/6. 1961; Dijon, Fac. des Sci.; franz.) — Bei der Umsetzung von *o-Hydroxyacetophenon* (I) mit heterocycl. Aldehyden (R·CHO) stellt sich ein Gleichgewicht der Rk.-Folge I + R·CHO ⇌ Phenolation ⇌ Hydroxychalkon (II) ⇌ Chromanon ein. Die Gleichgewichteinstellung läßt sich durch eine polarograph. Konz.-Best. von II (geeignet ist die erste Red.-Stufe) ermitteln. Das Gleichgew. ist zwischen pH 1—8 pH-unabhängig, läuft aber bei höheren pH-Werten infolge einsetzender hydrolyt. Zers. in Richtung auf die II-Bldg. ab. Eine starke strukturelle Abhängigkeit von der Art des Aldehyds wurde beobachtet. Die II-Menge im Gleichgewicht bei pH-Werten um den Neutralpunkt nimmt in folgender Reihe zu (von ca. 2—3 auf 85%): R = *2-* u. *4-Chinolyl* < 3-, *2-* u. *4-Pyridyl* < *Phenyl* < *Thienyl* < *Furyl* < *Pyrryl*. Die Kinetik der Vorgänge, bes. der nucleophilen Cyclisierung des II, wird diskutiert. E. Moisar. B 142□

Polarographische und polarimetrische Untersuchungen über die Mutarotation der Glucose. Tsutomu Tsukamoto. (J. agric. chem. Soc. Japan [Nippon Nôgeikagaku Kaishi] **31,** 854–58, 1957; Tottori, Univ., Fac. of Agric., Dep. of Agric. Chem.; jap.) J. Lehmberg. B 142□

Multiphasen und volumetrische Gleichgewichte des binären Systems Methan/n-Hexan bei Temperaturen zwischen —110 und 150° C. Joosup Shim und James P. Kohn. (J. chem. Engng. Data **7,** 3–8, Jan. 1962; Notre Dame, Ind., Univ. of Notre Dame; engl.) — Blasenpunktisothermen des Syst. $CH_4/n\text{-}C_6H_{14}$ im Temp.-Bereich —90 bis 150° u. auch Diagramme der Temp. über dem Molenbruch von CH_4 (Isobaren) bei verschiedenem Druck (10—70 atm) werden aufgenommen. Die Blasenpunkte u. Taupunkte bei den verschiedenen Molenbrüchen von CH_4 bei Drücken von 1—193 atm u. Temp. von —90 bis 150° werden tabellar. zusammengestellt. Die Daten zeigen, daß Raoults Gesetz für $n\text{-}C_6H_{14}$ bis zu einem Molenbruch von über 0,65 gültig bleibt. Die Schmelzwärme von $n\text{-}C_6H_{14}$ u. thermodynam. Eigg. des Syst. $CH_4/n\text{-}C_6H_{14}$ werden errechnet [letztere sind gültig im Temp.-Bereich —102° bis 25°, in dem eine lineare Beziehung zwischen log (Fugazität/Molenbruch) u. 1/T besteht]. Das thermodynam. Verh. des Syst. ähnelt dem von CH_4/Paraffin-KW-Stoffen geringer Gliederzahl. Die Löslichkeit von CH_4 in der fl. Phase nimmt mit steigendem Molgew. des Paraffins ab, $n\text{-}C_6H_{14}$ ist der höchste vollständig mit CH_4 mischbare KW-Stoff. H. Schibilla. B 150□

Löslichkeit, Dampfdruck und Flüssigkeitsdichte im System Kohlendioxid–Methylenchlorid. Donald S. Buell und John W. Eldridge. (J. chem. Engng. Data **7,** 187–89, April 1962; Charlottesville, Va., Univ. of Virginia, Dep. of Chem. Engng.; engl.) — Bei 70° F u. einem Druck von 15—300 lbs./sq.in. werden die Gleichgewichtdaten des Gesamtdrucks der Fl.-Zus. u. der Fl.-Dichte von *CO_2-Methylenchlorid* gemessen. Eine

Gleichgew.-Zelle wird zur Steigerung der Meßgenauigkeit entwickelt, die sich auch zur Best. von Gleichgew.-Daten der Löslichkeit von Gasen bei hohem Druck verwenden läßt. Die Fl.-Dichte des untersuchten Syst. nimmt mit wachsendem Gesamtdruck ab, d. h. die Löslichkeit von CO_2 nimmt zu. Die Konz. des gelösten CO_2 steigt mit wachsendem Gesamtdampfdruck bis zu ca. 145 at linear u. anschließend schneller an. Das Henrysche Gesetz gilt bis 145 p.s.i.a. u. 13% gelöstem CO_2. Bei 300 p.s.i.a. treten bis 10% Abweichungen zu den experimentellen Werten auf. H. Schibilla. B 150□

Glasbildung und Kristallisation in dem binären System Wasser–Methylalkohol. Guy Vuillard und Michel Sanchez. (Bull. Soc. chim. France **1961,** 1877–80, Okt.; Alger, Fac. des Sci., Labor. de Chim. Gén.; franz.) — Vgl. C. **1961, 4647.** — Mittels DTA untersuchten Vff. das Syst. *CH_3OH–H_2O*. Aus dem erhaltenen Phasendiagramm ist ersichtlich, daß CH_3OH mit W. eine krist. stabile Verb. bildet, deren Formel wahrscheinlich $CH_3OH \cdot H_2O$ ist. Das Hydrat zersetzt sich peritekt. bei $-102{,}8^0$ u. bildet mit dem Alkohol ein stabiles Eutektikum, das bei $-117{,}4^0$ schmilzt. Dieses Eutektikum bildet sich sehr langsam, wahrscheinlich wegen der hohen Viscosität der an Alkohol reichen Gemische bei Temp. $< -117^0$. Im ganzen mittleren Konz.-Gebiet erhält man in fl. N_2 glasige Gemische; zwischen 80 u. 83% scheint das Glas vollkommen frei von Kristallisationskeimen zu sein. Die Temp. der Glasumwandlung ist für alle Konzz. zwischen 0 u. 60% konstant. Sie geht dann durch ein Temp.-Minimum von $-167{,}4^0$ bei der eutekt. Zusammensetzung. C. Gottfried. B 150

Dampfdruck und Aktivitätskoeffizienten der Systeme Phenol–Tetrachlorkohlenstoff und Cyclohexanol–Cyclohexan. Janine Chevalley. (Bull. Soc. chim. France **1961,** 510–15, März; Paris, Centre de Rech. de Chim., École Centr. des Arts et Manufact.; franz.) — Es wurden die Gesamt- u. Partialdrucke der Syst. *C_6H_5OH* (I)–*CCl_4* u. *Cyclohexanol* (II)–*Cyclohexan* in Abhängigkeit von der Zus. bei den Temp. 24, 35, 45 u. 50 bzw. 35, 45 u. 55^0 nach der dynam. Meth. gemessen. Aus den Molenbrüchen x_i von Fl. u. Dampf wurden mit Hilfe des gemessenen Gesamtdruckes die Partialdrucke k_i der Komponenten i sowie die Aktivitäts-Koeff. $f_i = p_i/p_i^0\, x_i$ berechnet (p_i^0 = Dampfdruck der Reinkomponente i). Für I u. II liegt bei $x = 0{,}4$–$0{,}45$ ein Maximum der freien Überschußenergie in der Größenordnung von 240 cal/Mol. W. Penn. B 150□

Der Einfluß der Struktur auf den Schmelzpunkt. John Pio. (Mendel Bull. **1961,** 11–14; engl.) — Durch Mischen verd. Lsgg. von *Dimethylanilin* mit *CH_3COOH* (I), *$CH_2ClCOOH$* (II), *$CHCl_2COOH$* (III) u. *CCl_3COOH* (IV) in Ae. wurden die entsprechenden *Salze* gewonnen. Die FF. der Salze sind abhängig von der Polarität u. der Symm. der Verbindung. In der Reihe I → IV nimmt die Polarität zu, was eine Erhöhung der FF. der Salze bewirken sollte. Gleichzeitig wird aber die Symmetrie der Verb. beeinflußt. Daher ist der F. des Salzes von II wegen der größeren Polarität höher als der des Salzes von I, der F. des Salzes von III wegen der geringeren Symmetrie aber tiefer als der der beiden anderen Salze. Die geringe Symmetrie ist auch dafür verantwortlich, daß der F. des Salzes von IV nicht die erwartete extreme Höhe erreicht. K. Ross. B 150□

Bestimmung der Bildungswärme des gasförmigen Methylnitrits. G. Geiseler und W. Thierfelder. (Z. physik. Chem. [Frankfurt/M.] **29,** 248–57, Aug. 1961; Leipzig, Univ., Phys.-Chem. Inst.; Leuna-Werke, Org. Abt.; dt.) — Die Verbrennungswärme des gasförmigen *Methylnitrits* unter Standardbedingungen wurde für die Rk. $CH_3ONO + 0{,}75\, O_2 \rightarrow CO_2 + 1{,}5\, H_2O + 0{,}5\, N_2$ mit Hilfe eines Strömungskalorimeters zu $\Delta H_w = -179{,}7 \pm 0{,}8$ (kcal/Mol) bestimmt. Daraus ergibt sich die Bldg.-Wärme zu $\Delta H_B = -$ (?) $16{,}8 \pm 0{,}8$. Die Gleichgew.-Konst. der Isomerisierungs-Rk. $CH_3ONO \rightleftharpoons CH_3NO_2$ zwischen $298{,}2^0$ K u. 1500^0 K wurden mit dem erhaltenen Wert der Bldg.-Enthalpie neu berechnet. Wolfgang Krüger. B 150□

Wärmekapazität, Enthalpie und Entropie von Citronensäuremonohydrat. D. M. Evans, F. E. Hoare und T. P. Melia. (Trans. Faraday Soc. **58,** 1511–14, Aug. 1962; Leeds, Univ., School of Chem. and Phys.; engl.) — Die Wärmekapazität von *Citronensäuremonohydrat* wurde im Temp.-Bereich 20–300^0 K gemessen u. daraus ein Wert von $67{,}74 \pm 0{,}14$ cal/Mol·Grad für die Entropie des Monohydrats bei 25^0 erhalten. Mit bekannten Daten wurde hieraus die freie Energie der Bldg. des wss. Citrations–H_3Ci(aq) $\rightarrow 3\, H^+$(aq) + Ci^{3-}(aq) zu $-277{,}69 \pm 0{,}34$ kcal/Mol bestimmt.
W. Schramm. B 156□

Sekundäre Isotopeneffekte in der Molekularstruktur. L. S. Bartell. (J. chem. Physics **36,** 3495–96, 15/6. 1962; Ames, Iowa, Iowa State Univ., Inst. for Atomic Res. and Dep. of Chem.; engl.) — Eine Elektronenbeugungs-Unters. von *C_2H_6* u. *C_2D_6* zeigte, daß für die C—H-Bindung ein normaler prim. Isotopeneffekt auftritt (ca. 0,005 Å). Es zeigt sich aber auch ein sek. Isotopeneffekt, die mittlere C—C-Bindungslänge in C_2D_6 ist um 0,004 Å kürzer als in C_2H_6, wie vorausgesagt wurde (vgl. Iowa State Coll. J. Sci. **36,**

[1961], 137). Die Probleme der Bestätigung dieser Beobachtung durch Anwendung der Mikrowellenspektroskopie werden diskutiert; es wird für wahrscheinlich gehalten, daß dieser Effekt an CD_3-Derivv. von Silan, Phosphin, Chlor u. vielleicht CH_3ND_2 beobachtet werden kann. W. Schramm. B 182□

Moleküldiagramme einiger nichtbenzoider aromatischer Kohlenwasserstoffe. Anthony J. Silvestri, Lionel Goodman und Joseph A. Dixon. (J. chem. Physics **36**, 148—51, 1/1. 1962; University Park, Pa., Pennsylvania State Univ., Dep. of Chem.; engl.) — Die Ladungsdichten, π-Bindungsordnungen, freien Valenzen u. vertikalen Stabilisierungsenergien wurden nach einer semiempir. LCAO-MO-SCF-Meth. für *Pentalen, Heptalen, Fulvalen, Sesquifulvalen* u. *Heptafulvalen* berechnet. Die Änderung der genannten Größen beim Übergang von der Hückel-Theorie zur SCF-Meth. war bei den Fulvalenen recht groß. Wenn fehlende chem. Reaktivität ein Kriterium für den aromat. Charakter ist, so zeigen die Ergebnisse, daß alle Verbb., bes. aber die Fulvalene, nur geringen aromat. Charakter haben. W. Schramm. B 182□

Über die Beteiligung der 3d-Bahnen an der Schwefelbindung in aromatischen Verbindungen. Untersuchung von Dibenzothiophen nach der MO-LCAO-Methode. J. Koutecký, R. Zahradník und J. Paldus. (J. Chim. physique Physico-Chim. biol. **56**, 455—60, Mai 1959; Prague, Acad. Tchécoslovaque des Sci., Inst. de chim. phys. u. Inst. de l'hygiène du travail et des maladies profess.; franz.) — Mit Hilfe der einfachen LCAO-MO-Meth. berechnen Vff. auf Basis des Modells von Longuet-Higgins die charakterist. Größen der Reaktivität von *Dibenzothiophen* (I). Die Ergebnisse werden mit denselben Größen verglichen, die an Hand eines Modelles erhalten wurden, für das angenommen wird, das die 3d-Orbitale des S nicht an der Bindung beteiligt sind. Für das Austauschintegral der fiktiven Bindungen x = 1 geht dieses Modell in Phenanthren, für x = 0 in Diphenyl über. Nach dem ersten Modell sind die Atome $C_{(2)}$, $C_{(3)}$ u. $C_{(4)}$ gegenüber einer elektrophilen Substitution etwa gleichwertig, während nach dem 2. Modell $C_{(3)}$ weniger reaktionsfähig ist als die beiden anderen. Die Energien der Übergänge $N \rightarrow V_1$ werden für beide Modelle berechnet. Die Reaktivität von I wird ferner mit der von *Dibenzoselenophen* verglichen. J. Richter. B 182□

Über eine neue polymorphe Modifikation von Adipinsäure bei —185° C. M. I. Arévalo und M. L. Canut. (Publ. Dep. Cristalogr. Mineralog. [Madrid] **1961**, Nr. 8, 37—40; Madrid, C.S.I.C., Dep. de Cristalogr. Física, Sec. de Termodin. Crist.; span.) — *Adipinsäure*-Kristalle, die durch Kristallisation aus Essigester bei Raum-Temp. erhalten wurden, erleiden unterhalb von —150° eine polymorphe Umwandlung, meist in ein polykristallines Aggregat mit bevorzugter Richtung, manchmal in 3 oder 4 Zwillingseinheiten. Beide Formen, die Tief-Temp.-Form u. die normale, sind monoklin mit a = 10,07, c = 10,03 Å u. β = 137°, während b bei Zimmer-Temp. zu 5,17 Å u. bei —185° zu 14,92 Å gefunden wurde. K. Huste. B 190□

Elementarzelle und Raumgruppe von α- und β-Parachloral. María J. de Abeledo, María R. de Benyagar, Ernesto E. Galloni. (Acta crystallogr. [Copenhagen] **15**, 618, 10/6. 1962; Buenos Aires, Argentina, Com. Nac. de Energía Atómica; engl.) — Aus Drehkristall- u. Weißenberg-Aufnahmen mit Co-Kα-Röntgenstrahlung werden folgende Ergebnisse erhalten: für *α-Parachloral*: Kristallklasse m m m, Gitterabmessungen: a_0 = 10,55; b_0 = 15,40; c_0 = 9,34; Raumgruppe P n m a. Die beobachtete Dichte beträgt 1,89 ± 0,01; Z = 4. Für *β-Parachloral*: Kristallklasse monoklin, Gitterabmessungen: a_0 = 20,20; b_0 = 5,91; c_0 = 13,04 Å; β = 100°; Raumgruppe $P\,2_1/a$; beobachtete Dichte 1,92 ± 0,02; Z = 4. H. Schibilla. B 195□

Kristall- und Molekularstruktur von Diphenyl. G. B. Robertson. (Nature [London] **191**, 593—94, 5/8. 1961; Nedlands, Univ. of Western Australia, Phys. Dep.; engl.) — Vf. berichtet über eine erneute sehr genaue Struktur-Best. des *Diphenyls*. Aus ihr geht hervor, daß das Mol. nicht streng planar ist; die mittlere Abweichung der C-Atome von der Ringebene beträgt 0,0035 Å, die der H-Atome 0,012 Å. Diese beobachteten Abweichungen der C-Atome von dieser Ebene sind, obwohl klein, statist. bezeichnend u. sind möglicherweise auf intermol. Packung zurückzuführen. Die ferner beobachteten Abweichungen der Intraring-C-Atome (C-Atome eines Ringes) von einer regulären hexagonalen Anordnung werden wahrscheinlich durch intramol. Kristallkräfte verursacht. C. Gottfried. B 195

Elementarzelle und Raumgruppe von 2.2′-Dinitrobiphenyl. R. Hulme. (Acta crystallogr. [Copenhagen] **15**, 619, 10/6. 1962; London, King's Coll., Chem. Dep.; engl.) — Nadelförmige Kristalle von *2.2′-Dinitrobiphenyl* ($C_{12}H_8N_2O_4$, F. 126°) aus Chlf.-Lsg. werden mit Röntgen-Cu-Kα-Strahlung untersucht. Die Weißenberg-Aufnahmen ergeben: monokline Kristallklasse; Gittergrößen: a = 12,71 ± 0,05; b = 8,23 ± 0,02;

c = 14,55 ± 0,07 Å; β = 134,8 ± 0,04°; Vol. 1079 Å³; D. = 1,48; Z = 4. Die Auslöschungen deuten auf die Raumgruppe C_s^4 oder C_{2h}^6. Die Ergebnisse stimmen nahez u mit den morpholog. von Groth (Barker Index 1956) überein. H. Schibilla. B 195 □

Struktur eines Merocyanins: $C_9H_{12}N_2OS_3$. G. Germain, P. Pieret, M. Van Meersche und J. De Kerf. (Bull. Soc. chim. France **1961**, 1407—12, Juli; Louvain, Univ., Labor. de Chim.-Phys.; Mortsel, S.A. Photo-Produits Gevaert; franz.) — Vgl. C. **1962**, **14821**. — Vff. bestimmten die Struktur von *2-Thio-3-äthyl-5-[3-methylthiazolidinyliden-(2)]-thiazolidindion-(2.4)*, das in gelben Plättchen mit F. 217—218° kristallisiert. Dreh- u. Weißenberg-Aufnahmen ergaben monokline Symmetrie u. die Zellendimensionen a = 7,35 ± 0,03 (Å); b = 9,71 ± 0,03; c = 16,07 ± 0,03; β = 92,0 ± 0,3°; Raumgruppe ist C_{2h}^5 — P 2_1/c; Z = 4. Die nebenst. Struktur wurde mit Hilfe von Patterson- u. Fourier-Synth. festgelegt u. anschließend mit der Meth. der kleinsten Quadrate verfeinert. Die folgenden Parameter sind angegeben: $C_{(1)}$ (x =) 0,2344; (y =) 0,1323; (z =) 0,0091; $C_{(2)}$: 0,2725; 0,3827; 0,9618; $C_{(3)}$: 0,2415; 0,2801; 0,8891; $C_{(4)}$: 0,2658; 0,0124; 0,0560; $C_{(5)}$: 0,2839; 0,0139; 0,1432; $C_{(6)}$: 0,2832; 0,7766; 0,1241; $C_{(7)}$: 0,2046; 0,0177; 0,8688; $C_{(8)}$: 0,2858; 0,8584; 0,2728; $C_{(9)}$: 0,0952; 0,8524; 0,3143; $N_{(1)}$: 0,2532; 0,1408; 0,9248; $N_{(2)}$: 0,2834; 0,8817; 0,1791; $S_{(1)}$: 0,2830; 0,2899; 0,0585; $S_{(2)}$: 0,2460; 0,8422; 0,0229; $S_{(3)}$: 0,2544; 0,6122; 0,1429. In dem Gitter hat das Mol. mit Bezug auf die cycl. S-Atome trans-Konfiguration. Das Mol. ist mit Ausnahme der C_2H_5-Gruppe eben; diese C_2H_5-Gruppe liegt in einer zu der Ebene des Mol. nahezu senkrechten Ebene. Für die Ebene des Mol. gilt die Gleichung 3,9886x — 0,2654y — 0,7865z = 1. Folgende Abstände sind angegeben: $C_{(1)}$—$S_{(1)}$ = 1,75 Å; $C_{(4)}$—$S_{(2)}$ = 1,74 Å; $C_{(6)}$—$S_{(3)}$ = 1,63 Å; $C_{(2)}$—$S_{(1)}$ = 1,80 Å u. C = O = 1,24 Å. C. Gottfried. B 195

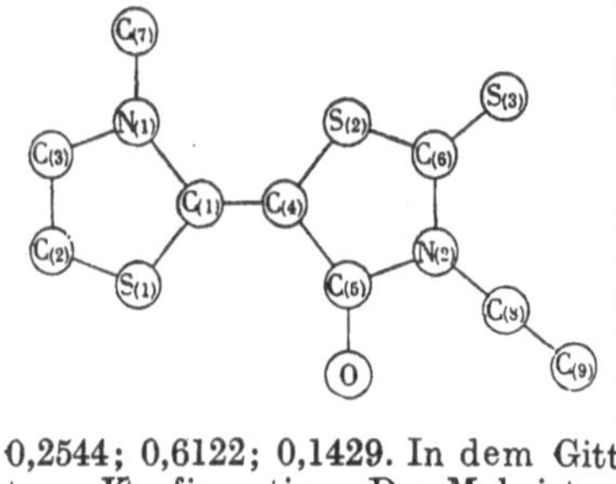

Alpha-D-Talose. Ann Van Camp. (Analytic. Chem. **33**, 316, Febr. 1961; Indianapolis, Ind., Lilly Res. Labor.; engl.) — Zur Unters. geeignete Kristalle von *α-D-Talose* (F. 128—132°) wurden aus CH_3OH erhalten. Die goniometr. Vermessung der nach der c-Achse gestreckten Prismen ergab rhomb. Symmetrie u. das Achsenverhältnis a:b:c = 0,6656 : 1 : 0,6211. Die Zelle hat die Abmessungen a = 8,08 (Å); b = 12,14; c = 7,54; Raumgruppe ist P 2_1 2_1 2_1; mit D. 1,603 ist Z = 4. Die gemessenen Brechungsindices (25°; 5893 Å) sind β = 1,550; γ' (in 110) = 1,556. 2 V ist groß, opt. Achsenebene ist 0 0 1. Der Zucker kristallisiert nach dem Schmelzen nicht mehr bei Abkühlung. Die Daten des Pulverdiagramms sind angegeben. C. Gottfried. B 195

Die Bestimmung der Elementarzellen einiger Vitamine mit Hilfe einer Präzessions-Röntgenbeugungskamera. C. v. Planta. (Helv. chim. Acta **44**, **1444**—**46**, 16/10. 1961; Basel, F. Hoffmann-La Roche & Co. A.G., Forsch.-Abt.; dt.) — Mit Hilfe einer neu konstruierten Präzessions-Röntgenkamera vom Buerger-Typ bestimmte Vf. die Elementarzellen von *Vitamin-A-Alkohol* (**I**), *Vitamin-B₆-Hydrochlorid* (**II**) u. *Vitamin C* (**III**). **I** kristallisiert triklin mit den Zellendimensionen a = 21,62 (Å); b = 14,16; c = 10,30; α = 110° 45′; β = 93° 49′; γ = 103° 39′ u. Z = 6. **II** ist ebenfalls triklin u. hat a = 9,752; b = 9,749; c = 5,701; α = 94° 48′; β = 102° 5′; γ = 116° 36′ u. Z = 2. Monoklin kristallisiert **III** mit den Zellendimensionen a = 16,98; b = 6,35; c = 6,35; β = 99° 25′ u. Z = 4. C. Gottfried. B 195

Die Oxydation von Propionsäure mit Chromsäure bei 120° C. Mab Hirschman Tocher. (J. chem. Educat. **35**, 207—08, April 1958; Berkeley, Calif., Univ. of California; engl.) — Um die Ursachen gewisser Mängel der CrO_3/H_2SO_4-Meth. von Kuhn-Roth zur Best. endständiger CH_3-Gruppen zu klären, wurde die Kinetik der Oxydation von *Propionsäure* mit $K_2Cr_2O_7/H_2SO_4$ bei 120° im Einschmelzrohr untersucht. Das Auftreten geschwindigkeitsbestimmender Zwischenprodd. konnte durch einen bes. Vers. ausgeschlossen werden. Es konnte eine kinet. Gleichung abgeleitet werden, aus der sich eine in hinreichendem Maße konzentrationsunabhängige Geschw.-Konst. k = 1,83 errechnen läßt. W. Betcke. B 225 □

Beitrag zur kinetischen Untersuchung des Oxydationsmechanismus von Äthern in flüssiger Phase. 1. Mitt. Einführung und Versuchstechnik. Louis Debiais, Michel Niclause und Maurice Letort. (J. Chim. physique Physico-Chim. biol. **56**, 41—53, Jan. 1959; Nancy, Fac. des Sci. u. E.N.S.I.C., Dép. de Cinét. Chim.; franz.) — Überblick über Literaturangaben zur Autoxydation von Äthern. Beschrieben werden ferner Vers.-Technik u. -App. (Schemata), die zur Unters. der Photooxydation von *Dibenzyläther* u. deren Induktion oder Inhibierung verwendet wurden. — 25 Literaturangaben. J. Richter. B 225 □

Beitrag zur kinetischen Untersuchung des Oxydationsmechanismus von Äthern in flüssiger Phase. 2. Mitt. **Experimentelle Untersuchung der Photooxydation von Dibenzyläther und seiner durch Benzoylperoxid oder Azodiisobutyronitril induzierten Oxydation.** Louis Debiais, Patricia Horstmann, Michel Niclause und Maurice Letort. (J. Chim. physique Physico-Chim. biol. **56**, 54—62, Jan. 1959; franz.) — 1. vgl. vorst. Referat. — Ausführliche Fassung der C. **1954**, 11403 u. C. **1955**, 551 referierten Arbeiten. J. Richter. B 225□

Beitrag zur kinetischen Untersuchung des Oxydationsmechanismus von Äthern in flüssiger Phase. 3. Mitt. **Oxydationsmechanismus von Dibenzyläther.** Louis Debiais, Michel Niclause und Maurice Letort. (J. Chim. physique Physico-Chim. biol. **56**, 63—68, Jan. 1959; franz.) — 2. vgl. vorst. Referat. — Ausführliche Fassung eines Teils der C. **1954**, 11403 referierten Arbeit. Ergänzung: Der Mechanismus entspricht dem Typ, wie er für die Oxydation von Olefinen in Lsg. u. von Aldehyden in fl. oder Gasphase beschrieben wird. J. Richter. B 225□

Beitrag zur kinetischen Untersuchung des Oxydationsmechanismus von Äthern in flüssiger Phase. 4. Mitt. **Inhibierung der Photooxydation von flüssigem Dibenzyläther durch Hydrochinon bei 15° C.** Louis Debiais, Michel Niclause und Maurice Letort. (J. Chim. physique Physico-Chim. biol. **56**, 69—75, Jan. 1959; franz.) — 3. vgl. vorst. Referat. — Ausführliche Fassung der C. **1955**, 4080 referierten Arbeit. J. Richter. B 225□

Katalytische Wirkung von Jod bei der ^{3}H-Markierung nach Wilzbach. H. J. Ache, A. Thiemann und W. Herr. (Angew. Chem. **73**, 707, 7/11. 1961; Köln, Univ., Inst. für Kernchem. u. Kernforschungsanlage Jülich; dt.) — Bei der ^{3}H-Markierung aromat., alicycl. u. aliphat. Verbb., wie *Toluol* (I), *Cyclohexan* u. *n-Hexan*, werden gegenüber dem normalen Wilzbach-Verf. bei Katalyse mit J_2 Verbb. mit ca. 100fach höherer Aktivität erhalten. Das J_2 muß dabei so dosiert werden, daß neben J_2-Dampf auch noch festes J_2 vorhanden ist. Ein weiterer Vorteil besteht darin, daß mitentstandene ^{3}H-Nebenprodd. vergleichsweise um den Faktor 100 weniger vorhanden sind. Bei I wird im Gegensatz zum nichtkatalysierten Verf. in Ggw. von J_2 nur der aromat. Ring tritiert. L. Lamza. B 225□

Ionenassoziation bei der Äthanolyse von N-Benzyl-N.N-dimethyl-p-toluidiniumbromid. Raymond C. Petersen, Manuel Finkelstein und Sidney D. Ross. (J. Amer. chem. Soc. **84**, 2222—25, 5/6. 1962; North Adams, Mass., Sprague Electric Co., Res. Labor.; engl.) — Vff. untersuchten die Kinetik der Solvolyse von *N-Benzyl-N.N-dimethyl-p-toluidiniumbromid* (I) in abs. A. bei 50,8 u. 71,7° u. erhielten die Geschw. Konst. 1. Ordnung k^* ca. $3 \cdot 10^{-7}$ bzw. ca. $5{,}3 \cdot 10^{-6} s^{-1}$. Die Rk. wurde bis zu 75% Umsatz verfolgt, oberhalb 60—70% zeigen sich Abweichungen vom Rk.-Typ 1. Ordnung. Für die Rk. von *N.N-Dimethyl-p-toluidin* (II) u. *Benzylbromid* (III) wurde bei 50,8° in abs. A. die Geschw.-Konst. 2. Ordnung k_{-1} ca. $5{,}9 \cdot 10^{-3}$ Liter/Mol·s erhalten. Prodd. der Solvolyse von I waren Benzyläthyläther (Kp. 70—75°) u. II (Pikrat, F. 128—129°) sowie geringe Mengen an Ae. u. Äthylbromid. Der Mechanismus der Solvolyse wird mit dem Auftreten von III u. einer Ionenpaar-Bldg. gedeutet. Dieser Ionenpaarmechanismus läßt sich auf die Rk. des Benzyldimethylaniliniumions mit $C_2H_5O^-$ (vgl. C. **1962**, 3408) u. NCS^- als auch auf die Zers. von Sulfoniumsalzen anwenden. — **I**, $C_{16}H_{20}BrN$, F. 158—160° (Zers.; A.), aus **III** (Kp.$_{16}$ 85°) u. **II** (Kp.$_{11}$ 93—94°) in Aceton bei Raum-Temp. während 20 Std. u. Fällen mit Diäthyläther. W. Schramm. B 225□

Untersuchungen in der Naphthalinreihe. 20. Mitt. **Über die Kinetik der Reaktion von α-Naphthol mit wässerigen Ammoniak- und Ammoniumsulfitlösungen.** W. W. Koslow und I. K. Wesselowskaja. (Журнал Общей Химии [J. allg. Chem.] **30** (92), 4088—92, Dez. 1960; Moskau, Plechanow-Inst. für Volkswirtschaft; russ.) — 19. vgl. C. **1963**, 3960. — Es wurde die Kinetik der Aminierung von α-Naphthol mit NH_4OH in Ggw. von $(NH_4)_2SO_3$ untersucht. Die Geschw.-Konst. wurden für Temp. zwischen 150 u. 190° bestimmt. Der Rk.-Mechanismus entspricht dem der Aminierung von β-Naphthol, die Geschw.-Konst. der Aminierung von β-Naphthol ist größer als bei α-Naphthol. Helmut Schäfer. B 225

Untersuchungen in der Naphthalinreihe. 21. Mitt. **Über die Einwirkung von Ammoniak auf Naphtholate und einige Naphtholäther und -ester.** W. W. Koslow und I. K. Wesselowskaja. (Журнал Общей Химии [J. allg. Chem.] **31** (93), 2662—67, Aug. 1961; russ.) — 20. vgl. vorst. Referat. — *α-, β-Naphtholat, α-, β-Naphthylmethyläther* u. *β-Naphthylschwefelsäure* liefern beim Erhitzen mit NH_3 oder NH_3 + $(NH_4)_2SO_3$ α- bzw. β-Naphthylamin. α-Naphthylisoamyläther, β-Naphthylpropyläther u. β-Naphthoxyessigsäure sind dagegen beständig u. werden durch NH_3 nicht in die Naphthylamine übergeführt. α-Naphthoxyessigsäure ist weniger beständig u. wandelt sich in α-Naphthol u. α-Naphthylamin um. Die mit NH_3 bei 250° u. in Ggw. von $(NH_4)_2SO_3$ bei 180° erzielten Ausbeuten an den Naphthylaminen werden tabellar. angegeben. Helmut Schäfer. B 225

Untersuchungen in der Naphthalinreihe. 22. Mitt. **Über die Aminierung von Dihydroxynaphthalinen.** W. W. Koslow und I. K. Wesselowskaja. (Журнал Общей Химии [J. allg. Chem.] **31** (**93**), 3030—33, Sept. 1961; russ.) — 21. vgl. vorst. Referat. — 1.2-, 1.4-, 1.5-, 1.7-, 1.8-, 2.3-, 2.6- u. 2.7-Dihydroxynaphthalin reagieren mit 25% ig. NH_4OH bei 150—250° zu einem Gemisch der *Naphthylendiamine* u. *Aminonaphthole.* Dabei werden die Dihydroxynaphthaline am leichtesten aminiert, die die Hydroxygruppen in chinogener Stellung tragen. Durch die Ggw. von NaOH wird die Ausbeute an Aminonaphtholen erhöht, teilweise bilden sich die Diamine gar nicht. Die erzielten Ausbeuten werden tabellar. angegeben. — Folgende Naphthaline wurden isoliert: *2-Amino-1-hydroxy-*; *1-Amino-5-hydroxy-* (*Acetyl-Deriv.*, F. 193°); *7-Amino-1-hydroxy-* (*Acetyl-Deriv.*, F. 130°); *2-Amino-6-hydroxy-* (*Acetyl-Deriv.*, F. 201°); *2-Amino-7-hydroxy-* (*Acetyl-Deriv.*, F. 195°); *1-Amino-8-hydroxy-* (*Acetyl-Deriv.*, F. 96°); *2-Amino-3-hydroxy-* (*Acetyl-Deriv.*, F. 234°); *1.2-Diamino-*, F. 94°; *1.4-Diamino-*, F. 120°; *1.5-Diamino-*, F. 189°; *1.7-Diamino-*, F. 116°; *2.3-Diamino-*, F. 192°; *2.6-Diamino-*, F. 217°; *2.7-Diamino-*, F. 162°. Helmut Schäfer. B 225

Bildung von Girard-T-Derivaten. Owen H. Wheeler, V. S. Gaind und Oscar Rosado. (J. org. Chemistry **26**, 3537—38, 12/9. 1961; Puerto Rico, Univ., Dep. of Chem.; Halifax, N.S., Canada, Dalhouse Univ.; engl.) — Vff. untersuchen quant. die Bldg. von Girard-Derivaten. Während das *Girard-T-Reagens* ([*N.N.N-Trimethylammonioacetyl*]-*hydrazinchlorid*, **I**, $(CH_3)_3N^+CH_2CONHNH_2—Cl^-$) schnell jodometr. bei pH 7—8 in Puffer-Lsg. bestimmt werden kann [$I + 2 J_2 + H_2O \rightarrow (CH_3)_3N^+CH_2 \cdot COOH + N_2 + 4 HJ$], reagiert *Girard P* (*Pyridinioacetylhydrazinchlorid*) nur unvollkommen mit J_2. Die Kinetik der Rkk. einfacher Ketone (*Cyclohexanon, 4-Methylcyclohexanon, Cyclopentanon, Cycloheptanon*) u. Aldehyde (*Benzaldehyd, p-Anisaldehyd, p-Nitrobenzaldehyd*) mit **I** wurden in 60% ig. wss. A. bei 25° u. 64°, bei pH 6 (Aldehyde) u. pH 8,5 verfolgt. Die Geschw.-Konst. u. die Aktivierungsenergien einiger Rkk. werden angegeben. Es handelt sich um Rkk. 2. Ordnung. Vff. untersuchen die Rk. von **I** mit *Cholestan-3-on* bei 25° u. verschiedenen pH-Werten in 90% ig. wss. Isopropylalkohol (IPA) u. stellen fest, daß Steroidketone mit mehr als einem Äquivalent **I** in IPA reagieren. Gottfried Schreiber. B 225□

Über den Reaktionsmechanismus der Diensynthese. M. G. Gonikberg. (Журнал Физической Химии [J. physik. Chem.] **34**, 225—26, Jan. 1960; Akad. der Wiss. der UdSSR, Zelinsky-Inst. für org. Chem.; russ.) — Bei der Dimerisierung von *Cyclopentadien* (**I**) unter 1500 u. 1000 at sind die Vol.-Änderungen Δv bzw. $\Delta v^{\neq}$ (vgl. Walling u. Peisach, C. **1960**, 433) für die Bldg. von Dicyclopentadien (**II**) bzw. des aktivierten Komplexes (**III**) bei 20, 30 u. 40° innerhalb der Fehlergrenzen gleich, bei 0° ist sie für die Bldg. von **III** deutlich kleiner als für die Bldg. von **II**. Wenn die Dimerisierung von **I** unter Zwischenbldg. eines Biradikals verliefe, wäre eine größere Differenz der Vol.-Änderungen bei den 2 Stufen zu erwarten (ca. 2:1). Auch endo-Dicyclopentadien kommt als Zwischenprod. nicht in Frage. Der Übergangszustand bei der Dimerisierung von **I** muß also von dem bei der Dimerisierung von Isopren verschieden sein, es handelt sich um Dien-Synth.-Rkk. mit verschiedenem Mechanismus. R. K. Müller. B 225□

Über nucleophile Additionen an Trifluorchloräthylen. 4. Mitt. Jean Lichtenberger und Raymond E. Rusch. (Bull. Soc. chim. France **1962**, 254—62, Febr.; Mülhausen, École Sup. de Chim., Labor. de Chim. Organ. Gén.; Ugine, Soc. d'Électrochim., d'Électrometall. et des Aciéries Électr.; franz.) — 3. vgl. C. **1958**, 7420. — Vff. untersuchten die Additionen von äquimol. Mengen substituierter Phenole an *Trifluorchloräthylen* (**I**, Kp. —27°), meist in Aceton (Ac) in Ggw. von KOH bei 10—25 at Druck. Mit *Thymol, Eugenol, α-Naphthol, Diphenylolpropan* (*2.2-Bis-*[*p-hydroxyphenyl*]*-propan*) u. *o-Hydroxychinolin* wurden durch ½—1std. Erhitzen auf 90—100° gute Ausbeuten erzielt. *1.7-Dihydroxy-* (**II**), *1-Hydroxy-5-amino-* (**III**) u. *1-Hydroxy-7-aminonaphthalin* (**IV**) mußten wenigstens 1 Std. lang mit **I** auf 100—120° erwärmt werden, wobei **II** nur Diäther lieferte (auch bei **I**-Unterschuß) u. die Aminogruppen von **III** u. **IV** nicht verändert wurden u. daher diazotiert u. unter Kupplung Farbstoffe gewonnen werden konnten. Die Addition von **I** an *o-*, *m-* u. *p-Hydroxybenzaldehyd* u. *Vanillin* erforderte einen **I**-Überschuß u. 1—3std. Erhitzen auf 130—160° (in A.) Die Blockierung der inhibierenden Aldehydgruppe durch Bldg. Schiffscher Basen führte bei deren Hydrolyse zu erheblicher Ausbeuteverminderung durch Verharzung. Gute Ausbeuten wurden mit *o-* (**V**) u. *p-Hydroxyacetophenon* (**VI**) u. *p-Hydroxybenzophenon* erzielt (1—2 Std. lang bei 100—120°). *m-* u. *p-Hydroxybenzoesäure* u. *2-Hydroxy-*

naphthoesäure-(3) sowie deren Na-Salze reagierten nicht mit I (20 Std. lang bei 140—150°), wohl aber ihre Ester u. mit noch höheren Ausbeuten die Amide bzw. Anilide. *o-* u. *p-Nitrothiophenol* ergaben mit I nur geringe Ausbeuten an Addukt, *2.4-Dinitrothiophenol* reagierte nicht. Offenbar wirkt die Nitrogruppe inhibierend. Auch mit freier *Thiosalicylsäure* war kein Umsatz zu verzeichnen, wohl aber mit deren Methylester. Vff. bestimmten die zur Bldg. einer bestimmten Prod.-Menge erforderliche Zeit für die verschieden substituierten Phenole bei Standardbedingungen (75° in Ac). Soweit die Phenolate im Medium völlig lösl. sind (*1.3.4-* u. *1.3.5-Xylenol, o-* u. *p-Kresol, Phenol, p-* u. *o-Chlorphenol, 2.4-Di-* u. *2.4.6-Trichlorphenol*), reagieren die Verbb. um so schneller, je geringer ihre Acidität ist. Bei den nur teilweise lösl. Phenolaten (*Guajacol, Brenzcatechin*, **V**, **VI**, *Hydroxybenzoesäureester, Hydrochinon, o-* u. *p-Nitrophenol*) spielt außer dieser Eig. noch die Löslichkeit eine Rolle. Die ungewöhnlich geringe Reaktivität von *Resorcin* wird darauf zurückgeführt, daß es in alkal. Medium in der tautomeren β-Diketonform vorliegt. Dementsprechend reagiert *Phloroglucin* (150 Std. lang bei 160—180°) gar nicht.

Versuche: Aus I u. dem entsprechenden Phenol: *[1.1.2-Trifluorchloräthyl]-thymyläther*, $C_{12}H_{14}ClF_3O$, Kp.$_{25}$ 129°, [Rk.-Bedingungen] 18 at, 80—90°, ½ Std. lang; D.$_4^{25}$ 1,1733; n_D^{25} 1,4657; 51% (Ausbeute). — *-eugenyläther*, $C_{12}H_{12}ClF_3O_2$, Kp.$_{18}$ 153°, 15 at, 80°, ½ Std. lang; D.$_4^{25}$ 1,2640; n_D^{25} 1,4789; 60%. — *-α-naphthyläther*, $C_{12}H_8ClF_3O$, Kp.$_{18}$ 150°, 16 at, 100°, ½ Std. lang; D.$_4^{22}$ 1,3623; n_D^{22} 1,5350; 86%. — *2.7-Bis-[1.1.2-trifluorchloräthoxy]-naphthalin*, F. 106—108°, Kp.$_{15}$ 188—190°, $C_{14}H_8Cl_2F_6O_2$, 25 at, 100°, 1 Std. lang; 56%. — *1.1.2-Trifluorchloräthyl-1'-aminonaphthyl-(5')-ätherhydrochlorid*, $C_{12}H_{10}Cl_2F_3NO$, F. 225—230° (Sublimation), $C_{12}H_9ClF_3NO$, Kp.$_{15}$ 195°, 20 at, 100°, ½ Std. lang; D.$_4^{22}$ 1,374; n_D^{22} 1,571; 58%. — *-7'-aminonaphthyl-(1')-äther*, $C_{12}H_9 \cdot ClF_3NO$, Kp.$_{15}$ 192°, 18 at, 100—120°, 1 Std. lang; D.$_4^{22}$ 1,3668; n_D^{22} 1,5866; 46%. *Hydrochlorid*, $C_{12}H_{10}Cl_2F_3NO$, F. 230—235° (Sublimation u. Zers.). — *2.2-Bis-[p-(1.1.2-trifluorchloräthoxy)-phenyl]-propan*, $C_{19}H_{16}Cl_2F_6O_2$, Kp.$_{1,9}$ 198°, 10 at, 80°, ½ Std. lang; D.$_4^{25}$ 1,3691; n_D^{25} 1,4942; 70%. — *[1.1.2-Trifluorchloräthyl]-chinolyl-(8)-äther*, $C_{11}H_7 \cdot ClF_3NO$, Kp.$_{18-20}$ 175°, 16 at, 100°, 0,33 Std. lang; D.$_4^{24}$ 1,4167; n_D^{24} 1,5390; 37%. *Pikrat*, $C_{17}H_{10}ClF_3N_4O_8$, F. 155—155,5° (gelbe Kristalle). — *o-*, $C_{10}H_8ClF_3O_2$, Kp.$_{15}$ 129 bis 130°, 25 at, 130—140°, 1 Std. lang; D.$_4^{22}$ 1,3702; n_D^{22} 1,4788; 70%. *p-Nitrophenylhydrazon (NPH)*, $C_{16}H_{13}ClF_3N_3O_3$, F. 153,5—155°. — *p-[1.1.2-Trifluorchloräthoxy]-acetophenon*, $C_{10}H_8ClF_3O_2$, Kp.$_{15}$ 144—145°, 25 at, 120—130°, 1 Std. lang; D.$_4^{20}$ 1,3713; n_D^{20} 1,4840; 80%. *NPH*, $C_{16}H_{13}ClF_3N_3O_3$, F. 153,5—155°.— *p-[1.1.2-Trifluorchloräthoxy]-benzophenon*, $C_{15}H_{10}ClF_3O_2$, F. 33—35°, Kp.$_{0,5}$ 172,5°, 25 at, 120—130°, 1 Std. lang; 70%. *Oxim*, $C_{15}H_{11}ClF_3NO_2$, F. 100—105°. — *o-*, $C_9H_6ClF_3O_2$, Kp.$_{16}$ 126—126,5°, 15 at, 150—160°, 2 Std. lang; D.$_4^{22}$ 1,4038; n_D^{22} 1,4871; 65%. *Phenylhydrazon (PH)* $C_{15}H_{12}ClF_3N_2O$, F. 71,5—72°. *m-*, $C_9H_6ClF_3O_2$, Kp.$_{15}$ 132°, 15 at, 150—160°, 2 Std. lang; D.$_4^{22}$ 1,4232; n_D^{22} 1,4836; 55%. *PH*, $C_{15}H_{12}ClF_3N_2O$, F. 76,5—77°. — *p-[1.1.2-Trifluorchloräthoxy]-benzaldehyd*, $C_9H_6ClF_3O_2$, Kp.$_{15}$ 132°, 22 at, 150—160°, 1 Std. lang; D.$_4^{16}$ 1,4195; n_D^{16} 1,4895; 50%. *PH*, $C_{15}H_{12}ClF_3N_2O$, F. 97—98°. — *Vanillin-1.1.2-trifluorchloräthyläther*, $C_{10}H_8ClF_3O_3$, Kp.$_{15}$ 163°, 20 at, 100—110°, 3 Std. lang; D.$_4^{20}$ 1,4154; n_D^{20} 1,5050; 34%. *PH*, $C_{16}H_{14}ClF_3N_2O_2$, F. 96—97°. — *o-[1.1.2-Trifluorchloräthoxy]-benzoesäuremethylester*, $C_{10}H_8ClF_3O_3$, Kp.$_{15}$ 132—134°, 20 at, 100—120°, 4 Std. lang; D.$_4^{22}$ 1,3968; n_D^{22} 1,4730; 68%. *Freie Säure*, F. 79—79,5°, durch Kochen des Esters oder Amids mit 2n alkohol. KOH. — *-äthylester*, $C_{11}H_{10}ClF_3O_3$, Kp.$_{15}$ 139—140°, 20 at, 100—120°, 4 Std. lang; D.$_4^{22}$ 1,3405; n_D^{22} 1,4676; 49%. — *-amid*, $C_9H_7ClF_3NO_2$, F. 103 bis 104°, 15 at, 90—100°, ½ Std. lang; 90%. — *-anilid*, $C_{15}H_{11}ClF_3O_2$, F. 129—130°, 20 at, 100°, 1 Std. lang; 81%. — *m-*, $C_{11}H_{10}ClF_3O_3$, Kp.$_{15}$ 139—142°, 18 at, 100°, ¾ Std. lang; D.$_4^{22}$ 1,335; n_D^{22} 1,4660; 50%. *Freie Säure*, F. 98—99°. — *p-[1.1.2-Trifluorchloräthoxy]-benzoesäureäthylester*, $C_{11}H_{10}ClF_3O_3$, Kp.$_{18}$ 146—148°, 20 at, 100—120°, 4 Std. lang; D.$_4^{22}$ 1,337; n_D^{22} 1,4701; 50%. *Freie Säure*, F. 162°. — *2-[1.1.2-Trifluorchloräthoxy]-naphthoesäure-(3)-äthylester*, $C_{15}H_{12}ClF_3O_3$, Kp.$_{16}$ 197°, 15 at, 100°, 1 Std. lang; n_D^{19} 1,556; 35%. *Freie Säure*, $C_{13}H_8ClF_3O_3$, F. 142—143°. — *o-*, $C_8H_5ClF_3NO_2S$, Kp.$_{15}$ 164°, 20 at, 50—100°, 1½ Std. lang; D.$_4^{20}$ 1,5235; n_D^{20} 1,5380; 60%. — *p-Nitrophenyl-[1.1.2-trifluorchloräthyl]-thioäther*, $C_8H_5ClF_3NO_2S$, Kp.$_{15}$ 158°, 25 at, 50—100°, 1½ Std. lang; D.$_4^{22}$ 1,575; n_D^{22} 1,5478; 15%. — *Salicylsäuremethylester-[1.1.2-trifluorchloräthyl]-thioäther*, $C_{10}H_8ClF_3O_2S$, Kp.$_{22}$ 168°, 15 at, 50—100°, 1½ Std. lang; D.$_4^{20}$ 1,4161; n_D^{20} 1,5180; 81%. *Freie Säure* $C_9H_6ClF_3O_2S$, F. 143—145°. — *o-Hydroxyacetophenon*, Kp.$_{14}$ 104—106°, durch Fries-Umlagerung von Phenylacetat; 40%. Daneben *p-Hydroxyacetophenon*, F. 106—107°, Kp.$_{14}$ 192—194°; 35%. — *p-Hydroxybenzophenon*, F. 130°, analog vorst. Verb.; 60%. — *p-Trifluorchloräthoxydimethylaminobenzol*, $C_{10}H_{11}ClF_3NO$, F. 39—40°, Kp.$_{15}$ 142°, 2 at, 75°, 5 Min. lang. B. Gnauck. B 225□

Über nucleophile Additionen an Trifluorchloräthylen. 5. Mitt. Jean Lichtenberger und Raymond E. Rusch. (Bull. Soc. chim. France **1962**, 325—29; Febr.;

franz.) — 4. vgl. vorst. Referat. — Durch Einw. von PCl_5 auf *o*-, *m*- bzw. *p*-*[1.1.2-Trifluorchloräthoxy]-benzylalkohol* konnten die entsprechenden Benzylchloride rein u. in guter Ausbeute dargestellt werden. Die direkte Photochlorierung von *o*-, *m*- bzw. *p*-*[1.1.2-Trifluorchloräthoxy]-toluol* bei ca. 200° führte dagegen auch zu kernchlorierten Prodd.; mit Cl_2-Unterschuß konnten zu 83—90% seitenkettenchlorierte Verbb. erhalten werden, die durch alkohol. KOH nur die entsprechenden Äthyläther lieferten. — Die Oxydation von *o*- (**I**), *m*- (**II**) bzw. *p*-*[1.1.2-Trifluorchloräthoxy]-benzaldehyd* (**III**) mit alkal. $KMnO_4$ führte zu den drei Benzoesäuren, die Cannizzaro-Rk. verlief bei **I** leichter als bei **II** u. **III**. Durch Umsetzung mit C_2H_5MgBr oder C_6H_5MgBr wurden die entsprechenden sek. Alkohole dargestellt. Die Benzoin-Kondens. mit **I**—**III** selbst oder mit Benzaldehyd (**VI**) ergab keine befriedigenden Ergebnisse. — Die Red. von *o*- (**IV**) bzw. *p*-*[1.1.2-Trifluorchloräthoxy]-acetophenon* (**V**) mit Mg in CH_3OH ergab die sek. Alkohole, die Clemmensen-Red. mit Zn-Amalgam die KW-Stoff-Derivv. (daneben viscose Massen, vermutlich die Pinakone). Die Oxydation von **IV** u. **V** mit alkal. $KMnO_4$ verläuft langsam, **IV** ergibt o-[1.1.2-Trifluorchloräthoxy]-phenylglyoxylsäure, **V** dagegen p-[1.1.2-Trifluorchloräthoxy]-benzoesäure (F. 162°). Mit C_2H_5MgBr liefern **IV** u. **V** tert. Alkohole, die jedoch Br_2 verbrauchen. *p*-*[1.1.2-Trifluorchloräthoxy]-benzophenon* (**IX**) ergibt unter diesen Bedingungen 1-[p-(1.1.2-Trifluorchloräthoxy)-phenyl]-1-phenyl-propen-(1), das mit Br_2 über ein instabiles Dibromid ein ungesätt. Monobrom-Deriv. liefert. **IV** u. **V** kondensieren sich leicht mit **VI** in KOH/CH_3OH. Vff. schließen, daß der Trifluorchloräthoxysubstituent das Rk.-Vermögen der Gruppen CH_3, CHO u. COR am Phenylkern nur wenig beeinflußt.

Versuche: Aus den Benzylalkoholen in Ae. durch Zugabe von PCl_5 unter guter Kühlung: *o*-, $C_9H_7Cl_2F_3O$, Kp.$_{15}$ 118,5—119°; D.$_4^{19}$ 1,4122; n_D^{19} 1,4820; 56% (Ausbeute). *m*-, $C_9H_7Cl_2F_3O$, Kp.$_{15}$ 124—125°; D.$_4^{18}$ 1,4140; n_D^{18} 1,4800; 62%. *p*-*[1.1.2-Trifluorchloräthoxy]-benzylchlorid*, $C_9H_7Cl_2F_3O$, Kp.$_{12}$ 118,5—120°; D.$_4^{22}$ 1,3996; n_D^{22} 1,4772; 53%. — Aus vorst. Verbb. durch 1std. Kochen mit 2n alkohol. NaOH im Überschuß: *o*-, $C_{11}H_{12}ClF_3O_2$, Kp.$_{12}$ 122°; D.$_4^{22}$ 1,2965; n_D^{22} 1,4635; 52%. *m*-, $C_{11}H_{12}ClF_3O_2$, Kp.$_{12}$ 127 bis 127,5°; D.$_4^{20}$ 1,2892; n_D^{20} 1,4616; 60%. *p*-*[1.1.2-Trifluorchloräthoxy]-benzyläthyläther*, Kp.$_{12}$ 129,5°; D.$_4^{19}$ 1,2772; n_D^{19} 1,4616; 67%. — *o*-*[1.1.2-Trifluorchloräthoxy]-benzoesäure*, F. 78,5°, durch Zusatz wss. $KMnO_4$–K_2CO_3-Lsg. zu **I** in wss. Suspension bei 40—50°; 80%. — Analog: *m*-, F. 99°; 80%. *p*-*[1.1.2-Trifluorchloräthoxy]-benzoesäure*, F. 161,5°; 80%. — *o*-*[1.1.2-Trifluorchloräthoxy]-benzylalkohol*, $C_9H_8ClF_3O_2$, Kp.$_{12}$ 147°, durch Einw. (10 Min.) von konz. KOH auf **I**, 48std. Stehen u. mehrstd. Kochen; D.$_4^{22}$ 1,4080; n_D^{22} 1,4794; 60%. — Analog: *m*-, $C_9H_8ClF_3O_2$, Kp.$_{12}$ 146°; D.$_4^{22}$ 1,4015; n_D^{22} 1,4760; 80%. *p*-*[1.1.2-Trifluorchloräthoxy]-benzylalkohol*, $C_9H_8ClF_3O_2$, Kp.$_{12}$ 144°; D.$_4^{20}$ 1,3930; n_D^{20} 1,4775; 79%. — *1-[o-(1.1.2-Trifluorchloräthoxy)-phenyl]-propanol-(1)*, $C_{11}H_{12}ClF_3O_2$, Kp.$_{14}$ 140°, durch Einw. von C_2H_5MgBr auf **I** u. Zers. mit gesätt. NH_4Cl-Lsg.; D.$_4^{21}$ 1,3090; n_D^{19} 1,4735; 83%. — Analog: *m-Verb.* $C_{11}H_{12}ClF_3O_2$, Kp.$_{12}$ 146°; D.$_4^{22}$ 1,4015; n_D^{22} 1,4760; 80%. *p-Verb.* $C_{11}H_{12}ClF_3O_2$, Kp.$_{12}$ 144°; D.$_4^{20}$ 1,3930; n_D^{22} 1,4775; 79%. — Aus vorst. Verbb. durch Dest. in Ggw. von J_2 u. Wiederholung der Dest.: *1-[o-* (**VII**), $C_{11}H_{10}ClF_3O$, Kp.$_{12}$ 112—116° (unrein); D.$_4^{20}$ 1,2588; n_D^{20} 1,4792; 22%. *1-[m-* (**VIII**), $C_{11}H_{10}ClF_3O$, Kp.$_{12}$ 120—122° (unrein); D.$_4^{20}$ 1,2535; n_D^{20} 1,4765; 25%. *1-[p-{1.1.2-Trifluorchloräthoxy}-phenyl]-propen-(1)*, $C_{11}H_{10}ClF_3O$, Kp.$_{12}$ 124—127°; D.$_4^{20}$ 1,2508; n_D^{20} 1,4810; 28%. — *1-[1.1.2-Trifluorchloräthoxy]-2-[1.2-dibrompropyl]-benzol*, $C_{11}H_{10}$·Br_2ClF_3O, Kp.$_{12}$ 169—170°, durch Zugabe von Br_2 zu **VII**. — *1-[1.1.2-Trifluorchloräthoxy]-3-[2-brompropen-(1)-yl]-benzol*, $C_{11}H_9BrClF_3O$, Kp.$_{12}$ 176—180°, analog vorst. Verb. aus **VIII**; D.$_4^{21}$ 1,6200; n_D^{21} 1,5120. — *o*-*[1.1.2-Trifluorchloräthoxy]-benzhydrol*, $C_{15}H_{12}ClF_3O_2$, Kp.$_{16}$ 192°, aus **I** u. C_6H_5MgBr; D.$_4^{22}$ 1,3608; n_D^{22} 1,5325; 70%. — Analog: *m*-, $C_{15}H_{12}$·ClF_3O_2, Kp.$_{16}$ 198—200°; D.$_4^{16}$ 1,3551; n_D^{16} 1,5322; 79%. *p*-*[1.1.2-Trifluorchloräthoxy]-benzhydrol*, $C_{15}H_{12}ClF_3O_2$, Kp.$_{16}$ 200—205°; D.$_4^{16}$ 1,3506; n_D^{16} 1,5320; 44%. — *1-[o-(1.1.2-Trifluorchloräthoxy)-phenyl]-äthanol-(1)*, $C_{10}H_{10}ClF_3O_2$, Kp.$_{15}$ 135°, durch Zugabe von Mg zu **IV** in CH_3OH unter Kühlung u. 2½std. Kochen; D.$_4^{22}$ 1,3312; n_D^{22} 1,4735; 40%. Analog: *p-Verb.*, $C_{10}H_{10}ClF_3O_2$, Kp.$_{15}$ 146—147°, aus **V**; D.$_4^{22}$ 1,3250; n_D^{22} 1,4751; 30%. — *o*-*[1.1.2-Trifluorchloräthoxy]-äthylbenzol*, $C_{10}H_{10}ClF_3O$, Kp.$_{12}$ 89°, durch Zugabe von Zn-Amalgam zu **IV**, Zugabe von verd. HCl u. 6std. Kochen; D.$_4^{25}$ 1,2595; n_D^{25} 1,4640; 8%; daneben 30% *2.3-Bis-[o-(1.1.2-trifluorchloräthoxy)-phenyl]-2.3-dihydroxybutan*, $C_{20}H_{18}Cl_2F_6O_4$, Kp.$_{12}$ 225—227°. — Analog: *p*-*[1.1.2-Trifluorchloräthoxy]-äthylbenzol*, $C_{10}H_{10}ClF_3O$, Kp.$_{12}$ 95°; D.$_4^{20,5}$ 1,2519; $n_D^{20,5}$ 1,4565; 16%; daneben 50% *2.3-Bis-[p-(1.1.2-trifluorchloräthoxy)-phenyl]-2.3-dihydroxybutan*, $C_{20}H_{18}Cl_2F_6O_4$, Kp.$_{12}$ 252°; D.$_4^{22}$ 1,3965; n_D^{22} 1,5041. — *o*-*[1.1.2-Trifluorchloräthoxy]-phenylglyoxylsäure*, durch Zugabe von wss. $KMnO_4$-Lsg. zu **IV** in W., Zugabe von 30%ig. NaOH, 20std. Einw. bei Raum-Temp. u. Ansäuern; 1,25%. *Äthylester*, $C_{12}H_{10}ClF_3O_4$, Kp.$_{12}$ 172—175°; D.$_4^{19}$ 1,3938; n_D^{19} 1,4795. *Äthylesterphenylhydrazon*, $C_{18}H_{16}ClF_3N_2O_3$, F. 101°. — *2-[o-(1.1.2-Tri-*

fluorchloräthoxy)-phenyl]-butanol-(2), $C_{12}H_{14}ClF_3O_2$, Kp.$_{15}$ 134°, durch Zugabe von C_2H_5·MgBr in Ae. zu **IV** in Ae. unter Kühlung, ½ std. Einw. u. Hydrolyse mit wss. H_2SO_4; D.$_4^{22}$ 1,2765; n_D^{22} 1,4780; 71%. — Analog: *2-[p-(1.1.2-Trifluorchloräthoxy)-phenyl]-butanol-(2)*, $C_{12}H_{14}ClF_3O_2$, Kp.$_{15}$ 144—148°, aus **V**; D.$_4^{22}$ 1,2666; n_D^{22} 1,4790; 71%. — *1-[p-(1.1.2-Trifluorchloräthoxy)-phenyl]-1-phenylpropen-(1)*, $C_{17}H_{14}ClF_3O$, Kp.$_{1,2}$ 175°, analog vorst. Verb. aus **IX**; D.$_4^{19}$ 1,2760; n_D^{19} 1,5376; 71%. Liefert mit Br_2 in Chlf. *1-[p-(1.1.2-Trifluorchloräthoxy)-phenyl]-1-phenyl-2-brompropen-(1)*, $C_{17}H_{13}BrClF_3O$, Kp.$_{1,5}$ 181—183°; D.$_4^{19}$ 1,5011; n_D^{19} 1,5600; 82%. — *Benzal-o-[1.1.2-trifluorchloräthoxy]-acetophenon*, $C_{17}H_{12}ClF_3O_2$, F. 40°, Kp.$_{12}$ 229—233°, durch 2tägige Einw. von **VI** u. KOH auf **IV** in Methanol; 50—60%. — Analog: *Benzal-p-[1.1.2-trifluorchloräthoxy]-acetophenon*, $C_{17}H_{12}ClF_3O_2$, F. 79°; 50—60%. B. Gnauck. B 225□

Kinetik und Mechanismus des thermischen Zerfalls der Alkansulfohalogenide. 3. Mitt. Der thermische Zerfall der Alkansulfobromide. G. Geiseler und R. Kuschmiers. (Z. physik. Chem. [Frankfurt/M.] [N. F.] **33**, 264—72, Juli 1962; Leipzig, Univ., Physikal.-chem. Inst.; Leuna-Werke, Organ. Abt.; dt.) — 2. vgl. C. **1962**, 5247. — *Methansulfobromid* (I, Kp.$_1$ 45°; n_D^{20} 1,5079) u. *Äthansulfobromid* (II, Kp.$_{0,5}$ 40°; n_D^{20} 1,5039) zerfallen in der Gasphase oberhalb 200° in Methyl- bzw. Äthylbromid u. SO_2. Nebenprodd. entstehen in weit geringerer Menge als beim Zerfall der entsprechenden Sulfochloride (aus **I**: HBr, Br_2, CH_4, CO_2, COS sowie eine Verb. mit einer IR-Doppelbande bei 1800 cm^{-1}, kein CO, kein CS_2, nur wenig Ruß; aus **II**: C_2H_4, HBr sowie eine Verb. mit einer Bande bei 617 cm^{-1}). Der Zerfall von **II** wurde mit einer stat. Meßanordnung kinet. untersucht: $k = 3{,}80 \cdot 10^9 \exp(25000/RT)$ Torr·s^{-1}. Hemmend wirken HBr in der Gasphase sowie ein Überzug des Gefäßes mit AgCl. Es wird ein Radikalkettenmechanismus vorgeschlagen, der ähnlich dem des Zerfalls der Alkansulfochloride ist. A. Blaschette. B 225□

Zersetzung von Dimethylcarbonat an Quarz. M. H. J. Wijnen. (J. chem. Physics **34**, 1465—66, April 1961; Pittsburgh, Pa., Mellon Inst., Radiat. Res. Labor.; engl.) — Die Zers. von *Dimethylcarbonat* (**I**) an Quarz wurde im Temp.-Bereich von 147—257° untersucht. Als Rk.-Prodd. wurden dabei CO_2, CH_3OCH_3 u. gelegentlich CH_3OH beobachtet. Die Bldg. von CH_3OCH_3 nimmt mit steigender Temp. zu. Aus den ermittelten scheinbaren Geschw.-Konst. wurde die wahre Aktivierungsenergie für die therm. Zers. von **I** in CH_3OCH_3 u. CO_2 zu 17 ± 1 kcal berechnet. Unter der Annahme, daß die Oberfläche der Quarzzelle nur mit einer monomol. Schicht bedeckt, die Oberflächen-Rk. unimol. u. der Wrkg.-Querschnitt des Ester-Mol. 20 Å^2 ist, wurde der Arrheniussche A-Faktor zu 10^5 s^{-1} berechnet. Die Zers.-Rk. von **I** ist ähnlich der Zers. von HCOOH in H_2 u. CO_2. Wolfgang Krüger. B 225□

Photochemischer oxydativer Abbau von Phenolen unter Verwendung von Vanadin(V) als Oxydationsmittel. K. S. Panwar und J. N. Gaur. (Naturwissenschaften **48**, 602, 2. Sept.-H. 1961; Jaipur, Univ. of Rajasthan, Dep. of Chem.; engl.) — Normalerweise führt die Oxydation von *Phenol* durch V^{5+} unter Verbrauch von 4 Äquivalenten O zu Benzochinon. Bei einer Säure-Konz. von 15n geht die Oxydation weiter bis zur Fumar- oder Maleinsäure, während im hellen Sonnenlicht die gleiche Oxydationsstufe auch bei niedriger Säure-Konz. unter Verbrauch von 16 Äquivalenten O erreicht wurde. Bei Bestrahlung mit einer 1000-W-Lampe u. niedriger Säure-Konz. ging die Oxydation unter Verbrauch von 24 Äquivalenten O bis zur Stufe von HCOOH u. CO_2, ebenso beim Kochen der Rk.-Mischung unter Rückfluß. Für die Aufspaltung des Benzolringes scheint eine Peroxid-Bldg. verantwortlich zu sein, wie durch Zusatz von Peroxidinhibitoren nachgewiesen wurde. — Auch die Ringe anderer Aromaten, wie *Hydrochinon, Brenzcatechin, Kresol, Resorcin* u. *Salicylsäure* wurden aufgespalten. W. Penn. B 226□

Der photochemische oxydative Abbau einiger aromatischer Verbindungen mit Hilfe von Ce(IV) als Oxydationsmittel. S. P. Rao, T. R. Lodha und J. N. Gaur. (Naturwissenschaften **48**, 404—05, 2. Mai-H. 1961; Jodhpur, India, Jaswant Coll., Dep. of Chem.; engl.) — *Mandelsäure* wird in Ggw. von Ce(IV) schrittweise zu Benzaldehyd u. Benzoesäure bei Einw. von hellem Sonnenlicht bis zu Malein- oder Fumarsäure abgebaut. Der photochem. Abbau des Benzolringes wurde auch an anderen aromat. Verbb., wie *Brenzcatechin, Hydrochinon, Resorcin, Pyrogallol, Salicylsäure, Toluylsäuren, Aminobenzoesäuren* usw., festgestellt. Quant. Zusammenhänge sowie Abbaumechanismen (offenbar über Peroxid-Verbb.) sollen untersucht werden. I. Ebel. B 226□

trans-cis-trans-Phototropie von 2-Styrylpyridinmethojodid. J. L. R. Williams. (J. Amer. chem. Soc. **84**, 1323, 5/4. 1962; Rochester, N.Y., Eastman Kodak Co., Res. Labor.; engl.) — Eine wss. Lsg. von *trans-2-Styrylpyridinmethojodid* (trans-**I**; λ_{max} 334 mμ, $\varepsilon = 27600$) zeigt nach 25 Min. langer Bestrahlung mit einer Hg-Lampe unter

Benutzung eines Kodak-Wratten-Filters 18 A (330—400 mμ) eine Verschiebung der Absorptionswellenlänge nach 319 mμ (ε = 10800), nach darauffolgender Bestrahlung ohne Filter für 5 s eine Verschiebung von λ_{max} nach 325 mμ (ε = 13600). Bei abwechselnder Bestrahlung mit u. ohne Filter wird jeweils wieder die Absorptionswellenlänge von 319 bzw. 325 mμ gemessen. Das gleiche Verh. wird beobachtet, wenn von einer wss. Lsg. des reinen *cis*-I (λ_{max} 317 mμ, ε = 10000) ausgegangen wird. Bestrahlung von Lsgg. von cis- u. trans-I führt zur Einstellung neuer Gleichgewichte, deren Lage von der Wellenlänge des Lichtes abhängig ist. R. Albrecht. B 226□

Chemische Prozesse als Folge von n-π*- und π-π*-Übergängen von Pyridin-N-oxid und 2-Picolin-N-oxid. Norisuke Hata und Ikuzo Tanaka. (J. chem. Physics **36**, 2072—77, 15/4. 1962; Kanda, Chiyoda-ku, Tokyo, Electric. Engin. Coll., Dep. of Appl. Sci.; Ookayama, Meguro-ku, Tokyo, Inst. of Technol., Labor. of Phys. Chem.; engl.) — Bei der Photolyse von gasförmigem *Pyridin-N-oxid* (I) durch Bestrahlung mit Licht von 3261 Å (Cd) oder 2537 Å (Hg) entsprechend der Absorption zufolge eines n-π*- bzw. π-π*-Übergangs von I wurde in beiden Fällen Pyridin (II) als Hauptprod. erhalten. Im Fall der 3261-Bestrahlung steigt die Quantenausbeute von II bei Temp. >80° steil an, d. h. die II-Bldg. erfordert eine Aktivierungsenergie von ca. 11,9 kcal · Mol^{-1}. Dagegen ist die Quantenausbeute bei 2537 Å fast temperaturunabhängig. Die als Folge des n-π* oder π-π*-Übergangs von I auftretenden chem. Prozesse werden unter der Annahme gedeutet, daß das angeregte Mol. über eine Art Vorstufe, in der ein sich mit dem 1. Anregungszustand überschneidender Triplettzustand als kurzlebiger Zwischenzustand besteht, in II u. atomaren O dissoziiert. Die Photolyse von *2-Picolin-N-oxid* bei 3261 Å bewirkt eine Isomerisierung in Pyridyl-(2)-methanol u. bei 2537 Å eine Spaltung der N → O-Bindung unter Bldg. von 2-Picolin. Die hierfür erforderlichen Aktivierungsenergien wurden zu 3,4 bzw. 1,1 kcal · Mol^{-1} berechnet. J. Richter. B 226□

Vakuumphotolyse von festem Äthan bei 77° K. Milton D. Scheer, James McNesby und Ralph Klein. (J. chem. Physics **36**, 3504—05, 15/6. 1962; Washington, D.C., Nat. Bur. of Stand.; engl.) — Die Photolyse von C_2H_6, C_2H_6 + C_2D_6 bzw. CH_3CD_3 wird im festen u. im Gaszustand bei Bestrahlung mit einer Kr-Resonanzlampe mit einem Li-Fenster (1236 Å) untersucht. Die Photolysen im Gas- u. festen Zustand verliefen mit ähnlicher Quantenausbeute, eine Teilnahme der LiF-Oberfläche an der Gasphasen-Rk. ist unwahrscheinlich. Die HD-Verteilung im Prod. läßt darauf schließen, daß der vorherrschende Primärprozeß der Photolyse im festen Zustand eine intramol. H_2-Abspaltung ist. W. Schramm. B 226□

Riboflavin als Elektronendonator bei photochemischen Reaktionen. Bertil Holmström und Gerald Oster. (J. Amer. chem. Soc. **83**, 1867—71, 20/4. 1961; Brooklyn, N.Y., Polytechn. Inst. of Brooklyn, Dep. of Chem.; engl.) — Die anaerobe photochem. Entfärbung von *Riboflavin* (I), in Abwesenheit zugefügter Elektronendonatoren, wurde untersucht. Als erstes Prod. der Photolyse entsteht Leukodeuteroflavin (II), das 2 H-Atome aus der Seitenkette im aromat. Kern aufgenommen hat. II wirkt reduzierend u. kann durch O_2, $AgNO_3$ u. 2.6-Dichlorphenolindophenol zu Deuteroflavin (III) oxydiert werden. Die Menge Substrat, die red. werden kann, ist durch die ursprünglich anwesende Menge I begrenzt. Die Kinetik zeigt, daß der zu II führende Photoprozeß über einen langlebigen Anregungszustand verläuft, der durch das Photoprod. selbst gelöscht wird. Die Bldg. von II ist säure- u. basenkatalysiert, wie die Zunahme der Quantenausbeute mit zunehmender Puffer-Konz. zeigt. II ist autoxydabel unter Bldg. von III. Die Photolyse dieser Verb. verläuft ebenfalls über einen langlebigen Zwischenzustand, wird jedoch nicht verzögert durch die Ggw. seines Photolyse-Prod. Lumichrom. Gerhard Schulz. B 226□

Zur Lazarew-Reaktion: Untersuchung über den Einfluß der Verdünnung in der Photochemie. C. Piffault, J. Duhamel, J. Laulan, J. C. Roques und J. Caroff. (J. Radiol. Électrol. Méd. nucléaire **42**, 74—77, Jan./Febr. 1961; Bordeaux, Fac. de Méd. et de Pharmacie, Labor. de Phys. méd.; franz.) — Die Entfärbung von *Methylenblau* (*Tetramethylthioninhydrochlorid*, I), d. h. seine Überführung in das Leuko-Deriv. durch UV-Strahlung in Glycerin (II)–W.-Mischungen wird untersucht. Sie ist in W. irreversibel u. erfolgt wesentlich langsamer als in II. Mit steigendem Wasser-Geh. in II nimmt die Entfärbungsdauer von 18 auf 900 Min. zu, u. die Rk. ist bis zu einem Wasser-Geh. von ca. 50% vollständig reversibel. In Lsgg. von I in reinem II ist die Entfärbung nach mehr als 10 std. UV-Bestrahlung oder 5 monatiger Einw. von Tageslicht nicht mehr reversibel. Möglicherweise ist die photoreversible Substanz ein Komplex oder Assoziat zwischen I u. aktiviertem II. Es fällt auf, daß II bei 3000 Å eine der I-Bande entsprechende Absorptionsbande hat. W. Reusse. B 226□

Elektrochemische Hydrierungen und Katalyse. Xavier de Hemptinne. (Acad. roy. Belgique, Cl. sci., Mém., Collect. 8⁰ [2] **32**, Nr. 7, 1—44, 1961; franz.) — Vf. berichtet über Unterss. des Einfl. der Stromdichte, der Kathodengeometrie, des pH-Wertes der Lsg., der Konz., von Inhibitoren (Pyridin, Piperidin, Fumarsäure) u. von Konkurrenz-Rkk. auf die Kinetik der elektrolyt. Hydrierung von *Aceton, Butanon* u. *Maleinsäure* an Ni- u. Pt-Elektroden. Ferner wurden potentiometr. Messungen vorgenommen. Es zeigt sich, daß die elektrolyt. Hydrierung an katalyt. akt. Elektroden sowohl qual. als auch quant. mit der klass. katalyt. Hydrierung übereinstimmt. Die Moll. der organ. Substanz u. Wasserstoff müssen vom Metall adsorbiert werden, um reagieren zu können. In der adsorbierten Phase treten erstere mit Lsgm.-Moll., aber auch mit Inhibitoren in Konkurrenz. Die Wrkg. letzterer ist reversibel. Die potentiometr. Messungen lassen deutlich den Einfl. des pH-Wertes der Lsg. auf die Kinetik der Hydrierung sowohl an Ni als auch an Pt erkennen. Die Depolarisations- u. die Überspannungskurven für den stationären Zustand zeigen eine relative Unempfindlichkeit der Pt-Elektrode gegenüber der Depolarisator-Konz., während die Ni-Elektrode schon auf geringe Konz.-Schwankungen reagiert. Die Unters. der Depolarisation als Funktion der Zeit zeigt, daß die Elektrode als Kondensator wirkt, dessen negative Ladungen auf die Protonen übertragen werden u. diese neutralisieren. Die Geschw.-Gleichung nimmt in diesem Fall eine sehr einfache Form an, da die Rück-Rk. vernachlässigt werden kann.
G. M. Neumann. B 227□

Die Bildung von Alkoholen und Olefinen mit Fischer-Tropsch-Katalysatoren. E. J. Gibson. (Chem. and Ind. **1957**, 649—50, 25/5.; London, Fuel Res. Stat., D.S.I.R.; engl.) — Äthylen, H_2 u. ^{14}CO wurden an einem Co–Th–Mg–Kieselgur-Katalysator zur Rk. gebracht. Aus der Verteilung des ^{14}C in den Moll. der Rk.-Prodd. ergab sich, daß bei der Fischer-Tropsch-Synth. mit Co-Katalysatoren als Primärprodd. *prim. Alkohole* gebildet werden, deren CH_2OH-Gruppe aus CO u. H_2 des Ausgangsgemisches entsteht. Durch Dehydratisierung u. Hydrierung gehen diese prim. Alkohole in *Olefine* u. *Paraffine* über.
M. Meisel. B 227

Zur Frage der katalytischen Aminierung von Alkoholen. F. W. Beltschew, N. I. Schuikin und Ss. Ss. Nowikow. (Известия Академии Наук СССР, Отделение Химических Наук [Nachr. Akad. Wiss. UdSSR, Abt. chem. Wiss.] **1961**, 649—52, April; Zelinsky-Inst. für organ. Chem. der Akad. der Wiss. der UdSSR; russ.) — Die Aminierung von n-Butanol mit NH_3 über Al_2O_3/TiO_2 (95 : 5) im Strömungs-Syst. bei 370⁰ u. 8,5 at liefert *n-Butylamin* (Kp. 77—78⁰; $D._4^{20}$ 0,7408; n_D^{20} 1,3988), *Di-n-butylamin* (Kp. 159—161⁰; $D._4^{20}$ 0,7648; n_D^{20} 1,4087) u. *Tri-n-butylamin* (Kp. 215—217⁰; $D._4^{20}$ 0,7782; n_D^{20} 1,4209) mit einer Gesamtausbeute von ca. 35%. Unter den gleichen Bedingungen werden aus einem Butengemisch, aus Penten-(1), Octen-(1) oder n-Butyraldehyd (I) Amine nur in Spuren erhalten. I läßt sich jedoch in Ggw. von H_2 aminieren. Diisoamyläther liefert Amine mit ca. 6% Ausbeute; diese Rk. verläuft vermutlich über eine Spaltung des Äthers zu Isoamylalkohol u. Amylenen. Mit den Ergebnissen wird wahrscheinlich gemacht, daß die Aminierung von Alkoholen mit NH_3 über direkte Substitution der OH- gegen die NH_2-Gruppe unter Austritt von W. erfolgt. Die stets beobachtete Bldg. von Aldehyden, Olefinen u. Äthern muß auf Neben-Rkk. an der Katalysatoroberfläche zurückgeführt werden.
H.-E. Toussaint. B 227□

C. Präparative organische Chemie. Naturstoffe

Metallierung in Tetrahydrofuran durch Alkalimetalle in Gegenwart einiger Kohlenwasserstoffe. Henri Normant und Benjamin Angelo. (Bull. Soc. chim. France **1961**, 1988—93, Okt.; Paris, Labor. de Synth. Organ.; franz.) — Vgl. Bull. Soc. chim, France **1960**, 354. — Als Metallierungsmittel werden *α-Methylnaphthalin-Na* (**I**), *Phenanthren-Na* (**II**), *Naphthalin-K* (**III**), *Naphthalin-Li* (**IV**) u. *Phenanthren-Li* (**V**) synthetisiert. Mit Hilfe von **I, II, III, IV** u. **V** läßt sich Diphenylmethan (**VI**) in Tetrahydrofuran (THF) metallieren. Darauffolgende Rk. mit CO_2 liefert *Diphenylessigsäure.* Aus **II**, Acetylen u. Methylamylketon (**XV**) wird *3-Methyloctin-(1)-ol-(3)* erhalten. Metallierung von α-Picolin (**VII**) mit Naphthalin-Na (**VIII**) u. Rk. mit n-Butylbromid liefert *α-Amylpyridin.* Rk. von Phenothiazin (**IX**) mit **VIII** u. Dimethylsulfat (**X**) ergibt *N-Methylphenothiazin.* Bei der Umsetzung von Thiophen (**XI**), 2-Chlorthiophen (**XII**) bzw. 2-Bromthiophen (**XIII**) mit **VIII** u. anschließender Rk. mit CO_2 entstehen *Thiophencarbonsäure-(2)* u. *5-Chlor-* bzw. *5-Bromthiophencarbonsäure-(2).*

Versuche: *Diphenylessigsäure,* F. 144⁰, a) durch Zugabe der äquimol. Menge **VI** in THF zu analog **VIII** dargestelltem **I** bei 15⁰, 3—4std. Erhitzen auf 50⁰ u. Eingießen des Rk.-Gemisches zu CO_2-Schnee in Ae.; 50%; b) durch Rk. von Na mit Phenanthren

(**XVI**) in THF bei 20—30°, 24std. Rühren, Zugabe der berechneten Menge **VI** zu dem **II** enthaltenden Rk.-Gemisch, Erhitzen auf 35°, 2std. Kochen nach Beendigung der Gas-Entw. u. Umsetzung mit CO_2; 45%; c) durch Zugabe von K zu einer Lsg. von Naphthalin (**XIV**) in THF unter Rühren, Zugabe von **VI** zu dem **III** enthaltenden Rk.-Gemisch, 2std. Erhitzen auf 40° u. Umsetzung mit CO_2; 50%; d) analog c) aus dem aus Li u. **XIV** in THF bereiteten **IV**, **VI** u. CO_2; 42%; e) aus dem durch 24std. Rühren aus Li u. **XVI** in THF bereiteten **V**, **VI** u. CO_2; 50%. — *3-Methyloctin-(1)-ol-(3)*, $Kp._{10}$ 74—75°, durch Einleiten von C_2H_2 in aus Na u. **XVI** dargestelltem **II** unter Rühren u. Kühlung mit Eis–NaCl, Einrühren von **XV** in THF innerhalb von 30 Min., Hydrolyse mit HCl, Ae,. Extraktion u. Abdestillieren des Ae.; n_D^{17} 1,4418; 90%. — *α-Amylpyridin*, $C_{10}H_{15}N$-$Kp._{13}$ 95°, a) durch Eintropfen von **VII** in Bzl. bei —15° zu **VIII**, Zugabe des Rk.-Gemisches zu C_4H_9Br in Bzl., 2std. Kochen, Zugabe von W., Extraktion der Benzolphase mit HCl, Abkühlen der sauren Lsg. u. Zugabe von NaOH; 14—15%; b) durch Erwärmen des *Pikrats* mit verd. NH_4OH auf dem Wasserbad u. Ae.-Extraktion. *Pikrat*, $C_{16}H_{18}N_4O_7$, F. 73°. — *N-Methylphenothiazin*, $C_{13}H_{11}NS$, F. 99—100°, durch Zugabe von **IX** zu **VIII** in THF unter Rühren, Erwärmen auf ca. 35°, Eintropfen von **X** in Ae. zu der nach 1std. Rühren auf 0° abgekühlten Lsg., 24std. Rühren bei Raum-Temp., Hydrolyse mit Eiswasser, Ae.-Extraktion, Wasserdampf-Dest. des Ae.-Rückstandes zur Entfernung von **XIV**, Verreiben des Rückstandes mit W., Filtration, Lösen in Aceton u. Zugabe von A.; 90%. — *Thiophencarbonsäure-(2)*, $C_5H_4O_2S$, F. 128,5° (W.), durch 1std. Verrühren von **VIII** u. **XI** in THF bei 35°, 2std. Belassen bei 35°, Rk. mit CO_2, Zugabe von W., Abtrennen der von organ. Lsgm. im Vakuum befreiten wss.-alkal. Schicht u. Ansäuern; 40%. — *5-Chlorthiophencarbonsäure-(2)*, $C_5H_3ClO_2S$, F. 153° (W.), analog vorst. Verb. aus **VIII** u. **XII** in THF u. Rk. mit CO_2; 32%. — *5-Bromthiophencarbonsäure-(2)*, C_5H_3·BrO_2S, F. 137°, analog vorvorst. Verb. aus **VIII** u. **XIII** in THF u. Rk. mit CO_2; 30%. H. Gleinig. 460□

Die Schmidt-Reaktion. R. T. Conley. (Chem. and Ind. **1958**, 438, 12/4.; Buffalo, N.Y., Canisius Coll., Dep. of Chem.; engl.) — Vgl. C. **1959**, 3137. — Vf. untersuchte den Einfl. von Polyphosphorsäure auf die Schmidt-Reaktion. Es wurden Ketone mit HN_3 in Polyphosphorsäure als Lsgm. u. Katalysator umgesetzt u. folgende normale Umlagerungs-Prodd. erhalten: *ε-Caprolactam*, aus Cyclohexanon; 89% (Ausbeute). — *δ-Valerolactam*, aus Cyclopentanon; 78%. — *Homodihydrocarbostyril*, aus α-Tetralon; 93%. — *Acetanilid*, aus Acetophenon; 97%. — *Benzanilid*, aus Benzophenon; 98%. — *Phenanthridon*, aus Fluorenon; 92%. — *α-Acetnaphthalid*, aus α-Acetonaphthon; 55%. — *β-Acetnaphthalid*, aus β-Acetonaphthon; 58%. — *N-Benzylacetamid*, aus Phenylaceton; 43%. P. Becker. 470

Dehydratisierung von Propylenglykol, Isobutylenglykol, Methyläthyläthylenglykol und ihren Derivaten. I. L. Kotljarewski und Je. Ss. Domnina. (Известия Сибирского Отделения Академии Наук СССР [Nachr. sibir. Abt. Akad. Wiss. UdSSR] **1959**, Nr. 8, 43—49; Ostsibir. Filiale der sibir. Abt. der Akad. der Wiss. der UdSSR; russ.) — Unter geeigneten Bedingungen liefert die Dehydratisierung von Propylenglykol (**I**) u. Propylenchlorhydrin (**II**) als Hauptprodd. *Allylalkohol* bzw. *Allylchlorid*. Die Pyrolyse von Propylenglykoldiacetat (**III**) gibt *Allylacetat* u. *Methylacetylen*. Bei der Pyrolyse von Methyläthyläthylenglykoldiacetat (**IV**) wird *2-Äthylpropen-(2)-ol-(1)-acetat* gebildet. Bei der Dehydratisierung von Isobutylenglykol (**V**), 2-Äthylpropylen glykol (**VI**), Isobutylenchlorhydrin (**VII**) u. 2-Äthylpropylenchlorhydrin (**VIII**) werden entsprechend *Isobutyraldehyd*, *2-Methylbutyraldehyd*, *1-Chlor-2-methylpropen-(1)* bzw. *1-Chlor-2-methylbuten-(1)* erhalten.

Versuche: *Propylenchlorhydrin* (**II**), $Kp._{730}$ 123—125°, aus Propylen u. HOCl; n_D^{20} 1,4390; 21% (Ausbeute). — Pyrolyse von **II**: Man leitet in 2 Std. bei 200° über 125 ml Katalysator (mit H_3PO_4 getränkter Selit) 200 g **II** u. fraktioniert das Katalysat: 36,7 g **II**; 8,42 g *trans-1-Chlorpropen* ($Kp._{718}$ 31,5—32,5°; $D._4^{20}$ 0,9470; n_D^{20} 1,4069); 5,89 g *Propylenoxid* ($Kp._{718}$ 33—33,5°; $D._4^{20}$ 0,9219; n_D^{20} 1,0465); 2,84 g *cis-1-Chlorpropen* ($Kp._{718}$ 35,5—37°; $D._4^{20}$ 0,9322; n_D^{20} 1,4112); 12,93 g *Allylchlorid* ($Kp._{718}$ 40 bis 44,5°; n_D^{20} 1,4169) u. 6,9 g *Dimethyldioxan* ($Kp._{723}$ 116,5—121°). — *Propylenglykoldiacetat* (**III**), $Kp._{732}$ 188—189°, man erhitzt 1.2-Dichlorpropan u. Na-Acetat im Autoklaven 4 Std. auf 205—210°; n_D^{20} 1,4170; 37,5%. — Pyrolyse von **III**: Man erhitzt 200 g Koks im Kontaktrohr 2 Std. im Luftstrom auf 500°, leitet bei 450° 1 Liter H_2 u. in 8 Std. 145 g **III** über u. fraktioniert das Katalysat: 0,67 g *Propionaldehyd* ($Kp._{739}$ 47,5 bis 48,5°. *2.4-Dinitrophenylhydrazon*, F. 149—150°); 7,2 g *Aceton* ($Kp._{740}$ 53—55°. *2.4-Dinitrophenylhydrazon*, F. 126,5—127,5°); 27,7 g *Allylacetat* ($Kp._{734}$ 101—102,2°; n_D^{20} 1,4055; Hydrierung an Raney-Ni gibt *Propylacetat*, Kp. 100—100,5°; n_D^{20} 1,3838) u. *Methylacetylen* (liefert *Ag-Methylacetylenid*). — *Propylenglykol* (**I**), man verseift 1.2-Dichlorpropan in Ggw. von $NaHCO_3$ durch $^3/_4$std. Erhitzen im Autoklaven aus 210°; $Kp._{735}$ 186 bis 188°; n_D^{22} 1,4285; 24%. — Pyrolyse von I: Man leitet bei 280° über 25 g Al_2O_3 in 5 Std. 115 g I: 3,5 g *Aceton* (Kp. 48—54°. *2.4-Dinitrophenylhydrazon*, F. 149—152°); 11,4 g *Allylalkohol* ($Kp._{729}$ 92,5—96°; n_D^{20} 1,4120) u. 5,7 g *Dimethyldioxan* (Kp. 115 bis 123°). Die Dehydratisierung an H_3PO_4/Selit bei 250° liefert hauptsächlich *Propionaldehyd* (*2.4-Dinitrophenylhydrazon*, F. 150—151°). — *Isobutylenchlorhydrin* (VII), $Kp._{730}$ 123—125°, aus Isobutylen u. Monochlorharnstoff in W. in Ggw. von $CuCO_3$; n_D^{20} 1,4395; 24,4%. — *Methyläthyläthylenchlorhydrin* (VIII), $Kp._{28}$ 68—70°, aus Äthyl-MgBr (471 g Äthylbromid, 106 g Mg, 2 Liter Ae.) u. 400 g Chloraceton; n_D^{20} 1,4476; 273 g. — *2-Methyl-1-chlorpropen-(1)*, $Kp._{728}$ 65,3—66,8°, man leitet 138 g VII bei 180° in 15 Std. über 100 ml H_3PO_4/Selit; $D._4^{20}$ 0,9159; n_D^{20} 1,4211; 40,5 g. Geht bei der Einw. von 2.4-Dinitrophenylhydrazin (IX) in W.-A.-H_2SO_4 in *Isobutyraldehyd-2.4-dinitrophenylhydrazon* (F. 181—182°, aus A.) über. — *2-Methyl-1-chlorbuten-(1)*, $Kp._{718}$ 88 bis 90,5°, man leitet in 7 Std. bei 160° 238 g VIII über 25 ml H_3PO_4/Selit; n_D^{20} 1,4141; 48,3 g. Mit IX → *2-Methylbutyraldehyd-2.4-dinitrophenylhydrazon*, F. 127,5—128° (A.). — *Methyläthyläthylenglykoldiacetat* (IV), $Kp._{12}$ 104—106°, aus Methyläthyläthylenglykol, Acetanhydrid u. Na-Acetat; n_D^{20} 1,4233; 81%. — *2-Äthylpropen-(2)-ol-(1)-acetat*, $Kp._{720}$ 143,5—144°, man erhitzt 25 ml Koks im Kontaktrohr 2 Std. auf 500° im Luftstrom u. leitet in 9 Std. bei 350° 221,3 g IV über; $D._4^{20}$ 0,9134; n_D^{20} 1,4240; 95,7 g. Die $KMnO_4$-Oxydation liefert *Propionsäure* (Kp. 117—122°; $n_D^{10,5}$ 1,3770. *Anilid*, F. 102—103°), die Hydrierung an Raney-Ni *2-Methylbutanol-(1)-acetat* ($Kp._{720}$ 139—140°; $D._4^{20}$ 0,8897; n_D^{20} 1,4079). — *Isobutylenglykol* (V), $Kp._{730}$ 176—178°, man hydratisiert Isobutylenoxid mit verd. H_2SO_4; n_D^{20} 1,4318; 69,9%. — *Methyläthyläthylenglykol* (VI), $Kp._{728}$ 184—186°, man hydratisiert Methyläthyläthylenoxid; n_D^{20} 1,4431; 78,2%. — *Isobutyraldehyd*, $Kp._{730}$ 61,5—62,5°, man leitet 62,3 g V in 2 Std. bei 240 g über 25 ml $MgSO_4$; n_D^{20} 1,3731; 48,4% (*2.2-Dinitrophenylhydrazon*, F. 181—181,5°, aus A.). — *2-Methylbutyraldehyd*, $Kp._{730}$ 88,8—89,5°, man leitet 91,1 g VI in 3 Std. bei 270° über 25 ml $MgSO_4$; $D._4^{20}$ 0,8131; n_D^{20} 1,3910; 42,7% (*2.4-Dinitrophenylhydrazon*, F. 127—128°).

Helmut Schäfer. 490

Hydroborierung von Acetylenen — eine bequeme Umwandlung von inneren Acetylenen in cis-Olefine von hoher Reinheit und von endständigen Acetylenen in Aldehyde. Herbert C. Brown und George Zweifel. (J. Amer. chem. Soc. **81**, 1512, 20/3. 1959; Lafayette, Ind., Purdue Univ., Richard B. Wetherill Labor.; engl.) — Pentin-(2) u. Hexin-(3) bilden mit $(BH_3)_2$ ungesätt. Bor-Derivv., die durch Eisessig leicht in die entsprechenden *cis-Olefine* übergeführt werden. Gaschromatographie zeigte für das so dargestellte *cis-Penten-(2)* nahezu 100%ig. Reinheit. Auch *cis-Hexen-(3)* u. *cis-Hexen-(2)* waren weitgehend frei von den trans-Isomeren (Gaschromatographie u. IR-Spektrum). Bei der Rk. mit Hexin-(1) (I) reagiert nur die Hälfte unter Addition von 2 BH_3. Durch Hydrieren von I mit einem Dialkylboran (II) [aus 2-Methylbuten-(2), $NaBH_4$ u. BF_3-Ätherat in Diglyene] entstand *Hexen-(1)* in 90%ig. Ausbeute. Die Behandlung des Rk.-Prod. mit H_2O_2 ergab *n-Hexaldehyd*. Hexin-(3) (III) liefert mit II *cis-Hexen-(3)* in >99%ig. Reinheit u. 82%ig. Ausbeute.

Versuche: *cis-Hexen-(3)*, $Kp._{754}$ 67,1°, aus III u. $NaBH_4$ in Diglyme bei 0° unter N_2 durch Zugeben von BF_3-Ätherat innerhalb 1 Std., ½std. Stehen bei Raum-Temp., Zugabe von wenig Äthylenglykol zur Zers. des überschüssigen BH_3 u. mehrstd. Stehen mit Eisessig; n_D^{20} 1,3957; 68% (Ausbeute). — *n-Hexaldehyd*, analog aus I u. II durch H_2O_2-Oxydation bei 0° u. pH 8—9; 88,5%. *2.4-Dinitrophenylhydrazon*, F. 104°.

Ch. Taubert. 520□

Untersuchungen auf dem Gebiet der konjugierten Systeme. 119. Mitt. Richtung der elektrophilen Addition an asymmetrische Dienine. Einwirkung von Benzolsulfodibromamid auf alkoholische Lösungen von Divinylacetylen und seinen Homologen. 3. Mitt. über Dienine. A. A. Petrow und Ju. I. Porfirjewa. (Журнал Общей Химии [J. allg. Chem.] **30 (92)**, 1818—23, Juni 1960; russ.) — 117. vgl. J. allg. Chem. [UdSSR] **30 (92)**, [1969], 1441; 112. vgl. C. **1961**, 17901. — Die Rk. von Hexadien-(1.5)-in-(3) (II, Divinylacetylen) mit N.N-Dibrombenzolsulfonamid (I) in Methanol liefert erwartungsgemäß *2-Brom-2-methoxyhexen-(5)-in-(3)* (III), das durch methanol. KOH zu *2-Methoxyhexadien-(1.5)-in-(3)* (IV) dehydrobromiert wird; letzteres läßt sich zu *Hexen-(5)-in-(3)-on-(2)* hydrolysieren. Aus 2-Methylhexadien-(1.5)-in-(3) (V) u. I in Methanol wird allein *1-Brom-2-methoxy-2-methylhexen-(5)-in-(3)* erhalten; auch 3-Methylheptadien-(2.6)-in-(4) (VI) addiert CH_3OBr nur an der substituierten Doppelbindung. Die aus V u. VI erhaltenen Verbb. erwiesen sich gegen die Einw. von alkohol. Alkali als beständig. Die IR-Spektren der neuen Substanzen werden diskutiert.

Versuche: 2-Alkoxy-2-bromhexen-(5)-ine-(3), durch anteilweises Zugeben von I zu II in dem jeweiligen Alkohol unter Kühlung mit Eis/Salz-Gemisch, Stehen über Nacht u. Wasserdampf-Dest.: *2-Methoxy-* (**III**), C_7H_9BrO, Kp.$_{20}$ 91—92°; D.$_4^{20}$ 1,3258; n_D^{20} 1,5108; 42% (Ausbeute). — *2-Äthoxy-*, Kp.$_{10}$ 85—86°; D.$_4^{20}$ 1,2652; n_D^{20} 1,5030. — *2-n-Butoxy-*, Kp.$_{10}$ 111—112°; D.$_4^{20}$ 1,1784; n_D^{20} 1,4870. — 2-Alkoxy-hexadien-(1.5)-ine-(3), durch 1std. Erhitzen der vorst. Verbb. in 10%ig. methanol. KOH: *2-Methoxy-* (**IV**), C_7H_8O, Kp.$_{10}$ 39—40°; D.$_4^{20}$ 0,9036; n_D^{20} 1,5076. — *2-Äthoxy-*, Kp.$_{10}$ 52—52,5°; D.$_4^{20}$ 0,8823; n_D^{20} 1,5010. — *2-n-Butoxy-*, Kp.$_{10}$ 81—82°; D.$_4^{20}$ 0,8764; n_D^{20} 1,4928. — *Hexen-(5)-in-(3)-on-(2)*, aus **IV** u. 5%ig. H_2SO_4. *2.4-Dinitrophenylhydrazon*, F. 160° (A.). — *1-Brom-2-methoxy-2-methylhexen-(5)-in-(3)*, $C_8H_{11}BrO$, Kp.$_{20}$ 94—94,5°, analog **III** aus **V** u. **I**; D.$_4^{20}$ 1,2734; n_D^{20} 1,5100; 54%. — *2-Brom-3-methoxy-3-methylhepten-(6)-in-(4)*, $C_9H_{13}BrO$, Kp.$_{20}$ 99—100°, analog **III** aus **VI** u. **I**; D.$_4^{20}$ 1,2330; n_D^{20} 1,5051; 70%. H.-E. Toussaint. 530□

Untersuchungen auf dem Gebiet der konjugierten Systeme. 120. Mitt. Anlagerung von Lithium-Alkylen an Vinylisopropenylacetylen. 4. Mitt. über Dienine. A. A. Petrow, W. A. Kormer und T. W. Jakowlewa. (Журнал Общей Химии [J. allg. Chem.] **30 (92)**, 2238—43, Juli 1960; russ.) — 119. bzw. 3. vgl. vorst. Referat. — 2-Methylhexadien-(1.5)-in-(3) (**I**, Vinylisopropenylacetylen) addiert Li-Alkyle prakt. ausschließlich an der unsubstituierten Vinylgruppe, so daß bei nachfolgender Hydrolyse *6-Alkyl-2-methylhexatriene-(1.3.4)* (*Alkylisopropenylallene*) erhalten werden. Die Strukturen der neuen Verbb. werden durch die IR-Spektren sowie teilweise durch das Ergebnis der Ozonolyse bestätigt.

Versuche: 2-Methylalkatriene-(1.3.4), durch Zutropfen von **I** zum Li-Alkyl in Ae. bei —35°, 20—60 Min. langes Rühren u. Zers. mit W.: *2-Methyloctatrien-(1.3.4)*, C_9H_{14}, Kp.$_{20}$ 54—55°; D.$_4^{20}$ 0,7775; n_D^{20} 1,4790; 77% (Ausbeute). — *2-Methylnonatrien-(1.3.4)*, $C_{10}H_{16}$, Kp.$_{20}$ 71—72°; D.$_4^{20}$ 0,7834; n_D^{20} 1,4790; 70%. — *2.7-Dimethyloctatrien-(1.3.4)*, $C_{10}H_{16}$, Kp.$_{20}$ 67,5—68,5°; D.$_4^{20}$ 0,7793; n_D^{20} 1,4750; 72%. — *2-Methyldecatrien-(1.3.4)*, $C_{11}H_{18}$, Kp.$_{20}$ 89,5—90,5°; D.$_4^{20}$ 0,7898; n_D^{20} 1,4795; 77%. — *2.8-Dimethylnonatroin-(1.3.4)*, $C_{11}H_{18}$, Kp.$_{20}$ 83—83,5°; D.$_4^{20}$ 0,7853; n_D^{20} 1,4762; 76%. — *2.7.7-Trimethyloctatrien-(1.3.4)*, $C_{11}H_{18}$, Kp.$_{20}$ 76,5—77,5°; D.$_4^{20}$ 0,7852; n_D^{20} 1,4719; 46%. H.-E. Toussaint. 530□

Untersuchungen auf dem Gebiet der konjugierten Systeme. 121. Mitt. Über die Anlagerung von Lithium-Alkylen an Trialkylvinylacetylenylsilane. 42. Mitt. über Eninverbindungen. A. A. Petrow, W. A. Kormer und M. D. Stadnitschuk. (J. allg. Chem. [UdSSR] **30 (92)**, 2243—48, Juli 1960; russ.) — 120. vgl. vorst. Referat. — 1-Trimethylsilylbuten-(3)-in-(1) (**I**) reagiert mit LiC_2H_5 zu einem Gemisch aus *1-Trimethylsilylhexin-(1)* (**II**) u. *-hexadien-(1.2)* (**III**), wie durch IR-spektroskop. Messungen u. durch die Hydrierung des Gemisches zu *Trimethyl-n-hexylsilan* bestätigt wird. Nach dem Ergebnis der Unters. (Acetylenanalyse, Mol.-Refr.) des durch alkal. Hydrolyse neben *Hexamethyldisiloxan* aus dem **II/III**-Gemisch erhaltenen Gemisch aus *Hexin-(1)* u. *Hexadien-(1.2)* fallen **II** u. **III** bei der Rk. von **I** mit LiC_2H_5 etwa im Verhältnis 9 : 11 an. Im Rk.-Prod. von **I** mit Li-n-Butyl überwiegt dagegen *1-Trimethylsilyloctin-(1)* gegenüber dem Allen mit 4 : 1.

Versuche: *Gemisch* aus *1-Trimethylsilylhexin-(1)* (**II**) u. *-hexadien-(1.2)* (**III**), $C_9H_{18}Si$, Kp.$_{20}$ 59°, durch Zutropfen von **I** zu LiC_2H_5 in Ae. bei —35°, ½std. Rühren u. Zers. mit W.; D.$_4^{20}$ 0,7696; n_D^{20} 1,4402; 76,6% (Ausbeute); wird durch 1½std. Erhitzen in 10%ig. methanol. KOH auf 65—70° hydrolysiert zu *Hexamethyldisiloxan* u. einem *Gemisch* aus *Hexin-(1)* u. *Hexadien-(1.2)*, Kp. 72—76°; D.$_4^{20}$ 0,7276; n_D^{20} 1,4008. — *Gemisch* aus *1-Trimethylsilylheptin-(1)* u. *-heptadien-(1.2)*, $C_{10}H_{20}Si$, Kp.$_{20}$ 75 bis 76°, analog dem **II/III**-Gemisch; D.$_4^{20}$ 0,7722; n_D^{20} 1,4402; 86%. — *Gemisch* aus *1-Trimethylsilyl-5-methylhexin-(1)* u. *-hexadien-(1.2)*, $C_{10}H_{20}Si$, Kp.$_{20}$ 70—71°; D.$_4^{20}$ 0,7700; n_D^{20} 1,4354; 69,3%. — *Gemisch* aus *1-Trimethylsilyloctin-(1)* u. *-octadien-(1.2)*, $C_{11}H_{22}Si$, Kp.$_{20}$ 91—92°; D.$_4^{20}$ 0,7797; n_D^{20} 1,4404; 63,2%; wird durch 1½std. Erwärmen mit 10%ig. methanol. KOH auf 65—70° hydrolysiert zu einem Gemisch aus *Octin-(1)* u. *Octadien-(1.2)*, Kp. 122—126°; D.$_4^{20}$ 0,7512; n_D^{20} 1,4112. — *Gemisch* aus *1-Trimethylsilyl-5.5-dimethylhexin-(1)* u. *-hexadien-(1.2)*, $C_{11}H_{22}Si$, Kp.$_{20}$ 81—82°; D.$_4^{20}$ 0,7771; n_D^{20} 1,4420; 74%. — *Trimethyl-n-hexylsilan*, Kp. 162,5—163,5°; D.$_4^{20}$ 0,7424; n_D^{20} 1,4154, a) durch Hydrieren des **II/III**-Gemisches in Methanol über Pd/$CaCO_3$; b) aus Trimethylchlorsilan u. n-Hexyl-MgBr. — *Trimethyl-n-octylsilan*, Kp. 201—203°, analog vorst. Verb. nach a) oder b); D.$_4^{20}$ 0,7567; n_D^{20} 1,4242. H.-E. Toussaint. 530□

Die Chlorhydroxylierung gasförmiger Olefine. Jerzy Myszkowski. (Wiadomości chem. **13**, 497—508, Sept. 1959; Szczecin, Politechnikum, Zakład, Techn. Chem. Organ.; pol.) — Überblick über Verw., Bldg.-Mechanismus u. Herst. von Chlorhydrinen, wobei die technolog. u. apparative Seite besonders berücksichtigt wird, über ihre Rolle als Zwischenprodd. u. ihre tox. u. korrosiven Eigenschaften. — 20 Literaturangaben. E. Höft. 550□

Synthese von Äthoxyacetaldehyd und seine chemischen Umwandlungen. M. F. Schosstakowski, N. W. Kusnetzow, N. A. Dubowik und K. Ch. Sicherman. (Nachr. Akad. Wiss. UdSSR, Abt. chem. Wiss. **1961,** 1495—1500, Aug.; Irkutsk, Inst. für Organ. Chem.; russ.) — Durch Dehydrierung von 2-Äthoxyäthanol (I; Äthylcellosolve) wurde *2-Äthoxyacetaldehyd* (II) erhalten, der die üblichen Aldehyd-Rkk. (u. a. Umsetzung zum *Cyanhydrin*) zeigt. Sein *Diäthylacetal* (III) gibt mit Acetanhydrid *1-Acetoxy-1.2-diäthoxyäthan,* aus dem durch Abspaltung von Essigsäure *1.2-Diäthoxyäthylen* dargestellt wird. II reagiert mit Propargylalkohol (IV) unter Bldg. von *5-Äthoxypentin-(2)-diol-(1.4).*

Versuche: *Äthoxyacetaldehyd* (II), Kp. 103—105°, durch Überleiten eines Gemisches aus 57,3 g I (Kp. 134—135°, n_D^{20} 1,4075) mit Luft bei 600°/345 mm über Ag-Draht, Abdestillieren eines II-*Wasserazeotrops* (IIa, Kp. 90—91°, n_D^{18} 1,4236; enthält in 44,5 ml 0,388 Mol II) u. Dest. von 158 ml IIa mit 150 ml Bzl. (unvollständige Wasserabtrennung) u. 60 ml Xylol; 61% (Ausbeute). Daneben *Polymeres von* II, das durch Erwärmen mit 0,1% p-Toluolsulfonsäure depolymerisiert wird. *Diäthylacetal* (III), Kp. 165—167°, $Kp._8$ 52,5—54°, a) durch Zugabe von 62,4 g abs. A. + 1% HCl zu 29,5 g II unter Kühlen mit Eis/NaCl u. 44 std. Stehen bei Raum-Temp.; n_D^{21} 1,4040; 72%; b) durch Kochen von 91 g IIa, 234 ml A., 0,13 g p-Toluolsulfonsäure u. 290 ml Bzl. unter Abtrennen von W. u. Dest. mit 20 ml Dekalin; $n_D^{24,5}$ 1,3990; 67 g. — *1-Äthoxy-2-acetoxyäthylen,* $C_6H_{10}O_3$, $Kp._{38}$ 86,5—88°, durch 1 std. Kochen von 49 g II u. 8,75 g K-Acetat in 148 g Acetanhydrid; $n_D^{23,5}$ 1,4358; 13 g. — *Äthoxyacetaldehydcyanhydrin,* $C_5H_9NO_2$, $Kp._{14}$ 112—113°, durch Stehen von 30 g IIa, 47,6 g Acetoncyanhydrin u. 18 ml gesätt. methanol. K_2CO_3 bei Raum-Temp. über Nacht, Ansäuern mit konz. H_2SO_4, Abdestillieren von Methanol u. Aceton, Zugabe von 60 ml gesätt. methanol. K_2CO_3 u. 12 std. Stehen bei Raum-Temp.; $n_D^{25,5}$ 1,4250; 57%. — *5-Äthoxypentin-(2)-diol-(1.4),* $C_7H_{12}O_3$, $Kp._1$ 121—122°, aus 61,3 g IV, 174,8 g IIa, 74 ml W., 0,8 g $CaCO_3$ u. gefälltem Cu_2O (aus 12 g CuCl in 180 ml 18%ig. HCl u. 180 ml 40%ig. KOH) durch 42 std. Rühren unter N_2 bei 100°; $n_D^{22,5}$ 1,4791; 62%. — *1-Acetoxy-1.2-diäthoxyäthan,* $C_8H_{16}O_4$, $Kp._{13,5}$ 80—80,5°, durch 6 std. Kochen von 32,6 g III, 20,5 g Acetanhydrid u. 0,2 g p-Toluolsulfonsäure; $n_D^{19,5}$ 1,4082; 50%. — *1.2-Diäthoxyäthylen,* Kp. 131—133°, durch 2 std. Kochen vorst. Verb. u. langsame Dest.; $n_D^{19,5}$ 1,4218; 32%. — Durch Rühren von 0,56 Mol α-Chlor-β-äthoxydiäthyläther u. 55 g K-Acetat bei Raum-Temp. u. 2 std. Erhitzen auf 100°: 8 g III u. 4 g vorvorst. Verb. nach Ae.-Extraktion u. Dest. über Kolonne. K. Hummel. 690□

Aliphatische Säuren. 3. Mitt. **Die Darstellung und einige Umsetzungen von Halogenhydroxysäuren.** J. F. McGhie, W. A. Ross, B. L. Rao, W. A. Cramp und C. B. Thornton. (J. chem. Soc. [London] **1962,** 3108—15, Aug.; London, Chelsea Coll. of Sci. and Technol., Dep. of Chem.; engl.) — 2. vgl. C. **1962,** 3425. — Die cis- u. trans-Formen von 9.10-Epoxyoctadecan-(I), 6.7-Epoxyoctadecan-(II) u. 13.14-Epoxydokosansäure (III) werden mit HCl, HBr bzw. HJ zu den *threo-* u. *erythro-Halogenhydrinen* (**A**) umgesetzt, die mit NaOH wieder die Epoxysäuren (**C**) geben. Die Oxydation der **A** mit H_2CrO_4 in Aceton liefert die entsprechenden *Ketohalogensäuren* (**B**); die Jod-Verbb. konnten nicht isoliert werden, da sie rasch in die jodfreien *Ketosäuren* übergehen. Die *threo-* bzw. die *erythro-Form* von *6(7)-Jod-7(6)-hydroxyoctadecansäure* (IV) werden durch N-Bromsuccinimid (V) zu *6.7-Dioxooctadecansäure* oxydiert, wobei wahrscheinlich ein α-Ketol als Zwischenstufe auftritt. Bei der Red. der **B** entstehen mit HJ die halogenfreien *Ketosäuren,* mit $NaBH_4$ *vic-Hydroxyhalogensäuren* (hauptsächlich die threo-Formen), die mit NaOH wieder in die **C** (hauptsächlich die cis-Formen) übergehen. Auf diese Art können also trans-**C** über **B** in die cis-**C** übergeführt werden. Mit NH_2OH reagieren die **B** zu *vic.-Dioximen,* für deren Bldg. ein Mechanismus vorgeschlagen wird. Das ster. Verh. der $NaBH_4$-Red. von **B** wird in Konstellationsbetrachtungen gedeutet.

Versuche: 10(9)-Hydroxyoctadecansäuren: *threo-9(10)-Chlor-*(*threo*-VI), F. 35—41°, durch $^1/_2$ std. Schütteln von 3 g cis-I mit HCl in Ae. u. Aufarbeiten der Ae.-Phase; aus Hexan Nadeln; 2,9 g (Ausbeute). *erythro*-VI, F. 53—58°, analog aus 3 g trans-I; 3,2 g. — Analog: *threo-9(10)-Brom-*(*threo*-VII), F. 16—18°, aus 3 g cis-I; 2,8 g. *erythro*-VII, F. 56—58°, aus 3 g trans-I; 3,5 g. — *9(10)-Jod-, threo-Form* (VIII), aus cis-I bei 0°; Öl. *erythro-Form,* F. 48—54°, aus 2 g trans-I; aus Hexan Nadeln; 2 g. — 7(6)-Hydroxyoctadecansäuren: *threo-6(7)-Chlor-*(*threo* X), $C_{18}H_{35}ClO_3$, F. 62—64°, a) aus 3 g cis-II; 2,1 g; b) durch 1 std. Rk. von 6(7)-Chlor-7(6)-oxooctadecansäure (XV) mit $NaBH_4$ in CH_3OH bei Raum-Temp., Ansäuern mit 5%ig. CH_3COOH u. Isolieren mit Äther. *erythro*-X, F. 43—45°, aus 3 g trans-I; 2,0 g. — *threo-6(7)-Brom-,* (*threo*-IX), $C_{18}H_{35}BrO_3$, F. 48—52°, a) aus 3 g cis-II; 3,1 g; b) analog threo-X nach b). *erythro*-IX, F. 55—56°, aus 3 g trans-II; 3 g. — *threo-6(7)-Jod-,* (*threo*-IV), $C_{18}H_{35}JO_3$, F. 71—73°, aus 2 g cis II; 2,2 g. *erythro*-IV, F. 57—59°, aus 2 g trans-II; 1,9 g. — 14(13)-Hydroxydokosansäuren: *threo-13(14)-Chlor-*, (*threo*-**XI**), $C_{22}H_{43}ClO_3$, F. 48°, a) aus 3 g cis-III; 3,3 g; b) analog threo-**X** nach b). *erythro*-**XI**, F. 63—64°, aus 3 g trans-III; 3 g. — *threo-13(14)-Brom-*(*threo*-**XII**), $C_{22}H_{43}BrO_3$, F. 37°, a) aus 3 g cis-III; 3,2 g; b) analog threo-**X** nach b). *erythro*-**XII**, F. 37° (57°?), aus 3 g trans-III; 3 g. — *13(14)-Jod-*, *threo-Form*, $C_{22}H_{43}JO_3$, F. 13—15°, aus 2 g cis-III; 1,9 g. *erythro-Form*, F. 38—40°, aus trans-III. — *cis-9.10-Epoxyoctadecansäure* (cis-I), F. 58,5° (Hexan), a) durch 1 std. Stehen von threo-**VI** in 0,1n NaOH, Verdünnen mit W. u. Ansäuern mit CH_3COOH; b) analog a) aus threo-**VII**; c) analog a) aus threo-**VIII**. *trans*-I, F. 55,4°, analog cis-I aus erythro-**VI**. *Gemisch von* >*80% cis*-I *mit trans*-I, $C_{18}H_{34}O_3$, F. 56—57° (PAe.), durch $NaBH_4$-Red. von 9(10)-Chlor-(**XIII**) bzw. 9(10)-Brom-10(9)-oxooctadecansäure (**XIV**) analog threo-**X** nach b) u. 1/2 std. Kochen des isolierten Prod. in 2%ig. KOH. — *cis-6.7-Epoxyoctadecansäure* (*cis*-II), F. 63,5°, analog cis-I nach a), b) bzw. c) aus den threo-6(7)-Halogen-7(6)-hydroxyoctadecansäuren. *trans*-I, F. 67—68°, analog trans-I aus den erythro-6(7)-Halogen-7(6)-hydroxyoctadecansäuren. *Gemisch von* >*90% cis*-II *mit trans*-II, F. 58—60°, durch Rk. des durch $NaBH_4$-Red. erhaltenen threo-**X** bzw. **IX** mit Alkalien. — *cis-13.14-Epoxydokosansäure* (*cis*-III), analog cis-I aus den threo-13(14)-Halogen-14(13)-hydroxydokosansäuren. *trans*-III, F. 70°, analog trans-I aus den erythro-13(14)-Halogen-14(13)-hydroxydokosansäuren. *Gemisch von* >*75% cis*-III *mit trans*-III, F. 60° (Hexan), analog vorst. Gemisch aus den durch $NaBH_4$-Red. erhaltenen threo-**XI** bzw. -**XII**. — *9(10)-Chlor-10(9)-oxooctadecansäure* (**XIII**), $C_{18}H_{33}ClO_3$, F. 40—47°, a) durch 1/4 std. Schütteln von 3,2 g erythro-**VI** mit Kiliani-H_2CrO_4-Mischung; aus PAe. Nadeln; 2,0 g; b) analog a) aus 2,9 g threo-**VI**; 2 g. — Analog: *9(10)-Brom-10(9)-oxooctadecansäure* (**XIV**), $C_{18}H_{33}BrO_3$, F. 48,5—49,5°, a) aus 3,5 g erythro-**VII**; 1,8 g; b) aus 2,8 g threo-**VII**; 1,6 g. — *6(7)-Chlor-7(6)-oxooctadecansäure* (**XV**), $C_{18}H_{33}ClO_3$, F. 52—55°, a) aus 2 g erythro-**X**; 1,9 g; b) aus 2,1 g threo-**X**; 1,75 g. — *6(7)-Brom-7(6)-oxooctadecansäure* (**XVI**), $C_{18}H_{33}BrO_3$, F. 52—54°, a) aus 3 g erythro-**IX**; 2,0 g; b) aus 3,1 g threo-**IX**; 1,5 g. — *13(14)-Chlor-14(13)-oxodokosansäure* (**XVII**), $C_{22}H_{41}ClO_3$, F. 50—55°, a) aus 3 g erythro-**XI**; 1,9 g; b) aus 3,3 g threo-**XI**; 1,9 g. — *13(14)-Brom-14(13)-oxodokosansäure* (**XVIII**), F. 56,5—59,5°, a) aus 3 g erythro-**XII**; 2,2 g; b) aus 3,2 g threo-**XII**; 2,1g. — *9(10)-Oxooctadecansäure*, F. 72°, a) durch Zugabe von HCl zu 1 g **XIII** in A. u. KJ in wenig W., 1/4 std. Kochen u. Aufarbeiten; b) analog a) aus 1 g **XIV**; 0,8 g; c) aus Octadecin-(9)-säure. — Analog: *6(7)-Oxooctadecansäure*, F. 70—72°, a) aus 1 g **XV**; 0,7 g; b) aus 1 g **XVI**; 0,7 g; c) aus cis-Octadecen-(6)-säure. — *13(14)-Oxodokosansäure*, F. 83,0°, a) aus 1 g **XVII**; 0,8 g; b) aus 1 g **XVIII**; 0,8 g; c) durch Anlagerung von W. an Dokosin-(13)-säure; d) aus cis-Dokosen-(13)-säure durch Anlagerung von W. u. Oxydation. — *6.7-Dioxooctadecansäure*, F. 97—99°, durch Kochen von 5 g threo- oder erythro-**IV** mit **V** in Essigester; 0,4 g. *Dioxim*, $C_{18}H_{34}N_2O_4$, F. 173—174°, a) durch 1 std. Kochen von 1 g **XV** mit NH_2OH in A., Verdünnen mit W. u. Extraktion mit Essigester; 0,4 g; b) analog a) aus 1 g **XVI**; 0,35 g. — *9.10-Bis-[hydroxyimino]-octadecansäure*, F. 155—156°, a) analog vorst. Dioxim aus 1 g **XIII**; 0,3 g; b) analog a) aus 1 g **XIV**; 0,45 g. — *13.14-Bis-[hydroxyimino]-dokosansäure*, $C_{22}H_{42}N_2O_4$, F. 148—149°, a) analog vorvorst. Dioxim aus **XVII**; 0,25 g; b) analog a) aus 1 g **XVIII**; 0,4 g. H. Gleinig. 850□

Synthese von Isothiocyanaten. Heinz A. Staab und Gerhard Walther. (Liebigs Ann. Chem. **657**, 104—07, 28/9. 1962; Heidelberg, Univ., Organ.-Chem. Inst.; dt.) — *Isothiocyanate* (*Senföle*) werden in guten Ausbeuten durch Umsetzung von prim. aliphat. bzw. aromat. Aminen mit N.N'-Thiocarbonyldiimidazol (I) erhalten. IR-Spektren vgl. Original.

Versuche: *Phenylisothiocyanat*, $Kp._{0,6}$ 44,5—46°, durch Zutropfen 1 Mol Anilin in Chlf. zu 1 Mol I in Chlf. unter Eiskühlung, 1 std. Rühren bei Raum-Temp., Eindampfen im Vakuum u. Dest.; n_D^{23} 1,6488; 78% (Ausbeute). — *Cyclohexylisothiocyanat*, $C_7H_{11}NS$, $Kp._{0,5}$ 48,5—50°, analog vorst. Verb. aus I u. Cyclohexylamin in Chlf.; 72%. — *Butylisothiocyanat*, C_5H_9NS, $Kp._{14-15}$ 63—64°, aus I u. Butylamin; n_D^{20} 1,5018; 77%. — *Imidazol-1-thiocarbonsäurebutylamid*, $C_8H_{13}N_3S$, F. 55—56,5°, durch Abkühlen vorst. Verb. u. Imidazol in Tetrahydrofuran auf —70°, Versetzen mit PAe. u. Reiben; 37%; gibt mit Butylamin in Chlf. bei Raum-Temp. ca. 100% *N.N'-Dibutylthioharnstoff*. — *Imidazol-1-thiocarbonsäure-N-benzyloxyamid*, $C_{11}H_{11}N_3OS$, F. 116—117° (Zers.), durch Zutropfen von O-Benzylhydroxylamin in Bzl. zu I in Bzl. bei Raum-Temp., Versetzen mit A. u. Waschen des Nd. mit THF; 72,5%. *Cyclohexylammoniumsalz*, $C_{11}H_{11}N_3OS \cdot C_6H_{13}N$, F. 112,5—113,5°, mit überschüssigem Cyclohexylamin in A.; 95%.

P. Golinske. 890□

Über die Struktur der Anlagerungsprodukte von Aminen an Diacetylen. A. A. Petrow und I. A. Maretina. (J. allg. Chem. [UdSSR] **30 (92)**, 696, Febr. 1960; Leningrad, Technol. Lensowjet.-Inst.; russ.) — Das Anlagerungs-Prod. von Diäthylamin

an Diacetylen besitzt die Struktur des *1-Diäthylaminobuten-(1)-in-(3)*, wie durch IR-Analyse u. Hydrierung an Pd/$CaCO_3$ in Ae. zu *Diäthylbutylamin* (Kp. 136—138°; $D._4^{20}$ 0,7522; n_D^{20} 1,4140; Pikrat, F. 46°) bewiesen wird. 2 Mol Butylamin reagieren mit Diacetylen wahrscheinlich zu *2-Butylamino-4-butyliminobuten-(2)* oder *cis-1.4-Bis-[butylamino]-butadien-(1.3)* ($C_{12}H_{24}N_2$, $Kp._3$ 100—101°; $D._4^{20}$ 0,8532; n_D^{20} 1,5038).
Helmut Schäfer. 910

Von Dihalogenpropenen abgeleitete Amine. 2. Mitt. **Synthese von (±)- und (—)-1-[2-Methylenaziridinyl-(1)]-buten-(3)-ol-(2).** Albert T. Bottini und Vasu Dev. (J. org. Chemistry **27**, 968—73, 12/3. 1962; Davis, Calif., Univ. of California, Chem. Dep.; engl.) — 1. vgl. C. **1962**, 16274. — Durch HCl-katalysierte Hydrolyse des rohen quart. Ammoniumbromids, das aus 2.3-Dibrompropen (I) u. Hexamethylentetramin (II) entsteht, sowie folgende Einw. von Basen wird *2-Bromallylamin* (**III**, verursacht schwere Haut- u. Augenreizung) dargestellt. Bei der Umsetzung von **III** mit Butadienmonoxid (**IV**) nach Oettel u. Mitarbeitern (vgl. C. **1958**, **6676**) erhält man *N-[2-Bromallyl]-2-hydroxybuten-(3)-ylamin* (**V**), das mit $NaNH_2$/fl. NH_3 ein 3 : 1-Gemisch aus *1-[2-Methylenaziridinyl-(1)]-buten-(3)-ol-(2)* (**VI**) u. *1-[Propin-(2)-ylamino]-buten-(3)-on-(2)* ergibt. Aus **IV** u. 28%ig. NH_4OH entsteht ein Gemisch aus *1-Aminobuten-(3)-ol-(2)* (**VII**) u. *2-Aminobuten-(3)-ol-(1)*, das durch fraktionierte Kristallisation der Oxalatsalze getrennt wird. Durch Spaltung mit (+)-Camphersulfonsäure-(10) (**VIII**) wird (—)-**VII** isoliert, das mit 2.3-Dibrompropen (I) über (—)-**V** (—)-**VI** liefert. Verss., 1-[2-Hydroxybuten-(3)-yl]-trimethylammoniumhydroxid (**X**) in **IV** umzuwandeln, schlugen fehl, da bei der Einw. von NaOH auf **X** nur Methanol u. Methylvinylketon als N-freie Prodd. erhalten wurden. Die Struktur von **VI** wurde IR-spektroskop. sowie durch Aufnahme des kernmagnet. Resonanzspektrums nachgeprüft. Rac. **VI** bzw. 1-Diäthylaminobuten-(3)-ol-(2) (vgl. Blicke u. Biel, C. **1958**, 2402) enthalten danach 5—9% *2-[2-Methylenaziridinyl-(1)]-buten-(3)-ol-(1)* bzw. *2-Diäthylaminobuten-(3)-ol-(1)*. Proben von rac. **VI** u. (—)-**VI** wurden in Antitumortesten auf ihre antineoplast. Aktivität untersucht, wobei rac. **VI** anscheinend gegenüber dem Mäusetumor Adenocarcinom 755 wirksamer ist als (—)-**VI**. Die zur Erzielung gleicher Aktivität erforderliche Dosis ist bei rac.-**VI** viermal größer als bei Tetramin [**XI**, 1-{Aziridinyl-(1)}-buten-(3)-ol-(2)], das nach der Unters. der kernmagnet. Resonanz von Chamberlin (unveröffentlicht) aus einem Gemisch mit 2-Aziridinyl-(1)-buten-(3)-ol-(1) besteht. Rac. **VI** erwies sich als nicht akt. gegenüber den Mäusetumoren Leukämie L-1210 u. Sarkom 180. Die geringer neoplast. Aktivität von **VI** im Vgl. mit der von **XI** kann vielleicht auf ster. Wrkg. zurückgeführt werden.

Versuche: *2-Bromallylamin* (**III**), C_3H_6BrN, $Kp._{100}$ 65—67°, durch Zutropfen von I zu II in sd. Chlf., 4std. Kochen, Stehen (1 Nacht), Kühlen (Abtrennen von 91% quart. Ammoniumbromid, F. 185—186,5°, roh), Lösen in wss.-alkohol. HCl, Stehen (2 Tage), Abtrennen des NH_4Cl u. Alkalisieren des wss. Filtratrückstands mit 6n NaOH; n_D^{26} 1,5081; 72% (Ausbeute). *p-Brombenzolsulfonamid-Deriv.*, $C_9H_9Br_2NO_2S$, F. 90—92°. — *1-Brombuten-(3)-ol-(2)*, C_4H_7BrO, $Kp._6$ 54—55°, durch Zusatz von N-Bromsuccinimid in Butadien-(1.3) u. Ae. zu Ae./W. bei 10° unter heftigem Rühren (6 Std.); n_D^{22} 1,5013; 81%. — *Butadienmonoxid* (**IV**), Kp. 65,5—67°, durch Zugabe vorst. Verb. zu wss. NaOH bei 16—18° (5 Std.) u. 3std. Rühren; n_D^{26} 1,4129; 57%. — *(—)-1-Aminobuten-(3)-ol-(2)-* [(—)-**VII**], F. 52—53°, $Kp._{10}$ 77—79°, aus racem. **VII** u. **VIII** nach Ettlinger (vgl. C. **1951**, II, 49; Nebenprod. vermutlich *Sulfonamid-Deriv.*, $C_{14}H_{23}NO_4S$, F. 242—244°, Äthylacetat/abs. A., 4 :1) über *l*-1-Aminobuten-(3)-yl-(2)-D-camphersulfonat-(10) (F. 147,5 bis 148,5°; $[\alpha]_D^{27}$ +14,4°, 0,160 g in 10 ml W.), Einw. von alkohol. KOH auf das Salz in abs. A., Eindampfen des Filtrats u. Zusatz von abs. A.; $[\alpha]_D^{22}$ —28,0° (0,199 g in 10 ml W.); 64%. — *N-[2-Bromallyl]-2-hydroxybuten-(3)-yl-amin* (**V**), $C_7H_{12}BrNO$, $Kp._2$ 107—109°, durch Zutropfen von **IV** zu **III** u. etwas W. bei 15°, langsame Erwärmung auf 100° u. 6std. Erhitzen bei 100°; $n_D^{25,5}$ 1,5128; 74%. (—)-**V**, $C_7H_{12}BrNO$, F. 34—36°, $Kp._1$ 95—97°, durch 4std. Kochen von vorst. Verb. mit **IX** u. abs. A.; $[\alpha]_D^{23}$ —3,5° (0,263 g in 10 ml abs. A.); 63%. — *1-[2-Methylenaziridinyl-(1)]-buten-(3)-ol-(2)* (**VI**), $C_7H_{11}NO$, $Kp._{1,5}$ 50—52°, durch Zutropfen von 10,3 g **V** in abs. Ae. zu $NaNH_2$ in fl. NH_3, 6std. Kochen, Eindampfen, Zugabe von W., Sättigen mit NaCl, Dest. des Ae.-Extrakts, Kühlen der Ae.-Lsg. des Destillats auf —10° (Abtrennen von 0,9 g *1-Propin-(2)-ylaminobuten-(3)-ol-(2)*, $C_7H_{11}NO$, F. 59—60°) u. Dest. der Mutterlauge; $n_D^{33,5}$ 1,4827; 2,5 g. (—)-**VI**, $Kp._{1,5}$ 51—53°, analog rac. **VI**; $[\alpha]_D^{20}$ —30,5° (0,0837 g in 20 ml abs. A.); 31%. — *1-Dimethylaminobuten-(3)-ol-(2)*, $Kp._{33}$ 66—67°, durch 6std. Kochen von **IV** mit 25%ig. wss. Dimethylamin; n_D^{23} 1,4472; 61%. — *1-[2-Hydroxybuten-(3)-yl]-trimethylammoniumjodid*, $C_7H_{16}JNO$, F. 70—79°, durch Zugabe von CH_3J zu vorst. Verb. in Aceton, 3std. Kochen u. 3std. Kühlen auf —20°; 87%. Lieferte mit feuchtem Ag_2O in W. oder mit wss. NaOH kein **IV**. B. Gnauck. 920□

Synthetische Antidiabetica. 5. Mitt. Arylsulfonylderivate von Glycin und Alanin. A. Šváb, V. Musil, J. Vavřina und E. Zikmund. (Českoslov. Farmac. **10**, 64–66, März 1961; Praha, Výzk. úst. pro farm. a biochem.; tschech.) — 4. vgl. Českoslov. Farmac. **9**, [1960], 466; 1. vgl. C. **1961**, 1176. — Es wird die Darst. einiger N-Arylsulfonylglycine u. -alanine, die im Kern Cl^-, NO_2^-, NH_2^-, CH_3^- enthalten, beschrieben. Aus den durch alkal. Kondens. der entsprechenden Benzolsulfonylchloride mit Glycin (I) oder Alanin gewonnenen Verbb. wurden einige N-Alkyl-Derivv. durch Rk. mit n-Butylbromid oder Isobutylbromid gewonnen. Die Prüfung dieser Substanzen auf hypoglykäm. Wirksamkeit zeigte, daß es sich um wenige wirksame Verbb. handelt.

Versuche: *N-[2-Nitro-4-methyl-5-chlorbenzolsulfonyl]-glycin*, $C_9H_9ClN_2O_6$, F. 168 bis 170°, durch Eintragen von 2-Nitro-4-methyl-5-chlorbenzolsulfonylchlorid in eine 2n NaOH-Lsg. von I, 45 Min. langes Erwärmen bei 60–70° bis zur Lsg. u. Ansäuern; 64,8% (Ausbeute). — *N-[2-Amino-4-methyl-5-chlorbenzolsulfonyl]-glycin*, $C_9H_{11}ClN_2O_4S$, F. 195°, durch Red. vorst. Verb. mit Fe-Spänen in A./20%ig. Essigsäure, 4std. Kochen; 30,2%. — Analog: *N-[4-Chlorbenzolsulfonyl]-glycin*, $C_8H_8ClNO_4S$, F. 177°. *N-[n-Butyl]-Deriv.*, $C_{12}H_{16}ClNO_4S$, F. 159°. *N-[Isobutyl]-Deriv.*, $C_{12}H_{16}ClNO_4S$, F. 130°. — *N-[4-Methyl-5-chlorbenzolsulfonyl]-glycin*, $C_9H_{10}ClNO_4S$, F. 147°. *N-[n-Butyl]-Deriv.*, $C_{13}H_{18}Cl\cdot NO_4S$, F. 115°. — *N-[2-Amino-5-methylbenzolsulfonyl]-glycinhydrochlorid*, $C_9H_{13}ClN_2O_4S\cdot H_2O$, F. 167°. — *N-[2-Chlorbenzolsulfonyl]-alanin*, $C_9H_{10}ClNO_4S$, F. 147°. — *N-[4-Methyl-5-chlorbenzolsulfonyl]-alanin*, $C_{10}H_{12}ClNO_4S$, F. 155–156°. — *N-[2-Nitro-5-methylbenzolsulfonyl]-alanin*, $C_{10}H_{12}N_2O_6S$, F. 174°. — *N-[2-Amino-5-methylbenzolsulfonyl]-alanin*, $C_{10}H_{14}N_2O_4S$, F. 155°. B. Görlich. 950□

Optische Spaltung von α-n-Propylamino-2-methylpropionanilid und die absolute Konfiguration seiner Stereoisomeren. Claës Tegnér und Nils-Erik Willman. (Acta chem. scand. **15**, 1180–81, 1961; Södertälje, Sweden, AB Astra, Res. Labor.; engl.) — Vff. trennten rac. *α-n-Propylaminopropionsäure-o-toluidid* mit D-Di-p-toluoylweinsäure (D-I) in die opt. Antipoden. Der *L*(+)-*Antipode* wurde auch aus *L*(+)-*α-Propylaminopropionsäure* mit o-Tolylphosphazo-o-toluidid (II) synthetisiert.

Versuche: (—)-*α-n-Propylaminopropionsäure-o-toluididhydrochlorid*, F. 192–184° (A.), aus dem Racemat in heißem 95%ig. A. durch Zusatz zu D-I in heißem 95%ig. A., Zers. des *D-I-Salzes* mit NaOH, Ae.-Extraktion u. Fällen mit äther. HCl; $[\alpha]_D$ —13,8° (c = 1; CH_3COOH); 53% (Ausbeute). — (+)-*α-n-Propylaminopropionsäure-o-toluididhydrochlorid*, F. 192–194° (A.), a) aus der Mutterlauge vorst. Verb. über das *L-I-Salz* analog. vorst. Verb.; $[\alpha]_D$ +13,8° (c = 1; CH_3COOH); 50%; b) aus nachst. Verb. u. II (nach Grimmel u. Mitarbeitern [1946]) durch 1std. Erhitzen auf 130–140°, Lösen in W., Waschen mit Ae. bei pH 5,9, Alkalisieren mit NaOH, Ae.-Extraktion u. Fällen mit äther. HCl; 22%. — *L*(+)-*α-n-Propylaminopropionsäure*, $C_6H_{13}NO_2$, F. 290° (Zers.; wss. Aceton), aus L-Alanin mit n-Propanal analog Bowman (vgl. J. Chem. Soc. [London] **1950**, 1346); $[\alpha]_D$ +6,9° (c = 1; W.); 34%. H.-J. Kötzsch. 950□

α-Methylcystein und S-[2-Chloräthyl]-cystein. T. A. Connors und W. C. J. Ross. (Chem. and Ind. **1958**, **366**, 22/3.; London, Royal Cancer Hosp., Inst. of Cancer Res.; engl.) — *Hydantoin*, $C_{12}H_{14}N_2O_2S$, F. 120–122°, aus 1-Benzylmercaptopropanon-(2); aus Ae./PAe. Nadeln. — *S-Benzyl-α-methylcystein*, $C_{11}H_{15}NO_2S$, F. 237–238°, durch ½std. Hydrolyse vorst. Verb. mit wss. $Ba(OH)_2$ bei 160° in einer Druckflasche; aus W. Rosetten. — *α-Methylcysteinhydrochlorid*, $C_4H_9NO_2S\cdot HCl$, F. 190–195°, durch Red. vorst. Verb. mit Na in fl. NH_3, Ausfällung als $HgCl_2$-Komplex u. Zers. mit H_2S; aus Methanol Prismen. — *S-[2-Chloräthyl]-cysteinhydrochlorid*, $C_5H_{10}ClNO_2S\cdot HCl$, F. 186 bis 188°, durch Rk. von Cystein mit Äthylenoxid in wss. $NaHCO_3$ u. Erhitzen des Rk.-Prod. mit konz. HCl; aus Isopropanol Platten. P. Becker. 950

Synthese von $N_{(\alpha)}$-Arylsulfonylaminosäureestern. Ss. B. Sserebrjany, L. G. Jurganowa und W. M. Nepljujew. (Украинский Химический Журнал [Ukrain. chem. J.] **27**, 365–69, 1961; Inst. für organ. Chem. der Akad. der Wiss. der Ukrain. SSR; russ.) — Durch Rk. von *l*-Arginin (I) u. *l*-Histidin mit Arylsulfonylchloriden werden die entsprechenden *$N_{(\alpha)}$-Arylsulfonyl-Derivv.* dargestellt u. mit methanol. HCl zu den *Methylestern* umgesetzt.

Versuche: *$N_{(\alpha)}$-p-Methoxyphenylsulfonyl-l-arginin*, $C_{13}H_{20}N_4O_5S$, Zers. bei 228°. *Hydrat*, $C_{13}H_{20}N_4O_5S\cdot H_2O$, F. 60–70°, durch Rk. von I-Hydrochlorid in 2n NaOH. mit p-Methoxyphenylsulfonylchlorid in Ae. bei Zimmer-Temp.; aus W. Nadeln; $[\alpha]_D^{20}$ —11,1° (1,81% in 6n HCl); 82% (Ausbeute). *Methylesterhydrochlorid*, $C_{14}H_{23}ClN_6O_5S$, F. 140°, Zers. bei 170°, durch mehrtägiges Stehenlassen mit methanol. HCl bei 4–5°; Nadeln aus Methanol; $[\alpha]_D^{20}$ —12,2° (3,38% in W.); 65%. — *$N_{(\alpha)}$-2.4-Dinitrophenylsulfonyl-l-arginin*, $C_{12}H_{16}N_6O_8S$, F. 157–159°, durch Rk. von I-Hydrochlorid in 2n NaOH mit 2.4-Dinitrophenylsulfonylchlorid in Bzl. u. Ae. (1 : 1) unter Eiskühlung, Abtrennen der organ. Phase, Extrahieren von überschüssigem Sulfonylchlorid mit Ae. oder Bzl. u. Ansäuern mit Essigsäure auf pH 5—6; aus W. orangegefärbte Nadeln; $[\alpha]_D^{20}$ —33,9°; 21%. *Methylesterhydrochlorid*, $C_{13}H_{19}ClN_6O_8S$, Zers. bei 192—193°, durch mehrtägiges Stehenlassen mit methanol. HCl bei 4—5°; hellgelbe Nadeln aus Methanol; $[\alpha]_D^{20}$ — 27,0° [0,89% in W./Aceton (1 : 1)]; 68%. — *ω-Nitro-$N_{(\alpha)}$-tosyl-l-arginin*, $C_{13}H_{19}N_5O_6S$, F. 166 bis 167°, durch Rk. von ω-Nitro-*l*-arginin mit p-Toluolsulfochlorid bei Zimmer-Temp. analog vorst. Verb.; aus W. Nadeln; $[\alpha]_D^{20}$ +36,0° (2,84% in Methanol); 72%. *Methylester*, $C_{14}H_{21}N_5O_6S$, F. 195°, Zers. bei 210°, durch mehrtägiges Stehenlassen mit methanol. HCl bei 4—5°; Nadeln aus A.; $[\alpha]_D^{20}$ —12,0° (1,34% in Tetrahydrofuran); 68%. — *$N_{(\alpha)}$-Tosyl-l-arginin*, $[\alpha]_D^{20}$ —9,40° (1,74% in 6n HCl); 68%. *Methylesterhydrochlorid*, F. 145—146°, Zers. bei 180°, durch 5 Tage langes Stehenlassen mit methanol. HCl bei 4—5°; $[\alpha]_D^{20}$ —13,1° (3% in W.); 56,5%. — *$N_{(\alpha)}$-Tosyl-l-histidin*, Zers. bei 200°; Nadeln aus 60% ig. A.; $[\alpha]_D^{20}$ —35,3° (2,56% in 6n HCl); 33%. *Methylesterhydrochlorid*, $C_{13}H_{18}$·ClN_3O_4S, Zers. bei 215°, durch mehrtägiges Stehenlassen mit methanol. HCl bei 4—5°; $[\alpha]_D^{19}$ —28,5° (1,62% in W.); 71%. — *$N_{(\alpha)}$-m-Nitrophenylsulfonyl-l-argininmethylesterhydrochlorid*, $C_{13}H_{20}ClN_5O_6S$, Zers. bei 115—120°, durch 4std. Rühren von **I**-Hydrochlorid in 2n NaOH mit m-Nitrophenylsulfonylchlorid in Ae. bei Zimmer-Temp., Ansäuern der alkal.-wss. Lsg. auf pH 5, Abtrennen u. Reinigen des öligen Arylsulfonyl-Deriv. durch Lösen in heißem W. mit Aktivkohle, 5 Tage langes Stehenlassen mit methanol. HCl u. Eindampfen; Nadeln aus abs. A./Ae.; $[\alpha]_D^{20}$ —2,8° (2,54% in W.); 7%. — *$N_{(\alpha)}$-o-Nitrophenylsulfonyl-l-argininmethylesterhydrochlorid*, $C_{13}H_{20}ClN_5O_6S$, Zers. bei 90—102° (abs. A./Ae.), durch 3std. Rühren von **I**-Hydrochlorid in 2n NaOH mit o-Nitrophenylsulfonylchlorid in Ae. u. Bzl. u. Rk. des gebildeten Arylsulfonyl-Deriv. mit methanol. HCl analog vorst. Verb.; $[\alpha]_D^{20}$ —28,1° (1,21% in W.); 11%.

E. Höft. 950□

Synthese von Alkyl- und Dialkyl-bis-[1.1-dialkylhydrazino]-silanen. S. I. Ssergejewa, Ssin-tschshan Zsjan und D. D. Zitowitsch. (Журнал Общей Химии [J. allg. Chem.] **30 (92)**, 694—95, Febr. 1960; Leningrad, Univ.; russ.) — Durch Kondens. von Dialkyldichlor- u. Alkyldichlorsilanen mit asymm. Dialkylhydrazinen wurden *Dialkyl-* u. *Alkyl-bis-[β.β-dialkylhydrazino]-silane* (Alkyl = Methyl u. Äthyl) dargestellt. Die Verbb. sind starke Red.-Mittel ($Ag^+ \rightarrow Ag$, $Cu^{2+} \rightarrow Cu^+ \rightarrow Cu$) u. werden durch W., A. oder HCl an der Si—N-Bindung gespalten (bzw. Hydridsilane geben außerdem H_2). — Bis-[β.β-diäthylhydrazino]-silane: *Diäthyl-*, $Kp._{14}$ 129,5—130°; $D._4^{20}$ 0,8673; n_D^{20} 1,4530; 59,6% (Ausbeute). — *Dimethyl-*, $Kp._{14,5}$ 104,8—105°; $D._4^{20}$ 0,8594; n_D^{20} 1,4419; 35,5%. — *Methyl-*, $Kp._{18-19}$ 102—103°; $D._4^{20}$ 0,8636; n_D^{20} 1,4440; 18%. — Bis-[β.β-dimethylhydrazino]-silane: *Diäthyl-*, $Kp._{12}$ 85°; $D._4^{20}$ 0,8648; n_D^{20} 1,4415; 58,7%. — *Dimethyl-*, $Kp._{22}$ 62°; $D._4^{20}$ 0,8504; n_D^{20} 1,4298; 58,4%. — *Äthyl-*, $Kp._{22}$ 75°; $D._4^{20}$ 0,8645; n_D^{20} 1,4392; 58%. — *Methyl-*, $Kp._{9-10}$ 44—45°; $D._4^{20}$ 0,8676; n_D^{20} 1,4348; 11%. Helmut Schäfer. 980

Die Beständigkeit von Präparaten von N.N′.N″-Triäthylenthiophosphorsäuretriamid (Thio Tepa) unter verschiedenen Bedingungen. M. Lidak, S. Lein und M. Schimanskaja. (Известия Академии Наук Латвийской ССР [Nachr. Akad. Wiss. LettSSR] **1959,** Nr. 11, 87—90; Inst. für org. Synth. der Akad. der Wiss. der LettSSR; russ., Auszug: lett.) — Die Aktivität von Präpp. des *Thiophosphorsäuretrisäthylenimids* ist nach 4monatigem Lagern bei 20° nicht erniedrigt. CO_2, Feuchtigkeit u. Licht zersetzen das Präp. bei 2std. Einw. nicht, UV-Licht bedingt eine geringe Erniedrigung der Aktivität (nach ½ Std. ca. um 1%). Die Aktivität einer 0,1% ig. isoton. Lsg. ist nach 45 Std. bei 30° nicht verändert. Durch Kochen der Lsgg. wird die Aktivität stark vermindert. Helmut Schäfer. 980

Über Reaktionen von Salzen der Difluoressigsäure mit Arsen, Arsentrichlorid und Nitrosylchlorid. M. A. Rakscha und N. N. Jarowenko. (Журнал Общей Химии [J. allg. Chem.] **32 (94)**, 273—74, Jan. 1962; russ.) — Die Rk. von Hg-Difluoracetat (**I**) mit As, $AsCl_3$ u. NOCl führt zu *Tris-[difluoracetoxy]-arsin*, *Bis-[difluoracetoxy]-arsinchlorid* bzw. *Difluoressigsäure* (**II**)*-salpetrigsäureanhydrid.* Die therm. Zers. von **I** liefert CO_2, **II** u. deren *Fluorid.*

Versuche: *Tris-[difluoracetoxy]-arsin*, $C_6H_3AsF_6O_6$, $Kp._0$ 120—125°, man erhitzt 11,7 g **I** u. 4,5 g As u. fraktioniert nach Abtrennen des Hg; krist., sehr hygroskopisch. — *Bis-[difluoracetoxy]-arsinchlorid*, $C_4H_2AsClF_4O_4$, man gibt zu 26,8 g **I** bei —45° tropfenweise 24,2 g $AsCl_3$, rührt 1 Std., läßt 12 Std. lang stehen, filtriert $HgCl_2$ ab u. erhitzt 2 Std. auf 70°/2 mm. — *Difluoressigsäuresalpetrigsäureanhydrid*, $C_2HF_2NO_3$, $Kp._{15}$ 37°, man läßt 39,0 g **I** u. 25,2 g NOCl 12 Std. lang im Rohr bei 20° stehen; $D._4^{20}$ 1,5251;

n_D^{20} 1,3980; 87% (Ausbeute). — Man erhitzt 39 g I auf 210° u. fraktioniert: II-*Fluorid* (C_2HF_3O, Kp. 2,5°; 4,0 g); *Difluoressigsäure* (II; Kp. 133,6°; n_D^{20} 1,3412; 5,6 g); 19,0 g Hg.
Helmut Schäfer. 980

Untersuchungen auf dem Gebiet der Diphenyläther. 2. Mitt. Synthese von 2-Hydroxy-2'.3-dimethoxy-4'.5-diformyldiphenyläther. Ju. Ss. Zisin und N. A. Preobrashenski. (Журнал Общей Химии [J. allg. Chem.] **32 (94)**, 132—35, Jan. 1962; Moskau, Lomonossow-Inst. für chem. Feintechnol.; russ.) — 1. vgl. C. **1962**, 17719. — Es wird die Synth. von *2-Hydroxy-2'.3-dimethoxy-4'.5-diformyldiphenyläther* u. *2-Hydroxy-2'-nitro-4'.5-diformyldiphenyläther* beschrieben.

Versuche: *5-Nitrovanillintosylat*, F. 144—145° (Essigsäure), man gibt zu 18,5 g 5-Nitrovanillin u. 18,5 g p-Toluolsulfochlorid in 50 ml Aceton bei 20° 13,9 ml Triäthylamin u. kocht 50 Min.; 95,4% (Ausbeute). — *2-Hydroxy-2'.3-dimethoxy-4'.5-diformyl-6'-nitrodiphenyläther*, $C_{16}H_{13}NO_8$, F. 186,5—187,3° (Essigsäure), man erhitzt 28 g vorst. Verb. u. 22 g 3-Methoxy-4.5-dihydroxybenzaldehyd in 90 ml Pyridin 1 Std. auf 130° u. gießt in 600 ml W. u. 110 ml konz. HCl; 52,1%. — *2-Acetoxy-2'.3-dimethoxy-4'.5-bis-[diacetoxymethyl]-6'-nitrodiphenyläther*, $C_{26}H_{27}NO_{15}$, F. 145,5—147° (A.), man läßt 6,05 g vorst. Verb. in 24 ml Acetanhydrid mit 3 Tropfen konz. H_2SO_4 40 Min. lang bei 25° stehen u. gießt in 250 ml Eiswasser; 94,1%. — *2-Acetoxy-2'.3-dimethoxy-4'.5-bis-[diacetoxymethyl]-6'-aminodiphenyläther*, $C_{26}H_{29}NO_{13}$, F. 153—154,5° (A.), durch Hydrierung von 7,1 g vorst. Verb. in 25 ml Dioxan an 2 g Raney-Ni; 94,5%. *N-Acetyl-Deriv.*, $C_{28}H_{31}NO_{14}$, F. 173,5—174° (A.). — *2-Hydroxy-2'.3-dimethoxy-4'.5-diformyldiphenyläther*, $C_{16}H_{14}O_6$, F. 129,5—131° (A.), man diazotiert 5,6 g vorst. Verb. in HCl, gibt 0,2 g Harnstoff, 0,05 g $CuSO_4$ u. bei — 10° 25 g K-Hypophosphit in 25 ml konz. HCl zu, läßt 12 Std. lang bei 0° stehen, verd. mit 50 ml W. u. extrahiert mit Äthylacetat; dann dampft man ein, erhitzt ½ Std. mit 10 ml A. u. 2 ml konz. HCl, gibt 2 g NaOH u. 4 ml W. zu, erhitzt 40 Min., verd. mit 20 ml W., entfernt den A., säuert mit verd. HCl (1 : 3) an, chromatographiert den Nd. an 75 g Al_2O_3 u. eluiert mit 300 ml Methanol; 51%. — *2-Acetoxy-2'.3-dimethoxy-4'.5-bis-[diacetoxymethyl]-diphenyläther*, $C_{26}H_{28}O_{13}$, F. 106—108° (A.), aus vorst. Verb. u. Acetanhydrid. — *2-Hydroxy-2'-nitro-4'.5-diformyldiphenyläther*, $C_{14}H_9 \cdot NO_6$, F. 163,5—164,5° (Essigsäure), durch 1¼std. Erhitzen von 16,8 g Protoacetechualdehyd u. 26,7 g 3-Nitro-4-brombenzaldehyd in 60 ml Pyridin auf 125—130°; 40,6%.
Helmut Schäfer. 1140

Synthese von Fluorbenzoesäureestern als mögliche Pesticide. K. C. Joshi und S. Giri. (J. Indian chem. Soc. **39**, 495—96, Juli 1962; Gorakhpur, Univ., Organ.-Chem. Labor.; engl.) — *p-Fluorbenzoesäureester* werden aus Säurechloriden u. Alkoholen bzw. Phenolen dargestellt.

Versuche: *4-Fluor-3-nitrobenzoesäure, Laurylester* (I), $C_{19}H_{28}FNO_4$, Kp.$_{12}$ 158 bis 163°, aus 4-Fluor-3-nitrobenzoylchlorid durch ½std. Kochen; 61% (Ausbeute). *Cetylester*, $C_{23}H_{36}FNO_4$, F. 45—46°, analog I; 59%. — *4-Fluorbenzoesäure, α-Phenyläthylester*, $C_{15}H_{13}FO_2$, Kp.$_{35-37}$ 157—161°, aus p-Fluorbenzoylchlorid u. Mg-Band in sd. Benzol (2 Std.); 66%. Analog: *p-Chlorphenylester*, $C_{13}H_8ClFO_2$, F. 57—58°; 58%. *p-Bromphenylester*, $C_{13}H_8BrFO_2$, F. 174°; 53%. *p-Nitrophenylester*, $C_{13}H_8FNO_4$, F. 102 bis 103°; 66%. *m-Nitrophenylester*, F. 104—105°; 61%. *p-Fluorphenylester*, $C_{13}H_8F_2O_2$, F. 80—81°; 64%. Analog I: *n-Propylester*, $C_{10}H_{11}FO_2$, F. 175—176°; 57,8%. *Isopropylester*, Kp.$_{35}$ 65—68°; 69%. *n-Butylester*, $C_{11}H_{13}FO_2$, Kp.$_{15}$ 96—98°; 74%. *n-Amylester*, $C_{12}H_{15}FO_2$, Kp.$_{35-37}$ 138—140°; 68%. *n-Octylester*, $C_{15}H_{21}FO_2$, Kp.$_{10-12}$ 105—108°; 69%. *Laurylester*, $C_{19}H_{29}FO_2$, Kp.$_{30-32}$ 151—153°; 59%. H. Gleinig. 1210□

Die Dinitrierung von m-Toluylsäure. G. H. Harris, P. S. Traylor, B. C. Fischback und A. W. Baker. (J. org. Chemistry **27**, 1917—18, Mai 1962; Pittsburgh, Calif., Dow Chem. Co.; engl.) — Die Nitrierung von 2-Nitro-m-toluylsäure in H_2SO_4 ergibt ein Gemisch von 96,2% *2.6-Dinitro-* u. 3,8% *2.4-Dinitro-m-toluylsäure*, die durch eine selektive Veresterungstechnik getrennt werden.

Versuche: m-Toluylsäuren: *2-Nitro-*, F. 222,5—223,5° (Xylol), aus m-Toluylsäure nach Müller [1909]; 41,4% (Ausbeute). — *2.6-Dinitro-*, $C_8H_6N_2O_6$, F. 178,5—179,5° (Toluol), durch 1std. Erhitzen vorst. Verb. mit rauchender HNO_3 in konz. H_2SO_4 auf 52°; 60,4%; daneben I. *Säurechlorid*, $C_8H_5ClN_2O_5$, F. 87,7—88,9°, durch 1std. Kochen mit $SOCl_2$; aus Hexan/Toluol (3:1) gelbe Nadeln; 99,9%. *Methylester*, F. 83,5—85°; gelbe Nadeln. *Amid*, $C_8H_7N_3O_5$, F. 235,5—236,5° (Essigsäure), a) aus dem Säurechlorid u. NH_3 in Toluol; 99%; b) durch 18std. Kochen von I mit H_2SO_4, Essigsäure u. W.; 57,5%. — *2.4-Dinitro-* (I), $C_8H_6N_2O_6$, F. 201,5—202,5°, durch 12std. Kochen des Nitrils mit H_2SO_4, Essigsäure u. W.; 91,5%. *Säurechlorid*, $C_8H_5ClN_2O_5$, F. 98—99° (2.2.4-Trimethylpentan), durch 2std. Kochen mit $SOCl_2$; 80%. *Methylester*, $C_9H_8N_2O_6$, F. 136 bis 136,8°; 82%. *Amid*, $C_8H_7N_3O_5$, F. 179—180° (Toluol), durch Zugabe von Säurechlorid zu NH_3 in Eiswasser; 97%. — *2.3.4-Trinitrotoluol*, F. 110,3—111,3°, durch Oxydation von 2.3-Dinitro-p-toluidin mit Peroxytrifluoressigsäure nach Emmons (C. **1954**, 10218); 87%. — *2.6-Dinitro-m-toluidin*, F. 93,5—94°, durch 5std. Erhitzen vorst. Verb. mit äthanol. NH_3 auf 100°; 94,6%. — *2.6-Dinitro-m-tolunitril* (I), F. 84,5—85°, aus vorst. Verb. nach Sandmeyer; 57,5%. W. Hampel. 1210□

Symmetrische Tricyanbenzole. Claus D. Weis. (J. org. Chemistry **27**, 2964—65, Aug. 1962; Wilmington, Del., E.I. du Pont de Nemours & Co., Exp. Stat. Labor., Explosives Dep.; engl.) — Umsetzung von symm.-Tribromtrimethyl- (II) bzw. -Tribromtriäthylbenzol (III) mit Cu-Cyanid/Pyridin-Komplex liefert beim Erhitzen auf 205° *symm.-Tricyantrimethyl-* (I) bzw. *-triäthylbenzol.* I wird mit H_2SO_4/HNO_3 in *Trinitrobenzol* übergeführt. Bei 170° entsteht statt I nur *Dicyanbrommesitylen.*

Versuche: *symm.-Tricyantrimethylbenzol* (I), $C_{12}H_9N_3$, F. 182° (sublimiert bei ca. 130°; Butanol), aus Cu-Cyanid, Pyridin u. **II** durch 80 Min. langes Erhitzen auf 205°, Erhitzen mit HCl, Abfiltrieren, 5std. Erwärmen des Nd. mit verd. HNO_3 auf dem Dampfbad u. Filtrieren über Al_2O_3 mit Chlf.; 56% (Ausbeute). — *symm.-Tricyantriäthylbenzol*, $C_{15}H_{15}N_3$, F. 165—166° (A.), analog I mit III in 70 Min.; 81%. — *Trinitromesitylen*, F. 233—235° (Chlf.), durch 1std. Kochen von I in rauchender H_2SO_4 (20%ig. SO_3) u. rauchender HNO_3 u. Gießen auf Eis; 54,5%. — *Dicyanbrommesitylen*, $C_{11}H_9BrN_2$, F. 189—190° (A.), durch $^3/_4$std. Erhitzen von II, Cu-Cyanid u. Pyridin im Rohr auf 190° u. 3std. Erwärmen mit verd. HNO_3 auf dem Dampfbad; 31%. H. Gleinig. 1230□

Kondensationen am α-Kohlenstoff von Succinimid über sein Di-Kaliumsalz, hergestellt mit Hilfe von Kaliumamid. David R. Bryant und Charles R. Hauser. (J. Amer. chem. Soc. **83**, 3468—74, 20/8. 1961; Durham, N.C., Duke Univ., Dep. of Chem.; engl.) — Das *Succinimiddi-K-Salz* (I), dargestellt aus Succinimid (II) u. KNH_2 in fl. NH_3 gibt mit Benzylchlorid (**III**) in fl. NH_3 *α-Benzylsuccinimid* (**IV**), das zu *Benzylbernsteinsäure* hydrolysiert werden kann. Wird die Rk. in sd. Ae. oder in Toluol bei 100° durchgeführt, so entstehen höhere C-Benzylierungsprodukte. I wird durch Benzhydrylchlorid (**V**) nicht alkyliert, sondern es entsteht *Tetraphenyläthylen.* Mit Benzoe- (**VI**), p-Chlorbenzoe- u. Anissäuremethylester reagiert I zu *α-Aroylsuccinimiden* (**A**), die nach Hydrolyse u. Decarboxylierung *β-Aroylpropionsäuren* bilden. *α-Benzoylsuccinimid* (**XIII**) wird außerdem aus Benzoylessigsäureäthylester (**VII**)-Na-Salz u. α-Chloracetamid (**VIII**) synthetisiert. Die **A** liegen hauptsächlich in der Keto-Form vor (IR-Spektren). Sie reagieren mit Cu-Acetat zu einem Gemisch der entsprechenden *Chelate* u. *N–Cu-Salze.* I addiert sich an Benzophenon (**IX**) unter Bldg. von *α-Diphenylhydroxymethylsuccinimid*, das zu *α-Diphenylmethylidensuccinimid* dehydratisiert werden kann. Letzteres gibt bei Hydrolyse *α-Diphenylmethylidenbernsteinsäure* (**XVIII**), die auch durch Verseifen der aus Bernsteinsäurediäthylester (**X**) u. **IX** hergestellten *α-Carbäthoxy-β.β-diphenylvinylessigsäure* (**XIX**) zugänglich ist. Mit Anisaldehyd (**XI**) erhält man aus I *α-[α-Hydroxy-4-methoxybenzyl]-succinimid*, das zu *α-[4-Methoxybenzyliden]-succinimid* dehydratisiert werden kann. Letzteres ist außerdem durch Red. von α-Anisoylsuccinimid (**XII**) mit $NaBH_4$ u. nachfolgender Dehydratisierung darstellbar. IR-Banden vgl. Original.

Versuche: *Succinimiddi-K-Salz* (I), durch Zugeben von **II** zu einer Suspension von KNH_2 in wasserfreiem fl. NH_3 u. $^1/_4$—$^1/_2$std. Rühren. — *α-Benzylsuccinimid* (**IV**), F. 97,5—98° (A./Hexan), Kp.$_{0,5}$ 155—160°, a) durch Zugeben einer äther. Lsg. von **III** zu einer Suspension von I in fl. NH_3, $^1/_4$std. Rk., Zugeben von NH_4Cl, Ersetzen des fl. NH_3 durch Ae. u. Gießen auf Eis u. HCl (Meth. **A**); neben 6% (Ausbeute) *Stilben*; 20%; b) durch Zugeben von I in fl. NH_3 zu einer Lsg. von **III** in Ae. u. fl. NH_3, 10 Min. lang Rühren, Zugeben von NH_4Cl u. Ersetzen des NH_3 durch Ae.; 27%. — *Benzylbernsteinsäure*, F. 160—161° (abs. A./Hexan), durch 4std. Kochen von **IV** mit wss. HCl; 60%. — *1.1.2.2-Tetraphenyläthylen*, F. 225—226° (A./Toluol), aus **V** u. **I** nach **A**; 97%. — α-Aroylsuccinimide: *α-Benzoyl-* (**XIII**), $C_{11}H_9NO_3$, F. 138—138,5° (A./W.), a) aus 0,05 Mol **VI** u. 0,1 Mol I nach **A** durch 4std. Rk.; 71%; b) durch Zugeben von 0,05 Mol **VI** zu einer Mischung von 0,05 Mol I u. 0,05 Mol KNH_2 in fl. NH_3 u. 1std. Rk. (Meth. **B**) neben 14% Benzoesäure; 44%; c) durch Schütteln von **XIII**-Cu-Verb. mit 12n HCl, d) durch Zugeben von **VIII** zu einem Gemisch von **VII** u. Na-Äthylat in abs. A., 4std. Erhitzen auf 80° u. Behandeln des festen Prod. mit 5%ig. HCl; 2% (Rohprod.). *Cu-Salz*, $C_{22}H_{16}CuN_2O_6$, F. 245°, durch Zugeben von 150 ml heißer gesätt. Cu-Acetat-Lsg. zu 1 g **XIII** in 10 ml A. u. ½std. Erhitzen auf 100°; grünes Prod. aus A.; 1,26—1,30 g (Ausbeute). — *α-Anisoyl-* (**XII**), $C_{12}H_{11}NO_4$, F. 128,4—129,2° (Ae.), a) nach **A** durch 4std. Rk.; 47%; daneben 18% *Anissäure* (**XIV**) u. 1% *Anisamid* (**XV**); b) nach **B** durch $1^1/_4$std. Rühren neben 17% **XIV** u. 12% **XV**; 47%. *Cu-Salz*, F. 245,5—246° (Zers.); grünes Produkt. — *α-[p-Chlorbenzoyl]-*(**XVI**), $C_{11}H_8ClNO_3$, F. 162,5—163° (abs. A./Hexan), a) nach

A durch 5 Min. langes Rühren neben 13% *p-Chlorbenzoesäure* (**XVII**); 11%; b) nach **A** durch ½ std. bis 3 std. Rühren neben 20% **XVII**; 13—14%; c) nach **B** durch 1 std. Rühren neben 20% **XVII**; 5%. *Cu-Salz,* F. 165—165,5° (Zers.). — N-Aroylsuccinimide: *Benzoyl-,* F. 129—129,7°, aus II u. Benzoylchlorid in Pyridin; 80%. — *Anisoyl-,* $C_{12}H_{11}NO_4$, F. 134,5—135,2° (A.), analog vorst. Verb.; 85%. — *[p-Chlorbenzoyl]-,* $C_{11}H_8ClNO_3$, F. 213—214° (A.), analog vorst. Verb.; 86%. — Propionsäuren: *β-Benzoyl-,* F. 116,2 bis 116,8°, durch 7 std. Erhitzen von **XIII** mit 12n HCl u. W. (1 : 1); 64%. — *β-Anisoyl-,* F. 147,8—148,2° (wss. A.), analog aus **XII**; 83%. — *β-[p-Chlorbenzoyl]-,* F. 131—131,5°, analog aus **VIII** durch 24 std. Erhitzen; 62%. — Succinimide: *α-Diphenylhydroxymethyl-,* $C_{17}H_{15}NO_3$, F. 200—201°, aus **IX** u. **I** nach **A**; 66% (Rohprod.). — *α-Diphenylmethyliden-* (**XVIII**), $C_{17}H_{13}NO_2$, F. 247—248° (abs. A.), durch Schütteln vorst. Verb. mit H_2SO_4 unter Kühlung u. Gießen auf Eis; 89%. — *α-[α-Hydroxy-4-methoxybenzyl]-,* $C_{12}H_{13}NO_4$, F. 119,2—120° (abs. A./Hexan), aus **XI** u. **I** nach **A** durch 1½ std. Rk.; 32%. — *α-[4-Methoxybenzyliden]-,* $C_{12}H_{11}NO_3$, F. 246,6—247,2° (Aceton), a) durch Lösen vorst. Verb. in konz. H_2SO_4 u. Gießen auf Eis; 76%; b) durch Zugeben von **XIII** zu einer Suspension von $NaBH_4$ in Isopropanol u. 5 std. Rühren; 2%. — *α-Diphenylmethylidenbernsteinsäure,* F. 166,2—166,8° (A./Hexan), a) durch 24 std. Erhitzen vorn **XVIII** in wss. Essigester/H_2SO_4, Abdampfen des Lsgm. im Dünnschichtverdampfer u. Gießen in W.; 32%; b) durch 2 std. Kochen von **XIX** (hergestellt aus **X** nach Johnson [1947]) mit wss. KOH u. Ansäuern mit verd. HCl; 74%. E. Höft. 1270 □

Die Suche nach chemotherapeutischen Amidinen. 18. Mitt. **Substituierte 4.4'-Diguanyldiphenylamine.** A. P. T. Easson. (J. chem. Soc. [London] **1961,** 1029—37, März; Dagenham, Essex, May & Baker Ltd., Res. Labor.; engl.) — 17. vgl. C. **1962,** 10432. — Eine Reihe von *4.4'-Diguanyldiphenylaminen* mit Substituenten am Benzolring oder an der zentralen Aminogruppe bzw. an beiden werden beschrieben. Die meisten Verbb. sind akt. gegen *Trypanosoma rhodesiense,* aber von geringer Wirksamkeit gegen *T. congolense.* Die beste Wrkg. hat *4.4'-Diguanyl-2-methoxydiphenylaminhydrochlorid.*

Versuche: *N-Benzoyl-4-cyan-2-methylanilin,* $C_{15}H_{12}N_2O$, F. 153° (A.), durch Versetzen von 4-Amino-3-methylbenzonitril mit Benzoylchlorid in Pyridin; 75% (Ausbeute). — *N-Benzoyl-4-cyan-2-nitroanilin,* F. 114—146° (A.), analog vorst. Verbindung. — N-[4-Cyanphenyl]-benzimidoester, durch Kochen von N-Benzoyl-p-cyananilin, PCl_5 u. CCl_4, Dest. von überschüssigem Lsgm. u. $POCl_3$ im Vakuum u. Kondens. des Rückstandes (**R**) durch a) Lösen des entsprechenden p-Hydroxybenzonitrils (**H**) in alkohol. Na-Äthylat-Lsg., Zugabe von **R** in Ae./Chlf. bei 0°, 2 std. Stehen bei 0° u. 4 std. Stehen bei Zimmer-Temp. (Meth. **A**); b) kurzes Erwärmen des Na-Salzes von **H** mit **R** in Pyridin auf dem Wasserbad (Meth. **B**); c) Verschmelzen von **R** mit **H**, Zugabe von Triäthylamin u. Ae., 2 std. Kochen u. Fällen mit verd. Essigsäure (Meth. **C**): *-[2-methyl-4-cyanphenyl]-ester,* $C_{22}H_{15}N_3O$, F. 142,5°, a) nach **A**; 63%; b) nach **B**; 39%; c) nach **C**; 76%. — *-[2-chlor-4-cyanphenyl]-ester,* $C_{21}H_{12}ClN_3O$, F. 135—136°, nach **A**; 25%. — *-[2.6-dichlor-4-cyanphenyl]-ester,* $C_{21}H_{11}Cl_2N_3O$, F. 167—168°, nach **A**; 24%. — *-[2-methoxy-4-cyanphenyl]-ester,* $C_{22}H_{15}N_3O_2$, F. 147—148°, nach **C**; 60%. — *-[2-nitro-4-cyanphenyl]-ester,* $C_{21}H_{12}N_4O_3$, F. 136%, a) nach **A**; 47%; b) nach **B**; 69%; c) nach **C**; 64%; Analog: N-[4-Cyan-2-methylphenyl]-benzimidoester: *-[4-cyanphenyl]-ester,* $C_{22}H_{15}N_3O$, F. 104,5°, a) nach **A**; 45%; b) nach **B**. — *-[2-methyl-4-cyanphenyl]-ester,* F. 125—129°, a) nach **A**; 79%; b) nach **B**; 58%; c) nach **C**; 83%. — *-[2-chlor-4-cyanphenyl]-ester,* $C_{22}H_{14}ClN_3O$, F. 124°, nach **A**; 36%. — *N-[2-Nitro-4-cyanphenyl]-benzimido-[4-cyanphenyl]-ester,* $C_{21}H_{12}N_4O_3$, F. 192°, nach **A**; 78%. — *N-[2-Nitro-4-cyanphenyl]-benzimido-[2-nitro-4-cyanphenyl]-ester,* $C_{21}H_{11}N_5O_5$, F. 198°, nach **B**; 96%. — N-Benzoylamine, durch 1—2 std. Kochen der entsprechenden vorst. Verb. mit Dowtherm (krist. aus A.): *N-[4-Cyanphenyl]-N-[2-methyl-4-cyanphenyl]-* (**I**), $C_{22}H_{15}N_3O$, F. 165—167°; 94%. — *N-[2-Methyl-4-cyanphenyl]-N-[2-methyl-4-cyanphenyl]-,* $C_{23}H_{17}N_3O$, F. 159—160°; 98%. — *N-[4-Cyanphenyl]-N-[2-chlor-4-cyanphenyl]-,* $C_{21}H_{12}ClN_3O$, F. 170—172°; 84%. — *N-[2-Methyl-4-cyanphenyl]-N-[2-chlor-4-cyanphenyl]-,* $C_{22}H_{14}ClN_3O$, F. 167—168°; 80%. — *N-[4-Cyanphenyl]-N-[2.6-dichlor-4-cyanphenyl]-,* $C_{21}H_{11}Cl_2N_3O$, F. 204—205°; 54%. — *N-[4-Cyanphenyl]-N-[2-nitro-4-cyanphenyl]-,* $C_{21}H_{12}N_4O_3$, F. 234—237°; 99%. — *N-[4-Cyanphenyl]-N-[2-methoxy-4-cyanphenyl]-,* $C_{22}H_{15}N_3O_2$, F. 152—154°; 88%. — 4.4'-Dicyandiphenylamine: *2-Methyl-* (**VII**), $C_{15}H_{11}N_3$, F. 222° (Essigsäure), durch kurzes Kochen von **I** mit NaOH in verd. Äthylenglykol; 85%. — Analog: *2-Chlor-,* $C_{14}H_8ClN_3$, F. 211°; 60%. — *2.2'-Dimethyl-,* $C_{16}H_{13}N_3$, F. 199—200°; 38%. — *2-Methyl-2'-chlor-,* $C_{15}H_{10}ClN_3$, F. 198°; 73%. — *2-Methoxy-* (**IV**), $C_{15}H_{11}N_3O$, F. 145—146°; 86%. — *2-Nitro-* (**X**), $C_{14}H_8N_4O_2$, F. 191°, a) durch Hydrolyse mit K_2CO_3 in Äthylenglykol/Anisol; durch ½ std. Erwärmen von 4.4'-Dicyandiphenylamin (**III**) mit konz. HNO_3/Essigsäure auf 26° u. Zugabe von W.; 95%. — *2-Amino-* (**VI**), $C_{14}H_{10}N_4$, F. 238—239° (Anisol), durch Kochen vorst. Verb. mit Fe in Dimethylformamid (DMF) u. Essigsäure; 83%. *N²-Acetyl-*

verb. (VIII), F. 238—240°; 75%. *N^2-Benzoylverb.* (IX), $C_{21}H_{14}N_4O$, F. 233—235° (verd. Dioxan). — *2.2'-Dichlor-*, $C_{14}H_7Cl_2N_3$, F. 243—244°, durch Chlorieren von III in Eisessig. — *2-Hydroxy-* (II), $C_{14}H_9N_3O$, F. 257—258°, durch Demethylierung von IV nach Prey (vgl. Chem. Ber. **74**, [1941], 1219); 55%. — *2-Äthoxy-*, $C_{16}H_{13}N_3O$, F. 169—170°, durch Kochen von II mit Äthyljodid in Aceton in Ggw. von K_2CO_3; 76%. — Analog: *2-n-Propoxy-*, $C_{17}H_{15}N_3O$, F. 135—136°; 73%. — *2-Allyloxy-*, $C_{17}H_{13}N_3O$, F. 135—136°; 70%. — *2-n-Butoxy-*, $C_{18}H_{17}N_3O$, F. 114—115°; 80%. — *1.3-Trimethylen-bis-[p-toluolsulfonat]*, F. 95—96° nach Emmons u. Ferris (vgl. C. **1954**, 5503); 86%. — *1.5-Pentamethylen-bis-[p-toluolsulfonat]*, $C_{19}H_{24}O_6S_2$, F. 80° (A.); 85%. — *2-Hydroxyäthyl-p-toluolsulfonat, Phenylurethan*, $C_{16}H_{17}NO_5S$, F. 135—136° (A.). — 4.4'-Dicyandiphenylamine, durch 4std. Kochen von III, K_2CO_3, Alkyl-p-toluolsulfonat u. Anisol in Ggw. einer Spur Cu-Bronze: *N-Methyl-*, $C_{15}H_{11}N_3$, F. 153° (A.); 89%. — *N-Äthyl-*, $C_{16}H_{13}N_3$, F. 122 bis 123° (A.); 55%. — *N-n-Propyl-*, $C_{17}H_{15}N_3$, F. 96° (A.); 63%. — *N-Allyl-*, $C_{17}H_{13}N_3$, F. 111—112° (A.); 71%. — *N-n-Butyl-*, $C_{18}H_{17}N_3$, F. 80—81° (Ae.); 41%. — *N-n-Hexyl-*, $C_{20}H_{21}N_3$, F. 77° (A.); 60%. — *N-Phenyl-*, $C_{20}H_{13}N_3$, F. 190—191° (Nitrobenzol), durch 6std. Kochen von III mit Jodbenzol in Nitrobenzol in Ggw. von K_2CO_3 u. wenig Cu-Bronze, Zugabe von Chlf., Eindampfen u. Extrahieren mit DMF; 78%. — Analog: *N-p-Nitrophenyl-* (V), $C_{20}H_{12}N_4O_2$, F. 346° (Nitrobenzol); 80%. — *N-p-Acetylaminophenyl-*, $C_{22}H_{16}N_4O$, F. 206—207° (verd. A.). — *N-p-Cyanphenyl-*, $C_{21}H_{12}N_4$, F. 342° (DMF); 57%. — *N-p-Aminophenyl-*, F. 275°, durch Kochen von 1,7 g V mit Fe in DMF/Essigsäure in Ggw. von wenig W., Kühlen, Zugabe von W. u. 5n NaOH, Filtrieren u. Extrahieren mit sd. Dioxan; 73%. — *2-Methoxy-N-methyl-*, $C_{16}H_{13}N_3O$, F. 149—150° (A.), durch 3std. Kochen von 1 g IV, K_2CO_3, p-Toluolsulfonsäuremethylester u. Cu-Bronze in Anisol; 0,95 g. — *2.N-Dimethyl-*, $C_{16}N_{13}H_3$, F. 112° (A.), analog vorst. Verb. aus VII; 94%. — *N.N.N'.N'-Tetra-p-cyanphenyl-1.3-diaminopropan*, $C_{31}H_{22}N_6$, F. 211—212° (Dioxan); 50%. — 5-Cyanbenzimidazole: *1-p-Cyanphenyl-*, $C_{15}H_8N_4$, F. 289° (Essigsäure), durch 1½ std. Kochen von VI mit 98—100%ig. Ameisensäure; 100%. — *1-p-Cyanphenyl-2-methyl-*, $C_{16}H_{10}N_4$, F. 233° (Dioxan), durch 2std. Kochen von VIII in Dowtherm; 76%. — *1-p-Cyanphenyl-2-phenyl-*, $C_{21}H_{12}N_4$, F. 182° (A.), analog vorst. Verb. aus IX. — *5-Cyan-1-p-cyanphenylbenz-1.2.3-triazol*, $C_{14}H_7H_5$, F. 284° (Acetanhydrid), durch Zugabe von $NaNO_2$ in verd. A. zu einem Gemisch aus VI, A., 7,5n Isäthionsäure, W. u. konz. Salzsäure; 95%. — *4.4'-Dicyan-N-äthoxycarbonyl-2-nitrodiphenylamin*, $C_{17}H_{12}N_4O_4$, F. 123—124°, durch 2std. Kochen von 1 g X, Chlorameisensäureäthylester, K_2CO_3 u. Aceton; aus A. gelbe Kristalle; 0,8 g. — *4.4'-Dicyan-N-äthoxycarbonyl-2-äthoxycarbonyloxydiphenylamin*, $C_{20}H_{17}N_3O_5$, F. 131,5—132,5° (A.), analog vorst. Verb. aus II. — *6-Cyan-3-p-cyanphenylbenzoxazolon*, $C_{15}H_7N_3O_2$, F. 290°, a) analog vorst. Verb. mit einem Überschuß an II; b) durch Zugabe einer Lsg. vorst. Verb. in Dioxan—A. zu verd. NaOH, 3std. Stehen, Ansäuern mit konz. HCl, Verdünnen mit viel W., Absaugen u. 10 Min. Kochen mit Dowtherm; 93%. — 4.4'-Diguanyldiphenylaminsalze, durch Hydrolyse der entsprechenden Dinitrile nach der Meth. von Pinner: *2-Methyl-, Bis-[hydrochlorid]* (Bis-HC), $C_{15}H_{17}N_5 \cdot 2\,HCl \cdot 3\,H_2O$; 94%. — *N-Methyl-, Bis-HC*, $C_{15}H_{17}N_5 \cdot 2\,HCl \cdot H_2O$, F. 330° (Zers.; verd. A./Ae.); 63%. — *N-Äthyl-, Bis-HC*, $C_{16}H_{19}N_5 \cdot 2\,HCl$, F. > 300° (verd. A./Ae.); 57%. — *2-Chlor-, Bis-HC*, $C_{14}H_{14}ClN_5 \cdot 2\,HCl \cdot 3\,H_2O$, F. > 3000° (W.); 38%. — *N-Phenyl-, Bis-HC*, $C_{20}H_{19}N_5 \cdot 2\,HCl \cdot 2\,H_2O$, F. > 300° (verd. Aceton); 70%. — *N-Benzoyl-, Bis-HC*, $C_{21}H_{19}N_5O \cdot 2\,HCl \cdot 4\,H_2O$, F. 280° (Zers.; verd. Aceton); 31%. — *2.N-Dimethyl-, Bis-HC*, $C_{16}H_{19}N_5 \cdot 2\,HCl \cdot 3\,H_2O$, F. 285° (Zers.; verd. Aceton/A.); 47%. — *N-n-Butyl-, Diacetat*, $C_{18}H_{23}N_5 \cdot 2\,C_2H_4O_2$, F. 275—280° (verd. Essigsäure); 63%. — *N-Allyl-, Diacetat*, $C_{17}H_{19}N_5 \cdot 2\,C_2H_4O_2$, F. 271—273° (Zers.; verd. Aceton); 67%. — *N-n-Propyl-, Bis-HC*, $C_{17}H_{21}N_5 \cdot 2\,HCl \cdot 2\,H_2O$, F. 232—238° (verd. Aceton); 78%. — *N-p-Amidinophenyl-, Tris-HC*, $C_{21}H_{21}N_7 \cdot 3\,HCl \cdot 4\,H_2O$, F. 370—375° (verd. Aceton); 50%. — *2-Amino-, Bis-HC*, $C_{14}H_{16}N_6 \cdot 2\,HCl \cdot 3\,H_2O$, F. 310° (Zers.; W.); 54%. — *N-p-Aminophenyl-, Diacetat*, $C_{20}H_{20}N_6 \cdot 2\,C_2H_4O_2 \cdot H_2O$, F. 169° (Zers.; verd. Aceton); 37%. — *2-Methyl-N-benzoyl-2'-chlor-, Diacetat*, $C_{22}H_{20}ClN_5 \cdot 2\,C_2H_4O_2 \cdot 1{,}5\,H_2O$, F. 225—230° (Zers.; Essigsäure). — *2-Methyl-2'-chlor-, Bis-HC*, $C_{15}H_{16}ClN_5 \cdot 2\,HCl \cdot 1{,}5\,H_2O$, F. > 350° (W.); 70%. — *N-n-Hexyl-, Diacetat*, $C_{20}H_{27}N_5 \cdot 2\,C_2H_4O_2$, F. 265° (Zers.; verd. Aceton); 63%. — *2.2'-Dichlor-, Bis-HC*, $C_{14}H_{13}Cl_2N_5 \cdot 2\,HCl \cdot 3\,H_2O$, F. > 350° (40%ig. A.); 90%. — *2.2'-Dimethyl-, Bis-HC*, $C_{16}H_{19}N_5 \cdot 2\,HCl \cdot H_2O$, F. > 350° (verd. Aceton); 75%. — *2-Methoxy-, Bis-HC*, $C_{15}H_{17}N_5 \cdot 2\,HCl \cdot 4\,H_2O$, F. 110—115° (verd. Aceton); 64%. — *2-Hydroxy-, Bis-HC*, $C_{14}H_{15}N_5O \cdot 2\,HCl \cdot 2{,}5\,H_2O$, F. 338—340° (Zers.; verd. Aceton); 54%. — *2-Äthoxy-, Bis-HC*, $C_{16}H_{19}N_5O \cdot 2\,HCl \cdot 3\,H_2O$, F. 115—117° (verd. Aceton); 85%. — *2-n-Butoxy-, Bis-HC*, $C_{18}H_{23}N_5O \cdot 2\,HCl \cdot 3\,H_2O$, F. 133—134° (verd. Aceton); 85%. — *2-Allyloxy-, Bis-HC*, $C_{17}H_{19}N_5O \cdot 2\,HCl \cdot 4\,H_2O$, F. 108—110° (verd. Aceton); 79%. — *2-n-Propoxy-, Bis-HC*, $C_{17}H_{21}N_5O \cdot 2\,HCl \cdot 3\,H_2O$, F. 125—128° (verd. (Aceton); 78%. — *N-Nitroso-, Bis-HC*, $C_{14}H_{14}N_6O \cdot 2\,HCl \cdot 2\,H_2O$, F. > 300° (verd. Aceton); 88%. —

2-Methoxy-N-methyl-, Dipropionat, $C_{16}H_{19}N_5O \cdot 2\,C_3H_6O_2 \cdot 0{,}6\,H_2O$, F. 193–201° (verd. Aceton); 44%. — *2-Methoxy-N-nitroso-, Diacetat,* $C_{15}H_{16}N_6O_2 \cdot 2\,C_3H_6O_2 \cdot 1{,}75\,H_2O$, F. 192–193° (verd. Aceton); 69%. — *2-Methyl-N-nitroso-, Diacetat,* $C_{15}H_{16}N_6O \cdot 2\,C_3H_6O_2 \cdot 0{,}33\,H_2O$, F. 227–228° (Zers.; verd. Aceton); 93%. — *N.N.N'.N'-Tetrakis-[p-guanylphenyl]-1.3-diaminopropan, Tetrakis-HC,* $C_{31}H_{34}N_{10} \cdot 4\,HCl \cdot 3\,25\,H_2O$, F. 300–310°(Zers.; verd. Aceton; 67%. — *5-Guanyl-1-p-guanylphenylbenzimidazol, Bis-HC,* $C_{15}H_{14}N_6 \cdot 2\,HCl \cdot 4\,H_2O$, F. 305° (verd. Aceton); 76%. — *5-Guanyl-1-p-guanylphenyl-2-methylbenzimidazol, Bis-HC,* $C_{16}H_{16}N_6 \cdot 2\,HCl \cdot 2\,H_2O$, F. 265–270° (W.); 67%. — *5-Guanyl-1-p-guanylphenylbenzo-1.2.3-triazol, Bis-HC,* $C_{14}H_{13}N_7 \cdot 2\,HCl \cdot 3\,H_2O$, F. > 350° (Aceton/verd. HCl); 67%. W. Hampel. 1280□

Notiz zur Kenntnis der Mannich-Reaktion bei 2.5-Dialkylphenolen. Heinz Schlesinger. (Chem. Ber. **95**, 2097, 17/8. 1962; Wiesbaden-Biebrich, Kalle AG, Hauptlabor.; dt.) — Die Mannich-Rk. von 2.5-Dimethylphenol mit CH_2O u. N-Phenylpiperazin in Methanol (5 Std.) liefert nach fraktionierter Kristallisation aus Essigsäureäthylester 31% *1-[2.5-Dimethyl-4-hydroxybenzyl]-* (I; $C_{19}H_{24}N_2O$, F. 184–185°) u. 8% *1-[3.6-Dimethyl-2-hydroxybenzyl]-4-phenylpiperazin* [II, F. 133–134° (A.)]. Die Konstit. von I u. II wird durch Hydrierung in Dioxan über Cu/Cr_2O_3 bei 130 at u. 165° zu *2.4.5-* (F. 71–72°) bzw. *2.3.6-Trimethylphenol* (F. 63–64°) bewiesen. H. Gleinig. 1320□

Fermentative Synthese optisch aktiver Peptide aus racemischen Aminosäuren. 2. Mitt. M. M. Botwinik, W. I. Osstosslawskaja, L. I. Iwanow und G. K. Gorschenina. (Журнал Общей Химии [J. allg. Chem.] **31** (**93**), 3234–42, Okt. 1961; Moskau, Univ.; russ.) — 1. vgl. C. **1960**, **457**. — Als günstigste Bedingungen für die durch Chymotrypsin (I) katalysierte Synth. von *Dipeptiden* aus Benzoyl- oder Cbo-aminosäureglykolsäureestern u. Aminosäureestern (vgl. l. c.) werden 20°, pH 8–8,5 u. ein Acceptor-Donator-Verhältnis von 5 : 1 ermittelt. In Übereinstimmung mit der I-Spezifität ergibt sich auch hier, daß die Glykolsäureester von Benzoylalanin u. -valin nicht, die von Benzoylglycin u. -leucin mäßig, die von Cbo- u. Benzoylphenylalanin in guter Ausbeute Aminosäureester in Enzym-Ggw. acetylieren. Die Bldg. von Cbo-L-phenylalanyl-D-alaninäthylester (6,9%) weist auf eine nicht abs. Stereospezifität des I hin. Dennoch ist bei Einsatz von DL-Aminosäuren eine Trennung in die opt. Antipoden mit ca. 80% opt. Reinheit möglich. Die D-Aminosäuren werden durch Aminolyse der verbleibenden Glykolsäureester als Amide isoliert. Von Cbo-phenylalaninglykolsäureester u. Cbo-leucinglykolsäureester wird die Kinetik der alkal. Verseifung, von daraus erhaltenen Dipeptidestern die Kinetik der Hydrolyse in Ggw. von I aufgenommen.

Versuche: *Benzoyl-L-phenylalanylglycinäthylester,* F. 148–149°, a) 0,2124 g Benzoyl-DL-phenylalaninglykolsäureester in 0,7 ml A. u. 0,63 ml nNaOH, 0,438 g Glycinäthylesterhydrochlorid in 3,15 ml nNaOH, 2 ml Phosphatpuffer (pH 8 einstellen) u. 5 mg amorphes I werden 2 Std. auf 30° erwärmt; 44,3 mg; b) 2 g Ester, 2 Std. bei 20° u. pH 8,15 mit 20 mg I ergaben analog 70,6%. — *Cbo-L-leucylglycinäthylester,* F. 106 bis 107°; $[\alpha]_D^{11}$ −25,2° (c = 1 in A.); 13%. — *Benzoyl-L-leucylglycinäthylester,* $C_{17}H_{24}N_2O_4$, F. 154,5–156°, analog vorst. Verb. ohne A.-Zugabe; $[\alpha]_D^{18}$ −38,84° (c = 2 in A.); 30%. — *Hippurylglycinäthylester,* F. 115–116°, aus 0,2 g Hippursäureglykolsäureester, 1,05 g Glycinesterhydrochlorid u. 1 mg I; Isolierung durch Chlf.-Extraktion; 10%. — *Cbo-L-phenylalanyl-L-alaninäthylester,* $C_{22}H_{26}N_2O_5$, F. 122,5–123°; $[\alpha]_D^{18}$ −22,2° (c = 1 in A.), 20 Min. Rk.-Dauer; 46%. — *Cbo-L-phenylalanyl-D-alaninäthylester,* $C_{22}H_{26}N_2O_5$, F. 127,5–128° (W./A.), 0,2 g-Ansatz mit 3 g I (45 Min.); $[\alpha]_D^{18}$ +58,06° (c = 1,5 in A.); 8,9%. — Racematspaltung von Benzoylphenylalanin: 1 g des Glykolsäureesters wird 1 Std. mit I hydrolysiert, das Gemisch wird mit 5n HCl angesäuert u. der Nd. in konz. NH_4OH 12 Std. bei 20° u. 24 Std. bei 0° gehalten: 84% *Benzoyl-D-phenylalaninamid*; Ansäuern der Mutterlauge liefert 95% *Benzoyl-L-phenylalanin.* Racematspaltung von Carbobenzoxyleucin: analog vorst. wurden nach Hydrierung mit Pd-Kohle 96% *L-Leucin* erhalten. — *Cbo-D-leucinamid,* F. 122–124°; 68%; daraus *D-Leucinamidacetat,* F. 127 bis 128°, $[\alpha]_D^{21}$ −8,96° (c = 1 in W.); 94%. — *Cbo-D-phenylalaninamid,* F. 162°, die Mutterlauge der Rk. von 1,8 g Cbo-DL-phenylalanincarboxymethylester mit Glycinester wird mit I 4 Std. nachbehandelt u. wie oben mit NH_3 aufgearbeitet; nach Hydrierung 0,25 g *D-Phenylalaninamidhydrochlorid.* H. Niedrich. 1350□

Fermentative Synthese optisch aktiver Peptide aus racemischen Aminosäuren. 3. Mitt. **Synthese der L-Tryptophanpeptide aus Carbobenzoxy-DL-tryptophylglykolsäure.** M. M. Botwinik und I. P. Kuranowa. (Журнал Общей Химии [J. allg. Chem]. **32** (**94**). 16–19, Jan. 1962; russ.) — 2. vgl. vorst. Referat. — Chymotrypsin katalysiert die Aminolyse von Cbo-DL-tryptophancarboxymethylester durch Glycin-,

Glycylglycin- u. Leucinester, wobei die entsprechenden *L-Tryptophanpeptide* entstehen. Durch Umsetzung des verbliebenen, aktivierten D-Tryptophanesters mit NH_3 wird *D-Tryptophanamid* erhalten.

Versuche: *Cbo-DL-tryptophan*, F. 166—167° (Essigester/PAe.), aus DL-Tryptophan, Chlorkohlensäurebenzylester u. 2n NaOH bei 0° u. Ansäuern; 70% (Ausbeute). — *Cbo-DL-tryptophylglykolsäure*, $C_{21}H_{20}N_2O_6$, aus vorst. Verb. durch Rk. mit Chlorkohlensäureäthylester/Triäthylamin in Chlf. bei —20°, Zugabe von Triäthylamin u. Glykolsäure in Chlf. u. 12 std. Rühren. — *Cbo-L-tryptophylglycinäthylester*, $C_{23}H_{25}N_3O_5$, F. 116 bis 118° (Essigester/PAe.), durch Lösen von 0,4 g vorst. Verb. in 1,6 ml abs. A., Zugabe von 0,59 g Glycinäthylesterhydrochlorid, Einstellen von pH 8,3 mit nNaOH, Zugabe von 2 mg Chymotrypsin in 4 ml Phosphatpuffer (pH 8), nach mehreren Std. Chlf.-Extraktion, Ausschütteln mit 3%ig. HCl u. 3%ig. $NaHCO_3$-Lsg. u. Einengen im Vakuum; 42%. — *Cbo-L-tryptophylglycylglycinäthylester*, $C_{25}H_{28}N_4O_6$, F. 158—159°, analog vorst. Verb.; 44%. — *Cbo-L-tryptophylleucinäthylester*, $C_{27}H_{33}N_3O_5$, F. 114—115°, 32%. — *Cbo-L-tryptophylglycin*, F. 156—157°, aus 216 mg Ester in 0,6 ml A., 1 Std. mit 0,6 ml n-NaOH; 70%. — *L-Tryptophylglycin*, F. 175°, durch Hydrierung vorst. Verb. in Methanol/10% Eisessig an Pd-Kohle; $[\alpha]_D^{20}$ +77,3° (c = 1,74 in W.); 70%. — *Cbo-D-tryptophanamid*, F. 188°, durch Ansäuern der Mutterlauge von der Ferment-Rk. u. Lösen des Nd. in konz. NH_4OH; 50%. — *Tryptophanamidhydrochlorid*, F. 255—260° (A./Ae.), mit H_2/Pd-Kohle in Methanol/HCl; $[\alpha]_D^{20}$ —21,2° (c = 1,2 in W.).

H. Niedrich. 1350□

Über die Umsetzung von Diäthylphosphit mit o-Chinolacetaten. E. Fulmek, A. Siegel, F. Wessely und Helene Clodi. (Mh. Chem. **91**, 1167—73, 30/12. 1960; Wien, Univ., Organ. chem. Inst.; dt.) — Vgl. C. **1959**, 4760. — Die Rk. von Diäthylphosphit (I) mit o-Chinolacetaten (**A**) unter Einfl. von Na-Äthylat (**II**) führt in Form einer 1.4-Addition an das Doppelbindungs-Syst. der **A** unter Abspaltung von Essigsäure zu *m-Hydroxyarylphosphonsäureestern*, deren Verseifung die entsprechenden freien Säuren liefert.

Versuche: *3-Hydroxy-4-methylphenylphosphonsäurediäthylester*, $C_{11}H_{17}O_4P$, F. 59 bis 62°, Kp.$_{0,2}$ 180—200° (PAe./Ae.), aus **I**, **II** u. 2-Methyl-o-chinolacetat in abs. A. durch 2std. Kochen (Meth. **A**); ca. 40% (Ausbeute). *Freie Säure*, F. 177—179°. — *3-Hydroxy-2.4-dimethylphenylphosphonsäurediäthylester* (**III**), $C_{12}H_{19}O_4P$, F. 91°, aus 2.6-Dimethyl-o-chinolacetat nach **A**. *Freie Säure*, F. 197—200° (*S-Benzylisothiuroniumsalz*, F. 203°). *6-Brom-Deriv.*, $C_{12}H_{18}BrO_4P$, Kp.$_{0,1}$ 140—150°, aus **III** in stark saurer Bromat–Bromid-Lsg. (Meth. **B**), Öl. *6-Phenylazo-Deriv.*, $C_{18}H_{23}N_2O_4P$, F. 127° (W./A.), aus **III** u. Phenyldiazoniumchlorid; orangerote Kristalle. — *3-Hydroxy-2.5-dimethylphenylphosphonsäurediäthylester* (**IV**), $C_{12}H_{19}O_4P$, F. 92—93°, aus 2.5-Dimethyl-o-chinolacetat nach **A**. *Freie Säure*, F. 236—237° (*S-Benzylisothiuroniumsalz*, F. 170°). *4.6-Dibrom-Deriv.*, $C_{12}H_{17}\cdot Br_2O_4P$, aus **IV** nach **B**. — *5-Hydroxy-2.4-dimethylphenylphosphonsäurediäthylester* (**V**), $C_{12}H_{19}O_4P$, F. 113—115°, aus 2.4-Dimethyl-o-chinolacetat nach **A**. *Freie Säure*, F. 228 bis 230° (*S-Benzylisothiuroniumsalz*, F. 235°). *6-Brom-Deriv.*, $C_{12}H_{18}BrO_4P$, F. 96—98°, aus **V** nach **B**. *6-Phenylazo-Deriv.*, $C_{18}H_{23}N_2O_4P$, F. 115°. — *6-Phenylazo-5-hydroxy-2.4-dimethylphenylphosphonsäure*, $C_{14}H_{15}N_2O_4P$, F. 198—200°. H. Frischkorn. 1380□

Cyclopropane aus Allylchloriden durch Hydroborierung. M. Frederick Hawthorne. (J. Amer. chem. Soc. **82**, 1886—88, 20/4. 1960; Huntsville, Ala., Rohm & Haas Co., Redstone Arsenal Res. Div.; engl.) — Bisher schwer zugängliche *β-Alkylallylhalogenide* können aus den entpsrechenden [Dimethylaminomethyl]-alkylmalonsäuren durch Decarboxylieren zu *α-Alkylacrylsäuren*, Rk. mit $LiAlH_4$ zu *β-Alkylallylalkoholen* u. Umsetzen mit $SOCl_2$ dargestellt werden. Diese geben bei Behandlung mit überschüssigem Diboran u. Hydrolyse mit wss. NaOH die entsprechenden *Cyclopropane* (**A**). Bei Verw. von α- bzw. γ-Alkylallylhalogeniden erhält man neben **A** auch die isomeren Olefine $RCH_2CH{=}CH_2$, da wegen des Gleichgewichts $RCH{=}CHCH_2Cl \rightleftharpoons CH_2{=}CHCHRCl$ als Zwischenprodd. außer *1-Alkyl-3-chlorpropylboran*, das zu **A** cyclisiert, auch *1-Alkyl-3-chlorpropyl-(2)-boran* auftritt. Die Übertragung dieser Rkk. auf die Bldg. des Cyclobutanringes war nicht möglich, obwohl 4-Chlorbuten-(1) mit Diboran glatt reagiert.

Versuche: *n-Propyl-[dimethylaminomethyl]-malonsäure*, $C_9H_{17}NO_4$, F. 109—110°, aus n-Propylmalonsäure, 25%ig. wss. Dimethylamin durch Zugeben von 33%ig. wss. Formaldehyd bei 0°; 41% (Ausbeute). — *α-n-Propylacrylsäure*, $C_6H_{10}O_2$, Kp.$_{2,5}$ 75°, aus vorst. Verb. durch Neutralisation mit wss. NaOH u. 12std. Kochen unter N_2; n_D^{25} 1,4330; 67%. — *β-n-Propylallylalkohol*, $C_6H_{12}O$, Kp.$_{19}$ 62°, aus vorst. Verb. durch Red. mit $LiAlH_4$ in Ae. (Meth. **A**), n_D^{20} 1,4318; 74%. — *β-n-Propylallylchlorid* (**I**), $C_6H_{11}Cl$, Kp. 119—121°, durch Zugeben vorst. Verb. in Ae. u. Pyridin zu $SOCl_2$ in Ae. bei

-10^0, Erwärmen auf 20^0, Filtrieren, Eindampfen u. 2std. Erwärmen mit $SOCl_2$ auf 70^0 (Meth. **B**); n_D^{20} 1,4357; 54%. — *β-Benzylallylalkohol*, $C_{10}H_{12}O$, Kp.$_{0,5}$ 82°, aus β-Benzylacrylsäure nach **A**; n_D^{20} 1,5359; 58%. — *β-Benzylallylchlorid* (**II**), $C_{10}H_{11}Cl$, Kp.$_2$ 68°, aus vorst. Verb. nach **B**; n_D^{20} 1,5315; 77%. — *β-Phenylallylalkohol*, Kp.$_4$ 105°, aus 115 g β-Phenylallylacetat nach **A**; n_D^{20} 1,5688; 81 g (Ausbeute). — *β-Phenylallylchlorid* (**III**), Kp.$_5$ 88—89°, aus vorst. Verb. nach **B**; n_D^{20} 1,5545; 60%. — *Cyclopropan*, durch Einleiten von aus $NaBH_4$ u. BF_3-Ätherat hergestelltem Diboran in eine Lsg. von Allylchlorid in Diglyme bei 0°, 1std. Stehen bei 0°, Zugeben von wss. NaOH unter N_2, Auffangen in einer Kühlfalle bei -80^0 u. Reinigen durch $KMnO_4$-Lsg.; 43%. — Cyclopropane: *Methyl-*, analog aus Methallylchlorid; 71%. — *n-Propyl-*, Kp.$_{755}$ 69—70°, analog aus **I**; n_D^{25} 1,3910; 61%. — *Phenyl-*, Kp.$_{45}$ 86°, aus **III**; n_D^{25} 1,5302; 55%. — *Benzylcyclopropan*, Kp.$_{40}$ 98—100°, aus **II**; n_D^{25} 1,5147; 45%. D. Frank. 1810□

Die isomeren Dinitrocyclohexane. 1. Mitt. **Synthese von epimeren 1.3- und 1.4-Dinitrocyclohexanen.** Arnold T. Nielsen. (J. org. Chemistry **27**, 1993—98, Juni 1962; China Lake, Calif., U.S. Naval Ordnance Test Station, Chem. Div., Organ. Chem. Branch; engl.) — Oxydation von Cyclohexandion-(1.4)- (**I**) bzw. -(1.3)-dioxim (**II**) mit CF_3CO_3H gab Gemische der epimeren *1.4-* (**III**) bzw. *1.3 Dinitrocyclohexane* (**IV**). **III** entstand auch durch $NaBH_4$-Red. von cis- bzw. trans-1.4-Dibrom-1.4-dinitrocyclohexan (**V**), von denen trans-**V** aus 1.4-Dibrom-1.4-dinitrosocyclohexan (**VI**) u. CF_3CO_3H erhalten wurde. Die Stereochemie der Epimeren von **V**, **VI** u. der entsprechenden Dichlor-Verbb. wurde zugeordnet. **IV** wurde auch aus 2.6-Dinitrocyclohexylacetat (**VII**) u. CH_3ONa dargestellt.

Versuche: *trans-1.4-Dinitrocyclohexan* (trans-**III**), $C_6H_{10}N_2O_4$, F. 169—170° (A.), durch Zugabe von 85%ig. H_2O_2 u. $(CF_3CO)_2O$ in CH_3CN zu 1,42 g **I** in CH_3CN in Ggw. von $NaHCO_3$ u. Harnstoff bei 75—79° innerhalb 1 Std., anschließendes Rühren bei 75 bis 79° (50 Min.), Entfernen des CH_3CN, Verdünnen mit W., Kühlen über Nacht u. Kristallisieren des erhaltenen Epimerengemischs (**E**; 44%) aus A.; 0,34 g. — *cis-1.4-Dinitrocyclohexan* (cis-**III**), $C_6H_{10}N_2O_4$, F. 89—90° (A. oder CCl_4), durch fraktionierte Kristallisation aus 5,56 **E**; 0,68 g. — *trans-1.4-Dibrom-1.4-dinitrocyclohexan* (trans-**V**), $C_6H_8Br_2N_2O_4$, F. 211—214° (Zers.), durch Zugabe von Br_2 zu 1,42 g **I** u. $NaHCO_3$ in Dimethylformamid/W. unter Eiskühlung u. Rühren innerhalb 5 Min., Schütteln (einige Min.), Extrahieren des entstandenen *trans*-**VI** mit CH_2Cl_2, Zugeben der CH_2Cl_2-Lsg. zu $H_2O_2/(CF_3CO)_2O$ in CH_2Cl_2 u. Kristallisation des erhaltenen Experimerengemischs (31%, bezogen auf **I**) aus A.; 0,34 g. — *cis-1.4-Dibrom-1.4-dinitrocyclohexan* (cis-**V**), F. 160—163° (CCl_4), in geringer Menge neben trans-**V**. — Behandeln einer alkohol.Lsg. von trans- oder cis-**V** mit $NaBH_4$ in 60%ig. A. gab jeweils 63% eines Epimerengemischs von **III** (F. 110—145°), das durch 5std. Kochen mit alkohol. $NaHCO_3$-Lsg. in trans-**III** übergeführt wurde. — *trans-1.4-Dichlor-1.4-dinitrocyclohexan*, $C_6H_8Cl_2N_2O_4$, F. 190—191° (A.), aus trans-1.4-Dichlor-1.4-dinitrosocyclohexan analog trans-**V**; 84% (roh); konnte mit $NaBH_4$ nicht analog **V** zu **III** reduziert werden. — Verss. zur Darst. von **III** aus trans-1.4-Dibromcyclohexan (F. 112—114°) u. $AgNO_2$ in Ae. bzw. aus trans-Cyclohexandiol-(1.4)-bis-p-toluolsulfonat (F. 150—151°) u. $NaNO_2$ in Dimethylsulfoxid in Ggw. von Harnstoff u. Phloroglucin gaben nur Ausgangsmaterial zurück. — *2.6-Dinitrohexanol-(1)*, $C_6H_{12}N_2O_5$, blaßgelbes, nicht destillierbares Öl, aus 50,8 g 1.5-Dinitropentan u. 37%ig. wss. HCHO in Ggw. von NaOH (15 Min. Rühren bei 7—10°), dann Zugeben von wss. CH_3COOH u. weiteres ½std. Rühren; n_D^{25} 1,4745; 38,2 g (roh); daneben etwas *2.6-Dinitroheptandiol-(1.7)*. *Naphthyl-(1)-urethan*, $C_{17}H_{19}N_3O_6$, F. 99—100° (A.); 70% (roh). *Acetat* (**VII**), $C_8H_{14}N_2O_6$, Kp.$_{0,1}$ 144—146°, aus 33 g Rohprod.; n_D^{25} 1,4620; 38,8 g (roh). — *2.6-Dinitroheptadien-(1.6)*, $C_7H_{10}N_2O_4$, Kp.$_{0,6}$ 140—141°, neben **VII** bei der Dest. von 25,2 g des rohen Acetylierungs-Prod.; n_D^{23} 1,4816; 4,10 g. — *2.5-Dinitropentanol-(1)*, aus 1.4-Dinitrobutan u. HCHO wie oben. — *trans-1.3-Dinitrocyclohexan* (trans-**IV**), $C_6H_{10}N_2O_4$, F. 57—58°, Prismen (A.), a) aus **VII** u. CH_3ONa in abs. A. [15½ std. Stehen; 5%; daneben 25% *1.5-Dinitropentan* (n_D^{25} 1,4667)]; b) aus 7,1 g **II** u. $H_2O_2/(CF_3CO)_2O$ analog **III** (6% Epimerengemisch, daraus durch Kristallisation aus A. 0,09 g *trans*-**IV**). — *cis-1.3-Dinitrocyclohexan* (cis-**IV**), $C_6H_{10}N_2O_4$, F. 30—32°, nadelförmige Prismen (A.), durch 4std. Kochen von 32 mg trans-**IV** mit gesätt. $NaHCO_3$; 14,3 mg.

J. Rothe. 1810□

Die isomeren Dinitrocyclohexane. 2. Mitt. **Stereochemie.** Arnold T. Nielsen. (J. org. Chemistry **27**, 1998—2001, Juni 1962; engl.) — 1. vgl. vorst. Referat. — Die Stereochemie der 5 bekannten isomeren Dinitrocyclohexane wurde durch 2 voneinander unabhängige Meth. bestimmt. Red. des bekannten krist. 1.2-Dinitrocyclohexans (**I**) mit Fe u. CH_3COOH gab *trans-1.2-Diaminocyclohexan*. cis- u. trans-1.3- (**II**) u. 1.4-Dinitrocyclohexan (**III**) wurden mit H_2/PtO_2 in CH_3COOH zu den entsprechenden Diaminen red., wobei die Konfiguration in allen Fällen in hohem Maße erhalten blieb. Equilibrierungs-Verss. an den **II**- u. **III**-Isomeren mit sd. alkohol. $NaHCO_3$ lieferten in allen Fällen das stabile diäquatoriale Isomere; diese letzten Resultate stimmen überein mit den Ergebnissen der Hydrierungen.

Versuche: Epimerisierungs-Verss. (jeweils 4—5std. Kochen mit gesätt. alkohol. $NaHCO_3$-Lsg.): 30,8 mg cis-**III** → 24 mg rohes *trans*-**III**; trans-**III** blieb unverändert. — 100 mg trans-**II** → 68,4 mg rohes *cis*-**II**; 0,54 g rohes cis-**II** → 0,09 g rohes *trans*-**II**. — *trans-1.2-Diaminocyclohexan*, F. 19—20°, Kp.$_{12}$ 79—80°, aus trans-**I** (F. 45,5—46,5°) u. Eisenpulver in sd. CH_3COOH ($1^1/_2$ Std.); 88% (Ausbeute). *Dibenzolsulfonat*, $C_{18}H_{22}N_2O_4S_2$, F. 154—154,5°. — *trans-1.4-Diaminocyclohexan*, F. 72°, sublimiert, Nadeln, aus trans-**III** u. a) H_2/PtO_2 in CH_3COOH [isoliert als *Dihydrochlorid* (98%)]; b) Fe/CH_3COOH wie vorst. (in Spuren). Bildet an der Luft das *Carbonat*. *Diacetat* (**IV**), $C_{10}H_{18}N_2O_2$, F. 310 bis 315° (Zers.), rechteckige Prismen (A.; bei 230° Bldg. von Nadeln). — *cis-1.4-Diaminocyclohexan*, aus cis-**III** (F. 88—90°) wie vorst. (*Dihydrochlorid*, 94%), isoliert als *Diacetat*, $C_{10}H_{18}N_2O_2$, F. 208—209°, Nadeln (Aceton); 65,5%, bezogen auf cis-**III**; daneben 6,3% rohes **IV**. — *trans-1.3-Diacetamidocyclohexan*, F. 221—222°, Spieße (Aceton; bei 200° → nadelige Prismen, kurz vor dem F. → flache Prismen), sublimiert, aus trans-**II** (F. 55 bis 57°) analog. — *cis-1.3-Diacetamidocyclohexan*, $C_{10}H_{18}N_2O_2$, F. 262°, federartige Nadeln (Essigester/A.), sublimiert, aus cis-**II** analog. J. Rothe. 1810□

Die isomeren Dinitrocyclohexane. 3. Mitt. Chemie der Nitronationen. Arnold T. Nielsen. (J. org. Chemistry **27**, 2001—06, Juni 1962; engl.) — 2. vgl. vorst. Referat. — Die drei isomeren Dinitrocyclohexane verhalten sich in NaOH-Lsg. unterschiedlich. trans-1.2-Dinitrocyclohexan (**I**) gibt mit 1 Val NaOH *1-Nitrocyclohexen* (**II**), aus dem wie auch aus **I** selbst mit überschüssigem $OH^{\ominus}$ das Anion der *Cyclohexennitronsäure-(3)* entsteht. Die freie Nitronsäure bildet in wss. A. schnell u. ausschließlich **II**. 1.3-Dinitrocyclohexan (**III**) gibt ein Bis-nitronation, das mit überschüssigem $OH^{\ominus}$ unter Bldg. des Anions eines konjugierten Nitrodiens reagiert, möglicherweise des *2-Nitrohexadiens-(2.4)*. 1.4-Dinitrocyclohexan (**IV**) bildet ein sehr stabiles *Bis-nitronation*, dessen Umsetzungen mit Säuren, Cl_2, Br_2 u. HCHO stets in hohen Ausbeuten zu Gemischen der 1.4-substituierten Epimeren führen. Die Stereochemie dieser Rkk. wird diskutiert.

Versuche (FF. Kofler-Block): *1-Nitrocyclohexen* (**II**), Kp.$_{0,06}$ 40°, aus **I** (F. 45,5 bis 46,5°) u. NaOH in Ae./A. ($5^1/_2$ Std. lang Rühren bei 24°); n_D^{22} 1,5055; 82% (Ausbeute). — Lösen von trans-**IV** (F. 168—169,5°) in wss. alkohol. NaOH u. Ansäuern mit CH_3COOH gab 100% eines Isomerengemisches aus gleichen Teilen *cis*-**IV** u. *trans*-**IV**; IR-spektroskop. Unters. ergab 45,5% *trans*-**IV**. — *trans-1.4-Dichlor-1.4-dinitrocyclohexan*, F. 191—192° (A.), u. *cis-1.4-Dichlor-1.4-dinitrocyclohexan*, $C_6H_8Cl_2N_2O_4$, F. 121 bis 122°, hexagonale Platten (Cyclohexan), wurden im Verhältnis 63 : 37 (IR: 60,5 : 39,5) erhalten durch Lösen von trans-**IV** in wss.-alkohol. NaOH u. Einleiten von Cl_2 (einige Min.); 93—97% (Gemisch). — *trans-1.4-Dibrom-1.4-dinitrocyclohexan*, F. 211—214° (A.), u. *cis-1.4-Dibrom-1.4-dinitrocyclohexan*, $C_6H_8Br_2N_2O_4$, F. 159—160° (CCl_4), analog aus trans-**IV** u. Br_2 im Verhältnis 71 : 29 (IR: 61,5 : 38,5); 90% (Gemisch). — *trans-1.4-Bis-[hydroxymethyl]-1.4-dinitrocyclohexan* (?), $C_8H_{14}N_2O_6$, F. 200—203° (Zers.), Nadeln (A.), u. *cis-1.4-Bis[hydroxymethyl]-1.4-dinitrocyclohexan* (?), $C_8H_{14}N_2O_6$, F. 140—143° (A. oder Chlf.), durch Lösen von trans-**IV** in wss.-alkohol. $NaHCO_3$, Zugeben von wss. HCHO u. 10tägiges Stehen im Verhältnis 66 : 34; 99%. — Die übrigen erwähnten Umsetzungen von **I**, **II** u. **III** mit NaOH wurden UV-spektroskop. verfolgt, ebenso die Einfl. von NaOH auf die UV-Spektren von *1-Nitropropan* u. *Nitrocyclohexan*. J. Rothe. 1810□

Die Synthese von 3-[α-Carboxyäthyl]-cyclopentanollacton. Tsuguo Tanaka. (Bull. chem. Soc. Japan **34**, 888, Juni 1961; Honjo, Saga-shi, Saga Univ., Fac. of Liberal Arts, Dep. of Chem.; engl.) — Durch 24std. Erhitzen von cis-2-α-Carboxyäthylcyclopentanollacton mit KCN auf 250—260° im Rohr entstehen *cis-3-[α-Carboxyäthyl]-cyclopentanollacton* [(**I**), Kp.$_{3,5}$ 85—86°] u. *1-Cyan-2-[α-carboxyäthyl]-cyclopentan* [(**II**), Kp.$_{0,6}$ 126—127°] in einer neuen Umlagerungsreaktion. Die Oxydation von **I** in alkal. Lsg. mit $KMnO_4$ ergibt *α-Methyl-β-carboxyadipinsäure* ($C_8H_{12}O_6$, F. 180°) neben einer *Verb.* $C_8H_{12}O_6$, F. 140°. Die Hydrolyse von **II** liefert *1-Carboxy-2-[α-carboxyäthyl]-cyclopentan*, $C_9H_{14}O_4$, F. 130°. Die Maxima der IR- u. UV-Spektren werden angegeben. W. Hampel. 2050□

Eine die Addition von Fluor an 1.1-Diphenyläthylen begleitende Umlagerung. J. Bornstein und Margaret R. Borden. (Chem. and Ind. **1958**, 441—42, 12/4; Chestnut Hill, Mass., Boston Coll., Dep. of Chem.; engl.) — Durch Addition von F_2 an 1.1-Diphenyläthylen (**I**) u. nachfolgende HF-Abspaltung entsteht nicht, wie von Dimroth u. Bockemüller [1931] irrtümlich angenommen, 2-Fluor-1.1-diphenyläthylen, sondern *trans-α-Fluorstilben* [**II**; $C_{14}H_{11}F$, F. 93,5—94°; gibt mit konz. H_2SO_4 u. anschließendes Verdünnen mit W. *Desoxybenzoin* (**III**); durch Chromsäureoxydation *Benzoesäure* (**VI**)], das beim Bestrahlen im UV-Licht in das cis-Isomere übergeht. Durch Addition von F_2 an **I** wird *α.α-Difluordibenzyl* (**IV**; $C_{14}H_{12}F_2$, F. 65,5—65,8°) erhalten, das durch heiße 2%ig. alkohol. KOH, NaJ in sd. Aceton, Zn-Staub in sd. A. oder Eisessig, 2% Na-Amalgam in A. nicht angegriffen wird, durch Hydrierung entsteht Dibenzyl, durch Erhitzen mit $HgCl_2$ auf 170° **II**, mit konz. H_2SO_4 u. anschließendes Verdünnen mit W. entsteht **III**. **IV** liefert mit N-Bromsuccinimid in 64%ig. Ausbeute *α.α-Difluor-β-bromdibenzyl* (**V**; $C_{14}H_{11}BrF_2$, F. 44—45°), das durch Erhitzen mit Zn-Staub in A. 74% **II** gibt. Durch Kochen von **III** mit KOH in Äthylenglykol wird 80% *cis-α-Brom-α'-fluorstilben* ($C_{14}H_{10}BrF$, Kp.$_{0,3}$ 101—103°) erhalten, das durch Oxydation **VI** gibt. *2.2-Difluor-1.2-diphenyläthanol* (**VII**; $C_{14}H_{12}F_2O$, F. 85,1—85,6°) wird durch Kochen von **V** mit K-Acetat in Dimethylformamid u. Verseifung des Acetats mit heißer 3%ig. alkohol. KOH, *α.α-Difluordesoxybenzoin* ($C_{14}H_{10}F_2O$, Kp.$_{0,2}$ 80—100°; n_D^{20} 1,5527. *2.4-Dinitrophenylhydrazon*, $C_{20}H_{14}F_2N_4O_4$, F. 180,1—181,1°), durch Chromsäureoxydation von **VII** in sd. wss. Essigsäure erhalten. Die IR- u. UV-Maxima sind angegeben.

P. Becker. 2210

Zur Untersuchung von α.α'-Diphenyl-β-nitrophenyläthylenen. A. W. Dombrowski und N. D. Bodnartschuk. (Украïнський Химический Журнал [Ukrain. chem. J.] **27**, 369—72, 1961; Tschernowitz, Univ., Lehrstuhl für organ. Chem.; russ.) — Aus 1.1-Diphenyläthylen u. dem entsprechenden Nitrophenyldiazoniumchlorid werden *1-[o-* (**I**), *-m-* (**II**) u. *-p-Nitrophenyl]-2.2-diphenyläthylen* (**III**) dargestellt, die bei Bromierung mit Dioxandibromid (**IV**) die entsprechenden *1-Brom-1-nitrophenyl-2.2-diphenyläthylene* bilden u. bei der Red. mit Sn/HCl in *1-[o-, -m-* u. *-p-* (**V**)*-Aminophenyl]-2.2-diphenyläthylen* übergehen. Die Brom-Verbb. wurden mit $KMnO_4$ zu *Benzophenon* u. der entsprechenden *Nitrobenzoesäure* oxydiert. **V** u. die analogen o- u. m-Derivv. lassen sich diazotieren u. kuppeln mit β-Naphthol zu Azofarbstoffen. Die UV-Spektren von **I**, **II** u. **III** u. der gebildeten Azofarbstoffe werden diskutiert.

Versuche: 2.2-Diphenyläthylene: *1-Brom-1-[o-nitrophenyl]-*, F. 128° (A.), durch Rk. von **I** mit **IV** in Dioxan; 95% (Ausbeute). — *1-Brom-1-[m-nitrophenyl]-*, F. 132°, durch Rk. von **II** mit **IV** in Dioxan; 90%. — *1-Brom-1-[p-nitrophenyl]-*, F. 141 bis 142°, analog aus **III** u. **IV**; 96%. — *1-[p-Aminophenyl]-* (**V**), F. 136—137°, durch Kochen nachst. Hydrochlorids mit gesätt. Sodalösung. *Hydrochlorid*, F. 209—210° [wss. A./HCl (1 : 1)], durch Zugabe von Sn-Spänen u. HCl zu einer alkohol. Lsg. von **III** unter Rühren u. ca. 40 Min. langes Erhitzen unter Rühren; 95%. — *1-[m-Aminophenyl]-*, F. 58—60°, analog **V**. *Hydrochlorid*, F. 193—195°; 80%. — *1-[o-Aminophenyl]-*, analog **V**. *Hydrochlorid*, F. 205—206°; 90%. — *1-{p-[2-Hydroxynaphthalin-(1)-azo]-phenyl}-*, F. 173 bis 175° (Toluol), durch Zugabe von 2 g $NaNO_2$ in 10 ml W. zu einem gekühlten Gemisch von 6 g **V**-Hydrochlorid, 4 ml konz. HCl u. 20 g Eis u. Zugabe der Diazoniumsalz-Lsg. zu einer Lsg. von 2,4 g β-Naphthol u. 1,2 g NaOH in 120 ml W.; 8 g. E. Höft. 2210□

Untersuchungen über Fluorchalkone. 1. Mitt. **Synthese von Chalkonen aus Fluorhydroxyacetophenonen.** K. C. Joshi und A. K. Jauhar. (J. Indian chem. Soc. **39**, 463—68, Juni 1962; Gorakhpur, Univ., Dep. of Chem., organ. Chem. Labor.; engl.) — Durch Kondens. von 5-Fluoracetophenonen mit Benzaldehyden werden *Fluorchalkone* dargestellt, die mit Br_2 in Essigsäure die entsprechenden *Dibromide* liefern. Diese können durch 2—3std. Kochen mit KJ in abs. Aceton wieder in die Fluorchalkone übergeführt werden.

Versuche (FF. der Dibromide aus A.): *p-Fluorphenol* (**I**), Kp. 184—186°, aus 28 g p-Fluoranisol [aus 60 g p-Anisidin nach English u. Mitarbeitern [1940]; 28 g (Ausbeute)] durch Demethylieren; 16 g. *2-Chlor-Deriv.* (**II**), Kp.$_{0,1-1}$ 60—62°, aus **I** u. Cl_2 in Ggw. von Fe-Spänen bei Raum-Temp. (7½ Std.). *2-Brom-Deriv.* (**III**), Kp.$_{0,5}$ 59 bis 60°, aus **I** u. Br_2 in CS_2. — *5'-Fluor-2'-hydroxychalkon*, $C_{15}H_{11}FO_2$, F. 93—94°, aus vorst. Verb. durch Verestern mit CH_3COCl/Mg in Bzl., Fries-Umlagerung des Acetats durch 2½std. Erhitzen auf 130° in Ggw. von $AlCl_3$ zu *2-Hydroxy-5-fluoracetophenon*, Rk. mit Benzaldehyd (**IV**) in A. durch langsame Zugabe von 40%ig. KOH, 2—7tägiges Stehen, Gießen auf Eis u. Ansäuern mit verd. HCl; aus A. gelb. *2.4-Dinitrophenylhydrazon* (*DNP*), $C_{21}H_{15}FN_4O_5$, F. 227—228°; orangefarben. *Dibromid*, $C_{15}H_{11}Br_2FO_2$, F. 138—140°; hellgelb. — Analog folgende 5'-Fluor-2'-hydroxychalkone (FF. aus A.): *4-Methoxy-*, $C_{16}H_{13}FO_3$, F. 114—115°, aus Anisaldehyd (**V**); bräunlichgelb. *DNP*, $C_{22}H_{17}FN_4O_6$, F. 177—178°; dunkelorangefarben. *Dibromid*, $C_{16}H_{13}Br_2FO_3$, F. 67 bis 69°; hellgelb. — *2-Hydroxy-*, $C_{15}H_{11}FO_3$, F. 166—167°, aus Salicylaldehyd (**VI**) mit 20%ig. KOH; gelb. *DNP*, $C_{21}H_{15}FN_4O_6$, F. 202—203°; dunkelorangefarben. *Dibromid*, $C_{15}H_{11}Br_2FO_3$, F. 96°; hellgelb. — *3.4-Methylendioxy-*, $C_{16}H_{11}FO_4$, F. 146°, aus Piperonal

(**VII**); gelb. *DNP*, $C_{22}H_{15}FN_4O_7$, F. 188°; orangefarben. *Dibromid*, $C_{16}H_{11}Br_2FO_4$, F. 82 bis 83°; hellgelb. — *4-Hydroxy-3-methoxy-*, $C_{16}H_{13}FO_4$, F. 148°; aus Vanillin (**VIII**); bräunlichgelb. *DNP*, $C_{22}H_{17}FN_4O_7$, F. 177°; dunkelbraun. *Dibromid*, $C_{16}H_{13}Br_2FO_4$, F. 109—111°; hellbraun. — *4-Dimethylamino-*, $C_{17}H_{16}FNO_2$, F. 149°; aus p-Dimethylaminobenzaldehyd (**IX**); gelb. *DNP*, $C_{23}H_{20}FN_5O_5$, F. 208—210°; orangefarben. *Dibromid*, $C_{17}H_{16}Br_2FNO_2$, F. 56°; gelblichgrün; *DNP*, $C_{23}H_{20}Br_2FN_5O_5$, F. 139°; orangefarben. — *4-Hydroxy-*, $C_{15}H_{11}FO_3$, F. 165°, aus p-Hydroxybenzaldehyd mit 20%ig. KOH über Nacht; rötlichorangefarben; *DNP*, $C_{21}H_{15}FN_4O_6$, F. 165°; orangefarben. *Dibromid*, $C_{15}H_{11}Br_2FO_3$, F. 94—95°; schokoladefarben; *DNP*, $C_{21}H_{15}Br_2FN_4O_6$, F. 99—100°; orangefarben. — Analog folgende 3'-Chlor-5'-fluor-2'-hydroxychalkone, aus **II** über *2-Hydroxy-3-chlor-5-fluoracetophenon* (FF. aus A.): *4-Methoxy-*, $C_{16}H_{12}ClFO_3$, F. 38—39°, mit **V**; bräunlichgelb. *DNP*, $C_{22}H_{16}ClFN_4O_6$, F. 214—215°; rötlichorangefarben. *Dibromid*, $C_{16}H_{12}Br_2ClFO_3$, F. 75°; gelb; *DNP*, $C_{22}H_{16}Br_2ClFN_4O_6$, F. 218°; orangefarben. — *3.4-Methylendioxy-*, $C_{16}H_{10}ClFO_4$, F. 176—177°, mit **VII**; gelb; *DNP*, $C_{22}H_{14}ClFN_4O_7$, orangefarben. *Dibromid*, $C_{16}H_{10}Br_2ClFO_4$, F. 85°; hellgelb; *DNP*, $C_{22}H_{14}Br_2ClFN_4O_7$, F. 100°; orangefarben. — *4-Dimethylamino-*, $C_{17}H_{15}ClFNO_2$, F. 52°; mit **IX**; dunkelorangefarben; *DNP*, $C_{23}H_{19}ClFN_5O_5$, F. 214°; dunkelorangefarben. *Dibromid*, $C_{17}H_{15}Br_2ClFNO_2$, F. 58—59°; dunkelviolett; *DNP*, $C_{23}H_{19}Br_2ClF\cdot N_5O_5$, F. 110°; dunkelbraun. — Analog folgende 3'-Brom-5'-fluor-2'-hydroxychalkone, aus **III** über *2-Hydroxy-3-brom-5-fluoracetophenon* (FF. aus A.): *Unsubstituiert*, $C_{15}H_{10}BrFO_2$, F. 118°, mit **IV** in 10%ig. KOH bei 60° (2 Std.); bräunlichgelb; *DNP*, $C_{21}H_{14}BrFN_4O_5$, F. 37—38°; dunkelorangefarben. *Dibromid*, $C_{15}H_{10}Br_3FO_2$, F. 70—72°; hellgelb; *DNP*, $C_{21}H_{14}Br_3FN_4O_5$, F. 112°; braun. — *4-Methoxy-*, $C_{16}H_{12}BrFO_3$, F. 128°, mit **V**; hellgelb; *DNP*, $C_{22}H_{16}BrFN_4O_6$, F. 160°; gelblichorangefarben. *Dibromid*, $C_{16}H_{12}Br_3FO_3$, F. 79°; hellgelb; *DNP*, $C_{22}H_{16}Br_3FN_4O_6$, F. 105°; orangefarben. — *2-Hydroxy-*, $C_{15}H_{10}BrFO_3$, F. 113—115°, mit **VI** u. 20%ig. KOH; bräunlichgelb; *DNP*, $C_{21}H_{14}BrFN_4O_6$, F. 211°; orangefarben. *Dibromid*, $C_{15}H_{10}Br_3FO_3$, F. 82°; gelb; *DNP*, $C_{21}H_{14}Br_3FN_4O_6$, F. 110°; orangefarben. — *3.4-Methylendioxy-*, $C_{16}H_{10}BrFO_4$, F. 163°, mit **VII**; bräunlichgelb; *DNP*, $C_{22}H_{14}BrFN_4O_7$, F. 162°; dunkelbraun. *Dibromid*, $C_{16}H_{10}\cdot Br_3FO_4$, F. 99°; hellgelb; *DNP*, $C_{22}H_{14}Br_3FN_4O_7$, F. 87—89°; orangefarben. — *4-Hydroxy-3-methoxy-*, $C_{16}H_{12}BrFO_4$, F. 129°, mit **VIII**; hellgelb; *DNP*, $C_{22}H_{16}BrFN_4O_7$, F. 196°; orangefarben. *Dibromid*, $C_{16}H_{12}Br_3FO_4$, F. 74°; hellorangefarben; *DNP*, $C_{22}H_{16}Br_3FN_4O_7$, F. 220°; orangefarben. — *4-Dimethylamino-*, $C_{17}H_{15}BrFNO_2$, F. 130 bis 131°; mit **IX**; dunkelbraun; *DNP*, $C_{23}H_{19}BrFN_5O_5$, F. 164—165°; rötlichbraun. *Dibromid*, $C_{17}H_{15}Br_3FNO_2$, F. 117°; orangefarben; *DNP*, $C_{23}H_{19}Br_3FN_5O_5$, F. 127°; bräunlichgelb. H. Gleinig. 2360□

Aldehydaddition an Enamine. 3. Mitt. **über Enamine.** Leonhard Birkofer, Sung Man Kim und Hans Dieter Engels. (Chem. Ber. **95**, 1495—1504, 15/6. 1962; Köln, Univ., Inst. für Organ. Chem.; dt.) — 2. vgl. C. **1962**, 12274. — Durch Addition von Aldehyden an cycl. Enamine werden die sonst im allg. nur schwer zugänglichen *Monoalkyliden-* oder *Monoarylidenketone* in guter Ausbeute erhalten. So entsteht z. B. aus N-[Δ^1-Cyclopentenyl]-morpholin (**I**) u. Benzaldehyd *2-Benzylidencyclopentanon*. Formaldehyd ergibt mit dem erwähnten Enamintyp *Dicyclanonylmethane*. Monoalkylidencyclanone u. Enamine liefern *Dicyclanonylalkane*; so werden z. B. 2-Äthylidencyclopentanon u. **I** in *1.1-Bis-*[*cyclopentanonyl-*(*2*)]*-äthan* übergeführt. Die Rk.-Mechanismen werden erörtert.

Versuche: Morpholine: *N-*[*6-Methyl-* Δ^1*-cyclohexenyl*]- (**II**, Kp.$_{11}$ 114—116°), nach Herr u. Heyl (C. **1953**, 6694) aus 1 Mol des Ketons u. 1,5 Mol Morpholin in Bzl. (5tägige Rk.); 62% (Ausbeute). — *N-*[*4-Methyl-* Δ^1*-cyclohexenyl*]-, Kp.$_{14}$ 128—130°, analog **II** (9 Std.); 74%. — *N-*[Δ^1*-Cycloheptenyl*]-, Kp.$_{11}$ 127—128°, analog **II** (48 Std.); 57%. — *N-*[*1-Phenylpropen-*(*1*)*-yl*]-, Kp.$_{12}$ 145—146°, analog **II** (7 Tage); 46%. — *2-Benzylidencyclopentanon*, F. 71°, Kp.$_{0,05}$ 115—120°, a) durch 12std. Kochen von **I** u. Benzaldehyd in Bzl. unter Wasserabscheidung, Versetzen mit konz. HCl/W. (1 : 1), 1std. Rühren u. Dest. der Bzl.-Phase; aus Ligroin Prismen; 84%; daneben *Dibenzylidencyclopentanon*, F. 192°; aus Methanol gelbe Nadeln; 1%; b) durch 10std. Kochen von Cyclopentanon, Morpholin u. Benzaldehyd unter Wasserabscheidung u. Fraktionierung; 52%; daneben *N-*[*2-Benzyliden-* Δ^5*-cyclopentenyl*]*-morpholin*, $C_{16}H_{19}NO$, F. 86°, Kp.$_{0,1}$ 148 bis 150°; aus Methanol hellgelbe Prismen. — *2-Benzylidencyclohexanon*, F. 56°, Kp.$_{0,2}$ 123 bis 126°, analog vorst. Verb. nach a) aus N-[Δ^1-Cyclohexenyl]-morpholin u. Benzaldehyd; aus PAe. hellgelbe Prismen; 75%; daneben *2.6-Dibenzylidencyclohexanon*, F. 117°; 16%. — *2-Benzyliden-4-methylcyclohexanon*, Kp.$_{0,05}$ 123—125°; hellgelbes Öl; 45% (*Semicarbazon*, $C_{15}H_{19}N_3O$, F. 183°; aus Methanol Prismen); daneben *2.6-Dibenzyliden-4-methylcyclohexanon*, F. 99°; 17%. — *2-Benzyliden-6-methylcyclohexanon*,

F. 58—59°, Kp.$_{0,05}$ 123—125°, aus **II** u. Benzaldehyd; aus Ligroin gelbe Prismen; 20%. — *ω-Benzylidenacetophenon*, F. 57°, aus α-Morpholinostyrol u. Benzaldehyd; 8%; daneben *ω.ω'-Benzylidendiacetophenon*, F. 83°; 18%. — Cyclopentanone: *2-Äthyliden-*, $C_7H_{10}O$, Kp.$_3$ 58°, aus **I** u. Acetaldehyd; n_D^{20} 1,4870; 30%. — *2-Propyliden-*, $C_8H_{12}O$, Kp.$_{11}$ 81 bis 82°, aus **I** u. Propionaldehyd; 55%. — *2-Butyliden-*, $C_9H_{14}O$, Kp.$_{11}$ 95°; n_D^{20} 1,4804; 65%. — *2-Isobutyliden-*, $C_9H_{14}O$, Kp.$_{11}$ 86°; n_D^{20} 1,4787; 78%. — *2-Isopentyliden-*, $C_{10}H_{16}O$, Kp.$_{11}$ 101°; n_D^{20} 1,4782; 70,5%. — *2-[Furfuryliden-(2)]-*, $C_{10}H_{10}O_2$, F. 58,5°, Kp.$_{0,1}$ 107°; 86%. — *Bis-[2-oxocyclopentyl]-methan* (**III**), FF. 71 u. 38°, Kp.$_{11}$ 160°, durch Eintragen von 1 Mol Enamin u. 0,5 Mol Paraformaldehyd in abs. Dioxan unter N_2 bei 80°, 8std. Kochen, Ansäuern mit 5n HCl u. Extrahieren mit Bzl.; 48%. — *Bis-[2-oxocyclohexyl]-methan*, F. 61° (2. Form liegt als Öl vor), Kp.$_{11}$ 179°, analog **III**; 48%. — *Bis-[2-oxo-5-methylcyclohexyl]-methan*, F. 149° (2. Form liegt als Öl vor), Kp.$_{11}$ 186°; 39%. — *Bis-[2-oxocycloheptyl]-methan*, Kp.$_{0,1}$ 128°; 7%. — *1.5-Diphenyl-1.5-dioxopentan*, F. 65°, Kp.$_{0,5}$ 186°; 28%. — *2.4-Dimethyl-1.5-diphenyl-1.5-dioxopentan*, Kp.$_{0,4}$ 185°; 15%. — *3.5-Dimethyl-2.6-diphenylpyridin*, $C_{19}H_{17}N$, F. 137°, aus vorst. Verb. u. NH_4-Acetat/Eisessig; aus A./W. Tafeln. — *1.3-Bis-[(2-oxocyclopentyl)-methyl]-cyclopentanon-(2)*, $C_{17}H_{24}O_3$, F. 147° u. F. 96° (leichter lösl.), durch Versetzen des Dest.-Rückstandes von **III** mit Methanol; aus Ligroin Drusen. — *[2.2-Dimorpholinocyclopentyl]-[2-morpholino-Δ¹-cyclopentenyl]-methan*, $C_{23}H_{39}N_3O_3$, Kp.$_{0,2}$ 130—132°, durch Rk. von 162 g **I** u. 15,9 g Paraformaldehyd in Dioxan analog der Darst. der 1.5-Diketone ohne Versetzen mit HCl durch direkte Dest.; 66 g. — *1.1-Bis-[2-oxocyclopentyl]-äthan*, $C_{12}H_{18}O_2$, Kp.$_{0,1}$ 112° (Gemisch der Isomeren), F. 60—61° (Form A, Prismen) u. Kp.$_{0,1}$ 106° (Form B), durch 24std. Erhitzen von 1 Mol Alkyliden- bzw. Arylidenketon u. 1 Mol Enamin in abs. Dioxan auf 110—140°, Zers. mit konz. HCl u. W. (1 : 1), 1std. Rühren mit Bzl. u. Dest. der Bzl.-Lsg.; 57%. — *1-[2-Oxocyclopentyl]-1-[2-oxocyclohexyl]-äthan*, $C_{13}H_{20}O_2$, Kp.$_{0,2}$ 118° (Isomerengemisch), F. 62° (Form A, Prismen) u. Kp.$_{0,2}$ 118° (Form B), analog vorst. Verb.; 44%. — *1.1-Bis-[2-oxocyclpoentyl]-propan*, $C_{13}H_{20}O_2$, Kp.$_{0,05}$ 106—108°; 38%. — *ω-Phenyl-ω-[2-oxocyclopentyl]-propiophenon*, $C_{20}H_{20}O_2$, F. 77,5°, Kp.$_{0,1}$ 185—190°; aus Ligroin Nadeln; 58%. — *2-Benzyliden-5-cyclopentylidencyclopentanon*, $C_{17}H_{18}O$, F. 141°; aus Essigester gelbe Blättchen; 67%. — *2-Benzyliden-5-cyclohexylidencyclopentanon*, $C_{18}H_{20}O$, F. 134°; aus Essigester gelbe Nadeln; 48%. — *α-[2-Oxocyclopentyl]-α-[2-oxocyclohexyl]-toluol*, $C_{18}H_{22}O_2$, F. 113°, Kp.$_{,005}$ 170°; aus Methanol Nadeln; 37%. — *2-Phenyltricyclo-[7.3.1.0^{3.8}]-Δ⁷-tridecenon-(13)*, $C_{19}H_{22}O$, F. 96°, Kp.$_{0,05}$ 135—140°; aus Methanol Nadeln; 22%; daneben *2-Phenyl-8-hydroxytricyclo-[7.3.1.0^{3.8}]-tridecanon-(13)*, $C_{19}H_{24}O_2$, F. 211°; 18%. P. Golinske. 2370□

Kondensation einiger Ketoester mit 2.4- und 2.6-Xylenolen. Robert V. Smith und Mark D. Bealor. (J. org. Chemistry **27**, 3092—96, Sept. 1962; Racine, Wis., S. C. Johnson & Son; engl.) — Vff. untersuchten die Kondens. von Ketomalonsäurediäthyl- (**I**), Ketobernsteinsäurediäthyl- (**II**), β-Ketoglutarsäuredimethyl- (**III**), α-Ketoglutarsäurediäthyl- (**IV**) bzw. β-Ketoadipinsäurediäthylester (**V**) mit 2.4- (**VI**) bzw. 2.6-Xylenol (**VII**) in kalter konz. H_2SO_4. Aus **IV** u. **VII** entstanden das *α-Arylglutacon-* (**VIII**) u. das *α.α-Diarylglutarsäureanhydrid*; in allen anderen Fällen wurden aus **VII** die entsprechenden *Bis-phenolsäuren* bzw. *-ester* erhalten. Mit **VI** bildeten sich verschiedene *Lactone*, aus **II** u. **VI** ein *Spirodilacton*, aus **IV** u. **VI** über eine Umlagerung ein *Dilacton*.

Versuche: *3-Carboxy-3-[3.5-dimethyl-2-hydroxyphenyl]-5.7-dimethylcumaranon-(2)*, $C_{19}H_{18}O_5$, F. 266—269° (Zers.; 1.2-Dichloräthan bzw. Nitromethan), durch aufeinanderfolgende Zugabe von 17,4 g **I** u. 24,4 g **VI** zu konz. H_2SO_4 bei 0—5° unter Rühren u. nachfolgendes 6std. Rühren; 6 g (Ausbeute). — *Bis [3.5-dimethyl-4-hydroxyphenyl]-malonsäurediäthylester*, $C_{23}H_{28}O_6$, F. 216—217° (Zers.; Nitromethan), aus **I** u. **VII** analog; 94% (roh). — *Bis-[3.5-dimethyl-4-hydroxyphenyl]-essigsäure*, $C_{18}H_{20}O_4$, F. 208—210° (Zers.), bräunliche Platten (A./W.), aus vorst. Verb. u. sd. wss.-alkohol. KOH (16 Std.); 100%. *Äthylester*, $C_{20}H_{24}O_4$, F. 164—165,5° (Zers.), bräunliche Nadeln (Bzl.); 97,5%. — *α.α-Bis-[3.5-dimethyl-4-hydroxyphenyl]-bernsteinsäure*, $C_{20}H_{22}O_6$, F. 175—176°, Platten (Nitromethan), aus **II** u. **VII** sowie anschließendes Behandeln des *Rohprod.* (F. 115—120°; 46%) mit sd. wss.-alkohol. KOH (16 Std.); 38%. — *α.α-Bis-[3.5-dimethyl-2-hydroxyphenyl]-bernsteinsäure*, *Tetra-K-Salz*, $C_{20}H_{18}K_4O_6$, F. > 300°, Nadeln, aus **II** u. **VI**, dann KOH analog vorst. Verb.; 28,4% roh. Aus dem Filtrat durch Ansäuern *4-Carboxy-6.8-dimethylcumarin*, $C_{12}H_{10}O_4$, F. 245—246° (Zers.), gelbe Nadeln (Nitromethan/CH_3OH); 29,4%. — *6.8-Dimethyldihydrocumarin-[4-spiro-3']-5'.7'-dimethylcumaranon-(2')*, $C_{20}H_{18}O_4$ F. 165,5—166,5°, Nadeln (Methylcyclohexan), aus 8,5 g vorvorst. Salzes u. verd. HCl; 1,33 g. — *β.β-Bis-[3.5-dimethyl-4-hydroxyphenyl]-glutarsäure*, $C_{21}H_{24}O_6$, F. 243—244° (Zers.), Nadeln (Nitroäthan/CH_3OH), aus **III** u. **VII** (→ 80% *rohen Ester*), dann KOH; 81%. — *4-Carbomethoxymethyl-6.8-dimethylcumarin*, $C_{14}H_{14}O_4$, F. 112,5—113°, Nadeln

(Methylcyclohexan), aus **III** u. **VI**; 77%. Daneben 10,8% *freie Säure*, $C_{13}H_{12}O_4$, F. 212 bis 213° (Zers.), Nadeln (Nitromethan/CH_3OH). — *α-[3.5-Dimethyl-4-hydroxyphenyl]-glutaconsäureanhydrid* (**VIII**), $C_{13}H_{12}O_4$, F. 225—225,5° (Zers.), gelbe Nadeln (Nitromethan), aus **IV** u. **VII**; 22,2%; daneben 17,2% *α.α-Bis-[3.5-dimethyl-4-hydroxyphenyl]-glutarsäureanhydrid*, $C_{21}H_{22}O_5$, F. 199—200° (Äthylenchlorid/Methylcyclohexan). — *α.α-Bis-[3.5-dimethyl-4-hydroxyphenyl]-glutarsäurediäthylester*, $C_{25}H_{32}O_6$, F. 156—158° (Nitromethan), aus vorst. Verb. u. alkohol. HCl; 60,5%. — *α-[3.5-Dimethyl-4-hydroxyphenyl]-glutaconsäurediäthylester*, $C_{17}H_{22}O_5$, F. 85—86°, Stäbchen (Methylcyclohexan), aus 3,18 g **VIII** u. sd. alkohol. HCl (19 Std.); 66%; daneben 0,84 g **VIII** zurück. — *α-[3.5-Dimethyl-2-hydroxyphenyl]-glutaconsäure-ε-lacton*, $C_{13}H_{12}O_4$, F. 245—246,5° (Zers.; Nitromethan), aus 20,2 g **IV** u. 24,4 g **VI**, dann KOH; 15%; daneben 4,5 g *3-[6.8-Dimethyldihydrocumaryl-(4)]-5.7-dimethylcumaranon-(2)*, $C_{21}H_{20}O_4$, F. 148—150° (Methylcyclohexan). — *α-[3.5-Dimethyl-2-hydroxyphenyl]-glutarsäure-ε-lacton*, $C_{13}H_{14}O_4$, F. 168 bis 169,5°, Nadeln (Nitromethan), aus vorvorst. Verb. u. H_2 an PtO_2 in CH_3COOH (35 lbs./sq.in. Anfangsdruck); 85%. — *β.β-Bis-[3.5-dimethyl-4-hydroxyphenyl]-adipinsäure*, $C_{22}H_{26}O_6$, F. 210—212° (Zers.), Nadeln (Nitromethan), aus **V** u. **VII**, dann KOH; 5% (roh). — *4-[2-Carbäthoxyäthyl]-6.8-dimethylcumarin*, $C_{16}H_{18}O_4$, F. 85—85,5°, Nadeln (Methylcyclohexan/CH_3OH), aus **V** u. **VI**; 19%. J. Rothe. 2450□

Darstellung von Dimethylphenyl- und Methyldiphenylsilancarbonsäure und einigen Derivaten. Henry Gilman und William J. Trepka. (J. org. Chemistry **25,** 2201 bis 2203, Dez. 1960; Ames, Iowa, Univ., Dep. of Chem.; engl.) — Vgl. C. **1961,** 3640. — *Dimethylphenyl-* (**I**) u. *Methyldiphenylsilancarbonsäure* (**II**) werden aus den Silyl-Li-Verbb. u. CO_2 synthetisiert u. mit CH_2N_2 in die *Methylester* übergeführt. Der **I**-Methylester gibt mit $LiAlH_4$ *Dimethylphenylhydroxymethylsilan*, das auch aus Dimethylphenylsilyl-Li u. HCHO entsteht. In abs. A. steigt die Beständigkeit gegen wss. NaOH (CO-Entw.) von Triphenylsilancarbonsäure über **II** zu **I**.

Versuche (Organometall-Rkk. unter N_2): *Dimethylphenylsilancarbonsäure* (**I**), $C_9H_{12}O_2Si$, F. 56—58° (PAe.), durch Zugeben von Dimethylphenylsilyl-Li (**III**) in Tetrahydrofuran zu Trockeneis-Ae., Extrahieren mit kalter 2%ig. NaOH u. Einstellen auf pH 5—6 (Meth. **A**); 50,2% (Ausbeute); bei 125° Entw. von CO; in abs. A. mit wss. NaOH langsame Entw. von CO. *Methylester*, $C_{10}H_{14}O_2Si$, $Kp._{1,2}$ 79—81°; $D._{20}^{20}$ 1,0226, n_D^{20} 1,5069; 90,2%. — *Dimethylphenylhydroxymethylsilan*, $C_9H_{14}OSi$, $Kp._{11}$ 113—117°, a) aus **I**-Methylester u. $LiAlH_4$ in Ae. durch $4^1/_2$std. Rk. bei Raum-Temp.; $D._{20}^{20}$ 0,9899; n_D^{20} 1,5225; 70,4%; b) aus **III** in Tetrahydrofuran durch Überleiten von HCHO-Gas, 1std. Kochen u. 2std. Rk. bei Raum-Temp.; 35,8%. — *Methyldiphenylsilancarbonsäure* (**II**), $C_{14}H_{14}O_2Si$, F. 133,5—136° (PAe.), aus Methyldiphenylsilyl-Li nach **A**; 66,5%. *Methylester*, $C_{15}H_{16}O_2Si$, $Kp._{0,02}$ 115—116°; $D._{20}^{20}$ 1,0926; n_D^{20} 1,5645; 69,3%. K. Lehmstedt. 2580□

Aminonitrile. 2. Mitt. **Einige Derivate von 2-Amino-3-cyaninden.** D. L. Garmaise und S. Gelblum. (Canad. J. Chem. **38,** 1639—41, Sept. 1960; La Salle, Quebec, Monsanto Canada Ltd.; L.G. Ryan Res. Labor.; engl.) — Im Rahmen der Unterss. über den Zusammenhang von chem. Struktur u. bakteriostat. Wrkg. werden eine Reihe von *N-substituierten 2-Amino-3-cyanindenen* synthetisiert. Die Wrkg. der Verbb. auf das Wachstum von *M. pyogenes var. aureus, Sarcina lutea* u. *Streptococcus faecalis* wird untersucht, wobei Wachstumshemmung beobachtet wurde. Gegenüber gramnegativen Organismen wurde keine Wrkg. beobachtet.

Versuche: 3-Cyanindene: *2-Amino-* (**I**), F. 193—194°, durch 1std. Kochen von o-Phenylendiacetonitril mit Na-Äthylat in A.; 91% (Ausbeute). — *2-[3-Nitroanilino]-*, F. 225—226° (Methanol), durch 2std. Kochen von **I** mit 1,38 g 3-Nitroanilin in Eisessig; 4,4%; daneben *3-Nitracetanilid*, F. 150—151°; 1,32 g. — *2-[3.4-Dichloranilino]-*, $C_{16}H_{10}Cl_2N_2$, F. 203—204° (Methanol), durch 25 Min. langes Erhitzen von **I** u. 3.4-Dichloranilinhydrochlorid auf 170—230°; 75,5%. — *2-[4-Chlorbenzylamino]-*, $C_{17}H_{13}ClN_2$, F. 173—174° (Methanol), durch 2std. Kochen von **I** u. 4-Chlorbenzylamin in Eisessig; 54%. — *2-[3.4-Dichlorbenzylamino]-* (**II**), $C_{17}H_{12}Cl_2N_2$, F. 180—181° (wss. Aceton), durch 1std. Erhitzen von **I**, 3.4-Dichlorbenzylamin u. dessen Hydrochlorid auf 170—200°; 95%. — *2-Aminoinden-3-carbonsäure* (**III**), $C_{10}H_9NO_2$, F. 186° (Zers.), durch 1std. Erwärmen von **I** mit konz. H_2SO_4 auf 26—35°, Zugabe von Eis u. 2std. Stehen. — *2-Aminohydrindan-1-carbonsäure*, $C_{10}H_{17}NO_2$, F. 171—172° (Äthylacetat), durch Hydrieren vorst. Verb. in A. in Ggw. von PtO_2; 23,4%. — *2-[3.4-Dichlorbenzylamino]-inden-3-carbonsäureamid*, $C_{17}H_{13}Cl_2NO_2$, F. 164—165° (Methanol), a) durch 2std. Rühren von **II** mit konz. H_2SO_4; 20%; b) durch 20 Min. langes Erhitzen von **III** mit 3.4-Dichlorbenzylamin u. dessen Hydrochlorid auf 175°; 47%. W. Hampel. 2650□

Die Natur der Lagidseschen Kohlenwasserstoffe. J. E. H. Hancock, H. W. Taber und Doris R. Scheuchenpflug. (Chem. and Ind. **1958,** 437, 12/4.; Portland, Oreg., Reed Coll.; engl.) — Durch Rk. von Bzl., $AlCl_3$ u. 1.4-Diacetoxybutin-(2) entsteht *2-Phenylnaphthalin* (F. 102°) u. nicht ein KW-Stoff der von Lagidse u. Petrow (C. **1954,** 1713) angegebenen Struktur. Analog entsteht aus 1.1.4.4-Tetramethyl-1.4-diacetoxybutin-(2) *1.1.1'.1'-Tetramethylindeno-[2'.3':3.2]-indan* (**I**), F. 83°, u. aus 1.1-Dimethyl-4.4-pentamethylenbutin-(2) ein *KW-Stoff vom F. 168°* (**II**). Durch Oxydation von **I** bzw. **II** mit CrO_3 in Eisessig wird eine *Verb. vom F. 204°* erhalten.
P. Becker. 2700

Untersuchungen in der Naphthalinreihe. 19. Mitt. **Über das 1.3.7-Trihydroxynaphthalin.** W. W. Koslow, D. I. Brosowski und W. M. Gawrilowa. (Журнал Общей Химии [J. allg. Chem.] **30 (92),** 2714—18, Aug. 1960; russ.) — 18. vgl. C. **1961,** 6447. — Durch Alkalischmelze von 2-Hydroxynaphthalin-6.8-disulfonsäure (**I**; G-Säure) wird über *2.8-Dihydroxynaphthalin-6-sulfonsäure* (**II**) *1.3.7-Trihydroxynaphthalin* (**III**) dargestellt. **III** wird in das *Triacetat* u. *1.3.7-Trichlornaphthalin* übergeführt u. mit m-Nitroanilin zu einem *Monoazofarbstoff* gekuppelt. Die Eigg. von **III** sprechen für die Struktur eines Hydroxyketons. **III** wird als Oxydationsfarbstoff für Rauchwaren empfohlen.

Versuche: *2.8-Dihydroxynaphthalin-6-sulfonsäure* (**II**), *K-Salz*, Dihydrat, $C_{10}H_7 \cdot KO_5S \cdot 2\,H_2O$, man erhitzt 5,0 g 83,8%ig. **I**-K-Salz, 0,18 Mol KOH u. 3 ml W. 1 Std. auf 200—205°; aus 15%ig. Salz-Lsg. helle, lange Prismen; 76% (Ausbeute). Daneben wenig **III**. *m-Nitrophenylazo-Deriv.*, *K-Salz*, $C_{16}H_{10}KN_3O_7S$, dunkelrot. — *1.3.7-Trihydroxynaphthalin* (**III**), $C_{10}H_8O_3$, F. 152°, aus W. *Monohydrat*, durch 1std. Erhitzen von 5 g 83,8%ig. **I**-K-Salz u. 0,18 Mol KOH mit 3 ml W. auf 260—265°; 65,7%. *Triacetat*, $C_{16}H_{14}O_6$, F. 205° (verd. Essigsäure), aus 0,3 g **III** u. 2,5 g Acetylchlorid mit 3 Tropfen Pyridin (6 Std. bei 35°); kleine, hellgraue Kristalle; 20%. *m-Nitrophenylazo-Deriv.*, *Hydrat*, $C_{16}H_{11}N_3O_5 \cdot H_2O$ (W.); rot. — *1.3.7-Trichlornaphthalin*, F. 113°, aus 0,3 g **III**, 2 Tropfen $POCl_3$ u. 1,2 g PCl_5 (6 Std. bei 180°). Helmut Schäfer. 2700

Untersuchungen in der Naphthalinreihe. 23. Mitt. **Über die oxydative Nitrierung von α-Cyanselenonaphthalin und α.α'-Dinaphthyldiselenid.** W. W. Koslow und Ss. E. Ssuworowa. (Журнал Общей Химии [J. allg. Chem.] **31 (93),** 3034 bis 3037, Sept. 1961; Moskau, Plechanow-Inst. für Volkswirtschaft; russ.) — 22. vgl. C. **1963,** 3934; 19. vgl. vorst. Referat. — Die oxydative Nitrierung von 1-Cyanselenonaphthalin (**I**) mit 20%ig. HNO_3 liefert *5-Nitro-* (**II**) u. *8-Nitronaphthalin-1-selenigsäure* (**III**) neben *α.α-Dinaphthyldiselenid* (**IV**). Die Nitrierung von **IV** mit rauchender HNO_3 gibt ebenfalls **II** u. **III**.

Versuche: *1-Cyanselenonaphthalin* (**I**), $C_{11}H_7NSe$, F. 72° (90%ig. Essigsäure), man diazotiert 5 g α-Naphthylamin, macht mit Na-Acetat schwach sauer, gibt 10 g KSeCN in 100 ml W. zu u. rührt 3 Std.; hellbraune, prismat. Nadeln. — *5-Nitronaphthalin-1-selenigsäure* (**II**), F. 145°, a) man erhitzt 5 g **I** u. 50 ml 20%ig. HNO_3 15 Std. auf dem sd. Wasserbad, trennt vom Harz ab, dampft ein u. krist. aus Essigsäure u. A. um; Nadeln; 1,24 g (Ausbeute); b) man erhitzt 7 g **IV** u. 12 ml HNO_3 (D. 1,52) 1 Std. u. gießt in Wasser. Daneben nach a) u. b): *8-Nitronaphthalin-1-selenigsäure* (**III**), F. 198°; Plättchen oder Nadeln; 1,76g nach a). Aus dem nach a) erhaltenen Harz *α.α'-Dinaphthyldiselenid* (**IV**), F. 86° (W.); orangegelb; 50 mg. Helmut Schäfer. 2700

Verwendung von Metallchloriden in statu nascendi als Sulfurierungskatalysatoren. Über Polysulfide des Naphthalins. Alexandre A. F. Damanski und Zlatko (Jakov) Binenfeld. (C. R. hebd. Séances Acad. Sci. **249,** 1678—79, 28/10. 1959; Belgrad, Fac. de Pharm.; franz.) — $BiCl_3$, $SbCl_3$ u. $SnCl_4$ sind im Moment ihrer Darst. aus dem entsprechenden Metall u. S_2Cl_2 bes. wirksame Friedel-Crafts-Katalysatoren für die Darst. von Polyaryldisulfiden. Aus Naphthalin (**I**) erhält man in Ggw. dieser Metalle u. S_2Cl_2 2 isomere Verbb., in denen die Kerne in β-Stellung durch —S—S-Brücken verknüpft sind. Bei längerem Stehen scheiden sie keinen S aus. Das Molgew. beträgt 1268 (Rast). IR-Banden s. Original.

Versuche: *Verb.* $C_{70}H_{44}S_{12}$, F. 95—97°, durch 4std. Eintropfen einer Chlf.-Lsg. von 1 ml S_2Cl_2 in ein Gemisch von 16 g **I** u. 13 mg Sb oder 22,4 mg Bi oder 11,7 mg Sn-Pulver in 40 ml Chlf. bei 60°, 20std. Stehen bei 20°, Zugeben von 3,25 ml S_2Cl_2 in Chlf. u. 1std. Erwärmen auf 60°; daneben ein *Isomeres vom F. 109—111°*; 4,2 g (Ausbeute). W. Schreiber. 2700□

Synthese von cis- und trans-Derivaten des 9a(„1a")-Carboxymethyl-8-methylhexahydrofluorenons. Herbert O. House, Robert G. Carlson, Hanspeter Müller, Arend W. Noltes und Carl D. Slater. (J. Amer. chem. Soc. **84,** 2614—20, 5/7. 1962; Cambridge, Mass., MIT, Dep. of Chem.; engl.) — Vgl. C. **1961,** 8647. — 9a-Carboxymethyl-8-methyl-cis-3.4.4a.9a-tetrahydrofluorenon-(9) (**II**) wurde über das entsprechende *Methylester-1.2-epoxid* in das *γ-Lacton* des *9a-Carboxymethyl-1-hydroxy-8-methyl-cis-1.2.3.4.4a.9a-hexahydrofluorendions-(2.9)*, ein mögliches Zwischenprod. für eine Synth. der Allogibbersäure, übergeführt. 9a-Carboxymethyl-8-methyl-cis-1.2.3.4.-4a.9a-hexahydrofluorenon-(9) (**III**) wurde durch Behandeln mit Br_2 u. anschließend LiJ/Kollidin zur entsprechenden *$\Delta^{4,4a}$-Verb.* (**IV**) dehydriert, welche mit $NaBH_4$ zu *9a-Carboxymethyl-8-methyl-1.2.3.9a-tetrahydrofluorenol-(9)-lacton* (**V**) red. wurde. Hydrierung von **V** gab die entsprechenden *cis-* (**VI**) u. *trans-Hexahydro-Derivv.* (**VII**), wobei das Mengenverhältnis von entstandenem **VI** u. **VII** vom Gew.-Verhältnis Katalysator/**V** abhing. Der Mechanismus dieser Hydrierung wird kurz diskutiert. Einige weitere Modell-Rkk. u. Verbesserungen früher beschriebener Darst.-Weisen sind angegeben.

Versuche (FF. korr.): *Cyclohexen-(1)-yl-o-tolylketon*, $Kp._{0,05}$ 98—115°, aus o-Tolyl-MgCl u. 1-Cyancyclohexen in Tetrahydrofuran/Ae. (Kochen über Nacht unter Rühren); n_D^{25} 1,5552; 70% (Ausbeute). — *9a-tert.-Butoxycarbonylmethyl-8-methyl-cis-3.4.4a.9a-tetrahydrofluorenon-(9)*, $C_{20}H_{24}O_3$, F. 99—100°, Prismen (wss. CH_3OH), aus 16 g eines Gemisches aus 8-Methyl-2.3.4.4a- (**I**) u. 8-Methyl-1.2.3.4-tetrahydrofluorenon-(9) (enthaltend 0,048 Mol **I**) u. Bromessigsäuremethylester in tert.-Butanol in Ggw. von tert.-C_4H_9OK (4 Min. langes Kochen), dann Kühlen, Ansäuern mit konz. HCl, Einengen, Ausäthern, Eindampfen u. 90 Min. langes Kochen des Rückstandes mit methanol. KOH; 52%. *Freie Säure* (**II**), F. 141—143° (PAe./Ae.), durch 4std. Kochen des Esters in Bzl. in Ggw. von p-Toluolsulfonsäure (TsOH); 79%. *Methylester*, $C_{17}H_{18}O_3$, F. 70,1 bis 71°, Prismen (CH_3OH), aus **II** a) mit CH_2N_2 (81%); b) mit CH_3OH/H_2SO_4 (80%). — *9a-Carboxymethyl-8-methyl-cis-3.4.4a.9a-tetrahydrofluorenol-(9)*, $C_{16}H_{18}O_3$, F. 177—178°, Prismen (wss. CH_3OH), aus **II** u. $NaBH_4$ in wss. NaOH (Rühren über Nacht); 65%. *Methylester*, $C_{17}H_{20}O_3$, F. 78,5—79,5°, Prismen (CH_3OH), mit CH_2N_2; 78%. *Lacton*, $C_{16}H_{16}O_2$, F. 149—150°, Nadeln (wss. CH_3OH), aus der Hydroxysäure in sd. Bzl. in Ggw. von TsOH (über Nacht mit Wasserabscheider); 81,9%. — *9a-Carboxymethyl-1-hydroxy-2-jod-8-methyl-cis-1.2.3.4.4a.9a-hexahydrofluorenon-(9)-lacton*, $C_{16}H_{15}JO_3$, F. 200—202° (Zers.), Prismen (CH_3OH/CH_2Cl_2), aus **II** u. J_2/KJ/$NaHCO_3$ in W. (48 Std. langes Stehen); 82,6%. — *9a-Methoxycarbonylmethyl-1.2-epoxy-8-methyl-cis-1.2.3.4.-3a.9a-hexahydrofluorenon-(9)*, $C_{17}H_{18}O_4$, F. 102,7—103,7°, Prismen (CH_3OH), a) aus 400 mg vorst. Verb. u. wss.-methanol. NaOH (6 Std. langes Rühren), dann Verestern der rohen *Epoxysäure* (F. 208—210°; 206 mg) mit CH_2N_2 (55%); b) aus **II**-Methylester u. 40%ig. Peressigsäure in CH_3COOH/Chlf. in Ggw. von CH_3COONa (15 Std. langes Rühren; 77,2%). — *9a-Carboxymethyl-1-hydroxy-8-methyl-cis-1.2.3.4.4a.9a-hexahydrofluorendion-(2.9)-lacton*, $C_{16}H_{14}O_4$, F. 168,5—170°, Nadeln (Essigester), durch Kochen von 388 mg vorst. Verb. mit wss. Tetrahydrofuran in Ggw. von $HClO_4$ (27 Std. unter N_2), wobei 412 mg eines Gemisches (F. 174—194°) stereoisomerer *9a-Carboxymethyl-1.2-dihydroxy-8-methyl-cis-1.2.3.4.4a.9a-hexahydrofluorenon-(9)-γ-lactone* erhalten wurden, u. anschließendes Rühren von 890 mg dieses Lactongemisches mit CrO_3 in wss.-aceton. H_2SO_4 (insgesamt 90 Min.; 63%). — *9a-Carboxymethyl-4a-hydroxy-8-methyl-cis-1.2.3.-4.4a.9a-hexahydrofluorenon-(9)-lacton*, $C_{16}H_{16}O_3$, F. 165—166°, Prismen (Aceton/CH_3OH), aus **III** u. Br_2 in sd. CCl_4 (1 Std.); 70%. — *9a-Carboxymethyl-8-methyl-1.2.3.9a-tetrahydrofluorenon-(9)* (**IV**), $C_{16}H_{16}O_3$, F. 129—130°, Prismen (PAe./Essigester), a) aus vorst. Verb. u. LiJ in sd. γ-Kollidin (96 Std.; 75%); b) aus 8-Methyl-1.2.3.4-tetrahydrofluorenon-(9) u. Bromessigsäureäthylester in sd. tert.-Butanol in Ggw. von tert.-C_4H_9OK (5 Min.), dann 3½std. Kochen mit wss.-methanol. KOH (isoliert als *Methylester*). *Methylester*, $C_{17}H_{18}O_3$, F. 77—78°, Prismen (Hexan), aus **IV** u. CH_2N_2; 91%. *tert.-Butylester*, $C_{20}H_{24}O_3$, F. 109—109,5°, Prismen (Ae./PAe.), durch 30 Min. langes Erhitzen von **IV** mit p-Toluolsulfochlorid in Pyridin auf 100°, Zugeben von tert.-Butanol u. 15 Min. langes Erhitzen auf 100°; 81%. — *9a-tert.-Butoxycarbonylmethyl-8-methyl-cis-1.2.3.4.4a.9a-hexahydrofluorenon-(9)* (**III**-tert.-Butylester), $C_{20}H_{26}O_3$, F. 53—55°, $Kp._{0,05}$ 130—140°, a) aus **IV**-tert.-Butylester u. H_2/30%ig. Pd-Kohle in A. (67%); b) aus **III** wie oben (79,5%); n_D^{25} 1,5299. 4std. Kochen mit TsOH in Bzl. gab 53% **III**, F. 141—142° (Essigester). — Hydrierung von **IV** an 10%ig. Pd-Kohle in A. gab 80% **III**. — *9a-Carboxymethyl-8-methyl-1.2.3.9a-tetrahydrofluorenol-(9)-lacton* (**V**), $C_{16}H_{16}O_2$, F. 123—124° (Sintern bei 121°), Prismen, sublimiert bei 120°/0,01 mm, aus dem Na-Salz von **IV** u. $NaBH_4$ (48std. Rühren bei Raum-Temp.); 76% roh. — *trans-9a-Carboxymethyl-8-methyl-1.2.3.4.4a.9a-hexahydrofluorenol-(9)-lacton* (**VII**), $C_{16}H_{18}O_2$, F. 133—134°, Prismen (Ae./PAe.), aus 2 g **V** u. H_2 an 50 mg 30%ig. Pd-Kohle in A. (45 Min.); 52%. — *cis-9a-Carboxymethyl-8-methyl-1.2.3.4.4a.9a-hexahydrofluorenol-(9)-lacton* (**VI**), F. 111,5—112°, Nadeln, aus **V** neben **VII**; 31% (roh). — Hydrierung von **V** mit der 4fachen Menge Katalysator (17 Min.) gab 40% **VII** u. 28% **VI**, mit der 8fachen Menge (10 Min.) 19,5% **VII** u. 55,5% **VI**. — *2-[o-Toluyl]-cyclohexanon*, $C_{14}H_{16}O_2$, F. 62,7—64,7° (A.), aus N-Cyclohexenylpyrrolidin (**VIII**; $Kp._{0,6}$ 76°) u. o-Toluylchlorid in Chlf. bei 10° (Rühren, dann 17std. Stehen u. 15 Min. langes Kochen), Hydrolyse mit sd. 6n HCl (2 Std.) u. Isolierung über das *Cu-Chelat* (77,6%), das mit HCl zerlegt wurde; 67%. — *2-Ketocyclohexylessigsäuremethylester*, $C_9H_{14}O_3$, $Kp._{0,2}$ 72—74°, aus **VIII** u. Bromessigsäuremethylester in sd. Bzl. (1½ Std.); n_D^{25} 1,4590; 55%. *Freie Säure*, F. 74—76°, Prismen (Essigester/Hexan); 81,5%. — *o-Tolylacetothiomorpholid*, $C_{13}H_{17}NOS$, F. 86—87,5°, Prismen, aus o-Methylacetophenon (Kp. 104—106°, nach Newman u. Booth [1945]; n_D^{26} 1,5290; 71%), S u. Morpholin (16std. Kochen); 50,5%. — *o-Tolylessigsäure*, F. 88—89°, Nadeln (W.), a) aus vorst. Verb. u. sd. HBr (23 Std.; 67%); b) aus α-Brom-o-xylol über *o-Tolylacetonitril* ($Kp._{0,36}$ 67—69°; n_D^{25} 1,5259); 63%. — *1-Methylfluorenon-(9)*, F. 97,5—99°, gelbe Nadeln (CH_3OH), Bldg. durch Disproportionierung von 8-Methyltetrahydrofluorenonen-(9) bei der Chromatographie. J. Rothe. 2750□

Acetylierung von Anthracen durch die Friedel-Crafts-Reaktion unter Benutzung von Chloroform als Lösungsmittel. H. F. Bassilios, M. Shawky und A. Y. Salem. (Recueil Trav. chim. Pays-Bas **81**, 679—82, Aug. 1962; Alexandria, U.A.R., Univ., Fac. of Engng.; engl.) — Die Acetylierung von Anthracen (**V**) mit $AlCl_3$ u. Acetylchlorid (**IV**) nach Friedel-Crafts in Chlf. ergibt *9-* (**I**) u. daneben wenig *1-Acetyl-Deriv.* (**II**) von **V**; bei Anwendung von $AlCl_3$/**IV** im Überschuß erhöht sich die Ausbeute an **II** unter gleichzeitiger Bldg. von *1.5-Diacetylanthracen* (**III**). Die Bldg. von **II** u. **III** wird durch Erhöhen des **IV**/$AlCl_3$-Verhältnisses verhindert. Unter optimalen Bedingungen können gute Ausbeuten an **I** bzw. **III** erzielt werden. **III** wird durch CrO_3-Oxydation zu *1.5-Diacetylanthrachinon* u. deren Weiteroxydation mit NaOCl zu *Anthrachinon-1.5-dicarbonsäure* identifiziert.

Versuche: *9-Acetylanthracen* (**I**), F. 78° (verd. A.), durch ½std. Rühren von 1,2 (Mol) **IV** in Chlf. mit 1,2 $AlCl_3$ bei 30—35° bis zur Lsg., langsames Zugeben von 1 **V** in Chlf. unter Rühren <40°, 50 Min. langes Rühren, Filtrieren (→ Nd. **A**), Zers. des Filtrats mit verd. HCl, Waschen der organ. Phase, Eindampfen im Vakuum, Lösen in sd. A., Kühlen, Filtrieren (→ 0,7 g **V**), Versetzen des Filtrats mit etwas W. u. Kühlen; 73% (Ausbeute); daneben 1,4 g *1-Acetylanthracen* (**II**), F. 109° (A.), durch Zers. des Nd. **A** mit verd. HCl. — *1.5-Diacetylanthracen* (**III**), F. 213° (Eisessig), durch ½std. Rühren von 3 (Mol) **IV** in Chlf. mit 3 $AlCl_3$ bei 30—35° bis zur Lsg., langsames Zugeben von **V** in abs. Chlf., 2std. Rühren, Filtrieren, Zers. des Nd. u. des Filtrats mit verd. HCl u. fraktionierte Kristallisation; dunkelgelbe Nadeln; 81,5% (daneben 1 g eines nicht identifizierten Prod.). — *1.5-Diacetylanthrachinon*, F. 320°, durch Zugeben von 5 g **III** zu CrO_3/Eisessig, 5 Min. langes Kochen u. Kühlen auf 60°; Nadeln aus Nitrobenzol; 5,2 g. — *Anthrachinon-1.5-dicarbonsäure*, F. 399°, durch Verrühren von 5 g vorst. Verb. mit konz. H_2SO_4, Gießen auf Eis, Zugeben von verd. NaOH, Erhitzen auf 70°, Zugeben von NaOCl-Lsg. bei 70° unter Rühren bis zum Verschwinden der Rotfärbung, Zers. mit $NaHSO_3$-Lsg., Filtrieren u. Ansäuern mit 50%ig. H_2SO_4; 4,9 g.

R. Schönfelder. 2800□

Untersuchungen über die Synthese von Diterpensäuren. J. A. Barltrop und A. C. Day. (Chem. and Ind. **1958**, 439, 12/4.; Oxford, Univ., Dyson Perrins Labor.; engl.) — Vgl. C. **1960**, 14708. — Beschrieben wird die Darst. von *2-Oxo-8β-carbomethoxy-4bβ.8α-dimethyl-2.3.4.4aα.4b.5.6.7.8.8aα.9.10-dodekahydrophenanthren.*

Versuche: *1-[m-Methoxyphenyläthinyl]-2.6-dimethyl-2-carbäthoxycyclohexanol*, aus 2.6-Dimethyl-2-carbäthoxycyclohexanon u. m-Methoxyphenyläthinyl-MgJ. — *1-[m-Methoxyphenyläthyl]-2.6-dimethyl-2-carbäthoxycyclohexanol*, durch Hydrierung vorst. Verb. über Pd-Kohle. — *trans-2-Methoxy-8β-carbäthoxy-4bβ.8α-dimethyl-4b.5.6.7.8.8aα.9.10-oktahydrophenanthren* (**I**), F. 73—74°, durch Cyclisierung vorst. Verb. mit P_2O_5 bei 140 bis 145°, daneben die *cis-Verb.* (**II**). — *trans-2-Oxo-8β-hydroxymethyl-4bβ.8α-dimethyl-2.3.4.4aα.4b.5.6.7.8.8aα.9.10-dodekahydrophenanthren*, durch Red. von **I** mit Li u. A. in fl. NH_3 zum Enoläther u. Hydrolyse. — *trans-2-Oxo-8β-carboxy-4bβ.8α-dimethyl-2.3.4.4aα-4b.5.6.7.8.8aα.9.10-dodekahydrophenanthren*, a) durch Chromsäureoxydation vorst. Verb.; b) aus **I** über trans-2-Methoxy-8β-carboxy-4bβ.8α-dimethyl-4b.5.6.7.8.8aα.9.10-oktahydrophenanthren durch Red. mit Li. *dl-Methylester*, F. 98—99°, durch Rk. der Säure mit CH_2N_2. *d-Methylester*, F. 119—120°. *cis-Isomeres, Methylester*, F. 106—107°, durch Red. von **II**, Chromsäureoxydation u. Rk. mit CH_2N_2. — *cis-2-Methoxy-8ξ-carbäthoxy-4bβ.8α-dimethyl-10-oxo-4b.5.6.7.8.8aβ.9.10-oktahydrophenanthren*, durch Oxydation von **II**.

P. Becker. 2850

Spirohexan. Donald E. McGreer. (Canad. J. Chem. **38**, 1638—39, Sept. 1960; Vancouver, B.C., Univ. of British Columbia, Dep. of Chem.; engl.) — Die Darst. von *Spirohexan* aus 1.1-Bis-[jodmethyl]-cyclobutan wird beschrieben, die Maxima der IR- u. KMR-Spektren sind angegeben.

Versuche: *1.1-Bis-[jodmethyl]-cyclobutan*, $Kp._{0,3}$ 76—78°, nach Schubert u. Leahy (C. **1957**, 6400); 50% (Ausbeute). — *Spirohexan*, C_6H_{10}, $Kp._0$70°, durch Kochen von Di-Na-dihydrogenäthylendiaminotetraessigsäure, NaOH u. NaJ in verd. A., Zugaben von Zn, Eintropfen vorst. Verb. u. 1 std. Kochen; n_D^{22} 1,4245; $D._4^{24}$ 0,855; 60%. W. Hampel. 2950□

Darstellung N-substituierter trans-2.3-Bis-[aminomethyl]-bicyclo-[2.2.1]-heptene-(5). Hans Krieger. (Suomen Kemistilehti B **35**, 114, 1962; Turku, Lääke Oy, Med. Forsch.-Labor.; dt.) — Umsetzung des Adduktes (**I**) aus Cyclopentadien u. Fumarylchlorid mit Aminen u. Red. mit $LiAlH_4$ lieferte N-substituierte *trans-2.3-Bis-[aminomethyl]-bicyclo-[2.2.1]-heptene-(5)*; diese Verbb. u. ihre *Methojodide* (**Mj**) haben an der Katze keine ausgeprägte Wrkg. auf den Blutdruck.

Versuche: *trans-2.3-Bis-[dimethylaminomethyl]-bicyclo-[2.2.1]-hepten-(5)*, $Kp._8$ 104 bis 106°, aus trans-Bicyclo-[2.2.1]-hepten-(5)-dicarbonsäure-(2.3)-bis-dimethylamid (erhalten nach Alder, Hartung u. Netz, C. **1957**, 9905, in 85%ig. Ausbeute) u. $LiAlH_4$ in Ae.; n_D^{20} 1,4813. *Bis*-**Mj**, F. 279,0—280,5° (Zers.; CH_3OH). — *trans-Bicyclo-[2.2.1]-hepten-(5)-dicarbonsäure-(2.3)-bis-morpholid*, F. 170,5—172,5° (Essigester), aus **I** ($Kp._{10}$ 112—115°) u. Morpholin in PAe.; 82%. — *trans-2.3-Bis-[morpholinomethyl]-bicyclo-[2.2.1]-hepten-(5)*, $Kp._{0,4}$ 140—145°, aus vorst. Verb. u. $LiAlH_4$; n_D^{20} 1,5146. *Dipikrat*, $C_{29}H_{34}N_8O_{16}$, F. 116—117° (Zers.; 60%ig. A.). *Bis*-**Mj**, F. 255,5—258,5° (Zers.; A.). — *trans-Bicyclo-[2.2.1]-hepten-(5)-dicarbonsäure-(2.3)-bis-piperidid*, F. 159—160° (Essigester); 82%. — *trans-2.3-Bis-[piperidinomethyl]-bicyclo-[2.2.1]-hepten-(5)*, $Kp._{0,08}$ 134—138°; n_D^{20} 1,5161. *Bis*-**Mj**, F. 269,5—270,0° (Zers.; CH_3OH). J. Rothe. 2950□

Aminomethylierung bicyclischer Alkene mit endocyclischer Doppelbindung in Abhängigkeit von der Ringspannung. (Vorl. Mitt.) Hans Krieger. (Suomen Kemistilehti B **35**, 118—19, 1962; Turku, Lääke Oy, Med. Forsch.-Labor.; dt.) — Vgl. C. **1962**, 7877. — Bicycl. Alkene mit gespannter endocycl. Doppelbindung lagern leicht $(CH_3)_2NH$ u. HCHO (in CH_3COOH in Ggw. von H_2SO_4) an, während sich die spannungsfreien Alkene, z. B. Bicyclo-[2.2.2]-octen u. Bicyclo-[3.2.1]-octen-(2), unter den gleichen Bedingungen nicht aminomethylieren lassen. So entsteht aus Bicyclo-[2.2.1]-hepten als Hauptprod. *exo-2-Dimethylaminomethylbicyclo-[2.2.1]-heptan* (**I**), als eines der Nebenprodd. *Bis-{exo-bicyclo-[2.2.1]-heptyl-(2)-methyl}-methylamin*. Die Konstit. des letzten wurde bewiesen durch Hofmann-Abbau zu *2-Methylenbicyclo-[2.2.1]-heptan* (**II**) u. **I**. — Ferner entsteht aus 2-Phenylbicyclo-[2.2.1]-hepten-(2) ausschließlich ein *Phenyl [dimethylaminomethyl]-bicyclo-[2.2.1]-heptan*, aus **II** ein komplizierteres Gemisch (keine experimentellen Angaben). J. Rothe. 2950□

Bertram-Walbaum-Reaktion von Bicyclo-[2.2.1]-heptadien. Hans Krieger. (Suomen Kemistilehti B **35**, 127—28, 1962; Turku, Lääke Oy, Med. Forsch.-Labor.; dt.) — Umsetzung von Bicyclo-[2.2.1]-heptadien (**I**) mit CH_3COOH in Ggw. von 50%ig. H_2SO_4 (18 Std. bei 110°; „Bertram-Walbaum-Rk.") gab 71% (Ausbeute) eines *Diacetatgemisches* (**A**; $Kp._{14}$ 142—143°; n_D^{20} 1,4658), das als Hauptprod. das *exo-2-anti-7-*, als weitere Prodd. *endo-2-exo-5-* u. *exo-2-exo-5-Diacetoxybicyclo-[2.2.1]-heptan* enthielt. Verseifung von **A** mit 15%ig. methanol. KOH gab ein *Diolgemisch*, von welchem 2,2 g nach Chromatographie an Al_2O_3 0,36 g *exo-2-exo-5-Dihydroxybicyclo-[2.2.1]-heptan* (**I**; F. 182,0—182,5°), u. Gemische von **I** mit dem *endo-endo-Isomeren* u. 1,44 g *exo-2-anti-7-Dihydroxybicyclo-[2.2.1]-heptan* (F. 196,5—197,5°) lieferten. Die Rk. verläuft demnach vorwiegend über ein Nortricyclonium-Ion. J. Rothe. 2950□

2.2a.3.3a.4.5-Hexahydro-1 H-cyclopent-[jkl]-asymm.-indacen. Henry Rapoport und Gerald Smolinsky. (J. Amer. chem. Soc. **82**, 1171—80, 5/3. 1960; Berkeley, Calif., Univ., Dep. of Chem.; engl.) — Vgl. C. **1959**, 10223. — Vff. beschreiben die Synth. des tetracycl. Ring-Syst. *2.2a.3.3a.4.5-Hexahydro-1H-cyclopent-[jkl]-asymm.-indacen* (**XV**). Ausgehend von *1-Oxo-2.2a.3.4-tetrahydro-1H-cyclopent-[cd]-inden* (**I**) wird bei dessen Red. mit $NaBH_4$ die *1-Hydroxy-Verb.* (**II**) erhalten, die mit HCl in die *1-Chlor-Verb.* (**III**) übergeht, von der aus eine Malonester-Synth. möglich ist, bei welcher *2.2a.3.4-Tetrahydro-1H-cyclopent-[cd]-indenessigsäure-(1)* (**IV**) entsteht. **IV**, die ebenso wie **V** in verschiedenen stereoisomeren Formen auftritt, läßt sich in einer Arndt-Eistert-Rk. in die *Propionsäure-Verb.* (**V**) überführen, welche in Ggw. von HF zu *6-Oxo-2a.3.3a.4.5.6-hexahydrocyclopent-[bc]-acenaphthen* (**VII**) cyclisiert wird, dessen *5-Oximino-Deriv.* (**VIII**) durch Rk. mit Benzolsulfochlorid (**XXI**) u. anschließende Hydrolyse die ringoffene 7-Carboxy-2.2a.3.4-tetrahydro-1H-cyclopent-[cd]-indenessigsäure-(1) (**IX**) liefert, deren *Pb-Salz* bei der Pyrolyse neben einem Stereoisomeren von **IV** u. einem *KW-Stoff* $C_{12}H_{12}$ *1-Oxo-2.2a.3.3a.4.5-hexahydro-1H-cyclopent-[jkl]-asymm.-indacen* (**XI**) liefert. Red. des **XI**-*Semicarbazons* nach Wolff in tert.-Butanol führt zu **XV**, das in seinen chem. Eigg. Olefin-Charakter zeigt, wie aus seinem Verh. bei der Hydrierung u. bei der Oxydation mit Luft oder mit Perbenzoesäure hervorgeht. Als

Modell-Verb. wird *1.2.3.6.7.8-Hexahydro-asymm.-indacen* (**XIII**) aus o-[Carboxymethyl]-dihydrozimtsäure (**XX**) durch Ringschluß mit Polyphosphorsäure (**X**) zu *1-Oxoindanessigsäure-(4)* (**XVI**), Hydrierung zu *Indanessigsäure-(4)* (**XVII**), Überführung in die *Propionsäure-Verb.* (**XVIII**), erneutem Ringschluß zu *3-Oxo-1.2.3.6.7.8-hexahydro-asymm.-indacen* (**XIX**) u. Hydrierung synthetisiert. Aus dem Vgl. der UV-Absorptionsspektren u. der chem. Eigg. von **XV** u. **XIII** folgern Vff., daß in **XV** der Benzolring auf Grund der starken Ringspannung aus seiner ebenen Anordnung herausgedrückt sein muß. Für **VII**, **XI**, **XIII**, **XV** u. **XIX** sind die UV-Spektren graph. wiedergegeben. Für die meisten der synthetisierten Verbb. sind UV-Maxima aufgeführt. Die Spektren werden ausführlich diskutiert.

Versuche: *2a.3.4.5-Tetrahydroacenaphthenon-(5)*, F. 83—85°, durch 24std. Einw. von wasserfreiem HF auf *Indanpropionsäure-(1)* bei Raum-Temp.; ca. 100% (Ausbeute). — *7-Carbomethoxyindanessigsäure-(1)-methylester*, $C_{14}H_{16}O_4$, F. 54—55°, Kp.$_{0,3}$ 130°, aus 7-Carboxyindanessigsäure-(1), CH_3OH u. H_2SO_4. — *1-Oxo-2.2a.3.4-tetrahydro-1H-cyclopent-*[*cd*]*-inden* (**I**), F. 65°, durch Verseifung vorst. *Diesters*, Überführung der *Dicarbonsäure* in das *Pb-Salz*, 5std. Pyrolyse bei 400—450°/30—35 mm unter N_2 u. Sublimation bei 60°/20 mm; 35%. *p-Toluolsulfonylhydrazon* (**VI**), $C_{18}H_{18}N_2O_2S$, F. 196—197° (A.), durch 2std. Kochen von **I** u. p-Toluolsulfonylhydrazin in abs. A. u. Abkühlen; 85%. — *1-[2-Hydroxyäthoxy]-2.2a.3.4-tetrahydro-1H-cyclopent-*[*cd*]*-inden*, Kp.$_{10}$ 155—185°, durch 24std. Kochen von 1 g **VI** mit der Lsg. von Na in Äthylenglykol unter N_2 u. Bzl.-Extraktion der mit W. verd. Lösung. *p-Nitrobenzoat*, $C_{20}H_{19}NO_5$, F. 102—103°. — *1-Hydroxy-2.2a.3.4-tetrahydro-1H-cyclopent-*[*cd*]*-inden* (**II**), $C_{11}H_{12}O$, F. 87,7—88,1° (wss. CH_3OH), durch Einrühren von wss.-methanol. $NaBH_4$ in die Lsg. von **I** in CH_3OH, 24std. Aufbewahren bei Raum-Temp., $^1/_2$std. Erhitzen mit NaOH auf dem Wasserbad, Zugabe von W. u. Sublimation des ausgeschiedenen Rk.-Prod. bei 100°/5 mm; 94%. — *1-Chlor-2.2a.3.4-tetrahydro-1H-cyclopent-*[*cd*]*-inden* (**III**), $C_{11}H_{11}Cl$, Kp.$_{10}$ 135°, durch 6std. Einleiten von trockenem HCl-Gas in die Lsg. von **II** in abs. Ae. bei 0°, 24std. Aufbewahren u. Abdestillieren des Ae.; n_D^{25} 1,5792; 96%. — *2.2a.3.4-Tetrahydro-1H-cyclopent-*[*cd*]*-inden-(1)-malonsäurediäthylester*, $C_{18}H_{22}O_4$, Kp.$_{0,3}$ 148°, durch tropfenweises Zufügen von 18,3 g **III** (0,1 Mol) zu der Lsg. von 32,4 g Malonsäurediäthylester (0,2 Mol) u. 2,56 g Na (0,11 Mol) in 300 ml Isopropanol unter N_2 bei 45°, 18std. Rühren bei 45°, Ansäuern mit 1n HCl u. Extraktion mit CH_2Cl_2; n_D^{24} 1,5151; 26,9 g. — *2.2a.3.4-Tetrahydro-1H-cyclopent-*[*cd*]*-indenessigsäure-(1)* (**IV**), $C_{13}H_{14}O_2$, F. 95—110°, durch Verseifung vorst. Verb. durch 17std. Kochen mit wss. äthanol. KOH im N_2-Strom, Abdestillieren von A., Ae.-Extraktion der mit HCl angesäuerten Lsg. u. Decarboxylierung der durch Abdestillieren des Ae. erhaltenen *Dicarbonsäure* unter N_2 durch $^1/_2$std. Erhitzen auf 180—190° u. Sublimation bei 100—110° im Hochvakuum; 74%. — *2.2a.3.4-Tetrahydro-1H-cyclopent-*[*cd*]*-indenessigsäure-(1)-methylester*, $C_{14}H_{16}O_2$, Kp.$_2$ 129—131°, durch 3std. Kochen von **IV** mit konz. H_2SO_4 u. CH_3OH, 17std. Stehenlassen bei Raum-Temp., Eingießen in $NaHCO_3$-Lsg. von 0° u. Extraktion mit CH_2Cl_2; n_D^{26} 1,5371; 95%. — *2.2a.3.4-Tetrahydro-1H-cyclopent-*[*cd*]*-indenessigsäure-(1)-chlorid*, Kp.$_{0,5}$ 114—118°, durch 3std. Rk. von **IV** mit überschüssigem $SOCl_2$ bei Raum-Temp.; 97%. — *2.2a.3.4-Tetrahydro-1H-cyclopent-*[*cd*]*-indenpropionsäure-(1)-methylester*, $C_{15}H_{18}O_2$, Kp.$_{0,9}$ 127—130°, durch Einrühren von vorst. Verb. in Ae. zu äther. CH_2N_2 bei 0°, 24std. Rühren bei Raum-Temp., 2std. Behandeln des nach Abdestillieren des Ae. erhaltenen *Diazoketons* in CH_3OH mit Ag-Benzoat in Triäthylamin, Zugabe von NaCl-Lsg. nach beendeter N_2-Entw. u. Einengen der filtrierten methanol. Lsg.; n_D^{27} 1,5350; 74%. — *2.2a.3.4-Tetrahydro-1H-cyclopent-*[*cd*]*-indenpropionsäure-(1)* (**V**), $C_{14}H_{16}O_2$, F. 95,7—96,1° (Hexan), durch 16std. Kochen vorst. Esters mit wss. äthanol. KOH im N_2-Strom, allmählich kristallisierendes Öl; 8,34 g. — *2.2a.3.4-Tetrahydro-1H-cyclopent-*[*cd*]*-indenpropionsäure-(1)-amid*, $C_{14}H_{17}$·NO, F. 134—135°, durch Lösen des aus **V** u. $SOCl_2$ dargestellten *Säurechlorids* in abs. Aceton, Einrühren von konz. NH_4OH, Chlf.-Extraktion des mit W. versetzten Rk.-Gemisches u. Sublimation des Chlf.-Rückstandes bei 140°/0,01 mm; 98%. — *epi-2.2a.3.4-Tetrahydro-1H-cyclopent-*[*cd*]*-indenpropionsäure-(1)-amid*, F. 140—141° (Bzl.–Hexan), durch Verseifen einer bei 152°/3 mm destillierenden Fraktion des **V**-*Methylesters* (36,6 g), Kristallisation des aus **V** u. dessen *Stereoisomeren* bestehenden Gemisches aus Hexan zur Entfernung von **V**, Lösen des nichtkrist. Anteils in wasserfreiem HF, Zugabe von gesätt. H_3BO_3-Lsg., Chlf.-Extraktion, Waschen der Chlf.-Lsg. mit Na_2CO_3-Lsg., Umwandlung der aus der alkal. Lsg. isolierten, mit **V** isomeren *Säure* mit $SOCl_2$ in das *Säurechlorid*, Rk. des letzteren mit konz. NH_4OH u. chromatograph. Reinigung an Al_2O_3; 394 mg; daneben aus der Chlf.-Lsg. **VII**. — *epi-2.2a.3.4-Tetrahydro-1H-cyclopent-*[*cd*]*-indenpropionsäure-(1)*, F. 58—60°, durch 14std. Kochen vorst. Verb. mit wss. alkohol. KOH unter N_2, Eindampfen, Ansäuern, Ae.-Extraktion u. Sublimation des Ae.-Rückstandes bei 85°/0,01 mm. — *6-Oxo-2a.3.3a.4.5.6-hexahydrocyclopent-*[*bc*]*-acenaphthen* (**VII**), C_{14}·

$H_{14}O$, F. 137—138° (wss. CH_3OH), durch 24std. Aufbewahren von **V** mit wasserfreiem HF, Aufnehmen in Chlf., Waschen mit H_3BO_3- u. Na_2CO_3-Lsg. u. Sublimation des Chlf.-Rückstandes bei 100° im Hochvakuum; 93%. *p-Toluolsulfonylhydrazon*, $C_{21}H_{22}N_2O_2S$, F. 224—225° (Zers.; abs. A.), aus **VII** analog **VI**. *Semicarbazon*, $C_{15}H_{17}N_3O$, F. 238 bis 240° (Zers.; Pyridin/W.). — *5-Oximino-6-oxo-2a.3.3a.4.5.6-hexahydrocyclopent-[bc]-acenaphthen* (**VIII**), $C_{14}H_{13}NO_2$, F. 222—225° (wss. CH_3OH; gelbe Nadeln), durch Einrühren von **VII** u. n-Butylnitrit in abs. Bzl. zu der Lsg. von K in abs. tert.-Butanol u. abs. Ae. unter N_2 bei 0°, 24std. Rühren bei Raum-Temp., Eindampfen im Vakuum, Aufnehmen des Rückstandes in W. u. Einleiten von CO_2 in die mit Bzl. gewaschene Lsg. bis zu pH 7—7,5; 72—80%. — *7-Carboxy-2.2a.3.4-tetrahydro-1H-cyclopent-[cd]-indenessigsäure-(1)* (**IX**), $C_{14}H_{14}O_4$, F. 243—244° (wss. A.), durch Einrühren von **XXI** in Pyridin zu einer Lsg. von **VIII** in Pyridin bei 0°, 24std. Rühren bei Raum-Temp., Chlf.-Extraktion der bei 0° mit H_2SO_4 neutralisierten Lsg., Aufnehmen des Chlf.-Rückstandes in CH_3OH, Zugabe von KOH, Entfernen von CH_3OH auf dem Wasserbad, 8std. Kochen im N_2-Strom nach Zusatz von 4n KOH, Ansäuern in der Kälte u. Ae.-Extraktion des ausgeschiedenen Rk.-Prod.; 68%. *Pb-Salz*, $C_{14}H_{12}O_4Pb$, aus **IX** nach Rapoport u. Pasky (vgl. C. **1956**, 13688), ca. 100%. — *2.2a.3.4-Tetrahydro-1H-cyclopent-[cd]-indenessigsäure-(1)* (*Stereoisomeres* von **IV**), $C_{13}H_{14}O_2$, F. 129—130° (wss. A.), durch 8std. Pyrolyse des vorst. *Pb-Salzes* bei 450—500° unter N_2 nach vorheriger $^1/_2$std. Entgasung bei 150°/0,5 mm, Aufnehmen des Rk.-Prod. in Ae., Auswaschen des Ae. mit Na_2CO_3-Lsg. u. Ansäuern der alkal. Lsg.; 22%; daneben *1-Oxo-2.2a.3.3a.4.5-hexahydro-1H-cyclopent-[jkl]-asymm.-indacen* (**XI**), $C_{13}H_{12}O$, F. 89—91° (Hexan), durch Chromatographie des Rückstandes der vorst. erhaltenen Ae.-Lsg. an Al_2O_3, Elution des *KW-Stoffs* $C_{12}H_{12}$ (5,5%) mit Hexan u. Sublimation des durch weiteres Eluieren mit Hexan isolierten Rk.-Prod. bei 90°/25 mm; 3,9%. *Semicarbazon*, F. 240—241° (Zers.; Pyridin/W.). — *6-Hydroxy-2a.3.3a.4.5.6-hexahydrocyclopent-[bc]-acenaphthen* (**XII**), $C_{14}H_{16}O$, F. 93—96°, aus **VII** u. $NaBH_4$ in wss. CH_3OH u. unter Durchleiten von N_2, Zugabe von W., Ae.-Extraktion u. Sublimation des Ae.-Rückstandes bei 50°/0,01 mm; 89%. — *1-Hydroxy-2.2a.3.3a.4.5-hexahydro-1H-cyclopent-[jkl]-asymm.-indacen*, $C_{13}H_{14}O$, F. 93 bis 96°, durch Red. von **XI** mit $NaBH_4$ analog **XII** u. Sublimation bei 50°/0,01 mm; 57%. — *2a.3.3a.4.5.6-Hexahydrocyclopent-[bc]-acenaphthen* (**XIV**), $C_{14}H_{16}$, F. 51—52°, durch Zugabe von **VII**-*Semicarbazon*, N_2H_4 u. tert.-Butanol zu K-tert.-Butylat, 12std. Erhitzen auf 185—195° im geschlossenen Gefäß unter Schütteln, Aufnehmen in CH_3OH, Einengen, Ae.-Extraktion u. Sublimation des Ae.-Rückstandes bei 75°/25 mm; n_D^{29} 1,5754; 83%. — *2.2a.3.3a.4.5-Hexahydro-1H-cyclopent-[jkl]-asymm.-indacen* (**XV**), $C_{13}H_{14}$, analog **XIV** aus **XI**-*Semicarbazon*; angenehm riechende Fl.; 71%; liefert bei der Hydrierung in CH_3OH an Pd-Kohle die *Perhydro-Verb.*, $C_{13}H_{20}$, $Kp._{25}$ 75°. — *1-Oxoindanessigsäure-(4)* (**XVI**), $C_{11}H_{10}O_3$, F. 154—155° (W.), durch $2^1/_2$std. Rühren von **XX** u. **X** bei 90—95°, Zugabe von Eis unter Rühren, Ae.-Extraktion u. Abdestillieren des Ae.; 75%. — *Indanessigsäure-(4)* (**XVII**), $C_{11}H_{12}O_2$, F. 101—102° (wss. CH_3OH), durch 8std. Hydrierung von **XVI** in abs. A. bei Raum-Temp. an Pd-Kohle; 81%. *Chlorid*, $Kp._{0,3}$ 78 bis 80°, durch 3std. Rk. von **XVII** mit $SOCl_2$ bei Raum-Temp.; 73%. — *Indanpropionsäure-(4)-methylester*, $Kp._{0,6}$ 102—108°, aus 6,88 g vorst. Verb. u. CH_2N_2 in Ae. u. Aufarbeitung analog **V**-Methylester; 5,19 g. — *Indanpropionsäure-(4)* (**XVIII**), $C_{12}H_{14}O_2$, F. 113—114° (wss. CH_3OH), durch Verseifung vorst. Verb.; 44%. — *3-Oxo-1.2.3.6.7.8-hexahydro-asymm.-indacen* (**XIX**), $C_{12}H_{12}O$, F. 108—109° (wss. CH_3OH; Nadeln), durch 1std. Rühren von **XVIII** u. **X** bei 95—100° u. Aufarbeitung analog **XVI**; 84%. *p-Toluolsulfonylhydrazon*, $C_{19}H_{20}N_2O_2S$, F. 230—231° (Zers.; Bzl./A.), aus **XIX** analog **VI**. — *1.2.3.6.7.8-Hexahydro-asymm.-indacen* (**XIII**), $C_{12}H_{14}$, F. 40—42°, durch 15std. Hydrierung von **XIX** in abs. A. an Pd-Kohle; 90%. W. Farr. 2950□

Polycyclische Verbindungen. 10. Mitt. **5-Methylnaphtho-[2'.1':1.2]-fluoren.** Emil Buchta und Hans Krätzer. (Chem. Ber. **95**, 1820—25, 16/7. 1962; Erlangen, Univ., Inst. für Organ. Chem.; dt.) — 9. vgl. C. **1962**, 8598. — Das aus 2'-Hydroxymethylen-3'-oxo-1.2-cyclopentenophenanthren u. Äthylvinylketon erhaltene *2'-[3-Oxopentyl]-3'-oxo-1.2-cyclopentenophenanthren* wird in einer dreistufigen Rk.-Folge in *5-Methylnaphtho-[2'.1':1.2]-fluoren* übergeführt.

Versuche: *1-Oxo-1.2.3.4-tetrahydrophenanthren*, $C_{14}H_{12}O$, F. 94,5—96,5° (Methanol u. Ligroin), durch 40std. Stehen von γ-[α-Naphthyl]-buttersäure mit wasserfreier HF bei Raum-Temp. in einer Polyäthylenflasche, Abblasen der HF (zuletzt auf dem 40—50° warmem Wasserbad), Neutralisieren mit gesätt. K_2CO_3-Lsg., Aufnehmen mit Bzl., Ausschütteln mit gesätt. Soda-Lsg. u. Eindampfen der Benzol-Lsg.; 95% (Ausbeute). — *β-Carbäthoxy-β-[3.4-dihydrophenanthryl-(1)]-propionsäure*, F. 146,5—148° (Methanol), durch Lösen von K in abs. tert.-Butanol, portionsweise Zugabe vorst. Verb. u. dann von Bernsteinsäurediäthylester, 1std. Kochen unter N_2, Ansäuern mit verd. HCl unter

Eiskühlung, Versetzen mit Ae. u. Einengen der organ. Phase; 81,2%. — *4.5-Benzo-2.3-dihydroperinaphthanon-(7)-carbonsäure-(9)-äthylester*, $C_{20}H_{18}O_3$, F. 106,5—107,5° (Methanol), durch 48std. Stehen vorst. Verb. mit wasserfreier HF bei Raum-Temp. in einem Polyäthylengefäß, Abblasen, Neutralisieren mit gesätt. K_2CO_3-Lsg., Extrahieren mit Ae. u. Eindampfen; 63,7%. *Freie Säure*, $C_{18}H_{14}O_3$, F. 227—230° (Zers.), durch 17std. Kochen des Esters mit 20%ig. H_2SO_4, Schütteln mit Chlf., Dioxan, Ae. u. Bzl. u. Eindampfen der organ. Lsg.; aus 50%ig. Essigsäure hellgelbe Kristalle; 52,2%. — *3'-Oxo-1.2-cyclopentenophenanthren*, $C_{17}H_{12}O$, F. 198—201°, durch 1std. Erhitzen von 3'-Oxo-3.4-dihydro-1.2-cyclopentenophenanthren u. S auf 225—230° u. Sublimieren bei 195 bis 205°/0,01 Torr; aus Eisessig blaßgelbe Kristalle; 75,1%. — *2'-Hydroxymethylen-3'-oxo-1.2-cyclopentenophenanthren*, $C_{18}H_{12}O_2$, F. 197—198° (Zers.), durch Zutropfen von Ameisensäureäthylester zu Na in abs. A., 1/4std. Rühren, Erwärmen auf 68°, Zutropfen vorst. Verb. in abs. Toluol, 4std. Rühren bei 68° unter N_2, Zers. mit W., Ansäuern mit verd. H_2SO_4 u. Filtrieren; aus A. hellbraune Kristalle; 91,5%; gibt mit $FeCl_3$ eine olivgrüne Färbung. — *3'-Oxo-2'-[3-oxopentyl]-1.2-cyclopentenophenanthren*, $C_{22}H_{20}O_2$, F. 165—166°, durch 3tägiges Stehen vorst. Verb. mit Äthylvinylketon, Hydrochinon u. Triäthylamin in abs. Pyridin bei Raum-Temp., Chromatographie an bas. Al_2O_3 u. Eluieren mit Bzl.; aus A. hellbraune Kristalle; 79,7%. — *5-Methyl-6-oxonaphtho-[2'.1':1.2]-6.7.8.8a-tetrahydrofluoren*, $C_{22}H_{18}O$, F. 245—247° (Eisessig), durch 3½std. Erhitzen vorst. Verb. in Dioxan mit 5%ig. KOH auf dem Wasserbad; 72,1%. — *5-Methylnaphtho-[2'.1':1.2]-fluoren*, $C_{22}H_{16}$, F. 274,5—276°, durch Zutropfen vorst. Verb. in abs. Tetrahydrofuran zu $LiAlH_4$ in abs. Tetrahydrofuran, 5std. Kochen, Zers. mit W., Ansäuern mit verd. H_2SO_4, Eindampfen der organ. Phase, Aufnehmen in Bzl., Eindampfen, Zugabe 30%ig. Pd/Kohle, ½std. Erhitzen auf 150—180° unter N_2, 1std. Erhitzen auf 300°, Kochen mit Bzl., Chromatographie an bas. Al_2O_3 u. Sublimation bei 270°/0,01 Torr; aus Xylol Plättchen; 46,4%. P. Golinske. 2950□

Polycyclische Verbindungen. 11. Mitt. 7.8;9.10-Dibenzofluoranthen. Emil Buchta und Herbert Maar. (Chem. Ber. **95**, 1826—28, 16/7. 1962; dt.) — 10. vgl. vorst. Referat. — *7.8;9.10-Dibenzofluoranthen* (**IV**) entsteht aus Phenyl-[1.2.3.4-tetrahydronaphthyl-(1)]-essigsäure (**I**) über *2-Phenyl-2a.3.4.5-tetrahydroacenaphthenon-(1)* u. *1.2-Diphenyl-2a.3.4.5-tetrahydroacenaphthylen* (**V**). **V** liefert durch partielle Hydrierung *1.2-Diphenyl-2a.3.4.5-tetrahydroacenaphthen* (**II**) bzw. durch S-Dehydrierung *1.2-Diphenylacenaphthylen* (**III**). **II** u. **III** geben bei der Dehydrierung mit 30%ig. Pd/Kohle dann **IV**.

Versuche: *2-Phenyl-2a.3.4.5-tetrahydroacenaphthenon-(1)*, $C_{18}H_{16}O$, F. 125—127° (Ligroin), durch 1tägiges Stehen von **I** mit wasserfreier HF bei Raum-Temp. in einer Polyäthylenflasche, Abblasen der HF, Neutralisieren mit 30%ig. K_2CO_3 u. Extrahieren mit Bzl.; 93% (Ausbeute). — *1.2-Diphenyl-2a.3.4.5-tetrahydroacenaphthylen* (**V**), $C_{24}H_{20}$, F. 135,5—136,5°, durch Zugabe vorst. Verb. in abs. Bzl. zu Li-Phenyl in abs. Ae., ½std. Rühren, 2std. Kochen, Einrühren in W., Eindampfen der organ. Phase u. 1std. Kochen mit wasserfreier HCOOH; aus abs. A. hellgelbe Kristalle; 59%. — *1.2-Diphenyl-2a.3.4.5-tetrahydroacenaphthen* (**II**), $C_{24}H_{22}$, F. 115—116° (abs. A.), durch 8std. Hydrieren von **V** in Essigester an 30%ig. Pd/Kohle bei 40°/1 at; 75%. — *1.2-Diphenylacenaphthylen* (**III**), $C_{24}H_{16}$, F. 162—163°, durch ¾std. Erhitzen von **V** mit S auf 220—223° u. kurzes Erhöhen der Temp. auf 230°; aus Eisessig orangerote Kristalle; 58%. — *7.8;9.10-Dibenzofluoranthen* (**IV**), $C_{24}H_{14}$, F. 253—254°, a durch 1½std. Erhitzen von **II** mit 30%ig. Pd/Kohle unter N_2 auf 340—345°; aus Toluol goldgelbe Nadeln; 45%; b) analog a) aus **V** u. 30%ig. Pd/Kohle; 48%; c) durch 1std. Erhitzen von **III** mit 30%ig. Pd-Kohle unter N_2 auf 350—355°, Auskochen mit Toluol, Eindampfen u. ¾std. Erhitzen des Rückstandes mit Pd/Kohle auf 350—355°; 34%. *Pikrat*, $C_{24}H_{14} \cdot C_6H_3N_3O_7$, F. 225 bis 227° (nach vorherigem Sintern); orangefarbene Nadeln. P. Golinske. 2950□

1-[β-Acetoxyvinyl]-6-methoxy-3.4-dihydronaphthalin — ein neues bicyclisches Dien zur Synthese von Steroidverbindungen. T. I. Ssorkina, I. I. Saretzkaja und I. W. Torgow. (Доклады Академии Наук СССР [Ber. Akad. Wiss. UdSSR] **129**, 345—48, 11/11. 1959; Zelinsky-Inst. für org. Chem. der Akad. der Wiss. der UdSSR; russ.) — Aus [6-Methoxytetralyliden-(1)]-acetaldehyd (**I**) u. Isopropenylacetat wird *1-[β-Acetoxyvinyl]-6-methoxy-3.4-dihydronaphthalin* (**II**) erhalten, das sehr unbeständig ist. **II** wird ohne weitere Reinigung durch Dien-Synth. in einige Steroid-Verbb. übergeführt.

Versuche: *[6-Methoxytetralyliden-(1)]-acetaldehyd* (**I**), $C_{13}H_{14}O_2$, F. 89—90° (Äthylacetat), durch Zugabe von Äthoxyacetylen in abs. Ae. zu Äthyl-MgBr in Ae., ¼std. Erhitzen auf 35°, Abkühlen auf 0°, Zugabe von 6-Methoxytetralon-(1) in Bzl. im N_2-Strom, ¼std. Rühren bei 35°, Abkühlen u. Zers. mit wss. NH_4Cl. Das erhaltene *6-Meth-*

oxy-1-[äthoxyäthinyl]-tetralol-(1) wird in Äthylacetat in Ggw. von $Pd/PbCO_3$ u. Chinolin hydriert u. das Rk.-Gemisch nach Filtrieren 45 Min. lang mit 3%ig. H_2SO_4 geschüttelt; hellgelb; λ_{max} (in Heptan) 239; 245 mμ; 60% (Ausbeute). *2.4-Dinitrophenylhydrazon*, $C_{19}H_{18}N_4O_5$, F. 214°; λ_{max} (in Heptan) 398 mμ; kirschrot. — *1-[β-Acetoxyvinyl]-6-methoxy-3.4-dihydronaphthalin* (II), durch 10 Min. langes Erhitzen von 1 g I, 5 g Isopropenylacetat u. wenig p-Toluolsulfonsäure auf 120° unter Abdestillieren von 1 ml eines Gemisches von Aceton u. Isopropenylacetat, Neutralisieren mit gesätt. $NaHCO_3$-Lsg. u. Extraktion mit Ae.; 1,1 g (Rohprod.). — *7-Methoxy-3α-acetoxy-$\Delta^{4.5.7.13}$-hexahydrophenanthren-1α.2α-dicarbonsäureanhydrid*, $C_{19}H_{18}O_6$, F. 127—128° (Toluol), durch Zugabe von Maleinsäureanhydrid zu II in abs. Bzl. unter N_2 u. Stehen über Nacht; λ_{max} (in A.) 222; 271,5 mμ; 47% (bezogen auf I). — *3-Methoxy-$\Delta^{1.3.5,10.9,11.16}$-14β-18-nor-D-homoöstrapentaen-12α-ol-15.17a-dionacetat*, $C_{21}H_{20}O_5$, F. 93° (Bzl.), durch Zugabe von Chinon zu II in Bzl. unter N_2; λ_{max} (in A.) 269; 277,5 mμ; hellgelb; 40% (bezogen auf I). — *3-Methoxy-$\Delta^{1.3.5,10.9,11}$-14β-18-nor-D-homoöstratetraen-12α-ol-15.17a-dion*, $C_{21}H_{22}O_5$, F. 101—102° (Bzl.), durch 1std. Hydrierung von 150 mg vorst. Verb. in 10 ml Äthylacetat in Ggw. von 100 mg $Pd/PbCO_3$; λ_{max} (A.) 268,5 mμ; 100 mg. — *2.5'-Dimethyl-7-methoxy-3'.4'-dioxocyclopentano-[1'.2':1.2]-1.2.9.10-tetrahydrophenanthren*, $C_{20}H_{20}O_3$, F. 183—184° (A.), durch 4std. Erhitzen von II mit 2.4-Dimethyl-Δ^2-cyclopentendion-(1.5) in abs. Bzl. unter N_2, Einengen u. Fällen mit Ae.; λ_{max} 244; 299 mμ; 35%.
G. Tobien. 2950□

Reaktionsprodukte aus Mesityloxid und Lithium. N. Bacon, S. Brewis, G. E. Usher und E. S. Waight. (J. chem. Soc. [London] **1961**, 2255—56, Mai, London, Imp. Coll. of Sci. and Technol., Dep. of Chem.; engl.) — Das aus der Rk. von Mesityloxid (I) u. Li (vgl. Braude u. Mitarbeiter, C. **1957**, 3244) erhaltene Gemisch wurde nach Abtrennen der festen Substanz destilliert. Der Hauptanteil bestand aus *2.3-Dihydro-2.3.3.5-tetramethyl-2-[2-methylpropen-(1)-yl]-furan* (II), dessen IR- u. kernmagnet. Resonanzspektren mit denen der aus I durch Na-Amalgam-Red. oder durch Mg in Essigsäure erhaltenen Verbb. übereinstimmten. Neben II wurde über das *Semicarbazon 2-Acetyl-1.3.3.4.4-pentamethylcyclopenten* (III) isoliert, das ebenfalls aus I mit Mg u. CH_3COOH erhältlich ist u. dessen Konstit. durch analoge spektroskop. Unterss. sichergestellt wurde. Das nach Dest. hinterbleibende Prod. lieferte über das 2.4-Dinitrophenylhydrazon ein nicht rein erhaltenes Dienon, das wahrscheinlich gemäß F. u. UV-Spektrum „*Isoxyliton*" ist. Es ist eine direkte Bldg. von II u. III anzunehmen, da von deren hydratisierten Verbb. keine nennenswerten Mengen gefunden wurden.

Versuche: *2.3-Dihydro-2.3.3.5-tetramethyl-2-[2-methylpropen-(1)-yl]-furan* (II), $C_{12}H_{20}O$, Kp.$_{0,9}$ 47°, a) aus 250 g I nach Braude u. Mitarbeitern (l. c.) u. Redest. der von festem I-*Dimeren* (32 g) abgetrennten Anteile; n_D^{26} 1,4570; 9 g (Ausbeute); b) aus 25 g I u. Mg in wss. Aceton durch Zugabe von 90%ig. Essigsäure in 4 Std. bei —25° bis —30°, nach weiterem Zusatz von Mg 18std. Stehen bei —20°; n_D^{22} 1,4601. — *2-Acetyl-1.3.3.4.4-pentamethylcyclopenten* (III), Kp.$_1$ 70°, durch Einw. von Semicarbazidacetat auf die neben II nach a) erhaltene Fraktion vom Kp.$_4$ 62—78° u. nachfolgende Hydrolyse des erhaltenen *Semicarbazons* [F. 170—171° (A.)] mit heißer 0,5n H_2SO_4; n_D^{23} 1,4743; b) neben II nach b) aus der >60°/0,5 mm sd. Fraktion. *2.4-Dinitrophenylhydrazon*, $C_{18}H_{24}N_4O_4$, F. 125,5—126,5° (Methanol). — *1-Acetyl-2.4.6.6-tetramethylcyclohexadien-(1.3)* (*Isoxyliton*), *2.4-Dinitrophenylhydrazon*, $C_{18}H_{22}N_4O_4$, F. 159—160° (Methanol), neben II nach a) aus dem Dest.-Rückstand (Kp.$_{3,5}$ >103°) u. Chromatographie an Bentonit-Kieselgur.
R. Junge. 3061□

Die Darstellung von Furan-2.5-dicarbonsäure. George Gonis und E. D. Amstutz. (J. org. Chemistry **27**, 2946—47, Aug. 1962; Bethlehem, Pa., Lehigh Univ., Wm. H. Chandler Labor. of Chem.; engl.) — *5-Acetoxymethyl-2-furoesäuremethylester*, der durch Umsetzung von 5-Chlormethyl-2-furoesäuremethylester mit Na-Acetat in Eisessig dargestellt wird, wird mit HNO_3 nach Moldenhauer u. Mitarbeitern, (C. **1950/54**, 5307 S) zu *Furan-2.5-dicarbonsäure* oxydiert, die über den *Dimethylester* gereinigt wird.

Versuche: *5-Acetoxymethyl-2-furoesäuremethylester*, $C_9H_{10}O_5$, F. 142—143°, Kp.$_5$ 135—137°, aus 5-Chlormethyl-2-furoesäuremethylester durch 2std. Rk. mit Na-Acetat in sd. Eisessig unter Rühren, Eindampfen u. Gießen in Eis/W.; 80—90% (Ausbeute). — *Furan-2.5-dicarbonsäure*, Kp.$_{10}$ 140—145°, durch Erwärmen vorst. Esters in W. u. konz. HNO_3 bis zur exothermen Rk., Kühlen bis zum Abklingen der Rk., 48std. Kochen, Verestern mit sd. methanol. H_2SO_4 (5 Std.), Einengen, Gießen in W., Dest. des *Dimethylesters* (Kp.$_{10}$ 140—145°) u. Verseifen mit 10%ig. NaOH; 45%.
H. Gleinig. 3061□

Alkylierung und Arylierung von Thienyl-(2)-lithium und Reaktionen von 3-Methylthiophen mit metallorganischen Verbindungen. Visvanathan Ramanathan und Robert Levine. (J. org. Chemistry **27**, 1667—70, Mai 1962; Pittsburgh, Pa., Univ., Dep. of Chem.; engl.) — Aus Thiophen (I) u. n-Butyl-Li (II) gebildetes Thienyl-(2)-Li (III) wird mit verschiedenen Alkylhalogeniden in Ae. alkyliert. Mit sek.-Butylbromid oder Chloressigsäureäthylester treten keine Rkk. ein, mit 1.2-Dibromäthan (**IV**) wird nur wenig *β-[Thienyl-(2)]-äthylbromid* gebildet. Brombenzol (**V**) reagiert mit **III** in Tetrahydrofuran (THF) bei Raum-Temp. nur wenig, in der Siedehitze wird neben *2-Phenylthiophen 2.5-Diphenylthiophen* gebildet. Entgegen den Befunden von Gronowitz (C. **1950/54**, 1629 S) u. von Sicé (C. **1954**, 8569) wurde bei der Umsetzung von aus 3-Methylthiophen (**VI**) mit **II** oder Phenyl-Li in Ae. gebildetem 3-Methylthienyl-Li mit festem CO_2 ein Gemisch von *4-* (**VII**) u. *3-Methylthiophencarbonsäure-(2)* erhalten, während bei Verw. von Phenyl-Na neben **VII** *3-Methylthiophendicarbonsäure-(2.5)* (**VIII**) gebildet wurde. **VIII** wird durch unabhängige Synth. aus 2.5-Dijod-3-methylthiophen (**IX**) u. Phenyl-Li mit nachfolgender Carbonisierung identifiziert.

Versuche: Thiophene: *2-Äthyl-*, $Kp._{750}$ 132—134°, aus **I** u. **II** durch 1std. Verrühren in Ae. bei 0°, Versetzen mit Äthylbromid in Ae. bei —15 bis —20° u. 18std. Kochen; 61% (Ausbeute). — Analog: *2-n-Butyl-*, $Kp._{750}$ 181—182°, aus n-Butylbromid; 47%. — *2-n-Octyl-*, $Kp._8$ 120°, aus n-Octylbromid; 45,6%. — *2-Benzyl-*, $Kp._{12}$ 132—134°, a) aus **III** u. Benzylchlorid durch 1std. Kochen in Ae.; 10%; b) aus **III** u. Benzylbromid in Ae.; 62%. — *2-Phenyl-*, F. 42°, $Kp._{20}$ 140°, a) aus **III** in THF durch 2std. Rühren mit **V** bei —15° u. Stehen über Nacht bei Raum-Temp.; Kristalle; 11,9%; b) durch 3std. Kochen von **III** u. **V** in THF; 30,6%. — *2.5-Diphenyl-*, F. 152—153° (A.), neben vorst. Verb. nach b); Plättchen; 21,6%. — *4-Methyl-2-carboxy-* (**VII**), F. 122°, a) aus **VI** u. Phenyl-Li in Ae. durch 2std. Kochen, Eingießen in eine CO_2-Schnee/Ae.-Mischung u. Chromatographie mit Bzl. an Florisil; 68%; b) aus **VI** u. **II** analog a); 61%; c) aus **VI** u. Phenyl-Na durch 2std. Rk. in Bzl. bei Raum-Temp.; 58%. — *3-Methyl-2-carboxy-*, F. 148°, neben **VII** nach a) u. b); je 19%. — *3-Methyl-2.5-dicarboxy-* (**VIII**), $C_7H_6O_4S$, F. 278° (W.), a) neben **VII** nach c); 11,5%; b) aus **IX** u. Phenyl-Li durch 5std. Kochen in Ae. u. Umsetzung mit CO_2-Eis; Nadeln; 75%. — *2-β-Bromäthyl-*, $Kp._8$ 88°, aus **IV** u. **III** in Ae.; 5,6%. E. Riedel. 3071

Acylierung monoacylierter Thiophenhomologe. Ja. L. Goldfarb und W. P. Litwinow. (Журнал Общей Химии [J. allg. Chem.] **30** (92), 2719—26, Aug. 1960; Inst. für org. Chem. der Akad. der Wiss. der UdSSR; russ.) — Die Acetylierung von 2.5-Dimethylthiophen (I) u. 2.5-Dimethyl-3-acetylthiophen (**II**) mit Acetylchlorid (**III**) in Ggw. von $AlCl_3$ liefert *2.5-Dimethyl-3.4-diacetylthiophen* (**IV**). Von **I** u. **II** wurden das *Trimethylacetyl-* u. *Benzoyl-Deriv.* dargestellt. Bei der Acetylierung von 2-Methyl- (**IX**) u. 2-Äthyl-5-acetylthiophen (**VII**) wurden *2-Methyl-* (**VIII**) bzw. *2-Äthyl-3.5-diacetylthiophen* erhalten. Die Acyl-Derivv. wurden zu den entsprechenden *Thiophencarbonsäuren* oxydiert.

Versuche: *2.5-Dimethyl-3.4-diacetylthiophen* (**IV**), $C_{10}H_{12}O_2S$, $Kp._{13}$ 195—196°, F. 88—89° (W.), a) man trägt in 7,7 g **II** u. 4,7 g **III** in 40 ml Dichloräthan in ½ Std. 13,3 g $AlCl_3$ ein u. erhitzt 3½ Std. auf 90°; 13,2%; b) man gibt zu 13,9 g $AlCl_3$ in ¼ Std. 6,5 g **II**, dann in 20 Min. 4,8 g **III** u. rührt 3 Std. bei 20°; 87,3%. *Dioxim*, $C_{10}H_{14}N_2O_2S$, F. 164,5—165° (W.-A.). — *2.5-Dimethyl-3-trimethylacetylthiophen*, $C_{11}H_{16}OS$, $Kp._5$ 97 bis 99°, man gibt zu 22,4 g **I** u. 28 g Pivalinsäurechlorid in 120 ml Chlorbenzol in 40 Min. bei 3—5° 30,8 g $SnCl_4$ u. rührt 3 Std. bei 20°; n_D^{20} 1,5191; 15,3 g. — *2.5-Dimethyl-3-acetyl-4-trimethylacetylthiophen*, $C_{13}H_{18}O_2S$, F. 66—67° (W.), aus 7 g vorst. Verb. in 28,5 ml Dichloräthan, 3,4 g **III** u. 9,6 g $AlCl_3$ (3 Std., 90°); Nadeln; 1,13 g. — *2.5-Dimethyl-3-acetyl-4-benzoylthiophen*, $C_{15}H_{14}O_2S$, F. 90—91° (W.), man gibt zu 6,16 g **II** u. 13,3 g $AlCl_3$ 8,15 g Benzoylchlorid, erhitzt 10 Min. auf 60°, rührt 1 Std. bei 20°, läßt 36 Std. lang stehen u. fraktioniert; 30 mg. — *2.5-Dimethyl-4-acetylthiophen-3-carbonsäure* (**V**), $C_9H_{10}O_3S$, F. 155—156° (W.), a) durch Oxydation von 1,04 g **IV** mit NaOCl; Nadeln: 0,12 g; b) durch Verseifen von **V**-Äthylester mit NaOH; 98,4%. *Äthylester*, $C_{11}H_{14}O_3S$, $Kp._4$ 130 bis 132°, man gibt zu 21,3 g $AlCl_3$ tropfenweise 22,1 g **III**, dann 11,9 g **VI**-Äthylester u. rührt 6 Std. bei 20°; n_D^{20} 1,5242; 54,6%. — *2.5-Dimethylthiophen-3-carbonsäure* (**VI**), *Äthylester*, $C_9H_{12}O_2S$, $Kp._5$ 98—99°, man sättigt 20,4 g **VI** in 84 ml abs. A. mit HCl u. läßt 3 Std. lang stehen; n_D^{20} 1,5161; 86%. — *2.5-Dimethyl-3-acetylthiophen* (**II**), $C_8H_{10}OS$, $Kp._{13}$ 110—112°, $Kp._{28}$ 124—126°, man erhitzt 3 g **V** u. 20 ml Chinolin in Ggw. von 5 mg Cu-Pulver 1½ Std. auf 240°; n_D^{20} 1,5479; 54,3%. *Semicarbazon*, $C_9H_{13}N_3OS$, F. 211 bis 212° (A.). — *2.5-Dimethylthiophen-3.4-dicarbonsäure*, $C_8H_8O_4S$, F. 201—202° (W.), aus 5,15 g **IV** mit NaOCl; Nadeln; 2,25 g. *Dimethylester*, $C_{10}H_{12}O_4S$, F. 63—64° (50%ig. A.), mit CH_2N_2; 95,4%. — *2-Methyl-3.5-diacetylthiophen* (**VIII**), $C_9H_{10}O_2S$, F. 94—95°, aus 13,4 g **IX**, 9,12 g **III** u. 32 g $AlCl_3$; 57%. — *2-Äthyl-3.5-diacetylthiophen*, $C_{10}H_{12}O_2S$, $Kp._4$ 140—143,5°, F. 47—48° (W.-A.), aus 7,7 g **VII**, 16,7 g $AlCl_3$ u. 4,7 g **III** (3 Std. bei 50—55°); 60%. — *5-Methylthiophen-2.4-dicarbonsäure*, $C_7H_6O_4S$, F. 278—279° (W.), durch Oxydation von 6,7 g **VIII** mit NaOCl; 5,6 g. *Dimethylester*, $C_9H_{10}O_4S$, F. 85—86° (A.), mit CH_2N_2; 94,6%. Helmut Schäfer. 3071

Über Sultame. 10. Mitt. Synthese von Pyrrolderivaten aus Butadien-(1.3)-sultamen. Burckhardt Helferich und Wolfgang Klebert. (Liebigs Ann. Chem. **657,** 79—86, 28/9. 1962; Bonn, Univ., Chem. Inst.; dt.) — 9. vgl. C. **1962,** 15556. — Die Synth. einiger α.β-ungesätt. *Ketone* u. deren Überführung in *Butadien-(1.3)-sultone-(1.4)* u. *Butadien-(1.3)-sultame-(1.4)* wird beschrieben. Aus Butadien-(1.3)-sultamen wird eine Reihe neuer *Pyrrol-Derivv.* durch Pyrolyse dargestellt.

Versuche: *2.3-Dimethylhepten-(2)-on-(4)* (**I**), $C_9H_{16}O$, Kp.$_9$ 61°, durch 15—20 Min. langes Zutropfen von $SnCl_4$ zu Buttersäurechlorid u. 2-Methylbuten-(2) bei < 55°, Versetzen mit 15%ig. HCl, Dest. bei < 50° bei 12—15 Torr u. ½std. Kochen des Rückstandes mit Dimethylanilin; 30% (Ausbeute). *Semicarbazon*, $C_{10}H_{19}N_3O$, F. 182—184°, durch Erhitzen mit Semicarbazidhydrochlorid u. Na-Acetat in wss. A. auf dem Wasserbad, Kühlen auf 0° u. 5std. Stehen; aus Methanol Nadeln; 73%. — *2-Methylundecen-(2)-on-(4)* (**II**), $C_{12}H_{22}O$, Kp.$_{10}$ 111—112°, durch ½std. Zutropfen von $SnCl_4$/Caprylsäurechlorid zu Isobutylen bei —15 bis —5°, 2std. Rühren bei < 0°, Versetzen mit 15%ig. HCl, Dest. bei < 60° (Bad/20 Torr) u. 20 Min. langes Kochen mit Dimethylanilin; 35%. *Semicarbazon*, $C_{13}H_{25}N_3O$, F. 125° (Methanol/W.), analog vorst. Semicarbazon. — *2-Methylpentadecen-(2)-on-(4)* (**III**), $C_{16}H_{30}O$, F. 7—8°, Kp.$_{0,001}$ 92°, analog vorst. Verb. aus Isobutylen u. Laurinsäurechlorid mit $SnCl_4$; 38%. *Semicarbazon*, $C_{17}H_{33}N_3O$, F. 66°. — Butadien-(1.3)-sultone-(1.4): *2.3-Dimethyl-4-propyl-*, $C_9H_{14}O_3S$, Kp.$_{0,05}$ 120—122,5° (krist. teilweise, F. 73—75°), durch Zutropfen von konz. H_2SO_4 u. danach von **I** zu Acetanhydrid bei < —5°, je 24std. Stehen bei —10° u. bei Raum-Temp., ½std. Erhitzen auf 90—100°, Einrühren in NaOH/W./Eis u. Extrahieren mit Ae.; 38%; entfärbt Br_2 in Eisessig; färbt sich an der Luft blau. — *2-Methyl-4-heptyl-*, $C_{12}H_{20}O_3S$, Kp.$_{0,05}$ 140—143°, Kp$_{0,001}$ 117—118°, analog vorst. Verb. aus **II**; gelbliches Öl mit lavendelartigem Geruch; 35%. — *2-Methyl-4-undecyl-*, $C_{16}H_{28}O_3S$, Kp.$_{0,015}$ 142—145°, analog vorst. Verb.; 28%. — Butadien-(1.3)-sultame-(1.4): *N-Phenyl-1.2-tetramethylen-4-äthyl-* (**IV**), $C_{16}H_{19}NO_2S$, F. 94,5—95°, durch 15std. Kochen von 1.2-Tetramethylen-4-äthylbutadien-(1.3)-sulton-(1.4) mit Anilin, Eindampfen im Vakuum u. Extrahieren mit Ae.; aus Methanol Blättchen; 17%; entfärbt Br_2 in Eisessig u. $KMnO_4$. — *N-Benzyl-1.2.4-trimethyl-* (**V**), $C_{14}H_{17}NO_2S$, F. 88—89°, durch 2std. Kochen von 1.2.4-Trimethylbutadien-(1.3)-sulton-(1.4) in abs. p-Cymol mit Benzylamin unter Ausschluß von W. u. CO_2, Eindampfen im Vakuum, ½std. Rühren mit 15%ig. KOH bei 100° u. Ausschütteln mit Ae.; aus Methanol Blättchen; 31%. — *N-Phenyl-2-methyl-4-heptyl-* (**VI**), $C_{18}H_{25}NO_2S$, F. 49,5°, durch 2 std. Erhitzen von 2-Methyl-4-heptylbutadien-(1.3)-sulton-(1.4) u. Anilin auf 150—160°, ½std. Kochen mit 25%ig. KOH u. Extrahieren mit Ae.; aus wss. Methanol Stäbchen; 41%. — *N-Phenyl-2-methyl-4-undecyl-* (**VII**), $C_{22}H_{33}NO_2S$, F. 39—39,5°, analog **VI** aus Anilin u. 2-Methyl-4-undecylbutadien-(1.3)-sulton-(1.4) (25 Min. langes Erhitzen auf 170°); aus wss. Methanol Nadeln; 61%. — *N-[p-Methoxyphenyl]-2.4-dimethyl-* (**VIII**), $C_{13}H_{15}NO_3S$, F. 110—112°, durch 35 Min. langes Erhitzen von 2.4-Dimethylbutadien-(1.3), sulton-(1.4) u. p-Anisidin auf 180°; aus Methanol/W. Stäbchen; 75%. — *N-Phenyl-2-methyl-4-undecylbutansultam-(1.4)*, $C_{22}H_{37}NO_2S$, F. 49—70°, durch Hydrieren von **VII** in Methanol bei Raum-Temp./1 at; aus Methanol/W. Blättchen; 94%. — *N-[p-Methoxyphenyl]-2.4-dimethylbutansultam-(1.4)*, $C_{13}H_{19}NO_3S$, F. 82—106°, analog vorst. Verb. aus **VIII**; aus Ligroin Säulen; 96%. — *N-Phenyl-2-äthyl-4.5.6.7-tetrahydroindol*, $C_{16}H_{19}N$, Kp.$_{0,02}$ 107—108°, durch Erhitzen von **IV** mit Cu-Bronze auf 290° (¼ Std.) u. auf 330° (mehrere Min.); Öl; 71%. — Pyrrole: *N-Benzyl-2.3.5-trimethyl-*, $C_{14}H_{17}N$, F. 45—46° (Ligroin), Kp.$_{0,01}$ 79—81°, analog vorst. Verb. aus **V** (20 Min. bei 250°, 10 Min. bei 280°); 68%. — *N-Phenyl-2-heptyl-4-methyl-*, $C_{18}H_{25}N$, Kp.$_{0,001}$ 105—107°, aus **VI** (Erhitzen auf 240—300°); schwachgelbe Fl.; 72%. — *N-Phenyl-2-undecyl-4-methyl-*, $C_{22}H_{33}N$, Kp.$_{0,01}$ 134—138°, aus **VII** u. PbO (20 Min. bei > 300°); gelbes Öl; 63%. — *N-[p-Methoxyphenyl]-2.4-dimethyl-*, $C_{13}H_{15}NO$, F. 12—13°, Kp.$_{0,02}$ 94°, aus **VIII** u. PbO (20 Min. bei 260—300°); 91%. — *N.N'-[p-Phenylen]-bis-[2.4-dimethylpyrrol]*, $C_{18}H_{20}N_2$, F. 124—127°, aus N.N'-[p-Phenylen]-bis-[2.4-dimethylbutadien-(1.3)-sultam-(1.4)] u. PbO (25 Min. bei 290—300° u. einige Min. 325°); durch Sublimation bei 110°/0,01 Torr u. aus Methanol Blättchen; 78%. — *N.N'-[p.p'-Biphenylen]-bis-[2.4-dimethylpyrrol]*, $C_{24}H_{24}N_2$, F. 188 bis 190°, Kp.$_{0,05}$ 242°, aus N.N'-[p.p'-Biphenylen]-bis-[2.4-dimethylbutadien-(1.3)-sultam-(1.4)] u. PbO (12 Min. bei 280—300° u. mehrere Min. bei 330°); aus Chlf./Methanol Blättchen; 72%. P. Golinske. 3081 □

Enole von 4-Brom- und 4-Methyl-2.3-dioxopyrrolidinen. α-Monomethylierung von Ketonen unter sauren oder neutralen Bedingungen. Philip L. Southwick und Julius A. Vida. (J. org. Chemistry **27,** 3075—79, Sept. 1962; Pittsburgh, Pa., Carnegie Inst. of Technol., Dep. of Chem.; engl.) — 1-Benzyl- (**Ia**) u. 1-Cyclohexyl-2.3-dioxopyrrolidin (**Ib**) gaben bei der Bromierung in Chlf. die *Enole* der entsprechenden *4-Brom-Verbb.* (**IIa** bzw. **IIb**), welche mit 2 Mol HCHO zu krist. Prodd. der wahrscheinlichen Konstit. *6-Benzyl-(cyclohexyl)-4a-brom-7a-hydroxyperhydro-[1.3]-dioxino-[4.5:c]-pyrrolon-(7)* (**IIIa** bzw. **IIIb**) reagierten. Hydrolyse von **IIIb** mit CH_3COOH gab das *4-Hydroxymethyl-Deriv.* (**IV**) von **IIb**, katalyt. Hydrierung von **IIIa**, **IIIb** oder **IV** die entsprechenden *4-Methyl-2.3-dioxopyrrolidine*, die völlig enolisiert sind. *Chlor-Verbb.* entsprechend **IIIb** u. **IV** wurden ebenfalls erhalten.

Versuche: *1-Benzyl-4-brom-2-oxo-3-hydroxy-Δ^3-pyrrolin* (**IIa**), $C_{11}H_{10}BrNO_2$, F. 154 bis 156° (Zers.), blaßgelbe Nadeln (Toluol), aus **Ia** u. Br_2 in Chlf. (Rk. war zu Beginn langsam); 70,6% (Ausbeute). — *1-Cyclohexyl-4-brom-2-oxo-3-hydroxy-Δ^3-pyrrolin* (**IIb**), $C_{10}H_{14}BrNO_2$, F. 152—153° (Zers.), Kristalle (PAe./Chlf.), aus **Ib** analog; 93%. — *6-Benzyl-4a-brom-7a-hydroxyperhydro-[1.3]-dioxino-[4.5:c]-pyrrolon-(7)* (?; **IIIa**), $C_{13}H_{14}\cdot BrNO_4$, F. 126—128°, Würfel (A./W.), aus **IIa** u. 37%ig. HCHO in Ggw. von CH_3OH (3std. Kochen); 85%. — *6-Cyclohexyl-4a-brom-7a-hydroxyperhydro-[1.3]-dioxino-[4.5:c]-pyrrolon-(7)* (?; **IIIb**), $C_{12}H_{18}BrNO_4$, F. 128—130° (A./W.), analog aus **IIb** (2 Std.); 100%; gab positiven Benedict-Test. — *1-Cyclohexyl-4-brom-4-hydroxymethyl-2.3-dioxopyrrolidin* (**IV**), $C_{11}H_{16}BrNO_3$, F. 129—130°, Nadeln (Toluol), aus **IIIb** u. wss. CH_3COOH (24std. Stehen bei Raum-Temp.); 94% (roh); daneben *HCHO*, isoliert als *2.4-Dinitrophenylhydrazon*, F. 163—165°. — *6-Cyclohexyl-4a-chlor-7a-hydroxyperhydro-[1.3]-dioxino-[4.5:c]-pyrrolon-(7)* (**V**), $C_{12}H_{18}ClNO_4$, F. 155—156°, Plättchen (wss. A.), aus **IIb** u. 37%ig. HCHO in Ggw. von CH_3OH u. konz. HCl (3std. Kochen, dann Stehen über Nacht); 58%. — *1-Cyclohexyl-4-methyl-2-oxo-3-hydroxy-Δ^3-pyrrolin*, $C_{11}H_{17}NO_2$, F. 176—178°, Nadeln (50%ig. A.), durch Hydrierung von **IIIb** bzw. **IV** bzw. **V** an PtO_2 in CH_3COOH (Parr-App., 65 lbs./sq.in.); 96,7 bzw. 67 bzw. 65%. — *1-Benzyl-4-methyl-2-oxo-3-hydroxy-Δ^3-pyrrolin*, $C_{12}H_{13}NO_2$, F. 146—148°; Nadeln (Toluol), aus **IIIa** wie vorst. (75 lbs./sq.in.); 97% (roh). — *1-Cyclohexyl-4-chlor-4-hydroxymethyl-2.3-dioxopyrrolidin*, $C_{11}H_{16}ClNO_3$, F. 152—154° (Toluol), aus **V** u. Anilin in sd. 95%ig. A. (3 Std.); 69%.

J. Rothe. 3081□

Synthesen und Reaktionen von Triphenylpyrrolcarbonsäuremethylestern. Daniel S. James und Paul E. Fanta. (J. org. Chemistry **27**, 3346—48, Sept. 1962; Chicago, Ill., Inst. of Technol., Dep. of Chem.; engl.) — *1.4.5-Triphenyl-2.3-dicarbomethoxypyrrol* (II) wird durch Kondens. von Desylanilin (I) mit Acetylendicarbonsäuredimethylester (**IV**) nach Hendrickson u. Rees (C. **1961**, 11704) erhalten. Mit Propiolsäure (**VI**)-methylester u. **I** entsteht *1.4.5-Trimethyl-3-carbomethoxypyrrol* (III). Intermediär entstandene Hydroxypyrroline konnten nicht isoliert werden. Durch Verseifung von III u. Decarboxylierung der erhaltenen *Säure* erhält man *1.2.3-Triphenylpyrrol*. Das durch Bromierung von III erhaltene *2-Brom-Deriv.* ist mit dem aus II über das durch partielle Hydrolyse erhaltene *1.4.5-Triphenyl-2-carboxy-3-carbomethoxypyrrol* (**V**) u. dessen Bromierung unter Decarboxylierung resultierenden Prod. ident.; Decarboxylierung von **V** führt zu III.

Versuche: *Desylanilin* (I), F. 97,4—98,6°, durch 4std. Kochen von Desylchlorid mit Anilin in A. u. Kühlen; gelbe Nadeln aus A.; 20,8 g (Ausbeute). — *Propiolsäure* (**VI**)-*methylester*, Kp. 96—102,5°, durch 46½std. Kochen von 25 g **VI** u. 10%ig. methanol. H_2SO_4, Waschen der organ. Phase mit fast gesätt. NaCl-Lsg. u. mit 5%ig. $NaHCO_3$-Lsg. bis zur Neutralität u. Dest.; 14,7 g. — 1.4.5-Triphenylpyrrole: *2.3-Dicarbomethoxy-* (II), $C_{26}H_{21}NO_4$, F. 165,4—167° (A.), a) durch 2std. Kochen von I mit **IV** in CH_3OH u. Kühlen; 79%. — *2.3-Dicarboxy-*, $C_{24}H_{17}NO_4$, F. 260,4—263,4°, (Zers.), durch 35 Min. langes Kochen von 1 g II u. KOH in A., Kühlen, Lösen des Nd. in W., Waschen mit Ae., Ansäuern mit konz. HCl, Ae.-Extraktion u. Einengen; aus A. Nadeln; 0,9 g. — *3-Carbomethoxy-* (III), $C_{24}H_{19}NO_2$, F. 167,8—168,6°, a) analog II aus I u. drittvorst. Verb. in 16 Std.; Nadeln aus A.; 70%; b) durch 15—20 Min. langes Erhitzen von 1 g **V** mit Cu-Chromit in Chinolin auf 190°, Kühlen, Zugeben von Ae., Filtrieren, Waschen mit verd. HCl, Eindampfen, Zugeben von wenig A. u. Kühlen; 0,7 g. *2-Brom-Deriv.*, $C_{24}H_{18}BrNO_2$, F. 167,4—168,8° (A.), a) durch Zugabe von Br_2 zu 1,36 g III in Chlf., Schütteln u. ½std. Stehen; 1,62 g; b) durch 2std. Rühren von 0,2 g **V** in Chlf. mit Br_2 u. Aufarbeiten wie bei a); 0,15 g. — *2-Carboxy-3-carbomethoxy-* (**V**), $C_{25}H_{19}NO_4$, F. 169,8—170,9°, durch 16std. Kochen von 6,17 g II u. KOH in A., Gießen in W., Zusatz von 5%ig. $NaHCO_3$-Lsg., Waschen mit Ae., Ansäuern mit konz. HCl u. Extraktion mit Ae.; 4,06 g. *3-Carboxy-*, $C_{23}H_{17}NO_2$, F. 272,5—273,5° (Zers.), a) durch 16½—19std. Kochen von 0,45 g III mit KOH in A., Kühlen, Zugeben von 5%ig. $NaHCO_3$-Lsg. zum Nd. in W., Waschen mit Ae., Ansäuern mit konz. HCl, Ae.-Extraktion u. Eindampfen; Nadeln aus Eisessig; 0,36 g. — *1.2.3-Triphenylpyrrol*, $C_{22}H_{17}N$, F. 179,8—180°, analog III nach b) aus 0,2 g vorst. Verb. bei 205—210° in 1½ Std.; Nadeln aus A.; 0,14 g. IR-Maxima sind angegeben.

R. Schönfelder. 3081□

Stereoselektive Darstellung von DL-4-Allohydroxyprolin. H. C. Beyerman. (Recueil Trav. chim. Pays-Bas **80**, 556–62, Juni 1961; Delft, TH, Labor. of Organ. Chem.; engl.) — Die Darst. von *DL-4-Allohydroxyprolin* durch Red. von DL-4-Oxoprolin mit $NaBH_4$ in wss. Methanol wird beschrieben. Die Red. verläuft unter beträchtlicher Bldg. von *DL-Hydroxyprolin*, was durch Papierchromatographie u. Papierelektrophorese nachgewiesen wird. Die Allokonfiguration des Red.-Prod. wird durch Überführen in das *DL-4-Allohydroxyprolinlactonhydrobromid* bewiesen. Die Maxima der IR-Spektren sind angegeben.

Versuche: *1.2.3-Triäthoxycarbonyl-4-oxopyrrolidin*, $Kp._1$ 170–210°, durch Kondens. von N-Äthoxycarbonylaminoessigsäureäthylester u. Fumarsäurediäthylester mit Na in sd. Bzl. nach Kuhn u. Osswald (C. **1956**, 11419); 40% (Ausbeute). — *4-Oxoprolin. Hydrojodid*, durch 3std. Erwärmen vorst. Verb. mit wss. HJ (Kp. 125°) unter CO_2 u. Jodäthan-Entw. u. Einengen im Vakuum. *Hydrochlorid* (I), $C_5H_8ClNO_3$, F. 173–174° (2n HCl, Zers.), durch 3std. Schütteln des Hydrojodids mit AgCl in W.; 70–80% (bezogen auf vorst. Verb.). — *DL-4-Allohydroxyprolin*, $C_5H_9NO_3$, F. 236–237° (wss. Methanol, Zers.), durch Red. von I mit $NaBH_4$ bei –10° wss. Methanol, Einengen im Vakuum, Lösen in 6n HCl u. Chromatographie an Amberlite IR-4 B; 50%. *N-Benzyloxycarbonyl-Deriv.* (II), durch 0,5std. Rühren mit Benzyloxycarbonylchlorid in 4n NaOH bei –5°; 63%. — *DL-4-Allohydroxyprolinlacton, N-Benzyloxycarbonyl-Deriv.*, durch 20std. Stehen von 2,54 g II u. 2,05 g p-Toluolsulfonylchlorid in abs. Pyridin bei 0–5°, Zugabe von 2n HCl u. Extrahieren mit Ae.; 2,1 g. *Hydrobromid*, $C_5H_8BrNO_2$, F. 185 bis 187° (Methanol, Zers.), durch Lösen vorst. Deriv. in Eisessig/HBr bei 0° u. Fällen mit Äther. W. Hampel. 3081 □

Synthesen von Indolyl-(2)-essigsäure- und β-Indolyl-(2)-äthylaminderivaten. Uberto M. Teotino. (Gazz. chim. ital. **89**, 1853–62, Juli/Aug. 1959; Milano, Lepetit S. p. A., Labor. di Ricerche; ital.) — Durch Cyclisieren von γ-Phenylacetessigsäureäthylester-N-methyl-N-phenylhydrazon nach Fischer u. Hydrolyse des entstehenden Esters wurde *1-Methyl-3-phenylindolyl-(2)-essigsäure* (I) erhalten, von der zahlreiche Derivv. hergestellt wurden. Das *Dimethyl-* u. das *Diäthylamid* wurden zu *N.N-Dimethyl-* bzw. *N.N-Diäthyl-β-[1-methyl-3-phenylindolyl-(2)]-äthylamin* reduziert. Die Prodd. wurden auf antibakterielle u. pharmakolog. Wrkg. getestet.

Versuche: *1-Methyl-3-phenylindolyl-(2)-essigsäureäthylester* (**IV**), $C_{19}H_{19}NO_2$, F. 87° (CH_3OH), aus γ-Phenylacetessigsäureäthylester u. 1-Phenyl-1-methylhydrazin in Eisessig in Ggw. von Na-Acetat u. W. durch ½std. Kochen; 62% (Ausbeute). — *1-Methyl-3-phenylindolyl-(2)-essigsäure* (I), $C_{17}H_{15}NO_2$, F. 142° (A.), aus vorst. Verb. u. wss.-alkohol. NaOH durch 2std. Kochen; 95%. — *1.2-Dimethyl-3-phenylindol*, $C_{16}H_{15}N$, F. 113,5–115° (A.), a) aus I durch therm. Decarboxylierung; b) aus Methylbenzylketon u. 1-Phenyl-1-methylhydrazin in Essigsäure in Ggw. von Na-Acetat durch 20 Min. langes Kochen; 75%. *Pikrat*, F. 122–123° (A.). — *1-Methyl-3-phenylindolyl-(2)-acetylchlorid*, aus I u. $SOCl_2$ in Ae. durch 2tägiges Stehen im Kühlschrank. — *N.N-Dimethyl-1-methyl-3-phenylindolyl-(2)-acetamid*, $C_{19}H_{20}N_2O$, F. 140–141° (A.), aus vorst. Verb. u. Dimethylamin in Ae. in 2 Tagen. — *N.N-Diäthyl-1-methyl-3-phenylindolyl-(2)-acetamid* (II), $C_{21}H_{24}N_2O$, F. 110–111°, analog vorst. Verbindung. — *N.N-Dimethyl-β-[1-methyl-3-phenylindolyl-(2)]-äthylaminhydrochlorid* (III), $C_{19}H_{22}N_2 \cdot HCl$, F. 239–240° (A.), aus 2,92 g vorvorst. Verb. u. $LiAlH_4$ in Ae. durch 15std. Kochen u. Reinigen über das *Sulfat* [F. 135–138°]; 2,25 g (Ausbeute). — *N.N.N-Trimethyl-β-[1-methyl-3-phenylindolyl-(2)]-äthylammoniumjodid*, $C_{20}H_{25}JN_2$, F. 247–249°, aus 2,7 g vorst. Verb. durch Rk. mit 50%ig. KOH u. 2tägiges Umsetzen mit CH_3J; 2,9 g. — *N.N-Diäthyl-β-[1-methyl-3-phenylindolyl-(2)]-äthylaminhydrochlorid*, $C_{21}H_{26}N_2 \cdot HCl$, F. 203–204°, analog aus 6 g II; 4,7 g. — *N-Methyl-N.N-diäthyl-β-[1-methyl-3-phenylindolyl-(2)]-äthylammoniumjodid*, $C_{22}H_{29}JN_2$, F. 203–204° (Aceton/A./Ae.), analog aus 2,5 g vorst. Verb.; 2,1 g. — *N-Methyl-1-methyl-3-phenylindolyl-(2)-acetamid*, $C_{18}H_{18}N_2O$, F. 216–217° (A.), aus 3 g **IV** u. Methylamin in CH_3OH, 2 Tage bei Zimmer-Temp.; 2,6 g. — *1-Methyl-3-phenylindolyl-(2)-essigsäure-β-dimethylaminoäthylesterhydrochlorid*, $C_{21}H_{24}N_2O_2 \cdot HCl$, F. 172–174° (A.), aus 8 g **IV** u. Dimethylaminoäthanol in Ggw. einer Spur Na durch 3std. Kochen; 6,8 g. *Jodmethylat*, $C_{22}H_{27}JN_2O_2$, F. 162–163° (Aceton/A.). — *1-Methyl-3-phenylindolyl-(2)-essigsäure-β-diäthylaminoäthylesterhydrochlorid*, $C_{23}H_{28}N_2O_2 \cdot HCl$, F. 184–185°, analog vorst. Verb. aus 6 g; 5,2 g. *Jodmethylat*, $C_{24}H_{31}JN_2O_2$, F. 154–155°. — *1-Methyl-3-phenylindolyl-(2)-acethydrazid*, $C_{17}H_{17}N_3O$, F. 207–208° (A.), aus 10 g **IV** u. Hydrazinhydrat in A. durch 12std. Kochen; 6g. — *1-[1-Methyl-3-phenylindolyl-(2)-acetyl]-2-isopropylidenhydrazin*, $C_{20}H_{21}N_3O$, F. 190° (Aceton), aus 0,5 g vorst. Verb. u. Aceton durch 4std. Kochen; 0,45 g. — *1-[1-Methyl-3-phenylindolyl-(2)-acetyl]-2-isopropylhydrazin*, $C_{20}H_{23}N_3O$, F. 190–191°, aus 3 g vorst. Verb. durch 2std. Hydrieren über PtO_2 in abs. A. bei 70°; 2 g. Walter Simon. 3081

Heterocyclische Imine und Amine. 4. Mitt. Imidine von 3.4.5.6-Tetrahydrophthalsäure und cis-Hexahydrophthalsäure. Eine ungewöhnliche Dehydrierung. G. E. Ficken und R. P. Linstead. (J. chem. Soc. [London] **1955**, 3525—29, Okt.; London, South Kensington, Imp. Coll. of Sci. and Techn., Dep. of Chem.; engl.) — 3. vgl. C. **1955**, 3367. — *3.4.5.6-Tetrahydrophthalimidin* (**I**) wurde aus 3.4.5.6-Tetrahydrophthalonitril (**II**) durch Erhitzen im NH_3-Strom in sd. Methanol in Ggw. von Na-Methylat gewonnen, **I** zersetzt sich bei 177—180° unter Bldg. von *Tetracyclohexentetrazaporphin*. **I** wird in sd. W. hydrolysiert zu *Δ^8-Hexahydro-1-imino-3-oxoisoindol* (**III**) u. weiter zu *Tetrahydrophthalimid*. **III** kann auch durch therm. Isomerisation von 2-Cyan-3.4.5.6-tetrahydrobenzamid (**IV**) gewonnen werden. **I** reagiert mit überschüssigem Anilin (**V**) oder Hydroxylaminhydrochlorid (**VI**) unter Bldg. von *Δ^8-Hexahydro-1.3-diphenyliminoisoindol* (**VII**) bzw. *Δ^8-Hexahydro-1.3-dihydroxyiminisoindol* (**VIII**). *cis-Hexahydrophthalimidin* (**IX**) wurde aus cis-Hexahydrophthalonitril (cis-**X**) mit $NaNH_2$ in Formamid (FA) gewonnen u. wird zu *cis-Oktahydro-1-imino-3-oxoisoindol* (**XII**) hydriert, das seinerseits in *cis-Hexahydrophthalimid* übergeht. trans-**X** reagiert langsam mit $NaNH_2$ in FA zu **IX**. **IX** liefert mit **VI** *cis-Oktahydro-1.3-dihydroxyiminoisoindol* (**XIII**), während die Rk. mit **V** unter NH_3-Entw. zur Bldg. von **VII** führt. **XII** kondensiert sich mit **VI** zu *cis-Oktahydro-1-hydroxyimino-3-oxoisoindol* (**XIV**) u. mit **V** zu *cis-Oktahydro-1-oxo-3-phenyliminoisoindol* (**XV**). Auf die leichte Umwandlung der Imidine u. ihrer Derivv. in Tetrazaporphinfarbstoffe wird hingewiesen. Die UV-Maxima von **I**, **III**, **VII**, **VIII**, **IX**, **XIII**, **XIV**, **XV** **XVI** u. **XVII** sind angegeben.

Versuche: *3.4.5.6-Tetrahydrophthalimidin* (**I**), $C_8H_{11}N_3$, Zers. bei 177—180°, durch 12std. Kochen von **II** in Methanol in Ggw. von Na unter Einleiten von NH_3 u. Filtrieren; Platten aus A. oder Dimethylformamid; 69% (Ausbeute). *Pikrat*, $C_{14}H_{14}N_6O_7$, F. 202 bis 204° (Zers.). *Dihydrochloridmonohydrat*, $C_8H_{11}N_3 \cdot 2\,HCl \cdot H_2O$. — *$\Delta^8$-Hexahydro-1-imino-3-oxoisoindol* (**III**), $C_8H_{10}N_2O$, F. 200—202° [Zers.; Cellosolve (CE)], a) durch Aufkochen von 930 mg **I** in W.; 440 mg; b) aus 5,85 g **IV** durch ½ std. Erhitzen auf 165—170° u. Aufkochen mit A.; 2,35 g. *Pikrat*, $C_{14}H_{13}N_5O_8$, F. 190—191° (Zers.; CE–A.). *Hydrochlorid*, $C_8H_{11}ClN_2O$, F. 250° (Zers.; A.–Äthylacetat). — *Δ^8-Hexahydro-1-hydroxyimino-3-oxoisoindol* (**XVI**), $C_8H_{10}N_2O_2$, F. 245—246° (Zers.; A.–W.), aus 520 mg **III** durch 6std. Kochen mit **VI** in CE; 320 mg. — *Δ^8-Hexahydro-1-oxo-3-phenyliminoisoindol* (**XVII**), $C_{14}H_{14}N_2O$, F. 128—129° (PAe.), aus 430 mg **III** durch 6std. Kochen mit **V** in CE u. Sublimieren bei 160°/0,3 Torr; aus A. gelbliche Nadeln; 350 mg. — *Δ^8-Hexahydro-1.3-dihydroxyiminoisoindol* (**VIII**), $C_8H_{11}N_3O_2$, F. 252—253° (Zers.; verd. Essigsäure), durch 8std. Kochen von **I** in A. mit **VI**. — *Δ^8-Hexahydro-1.3-diphenyliminoisoindol* (**VII**), $C_{20}H_{19}N_3$, F. 146,5—147,5°, a) durch 40std. Kochen von 290 mg **I** u. **V** in A. u. Chromatographie an Al_2O_3; 360 mg; b) aus 385 mg **IX** durch 66std. Kochen mit **V** in A.; 110 mg; aus A.–W. gelbliche Nadeln. — *cis-Hexahydrophthalimidin* (**IX**), $C_8H_{13}N_3 \cdot \frac{1}{2}\,H_2O$, a) durch 2tägiges Stehen von cis-**X** mit $NaNH_2$ in FA bei Zimmer-Temp., 6tägiges Stehen bei 0° u. Abfiltrieren; 68%; b) analog a) aus 2,41 g trans-**X** in 4 bzw. 8 Tagen; 0,7 g; Nadeln. *Pikrat*, $C_{14}H_{16}N_6O_7$, F. 209—210° (Zers.), aus abs. A. gelbe Nadeln. *Dihydrochloridmonohydrat*, $C_8H_{13}N_3 \cdot 2\,HCl \cdot H_2O$, F. 201—204° (Zers.). — *cis-Oktahydro-1-imino-3-oxoisoindol* (**XII**), F. 225—227° (Zers.), aus 210 mg **IX** durch 4std. Stehen in kaltem W.; 168 mg. *Pikrat*, F. 204—206° (Zers.). — *cis-Hexahydrophthalimid*, F. 135 bis 137° (W.), aus 320 mg **XII** durch 6std. Kochen in W.; 290 mg. — *Tetracyclohexenotetrazaporphin*, $C_{32}H_{34}N_8$, durch 1std. Kochen von **IX** mit o-Dichlorbenzol u. Nitrobenzol; 53%. — *cis-Oktahydro-1.3-dihydroxyiminoisoindol* (**XIII**), $C_8H_{13}N_3O_2$, F. 168—171° (Zers.; Äthylacetat), aus 530 mg **IX** durch 22std. Kochen mit **VI** in A.; 250 mg. — *cis-Oktahydro-1-hydroxyimino-3-oxoisoindol* (**XIV**), $C_8H_{12}N_2O_2$, F. 216—218° (Zers.; A.–W.), durch 16std. Kochen von **XII** mit **VI** in CE. — *cis-Oktahydro-1-oxo-3-phenyliminoisoindol* (**XV**), $C_{14}H_{16}N_2O$, F. 190—193° (A.–W.), aus 650 mg **XII** durch 36std. Kochen mit **V** in CE; 320 mg. G. Marquard. 3081

Die Darstellung von Imidazolonen-(2). Ein neuer Ringschluß von Propinylharnstoffen mit Phosphorpentachlorid. P. J. Stoffel und A. J. Speziale. (J. org. Chemistry **27**, 3079—83, Sept. 1962; St. Louis, Mo., Monsanto Chem. Co., Agric. Chem. Div., Agricult. Res. Dep.; engl.) — Rk. von PCl_5 mit N.N'-disubstituierten Propinylharnstoffen liefert *2-Chlor-4-methylimidazoliumchloride*, die beim Behandeln mit Basen in *4-Methylimidazolone-(2)* übergeführt werden. Der Mechanismus dieser Umsetzung, die nicht über ein Zwischenprod. $RN=CCl-NR'-CH_2C{\equiv}CH$, sondern wahrscheinlich über die Ionen $RN=CCl-\overset{\oplus}{N}HR'-CH_2C{\equiv}CH \rightleftarrows RN=CCl-NR'-CH_2-\overset{\oplus}{C}=CH_2$ verläuft, wird diskutiert. Die Synth. einiger heterocycl. Modell-Verbb. ist beschrieben.

Versuche: 2-Chlor-4-methylimidazoliumchloride: *3-[3.4-Dichlorphenyl]-1-isopropyl-* (**I**), F. 275° (Zers.), Nadeln (Chlf.), aus 1-[3.4-Dichlorphenyl]-3-isopropyl-3-

[propin-(2)-yl]-harnstoff u. PCl_5 in sd. Bzl. (4 Std.); 95% roh (Ausbeute). — *3-[4-Chlorphenyl]-1-isopropyl-*, F. 268° (Zers.); 74,6%. — *3-[2-Chlorphenyl]-1-isopropyl-*, F. 254° (Zers.); 43,6%. — *3-[4-Nitrophenyl]-1-isopropyl-*, hygroskop.; 66,5%. — *3-[p-Tolyl]-1-isopropyl-*, hygroskop.; 72,4%. — *3-[3.4-Dichlorphenyl]-1-allyl-*, F. 200° (Zers.); 99,5%. — *3-[3.4-Dichlorphenyl]-1-propyl-*, F. 238° (Zers.); 65,4%. — *3-Phenyl-1-isopropyl-*, F. 204° (Zers.); 84,5%. — *1.3-Bis-[3.4-dichlorphenyl]-*, F. 235° (Zers.); 23,7%. — *3-[4-Äthoxyphenyl]-1-isopropyl-*, hygroskop.; 61,5%. — 4-Methylimidazolone-(2): *3-[3.4-Dichlorphenyl]-1-isopropyl-* (II), F. 112,1—112,6°, Prismen (Essigester), durch Lösen von I in W. u. Zugeben von 20%ig. NaOH; 91%. — *3-[4-Chlorphenyl]-1-isopropyl-*, F. 137,6 bis 138,5°, analog; 86,5%. — *3-[2-Chlorphenyl]-1-isopropyl-*, F. 115,5—116,4°; 83,6%. — *3-[4-Nitrophenyl]-1-isopropyl-*, F. 114,7—115,7°; 82,5%. — *3-[3-Nitrophenyl]-1-isopropyl-*, F. 102,2—103,1°; 35,0%. — *3-[p-Tolyl]-1-isopropyl-*, F. 118,7—119,4°; 66,4%. — *3-[3.4-Dichlorphenyl]-1-allyl-*, F. 62,1—62,7°; 50,5%. — *3-[3.4-Dichlorphenyl]-1-propyl-*, F. 62,9—63,4°; 56,0%. — *3-Phenyl-1-isopropyl-*, F. 53,3—54,1°; 90,8%. — *1.3-Bis-[3.4-dichlorphenyl]-*, F. 164,7—165,2°; 25,0%. — *3-[4-Äthoxyphenyl]-1-isopropyl-*, F. 75,5 bis 76,2°; 95,6%. — *3-[3.4-Dichlorphenyl]-1-isopropyl-4-methylimidazolidon-(2)* (III), $C_{13}H_{16}Cl_2N_2O$, F. 67,8—68,2° (Hexan), Kp.₈ 225—235°, aus 42,7 g II u. H_2 an PtO_2 in CH_3COOH (Parr-App., 50 lbs./sq.in., 6 Std., 30°); 55%; daneben 10,1 g einer nichtidentifizierten *Verb. vom F. 111,1—112,0°*, $Kp._8$ 155—160°. — *Isopropyl-[2-hydroxypropyl]-amin*, $C_6H_{15}NO$, $Kp._{13}$ 60—62°, aus Isopropylbromid u. 2 Mol 1-Aminopropanol-(2) (50°, dann 6 Std. lang bei 65—70°); n_D^{25} 1,4405; 69,0%. — *Isopropyl-[2-chlorpropyl]-aminhydrochlorid*, $C_6H_{15}Cl_2N$, körnige Masse, Reinigungs-Verss. führten zu Zers., aus vorst. Verb. u. HCl-Gas in Chlf. bei 50—55°, dann Zugabe von $SOCl_2$ u. 3std. Kochen. — *1-[2-Chlorpropyl]-3-[3.4-dichlorphenyl]-1-isopropylharnstoff*, brauner Sirup, durch Zerlegen vorst. Salzes mit wss. NaOH/Ae. bei 0—5° u. Behandeln der Ae.-Lsg. mit 3.4-Dichlorphenylisocyanat (IV); 100%. Rk. des Rohprod. mit 10%ig. NaOH u. Aceton gab III. — *1-[3.4-Dichlorphenyl]-tetrahydropyrimidon-(2)*, $C_{10}H_{10}Cl_2N_2O$, F. 192,3—192,8°, Nadeln (Aceton), durch Rk. von 3-Chlorpropylamin u. IV in Ae. u. anschließendes 1 std. Kochen des erhaltenen *1-[3-Chlorpropyl]-3-[3.4-dichlorphenyl]-harnstoffs* (F. 133,8—134,6°; 37,6%) mit 10%ig. NaOH/Aceton; 99,1%. — *1-[2-Bromäthyl]-3-[3.4-dichlorphenyl]-harnstoff*, $C_9H_9BrCl_2N_2O$, F. 119,1—119,6°, Rosetten (A.), aus 2-Bromäthylamin u. IV in Ae.; 66,2%. — *1-[3.4-Dichlorphenyl]-imidazolidon-(2)*, $C_9H_8Cl_2N_2O$, F. 184,1—185,0°, Platten (Aceton), aus vorst. Verb. u. 10%ig. wss. NaOH in sd. Aceton (3 Std.); 88,0%. — *3-[3.4-Dichlorphenyl]-tetrahydro-1.3-oxazinon-(2)*, $C_{10}H_9Cl_2NO_2$, F. 136,2—137,0° (95%ig. A.), aus 3.4-Dichlorcarbanilsäure-3-brompropylester u. sd. 5%ig. NaOH (1 Std.); 63,8%. — *3-[3.4-Dichlorphenyl]-1.3-oxazolidinon-(2)*, $C_9H_7Cl_2NO_2$, F. 126,3—127,0°, Nadeln (A.), aus 3.4-Dichlorcarbanilsäure-2-chloräthylester analog; 73,0%. — *1-[3.4-Dichlorphenyl]-3-[propin-(2)-yl]-harnstoff*, $C_{10}H_8Cl_2N_2O$, F. 178,7—179,3°, Platten (Essigester), aus Propargylamin u. IV in Ae.; 72,1%. J. Rothe. 3122□

Reaktionen von N.N'-Thiocarbonyldiimidazol. Heinz A. Staab und Gerhard Walther. (Liebigs Ann. Chem. **657**, 98—103, 28/9. 1962; Heidelberg, Univ., Organ.-Chem. Inst.; dt.) — Darst. u. Eigg. von N.N'-Thiocarbonyldiimidazol (I) werden beschrieben. I reagiert mit Aminen im Molverhältnis 1 : 2 zu *Thioharnstoffen*, mit Alkoholen u. Phenolen zu *Imidazolthioncarbonsäureestern* bzw. *Thionkohlensäurediestern* u. mit Carbonsäuren unter Bldg. von COS zu *Carbonsäureimidazoliden.*

Versuche: *N.N'-Thiocarbonyldiimidazol* (I), $C_7H_6N_4S$, F. 105—106°, durch Zutropfen von Thiophosgen in Bzl. zu Imidazol in Chlf. unter Feuchtigkeitsausschluß, 1 std. Stehen, Filtrieren u. Eindampfen im Vakuum; aus Tetrahydrofuran (THF) u. nach Sublimation bei 70—80° (Bad)/10^{-3} Torr gelbe Kristalle; 92% (Ausbeute); liefert durch Zutropfen von 50%ig. H_2SO_4 *COS*, das mit Piperidin in PAe. bei —50 bis —60° als *N.N-Pentamethylenpiperidiniummonothiocarbamat* [II, F. 114—116° (Aceton); 76%] nachgewiesen wird. — *N.N'-Dicyclohexylthioharnstoff*, F. 179,5—181° (verd. A.), durch Zutropfen von I in Chlf. zu Cyclohexylamin in Chlf. bei Raum-Temp., 2 std. Stehen. Ausschütteln mit verd. HCl u. Einengen im Vakuum; 85%. — *N.N'-Diphenylthioharnstoff*, F. 153,5—154° (verd. A.), analog vorst. Verb. aus I u. Anilin; 83%. — *N.N'-Di-n-butylthioharnstoff*, F. 64—65° (PAe./Bzl.), aus I u. n-Butylamin; 85,5%. — *Benzimidazolinthion-(2)*, F. 301—302° (verd. HCl), analog vorst. Verb. aus I u. o-Phenylendiamin; 90%. — *Imidazol-1-thioncarbonsäure*, *N.N-Diäthylamid*, $C_8H_{13}N_3S$, F. 80,5—81,5° (Cyclohexan), a) durch Zutropfen von Diäthylamin in Chlf. zu I in Chlf. u. 2 std. Stehen; 91%; b) durch 4 std. Kochen von Imidazol u. N.N-Diäthylthiocarbaminsäurechlorid in Chlf.; 80%. *Äthylester*, $C_6H_8N_2OS$, F. 29—30,5°, durch 2 std. Kochen von I u. A. in Chlf. u. Reinigen durch Sublimation im Hochvakuum bei 30—40° (Bad); 75%. *Phenylester*, $C_{10}H_8N_2OS$, F. 96,5—97,5° (PAe./Cyclohexan), durch 4 std. Kochen von I u. Phenol in

Chlf.; 78%. *β-Naphthylester*, $C_{14}H_{10}N_2OS$, F. 113—114,5° (Bzn.), analog dem Phenylester aus I u. β-Naphthol; 74%. — *Thionkohlensäure, Diphenylester*, F. 106° (A./W.), a) durch 6std. Erhitzen von I u. Phenol im evakuierten Einschmelzrohr auf 85—90°; 73%; b) analog a) aus vorst. Phenylester u. Phenol; 80%. *Diäthylester*, Kp.$_{20}$ 53—55°, durch 15std. Erhitzen vorst. Äthylesters in A. unter N_2 auf 60—65°, Extrahieren mit Bzl. u. fraktionierte Dest.; $n_D^{17,5}$ 1,4601; 43,5%. — *4-tert.-Butylbenzoesäureimidazolid*, F. 109—110°, durch 3std. Kochen von I u. 4-tert.-Butylbenzoesäure in Chlf.; 84%; daneben *COS*, als II nachgewiesen. — *Adipinsäurediimidazolid*, F. 146—147° (Zers., THF), durch 3std. Kochen von I u. Adipinsäure in THF; 75%. — *Palmitinsäureimidazolid*, F. 81—82° (THF), durch 3std. Kochen von I u. Palmitinsäure in THF; 83%. — *Benzanilid*, F. 163—164° (A.), durch Zugabe von Thiobenzoesäure in Chlf. zu N.N'-Carbonyldiimidazol in Chlf. unter Entw. von *COS* (als II nachgewiesen), Zugabe von Anilin zu der Chlf.-Lsg. des entstandenen *N-Benzoylimidazols* u. 12std. Stehen; 93%.

P. Golinske. 3122□

Synthese von Isoxazolcarbonsäuren aus Schiffschen Basen und Nitroacetat. Shonosuke Zen und Sumio Umezawa. (Bull. chem. Soc. Japan **34**, 890—91, Juni 1961; Tokyo, Keio Univ., Fac. of Engng., Dep. of Appl. Chem.; engl.) — Die Darst. einiger substituierter *Isoxazoldicarbonsäuren* durch mehrstd. Kochen von Schiffschen Basen mit Nitroessigsäureäthylester in Ggw. von n-Butylamin in abs. A. wird beschrieben. Dabei werden zunächst *n-Butylcarbamoyl-Derivv.* erhalten, die durch Erwärmen mit 10%ig. NaOH in 50%ig. A. auf 60° hydrolysiert werden.

Versuche: 3.5-Bis-[n-butylcarbamoyl]-isoxazole: *4-Methyl-*. — *4-n-Propyl-*, F. 112,5—115,5°. — *4-Phenyl-*. — *4-[p-Nitrophenyl]-*, F. 133—135°. — *4-[m-Nitrophenyl]-*, F. 168—169°. — *4-[p-Chlorphenyl]-*, F. 126—127°. — *4-[2.4-Dichlorphenyl]-*, F. 139—140,5°. — *4-[p-Acetamidophenyl]-*, F. 159—160°. — *4-[p-Dimethylaminophenyl]-* F. 117—118,5°. — Isoxazol-3.5-dicarbonsäuren: *4-n-Propyl-*, F. 176—177° (Zers.). — *4-[p-Nitrophenyl]-*, F. 172—174° (Zers.). — *4-[p-Chlorphenyl]-*, F. 187—187,5° (Zers.). — *4-[2.4-Dichlorphenyl]-*, F. 183—186° (Zers.). — *4-[p-Aminophenyl]-isoxazol-3.5-dicarbonsäuredimethylester*, F. 163—166°.

W. Hampel. 3132□

Thiazolidone. 2. Mitt. K. J. Shah, K. C. Kashatriya und J. J. Trivedi. (J. Indian chem. Soc. **36**, 731—32, Okt. 1959; Ahmedabad, M.G., Sci. Inst., Chem. Dep.; engl.) — 1. vgl. C. **1962**, 8602. — *2-Benzyliminothiazolidone-(4)* wurden aus substituierten Benzylthioharnstoffen dargestellt u. mit verschiedenen Aldehyden kondensiert.

Versuche: Thiazolidone-(4), nach l. c.: *2-[m-Methylbenzylimino]-*, $C_{11}H_{12}N_2OS$, F. 210°. — *2-[p-Methylbenzylimino]-*, F. 228°. — *2-[2.4-Dimethylbenzylimino]-*, $C_{12}H_{14}$·N_2OS, F. 183°, aus wss. A. glänzende Plättchen. — *2-[2.5-Dimethylbenzylimino]-*, F. 160°, aus wss. A. Nadeln. — *2-[p-Methoxybenzylimino]-*, $C_{11}H_{12}N_2O_2S$, F. 218°. — *2-[o-Brombenzylimino]-*, $C_{10}H_9BrN_2OS$, F. 209°. — *2-[m-Brombenzylimino]-*, F. 161°, aus wss. A. Plättchen. — 2-[m-Methylbenzylimino]-thiazolidone-(4), durch Kondens. vorst. Verbb. mit entsprechenden Aldehyden u. Umkristallisieren aus Eisessig; *5-Benzyliden-*, $C_{18}H_{16}N_2OS$, F 189°, gelbe Körner. — *5-[4-Methoxybenzyliden]-*, $C_{19}H_{18}N_2O_2S$, F. 195°, gelbe Plättchen. — *5-[2-Chlorbenzyliden]-*, $C_{18}H_{15}ClN_2OS$, F. 148°, gelbe Körner. — *5-[4-Chlorbenzyliden]-*, F. 234°, gelbe Körner. — Analog: 2-[p-Methylbenzylimino]-thiazolidone-(4): *5-Benzyliden-*, $C_{18}H_{16}N_2OS$, F. 174°, hellgelbe Körner. — *5-[4-Methoxybenzyliden]-*, $C_{19}H_{18}N_2O_2S$, F. 185°, rötlichgelbe Körner. — *5-[2-Chlorbenzyliden]-*, $C_{18}H_{15}ClN_2OS$, F. 190°, gelbe Körner. — *5-[4-Chlorbenzyliden]-*, F. 221°, gelbe Plättchen. — *5-[3.4-Dichlorbenzyliden]-*, $C_{18}H_{14}Cl_2N_2OS$, F. 236°, gelbe Körner. — 2-[2.4-Dimethylbenzylimino]-thiazolidone-(4): *5-Benzyliden-*, $C_{19}H_{18}N_2OS$, F. 158°, hellgelbe Plättchen. — *5-[4-Methoxybenzyliden]-*, $C_{20}H_{20}N_2O_2S$, F. 164°, rötlichgelbe Nadeln. — *5-[2-Chlorbenzyliden]-*, $C_{19}H_{17}ClN_2OS$, F. 168°, gelbe Plättchen. — *5-[4-Chlorbenzyliden]-*, F. 196°, gelbe Körner. — *5-[3.4-Dichlorbenzyliden]-*, $C_{19}H_{16}Cl_2N_2OS$, F. 225°, gelbe Körner. — 2-[2.5-Dimethylbenzylimino]-thiazolidone-(4): *5-Benzyliden-*, $C_{19}H_{18}N_2OS$, F. 232°, hellgelbe Körner. — *5-[4-Methoxybenzyliden]-*, $C_{20}H_{20}N_2O_2S$, F. 205°, rötlichgelbe Körner. — *5-[2-Chlorbenzyliden]-*, $C_{19}H_{17}ClN_2OS$, F. 231°, Plättchen. — *5-[4-Chlorbenzyliden]-*, F. 210°, Körner. — *5-[3.4-Dichlorbenzyliden]-*, $C_{19}H_{16}Cl_2N_2OS$, F. 238°, Nadeln. — 2-[p-Methoxybenzylimino]-thiazolidone-(4): *5-Benzyliden-*, $C_{18}H_{16}N_2O_2S$, F. 183°, Nadeln. — *5-[4-Methoxybenzyliden]-*, $C_{19}H_{18}N_2O_3S$, F. 132°, gelbe Körner. — *5-[2-Chlorbenzyliden]-*, $C_{18}H_{15}ClN_2O_2S$, F. 206°, hellgelbe Körner. — *5-[4-Chlorbenzyliden]-*, F. 220°, Plättchen. — *5-[3.4-Dichlorbenzyliden]-*, $C_{18}H_{14}Cl_2N_2O_2S$, F. 178°, hellgelbe Körner. — 2-[o-Brombenzylimino]-thiazolidone-(4): *5-Benzyliden-*, $C_{17}H_{13}BrN_2OS$, F. 146°, Plättchen. — *5-[4-Methoxybenzyliden]-*, $C_{18}H_{15}Br$·N_2O_2S, F. 177°, gelbe Körner. — *5-[2-Chlorbenzyliden]-*, $C_{17}H_{12}BrClN_2OS$, F. 179°, hellgelbe Körner. — *5-[4-Chlorbenzyliden]-*, F. 177°, Plättchen. — *5-[3.4-Dichlorbenzyli-*

den]-, $C_{17}H_{11}BrCl_2N_2OS$, F. 180°, Plättchen. — 2-[m-Brombenzylimino]-thiazolidone-(4): *5-Benzyliden-*, $C_{17}H_{13}BrN_2OS$, F. 203°, hellbraune Plättchen. — *5-[4-Methoxybenzyliden]*-, $C_{18}H_{15}BrN_2O_2S$, F. 194°, orange Körner. — *5-[2-Chlorbenzyliden]*-, $C_{17}H_{12}$·$BrClN_2OS$, F. 208°, Plättchen. — *5-[4-Chlorbenzyliden]*-, F. 226°, gelbe Plättchen.
H. Frischkorn.3142□

Thiazolidone. 3. Mitt. **Synthese von 2-Arylimino-5-arylthiazolidonen-(4).** B. K. Raval und J. J. Trivedi. (J. Indian chem. Soc. **36**, 733—34, Okt. 1959; engl.) — 2. vgl. vorst. Referat. — α-Bromphenyl- u. α-Brom-o-chlorphenylessigsäure wurden mit Phenylthioharnstoffen zu den entsprechenden Thiazolidonen in Ausbeuten von über 60% kondensiert.

Versuche (aus A. umkristallisiert): 5-Phenylthiazolidone-(4): *2-Phenylimino-*, $C_{15}H_{12}N_2OS$, F. 306°. — *2-[o-Chlorphenylimino]*-, $C_{15}H_{11}ClN_2OS$, F. 280°. — *2-[m-Chlorphenylimino]*-, F. 175°. — *2-[p-Chlorphenylimino]*-, F. 180°. — *2-[p-Bromphenylimino]*-, $C_{15}H_{11}BrN_2OS$, F. 190°. — *2-[o-Methylphenylimino]*-, $C_{16}H_{14}N_2OS$, F. 200°. — *2-[m-Methylphenylimino]*-, F. 130°. — *2-[p-Methylphenylimino]*-, F. 188°. — *2-[o-Methoxyphenylimino]*-, $C_{16}H_{14}N_2O_2S$, F. 170°. — *2-[p-Methoxyphenylimino]*-, F. 225°. — *2-[2.4-Dichlorphenylimino]*-, $C_{15}H_{10}Cl_2N_2OS$, F. 160°. — *2-[2.5-Dichlorphenylimino]*-, F. 160°. — *2-[3.4-Dichlorphenylimino]*-, F. 210°. — *2-[o-Carbäthoxyphenylimino]*-, $C_{18}H_{16}N_2O_3S$, F. 185°. — *2-[p-Äthoxyphenylimino]*-, $C_{17}H_{16}N_2O_2S$, F. 190°. — *2-[p-n-Propoxyphenylimino]*-, $C_{18}H_{18}N_2O_2S$, F. 160°. — *2-[p-n-Hexoxyphenylimino]*-, $C_{21}H_{24}N_2O_2S$, F. 150°. — 5-[o-Chlorphenyl]-thiazolidone-(4): *2-Phenylimino-*, $C_{15}H_{11}ClN_2OS$, F. 203°. — *2-[m-Chlorphenylimino]*-, $C_{15}H_{10}Cl_2N_2OS$, F. 170°. — *2-[p-Chlorphenylimino]*-, F. 204°. — *2-[p-Bromphenylimino]*-, $C_{15}H_{10}BrClN_2OS$, F. 214°. — *2-[o-Methylphenylimino]*-, $C_{16}H_{13}ClN_2OS$, F. 147°. — *2-[m-Methylphenylimino]*-, F. 162°. — *2-[p-Methylphenylimino]*-, F. 211°. — *2-[p-Methoxyphenylimino]*-, $C_{16}H_{13}ClN_2O_2S$, F. 170°. — *2-[2.4-Dichlorphenylimino]*-, $C_{15}H_9Cl_3N_2OS$, F. 145°. — *2-[2.5-Dichlorphenylimino]*-, F. 138°. — *2-[3.4-Dichlorphenylimino]*-, F. 208°. — *2-[o-Carbäthoxyphenylimino]*-, $C_{18}H_{15}ClN_2O_3S$, F. 194°. — *2-[p-n-Propoxyphenylimino]*-, $C_{18}H_{17}ClN_2O_2S$, F. 188°. — *2-[p-n-Butoxyphenylimino]*-, $C_{19}H_{19}ClN_2O_2S$, F. 171°. H. Frischkorn. 3142□

Thiazolidone. 5. Mitt. **Synthese von 5-Alkyl- bzw. 5-Benzyl-2-aryliminothiazolidonen-(4).** B. K. Raval und J. J. Trivedi. (J. Indian chem. Soc. **37**, 435—36, Juli 1960; engl.) — 4. vgl. J. Indian chem. Soc. **37**, [1960], 353; 3. vgl. vorst. Referat. — Eine Reihe von *5-Alkyl-* bzw. *5-Benzyl-2-aryliminothiazolidonen-(4)* wurde aus α-Bromfettsäuren bzw. α-Brom-β-phenylpropionsäure u. Arylthioharnstoffen (vgl. 3. Mitt.) dargestellt.

Versuche: 5-Methylthiazolidone-(4): *2-[o-Chlorphenylimino]*-, $C_{10}H_9ClN_2OS$, F. 128°. — *2-[p-Bromphenylimino]*-, $C_{10}H_9BrN_2OS$, F. 165°. — *2-[m-Methylphenylimino]*-, $C_{11}H_{12}N_2OS$, F. 294°. — *2-[2.4-Dichlorphenylimino]*-, $C_{10}H_8Cl_2N_2OS$, F. 184°. — — *2-[2.5-Dichlorphenylimino]*-, F. 294°. — *2-[3.4-Dichlorphenylimino]*-, F. 174°. — *2-[p-n-Hexoxyphenylimino]*-, $C_{16}H_{22}N_2O_2S$, F. 225°. — 5-Äthylthiazolidone-(4): *2-Phenylimino-*, $C_{11}H_{12}N_2OS$, F. 154°. — *2-[o-Chlorphenylimino]*-, $C_{11}H_{11}ClN_2OS$, F. 125°. — *2-[m-Chlorphenylimino]*-, F. 144°. — *2-[p-Chlorphenylimino]*-, F. 154°. — *2-[p-Bromphenylimino]*-, $C_{11}H_{11}BrN_2OS$, F. 148°. — *2-[m-Methylphenylimino]*-, $C_{12}H_{14}$·N_2OS, F. 104°. — *2-[p-Methylphenylimino]*-, F. 140°. — *2-[2.4-Dichlorphenylimino]*-, $C_{11}H_{10}Cl_2N_2OS$, F. 130°. — *2-[2.5-Dichlorphenylimino]*-, F. 154°. — *2-[3.4-Dichlorphenylimino]*-, F. 132°. — *2-[p-n-Hexoxyphenylimino]*-, $C_{17}H_{24}N_2O_2S$, F. 100°. — 5-n-Butylthiazolidone-(4): *2-Phenylimino-*, $C_{13}H_{16}N_2OS$, F. 144°. — *2-[m-Chlorphenylimino]*-, $C_{13}H_{15}ClN_2OS$, F. 115°. — *2-[p-Chlorphenylimino]*-, F. 136°. — *2-[p-Bromphenylimino]*-, $C_{13}H_{15}BrN_2OS$, F. 136°. — *2-[m-Methylphenylimino]*-, $C_{14}H_{18}N_2OS$, F. 98°. — *2-[p-Methylphenylimino]*-, F. 136°. — *2-[o-Methoxyphenylimino]*-, $C_{14}H_{18}N_2O_2S$, F. 118°. — *2-[2.4-Dichlorphenylimino]*-, $C_{13}H_{14}Cl_2N_2OS$, F. 104°. — *2-[3.4-Dichlorphenylimino]*-, F. 144°. — 5-Benzylthiazolidone-(4): *2-Phenylimino-*, $C_{16}H_{14}N_2OS$, F. 183°. — *2-[o-Chlorphenylimino]*-, $C_{16}H_{13}ClN_2OS$, F. 149°. — *2-[m-Chlorphenylimino]*-, F. 163°. — *2-[p-Chlorphenylimino]*-, F. 212°. — *2-[p-Bromphenylimino]*-, $C_{16}H_{13}BrN_2OS$, F. 217°. — *2-[m-Methylphenylimino]*-, $C_{17}H_{16}N_2OS$, F. 128°. — *2-[o-Methoxyphenylimino]*-, $C_{17}H_{16}N_2O_2S$, F. 138°. — *2-[p-Methoxyphenylimino]*-, F. 187°. — *2-[2.4-Dichlorphenylimino]*-, $C_{16}H_{12}$·Cl_2N_2OS, F. 138°. — *2-[2.5-Dichlorphenylimino]*-, F. 206°. — *2-[3.4-Dichlorphenylimino]*-, F. 218°. — *2-[o-Carbäthoxyphenylimino]*-, $C_{19}H_{18}N_2O_3S$, F. 167°. — *2-[p-n-Propoxyphenylimino]*-, $C_{19}H_{20}N_2O_2S$, F. 161°. — *2-[p-n-Hexoxyphenylimino]*-, $C_{22}H_{26}N_2O_2S$, F. 141°. H. Frischkorn. 3142□

Synthese einiger 5-Arylazo-3-aryl-2-aryliminothiazolidone-(4). Ravindra Pratap Rao. (J. Indian chem. Soc. **38**, 784, Sept. 1961; Gorakhpur, Univ. of Gorakhpur, Dep. of Chem.; engl.) — Durch Einführung eines Arylazorestes in 5-Stellung nach Rao

(C. **1962,** 5289) u. Bhargava u. Mitarbeitern (C. **1962,** 3086) in 3-Aryl-2-aryliminothiazolidone-(4) (nach Markley u. Reid [1930]) entstehen folgende 5-Arylazo-3-aryl-2-aryliminothiazolidone-(4): *5-Phenylazo-3-[m-chlorphenyl]-2-[m-chlorphenylimino]-*, $C_{21}H_{14}Cl_2N_4OS$, F. 135—137°; graubraun; 65% (Ausbeute). — *5-Phenylazo-3-[p-äthoxyphenyl]-2-[p-äthoxyphenylimino]-*, $C_{25}H_{24}N_4O_3S$, F. 106—108°; dunkles Graubraun; 67%. — *5-Phenylazo-3-[β-naphthyl]-2-[β-naphthylimino]-*, $C_{29}H_{20}N_4OS$, F. 170 bis 172°; graubraun; 70%. — *5-[p-Aminosulfonylphenylazo]-3-[p-äthoxyphenyl]-2-[p-äthoxyphenylimino]-*, $C_{25}H_{25}N_5O_5S_2$, F. 128—129°; tiefgelb; 60%. — *5-[p-Aminosulfonylphenylazo]-3-[β-naphthyl]-2-[β-naphthylimino]-*, $C_{29}H_{21}N_5O_3S_2$, F. 175—177°; rötlichbraun; 75%. P. Golinske. 3142□

1.2.4-Thiodiazolyl-(5)-hydrazine, 1-[1.2.4-Thiodiazolyl-(5)]-3-alkylpyrazolone-(5) und deren Azomethinfarbstoffe. Ehrenfried Bulka, Friedhelm Sommer und Hans Beyer. (Chem. Ber. **95,** 1983—88, 17/8. 1962; Greifswald, Univ., Inst. für Organ. Chem.; dt.) — Durch Hydrazinolyse von 5-Chlor-1.2.4-thiodiazolen werden *1.2.4-Thiodiazolyl-(5)-hydrazine* dargestellt, die mit β-Ketosäureestern in *1-[1.2.4-Thiodiazolyl-(5)]-pyrazolone-(5)* übergeführt werden; mit p-Nitrosodialkylanilinen werden diese zu tieffarbigen *1-[1.2.4-Thiodiazolyl-(5)]-4-[p-dialkylaminophenylimino]-5-oxopyrazolinen* umgesetzt, deren Absorptionsmaxima im sichtbaren Bereich angeführt sind.

Versuche: *3-[m-Nitrophenyl]-5-chlor-1.2.4-thiodiazol* (**X**), $C_8H_4ClN_3O_2S$, F. 110°, $Kp_{.3}$ 186—189°, aus m-Nitrobenzamidinhydrochlorid in CH_2Cl_2 durch Zutropfen von Cl_3CSCl, Zutropfen von verd. NaOH $< -5°$, Filtrieren u. Ausschütteln der wss. Phase mit CH_2Cl_2; aus verd. A. Nadeln; 42% (Ausbeute). — 5-Hydrazino-1.2.4-thiodiazole: *3-Methyl-* (**I**), $C_3H_6N_4S$, F. 164° (Zers.), aus 60%ig. Hydrazinhydrat (**XI**) in A. durch Zutropfen von 3-Methyl-5-chlor-1.2.4-thiodiazol in A. unter Rühren bei — 5°, Eindampfen u. Extrahieren mit Bzl.; Nadeln; 93—96%. *Hydrochlorid*, $C_3H_6N_4S \cdot HCl$, Zers. ab 165°; aus A. Nadeln. *Diacetyl-Deriv.*, $C_7H_{10}N_4O_2S$, F. 187°; aus A. Nadeln. *Formyl-Deriv.*, $C_4H_6N_4OS$, F. 168° (Zers.); aus Toluol Nadeln. *Benzal-Deriv.*, $C_{10}H_{10}N_4S$, F. 225°; aus A. Nadeln. — *3-Phenyl-* (**II**), $C_8H_8N_4S$, F. 195° (Zers.), analog I mit 3-Phenyl-5-chlor-1.2.4-thiodiazol bei Raum-Temp. (2—3 Std.); aus A. Stäbchen; 95—100%. *Hydrochlorid*, $C_8H_8N_4S \cdot HCl$, Zers. ab 170° (Zers.), aus A. Stäbchen. *Diacetyl-Deriv.*, $C_{12}H_{12}N_4O_2S$, F. 189°; aus A. rhomb. Tafeln. *Formyl-Deriv.*, $C_9H_8N_4OS$, F. 209° (Zers.; A.). *Benzal-Deriv.*, $C_{15}H_{12}N_4S$, F. 191°, aus A. Nadeln. — *3-[m-Nitrophenyl]-* (**III**), $C_8H_7N_5O_2S$, F. 201—204° (Zers.), analog I mit X in A.; aus A. + **XI** blaßgelbe Nadeln; 85%. *Hydrochlorid*, $C_8H_7N_5O_2S \cdot HCl$, F. 197° (Zers.), blaßgelbe Blättchen. *Diacetyl-Deriv.*, $C_{12}H_{11}N_5O_4S$, F. 208—209°, aus A. Nadeln. *Benzal-Deriv.*, $C_{15}H_{11}N_5O_2S$, F. 236°, aus A./Pyridin blaßgelb. — 3-Methylpyrazolone-(5): *1-[3-Methyl-1.2.4.thiodiazolyl-(5)]-* (**IV**), $C_7H_8N_4OS$, F. 233° (Zers.), durch ½std. Kochen von I u. Acetessigester in Eisessig/A.; aus A./Pyridin Blättchen; 51%. — Analog: *1-[3-Phenyl-1.2.4-thiodiazolyl-(5)]-* (**V**), $C_{12}H_{10}N_4OS$, F. 226° (A./Eisessig), mit **II**; 65%. — *1-[3-m-Nitrophenyl-1.2.4-thiodiazolyl-(5)]-* (**VI**), $C_{12}H_9N_5O_3S$, F. 290—295° (Zers.; A./Pyridin), mit **III**; hellbraun; 80%. — 3-Heptadecylpyrazolone-(5): *1-[3-Methyl-1.2.4-thiodiazolyl-(5)]-* (**VII**), $C_{23}H_{40}N_4OS$, F. 123° (wss. Aceton), analog **IV** aus **I** u. Stearoylessigsäuremethylester in Eisessig/A.; 38%. — Analog: *1-[3-Phenyl-1.2.4-thiodiazolyl-(5)]-* (**VIII**), $C_{28}H_{42}N_4OS$, F. 103—105° (n-Heptan), mit **II**; 48%. — *1-[3-(m-Nitrophenyl)-1.2.4-thiodiazolyl-(5)]-* (**IX**), $C_{28}H_{41}N_5O_3S$, F. 106°, mit **III**; aus A. Blättchen; 64%. — 3-Methyl-4-[p-diäthylaminophenylimino]-5-oxopyrazoline: *1-[3-Methyl-1.2.4-thiodiazolyl-(5)]-*, $C_{17}H_{20} \cdot N_6OS$, F. 216°, durch 10 Min. langes Kochen von **IV** u. p-Nitrosodiäthylanilin (**XII**) in A.; aus Toluol stahlblaue Säulen; 61%. — Analog: *1-[3-Phenyl-1.2.4-thiodiazolyl-(5)]*, $C_{22}H_{22}N_6OS$, F. 207°, mit **V** durch ¼std. Kochen; aus Toluol grünrote Stäbchen; 57%. — *1-[3-(m-Nitrophenyl)-1.2.4-thiodiazolyl-(5)]-*, $C_{22}H_{21}N_7O_3S$, F. 238—240°, mit **VI** in sd. Pyridin/A. (5 Min.); aus Toluol braune Nadeln, durch Trocknen in Vakuum bei 130° goldgrüne Stäbchen; 65%. — 3-Heptadecyl-4-[p-diäthylaminophenylimino]-5-oxopyrazoline: *1-[3-Methyl-1.2.4-thiodiazolyl-(5)]-*, $C_{33}H_{52}N_6OS$, F. 79°; aus **VII** u. **XII** in sd. A. (10 Min.); aus Aceton dunkelrot; 50%. — Analog: *1-[3-Phenyl-1.2.4-thiodiazolyl-(5)]-*, $C_{38}H_{54}N_6OS$, F. 111—113°, mit **VIII** in sd. Pyridin, durch Zutropfen von n-Heptan; aus n-Heptan grüne Blättchen; 46%. — *1-[3-(m-Nitrophenyl)-1.2.4-thiodiazolyl-(5)]-*, $C_{38}H_{53}N_7O_3S$, F. 121°, mit **IX**; aus Aceton dunkelrot; 77%. — 3-Methyl-4-[p-dimethylaminophenylimino]-5-oxopyrazoline: *1-[3-Methyl-1.2.4-thiodiazolyl-(5)]-*, $C_{15}H_{16}N_6OS$, F. 252—253°, aus **IV** in sd. A./Pyridin durch Zusetzen von p-Nitrosodimethylanilin in A. u. ¼std. Kochen; aus Toluol grüngoldene Säulen; 43%. — Analog: *1-[3-Phenyl-1.2.4-thiodiazolyl-(5)]-*, $C_{20}H_{18}N_6OS$, F. 237—239°, mit **V** in sd. A. einige Min.); aus Toluol moosgrüne Blättchen; 61%. — *1-[3-(m-Nitrophenyl)-1.2.4-thiodiazolyl-(5)]-*, $C_{20}H_{17}N_7O_3S$, F. 296°, mit **VI** in sd. Pyridin/A. (10 Min.); aus Pyridin mattbraune Nadeln; 69%. H. Gleinig. 3173□

Die Reaktion von ω-Hydrazinobenzaldehydarylhydrazonen mit salpetriger Säure. J. M. Burgess und M. S. Gibson. (Tetrahedron [London] **18**, 1001—04, Sept. 1962; Lancashire, Stretford Techn. Coll., Chem. Dep.; Manchester, Univ., Fac. of Technol., Chem. Dep.; engl.) — Aus ω-Brombenzaldehyd (**I**)-Arylhydrazonen mit N_2H_4 dargestellte *ω-Hydrazinobenzaldehyd* (**II**)-*Arylhydrazone* werden durch HNO_2 zu *1-Arylamino-5-phenyltetrazolen* cyclisiert, deren Struktur aus ihren Eigg. sowie aus UV- u. IR-Spektren gefolgert wird. So wird **II**-2.4-Dibromphenylhydrazon zu *1-[2.4-Dibromanilino]-5-phenyltetrazol* cyclisiert u. nicht zu 2-[2.4-Dibromphenyl]-6-phenyl-2.5-dihydropentazin, wie Chattaway u. Parkes [1926] angenommen hatten; damit wird die von Stollé [1926] vermutete Struktur der Verb. bestätigt. Bei dem Vers., **I**-N-Methylphenylhydrazon durch Bromieren in CH_3COOH darzustellen, wurden nur Teere isoliert; die Rk. von 2-Benzoyl-1-methyl-1-phenylhydrazin mit PBr_3/PBr_5 liefert nur **I**-*2.4-Dibromphenylhydrazon.* — UV- u. IR-Daten einiger Verbb. sind angegeben.

Versuche: *2-Benzoyl-1-methyl-1-phenylhydrazin,* F. 157—158,5°, aus C_6H_5COCl u. 3,3 g α-Methylphenylhydrazin in 5%ig. KOH; aus CH_3OH Nadeln; 5,6 g. — *1-[2.4-Dibromanilino]-5-phenyltetrazol,* F. 172—173° (Zers.), nach Chattaway u. Parkes. — *ω-Brombenzaldehyd* (**I**), *2-Brom-4-nitrophenylhydrazon* (**III**), $C_{13}H_9Br_2N_3O_2$, F. 171—172°, durch Bromieren von 5 g Benzaldehyd-p-nitrophenylhydrazon in Eisessig; aus Eisessig gelbe Nadeln; 5 g (Ausbeute). *2.4-Dinitrophenylhydrazon* (**IV**), $C_{13}H_9BrN_4O_4$, F. 224 bis 225°, durch Bromieren von 3 g Benzaldehyd-2.4-dinitrophenylhydrazon in Eisessig; orangefarbene Nadeln aus Eisessig; 0,5 g. *2.4-Dibromphenylhydrazon,* F. 116—117°, aus 1,9 g vorvorst. Verb. u. Br_2/PBr_3; aus Eisessig Nadeln; 1,8 g. — *1-[2-Brom-4-nitroanilino]-5-phenyltetrazol,* $C_{13}H_9BrN_6O_2$, F. 199—201° (Zers.), durch $^1/_4$std. Schütteln von 7 g **III** mit A. u. 50%ig. Hydrazinhydrat (**V**), 12std. Stehen, Gießen in W., Abfiltrieren, Verreiben mit konz. HCl u. W. u. Rk. mit $NaNO_2$ in W. bei 0—5°; aus A. bernsteinfarbene Nadeln; 2,5 g. — *1-[2.4-Dinitroanilino]-5-phenyltetrazol,* $C_{13}H_9N_7O_4$, F. 154—156° (Zers.), aus 7 g **IV** durch Schütteln mit A. u. 100%ig. **V** u. Rk. des rohen Prod. mit $HCl/NaNO_2$ bei 0—5°; aus A. goldene Plättchen; 0,5 g. — *Benzazid,* F. 28—29°, aus C_6H_5COCl u. NaN_3. H.-J. Schönherr. 3184□

Reaktionen von Äthoxymethylenmalononitril mit Thioharnstoffen. Steve G. Cottis und Howard Tieckelmann. (J. org. Chemistry **26**, 79—82, Jan. 1961; Buffalo, Univ., Dep. of Chem.; engl.) — Äthoxymethylenmalononitril (**I**) wird in alkal. wss. A. je nach den Rk.-Bedingungen zum *Hydroxymethylenmalononitril-* (**II**) oder *1.1.3.3-Tetracyanpropen-K-Salz* (**III**) hydrolysiert. Mit Methanol u. einem Überschuß an wss. KOH entsteht *2-Amino-3.5-dicyan-6-methoxypyridin* (**IV**). In Ggw. von Mercaptanen oder Alkylthioharnstoffen (**A**) bilden sich *2-Amino-3.5-dicyan-6-alkylmercaptopyridine,* während **I** u. **A** unter Vermeidung eines **I**-Überschusses zu *2-Alkylmercapto-4-amino-5-cyanpyrimidinen* kondensieren. Aus **I** u. **A** in wss. Aceton oder A. entsteht durch Neutralisieren mit NH_4OH *2-Amino-3.5-dicyan-6-alkylmercaptopyridin.* **III** liefert beim Erhitzen in wss. methanol. KOH **IV** u. in wss. alkohol. KOH *2-Amino-5-cyan-6-äthoxypyridin-3-carbonsäureamid* (**V**), deren Struktur durch Rk. mit Formamid zu *4-Hydroxy-6-cyan-7-äthoxypyrido-[2.3:d]-pyrimidin* bewiesen wurde. Beim Kochen von **V** in verd. KOH entsteht das *2-Amino-5-cyan-6-hydroxypyridin-3-carbonsäureamid-monohydrat-K-Salz* (**VI**), das auch aus **III** in alkal. Lsg. u. aus 2-Amino-3.5-dicyan-6-chlorpyridin (**VII**) zugänglich ist. Die Dicyanpyridine werden leicht zu den *Cyanpyridincarbonsäureamiden* u. zu den *Dicarbonsäuren* hydrolysiert.

Versuche: *Hydroxymethylenmalononitril-K-Salz* (**II**), C_4HKN_2O, F. 270—271° (Zers.), aus **I** in A. durch Zutropfen von 1 Mol KOH unter 5° (Meth. **A**); aus A./Butanol gelbe Nadeln; 79% (Ausbeute). — *1.1.3.3-Tetracyanpropen-K-Salz* (**III**), C_7HKN_4, F. 319—320° (Zers.), aus **I** nach **A** mit 0,5 Mol KOH; aus A. lange Nadeln; 82%. — 2-Amino-3.5-dicyan-6-alkylmercaptopyridine: *-methyl-* (**IX**), $C_8H_6N_4S$, F. 270 bis 271° (Methanol), a) aus **I** u. S-Methylisothioharnstoffsulfat (**VIII**) in wss. Aceton durch Neutralisieren mit konz. NH_4OH; 47%; b) aus **III** u. **VIII** in 1n KOH durch mehrstd. Rk. in der Kälte (Meth. **B**); 90%. — *-äthyl-* (**X**), $C_9H_8N_4S$, F. 203—205° (A.), a) durch Zugeben von **III** in 50%ig. A. zu Äthylmercaptan in 4n KOH; 80%; b) aus **VII** in A. durch Zugeben von Äthylmercaptan in wss. KOH u. Erwärmen auf 40°; 60%. — *-benzyl-*, $C_{14}H_{10}N_4S$, F. 205—206° (Bzl./Methanol), aus **III** u. S-Benzylisothioharnstoffhydrochlorid (**XI**) nach **B**; 45%. — *2-Amino-3.5-dicyan-6-methoxypyridin* (**IV**), $C_8H_6N_4O$, F. 258 bis 259°, a) aus **III** in Methanol durch Zugeben von wss. KOH u. 10 Min. langes Kochen; aus Methanol lange Nadeln; 85%; b) aus **I** in Methanol durch schnelles Zugeben eines Überschusses an KOH; 29%. — *2-Amino-5-cyan-6-äthoxypyridin-3-carbonsäureamid* (**V**), $C_9H_{10}N_4O_2$, F. 272—273°, a) aus **III** in A. durch Zugeben von wss. KOH u. 5 Min.

langes Kochen; aus A. lange blaßgrüne Nadeln; 69%; b) aus 2-Amino-3.5-dicyan-6-äthoxypyridin in 1n KOH durch ½std. Kochen u. 12std. Stehen bei Raum-Temp.; 73%; c) aus vorst. Verb. u. KOH in A. durch 3 Min. langes Kochen; 74%. — 2-Amino-5-cyan-6-alkylmercaptopyridin-3-carbonsäureamide: *-methyl-*, $C_8H_8N_4OS$, F. 294—295° (Methanol/W.), aus **IX** in 0,1n KOH durch 1½std. Kochen; 33%. — *-äthyl-*, $C_9H_{10}N_4OS$, F. 254—256° (Methanol/Bzl.), aus **X** u. 0,1n KOH durch 1std. Kochen; 68%. — 2-Amino-6-alkylmercaptopyridin-3.5-dicarbonsäuren: *-methyl-*, $C_8H_8N_2O_4S$, F. 315—316° (Zers.; W.), durch Kochen von **IX** in 6n KOH; 58%. — *-äthyl-*, $C_9H_{10}N_2O_4S$, F. 268—270° (Zers.; wss. Essigsäure), analog aus **X**; 55%. — *2-Amino-6-hydroxypyridin-3.5-dicarbonsäure*, $C_7H_6N_2O_5$, F. 218—220° (Zers.; W.), aus **V** durch 2std. Kochen in 10n KOH; 41%. — *2-Amino-5-cyan-6-hydroxypyridin-3-carbonsäureamidhydrat-K-Salz* (**VI**), $C_7H_7KN_4O_3$, F. 327—332° (Zers.), durch Kochen von **III** in wss. KOH; aus W. lange Nadeln; 53%; b) durch Kochen von **V** mit 1n KOH, Ansäuern mit Essigsäure u. Kochen des Nd. mit 1n KOH; aus W. Nadeln; 47%; c) durch Kochen von **VII** in 1n KOH; 71%. — *7-Äthoxy-4-hydroxy-6-cyanpyrido-[2.3:d]-pyrimidin*, $C_{10}H_8N_4O_2$, F. 274—275° (Dimethylformamid/W.), aus **V** durch 2std. Erhitzen in Formamid auf 160—170°; gelbes Pulver; 67%. — 2-Alkylmercapto-4-amino-5-cyanpyrimidine: *-methyl-*, $C_6H_6N_4S$, F. 240—241°, aus **VIII** in Aceton durch Zugeben von wss. NaOH, Zugeben von **I** in Aceton u. 2std. Rühren; aus A./W. feine Nadeln; 65%. — *-äthyl-*, F. 140°, analog aus **I** u. S-Äthylisothioharnstoffsulfat; aus A./W. feine Nadeln; 70%. — *-benzyl-*, F. 174—176°, analog aus **I** u. **XI** durch ½std. Rk.; aus A./W. gelbe Nadeln; 72%. — *4-Amino-2-mercapto-5-cyanpyrimidin*, durch langsames Zugeben von **I** zu Thioharnstoff u. NaOH in W./Aceton u. ½std. Rühren; 12% (Rohausbeute).
M. Riccius. 3200□

Synthetische Furocumarine. 3. Mitt. **8-Acetyl-4.5′-dimethylpsoralen.** Kurt D. Kaufman und Leonard R. Worden. (J. org. Chemistry **26**, 4721—22, Nov. 1961; Kalamazoo, Mich., Coll., Dep. of Chem.; engl.) — 2. vgl. J. org. Chemistry **26**, [1961], 2443. — Vff. synthetisierten *8-Acetyl-6-[2′.3′-dibrompropyl]-7-hydroxy-4-methylcumarin* (**I**) aus *8-Acetyl-7-allyloxy-4-methylcumarin* durch Umlagerung zu *8-Acetyl-6-allyl-7-hydroxy-4-methylcumarin* u. Bromierung dessen Acetats u. cyclisierten es zu *8-Acetyl-4.5′-dimethylpsoralen* (**II**) neben *cis-β-[7-Acetyl-6-hydroxy-2-methylbenzofuryl-(5)]-β-methyl-acrylsäure*, die in Ggw. von CH_3COOH/HCl in **II** überging. Cyclisierung von **I** in symm.-Kollidin ergab u. a. *8-Acetyl-5′-brommethyl-4′.5′-dihydro-4-methylpsoralen* (?).

Versuche (FF. korr.): *8-Acetyl-7-hydroxy-4-methylcumarin* (**III**), *Allyläther*, $C_{15}H_{14}O_4$, F. 119,5° (Äthylacetat), durch 7std. Rühren von **III** mit Allylbromid u. K_2CO_3 in sd. Aceton; 80% (Ausbeute). *6-Allyl-Deriv.*, $C_{15}H_{14}O_4$, F. 134°, aus **III**-Allyläther durch Kochen in Diäthylanilin; hellgelbe Nadeln aus A.; 47%; *Acetat*, $C_{17}H_{16}O_5$, F. 125,3 bis 125,5°, aus Ligroin Nadeln; 100%. — *8-Acetyl-6-[2′.3′-dibrompropyl]-7-hydroxy-4-methylcumarin* (**I**), $C_{15}H_{14}Br_2O_4$, F. 146—147,5°, aus vorst. Acetat mit Br_2 in Chlf.; hellgelbe Nadeln aus Äthylacetat; 77%. — *8-Acetyl-4.5′-dimethylpsoralen* (**II**), $C_{15}H_{12}O_4$, F. 165—165,5°, a) aus **I** durch 1¾std. Kochen mit C_2H_5ONa in abs. A., Gießen in Eis/5%ig. HCl u. Waschen mit 5%ig. NaOH u. W.; 23%; b) aus nachst. Verb. in CH_3COOH in Ggw. von konz. HCl durch 1tägiges Stehen. — *cis-β-[7-Acetyl-6-hydroxy-2-methyl-benzofuryl-(5)]-β-methylacrylsäure*, $C_{15}H_{14}O_5$, F. 159—160°, aus der Wasch-NaOH von **II** nach a) durch Ansäuern bei 0°; gelbe Prismen aus A.; 46%. — *8-Acetyl-5′-brommethyl-4′.5′-dihydro-4-methylpsoralen* (?), $C_{15}H_{13}BrO_4$, F. 134—135°, durch 2std. Kochen von **I** in symm.-Kollidin, Gießen in 5%ig. HCl u. Chlf.-Extraktion; gelbe Prismen aus A.; 49%.
H.-J. Kötzsch. 3211□

Untersuchungen auf dem Gebiet der C-Acylierung von heterocyclischen Ketoenolen. 5. Mitt. **Über den Mechanismus der C-Acylierung von 4-Hydroxycumarin.** R. B. Shurin und N. Ss. Wulfsson. (Журнал Общей Химии [J. allg. Chem.] **31**(**93**), 875—79, März 1961; Woroschilow-Inst. für org. Zwischenprodd. u. Farbstoffe; russ.) — 4. vgl. J. allg. Chem. [UdSSR] **31** (**93**), [1961], 281. — Die Acylierung von 4-Hydroxycumarin (**I**) mit aliphat. Säuren in Ggw. von $POCl_3$ führt nicht nur zu *3-Acyl-4-hydroxycumarinen*, sondern auch zu *4-Acyloxycumarinen*. Diese lassen sich in Ggw. von $POCl_3$ in *3-Acyl-4-hydroxycumarine* umwandeln.

Versuche: *4-Chloracetoxycumarin* (**II**), $C_{11}H_7ClO_4$, F. 156,5—158° (Bzl.), durch 45 Min. langes Kochen von 10 g **I**, 20 g Chloressigsäure (**III**) u. 10 ml $POCl_3$; Nadeln; 5,0 g (Ausbeute). — *4-Cyanacetoxycumarin*, $C_{12}H_7NO_4$, F. 177—178° (Bzl.), durch 15 Min. langes Kochen von 5 g **I**, 5 g Cyanessigsäure, 5 ml $POCl_3$ u. 40 ml Chlorbenzol; Nadeln; 0,1 g. — Man kocht 4,8 g 4-Acetoxycumarin (**IV**), 24 g **III** u. 9,6 g $POCl_3$ 20 Min.: 1,8 g **II** (F. 155—156° aus Bzl.) u. 0,95 g *3-Acetyl-4-hydroxycumarin* (**V**) (F. 135—136° aus A.). — Rk. von Capronoyloxycumarin (**VI**) mit Essigsäure: a) man erhitzt 5 g **VI** u. 25 ml Eisessig mit 8 ml $POCl_3$ 25 Min. auf 110°: 0,29 g *4-Hydroxycumarin* (**I**; F. 215

bis 216°), 0,5 g *3-Capronoyl-4-hydroxycumarin* (VII; F. 110—111°; Plättchen) u. 2,8 g V; b) man erhitzt 2,5 g VI, 0,58 ml Eisessig u. 5 ml $POCl_3$ 25 Min. auf 100—110°: 0,5 g I, 0,15 g VI u. 0,8 g *4-Chlorcumarin*, F. 90—92°. — Rk. von IV mit Capronsäure (VIII): Man erhitzt 2 g IV, 26 ml VIII u. 4 ml $POCl_3$ 25 Min. auf 110°: 1,28 g VII u. I (*Phenylhydrazon*, F. 230—230,5°; gelbe Nadeln). — Rk. von I-Na-Salz mit Essigsäure: Man kocht 8,2 g I-Na-Salz, 35 ml Eisessig u. 15 ml $POCl_3$ ½ Std.: 2,79 g IV, 1,76 g V u. 2,7 g I. V u. I werden auch aus I-Ag-Salzen mit Essigsäure u. $POCl_3$ erhalten.

Helmut Schäfer. 3211

Untersuchungen auf dem Gebiet der C-Acylierung von heterocyclischen Ketoenolen. 6. Mitt. **Cyclisierung von 3-Acyl-4-hydroxycumarinphenylhydrazonen.** N. Ss. Wulfsson und R. B. Shurin. (Журнал Общей Химии [J. allg. Chem.] 31(93), 3381—85, Okt. 1961; russ.) — 5. vgl. vorst. Referat. — Durch Cyclisierung von 3-Acetyl-, 3-Propionyl-, 3-n-Valeroyl-, 3-Isovaleroyl- u. 3-Capronoyl-4-hydroxycumarinphenylhydrazon wurden entsprechend *3'-Methyl-* (I), *3'-Äthyl-*, *3'-n-Butyl-*, *3'-Isobutyl-* u. *3'-n-Amyl-1'-phenylpyrazolo-[4'.5':3.4]-cumarin* erhalten. Von den Verbb. wurden die UV-Spektren aufgenommen. Der Strukturbeweis erfolgte durch alkal. Verseifung von I zu *1-Phenyl-5-[o-hydroxyphenyl]-3-methylpyrazol-4-carbonsäure* (II), deren Methylierung zu *1-Phenyl-5-[o-methoxyphenyl]-3-methylpyrazol-4-carbonsäure* (III) führte, ferner durch Parallelsynth. von III aus o-Methoxybenzoylacetessigester (IV) sowie IR-analyt. Vergleich.

Versuche: 1'-Phenylpyrazolo-[4'.5':3.4]-cumarine: *3'-Methyl-* (I), $C_{17}H_{12}N_2O_2$, F. 226—227° (A.), man kocht 3-Acetyl-4-hydroxycumarinphenylhydrazon in Xylol 50 Min. in Ggw. von wenig p-Toluolsulfonsäure unter Abdestillation des entstehenden W.; Nadeln; 82% (Ausbeute). — Analog: *3'-Äthyl-*, $C_{18}H_{14}N_2O_2$, F. 163,5—164°; Prismen; 57%. — *3'-n-Butyl-*, $C_{20}H_{18}N_2O_2$, F. 119,5—120°; Nadeln; 42%. — *3'-Isobutyl-*, $C_{20}H_{18}N_2O_2$, F. 165,5—166°; Prismen; 50%. — *3'-n-Amyl-*, $C_{21}H_{20}N_2O_2$, F. 103—104°; Prismen; 73%. — *1-Phenyl-5-[o-hydroxyphenyl]-3-methylpyrazol-4-carbonsäure* (II), $C_{17}H_{14}N_2O_3$, F. 217—217,5° (W.-Methanol), man löst 1,7 g Na in 110 ml Methanol, gibt 10 g I u. 150 ml W. zu u. kocht 20 Min.; Plättchen; 92%. — *o-Methoxybenzoylacetessigester* (IV), $C_{14}H_{16}O_5$, Kp.$_6$ 174°, man gibt zu Na-Acetessigester (4,3 g Acetessigester, 0,9 g Na) in 70 ml abs. A. tropfenweise 8,8 g o-Methoxybenzoylchlorid in 30 ml Bzl. u. kocht 8 Std.; zähes, gelbliches Öl; n_D^{20} 1,5530; 50%. — *1-Phenyl-5-[o-methoxyphenyl]-3-methylpyrazol-4-carbonsäure* (III), $C_{18}H_{16}N_2O_3$, F. 215,5—217° (Methanol), a) durch 5 std. Kochen von 3,8 g II, 100 ml 10%ig. Soda-Lsg. u. 5 ml Dimethylsulfat 5 Std.; Rhomben; 80%; b) man läßt 4,4 g IV u. 1,8 g Phenylhydrazin ½ Std. stehen u. kocht 2 Std mit 5 g KOH in 10 ml Methanol; 43%. Helmut Schäfer. 3211

Pyridiniumbetaine der Indandion-(1.3)-Reihe. Gerassimos Frangatos und Alfred Taurins. (Canad. J. Chem. **37**, 835—42, Mai 1959; Montreal, Quebec, McGill Univ., Dep. of Chem.; engl.) — Durch Umsetzung von 2-Brom- (I) u. 2.2-Dibromindandion-(1.3) (II) mit Pyridin (III), 3- (IV) u. 4-Methylpyridin (V) sowie mit Pyridin-2- (VI), -3- (VII) u. -4-carbonsäure (VIII) werden *1-[3-Hydroxy-1-oxoindenyl-(2)]-pyridiniumbetaïne* erhalten. UV-Spektren s. Original.

Versuche: *1-[3-Hydroxy-1-oxoindenyl-(2)]-pyridiniumbetain*, F. 257° (Zers.; A.), a) aus I u. III durch 24 std. Stehen bei 20° oder 4—6 Min. langes Erhitzen auf 100° (Meth. A); 67%; b) aus 1 g II u. III durch mehrstd. Erhitzen auf 100° (Meth. B); 46,5%; daneben 0,475 g III-*Hydrobromid*. — 1-[3-Hydroxy-1-oxoindenyl-(2)]-alkylpyridiniumbetaine: *-3-methyl-*, $C_{15}H_{11}NO_2$, F. 218° (Zers.; A.), a) aus I u. IV nach A; 82%; b) aus II u. IV nach B; 65,8%; daneben IV-*Hydrobromid*; c) aus II u. IV in Isoamylalkohol (IX) durch 7 std. Kochen (Meth. C); 0,77%. — *-4-methyl-*, $C_{15}H_{11}NO_2$, F. 258° (Zers.), a) aus I u. V nach A; gelbe Prismen aus A.; 71,7%; b) aus II u. V nach C in A.; 67%; c) nach C in Toluol; 39%; daneben V-*Hydrobromid*. — 1-[3-Hydroxy-1-oxoindenyl-(2)]-carboxypyridiniumbetaine: *-2-carboxy-*, $C_{15}H_9NO_4$, F. 312° (Zers.; Butanol), aus II u. VI nach C in Butanol; 27%. — *-3-carboxy-*, $C_{15}H_9NO_4$, F. 317° (Zers.; IX), aus II u. VII nach C in IX. — *-4-carboxy-*, $C_{15}H_9NO_4$, F. 351°, aus II u. VIII nach C in IX; 58%. W. Hampel. 3231□

4-Nitro-2.6-lutidin-1-oxid. Russell F. Evans und Herbert C. Brown. (J. org. Chemistry **27**, 1665—67, Mai 1962; Lafayette, Ind., Purdue Univ., R. B. Wetherill Labor.; engl.) — 2.6-Lutidin-1-oxid (I) wird mit Nitriersäure in *4-Nitro-2.6-lutidin-1-oxid* (II) übergeführt, das durch Behandlung mit HCl bei 190—200° in *4-Chlor-2.6-lutidin-1-oxid* (III) umgewandelt wird. II wird mit $NaBH_4$ oder mit H_2 in HCl in Ggw. von Pd-Kohle zu *4.4'-Azo-2.6-lutidin-1.1'-dioxid* oder mit H_2 in Acetanhydrid (IV) in Ggw. von Pd-Kohle zu *4-Amino-2.6-lutidin* (V) reduziert. Red. von II mit $NaHSO_3$ gibt neben V *4-Amino-2.6-lutidinsulfonsäure-(3)*. Mit HBr liefert II *4-Brom-2.6-lutidin*. III gibt bei der Rk. mit Na_2SO_3 *2.6-Lutidinsulfonsäure-(4)-Salz*. Mit Fe in Essigsäure, PCl_3 oder $NaBH_4$ in Ggw. von $AlCl_3$ wird III zu *4-Chlor-2.6-lutidin* umgesetzt.

Versuche: 2.6-Lutidine: *4-Nitro-, 1-Oxid* (II), $C_7H_8N_2O_3$, F. 151—153° (A.), aus I durch 7std. Kochen in konz. H_2SO_4/konz. HNO_3; 87% (Ausbeute). — *4-Amino-* (V), F. 188—190° (Aceton), sublimiert bei 130°/2mm, a) aus II in Eisessig/IV durch 3std. Hydrieren in Ggw. von Pd-Kohle bei 35 lbs./sq.in.; 69%; b) aus II u. $NaHSO_3$ durch 1½std. Rk. in wss. A. bei Raum-Temp., ½std. Kochen, Zusatz von konz. HCl u. ½std. Kochen; 65%; c) aus II u. $NaHSO_3$ durch 8std. Kochen in wss. NaOH; 36%. — *4-Amino-, Sulfonsäure-(3)*, $C_7H_{10}N_2O_3S$, F. 293—295° (CH_3OH), neben V nach b) u. c); 16%. — *4-Chlor-, 1-Oxid* (III), aus II durch 24std. Erhitzen mit konz. HCl im Rohr auf 200°; 82%. *Pikrat*, $C_{13}H_{11}ClN_4O_8$, F. 144,5—146°. — *4-Brom-*, aus II u. 42%ig. HBr durch 24std. Erhitzen im Rohr auf 180°; Öl; 23%. *Pikrat*, F. 183,5—185°. — *4-Chlor-*, a) aus III u. PCl_3 in Chlf. durch 2std. Rk. bei Raum-Temp. u. 1std. Kochen; Öl; 100%; b) aus III durch 3std. Rk. mit $AlCl_3$ u. $NaBH_4$ in Diglyme bei Raum-Temp.; c) aus III-Hydrochlorid durch 2std. Rk. mit Fe-Pulver in Eisessig bei 100°; 12%. *Pikrat*, F. 160,5—162°. — *2.6-Lutidinsulfonsäure-(4)*, aus III u. Na_2SO_3 durch 12std. Erhitzen in W./A. im Rohr auf 180°; 92%. — *4.4'-Azo-2.6-lutidin-1.1'-dioxid*, F. 246—247° (Aceton), a) aus II u. $NaBH_4$ in Diglyme durch 3std. Rk. bei Raum-Temp.; b) aus II durch 4std. Hydrieren in wss. HCl in Ggw. von Pd-Kohle bei 30 lbs./sq.in.; orangefarbene Kristalle.

E. Riedel. 3231□

4-Methoxy- und 4-Äthoxydipicolinsäure. J. H. Gorvin. (Chem. and Ind. **1958**, 437—38, 12/4.; London, Wellcome Labor. of Tropical Med.; engl.) — Vgl. Markees u. Kidder, C. **1957**, 1423. — Durch Einw. von CH_3J auf Chelidamsäuredimethylester in feuchtem Aceton in Ggw. von Ag_2O wird *4-Methoxypyridindicarbonsäure-(2.6)-dimethylester* dargestellt, der zu *4-Methoxypyridindicarbonsäure-(2.6)-monohydrat* [I; $C_8H_7NO_5 \cdot H_2O$, F. 225—226° (Zers.)] hydrolysiert wird. Äthylierung von Chelidamsäurediäthylester gibt *4-Äthoxypyridindicarbonsäurediäthylester* (II; F. 84,5—85,5°. *Dihydrazid*, F. 213°). Hydrolyse von II liefert *4-Äthoxypyridindicarbonsäure-(2.6)-monohydrat* [III; $C_9H_9NO_5 \cdot H_2O$, F. 186—187° (Zers.)]. 2 Mol I geben mit 1 Mol $Fe(OH)_3$ eine saure, grüne Lsg., aus der mit einem Äquivalent NaOH *Na-bis-[4-methoxypyridindicarboxylo-(2.6)]-ferrat* ($C_{16}H_{10}FeN_2NaO_{10}$, grüne Prismen, die bei 120°/0,1 Torr 3,5 Mol. W. verlieren) erhalten wird. III reagiert analog. P. Becker. 3231

Untersuchungen in der Isochinolinreihe. 4. Mitt. **Anwendung der Bruckner-Methode auf die Synthese von 3- und 4-Arylisochinolinen.** T. R. Govindachari, B. R. Pai und U. Ramadas Rao. (Proc. Indian Acad. Sci., Sect. A **48**, 111—18, Aug. 1958; Madras, Presidency Coll., Dep. of Chem.; engl.) — 3. vgl. C. **1959**, 123. — Durch Anlagerung von N_2O_3 an 3.4-Methylendioxystilben (I) wurde das *Nitrosit* dargestellt, das durch Acetylierung u. elektrolyt. Red. *N-Acetyl-2-hydroxy-2-[3.4-methylendioxyphenyl]-1-phenyläthylamin* ergab. Dies wurde zu *1-Methyl-3-phenyl-6.7-methylendioxyisochinolin* cyclisiert. Das aus 1.1-Diphenyläthylen (II) u. N_2O_3 erhaltene *Nitrosit* (VIII) gibt dagegen beim Behandeln mit Acetanhydrid (III)/H_2SO_4 *1.1-Diphenyl-2-nitroäthylen* (IX); ebenso bilden 1.1-Di-p-tolyläthylen (IV), 1.1.2-Triphenyläthylen (V) u. 1.1-Diphenylpropylen (VI) analog die entsprechenden Nitroolefine (A). 1.1-Di-p-methoxyphenyläthylen (VII) wird schon durch N_2O_3 in das A übergeführt. Die A werden durch Red. mit $LiAlH_4$ zu den *Aminen*, Cyclisierung der *N-Acetyl-* bzw. *N-Benzoyl-Derivv.* zu den *3.4-Dihydroisochinolinen* u. deren Dehydrierung in die *Isochinoline* übergeführt. Mit *N-Acetyl-* u. *N-Benzoyl-1.2.2-triphenyläthylamin* gelang die Cyclisierung nicht. Die Addition von N_2O_3 an I scheint nur in einer Richtung zu verlaufen, denn es wurde nur das eine Nitrosit isoliert. Bei den Nitrositen der 1.1-Diaryläthylene wird eine coplanare Anordnung der Nitrosogruppe u. des β-H-Atoms angenommen, die die Eliminierung begünstigt.

Versuche: *3.4-Methylendioxystilbennitrosit*, $C_{15}H_{12}N_2O_5$, Zers. bei 136—138°, durch Unterschichten von I in Ae. mit gesätt. $NaNO_2$-Lsg. u. Zutropfen von 4n H_2SO_4. — *1-Acetoxy-1-[3.4-methylendioxyphenyl]-2-nitro-2-phenyläthan*, $C_{17}H_{15}NO_6$, F. 146—147° (A.), durch Zugabe von III/H_2SO_4 (6 : 2 ml) zu 20 g vorst. Verb. in III, 6std. Rühren, Filtrieren u. Fällen mit Eis; 14 g (Ausbeute). — *N-Acetyl-2-hydroxy-2-[3.4-methylendioxyphenyl]-1-phenyläthylamin*, $C_{17}H_{17}NO_4$, F. 169° (Toluol), durch elektrolyt. Red. von 5 g vorst. Verb.; 3 g. — *1-Methyl-3-phenyl-6.7-methylendioxyisochinolin*, $C_{17}H_{13}NO_2$, F. 138°, durch 1std. Kochen vorst. Verb. in Toluol mit $POCl_3$; aus A. Nadeln. *Hydrochlorid*, F. 260° (A.); hellgelb. — *1.1-Diphenyläthylennitrosit* (VIII), $C_{14}H_{12}N_2O_3$, F. 106° (Zers.; Ae./PAe), aus 1 g II, $NaNO_2$ u. H_2SO_4; 1 g. — *1.1-Diphenyl-2-nitroäthylen* (IX), $C_{14}H_{11}NO_2$, F. 92° (A.), durch Kochen von 14 g VIII mit III/H_2SO_4; 9 g. — *2.2-Diphenyläthylamin*, Kp.$_{20}$ 175°, durch Zugabe von 8 g IX in Ae. zu $LiAlH_4$ in Ae., 2std. Rühren, Stehen über Nacht u. Zers. mit W.; n_D^{30} 1,569; 6 g. *Acetyl-Deriv.*, $C_{16}H_{17}NO$, F. 91° (PAe.). — *1-Methyl-4-phenyl-3.4-dihydroisochinolin*, durch 4std. Kochen von 2 g vorst. Acetyl-Deriv. in Xylol mit P_2O_5, Zers. mit Eis, Alkalisieren u. Ausäthern; 0,4 g. *Pikrat*, F. 170°. —

1-Methyl-4-phenylisochinolin, F. 80° (Sublimation), durch Kochen vorst. Verb. in Dekalin mit Pd-Schwarz. *Pikrat*, $C_{22}H_{16}N_4O_7$, F. 226°. — *1.1-Di-p-tolyl-2-nitroäthylen*, $C_{16}H_{15}NO_2$, F. 115° (A.), analog **VIII** aus **IV** u. Umsetzung von 7 g des rohen Nitrosits analog **IX**; 4 g. — *2.2-Di-p-tolyläthylamin*, Kp.$_7$ 185—190°, aus 4 g vorst. Verb. mit $LiAlH_4$; hellgelbes Öl; 3 g. *Hydrochlorid*, $C_{16}H_{20}ClN$, F. 235° (A./Ae.). *Acetyl-Deriv.*, Öl. *Benzoyl-Deriv.*, $C_{23}H_{23}NO$, F. 136°, aus A. Nadeln. — *3.4-Dihydro-1.7-dimethyl-4-p-tolylisochinolin*, durch 4std. Kochen vorst. Acetyl-Deriv. mit $POCl_3$ in Toluol. *Pikrat*, $C_{24}H_{22}N_4O_7$, F. 187° (A.). — *3.4-Dihydro-1-phenyl-4-p-tolyl-7-methylisochinolin*, analog vorst. Verb. aus 0,5 g vorvorst. Benzoyl-Deriv.; Öl; 0,03 g. *Pikrolonat*, $C_{33}H_{29}N_5O_5$, F. 176°. — *1.1-Di-p-methoxyphenyl-2-nitroäthylen*, $C_{16}H_{15}NO_4$, F. 116° (A.) u. 123° (dimorph?), aus 2 g **VII** u. N_2O_3; 1 g. — *2.2-Di-p-methoxyphenyläthylamin*, Kp.$_7$ 210—212°, durch Red. von 7 g vorst. Verb. mit $LiAlH_4$; braunes Öl; 3 g. *Acetyl-Deriv.*, $C_{18}H_{21}NO_3$, F. 123°. *Benzoyl-Deriv.*, $C_{23}H_{23}NO_3$ F. 153°. — *3.4-Dihydro-1-methyl-4-p-methoxyphenyl-7-methoxyisochinolin*, durch Cyclisierung von 0,5 g vorst. Acetyl-Deriv.; 0,02 g; Öl. *Pikrolonat*, $C_{28}H_{27}N_5O_7$, schm. nicht $<360°$. — *3.4-Dihydro-1-phenyl-4-p-methoxyphenyl-7-methoxyisochinolin*, $C_{23}H_{21}NO_2$, F. 226°, aus vorvorst. Benzoyl-Deriv. u. $POCl_3$ in Toluol; aus A. Tafeln. — *2.2-Diphenylisopropylamin*, $C_{15}H_{17}N$, F. 52°, durch Umsetzung von **VI** mit N_2O_3, Behandeln des Nitrosits (gelbes Öl) mit **III**/H_2SO_4, Isolierung des **A** (gelbes Öl) u. Red. mit $LiAlH_4$; aus PAe. Nadeln. *Acetyl-Deriv.*, $C_{17}H_{19}NO$, F. 111°; aus PAe. Nadeln. *Benzoyl-Deriv.*, $C_{22}H_{21}NO$, F. 199° (A.). — *3.4-Dihydro-1.3-dimethyl-4-phenylisochinolin*, aus vorst. Acetyl-Derivat. *Pikrolonat*, $C_{27}H_{25}N_5O_5$, F. 224°. — *3.4-Dihydro-3-methyl-1.4-diphenylisochinolin*, aus vorvorst. Benzoyl-Deriv.; Öl. *Hydrochlorid*, $C_{22}H_{20}ClN$, F. 210°. — *2-Nitro-1.1.2-triphenyläthylen*, $C_{20}H_{15}NO_2$, F. 178°, aus **V** u. N_2O_3 u. Rk. des Nitrosits (Öl) mit **III**/H_2SO_4. — *1.2.2-Triphenyläthylamin*, Kp.$_7$ 210—212°, durch Red. vorst. Verb. mit $LiAlH_4$. *Acetyl-Deriv.*, $C_{22}H_{21}NO$, F. 208° (A.). *Benzoyl-Deriv.*, $C_{27}H_{23}NO$, F. 230° (A.). I. Paetzke. 3231□

Untersuchungen an Phenoxazinderivaten. 5. Mitt. **Einige weitere Spaltungsversuche.** H. Linde. (Arch. Pharmaz. **295/67**, 178—82, März 1962; Frankfurt/M., Univ., Pharmazeut. Inst.; dt.) — 4. vgl. C. **1963**, 126. — Das durch Red. von 1.3-Dinitrophenoxazin (**II**; O = 5) erhältliche *1.3-Diaminophenoxazin* wird durch Diazotieren u. Rk. des Prod. mit KJ in *4-Hydroxytriazolo-[kl]-phenoxazin* (**I**) übergeführt; daneben entstehen $<350°$ nicht schm., tieffarbige Verbb., *4-Jodtriazolo-[kl]-phenoxazin* (**VI**) u. *4-Azidotriazolo-[kl]-phenoxazin* (**IV**). **I**, das nur bei raschem Arbeiten isoliert oder als stabiler *Methyläther* charakterisiert werden kann, wird an der Luft zu einem $<350°$ nicht schm. Farbstoff oxydiert, der mit Zn/HCl oder Hydrazinhydrat (**III**) red. werden kann u. dem nach der Analyse, dem IR-Spektrum u. den Eigg. die Struktur eines *Poly-[1.7-azophenoxazons-(3)]* zugeschrieben wird. Die Struktur von **IV**, das ebenfalls an der Luft dunkel gefärbt wird, wird aus dem IR-Spektrum u. der Art der Bldg. gefolgert. — 1-Nitrophenthiazincarbonsäure-(3) (**V**) wird in einer analogen Rk.-Folge zu *Triazolo-[kl]-phenthiazincarbonsäure-(4)* cyclisiert. Daneben wurden nur leicht verharzende Schmieren isoliert.

Versuche: *4-Jodtriazolo-[kl]-phenoxazin* (**VI**), $C_{12}H_6JN_3O$, F. 206—207° (Sublimation ab ca. 170°), aus 8 g **II** in Tetrahydrofuran (THF)/Methanol durch Kochen mit 24%ig. **III** in Ggw. von Raney-Ni unter N_2 (1,7 Std.), Eindampfen, Ansäuern mit H_2SO_4, Zusetzen von THF, Zusetzen von 6,1%ig. $NaNO_2$-Lsg. bei $-5°$, Zusetzen von Harnstoff nach ½ Std., Zugabe von KJ, Rühren (1½ Std.), Stehen über Nacht, Kochen, Einengen, Verdünnen mit W., Alkalisieren mit NaOH, Extraktion mit Chlf., Eindampfen u. Chromatographie an Al_2O_3 mit Bzl./PAe.; aus A., THF, CCl_4 u. Essigester schwachgelbliche Nadeln; 220 mg (Ausbeute). — *4-Azidotriazolo-[kl]-phenoxazin* (**IV**), $C_{12}H_6N_6O$, F. 183—184° (Zers.; Dunkelfärbung bei 165°, Zerplatzen bei 169—175°; Kofler-App.), neben **VI** durch Elution mit Bzl.; aus A. u. Bzl./Essigester silbrige Plättchen; 176 mg. — *4-Methoxytriazolo-[kl]-phenoxazin*, $C_{13}H_9N_3O_2$, F. 163—165° (Zers.), neben **VI** durch Ansäuern der mit Chlf. extrahierten alkal. Lsg., Extraktion mit Chlf., Eindampfen, Methylieren mit CH_2N_2 in THF u. Chromatographie an Al_2O_3 mit Bzl./Chlf.; aus Bzl./A. gelbliche Prismen; 350 mg. — *Poly-[1.7-azophenoxazon-(3)]*, $(C_{12}H_5N_3O_2)_n$, schm. nicht $< 350°$, neben **VI** durch Ansäuern der mit Chlf. extrahierten alkal. Lsg., Extraktion mit Chlf. Verdünnen mit THF u. 6std. Durchblasen von Luft; grünblau; 323 mg. — *Triazolo-[kl]-phenthiazincarbonsäure-(4)-methylester*, $C_{14}H_9N_3O_2S$, F. 232—232,5° (Sublimation bei ca. 170°), aus 2 g **V** in KOH durch Red. mit **III** in Ggw. von Raney-Ni u. weiter wie bei **VI**, Extraktion mit Ae., Filtrieren, Rk. mit CH_2N_2 u. Chromatographie an Al_2O_3 mit Bzl./Chlf.; aus Bzl., Chlf. u. Essigester Nadeln; 200 mg. — *Triazolo-[kl]-phenthiazin-6.6-dioxidcarbonsäure-(4)-methylester*, $C_{14}H_9N_3O_4S$, F. 223—225°, aus vorst. Verb. in Eisessig u. H_2O_2 auf dem Wasserbad; aus Chlf./A. u. Chlf./Bzl. schwachgelbliche Schuppen. H. Gleinig. 3250□

Synthesen von 5-Trifluormethyluracil und 5-Trifluormethyl-2'-desoxyuridin. Charles Heidelberger, David Parsons und David C. Remy. (J. Amer. chem. Soc. **84**, 3597—98, 20/9. 1962; Madison, Wis., Univ., Med. School, McArdle Memorial Labor.; engl.) — Ausgehend von α-Trifluormethylacrylnitril (**I**) synthetisierten Vff. in 5 Stufen *5-Trifluormethyluracil* (**II**) u. aus diesem *5-Trifluormethyl-2'-desoxyuridin*. **II** wirkt mutagen auf Bacteriophagen T_4.

Versuche: *β-Brom-α-trifluormethylpropionamid*, $C_4H_5BrF_3NO$, F. 101—103°, aus I u. HBr-Gas in A. bei 0°; 75% (Ausbeute). — *3-Amino-2-trifluormethyl-3-oxopropyl-(1)-harnstoff*, $C_5H_8F_3N_3O_2 \cdot C_2H_5OH$, F. 169—171°, aus vorst. Verb. u. 2—4 Val Harnstoff in wss. Dioxan bei 90°; ca. 30%. — *5-Trifluormethyl-2.4-dioxohexahydropyrimidin*, $C_5H_5F_3N_2O_2$, F. 203—205° (Zers.), aus vorst. Verb. u. sd. 5n HCl; 60%. — *5-Brom-5-trifluormethyl-2.4-dioxohexahydropyrimidin*, F. 218—221° (Zers.), aus vorst. Verb. u. Br_2 in sd. CH_3COOH; 70%. — *5-Trifluormethyluracil* (**II**), $C_5H_3F_3N_2O_2$, F. 239—241° (Zers.), durch Erhitzen vorst. Verb. mit Dimethylformamid (1 Std. bei 140°); pK_a 7,35 (in W.); R_F 0,79 (in Butanol/W., 86:14, aufsteigend), 0,80 (Butanol/CH_3COOH/W, 50:20:30, absteigend), 0,76 (Essigester/CH_3OH/W./n-Heptan, 10:6:5:3, obere Phase). Wurde mit 1n NaOH in 20 Min., mit 0,1n $NaHCO_3$ in 24 Std. bei Raum-Temp. in *5-Carboxyuracil* umgewandelt (100%). — *5-Trifluormethyl-2'-desoxyuridin*, $C_{10}H_{11}F_3 \cdot N_2O_5$, F. 169—172°, aus **II** u. 2-Desoxy-α-D-ribose-1-phosphat in Ggw. von Nucleosidphosphorylase aus Ehrlich-Asciteszellen; Abtrennung von **II** papierelektrophoret. bei pH 9,2, papierchromatograph. Reinigung, R_F 0,72 (Butanol/HCOOH/W., 77:10:13, absteigend), 0,62 (Essigester/CH_3OH/W./n-Heptan, 10:6:5:3, absteigend); 8,2%.

J. Rothe. 3272□

Cinnoline. 6. Mitt. **Die Struktur von Nebers Lactam. Eine neue Synthese von Cinnolinol-(3).** Henry E. Baumgarten, Paul L. Creger und Robert L. Zey. (J. Amer. chem. Soc. **82**, 3977—82, 5/8. 1960; Lincoln, Nebr., Univ., Avery Labor.; engl.) — 5. vgl. C. **1960**, 1507. — „*Nebers Lactam*" (**I**), gebildet durch Red. von Cinnolinol-(3) (**VII**) mit Zn u. H_2SO_4, ist ident. mit dem durch therm. Cyclisierung von o-Hydrazinophenylessigsäure erhaltenen Prod. u. erwies sich als *1-Aminooxindol*. Oxydation von **I** mit Pb-Tetraacetat (BTA) ergab *Cinnolinol-(3)* (**VII**). Die IR-Banden der Verbb. sind angegeben u. werden ausführlich diskutiert.

Versuche: *1-Aminooxindol* (**I**), $C_8H_8N_2O$, F. 127,5—128°, a) durch Hydrieren von o-Nitrophenylessigsäure in 1n NaOH an 10%ig. Pd-Kohle bei 3,2 atm, Filtrieren, Zusatz von $NaNO_2$-Lsg. u. konz. HCl bei 5°, 20 Min. langes Rühren, Zugabe zu einer Lsg. von $SnCl_2$ in konz. HCl bei 0°, 45 Min. langes Rühren, Filtrieren, Suspendieren in warmem W., Filtrieren, Sättigen der Lsg. mit H_2S, Filtrieren, Eindampfen der Lsg., Suspendieren des Rückstands in W., Filtrieren, Neutralisieren der Lsg. mit NH_4OH, Filtrieren, Vereinigen der abfiltrierten Ndd. u. vollständige Cyclisierung des *Gemisches* von **I** u. *o-Hydrazinophenylessigsäure* [F. 126—128° (Bzl.)] durch Sublimation bei 110°/0,2 Torr oder 5std. Kochen in Xylol; 48%; b) durch ³/₄std. Kochen von **VII** mit Zn-Staub in A. u. 6n H_2SO_4, Filtrieren, Einengen, Zusatz von verd. NH_4OH, Abfiltrieren, Extrahieren des Filtrats mit Chlf., Einengen des Extraktes u. Vereinigen der Feststoffe; 50—76%; aus Bzl. Blättchen. *Hydrochlorid*, $C_8H_9ClN_2O$, F. 185—188° (Zers.). *Acetyl-Deriv.*, F. 190,5—192°, aus **I** u. Acetanhydrid (AA). *Benzoyl-Deriv.* (**II**), $C_{15}H_{12}N_2O_2$, F. 192—194° (Bzl.), aus **I** mit Benzoylchlorid in Pyridin; 42%. — *1-Benzalaminooxindol* (**IV**), $C_{15}H_{12}N_2O$, F. 120,5—122° (A.), durch 2std. Kochen von **I** mit Benzaldehyd (**VI**) in A., Einengen u. Kühlen; 99%. — *1-[Carbobutoxyformalamino]-oxindol*, $C_{14}H_{16}N_2O_3$, F. 69—70,5°, aus **I** mit n-Butylglyoxylat analog **II**; Blättchen aus Skellysolve B (SK); 83%. — *1-Acetamido-3-benzaloxindol*, $C_{17}H_{14}N_2O_2$, F. 228—231° (SK), durch 2½tägiges Stehen von **I**, **VI**, Eisessig u. konz. H_2SO_4 u. Gießen auf Eis; 86%. — *o-Aminophenylacetamid* (**III**), $C_8H_{10}N_2O$, F. 114—115°, durch Hydrieren von o-Nitrophenylacetamid in Methanol an 10%ig. Pd-Kohle, Filtrieren u. Eindampfen; Nadeln aus Bzl.; 65%. — *o-Acetamidophenylacetamid*, $C_{10}H_{12}N_2O_2$, F. 207,5—209°, aus **III** u. AA; aus A. Nadeln. — *Cinnolinol-(3)* (**VII**), F. 200—201°, durch ½std. Zugabe von BTA zu **I** in Bzl. bei Zimmer-Temp., weiteres 2std. Rühren, Abfiltrieren der *Pb-Salze*, deren Behandlung mit wenig 6n H_2SO_4, Filtrieren, Neutralisieren, Chlf.-Extraktion, Einengen (→ **A**), Einengen der benzol. Mutterlauge u. analoge Aufarbeitung (→ **B**), Vereinigen von **A** u. **B** u. Umkristallisieren aus Bzl.; 78%. — *N'-Acetyl-N.N-dimethylhydrazin* (**V**), $C_4H_{10} \cdot N_2O$, $Kp._{14-16}$ 93—95°, durch Zutropfen von Acetylchlorid zur gerührten Lsg. von N.N-Dimethylhydrazin in Triäthylamin u. CCl_4, 12std. Stehen bei 0°, Filtrieren u. Eindampfen; 73%. — *1-Benzalamino-2-keto-1.2.3.4-tetrahydrochinolin*, $C_{16}H_{14}N_2O$, F. 94 bis 95°, aus 1-Amino-2-keto-1.2.3.4-tetrahydrochinolin (F. 143,5—144°) u. **VI** analog **IV**; Stäbchen aus A.; 58%. — *Benzaldehyd-α-acetylphenylhydrazon*, F. 120,5—122°, Nadeln aus A.; 63%. — *N-Methylacetanilid*, F. 99—100° (Ae.), analog **V** aus n-Methylanilin; 65%. — *β-Acetyl-α-methylphenylhydrazin*, F. 92,5—93° (Ae. u. Bzl.), analog **V**; 66%. H.-R. Schütte. 3272□

Cinnoline. 7. Mitt. **Die Neber-Bossel-Synthese.** Henry E. Baumgarten und Paul L. Creger. (J. Amer. chem. Soc. **82**, 4634—38. 5/9. 1960; engl.) — 6. vgl. vorst. Referat. — Die Cyclisierung α-substituierter o-Hydrazinomandelsäuren gibt entweder die entsprechenden 4-substituierten *Cinnolinole-(3)* oder die 3-substituierten *1-Aminodioxindole*. Die IR- u. UV-Maxima der Verbb. sind angegeben.

Versuche: *3-Phenyldioxindol* (**I**), F. 211,5—214°, durch 24std. Lösen von Isatin mit Bzl. im Soxhlet in eine Phenyl-MgBr-Lsg., Zusatz von 10%ig. H_2SO_4, Wasserdampf-Dest., Kühlen des Rückstandes, Lösen des Nd. in 15%ig. NaOH, Filtrieren, Ansäuern u. Abfiltrieren; Nadeln aus A.; 55% (Ausbeute). — *3-Benzyldioxindol* (**II**), F. 167—173°, analog **I** mit Benzyl-MgCl; aus Bzl. Blätter, aus A. Nadeln; 48—50%. — *1-Amino-3-phenyldioxindol* (**III**), $C_{14}H_{12}N_2O_2$, F. 168,5—169,5° (Bzl.), durch 4std. Kochen von **I** in 5%ig. KOH, Kühlen, Zugabe von $NaNO_2$, Zutropfen von HCl unter Rühren bei 0—5°, Filtrieren auf Eis, Eingießen in eine Lsg. von $SnCl_2$ in konz. HCl bei 0°, 12std. Stehen im Eisschrank, Filtrieren u. Waschen mit W.; 44%. — *1-Amino-3-benzyldioxindol* (**IV**), $C_{15}H_{14}N_2O_2$, F. 162,5—164°, aus **II** analog **III**; Nadeln aus 50%ig. A.; 40%. — *1-Benzalamino-3-phenyldioxindol*, $C_{21}H_{16}N_2O_2$, F. 180—181,5°, durch 7std. Kochen von **III** u. Benzaldehyd in A., Eindampfen u. Wasserzusatz; Nadeln aus A.; 92%. — *4-Phenylcinnolinol-(3)* (**V**), $C_{14}H_{10}N_2O$, F. 300—302° (Zers.), durch 2std. Kochen von **II** in methanol. KOH, Neutralisieren, Kühlen, Filtrieren u. Waschen mit W.; gelbe Blättchen aus A.; 46%. — *4-Benzylcinnolinol-(3)*, $C_{15}H_{12}N_2O$, F. 222—225° (Zers.), a) analog **V** aus **IV**; 10%; b) durch 2std. Kochen von **IV** in wss.-methanol. NaOH; 29%. — *6-Chlorcinnolinol-(3)*, F. 304—306°, durch Rk. von 5-Chlor-2-nitromandelsäure nach Alford u. Schofield (vgl. C. **1953**, 856) u. Reinigung des *Gemisches* mit unbekannter Substanz durch Lösen in kalter 5%ig. NaOH, Filtrieren über A-Kohle, Ansäuern u. Umkristallisieren aus wenig A.; 4—15%. H.-R. Schütte. 3272□

Cinnoline. 8. Mitt. **Die Reaktion von 3-Aminocinnolinen und 3-Aminoisochinolinen mit salpetriger Säure.** Henry E. Baumgarten, Warren F. Murdock und Jerald E. Dirks. (J. org. Chemistry **26**, 803—08, März 1961; engl.) — 7. vgl. vorst. Referat. — 3-Aminocinnolin (**II**) u. 3-Aminoisochinolin geben mit HNO_2 in verd. Mineralsäure *Cinnolinol-(3)* (**I**) bzw. *Isochinolinol-(3)*, während in konz. HCl oder HBr *3-Chlor-* (**III**) bzw. *3-Bromcinnolin* neben **I** gebildet werden. Die Ionisations-Konst. sowie die IR- u. UV-Maxima der Verbb. sind angegeben.

Versuche: *Cinnolinol-(3)* (**I**), F. 203,5—204,5° (Bzl.), durch Zutropfen einer $NaNO_2$-Lsg. zur Lsg. von **II** in verd. H_2SO_4 bei 0°, 1std. Stehen, Erhitzen auf 50°, Abkühlen, NH_4OH-Zusatz, 1std. Kühlen, Filtrieren, Auflösen des Nd. in 10%ig. NaOH, Filtrieren u. Ansäuern; 40—66%. — *3-Chlorcinnolin* (**III**), F. 91—92°, durch Zutropfen von $NaNO_2$-Lsg. zur Lsg. von **II** in konz. HCl bei 5°, 10 Min. langes Stehen bei 0°, Zusatz von viel wss. KOH u. Abfiltrieren des Nd.; Nadeln aus Skellysolve C (SK); 27%; daneben aus wss. Filtrat 30% **I**. — *3-Bromcinnolin*, F. 93—94°, analog **III** in 48%ig. HBr; Nadeln aus SK; 29%; daneben 30—40% **I**. — Analog: *4-Methylcinnolinol-(3)* (**IV**), $C_9H_8N_2O$, F. 232—234°; 53—83%. — *3-Chlor-4-methylcinnolin*, $C_9H_7ClN_2$, F. 145—146°; 22—53%; daneben 29% **IV**. — *3-Brom-4-methylcinnolin*, $C_9H_7BrN_2$, F. 158,5—159°; 23—28%; daneben 29—38% **IV**. — *6-Chlorcinnolinol-(3)*, $C_8H_5ClN_2O$, F. 304—305°; 61—69%. — *7-Chlorcinnolinol-(3)*, F. 263—264°; 53—86%. — *Isochinolinol-(3)*, C_9H_7NO, F. 195—196°; 53—65%. H.-R. Schütte. 3272□

Synthesen in der Purinreihe. 15. Mitt. **Synthesen von Xanthinium- und Guaniniumbetainen.** Hellmut Bredereck, Otto Christmann, Wolfgang Koser, Peter Schellenberg und Roland Nast. (Chem. Ber. **95**, 1812—19, 16/7. 1962; Stuttgart, TH, Inst. für Organ. Chem. u. Organ.-Chem. Technol.; dt.) — 14. vgl. C. **1962**, 15598. — Die Synth. von *7.9-Dialkylxanthinium-* u. *-guaniniumbetainen* wird beschrieben. Ausgehend von Xanthin u. Xanthin-Derivv. erhält man mit p-Toluolsulfonsäureestern die Tosylate, die mit NH_4OH oder über eine Anionenaustauschersäule in die freien Betaine übergeführt werden. Papierchromatograph. Unterss. vgl. Original.

Versuche: *2-Dimethylamino-7-methylhypoxanthin* (**I**), $C_8H_{11}N_5O$, F. 320° (Zers.), durch 5std. Erhitzen von 2-Chlor-7-methylhypoxanthin u. 40%ig. wss. Dimethylamin im Bombenrohr auf 150°; aus W. Nadeln; 69% (Ausbeute). — *2-Morpholino-7-methylhypoxanthin* (**II**), $C_{10}H_{13}N_5O_2$, F. 331° (Zers.), analog **I** aus 50%ig. wss. Morpholin u. 2-Chlor-7-methylhypoxanthin; 78%. — p-Toluolsulfonate: *7.9-Dimethylxanthinium-*

(III), $C_7H_9N_4O_2 \cdot C_7H_7O_3S$, F. 272—273°, a) durch 1½std. Rühren von Xanthin mit p-Toluolsulfonsäuremethylester (IV) bei 165—170°; aus Methanol/W. Nadeln; 67%; b) durch 1¹/₄std. Rühren von 7-Methylxanthin u. **IV** bei 165—170°; 80%; c) durch 1std. Rühren von 9-Methylxanthin u. **IV** bei 165—170°; 75%. — *1.7.9-Trimethylxanthinium-* (**V**), $C_8H_{11}N_4O_2 \cdot C_7H_7O_3S$, F. 235°, a) durch 10 Min. langes Rühren von 1-Methylxanthin u. **IV** bei 165—170°; aus Methanol/Ae. Körner; 85%; b) durch ¹/₄std. Rühren von 1.9-Dimethylxanthin u. **IV** bei 190°; 72%. — *3.7.9-Trimethylxanthinium-* (**VI**), $C_8H_{11}N_4O_2 \cdot C_7H_7O_3S$, F. 257°, a) durch ½std. Rühren von 3-Methylxanthin u. **IV** bei 165—170°; aus Methanol Nadeln; 93%; b) durch 1¹/₄std. Rühren von 3.7-Dimethylxanthin u. **IV** bei 160—170°; 83%. — *3.7-Dimethyl-9-äthylxanthinium-* (**VII**), *Hydrat*, $C_9H_{13}N_4O_2 \cdot C_7H_7O_3S \cdot H_2O$, F. 227° (A.), analog **VI** aus 3.7-Dimethylxanthin u. p-Toluolsulfonsäureäthylester (**XI**); 83%. — *2-Dimethylamino-7.9-dimethylhypoxanthinium-*, $C_9H_{14}N_5O \cdot C_7H_7O_3S$, F. 221—222°, durch 2std. Rühren von **I** u. **IV** bei 130°; aus Methanol/Ae. Nadeln; 91%. — *2-Morpholino-7.9-dimethylhypoxanthinium-* (**IX**), $C_{11}H_{16}N_5O_2 \cdot C_7H_7O_3S$, F. 258°, durch 1std. Rühren von **II** u. **IV** bei 130°; aus A. Prismen; 95%. *Pikrat*, F. 278° (Zers.); aus 50%ig. A. gelbe Prismen. — *7-Methyl-9-äthylguaninium-* (**X**), $C_8H_{12}N_5O \cdot C_7H_7O_3S$, F. 274°, a) durch 2std. Rühren von 7-Methylguanin u. **XI** in Ggw. von p-Toluolsulfonsäure bei 170°, Versetzen mit A. u. Ae. u. mehrstd. Stehen bei Raum-Temp.; 95%; b) durch 2std. Rühren von 9-Äthylguanin u. **IV** bei 140°; aus A. Nadeln; 93%. *Pikrat*, F. 251°; aus A. gelbe Nadeln. — *7.9-Diäthylguaninium-* (**VIII**), $C_9H_{14}N_5O \cdot C_7H_7O_3S$, F. 248° (A.), a) durch 2std. Rühren von 9-Äthylguanin u. **XI** in Ggw. von etwas p-Toluolsulfonsäure bei 170°, Zugabe von A. u. Ae. u. 2std. Stehen; 94%; b) analog a) aus Guanin u. **XI**; 88%. *Pikrat*, F. 181°; aus A. gelbe Nadeln. — *7-Methyl-9-benzylguaninium-*, $C_{13}H_{14}N_5O \cdot C_7H_7O_3S$, F. 225—226° (Methanol/Ae.), a) durch 1std. Rühren von 9-Benzylguanin u. **IV** u. Versetzen mit Methanol u. viel Ae.; 79%; b) durch 20 Min. langes Rühren von 7-Methylguanin u. p-Toluolsulfonsäurebenzylester in Dimethylformamid bei 150°, Versetzen mit Ae. u. mehrstd. Stehen im Kühlschrank; 63%. — *1.3.7.9-Tetramethylxanthiniumperchlorat*, F. 198° (Methanol), durch Zutropfen von äther. CH_2N_2 zu 3.7.9-Trimethylxanthiniumperchlorat in W./Methanol (1:10) u. 24std. Stehen im Kühlschrank; 95%. — *1.3.7-Trimethyl-9-äthylxanthiniumperchlorat*, $C_{10}H_{15} \cdot N_4O_2 \cdot ClO_4$, F. 181°, analog vorst. Verb. aus 3.7-Dimethyl-9-äthylxanthiniumperchlorat mit äther. CH_2N_2; 95%. — *7.9-Dimethylxanthiniumbetain*, $C_7H_8N_4O_2$, F. 350—370°, durch Zutropfen von konz. NH_4OH zu **III** in W./Methanol (1:1) bei Raum-Temp. bis zur schwach alkal. Rk.; aus 50%ig. Methanol Blättchen; 70%; gibt ein *Perchlorat*, F. 275° (Zers.); aus Methanol Blättchen. — *1.7.9-Trimethylxanthiniumbetain*, $C_8H_{10} \cdot N_4O_2$, F. 330—340° (ab 310° Verfärbung), durch Einleiten von NH_3 in eine Lsg. von **V** in Methanol; aus Butanol Körner; 75%. *Perchlorat*, F. 255—256° (Methanol). — *3.7.9-Trimethylxanthiniumbetain*, $C_8H_{10}N_4O_2$, F. 245—270° (W./Isopropanol, 1:3), durch Zutropfen von 10%ig. NH_4OH zu **VI** in Methanol; 71%; liefert das entsprechende *Perchlorat* [F. 213—214° (Methanol)]; durch 20 Min. langes Kochen in W. u. Zugabe von Isopropanol entsteht *3-Methyl-4-methylamino-5-[N-methylformylamino]-uracil*, $C_8H_{12} \cdot N_4O_3$, F. 245—270°; Nadeln; 83%. — *3.7-Dimethyl-9-äthylxanthiniumbetain*, $C_9H_{12}N_4O_2$, F. 252° (Isopropanol/W.), analog vorst. Verb. aus **VII**; 96%; liefert das entsprechende *Perchlorat* [F. 198° (A.)]; durch 20 Min. langes Kochen in W. u. Zugabe von Isopropanol entsteht *3-Methyl-4-äthylamino-5-[N-methylformylamino]-uracil*, $C_9H_{14}N_4O_3$, Zers. ab ca. 225°; 95%. — *2-Morpholino-7.9-dimethylhypoxanthiniumbetain*, $C_{11}H_{15}N_5O_2$, F. ca. 316° (Zers.), durch Filtrieren von **IX** in W. durch Dowex-2 (Basenform), Eindampfen des Eluats, Lösen in Methanol u. Fällen mit Ae.; 86%. — *7-Methyl-9-äthylguaniniumbetain*, $C_8H_{11}N_5O$, F. 277° (Zers.), analog vorst. Verb. aus **X**; 87%. — *7.9-Diäthylguaniniumbetain*, $C_9H_{13}N_5O$, F. 274° (Zers.), analog vorvorst. Verb. aus **VIII**; 79%.

P. Golinske. 3272 □

Synthesen in der Purinreihe. 16. Mitt. **Über die Darstellung von 5-Alkyl- beziehungsweise 5-Arylsulfonylamino-4-aminouracilen, 4-Amino-5-alkylaminouracilen und 4-Amino-5-[pyridiniomethylenamino]-uracilchloriden.** Hellmut Bredereck und Ulrich Gotsmann. (Chem. Ber. **95**, 1902—09, 17/8. 1962; dt.) — 15. vgl. vorst. Referat. — Aus 4.5-Diaminouracilen u. Alkyl- bzw. Arylsulfochloriden erhält man in Ggw. von Pyridin die entsprechenden *4-Amino-5-alkyl(aryl)-sulfonylaminouracile*, die sich mit Dialkylsulfat/NaOH zu den *5-N-Alkyl-Derivv.* umsetzen lassen. Diese werden mit Na in fl. NH_3 zu *4-Amino-5-alkylaminouracilen* gespalten. Aus 4-Amino-5-formylaminouracilen entstehen mit Sulfochloriden u. Pyridin *4-Amino-5-[pyridiniomethylenamino]-uracilchloride*. Papierchromatograph. Unterss. u. UV-Spektren vgl. Original.

Versuche: -4-aminouracile, durch ½std. Kochen des entsprechenden 4.5-Diaminouracils mit einem Sulfochlorid in abs. Pyridin unter Feuchtigkeitsausschluß, Eindampfen, Einrühren des braunen Öls in W., Filtrieren, 1std. Kochen, Filtrieren in der Hitze u. 1tägiges Stehen im Kühlschrank: *5-[p-Tosylamino]-*, $C_{11}H_{12}N_4O_4$,S F. 350°, aus 4.5-Diaminouracil u. p-Tosylchlorid (I); aus Dimethylformamid Nadeln; 95% (Ausbeute). — *3-Methyl-5-[p-tosylamino]-*, $C_{12}H_{14}N_4O_4S$, F. 276—277° (Zers.), aus 3-Methyl-4.5-diaminouracil u. **I**; aus A. Nadeln; 79%. — *1.3-Dimethyl-5-[p-tosylamino]-* (**III**), $C_{13}H_{16}N_4O_4S$, F. 234—235° (A.), aus 1.3-Dimethyl-4.5-diaminouracil (**II**) u. **I**; 16%. — *1.3-Dimethyl-5-[benzolsulfonylamino]-*, $C_{12}H_{14}N_4O_4S$, F. 274—275°, aus **II** u. Benzolsulfochlorid; aus Methanol Nadeln; 80%. — *1.3-Dimethyl-5-mesylamino-*, $C_7H_{12}N_4 \cdot O_4S$, F. 249—250° (Zers.), aus **II** u. Mesylchlorid; aus Methanol Nadeln; 67%. — *1.3-Dimethyl-5-[äthansulfonylamino]-*, $C_8H_{14}N_4O_4S$, F. 193—194°, aus **II** u. Äthansulfochlorid, Aufarbeiten durch Versetzen mit W. u. mehrtägiges Stehen; aus A. Prismen; 77%. — *1.3-Dimethyl-5-[N-methyl-p-tosylamino]-*, $C_{14}H_{18}N_4O_4S$, F. 201°, durch Lösen von **III** in 2n NaOH, Verdünnen mit W., ½std. gleichzeitiges Zutropfen von Dimethylsulfat u. 2n NaOH bei pH 9 u. 60°, 1½std. Rühren bei 60° u. Kühlen; aus Methanol Nadeln; 84%. — *1.3-Dimethyl-5-[N-äthyl-p-tosylamino]-*, $C_{15}H_{20}N_4O_4S$, F. 184—185°, durch 1std. Zutropfen von Diäthylsulfat u. 2n NaOH unter Einhaltung von pH 9 zu **III** in 2n NaOH bei 80° u. 1std. Rühren bei 80°; aus A. Nadeln; 46%. — *1.3-Dimethyl-5-methylamino-* (**IV**), $C_7H_{12}N_4O_2$, F. 177—178° (Sublimation im Hochvakuum), durch Zutropfen von NH_4OH zu dem entsprechenden Hydrochlorid in W. u. 10 Min. langes Stehen; 76%. *Pikrat*, $C_7H_{12}N_4O_2 \cdot C_6H_3N_3O_7$, F. 194° (W.), durch Zugabe von Na zu vorvorst. Verb. in fl. NH_3 bis zur Blaufärbung, Verdunsten des NH_3, Versetzen mit Eis, Ansäuern mit konz. HCl, Verdünnen mit W., Versetzen mit Pikrinsäure in Methanol in der Hitze u. mehrstd. Stehen im Kühlschrank; 86%. *Hydrochlorid*, F. 259—261°, durch Einleiten von trocknem HCl in die Lsg. des Pikrats in abs. Bzl. bis zur Entfärbung; 97%. — *1.3-Dimethyl-5-äthylamino-* (**V**), $C_8H_{14}N_4O_2$, F. 130—131° (Vakuumsublimation), analog vorst. Verb.; 71%. *Hydrochlorid*, F. 249—251°, analog vorst. Hydrochlorid; 90%. *Pikrat*, $C_8H_{14}N_4O_2 \cdot C_6H_3N_3O_7$, F. 193—194° (W.), analog vorst. Pikrat aus vorvorst. Verb.; 80%. — *1.3-Dimethyl-5-[N-nitroso-N-methylamino]-*, $C_7H_{11}N_5O_3$, F. 180—182° (Zers.; Methanol), durch Zutropfen von $NaNO_2$ in W. u. 3 Tropfen konz. HCl zu vorvorst. Hydrochlorid bei 0°, 1std. Stehen bei 0°, Erwärmen auf Raum-Temp. u. dann auf 70—80° u. Extrahieren mit Chlf.; 61%. — *Coffein*, F. 234—235° (Methanol), durch ½std. Erhitzen von **IV** u. Formamid auf 190°. — *7-Äthyltheophyllin*, F. 152—153°, durch ½std. Erhitzen von **V** u. Formamid auf 190° u. mehrstd. Stehen im Eisschrank. — 4-Amino-5-[pyridiniomethylenamino]-1.3-dimethyluracilsalze: *-chlorid* (**VI**), $C_{12}H_{14} \cdot ClN_5O_2$, F. 203—204° (Zers.), durch Erwärmen von 1.3-Dimethyl-4-amino-5-formylaminouracil in abs. Pyridin u. **I** auf 80° (1 Std.) u. Umkristallisieren aus Methanol; gelbe Nadeln; 81%. — *-perchlorat*, F. 192—193° (Zers.), aus **VI** in W. mit $HClO_4$; aus W. gelbe Spieße. — *-pikrat*, F. 191—192° (Zers.), aus **VI** u. Pikrinsäure in heißem W.; aus W. gelbe Nadeln. — *Hg-Salz*, F. 184—186° (Zers.), aus **VI** in heißem W. u. wss. $HgCl_2$-Lsg.; aus W. gelbe Nadeln. — *1.3-Dimethyl-4.5-diaminouracil*, durch ½std. Kochen von **VI** in methanol. HCl. — *Theophyllin*, F. 271—272° (W.), durch ¼std. Erhitzen von **VI** in einer Sublimations-App. auf 220°; daneben *Pyridinhydrochlorid*. — 1-Methyl-4-amino-5-[pyridiniomethylenamino]-uracilsalze: *-chlorid*, F.197—198° (Zers.), analog **VI** aus 1-Methyl-4-amino-5-formylaminouracil u. **I** in abs. Pyridin; gelbe Nadeln; 95%. — *-perchlorat*, $C_{11}H_{12}ClN_5O_6$, F. 194—196° (Zers.); gelbe Kristalle. — *-pikrat*, F. 193—194° (Zers.); gelbe Kristalle. — *Hg-Salz*, F. 204—205°; gelbe Kristalle, die nach dem Schmelzen sofort wieder erstarren. — 3-Methyl-4-amino-5-[pyridiniomethylenamino]-uracilsalze: *-chlorid*, F. >250° (Zers.), aus 3-Methyl-4-amino-5-formylaminouracil u. **I** in abs. Pyridin analog **VI**; gelbe Kristalle; 79%. — *-perchlorat*, $C_{11}H_{12}ClN_5O_6$, F. >220° (Zers.); gelb. — *-pikrat*, F. >180° (Zers.); gelb. — *Hg-Salz*, F. 169—171° (Zers.); gelb. — 4-Amino-5-[pyridiniomethylenamino]-uracilsalze: *-chlorid*, F. >250° (Zers.), analog **VI** aus 4-Amino-5-formylaminouracil in abs. Pyridin mit **I**; gelbe Kristalle; 91%. — *-perchlorat*, $C_{10}H_{10}ClN_5O_6$, F. >250° (Zers.); gelb. — *-pikrat*, F. >200° (Zers.); gelb. — *Hg-Salz*, F. >200° (Zers.); gelb.

P. Golinske. 3272□

Morpholinotricarballylsäureester und verwandte Verbindungen. Earl J. Roberts und Charles H. Mack. (J. org. Chemistry **27**, 2933—34, Aug. 1962; New Orleans, La., Southern Reg. Res. Labor.; engl.) — Umsetzung von Morpholin (**I**) mit Aconitsäure (**II**)-Estern gibt die entsprechenden *α-Morpholinotricarballylsäureester*. Analog werden *Morpholinobernsteinsäuredibutylester* aus Malein- (**III**) bzw. Fumarsäuredibutylester (**IV**) u. *α-Morpholino-α-methylbernsteinsäuredibutylester* aus Citracon- (**V**) bzw. Itaconsäuredibutylester (**VI**) dargestellt. Die Strukturen werden aus den IR-Spektren gefolgert.

Versuche: *α-Morpholinotricarballylsäure, Hydrochlorid*, F. 150—151° (Zers.; Eisessig), aus dem Tri-n-butylester in sd. 6n HCl (mehrere Std.), Einengen u. Stehen über

NaOH (3 Tage); 75% (Ausbeute). *Trimethylester*, $C_{13}H_{21}NO_7$, F. 81°, aus II-Trimethylester u. I bei 90° (15 Std.); 95%. *Triäthylester*, $C_{16}H_{27}NO_7$, Kp.$_{15}$ 128°, analog mit II-Triäthylester; 75%; *Hydrochlorid*, F. 130—131°. *Tri-n-butylester*, $C_{22}H_{39}NO_7$, Kp.$_{30}$ 155°, mit II-Tri-n-butylester; 94%; *Hydrochlorid*, F. 78—79°. *Triallylester*, $C_{19}H_{27}NO_7$, Kp.$_{45}$ 150°, mit II-Triallylester; 68%. — *Morpholinobernsteinsäuredi-n-butylester*, $C_{16}H_{29}NO_5$, Kp.$_{75}$ 130°, a) durch langsame Zugabe von I zu III bei 30° u. Erwärmen auf 90° (15 Std.); 66%; b) analog a) mit IV. *α-Methyl-Deriv.*, $C_{17}H_{31}NO_5$, Kp.$_{40}$ 135°, a) aus I u. V bei 90° (15 Std.); 68%; b) analog a) mit VI. H. Gleinig. 3282□

Untersuchungen in der Phenoxazinreihe. 1. Mitt. **Synthese einiger 10-Substitutionsprodukte des Phenoxazins.** W. G. Ssamolowowa, T. W. Gortinskaja und M. N. Schtschukina. (Журнал Общей Химии [J. allg. Chem.] **30** (**92**), 1516—17, Mai 1960; Chem.-pharmazeut. Allunions-Ordshonikidse-Forschungsinst.; russ.) — Durch Cyanäthylierung von Phenoxazin (I) wurde *10-[β-Cyanäthyl]-phenoxazin* (II) erhalten, das zu *β-[Phenoxazinyl-(10)]-propionsäure* (III) u. III-*Amid* verseift bzw. zu *10-[γ-Aminopropyl]-phenoxazin* red. wurde. Die Rk. von I mit γ-Dimethylaminopropylchlorid (IV) lieferte *10-[γ-Dimethylaminopropyl]-phenoxazin.*

Versuche: *10-[β-Cyanäthyl]-phenoxazin* (II), $C_{15}H_{12}N_2O$, F. 123—124°, man gibt zu 25 g I u. 1,5 ml Rodionow-Katalysator (Trimethylphenylammoniumhydroxid) in 50 ml abs. Bzl. in ½ Std. 54,2 ml Acrylonitril, kocht 1 Std. u. läßt über Nacht stehen; gelblich; 77% (Ausbeute). — *10-[γ-Aminopropyl]-phenoxazin*, $C_{15}H_{16}N_2O$, Kp.$_1$ 194 bis 200°, F. 63—64°, durch Hydrierung von 25 g II in 250 ml 15%ig. alkohol. NH_3 bei 50°/50 at an 10 g Raney-Ni-Paste; 76,6%. — *β-[Phenoxazinyl-(10)]-propionsäure* (III), $C_{15}H_{13}NO_3$, F. 138—139° (Methanol), man kocht 0,66 g III-Amid in 7,5 ml Methanol u. 1 ml konz. HCl 1½ Std., gibt 1 ml 40%ig. NaOH zu u. kocht 1½ Std.; 0,55 g. *Amid*, $C_{15}H_{14}N_2O_2$, F. 173—174° (A.), man erhitzt 6,9 g II u. 22 ml konz. H_2SO_4 1½ Std. auf 50° u. gießt auf Eis; schwachrosa; 5,45 g. — *10-[γ-Dimethylaminopropyl]-phenoxazin*, Kp.$_{0,8-1}$ 184—187°, durch 13std. Erhitzen von 15,8 g I, 26 g IV u. 6,9 g NaOH auf 100°. *Hydrochlorid*, $C_{17}H_{21}ClN_2O$, F. 100—104° (Zers.; abs. A.), durch Lösen der Base in abs. Äthylacetat u. Fällen mit HCl in A.; 6,82 g. Helmut Schäfer. 3282

Über Sultame. 11. Mitt. **Cyclische Imide der Propandisulfonsäure-(1.3).** Burckhardt Helferich und Reinhard Hoffmann. (Liebigs Ann. Chem. **657**, 86—94, 28/9. 1962; dt.) — 10. vgl. C. **1963**, 3969. — Aus 3-Chlorpropan-1-sulfochlorid (II) werden über die mit prim. Aminen erhaltenen *Sulfonamide*, die Ammoniumsalze u. die zugehörigen 3-Sulfonsäuren cycl. Imide der Propan-1.3-disulfonsäure dargestellt. 4-Chlorbutan-1-sulfochlorid wird in Derivv. von Butan-1-sulfo-p-anisidid übergeführt.

Versuche: *3-Chlorpropan-1-sulfo-p-anisidid* (I), $C_{10}H_{14}ClNO_3S$, F. 67—68,5°, durch Lösen von p-Anisidin in W./6n HCl (pH 5), Zugabe von II unter Kühlung, Neutralisieren mit Soda-Lsg., 4std. Rühren, Filtrieren, Eintragen des Rückstandes in 2n NaOH, Filtrieren, Verdünnen mit W./Eis u. Ansäuern mit 2n HCl; aus Methanol/W. Blättchen; 88% (Ausbeute). *N-Acetyl-Deriv.*, $C_{12}H_{16}ClNO_4S$, F. 79,5—81° (A.), durch 5std. Kochen von I mit Acetanhydrid; 65%. *N-Benzoyl-Deriv.*, $C_{17}H_{18}ClNO_4S$, F. 118 bis 119° (A.), aus I mit 2n NaOH u. Benzoylchlorid; 9,8%. — *NH_4-[Propansulfo-p-anisidid-(1)-sulfonat-(3)]* (III), $C_{10}H_{18}N_2O_6S_2$, F. 207—211° (korr.; Eisessig), durch 18std. Kochen von I u. $(NH_4)_2SO_3 \cdot H_2O$ in A./W. (1 : 1), Eindampfen auf die Hälfte, Gießen in W., Abfiltrieren des *N-[p-Methoxyphenyl]-propansultams-(1.3)*, Eindampfen des Filtrats u. Auskochen des Rückstandes mit Eisessig; ca. 50%. — *3-Chlorsulfonylpropan-1-sulfo-p-anisidid* (IV), $C_{10}H_{14}ClNO_5S_2$, F. 86° (korr.; Bzl.), durch 4std. Kochen von III mit $POCl_3$, Filtrieren, Eindampfen u. Auskochen mit Bzl.; 58%. — *3-[p-Anisidinosulfonyl]-propyl-(1)-isothiuroniumchlorid*, $C_{11}H_{18}ClN_3O_3S_2$, F. 150—151,5° (korr.; A.), durch 70std. Kochen von I mit Thioharnstoff in Ggw. von KJ in A.; 64%. — *1-Sulfopropan-3-sulfo-p-anisidid* (V), $C_{10}H_{15}NO_6S_2$, F. 81—88° (korr.), durch Filtrieren von III in W. durch Amberlite IR-120 u. Eindampfen des Eluats bei 50° im Vakuum; aus W. Blättchen; 83%. — *N-[p-Methoxyphenyl]-propan-1.3-disulfonsäureimid* (VI), $C_{10}H_{13} \cdot NO_5S_2$, F. 201,5—203° (korr.), a) durch ¾std. Kochen von V mit $POCl_3$; aus 50%ig. A. Blättchen; 53%; b) aus IV u. Ag_2O in sd. Bzl.; geringe Ausbeute; gibt beim Kochen mit verd. NaOH vorst. Verbindung. — *3-Chlorpropan-1-sulfonsäureanilid*, $C_9H_{12}ClNO_2S$, F. 47—48° (korr.), analog I aus Anilin u. II; aus wss. A. Nadeln; 78%. *N-Acetyl-Deriv.*, $C_{11}H_{14}ClNO_3S$, F. 105,5—107° (korr.; A.), durch Kochen mit Acetanhydrid; 90%. — *NH_4-[Propansulfanilid-(1)-sulfonat-(3)]*, $C_9H_{16}N_2O_5S_2$, F. 197—201° (korr.), analog III aus vorst. Verb. u. $(NH_4)_2SO_3 \cdot H_2O$; aus A. Blättchen u. Nadeln; 32%. — *1-Sulfopropan-3-sulfanilid*, $C_9H_{13}NO_5S_2$, F. 81—85°, analog V aus vorst. Verb.; hygroskop. Substanz; 74%. — *N-Phenylpropan-1.3-disulfonimid* (IX), $C_9H_{11}NO_4S_2$, F. 193—196° (korr.), analog VI aus vorst. Verb. mit $POCl_3$; aus A./W. (1:1) Blättchen; 64%. —

3-Chlorpropan-1-sulfobenzylamid, F. 61—62° (Methanol/W. 1:1), durch Zutropfen von Benzylamin in Bzl. zu **II** in Bzl. bei <5°, ½std. Rühren, Versetzen mit W. u. Eindampfen der Benzol-Lsg. im Vakuum; 98%. — *NH_4-[Propansulfobenzylamid-(1)-sulfonat-(3)]*, $C_{10}H_{18}N_2O_5S_2$, F. 208—212° (korr.), analog **III** aus vorst. Verb. mit $(NH_4)_2SO_3 \cdot H_2O$; aus A. u. Eisessig Prismen; 69%. — *1-Sulfopropan-3-sulfobenzylamid* (**VIII**), $C_{10}H_{15}NO_5S_2$, F. 71,5—74° (korr.), aus vorst. Verb. analog **V**; hygroskop. u. bräunliche Substanz. — *N-Benzylpropan-1.3-disulfonimid* (**VII**), $C_{10}H_{13}NO_4S_2$, FF. 156,5—158° u. 168—170° (beide korr.), durch 4tägiges Stehen von **VIII** mit $POCl_3$ bei Raum-Temp. u. ¼std. Kochen; aus Aceton/W. u. Bzl. Blättchen; 41%. — *3-Chlorpropan-1-sulfonamid*, F. 63,5—64,5° (korr.), durch Überleiten von NH_3 über NH_4NO_3 erst bei —70°, dann bei 0°, Zutropfen von **II**, 1std. Rühren, Eindampfen im Vakuum bei 10° (Bad) u. 10std. Ae.-Extraktion; aus Bzl. schwachgelbe Kristalle; 93%. — *NH_4-[Propansulfonamid-(1)-sulfonat-(3)]*, $C_3H_{12}N_2O_5S_2$, F. 184—185° (korr.; Eisessig), analog **III** aus vorst. Verb. u. $(NH_4)_2SO_3 \cdot H_2O$; 79%. — *1-Sulfopropan-3-sulfonamid*, $C_3H_9NO_5S_2$, F. 83—86° (geschlossenes Röhrchen), analog **V** aus vorst. Verb.; sehr hygroskop. Substanz; 90%. — *Propan-1.3-disulfonimid*, $C_3H_7NO_4S_2$, Zers. bei ca. 275° (sublimiert ab 250°), a) durch Kochen vorst. Verb. mit $POCl_3$ analog **VI**; aus Eisessig Nadeln; 76%; b) neben **VII**; 55%; c) durch Kochen von **VII** mit HCl; d) durch längeres Kochen von **VIII** mit $POCl_3$; durch Rk. des Na-Salzes mit Benzylchlorid entsteht **VII**. — *N-[4-Methoxy-3.5-dinitrophenyl]-propan-1.3-disulfonimid*, $C_{10}H_{11}N_3O_9S_2$, F. 239—242° (korr.), durch Zutropfen von konz. HNO_3 (D. 1,4) zu **VI** in konz. H_2SO_4 unter Kühlung, 12std. Stehen bei 0° u. Gießen auf Eis; aus Aceton/W. gelbe Nadeln; 62%. — *N-[4-Methoxy-3-nitrophenyl]-propan-1.3-disulfonimid* (**X**), $C_{10}H_{12}N_2O_7S_2$, F. 268—271° (korr.; Aceton/W.), durch Zutropfen von konz. HNO_3 (D. 1,4) zu **VI** in Acetanhydrid bei <5°, 1std. Rühren u. Kochen mit W.; 81%. — *N-[3(?)-Nitrophenyl]-propan-1.3-disulfonimid*, $C_9H_{10}N_2O_6S_2$, F. 229,5—231° (korr.), durch 1std. Rühren von **IX** in 86%ig. HNO_3 bei <5°, ½std. Stehen bei Raum-Temp. u. Versetzen mit Eiswasser; aus Aceton/W. gelbe Nadeln; 59%. — *N-[3(?)-Aminophenyl]-propan-1.3-disulfonimid*, $C_9H_{12}N_2O_4S_2$, F. 252—256° (korr.; langsame Zers. ab ca. 240°; Eisessig), durch Hydrierung vorst. Verb. in A. an Raney-Ni bei Raum-Temp./1 at. — *N-[4-Methoxy-3-aminophenyl]-propan-1.3-disulfonimid*, $C_{10}H_{14}N_2O_5S_2$, F. 210° (korr.; Eisessig), analog vorst. Verb. aus **X**. — *4-Chlorbutan-1-sulfo-p-anisidid*, F. 78—80°, aus p-Anisidin u. 4-Chlorbutan-1-sulfochlorid analog **I**; >90%. — *NH_4-{Butan-[sulfoanisidid-(1)]-sulfonat-(4)}*, $C_{11}H_{20}N_2O_6S_2$, F. 205—210° (korr.; A.), aus vorst. Verb. u. $(NH_4)_2SO_3 \cdot H_2O$ analog **III**; 73%. — *4-Chlorsulfonylbutan-1-sulfo-p-anisidid*, $C_{11}H_{16}ClNO_5S_2$, F. 96—97° (korr.; Bzl.), durch 1std. Erwärmen vorst. Verb. mit PCl_5 auf dem Wasserbad, Vermischen mit Eis, 15std. Stehen bei Raum-Temp., Abgießen, 1std. Rühren des Rückstandes mit Eiswasser, Lösen in Aceton u. Einrühren in Eiswasser; 22%. — *4-Sulfobutan-1-sulfo-p-anisidid*, $C_{11}H_{17} \cdot NO_6S_2$, F. 126—129° (korr.), aus vorvorst. Verb. analog **V**; sehr hygroskop. Blättchen; 90%. P. Golinske. 3354□

Synthese von Benzo-[b]-thiepin-1.1-dioxid. V. J. Traynelis und R. F. Love. (Chem. and Ind. **1958**, 439—40, 12/4.; Notre Dame, Ind., Univ., Dep. of Chem.; engl.) — Dargestellt wird *Benzo-[b]-thiepin-1.1-dioxid*.

Versuche: *γ-Phenylmercaptobuttersäure*, nach Reppe (C. **1956**, 3831) aus Thiophenol u. 2-Oxotetrahydrofuran. — *5-Oxo-2.3.4.5-tetrahydrobenzo-[b]-thiepin* (**I**), a) aus vorst. Verb. über das Säurechlorid durch Ringschluß mit $AlCl_3$; b) aus vorst. Verb. mit Polyphosphorsäure. — *5-Hydroxy-2.3.4.5-tetrahydrobenzo-[b]-thiepin*, aus **I** durch Red. mit $NaBH_4$. — *5-Hydroxy-2.3.4.5-tetrahydrobenzo-[b]-thiepin-1.1-dioxid*, durch Oxydation vorst. Verb. mit 30%ig. H_2O_2. — *2.3-Dihydrobenzo-[b]-thiepin-1.1-dioxid*, aus vorst. Verb. durch Wasserabspaltung mit Polyphosphorsäure. — *3-Brom-2.3-dihydrobenzo-[b]-thiepin-1.1-dioxid*, aus vorst. Verb. durch Bromierung mit N-Bromsuccinimid u. Benzoylperoxid. — *Benzo-[b]-thiepin-1.1-dioxid*, F. 139—140° (Zers. >200°), aus vorst. Verb. durch HBr-Abspaltung mit Triäthylamin. — *2.3.4.5-Tetrahydrobenzo-[b]-thiepin-1.1-dioxid*, a) durch katalyt. Hydrierung vorst. Verb.; b) aus **I** durch Clemmensen-Red. u. anschließende Oxydation mit H_2O_2. P. Becker. 3370

Eine Umlagerung von 5-Aryl-1.3-dihydro-2 H-1.4-benzodiazepinon-(2)-4-oxiden. Stanley C. Bell und Scott J. Childress. (J. org. Chemistry **27**, 1691—95, Mai 1962; Radnor, Pa., Wyeth Labor. Inc., Res. and Dev. Div.; engl.) — 7-Chlor-5-phenyl-1.3-dihydro-2H-1.4-benzodiazepinon-(2)-4-oxid (**I**) reagiert mit Acetanhydrid (**II**) unter Bldg. von *3-Acetoxy-7-chlor-5-phenyl-1.3-dihydro-2H-1.4-benzodiazepinon-(2)* (**III**). Ähnlich wird **I** mit Acetylchlorid, Chloressigsäureanhydrid (**V**) u. Chloracetylchlorid (**VI**) umgesetzt. **III** wird mit NaOH zur *3-Hydroxy*-Verb. (**VII**) hydrolysiert, die mit Benzoylchlorid (**VIII**) die *3-Benzoyloxy*-Verb. (**IX**) gibt, die auch bei der Umsetzung von **I** mit **VIII**

gebildet wird. Beim Zusatz von A. zur Rk.-Mischung von **I** mit **VIII** entsteht neben **IX** die *3-Äthoxy-Verb.*, die auch aus A. u. *3.7-Dichlor-5-phenyl-1.3-dihydro-2H-1.4-benzodiazepinon-(2)* gebildet wird, das aus **VII** mit $SOCl_2$ hergestellt wird u. das katalyt. red. wird zu *7-Chlor-5-phenyl-1.3-dihydro-2H-1.4-benzodiazepinon-(2)*. Bei der Behandlung von **VII** mit NaOH entsteht vermutlich *7-Chlor-5-phenyl-2.3.4.5-tetrahydro-2.3-diketo-1H-1.4-benzodiazepin* (**X**). **X** u. **VII** geben bei weiterer Behandlung mit NaOH *6-Chlor-4-phenyl-3.4-dihydrochinazolincarbonsäure-(2)* (**XI**), die durch Synth. aus 2-Amino-5-chlorbenzhydrylamin (**XII**) u. Oxalsäure identifiziert wird. **XI** gibt in der Hitze unter CO_2-Abspaltung *6-Chlor-4-phenyl-3.4-dihydrochinazolin*, das aus **XII** u. HCOOH synthetisiert wird. Analog **I** wird sein 1-Methyl-Deriv. umgewandelt in das *1-Methyl*-Deriv. von **III** (**XIV**), von **VII** (**IV**), das auch aus **VII** u. Dimethylsulfat (**XIII**) erhalten wird, u. von **X**, das auch aus **X** u. **XIII** synthetisiert wird. Bei der Umsetzung von **X** mit **XIII** entsteht auch *1.4-Dimethyl-7-chlor-5-phenyl-2.3.4.5-tetrahydro-2.3-diketo-1H-1.4-benzodiazepin*. Die Synth. einiger Homologer von **III** wird beschrieben.

Versuche: 1.3-Dihydro-2H-1.4-benzodiazepinone-(2): *3-Acetoxy-7-chlor-5-phenyl-* (**III**), $C_{17}H_{13}ClN_2O_3$, F. 242—243°, aus 10 (g) **I** u. **II** durch Erhitzen auf dem Dampfbad; 9,8 g (Ausbeute). — Analog: *3-Acetoxy-5-phenyl-*, $C_{17}H_{14}N_2O_3$, F. 229 bis 231°. — *3-Acetoxy-7-chlor-5-phenyl-1-methyl-* (**XIV**), $C_{18}H_{15}ClN_2O_3$, F. 262—263°. — *3-Acetoxy-7-brom-5-[p-chlorphenyl]-*, $C_{17}H_{12}BrClN_2O_3$, F. 256—257°. — *3-Acetoxy-7-chlor-5-[thienyl-(2)]-*, $C_{15}H_{11}ClN_2O_3S$, F. 269°. — *7-Chlor-3-chloracetoxy-5-phenyl-*, $C_{17}H_{12}Cl_2N_2O_3$, F. 230—231°, a) aus 5 **I** durch 10 Min. langes Erhitzen mit 10 **V** auf dem Dampfbad; 4 g; b) aus 5 **I** durch 20 Min. langes Kochen mit **VI**; 3,2 g. — *7-Chlor-3-morpholinoacetoxy-5-phenyl-*, *Hydrochlorid*, $C_{21}H_{20}ClN_3O_4 \cdot HCl$, F. 228—229°, aus 3 vorst. Verb. durch 2std. Kochen mit Morpholin in A.; 1 g. — *7-Chlor-3-hydroxy-5-phenyl-* (**VII**), $C_{15}H_{11}ClN_2O_2$, F. 203—204° (A.), aus 3,4 **III** in A. durch Behandeln mit 4n NaOH; Kristalle; 2,4 g. — *7-Chlor-3-hydroxy-1-methyl-5-phenyl-* (**IV**), $C_{16}H_{13}ClN_2O_2$, F. 119 bis 121° (Cyclohexan), a) aus 4 **VII** u. **XIII** durch 2std. Rühren mit 4n NaOH in A.; 1,9 g; b) aus 3,4 **XIV** in A. analog **VII**; 1,3 g. — *7-Chlor-3-benzoyloxy-5-phenyl-* (**IX**), $C_{22}H_{15} \cdot ClN_2O_3$, F. 251—252° (wss. A.), a) aus 5 **I** durch Erhitzen mit **VIII** auf dem Dampfbad; 1,8 g; b) aus **VII** u. **VIII**. — *7-Chlor-3-äthoxy-5-phenyl-*, $C_{17}H_{15}ClN_2O_2$, F. 225—227° (Acetonitril), neben **IX** nach a) durch Waschen des mit Cyclohexan gefällten Prod. mit warmem A. aus den alkohol. Wasch-Lsgg.; 2 g. — *3.7-Dichlor-5-phenyl-*, $C_{15}H_{10} \cdot Cl_2N_2O$, F. 179° (Zers.), aus 1 **VII** durch Umsetzung mit $SOCl_2$; 0,5 g. — *7-Chlor-5-phenyl-*, F. 214—216°, aus vorst. Verb. durch Red. mit H_2 in Dimethoxyäthan in Ggw. von Pd-Kohle. — 7-Chlor-5-phenyl-2.3.4.5-tetrahydro-2.3-diketo-1H-1.4-benzodiazepine: *Unsubstituiert* (**X**), $C_{15}H_{11}ClN_2O_2$, F. 297—298° (A.), aus 6 **VII** oder **III** in 50%ig. A. durch ½std. Erhitzen mit 4n NaOH auf dem Dampfbad; 2,0 g. — *1-Methyl-*, $C_{16}H_{13}ClN_2O_2$, F. 224—225°, nach Wiederverfestigung F. 234—235° (A.), a) aus **XIV** oder **IV** analog **X**; b) aus **X** u. **XIII**. — *1.4-Dimethyl-*, $C_{17}H_{15}ClN_2O_2$, F. 266 bis 268° (A.), aus **X** u. **XIII**. — 4-Phenyl-3.4-dihydrochinazoline: *6-Chlor-2-carboxy-* (**XI**), $C_{15}H_{11}ClN_2O_2$, F. 168—169°, a) aus 1,3 **VII** durch 2std. Kochen mit 4n NaOH; 0,8 g; b) aus **XII** u. Oxalsäure durch 3std. Kochen in 50%ig. Alkohol. — *6-Chlor-*, $C_{14}H_{11}ClN_2$, F. 173—175° (Acetonitril), a) aus **XI** durch 15 Min. langes Erhitzen in Dimethylformamid; b) aus **XII** u. HCOOH durch 2std. Kochen. *Hydrochlorid*, $C_{14}H_{11} \cdot ClN_2 \cdot HCl$, F. 267—268°. E. Riedel. 3370 □

Derivate der Zuckermercaptale. 29. Mitt. **Benzylidenverbindungen der D-Lyxosemercaptale.** Helmut Zinner, Wilhelm Rehder und Horst Schmandke. (Chem. Ber. **95**, 1805—11, 16/7. 1962; Rostock, Univ., Inst. für Organ. Chem.; dt.) — 28. vgl. C. **1963**, 128. — Durch Kondens. von D-Lyxosemercaptalen mit Benzaldehyd in Ggw. von HCl oder $ZnCl_2$ werden *2.4;3.5-Di-O-benzyliden-D-lyxosemercaptale* dargestellt. Ihre Struktur wird durch Synth. aus 5-O-Acyl-D-lyxosemercaptalen u. Untersuchen von dabei auftretenden Zwischenverbb. gesichert.

Versuche: 2.4;3.5-Di-O-benzyliden-D-lyxosemercaptale ([α] = $[\alpha]_D^{22}$ in Chlf.), a) durch Lösen des D-Lyxosemercaptals in warmem Benzaldehyd, Kühlen auf 0°, 3 Min. langes Einleiten von HCl, 5 Min. langes Schütteln im Eisbad, Versetzen mit Methanol, 3std. Stehen bei 0°, 10 Min. langes Rühren mit Wofatit L, Filtrieren u. Eindampfen im Vakuum; b) durch Zugabe von wasserfreiem $ZnCl_2$ zu dem D-Lyxosemercaptal in Benzaldehyd bei 20°, 3std. Schütteln, Versetzen mit Methanol u. 1std. Stehen bei 0°: *-dimethylmercaptal*, $C_{21}H_{24}O_4S_2$, F. 225° (Aceton u. Methanol), nach a) u. b); [α] +5,9° (c = 0,39); 71 bzw. 66% (Ausbeute); c) durch 14tägiges Stehen von 5-O-Benzoyl-2.4-O-benzyliden-D-lyxosedimethylmercaptal mit $NaOCH_3$ in Methanol bei 20°, Neutralisieren mit Eisessig, Eindampfen im Vakuum, Extrahieren mit Chlf., Eindampfen u. ¼std. Schütteln des entstandenen *2.4-O-Benzyliden-D-lyxosedimethyl-*

mercaptals {$[\alpha]_D^{19}$ +1,4° (c = 3,74; Methanol)} mit Benzaldehyd u. $ZnCl_2$; 41%. — *-diäthylmercaptal*, $C_{23}H_{28}O_4S_2$, F. 191° (Aceton u. Methanol); [α] +12,1° (c = 2,99); 46 u. 49%. — *-dipropylmercaptal*, $C_{25}H_{32}O_4S_2$, F. 178° (Aceton u. Methanol); [α] +16,3° (c = 4,01); 77 u. 47%. — *-diisopropylmercaptal*, $C_{25}H_{32}O_4S_2$, F. 180° (A.); [α] +8,1° (c = 2,63); 43 u. 56%. — *-dibutylmercaptal*, $C_{27}H_{36}O_4S_2$, F. 174° (Aceton u. Methanol); [α] +17,4° (c = 3,77); 48 u. 64%. — *-diisobutylmercaptal*, $C_{27}H_{36}O_4S_2$, F. 178° (A.), nach a) u. b); [α] +19,2° (c = 3,96°); 50 u. 63%; c) analog dem Dimethylmercaptal nach c) aus 5-O-Benzoyl-2.4-O-benzyliden-D-lyxosediisobutylmercaptal; 73%. — *-dibenzylmercaptal*, $C_{33}H_{32}O_4S_2$, F. 202° (Aceton u. A.); [α] +10,2° (c = 1,55); 36 u 61%. — *-äthylenmercaptal*, $C_{21}H_{22}O_4S_2$, F. 209° (Aceton u. A.); [α] —11,5° (c = 3,47); 79 u. 64%. — *2.4;3.5-Di-O-benzyliden-D-lyxose, Hydrat*, $C_{19}H_{20}O_6$, F. 127° (nach Sintern ab 122°), durch Behandlung eines 2.4;3.5-Di-O-benzyliden-D-lyxosemercaptals wie bei der Darst. von 5-O-Benzoyl-2.4-O-benzyliden-al-D-ribose (I) beschrieben (vgl. C. **1962**, 3818), Lösen des Rohprod. in warmem Aceton, Fällen mit W. u. Filtrieren; aus Aceton/W. Nadeln; [α] —25,8° (c = 1,82; Methanol); 65%. *p-Brombenzolsulfonylhydrazon*, $C_{25}H_{23}BrN_2O_6S$, F. 195° (Zers.), durch 5 Min. langes Erwärmen von 2.4;3.5-Di-O-benzyliden-al-D-lyxose in Methanol mit p-Brombenzolsulfonylhydrazin auf 50°, 8 std. Stehen bei 20° u. Filtrieren; aus Aceton/W. (2:1) Nadeln; [α]+51,9° (c = 2,59; Pyridin); 57%. *Dimethylacetal*, $C_{21}H_{24}O_6$, F. 129°, durch Behandeln eines Di-O-benzyliden-D-lyxosemercaptals in Methanol wie bei der Darst. von I beschrieben (l. c.) u. Stehen; aus Methanol/W. Prismen; $[\alpha]^{22}$ +42,6° (c = 4,68; Chlf.); 74%. — *5-O-Benzoyl-2.4-O-benzyliden-D-lyxose, Dimethylmercaptal*, $C_{21}H_{24}O_5S_2$, durch 2 std. Schütteln des entsprechenden 5-O-Acyl-D-lyxosemercaptals mit Benzaldehyd u. wasserfreiem $ZnCl_2$, Versetzen mit Ae., Eindampfen der Ae.-Phase, Dampf-Dest. des Rückstandes bei 40° im Vakuum, Aufnehmen in A. u. Eindampfen; $[\alpha]_D^{21}$ +4,6° (c = 1,93; Methanol); 77%. *Diisobutylmercaptal*, $C_{27}H_{36}O_5S_2$, analog dem Dimethylmercaptal; $[\alpha]_D^{20}$ —4° (c = 2,26; Methanol); 85%. *Dimethylacetal*, $C_{21}H_{24}O_7$, nach Zinner u. Schmandke (C. **1962**, 3818); $[\alpha]_D^{21}$ +17,2° (c = 1,12; Methanol); 62%. — *5-O-[p-Toluyl]-2.4-O-benzyliden-D-lyxose, Dibenzylmercaptal*, $C_{34}H_{34}O_5S_2$, analog vorvorst. Verb.; $[\alpha]_D^{19}$ +29,8° (c = 2,32; Methanol); 73%. *Dimethylacetal*, $C_{22}H_{26}O_7$, analog vorvorst. Verb.; $[\alpha]_D^{24}$ +16,5° (c = 1,1; Methanol); 75%. — *Methyl-5-O-benzoyl-αβ-D-lyxofuranosid*, $C_{13}H_{16}O_6$, nach Zinner u. Schmandke aus 5-O-Benzoyl-D-lyxosediisobutylmercaptal wie bei der Darst. von 2.4;3.5-Dibenzyliden-D-ribosedimethylacetal (l. c.); $[\alpha]_D^{21}$ +26,2° (c = 2,79; Methanol); 76%. *2.3-O-Benzyliden-Deriv.*, $C_{20}H_{20}O_6$, durch 1 std. Schütteln mit Benzaldehyd u. Zn Cl_2; $[\alpha]_D^{21}$ +7,2° (c = 2,66; Methanol); 69%. — *5-O-Benzoyl-2.4-O-benzyliden-al-D-lyxose*, analog der Darst. von 5-O-Benzoyl-2.4-O-benzyliden-al-D-ribose (I) nach Zinner u. Wittenberg (l. c.) aus einem entsprechenden Mercaptal; $[\alpha]_D^{19}$ —11,9° (c = 0,83; Methanol); 66% [ist mit *5-O-Benzoyl-D-lyxose* verunreinigt (Papierchromatogramm)]. *p-Nitrophenylhydrazin*, $C_{25}H_{23}N_3O_7$, F. 67—71° (A./W.), durch ½ std. Kochen mit p-Nitrophenylhydrazin in Methanol; $[\alpha]_D^{21}$ —36,3° (c = 0,78; Methanol); 65%. — 5-O-[p-Toluyl]-D-lyxosemercaptale, analog den 5-O-[p-Toluyl]-D-ribosemercaptalen nach Zinner u. Pfeiffer (C. **1962**, 4926), aus einem D-Lyxosemercaptal: *-dimethylmercaptal*, $C_{15}H_{22}O_5S_2$, F. 121,5°; $[\alpha]_D^{21}$ +3,4° (c = 1,35; Methanol); 47%. — *-diäthylmercaptal*, $C_{17}H_{26}O_5S_2$, F. 106,5°; $[\alpha]_D^{21}$ +5,8° (c = 2,14; Methanol); 81%. — *-dipropylmercaptal*, $C_{19}H_{30}O_5S_2$, F. 88—89°; $[\alpha]_D^{21}$ +4,9° (c = 2,09; Methanol); 58%. — *-dibutylmercaptal*, $C_{21}H_{34}O_5S_2$, F. 94—96°; $[\alpha]_D^{21}$ +3,3° (c = 2,71; Methanol); 62%. — *-diisobutylmercaptal*, $C_{21}H_{34}O_5S_2$, F. 99—101°; $[\alpha]_D^{21}$ —5,8° (c = 0,86; Methanol); 35%. — *-dibenzylmercaptal*, $C_{27}H_{30}O_5S_2$, F. 120—123°; $[\alpha]_D^{21}$ —13,4° (c = 1,02; Methanol); 85%. P. Golinske. 3400□

Über synthetische Zucker. 1. Mitt. **Synthese der Formose und Bis-anhydroformose des Butanons und der Formite des Capryl- und Palmitinaldehyds.** Sigurd Olsen, Erik Jantzen, Hellmut Russwurm, Thor Dukefos und Bjørn Aslaksen. (Liebigs Ann. Chem. **654**, 198—209, 15/6. 1962; Blindern-Oslo, Univ., Chem. Inst.; dt.) — Zuckerähnliche Formosen werden durch säurekatalysierte, gekreuzte Aldol-Rk. zwischen Oxo-Verbb. u. überschüssigem Formaldehyd synthetisiert. Durch gekreuzte, säurekatalysierte Disproportionierung entstehen aus ihnen die entsprechenden Formite. Die Abhängigkeit sowohl der Aldol- als auch der Disproportionierungs-Rk. von den HCHO- u. H_2SO_4-Konzz. wird papierchromatograph. am Beispiel des Bis-methylenäthers der Anhydroenneaheptose untersucht. Aus Capryl- bzw. Palmitinaldehyd u. überschüssigem HCHO werden *2.2-Bis-[hydroxymethyl]-octanol-(1)* bzw. *2.2-Bis-[hydroxymethyl]-hexadecanol-(1)*, aus Butanon *α-Methyl-α.α.α'.α'.α'-pentakis-[hydroxymethyl]-aceton*, *1-Methyl-5-hydroxymethyl-3.7-dioxabicyclo-[3.3.1]-nonanon-(9)*, *3-Methyl-4-hydroxy-3.5.5-tris-[hydroxymethyl]-tetrahydropyran* u. *α-Methyl-α.α.α'.α'-tetrakis-[hydroxymethyl]-aceton-bis-methylenäther* dargestellt.

Versuche: *2.2-Bis-[hydroxymethyl]-octyl-(1)-methylenätheracetat*, $C_{13}H_{24}O_4$, $Kp._{12}$ 155 bis 156°, a) durch Versetzen von Paraformaldehyd in Eisessig/konz. H_2SO_4 mit Capryl-aldehyd in Eisessig (Mol-Verhältnis 1:6) bei 50°, 3 std. Kochen, Versetzen mit wss. Na_2CO_3 u. Ausäthern; n_D^{22} 1,4542; $D._4^{22}$ 1,03; 40% (Ausbeute); b) analog aber Mol-Verhältnis 1:10; 50,5%. — *2.2-Bis-[hydroxymethyl]-octanol-(1)-triacetat*, $C_{16}H_{28}O_6$, durch 4 std. Dest. von 25,9 g vorst. Verb. in Eisessig/konz. H_2SO_4 unter Zutropfen von Eisessig, Einengen unter Zusatz von Na_2CO_3-Lsg. u. Aufnehmen des Öls in Ae.; hell-braunes Öl; 26,5 g. — *2.2-Bis-[hydroxymethyl]-octanol-(1)*, $C_{10}H_{22}O_3$, F. 69—70° (Essig-ester), durch Verseifen von 25,2 g vorst. Verb. mit 2%ig. methanol. HCl; 12 g. *Tris-phenylurethan*, $C_{31}H_{37}N_3O_6$, F. 142,5—144,5° (A.). — *2.2-Bis-[hydroxymethyl]-hexa-decanol-(1)-triacetat*, $C_{24}H_{44}O_6$, F. 52—53,5° (30%ig. CH_3COOH), durch Versetzen von 12,5 g Paraformaldehyd in Eisessig/konz. H_2SO_4 mit 10 g Palmitinaldehyd in Eisessig bei 40°, 5 std. Kochen, Einengen, Versetzen mit wss. Na_2SO_4 Ausäthern u. Destillieren; 8,9 g (Rohausbeute). — *2.2-Bis-[hydroxymethyl]-hexadecanol-(1)*, $C_{18}H_{38}O_3$, F. 90—91° (Essigester), durch Methanolyse von 2 g vorst. Verb.; 1,5 g. *Tris-phenylurethan*, $C_{39}H_{53}$·N_3O_6, F. 117,5—118,5° (A.). — *3-Methyl-4-hydroxy-3.5.5-tris-[hydroxymethyl]-tetra-hydropyran-bis-methylenäther* (I), $C_{11}H_{18}O_5$, F. 120—121° (Methanol), durch langsames Zugeben von 180 cm³ Butanon zu 600 g Paraformaldehyd in Eisessig/konz. H_2SO_4 bei 60°, 5 std. Kochen (ergibt Rk.-Gemisch **A**), Einengen u. Versetzen mit W.; 90 g. — *1-Methyl-5-acetoxymethyl-3.7-dioxabicyclo-[3.3.1]-nonanon-(9)* (II), $C_{11}H_{16}O_5$, F. 114 bis bis 115° (Essigester), $Kp._{0,1}$ 150—160°, durch Versetzen vorst. Rk.-Gemisches **A** mit W., Neutralisieren mit Na_2CO_3, Ausäthern, Eindampfen, Versetzen mit Eisessig/konz. H_2SO_4, Destillieren unter Zutropfen von Eisessig, Neutralisieren mit Na_2CO_3 u. Aus-äthern; 111 g; daneben 103 g **III** u. ein *dunkles Öl vom $Kp._{0,1}$ 180—260°* (**B**); 17 g. — *α-Methyl-α.α.α'.α'-tetrakis-[hydroxymethyl]-aceton-bis-methylenäther*, $C_{10}H_{16}O_5$, F. 59 bis 60° (A.), $Kp._{1,6}$ 130—160°, durch Zugeben von 260 cm³ Butanon zu 720 g Paraform-aldehyd in Eisessig/konz. H_2SO_4, 5 std. Kochen, Versetzen mit wss. Na_2CO_3 u. Aus-äthern; 327,2 g. — *3-Methyl-4-acetoxy-3.5.5-tris-[acetoxymethyl]-tetrahydropyran* (**III**), $C_{17}H_{26}O_9$, F. 81—82° (Essigester/PAe.); durch 6 std. Dest. von 54,g **I** in Eisessig/konz. H_2SO_4 unter Zutropfen von Eisessig, Einengen des Rückstandes u. Versetzen mit W.; 63,5 g. — *1-Methyl-5-hydroxymethyl-3.7-dioxabicyclo-[3.3.1]-nonanon-(9)*, $C_9H_{14}O_4$, F. 105—106° (Essigester/PAe.), durch Behandeln von 10 g **II** mit 2%ig. methanol. HCl; 8,2 g. — *3-Methyl-4-hydroxy-3.5.5-tris-[hydroxymethyl]-tetrahydropyran*, $C_9H_{18}O_5$, F. 119—120° (Essigester/A.); durch Rk. von 10 g **III** mit 2% ih. methanol. HCl; 6,3 g. — *α-Methyl-α.α.α'.α'.α'-pentakis-[hydroxymethyl]-aceton*, $C_9H_{18}O_6$, F. 133—134° (Essigester/A.), durch Rk. von 17 g **B** mit 2%ig. methanol. HCl; 5 g. *Pentakis-phenylurethan*, $C_{44}H_{43}N_5O_{11}$, F. 198—200° (Alkohol). E. Schraven. 3400□

Synthese der 1.6-Anhydrogalaktose. A. Fernez und P. J. Stoffyn. (Tetrahedron [London] **6**, 139—42, April 1959; Bruxelles, Univ. Libre de Bruxelles, Fac. des Sci., Serv. de Chim. Organ.; franz.) — *1.6-Anhydro-β-D-galaktopyranose* wird in 70%ig. Ausbeute aus Galaktose ohne Reinigung der Zwischenstufen hergestellt.

Versuche: *α-Acetobromgalaktose*, F. 79—81°, durch 24 std. Rk. von Galaktose mit Pyridin/Acetanhydrid bei normaler Temp. u. ½—1 std. Umsetzen mit HBr/Eis-essig; 95%. — *1.6-Anhydro-β-D-galaktopyranose*, F. 220—221°, durch Rk. vorst. Verb. mit K-Phenolat in Phenol u. 9 std. Kochen des gebildeten *Phenyltetra-O-acetyl-β-D-galaktosids* mit wss. KOH u. Entfernen der Fremdionen durch Austauscher; 72%. — *1.6-Anhydro-3.4-O-isopropyliden-β-D-galaktopyranose*, F. 191—192°, durch 24 std. Rk. vorst. Verb. mit Aceton u. $CuSO_4$ bei Raum-Temp.; 55%.

Wolfgang Schreiber. 3400□

Darstellung und Eigenschaften von Galaktosylisomaltol und Isomaltol. J. E. Hodge und E. C. Nelson. (Cereal Chem. **38**, 207—21, Mai 1961; Preoria, Ill., Northern Reg. Res. Labor.; engl.) — Die Darst. von *Isomaltol* (**II**; wahrscheinlich 2-Acetyl-3-hy-droxyfuran) aus Lactose wird beschrieben, wobei als Zwischenprod. *Isomaltol-β-D-galak-tosid* (**I**) isoliert wird. Aus Maltose wird in Ggw. von Piperidinacetat bei der gleichen Rk. *1-Desoxy-1-piperidinomaltulose* erhalten.

Versuche (FF. korr.): *O-Galaktosylisomaltol* (**I**), $C_{12}H_{16}O_8$, F. 195° (W.), 204 bis 205° (Zers.; Methanol), a) durch 12 std. Erwärmen von α-Lactosehydrat, abs. A., Piperi-din u. Eisessig auf 78°, Zugeben von Triäthylamin bis zur alkal. Rk., 24 std. Kochen u. Verdünnen mit A. in der Kälte (Meth. **A**); 37% (Ausbeute); b) aus β-Lactosehydrat nach **A**; 37%; c) in Ggw. von Morpholin nach **A**; 21—26%; d) durch 24 std. Kochen von α-Lactosehydrat, Dimethylaminacetat, Trimethylamin u. Methanol (Meth. **B**); 21%; e) durch 15 std. Erwärmen in Dimethylformamid auf 90° nach **B**; 18%; f) nach **A** in Ggw. von Diäthanolamin; $[\alpha]_D^{25}$ —4,5° (c = 2; W.); 13%. *Tetra-O-acetyl-Deriv.*, $C_{20}H_{24}O_{12}$, F. 128,5—129,5° (A.); $[\alpha]_D^{25}$ —14,6° (c = 5; Chlf.); 95%. *p-Nitrophenyl-*

hydrazon, $C_{18}H_{21}N_3O_9$, F. 217—218° (Zers.); rotes Prod.; 65%. *Tetra-O-acetyl-p-nitrophenylhydrazon*, $C_{26}H_{29}N_3O_{13}$, F. 143,5—144,5°; orangegelbes Produkt. — *Isomaltol* (II), $C_6H_6O_3$, F. 100—101°, a) durch Wasserdampf-Dest. von I in 2m H_3PO_4 u. Extraktion mit Chlf.; 41%; b) durch Dest. von I unter Zers. bei 240° in CO_2-Atmosphäre; 68%. *Methyläther*, $C_7H_8O_3$, F. 101,5—103°, durch Methylieren mit Diazomethan; aus Ae. oder W. Prismen; 68%. *Methyläther-p-nitrophenylhydrazon*, $C_{13}H_{13}N_3O_4$, F. 176—177,5°, tiefrote Nadeln. *Benzoyl-Deriv.*, $C_{13}H_{10}O_4$, F. 100—101° (Bzl./Toluol). *Cu-Salz*, $C_{12}H_{10}\cdot CuO_6$, F. 200°. *p-Nitrophenylhydrazon*, $C_{12}H_{11}N_3O_4$, F. 187—188°; aus Nitrobenzol rote Kristalle. *2.4-Dinitrophenylhydrazon*, $C_{12}H_{10}N_4O_6$, F. 216° (Zers.); aus A./Äthylacetat tiefrote Kristalle; 86%. — *α-D-Galaktose*, F. 165—167°, a) durch 8std. Kochen von I mit 20%ig. HCl; $[\alpha]_D^{25}$ +150° → +78,7° (c = 3; W.); 51%; b) durch 1tägiges Stehen von I mit Emulsin in W. bei 25°; 79%. — *β-D-Methylgalaktopyranosid*, $C_7H_{14}O_6$, F. 177 bis 177,5° (Methanol), durch 5tägiges Stehen von I mit 1,1%ig. methanol. HCl; 74%. — *Verb.* $C_{10}H_8O_4$, F. 124°, durch Stehen von II mit konz. HCl oder H_3PO_4 in der Kälte; orangefarbenes Produkt. — *1-Desoxy-1-piperidinomaltulose*, $C_{17}H_{31}NO_{10}$, F. 174° (Zers.), aus Maltosehydrat nach **A**; $[\alpha]_D^{25}$ +48° (c = 0,5; pH 10; W.); 66%.

W. Hampel. 3400□

Überführung von D-Glucosamin in ein Oxazolinderivat des D-Allosamins. Wolfgang Meyer zu Reckendorf und William A. Bonner. (Chem. Ber. **95**, 1917—20, 17/8. 1962; Stanford, Calif., Stanford Univ., Dep. of Chem.; dt.) — Bei der Umsetzung von Methyl-3-O-mesyl-4.6-O-benzal-N-benzoyl-β-D-glucosaminid (I) mit Alkali erfolgt Ringschluß zu *1'-O-Methyl-4'.6'-O-benzal-2-phenyl-β-D-allopyrano-[2'.3':4.5]-Δ²-oxazolin* (II). Die Konstit. von II wird durch Öffnung des Oxazolinringes, die zu Derivv. von D-Allosamin führt, bewiesen. Die stereochem. Bedeutung des Ringschlusses wird diskutiert.

Versuche (FF. korr.): *1'-O-Methyl-4'.6'-O-benzal-2-phenyl-β-D-allopyrano-[2'3':4.5]-Δ²-oxazolin* (II), $C_{21}H_{21}NO_5$, F. 131—133°, durch ½std. Kochen von I in abs. A. mit 0,1n äthanol. Na-Äthylat; aus A. Nadeln; $[\alpha]_D^{23}$ +92,1° (c = 2,02; Chlf.); 52% (Ausbeute). *Hydrochlorid*, $C_{21}H_{21}NO_5\cdot HCl$, F. 186—187° (Zers.), aus II in Ae. mit äthanol. HCl; $[\alpha]_D^{23}$ +63,4° (c = 1,8; Dimethylsulfoxid); 100%. — *Methyl-3-O-benzoyl-4.6-O-benzal-β-D-allosaminidhydrochlorid* (III), durch 10 Min. langes Kochen des Hydrochlorids von II in A. u. Eindampfen im Vakuum; Identifizierung durch IR-Spektrum. — *Methyl-3-O-benzoyl-4.6-O-benzal-N-acetyl-β-D-allosaminid*, $C_{23}H_{25}NO_7$, F. 247—248° (A.), durch mehrstd. Stehen von III mit Acetanhydrid/Pyridin bei Raum-Temp.; $[\alpha]_D^{23}$ —96,6° (c = 1,16; Chlf.); 100%. — *Methyl-3-O-benzoyl-4.6-O-benzal-N-acetyl-β-D-glucosaminid*, $C_{23}H_{25}NO_7$, F. 288—289° (A.), durch 3std. Rk. von Methyl-4.6-O-benzal-N-acetyl-β-D-glucosaminid mit Benzoylchlorid in Pyridin bei Raum-Temp.; $[\alpha]_D^{23}$ —90,1° (c = 0,88; Chlf.); 91%. — *Methyl-4.6-O-benzal-N-benzoyl-β-D-allosaminid*, $C_{21}H_{23}NO_6$, F. 210—211° (A.), durch 1std. Stehen von III in mit NH_3 gesätt. Methanol bei Raum-Temp. u. Eindampfen im Vakuum; $[\alpha]_D^{23}$ —55,9° (c = 1,02; Dimethylsulfoxid); 49%. *3-O-Acetyl-Deriv.*, $C_{23}H_{25}NO_7$, F. 225—226° (Essigester/PAe.); $[\alpha]_D^{23}$ —73,6° (c = 0,37; Chlf.; 100%. — *Methyl-4.6-O-benzal-N-benzoyl-β-D-glucosaminid*, $C_{21}H_{23}NO_6$, F. 287—288° (A.), durch mehrstd. Rühren von Methyl-N-benzoyl-β-D-glucosaminid mit wasserfreiem ZnCl u. Benzaldehyd bei Raum-Temp.; $[\alpha]_D^{23}$ —40,8° (c = 2,06; Dimethylsulfoxid); 82%. *3-O-Acetyl-Deriv.*, $C_{23}H_{25}NO_7$, F. 324—325° (A.), mit Acetanhydrid/Pyridin; $[\alpha]_D^{23}$ —21,8° (c = 0,96; Dimethylsulfoxid). P. Golinske. 3400□

Potentielle Purinantagonisten: Synthese von N-Glykosiden des 1-Desazapurins. S. K. Chatterjee, M. M. Dhar, Nitya Anand und M. L. Dhar. (J. sci. ind. Res. [New Delhi], Sect. C **19**, 35—37, Febr. 1960; Lucknow, Central Drug Res. Inst.; engl.) — *1-Desazapurin* (*1 H-Imidazo-[b]-pyridin*) wird durch Cyclisierung von 2.3-Diaminopyridin mit HCOOH oder Orthoameisensäuretriäthylester synthetisiert. Durch Umsetzung von *7-Chlorquecksilber-1-desazapurin* (I) mit 1-Brom- bzw. 1-Chloracylzuckern werden *1-Desaza-7-glucopyranosyl-*, *-7-β-D-galaktopyranosyl-* u. *-7-β-D-xylopyranosylpurin* gebildet.

Versuche: *1-Desazapurin*, $C_6H_5N_3$, F. 152°, a) durch 20std. Kochen von 2,13 g 2.3-Diaminopyridin (F. 113—114°) mit HCOOH, Eindampfen, Aufnehmen in A., Eindampfen u. Versetzen mit kaltem Aceton; 1,3 g (Ausbeute); b) durch 2std. Kochen von 3,2 g 2.3-Diaminopyridin mit Orthoameisensäuretriäthylester; 2,5 g. *Pikrat*, F. 186°. — *7-Methyl-1-desazapurin*, $C_7H_7N_3$, F. 95—97° (Bzl.); durch 15std. Kochen von 0,54 g 2-Amino-3-methylaminopyridin (F. 125°) mit HCOOH u. Eindampfen; 0,26 g. — *7-Chlorquecksilber-1-desazapurin* (I), durch Lösen vorvorst. Verb. in wenig warmem W./NaOH, Versetzen mit $HgCl_2$ in heißem A., Filtrieren u. Trocknen durch azeotrope Dest. mit Xylol. — *1-Desaza-7-tetraacetyl-β-D-glucopyranosylpurin* (II), $C_{20}H_{23}N_3O_9$, F. 121—122°, durch 1 std. Kochen von 2,65 g **I** u. Acetobromglucose in abs. Xylol, Einengen, Versetzen mit PAe. (30—60°), Abdekantieren, Extrahieren des Rückstandes mit warmem Chlf., Waschen mit wss. KJ u. W., Reinigung an Al_2O_3 mit Chlf., Eindampfen u. Versetzen mit verd. CH_3COOH; 1,4 g. — *1-Desaza-7-β-D-glucopyranosylpurin*, $C_{12}H_{15}N_3O_5$, F. 224°; durch Desacetylierung von 1 g vorst. Verb. mit methanol. NH_4OH bei 0°; $[\alpha]_D^{30}$ +8° (Pyridin); 0,22 g. — *1-Desaza-7-β-D-ribofuranosylpurin*, $C_{11}H_{13}N_3O_4$, F. 222° (abs. A.), durch 3 std. Kochen von 2,27 g **I** mit Tribenzoyl-D-ribofuranosylchlorid (aus 2,02 1-Acetyl-2.3.5-tri-O-benzoyl-D-ribose) in Xylol, Filtrieren, Eindampfen, Aufnehmen in Chlf., Aufarbeiten analog **II** (*Tribenzoyl-Verb.*; 1,7 g), ½ std. Kochen mit n-$NaOCH_3$ in Methanol, Zugeben von weiterem n-$NaOCH_3$, 40 Min. langes Kochen, Eindampfen u. Versetzen mit W.; Nadeln; $[\alpha]_D^{30}$ —54° (Pyridin); 0,22 g. — *1-Desaza-7-β-D-galaktopyranosylpurin*, F. 178—180°, aus 2,65 g **I** u. 3,2 g Acetobromgalaktose (*Tetraacetyl-Verb.*; 3,72 g), Entacetylieren mit methanol. NH_4OH, Eindampfen, Aufnehmen in abs. A. u. Fällen mit Bzl.; $[\alpha]_D^{30}$ +20° (W.); 0,15 g. — *1-Desaza-7-β-D-xylopyranosylpurin*, F. 280° (abs. A./Ae.), aus 2,65 g **I** u. 2,55 g Acetobromxylose (*Triacetyl-Verb.*; 1,62 g) u. Deacetylierung mit methanol. NH_4OH; $[\alpha]_D^{30}$ —8° (W.); 0,269 g. E. Schraven. 3400□

Ein Kondensationsprodukt (Tetrasaccharid?) der Glucose. Burckhardt Helferich, Hans Günther Germscheid, Winfrid Piel und Walter Ost. (Chem. Ber. **95**, 1354—59, 15/6. 1962; Bonn, Univ., Chem. Inst.; dt.) — *1-[2.4.6-Trimethylbenzoyl]-β-D-glucose* bildet in Dioxan mit katalyt. Mengen Methansulfonsäure unter Abspaltung von Mesitylen-2-carbonsäure ein amorphes *Kondens.-Prod.* (**A**), das wahrscheinlich ein uneinheitliches Tetrasaccharid aus Glucosebausteinen darstellt. Die *Dodecaacetyl-* u. *Dodecamethyl-Verbb.* werden synthetisiert. Durch kräftige Hydrolyse entstehen aus der letzteren *2.3.4.6-Tetra-O-methyl-D-glucose* u. wahrscheinlich eine *Di-O-methylglucose* u. zwei *Tri-O-methylglucosen.*

Versuche: *Tetrasaccharid* $C_{24}H_{40}O_{20}$ (**A**), durch 4 Tage lange Rk. von 9,8 g 1-[2.4.6-Trimethylbenzoyl]-β-D-glucose in abs. Dioxan/Methansulfonsäure bei 50°; schwachgelbes Pulver; 4,27 g (Ausbeute). *Dodecaacetyl-Verb.*, $C_{24}H_{28}O_{20}(CH_3\cdot CO)_{12}$, durch 92 std. Rk. von 4 g **A** mit Acetanhydrid in Pyridin bei 25°; $[\alpha]_D^{25}$ +91,5° (c = 1,1; Chlf.); 5,75 g. *Dodecamethyl-Verb.* (**I**), $C_{24}H_{28}O_8(CH_3O)_{12}$, durch Zugeben von CH_3J zu 2,0 g **A** in Dimethylformamid, Einrühren von Ag_2O während 20 Min., 40 std. Schütteln bei Raum-Temp., Einrühren in W./KCN, Extraktion der wss. Phase mit Chlf. u. Eindampfen des Chlf.; $[\alpha]_D^{23}$ +102,4° (c = 1; Chlf.); 1,58 g. — *Hydrolyse-Prod. von* **I** $C_5H_8O_2(OCH_3)_3\cdot CHO$, durch 19 std. Kochen von 5,0 g **I** in 90%ig. HCOOH, Eindampfen, 15 std. Kochen des ameisensäurefreien Rückstandes in 1,3 n HCl, Klären mit Kohle Neutralisieren mit $BaCO_3$, Eindampfen, 42 std. Extraktion mit Chlf. u. Eindampfen; brauner Sirup, 3,8 g. Durch papierchromatograph. Auftrennung wurden verschiedene Methylglucosen gewonnen, deren Methoxy-Geh. zu 33,13% ($[\alpha]_D^{20}$ +71,5° [c = 0,6; W.]), 37,81% ($[\alpha]_D^{22}$ +94,5° [c = 2; W.]) u. 39,11% ($[\alpha]_D^{23}$ +73,8°). E. Schraven. 3400□

Über einige Glykoside des m-Äthylphenols. Burckhardt Helferich und Karl Heinz Rullmann. (J. prakt. Chem. [4] **11**, 233—38, 1960; Bonn, Univ., Chem. Inst.; dt.) — m-Hydroxyacetophenon (**I**) wird über das Hydrazon durch KOH-Schmelze in *m-Äthylphenol* (**II**) übergeführt, aus dem durch Umsetzung mit Acetohalogenosen in Ggw. von Ag_2O u. Entacetylierung **II**-β-D-Glucosid bzw. **II**-β-D-Galaktosid entstehen, die nach Acetylierung an $C_{(1)}$ der Seitenkette bromiert wurden. Die Br-Derivv. konnten einerseits zu den entsprechenden Alkoholen hydrolysiert u. andererseits in die Methoxy-Derivv. übergeführt werden. Abspaltung von HBr zu Styrol-Derivv. gelang nicht. *m-Hydroxybenzaldehyd-β-D-glucosid* wurde dargestellt.

Versuche: *m-Hydroxyacetophenonhydrazon*, $C_8H_{10}N_2O$, F. 131° (A.), durch 1 std. Kochen von **I** mit 80%ig. Hydrazinhydrat; 97% (Ausbeute). — *m-Äthylphenol* (**II**), $Kp._{14}$ 96—99°, aus vorst. Verb. durch Schmelzen mit KOH, Aufnehmen in W., Ansäuern mit HCl, Wasserdampf-Dest. u. Ausschütteln mit Ae.; 80%. — *Tetraacetyl-m-äthylphenol-β-D-glucosid* (**IV**), $C_{22}H_{28}O_{10}$, F. 120—121° (A.), durch Rühren von **II**, Acetobromglucose (**VI**) u. Ag_2O in Chinolin, 30 Min. langes Stehen, Aufnehmen in Eisessig (**VII**), Absaugen u. Eingießen des Filtrats in W.; $[\alpha]_D^{26}$ —19,2° (Chlf.); 80%. — *Tetraacetyl-m-äthylphenol-β-D-galaktosid* (**V**), $C_{22}H_{28}O_{10}$, F. 111—112° (A.), analog **IV** aus **II**; $[\alpha]_D^{26}$ —11,6° (Chlf.); 90%. — *m-Äthylphenol-β-D-glucosid*, $C_{14}H_{20}O_6$, F. 156—157° (Isopropanol), durch 3 std. Stehen von **IV** u. 1 n $NaOCH_3$-Lsg. in abs. CH_3OH bei Raum-Temp. u. Eindampfen; Nadeln, $[\alpha]_D^{29}$ —58,8° (A.); 90%. — *Tetraacetyl-m-[1-bromäthyl]-phenol-β-D-glucosid* (**IX**), $C_{22}H_{27}BrO_{10}$, F. 118—120° (CCl_4), durch 7—8 std. Kochen von **IV**, N-Bromsuccinimid u. Benzoylperoxid in abs. CCl_4, Absaugen, Kohlebehandlung u. Eindampfen; Nadeln, $[\alpha]_D^{28}$ —17,7° (c = 1; W.); 94%. — *Tetraacetyl-m-[1-bromäthyl]-phenol-β-D-galaktosid*, $C_{22}H_{27}BrO_{10}$, F. 122—123° (CCl_4), aus **V** analog **IX**; $[\alpha]_D^{26}$ —6,1°

(Chlf.); 96%. — *Tetraacetyl-[m-hydroxyacetophenon]-β-D-glucosid* (**VIII**), $C_{22}H_{26}O_{11}$, F. 123—124° (A.), durch Rühren von **I** mit **VI** u. Ag_2O unter Kühlen, 30 Min. Stehen bei Raum-Temp., Zugabe von **VII**, Absaugen u. Eingießen in W.; $[\alpha]_D^{25}$ —33,1° (c = 0,8; Chlf.); 80%. — *Tetraacetyl-[m-hydroxyacetophenon]-β-D-galaktosid* (**III**), $C_{22}H_{26}O_{11}$, F. 121 bis 123° (A.), analog **VIII** aus Acetobromgalaktose; $[\alpha]_D^{25}$ —16,7° (Chlf.); 78%. — *Tetraacetyl-m-[1-hydroxyäthyl]-phenol-β-D-glucosid* (**X**), $C_{22}H_{28}O_{11}$, F. 95—97° (A.), aus **VIII** durch Raney-Ni-Hydrierung; $[\alpha]_D^{25}$ —11,6° (c = 0,7; Chlf.); 100%. — *Tetraacetyl-m-[1-hydroxyäthyl]-phenol-β-D-galaktosid*, $C_{22}H_{28}O_{11}$, F. 127—129° (A.-W.), wie **X** aus **III**; $[\alpha]_D^{26}$ —8,4° (Chlf.); 90%. — *Tetraacetyl-m-[1-acetoxyäthyl]-phenol-β-D-glucosid*, $C_{24}H_{30}O_{12}$, F. 112—114° (CH_3OH), aus **X** u. Acetanhydrid in Ggw. von Pyridin; $[\alpha]_D^{25}$ +13,6° (c = 0,7; Chlf.). — *Tetraacetyl-m-[1-methoxyäthyl]-phenol-β-D-glucosid*, $C_{23}H_{30}\cdot O_{11}$, F. 103—105° (CH_3OH-W.), durch Zugabe von $AgNO_3$ zu **IX** in CH_3OH, Erhitzen zum Sieden, Kohlebehandlung u. Abkühlen; $[\alpha]_D^{26}$ —21,2° (c = 0,6; Chlf.); 62%. — *Tetraacetyl-m-hydroxybenzaldehyd-β-D-glucosid*, $C_{21}H_{24}O_{11}$, F. 109—111°, analog **VIII** aus m-Hydroxybenzaldehyd u. **VI**; $[\alpha]_D^{24}$ —39,5° (Chlf.); 57%. — *Tetraacetyl-m-hydroxymethylphenol-β-D-glucosid*, $C_{21}H_{26}O_{11}$, F. 84—86°, analog **X** aus vorst. Verb.; $[\alpha]_D^{28}$ —22,1° (Chlf.) G. Rücker. 3450□

Die chemische Konstitution des Zuckeranteils im Asiaticosid. Judith Polonsky, Edgar Sach und Edgar Lederer. (Bull. Soc. chim. France **1959,** 880—87, Juni; Paris, Inst. Biol. Physico-Chim.; franz.) — Durch Säurehydrolyse wird das Asiaticosid [As, $C_{48}H_{78}O_{19}$, F. 235—238° (Methanol)] in *Asiatsäure* (**I**) u. in ein *Trisaccharid* (Ts) gespalten, das auf Grund colorimetr. Unterss. aus 1 Mol *Rhamnose* (**II**) u. 2 Moll. *Glucose* (**III**) besteht. Die Säurespaltung des Permethyl- oder Dodekamethylasiaticosids (**IV**) in die *Tri-O-methylasiatsäure* liefert den Nachw., daß die Hydroxylgruppe von **I** frei liegen u. die Carboxygruppe mit dem Ts verestert ist. Umsetzung von As mit $NaBH_4$ u. Säurehydrolyse liefert *Sorbit*, dessen Ggw. beweist, daß das 1. mit **I** verknüpfte Zucker-Mol. (**II**) ist. Die Chromatographie der methylierten Zucker liefert *2.3.4-Tri-O-methylrhamnose* (**V**) u. damit die Bestätigung dafür, daß das letzte Mol. in der Zuckerreihe **II** ist; außerdem zeigt die Ggw. von *2.3.4-Tri-O-methylglucose* u. *2.3.6-Tri-O-methylglucose* (**VI**), daß 1 Mol. **I** an $C_{(4)}$, das andere an $C_{(6)}$ gebunden ist. Bei der Red. von **IV** mit $LiAlH_4$, saurer Hydrolyse u. anschließender chromatograph. Unters. stellte sich heraus, daß 1. **III**-Mol. am $C_{(6)}$ mit dem 2. **III**-Mol. verbunden ist. Immunolog. Teste u. die Auswertung der Molekularrotation des Ts ergaben, daß es sich bei **II** um eine α- u. bei **III** um eine β-glucosid. Bindung handelt. As ist also ein Ester von **I** mit *α-L-Rhamnopyranosyl-⟨1 → 4⟩-β-D-glucopyranosyl-⟨1 → 6⟩-β-D-glucopyranose.*

Versuche: *Asiatsäure* (**I**), $C_{30}H_{48}O_5$, F. 205—220° (roh), aus As in 30%ig. A. u. wenig konz. H_2SO_4 durch 6std. kochen; 48,03% (Ausbeute). *Reduziertes Trisaccharid*, F. 130—140°, durch 2maliges ³/₄std. Kochen von As in A. mit wss. $NaBH_4$, Neutralisieren mit n-H_2SO_4, Eindampfen im Vakuum u. Entfernen der Ionen an Amberlite MB_3 neben **I**; amorphe, hygroskop. Substanz, $[\alpha]_J$ —36,1° (c = 1,385; W.); R_f 0,34 (Butanol/Isopropanol/W. 1:7:4); liefert nach mehrstd. Kochen mit verd. H_2SO_4 *Glucose* (**III**), *Rhamnose* (**II**) u. *Sorbit*. — *Dodekamethylasiaticosid* (**IV**), $C_{60}H_{102}O_{19}$, F. 197—198°; aus As in Dimethylformamid durch Zugeben von Methyljodid u. frisch bereitetem Ag_2O; aus Methanol feine Nadeln; gibt nach 18std. Kochen mit $LiAlH_4$ in abs. Ae. *Tri-O-methylasiatalkohol* ($C_{33}H_{56}O_4$, F. 198—200°; aus PAe. kurze, gleichmäßige Prismen) u. ein Prod., das nach mehrstd. Kochen mit verd. H_2SO_4 u. Chromatographieren an Cellulosepulver **V**, **VI** u. *2.3.4-Tri-O-methylsorbit* ($C_9H_{20}O_6$, Kp.$_{0,01}$ ca. 160° (Bad-Temp.); n_D^{20} 0,469; R_G 0,72] liefert. — *Tri-O-methylasiatsäure*, $C_{33}H_{54}O_5$, F. 265—270°, aus **IV** in Methanol u. wenig konz. H_2SO_4 durch 10std. Kochen aus Methanol lange Prismen; daneben nach 5std. Kochen u. Trennen an Cellulosepulver mit einem wassergesätt. Gemisch aus n-Butanol/Shellbenzin E (3:7) sowie anschließender Papierchromatographie mit n-Butanol/A./W./Ammoniak *2.3.4-Tri-O-methyl-L-rhamnose* [**V**; $C_9H_{18}O_5$, Kp.$_{<0,05}$ 80—130° (Bad-Temp.), R_G 1,00. *Anilid*, F. 123—125°; IR-Spektrum s. Original], *2.3.4-Tri-O-methyl-D-glucose* [$C_9H_{18}O_6$, Kp.$_{<0,05}$ 125—160° (Bad-Temp.); R_G 0,87. *Anilid*, F. 114—146°; aus PAe./Ae. lange, feine Nadeln; IR-Spektrum s. Original u. *2.3.6-Tri-O-methyl-D-glucose* (**VI**; $C_9H_{18}O_6$, F. 119—121°; aus Ae. lange, feine Nadeln; IR-Spektrum s. Original. *1.4-Bis-[p-phenylazobenzoat]*, F. 163—166°; aus PAe./Chlf. orangefarbene Nadeln).
L. Johannsen. 3450□

Das Pelletierin von Tanret. Robert E. Gilman und Léo Marion. (Bull. Soc. chim. France **1961,** 1993—95, Okt.; Ottawa, Nat. Res. Council, Div. de Chim. Pure; franz.) — Authent. Pelletierin (**I**) von Tanret [1880] besitzt nicht die ihm von Hess u. Eichel [1917] zugeschriebene Konstit. des 3-[Piperidyl-(2)]-propanals, sondern ist als (—)-[*Piperidyl-(2)*]-*propanon-(2)* zu formulieren, wie sich aus den IR- u. NMR-Spektren sowie aus chem. Befunden ergibt. Dementsprechend müßte Isopelletierin in (±)-*Pelletierin*, Methylisopelletierin (Isomethylpelletierin) in (±)-*N-Methylpelletierin* umbenannt werden. In dem Methylpelletierin von Tanret lag möglicherweise (+)-*N-Methylpelletierin* vor.

Versuche: (—)-*Pelletierinsulfat* (**I**-*Sulfat*; Präp. von Tanret), F. 135—138° (Zers.); $[\alpha]_D^{25}$ —29,5° (c = 1,05; W.). *Pelletierin* (**I**), durch Zerlegung des *Sulfats* mit wss. KOH u. $CHCl_3$. *Pikrat*, $C_8H_{15}NO \cdot C_6H_3N_3O_3$, F. 127—129° ($CHCl_3$/Ae.), aus **I** u. äther. Pikrinsäure; $[\alpha]_D^{25}$ —11,8° (c = 0,85; A.). *N-Acetyl-Deriv.* (*N-Acetyl*-**I**), aus **I** durch 2tägige Einw. von Acetanhydrid u. Pyridin bei Raum-Temp.; gelbliches Öl. — (—)-*1-Cyan-2-acetonylpiperidin*, $C_9H_{14}N_2O$, Kp.$_{0,02}$ 70—75°, aus **I** u. Bromcyan in Ae.; $[\alpha]_D^{25}$ —15° (c = 0,26; $CHCl_3$). — (±)-*1-Cyan-2-acetonylpiperidin*, $C_9H_{14}N_2O$, Kp.$_{0,02}$ 70—75°, analog vorst. Verb. aus (±)-N-Methylisopelletierin (vgl. Marion u. Chaput, Canad. J. Res., Sect. B **27**, [1949], 215). Für alle synthetisierten Verbb. sind die IR-Banden angegeben.
H. Gleinig. 3500□

4.5-Dimethoxycanthinon-(6) und 2.6-Dimethoxy-p-benzochinon aus Picrasma ailanthoides Planchon. Naoki Inamoto, Shozo Masuda, Osamu Simamura und Takahiko Tsuyuki. (Bull. chem. Soc. Japan **34**, 888—89, Juni 1961; Tokyo, Univ., Fac. of Sci., Dep. of Chem.; engl.) — Die methanol. Extrakte von Holz von *Picrasma ailanthoides Planchon* (**P**) werden mit W. verd. u. mit Bzl. extrahiert. Der Extraktrückstand wird an Al_2O_3 chromatographiert u. ergibt *4.5-Dimethoxycanthinon-(6)* [(**I**); $C_{16}H_{12} \cdot N_2O_3$, F. 147,3—147,5°; aus Methanol hellgelbe Nadeln]. Die Oxydation von **I** mit $KMnO_4$ in Aceton bei 20° liefert *β-Carbolin-1-carbonsäuremethylester* ($C_{13}H_{10}N_2O_2$, F. 164—165°). Durch Extraktion von **P** mit heißem W., Versetzen mit Pb-Acetat u. Kohle, Extraktion der Kohle mit Chlf. u. Eindampfen ergibt *2.6-Dimethoxy-p-benzochinon* in 0,005% ig. Ausbeute. Die Maxima der UV-Spektren werden angegeben. W. Hampel. 3500□

Synthese von Digitolutein. K. Chandrasenan, S. Neelakantan und T. R. Seshadri. (J. sci. ind. Res. [New Delhi], Sect. B **19**, 28, Jan. 1960; Delhi, Univ. of Delhi, Dep. of Chem.; engl.) — *Digitolutein* (*1-Methoxy-2-hydroxy-3-methylanthrachinon, 3-Methylalizarin-α-methyläther*) wird durch Kondens. von Phthalsäureanhydrid mit 2-Hydroxy-3-methoxytoluol (durch Clemmensen-Red. aus o-Vanillin), Tosylierung u. K_2CO_3 in Aceton, Methylierung mit $(CH_3)_2SO_4$ u. K_2CO_3 u. Abspaltung des Tosylrestes mit methanol. Alkali synthetisiert. Durch Entmethylierung während der Kondens. entsteht *Nordigitolutein* als Nebenprodukt. E. Schraven. 3550□

Die Chemie der Pilze. 38. Mitt. **Ein weiterer Beweis für die Struktur von Rubropunctatin.** E. J. Haws und J. S. E. Holker. (J. chem. Soc. [London] **1961**, 3820—22, Sept.; Liverpool, Univ.; engl.) — 37. vgl. C. **1961**, 9421. — Die Oxydation von O-Methylaporubropunctataminolmethojodid wie die von O-Methylhexahydroaporubropunctatin (**II**) mit alkal. $KMnO_4$-Lsg. ergibt *Anisol-2.3.5.6-tetracarbonsäure*. Die Quaternierung von O-Methylaporubropunctatamin (**I**) bewirkt eine starke bathochrome UV-Verschiebung, die nur mit einer Dehydrierung zu **III** erklärbar erscheint; die $KMnO_4$-Oxydation von **IV** liefert nur *Oxalsäure*. Damit wird die Struktur von Rubropunctatamin als *3-[Propen-(1)-yl]-6-[2-oxo-1-carboxyheptyliden]-7-hydroxy-7-methyl-8-oxo-2.6.7.8-tetrahydroisochinolinlacton* bestätigt.

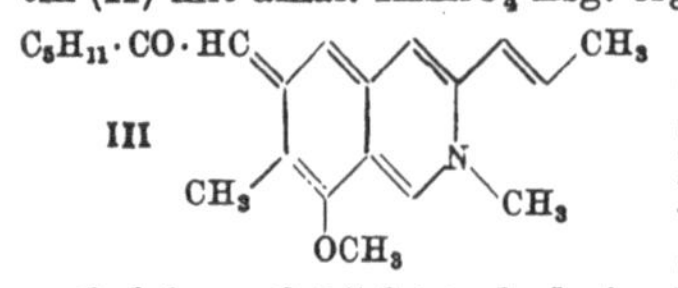
III

Versuche: *O-Methylaporubropunctataminmethojodid* (**IV**), $C_{22}H_{30}JNO_2$, F. 163 bis 165° (Zers.), durch 24std. Stehen von 250 mg **I** in Methyljodid; gelbe Prismen; 310 mg (Ausbeute). Oxydation von 1 g **IV** mit $KMnO_4$ in alkal. Lsg. bei 90° u. Aufarbeiten → 50 mg *Oxalsäure* [F. 189° (Zers.), aus Essigsäure–Bzl. Nadeln]. — *O-Methylaporubropunctataminolmethojodidhydrat*, $C_{22}H_{32}JNO_2 \cdot H_2O$, F. 118—120° (Zers.), analog **IV** aus 200 mg O-Methylaporubropunctataminol; gelbe Nadeln; 220 mg. — *Anisol-2.3.5.6-tetracarbonsäuretetramethylester*, $C_{15}H_{16}O_9$, F. 106°, a) durch Oxydation von 380 mg vorst. Verb. mit $KMnO_4$ in alkal. Lsg. bei 20—90°, Absaugen, Ansäuern mit HCl, Zugabe von $KMnO_4$, Einleiten von SO_2, Ausäthern u. Rk. mit Diazomethan; aus Ae./PAe. Stäbchen; 43 mg; b) durch Oxydation von 500 mg **II** analog a); 115 mg. W. Hampel. 3550□

Reaktion von Nitrosylchlorid mit Norbornen und Norbornadien. J. B. Miller. (J. org. Chemistry **26**, 4905—07, Dez. 1961; Wilmington, Del., E. I. du Pont de Nemours & Co., Explosives Dep., Exper. Station Labor.; engl.) — NOCl wird an Norbornen (**I**) u. an Norbornadien (**II**) ohne Umlagerung addiert, wie aus der Umwandlung des *Adduktes* (vgl. Youngblood u. Mitarbeiter, C. **1959**, 4133) in Norcampher (**III**) folgt.

Versuche: *Dimeres-5-Chlor-6-nitrosonorbornen-(2)*, F. 161,5° (Zers.; Chlf./CH_3OH oder Äthylenchlorid), aus **II** u. NOCl in A. bei —20° [81% (Ausbeute) roh] oder aus **II**, Isoamylnitrit u. konz. HCl in A. bei — 10° (69% roh). — *Dimeres-2-Chlor-3-nitrosonorbornan*,

F. 155,8—157° (Äthylenchlorid), aus vorst. Verb. u. H_2/4%ig. Pd-Kohle in Dioxan bei 40,5 lbs./sq.in. Anfangsdruck oder aus **I** u. NOCl in fl. SO_2 bei —60° (62%) oder in Chlf., A. oder CH_3COOH. — *3-Chlornorcampheroxim*, $C_7H_{10}ClNO$, F. 58—78,5° (wahrscheinlich Gemisch aus syn- u. anti-Form), sublimiert bei 50°/0,3 mm, durch 3std. Kochen vorst. Verb. mit Harnstoff in Isopropanol; 100%. *Benzoat*, $C_{14}H_{14}ClNO_2$, F. 110,0 bis 111,3° (A.); 33%. — *3-Chlornorcampher*, C_7H_9ClO, Kp.$_1$ 100,5°, a) aus vorst. Oxim u. überschüssiger Lävulinsäure in Ggw. von 1n HCl (3 Std. bei 100°, dann 14 std. Stehen; 61%); b) aus **III** u. Cl_2 in CH_3COOH bei Raum-Temp. (45%); D. 1,220, n_D^{25} 1,4961. — Behandeln von 5,24 g vorst. Verb. mit Na in Isopropanol (20 Min., dann insgesamt 5std. Kochen) gab 1,40 g eines Gemisches von *exo-* u. *endo-Norborneol*, aus dem mit $K_2Cr_2O_7$ in verd. H_2SO_4 (3std. Rühren) *Norcampher* (**III**; F. 92—95,3°, sublimiert bei 60° im Ölpumpenvakuum) erhalten wurde. — Kernresonanzspektren sind angegeben u. werden diskutiert. J. Rothe. 3600□

Untersuchung über ein rechtsdrehendes cis-Diol und zwei rechtsdrehende trans-Diole, die sich vom Carvomenthen ableiten. Poksoon Ham, Georges Dupont, Joseph Wiemann und Raymond Dulou. (C. R. hebd. Séances Acad. Sci. **249**, 700—02, 3/8. 1959; Paris, École Norm. Supér., Labor. de Chim. organ. structurale; franz.) — Vff. synthetisieren aus Carvomenthen (**I**), das selbst aus Limonen gewonnen wird, durch Hydroxylierung mit verd. alkal. $KMnO_4$-Lsg. unterhalb von 0° (+)-*cis-1-Hydroxyneoisocarvomenthol* [**II**; $C_{10}H_{20}O_2$, F. 77° (Nadeln), $[\alpha]_D^{18}$ +14° (c = 5; Aceton); *Mono-p-nitrobenzoat*, $C_{17}H_{23}NO_5$, F. 111°]. Mit Perameisensäure entstehen aus **I** (+)-*trans-1-Hydroxyisocarvomenthol* (**III**; $C_{10}H_{20}O_2$, F. 55°, $[\alpha]_D^{18}$ +30°; *Mono-p-nitrobenzoat*, $C_{17}H_{23}NO_5$, F. 83°) u. (+)-*trans-1-Hydroxyneocarvomenthol* (**IV**; $C_{10}H_{20}O_2$, F. 90°, $[\alpha]_D^{18}$ +46° (c = 5; Aceton); *Mono-p-nitrobenzoat*, $C_{17}H_{23}NO_5$, F. 64°). Für **II**, **III** u. **IV** sind die IR-Absorptionsbanden angegeben. H.-J. Kötzsch. 3600□

Die Struktur von Cedrelon. I. G. Grant, J. A. Hamilton, T. A. Hamor, G. Hodges, S. G. McGeachin, R. A. Raphael, J. Monteath Robertson und R. A. Sim. (Proc. chem. Soc. [London] **1961**, 444—45, Dez.; Glasgow, Univ., Chem. Dep.; engl.) — Vgl. nachst. Referat. — Die Konstit. von *Cedrelon* (**I**; $C_{26}H_{30}O_5$) wurde auf

I 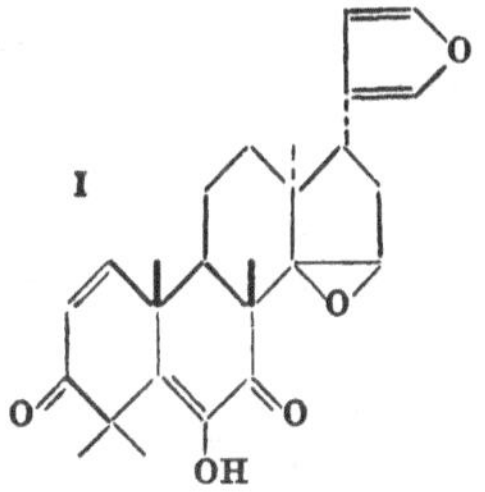 II 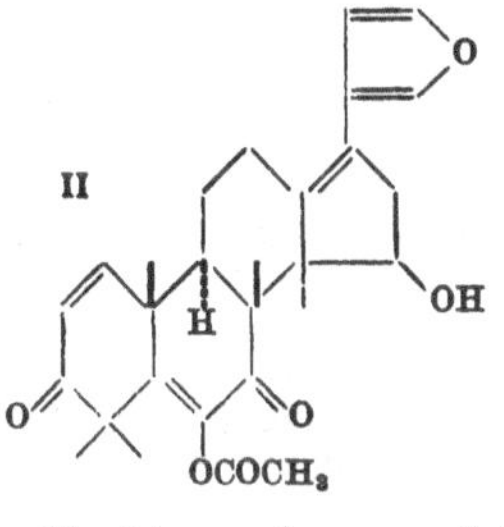 III 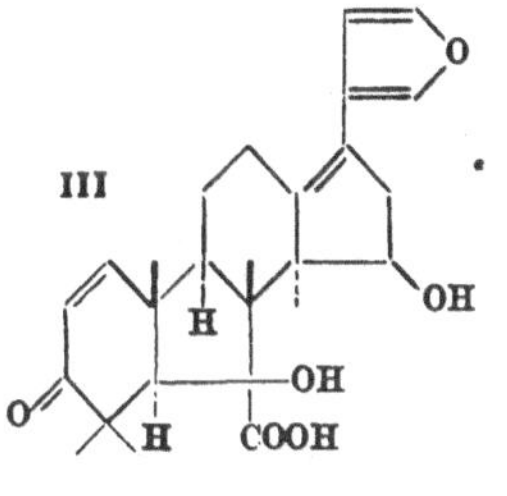

chem. Wege u. durch Röntgen-Strukturanalyse von **I**-*Jodacetat* (orthorhomb.; Zellendimensionen: a = 6,97; b = 27,44; c = 13,74 Å, Raumgruppe P $2_12_12_1$) ermittelt. — **I**-*Acetat* u. **I**-*Epoxid* ($C_{26}H_{30}O_6$) wurden auf üblichem Wege erhalten. **I**-Acetat wurde mit BF_3-Ätherat glatt in das isomere *Isocedrelonacetat* (**II**) umgelagert. Längeres Behandeln von **I** oder **II** mit heißer wss.-methanol. KOH gab eine *Carbonsäure* $C_{26}H_{32}O_6$ der vermutlichen Konstit. **III**, die glatt einen *Monomethylester* lieferte. Die für die Konstit.-Ermittlung wesentlichen UV- u. IR-Spektren sind angegeben. J. Rothe. 3600□

Die Struktur von Cedrelon. K. W. Gopinath, T. R. Govindachari, P. C. Parthasarathy, N. Viswanathan, D. Arigoni und W. C. Wildman. (Proc. chem. Soc. [London] **1961**, 446—47, Dez.; Madras, Presidency Coll., Dep. of Chem.; Zürich, ETH, Organ.-chem. Labor.; engl.) — Vff. bestimmten auf chem. u. spektroskop. Wege die Konstit. von *Cedrelon* (**I**), wobei sie zu gleichen Ergebnissen

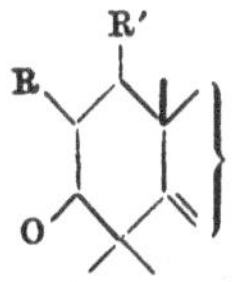

IIa R = R' = H
b R = H, R' = OCH_3
c R + R' = O

III 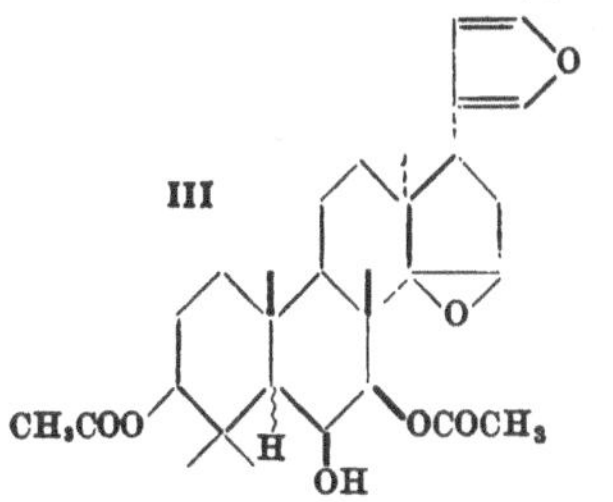 IV 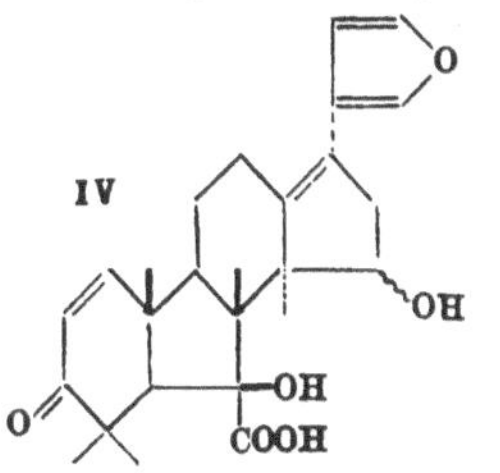

gelangten wie Grant u. Mitarbeiter (l. c.). — I gab ein *Monoacetat* u. einen *Monomethyläther*, durch Hydrierung unter milden Bedingungen oder durch Behandeln mit $NaBH_4$ bei Raum-Temp. ein *1.2-Dihydro-Deriv.* (**IIa**), durch basenkatalysierte Addition von CH_3OH ein *1-Methoxy-1.2-dihydro-Deriv.* (**IIb**) u. durch Oxydation mit alkal. H_2O_2 ein *1.2-Epoxid* (**IIc**).

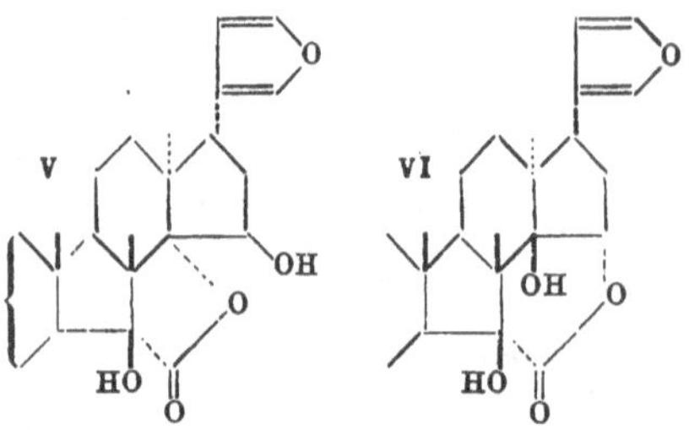

Hydrierung von **I** oder **IIa** mit einem aktiveren Pd-Kohle-Katalysator lieferte *Hexahydrocedrelon* (mit hydriertem Furanring), das ein *Monoacetat* gab. — Drast. Red. von **I** mit $NaBH_4$ gab ein *Triol*, das zum *Diacetat* **III** acetyliert wurde. — Behandeln von **I** mit sd. 10%ig. methanol. KOH gab die *Carbonsäure* $C_{26}H_{32}O_6$ (**IV**; R. c.), die als *Methylester* charakterisiert wurde. **IIa** u. **IIc** werden unter den gleichen Bedingungen unverändert zurückerhalten. Vff. vermuten, daß **IV** aus **I** über eines der Lactone **V** oder **VI** durch intramol. Angriff des Carboxylations auf den Epoxidring entsteht u. bevorzugen daher die angegebene Stereochemie von **IV**. J. Rothe. 3600□

Eine neue carbocyclische Steroidstruktur: 12.18-Cyclosteroide. V. Georgian, J. F. Kerwin, M. E. Wolff und F. F. Owings. (J. Amer. chem. Soc. **84**, 3594—95, 20/9. 1962; Philadelphia, Pa., Smith, Kline & French Labors.; Franklin Park, Ill., Julian Labors., Inc.; engl.) — 18-Chlor-20-methylamino-11-ketopregnan-Derivv. können unter milden alkal. Bedingungen in *Conanine*, nach Acylierung der Aminogruppen dagegen in die entsprechenden *12.18-Cyclo-11-keto-20-methylaminopregnane* übergeführt werden, die als neutrale Amide isolierbar waren. In stärker alkal. Medium u. ohne Acylierung entstehen Gemische. — Beispiele: 18-Chlor-20-methylamino-5β-pregnan-3α-ol-11-on → *5β-Conanin-3α-ol-11-on* + *20-Methylamino-12.18-cyclo-5β-pregnan-3α-ol-11-on.* — 18-Chlor-20-methylamino-5α-pregnan-3β-ol-11-on → *5α-Conanin-3β-ol-11-on* (**II**) + *20-Methylamino-12.18-cyclo-5α-pregnan-3β-ol-11-on* (**III**). — 18-Chlor-20α-methylamino-Δ^4-pregnen-3.11-diontrifluoracetat (**I**) + alkohol. KOH → *20α-Methylamino-12.18-cyclo-Δ^4-pregnen-3.11-dion.* — **I** + K_2CO_3 → *Δ^4-Conanen-3.11-dion.* — Wolff-Kishner-Red. von **III** lieferte *20-Methylamino-12.18-cyclo-5α-pregnan-3β-ol.* — *12.18-Cyclo-5α-Δ^{20}-pregnen-3β-ol-11-on* wurde erhalten a) aus **II** durch Quaternisierung, Hofmann-Abbau zu *18-Dimethylamino-5α-Δ^{20}-pregnen-3β-ol-11-on*, Quaternisierung u. intramol. Alkylierung (CH_3ONa/Dimethylformamid) des *Trimethylammoniumsalzes*; b) aus **III** durch Hofmann-Abbau. J. Rothe. 3700□

Die Enolacetylierung des 3β-Acetoxycholestan-6-ons. M. P. Hartshorn und A. F. A. Wallis. (J. chem. Soc. [London] **1962**, 3839—41, Sept.; Christchurch, New Zealand, Univ. of Canterbury; engl.) — Enolacetylierung von 3β-Acetoxycholestan-6-on (**I**) gab mit Acetanhydrid (Ac_2O)/H_2SO_4 das *Δ^5-Enolacetat* (**II**), mit Isopropenylacetat/p-Toluolsulfonsäure (TsOH) ein Gemisch aus **II** u. dem *Δ^6-Enolacetat* (**III**) im Verhältnis 11:9, bestimmt aus der Rotationsdispersion der entsprechenden *Bromierungsprodukte.* Dehydrobromierungen der letzten sind beschrieben.

Versuche (FF. korr.; $[\alpha]_D$ in Chlf. bei Raum-Temp.): *3β.6-Diacetoxy-Δ^5-cholesten* (**II**), F. 108—109°, Nadeln (CH_3OH/Ae.) aus **I** u. a) Ac_2O/60%ig. wss. $HClO_4$ in CCl_4 [18 Std. bei 20°; 5 g **I** → 3,74 g (Ausbeute), daneben 750 mg **I** (F. 129°, $[\alpha]_D$ —24° [c = 0,93]) zurück]; b) Ac_2O/36n H_2SO_4 (1 Std. kochen; 451 mg **I** → 339 mg); $[\alpha]_D$ —49° (c = 0,98). — *1:1-Gemisch* von **II** u. *3β.6-Diacetoxy-Δ^6-cholesten* (**III**), $C_{31}H_{50}O_4$, F. 70 bis 71°, Nadeln (CH_3OH), durch fraktionierte Abdest. des Lsgm. aus einer Lsg. von 8,01 g **I** u. TsOH in Isopropenylacetat, 8 std. Stehen, Abdest. des restlichen Lsgm., Chromatographie der äther. Lsg. an Al_2O_3 u. Umkristallisation des Rohprod. **A** (Gemisch aus **II** u. **III** (11:9; 1,90 g) aus CH_3OH; $[\alpha]_D$ — 47° (c = 1,07); daneben 5,28 g **I** zurück. — *5α-Brom-3β-acetoxycholestan-6-on* (**IV**), F. 167—168°, Nadeln (Ae/PAe.), aus 500 mg **II** u. Br_2 in CH_3COOH in Ggw. von Pyridin bei 20°; $[\alpha]_D$ —131° (c = 0,96); 450 mg. — Bromierung von 502 mg **II** + **III** (1:1) in CCl_4 in Ggw. von Propylenoxid gab 440 mg eines Gemisches (1:1) von **IV** u. *7α-Brom-3β-acetoxycholestan-6-on* (**V**). — Bromierung von 500 mg **A** in CH_3COOH in Ggw. von Pyridin bei 20° gab 430 mg eines Gemisches (11:9) von **IV** u. **V**. — *3β-Acetoxy-Δ^7-cholesten-6-on* (**VI**), $C_{29}H_{46}O_3$, F. 152—153°, Nadeln (CH_3OH), aus 250 mg **V** u. Li_2CO_3 in sd. Dimethylformamid (3 Std. unter N_2); $[\alpha]_D$ +1° (c = 0,98); 136 mg. — *3β-Acetoxycholestan-6.7-dion*, F. 162—163°, Nadeln (CH_3OH), aus 719 mg **V** u. $AgNO_3$ in sd. Pyridin (5 Std.); $[\alpha]_D$ —115° (c = 1,01); 147 mg; daneben 75 mg **VI**. — *3β-Acetoxy-Δ^4-cholesten-6-on*, F. 111°, Nadeln (CH_3OH), aus 950 mg **IV** u. Li_2CO_3 in sd. Dimethylformamid (4 Std.); $[\alpha]_D$ —50° (c = 1,06); 552 mg. J. Rothe. 3700□

Isolierung von Δ^{22}-Dehydrocholesterin aus Hypnea japonica. Kyosuke Tsuda, Kiyoshi Sakai, Katsumi Tanabe und Yukichi Kishida. (Chem pharmac. Bull. [Tokyo] **7**, 747, Sept. 1959; Tokio, Univ., Inst. für angew. Mikrobiologie u. Sankyo Co., Takamine Res. Labor.; engl.) — *Δ^{22}-Dehydrocholesterin* (I) wurde als unverseifbarer Bestandteil aus der roten Seealge *Hypnea japonica* Tanaka durch Chromatographie des *p-Benzolazobenzoyl-Deriv.* an Kieselsäure/Celite isoliert.

Versuche: *Δ^{22}-Dehydrocholesterin* (I), $C_{27}H_{44}O$, F. 134,5—135,5°; $[\alpha]_D$ —56,9° (Chlf.). *Acetat* (II), $C_{29}H_{46}O_2$, F. 127—128°; $[\alpha]_D$ —61,1° (Chlf.); *Benzoat*, $C_{34}H_{48}O_2$, F. 145—146°, $[\alpha]_D$ —29,0° (Chlf.). *O-Acetyltetrabromid*, $C_{29}H_{46}Br_4O_2$, F. 186—187° (Zers.), durch Bromierung von II. — *Cholestanylacetat*, F. 109—110°, aus II mittels H_2/PtO_2 (Chlf.). — *Δ^{22}-Dehydrocholestenon* (III), $C_{27}H_{42}O$, F. 67—70°, aus I durch Oppenauer-Oxydation. *Isovaleraldehyd* durch Ozonisierung von III (*2.4-Dinitrophenylhydrazon*, F. 121—123°).
H. Niedrich. 3700□

Resibufogenin und Marinobufagin. W. E. Thiessen. (Chem. and Ind. **1958**, 440—41, 12/4; Cambridge, Mass., Mass. Inst. of Technol., Dep. of Chem.; engl.) — Durch folgende Rkk. wird bewiesen, daß *Resibufogenin* (I; 3-Hydroxy-17-[α-pyronyl-(5)]-14β.15β-oxidoandrostan) u. *Marinobufagin* (II; 3.5-Dihydroxy-17-[α-pyronyl-(5)]-14β.15β-oxidoandrostan) 14β.15β-Epoxide sind. I wird durch 2%ig. wss. HCl zu *Artebufogenin* (III) isomerisiert. — III gibt durch Acetylierung am $C_{(3)}$, Seitenkettenoxydation u. Veresterung *3-Acetoxy-15-oxoätiocholansäuremethylester. 3.14-Dihydroxy-15α-chlor-17-*[*α-pyronyl-*(*5*)]*-androstan* (IV) wird aus I durch Umlagerung mit trockenem HCl in Chlf. bei 20° erhalten u. gibt durch Chromatographie an Al_2O_3 wieder I. Durch Chromsäureoxydation von IV entsteht *3-Keto-14-hydroxy-15α-chlor-17-*[*α-pyronyl-*(*5*)]*-androstan. 3.5-Dihydroxy-15-oxoätiocholansäuremethylester* ($C_{21}H_{32}O_5$) entsteht durch $KMnO_4$-Oxydation von Marinobufagin-3-acetat, alkal. Hydrolyse u. Veresterung mit CH_2N_2 u. wird durch CrO_3 zu *5-Hydroxy-3.15-dioxoätiocholansäuremethylester* oxydiert. Die aus I oder II erhaltenen *3-Acetoxy-17-carbomethoxy-14.15-oxidoandrostan* bzw. *3-Acetoxy-5-hydroxy-17-carbomethoxy-14.15-oxidoandrostan* geben durch Behandeln mit methanol. KOH, Acetylierung u. Veresterung infolge Epimerisierung am $C_{(17)}$ einen isomeren Ester.
P. Becker. 3700

Synthese eines Nonadekapeptides mit hoher corticotroper Wirksamkeit. R. Schwyzer, W. Rittel, H. Kappeler und B. Iselin. (Angew. Chem. **72**, 915—17, 7/12. 1960; Basel, Ciba-AG, Forschungslabor., Pharmazeut. Abt.; dt.) — Vorl. Mitt. zu den C. **1961**, 16806, 16807; **1962**, 6786 referierten Arbeiten (vgl. auch C. **1962**, 863). — Das Dekapeptid tert.-Butyloxycarbonyl(Boc)-L-seryl-L-tyrosyl-L-seryl-L-methionyl-L-glutaminyl-L-histidyl-L-phenylalanyl-L-arginyl-L-tryptophylglycin wird nach der Carbodiimid-Meth. mit *Boc-L-lysyl-L-prolyl-L-valylglycyl-Boc-L-lysyl-Boc-L-lysyl-L-arginyl-L-arginyl-L-prolyl-tert.-butylester* (I) zum entsprechenden *geschützten Nonadekapeptid* gekuppelt, das mit Trifluoressigsäure von den tert.-Butylester- u. Boc-Schutzgruppen befreit wird. Das Nonadekapeptid *L-Seryl-L-tyrosyl-L-seryl-L-methionyl-L-glutaminyl-L-histidyl-L-phenylalanyl-L-arginyl-L-tryptophylglycyl-L-lysyl-L-prolyl-L-valylglycyl-L-lysyl-L-lysyl-L-arginyl-L-arginyl-L-prolin* wird durch Hochspannungselektrophorese u. Gegenstromverteilung in reiner Form erhalten. I wird nach der Meth. der gemischten Anhydride aus p-Phenylazobenzyloxycarbonyl(PZ)-Boc-L-lysyl-L-prolyl-L-valylglycin u. *Boc-L-lysyl-Boc-L-lysyl-L-nitroarginyl-L-nitroarginylprolin-tert.-butylester* (II) u. Abspaltung der PZ- u. Nitrogruppen hergestellt. II wird in 4 Stufen aus *Trityl-Boc-L-lysyl-Boc-L-lysinmethylester* [III; F. 134—137°, $[\alpha]_D$ +3,7° (CH_3OH)] u. *Trityl-L-nitroarginyl-L-nitroarginyl-L-prolin-tert.-butylester* [IV; $[\alpha]_D$ —32° (CH_3OH)] erhalten. III ist aus PZ-Boc-L-lysin u. *Boc-lysinmethylester* [*Hydrochlorid*, F. 158—159°] nach der Carbodiimid-Meth. über *PZ-Boc-lysyl-Boc-lysinmethylester* [F. 124—128°, $[\alpha]_D$ —2,0° (CH_3OH)] erhältlich. IV wird analog aus *Trityl-L-nitroarginin* (F. 149—155°) u. *Prolin-tert.-butylester* [*Hydrochlorid*, F. 108—110°, $[\alpha]_D$ —27° (CH_3OH)] über *Trityl-L-nitroarginylprolin-tert.-butylester* [F. 175—178°, $[\alpha]_D$ +37° (CH_3OH)] erhalten.
R. Sowada. 3750□

Synthese von Thyroxin und verwandten Verbindungen. 15. Mitt. Herstellung von Thyroninen aus Jodoniumsalzen und Derivaten von 3.5-disubstituierten Tyrosinen A. Dibbo, L. Stephenson, T. Walker und W. K. Warburton. (J. chem. Soc. [London] **1961**, 2645—51, Juli; Greenford, Middlesex, Glaxo Labor., Ltd.; engl.) — 14. vgl. C. **1961**, 496. — Vff. synthetisieren *3.5-disubstituierte Thyronine* (**A**) durch Umsetzung von 3.5-disubstituierten N-Acetyltyrosinäthylestern mit Bis-[p-methoxyphenyl]-jodoniumsalzen (**B**) in Ggw. von $NaOCH_3$ nach der Meth. von Hillmann (vgl. C. **1957**, 5573), wobei sie diese durch Verw. von alkohollösl. **B**, wie *Bis-*[*p-methoxyphenyl*]*-jodoniumchlorid* (I), *Bis-*[*p-methoxyphenyl*]*-jodoniumsulfat* (II) u. *Bis-*[*p-methoxyphenyl*]*-jodoniumtrifluoracetat* (IV) verbessern. *Bis-*[*p-methoxyphenyl*]*-jodoniumtrichloracetat* (III) eignet sich für die Rk. nicht. Es zersetzt sich in sd. Bzl. unter Bldg. von **I**. Die Rk. läßt sich auch zur Gewinnung solcher **A** anwenden, bei denen 2 verschiedene Halogenatome sich an dem die Seitenkette tragenden Benzolring befinden, von denen das eine F sein kann. So gewinnt man z. B. aus 3-Fluor-5-jod-DL-tyrosin *3-Fluor-5-jod-DL-thyronin* u. aus 3-Chlor-5-jod-D(L)-tyrosin *3-Chlor-5-jod-D(L)-thyronin*. Aus 3.5-Dichlor-4-hydroxyphenylessigsäureäthylester u. **II** wird mit ca. 23%ig. Ausbeute *3.5-Dichlor-4-[p-hydroxyphenyloxy]-phenylessigsäure* erhalten. Für **III** ist eine IR-Bande angegeben.

Versuche: Bis-[p-methoxyphenyl]-jodoniumsalze (**B**): *-sulfat* (**II**), $C_{28}H_{28}$·$J_2O_8S \cdot H_2O$, durch 1¼std. Schütteln von 2 Mol mit A. befeuchtetem, in W. suspendiertem Bis-[p-methoxyphenyl]-jodoniumbromid [**XIII**; vgl. A. P. 2 839 583 (C. **1959**, 13639)] mit 1 Mol Ag_2SO_4 u. Einengen der von AgBr abfiltrierten Lsg. im Vakuum; amorph; 92% (Ausbeute). *-trichloracetat* (**III**), F. 92—93°, durch Einrühren von HNO_3 (D. 1,5) in Acetanhydrid (**V**) bei —20°, Zugabe von Trichloressigsäure (**VI**) u. J_2 bei Raum-Temp., Eindampfen im Vakuum unterhalb von 50° nach 1std. Schütteln, Zugabe von **V** zum Rückstand bei Raum-Temp., Zugabe von Anisol, **V** u. **VI** bei —10°, 24std. Aufbewahren bei 0°, 2tägiges Aufbewahren bei Raum-Temp., Eindampfen im Vakuum, Verrühren des Rückstandes mit Ae. u. Absaugen; 58%. *-chlorid* (**I**), $C_{14}H_{14}$·$ClJO_2$, F. 198—199° (A.; Nadeln), a) aus **II** u. NaCl in W.; 79%; b) durch 5 Min. langes Kochen von **III** in Bzl.; 92%; liefert mit KJ das *Jodid*. — *3.5-Dichlor-L-thyronin* (**IX**), F. 247—248° (Zers.; Nadeln), a) durch 1¼std. Kochen von **VIII** mit **II** u. $NaOCH_3$ in CH_3OH, Entfernen von *p-Jodanisol* mit Wasserdampf, Extraktion des Rückstands mit warmem Bzl., Abdestillieren des Bzl., 2std. Kochen des aus *N-Acetyl-3.5-dichlor-4-[p-methoxyphenyloxy]-L-phenylalaninäthylester* (**VII**; 95%) bestehenden Rückstands mit HJ-Essigsäure u. rotem P, Eindampfen der filtrierten Lsg. im Vakuum, Aufnehmen des Rückstands in sd., mit wenig A. versetztem W., Zugabe von CH_3COONa- u. $NaHSO_3$-Lsg. in der Wärme bis zu pH 5 u. Abkühlen; 52%; b) analog a) mit **IV** über **VII** (80%); 45%; c) analog a) mit **I** über **VII** (85%); 41%. — *3.5-Dibrom-L-thyronin*, analog **IX** nach a) aus **X** über den *N-Acetyl-3.5-dibrom-4-[p-methoxyphenyloxy]-L-phenylalaninäthylester* (96,5%); 58,5%. — *3.5-Dijod-L-thyronin*, analog **IX** nach a) aus N-Acetyl-3.5-dijod-L-tyrosinäthylester über den *N-Acetyl-3.5-dijod-4-[p-methoxyphenyloxy]-L-phenylalaninäthylester* (95%); 47%. — *N-Acetyl-3.5-dichlor-L-tyrosin*, $C_{11}H_{11}Cl_2NO_4 \cdot 0{,}5\,H_2O$, F. 136—139° (W.; Nadeln), durch 1std. Rühren von 3.5-Dichlor-L-tyrosin mit **V** u. 2n NaOH bei 20°, ½std. Erhitzen auf 40°, Zusatz von 5n HCl bis zur kongosauren Rk. u. Absaugen; $[\alpha]_D^{20}$ +83,0° (c = 5,6; Dioxan); 55%. *Äthylester* (**VIII**), $C_{13}H_{15}Cl_2NO_4$, F. 140—141° (wss. A.), durch 17std. Kochen vorst. Verb. mit A., Chlf. u. p-Toluolsulfonsäure unter Abdestillieren des bei der Rk. entstehenden W., Extraktion mit 2n Na_2CO_3 u. Ansäuern der alkal. Lsg.; 74%. — *N-Acetyl-3.5-dibrom-L-tyrosinäthylester* (**X**), $C_{13}H_{15}$·Br_2NO_4, F. 141—143°, aus N-Acetyl-3.5-dibrom-L-tyrosin analog **VIII**; 65%. — *N-Acetyl-3-nitro-L-tyrosin*, $C_{11}H_{12}N_2O_6$, F. 189—192° (W.), durch Rk. von 3-Nitro-L-tyrosin mit **V** u. 2n NaOH. *Äthylester*, $C_{13}H_{16}N_2O_6$, F. 95—97° (A.), aus vorst. Verb. analog **VIII**. — *4-Chlormethyl-2.6-dimethylanisol*, Kp.₁ 83—85°, durch Sättigen der Lsg. von 40 g 2.6-Dimethylanisol (**XI**), 20 ml 38%ig. wss. Formaldehyd, 10 ml konz. HCl u. 6 g $ZnCl_2$ in 120 ml Ae. mit HCl-Gas bei 20—25°, 5tägiges Aufbewahren bei Raum-Temp., Gießen des Rk.-Gemisches in Ae. + Eis u. fraktionierte Dest. des Ae.-Rückstands im Vakuum; n_D^{20} 1,5375; 36,8 g; daneben werden 3,5 g **XI** ($Kp._1$ 40—80°; n_D^{20} 1,5190) zurückerhalten. — *Acetamido-[4-methoxy-3.5-dimethylbenzyl]-malonsäurediäthylester*, $C_{19}H_{27}NO_6$, F. 97 bis 99° (wss. CH_3OH; Platten), durch Zugabe von Acetamidomalonsäurediäthylester (**XX**) zu einer äthanol. $NaOC_2H_5$-Lsg. in der Kälte, Einrühren vorst. Verb., 6std. Kochen u. Rühren, Eindampfen der filtrierten Lsg. im Vakuum, Aufnehmen des Rückstands in Essigester u. Eindampfen; 79%. — *3.5-Dimethyl-DL-tyrosin*, F. 242—248° (Zers.), durch 7std. Kochen vorst. Verb. mit HJ-Essigsäure, Eindampfen im Vakuum, Aufnehmen in W., Einstellen der mit Ae. gewaschenen Lsg. mit NH_4OH auf pH 8, Waschen mit Essigester u. Einengen im Vakuum; 58%. *N-Acetyl-Deriv.* (**XII**), $C_{13}H_{17}NO_4$, F. 183 bis 185° (Acetonitril; Rosetten), durch 2std. Rühren in 2n NaOH mit **V** bei 16—20°, 24std. Aufbewahren, 45 Min. langes Erhitzen auf 40° u. Ansäuern mit 10n HCl unterhalb von 15°; 86%; *Äthylester*, $C_{15}H_{21}NO_4$, F. 101—102° (Essigester), aus **XII** analog **VIII**. — *3.5-Dimethyl-DL-thyronin*, $C_{17}H_{19}NO_4 \cdot H_2O$, F. 210—212° (Zers.), durch Lösen von **XII** in methanol. $NaOCH_3$, Abdestillieren von CH_3OH, Zugabe von Dimethylformamid u. **XIII** zu dem 3 Std. bei 40° getrocknetem Rückstand, 4std. Erhitzen auf dem Wasserbad, Eindampfen, Schütteln des Rückstands mit Essigester u. W., Waschen der Essigesterschicht mit 2n NaOH, Ansäuern der vereinigten wss. Lsgg., Extraktion mit Essigester, Eindampfen, 24std. Aufbewahren des mit wenig Essigester versetzten Rückstands bei 5°, Abfiltrieren von **XII** (24%), 2std. Kochen des Rückstands der Mutterlauge mit HJ-Essigsäure, Eindampfen, Aufnehmen in W.

u. Einengen der mit $NaHSO_3$ u. Ae. gewaschenen, mit NH_4OH neutralisierten Lsg.; 3,8%. — *3-Chlor-D-tyrosin* (**XIV**), $C_9H_{10}ClNO_3$, F. 255—256° (Zers.), durch Chlorierung von D-Tyrosin nach Zeynek [1925]; $[\alpha]_D^{20}$ +26,0° (c = 0,9; W.); 48%. — *3-Chlor-L-tyrosin* (**XV**), wie vorst. aus L-Tyrosin; $[\alpha]_D^{20}$ —26,2°. — *3-Chlor-5-jod-D-tyrosin* (**XVI**), $C_9H_9ClJNO_3 \cdot 1/2\ H_2O$, F. 201° (Zers.; W.), durch Einführen von auf 40° erwärmtes JCl in die auf 10° abgekühlte Lsg. von **XIV**-*Hydrochlorid* in W. mit einem Luftstrom, Zugabe von $NaHSO_3$ nach 3 Std., Zugabe von konz. HCl, Lösen des nach 24std. Stehen in der Kälte ausgeschiedenen Nd. in 2n NaOH u. Neutralisation mit 2n Essigsäure; $[\alpha]_D^{20}$ +10,7° (c = 0,5; W.); 84%. *N-Acetyl-Deriv.*, $C_{11}H_{11}ClJNO_4 \cdot 1/2\ H_2O$, F. 117—121°, durch Acetylierung von **XVI**; $[\alpha]_D^{20}$ —69° (c = 0,9; Dioxan; 92%); *Äthylester* (**XVII**), $C_{13}H_{15}ClJNO_4$, F. 127—129°, aus vorst. Verb. analog **VIII**; $[\alpha]_D^{20}$ —45° (c = 0,9; Dioxan); 85%. — *3-Chlor-5-jod-L-tyrosin*, aus **XV** analog **XVI**; $[\alpha]_D^{20}$ —10,6°. *N-Acetyl-Deriv.*, $[\alpha]_D^{20}$ +70°; *Äthylester* (**XVIII**), $[\alpha]_D^{20}$ +47°. — *3-Chlor-5-jod-D-thyronin* (**XIX**), $C_{15}H_{13}ClJNO_4 \cdot 1/2\ H_2O$, F. 232—234° (Zers.), durch 1½std. Kochen von **XVII**, **II** u. $NaOCH_3$ in CH_3OH, Wasserdampf-Dest., Extraktion des Rückstands mit Bzl. u. Behandeln des Bzl.-Rückstands analog **IX**; $[\alpha]_D^{20}$ —27,2° [c = 0,7; A.–n-HCl (1:1)]; 54,5%. — *3-Chlor-5-jod-L-thyronin*, analog **XIX** aus **XVIII**; $[\alpha]_D^{20}$ +27,5°. — *3.5-Dichlor-4-hydroxyphenylessigsäure*, $C_8H_6Cl_2O_3$, F. 176—180° (W.), durch Einleiten von Cl_2 in p-Hydroxyphenylessigsäure in Essigsäure u. Eindampfen im Vakuum; 29%. *Äthylester*, $C_{10}H_{10}Cl_2O_3$, F. 78—79° (PAe.). — *3.5-Dichlor-4-[p-hydroxyphenyloxy]-phenylessigsäure*, $C_{14}H_{10}Cl_2O_4$, F. 192—194° (A. + Bzl.), a) durch 1¼std. Kochen von vorst. *Äthylester*, **II** u. $NaOCH_3$ in CH_3OH, Wasserdampf-Dest., Ae.-Extraktion des Rückstands u. Behandeln des Ae.-Rückstands mit HJ analog **IX**; 23%; b) durch Einrühren der aus 3.5-Diamino-4-[p-methoxyphenyloxy]-phenylessigsäure erhaltenen Bis-diazoniumsulfat-Lsg. (vgl. Meltzer u. Mitarbeiter, C. **1958**, 4762), Kupfer(I)-chlorid u. 10n HCl in Chlf., 1std. Rühren, Zugabe von W., Eindampfen der Chlf.-Schicht, Aufnehmen des Rückstands in Bzl. + PAe., Eindampfen u. 16std. Kochen der so erhaltenen *3.5-Dichlor-4-[p-methoxyphenyloxy]-phenylessigsäure* [$C_{15}H_{12}Cl_2O_4$, F. 116,5—117,5° (wss. Essigsäure); 52%] mit HJ-Essigsäure u. rotem P. — *Acetamido-[3-fluor-4-methoxybenzyl]-malonsäurediäthylester*, $C_{17}H_{22}FNO_6$, F. 127—128° (A.), durch Einrühren von 180 g **XX** u. darauf von 129 g 3-Fluor-4-methoxybenzylchlorid in äthanol. $NaOC_2H_5$, 5std. Kochen u. Aufbewahren der heiß filtrierten Lsg. zur Kristallisation; 172 g; durch Einengen der Mutterlauge werden weitere 51 g erhalten. — *3-Fluor-DL-tyrosin*, $C_9H_{10}FNO_3$, F. 283—284°, durch 3std. Kochen vorst. Verb. mit HJ-Essigsäure, Einengen im Vakuum u. Einstellen der wss. Lsg. des Rückstands nach Waschen mit $NaHSO_3$ auf pH 5; 72%. — *3-Fluor-5-jod-DL-tyrosin*, $C_9H_9FJNO_3 \cdot H_2O$, F. 199—201° (wss. A.), durch Einrühren von J_2/KJ in die Lsg. vorst. Verb. in 33%ig. wss. Äthylamin, Eindampfen im Vakuum nach Stehen über Nacht u. Einstellen mit 10n HCl auf pH 2; 56%. *N-Acetyl-Deriv.*, $C_{11}H_{11}FJNO_4$, F. 210—214°; *Äthylester* (**XXI**), $C_{13}H_{15}FJNO_4$, F. 172—179°; 90%. — *3-Fluor-5-jod-4-[p-methoxyphenyloxy]-DL-phenylalanin*, $C_{16}H_{15}FJNO_4$, F. 225 bis 228°, durch 18std. Kochen von 10,7 g **XXI**, 24,2 g **II** u. 2,06 g $NaOCH_3$ in CH_3OH, Wasserdampf-Dest., Bzl.-Extraktion des Rückstands, 2std. Kochen des Bzl.-Rückstands mit 2n HCl u. Essigsäure, Eindampfen des kurz mit A.-Kohle aufgekochten, heiß filtrierten Gemisches auf ein kleines Vol., Lösen des in der Kälte ausgeschiedenen *Hydrochlorids* in 0,5n NaOH u. Neutralisation mit Eisessig; 4,8 g. — *3-Fluor-5-jod-DL-thyronin*, $C_{15}H_{13}FJNO_4$, F. 239—242°, durch 2std. Kochen von 1,5 g **XXI**, 2,0 g **II** u. 234 mg $NaOCH_3$ in CH_3OH, Wasserdampf-Dest., Bzl.-Extraktion des Rückstands, 2std. Kochen des Bzl.-Rückstands mit 48%ig. HBr-Essigsäure, Eindampfen im Vakuum, Lösen des Rückstands in heißem W. u. Neutralisation mit Na-Acetat, Kristallisation des Rk.-Prod. (0,26 g) aus 2n HCl, Lösen des *Hydrochlorids* in 0,5n NaOH u. Neutralisation mit Eisessig. K. Maier. 3750□

Synthese von 6α-Methylcortison und 6α-Methylepihydrocortison aus Epihydrocortison. Piero Sensi und Gian Carlo Lancini. (Gazz. chim. ital. **89**, 1965—71, Sept. 1959; Milano, Labors. Ricerche Lepetit S.p.A.; ital.) — Ausgehend vom Epihydrocortison (**II**) wurden *6α-Methylcortison* u. *6α-Methylepihydrocortison* synthetisiert.

Versuche: *Δ^5-Pregnen-11α.17α.21-triol-3.20-dion-bis-äthylenketal*, $C_{25}H_{38}O_7$, F. 297 bis 299° (Essigester/CH_3OH), aus 15 g **II** u. Äthylenglykol in Ggw. von p-Toluolsulfonsäure durch 4std. Dest. bei vermindertem Druck; $[\alpha]_D^{20}$ —35,7° (c = 0,2%; Pyridin); 10,5 g (Ausbeute). — *5α.6α-Epoxypregnan-11α.17α.21-triol-3.20-dion-bis-äthylenketal*, $C_{25}H_{38}O_8$, F. 239—241° (Aceton), aus 10 g vorst. Verb. u. 5%ig. Perbenzoesäure in Chlf. durch mehrstd. Stehen bei 5°; $[\alpha]_D^{20}$ — 49° (c = 0,2%; Dioxan); 3,3 g; daneben 5 g *5β.6β-Epoxypregnan-11α.17α.21-triol-3.20-dion-bis-äthylenketal* [$C_{25}H_{38}O_8$, F. 233—235° (Aceton); $[\alpha]_D^{20}$ —18,1° (c = 0,6%; Dioxan)]. — *6β-Methylpregnan-5α.11α.17α.21-tetraol-3.20-dion-bis-äthylenketal* (**I**), $C_{26}H_{42}O_8$, F. 245—247° (Aceton), aus 1,75 g vorvorst.

Verb. u. CH_3MgBr in Tetrahydrofuran durch 3std. Kochen u. Zers. mit NH_4Cl. $[\alpha]_D^{20}$ -40^0 (c = 0,7%; CH_3OH); 1,15 g. — *6β-Methylpregnan-5α.17α.21-triol-3.11.20-trion-20-äthylenketal*, $C_{24}H_{36}O_7$, F. 225—228° (Aceton), aus 2,5 g I u. 90%ig. Essigsäure durch ½std. Erhitzen auf 100° u. 2std. Oxydation mit wss. Chromsäure bei 10—15°; $[\alpha]_D^{20}$ +19,8° (c = 1,26%; Dioxan); 1,4 g. — *6α-Methyl-Δ⁴-pregnen-17α.21-diol-3.11.20-trion* (*6α-Methylcortison*), $C_{22}H_{30}O_5$, F. 209—212° (Aceton), aus 1 g vorst. Verb. u. wss.-methanol. NaOH durch ½std. Kochen unter N_2, Zugabe von HCl u. ½std. Kochen; $[\alpha]_D^{20}$ +150° (c = 1,0%; Dioxan); 0,6 g. — *6α-Methyl-Δ⁴-pregnen-11α.17α.21-triol-3.20-dion* (*6α-Methylepihydrocortison*), $C_{22}H_{32}O_5$, F. 196—198° (Aceton), aus 0,2 g I analog vorst. Verb. nach vorhergehendem ½std. Erhitzen mit 90%ig. Essigsäure auf 100°; $[\alpha]_D^{20}$ +68° (c = 1%; Dioxan); +0,08 g. Walter Simon. 3750

Chemische Untersuchung von Embelia-Blattrippen. 3. Mitt. **Eine neue Synthese von Vilangin.** Ch. Bheemasankara Rao und V. Venkateswarlu. (Tetrahedron [London] **18,** 951, Aug. 1962; Waltair, India, Andhra Univ., Dep. of Chem.; engl.) — 2. vgl. C. **1963, 1696.** — Eine neue Total-Synth. von *Vilangin* wird beschrieben.

Versuche: *Methylen-bis-[2.5-dihydroxybenzochinon-(3.6)]* (I), $C_{13}H_8O_8$, F. 293 bis 295° (Zers.), durch Zugabe von 40%ig. Formaldehyd zu 2.5-Dihydroxybenzochinon-(1.4) in warmer Essigsäure; aus Dioxan gelbe Prismen. *Tetraacetyl-Deriv.*, $C_{13}H_4O_4 \cdot (OCOCH_3)_4$, F. 218—220°, mit Acetanhydrid/Pyridin; blaßgelbe Prismen u. Platten. — *Methylen-bis-[2.3.5.6-tetraacetoxybenzol]*, $C_{13}H_4(OCOCH_3)_8$, F. 246—248°, durch 2std. Kochen von I mit Acetanhydrid u. Zn-Staub in Ggw. von Triäthylamin; aus Essigsäure Prismen. — *Methylen-bis-[2.3.5.6-tetrahydroxybenzol]*, $C_{13}H_{12}O_8$, F. 310° (Zers.), durch Hydrolyse vorst. Verb. mit 5%ig. H_2SO_4 in abs. A. in Ggw. von Zn-Staub; aus Dioxan Prismen. — *Vilangin*, $C_{35}H_{52}O_8$, F. 264—265° (Zers.), durch ½std. Erhitzen von I u. Dilauroylperoxid in Essigsäure/Dioxan (1:1) auf dem Wasserbad u. mehrstd. Rühren; aus Dioxan orangegelbe Prismen. P. Golinske. 3950□

Oosporein aus einer Acremonium-Species. P. V. Divekar, R. H. Haskins und L. C. Vining. (Canad. J. Chem. **37,** 2097—99, Dez. 1959; Saskatoon, Saskatchewan, Prairie Regional Labor.; engl.) — Der in der Luft vorkommende Pilz PRL 1699 scheidet in die Nähr-Lsg. *Oosporein* (I) aus, das durch Darst. des *Tetraacetats, Tetrahydrohydrooktaacetats, Tetramethyläthers* u. mittels des UV-Spektrums identifiziert wurde.

Versuche: *Oosporein* (I), $C_{14}H_{10}O_8$, F. 290—295°, aus der stark HCl-sauren Nähr-Lsg. durch Extraktion mit Ae.; aus wss. Methanol bronzefarbene Platten. *Tetraacetat*, $C_{22}H_{18}O_{12}$, F. 190°, aus Methanol hellgelbe Nadeln. *Tetrahydrohydrooktaacetat*, $C_{30}H_{30}O_{16}$, F. 243°, durch 1std. Kochen von 50 mg I mit Zn-Staub u. Acetanhydrid; aus Methanol Würfel; 80 mg (Ausbeute). *Tetramethyläther*, $C_{18}H_{18}O_8$, F. 123°; durch Veresterung von 50 mg I mit Diazomethan; aus wss. Methanol orangefarbene Nadeln; 20 mg.
U. Schüßler. 3950□

D. Makromolekulare Chemie

Hochfrequenzeffekte in Polyelektrolytlösungen. G. A. Johnson und S. M. Neale. (J. Polymer Sci. **54,** 229—40, Sept. 1961; Manchester, Coll. of Sci. and Technol.; engl.) — Im Frequenzbereich von 30 Hz bis 30 MHz werden Messungen der Leitfähigkeit, der DK u. des dielektr. Verlustfaktors von wss. Lsgg. von *Na-Polymethacrylat* (I), *Na-Carboxymethylcellulose* (II) u. *Na-Alginat* durchgeführt. Die experimentelle Anordnung wird ausführlich beschrieben. Die Ergebnisse werden durch graph. Darst. der dielektr. Absorption gegen die Frequenz u. die Konz. der Lsg., für I auch gegen den pH-Wert, für II gegen den Substitutionsgrad wiedergegeben. Für I ist außerdem die Frequenzabhängigkeit der DK u. die Cole-Cole-Darst. (vgl. J. chem. Physics **9,** [1941], 314) aufgeführt. Der charakterist. Verlauf der Kurven läßt sich befriedigend durch das von O'Konski (vgl. J. physic. Chem. **64,** [1960], 605) vorgeschlagene Ionenmodell für Polyelektrolyt-Lsgg. erklären. J. Voigt. 4000□

Die dielektrischen Eigenschaften von Polyelektrolytlösungen. G. A. Johnson und S. M. Neale. (J. Polymer Sci. **54,** 241—52, Sept. 1961; Manchester, Coll. of Sci. and Technol.; engl.) — Vgl. vorst. Referat. — Vff. messen die DK u. den dielektr. Verlustfaktor an wss. Lsgg. von *Poly-L-lysinhydrobromid, K-Chondroitinsulfat, Na-Ribonucleat* (I), *Na-Desoxyribonucleat* u. zwei *Polymetaphosphaten, Calgonglas* u. *Maddrellschem Salz,* bei verschiedenen Konzz. im Frequenzbereich von 1—30 MHz. Die Darst. der Ergebnisse in Cole-Cole-Diagrammen (vgl. J. chem. Physics **9,** [1941], 341) sowie die Konz.-Abhängigkeit der DK ergeben bei I charakterist. Unterschiede gegenüber den anderen untersuchten Substanzen. Es wird daraus geschlossen, daß sich

I wie ein Protein in Lsg. verhält, während alle übrigen Substanzen das Verh. linearer Polyelektrolyte zeigen, deren dielektr. Daten in Übereinstimmung mit der Theorie von O'Konski stehen. J. Voigt. 4000□

Auf Polymere angewendete Elektronenspinresonanz. Harry Melville. (Acad. roy. Belgique, Cl. Sci., Mém., Collect. 8⁰ [2] **33**, Nr. 3, 33—52, 1961; London, Dep. of Sci. and Ind. Res.; engl.) — Übersicht über die Anwendung der Elektronenspinresonanz zur Unters. des Verlaufs von Polymerisationen u. der Zers. von polymeren Verbindungen. W. Wesly. 4000□

Lineare Polyester. R. E. Wilfong. (J. Polymer Sci. **54,** 385—410, Okt. 1961; Kinston, N.C., du Pont de Nemours & Comp., Dacron Res. Labor.; engl.) — Zusammenfassende Übersicht über die Meth. der Darst. von linearen Polyestern der verschiedensten Art, über die Kinetik des Esteraustausches u. der Kondens. u. über die verwendeten Typen von Katalysatoren. Die Ergebnisse (Strukturformeln der Komponenten) sind in mehreren Tabellen zusammengefaßt. Auf den Zusammenhang zwischen Struktur u. F. der Polymeren wird hingewiesen. — 153 Literaturangaben. O. Fuchs. 4000□

Einige neue Habitusmerkmale in Kristallen langkettiger Verbindungen. 2. Mitt. **Polymere.** D. C. Bassett und A. Keller. (Philos. Mag. [8] **6,** 345—58, März 1961; Rozier, Gent, Belgien, Labor. voor Kristallografie; engl.) — 1. vgl. Philos. Mag. [8] **6,** [1961], 329. — Vff. untersuchten mkr. u. elektronenmkr. die an Kristallen von *Polyäthylen, Marlex 50* u. *Polyoxymethylen* auftretenden Erscheinungen. In allen Fällen wurden die Polymeren in heißen Lsgm. gelöst u. durch Abkühlen der Lsgg. auskristallisiert. Von Polyäthylen wurden rhombenförmige Kristalle nach verschiedenen Kristallisations-Meth. bei Temp. $<80^0$ u. abgestumpfte Rhomben bei Temp. von ca. 90^0 erhalten. Polyoxymethylenkristalle wurden durch Abkühlen von Lsgg. auf Zimmer-Temp. erhalten. Die bei den Kristallen beobachteten Streifungen entsprachen den Runzelungen in den Kristallschichten. In den Polyäthylenkristallen wurden gefältelte u. gratartige Runzelungen beobachtet. Bildlich sind diese letzteren den in den Paraffinen (vgl. l. c.) gemachten Beobachtungen ähnlich. Für beide Typen von Runzelungen wird ein gemeinsamer Ursprung durch das Zusammenfallen nicht ebener Kristalle vorgeschlagen. Die Beobachtungen lassen sich durch einen besonderen Packungstyp der gefalteten Mol.-Ketten erklären. C. Gottfried. 4010

Übergangsmetall-Katalysatoren. 6. Mitt. **Bis-cyclopentadienylverbindungen von Übergangsmetallen als Polymerisationskatalysatoren.** George L. Karapinka und Wayne L. Carrick. (J. Polymer Sci. **55,** 145—52, Nov. 1961; Bound Brook, N.J., Union Carbide Plastics Comp., Res. Dep.; engl.) — 5. vgl. C. **1962,** 5313. — *Äthylen* wird durch Einleiten in Toluol in Ggw. folgender Katalysator-Syst. polymerisiert: **I**: $(C_5H_5)_2TiCl_2 + (CH_3)_2AlCl$ (C_5H_5 = Cyclopentadienyl), **II**: $(CH_3C_5H_4)_2TiCl_2 + (CH_3)_2 \cdot AlCl$ ($CH_3C_5H_4$ = Methylcyclopentadienyl), **III**: $(C_5H_5)_2TiCl_2 + (C_6H_5)_2AlCl + (C_2H_5)_2 \cdot AlCl$, **IV**: $(C_5H_5)_2VCl_2 + CH_3AlCl_2$. Mit **I** wird nach 1 std. Rk. noch $(C_5H_5)_2TiCl_2$ (**V**) im Rk.-Gemisch vorgefunden, nach 7 std. Rk. ist kein **V** mehr vorhanden, statt dessen $C_5H_5TiCl_3$ (**VI**) u. red. Ti-Halogenide. Es entsteht *Polyäthylen* von der red. spezif. Viscosität $\eta \cong 0,5$. Sowohl **V** wie **VI** besitzen die gleiche cokatalyt. Aktivität mit $(CH_3)_2 \cdot AlCl$, da ein ähnliches Polymeres in gleicher Ausbeute erhalten wird, wenn von vornherein **VI** an Stelle von **V** verwendet wird. Die Katalysator-Wrkg. des Syst. **II** ist ähnlich der von **I**. Bei dem Syst. **III** ist die Polymerausbeute niedrig, wie in all den Fällen, in denen Phenyl-Al-Verbb. verwendet werden. Die IR-spektroskop. ausgewiesene Abwesenheit von Phenylgruppen im gebildeten Polymeren läßt schließen, daß Alkylgruppen die Polymerisations-Rk. schneller einleiten als Phenylgruppen. Phenylgruppen treten nur dann im Spektrum der Polymeren auf, wenn Phenyl-Al-Verbb. als ausschließlicher Cokatalysator neben der Ti-Verb. vorliegen. Das Syst. **IV** ist ein ausgezeichneter Katalysator, der ein *hochmol. Polyäthylen* mit niedrigem Schmelzindex liefert. Auch hier war nach Ende der Polymerisation keine Bis-cyclopentadienyl-Verb. mehr vorzufinden. Die Ergebnisse sprechen für eine Zerstörung der „Sandwich"-Struktur der $(C_5H_5)_2MX_2$-Katalysatoren im Verlaufe der Rk., wobei katalyt. akt. Zerfalls-Prodd. auftreten. Die Instabilität der Bis-cyclopentadienyl-Verbb. unter den Rk.-Bedingungen wurde dadurch gezeigt, daß das Syst. **I** in Toluol-Lsg. sowohl beim Durchleiten von $O_2 + N_2$ oder Acetylen als auch beim Behandeln mit Chlf. bei Zimmer-Temp., ferner beim Erhitzen unter Rückfluß Cyclopentadien freisetzt, das nach Extraktion mit Chlf. IR-spektroskop. u. gaschromatograph. nachgewiesen wird. Es wird ferner experimentell nachgewiesen, daß sich $(C_5H_5)_2Ti(C_6H_5)_2$ mit $(C_2H_5)_2AlCl$ in Toluol sehr schnell zu $(C_5H_5)_2TiCl_2$ u. $(C_2H_5)_2Al(C_6H_5)$ umsetzt. Damit wird der von Natta u. a. (J. Polymer Sci. **26,** [1957], 120) aus der Abwesenheit von Phenylgruppen in einem mit $(C_5H_5)_2Ti(C_6H_5)_2 + (C_2H_5)_3Al$ katalysierten Polymeren gezogene Schluß, das Polymer-Mol. müsse am Al-Zentrum des bimetall. Komplexes zu wachsen beginnen, in Frage gestellt. J. Voigt. 4010□

Eine kinetische Untersuchung der Äthylenpolymerisation mit Al–$TiCl_4$-Katalysator. Kenichi Fukui, Takeo Shimidzu, Tetsuya Yagi, Satoshi Fukumoto, Tsutomu Kagiya und Sachio Yuasa. (J. Polymer Sci. **55**, 321—34, Nov. 1961; Kyoto, Univ., Fac. of Engng.; engl.) — Vgl. J. Polymer Sci. **37**, [1959], 341 u. 353. — Vff. polymerisieren *Äthylen* (**I**) in einer Lsg. von $TiCl_4$ (**II**) in n-Heptan unter Verw. eines Autoklaven mit Rührer aus 0,55 mm dickem Al-Draht. Letzterer bildet einen Bestandteil des Katalysator-Syst. u. bietet wegen seiner verhältnismäßig kleinen, definierten Oberfläche kinet. saubere Rk.-Bedingungen. Die Umsatz/Zeit-Kurven bei 150° mit 2,0 g Al, 30 ml 0,14m **II**-Lsg. u. **I**-Drucken von 30—70 kg/cm² lassen vier Rk.-Perioden erkennen: 1. Induktionsperiode mit Rk.-Geschw. nahe Null, 2. Zunahme der Rk.-Geschw., 3. stationäre Periode mit konst. Geschw., 4. Abklingen der Rk.-Geschwindigkeit. Die reziproke Länge von 1. u. die Geschw.-Zunahme 2. sind direkt proportional dem **I**-Druck, dem Gew. des Al-Rührers u. der **II**-Konz., während die Länge von 2. prakt. unabhängig von der Katalysatormenge, dem Druck u. der Temp. ist. 1. u. 2. werden als Start-Rkk., bestehend in Bldg. u. Wachstum akt. Zentren aus Monomeren u. Katalysator auf der Al-Oberfläche, betrachtet. Für die Umsatz-Geschw. R_{III} während der stationären Kettenwachstumsperiode 3. gilt die folgende Abhängigkeit von Al-Menge [Al], **II**-Konz. [$TiCl_4$] u. **I**-Druck P: $R_{III} = 2{,}05 \cdot 10^{-4}$ [Al][$TiCl_4$]P^2 bei 150°. Die Aktivierungsenergie der Wachstums-Rk. ist ca. 16 kcal/Mol, wie aus der gemessenen Bruttoaktivierungsenergie von 12,5 kcal/Mol unter Berücksichtigung der Lösungsenergie berechnet wird. Die Periode 4. setzt um so früher ein, je höher der **I**-Druck ist. Das Molgew. des erhaltenen Polymeren ist unabhängig von der Al-Menge u. der **II**-Konz. u. sinkt bei Erhöhung der Rk.-Temp. zwischen 90 u. 180° von 39000 auf 14000 ab. *Copolymerisate* aus **I** u. *Propylen* (**III**) werden nach diesem Verf. in Ggw. von 5,4 g Al u. 20 ml 0,14m **II**-Lsg. bei 120° hergestellt. Die Monomerreaktivitäten werden nach der Meth. von Fineman-Ross (C. **1953**, 8621) zu $r_I = 0{,}9 \pm 0{,}1$ u. $r_{III} = 1{,}9 \pm 0{,}2$ ermittelt. J. Voigt. 4010□

Der Einfluß der Temperatur und der Dehnungsgeschwindigkeit auf das Spannungs–Dehnungs-Diagramm von orientiertem isotaktischem Polypropylen. I. H. Hall. (J. Polymer Sci. **54**, 505—22, Okt. 1961; Wythenshawe, Manchester, British Rayon Res. Assoc., Heald Green Labor.; engl.) — Es wurden die Spannungs–Dehnungs-Diagramme von Einzelfasern aus isotakt. *Polypropylen* von der Dichte 0,90 g/cm³ einmal bei 20° u. verschiedenen Dehnungs-Geschw. zwischen $3{,}3 \cdot 10^{-4}$ u. $4{,}9 \cdot 10^2\ s^{-1}$, zum anderen Mal bei konst. Dehnungs-Geschw. von $6{,}47 \cdot 10^{-4}\ s^{-1}$ u. verschiedenen Temp. zwischen 90 u. 318° K bestimmt. Zunahme der Dehnungs-Geschw. u. Abnahme der Temp. wirken sich in gleicher Weise auf den Verlauf der Diagramme aus; sowohl beim Durchgang durch den Geschw.-Bereich von $2 \cdot 10^1$ bis $2 \cdot 10^2\ s^{-1}$ wie durch den Temp.-Bereich von 280—270° K erleidet das Material bei Dehnung bis zu 5% eine starke Zunahme des Elastizitätsmoduls u. der Bruchspannung. Dies entspricht einem Durchgang durch den Glasumwandlungsbereich. Ein hiervon verschiedener Effekt ist die rasche Abnahme der Bruchdehnung u. der Fortfall des „Ziehens", d. h. einer zunehmenden bleibenden Dehnung unter konst. Belastung, welcher in etwa dem gleichen Temp.-Bereich, aber in einem verschiedenen Bereich der Dehnungs-Geschw. zwischen $4 \cdot 10^{-3}$ bis $3 \cdot 10^{-1}\ s^{-1}$ auftritt. Die Kurvenschar zwischen Spannung σ, Dehnung ε u. Dehnungs-Geschw. $\dot{\varepsilon}$ läßt sich am besten durch die aus der viscoelast. Theorie folgende Funktion $\sigma = f_1(\varepsilon) f_2(\dot{\varepsilon})$ darstellen, welche die Ergebnisse besser wiedergibt als die auf dem üblicherweise benutzten Feder–Kolben-Modell beruhende Funktion $\sigma/\varepsilon = \varphi_1(t) + \varphi_2(\dot{\varepsilon})$. J. Voigt. 4010□

Schwefelinduzierte cis–trans-Isomerisierung von Polybutadien. William A. Bishop. (J. Polymer Sci. **55**, 827—39, Dez. 1961; Baton Rouge, La., Copolymer Rubber & Chem. Corporation; engl.) — Hochgradiges *cis-1.4-Polybutadien* (**I**) sowie hochgradiges *trans-1.4-Polybutadien* (**II**) isomerisieren beim Erhitzen auf 160° in Ggw. von elementarem Schwefel (**III**). Die Isomerisierung von **I** wurde in Abhängigkeit von der Temp. u. der Konz. von **III** an Hand charakterist. IR-Banden näher untersucht. Es ergab sich eine Rk. 1. Ordnung, die effektive Geschw.-Konst. ist der Anfangs-Konz. von **III** proportional. Die scheinbare Aktivierungsenergie beträgt 30 ± 0,6 kcal/Mol. Das **I**/**II**-Gleichgewicht liegt bei 36% cis-Gehalt. U. Hutten. 4010□

Polymerisation von Alkinen mit Ziegler-Katalysatoren. William H. Watson jun., Warren C. McMordie jun. und Larry G. Lands. (J. Polymer Sci. **55**, 137—44, Nov. 1961; Fort Worth, Tex., Texas Christian Univ., Dep. of Chem.; engl.) — *Acetylen* (**I**) wurde in n-Heptan-Lsg. in Ggw. eines Katalysatorgemisches, bestehend aus Al(iso-C_4H_9)$_3$ (**II**) oder n-C_4H_9Li (**III**) oder $Zn(C_2H_5)_2$ (**IV**) u. $TiCl_4$ (**V**) bei Temp. zwischen 21 u. 26° u. 1 atm polymerisiert. Es werden schwarze **I**-Polymere erhalten, die nach Zugabe von methanol. HCl zum Rk.-Gemisch durch Filtration abgetrennt werden. Die Prodd. haben eine Dichte von 0,90—0,95, sind bis zu 400° umschmelzbar u. in organ. Lsgm. sowie anorgan. Säuren u. Basen unlöslich. Die C—H-Analyse ergibt ein C:H-Verhältnis von fast genau 1. Daneben entsteht eine geringe Menge eines niedermol. lösl. Polymeren. Bei konst. Gesamt-Konz. des Katalysatorgemisches von 30 mMol/Liter wird die maximale Ausbeute an Polymeren bei einem Mengenverhältnis von **II**/**V** = 2,0—2,5 bzw. von **III**/**V** = 5,0 erhalten. Bei konst. **V**-Konz. von 5,0 u. 6,0 mMol/Liter führen Katalysatorverhältnisse von **II**/**V** = 2,0—2,5, von **III**/**V** = 4,0—5,0 u. von **IV**/**V** = 2,5—3,0 zu maximaler Ausbeute. Die abs. Ausbeute ist bei Verw. von **II** als Katalysatorkomponente am höchsten. Bei Erhöhung der Katalysator-Konz. von 20,4 auf 61,3 mMol/Liter u. bei Erhöhung der Rk.-Temp. auf 62° wird eine Steigerung der Polymerausbeute auf das 3,5- bzw. 2,5fache beobachtet. — Unter Verw. von **III** als Katalysatorkomponente werden auch *Propylen* (**VI**) u. *Butin-(1)* (**VII**) polymerisiert. **VI** ergibt ein dunkelbraunes festes Prod., **VII** eine dunkelrote viscose Masse. Die physikal. Eigg. deuten darauf hin, daß beim Übergang zu höheren Homologen Polymere mit niedrigerem Molgew. u. geringerer Anzahl konjugierter Doppelbindungen erhalten werden. Die IR-Absorptionsbanden von *Polyacetylen* u. *Polypropylen* sowie die UV-Absorptionsbanden von Polyacetylen werden zusammengestellt u. diskutiert.

J. Voigt. 4010□

Polymerisation von Vinylchlorid in verschiedenen Lösungsmitteln. 55. Mitt. **Vinylpolymerisation.** Masao Sumi und Minoru Imoto. (Makromolekulare Chem. **50,** 161—65, 1961; engl.) — 54. vgl. C. **1963.** 4008. — *Vinylchlorid* wurde in verschiedenen Verbb. mit π-Elektronen als Lsgm. polymerisiert u. die Kristallinität des Polymeren mit Hilfe des Verhältnisses D_{635}/D_{690} der IR-Banden bei 635 cm^{-1} u. 690 cm^{-1} gemessen. Die beste stereoregulierende Wirkung zeigten *Dialkylphosphite.* Dabei wurde unter Ausbildung eines *Dialkylphosphonats* 1—1,5% P eingebaut. Die Annahme eines π-Komplexes bestätigte sich nicht.

Versuche: Die Polymerisation wurde bei 50° meist in 8 Std. mit Azodiisobutyronitril als Starter durchgeführt: In Acetonitril 20% Umsatz nach 9 Std., D_{635}/D_{690} 1,74; in Benzonitril 2% nach 8 Std., 1,39; in Benzylcyanid 0%; in Cyanessigsäureäthylester 3%, 1,84; in Methyläthylketon 10,9%, 1,69; in Acetophenon 1,6%, 1,44; in Cyclohexanon 9,5%, 1,77; in 2-Methylcyclohexanon 0,3%, 2,08; in 2.2-Dimethylcyclohexanon 1,6%, 1,75; in 2-Chlorcyclohexanon 1,3%, 1,57; in d-Campher/Tetrahydrofuran 28,7%, 1,79; in Diäthylcarbonat 4,3%, 1,88; in Äthylcapronat 0%; in γ-Butyrolacton 27,6%, 1,77; in Formamid in 5 Std. 18,1%, 1,8; in Dimethylformamid in 8 Std. 22,2%, 1,84; in α-Pyrrolidon 23,9%, 1,88; in N-Nitroso-N-methylanilin 0%; in Methyl-p-toluolsulfonat 2,9%, 1,73; in Butyraldehydoxim 0%; in Trimethylphosphat 0%; ohne Lsgm. in $3^1/_2$ Std. 11%, 1,94; in $6^1/_2$ Std. 2,3%, 2,03; in Dimethylphosphit in 8 Std. 18,9%, 2,21; in Diäthylphosphit 9,6%, 2,32; in Di-n-propylphosphit 7,3%, 2,02; in Diisopropylphosphit 10,1%, 2,67; in Di-n-butylphosphit 3,9%, 2,23. U. Hutten. 4010□

Kristallographische Untersuchung der Struktur von Polytetrafluoräthylen-Filmen, die mit Styrol gepfropft sind. Zerstörung des Pfropfcopolymerisates durch thermische Behandlung. Claude Sella, Adolphe Chapiro und Akira Matsumoto. (J. Polymer Sci. **57,** 529—43, März 1962; Bellevue, CNRS, Labor. des Rayons X et Labor. de Chim. des Radiations; franz.) — Vgl. C. **1962,** 1245. — Auf *Polytetrafluoräthylen* (**I**) (Verw. von 0,1 mm dicken Filmen) wurde durch Einw. energiereicher Strahlung *Styrol* (**II**) aufgepfropft. Die hierbei auftretende Änderung des Kristallisationsgrades α u. der kristallograph. Parameter wurde röntgenograph. untersucht. α fällt mit steigendem Pfropfungsgrad β vom Wert 60% ($\beta = 0$) auf 5 ($\beta = 5$) ab. Dagegen sind die Parameter unabhängig von β. Daraus folgt, daß **II** bei der Pfropfung nicht in die kristallinen Bereiche von **I** eindringt, daß aber der relative Anteil der kristallinen Bereiche im gepfropften **I** stets abnimmt. Eine elektronenmkr. Unters. der Oberfläche des gepfropften **I** zeigt das Vorliegen einer heterogenen Struktur u. bei hohem β einer inneren Reckung. Wird das gepfropfte **I** mit hohem β auf 300° erhitzt, so entstehen 2 Phasen aus reinem **I** u. aus reinem *Polystyrol.* Durch Messen des Gew. des aufgepfropften Filmes nach verschiedener Erhitzungsdauer wurde die Kinetik dieses Vorganges untersucht. Daraus sowie aus weiteren bei verschiedenen Temp. ausgeführten Verss. folgt, daß die Bindung von **II** an **I** nur sehr schwach sein kann. Schließlich geben Vff. die Temp.-Abhängigkeit von α von **I** an (bis ca. 230° nur geringe Abnahme von α, dann starker Abfall auf den Wert 0 bei ca. 325°). — Diskussion. O. Fuchs. 4010□

Spektrophotometrische Charakterisierung von Gemischen aus p-Oligophenylenen. Marčel Jozefowicz und René Buvet. (C. R. hebd. Séances Acad. Sci. **254,** 284—86, 8/1. 1962; Paris, École Supérieure de Phys. et Chim.; franz.) — Die Charakterisierung der *p-Oligophenylene* (**A**) aus der Rk. von $CoBr_2$ mit den Di-Lithium-Verbb. von Bzl. u. Diphenyl ist auf dem klass. Wege infolge der Unlöslichkeit u. geringen Reaktivität der **A** unmöglich. Die Kenndaten für niedrigmol. u. schmelzbare **A** in Lsg. sind bekannt; es werden nun auch noch die entsprechenden Werte für sie im festen Zustand bestimmt. Dann wird gezeigt, wie man durch Ausmessen der unlösl. **A** im IR-Bereich (suspendiert in Hexachlorbutadien u. in Vaseline) u. im UV-Bereich (in Verdünnung mit MgO) durch Extrapolieren der Werte der lösl. **A** im Festzustand u. dann durch Vgl. zu Aussagen über die **A** vom DP > 6 kommen kann. M. Hagedorn. 4010□

Darstellung von Pfropfcopolymeren auf anionischem Wege. Yves Gallot, Paul Rempp und Henri Benoît. (C. R. hebd. Séances Acad. Sci. **253,** 989—91, 16/8. 1961; Strasbourg, Centre de Rech. sur les Macromol.; franz.) — Durch anion. Polymerisation von Styrol in homogener Phase bei tiefer Temp. entstehen in inerter Atmosphäre entständige *Polystyrylanionen,* die äußerst reaktiv sind u. mit anderen Polymeren, wie *Polymethacrylsäuremethylester* (**I**), leicht Pfropfcopolymere bilden. Durch Rk. der Polystyrylanionen vom Molgew. 30500, 10500 u. 600 mit **I** (Molgew. 98000 bzw. 10300) wurden *Pfropfcopolymere* der Molgew. 525000, 382000 bzw. 58000 erhalten, die durch Lichtstreuungsmessungen bestimmt wurden. Im günstigsten Falle entstehen Pfropfcopolymere aus 40 Polystyrol (**II**)-Einheiten/Mol **I**. Durch Fraktionierung des Copolymeren mit höchstem Molgew. wurde festgestellt, daß dieses kein **I**-Homopolymerisat, dagegen **II**-Homopolymerisat enthält. $\overline{M}_w$ betrug 675000, $\overline{M}_n$ 442500. Der Pfropfungsgrad ist sehr gleichmäßig. Auch von fraktioniertem **I** wurden **I**/**II** Pfropfpolymere vom gleichen **I**-Molgew. wie das des Ausgangspolymeren **I** hergestellt. E. Herr. 4010□

Die Bestimmung der Persistenzlänge von gelöstem Polymethylmethacrylat aus der Röntgenkleinwinkelstreuung in verschiedenen Lösungsmitteln. R. Kirste und O. Kratky. (Z. physik. Chem. [Frankfurt/M.] [N.F.] **31,** 363—74, März 1962; Graz, Univ., Inst. für physikal. Chem.; dt.) — Die zur Messung benutzte Röntgenkleinwinkelkamera wird ausführlich beschrieben. Der Streueffekt des reinen Lsgm. ist viel größer als der des gelösten Faden-Mol. u. beträgt bei den angewendeten Konzz. 50—97% der Gesamtstreuung. Das verwendete *Polymethylmethacrylat* hatte ein Molgew. von 210000; seine Darst. ist von Kirste u. Schulz (C. **1962,** 10863) beschrieben. Als Lsgm. dienen Bzl., Toluol, Gemisch Butanol/Isopropanol. Die Resultate, die in Kurven u. Tabellen zusammengefaßt sind, ergeben eine gute Übereinstimmung für die verschiedenen Lösungsmittel. W. Rittler. 4010□

Kondensationspolymere von Ferrocen-Derivaten. F. W. Knobloch und W. H. Rauscher. (J. Polymer Sci. **54,** 651—56, Okt. 1961; Troy, N.Y., Rensselaer Polytechn. Inst., Chem. Dep.; engl.) — Zur Darst. von *Ferrocen-1.1'-dicarbonsäure* (**I**), $C_{12}H_{10}FeO_4$, wurde pulverförmiges 1.1'-Diacetylferrocen mit einer wss. Lsg. von NaOCl mehrere Std. bei 45—50° gerührt; das Filtrat der noch warmen Lsg. wurde mit einer wss. Lsg. von $NaHSO_3$ behandelt u. dann mit HCl angesäuert; Ausbeute 77%. Ein Gemisch aus 13 g **I**, 200 cm³ CH_2Cl_2, 20 cm³ Oxalylchlorid u. 10 Tropfen Pyridin wurde im Dunkeln 12 Std. lang bei Raum-Temp. gerührt u. dann 6 Std. lang am Rückfluß erhitzt; nach dem Eindampfen bei 40° wurde der Nd. mit PAe. bei 80° extrahiert, wobei 11,8 g (80%) *Ferrocen-1.1'-dicarbonsäuredichlorid* (**II**), $C_{12}H_8Cl_2FeO_2$, F. 98—100° (PAe.), erhalten wurden. Das **I**-*Dianilid,* $C_{24}H_{20}FeN_2O_2$, schmilzt bei 213—214°. Zur Darst. eines Kondens.-Prod. aus **II** u. *Piperazin* (**III**) durch Grenzflächen-Kondens. wurden die Lsgg. von 0,30 g **III** u. 0,40 g Na_2CO_3 in 50 cm³ W. u. von 1,0 g **II** in 25 cm³ Bzl. miteinander stark verrührt, wobei an den Grenzflächen sofort eine Rk. stattfand; das ausgefallene orangegelbe Polymere wurde mit Bzl. gewaschen u. über P_2O_5 getrocknet; Ausbeute 80%. In dieser Weise wurden folgende Polyferrocen-1.1'-dicarbonsäurediamide aus **II** hergestellt: *Äthylendiamid* ist ein orangegelbes Pulver, das bei höherer Temp. gummiartig wird; *Hexamethylendiamid* stellt ein leicht gefärbtes Pulver dar, das bei 220° braun wird; das *Piperazid* erweicht bei 160° u. verfärbt sich bei 300°; das *p-Phenylendiamid* (**IV**) ist ein Pulver, das bei 230° dunkel u. bei 300° schwarz wird. Diese Polymerisate mit einem Molgew. um 10000 sind lösl. in m-Kresol, ausgenommen **IV**. Das Piperazid wurde aus der Lsg. in Tetrachloräthan in kristalliner Form erhalten. *Polyferrocen-1.1'-dicarbonsäure-4.4'-isopropylidendiphenylester* aus **II** u. 4.4'-Isopropylidendiphenol ist ein orangefarbenes Pulver, das bei 165° erweicht, während der entsprechende *p-Phenylenester* aus **II** u. Hydrochinon braun ist, nicht schmilzt u. oberhalb 200° dunkler wird. Durch Umesterung von 1.1'-Dicarbomethoxyferrocen wurde ein niedermol. *Polyäthylenglykolester* von **I** erhalten. O. Fuchs. 4010□

Die Untersuchung der Adsorptionskomplexe von Polymeren mit Netzmitteln. 2. Mitt. Shuji Saito. (Kolloid-Z. **158,** 120—130, Juni 1958; Nakanosima [Japan], Osaka-Univ., Chem. Inst.; dt.) — 1. vgl. C. **1959,** 16660. — Das Vermögen eines Netzmittels, eine sonst wasserunlösl. fl. oder feste Substanz vollkommen klar u. thermodynam. stabil in W. zu lösen (Solubilisierung), dient bei verschiedenen öllösl. Farbstoffen zur Unters. der Wechselwrkg. in wss. Lsgg. zwischen nichtion. Polymeren u. anionenakt. Netzmitteln. Es kamen folgende Substanzen zur Anwendung: Netzmittel: *Na-Dodecylsulfat, Texapon L100, Na-Myristylsulfat, Na-Cetylsulfat, Dodecyltrimethylammoniumchlorid, Cetyltrimethylammoniumchlorid, Stearyltrimethylammoniumchlorid, Dodecylaminhydrochlorid, Cetylaminhydrochlorid* u. *Polyäthylenglykollauryläther.* Polymere: *N-Vinylpyrrolidon-(2), Polyvinylpyrrolidon* von verschiedenem Polymerisationsgrad, *Polyvinylmethyläther, Methylcellulose, Polyäthylenglykol* u. *Polypropylenglykol* von verschiedenem Molgewicht. Farbstoffe: *Yellow OB, Azobenzol, Dimethyl-Yellow* u. *Sudan III.* Die Verss. ergaben eine synergist. Wrkg. der verwendeten *Komplexe* aus Polymerem u. Netzmittel zur Solubilisierung fast aller verwendeten öllösl. Farbstoffe, die für jeden Farbstoff verschieden groß ist. Vf. kommt zu dem Schluß, daß die Polymeren eine strukturelle Affinität zum Farbstoff aufweisen müssen, um synergist. zu wirken. Die Netzmittel heben andererseits die Hydratisierung des Polymeren auf u. erleichtern dadurch seine Berührung mit den Farbstoffen. Die solubilisierte Farbstoffmenge liegt unterhalb der theoret. errechneten, weil die Oberfläche eines wasserlösl. Polymeren nicht überall vollkommen hydrophil ist. Bei anion. Netzmitteln ist die synergist. Wrkg. der Polymeren zur Solubilisierung vom Polymerisationsgrad abhängig. Dieses Verh. wird diskutiert. Kation. Netzmittel treten erst dann mit den Polymeren schwach in Wechselwrkg., wenn sie Alkylketten von $>C_{18}$ enthalten. Die gemessene Viscosität der Komplexe aus Polymeren u. Kationen akt. Netzmittel fällt durch die Farbstoffsolubilisierung nahezu auf den Wert ohne kationenakt. Komponente ab. Vf. sieht die Ursache darin, daß der Hauptanteil des adsorbierten Netzmittels durch die Farbstoffsolubilisierung von den Polymeren abgezogen wird. Es wird weiter angenommen, daß der Unterschied in der Solubilisierung des Farbstoffs zwischen anionen- u. kationenakt. Netzmitteln auf einer Änderung der Micellenstruktur beruht, die durch die verschieden starke Einw. polarer bzw. apolarer Anziehungskräfte verursacht wird. E. Anton. 4010□

Intramolekulare Umlagerungen von Polyketonen. R. H. Michel und W. A. Murphey. (J. Polymer Sci. **55**, 741—51, Dez. 1961; Buffalo, N.Y., E. I. du Pont de Nemours & Co., Inc., Film Dep.; engl.) — Einige polymere Ketone mit der Carbonylgruppe in der Hauptkette, wie Äthylen-Kohlenmonoxidcopolymere (I) u. aromat. Polyketone (II) aus Diphenyläther u. Isophthalsäuredichlorid nach Friedel-Crafts wurden durch Schmidt- u. Beckmann-Umlagerung in *Polyamide* (III) übergeführt. Die Schmidt-Umlagerung erfolgt mit Schwefelsäure fast quant., wie die N-Analyse u. die IR-Spektren zeigen, doch ergeben sich Abhängigkeiten von der Zus. der **I**. Die IR-Spektren der **III** sind denen des *Poly-ε-caprolactams* ähnlich. Für **II** ergibt die N-Analyse eine Umwandlung von 84%. Die Rkk. verlaufen größtenteils intramol. u. geben daher Umsetzungen mit nur geringer Verminderung des Molgewichtes. Das wachsartige, spröde **I** geht in das elastomere **III** über, die Zugfestigkeit nimmt um 40% zu. Mit einem 4fachen Überschuß an HN_3 setzt sich **I** mit einem Mol-Verhältnis der beiden Komponenten von 11,6 : 1 (**IV**) zu einem *Polytetrazol* um, das auf Grund seines N-Geh. 54,8% Tetrazolbindungen u. 45,2% Amidbindungen aufweist. Ein aus **IV** mit Hydroxylamin in Toluol-Methanol in 90%ig. Ausbeute dargestelltes *Polyoxim* (**V**) wandelt sich mit PCl_5 in Chlf. zu einem *Polyamid* um, dessen IR-Spektrum u. Viscosität mit **III** ident. sind.

Versuche: Zu 20 ml konz. H_2SO_4 u. 2 ml rauchender H_2SO_4 sowie 5 g **IV** in 50 ml Chlf. wird bei 35—45° unter Rühren in 15 Min. 1 g NaN_3 gegeben, $2^1/_2$ Std. lang weitergerührt u. weitere 0,5 g NaN_3 zugefügt; nach 45 Min. werden Chlf. u. das überschüssige HN_3 abgesaugt, der Rückstand wird auf Eis gegossen u. der Nd. säurefrei gewaschen. — 50 g **IV** in 400 ml Chlf. werden zusammen mit 100 ml einer 7%ig. HN_3-Lsg. (1,1 Val) in Chlf. in 1 Std. unter Rühren bei 40—45° zu 200 ml konz. u. 20 ml rauchender H_2SO_4 in 100 ml Chlf. getropft; nach 1 Std. wird wie oben aufgearbeitet. — Eine Lsg. von 2 g **I** (Mol-Verhältnis 9,4 : 1) in 60 ml Chlf. wird zu 4,5 ml einer 8%ig. HN_3-Lsg. in Chlf. gegeben, auf 0° gekühlt u. in 15 Min. unter Rühren ein Gemisch aus 10 ml konz. u. 1 ml rauchender H_2SO_4 zugetropft; nach 15 Min. wird aufgearbeitet. — Zu 1 g **I** (Mol-Verhältnis 8 : 1) in 100 ml Chlf. u. 3 ml einer 7,5%ig. HN_3-Lsg. in Chlf. wird bei 27° unter Rühren während $3^1/_2$ Min. ein Gemisch aus 18 ml konz. u. 2 ml rauchender H_2SO_4 getropft; nach $1^1/_2$ Min. wird auf Eis gegossen u. sofort unter Rühren mit 2 Liter gesätt. $NaHCO_3$-Lsg. neutralisiert; die Chlf.-Schicht wird ausgewaschen u. das Polymere mit Methanol gefällt. — *Polytetrazol* wurde nach der 2. Meth. mit 4 Val HN_3 bei 0° dargestellt. — Zu 11,8 g **IV** in 50 ml Toluol werden 3,5 g Hydroxylaminhydrochlorid u. 2,7 g $NaOCH_3$ in 45 g A. u. 2,5 ml W. gegeben u. $19^1/_2$ Std. auf 65—70° erhitzt; nach Abkühlen u. Zugabe von 100 ml Methanol wird das *Polyoxim* (**V**) filtriert, dann mit Methanol u. W. gewaschen; Reinigung durch Umfällen aus Toluol mit Methanol; 11,2 g

(Ausbeute). — Zu 5 g **V** in 250 ml Chlf. werden bei 0° unter Rühren in 30 Min. 40 g PCl_5 gegeben; das Rk.-Gemisch wird auf Eis gegossen, mit viel W. ausgewaschen u. im Vakuum eingedickt; 4,2 g. U. Hutten. 4010□

Darstellung und Polymerisation von Vinylpyridin-N-oxid. T. Tamikado, T. Sakai und K. Sagisaka. (Makromolekulare Chem. **50**, 244—52, 1961; Honmachi, Shibuya-Ku, Tokio, Japan, Government Chem. Ind. Res. Inst.; engl.) — *2-Vinylpyridin-N-oxid* (**I**) wird durch Wasserabspaltung mit $KHSO_4$ aus 2-[β-Hydroxyäthyl]-pyridin-N-oxid (**V**) dargestellt, *5-Äthyl-2-vinylpyridin-N-oxid* (**II**) analog aus der entsprechenden Hydroxyverbindung. **I** u. **II** wurden bei 60° in Ggw. von Azodiisobutyronitril polymerisiert. Die Copolymerisationsparameter wurden für folgende Syst. bestimmt: *Styrol* (**III**)/**I**: $r_1 = 0{,}11 \pm 0{,}01$; $r_2 = 2{,}1 \pm 0{,}6$; *Methacrylsäuremethylester* (**IV**)/**I**: $r_1 = 0{,}13 \pm 0{,}03$; $r_2 = 3{,}9 \pm 0{,}8$; **III/II**: $r_1 = 0{,}10 \pm 0{,}01$; $r_2 = 2{,}6 \pm 0{,}3$ u. **IV/II**: $r_1 = 0{,}12 \pm 0{,}02$; $r_2 = 4{,}7 \pm 0{,}6$.

Versuche: *2-[β-Hydroxyäthyl]-pyridin-N-oxid* (**V**), F. 91° (Essigester), durch Zugabe von 75 ml Perhydrol in 4 Std. zu 61,5 g 2-[β-Hydroxyäthyl]-pyridin in 300 ml Eisessig von 55°, 16std. Erhitzen, Einengen im Vakuum, Verdünnen mit 500 ml W., Neutralisieren mit einem Anionenaustauscher, Einengen im Vakuum, Lösen des Rückstandes in 550 ml sd. Essigester, Filtrieren u. Kristallisation durch Animpfen; 55 g (Ausbeute). — *2-[β-Hydroxyäthyl]-5-äthylpyridin-N-oxid* (**VI**), $Kp._{0,3}$ 164°, hygroskop., analog **V** aus 76 g 2-[β-Hydroxyäthyl]-5-äthylpyridin; 70 g. *Phenylurethan*, $C_{16}H_{18}N_2O_3$, F. 117—117,5° (CCl_4). — *2-Vinylpyridin-N-oxid* (**I**), C_7H_7NO, F. 45°, $Kp._{0,42}$ 100,5—102°, durch Erhitzen von 30 g **V** im Vakuum mit 2,1 g $KHSO_4$ u. 0,7 g Methylenblau (**VII**) auf 160—165°, bis kein Destillat mehr übergeht, u. anschließende Vakuum-Dest. in Ggw. von 0,5 g **VII**; 11,8 g; ist hygroskop. u. polymerisiert an der Luft. *Pikrat*, $C_{13}H_{10} \cdot N_4O_8$, F. 112,5—113,5°, aus A. gelbe Kristalle. — *5-Äthyl-2-vinylpyridin-N-oxid* (**II**), $C_9H_{11}NO$, $Kp._{0,3}$ 118—119°, analog aus 30 g **VI**, 2,3 g $KHSO_4$ u. 0,7 g **VII** u. Dest. bei 160—170°/2 mm; n_D^{26} 1,5801; 7,2 g. *Pikrat*, $C_{15}H_{14}N_4O_8$, F. 130,5—131,5° (A.). — Polymerisation von 4,6 g **I** in 10 ml A. durch 7std. Erhitzen in Ggw. von 0,01 g Azodiisobutyronitril unter N_2 auf 60°, Eingießen unter Rühren in 500 ml Aceton, Filtrieren u. Extrahieren mit Aceton; 3,4 g eines weißen, hygroskop. Pulvers; Intrinsicviscosität $[\eta]$ 1,07 (in W. von 25°). — Polymerisation von 6,9 g **II** wie oben, Ausfällen durch Eingießen in 500 ml Ae. u. Extrahieren mit Ae.; 4,5 g eines weißen, hygroskop. Pulvers; $[\eta]$ 0,438 (in W. von 25°). — Die Copolymerisation mit *Styrol* (**III**) u. *Methacrylsäuremethylester* (**IV**) wurde mit 10 g Monomerengemisch u. 0,02 g Azodiisobutyronitril unter Luftausschluß, ggf. mit 10 ml A. durchgeführt; nach 10%ig. Umsatz wurde das Polymere 3mal umgefällt. U. Hutten. 4010□

Thermische Stabilität von Polydimethylsiloxan. 1. Mitt. **Desaktivierung der basischen aktiven Zentren.** M. Kučera und J. Láníková. (J. Polymer Sci. **54**, 375—84, Okt. 1961; Brno, Forschungsinst. für Makromol. Chem.; engl.) — Festes *Polydimethylsiloxan* (**I**) wird durch Erhitzen in Luft auf Temp. von 150, 200, 250 u. 270° therm. zersetzt, wobei das Ausmaß der Rk. durch den Gewichtsverlust u. das Molgew. des toluollösl. hochmolekularen Rückstandes charakterisiert wird. Die Proben von **I** waren durch Polymerisation von Oktamethylcyclotetrasiloxan einmal mit KOH (**II**), zum anderen mit Tetrabutylphosphoniumhydroxid (**III**) als Katalysator hergestellt worden. Für die mit **II** hergestellten Polymeren wird eine rasche Depolymerisation, ausgelöst durch die bas. akt. Zentren an der Polymerkette, beobachtet, die sich durch Gewichtsverlust u. anfängliches Absinken des Molgew. bemerkbar macht. Im weiteren Verlauf der Rk. steigt das Molgew. infolge von Oxydation der KW-Stoff-Seitenketten unter Vernetzung wieder an. Die Aktivierungsenergie für den Gewichtsverlust wird zu $15 \pm 0{,}5$ kcal/Mol, für die Oxydation zu $8 \pm 0{,}6$ kcal/Mol berechnet. Mit **III** hergestellte Polymere zeigen wegen der Abwesenheit wärmestabiler bas. akt. Zentren keine Depolymerisation; die im Polymeren enthaltenen Reste von **III** bilden jedoch sauer reagierende therm. Zers.-Prodd., die die Oxydation der Methylgruppen energ. katalysieren u. bei 250 u. 270° zu einer rachen Bldg. unlösl. Gele führen. Die bas. akt. Zentren, welche die Zers. beschleunigen, können durch Neutralisation beseitigt werden, indem das Polymere mit CO_2 oder mit J_2 behandelt wird. Dabei entstehen an den akt. Zentren Komplexe, deren therm. Abbau einen die Hauptkette nicht beeinflussenden Verlauf nimmt. Die mit CO_2 gebildeten Komplexe sind weniger stabil als die mit J_2 gebildeten. Dementsprechend zeigen die mit J_2 behandelten Polymeren bes. gute therm. Stabilität. Von den als Füllstoffen für **I** verwendeten Metalloxiden vermögen Al_2O_3 u. BeO therm. Depolymerisation durch Rk. mit den akt. Zentren völlig zu unterdrücken; Fe_2O_3 u. SiO_2 unterdrücken sie merklich. Keines dieser Metalloxide vermag jedoch die Oxydation der Methylgruppen wirksam zu verhindern. J. Voigt. 4010□

Bestimmung der Faktoren, die bei der ionischen Dienpolymerisation eine Strukturwandlung der Kette verursachen. B. A. Dolgoplossk, G. P. Belonowskaja, I. I. Boldyrewa, J. N. Kropatschewa, K. V. Nelson, Ja. M. Rosinoer und J. D. Tschernowa. (J. Polymer Sci. **53,** 209—16, Aug. 1961; Leningrad, Wiss. Lebedew-Forschungsinst. für synthet. Kautschuk; engl.) — Verschiedene Katalysatoren von ion. Typ wie Organoaluminium-Verbb., Titanhalogenide u. Halogenwassertoffe induzieren die cis-trans-Umlagerung der Polymereinheiten des *Naturkautschuks* (I) bei tiefen Temperaturen. Dies zeigt die Best. des %-Geh. der cis- u. trans-Konfiguration (auf IR-spektroskop. Wege) der Polymereinheiten von **I**, die durch Isomerisierung von **I** in 2%ig. benzol. Lsg. in Ggw. der folgenden Katalysatoren innerhalb 10 Std. entstanden sind: **I** bei 90°: 95% *cis*- u. 3% *trans*; mit 10% $Al(C_2H_5)_3$ bei 90°: 49 u. 47; mit 10% $(TiC_4H_9)_3Al$: 43 u. 54; mit 10% $TiCl_4$ (90°): 65 u. 33; mit 50% : 13 u. 78; mit 50% TiJ_4 bei 60°: 42 u. 55; mit 10% $AlCl(C_2H_5)_2$ bei 90°: 58 u. 40; mit 10% $AlCl_2(C_2H_5)$ 85 u. 14; mit 100% HCl bei —70°: 87 u. 11; mit 10% HCl bei 80°: 67 u. 31; mit 50% HCl (80°): 19 u. 78; mit 10% HJ (80°): 73 u. 25. Dabei nimmt der Grad der Ungesättigtheit im Laufe der Rk. ab, der Chlor-Geh. zu. Luftzutritt zu einer Lsg. von *cis-Polyisopren* (**II**) oder *cis-Polybutadien* (**III**) in Ggw. von kolloidal verteiltem $TiCl_3$ führt zur Bldg. von Radikalen u. bewirkt einen raschen Abfall der Molgew. des Polymeren. Die Rk. von $TiCl_3$ mit Isopropylbenzolhydroperoxid führt sogar bei —50° zu einer starken Verzweigung des Polymeren. Diese Nebenrkk. werden durch die üblichen Inhibitoren für Radikal-Rkk. unterdrückt. Bei der Polymerisation von *Butadien* u. *Isopren* in Ggw. von Alkylaluminiumdichlorid (**A**) oder $TiCl_4$ werden amorphe, unlösl. Polymere mit Erweichungspunkten von 370 u. 420° gebildet. Vff. nehmen an, daß kondensierte Ring-Syst. vorliegen. Eine ähnliche Umwandlung erfährt **I** in einer 2%ig. Lsg. unter dem Einfl. von **A** u. $TiCl_4$. **II** u. **III** zeigen in Lsg. unter dem Einfl. von $TiCl_3$ eine Abnahme des ungesätt. Charakters u. eine Erhöhung der Glas-Temp. u. Dichte, während die Löslichkeit erhalten bleibt, was auf eine intramolekulare Cyclisierung zurückgeführt wird.
U. Hutten. 4030□

Heterogene Hydrolyse von Cellulose mit polymeren Säuren. 2. Mitt. **Bestimmung der Säurehydrolysenwirkung mittels der Rohrzuckerinversion.** Nils Hartler und Kari Hyllengren. (J. Polymer Sci. **55,** 779—85, Dez. 1961; Stockholm, Sweden, Swedish Cellulose Ind., Central Labor.; engl.) — Es wurde der Einfl. von *Polystyrolsulfonsäure* (**I**) u. H_2SO_4 (**II**) auf die saure Hydrolyse von *Cellulose* mit Hilfe der Inversion von Rohrzucker (**III**) mittels 0,002 u. 0,01n Säuren bei 95° u. 0,1n Säuren bei 25 u. 70° bestimmt. Auf Grund der ermittelten Rk.-Konst. k läßt sich das Konz.-Verhältnis der Säuren **I**:**II** zu 0,75 ermitteln; bei geringeren Säure-Konzz. steigt dieser Wert etwas an. Die beobachteten Unterschiede in der Hydrolysen-Geschw. können auf Diffusionseffekte der hochpolymeren **I** im Vgl. zu niedermol. **I** zurückgeführt werden. — *Polystyrolsulfonsäure* (**I**) wurde aus ihrem Ammoniumsalz mittels eines Kationenaustauschers dargestellt. Zur Inversion wurden 50 ml Säure-Lsg. auf die verlangte Rk.-Temp. erhitzt u. 10 g vorgewärmter Rohrzucker zugegeben. Die Rk. wurde durch Abkühlen gestoppt u. die opt. Drehung der Lsg. bestimmt. U. Hutten. 4050□

Hydroxyäthylcellulose. Eine Untersuchung ihrer makromolekularen Eigenschaften in Lösung. W. Brown. (Ark. Kemi **18,** Nr. 16, 227—84, 1961; Uppsala, Sweden, Univ., Inst. of Phys. Chem.; engl.) — *Hydroxyäthylcellulose* (**I**) wurde aus ihren wss. Lsgg. durch stufenweise Zugabe von Aceton ausgefällt, es werden so Fraktionen mit unterschiedlichem Polymerisationsgrad erhalten. Es konnten 11 Fraktionen isoliert werden, von denen 4 untersucht wurden. Kurze Diskussion der Verteilung der Substituenten; eine Meth. zur Berechnung der statist. Verteilung wird beschrieben, mit deren Hilfe es möglich ist festzustellen, welcher Anteil direkt an Anhydroglucoseeinheiten gebunden ist u. welche Mengen als Polyäthylenoxidseitenketten vorliegen. Viscositätsmessungen bei verschiedenen Temp. u. unterschiedlichem Schergefälle zeigten, daß die Huggins-Konst. k' linear mit zunehmender Intrinsicviscosität [η] ansteigt u. linear mit der Temp.-Erhöhung abnimmt. Weiter wurde die Aktivierungsenergie für das viscose Fließen berechnet u. ihre Abhängigkeit vom Molgew. bestimmt. Die Sedimentations-Koeff. bei unendlicher Verdünnung lagen bei $2,8-5,7 \cdot 10^{-13}$. Integrale Verteilungskurven der Sedimentations-Koeff. erwiesen sich geeignet zur Abschätzung der Heterogenität der Fraktionen. Die nach der Svedberg-Gleichung errechneten mittleren Molgew. $\overline{M}$ lagen zwischen 125000 u. 545000, die osmot. Messungen ergaben $\overline{M}$ zwischen 125000 u. 380000. Die 2. Virial-Koeff. (A_2) zeigten nur unbedeutende Abhängigkeit vom Molgew. u. lagen bei ca. $11 \cdot 10^{14}$ ml Mol/g². Durch Messung der A_2-Werte an Hand einiger Temp.-Reihen wurde der Θ-Punkt bei ca. 200° K fixiert. Das Inkrement des Refraktionsindex (dn/dc) wurde bei 0,139 ml/g zu 546 m u. bei 0,141 ml/g zu 436 m bestimmt. Durch direktes Zentrifugieren der Lichtstreuungszelle nach dem Dandliker-Verf. war es möglich, übereinstimmende Werte an wss. I-Lsgg. zu erhalten, die mittleren Molgew. lagen hierbei zwischen 190000 u. 625000. Die Polydispersität der Fraktionen lag im Bereich 1,5—1,8. Der Flory-Fox-Parameter Φ nahm mit zunehmendem Molgew. zu u. näherte sich der asymptot. Grenze $3{,}2 \cdot 10^{22}$. Der mol. Expansionsfaktor α wurde mit 1,02—1,04 als ziemlich konst. ermittelt. Aus den nach verschiedenen Meth. erhaltenen Werten wird gefolgert, daß das I-Mol. mit niedrigem Molgew. ziemlich gerade gestreckt, bei hohem Molgew. dagegen weitgehend geknäuelt ist. Außerdem machen die Substituenten das I-Mol. wesentlich steifer als das Cellulosemolekül. Die Ergebnisse der Viscositäts-, Sedimentations- u. Diffusionsmessungen werden in Verbindung mit neuen hydrodynam. Theorien diskutiert, die für das Verh. von Makromoll. in idealen Syst. entwickelt wuden. Hierbei stimmen die Viscositätswerte gut mit den Lichtstreuungswerten überein, dagegen führten die Diffusions- u. Sedimentationswerte in jedem Fall zu geringeren Molekülabmessungen. Diese Diskrepanz ist nach Auffassung des Vf. der Anwesenheit großer Seitenketten zuzuschreiben. F. Lang. 4050□

Synthese von Polymethacryloyl-D-glucose und ihre Copolymeren mit Acrylonitril. 54. Mitt. **Vinylpolymerisation.** Shoichi Kimura und Minoru Imoto. (Makromolekulare Chem. **50,** 155—60, 1961; Osaka, Japan, Osaka City Univ., Inst. of Polytechnics; engl.) — 53. vgl. Makromolekulare Chem. **48,** [1961], 80; 50. vgl. C. **1961,** 11352. — *Poly-3-O-methacryloyl-D-glucose* (I) wurde durch Hydrolyse von *Poly-3-O-methacryloyl-1.2;5.6-diisopropyliden-D-glucose* (V) gewonenn, diese durch Radikalpolymerisation von *3-O-Methacryloyl-1.2;5.6-diisopropyliden-D-glucose* (II) u. II aus 1.2;5.6-Diisopropyliden-D-glucose (III) u. Methacrylsäurechlorid (IV). I löst sich nur in W. u. Dimethylsulfoxid, red. Fehlingsche Lsg. u. ist opt.-aktiv. II wurde mit *Acrylonitril* copolymerisiert u. das Polymere in wss. $ZnCl_2$-Lsg. hydrolysiert. Das hydrolysierte *Copolymerisat* besitzt reduzierende Eigg., ist in Dimethylformamid u. in wss. $ZnCl_2$-Lsg. lösl. u. läßt sich durch Erhitzen mit einem wasserlösl. Farbstoff anfärben.

Versuche: *3-O-Methacryloyl-1.2;5.6-diisopropyliden-D-glucose* (II), $C_{16}H_{24}O_7$, durch Zutropfen von 32 g IV (Kp. 96,5—98,8°) zu 78 g III (F. 110°) in einer Lsg. von 90 ml Chlf. u. 60 ml Pyridin unter Rühren unterhalb 10°; nach mehrtägigem Stehen wird mit 380 ml verd. Salzsäure (1 : 3) unterhalb 10° hydrolysiert, mit Chlf. extrahiert, die Lsg. mit 0,5n NaOH u. W. gewaschen u. der Sirup (35 g) bei 120°/10^{-3} mm (Bad-Temp.) dest.; $[\alpha]_D^{20}$ —28,8° (c = 0,11 g/Liter; Bzl.); 35 g (Ausbeute) — *Poly-3-O-methacryloyl-1.2;5.6-diisopropyliden-D-glucose* (V), durch Polymerisation von II in Bzl. in Ggw. von Azodiisobutyronitril (AIBN) bei 40—50° im Bombenrohr im Vakuum u. Eingießen in Methanol; 13,0—64,0% Umsatz; $[\alpha]_D^{20}$ —36,3 bis —42,2°; $[\eta]^{30}$ 0,90—2,00. — *Poly-3-O-methacryloyl-D-glucose* (I) $(C_{10}H_{16}O_7)_n$, durch 1 std. Kochen von 0,5 g V in 20 ml Aceton unter Rückfluß mit 1 ml n-H_2SO_4, nach Abdestillieren des Acetons 48 std. Erwärmen mit 50 ml n-H_2SO_4 auf dem sd. Wasserbad u. Gießen der zentrifugierten klaren Lsg. in Aceton; $[\alpha]_D^{20}$ 56,1° (W.); $[\eta]^{30}$ 0,90 (W.); 48%. — Durch Hydrolyse von II mit 10 ml n-H_2SO_4 in 8 ml Aceton in Ggw. von etwas Pikrinsäure unter Erwärmen auf 50° bis zum Klarwerden entstehen 2 Fraktionen, 0,4 g eines in Aceton lösl., hygroskop. Sirups, $[\alpha]_D^{20}$ 49,1° (W.), u. ein in Aceton unlösl. Prod., $[\alpha]_D^{20}$ 55,1° (W.) u. $[\eta]^{30}$ 0,45 (W.), vermutlich I. — Die Copolymerisation von II mit *Acrylonitril* wird in Dimethylformamid mit AIBN als Starter bei 50° in 2 Std. im evakuierten Bombenrohr durchgeführt; die Polymeren wurden durch Eingießen in Methanol ausgefällt; zur Hydrolyse wurde das Copolymere in einer Lsg. von 30 g $ZnCl_2$ in 20 ml einer 2,5n HCl gelöst, 3 Std. lang auf dem sd. Wasserbad erhitzt u. in W. gegossen. U. Hutten. 4050□

Struktur eines Reservekohlenhydrats (Leucosin) aus Ochromonas malhamensis. A. R. Archibald, D. J. Manners und J. F. Ryley. (Chem. and Ind. **1958,** 1516—17, 15/11.; Edinburgh, Univ., Dep. of Chem.; Macclesfield, Cheshire, Imperial Chem. Industries Ltd., Pharm. Div.; engl.) — Aus der Flagellatenart *Ochromonas malhamensis* wird durch Extraktion mit heißem W. u. Fraktionierung mit Cetavlon u. Aceton ein aus Glucose u. wenig Mannose bestehendes *Polysaccharid* [*Leucosin* (I); $[\alpha]_D$ +10° (W.). *Acetyl-Deriv.*, $[\alpha]_D$ —59° (Chlf.)] isoliert. I liefert durch partielle Hydrolyse mit verd. H_2SO_4 oder endo-β-Glucosidase eine Reihe von Oligosacchariden, deren R_F-Werte mit *Glucose, Laminaribiose, -triose, -tetraose* u. *-pentaose* ident. sind; mit exo-β-Glucosidase findet nur ein langsamer Abbau statt. Aus dem oxydativen Abbau mit $NaJO_4$ ergibt sich, daß I überwiegend β-1 $\rightarrow$ 3-Glucosidbindungen enthält. Das Auftreten von *HCHO* u. *HCOOH* läßt auf lineare Struktur von I mit einem Polymerisationsgrad von 36—40 schließen. Aus dem $NaJO_4$-Verbrauch bei pH 8 ergibt sich, daß I noch einen geringen Anteil anderer Bindungsarten enthält. L. Lamza. 4050

Aufbau und Spezifität des Hämocyanins. Ernst Bayer und Helmut Fiedler (Liebigs Ann. Chem. **653,** 149—56, 24/5. 1962; Karlsruhe, TH, Inst. für Organ. Chem.;

dt.) — Zur Klärung der Wertigkeit des Cu im *Hämocyanin* (II) wird die Temp.-Abhängigkeit der mol. magnet. Susceptibilität (SU) untersucht. Bei Cu^+ müßte wegen des Fehlens eines paramagnet. u. der Temp.-Unabhängigkeit des diamagnet. Moments keine Abhängigkeit der SU von der Temp. auftreten, bei Cu^{2+} müßte sich dagegen die Temp.-Abhängigkeit des Paramagnetismus bemerkbar machen. Die erhaltenen Werte deuten auf das Vorliegen von Cu^+, sind jedoch nicht eindeutig. — Die Meth. der paramagnet. Resonanzabsorption, die beim Vorliegen ungepaarter Elektronen (Cu^{2+}) ein Signal ergibt, zeigt mit frisch dargestelltem II u. mit *Oxyhämocyanin* (III) kein Signal. Dagegen gibt die aus III bei längerem Stehen bei Temp. $> 10^0$ gebildete, von Vff. als *Methämocyanin* (IV) bezeichnete Verb. ein für Cu^{2+} charakterist. Signal. Beim III → IV-Übergang erfolgt Farbwechsel tiefblau → grünblau, die Fähigkeit zur reversiblen O_2-Bindung verschwindet. — Als dritten Beweis für das Vorliegen von Cu^+ in II verwenden Vff. den Austausch des Cu zwischen II u. *α.α'-Dichinolyl* (V). Dieser erfolgt beim Versetzen von II mit 1%ig. V-Lsgg. in Eisessig u. 3std. Stehen unter Bldg. des bekannten rotvioletten V-Cu^+-Komplexes. Das auf diese Weise gefundene Verhältnis $Cu^+ : Cu^{2+}$ beträgt bei III 100 : 0 (totale Cu-Menge 0,245%), bei IV 51 : 49 (0,256%), bei II 99 : 1 (0,245%) u. bei *Apohämocyanin* (I) 100 : 0 (0,07%). — Eine quant. Analyse zeigt, daß mindestens 97,6% von II u. 87,85% von I aus Aminosäuren bestehen. Die Best. der Aminosäuren erfolgte durch 36std. Erhitzen von II-Präpp. mit 7n HCl auf 110—120° unter N_2 im zugeschmolzenen Röhrchen, Eindampfen des Hydrolysats im Vakuum zur Trockne, Aufnehmen in Citrat-Puffer (pH 3,25 u. 5,28) u. Best. der Zus. aliquoter Teile mittels des Elphor-Integraphs. Der Amidstickstoff wurde durch Zugeben von NaOH u. Titration des freigewordenen NH_3 bestimmt. Aus den gefundenen Werten u. aus dem Fehlen anderer Verb.-Klassen (Zucker u. a.) schließen Vff., daß das Cu^+ in II direkt an das Protein gebunden ist. — Beim Abspalten des Cu^+ aus II konnten nur etwas mehr als $^2/_3$ entfernt werden, der Rest ließ sich ohne Denaturierung nicht entfernen. Das „entkupferte" II wurde zur Einführung verschiedener Metallionen mit Lsgg. von 2n Natriumacetat u. 1n NaCl sowie einer 0,01m Lsg. des zu prüfenden Salzes versetzt, 8 Std. lang gegen Leitungswasser dialysiert, der Nd. in 0,02n Ammoniak gelöst u. 4 Tage lang bei 4° gegen Leitungswasser dialysiert. Dabei wurde festgestellt, daß CuCl unter Rückbldg. von II reagiert, mit Cu^{2+}, Co^{2+}, Zn^{2+}, Cd^{2+}, Hg^+, Hg^{2+}, Fe^{2+}, V^{3+}, V^{4+}, V^{5+} u. UO_2^{2+} aber keine Rk. erfolgt. Demnach ist II äußerst selektiv zur Bindung von Cu^+ befähigt.

Versuche: Sauerstofffreies *Hämocyanin* (II), aus 60 ml Coelom-Fl. von Octopus vulgaris durch Versetzen mit dem gleichen Vol. gesätt. $(NH_4)_2SO_4$-Lsg., 8std. Stehen bei 4°, hochtouriges Zentrifugieren, Lösen in 40 ml dest. W., Zentrifugieren, Dialysieren des Überstands (5 Tage lang bei 4°) gegen Leitungswasser, Suspendieren des blauen, amorphen Nd. in 60 ml dest. W., Lösen durch Zugabe von 1 ml 0,5m Acetatpuffer (pH 5,2), Durchleiten von O_2-freiem N_2 bis zur Entfärbung u. Gefriertrocknung bei 0,01 Torr. — *Apohämocyanin* (I), aus der Lsg. des amorphen II in Acetatpuffer (pH 5,2) nach Kubowitz (Biochem. Z. **299**, [1938], 32). — *Oxyhämocyanin* (III), aus einer Lsg. von I in Phosphatpuffer durch Versetzen mit 2n Natriumacetat- u. 1n HCl-Lsg., Zugeben einer 0,01%ig. CuCl-Lsg., 5std. Stehen bei Raum-Temp. unter N_2, Zentrifugieren, Lösen des Sediments in 0,02n NH_3, Durchleiten von O_2 u. 3tägige Dialyse gegen Leitungswasser bei 4°.

G. Seltmann. 4070□

Schäumungsanalyse verdünnter wässeriger Gelatinelösungen. (Konzentration mit Hilfe der Flotation.) Kazimierz Kapitańczyk, Stanisław Kiciak und Roman Sołecki. (Poznańskie Towarzystwo Przyjaciół, Wydział Nauk techn., Prace Komisji Nauk podstawowych stosowanych **1**, Nr. 1, 1—17, 1959; Poznań; pol.) — Wss. *Gelatine*-Lsgg. mit einem Geh. $> 0,025\%$ werden beim Durchleiten von Luft vollständig verschäumt. Eine Anreicherung ist hier nicht möglich. Verdünntere Lsgg. (herab bis 0,001%) können durch mehrmaliges Aufschäumen eingeengt werden. Die zurückbleibende Lsg. enthält $< 0,001\%$ Gelatine. F. Urban. 4070□

E. Biologische Chemie. Physiologie. Medizin

E_1. Allgemeine Biologie und Biochemie

Ursprünge des Lebens. I. Grundland. (Experientia [Basel] **15**, 239—44, 15/6. 1959; Varsovie; franz.) — Die mit dem Auftreten des Lebens verknüpfte Protein-Synth. begann auf der Erde während der Übergangsperiode zur freien O_2 enthaltenden Erdatmosphäre. Proteine entstanden durch Kondens. aus freien Radikalen. Mit der Protein-Synth. unter Mitwrkg. von Nucleinsäuren verbesserten sich die Wege zur Bldg. von Lebensformen. — 23 Literaturangaben. K. Maier. 4100□

Kometen und die Bildung biochemischer Verbindungen auf der primitiven Erde. J. Oró. (Nature [London] **190**, 389–90, 29/4. 1961; Houston, Tex., Univ. of Houston, Chem. Dep.; engl.) — Als eine der wichtigsten Konsequenzen der Wechselwrkg. zwischen Kometen u. Erde wird die Anreicherung relativ großer Mengen C-Verbb., die spontan weiter in *Aminosäuren* (I), *Purine* u. a. biochem. wichtige Verbb. umgewandelt werden, angesehen. Die Kometen enthalten große Mengen H-, C-, N- u. O-Verbb., wie die Fluorescenzemissionsbanden zeigen. In Rk.-Gemischen (30–100°) aus HCN (1 bis ca. 11m) u. wss. NH_3 wurde die Bldg. von *Adenin, 4-Aminoimidazol-5-carboxamid, Formamidin, Glycinamid, Glycin, Alanin* u. a. I nebeneinander nachgewiesen. K. Maier. 4100□

Das ultraviolette Absorptionsspektrum der Proteine: Mikrospektrophotometrische Methodik. W. Sandritter. (Acta histochem. [Jena] **4**, 276–303, 25/10. 1957; Frankfurt/M., Univ., Senckenbergisches Path. Inst.) — Übersicht über method. Grundlagen, Aufbau der Apparaturen, Anwendung u. Grenzen der Methodik, UV-Absorption von Protein-Lsgg. in Küvetten, von Proteinen an histolog. Material, Einfl. der Fixation, qual. Auswertung der Proteinabsorption am biolog. Objekt, quant. Auswertung. — 74 Literaturangaben. P. Gregorzewski. 4100

Das Ultraviolettabsorptionsspektrum der Proteine-Grundlagen und Grenzen der Auswertung. E. Schauenstein. (Acta histochem. [Jena] **4**, 208–21, 25/10. 1957; Graz, Univ., Inst. für Physikal. Chem.) — Übersicht über apparative Voraussetzungen, Abgrenzung von „echter" u. „Schein"-Absorption, fallweise Berücksichtigung des Quellungsgrades, Auswertung der Spektren, weitere Aussagen. — 28 Literaturangaben. P. Gregorzewski. 4100□

Einiges über die Polarisationsoptik von Proteinstrukturen. W. J. Schmidt. (Acta histochem. [Jena] **4**, 175–92, 25/10. 1957; Gießen, Zool. Inst.) — Übersicht über Bau u. Strukturveränderungen durch makroskop. Deformierung einer Reihe von *Linearproteinen* sowie deren röntgenograph. Untersuchungen. — 54 Literaturangaben. P. Gregorzewski. 4100□

Genetischer Polymorphismus bei Eialbumin-Proteinen von Geflügel. I. E. Lush. (Nature [London] **189**, 981–84, 25/3. 1961; Edinburgh, Agricult. Res. Council, Poultry Res. Centre; engl.) — Durch Elektrophorese der Eiinhaltsstoffe von 470 Hennen in Tris-Citronensäurepuffer wurden 9 generelle Phenotypen für die Albumin-Zus. gefunden. R. Strufe. 4130

Bildung von Heterocygoten durch langsames Abkühlen einer schnell erhitzten Mischung von transformierenden Desoxyribonucleinsäuren. Roger M. Herriott. (Proc. nat. Acad. Sci. USA **47**, 146–53, 15/2. 1961; Baltimore, Md., Johns Hopkins School of Hyg. and Public Health, Dep. of Biochem.; engl.) — In einer Mischung von genet. unterschiedlichen transformierenden *Desoxyribonucleinsäuren* (I) von 2 *Hemophilus influenzae*-Rassen wurde nach schnellem Erhitzen auf 100° u. langsamem Abkühlen auf 37° innerhalb von 6 Std. die Bldg. von gemischten Moll. (Heterocyoten) beobachtet, in denen die genet. Merkmale beider I vorlagen. Verschiedene Mechanismen für die Heterocygoten-Bldg. werden diskutiert. U. Mothes. 4130□

Zellphysiologie und Protoplasmatik. Hans Joachim Bogen. (Fortschritte der Botanik **20**, 130–43, 1958; Braunschweig; dt.) — Übersicht. — Cytoplasma, Vakuole, Plastiden, Chondriosomen, Stoffaufnahme, Eiweiß- u. Nucleinsäurestoffwechsel, Kälteresistenz. — 103 Literaturangaben der Jahre 1956/58. P. Gregorzewski. 4150□

Vitalfluorescenz und Histochemie. Unter besonderer Berücksichtigung der Aufnahme von Eiweiß in Zellplasma und Zellkern. Theofried Peters. (Acta histochem. [Jena] **4**, 250–59, 25/10. 1957; Heiligenberg/Bodensee, Heiligenberg-Inst.) — Übersicht. 13 Literaturangaben. P. Gregorzewski. 4150□

Ultraviolettdichroismus der Nucleinsäure und Proteine in Zellstrukturen. F. Ruch. (Acta histochem. [Jena] **4**, 193–96, 25/10. 1957; Zürich, ETH, Inst. für Allgem. Bot.) — Übersicht über Meßinstrumente zur Best. des UV-Dichroismus von Zellen u. Zwecke solcher Messungen. — 7 Literaturangaben. P. Gregorzewski. 4150□

Desoxyadenosin-N^1-oxid und seine Wirkung auf die Nucleinsäuresynthese in vitro. Sune Frederiksen und Hans Klenow. (Acta physiol. scand. **50**, Suppl. 55–56, 1960; Copenhagen, Fibiger-Labor., Biochem. Sect.; engl.) — *Desoxyadenosin-N^1-oxid* (I) wird durch Oxydation von Desoxyadenosin mit Monoperphthalsäure in wss. Lsg. bei pH 5 u. chromatograph. Reinigung dargestellt. 2μ Mol I/ml Zellsuspension erniedrigen bei Ehrlich-Ascitestumorzellen den ^{32}P-Orthophosphat-Einbau in Desoxyribonucleinsäure (DNS) auf 10–15%. Der Einbau in Ribonucleinsäure wird nicht durch I beeinflußt. Die Hemmung des ^{32}P-Einbaus in DNS wird durch gleichzeitige Zugabe von *Adenosindesaminase* (II) oder *Desoxyguanosin* aufgehoben. Präinkubation von I mit II beeinflußt weder das I-Absorptionsspektrum noch die I-Hemmwirkung. Nach 3std. Inkubation verschwinden 50—60% von I, u. es werden die entsprechenden Mengen *Desoxyinosin* u. *Hypoxanthin* gefunden. P. Gregorzewski. 4150□

Ein hypothetischer Mechanismus für die Biosynthese von Ribonucleinsäure und Protein. Z. Kiepal-Kochańska. (Bull. Acad. polon. Sci., Sér. Sci. biol. **6,** 445—50, 1958; Warsaw, State Inst. of Hyg., Dep. of Biochem.; engl.) — Auf der Grundlage bekannter biochem. Rkk. wird eine Hypothese über den Mechanismus der Biosynth. von *Polynucleotiden* u. *Polypeptiden* aufgestellt, mit der die experimentellen Daten sowie die Wechselbeziehungen zwischen den synthet. Prozessen beider Poly-Verbb. hinreichend erklärt werden können. Bei der Phosphorolyse der *Ribonucleinsäure* (*RNS*) werden Pyrophosphatbindungen aus Adenosintriphosphat (ATP) aufgenommen, die dann bei Umkehrung der Rk. (Synth. der RNS) auf Aminosäuren übertragen werden u. diese aktivieren. Die aktivierten Aminosäuren reagieren untereinander unter Peptid-Bldg., wobei die Phosphatreste auf Adenosindiphosphat (ATP-Rückbldg.) übertragen werden, oder sie bilden mit Nucleosiddiphosphaten unbeständige Aminosäure-Phosphonucleotid-Verbb., die unter Polynucleotid-Bldg. reagieren können. Es wird auf die integrierende Rolle der RNS-Synth. bei dem Mechanismus der Protein-Synth. hingewiesen.
H.-P. Pietsch. 4150□

Untersuchungen über den Hemmungsmechanismus der Desoxyribonucleinsäuresynthese durch Desoxyadenosin. Kay Overgaard-Hansen. (Acta physiol. scand. **50,** Suppl. 113—14, 1960; Copenhagen, Fibiger-Labor. Biochem. Sect.; engl.) — *Desoxyadenosin* (**I**) hemmt in vitro die ^{32}P-Inkorporation in Desoxyribonucleinsäuren (DNS) von Ehrlich-Asciteszellen. Die Ribonucleinsäure-Synth. wird nicht beeinflußt. In Ggw. von *Desoxyguanosin* (**II**) wirken steigende I-Mengen nicht inhibierend, Zugabe von *Desoxyinosin* (**III**) hebt die Hemmung auf. **III** allein ist wirkungslos. Folgender Mechanismus wird angenommen: **I** wirkt hemmend durch Blockierung der Bldg. eines Guanindesoxynucleotids, das möglicherweise durch Red. des entsprechenden Guaninribonucleotids entsteht. Die antagonist. Wrkg. von **II** besteht dann in einer Desoxyguanylsäure-Bldg. durch direkte Phosphorylierung, wodurch der normale Stoffwechselweg der *Desoxyguanisinmonophosphat* (**IV**)-Bldg. geschlossen u. der normale **IV**-Spiegel in den Zellen wiederhergestellt wird. Dieser gestattet dann eine normale DNS-Synthese.
P. Gregorzewski. 4150□

Die Bildung von Desoxyribonucleinsäure bei durch Bacteriophagen II infizierter Escherichia coli. M. Brunfaut-Steux und R. Thomas. (Arch. int. Physiol. Biochim. **69,** 103—04, Febr. 1961; Brüssel, Univ., Labor. de Morphol. animale; franz.) — Bei *Escherichia coli* kann die Bldg. von *Desoxyribonucleinsäure* (I) von der anderer makromol. Säuren dadurch getrennt werden, daß eine Kultur in frischem Peptonmilieu 10fach verd. u. 5 Std. bei 37° belüftet wird. Im Gegensatz zur *Ribonucleinsäure* u. zu den Proteinen nimmt I ihr Wachstum erst nach einer Latenzzeit von 25 Min. wieder auf. Vff. verfolgen die Bldg. von I in Kulturen von E. coli (C 600), die von Phagen λ (Mutante λ C 72) infiziert waren. In den infizierten Kulturen ist die Zunahme von I bereits nach 5 Min. spürbar u. steigt dann sehr rasch an. Wahrscheinlich wird während der ersten Wachstumszeit nur die I der Bakteriophagen gebildet u. erst nachher die Bldg. von I der Bakterien wieder aufgenommen. Die genet. Unters. bestätigt, daß das Chromosom des Bakteriophagen sich bereits während der Periode vermehrt, in der die nicht infizierten Kulturen keine I bilden. P. Nachtwey. 4150□

Über die Struktur hitzedenaturierter und Ultraviolett-bestrahlter Desoxyribonucleinsäure. Lawrence Grossman, David Stollar und Katherine Herrington. (J. Chim. physique Physico-Chim. biol. **58,** 1078—89, Nov./Dez. 1961; Waltham, Mass., Brandeis Univ., Graduate Dep. of Biochem.; engl.) — Mit *Desoxyribonucleinsäure* (*DNS*) aus *Phagen T 4* u. aus *Bacillus subtilis* wurde mit Hilfe verschiedener Meth. (enzymat. u. immunolog. Unterss., Photoreaktivierungs- u. Transformations-Verss., Behandlung mit Formaldehyd u. Dichtegradienten-Zentrifugation) versucht, Aufklärung über die Struktur der DNS nach Hitzedenaturierung bzw. UV-Bestrahlung zu erhalten. Es wurde gefunden, daß hitzedenaturierte (erhitzte u. schnell abgekühlte) DNS aus einem einfachen *Polydesoxyribonucleosid*-Strang besteht, in dem intramol. H-Brücken eine durch den Zeitpunkt der Abkühlung bedingte zufällige Sekundärstruktur festlegen. — Als Grund für die in vivo sichtbaren UV-Schäden werden die Bldg. von *Thymin*-Dimeren innerhalb einer *Nucleotid*-Kette u. auch zwischen 2 Strängen der DNS-Helix, teilweise örtliche Denaturierung u. Brüche des DNS-Doppelstranges, sowie eine Photohydratisierung des *Cytosins* diskutiert. Als vermutete Ursache für eine Mutation wird der Verlust einer echten Paarungsfähigkeit der Basen während der Replikation — hervorgerufen durch die UV-beeinflußte Dimeren-Bldg. — angesehen.
E.-R. Lochmann. 4150□

Sequenz-Ergänzung bei T-2-Desoxyribonucleinsäure und T-2-spezifischer Ribonucleinsäure. Benjamin D. Hall und S. Spiegelman. (Proc. nat. Acad. Sci. USA **47,** 137—46, 15/2. 1961; Urbana, Ill., Univ. of Illinois, Dep. of Chem. and Microbiol.; engl.) — Die *Ribonucleinsäure* (I), welche nach Infektion mit dem Bakteriophagen T 2 in *Escherichia coli* synthetisiert wird, besitzt eine Basenzahl analog der *Desoxyribonucleinsäure* (II) des T 2. Für die intracelluläre Reproduktion des T 2 scheint die Synth. einer spezif. I Vorbedingung zu sein. Es konnte experimentell nachgewiesen werden, daß T 2-spezif. I mit T 2-II charakterist. Komplexe bildet, nicht aber mit anderer II gleicher Basenzahl. Es ist anzunehmen, daß T 2-spezif. I u. T 2-II komplementäre Nucleotidsequenzen besitzen. U. Mothes. 4150□

Das Elektronentransportsystem von Hydrogenomonas eutropha. 1. Mitt. Reduktion von Diphosphopyridinnucleotid durch Wasserstoff. Roy Repaske. (J. biol. Chemistry **237.** 1351—55; April 1962; Bethesda, Md.; Nat. Inst. of Allergy and Infect. Dis.; engl.) — Aus *Hydrogenomonas eutropha* wurden rohe zellfreie Extrakte hergestellt, die die Red. von 1,4 μMol *Diphosphopyridinnucleotid* (*DPN*) pro Min. pro mg Protein in H_2-Atmosphäre katalysieren. Entsprechende Konzz. *Triphosphopyridinnucleotid* werden nicht reduziert. Behandlung des Extraktes mit Protaminsulfat u. Calciumphosphatgel steigert die spezif. Aktivität auf das 9fache. Die Abhängigkeit der Red.-Geschw. vom pH-Wert u. Konz. u. Art [*Phosphat-*, „*Tris*"-, *Triäthanolamin* (I)-Puffer] der Puffer-Lsgg. wurde untersucht. Optimal ist pH 7,6 in 0,1 m I. Zur Aktivierung des Syst. ist ein Red.-Mittel (*Mercaptoäthanol, Glutathion, Cystein*) notwendig. *Thioglykolat*, Na_2S u. $NaHSO_3$ sind bedeutend schwächer wirksam. Da die Red.-Rk. durch *p-Chlormercuribenzoat* hemmbar ist, wird gefolgert, daß eine oder mehrere SH-Gruppen funktionell notwendig sind. $3{,}3\cdot10^{-4}$m *Jodacetat* u. $3\cdot10^{-3}$m *Arsenit* hemmen dagegen nicht. Fe^{2+} stimuliert die DPN-Red. nur in manchen Extrakten, anscheinend abhängig von der Art der verwendeten Zellen. *Di-Na-Äthylendiamintetraacetat*, *α.α'-Dipyridyl* u. *o-Phenanthrolin* ($3\cdot10^{-3}$m) beseitigen den Fe^{2+}-Bedarf der Rk., hemmen aber die Rk. nicht. Dem Rk.-Gemisch muß *Flavinmononucleotid* (II) oder red. II zugesetzt werden. *Flavinadenindinucleotid* oder *Riboflavin* ersetzen II nicht. Die Bedeutung von II für die DPN-Red. wird diskutiert. Die DPN-Red. ist durch 0,2 m u. 0,4 m NH_4^+ u. — in geringerem Maße — Na^+ hemmbar; 0,2 u. 0,4 m K^+ hemmen dagegen nicht. Bedingungen für mehrwöchige Aufbewahrung der Präpp. ohne Aktivitätsverlust werden beschrieben. S. Dittmann-Mitzscherlich. 4150□

Stoffwechselmäßige und strukturelle Zustände von Mitochondrien. 3. Mitt. Umkehr von Elektronentransport und Mitochondrienschwellung. Lester Packer. (J. biol. Chemistry **237,** 1327—31, April 1962; Berkeley, Calif., Univ. of California, Dep. of Physiol.; Dallas, Texas, Univ. of Texas, Southwestern Med. School; engl.) — Die Suspensionen von Rattenherzmitochondrien (M) in 0,32 m *Saccharose* (I)-Lsg. (10 mg Protein/ml) wurden mit einer Lsg. von I (0,05 m), K-Phosphat (0,02 m, pH 7,5) u. KCl (0,02 m) auf das 10fache verd., Elektronentransport (mit Pt-Elektrode polarograph. gemessene O_2-Aufnahme), Red.-Zustand der Pyridinnucleotide (II; Fluorescenz) u. Schwellung der M wurden gemessen. Als Substrate dienten 10^{-2}m *Succinat* (**III**) oder *Glutamat* (**IV**) sowie $2{,}5\cdot10^{-3}$m *Ascorbat* (**V**), zusammen mit $2\cdot10^{-4}$ *N.N.N'.N'-Tetramethyl-p-phenylendiamin* (**VI**) als Katalysator. Die Schwellung phosphorylierender M wird durch Elektronentransport veranlaßt u. durch *Adenosindiphosphat* umgekehrt. Während des aeroben Gleichgewichts des Elektronentransports verursachen **III** [wirkt in der Atmungskette vor Cytochrom c (**VII**)] u. **V** + **VI** (wirkt in der Atmungskette hinter **VII**) stärkere M-Schwellung als das an II gebundene Substrat **IV**. Der scheinbare Widerspruch zwischen der Anzahl der Phosphorylierungsstufen u. dem Ausmaß der M-Schwellung kann wohl teilweise mit der Fähigkeit von **III** u. **V** + **VI** erklärt werden, andere Stellen der Phosphorylierung als die Phosphorylierungen, mit denen sie gekoppelt sind, zu beeinflussen. Mit **V** + **VI** wurde in intakten M eine Umkehr des Elektronentransports erreicht, die zur Red. von II führt. Da Zugabe von Adenosintriphosphat nach Zugabe von **V** + **VI** weitere Zunahme der Fluorescenz hervorruft, müssen in Ggw. einer Energiequelle weitere Elektronen für die anaerobe II-Red. verfügbar gemacht worden sein. Jeweils ist größere M-Schwellung in Ggw. von **V** + **VI** oder auch mit **III** mit verstärkter Red. der II während des aeroben Gleichgewichts verbunden. Der Entkoppler *3.3'.5-Trijodthyronin* u. der Cytochromblocker *Antimycin A* hemmen den umgekehrten Elektronentransport von **V** + **VI** u. verringern auch die M-Schwellung. S. Dittmann-Mitzscherlich. 4150□

Schwellung der Herz- und Lebermitochondrien bei Magnesiummangelratten und ihre Umkehr. Motoomi Nakamura, Misako Nakatini, Masaatsu Koike, Shinichiro Torii und Mikotoshi Hiramatsu. (Proc. Soc. exp. Biol. Med. **108,** 315—19, Nov. 1961; Fukuoka, Kyushu Univ., Med. School, Res. Inst. of Angiocardiol.

and Dep. of Bacteriol.; Boston, Mass., Harvard School of Public Health, Dep. of Nutrit.; engl.) — Innerhalb von 10 Tagen kommt es bei Ratten unter Verfütterung einer *Mg*-Mangelkost zu einer Schwellung von Herz- u. Lebermitochondrien, ohne daß der Mg-Geh. der Mitochondrien signifikant abnimmt. *Thyroxin* kann eine leichte Beschleunigung der Schwellung hervorrufen. Durch Zufügung von *Adenosintriphosphat* wird die Schwellung rückgängig gemacht; *Äthylendiamintetraessigsäure* verhütet die Schwellung, jedoch nur bei Lebermitochondrien. Der Mg-Geh. der Herzmitochondrien ist doppelt so hoch wie der von Lebermitochondrien. Der Mg-Mangel wirkt über Verminderung des P/O-Quotienten u. Membrandesorganisation. U. Tausendfreund. 4150□

Veränderungen des Nucleinsäurestoffwechsels der Leber in vitro nach Vorbehandlung von Ratten mit Hydrocortison oder 3-Methylcholanthren. Kristian F. Jervell. (Acta physiol. scand. **50,** Suppl. 77—79, 1960; Oslo, Univ., Inst. of Med. Biochem. and Physiol.; engl.) — 3 Std. nach intraperitonealer Injektion von *Hydrocortison* (1,5 mg/100 g) ist bei adrenalektomierten Ratten die Ribonucleinsäure (RNS)-*Uridin*-Aktivität sowie die Aktivität von *Adenin* u. *Guanin* des Nucleinsäure-Gemisches signifikant erhöht, nachdem die Leberschnitte in Robinson-Glucosemedium, das ^{14}C-Bicarbonat enthält, inkubiert werden. Nach 6 u. 12 Std. ist die Markierungs-Geschw. der gleichen Verbb. niedriger als bei den Kontrollen. Gleiche Verss. mit *3-Methylcholanthren* (15 mg) ergeben nach 20—45 Std. eine leichte Erhöhung der spezif. Aktivität von RNS-*Uridin* u. *Adenin*. P. Gregorzewski. 4150□

Einige Schutzlösungen für Zellen in Gewebekultur. H. J. Phillips und R. V. Andrews. (Exp. Cell Res. **16,** 678—82, März 1959; Omaha, Nebr., Creighton Univ., School of Med., Dep. of Physiol. and Pharmacol.; engl.) — Durch hochmol. Substanzen, wie *Gelatine, Blutalbumin* oder *Methylcellulose* (15 cP), wird für Gewebekulturzellen ein perfekter Schutz gegenüber Salz-Lsgg. erreicht. Die Konzz. der Schutzsubstanz liegen im Bereich der Protein-Konz. normaler Gewebeflüssigkeit.
H.-G. Trüper. 4150□

Polycythämie als Folge eines Phäochromocytoms unter Erzeugung eines die Erythrocytenbildung fördernden Faktors durch den Tumor. Thomas A. Waldmann und J. Edmund Bradley. (Proc. Soc. exp. Biol. Med. **108,** 425—27, Nov. 1961; Bethesda, Nat. Cancer Inst.; Baltimore, Md., Univ., School of Med., Dep. of Pediatrics; engl.) — Ein salzhaltiger Extrakt aus menschlichen Phäochromocytom-Tumoren förderte nach subkutaner Injektion in ♀ Ratten die Erythrocytenbildung. Die Neubldg. wurde durch Einbau von intraperitoneal injiziertem ^{59}Fe bestimmt. Die dafür verantwortlichen Faktoren in dem Extrakt sind nicht dialysierbar oder fettlöslich.
W. Damerau. 4160□

Pyruvatstoffwechsel. 2. Mitt. **Wiederherstellung der Pyruvatverwertung in Herzsarkosomen durch α(+)-Liposäure.** Oscar K. Reiss. (J. biol. Chemistry **233,** 789—93, Okt. 1958; Baltimore, Md., Johns Hopkins Univ., School of Med., Dep. of Physiol. Chem.; engl.) — 1. vgl. C. **1959,** 7170. — Die Hemmung des *Pyruvatoxydase* (I)-Syst. von Rattenherzsarkosomen durch *γ-[p-Arsenophenyl]-n-butyrat* (II) u. die Beziehung zwischen deren Größe u. der Menge des vorhandenen Sarkosomen-N wurden untersucht. Unter den gewählten Bedingungen hemmt $1{,}2 \cdot 10^{-6}$m II die Pyruvatverwertung u. Citrat-Bldg. um 50%. Ein 40- bzw. 100facher Überschuß an *α-(+)-Liposäure* (Disulfidform; III)/Mol II bewirkte eine 45- bzw. 65%ig. Reaktivierung, so daß III möglicherweise am I-Syst. des Säugerherzens beteiligt ist. Auch Dihydro-III reaktiviert. Nach spektroskop. Unterss. verbindet sich II in vitro mit Dihydro-III (Mol/Mol) zu einem stark assoziierten heterocycl. Derivat. Die Reaktivierung durch III (Disulfid) erfolgt spezif. durch die α-(+)-Form, während für die Dimercaptoform diese Spezifität nicht besteht. Die Befunde sprechen für eine Beteiligung von III am Pyruvatstoffwechsel der Rattenherzmitochondrien. K. Maier. 4160

Pyruvatstoffwechsel. 3. Mitt. **Bildung von Citrat in ascitischen Knoten eines Stammes des Ratten-Mamma-Carcinoms Walker 256.** Oscar K. Reiss, Leslie Hellerman, John A. Ambrose, Charles I. Smith, M. K. Gey und Anne E. Iber. (J. biol. Chemistry **237,** 992—96, April 1962; Baltimore, Md.; Johns Hopkins Univ., School of Med., Dep. of Physiol. Chem. and Surg.; engl.) — 2. vgl. vorst. Referat. — Zellen des Mamma-Carcinoms Walker-256 von Ratten wurden in der Bauchhöhle von Ratten als Knoten gezüchtet. In vitro bilden diese Knoten anaerob aus *Pyruvat* (I) reichlich *Lactat* (II); bei Zugabe von *Thiaminpyrophosphat* (III) zu den Inkubationsansätzen in HCO_3^--Puffer-Lsg. wird jedoch anaerob kaum II gebildet. *Acetoin* u. Acetaldehyd häuften sich niemals an. Aerob in Phosphatpuffer bildete sich dagegen II in Ggw. der Substrate I, I + *Fumarat* + III u. auch *Oxalacetat* (IV). Aerob wurde auch etwas *Citrat* (**V**) gebildet. Ca. 35% des Ketosäure-C wurden als **II** + **V** wiedergefunden. In Saccharose-„Tris"-Lsg. wurden aus den verwendeten Zellen in Ggw. von *Äthylendiamintetraacetat* (**VI**) auch Homogenate hergestellt. In diesen Homogenaten wird in Ggw. von **IV**, **I**, *Diphosphopyridinnucleotid* (*DPN*), **III**, *Coenzym A*, *trans-Aconitat* (als Blocker), *Nicotinamid* + α-(+)-*Liposäure* eine beträchtliche Menge **V** gebildet. Weglassen eines Cofaktors erniedrigt die **V**-Bldg. stark u. stimuliert die **II**-Bildung. *Fluoracetat* ist als Blocker relativ unwirksam. Wurden die Homogenate in K-Phosphatpuffer hergestellt, so ist die **V**-Bldg. auch in Ggw. reichlicher Mengen der Cofaktoren bedeutend verringert. Ggw. von $3{,}3 \cdot 10^{-4}$m Ca^{2+} (unter Weglassen von DPN u. in Ggw. von $1{,}8 \cdot 10^{-4}$m **VI**) erniedrigt die **V**-Bldg. stark, Zugabe des Ca^{2+} in Ggw. von 1,9 μMol *Adenosintriphosphat* u. 3 μMol DPN pro 1,9 ml wirkt schwächer hemmend. *Glutathion* u. *Cystein* fördern die **V**-Bldg. aus **I**. In den verwendeten Asciteszellen wurden ca. 10 mg *red. Glutathion* u. ca. 4 mg *Ascorbinsäure* pro g Trockengew. gefunden. Die Meth. dieser Best. sind beschrieben. S. Dittmann-Mitzscherlich. 4160□

Pyruvatstoffwechsel. 4. Mitt. **Verwertung von Pyruvat in isolierten Mitochondrien einer ascitischen Form des Ratten-Mamma-Carcinoms Walker-256.** Leslie Hellerman, Oscar K. Reiss und M. K. Gey. (J. biol. Chemistry **237**, 997—1001; April 1962; engl.) — 3. vgl. vorst. Referat. — Die Mitochondrien der in vorst. Ref. beschriebenen Ascitesknoten wurden isoliert. Bedingungen wurden ermittelt u. sind beschrieben, unter denen in diesen Mitochondrien, ohne wesentliche glykolyt. Kapazität, *Pyruvat* (**I**) in *Citrat* (**II**) umgewandelt wird. (Mit $^{14}C_{(3)}$-**I** wurde nachgewiesen, daß der Hauptteil des gebildeten **II** aus **I** entsteht.) Zur **II**-Bldg. ist Zugabe von *Fumarat* oder *Malat* notwendig. Mg^{2+} u. *Phosphat* sind für die optimale Wrkg. der Inkubations-Fl. notwendig. Zugabe von *Di-* oder *Triphosphopyridinnucleotid*, *Adenosintriphosphat* oder *Fluoracetat* stimuliert die **II**-Anhäufung nicht. *Äthylendiamintetraacetat* u. *Nicotinamid* ersetzen sich gegenseitig, werden jedoch meistens gemeinsam zugesetzt. 10^{-3}m Ca^{2+} hemmt die **II**-Anhäufung vollständig, $8 \cdot 10^{-6}$m *γ-[p-Arsenophenyl]-n-butyrat* (**III**) hemmt um 73%, 10^{-4} m *p-Chlormercuribenzoat* um 61%, *2.3-Dimercaptopropanol* (**IV**) hemmt schwächer, ebenso *red. Liposäure* (**V**). Andererseits stellen $4 \cdot 10^{-5}$m **IV** u. $7{,}5 \cdot 10^{-5}$m **V** die durch 10^{-5}m **III** völlig gehemmte Bldg. von **II** aus **I** zu ca. 30% wieder her. $5 \cdot 10^{-4}$m *Liposäure* in der —*S*—*S*-Form wirkt nur reaktivierend, wenn außerdem $5 \cdot 10^{-3}$m *Adenosintriphosphat* u. 10^{-3}m *Diphosphopyridinnucleotid* (die allein nicht stimulierend wirken) zugegeben werden. Die **II**-Bldg. aus **I** + *Fumarat* oder aus *Oxalacetat* ist in den Mitochondrien aus Rattenherz, -leber u. -niere bedeutend höher als die Bldg. von **II** in den hier verwendeten Tumormitochondrien. Aus Verss. mit $^{14}C_{(2)}$-**I** u. mit $^{14}C_{(3)}$-**I** wird gefolgert, daß man für die Oxydation des $C_{(2)}$ u. des $C_{(3)}$ von **I** zu CO_2 nach einem Mechanismus suchen muß, der wenigstens den angenommenen Weg unter Beteiligung von Liposäure, vielleicht sogar einen Teil des Tricarbonsäurecyclus in seiner bisherigen Formulierung umgeht.
S. Dittmann-Mitzscherlich. 4160□

5-Nucleotidaseaktivität im experimentellen Cervicovaginalcarcinom der Maus. M. Thiery und R. G. J. Willighagen. (Nature [London] **194**, 691—92, 19/5. 1962; Ghent, State Univ., Dep. of Gyn.; Leyden, State Univ., Dep. of Pathol.; engl.) — Im Gegensatz zu den Verhältnissen beim Menschen kann bei der Maus die Aktivität der *5-Nucleotidase* zur histochem. Diagnose neoplast. Wachstums an Cervix u. in der Vagina dienen. Die hohe Fermentaktivität der malignen Schuppenzellen, im Kontrast zu den meisten anderen Enzym-Syst. stehend, bleibt auch bei Übertragung chem. induzierter Cervicovaginalcarcinome stabil (bis zu 79 Generationen). Die Bedeutung der hohen Aktivität ist ungeklärt. Da gleiche Aktivität auch in Bronchialepithelien der Maus nach Influenzainfektion auftritt, wird an Zusammenhang mit Virusinfektion gedacht.
U. Tausendfreund. 4160□

Suche nach verwertbaren biochemischen Unterschieden zwischen normalen und Krebszellen. 6. Mitt. **Purinstoffwechsel in vivo.** Glynn P. Wheeler und Jo Ann Alexander. (Cancer Res. **21**, Nr. 3, [Part I], 390—98, April 1961; Birmingham, Ala., Southern Res. Inst., Kettering-Meyer Labor.; engl.) — 5. vgl. C. **1960**, **16457**. — Nach Injektionen von $^{14}C_{(8)}$-*Xanthin* (**I**), *-Hypoxanthin* (**II**), *-Adenin* (**III**) oder *-Guanin* (**IV**) sind in Leberextrakten, Darm, Blut, Adenocarcinom 755, Sarkom 180, Leukämie L 1210 u. Novikoff-Hepatom bei papierchromatograph. u. autoradiograph. Prüfung jeweils überwiegende Anteile von ^{14}C aus **I**, **II** oder **IV** in Harnsäure u. Allantoin zu finden; nach **II** u. **III** finden sich anabol. u. katabol. Prodd.; es ist deshalb damit zu rechnen, daß die Stoffwechsel-Prodd. zwischen den Geweben ausgetauscht werden u. derartige Unterss. eher eine Information über den Gesamtstoffwechsel u. weniger über die Fähigkeit einzelner, bestimmter Gewebe zum intracellulären Anabolismus u. Katabolismus von Purinen zulassen. U. Tausendfreund. 4160□

Suche nach verwertbaren biochemischen Unterschieden zwischen normalen und Krebszellen. 7. Mitt. **Anabolismus und Katabolismus der Purine in zerschnittenen Geweben.** Glynn P. Wheeler und Jo Ann Alexander. (Cancer Res. **21,** Nr. 3, [Part I], 399—406, April 1961; engl.) — 6. vgl. vorst. Referat. — Im Gegensatz zu den in vivo-Verss. konnte in vitro bei Inkubation von Neoplasmen- u. Wirtsgeweben mit $^{14}C_{(8)}$-*Xanthin*, -*Hypoxanthin*, -*Adenin* oder -*Guanin* u. anschließenden chromatograph.-autoradiograph. Unterss. der wss. alkohol. Extrakte ein gewisser Unterschied zwischen den Gewebetypen gefunden werden: In neoplast. Geweben wurde mehr Anabolismus u. weniger Katabolismus als in normalen Wirtsgeweben nachgewiesen. Trotzdem handelt es sich um Befunde von fraglicher Bedeutung wegen der möglichen Unterschiede der Permeabilität der Zellen gegenüber den beteiligten Ribonucleotiden.
U. Tausendfreund. 4160□

Suche nach verwertbaren biochemischen Unterschieden zwischen normalen und Krebszellen. 8. Mitt. **Katabolismus von Purinen und Purinnucleotiden in ultraschallzerstörten Zellen.** Glynn P. Wheeler und Jo Ann Alexander. (Cancer Res. **21,** Nr. 3, [Part I], 407—21, April 1961; engl.) — 7. vgl. vorst. Referat. — Bei Inkubation radioakt. *Purine* u. *Purinribonucleotide* mit ultraschallbehandelter Mäuseleber, Darm, Adenocarcinom 755, Sarkom 180, Leukämie L 1210, Rattenleber, Darm u. Novikoff-Hepatom konnte an Hand papierchromatograph. u. autoradiograph. Isolierung der restlichen Substrate u. Prodd. des Katabolismus nachgewiesen werden, daß in den Tumoren tatsächlich gegenüber normalen Geweben ein herabgesetzter Katabolismus herrscht, der vermutlich prim. durch eine Verminderung der *Xanthinoxydase*-Aktivität bedingt ist.
U. Tausendfreund. 4160□

Säurelösliche Nucleotide in der Hepatocarcinogenese. J. T. Nodes und E. Reid. (Biochem. J. **83,** 4P—5P, April 1962; London, Chester Beatty Res. Inst., Inst. of Cancer Res., Royal Cancer Hosp.; engl.) — Die Unters. von Leberproben von Ratten nach kurzzeitiger Fütterung (3 Wochen u. weniger) mit *4-Dimethylamino-3'-methylazobenzol* zeigte ein Ansteigen aller Uridinnucleotide, was auf ein Ansteigen der *Uridinkinase*-Aktivität zurückgeführt wird. Im späteren Hepatom wurde ein Ansteigen vor allem des Diphosphats (UDP) u. Abnahme der UDP-Glucose u. UDP-Glucuronsäure beobachtet. Triphosphopyridinnucleotid (TPN) wurde wenig gefunden. Dagegen wurde Diphosphopyridinnucleotid (DPN) in der „präcancerösen" Leber unverändert gefunden u. daraus geschlossen, daß gestörte DPN-Synth. nicht Vorbedingung für die Cancerogenese ist.
W. Damerau. 4160□

Stoffwechselbedingte Veränderungen der aktiven carcinogenen Substanz Benzedene durch die Gastrointestinalschleimhaut. K. Hartiala, Anita Lehtinen und H. Krieger. (Acta physiol. scand. **50,** Suppl. Nr. 175, 67—68, 1960; Univ. of Turku, Dep. of Physiol.; Turku, Lääk Oy, Med. Res. Labor.; engl.) — Bei der Inkubation mit Magen- u. Duodenumgewebeschnitten werden ca. 50% des zugegebenen *Benzedene* in Konjugate verwandelt, von denen die Hälfte aus β-Glucuronidase-hydrolysierbarem Glucuronidester besteht. Das zeigt, daß die Gastrointestinalschleimhaut an der Entgiftung u. Hydroxylierung teilnimmt.
P. Gregorzewski. 4160□

Die Rolle von Epithel und Stroma bei der Carcinogenese. 2. Mitt. **Tumorentwicklung bei internen Haut- und Epithel-Transplantaten, die mit 3-Methylcholanthren behandelt wurden.** Charles A. Ashley. (J. nat. Cancer Inst. **26,** 1445—59, Juni 1961; Cooperstown, N.Y., Mary Imogene Bassett Hosp., Dep. of Pathol.; engl.) — Ziel der Unters. war, zu finden, ob *3-Methylcholanthren* bei Hautpinselung eine direkte Wrkg. auf das Epithel oder das Bindegewebe hat. Bei Transplantation von vorbehandeltem Epithel sowie von ganzer Haut an subkutane oder intraperitoneale Stellen entwickelten sich keine Tumoren, dagegen sehr wohl an den ursprünglich behandelten Flächen, von denen die Transplantate genommen worden waren. Es wird geschlossen, daß ein der Transplantation zuzuschreibender Faktor die Entw. von Tumoren hemmt.
R. Preußmann. 4160□

Überblick über Verbindungen, die auf carcinogene Aktivität untersucht wurden. Philippe Shubik und Jonathan L. Hartwell. (U. S. Dep. Health, Educat, Welfare, public Health Service Publ. Nr. **149,** Suppl. 1—388; 1957; engl.) — Vff. berichten über 982 chem. Verbb. u. geben die entsprechenden Literaturhinweise.
P. Gregorzewski. 4160□

E$_2$. Enzymologie. Gärung

Verwendung von Molenbrüchen in der Enzym-Kinetik. A. D. McLaren. (Arch. Biochem. Biophysics **97,** 1—3, April 1962; Berkeley, Calif., Univ. of California, Coll. of Agricult. and Miller Inst. for Basic Res. in Sci.; engl.) — Am Beispiel der Rk. zwischen

Pepsin u. *Eialbumin* wird die enzymkinet. Analyse nicht wie üblich unter Verw. der m Konzz., sondern durch Rechnung mit den Molenbrüchen durchgeführt. Wegen der Berücksichtigung der Molzahl des W. in den Lsg.-Syst. bei der Berechnung der Zahlenwerte der Molenbrüche ist es mit dieser Meth. möglich, Rk.-Geschw. in Lsgg. u. in Gelen oder in subcellularen Teilchen u. Membranen rechner. zu erfassen u. miteinander zu vergleichen. S. Dittmann-Mitzscherlich. 4210□

Kristallisiertes Cytochrom c. 5. Mitt. **Kristallisation von Cytochrom c aus Weizenkeimling.** Bunji Hagihara, Kunio Tagawa, Ichiro Morikawa, Masateru Shin und Kazuo Okunuki. (J. Biochemistry [Tokyo] **46,** 321–27, März 1959; Osaka, Univ. of Osaka, Fac. of Sci., Dep. of Biol.; engl.) — 4. vgl. C. **1960,** 8212. — Aus den mit Äthylacetat behandelten Keimlingen von austral. Weizen, die 30% Kleie enthielten, wurde *Cytochrom c* (I) mit 30%ig. $(NH_4)_2SO_4$ bei pH 6,5 extrahiert. Weitere Reinigung: Fraktionieren mit $(NH_4)_2SO_4$, Dialyse des mit 75–95% Sättigung erhaltenen Nd., Adsorption an Amberlite XE-64, Elution mit 0,3n NH_4^+-Puffer bei 7,0 (nach vorherigem Waschen der Säule mit 0,1n Puffer), Wiederholung von Adsorption, Waschen u. Elution, Chromatographieren in oxydiertem sowie im red. Zustand, Adsorption an Amberlite XE-64 [im Gleichgewicht 0,05n NH_4-Phosphatpuffer (pH 7,0)] u. Kristallisation. — Die I-Kristalle (2,8 μMol/10 kg Weizenkeimlinge) sind längliche Platten. A. Hesse. 4210□

Die Kristallisation des von der Desoxyribonucleinsäurekomponente freien Cytochroms b_2. R. K. Morton und Kathryn Shepley. (Nature [London] **192,** 639–41, 18/11. 1961; Adelaide, Univ., Waite Agric. Res. Inst., Dep. of Agric. Chem.; engl.) — Krist. *Cytochrom b_2* (I; Hefe-L(+)-Lactatdehydrogenase) enthält ca. 5% *Desoxyribonucleinsäure* (II; Typ I-I), die durch Dialyse gegen 50 u. 70% gesätt. $(NH_4)_2SO_4$-Lsg., pH 8, abtrennbar ist. II-freie I (Typ II-I) wurde durch Dialyse seiner Lsg. in 0,5m Na-Lactat, 0,1 mm *Äthylendiamintetraacetat* (III) u. 0,04m Tetra-Na-Pyrophosphat, pH 6,8, gegen Na-Lactat (0,05m), III (0,1 mm) u. $MgSO_4$ (1 mm), pH 6,8, in Form anisotroper, hexagonaler rötlicher Prismen mit Pyramiden an den Enden erhalten, während krist. Typ I-I dem tetragonalen Syst. angehört. Im Gegensatz zu letzterem zeigt Typ II-I beim Färben mit Acridinorange keine deutliche Fluorescenz. Typ I-I ist als die native natürliche Form von I anzusehen. Die enzymat. u. physikochem. Eigg. beider Formen sind sehr ähnlich. K. Maier. 4210□

Untersuchungen über Cytochrom c. 3. Mitt. **Bestimmung von „nativem" Cytochrom c des Säugetierherzmuskels und seine physikalischen Eigenschaften.** Tateo Yamanaka, Hiroshi Mizushima, Mitsuhiro Nozaki, Takekazu Horio und Kazuo Okunuki. (J. Biochemistry [Tokyo] **46,** 121–32, Febr. 1959; Osaka, Univ. of Osaka, Fac. of Sci., Dep. of Biol.; engl.) — 2. vgl. C. **1962,** 7556. — *Cytochrom c* (I) aus Rinderherzmuskel wurde nach 3 verschiedenen Meth. (a, b, c) gereinigt, wobei stets Adsorption an eine CS-101-Säule erfolgt, der bei Ib eine kurze, bei Ic eine längere Behandlung mit neutralisierter Trichloressigsäure vorausgeht. Das der „nativen" Form am nächsten stehende mild behandelte Ia zeigt die niedrigste Oxydations-Wrkg. gegen Ascorbinsäure, ist am wenigsten empfindlich gegen Verdauung durch *Bakterienproteinase* (II) bzw. Trypsin u. zeigt die geringste Affinität zu Amberlite XE-64. Sämtliche Formen werden fast im gleichen Ausmaß durch Milchsäuredehydrogenase (Hefe) red. u. zeigen in oxydierter $[K_3Fe(CN)_6]$ u. red. [Dithionit] Form dasselbe Absorptionsspektrum. Native I kann leicht krist. werden. Sämtliche krist. I werden von II in der oxydierten Form leicht, in der red. Form aber kaum angegriffen; dies zeigt, daß Oxydation u. Red. des Hämteiles von einer endgültigen Änderung im Proteinteil von I begleitet ist. — I aus Herzmuskel von Schwein u. Pferd geben sehr ähnliche Ergebnisse. A. Hesse. 4210□

Die Struktur von Cytochrom c. 4. Mitt. **Behandlung mit Carboxypeptidase und Aminopeptidase.** Koiti Titani, Hisayuki Ishikura und Shigeki Minakami. (J. Biochemistry [Tokyo] **46,** 151–54, Febr. 1959; engl.) — 3. vgl. vorst. Referat. — Bei Behandlung von *Cytochrom c* (I; Pferderherzmuskel) mit *Carboxypeptidase* werden in 9 Tagen 7 Moll. Aminosäure am C-Ende abgespalten; in den ersten 24 Std. wurden freigesetzt: *Valin* u. *Leucin, Serin* (einschließlich *Asparagin*), *Lysin, Glutaminsäure, Phenylalanin, Threonin, Alanin* u. *Glykokoll.* Die katalyt. Wrkg. von I in einem Bernsteinsäureoxydase-Syst. wird dabei nicht verändert. Jedoch wird I hitzeempfindlicher, da es im Gegensatz zu unbehandeltem I im sd. Wasserbad koaguliert. — Durch *Leucinaminopeptidase* (Schweineniere) wird aus I keine N-endständige Aminosäure abgespalten. A. Hesse. 4210□

Die Struktur von Cytochrom c. 5. Mitt. **Diazokupplung und Jodierung von Cytochrom c.** Hisayuki Ishikura, Kenji Takahasi, Koiti Titani und Shigeki

Minakami. (J. Biochemistry [Tokyo] **46**, 719—24, Juni 1959; Tokyo, Univ., Fac. of Sci., Dep. of Chem.; Fac. of Med., Dep. of Physiol. Chem. and Nutrit.; engl.) — 4. vgl. vorst. Referat. — Aus *Cytochrom c* (I) wurde durch Kuppeln mit p-Diazobenzolsulfosäure bei pH 7,6 ein modifiziertes I erhalten; mit dem Fortschreiten der Kupplung nimmt die Absorption der red. Form bei 550 mμ ab u. die der oxydierten Form bei 450—500 mμ zu. Durch die Diazokupplung verschwindet die elektronenübertragende Wrkg. von I. — I wurde ferner bei pH 7,0 mit KJ, das trägerfreies $Na^{131}J$ enthielt, jodiert. Mit fortschreitender Jodierung wächst die Bindefähigkeit für *CO*. Gleichlaufend mit dem Verschwinden der elektronenübertragenden Wrkg. in einem *Bernsteinsäureoxydase*-Syst. erscheint eine Autoxydierbarkeit. Die Absorption bei 550 mμ bleibt dagegen auf dem ursprünglichen Niveau, sogar dann, wenn 6 Atome J in das Protein-Mol. aufgenommen sind. — Vff. schließen, daß bei Diazokupplung sowohl die Imidazol- als auch die Phenolgruppen modifiziert sein könnten, wogegen die Rk. mit J bei den angewendeten Rk.-Bedingungen auf die Phenolgruppen beschränkt ist. Der Verlust der Fähigkeit zur Elektronenübertragung wird als Ergebnis eines Bruches in der stereochem. Struktur von I angesehen. A. Hesse. 4210□

Einige Eigenschaften der D-Milchsäure-Cytochrom-c-Reduktase der Hefe. Agnar P. Nygaard. (Acta physiol. scand. **50**, Suppl. Nr. 175, 110, 1960; Oslo, Blindern, Johan Throne Holst't Inst. for Nutrit.; engl.) — Das Enzym ist fest an die Respirationspartikel gebunden. Das Differenzspektrum zwischen der oxydierten u. der red. Form mit einem Maximum bei 450 mμ zeigt eine prosthet. Flavingruppe an. Ein reduzierbares Häm wird nicht gefunden. Durch eine Reihe gewöhnlicher künstlicher Acceptoren wird das Enzym inaktiviert. P. Gregorzewski. 4210□

Eine Untersuchung über die Wirkung von Maleinhydrazid auf Prozesse beim Tabak und bei anderen Pflanzen. James E. Baker. (Physiol. Plantarum [Copenhagen] **14**, 76—88, 1961; Raleigh, N.C., North Carolina State Coll., Dep. of Bot.; engl.) — Im Warburg-App. wurde die Wrkg. von *Maleinhydrazid* (I) auf Pflanzengewebe (bes. von *Nicotiana tabacum*) untersucht. In Konzz. über 0,01 m hemmt I die Atmung: bei pH 7,0 zu 10—20%, bei pH 4,0 zu 30—50%. Im Gegensatz zu anderen Autoren konnte bei keiner der untersuchten *Dehydrogenasen* eine direkte Hemmung festgestellt werden. Es wurde auch keine Hemmung der *Cytochrom-c-Reduktase*, der *Cytochrom-c-Oxydase* u. der *Polyphenoloxydase* beobachtet. Dagegen wird die *Diaphorase* parallel zur Atmung gehemmt. Ausführliche Diskussion der Ergebnisse. U. Mothes. 4210□

Desoxycholat und Cytochrom-c-Oxydase. L. T. Kremzner und W. W. Wainio. (Biochim. biophysica Acta [Amsterdam] **52**, 208—09, 2/9. 1961; New Brunswick, N.J., State Univ., Bur. of Biolog. Res. and Dep. of Physiol. and Biochem., Rutgers; engl.) — Um *Cytochrom-c-Oxydase* (I), *Cytochrom b* u. *Cytochrom c* aus Mitochondrialfragmenten der Herzmuskel zu bereiten, wurde als Lsgm. *Na-Desoxycholat* (II) verwendet; Gel-Bldg. u. Hemmwrkg. sind die Nachteile von II. Wenn man zu 10—100 mg II 1 ml eines Herzmuskel-Präp. (25 mg Protein/ml) gibt (II: Protein-Verhältnis 0,4—4,0), steigt die Aktivität der I auf ein Maximum, wenn das Verhältnis 2,0 beträgt u. fällt, wenn es weiter auf 4,0 ansteigt. L. Macher. 4210□

Enzymologische Untersuchungen an bakteriellen Viren. Masanaka Terada und Kenzo Shibazaki. (Virus, J. Virol. [Kyoto] **8**, 89—95, 1958; Tokyo, Jikeikai School of Med., Dep. of Bact.; jap., Auszug: engl.) — Es werden Verss. an den Enzym-Syst. gereinigter, hochkonz. *S. gallinarum*-Phagen (Akita-Stamm) beschrieben. Mittels Absorptionsspektralanalyse wird gefunden, daß die beobachtete *Katalase*-Aktivität mit einer dem Hämatin ähnlichen Substanz im Zusammenhang steht. L. Heinisch. 4210□

Der Wechselwirkungsmechanismus von Cystein und Cystin mit Rinderleberkatalase. Alexander Pihl, Rolf Lange und Anders Evang. (Acta physiol. scand. **50**, Suppl. Nr. 175, 124, 1960; Oslo, Norsk Hydro's Inst. for Cancer Res., Norwegian Radium Hosp.; engl.) — Vgl. C. **1962**, 16004. — Native Rinderleber-*Katalase* (I) enthält 6—7 mit p-Chlormercuribenzoat titrierbare SH-Gruppen. Maximal bindet I 4 Mol ^{35}S-Cysteinreste unter gleichzeitiger Freisetzung von ca. 8 Mol *Cystein* (II). Die I-Hemmung durch II wird von einer Änderung des Spektrums begleitet, die die Bldg. des inakt. I-Peroxid-Komplexes II anzeigt. Diese Bldg. wird durch eine spontane Oxydation von II zu *Cystin* unter Entstehung von H_2O_2 verursacht. Der Grad der I-Hemmung ist der Menge dieses Komplexes proportional. Sowohl die Komplex-Bldg. als auch die Inhibition kehren sich beim Stehen um. P. Gregorzewski. 4210□

Der Äthanolstoffwechsel in Leberhomogenaten. I. Svendsen und F. Lundquist. (Acta physiol. scand. **50**, Suppl. Nr. 175, 147—48, 1960; Copenhagen, Univ., Inst. of Forensic Med.; engl.) — Es wird untersucht, ob *Katalase* an der *A.*-Oxydation in Rattenleberhomogenaten beteiligt ist. Präinkubation mit dem Katalaseinhibitor *3-Amino-1.2.4-triazol* hat keinen Einfl. auf den A.-Abbau. Ebenfalls ohne Einfl. sind DL-Alanin, Xanthin oder Hypoxanthin; Glucose (3 mg/ml) zusammen mit Glucoseoxydase verdoppeln aber die Geschwindigkeit. P. Gregorzewski. 4210□

Alkoholdehydrogenase in Nierengewebe. P. Hyltoft Petersen und F. Lundquist. (Acta physiol. scand. **50,** Suppl. Nr. 175, 119—20; 1960; Copenhagen, Univ., Inst. of Forensic Med.; engl.) — Zwischen der *Alkoholdehydrogenase* der Leber u. dem entsprechenden Enzym in Nierenhomogenaten bestehen folgende Gemeinsamkeiten: *Phenanthrolin* wirkt stark hemmend, n-Butyraldehyd u. Acetaldehyd werden mit ähnlicher Geschw. red., Nicotinsäureamidadenindinucleotid ist für die Enzymaktivität notwendig, u. das Enzym befindet sich nach dem Zentrifugieren bei hoher Geschw. ausschließlich im Überstand. Unter aeroben Bedingungen sinkt die A.-Bldg. von Cytochrom c fast auf Null. Die Konz. des Enzyms in Ratten u. Kaninchen entspricht 1—2% der Leber-Konz., bei Hund- u. Katzennieren ca. 0,1%. Extraktion u. Isolierung aus Pferde- u. Ochsennieren gelang nicht. P. Gregorzewski. 4210□

Abnahme der Glykolsäureoxydaseaktivität in mit Puccinia graminis var. tritici infizierten Weizenblättern. Z. Király und G. L. Farkas. (Phytopathology **47,** 277 bis 278, Mai 1957; Budapest, Res. Inst. for Plant Protection, Pathophysiol. Sect.; engl.) — Wurden Blätter von *Triticum aestivum, T. thimopheevi, T. monococcum* u. *T. divicum* mit *P. graminis* var. *tritici* infiziert, so stieg die Respirationsrate auf das 1,5—3fache an, die *Glykolsäureoxydase*-Aktivität sank auf 70—6%. Die kleineren Veränderungen fanden bei den resistenteren Blättern statt. W. Hiller. 4210□

Stabilität der mitochondrialen D-β-Hydroxybuttersäure-Dehydrogenase und ihre Beziehung zur Atmungskette. James B. Wise und Albert L. Lehninger. (J. biol. Chemistry **237,** 1363—70, April 1962; Baltimore, Md., Johns Hopkins Univ., School of Med., Dep. of Physiol. Chem.; engl.) — Aus Rattenlebermitochondrien wurden in „Tris"-Puffer mit Ultraschall Teilchen erhalten (Meth. beschrieben), die *D-β-Hydroxybuttersäure-Dehydrogenase* (**I**) gebunden enthalten. Die Eigg. der **I** wurden näher untersucht: Aerob wird **I** umkehrbar inaktiviert, gegen anaerobe Inkubation ist **I** stabil. Durch CN^- wird die aerobe Inaktivierung von **I** verhindert. Die erhaltenen Teilchen enthalten neben **I** auch *Succin* u. *Cholin–Dehydrogenase*-Aktivität (mit *Phenazin-N-methylsulfat* u. *Cytochrom c* als Acceptoren bestimmt), jedoch nur Spuren von *Malat-* (**II**), *Glutamat-* (**III**), *Isocitrat-* u. *Pyruvat* (**IV**)*-Dehydrogenase*-Aktivität mit *Diphosphopyridinnucleotid* (*DPN*) als Acceptor. $MgCl_2$, $CaCl_2$, $MnCl_2$, *DPN*, *Saccharose*, *Rinderserumalbumin*, *KCl*, *NaCl*, *2.4-Dinitrophenol*, *Adenosinmonophosphat*, *Adenosindiphosphat* (*ADP*), *Adenosintriphosphat* (*ATP*) verhindern nicht die aerob bei 30° eintretende Inaktivierung der **I**. *Äthylendiamintetraacetat*, $P_2O_7^{4-}$, PO_4^{3-} u. AsO_4^{3-} schützen nur wenig gegen diese Inaktivierung. *Amytal* u. *Antimycin A* hemmen die Inaktivierung, *Cytochrom c* beschleunigt sie. Auch *Succinat* (**V**) u. *Cholin*, nicht jedoch *DL-β-Hydroxybutyrat* (**VI**), **II**, *Fumarat*, **III** u. **IV**, schützen gegen aerobe Inaktivierung von **I**. DPN verstärkt die Schutz-Wrkg. von **V** beträchtlich, *Triphosphopyridinnucleotid* (*TPN*), *DPNH*, *3-Acetyl-DPN*, *Desamino-DPN*, *Thionicotinamid-DPN* u. *3-Pyridinaldehyd-DPN* verstärken die Wrkg. von **V** nicht. Während ADP die Inaktivierung von **I** katalysiert, wird maximaler Schutz gegen die aerobe Inaktivierung von **I** durch die Kombination von **V**, ATP + DPN erreicht. — Der größte Teil der bei aerober Inkubation verlorengegangenen **I**-Aktivität kann durch kurze Inkubation in Ggw. von Thiol-Verbb. mit DPN u. **V** (oder DPN u. **VI**) wiederhergestellt werden. TPN, DPN-Analoga (s. oben) u. DPNH ersetzen hier DPN nicht. *2.3-Dimercaptopropanol* (**VII**) ist bedeutend stärker wirksam als *Cystein* u. *Glutathion*. — Vff. nehmen an, daß **I** dadurch vor Inaktivierung geschützt wird, daß es gebundenes DPNH enthält. Dieses DPNH kann aerob u. anaerob in Ggw. von ATP, DPN u. **V** gebildet bzw. im red. Zustand gehalten werden. Bei aerober Oxydation des gebundenen DPNH soll das gebildete DPN abdissoziieren u. eine oder mehrere SH-Gruppen aerober Inaktivierung aussetzen. Bei Reaktivierung sollen durch **VII** u. anschließend durch DPN + **V** durch Red. die Inaktivierungsvorgänge rückgängig gemacht werden. S. Dittmann-Mitzscherlich. 4210□

Stoffwechseluntersuchungen an lebensmitteltechnologisch wichtigen Mikroorganismen. 3. Mitt. **Isolierung und Eigenschaften der D-Aminosäureoxydase aus Penicillium roqueforti Stamm S_{37}.** J. Schormüller und G. Westers. (Z. Lebensmittel-Unters. u. Forsch. **113,** 229—40, 3/10. 1960; Berlin, TU, Inst. für Lebensmittelchem. u. Lebensmitteltechnol.; dt.) — Aus *Penicillium roqueforti* S_{37} wird nach Verreiben mit Sand u. Phosphatpuffer durch Zentrifugieren ein Enzymextrakt mit *D-Aminosäureoxydase*-Aktivität gewonnen u. daraus Enzymtrockenpräpp. hergestellt. pH-Opti-

mum 8,5, Temp.-Optimum 40°. Das Ferment reagiert mit einzelnen Aminosäuren unterschiedlich schnell. Schwermetallionen u. Thiolinhibitoren wirken hemmend.
P. Gregorzewski. 4210□

Menadion-Reduktase in den Motten Celerio euphorbiae und Antheraea pernyi. J. Heller und L. Szarkowska. (Bull. Acad. polon. Sci., Sér. Sci. biol. **6**, 451–54, 1958; Pol. Acad. of Sci., Inst. of Biochem. and Biophys.; engl.) — Neben der *Chinonreduktase* wird in den Motten *C. euphorbiae* u. *A. pernyi* ein zweites Enzym, *Menadionreduktase* (I) gefunden, das H von red. Pyridinnucleotiden auf Chinone überträgt. Das Enzym ist in bezug auf den H-Acceptor nicht streng spezif., da es ebenfalls bei der Vitamin-K-Red. wirksam ist. Das Vork. der I unterstützt die Hypothese der Vff. über die Rolle der Chinone als H-Überträger zwischen Diphosphopyridinnucleotid u. Sauerstoff. H.-P. Pietsch. 4210□

Enzymatische Oxydation von Kohlenmonoxid. 2. Mitt. Tatsuhiko Yagi. (J. Biochemistry [Tokyo] **46**, 949–55, Juli 1959; Tokyo, Tokyo Med. and Dental Univ., School of Med.; engl.) — 1. vgl. Biochem. Biophysica Acta **30**, [1958], 194. — Aus Kulturen von *Desulfovibrio desulfuricans*, Stamm I (gewachsen: 48–72 Std. bei 37° auf einem Milchsäure, Na_2SO_4, $MgSO_4 \cdot 7\,H_2O$, KH_2PO_4, Polypepton u. Fleischextrakt enthaltendem Medium bei pH ca. 7) wurde durch Beschallen u. 1std. Zentrifugieren bei $17000 \cdot g$ ein zellfreier Extrakt erhalten, der ein *Enzym* (I) enthält, das *CO* zu CO_2 oxydiert. Die Messung erfolgte manometr. an der Gasaufnahme in einer CO-Atmosphäre in Ggw. von *Benzylviologen* (II) als Oxydationsmittel. Diese Meth. ist einfacher als die l. c. beschriebene Arbeitsweise. In den Hauptteil eines Warburg-Gefäßes werden der verd. Bakterienextrakt u. 75 μMol Phosphatpuffer pH 7 (zusammen 1,5 ml) gegeben; im Seitengefäß befinden sich 20 μMol II u. einige mg Zn-Staub. Als Gasphase dient 100%ig. CO. Wird nach Ausgleich (Temp. 30°) das teilweise red. II in das Hauptgefäß eingekippt, so ist die Gasaufnahme proportional zur I-Menge; die Aktivität wird ausgedrückt in Q_{CO} (μLiter/Std./mg). Sollte während der Rk. die schwachblaue Färbung des teilweise red. II verschwinden, so wird das Rk.-Gemisch wieder mit dem im Seitengefäß verbliebenen Rest von Zn in Berührung gebracht. I, das bei pH 7–8 optimal wirkt, wird durch Belichten etwas gehemmt. Bei Fehlen des zugesetzten Oxydationsmittels wird durch I in CO-Atmosphäre H_2 gebildet, wohl infolge reduktiver Zers. von H_2O. — I ist stabiler gegen Erhitzen als Hydrogenase oder Ameisensäuredehydrogenase, was auf Verschiedenheit der Enzyme hindeutet. A. Hesse. 4210□

Die Wirkung von Ribonuclease auf die Phagen–Protein-Synthese in einer Kultur eines induzierten lysogenen Bacillus megatherium. R. Jeener. (Biochim. biophysica Acta [Amsterdam] **32**, 106–16, März 1959; Brüssel, Univ., Labor. de Physiol. animale; engl.) — Vgl. C. **1959**, 11619. — *Ribonuclease* (I) hemmt selektiv die Phagen–Protein-Synth. bei UV-induziertem lysogenem *Bacillus megatherium*. Je eher I nach der Induktion zugegeben wird, desto ausgedehnter ist die Hemmung. Anderseits hängt die Zahl der produzierten, infektiösen Phagenpartikel von der bereits vor der Zugabe von I synthetisierten Menge an Phagen–Protein ab, was zeigt, daß die in Ggw. von I synthetisierten Phagen–Proteine nicht in normale infektiöse Partikel eingefügt werden. Doch wurden diese Proteine zu phagenähnlichen Partikeln mit normalem Aussehen u. *DNA* enthaltend zusammengezogen. Die Tatsache, daß sie nicht infektiös sind, scheint mit ihrer schwachen Bindung an das Wirtsbakterium zusammenzuhängen. Besprechung der Ergebnisse u. Hypothesen. H. Aman. 4210□

Die Wirkung von Ribonuclease auf sensitive und nichtinduzierte lysogene Zellen von Bacillus megatherium. R. Jeener. (Biochim. biophysica Acta [Amsterdam] **32**, 99–105, März 1959; Brüssel, Univ., Labor. de Physiol. animale; engl.) — Vgl. vorst. Referat. — Das Ausmaß der Protein-Synth. durch *Bacillus megatherium* nimmt durch *Ribonuclease* (I) ab unter Bedingungen, wo keine celluläre Lyse auftritt, obgleich die zwischen *RNA*, *DNA* u. Protein-Geh. bestehenden Verhältnisse unberührt sind. Überdies besteht dieselbe Beziehung zwischen der Aufnahme von ^{14}*C-Adenin* in RNA u. reiner RNA-Synth. bei Kontrollen u. bei I-behandelten Zellen. Nichtsdestoweniger ist die Abnahme der Protein-Synth. begleitet von einer Veränderung in den Grundverhältnissen der RNA, einer Zunahme des Zell-Vol. u. einer irreversiblen u. ausgedehnten Abnahme der Fähigkeit der Zellen, mehrere aufeinanderfolgende Teilungen zu erleiden. Besprechung zweier erdenklicher Hypothesen, betreffend die Wrkg.-Weise der I.
H. Aman. 4210□

6-Phosphogluconatdehydrogenase aus Leuconostoc mesenteroides. R. D. De Moss und Martin Gibbs. (J. Bacteriol. **70**, 730–34, Dez. 1955; Baltimore, Md., Johns Hopkins Univ., McCollum-Pratt Inst.; Upton, L.I., N.Y., Brookhaven, Nat. Labor., Dep. of Biol.; engl.) — Vgl. C. **1955**, 7232 u. **1956**, 7262. — *6-Phosphogluconatdehydrogenase* (I) wurde teilweise gereinigt; I red. Diphosphopyridinnucleotid 25mal so schnell wie Triphosphopyridinnucleotid, I wird durch Mg^{2+} stimuliert. P. Gregorzewski. 4210□

Die Hemmung der Glycerinaldehyd-3-phosphatdehydrogenase durch Cystaminmonosulfoxid. Rolf Lange und Alexander Pihl. (Acta physiol. scand. **50**, Suppl. Nr. 175, 91, 1960; Norwegian Radium Hosp., Norsk Hydro's Inst. for Cancer Res.; engl.) — Mit 2 Mol DPN krist. Enzym wird durch einen 2000fachen Überschuß von *Cystaminmonosulfoxid* (I) zu 50% gehemmt. Nach Abtrennung von DPN durch Aktivkohlebehandlung hemmt die gleiche Menge I das Enzym vollständig. Durch *Cystein* kann die Inhibition aufgehoben werden. Diese Hemmung beruht auf der Bldg. gemischter Disulfide. Bei Abwesenheit von DPN regiert das Enzym mit 5 Mol I unter Bldg. gemischter Disulfide. P. Gregorzewski. 4210□

Die radiosensitivierende Wirkung von Thioglykolsäure auf die Glycerinaldehyd-3-phosphatdehydrogenase des Muskels. Rolf Lange und Alexander Pihl. (Acta physiol. scand. **50**, Suppl. Nr. 175, 91—92, 1960; Norwegian Radium Hosp., Norsk Hydro's Inst. for Cancer Res.; engl.) — Vgl. C. **1962**, 13471. — Zusatz von *Thioglykolsäure* (I), deren Disulfid *Dithiodiglykolsäure* u. *Homocystin* erhöht die Inaktivierung gelöster krist. Kaninchenmuskel-*Glycerinaldehyd-3-phosphatdehydrogenase* durch Röntgenstrahlen. Andere Thiole u. Disulfide wirken protektiv. Die I-Wrkg. ist mit dem Verschwinden freier SH-Gruppen des Enzyms verbunden u. kann durch einen Thiolüberschuß nach der Bestrahlung rückgängig gemacht werden. Es wird die Bldg. gemischter Disulfide angenommen. P. Gregorzewski. 4210□

Übertragung von Strahlenschäden von bestrahlten Proteinen auf unbestrahlte SH-Enzyme. Alexander Pihl und Rolf Lange. (Acta physiol. scand. **50**, Suppl. Nr. 175, 123—24, 1960; Oslo, Norsk Hydro's Inst. for Cancer Res., Norwegian Radium Hosp.; engl.) — Wenn krist. *Glycerinaldehyd-3-phosphatdehydrogenase* (I) aus Kaninchenmuskel in Ggw. von *Serumalbumin* (II) bestrahlt wird, dann verschwindet die anfangs zu beobachtende schützende Wrkg. allmählich u. man kann eine merkliche Radiosensitivierung feststellen. Auch bei Zugabe von bestrahltem II zu unbestrahlter I tritt eine Enzymhemmung ein, daraus folgt, daß ein Mechanismus existiert, der Strahlenschäden von II auf I überträgt. Die gleiche Wrkg. üben alle anderen bisher untersuchten Proteine auf *SH-Gruppenenzym*, I u. *Alkoholdehydrogenase* aus. Die inhibierende Wrkg. bleibt bei der Lagerung bei 4° bis zu mehreren Wochen erhalten. P. Gregorzewski. 4210□

Biochemische Bestimmung der erhöhten Aktivität der sauren Phosphatase in den Hypophysenvorderlappen hypothyroider Ratten. Vergleich der King-Armstrong-Methode und der Methode von Bessey, Lowry und Brock. V. Schreiber und Vlasta Kmentová. (Folia Biol. [Praha] **8**, 48—53, 1962; Prague, Charles Univ., Fac. of Gen. Med., Third Med. Clin., Labor. for Endocrinol. and Metabol. engl.) — Vff. bestimmten die Aktivität der sauren Phosphatase im Hypophysenvorderlappen von a) normalen, b) mit *Methylthiouracil* (I), c) mit *Thyreoidin* (II) u. d) mit I + II gefütterten Ratten nach einer abgeänderten Krieg-Armstrong-Meth. mit Na-Phenylphosphat als Substrat u. einer von Nimmi modifizierten Meth. nach Bessey, Lowry u. Brock mit p-Nitrophenylphosphat als Substrat. Nach Fütterung der Tiere mit I zeigte sich ein Wuchern der Schilddrüsen u. der Hypophysenvorderlappen, das durch gleichzeitige Gaben von II gehemmt wurde. Die saure Phosphataseaktivität war in den Hypophysenvorderlappen bei b) höher als bei a). Zu diesem Ergebnis führte sowohl die King-Armstrong- als auch die Bessey-Lowry-Brock-Methode. Mit der modifizierten King-Armstrong-Meth. wurden höhere Aktivitäten gemessen. In beiden Fällen wurde eine Steigerung der Aktivität durch gleichzeitig vorhandenes II gehemmt. Hypertrophie der Schilddrüse u. des Hypophysenvorderlappens hatte gleichzeitig ein Ansteigen der sauren Phosphataseaktivität zur Folge. Vff. nehmen eine Beziehung zwischen der sauren Phosphataseaktivität in den Hypophysenvorderlappen u. der TSH-Sekretion an. Ch. Hanke. 4210□

Die Isolierung, Reinigung und die Eigenschaften von Adenosindesaminase. Alan Coddington. (Acta physiol. scand. **50**, Suppl. Nr. 175, 31—32, 1960; Copenhagen, Fibiger-Labor., Biochem. Sect.; engl.) — Frische Intestinalmucosa von Kälbern wird abgekratzt, mit dest. W. verd., pH 7,5 eingestellt, 15 Min. lang bei 40000·g zentrifugiert, mit $(NH_4)_2SO_4$ fraktioniert, Nd. in 0,05m Phosphatpuffer (pH 7,0), 15 Min. lang auf 70° erhitzt, denaturiertes Protein abgetrennt, bei pH 7,0 an einer DEAE-Cellulosesäule chromatographiert u. mit steigenden Salz-Konzz. eluiert. Es wird eine 120fache Reinigung des Enzyms erreicht. Es ist spezif. für *Adenosin* u. *Desoxyadenosin*, K_m beträgt 25 bzw. 28 μm. P. Gregorzewski. 4210□

Adenosin-3'.5'-phosphat in biologischen Materialien. 1. Mitt. Reinigung und Eigenschaften von cyclischer 3'.5'-Nucleotid-Phosphodiesterase und Verwendung dieses Enzyms zur Charakterisierung von Adenosin-3'.5'-phosphat im Urin des Menschen. R. W. Butcher und Earl W. Sutherland. (J. biol. Chemistry **237**,

1244—50, April 1962; Cleveland, Ohio, Western Reserve Univ., School of Med., Dep. of Pharmacol.; engl.) — Eine Meth. zu über 80facher Anreicherung von lösl. *cycl. 3'.5'-Nucleotidphosphodiesterase* (I) aus Rinderherz wird beschrieben ($[NH_4]_2SO_4$-Fällungen, 20000·*g*-Fraktionierung, Behandlung mit Diäthylaminoäthylcellulose, mit Calciumphosphatgel, Veränderung des pH-Wertes). Zur I-Wrkg. ist Mg^{2+} notwendig. *Imidazol* stimuliert I, die Methylxanthine hemmen I kompetitiv (*Theophyllin* ca. 6mal stärker wirksam als *Coffein* u. *Theobromin*). I ist gegenüber *Adenosin-2.3-phosphat* unwirksam. I wurde in allen Geweben gefunden, die Adenylcyclase enthalten, mit Ausnahme von Vogelerythrocyten. Für 19 Gewebe von Hunden ist die I-Aktivität angegeben. Nach Zentrifugation bei 2500·*g* werden ca. 60% der I-Aktivität der Homogenate im Sediment wiedergefunden. Die kinet. Eigg. dieser Teilchen-I scheinen mit denen der lösl. I ident. zu sein. Unter den Vers.-Bedingungen war die I jedoch nicht aus dem Sediment auswaschbar. Der Abbau von *Adenosin-3'.5'-phosphat* (II) scheint durch I allein zu erfolgen, da bis jetzt kein anderer Mechanismus bekannt ist. — Wegen der geringen Konz. von II in biolog. Materialien u. der Störung der Best. durch *Glucose-6-phosphat, Adenosindiphosphat,* Ca^{2+} u. vermutlich noch andere, bisher nicht bekannte Substanzen war die II-Best. bisher schwierig. Die Isolierung von II aus Urin des Menschen u. die mengenmäßige Best. von II mit Hilfe von I wird beschrieben. Täglich werden 2—7 μMol II ausgeschieden. S. Dittmann-Mitzscherlich. 4210□

Weitere Untersuchungen über Enzymsysteme des Ciliarkörpers. Morton B. Waitzman, Tao Huang und Elmer J. Ballintine. (Amer. J. Ophthalmol. [3] 52, Nr. 5, Part 2, Proc. Assoc. Res. Ophthalmol. 847/415—850/418, Nov. 1961; Cleveland, Ohio, Western Reserve Univ., School of Med., Labor. for Res. in Ophthalmol.; Univ. Hosp. of Cleveland; engl.) — In Acetonextrakten des Schweineciliarkörpers wurde Synth. von *Adenosintriphosphat* (*ATP*) oder *Adenosindiphosphat* (*ADP*) in Ggw. von *Adenosinmonophosphoramid* (I) u. *anorgan. Pyrophosphat* beobachtet, so daß ATP oder ADP aus Pyrophosphat u. I mit Hilfe eines Enzyms oder Enzym-Syst. des Ciliarkörpers gebildet werden kann; das stöchiometr. Verhältnis zwischen Pyrophosphat u. I scheint der bestimmende Faktor dafür zu sein, ob ATP oder ADP gebildet wird. Ferner wurde *Pyrophosphatase*-Aktivität beobachtet, die zu einer Orthophosphatakkumulierung infolge Spaltung des Pyrophosphats führt. Schließlich ließ sich im Ciliarkörperextrakt auch noch I-*Desaminase*-Aktivität nachweisen; die Rk. der NH_3-Abspaltung von P (NH_3 des Purinkerns von I wird nicht abgespalten) ist nicht von der Ggw. des Pyrophosphats abhängig, wird jedoch gehemmt, wenn die Pyrophosphat-Konz. zu hoch (doppelt so hoch wie die I-Konz.) wird. Verss. zum Nachw. einer Transaminierung des NH_2 von I auf ein α-Ketoglutarsäuresubstrat durch Akkumulierung von Glutaminsäure sind bisher erfolglos geblieben. U. Tausendfreund. 4210□

Enzymatische Synthese von mit ^{14}C markiertem Thymidin. Toyozo Sekiguchi und Haruhisa Yoshikawa. (J. Biochemistry [Tokyo] 46, 1505—11, Nov. 1959; Chiba, Nat. Inst. of Radiolog. Sci., Radiat. Hazards Study Div.; Tokyo, Univ. of Tokyo, Fac. of Med., Dep. of Physiolog. Chem. and Nutrit.; engl.) — *^{14}C-Thymidin* (I) mit einer spezif. Aktivität von $28 \cdot 10^4$ cpm/μm wurde mit Hilfe von *Thymidinphosphorylase* (wss. Extrakt aus Rinderleber) aus *^{14}C-Thymin* (II) u. *Thymidin* synthetisiert. I u. II wurden durch Papierchromatographie oder Säulenchromatographie voneinander getrennt. Die I-Synth. verläuft so rasch, daß schon 30 Min. nach Inkubation die spezif. Aktivitäten von I u. II gleich groß waren. A. Hesse. 4210□

Über den Mechanismus der Transpyrophosphorylierung bei der Biosynthese von Thiamindiphosphat. Yoshito Kaziro, Ryo Tanaka, Yoshitake Mano und Norio Shimazono. (J. Biochemistry [Tokyo] 49, 472—76, Juni 1961; Tokyo, Univ., Fac. of Med., Dep. of Biochem.; engl.) — Das aus radioakt. markiertem *Carbamylphosphat* mittels Carbamatkinase gewonnene *$^{32}P_{(\gamma)}$-Adenosintriphosphat* (I) wurde mit $MnSO_4$, Thiamin (II) u. aus Hefeautolysat isolierter Thiaminokinase in Tris-(hydroxymethylaminomethan)-Puffer (pH 8,6) inkubiert. Das dabei gebildete *Thiamindiphosphat* (III) wurde manometr. unter Verw. von Apocarboxylase quant. bestimmt u. die bei der Rk. gebildeten Nebenprodd. durch Chromatographie an Dowex-1 (X-4) getrennt. Die dabei erhaltenen Fraktionen wurden durch ihr UV-Spektrum, Thiochromtest, Radioaktivität, Coenzymaktivität u. Papierchromatographie nach Lyophilisation identifiziert. Als Rk.-Prodd. wurden neben III *Thiaminmonophosphat* u. *Adenosinmonophosphat* nachgewiesen. Da das Radioaktivitätsverhältnis von $P_{(\beta)}$ zu $P_{(\alpha)}$ in III das gleiche wie das von $P_{(\gamma)}$ zu $P_{(\beta)}$ in I ist, muß eine intakte Pyrophosphorylgruppe von I auf II unter Bldg. von III direkt übertragen worden sein. Als Name für das Ferment, das diese Rk. katalysiert, wird *Thiaminpyrophosphokinase* vorgeschlagen. R. Strufe. 4210

Cytotopochemische Untersuchung der Enzyme der Hypophyse der Ratte. Z. Lojda und V. Schreiber. (Československ. Fysiol. **9**, 377–78, Juli 1960; Praha, KU, fak. všeob. lék., embryolog. úst.; tschech.) — Vff. untersuchen die Lokalisierung der *alkal. Phosphatase*, der *Adenosintriphosphatase*, der *5-Nucleotidase*, der *sauren Phosphatase*, der *unspezif. Esterase*, der *Succinatdehydrogenase*, der *DPNH-Diaphorase* u. der *TPNH-Diaphorase* in der Rattenhypophyse u. ihren Anteil an deren Aktivität. R. K. Müller. 4210□

Abbau von Desoxyribose durch E. coli. Untersuchungen mit zellfreiem Extrakt und Isolierung von 2-Desoxy-D-ribose-5-phosphat. Jon Jonsen, Sören Laland und A. Strand. (Biochim. biophysica Acta [Amsterdam] **32**, 117–23, März 1959; Oslo, Blindern, Univ. of Oslo, Inst. of Biochem.; engl.) — Es wird die Herst. eines bei –10° stabilen Extrakts beschrieben aus einem an *Desoxyribose* (I) adaptierten Stamm von *E. coli*, welcher I zu gegen *Diphenylamin* negativem Material abbaut. Im Extrakt wird die Anwesenheit einer *ATP* u. Mg^{2+} erfordernden *Desoxyribokinase* vermutet. Es wurde die Anreicherung eines Zuckerphosphats in Ggw. von $(NH_4)_2SO_4$ gezeigt u. bewiesen, daß es sich dabei um *Desoxyribose-6-phosphat* handelt. H. Aman. 4210□

Fortschritte in der Pflanzenbiochemie in Beziehung zur Zellstruktur. D. D. Davies. (J. Roy. Inst. Chem. **84**, 172–74, Mai 1960; London, King's Coll., Dep. of Bot.; engl.) — Übersicht. Krebs-Cyclus, Katalyse der Walden-Inversion von Uridindiphosphatglucose u. -galaktose durch Galaktowaldenase, Photosynth.-Cyclus. W. Hiller. 4210□

Die Brenztraubensäure und α-Ketoglutarsäure sowie einige Enzyme in der cerebrospinalen Flüssigkeit bei Meningoencephalitiden. Eman Zelníček und Josef Továrek. (Scripta med. Fac. Med. Univ. Brunensis Olomucensis **34**, 45–52, 1961; Brno, Univ. J.E.P., lékařská fak., ústav pro lék. chem.; tschech.) — In der Lumbal-Fl. wurden die Konzz. der *Brenztraubensäure* (I) u. *α-Ketoglutarsäure* (II) colorimetr. als Hydrazone nach elektrophoret. Trennung bestimmt. Weiter wurden folgende Enzyme untersucht: *Glutaminsäure-Oxalessigsäure-Transaminase* u. *Glutaminsäure-*I*-Transaminase* (GOT u. GPT, nach Reitman u. Frankel), *Aldolase* (ALD, nach Sibbley u. Lehninger), *Milchsäuredehydrogenase* (MDH) u. *Äpfelsäuredehydrogenase* (ÄDH, nach Ševela u. Továrek). Bei 83 Kranken mit Meningoencephalitis wurden wenig erhöhte Werte von I (Durchschnitt 0,52 mg%) gefunden im Vgl. zu 7 gesunden Personen (0,42 mg%). Die Konz. von II erreichte höchstens 0,05 mg%. Die höchsten Werte von I, GOT u. MDH wurden bei den Patienten mit schwerstem Verlauf der Krankheit beobachtet. Andere Enzyme konnten nicht bei allen Kranken nachgewiesen werden u. hatten niedrige Aktivität: GPT 0,20, (0–0,50) μMol I/ml/Std., ALD 0,07, (0 bis 0,30) μMol Fructose-1.6-diphosphat/ml/Std., Äpfelsäuredehydrogenase war nur in 20% der Fälle nachweisbar. Z. Pechan. 4210

Über die enzymatische Umwandlung von Methylfumarsäure durch Leberhomogenate. K. Jacobsohn, M. D. Azevedo und R. E. Pinto. (C. R. Séances Soc. Biol. Filiales **154**, 1928–31, 1960, Lisbonne, Inst. Rocha Cabral.; franz.) — *Mesaconsäure* (*Methylfumarsäure*; I) wird von Taubenleberhomogenat viel langsamer anaerob abgebaut als Itaconsäure. I scheint in den Stoffwechsel der Ketosäuren einzugreifen u. deren Anreicherung zu verhindern. K. Maier. 4210□

Elektronenmikroskopischer Nachweis eines Glucose-1-phosphat spaltenden Enzyms im Herzmuskel der Albinoratte. Otto v. Deimling, Elisabeth Mölbert und Franz Duspiva. (Beitr. pathol. Anatom. allg. Pathol. **123**, 127–43, 1960; Freiburg/Br., Univ., Patholog. Inst., Ludwig-Aschoff-Haus; dt.) — Vff. lokalisierten ein Ferment am Herzmuskel der Ratte. Bei der enzymat. Spaltung von Glucose-1-phosphat entsteht Orthophosphat, das in Ggw. von Pb^{2+} niedergeschlagen wird (Kenntlichmachung der enzymat. Aktivität im Elektronenmikroskop). Besonders niederschlagsreich waren die Cristae mitrochondriales, die Zellmembran u. kleine elektronendichte Körper. Ch. Hanke. 4210□

Histochemische Lokalisierung der β-Glucuronidase in heilenden Wunden des Axolotl. A. Stolk. (Nature [London] **194**, 692–93, 19/5. 1962; Amsterdam, Free Univ., Histol. Labor.; engl.) — Epithelproliferation (Verss. an Axolotl *Amblystoma mexicanum*; heilende Wunden von Dorsalhaut u. Zunge) steht offenbar in engem Zusammenhang mit *β-Glucuronidase*-Aktivität, da diese mit dem Fortschreiten der Heilung in der Fibroblastenproliferationszone zunimmt; die Histiocyten u. Riesenzellen scheinen stärker zu reagieren. Im Bindegewebe hängt die Enzymaktivität mit Gewebe-Bldg. u. Makrophagenfunktion zusammen. U. Tausendfreund. 4210□

Ein nicht-kompetitiver β-Glucuronidase-Inhibitor in Kaninchenurin. Gaylord M. Conzelman jun. und Daniel W. Crout. (Proc. Soc. exp. Biol. Med. **107**, 372–74, Juni 1961; Cincinnati, Ohio, Christ Hosp. Inst. of Med. Res.; engl.) — Der im Kaninchenurin enthaltene *β-Glucuronidasehemmstoff* (I) wird näher untersucht. I ist hitzestabil, nicht dialysierbar u. proteinartig. Die Aktivität reicht von pH 3–6. Die Unfähigkeit von Kaninchenurin, Glucuronsäurekonjugate zu hydrolysieren, erklärt sich aus der Ggw. von I. Darin liegt wahrscheinlich die Resistenz der Carcinogenese durch 2-Aminonaphthol bei Kaninchen begründet. P. Gregorzewski. 4210□

Untersuchungen an Pullulan. 2. Mitt. **Spezifischer Abbau durch ein bakterielles Enzym.** Hans Bender und Kurt Wallenfels. (Biochem. Z. **334**, 79–95, 1961; Freiburg/Br., Univ., Chem. Labor.; dt.) — 1. vgl. C. **1960**, 16468. — Es wurde ein mucoides Bakterium der *Aerobacter*-Gruppe isoliert, das das extracelluläre *Pullularia pullulam*-Polysaccharid *Pullulan* (I), ein Glucan, als C-Quelle verwerten kann. Das I spaltende *Enzym* (II) kommt vorwiegend im Kulturfiltrat vor. Die II-Bldg. findet nur bei spezieller Induktion durch I, *Maltose* u., schwächer, *Maltotriose* (III) statt. Sie war in modifiziertem Czapek-Dox-Medium mit Peptonzusatz erhöht. Ein durch Acetonfällung gewonnenes II-Rohpräp. hatte das pH-Optimum 5,0 u. war ohne Aktivitätsverlust 20 Std. auf 40° erwärmbar. II hydrolysiert natives I zu *Glucose, Maltose*, III u. *höheren Oligosacchariden*. Ein durch milde Säurespaltung gewonnenes „Rest-I" gibt beim enzymat. Abbau nur III. Von anderen Substraten werden nur lösl. Stärke u. *Amylopektin* (IV) stärker abgebaut. Die II-Wrkg. auf IV zeigt sich in einer Viscositätsabnahme sowie Intensivierung u. Verschiebung des Absorptionsmaximums der Jodfarbe von Rotviolett nach Blau. Da II α-1 → 6-Bindungen im hochmol. Substrat, nicht jedoch in Isomaltose, Panose oder in Dextran gespalten werden, ist es als „*R-Enzym*" anzusprechen. K. Maier. 4210□

Glykolytische Aktivität in Beziehung zum Wachstum von Escherichia coli. Bengt v. Hofsten. (Physiol. Plantarum [Copenhagen] **14**, 177–86, 1961; Uppsala, Univ., Inst. of Biochem.; engl.) — Die *Enolase*-Aktivität zellfreier Extrakte von *Escherichia coli* ist gering in Zellen, die Aminosäuren oder Succinat als C-Quelle erhielten u. hoch in Zellen, deren Nährmedium reichlich Kohlenhydrate oder Glycerin enthielt. Das anaerobe Wachstum wird durch niedrige Fluorid-Konzz. in einem anorgan. Nährmedium mit Glucose als alleiniger C-Quelle gehemmt, es wird aber nicht beeinflußt, wenn ein H_2-Acceptor, wie Aminosäuren oder Nitrat, anwesend ist. Das aerobe Wachstum wird auch durch höhere Gaben Fluorid kaum gehemmt. U. Mothes. 4210□

Enzymatische Hydrolyse von Glykogen und Synthese von α-D-Glucosepolymeren in wässerigen Extrakten von Muskelgewebe. St. E. Karpiak. (Bull. Acad. polon. Sci., Sér. Sci. biol. **7**, 383–85, 1959; Wrocław, School of Med., Dep. of Physiol. Chem.; engl.) — Vf. extrahiert Muskelgewebe (von Maus, Kaninchen, Ratte, Frosch u. Huhn) mit kaltem W. (2°, 30 Min.) u. inkubiert die nach dem Zentrifugieren erhaltene überstehende Fl. mit *Glykogen* (I) (bei 37°, 19–22 Std.). Nach beendeter Vers.-Zeit werden die Proben zur Ausfällung von Proteinen mit 95%ig. A. behandelt. Die Menge an Gesamtzucker aus I wird nach der Meth. von Hewik (Nature [London] **182**, [1956], 246) bestimmt. Nach Versetzen der inkubierten Muskel-Präpp. mit $Ba(OH)_2$ u. $ZnSO_4$ lassen sich auch die freien Zucker im Überstehenden ermitteln. Die Trennung der Zucker erfolgt auf papierchromatograph. Wege (Lsgm.: n-Butanol/Essigsäure/W. 40 : 10 : 50; Reagens: Benzidin-Lsg.). Zur Unters. der Transglucosidierungs-Rk. werden wss. Muskelgewebeextrakte mit *Maltose* (II) inkubiert. Es zeigt sich, daß der I-Abbau in den Geweben verschiedener Tierarten unterschiedlich ist. Der größte Umsatz (97%) wird bei der Maus, der geringste (7%) im Brustmuskel des Huhns festgestellt. Als I-Spaltprodd. werden in allen Fällen *Glucose* (III), II, *Maltotriose* (IV), *-tetrose* (V), *-pentaose* (VI) u. höhere III-Polymere gefunden. 30–35% der Gesamtzuckermenge treten im Kaninchenmuskel als freie Saccharide auf. Die I-Hydrolyse in wss. Kaninchenmuskelextrakten ist also ein typ. Vorgang. Das den I-Abbau katalysierende Enzym-Syst. ist gegen Dialyse (24 Std. gegen 0,01 m KCl) beständig u. wird durch III ($2{,}7 \cdot 10^{-2}$m) inhibiert. Die Bldg. von III, IV, V, VI u. höheren Oligosacchariden in Muskelextrakt–II-Syst. weist auf die Entstehung von α-D-III-Polymeren in den Geweben durch Transglucosidierungs-Rkk. hin. P. Fahrnlaender. 4210

Untersuchungen über Polygalakturonase-Enzyme aus Schimmelpilzen. 1. Mitt. **Isolierung und Untersuchung von Schimmelpilzstämmen mit großer Polygalakturonase-Aktivität.** L. Nyeste und J. Holló. (Nahrung **6**, 348–63, 1962; Budapest, TU, Inst. für landw.-chem. Technol.; dt.) — Die bisher beschriebenen Meth. zur Isolierung von Stämmen mit großer *Polygalakturonase* (I)-Aktivität erwiesen sich als unzureichend. Vff. entwickeln eine Reagensglas-Schnellmeth. zur Best. der Pektinaseaktivität durch geeignete Reagentien (TTC, Bleiacetat, Methylrotindicator). Die beste Selektions-Meth. basierte auf der Viscositätsabnahme der Pektinlösung. Die I-Produktion bestimmter Schimmelpilzstämme kann durch Züchtung auf einem Pektin enthaltenden Nährboden erheblich gesteigert werden. Die von Deul u. Stutz getroffene Einteilung der ver-

schiedenen Polygalakturonasen in drei Gruppen wurde an Hand verschiedener Aktivitäts-Best.-Meth. an mehreren Schimmelkleie-Präpp. bekräftigt. Es gelang, zwei Schimmelpilzstämme zu isolieren, die sich zur industriellen Enzymerzeugung eignen.
Ch. Hanke. 4210

Untersuchungen über Polygalakturonase-Enzyme aus Schimmelpilzen. 2. Mitt. **Der Einfluß des Kleienährbodens auf die Polygalakturonase-Synthese von Botrytis cinerea.** L. Nyeste und J. Holló. (Nahrung **6,** 364—73, 1962; dt.) — 1. vgl. vorst. Referat. — Der Pektin-Geh. des „erhaltenden" Nährbodens hat keinen maßgebenden Einfl. auf die *Polygalakturonase* (I)-Synthese. Dagegen bewirkt der Pektin-Geh. des „vermehrenden" Nährbodens der Kleie schon bei 0,5% eine Änderung der I-Aktivität. Pektinzusatz bis zu 1% wirkt stimulierend auf die I-Synth., bei weiterer Zugabe erfolgt keine Steigerung. Die mit *Botrytis cinerea* dargestellte Schimmelpilzkleie erreicht am 6. Tag ein Maximum ihrer Aktivität. Das Optimum der Enzym-Bldg. liegt bei 25°.
Ch. Hanke. 4210□

Durch Sclerotinia sclerotiorum gebildete pektolytische Enzyme. E. Echandi und J. C. Walker. (Phytopathology **47,** 303—06, Mai 1957; Madison, Wis., Univ. of Wisconsin, Dep. of Plant Pathol.) — *S. sclerotiorum* bildet auf Weizenkleie *Pektinmethylesterase* u. *Polygalakturonase*. Das pH-Optimum lag bei 4. 10 Min. langes Erhitzen auf 55° zerstörte die Aktivität. Extrakte von Radies, Gurke, Möhre, Kartoffeln u. Zwiebeln hemmten die Aktivität. W. Hiller. 4210□

Die Hydrolyse von Weizenstrohhemicellulose durch ein gereinigtes Enzym aus Pansenmikroorganismen. D. J. Walker und M. F. Hopgood. (Austral. J. agric. Res. **12,** 651—60, Juli 1961; Adelaide, Univ., C.S.I.R.O., Div. of Biochem. and Gen. Nutrit.; engl.) — Ein Enzym, das eine fast unlösl. Form von *Hemicellulose* aus Weizenstroh hydrolysiert, wurde aus der Mikroflora des Schafpansens rein dargestellt. Dieses Enzym katalysiert die Hydrolyse der Hemicellulose zu Xylose, Xylobiose, Xylotriose u. zu höheren Oligosacchariden zusammen mit Glucose u. Arabinose. Die enzymat. Aktivität wurde durch Erhitzen auf 40° oder durch Erhöhung des pH-Wertes bis zu einem Optimum von 6,0 schnell zerstört. Gereinigte Enzym-Präpp. hydrolysieren weder Stärke noch Cellulose. Eine teilweise Hemmung der Hemicellulaseaktivität wurde in Ggw. von p-Chlormercuribenzoat beobachtet. P. Nachtwey. 4210□

Wechselwirkung zwischen β-Fluoroxalacetat und Glutamat-Asparagat-Transaminase der Herzmitochondrien. E. Kun, D. W. Fanshier und D. R. Grassetti. (J. biol. Chemistry **235,** 416—19, Febr. 1960; San Francisco, Calif., Univ. of California, Med. Center, Dep. of Pharmacol. and Exp. Therapeutics; engl.) — Vgl. C. **1962,** 17075. — *β-Fluoroxalacetat* (I) hemmt *Glutamat-Asparagat-Transaminase* (**III**), wobei eine Konkurrenz-Rk. mit Oxalacetat (**II**) stattfindet. Bei **I**-Transaminierung mit Asparagat erleidet das entstehende β-Fluorasparagat Dehydrofluorierung u. Entaminierung zu **II**. Äpfelsäuredehydrogenase ist gegen **I** ca. 13mal empfindlicher als **III**. K. Maier. 4210□

Spezifität von kristalliner bakterieller Proteinase. Kazuo Okunuki, Hiroshi Matsubara, Shigehiko Nishimura und Bunji Hagihara. (J. Biochemistry [Tokyo] **43,** 857—66, Nov. 1956; engl.) — Vff. untersuchten die Spezifität einer durch Kationenaustauscher Duolite C-10 gereinigten u. krist. *Proteinase* (I) aus dem Kulturmedium von *Bac. subtilis N* (vgl. Annu. Rep. sci. Works, Fac. Sci., Osaka Univ. **2,** [1954.] 35) auf Substrate, wie *oxydiertes Lysozym* aus Eiweiß u. denaturierte bakterielle *α-Amylase*. Die enzymat. Hydrolyse erfolgte im m/20 Ammoniumacetatpuffer pH 8,5 bei 30°. Vff. fanden, daß **I** eine breite Spezifität besitzt u. Proteine oder neutrale u. saure Aminosäurereste sowohl von Amino- als auch vom Carboxylende her angreift. Die Best. der N-Endreste wurde nach Meth. Sanger mit Fluordinitrobenzol durchgeführt, die der C-Endreste nach der Hydrazinolyse-Dinitrophenol (**II**)-Meth. von Akabori u. Mitarbeitern. Die chromatograph. Trennung u. quant. Best. der **II**-Aminosäuren erfolgte durch Papierchromatographie oder Chromatographie an Silicagel oder Ionenaustauschern, wie Amberlite IR-112 u. IRC-50. G. Bratfisch. 4210□

Proteinasebiosynthese durch Streptococcus liquefaciens. 2. Mitt. **Bedarf an Purin, Pyrimidin und Vitamin.** R. E. Hartman, L. N. Zimmerman und R. Rabin. (Canad. J. Microbiol. **3,** 553—58, Juni 1957; University Park, Pa., Pennsylvania State Univ., Dep. of Bact.; engl.) — Die *Proteinase*-Biosynth. durch *Streptococcus liquefaciens*, Stamm 31, läßt sich in einem synthet. Medium durchführen, wobei Adenin u. Uracil zur Deckung des Purin- u. Pyrimidinbedarfs ausreichen, während als Vitamine Pyridoxal u. Riboflavin eine maximale Enzym-Bldg. bewirken. Biotin u. Folsäure wirken dagegen hemmend. Der Aminosäurebedarf bleibt unbeeinflußt bei vermindertem Vitamin- u. Stickstoffbasenangebot. Die Proteinase-Bldg. verläuft — gegen die Zeit aufgetragen — nach anfänglicher Verzögerung linear u. ist nach ca. 3 Std. beendet. L. Heinisch. 4210□

L-Cysteindesulfhydrase aus Escherichia coli. M. A. Metaxas und E. A. Delwiche. (J. Bacteriol. **70**, 735—37, Dez. 1955; Ithaca, N.Y., Cornell Univ., Coll. of Agricult., Labor. of Bact.; engl.) — *L-Cysteindesulfhydrase* wird durch Adenosin-5-phosphat u. Biotin nicht beeinflußt, durch α-Ketoglutarat, Tryptophan, Glutaminsäure, Alanin u. Tris-[hydroxymethyl]-aminomethan gehemmt; pH-Optimum 7,8, Michaelis-Konst. $1,76 \cdot 10^{-2}$ Mol/Liter. P. Gregorzewski. 4210□

Untersuchungen über den Ab- und Aufbau der Callose. 3. Mitt. über Callose. Walter Eschrich. (Z. Bot. **49**, 153—218, März 1961; Bonn, Univ., Pharmakognost.-Inst.; dt.) — Vgl. C. **1960**, 527. — *Callose* (**I**) läßt sich histochem. mit *Resorcinblau* nachweisen, wird von $NaJO_4$ nur extrem langsam abgebaut u. liefert beim fermentativen Abbau mit gereinigter *Papain-Callase* (**II**) *Laminaribiose* (**III**) u. deren Polymerhomologe, aber keine Glucose. Phloemsaft von *Tilia tomentosa* hat im Frühjahr schwach callolyt. Wrkg. bei pH 4,6. Ferment-Präpp., die **I** in schwach saurem Bereich spalten, wurden aus Phloemsaft von *Cucurbita spp. div.*, Milchsaft von *Carica papaya*, Speichergewebe von *Solanum tuberosum*, *Helianthus tuberosus* (Knollen), *Allium cepa* (Zwiebel), *Prunus amygdalus* (Samen), Wassergewebe von *Aloe arborescens*, *Nepenthes*-Kannensekret, *Cucurbita*-Synandrien u. *Helix pomatia*-Darm-Fl. gewonnen. Gereinigte **II** katalysiert die in vitro-Synth. von *Saccharose* aus *Glucose* u. *Glucose-1-phosphat*, nicht aber von **I** oder ihrer Bruchstücke. Mit einem Enzym-Präp. aus *Phytophthora cactorum* können in vitro Oligosaccharide synthetisiert werden, die vermutlich **I**-Bausteine darstellen. Das Ausgangsmaterial für die **I**-Synth. scheint hauptsächlich Saccharose zu sein. Die durch Inversion von Saccharose frei werdende Glucose tritt offenbar mit Glucose-1-phosphat zu **III** zusammen. Die Rk. wird durch Ba^{2+} gefördert. **I**-Auf- u. -Abbau werden durch verschiedene Fermente katalysiert, die aber beide durch *Jodessigsäure* gehemmt werden.
P. Gregorzewski. 4210□

Die Wirkung von Papain auf den Epiphysenknorpel. Eine morphologische und biochemische Untersuchung. Olle Westerborn. (Acta chirurg. scand., Suppl. **1961**, Nr. 270, 1—84; Uppsala, Univ. of Uppsala, Dep. of Surg., Dep. of Pathol., Dep. of Orthop.; engl.) — Darlegung der Ergebnisse einer Unters. über die Wrkg. von *Papain* auf Form, Struktur, Biochemie u. Funktion des Epiphysenknorpels. Die Verminderung des Geh. an *Hexosamin* (bes. *Galaktosamin*-Fraktion) wird als Zeichen dafür gewertet, daß es zu einer Freisetzung von *Chondroitinsulfat* aus dem Epiphysenknorpel kommt. Die Best. des *Hydroxyprolin*-Geh. weist auf Unverändertbleiben des *Collagens* hin. Der Knorpel weist nach 48 Std. einen verminderten Wasser-Geh. auf.
U. Tausendfreund. 4210□

Die tyrosinkatalysierte Hydrolyse von p-Nitrophenylacetat. James A. Stewart und Ludovic Ouellet. (Canad. J. Chem. **37**, 751—59, April 1959; Ottawa, Univ. of Ottawa, Dep. of Chem. and Dep. of Nat. Health and Welfare, Labor. of Food and Drug Direct.; engl.) — Die Unters.-Ergebnisse der durch *Trypsin* (**I**) katalysierten Hydrolyse von *p-Nitrophenylacetat* (**II**) sprechen für den 3-Stufen-Mechanismus von Cunningham (vgl. Science [Washington] **125**, [1957], 1145). Während Protonen die Vereinigung von Enzym u. Substrat (1. Stufe) hemmen, scheint die eigentliche Acetylierungs-Rk. (2. Stufe) pH-unabhängig zu sein. Da jedoch auch Lysinmethylester die Hydrolyse von **II** (mit **I** vergleichbar) katalysiert, scheinen sowohl aliphat. Hydroxyl- u. auch Aminogruppen für die enzymat. Aktivität von Bedeutung zu sein. Der Rk.-Mechanismus u. die Natur der katalyseakt. Enzymstellen werden diskutiert. L. Lamza. 4210

Die Reinigung von Trypsinogen durch Ionenaustauscher-Chromatographie. L. B. Smillie, G. Y. Mabbott und G. R. Neufeld. (Canad. J. Biochem. Physiol. **40**, 555—64, Mai 1962; Edmonton, Alberta, Univ. of Alberta, Med. School, Dep. of Biochem.; engl.) — Die Reinigung des *Trypsinogens* (**I**) wird durch verschiedene Meth. der Austauschchromatographie versucht. Chromatographie an Carboxymethylcellulose bei pH 3,2 ergibt kein Anwachsen des trypt. Potentials. In Ggw. des Sojabohnen–Trypsin-Inhibitors ergibt die Chromatographie des **I** an *Bio-Rex 70* ein Prod. mit hoher potentieller Aktivität u. geringer freier trypt. u. chymotrypt. Aktivität. **I** ist im wesentlichen frei von Sojabohnen–Trypsin-Inhibitor u. besitzt die früher beschriebenen physikal. Konst. (Sedimentations-Konst. u. Viscosität). H. Struck. 4210□

Isolierung und teilweise Charakterisierung des Trypsininhibitors aus Cajanus cajan. Saroj Tawde. (Ann. Biochem. exp. Med. [Calcutta] **21**, 359—66, Dez. 1961; Bangalore, Ind. Inst. of Sci., Dep. of Biochem.; engl.) — Entfettetes Mehl der Leguminose *Cajanus cajan* wird nach der Meth. von Sohonié, Huprikar u. Joshi (J. Sci. ind. Res. [New Delhi], Sect. C **18**, [1959], 95) behandelt u. der *Trypsininhibitor* (**I**) mit $(NH_4)_2SO_4$-Lsg. (50%ig. gesätt.) gefällt u. gereinigt. **I** hat die Eigg. eines Glykoproteins, es ist ziemlich hitzestabil, reagiert stöchiometr. mit krist. Trypsin, der Aktivitätsbereich reicht von pH 2,5 bis 10,1, die höchste Aktivität zeigen Extrakte mit 0,05n HCl bei pH 4,4. I enthält kein Histidin, geringe Mengen *Tryptophan, Cystin, Methionin* u. größere Mengen *Leucine, Threonin, Prolin* u. *Lysin* als die Trypsin-Inhibitoren aus Limabohnen, Pankreas u. Ovomucoid. P. Gregorzewski. 4210□

Quantitative Bestimmung der Phospholipase C. B. Orłowska, J. Meduski und W. D. Uspienskaya. (Bull. Acad. polon. Sci., Sér. Sci. biol. **6,** 463—69, 1958; Warsaw, State Inst. of Hyg., Labor. of Indermediate Metabolism.; Moscow, Acad. of Med. Sci. USSR, Inst. of Biochem.; engl.) — Vff. entwickeln eine Meth. zur quant. Best. der *Phospholipase-C*-Aktivität. Das Verf. basiert auf dem Lecithin-Vittelin-Test, der zur Vergrößerung der Empfindlichkeit u. zur Anwendung für Routine-Analysen entsprechend modifiziert wurde. Die auftretende Trübung von Eidotter-Emulsionen wird spektrophotometr. bei 815 mμ gemessen. Optimale Unters.-Bedingungen liegen bei pH 6—6,5; 22—40° u. einer Substrat-Konz. von $^2/_3$ des Gesamt-Vol. der Rk.-Mischung. H.-P. Pietsch. 4210□

Die Bedeutung der Phospholipase A und C bei der Mastzellzerreißung durch ungereinigtes Clostridium-welchii-Toxin. Bo Fredholm, Bertil Högberg und Börje Uvnäs. (Acta physiol. scand. **50,** Suppl. 54—55, 1960; Stockholm, Karolinska Inst., Dep. of Pharmacol.; Hälsingborg AB Leo; engl.) — Es wird die Natur des „*mastzellzerreißenden*" *Faktors* (I) des *Clostridium welchii-Toxins* untersucht. Durch selektive Inhibition u. Fraktionierung wird gezeigt, daß I von *Phospholipase C* verschieden ist. I wird nicht in den Bakterien gebildet u. kommt im sterilen Kulturmedium vor. Es wird angenommen, daß es sich bei I um *Phospholipase A* handelt. P. Gregorzewski. 4210□

Der Einfluß der Substratkonzentration auf die Cholinesteraseaktivität in Gegenwart von Inhibitoren. Jens Jensen-Holm. (Acta physiol. scand. **50,** Suppl. Nr. 175, 77, 1960; Copenhagen, Univ., Dep. of Pharmacol.; engl.) — Vgl. C. **1961,** 16184. — Bei hohen Konzz. von *Cholin* (10^{-2}m) ist die Hemmung durch die nichtspezif. Inhibitoren, wie Harnstoff, Cholesterin, Ae. u. Chlf., gering, bei niedriger Konz. (10^{-4} bis 10^{-5}m) dagegen vollständig. Die spezif. Hemmung durch *Physostigmin* ist sehr viel unabhängiger von der Substratkonzentration. P. Gregorzewski. 4210□

Östrogenstoffwechsel in vitro in Gegenwart von Säugetiererythrocyten. Eine vergleichende Untersuchung. Torleiv Lunaas und Weiert Velle. (Acta physiol. scand. **50,** Suppl. Nr. 175, 95—97, 1960; Vet. Coll. of Norway, Dep. of Sexual Physiol. and Sexual Pathol.; engl.) — Bei der Inkubation von *17β-Östradiol* (I) mit Erythrocyten von Mensch, Affe, Pferd, Schaf, Ziege, Schwein, Hund, Kaninchen, Meerschweinchen u. Ratte wird als einziges Stoffwechsel-Prod. *Östron* (II) gefunden. Die Inkubation mit Rindererythrocyten verläuft negativ. II wird in I verwandelt, außer beim Rind. Hier werden evtl. Spuren von I, aber hauptsächlich *17α-Östradiol* gebildet. Die Umwandlung beträgt für I → II 0,24—16,6% u. für II → I 3,6—29,5%. Es wird eine stereospezif. *Hydroxysteroiddehydrogenase* in Säugetiererythrocyten angenommen. P. Gregorzewski. 4210□

Die Bildung von Carotin in vitro. H. Yokoyama, C. O. Chichester und G. Mackinney. (Nature [London] **185,** 687—88, 5/3. 1960; Davis and Berkeley, Calif., Univ., Dep. of Food Sci. and Technol.) — Das Mycel 5 Tage alter *Phycomyces blakesleeanus* (Nährlsg.: 2,5% Glucose, 0,125% Leucin, 0,125% Asparagin, Salze u. Thiamin) wird in Tris-Puffer (pH 7,8), der Nicotinamid, Versene u. Glutathion jeweils (0,002 m) homogenisiert. Der bei 4000·*g* erhaltene Überstand wird dialysiert u. enthält das wirksame Enzym-System. Es führt $^{14}C_{(2)}$-Acetat oder $^{14}C_{(3)}$-Glutarat oder $^{14}C_{(2)}$-Mevalonat in ^{14}*C-Carotin* über. Acetat führt zur Bldg. von Glutarat u. Mevalonat, während die beiden zuletzt genannten Säureionen wechselseitig ineinander übergeführt werden können. H. Struck. 4210□

Vitamin B_{12} und die Aktivierung von Aminosäuren. P. Szafrański, M. Bagdasarian und L. Tomaszewski. (Acta biochim. polon. **7,** 3—9, 1960; Warszawa, Zakł. Chem. Fizjolog., AM; Inst. Biochem. u. Biofyz.; engl.) — Vff. reinigen schrittweise das *Tryptophan aktivierende Enzym* (I) aus Acetontrockenpulver von Rinderpankreas u. untersuchen nach jedem Schritt den Protein-Geh., die spezif. Aktivität u. den Geh. an *Vitamin* B_{12} (II). Auf Grund der jeweiligen Korrelationen kommen Vff. zur Überzeugung, daß II kein konstitutioneller Bestandteil von I ist, sondern eine Verunreinigung darstellt. Bei den Unterss. ist es gelungen, I in krist. Form zu erhalten. W. Hiller. 4210□

Ein biologisch aktives Methyl-Folat. L. Jaenicke. (Hoppe-Seyler's Z. physiol. Chem. **326,** 168—70, 24/11. 1961; München, Chem. Univ.-Labor., Inst. für Biochem.; dt.) — Nach Inkubation chromatograph. gereinigter *5.10-Methylentetrahydrofolsäure* (I) unter reduzierenden Bedingungen mit einer Enzymfraktion aus Schweineleber wurde durch Kohleadsorption u. Chromatographie an DEAE-Cellulose *N^5-Methyltetrahydrofolat* (**II**) isoliert. **II** war mit der aus **I** durch Alkaliboranat-Red. in schwach alkal. Milieu bei Raum-Temp. erhaltenen Verb. (**II'**) ident., lag aber wahrscheinlich als $C_{(6)}$-Racemat vor. **II** ist wahrscheinlich eine akt. Zwischenstufe der biolog. CH_3-Bildung. Bei enzymat. Kondens. mit *Homocystein* (**III**) in Ggw. von Adenosintriphosphat oder mit S-Adenosylhomocystein entsteht Methionin. **II** ist für *L. casei*, nicht aber für *S. faecalis* R oder *Pediococcus cerevisiae*, eine Wuchsstoff. **II'** hat bei der Übertragung des CH_3-Rests auf **III** in Ggw. von Mg^{2+}, ATP u. Schweineleber-Methioninsynthetase nur 33—50% der Aktivität von natürlichem **II**. K. Maier. 4210□

Elektronische Struktur und biochemische Funktion von Folsäurecoenzymen. Anne-Marie Perault und Bernard Pullman. (Biochim. biophysica Acta [Amsterdam] **44**, 251—62, 4/11. 1960; Paris, Univ. of Paris, Inst. of Physico-Chem. Biol.; engl.) — Die beiden biochem. Hauptfunktionen der *Folsäurecoenzyme*, reversible Übertragung von C_1-Gruppen u. Elektronendonator, werden auf Grund ihrer Elektronenstruktur gedeutet. Die Aufnahme der C_1-Einheit durch *Tetrafolsäure-$N_{(5)}$* (**I**) beruht auf der relativ großen Elektronenladung u. der freien Valenz dieses Atoms. Die Isomerisierung der inakt. Coenzymform *5-Formyl-***I** in die akt., bei der die C_1-Gruppierung entweder an $N_{(10)}$ oder an $N_{(5)}$ u. $N_{(10)}$ gebunden ist, *10-Formyl-***I** oder *$N_{(5)}$.$N_{(10)}$-Methenyl-***I**, beruht vermutlich auf der leichteren Ablösbarkeit von C_1 aus letztgenannten Isomeren. Der Elektronenmangel ist an der zu lösenden Bindung größer, wenn C_1 an $N_{(10)}$ gebunden ist als an $N_{(5)}$. Die Unters. der Energien der Mol.-Orbitals spricht für **I** als guten Elektronendonator. K. Maier. 4210□

Ubichinon (Coenzym Q) und oxydative Phosphorylierung. M. Luckner. (Pharmazie **16**, 537—45, Nov. 1961; Pharmakognost. Inst.; dt.) — Übersichtsreferat. — 139 Literaturzitate. B. Schobess. 4210□

Xanthinoxydase und Arginase in Leber und Niere von Reptilien. Fouad Khalil und Gaber Haggag. (Z. vergleich. Physiol. **43**, 269—77, 1960; Guiza, Ägypten, Cairo Univ., Fac. of Sci., Dep. of Zool.; engl.) — Bei Unters. von Leber u. Niere der Reptilien auf einen Geh. an *Xanthinoxydase* (**I**) konnte nicht die übliche Meth. des an Färbung mit dem Phenolreagens von Folin u. Ciocaltcu verfolgten Verschwindens von *Xanthin* (**II**) verwendet werden, da die (wegen Fehlens von Uricase) bei Reptilien vorhandene *Harnsäure* (**III**) ähnliche Färbungen wie **II** liefert. Zur Messung der **I** wurde daher die Zunahme an **III** bei Zusatz von **II** verwendet. **I** wurde bei Krokodilen u. Eidechsen in der Niere, bei Schlangen in Leber u. Niere gefunden; bei Schildkröten ist **I** hauptsächlich in der Leber u. manchmal spurenweise in der Niere vorhanden. Die Befunde bei Schlangen u. Eidechsen gestatten eine Differenzierung von *Ophidia* u. *Lacertilia*. *Arginase* (**IV**) findet sich in der Leber von Schildkröten, jedoch nicht in den Lebern der untersuchten Krokodile, Eidechsen u. Schlangen. Die Niere von Schildkröten war frei von **IV**, während Nieren von Krokodilen deutliche **IV**-Mengen u. Nieren von Eidechsen u. Schlangen nur Spuren von **IV** enthielten. Die Ggw. von **IV** in der Niere von uricotelen Reptilien zeigt, daß die Niere die Bldg.-Stelle der manchmal von Reptilien abgesonderten kleinen *Harnstoff*-Mengen ist. A. Hesse. 4210□

Ureotelismus und Uricotelismus in Schildkröten in Beziehung zur Aktivität von Arginase und Xanthinoxydase. Fouad Khalil und Gaber Haggag. (Z. vergleich. Physiol. **43**, 278—81, 1960; engl.) — Die Wrkg. von *Arginase* (**I**) aus Leber von Schildkröten (*Testudo leithii*) wurde bei 2 Tieren durch Temp.-Erhöhung von 10 auf 20°, bei 2 Tieren bei Temp.-Erhöhung bis auf 30° u. bei 1 Tier durch Temp.-Erhöhung bis auf 40° verstärkt; höhere Temp. hemmen. Die Wrkg. von *Xanthinoxydase* (**II**) der gleichen 4 Vers.-Tiere wurde bei 4 Tieren bei Temp.-Erhöhung bis auf 55—60° erhöht, wogegen bei dem fünften Tier die Wrkg. bereits über 50° herabgesetzt wurde. Obwohl also **II** durch höhere Temp. stärker als **I** gefördert wird, wird bei allen Temp. stets die **I**-Wrkg. höher als die **II**-Wrkg. gefunden. Es scheint also das Vorherrschen von *Harnstoff* oder *Harnsäure* in den Exkrementen mehr von der relativen Aktivität der Enzyme als von der Temp. abzuhängen. A. Hesse. 4210□

Heterocyclen im Stoffwechsel. 13. Mitt. **Umwandlung des Xanthopterins in Leberhomogenaten.** Friedhelm Korte und Herbert Bannuscher. (Liebigs Ann. Chem. **622**, 126—33, Mai 1959; Bonn, Univ., Chem. Inst.) — 12. vgl. C. **1963**, 4033. — *$^{14}C_{(8a)}$-Xanthopterin* (**I**) wird durch 24std. Inkubation mit Schweineleberhomogenat in *Leukopterin* u. ein unbekanntes zweites Prod. umgewandelt. Nach 1—4std. Inkubation von **I** in Rattenleberhomogenat waren 6 radioakt. Prodd. nachweisbar. Eines davon wurde als *7-Acetonylxanthopterin* nach dem Enteiweißen mit Aceton in 1—2% der **I**-Menge isoliert. Ersetzt man beim Enteiweißen das Aceton durch andere CH-acide Komponenten (z. B. Acetessigester, Acetylaceton) unter Zusatz von Methanol, so werden

Spalt-Prodd. der entsprechend substituierten I-Derivv. erhalten (z. B. bei Verw. von Acetylaceton entsteht statt α-Acetylacetonylxanthopterin nur Acetonylxanthopterin). Ein Rk.-Schema wird diskutiert. H. Goldner. 4210□

Struktur und Funktion der Flavoproteine. C. Liébecq. (Rev. franç. Études clin. biol. **4**, 939—47, Nov. 1959; Liège, Univ., Inst. sup. d'Educ. phys., Labor. de Biochim.; franz.) — Übersicht. — 38 Literaturangaben. P. Gregorzewski. 4210□

Oxydative Enzyme in den Langerhansschen Inseln normaler und fettleibig-hyperglykämischer Mäuse. Bo Hellman und Claes Hellerström. (Z. Zellforsch. mikroskop. Anatom. **56**, 97—106, 1962; Uppsala, Univ. of Uppsala, Histol. Dep.; engl.) — Vff. bestimmen histochem. die Verteilung von *Bernsteinsäuredehydrogenase* (**I**), *Milchsäuredehydrogenase*, *Diphosphopyridinnucleotiddehydrogenase* (**III**) u. *Triphosphopyridinnucleotiddehydrogenase* (**II**) in der Bauchspeicheldrüse von fettleibig-hyperglykäm. u. normalen Mäusen. Hohe **I**-Aktivität war im exokrinen Parenchym, niedrige im Inselgewebe u. Ductusepithel. Beträchtliche **III**-Aktivität wurde in der gesamten Bauchspeicheldrüse gefunden. Schwache **I**-Aktivität wurde im Inselgewebe gefunden, während die Aktivität im Acinus u. im Ductusepithel intensiver war. Die Rkk. für **II** u. Glucose-6-phosphatdehydrogenase in den Inselzellen u. im Ductusepithel waren verglichen mit denen im exokrinen Parenchym sehr kräftig. Unterschiede in der Enzymaktivität u. -verteilung in den sehr akt. B-Inselzellen der fettleibig-hyperglykäm. Mäuse u. der normalen Tiere konnten nicht gefunden werden. Ch. Hanke. 4210□

Ersetzbarkeit einer pH 5-Enzymfraktion aus Rattenleber durch Aminosäure-Einlagerungsfaktoren von Staphylococcus aureus. S. R. Wagle, Ranjan Mehta und B. Connor Johnson. (Biochim. biophysica Acta [Amsterdam] **39**, 500—03, 22/4. 1960; Urbana, Ill., Univ. of Illinois, Dep. of Animal Sci.; engl.) — Rattenleberhomogenate wurden durch hochtouriges Zentrifugieren von Mitochondrien u. Mikrosomen befreit u. der Überstand mit CH_3COOH auf pH 5,2 eingestellt. Das dabei erhaltene Präcipitat wurde abgetrennt u. ergab nach Aufnahme in Puffer-Lsg. eine Enzym-Rohlsg. (ER.). Mittels Protaminsulfat wurde diese von Nucleinsäuren befreit u. mit $(NH_4)_2SO_4$ behandelt. Das bei 20—60%ig. Sättigung erhaltene Sediment diente in gepufferter Lsg. als Enzym zur Best. des Einbaus von $^{14}C_{(2)}$-*Glycin* (**I**) u. $^{14}C_{(2)}$-*Alanin* (**II**) in das Protein von Lebermikrosomen in Ggw. von Phosphoenolbrenztraubensäure, Brenztraubensäurekinase, Adenosintriphosphat u. Ribonucleinsäure. Durch ER. wurde der Einbau von **I** u. **II** deutlich stimuliert, es konnte jedoch keine weitere Zunahme des Einbaus von **I** u. **II** bei Verw. von gereinigtem Enzym festgestellt werden. S. Wirtz. 4210

Vergleichende Untersuchungen zum Tryptophanstoffwechsel in Leberzellfraktionen bei Wirbeltieren. Helga Kunte. (Z. vergleich. Physiol. **43**, 341—58, 1960; Mainz, Joh.-Gutenberg-Univ., Physiol.-Chem. Inst. u. Zool. Inst.; dt.) — Bei Unters. des Abbaues von *Tryptophan* (**I**) in der Leber von Ratte, Kaninchen, Hahn, Taube, Frosch u. Fisch (*Leuciscus rutilus*) wurden die Wrkg. des **I**-*Peroxydase-Syst.* (**V**), der *Kynureninase* (**VI**) u. der *Kynurentransaminase* (**VII**) bestimmt. Außer beim Hahn wird **I** prakt. ausschließlich über *Kynurenin* (**II**) zu *Kynurensäure* (**III**) + *Anthranilsäure* abgebaut. Die Verteilung der Enzyme auf die in üblicher Weise gewonnenen Zellfraktionen entspricht der vom Säugetier bekannten; die Aktivitäten liegen in der gleichen Größenordnung. Beim Hahn wird **II** auch von den Mitochondrien u. der Kernfraktion gebildet. Die **II**-Bldg. im Cytoplasma wird durch Kombination von Cytoplasma + Mikrosomen oder Cytoplasma + Mitochondrien auf das Mehrfache erhöht. Beim Hahn scheint auch neben der **II**-Bldg. noch ein weiterer Abbauweg von **I** vorhanden zu sein. Durch *Cyclophorase* (aus Hühnerleber) wird aus **I** eine „*gelbe Substanz*" gebildet, die aber nicht identifiziert werden konnte. Bldg. von **III** wurde beim Hahn nicht gefunden, was im Einklang mit der Tatsache steht, daß er keine **III** ausscheidet. Fütterungs-Verss. an Ratten ergaben, daß bei **I**-armer Nahrung die Aktivität von **V** unter die Normalwerte sinkt, während **VI** u. **VII** nicht beeinflußt werden. A. Hesse. 4210□

Die Aktivität der Uracil-abbauenden Enzyme in regenerierender Rattenleber. Per Fritzson. (Acta physiol. scand. **50**, Suppl. 58—59, 1960; Norsk Hydro's Inst. for Cancer Res., Norwegian Radium Hosp.; engl.) — Nach partieller Hepatektomie wird bei Ratten im Intervall von 24 Std. in der Leber die *Dihydrouracildehydrogenase* (**I**) nach Fritzson [1960], die *Dihydrouracilhydrase* (**II**) durch Messung der Umwandlungs-Geschw. von $^{14}C_{(6)}$-*Dihydrouracil* in ^{14}C-*β-Ureidopropionat* bei pH 7,4 u. die *β-Ureidopropionase* (**III**) durch Messung der Umwandlungs-Geschw. von $^{14}C_{(3)}$-*β-Ureidopropionat* in ^{14}C-*β-Alanin* bei pH 6,25 bestimmt. Die **I**-Aktivität ist nach 24std. Regeneration auf 73% u. nach 48 Std. auf 61% abgesunken. Nach 96 Std. ist der Normalwert wieder erreicht. **III** fällt linear ab, erreicht nach 72 Std. ein Minimum von 66%. Nach 96 Std.

ist der II-Geh. auf 74% angestiegen. III fällt linear mit der Zeit in 48 Std. auf 52% des Kontrollwertes ab u. erreicht nach 96 Std. wieder 77%. Während des größten Leberwachstums erreichen also die Enzyme ein Aktivitätsminimum.
P. Gregorzewski. 4210□

Einfluß des Blanchierens auf das enzymatische Braunwerden beim grünen Amari-Apfel. G. S. Siddappa und B. S. Bhatia. (Current Sci. **27**, 300—02, Aug. 1958; Mysore, Central Food Technol. Res. Inst.; engl.) — Grüne Amari-Äpfel werden nach dem Schälen u. Einlegen in 2%ig. Salz-Lsg. 2—15 Min. in sd. W. blanchiert u. anschließend die in den Äpfeln auftretende Bräune untersucht. Nach 2—6 Min. langer Behandlung zeigt sich im durchschnittenen Apfel ein konzentr. brauner Ring in der Zone der Frucht, in der das Gewebe durch die Hitze bereits geschädigt, das bräunende Enzym jedoch noch nicht inaktiviert ist. Der Durchmesser des braunes Ringes wird mit zunehmender Erhitzungsdauer naturgemäß kleiner, nach 8—10 Min. ist noch eine Zone um das Gehäuse herum braun, nach 15 Min. tritt keine Bräunung mehr auf. 10 Min. lang blanchierte Apfelscheiben bräunen sich nicht mehr.
H.-J. Koch/Berlin. 4210□

Der Einfluß des Alters auf das Verhalten tierischer und pflanzlicher Gewebe auf Stoffwechselinhibitoren. C. Muir, L. L. DeKock, P. C. DeKock und R. H. E. Inkson. (Experientia [Basel] **15**, 354—57, 15/9. 1959; Aberdeen, Univ. of Aberdeen, and Macaulay Inst. for Soil Res., Zool. Dep.; engl.) — Junge Gewebe von Ratten zeigen eine größere Empfindlichkeit gegenüber verschiedenen Konzz. von Atmungsinhibitoren [*Cyanid* (I), *Azid, Malonat, o-Phenantrolin* (II), *Dinitrophenol, Diäthyldithiocarbamat* (II), *Jodacetat, NaF*) als alte Gewebe. Ähnliche Resultate wurden bei der Einw. der Inhibitoren (I, Dinitrophenol, $CO:O_2$ [80 : 20], II, NaN_3) auf junge u. alte Blätter von Tomatenpflanzen erzielt. Die Unterschiede sind statist. signifikant. Es wird angenommen, daß keine neuen metabol. Syst. während des Lebens eines Organismus gebildet werden, sondern daß während des Alterns nur eine Verschiebung im Gleichgewicht dieser Syst. eintritt. H. Aman. 4210□

Die enzymatische Autoinduktion und die Hypothese der intracellulären Permeabilitäts-Barrieren in Neurospora. S. R. Gross. (Trans. New York Acad. Sci. [2] **22**, 44—48, Nov. 1959; New York, N.Y., Rockefeller Inst.; engl.) — Ergebnisse über die induzierte *Enzym* (I)-Synth. u. die Funktion der I in *Neurospora* werden mitgeteilt u. diskutiert, soweit sie mit der Synth. der *5-Dehydroshikimisäure* u. der *aromat. Aminosäuren* sowie der Ansammlung von *Protocatechusäure* in Zusammenhang stehen. Auf die intracelluläre Permeabilität wird kurz eingegangen. — 10 Literaturangaben.
H. Althoff. 4210

E_3. Mikrobiologie. Bakteriologie. Immunologie

Tellurit–Glycin-Agar: Ein Selektivplattenmedium zur quantitativen Erkennung Coagulase-positiver Staphylokokken. Eugene Zebovitz, James B. Evans und C. F. Niven jun. (J. Bacteriol. **70**, 686—90, Dez. 1955; Chicago, Ill., Amer. Meat Inst. Found., Div. of Bact.; Univ. of Chicago, Dep. of Microbiol.; engl.) — Das Medium besteht aus 1% Trypton, 0,5 Hefeextrakt, 0,5 Mannit, 0,5 K_2HPO_4, 0,5 LiCl, 1,0 *Glycin*, 2,0 Agar, 0,02 K_2FeO_3, pH 7,2. P. Gregorzewski. 4310□

Ein Plasma-Mannit–Bromkresolpurpur-Agar zur raschen Identifizierung von Staphylokokken. Robert P. Burns und Mary Jo Florey. (Amer. J. Ophthalmol. [3] **52**, Nr. 5, Part 2, Proc. Assoc. Res. Ophthalmol. 783/351—789/357, Nov. 1961; Portland, Oreg., Univ. of Oregon, Med. School, Inst. for Advancement of Ophthalmol.; engl.) — Zur bes. in der Augenpraxis erforderlichen raschen, innerhalb von 8 Std. möglichen Erkennung Coagulase- u. Mannit-positiver Staphylokokken wird ein Medium empfohlen, welches neuerdings auch durch Baltimore Biol. Labor., Inc. erhältlich ist u. folgende Zus. aufweist: 1,4 g Hirn-Herz-Infusions-Agar, 1,4 g Trypticase-Soja-Agar, 1,0 g *Mannit*, 0,1 ml *Brom-Kresol-Purpur* 1,6%ig., 100 ml dest. W.; 7 ml Plasma vor dem Ausgießen. U. Tausendfreund. 4310□

Die Eigenschaften Vitamin-B_{12}-ähnlichen Materials aus Crithidia fasciculata. Gerald R. Seaman und Fred Sanders. (Science [Washington] **125**, 398—99, 1/3. 1957; Galveston, Tex., Univ. of Texas, Med. Branch, Carter Physiol. Labor.) — Durch milde Säurehydrolyse aus Konzentraten gewaschener Zellen des Hämoflagellaten *C. fasciculata* hergestellte Extrakte enthalten ein Material (I), das *Vitamin* B_{12} (II) als Wuchsfaktor für *Escherichia coli*, für Bodenbakterium „*Lochhead 38*" u. *Euglena gracilis* vertreten kann; ermöglicht aber nicht die Entw. von *Ochromonas malhamensis*, das spezif.

auf II u. klin. ähnlich wirksame Faktoren anspricht. I ist wie II u. *Faktor B* (III) im Lsgm.-Syst. W.–NH_4OH–n-Butanol labil, liefert aber bei der Alkali-Einw. keine mikrobiolog. akt. Spalt-Prodd. wie II u. III u. wird auch bei pH 3,5 (24 Std.) im Unterschied zu letzteren zerstört. Alle I-Aktivität findet sich in den *Crithidia*-Zellen. I enthält offensichtlich keine III-Gruppen, die allen bekannten II-Vitaminen gemeinsam sind.

K. Maier. 4315□

Bestimmung der C_1—C_6-Fettsäuren in Kulturen von anaeroben saccharolytischen Sporenbildnern. J. Aleksandrowicz. (Bull. Acad. polon. Sci., Sér. Sci. biol. **6,** 483—87, 1958; Warsaw, State Inst. of Hyg., Dep. of Control of Sera and Vaccines; engl.) — Vgl. C. **1959,** 16048. — Vff. beschreiben die papierchromatograph. Unters. der Fettsäuren in Kulturen von *Clostridium perfringens* (11 verschiedene Stämme), *C. septicum* (2) u. *C. oedematicum* (2). Als Fließmittel wird n-Butanol–3n NH_3, als Entwickler 0,04% ig. Bromthymolblau-Lsg. verwendet. Die papierchromatograph. Trennung erfolgt aufsteigend über 18 Stunden. Nach dem Verf. können C_1—C_6-Fettsäuren getrennt u. identifiziert werden. Eine Trennung der iso-C_4- u. iso-C_5-Fettsäuren von ihren n-Formen gelingt nicht. Die Geh. an Fettsäuren in den Kulturfll. waren vom Alter der Kultur unabhängig. Die einzelnen Species zeigten untereinander kaum Unterschiede.

H.-P. Pietsch. 4315□

Rb^+ und PO_4^{3-}-Aufnahme durch Polysaccharid-produzierende Bakterien. Edward S. Rorem. (J. Bacteriol. **70,** 691—701, Dez. 1955; Pullmann, Wash., State Coll. of Washington, Dep. of Bact., Public Health, Bot.) — Die Rb^+- u. PO_4^{3-}-Aufnahme ist bei den Polysaccharid-produzierenden Bakterien 2—30mal so groß wie bei denjenigen ohne Polysaccharid. P. Gregorzewski. 4320□

Die Rolle der Polyphosphate im Phosphatstoffwechsel eines Knallgasbakteriums (Hydrogenomonas Stamm 20). H. Kaltwasser. (Arch. Mikrobiol. **41,** 282—306, 1962; Göttingen, Inst. für Mikrobiol.; dt.) — An Phosphormangel-Zellen von *Hydrogenomonas* Stamm 20 wurde der Einbau von ^{32}P untersucht, um die Bedeutung der Polyphosphate (I) im Energie- u. Phosphathaushalt dieser Bakterien zu klären. In Abwesenheit einer N-Quelle (NH_4Cl) wurde sowohl in Luft als auch unter Knallgas-Atmosphäre (70% H_2, 20% O_2, 10% CO_2) ^{32}P vorwiegend in der säureunlösl., labilen Fraktion (I) gespeichert. Dagegen fand nur ein begrenzter Einbau in die stabile, säureunlösl. Fraktion (Nucleinsäuren) statt. Unter anaeroben Bedingungen (Reinst-N_2) erfolgt infolge Fehlens jeglicher Energiequelle kein Einbau von ^{32}P. Begast man die Bakterien nach einer anaeroben Periode kurz mit Knallgas u. anschließend wieder mit N_2, dann beobachtet man in der aeroben Periode einen Einbau von ^{32}P in die I-Fraktion, in der anschließenden anaeroben Phase ist dieser Prozeß abgestoppt, der I-Spiegel bleibt konst., I dient demnach nicht als Energiespeicher bzw. zur Auffüllung des Adenosintriphosphat-Defizits der Zelle. Gibt man anschließend an eine NH_4Cl-freie Kultivierung NH_4Cl, so kann man eine verstärkte Synth. in der stabilen, säureunlösl. Fraktion feststellen. Hierfür wird das gesamte vorher gespeicherte I einschließlich des noch in der Nährlsg. verbliebenen Orthophosphats verbraucht. M. Lorenz. 4320□

Physiologische Untersuchungen über den chemolithotrophen Stoffwechsel neu isolierter Hydrogenomonas-Stämme. R. Bartha. (Arch. Mikrobiol. **41,** 313—50, 1962; Göttingen, Inst. für Mikrobiol.; dt.) — C-heterotroph gewachsene Zellen von *Hydrogenomonas* Stamm H 1, H 16 u. H 20 zeigen im Gegensatz zu C-autotroph (Knallgas–CO_2) kultivierten unter einem Gasgemisch von 90% H_2 + 10% O_2 keine nennenswerte Induktion der *Hydrogenase* (I)-Bildung. Intensive I-Bldg. wurde erreicht, wenn diese Zellen in einer Mineralsalz-Lsg. aufgeschwemmt wurden. Zur Synth. nennenswerter I-Mengen wird außer H_2 auch eine anorgan. C- u. N-Quelle benötigt. Zur Induktion der I bei C-heterotroph gewachsenen Zellen ist als H-Donator nur H_2 geeignet, die Ggw. eines organ. H-Donators (Succinat) zusammen mit H_2 führt zu einer Mischung der Enzymaktivität. Die H_2-Oxydation betrug in Ggw. von CO_2 das drei-bis vierfache im Vgl. zur Oxydation bei Abwesenheit von CO_2. Das Trockengewicht von in N-freiem Medium unter Knallgas–CO_2-Atmosphäre gerührten Zellen nahm im Vgl. zu den unter Knallgas–N_2-Atmosphäre gerührten um das 2,4fache zu. Es konnte nachgewiesen werden, daß die Trockengewichtszunahme auf einer CO_2-Fixierung beruht u. daß der dabei gebildete Speicherstoff *Poly-β-Hydroxybuttersäure* (II) ist. II wird als Speicherstoff veratmet u. kann als C-Quelle zur Bldg. neuer Zellsubstanz dienen. Entkopplungsgifte wie *Methylenblau* oder *Thiamin* beschleunigen die H_2-Oxydation ähnlich wie die Ggw. von CO_2, während die CO_2-Fixierung gehemmt wird. Eine Entkopplung der H_2-Oxydation von der CO_2-Fixierung wurde nicht durch 2.4-Dinitrophenol, Na-Arsenat, Na-Azid, 2.6-Dichlorphenol–Indophenol–Methylviologen bzw. Isoamylmethylbarbitursäure erreicht. Die sog. Leerlauf-H_2-Oxydation wird durch Monojodessigsäure, Monojodessigsäureamid, u. Na-Arsenit nicht beeinflußt, während die durch CO_2 beschleunigte H_2-Oxydation gehemmt u. die CO_2-Fixierung fast vollständig unterdrückt werden. Ähnlich wirkt sich eine UV-Bestrahlung der Zellen aus. Durch p-Chlormercuribenzoat werden Leerlauf-H_2-Oxydation u. die durch CO_2 beschleunigte H_2-Oxydation gleich stark gehemmt. Na-Fluorid zeigte keinerlei Wirkung. M. Lorenz. 4320□

Bildung und Verwertung von Acetat in einem acetatfreien Stamm von Neurospora crassa. David Stone. (Arch. Biochem. Biophysics **97**, 199—207, April 1962; Shrewsbury, Mass.; Worcester Found. for Exper. Biol.; engl.) — Es wurde mit einer acetatfreien Mutante von *Neurospora crassa* (N.c.) gearbeitet. Aus Verss. mit ^{14}C-markierten Verbb. folgt, daß die Haupt-C-Quelle für die Synth. von *Ergosterin* (**I**) u. *Fettsäuren* (**II**) die *Saccharose* (**III**) der Nährlsg. ist. Wegen der sich daraus ergebenden Frage der Bldg. von *Acetat* (**IV**) (bzw. Acetyl-Coenzym A) aus **III** wurden auch das Wachstum von N.c. u. die Zus. des Zellmaterials in Abhängigkeit von der **IV**-Konz. untersucht. *Butyrat* (**V**) kann den **IV**-Bedarf der Zellen ersetzen. Bei Abwesenheit von *Tartrat* (**VI**) in der Nährlsg. verringert sich der **III**-Stoffwechsel von N.c., *Citrat, Succinat* u. *Fumarat* ersetzen **VI**, obwohl sie nicht den Bedarf von exogenem **IV** ersetzen. 1 mg *Di-Na-Äthylendiamintetraacetat* pro 30 ml Fl. löst auch in **VI**-freier Lsg. gleich hohes Wachstum wie in normaler Nährlsg. aus. Bei Verw. suboptimaler Mengen $^{14}C_{(1)}$-**IV** ist die Zellausbeute verringert. Zugabe von ^{12}C-**V** erhöht die Zellausbeute, läßt jedoch die spezif. ^{14}C-Aktivität von **I** u. **II** unbeeinflußt. Daraus wird gefolgert, daß es wenigstens 2 verschiedene Vorräte von Acetat (bzw. Acetyl-Coenzym A) in N.c. gibt.
S. Dittmann-Mitzscherlich. 4320□

Ein versuchsweise angenommener Mechanismus für den anaeroben Transport von Glucose, Fructose und Mannose in Hefe. Thomas G. Scharff und Eugene H. Kremer III. (Arch. Biochem. Biophysics **97**, 192—98, April 1962; Louisville, Ky.; Univ. of Louisville, School of Med., Dep. of Pharmacol.; engl.) — *Glucose, Fructose* (**I**) u. *Mannose* wurden einzeln oder in Kombination von je zwei Zuckern zu Hefesuspensionen unter N_2-Atmosphäre gegeben. Die Zucker-Konz. in der Lsg. wurden bis zu 6 Std. zeitlich verfolgt. Zellen, die mit **I** beladen oder mit *Lactose* (**II**) behandelt worden waren, wurden in zuckerfreie Puffer-Lsg. mit *Jodacetat* gebracht u. die Abgabe von Zucker an die Lsg. untersucht (**II** wurde allerdings nicht gefunden). Die Ergebnisse werden kinet. betrachtet u. sind in Einklang mit der Hypothese, daß der anaerobe Zuckertransport in Hefezellen hinein, ähnlich den Verhältnissen bei Erythrocyten des Menschen, nach einem Transportmechanismus unter Vermittlung eines Trägers (*Hexokinase*) erfolgt.
S. Dittmann-Mitzscherlich. 4320□

Mögliche Ursachen für die Bildung von Isoleucin durch Streptomyces rimosus. I. Horváth, I. Gadó und A. Szentirmai. (Nature [London] **192**, 641—42, 18/11. 1961; Budapest, Res. Inst. for Pharmaceut. Ind.; engl.) — *S. rimosus* (Stamm BS 21) bildet bei Züchtung auf *Threonin* (**I**) oder *α-Ketobuttersäure* (**V**)-haltigen Nährböden *Isoleucin* (**II**) u. *Acetyläthylcarbinol*, jedoch kein *Valin* (**III**). **III** hemmte die **II**-Bildung. Geschw. u. Ausmaß der **II**-Synth. durch gewaschene Mycele werden stark von den Bedingungen, unter denen das Mycel gewachsen ist, beeinflußt. In Inkubations-Lsgg., die *Serin* (**IV**) u. Glucose enthalten, bilden in Ggw. von **I** gezüchtete Mycele **III**. Chloramphenicolzusatz steigert die **III**-Synth. erheblich. Der verwendete Stamm enthält viel konstitutive **IV**- u. **I**-Desaminase, ferner als weiteres an der **II**-Synth. beteiligtes Enzym α-Acetonmilchsäuresynthetase, deren Aktivität bei Züchtung in **I**- oder **V**-haltigen Medien ca. 5fach zunimmt. K. Maier. 4320□

Stoffwechselbeziehungen zwischen Cystathionin und Methionin bei Neurospora. Joyce L. Wiebers und Harold R. Garner. (J. Bacteriol. **80**, 51, Juli 1960; West Lafayette, Ind., Purdue Univ., Dep. of Biol. Sci.; engl.) — Nach Züchtung der *N. crassa*-Mutante *H 98A* in Ggw. von $^{14}C_{(2)}$-*DL-Methionin* (**I**), ^{35}S-**I**, $Na_2{}^{35}SO_4$, ^{14}C-*Serin* oder ^{14}C-*Homoserin* (**II**) ist aus Mycel-Extrakten radioakt. *Cystathionin* (**III**) isolierbar. Die Unters. der spezif. **III**-Aktivität aus Zellen, die in Ggw. von ^{14}C-**II**, $Na_2{}^{33}SO_4$ oder $^{14}C_{(2)}$-*DL*-**I** unter Zusatz von exogenem **I** (3 Konzz.) gewachsen waren, ließ 2 Quellen der 4 **III**-C-Atome, **I** u. **II** erkennen. Innerhalb einer 7täg. Wachstumsperiode wurde **III**-Speicherung beobachtet, die größte/mg Zellen bei Zusatz unterschwelliger Mengen *DL*-**I**. Optimale Konzz. von $^{14}C_{(2)}$-**I** ergaben ein annähernd konst. Verhältnis der spezif. Aktivität von **III**/Zell-**I**. Überschüssiges exogenes **I** ergab ein ansteigendes Verhältnis. Der Einbau von **III**-^{35}S u. -^{14}C in Zell-**I** durch eine **III**-freie Mutante (Stamm 36104a) von N. crassa zeigt, daß exogenes **III** eine wesentliche *S*-Quelle, aber keine für das C_4-Gerüst von **I** bildet.
K. Maier. 4320□

Wirkungsvolle Verwertung fetter Öle als Energiequelle bei der Penicillinfermentation. S. C. Pan, S. Bonanno und G. H. Wagman. (Appl. Microbiol. **7**, 176–80, Mai 1959; New Brunswick, N.J., Squibb Inst. for Med. Res.) — Zusatz von fetten Ölen zur Fermentationsbrühe beschleunigt die *Penicillin*-Fermentation, wenn durch Mineralöl für eine genügende Dispersion in der wss. Phase gesorgt ist. P. Gregorzewski. 4320□

Itaconsäure-Stoffwechsel in vorgebildeten Myceldecken von Aspergillus terreus. Ibrahim R. Shimi und Moustafa S. Nour El Dein. (Arch. Mikrobiol. **41**, 261–67, 1962; Cairo, Ain Shams Univ., Fac. of Sci., Biochem Dep.; Cairo, Heliopolis, High Training Coll., Biol. Dep.; engl.) — Es wurde der Abbau von *Itaconsäure* (**I**) durch eine Myceldecke von *Aspergillus terreus* bei verschiedenen pH-Werten untersucht. Bei pH 6,0 u. 8,0 war nach einer Inkubationszeit von 48 Std. die gesamte angebotene **I** (5,0 g/100 ml) verbraucht, bei pH 2,2 nur 3,6 g, bei pH 4,0 nur 4,65 g. Der Verbrauch von **I** ist mit der Bldg. von *Aconit* (**II**)-, *Äpfel*-, *Citronen*- u. *Oxalsäure* gekoppelt. Diese Säuren werden innerhalb der Vers.-Zeit z. T. wieder verwertet. Es wurde weiterhin der Einfl. von Na-Arsenit (10^{-3} m) (**III**), Jodessigsäure (10^{-5} m) (**IV**), $K_4Fe(CN)_6 \cdot 3\,H_2O$ (10^{-4} m) u. Malonsäure (10^{-4} m) (**V**) auf den **I**-Abbau bei einem pH-Wert von 6,0 untersucht. Zugabe von **III** u. **IV** bewirkt, daß erst nach 60 Std. **I** (5,0 g/100 ml) vollständig verbraucht ist, in Ggw. von $K_4Fe(CN)_6$ sind nach 60 Std. 4,17 g **I** u. in Ggw. von **V** erst 3,08 g **I** verbraucht. In Ggw. der Hemmstoffe kommt es zu einer Ansammlung von Säuren des Tricarbonsäurecyclus. In einigen Fällen war die Menge dieser Säuren größer als die aufgenommene **I**-Menge. Auf Grund der Unterss. wird angenommen, daß **I** durch CO_2-Fixierung in **II** übergeht u. daß der Tricarbonsäurecyclus der Hauptabbauweg für **I** in A. terreus ist. M. Lorenz. 4320□

Heterocyclen im Stoffwechsel. 8. Mitt. **Synthese von $^{14}C_{(4a)}$-Lumiflavin und $^{14}C_{(4a)}$-Riboflavin.** Friedhelm Korte und Gerhard Ludwig. (Liebigs Ann. Chem. **615**, 94–99, 1958; Bonn, Univ., Chem. Inst.; dt.) — 7. vgl. C. **1961**, 4760. — Die Rk. von $^{14}C_{(2)}$-*Malonsäure* bzw. $^{14}C_{(2)}$-*Malonsäurediäthylester* mit Harnstoff (**I**) im Mikroverf. zu $^{14}C_{(5)}$-*Barbitursäure* (**II**) wird beschrieben. **II** reagiert mit N.3.4-Trimethyl-6-(p-carboxyphenylazo)-anilin (**III**) zu $^{14}C_{(4a)}$-*Lumiflavin* u. mit *N-[D-Ribityl-(1')]-6-[p-carboxyphenylazo]-anilin* (**IV**) zu $^{14}C_{(4a)}$-*Riboflavin*.

Versuche: *Barbitursäure* (**II**), F. 245–247° (W.), aus **I** u. Malonsäurediäthylester durch 8std. Kochen in Na-Äthylat-Lsg., 70% (Ausbeute). — $^{14}C_{(2)}$-*Malonsäure*, F. 132°, aus $^{14}C_{(2)}$-Natriumcyanacetat durch 3std. Erhitzen mit konz. HCl in sd. W., 95%. — $^{14}C_{(5)}$-*Barbitursäure* (**II**), F. 245–247° (W.), aus **I** u. vorst. Verb. durch mehrstd. Erhitzen in Eisessig–Acetanhydrid auf 65° u. weiters 3std. Erhitzen auf 90°; 68% + 18% aus der Mutterlauge mit **III** zu $^{14}C_{(4a)}$-Lumiflavin, umgesetzt. — $^{14}C_{(4a)}$-*Lumiflavin*, F. 323°, aus **II** u. **III** durch 24std. Erhitzen in Eisessig u. Malonsäurediäthylester auf 110–120°; 83 u. 5% in wss. Lösung. — *Riboflavin*-$^{14}C_{(4a)}$, F. 280–283°, wie vorst. Verb. aus **II** u. **IV**; 61 u. 14% in wss. Lösung. — Die R_f-Werte von **II**, Riboflavin u. Lumiflavin mit verschiedenen Lsgm. werden angegeben. W. Sirrenberg. 4320

Heterocyclen im Stoffwechsel. 9. Mitt. **Mikrosynthese von $^{14}C_{(6)}$-Orotsäure und $^{14}C_{(4)}$-4.5-Diaminouracil.** Friedhelm Korte, Wilfried Paulus und Klaus Störiko. (Liebigs Ann. Chem. **619**, 63–69, 1958, herausgeg. 2/2. 1959; Bonn, Univ., Chem. Inst.) — 8. vgl. vorst. Referat. — Die Vff. beschreiben die Darst. von $^{14}C_{(6)}$-*Orotsäure* im Mikromaßstab nach dem Verf. von Johnson, Schroeder, Heidelberger u. Hurlbert. Sie erreichten eine Ausbeutesteigerung von 12% bezogen auf Natriumacetat. Die Synth. von $^{14}C_{(4)}$-*4.5-Diaminouracil* nach der Meth. von Bogert u. Davidson wurde gleichfalls im Mikromaßstab ausgearbeitet. Radioakt. Ausgangs-Prod. ist $K^{14}CN$. In wss. Lsg. wandelt sich das Diamin durch oxydative Selbstkondens. in *Bisalloxazin* u. sein Isomeres um, deshalb Isolierung als Sulfat. In sd. Salzsäure entsteht *Hydurilsäure*.

Versuche: $^{14}C_{(6)}$-*Orotsäure*: *Diäthoxyessigsäureäthylester* (**I**), $Kp._{15}$ 87–91°, aus Glyoxylsäureäthylesterhalbacetal u. abs. alkohol. HCl, 79% (Ausbeute). — $^{14}C_{(1)}$-*Essigsäureäthylester* (**II**), aus $^{14}C_{(1)}$-Natriumacetat u. Diäthylsulfat. — $^{14}C_{(6)}$-*2-Thiouracil-4-aldehyddiäthylacetal* (**III**); aus **I** u. **II** u. NaH in abs. Toluol wird $^{14}C_{(1)}$-*Diäthoxyacetessigsäureäthylester* erhalten, der mit Thioharnstoff in abs. A. 3 Std. erhitzt wird, 54% bezogen auf Natriumacetat. — $^{14}C_{(6)}$-*Orotsäure*, F. 343–345° (Zers.), aus **III** u. $Na_2Cr_2O_7 \cdot 2\,H_2O$; 40% bezogen auf Natriumacetat. — $^{14}C_{(4)}$-*4.5-Diaminouracilsulfathydrat*: $^{14}C_{(3)}$-*Cyanessigsäuremethylester*, aus ^{14}C-KCN nach der Meth. von Korte u. Barkemeyer. — $^{14}C_{(4)}$-*4-Aminouracil*, aus vorst. Verb., Harnstoff u. Na-Methylat. — $^{14}C_{(4)}$-*4-Amino-5-nitrosouracil*, aus vorst. Verb., $NaNO_2$ u. Essigsäure. — $^{14}C_{(4)}$-*4.5-Diaminouracilsulfathydrat* ($(C\,H_6N_4O_2)_2 \cdot H_2SO_4 \cdot 2\,H_2O$), aus vorst. Verb., $SnCl_2$ u. HCl, 37% bezogen auf KCN. — *Bisalloxazin*, aus 4-Amino-5-nitrosouracil, Barbitursäure u. Essigsäure, UV-Spektrum. — *Hydurilsäure*, aus 4.5-Diaminouracilsulfat u. HCl durch 10std. Rückflußkochen; 47%. H. Goldner. 4320□

Heterocyclen im Stoffwechsel. 10. Mitt. **Zur Biosynthese des Riboflavins.** Friedhelm Korte, Hans Ulrich Aldag, Gerhard Ludwig Wilfried Paulus und Klaus Störiko. (Liebigs Ann. Chem. **619**, 70—79, 1958, herausgeg. 2/2. 1959; Bonn, Univ., Chem. Inst.) — 9. vgl. vorst. Referat. — Vff. weisen nach, daß $^{14}C_{(5)}$-*Guanin* (I) durch *Eremothecium ashbyii* in guter Ausbeute in radioakt. *Riboflavin* (II) umgewandelt wird. Folgende Organismen bewirken ebenfalls eine Umwandlung von I in II neben anderen radioakt. Umwandlungsprodukten (U.P.): *Ashbya gosyppii, Candida guilliermondii, C. parapsilopsis* u. *C. flareri.* Eine merkliche Umwandlung von Pteridinen ($^{14}C_{(8a)}$-*Xanthopterin*, $^{14}C_{(8a)}$-*Isoxanthopterincarbonsäure*, radioakt. *8-Ribityl-6.7-dimethyllumazin* (III) oder von Pyrimidinen ($^{14}C_{(4)}$-*4.5-Diaminouracil*, $^{14}C_{(6)}$-*Orotsäure*, $^{14}C_{(5)}$-*Barbitursäure*) in Flavine war nicht zu beobachten. III wurde als eines der radioakt. U.P. erkannt. Über das Auftreten eines Oxydations-Prod. von III in den Kulturen der genannten Mikroorganismen wird berichtet. H. Goldner. 4320□

Heterocyclen im Stoffwechsel. 11. Mitt. **Umwandlung von $^{14}C_{(8a)}$-Xanthopterin und $^{14}C_{(2.6)}$-p-Aminobenzoesäure durch Mikroorganismen.** Friedhelm Korte, Hans Barkemeyer und Gotthard Synnatschke. (Hoppe-Seyler's Z. physiol. Chem. **314**, 106—13, 4/3. 1959; Bonn, Chem. Inst. der Univ.) — 10. vgl. vorst. Referat. — *Enterococcus stei, Streptococcus faecalis R., Bacterium coli* u. *Pichia membranaefaciens* wandeln $^{14}C_{(8a)}$-*Xanthopterin* (I) in *5-Formyl-5.6.7.8-tetrahydropteroinsäure* (II) um, welche bei vergleichender papierchromatograph. Unters. als einziges Stoffwechsel-Prod. erkannt wurde (vgl. Korte u. Mitarbeiter, Angew. Chem. **70**, [1958], 406). Dieselben Mikroorganismen bilden aus $^{14}C_{(2.6)}$-*p-Aminobenzoesäure Teropterin, 5-Formyl-5.6.7.8 tetrahydrofolsäure* u. *5-Formyl-5.6.7.8-tetrahydrodiopterin*, dagegen kein II. Der normale Biosyntheseweg zur Folsäuregruppe führt demnach nicht über I, die Mikroorganismen vermögen sich aber an I zu adaptieren. Für die Verss. mit I wurden die Organismen über 6—10 Passagen adaptiert. Vgl.-Substanzen: 1. Formylierung von Pteroinsäure, Folsäure u. Teropterin: 1 mg der Pteridine in 1 ml wasserfreier HCOOH 1 Std. bei 60°. 2. Hydrierung: 1 mg der Pteridine in 1 ml Eisessig unter Zusatz von PtO_2 u. Ascorbinsäure (III) bei 20° u. Normaldruck in 5—6 Std. hydriert. 3. Die bei der Formylierung nach 1. gebildeten 10-Formyl-Derivv. wurden in der Rk.-Lsg. mit PtO_2 u. III versetzt u. bei 20° hydriert. — Zur Umlagerung zum 5-Formyl-Deriv. wurde vom Pt abfiltriert, im Vakuum unter N_2 zur Trockne eingedampft u. in W. bei pH 7 1 Std. lang auf 95—100° erhitzt. H. Reubold. 4320□

Heterocyclen im Stoffwechsel. 12. Mitt. **Zur Biosynthese des Vitamins B_1.** Friedhelm Korte und Horst Weitkamp. (Liebigs Ann. Chem. **622**, 121—26, Mai 1959; Bonn, Univ., Chem. Inst.) — 11. vgl. vorst. Referat. — Vff. beschreiben eine Mikrosynth. von ^{14}C-*2-Methyl-4-amino-5-aminomethylpyrimidin* (I) hoher spezif. Aktivität, ausgehend von ^{14}C-Bariumcarbonat (23 mc)/Mol). I wird von folgenden Pilzen, die B_1-autotroph, Pyrimidin-, Thiazol- u. Pyrimidin + Thiazol-bedürftig sind, in *Vitamin B_1* eingebaut. *Absidia repens, Phycomyces blakesleeanus, Mucor ramannianus, Aspergillus flavus, Penicillium chrysogenum* u. *Rhodotorula rubra.* B_1 wurde nach Jansen als Thiochrom isoliert. I ist bei den untersuchten Stämmen Zwischenverb. in der B_1-Synthese. *2-Methyl-4-amino-5-cyanpyrimidin* (II) wird bei Rhodotorula rubra nicht in B_1 eingebaut. — *2-Methyl-4-amino-5-aminomethylpyrimidin* (I)-*Darst.* geht aus vom ^{14}C-Bariumcarbonat, ^{14}C-KCN u. verläuft über Cyanacetamid, Malonsäuredinitril, Äthoxymethylenmalonsäuredinitril, 2-Methyl-4-amino-5-cyanpyrimidin (23% Ausbeute bezogen auf KCN), I (78% bezogen auf Cyanpyrimidin). H. Goldner. 4320□

Heterocyclen im Stoffwechsel. 14. Mitt. **Über die Umwandlung eines Dioxopteridins in Riboflavin bei verschiedenen Mikroorganismen.** Friedhelm Korte und Hans Ulrich Aldag. (Liebigs Ann. Chem. **628**, 144—52, 14/1. 1960; Bonn, Univ., Chem. Inst.) — 13. vgl. C. **1963**, **4027**. — Biosynthet. erhaltenes ^{14}C-*6.7-Dimethyl-8-D-ribityllumazin* (I) wird durch zellfreie Extrakte der *Riboflavin* (II)-Bildner *Eremothecium ashbyii, Ashbya gosyppii, Mycobacterium smegmatis* u. *M. avium* in II übergeführt. In wachsenden Kulturen von A. gosyppii, M. smegmatis, M. avium, *L. casei, Enterococcus* (Stamm JG Au) u. E. ashbyii erfolgt keine I → II-Umwandlung. Bei den II-bedürftigen Organismen L. casei u. Enterococcus IG Au ist II nicht durch I ersetzbar. Die I-Umwandlungsrate in II bei Verss. mit zellfreien Extrakten der 4 erstgenannten Organismen ist relativ niedrig, da bis zu 50% I in andere Verbb. als II umgewandelt werden, vorwiegend in eine blau fluorescierende Verb., die papierchromatograph. mit *6-Methyl-7-hydroxy-8-ribityllumazin* (Compound V von Masuda) übereinstimmt. $^{14}C_{(5)}$-*Guanin* (III), das von wachsenden Kulturen II-bildender Stämme in I u. II eingebaut wird, wurde in Enzym-Vers.

nicht in diese Verbb. übergeführt. Setzt man bei M. smegmatis der III-Lsg. als C_2-Donator Na-Pyruvat zu, so entstehen 7 weitere radioakt., von I u. II verschiedene Umwandlungs-Produkte. K. Maier. 4320□

Heterocyclen im Stoffwechsel. 15. Mitt. Einbau von Xanthopterin in Folsäure-Derivate durch wachsende Kulturen und Zellextrakte von Mikroorganismen. Friedhelm Korte und Gotthard Synnatschke. (Liebigs Ann. Chem. **628**, 153—57, 14/1. 1960; Bonn, Univ., Chem. Inst.) — 14. vgl. vorst. Referat. — Wachsende Kulturen von *Enterococcus stei*, *Streptococcus faecalis R*, *Escherichia coli* u. der Hefe *Pichia membranaeformis* führen $^{14}C_{(8a)}$-*Xanthopterin* (I) in *5-Formyl-5.6.7.8-tetrahydropteroinsäure*(II) als radioakt. Endprod. über, während *Folsäure* (III), auch bei Zusatz von p-Aminobenzoylglutaminsäure zur Nährlsg., nicht gebildet wird. *Lactobacillus plantarum 10 S* synthetisiert aus I neben II *5-Formyl-5.6.7.8-tetrahydrodiopterin* (IV). Zellfreie Extrakte von E. coli, S. faecalis R, L. plantarum 10 S u. P. membranaefaciens bildeten aus I als Hauptprod. III, wobei ferner noch *5-Formyl-5.6.7.8-tetrahydrofolsäure* u. IV (mit L. plantarum-Extrakt nicht) als Nebenprodd. nachweisbar waren. I ist nach diesen Befunden vermutlich kein Ausgangs-Prod. der natürlichen III-Biosynthese. K. Maier. 4320□

Heterocyclen im Stoffwechsel. 16. Mitt. Zur Biosynthese des Aneurins. Friedhelm Korte, Horst Weitkamp und Jürgen Vogel. (Liebigs Ann. Chem. **628**, 158—62, 14/1. 1960; Bonn, Univ., Chem. Inst.) — 15. vgl. vorst. Referat. — Pilze, die Vitamin B_1 (I)-autrotroph, Pyrimidin (II)-, Thiazol (III)- u. II + III-bedürftig sind, bauen *4-Methyl-5-[β-hydroxyäthyl]-thiazol* (IV) in I ein, so daß IV als Zwischenstufe der I-Biosynth. zu betrachten ist. *4-Methylthiazol* wird von den gleichen Organismen (*Absidia repens, Aspergillus flavus, Mucor ramannianus, Penicillium chrysogenum, Phycomyces blakesleeanus, Rhodotorula rubra* var. *longa*) nicht verwertet. Nach Zusatz von $^{14}C_{(2)}$-IV wurden in allen Kulturfll. 2 radioakt., noch unbekannte Abbau-Prodd. beobachtet (R_F-Werte in 6 Systemen).

Versuche: ^{14}C-*Ba-Cyanamid*, aus ^{14}C-$BaCO_3$ u. NH_3 bei 660° (45 Min.); 100% (Ausbeute). — ^{14}C-*Thioharnstoff*, aus vorst. Verb. u. H_2S in W. + $Ba(OH)_2$ (85°, 20 Std.); 86% (bezogen auf $BaCO_3$). — $^{14}C_{(2)}$-*2-Amino-4-methyl-5-[β-hydroxyäthyl]-thiazol-di-hydrochlorid*, F. 151°, aus vorst. Verb. u. 3-Chlor-5-hydroxypentanon-(2) durch 2½ std. Erhitzen in W.; 80%. $^{14}C_{(2)}$-*4-Methyl-5-[β-hydroxyäthyl]-thiazol*, aus vorst. Verb. durch Überführung bei 40° in das gelbe Diazoniumsalz u. Red. desselben mit hypophosphoriger Säure in W. bei 0°; 25,6 mc/mMol; 34%. *Pikrat*, F. 161—163°. — $^{14}C_{(2)}$-*4-Methylthiazolhydrochlorid*, aus ^{14}C-Thioharnstoff u. Acetylchlorid in W. (2 Std., Wasserbad), Herst. des Diazoniumsalzes u. Red. mit H_3PO_2; 40%. K. Maier. 4320□

Der Einfluß von Aminosäuren auf das Wachstum von zwei Stämmen von Helminthosporium gramineum. W. P. Skoropad und D. C. Arny. (Phytopathology **47**, 249—52, Mai 1957, Edmonton, Alberta; Plant Pathol. Labor.; Madison, Wisc., Univ. of Wisconsin, Dep. of Agronom. and Plant Pathol.; engl.) — Beide Stämme wurden auf Kartoffeldextroseagar kultiviert. Stamm C-1 zeigte bestes Wachstum nach Zusatz von *Asparagin* (I) u. *Glutaminsäure* (II), u. schlechtestes bei Zusatz von *Isoleucin* (III) u. III + *Asparaginsäure* (IV). Bei Stamm GHA 2 waren die Verhältnisse ähnlich. Die Hemmung bei GHA 2 durch III u. III + IV war bedeutend stärker als bei C-1.
W. Hiller. 4320□

Über Bedingungen der Biosynthese von Clavinalkaloiden in saprophytischer Kultur. 1. Mitt. E. Teuscher. (Pharmazie **16**, 570—78, Nov. 1961; Halle-Wittenberg, Martin-Luther-Univ., Pharmakognost. Inst.; dt.) — Bei dem Clavinstamm SD 58 wird unter Anwendung der Replacementtechnik der Einfl. verschiedener Faktoren auf die Alkaloid-Bldg. (Ab), auf Atmung u. *Tryptophan* (I)-Stoffwechsel untersucht. Bei Verss. über den Einfl. der H^+-Konzz. u. des osmot. Druckes auf die Ab zeigt sich ein Optimalbereich zwischen pH 5,3 u. 5,7, der für die Atmung ebenfalls optimal ist. Erhöhung des osmot. Druckes steigert bis zu einer NaCl-Konz. von ca. 3,5% in m/15 Phosphatpuffer die Alkaloidausbeute. Zum Zeitpunkt der Ab gegebene gut assimilierbare Hexosen wie Glucose, Mannose, Fructose u. Xylose verhindern diese, während Mannit, Sorbit, Galaktose u. Arabinose dieselbe im Vgl. zur Kontrolle mit NaCl herabsetzen. Glycerin steigert sie signifikant, auch organ. Säuren beeinflussen die Ab stark. In der Reihenfolge Glycerinsäure, Äpfelsäure, Milchsäure, Bernsteinsäure, Serin u. Fumarsäure steigern sie in zunemender Tendenz die Ab, während diese durch Glyoxylsäure, Malonsäure, Brenztraubensäure u. Alanin verringert wird. Glycin, Essigsäure, Ameisensäure u. Propionsäure verhindern sie völlig. Einige Vitamine üben stärkere Wrkg. auf die Ab aus als I. Die steigernde Wrkg. des I u. Indols wird durch Zusatz von Serin u. Glycerin erhöht. Anthranilsäure erhöht die Ausbeute nicht. Bei gleichzeitiger Gabe von Serin u. Glucose wird ein großer Teil der Anthranilsäure in I umgewandelt. Den Kulturen zugesetztes

I wird akt. aufgenommen u. gespeichert. In weiteren Verss. werden im Zusammenhang mit der Veränderung der H^+-Konz. oder des osmot. Druckes bei unterschiedlichen Atmungsintensitäten I-Bilanzen betreffend I im Medium, extrahierbares I u. proteingebundenes I sowie Anthranilsäure u. Alkaloid aufgestellt. Auf eine mögliche Beeinflussung der Alkaloidausbeute durch nichtfermentative Prozesse wird hingewiesen. K. Winkler. 4320□

Untersuchungen über Streptomyceten. Über die Bildung von Dihydrostreptomycin und Vitamin B_{12}. Kôiti Nakazawa, Motoo Shibata, Hiroichi Yamamoto, Toshihiko Kanzaki, Eiji Higashide, Yoshio Hamada, Akira Miyake und Eisuke Iwasaki. (J. agric. chem. Soc. Japan [Nippon Nôgei-kagaku Kaishi] **32,** 324–30, 1958; Osaka, Inst. for Fermentation; Takeda Pharm. Ind. Ltd.; jap.) J. Lehmberg. 4320□

Toxizität von Trichloracetaten bei Chlorella vulgaris. K. A. Hassall. (Physiol. Plantarum [Copenhagen] **14,** 140–49, 1961; Reading, Univ., Dep. of Physiol. Chem.; engl.) — Als Vers.-Material diente ein Stamm von *Chlorella vulgaris*, der im Dunkeln mit *Glucose* als C-Quelle wächst. Die Wrkg. von *Na-* u. *K-Trichloracetat* (I) wurde in Konzz. bis 0,2m untersucht. Die Zellteilung wird bei Dunkelkultur in gleichem Ausmaß wie bei Kultur mit Photosynth. gehemmt. Die Hemmung beginnt bei ca. 0,01 m, gleichzeitig steigt die Konz. der in *Trichloressigsäure* (II) lösl. P-Verbb. in der Zelle. In Abwesenheit von mehr als 0,06m I wird die Aufnahme von Glucose, P u. N gehemmt. Die Atmung, gemessen als O_2-Aufnahme, wird bei Konzz. unter 0,4m I nicht beeinflußt. Dagegen wird die Atmung durch 0,001m II in ungepuffertem Medium gehemmt. U. Mothes. 4330□

Die Wirkung von Aminosäuren auf die Virulenz von Helminthosporium sativum gegenüber Weizensämlingen. S. B. Hrushovetz. (Phytopathology **47,** 261–64, Mai 1957; Edmonton, Alberta; Univ. of Alberta, Canada Dep. of Agricult., Sci. Serv., Plant Pathol. Labor.; engl.) — Wurden zu Czapek's Agarmedium 0,1% *Alanin, Arginin, Histidin, Isoleucin, Leucin, Methionin, Serin, Threonin* oder *Tryptophan* zugesetzt u. *Helminthosporium sativum* durch 6 Passagen darauf kultiviert, so zeigte die Virulenz eine progressive Abnahme. W. Hiller. 4330□

Untersuchungen der Wirkung von Monobromamin auf Escherichia coli. J. K. Johannesson. (New Zealand J. Sci. **2,** 499–505, Dez. 1959; Wellington City Council Labor.; engl.) — Vgl. C. **1960,** 14296 u. C. **1961,** 2060. — Die Wrkg. von *Monobromamin* (I) bei pH 7 ist sehr schnell u. die Folge der Ggw. von *Monobromammoniumionen*. In 10 Min. nimmt die Zellzahl von 10^6 ml auf 10^1 ab. P. Gregorzewski. 4330□

In vitro-Bakterienresistenz gegen Chloramphenicol: Eine Untersuchung über 6 Jahre. Marie L. Koch. (Antibiotics and Chemotherapy **10,** 364–67, Juni 1960; Wood, Wis., Veterans Administrat. Center, Clin. Labor. Serv. and Milwaukee, Wis., Marquette Univ. School of Med., Dep. of Microbiol. and Immunol.; engl.) —Die in einem Zeitraum von 6 Jahren durchgeführten in vitro-Unterss. der Empfindlichkeit von 11792 Kulturen gramnegativer Bakterien (gnB) u. 7271 Kulturen grampositiver Kokken (gpK) gegen *Chloramphenicol* (I) ergaben: Bei den gnB entwickelte sich die Resistenz gegen I schneller als bei den gpK. Die Resistenzraten der gnB betrugen 1958 u. 1953: Bei *Pseudomonas aeruginosa* 99% bzw. 59%, bei *coliformen* Bakterien 53 bzw. 12%, bei *Proteus*-Arten 47% bzw. 22%. Die Resistenzraten der gpK waren bei *Staphylococcus aureus* 34% (1958) u. 2% (1953), bei *Enterokokken* 40% u. 4%, bei Gruppe A β-hämolyt. *Streptokokken* 4% u. 0%. W. Knöbel. 4340□

Untersuchung über die antibakteriellen Eigenschaften von Kuhmilch. 1. Mitt. **Hitzeresistenz des antibakteriellen Faktors.** Hisaya Kato. (J. Fac. Agric., Iwate Univ. [Morioka, Japan] **5,** 1, Nov. 1960; engl.) — Nach Erhitzen auf 100° für 20 Min. hemmten Milch u. Molken *Staphylococcus aureus* 209p im Wachstum genau so wie die nichterhitzten Substrate. Die akt. Substanz wurde bei pH 9 an Aktivkohle adsorbiert u. konnte mit Methanol bei pH-Werten unter 7 wieder eluiert werden. Die Hitzeresistenz war am stärksten zwischen pH 4 u. 5. Die Reinigung des antibakteriellen Faktors gelang nicht. W. Hiller. 4340□

Untersuchungen über Kanamycin. 2. Mitt. **Strukturbeweis für Mono-O-methyldesoxystreptamin.** Sumio Umezawa, Yukio Itō und Shunzō Fukatsu. (J. Antibiotics [Tokyo], Ser. A **11,** 162, Juli 1958; Tokyo, Keio Univ., Applied Chem. Dep.; engl.) — 1. vgl. C. **1960,** 6887. — *Mono-O-methyldesoxystreptamin, Hydrochlorid* (I), $C_6H_7(OH)_2(NH_2)_2(OCH_3)$, F. 207–209° (Zers., Methanol–A.), $[\alpha]_{r.}=0°$ durch erschöpfende Methylierung von Tetra-N-acetylkanamycin u. saure Hydrolyse. Da I 2 Mol Perjodsäure verbraucht, ohne daß Ameisensäure entsteht u. opt. inakt. ist, ist die Struktur von *1.3-Diamino-4.6-dihydroxy-5-methoxycyclohexan* bewiesen. P. Gregorzewski. 4340□

Die Chemie des Kanamycins. 4. Mitt. Die Konfiguration der Verbindung „C". Hiroshi Ogawa, Teiichirō Itō, Shigeharu Inoue und Shinichi Kondō. (J. Antibiotics [Tokyo], Ser. A **11,** 166—68, Juli 1958; Meiji Seika Co., Ltd.; engl.) — 2. vgl. vorst. Referat. — Es wird der Beweis für die Konst. der *Verb.* „*C*" als *Methyl-3-amino-3-desoxy-α-D-glucopyranosid* (I) erbracht.

Versuche: *Sr-D'-Methoxy-D-hydroxymethyldiglykolat,* $C_6H_8O_7Sr \cdot 2\,H_2O$, aus I durch Oxydation mit 2 Mol Na-Perjodat zum Dialdehyd u. hieraus durch Oxydation mit Br_2 in Ggw. von $SrCO_3$. — *3-Amino-3-desoxy-α-D-glucosephenylosazonhydrochlorid,* $C_{18}H_{23}N_5O_3 \cdot HCl$, F. 222—222,5° (Zers.), aus Desmethyl-I (II, *3-Amino-3-desoxy-α-D-glucopyranose*). — *3-[D-erythro-Trihydroxypropyl]-1-phenylflavazol,* $C_{18}H_{16}N_4O_3$, F. 215°; durch Erhitzen von II, o-Phenylendiamin, Phenylhydrazin in Essigsäure in CO_2-Atmosphäre. P. Gregorzewski. 4340□

Die Chemie des Kanamycins. 5. Mitt. Die Struktur von Kanamycin. Hiroshi Ogawa, Teiichirō Itō, Shinichi Kondō und Shigeharu Inoue, [J. Antibiotics [Tokyo], Ser. A **11,** 169—70, Juli 1958; engl.) — 4. vgl. vorst. Referat. — *Kanamycin* hat die Struktur von *1.3-Diamino-4-[3'-amino-3'-desoxy-α-D-glucopyranosyl-(1')]-5-hydroxy-6-[6''-amino-6''-desoxy-α-D-glucopyranosyl-(1'')]-cyclohexan.*

Versuche: *O-α-D-[3-Amino-3-desoxyglucopyranosyl]-desoxystreptamin* (*Verb. F.*) F. 238—242° (Zers.), aus dem *Trihydrochlorid,* $C_{12}H_{25}N_3O_7 \cdot 3\,HCl$, F. 244—246° (Zers.); (durch 11tägiges Stehen von Kanamycin in 6n HCl bei 37° u. Säulenchromatographie an Cellulosepulver). *N-Acetyl-Verb.,* $C_{12}H_{22}N_3O_7 \cdot 3\,(CH_3CO)$, F. 176—181° (Zers.). — *Monomethoxydesoxystreptaminhydrochlorid* (*1.3-Diamino-4.6-dihydroxy-5-methoxycyclohexan*), $C_7H_{16}N_2O_3 \cdot 2\,HCl$, F. 240—250° (Zers.); durch Hydrolyse von $C_{18}H_{21}O_4(OCH_3)_7 \cdot (NHCOCH_3)_4$ (aus N-Acetylkanamycin durch Methylierung mit Dimethylsulfat u. anschließende Behandlung mit Ag_2O u. CH_3J) in 2n HCl. P. Gregorzewski. 4340□

Strukturuntersuchungen über Kanamycin. Kenji Maeda, Masao Murase, Hayashi Mawatari und Hamao Umezawa. (J. Antibiotics [Tokyo], Ser. A **11,** 163—65, Juli 1958; Tokyo, Nat. Inst. of Health; engl.) — Vgl. C. **1960,** 6886. — Für *Kanamycin* wird die Konst. von *1.3-Diamino-4-[3'-amino-3'-desoxyglucopyranosyl-(1')]-5-hydroxy-6-[6''-amino-6''-desoxyglucopyranosyl-(1'')]-cyclohexan* vorgeschlagen.
P. Gregorzewski. 4340□

Empfindlichkeit von Salmonellen gegen Kanamycin und andere Antibiotica. George K. Daikos, Maria Athanasiadou, Eleni Deligeorgi und Nikos Papadoyanakis. (Antibiotics and Chemotherapy **10,** 337—40, Juni 1960; Athens, Greece, Alexandra Hosp. and Athens Univ. Med. School, Dep. of Clin. Therapeutics; engl.) — 25 *Salmonella*-Stämme wurden in vitro auf Empfindlichkeit gegen *Kanamycin* (I) geprüft. I war in relativ niedrigen Konzz. wirksam: Durch 2,5 μg/ml wurden alle Stämme u. durch 1,25 μg/ml 72% von ihnen gehemmt. Bei vergleichenden Unterss. derselben 25 u. 7 anderer Salmonellastämme unter Verw. von I u. von anderen Antibioticis erwies sich I als wirksamstes. Am nächsten kamen ihm in der Wrkg. die *Tetracycline* u. *Chloramphenicol;* ein Gemisch von *Tetracyclin–Oleandomycin* war weniger wirksam u. *Streptomycin* unwirksam. W. Knöbel. 4340□

Untersuchungen über die Reinigung und Isolierung von Gancidinen. Shigetoshi Wakaki, Hirofuto Marumo, Keitarō Tomioka, Motoaki Shimizu, Etsurō Katō, Hideo Kamada, Shirō Kudo und Yasuo Fujimoto. (J. Antibiotics [Tokyo], Ser. A **11,** 150—55, Juli 1958; Kyowa Fermentation Ind. Co., Ltd.; engl.) — Das aus der Kulturbrühe von *Streptomyces Nr. AAK-84* gewonnene Roh-*Gancidin* wird durch Gegenstromverteilung zwischen Chlf. u. McIlvaine-Puffer (1 : 1) in 6 gefärbte bas. u. 2 farblose neutrale Fraktionen zerlegt. *Gancidin A,* $C_{43}H_{58-60}N_6O_{14}$, bei 110° Dunkelfärbung, bei 290° Schwarzfärbung, orange Kristalle, ist die Hauptfraktion der gefärbten Prodd., zeigt in vitro keine Antitumoraktivität, aber außergewöhnliche Aktivität gegen Bakterien u. hohe Toxizität bei Mäusen. Aus der neutralen Fraktion wird *Gancidin W,* $C_{11}H_{17-19}O_2N_2$, F. 163—164°, isoliert. Es hat einen guten Einfl. auf die Überlebenszeit von Ehrlich-Tumor-tragenden Mäusen.
P. Gregorzewski. 4340□

Biologische Untersuchungen über Mikamycin. Nobuo Tanaka, Nagashige Shinjō, Norimasa Miyairi und Hamao Umezawa. (J. Antibiotics [Tokyo], Ser. A **11,** 127—33, Juli 1958; Univ. of Tokyo, Inst. of Applied Microbiol.; engl.) — Vgl. C. **1962,** 2041. — *Mikamycin* (I), aus der Kulturbrühe von *Streptomyces mitakaensis,* wirkt gegen eine Reihe von grampositiven Bakterien in vitro u. trotz seiner geringen antibakteriellen Aktivität in Blut u. Geweben nach intraperitonealer Verabreichung bei Mäusen protektiv gegen pyogene Streptokokken- u. Staphylokokkeninfektionen. I u. *Streptogramin B* wirken synergistisch. P. Gregorzewski. 4340□

Untersuchungen über Actinoleukin, Beziehungen zu Echinomycin und Levomycin. Sumiko Ishihara, Ryōzō Utahara, Motoko Suzuki, Yoshirō Okami und Hamao Umezawa. (J. Antibiotics [Tokyo], Ser. A **11**, 160–61, Juli 1959; Tokyo, Nat. Inst. of Health; engl.) — Für *Actinoleukin* (I) wird folgende Zus. bestimmt: $C_{29-30}H_{40-42}\cdot N_6O_{7-8}S$. *Echinomycin*, $C_{29}H_{37}N_7O_7S$ ist mit I nahe verwandt, *Levomycin* enthält keinen S.
P. Gregorzewski. 4340□

Die Wirkung von Polymyxin B auf Vibrio cholerae. D. Haldar. (Ann. Biochem. exp. Med. [Calcutta] **21**, 379–82, Dez. 1961; Calcutta, Ind. Inst. for Biochem. and Exp. Med.; engl.) — *Polymyxin B* (I), *Cetyltrimethylammoniumbromid* (II) u. *Na-Dodecylsulfat* (III) hemmen das Wachstum von *Vibrio cholerae* in Papainbrühe. $MgCl_2$ hebt teilweise die Wrkg. von **I** u. **II** auf, nicht aber die von **III**. Alle 3 Agentien inhibieren die endogene O_2-Aufnahme u. verursachen außerdem eine Lysis wachsender u. ruhender Zellen.
P. Gregorzewski. 4340□

Cyanomycin, ein neues Antibioticum. Masanao Funaki, Fumiyasu Tsuchiya, Kiyoharu Maeda und Takeshi Kamiya. (J. Antibiotics [Tokyo], Ser. A **11**, 143–49, Juli 1958; Meiji Milk Products, Co.; engl.) — Aus der Kulturbrühe von *Streptomyces cyanoflavus n. sp.* wird mit organ. Lsgm. ein dunkelblaues krist. Antibioticum, *Cyanomycin* (I), isoliert. Es ist eine bas. Substanz, die saure Lsg. ist rot gefärbt, die alkal. u. neutrale blau. I hat ein charakterist. UV-Spektrum u. gibt eine reversible Redoxreaktion. I ist akt. gegen grampositive u. -negative Bakterien, aber unwirksam gegen Fungi u. Hefen.
P. Gregorzewski. 4346□

Virocidin, ein neues antivirales und antibakterielles Antibioticum. Masanao Funaki, Fumiyasu Tsuchiya, Kiyoharu Maeda und Takeshi Kamiya. (J. Antibiotics [Tokyo], Ser. A **11**, 138–42, Juli 1958; Meiji Milk Products, Co.; engl.) — *Virocidin* (I) wird aus der Kulturbrühe von *Streptomyces flavoreticuli* Funaki et Tsuchiya nach Extraktion mit beliebigen organ. Lsgm., angesäuertem W. u. Ae. nach Einengung der Ae.-Lsg. als Pikrat gefällt. Freies I ist unbeständig. Die Pikrat-Lsg. ist akt. gegen den Tollwutvirus u. gegen grampositive u. -negative Bakterien.
P. Gregorzewski. 4346□

Chemische Untersuchungen über Zellbestandteile von Hämophilus pertussis. 2. Mitt. **Isolierung eines toxischen Lipopolysaccharids.** Masayasu Kitagawa, Hidebumi Hazama, Masaharu Motomura, Yuichi Yamamura, Kei Sawada und Junji Nagai. (J. Biochemistry [Tokyo] **49**, 477–80, Juni 1961; Fukuoka, Kyushu Univ., Fac. of Med. Dep. of Biochem. u. Central Clinical Labor.; engl.) — 1. vgl. C. **1959**, 4852. — Zellen von *Hämophilus pertussis* (*H.p.*) wurden mit Glaspulver zermörsert, mit physiol. NaCl extrahiert u. der Hauptanteil an Protein durch Zentrifugieren abgetrennt. Die Lipopolisaccharide von H.p. wurden mittels wss. Phenol extrahiert u. durch Dialyse gereinigt. Der die Verunreinigungen enthaltende Nd. wurde abgetrennt, der Überstand mit CH_3COONa gepuffert u. mit A. gefällt. Das dabei erhaltene Präcipitat (Pp.) ergab nach der Hydrolyse (Hy.) mit 1n H_2SO_4 *Hexosamin, Glucose, Galaktose* u. *Xylose*. Nach Hy. mit 6n HCl entstanden aus dem Pp. *Glutaminsäure, Asparaginsäure, Leucin, Valin, Glycin, Prolin, Alanin, Threonin, Serin* u. *Histidin*. Colamin u. Nekrosamin konnten im Pp. nicht nachgewiesen werden. Nach Lösen des Pp. in W. wurde die Lsg. hochtourig zentrifugiert u. jede Fraktion auf ihre Toxizität (Tx.) u. immunisierende Aktivität (i. A.) bei Mäusen geprüft. Die höchste Tx. besaß die nach 1std. Zentrifugieren bei 105000·g erhaltene Fraktion (F), jedoch war eine i. A. dieser F nicht meßbar.
R. Strufe. 4370

Immunchemische Untersuchungen von nativem und modifiziertem β-Lactoglobulin und α-Lactalbumin. C. Bengtsson, L. A. Hanson und B. G. Johansson. (Acta physiol. scand. **50**, Suppl. Nr. 175, 17–19, 1960; Univ. of Göteborg, Dep. of Bact. and Med. Biochem.; engl.) — Gut gereinigtes *β-Lactoglobulin* (**I**) u. *α-Lactalbumin* (**II**) werden mit *1-Fluor-2.4-dinitrobenzol* (**III**) oder *Essigsäureanhydrid* (**IV**) behandelt. Nach den Behandlungen steigt die Mobilität der Proteine. Im Gegensatz zu den **IV**-Proteinen geben die **III**-Proteine keine Präcipitationreaktionen. Durch Trypsinabbau wird das immunelektrophoret. Muster von **I** nicht verändert. Abgebautes **II** zeigt ein Muster, das die Ggw. von verschiedenen Substanzen mit der Fähigkeit zur Präcipitat-Bldg. anzeigt. Trypsin-abgebautes **IV**-α-Lactalbumin gibt nur ein Präcipitat.
P. Gregorzewski. 4370□

Die Bildung von Bakteriophagen und Colicin nach Ultraviolett-Induktion eines Escherichia coli-Stammes. J. Šmarda. (Folia Biol. [Praha] **6**, 225–30, 1960; Brno, Univ., Med. Fac., Dep. of Biol.; engl.) — UV-Bestrahlung des lysogenen u. Colicin-bildenden *E. coli*-Stamms 18 mit 2537 Å bewirkt *Phagen-* (**I**) u. *Colicin* (**II**)-Bldg., wobei die optimale Expositionsdauer 15 u. 11 Min. betrug. Die maximale Titerzunahme betrug das 92- (I) u. 40fache (II). Nach 3std. Bestrahlung u. Prüfung nach 5 Std. war I-Induktion, nach $8^1/_2$ std. Bestrahlung u. Prüfung nach 14 Std. nur II-Induktion feststellbar. Während der logarithm. Wachstumsphase einer nichtbestrahlten Kultur werden **I** u. **II** gebildet, maximal gegen Ende dieser Phase. Beschreibung einer einfachen Meth. zur **II**-Titration, die eine abs. Titer-Best. ermöglicht. K. Maier. 4374□

Viren. a) Pflanzenpathogene Viren. Erich Köhler. (Fortschr. Bot. **20,** 305—17, 1958; Braunschweig; dt.) — Übersicht. Morphologie u. Struktur des Virus, Infektion, Vermehrung, Verh. in der Pflanze, Wrkg. auf die Pflanze, Hemmstoffe der Infektion u. Chemotherapie, Thermo- u. Regenerationstherapie, Mutabilität u. Variabilität des Virus, spezielle Krankheiten, Interferenz von Virus u. Pilz. — 99 Literaturangaben. P. Gregorzewski. 4374□

Physiologische und biochemische Untersuchungen an Stickstoff-fixierenden blaugrünen Algen. 1. Mitt. **Über die Natur der von Nostoc cummune gebildeten cellulären und extracellulären Stickstoff-Verbindungen.** Ezz Eldin M. Taha und Abd Elmonem H. El Refai. (Arch. Mikrobiol. **41,** 307—12, 1962; Cairo, Nat. Res. Centre, Microbiol. and Enzyme Chem. Res.; engl.) — Es wurde die Verteilung N-haltiger Verbb. in den Zellen von *Nostoc cummune* u. die Art der in eine N-freie Nährlsg. ausgeschiedenen N-Verbb. untersucht. Die Zellen enthielten 5,45% Gesamt-N, 0,74% lösl. N, 4,71% unlösl. N u. 29,44% Protein (bezogen auf Trockengew.). Die Hauptmenge des lösl. N bestand aus NH_3—N_2, gefolgt vom Amid-N_2 u. Nitrat- bzw. Nitrit-N_2 während der Geh. an Amino-N_2 nur gering war. An freien Aminosäuren konnten in den Zellen *Asparagin* (**I**)-, *Glutaminsäure* (**II**) u. *Alanin* (**III**) nachgewiesen werden. Im Protein fanden sich *Cystin*, **I**, *Serin* (**IV**), *Glykokoll* (**V**), **II**, **III**, *Lysin*, *Arginin*, *Histidin*, *Prolin*, *Tyrosin* (**VI**), *Methionin*, *Valin*, *Phenylalanin*, *Leucin* u. *Tryptophan*. 30% der fixierten N-Menge fanden sich als extracellulärer N wieder, $^1/_3$ bestand aus Nitrit- bzw. Nitrat-N_2, ca. 30% war NH_3–N_2 u. 20% Amino-N_2, während der Amid-N_2-Geh. nur 11% betrug. An freien Aminosäuren konnten nur **I** u. **II** nachgewiesen werden. **I** u. **II** stammten nicht aus autolyt. Prozessen, sie werden vielmehr von den wachsenden Algen an das umgebende Medium abgegeben. Nach Hydrolyse der Kultur-Fl. findet man: **IV, V, III, VI.** Diese Aminosäuren sind Bestandteile der ebenfalls von den Algen ausgeschiedenen Polypeptide. M. Lorenz. 4380□

E_4. Pflanzenchemie. Pflanzenphysiologie. Pflanzenpathologie

Vorläufige Vergleiche über die Leichtigkeit der Photooxydation, hervorgerufen durch photoperiodische Induktion. R. M. M. Crawford. (Physiol. Plantarum [Copenhagen] **14,** 49—56, 1961; Sonning, West Kilbride, Ayrshire, Scotland; engl.) — Keimlinge von *Salvia splendens* erhielten in $^{14}CO_2$-haltiger Atmosphäre Licht verschiedener Intensität, Wellenlänge u. Dauer. Die CO_2-Fixierung war im Langtag stärker, nur im Blaulicht traten kaum Unterschiede auf. Abhängigkeiten zwischen Chlorophyllstoffwechsel u. photoperiod. Induktion werden diskutiert. U. Mothes. 4404□

Wirkung von Rot- und Infrarot-Bestrahlung auf den Nucleotidphosphat- und Adenosintriphosphat-Spiegel in dunkelgezogenen Bohnen- und Haferkeimlingen. Edward C. Sisler und William H. Klein. (Physiol. Plantarum [Copenhagen] **14,** 115—23, 1961; Washington, D.C., Smithsonian Institution, Div. of Radiation and Organismus; engl.) — Als Vers.-Material dienten intakte Blätter u. 3 Segmente aus dem Hypocotyl von *Phaseolus vulgaris* sowie Coleoptilen u. Mesocotyle von *Avena sativa*. Die ganzen Pflanzen oder ihre Abschnitte wurden mit rotem (625—700 mμ) u. infrarotem (725—1150 mμ) Licht bestrahlt. Der *Nucleotidphosphat-* u. *Adenosintriphosphat* (*ATP*)-Geh. von Blättern, oberem u. mittlerem Hypocotylsegment u. Wurzeln 6 Tage alter dunkelgezogener Bohnenpflanzen war proportional zum Proteingehalt. Es wurden keine Unterschiede im ATP-Geh. des oberen Hypocotylsegmentes bei verschiedener Beleuchtung gefunden. 10^{-4}m *Dinitrophenol* verringerte den ATP-Geh. in diesen Segmenten auf 50%. Der ATP-Spiegel in Coleoptilen u. Mesocotylen von Avena wird durch rotes Licht nicht beeinflußt. U. Mothes. 4404□

Ultraviolettwirkungsspektrum auf positive und negative Phototaxis von Platymonas subcordiformis. Per Halldal. (Physiol. Plantarum [Copenhagen] **14,** 133—39, 1961; Lund, Dep. of Plant Physiol.; engl.) — Negative u. positive Phototaxis scheint bei der Alge *Platymonas subcordiformis* durch das gleiche receptive Pigment-Syst. reguliert zu werden. Es handelt sich wahrscheinlich um einen *Carotin–Protein*-Komplex. U. Mothes. 4404□

Mineralbestandteile von Suaeda nudiflora. A. N. Kappanna und V. Sitakara Rao. (J. sci. ind. Res. [New Delhi], Sect. D **20,** 462—63, Dez. 1961; Bhavnagar, Central Salt Res. Inst.; engl.) — Der Mineral-Geh. der grünen Pflanze, die an der Meeresküste von Indien auf Meerwasser überfluteten Böden wächst, beträgt 3,8%. Der Hauptbestandteil ist NaCl; außerdem werden CO_3^{2-}, SiO_2, *K*, SO_4^{2-}, Fe_2O_3, *Mg*, *Ca*, *P*, *B*, *Mn*, *Cu*, *Zn*, *Mo* u. *As* nachgewiesen. P. Gregorzewski. 4410□

Versuche zur Ausarbeitung eines Analysenganges zur Bestimmung von organischen Säuren in Pflanzenmaterial. Teil I. 9. Mitt. Beiträge zur Chemie und Physiologie einiger stoffwechselchemisch wichtiger Säuren. R. Pohloudek-Fabini und H. Wollmann. (Pharmazie **16,** 442—54, Sept. 1961; Greifswald, Univ., Pharmazeut. Inst.; dt.) — 8. vgl. C. **1962,** 14263. — Die Vers.-Bedingungen eines Analysenganges zur Best. von organ. Säuren in höheren Pflanzen werden an frischem Blattmaterial von *Datura stramonium* L. var. stramonium, untersucht. Die Säuren werden durch 6fache wss. Mazeration des in gefrorenem Zustand gepulverten Frischmaterials extrahiert. Durch kurzzeitige Hitzestabilisierung bei mindestens 96° wird nach der Zerkleinerung die ursprüngliche Säure-Zus. fixiert. Die Freisetzung der teilweise in Salzform vorliegenden Säuren erfolgt am Kationenaustauscher Wofatit KPS p. a. Das Verh. einiger organ. Säuren an Anionenaustauschern wird untersucht. Als Prod. des Zuckerabbaus an Anionenaustauschern werden *Milch-*, *Bernstein-* u. *Glykolsäure* identifiziert. G. Bormann. 4420□

Versuche zur Ausarbeitung eines Analysenganges zur Bestimmung von organischen Säuren in Pflanzenmaterial. Teil II. 10. Mitt. **Beiträge zur Chemie und Physiologie einiger stoffwechselchemisch wichtiger Säuren.** H. Wollmann und R. Pohloudek-Fabini. (Pharmazie **16,** 548—58, Nov. 1961; dt.) — 9. vgl. vorst. Referat. — Die nach vorst. Ref. hergestellten Eluate werden in einer einfachen Vakuum-Dest.-App. konzentriert. Bei Citronen-, Wein- u. Äpfelsäure treten keine, bei Malon-, Aconit-Fumar- u. Bernsteinsäure geringe Verluste auf, die durch gleich behandelte Vgl.-Lsgg. ausgeglichen werden. Bei Glykolsäure kommt es zu hohen Verlusten durch die Flüchtigkeit der Substanz. Die quant. papierchromatograph. Trennung von Äpfel- u. Citronensäure erfolgt mit einem Gemisch von iso-Pentanol/Chlf./Ameisensäure 85%/W.gesätt. 4 : 1 : 1 (v/v/v). Nach Elution aus dem Chromatogramm erfolgt die potentiometr. Mikrotitration der Eluate. Der Analysengang gestattet die quant. Best. von nichtflüchtigen aliphat. Säuren in 5—10 g Frischpflanzenmaterial bis zu einem Mindestgeh. von 10%. Der mittlere Fehler liegt bei Äpfelsäure bei ±10%, bei Citronensäure bei ±15%. G. Bormann. 4420□

Chemie der höheren Pilze. P. H. List. (Planta med. [Stuttgart] **8,** 383—93, Dez. 1960; Würzburg, Pharmazeut. Inst.; dt.) — Vgl. C. **1962,** 6468. — Übersicht über einige sehr bemerkenswerte Stoffwechsel-Prodd. höherer Pilze; aus Sporen von *Ustilago maydis* (Maisbrand) wird *6-Methoxybenzoxazolon-(2)* isoliert u. die Existenz von 4 Alkaloiden nachgewiesen. — 19 Literaturangaben. P. Gregorzewski. 4420□

Chlorogensäure und andere o-Dihydroxyphenole bei schorfresistenten Russet Burbank- und schorfanfälligen Triumph-Kartoffelknollen verschiedener Reifestadien. Gestur Johnson und Lawrence A. Schaal. (Phytopathology **47,** 253—55, Mai 1957; Fort Collin, Colo., Colorado Agric. Exp. Stat.) — *Chlorogensäure* (papierchromatograph. bestimmt) u. andere *o-Dihydroxyphenole* (colorimetr. nach Arnow bestimmt) fanden sich im Periderm der Knollen der schorfresistenten Sorte Russet Burbank in höheren Konz. im Vgl. zur schorfanfälligen Sorte Triumph. Die Unterschiede waren während des raschen Knollenwachstums am stärksten. Das Fleisch weist diese Unterschiede nicht auf. W. Hiller. 4420□

Ein neues blutdrucksenkendes Steroidalkaloid aus Conopharyngia pachysiphon. Daniel Dickel, Robert Lucas und H. B. Macphillamy. (J. Amer. chem. Soc. **81,** 3154—55, 20/6. 1959; Summit, Ciba Pharmac. Prod., Res. Dep.; engl.) — Aus dem A.-Extrakt der Wurzeln von *Conopharyngia pachysiphon* wurde nach chromatograph. Reinigung an SiO_2 *20α-Amino-3β-hydroxy-Δ⁵-pregnen-β-D-glucosid* [I, F. 285—288°. *Hydrochlorid*, $C_{27}H_{45}NO_6 \cdot HCl$, F. 259—260°. *Pentaacetat* (II), $C_{37}H_{55}NO_{11}$, F. 202—203°, aus I mit Acetanhydrid/Pyridin. *Monoacetyl-Verb.*, $C_{29}H_{47}NO_7$, F. 269—271°, aus II durch milde Alkalihydrolyse] als blutdrucksenkende Substanz isoliert. Säurehydrolyse von I gab *20α-Amino-3β-hydroxy-Δ^5-pregnen* ($C_{21}H_{35}NO$, F. 168—173°), *20α-Amino-$\Delta^{3,5}$-pregnadien* ($C_{21}H_{33}N$, F. 111—115°) u. *Glucose*. Der Konstit.-Beweis von I erfolgte durch Synth. aus *3β-Hydroxy-20α-trifluoracetamido-Δ^5-pregnen* (F. 199—201°) u. Acetobromglucose über das *3β-D-Glucosidacetat* (F. 200—205°). K. Nezel. 4420□

Inosit und Scyllit in Gemüse. P. Malangeau. (Qualitas Plantarum Mater. vegetabiles [Den Haag] **III/IV,** 393—404, 25/9. 1958; Paris, Fac. de Pharm.; franz.) — *Inosit* ist in Samen als *Phytinsäure* enthalten u. in dieser Form für den Menschen unverwertbar. Im Pflanzenparenchym liegt es in freier leicht verwertbarer Form vor. P. Gregorzewski. 4420□

Bemerkungen zur Untersuchung von Vitaminen in Pflanzen. V. N. Boukin, (Qualitas Plantarum Mater. vegetabiles [Den Haag] **III/IV**, 374—80, 25/9. 1958; Moskva, Acad. of Sci. of UdSSR, Bach Biochem. Inst.; engl.) — Der Vitamin-Geh. hängt von genet. u. ökolog. Faktoren ab. Der *Vitamin-C*-Geh. ist sortenabhängig, bei Äpfeln u. Wildrosen kann der Geh. um den Faktor 10 schwanken. Der *Carotin-* u. *Lycopin*-Geh. bei Tomaten nimmt mit der Temp. u. der UV-Strahlung zu. *Tannin* erhöht die *Vitamin-C*-Retention im tier. Organismus. *B-Vitamine* unterstützen die Keimung vieler Samen. P. Gregorzewski. 4425□

Entwicklung der B-Vitamine in Trauben. E. Peynaud und S. Lafourcade. (Qualitas Plantarum Mater. vegetabiles [Den Haag] **III/IV**, 405—14, 25/9. 1958; Bordeaux, Station agronomique et oenologique.; franz.) — Vortrag. B-Vitamin-Best. in Traubensäften von Trauben verschiedenen Reifegrades. *Nicotinsäureamid* u. *Mesoinosit* vermehren sich dauernd während der Reife, *Biotin* nimmt vom Weichwerden der Frucht bis zur Vollreife ab, *Thiamin, Riboflavin, Pantothensäure* u. *Pyridoxin* erreichen ihr Maximum ein paar Tage vor der Vollreife. P. Gregorzewski. 4425□

Lokalisation und Entwicklung von Vitamin B_1 in Trauben während der Reifung. A. Ournac und M. Flanzy. (Qualitas Plantarum Mater. vegetabiles [Den Haag] **III/IV**, 415—20, 25/9. 1958; Paris, Inst. nat. de la Rech., Stat. „Technologie végétale"; franz.) — 75—80% des *Vitamin-B_1*-Geh. befinden sich während der Reife im Saft (170 bis 300 µg/Liter Saft), 20—25% in den Trestern, davon 7—8% in der Epidermis u. 12—15% in den übrigen Zellbestandteilen. P. Gregorzewski. 4425□

Vitamin E und B in Pflanzen. H. Gebauer. (Qualitas Plantarum Mater. vegetabiles [Den Haag] **III/IV**, 381—92, 25/9. 1958; Potsdam-Rehbrücke, Anstalt für Vitaminforschung u. Vitaminprüfung; dt.) — Vortrag. Zwischen dem *Tocopherol*-Geh. u. der Keimfähigkeit von Roggen u. Weizen besteht eine Wechselwirkung. Auf die Komplex-Wrkg. von Vitaminen in Fruchtsäften wird hingewiesen. P. Gregorzewski. 4425□

Vitamin E in aus Getreiden extrahierten Ölen. G. Zwingelstein und J. Jouanneteau. (Qualitas Plantarum Mater. vegetabiles [Den Haag] **III/IV**, 421—25, 25/9. 1958; Lyon, Fac. de Sci., Labor. de Chim. Biol.; franz.) — Mit der Lagerung der Öle aus Reis, Mais u. Weizen nimmt der Geh. an *Tocopherol* ab. P. Gregorzewski. 4425□

Die Beziehung zwischen Ionenadsorption an die Zellwand und aktiver Aufnahme. Dan Mertz und J. Levitt. (Physiol. Plantarum [Copenhagen] **14**, 57—61, 1961; Columbia, Mo., Univ. of Missouri, Dep. of Bot.; engl.) — Kartoffelscheiben wurden kurz in eine ^{45}*Ca*-haltige Lsg. bei 2° getaucht, gewaschen u. für eine Std. in W. von Zimmer-Temp. gebracht. Während dieser Zeit nimmt die Aktivität im Protoplasma, bes. in den Mitochondrien, ständig zu. Nach kurzer Zeit ist nur noch wenig akt. Ca durch Zugabe des inakt. Elementes aus der Zellwand austauschbar. Es wird angenommen, daß die Partikel des Plasmas in der Lage sind, an der Zellwand adsorbiertes Ca akt. zu absorbieren. U. Mothes. 4450□

Einfluß von Borsäure und Phenylborsäure auf das Wurzelwachstum der Bohne (Phaseolus vulgaris). Camilla Odhnoff. (Physiol. Plantarum [Copenhagen] **14**, 187—220, 1961; Lund, Dep. of Plant Physiol.; engl.) — Bohnenkeimlinge wurden in Wasserkultur mit m/15 *Borsäure* (I) u. *Phenylborsäure* (II) behandelt. Die Vers.-Pflanzen reagierten bes. empfindlich auf *B*-Mangel. In Abwesenheit von I u. II werden kürzere Wurzeln als Folge mangelnder Zellelongation ausgebildet. Nach 10 Tagen werden auch die Zellteilungen (Zellenzahl) reduziert. In Anwesenheit von II oder I + II wird die Zellelongation gefördert, wobei längere Wurzeln entstehen. Wesentliche Unterschiede in der chem. Zus. (lösl. Zucker, Zellwandkomponenten, Carotinoide, Chlorophyll, Na, Mg u. Fe) wurden nicht beobachtet. Die Elastizität der Wurzeln ist gering bei Anwesenheit von I oder Abwesenheit von I + II. Sie ist groß bei Anwesenheit von II oder I + II. U. Mothes. 4450□

Die systemische Aktivität von Cycloheximid in Weizensämlingen. V. R. Wallen und R. L. Millar. (Phytopathology **47**, 291—94, Mai 1957; Ottawa, Ontario, Canada, Dep. of Agric., Sci. Serv., Bot. and Plant Pathol. Labor.) — *Cycloheximid* (I) wird von Weizensämlingen über die Blätter u. Wurzeln aufgenommen. Nach Sprühanwendung kann I noch nach 5 Wochen im Blattgewebe nachgewiesen werden in einer Konz., die von der Anwendungshöhe abhängig ist. I, über die Wurzeln angewandt, bewirkt Verteilung über das gesamte vorhandene Stengel- u. Blattgewebe; I verteilte sich jedoch nicht auf Gewebe, das sich nach der Anwendung erst bildet. W. Hiller. 4450

Untersuchungen über ein unbekanntes Stoffwechselprodukt von 3-Amino-1.2.4-triazol. Mason C. Carter und A. W. Naylor. (Physiol. Plantarum [Copenhagen] **14**, 20—27, 1961; Durham, N.C., School of Forestry and Bot. Dep.; engl.) — Nach Behandlung von Bohnenblättern an intakten jungen Pflanzen mit $^{14}C_{(5)}$-markiertem *3-Amino-*

1.2.4-triazol (I), $^{14}C_{(1)}$-*Glycin* u. $^{14}C_{(2)}$-*Glycin* wurde ein bisher unbekannter Stoff gefunden, der alle Farb-Rkk. von I gibt u. Ninhydrin-positiv ist. Bei der Hydrolse wurde I freigesetzt, das andere Hydrolyse-Prod. konnte nicht identifiziert werden. Der unbekannte Stoff wirkt im Gegensatz zu I nicht tox. u. wird von der Pflanze nicht weiter abgebaut. U. Mothes. 4450□

Die Wirkung von 3-Amino-1.2.4-triazol auf den Stoffwechsel von Kohlenstoff-markiertem Natriumbicarbonat, Glucose, Bernsteinsäure, Glycin und Serin bei Bohnenpflanzen. Mason C. Carter und Aubrey W. Naylor. (Physiol. Plantarum [Copenhagen] **14,** 62—71, 1961; Durham, N.C., Duke Univ., School of Forestry and Dep. of Bot.; engl.) — Vgl. vorst. Referat. — Es wurden Blätter u. Sproßspitzen junger Bohnenpflanzen verwendet, die mit *3-Amino-1.2.4-triazol* (I) vorbehandelt u. daher chlorot. waren. Die Test-Lsgg. wurden mit dem Saftstrom zugeführt. I hat kaum Einfl. auf den Stoffwechsel von $NaH^{14}CO_3$ u. uniform markierter *Glucose.* Aus $^{14}C_{(2,3)}$-*Bernsteinsäure* wird mehr Aktivität als normal in *Glutamin* u. *Asparagin* eingebaut. Ein großer Teil der Aktivität aus *Glycin* (II; 1-, 2- u. uniform markiert) u. aus uniform markiertem *Serin* (III) wird in bisher unbekannten Stoffwechsel-Prodd. von I wiedergefunden, die evtl. Verbb. zwischen I u. II oder III oder *Alanin* sind. Es scheint sich nicht um Eisenchelate oder Zuckerkomplexe zu handeln. Die tox. Wrkg. von I (Chlorose) wird mit der Störung des II- u. III-Stoffwechsels erklärt. U. Mothes. 4450□

Über die Möglichkeit einer Wanderung der Ribonucleinsäure in der Gerste während des Keimens. L. Ledoux und R. Huart. (Arch. int. Physiol. Biochim. **69,** 99—100, Febr. 1961; Belgique, Mol, Centre d'Études de l'Énergie Nucléaire; franz.) — Vgl. C. **1962,** 14196. — *Ribonucleinsäure* (I) durchdringt die verschiedenen Teile des Keimes innerhalb von 3 Stunden. Diese I kann aus den Pflanzenkeimen extrahiert werden. Wenn man I — vorverdaut durch Ribonuclease — 30 Min. kochen läßt, um die Enzyme zu zerstören, so findet man die Radioaktivität in den säurelösl. Fraktionen wieder. Röntgen- oder γ-Strahlung hemmt den Transport von I stark. Die Möglichkeit einer evtl. morphogenet. Rolle der I wird diskutiert. P. Nachtwey. 4455□

Die Natur des Keimungshemmstoffes, der sich in Blättern von Eucalyptus rostrata befindet. R. H. Lerner und M. Evenari. (Physiol. Plantarum [Copenhagen] **14,** 221—29, 1961; Jerusalem, Hebrew Univ., Dep. of Bot.; engl.) — Aus wss. Blattextrakt von *Eucalyptus rostrata* wurden Fraktionen gewonnen, die Wachstum u. Keimung hemmen. Die wirksamen Substanzen enthalten eine Carbonylgruppe u. eine C=C-Doppelbindung. *Mesityloxid* hat Eigg., die dem Eucalyptushemmstoff ähneln.
U. Mothes. 4455□

Veränderungen in den Stoffwechselmerkmalen der Mitochondrien von Sojabohnen-Kotyledonen während der Keimung. Robert W. Howell. (Physiol. Plantarum [Copenhagen] **14,** 89—97, 1961; Urbana, Ill., U. S. Reg. Soybean Labor.; engl.) — Es wurden Mitochondrien-Präpp. aus Kotyledonen verschiedenen Alters von Sojabohnen untersucht. Die Wirksamkeit von *Succinat* (I) u. α-*Ketoglutarat* (II) als O_2-Substrat steigt bis zum Alter von 5 Tagen, danach sinkt die Wirksamkeit von II u. erreicht sehr schnell einen niedrigen Wert, während die von I nur langsam sinkt u. nach 15tägiger Keimung auf einem relativ hohen Wert konst. bleibt. Die Wirksamkeit von *Isocitrat* steigt langsamer u. bleibt vom 6. Tage an konstant. Die Phosphorylierung wird durch II stärker gefördert, als durch die anderen beiden Substanzen, nimmt aber nach dem 3. Tage schnell ab. *Diphosphopyridinnucleotid* hemmt in Konzz. von $6{,}7 \cdot 10^{-7}$—$6{,}7 \cdot 10^{-4}$m die Atmung, ohne das P/O-Verhältnis zu beeinflussen. U. Mothes. 4455□

Mineralstoffwechsel. Hans Burström. (Fortschr. Bot. **20,** 155—68, 1958; Lund; dt.) — Vgl. C. **1961,** 10625. — Übersicht, Mechanismus der Ionenaufnahme, die nichtmetabol. Anfangsphase, die prim. Ionenbindung, die Trägertheorie, akt. Ionenspeicherung, Hemmstoffe, Bedeutung der Chelat-Bldg., Bedeutung u. Funktion der Elemente, ökolog. Probleme. — 105 Literaturangaben der Jahre 1955/57.
P. Gregorzewski. 4460□

Stoffwechsel organischer Verbindungen. 2. Mitt. Frank Eberhardt. (Fortschr. Bot. **20,** 169—99, 1958; Tübingen; dt.) — 1. vgl. C. **1958,** 8376. — Übersicht, Stoffwechselregulation, Zuckernucleotide, Biosynth. der Pentosen, Zuckeralkohole, Aminozucker, Kohlenhydratabbau, Säurestoffwechsel, CO_2-Dunkelfixierung, einzelne Säuren, Fettsäure-Synth., Fettsäureoxydation, Phospholipoide, Glycerin, Aminosäuren, Amide, Proteine, Terpen-Verbb., Methylengruppenübertragung. — 194 Literaturangaben.
P. Gregorzewski. 4460□

Stoffwechselprozesse, die mit dem Wachstum in Speichergewebescheiben verbunden sind. I. R. Macdonald, A. H. Knight und P. C. DeKock. (Physiol. Plantarum [Copenhagen] **14**, 7—19, 1961; Aberdeen, Scotland, Macaulay Inst. for Soil Res.; engl.) — Speichergewebescheiben von Zuckerrübe, roter Rübe, Karotte u. Raps wurden nach 10—12tägiger Behandlung in belüftetem Fließwasser von 25°, 15° u. 2° untersucht. In allen Fällen nehmen die in Trichloressigsäure unlösl. N- u. P-Verbb. während des Vers. zu, bes. stark bei den höheren Temperaturen. Die Protein-Synth. wird außerdem durch Beimengung von 0,1 ppm freiem Nitrat zum Spülwasser gefördert. Die Synth. von Zellwandmaterial übersteigt noch die Synth. von unlösl. N- u. P-Verbindungen. Die Frischgewichtszunahme beträgt bis zu 70%. U. Mothes. 4460□

Beiträge zur Physiologie der Mohnalkaloide. Die Demethylierung des Kodeins zum Morphin in der Mohnpflanze. G. Kleinschmidt. (Pharmazie **15**, 663, Nov. 1960; Halle, Dtsch. Akad. der Wiss. zu Berlin, Inst. für Biochem. der Pflanzen; Halle-Wittenberg, Martin-Luther-Univ., Pharmakol. Inst.; dt.) — Isolierten Mohnblättern (*P. somniferum*) in Form einer Lsg. des Meconats zugeführtes vollständig ^{14}C-markiertes *Kodein* (I) wurde innerhalb von 4 Tagen zu 7% zu *^{14}C-Morphin* (II) entmethyliert. Eine II-Methylierung zu I fand in isolierten Blättern nicht statt. K. Maier. 4460□

Das Schicksal von ^{14}C-Phenylalanin- und ^{14}C-Zimtsäure im Apfel in Beziehung zur Phloridzin-Synthese. P. N. Avadhani und G. H. N. Towers. (Canad. J. Biochem. Physiol. **39**, 1605—16, Okt. 1961; Montreal, Que., McGill Univ., Dep. of Bot.; engl.) — Als Vers.-Material dienten Blattscheibchen u. Sprosse von *Malus robusta*, *M. baccata* u. *M. mandshurica*, die mit folgenden Test-Lsgg. behandelt wurden: *$^{14}C_{(2)}$-Zimtsäure* (I), *$^{14}C_{(u)}$-L-Phenylalanin* (II), *Asparaginsäure* u. *Glucose* (III), (die beiden letzteren, uniform markiert, in Kombination mit I oder II). Die Inkubationszeit wurde variiert, ebenso die Dauer der nachfolgenden Wasserbehandlung. Das ^{14}C von I u. II wird in *Phloridzin* eingebaut, allerdings nur bei jungen Blättern. Bei Fütterung mit I oder II werden auch größere Mengen der III-Ester von I u. *p-Cumarsäure* (IV) synthetisiert, sowie in geringerem Ausmaß *Chlorogensäure* u. IV-*Chinasäure*. Obgleich in jedem Vers. akt. IV gefunden wurde, konnte nie markierte *Phloretinsäure* nachgewiesen werden. U. Mothes. 4460□

Chemischer Reaktionsweg im Kohlenhydratstoffwechsel. K. Ganapathi und Roshan J. Irani. (J. sci. ind. Res. [New Delhi], Sect. A **19**, 9—18, Jan. 1960; Pimpri, Hindustan Antibiotics Ltd.; engl.) — Übersicht, Embden-Meyerhof-Parnas-Rk., Oxydationsstoffwechsel (Hexosemonophosphat-Shunt; Pentosephosphat-Cyclus), andere oxydative Stoffwechselwege, Uronsäurestoffwechsel, energieliefernde Reaktionen. — 51 Literaturangaben. P. Gregorzewski. 4460□

Über den Elektronentransport und die Phosphorylierung bei der lichtinduzierten Phosphorylierung in Pflanzen und Bakterien. Herrick Baltscheffsky, Margarete Baltscheffsky und Barbro Arwidsson. (Acta physiol. scand. **50**, Suppl. Nr. 175, 14 bis 15, 1960; Univ. of Stockholm, Wenner Gren Inst.; engl.) — *Coenzym Q_0* (I) stimuliert die lichtinduzierte Phosphorylierung (l. P.) in isolierten Spinatchloroplasten. 10^{-4}m I bewirkt nur eine 70%ig. Stimulierung, verglichen mit der einer gleichen Konz. *Menadione* (IV). *Valinomycin* (II) hemmt die l. P. isolierter Chromatophore von *Rhodospirillum rubrum* zu 50%. Hieraus folgt, daß die Phosphorylierung aus 2 Komponenten besteht, einer beeinflußbaren u. einer unbeeinflußbaren. Wenn die Geschw. der l. P. durch *Phenazinmethosulfat* (III) mehrfach stimuliert wird, dann wird nur ein kleiner, dem sensitiven Teil des unstimulierten Syst. äquivalenter Teil, durch II inhibiert. Hieraus wird abgeleitet, daß der II-unempfindliche Teil der l. P. durch III aktiviert wird. Die „cycl." l. P. in Spinatchloroplasten wird durch II nicht beeinflußt u. daher angenommen, daß in den Spinatchloroplasten nur der dem II-sensitiven Anteil der Bakterienchromatophore entsprechende Teil an der l. P. teilnimmt. Im Gegensatz zur III-Stimulierung ist die IV-Stimulierung der l. P. in den Bakterienchromatophoren sehr empfindlich gegen *Antimycin A* u. *2-n-Heptyl-4-hydroxychinolin-N-oxid*. P. Gregorzewski. 4460□

Induktion der Photosynthese in etiolierten Blättern. E. K. Gabrielsen, A. Madsen und K. Vejlby. (Physiol. Plantarum. [Copenhagen] **14**, 98—110, 1961; København, Royal Vet. and Agric. Coll., Labor. of Plant Physiol.; engl.) — Es wurde der O_2- u. CO_2-Austausch bei intakten etiolierten Weizenkeimlingen nach Beginn der Belichtung untersucht. Es steigt sofort die CO_2-Bldg. mit gleichzeitigem Verbrauch von O_2. Bei gleichförmiger Belichtung hält dieser Gasaustausch 25 Min. lang an. Red. der Lichtintensität hat Red. des Gasaustausches zur Folge. Bei intermittierendem Licht (2 Min. hell, 10—11,5 Min. dunkel) ist der Atmungsgasaustausch in jeder folgenden Lichtperiode geringer. In der 5. Lichtperiode wird zum 1. Mal CO_2 aufgenommen (Photosynthese). Der Beginn der Photosynth. wird durch Variierung der Lichtperiode (3 Sek. bis 2 Min.) nicht beeinflußt, wohl aber durch die Länge der Dunkelperiode. Die Photosynth. beginnt bei je 2 Min. Dunkelheit nach 36 Min., bei je 10—11,5 Min. Dunkelheit nach 50 Min. Versuchsdauer. U. Mothes. 4460 □

Photosynthese von isolierten Chloroplasten. 7. Mitt. **Vitamin K und Riboflavinphosphat als Cofaktoren der cyclischen Photophosphorylierung.** F. R. Whatley, M. B. Allen und Daniel I. Arnon. (Biochim. biophysica Acta [Amsterdam] **32,** 32—46, März 1959; Berkeley, Calif., Univ. of California, Dep. ot Soils and Plant Nutrit., Labor. of Plant Physiol.; engl.) — 6. vgl. C. **1960,** 9266. — Isolierte Chloroplasten sind zur kompletten Photosynth. fähig. Verhindert man die CO_2-Fixierung, so wird die absorbierte Lichtenergie zu photosynthet. Phosphorylierung (1) u. zur cycl. Photophosphorylierung (2) verwandt nach: (P = Phosphat) 1. 2 ADP + 2 P + TPN + 2 $H_2O \xrightarrow{+h\cdot\nu}$ 2 ATP + 2 $TPNH_2$ + O_2; 2. ADP + P $\xleftrightarrow{+h\cdot\nu}$ ATP; beide Rkk. sind auch in vitro möglich. Katalysatoren der Rk. 2 sind: Mg^{2+}; *Ascorbat, Riboflavinmonophosphat* (I), *Vitamin K* (II), *Triphosphopyridinnucleotid* (*TPN*), *Phenazinmethosulfat.* Zur Unters. der Rk. 2 wurden Chloroplastenbruchstücke u. -extrakte in Phosphatpuffer (pH 8,3) 20 Min. lang bei 15° unter N_2 mit je einem Katalysator belichtet. Danach wurde der P-Verbrauch bestimmt. Trägt man letzteren gegen die μMole des zugesetzten Katalysators auf, so erhält man parabol. Kurven, die für die Katalysatorenaktivität charakterist. sind. Einige Inhibitoren sind: p-Chlormercuribenzoat, Antimycin, Gramicidin, Methylenblau, Arsenit, Dinitrophenol, o-Phenanthrolin, Cyanid. I u. II scheinen verschiedene Rk.-Wege der Rk. 2 zu katalysieren. H. Büttner. 4460

Photosynthese von isolierten Chloroplasten. 8. Mitt. **Photosynthetische Phosphorylierung und die Entstehung von Assimilationsenergie.** Daniel I. Arnon, F. R. Whatley und M. B. Allen. (Biochim. biophysica Acta [Amsterdam] **32,** 47—57, März 1959.) — 7. vgl. vorst. Referat. — Um Zusammenhänge zwischen der photosynthet. ADP-Phosphorylierung u. der Hill-Rk. nachzuweisen, führten Vff. folgende Verss. durch: 1. 3 ml Chloroplasten (CHL)-Suspension (mit 0,1 mg Chlorophyll) wurden in kleinen Warburg-Kölbchen in N_2 mit Tris-Puffer, ADP, $KH_2{}^{32}PO_4$, $K_3Fe(CN_6)$ u. $MgCl_2$ 20 Min. lang bei 15° im Licht geschüttelt. Es wurde laufend bestimmt μMole entwickeltes O_2, red. Fe, verbrauchtes Phosphat (P). 1a) 2 Fe^{+3}Cy + 2 H_2O → 2 Fe^{+2}Cy + $^1/_2$ O_2 + 2 H^+ + H_2O [Hill], 1b) 2 Fe^{+3} Cy + ADP + P + 2 H_2O → 2 Fe^{+2} Cy + $^1/_2$ O_2 + ATP + H_2O (Fe^{+3} Cy = $[Fe(CN)_6]^{3-}$; Fe^{+2} Cy = $[Fe(CN)_6]^{4-}$, 2.) Analoge Vers.-Anordnung mit Triphosphopyridinnucleotid (TPN); entwickeltes $TPNH_2$ wurde spektrophotometr. bei 340 mμ gemessen. Statt CHL-Suspension wurde teilweise CHL-Extrakt verwandt. 2a. CHL + TPN + 2 H_2O → $TPNH_2$ + $^1/_2$ O_2 + H_2O; 2b. CHL + TPN + ADP + P + 2 H_2O → CHL + $TPNH_2$ + ATP + $^1/_2O_2$ + H_2O, 3. Verss., ob CHL–W.-Photolyse durch Arsenit hemmbar ist. Dies müßte der Fall sein, falls *α-Liposäure* (III) bei der W-Photolyse maßgeblich beteiligt ist. 4. Rk. 2 in An- u. Abwesenheit von 0,1 Mol *Riboflavinmonophosphat* (I) oder *Vitamin* K_3 (II). Ergebnisse: Die unphysiolog. $[Fe(CN)_6]^{3-}$-Red. u. W.-Photolyse ist analog der physiolog. TPN-Reduktion. TPN + ATP = Assimilationsenergie. 1. Obwohl die ATP-Bldg. endergon ist, wächst die Geschw. der O_2-Entw., wenn die Hill-Rk. mit einer ADP-Phosphorylierung gekoppelt ist (Q_{O_2} = 1500/2800). 2. Entgegen bisherigen Postulaten ist die photochem. TPN-Red. von einer ATP-Bldg. begleitet. 3. Rk. 1 u. 2 sind durch $2 \cdot 10^{-3}$ m Arsenit nicht hemmbar. Dies spricht gegen eine maßgebliche Beteiligung. 4. Bei Zugabe von II oder I wurde die Phosphorylierungs-Geschw. stark erhöht, die Entw. von O_2 u. $TPNH_2$ unterdrückt. W.-Photolyse, ADP-Phosphorylierung u. TPN-Red. sind endergone Reaktionen. Rk. 1b wird auf Kosten der beiden anderen Rkk. katalyt. beschleunigt. Das gleiche gilt für die exergonen Rückreaktionen. H. Büttner. 4460

Photosynthese von isolierten Chloroplasten. 10. Mitt. **Abhängigkeit der CO_2-Assimilation von den photochemischen Reaktionen der Chloroplasten.** A. V. Trebst, M. Losada und Daniel I. Arnon. (J. biol. Chemistry **234,** 3055—58, Nov. 1959; engl.) — 8. vgl. vorst. Ref.; 9. vgl. Plant Physiol. **35,** [1960], 188. — Es wird der Beweis erbracht, daß bei der Photosynth. von isolierten Chloroplasten die CO_2-Assimilation zum Aufbau von Phosphorzuckern eine genaue ausgewogene Teilnahme beider Licht-Rkk., der cycl. u. nichtcycl. Photophosphorylierung, erforderlich macht. Dabei wurde das Gleichgewicht durch Zugabe geringer Mengen Katalysatoren des cycl. Typs, *Riboflavinphosphat, Vitamin* K_3 u. *Phenazinmethosulfat,* reguliert. Zur Unters. gelangten zerbrochene Chloroplasten von Spinat- oder Zuckerrübenblättern. Die CO_2-Fixierung wurde bei 20° in Manometergefäßen nach Warburg durch Belichtung mit ca. 23000 Lux während 30 Min. vorgenommen. Die Endprodd. wurden papierchromatograph. getrennt u. identifiziert. Als Ergebnis erhielten Vff. bei Begrenzung der photochem. Phase auf die nichtcycl. oder die cycl. Photophosphorylierung vornehmlich Phosphorglycerinsäure, dagegen bei Beteiligung sowohl der cycl. als auch der nichtcycl. Rk. hauptsächlich Phosphorzucker. Es wird angenommen, daß in den ersten beiden Fällen ein Verlust an Adenosintriphosphorsäure (ATP) bzw. eine Verringerung an Triphosphopyridinnucleotid ($TPNH_2$) eingetreten ist, während bei Teilnahme der cycl. u. nichtcycl. Phosphorylierung ein genaues Gleichgewicht zwischen ATP u. $TPNH_2$ auf Kosten der Lichtenergie bestand. Dieses Gleichgewicht konnten Vff. durch Zusatz der 3 Cofaktoren der cycl. Rk. aufrechterhalten. S. Bornkessel. 4461 □

Wachstum. Jakob Reinert. (Fortschr. Bot. **20**, 257—65, 1958; Tübingen; dt.) — Übersicht; native Auxine u. Hemmstoffe, gebundene Auxine, Indolylessigsäureoxydasen, Wuchsstofftransport, Gibberelline, Streckungswachstum. — 54 Literaturangaben. P. Gregorzewski. 4485 □

Über die durch niedrige Konzentrationen von Indolyl-(3)-essigsäure ausgelösten epinastischen Krümmungen der Stiele von Coleus sp. R. Soekarjo. (Proc. Kon. nederl. Akad. Wetensch. Ser. C. **64**, 655—58, 1961; engl.) — Die Zunahme der epinast. Krümmung von *Coleus*-Blattstielen bei wachsenden Konzz. von *Indolyl-(3)-essigsäure* wird von einer Abnahme im Bereich zwischen 10^{-9} u. 10^{-7} g/ml unterbrochen, wodurch für die epinast. Rk. eine 2-gipfelige Kurve entsteht. K. Maier. 4485 □

Einfluß von Gibberellsäure auf den Stoffwechsel von Aminosäuren. Rudolf Herich. (Physiol. Plantarum [Copenhagen] **14**, 111—14, 1961; Bratislava, Comenius Univ., Dep. of Plant Physiol.; engl.) — Vf. ließ Samen von *Cannabis sativa* auf Filterpapierscheiben keimen, die mit *Gibberellsäure* (I) in Konzz. von 5—200 ppm getränkt waren. Es wurden zwar qual. u. quant. Unterschiede im Geh. an freien Aminosäuren u. Aminen beobachtet, doch konnte keine ausgeprägte Wrkg. von I auf den Aminosäurestoffwechsel im Keimungsstadium festgestellt werden. U. Mothes. 4485 □

Untersuchungen über die Kausalität zwischen Gibberellinbehandlung und Austriebshemmung bei Reben. G. Alleweldt. (Vitis, Ber. Rebenforsch. **2**, 266—82, März 1961; Geilweilerhof, Bundesforschungsanst. für Rebenzüchtung; dt.) — Eine *Gibberellin* (I)-Behandlung kurz vor dem Austrieb verzögert den Austriebstermin, setzt die Anzahl austreibender Knospen einer Pflanze herab u. erhöht bei allen Sorten die Wuchsgeschw. der jungen Triebe. Es wird ein unspezif. I-Effekt angenommen. P. Gregorzewski. 4485

Über die Akkumulation von α-Aminoisobuttersäure im Blattgewebe unter dem Einfluß von Kinetin. K. Mothes, L. Engelbrecht und H. R. Schütte. (Physiol. Plantarum [Copenhagen] **14**, 72—75, 1961; Halle/Saale, Dtsch. Akad. der Wiss., Inst. für Biochem. der Pflanzen; dt.) — Nicht zu junge, isolierte Blätter von *Nicotiana rustica* wurden im oberen Teil der einen Blatthälfte mit *Kinetin* (I), im unteren Teil der anderen mit ^{14}C-markierter Aminosäure (AS) besprüht. Die AS wandert entgegen dem Konz.-Gefälle in den I-Bezirk u. wird dort gespeichert. Wird $^{14}C_{(1)}$-*Gycin* verwendet, so ist es am Akkumulationsort sowohl unverändert als auch in Form von *Serin*, *Nucleinsäuren* oder *Eiweiß* nachweisbar (Papierchromatograph., Autoradiographie). Beim belichteten Blatt werden auch *Kohlenhydrate* markiert. Andere proteinogene AS verhalten sich prinzipiell gleich. Daß die AS-Akkumulation aber nicht auf gesteigerte Protein-Synth. im I-Bezirk zurückgeführt werden kann, zeigen Verss. mit $^{14}C_{(COOH)}$-*Aminoisobuttersäure* (II). II wandert ebenso wie proteinogene AS akt. in den I-Bezirk, es wird dort aber selbst nach längerer Vers.-Dauer nicht in die Proteinfraktion eingebaut. Am bewurzelten Blatt wandern proteinogene AS u. II in das Wurzelspitzengewebe. Ältere Spreitenteile erhalten also durch I-Behandlung die Fähigkeit zur AS-Akkumulation, die sonst ein Merkmal junger Gewebe mit intensivem Wachstum ist. U. Mothes. 4485 □

Wirkung von p-Chlorphenoxyisobuttersäure auf das Längenwachstum der Wurzelhaare von Agrostis alba L. Robert M. Devlin und William T. Jackson. (Physiol. Plantarum [Copenhagen] **14**, 40—48, 1961; Hanover, N. H., Dartmouth Coll., Dep. of Bot.; engl.) — In Konzz. von 10^{-13} bis 10^{-7} m fördert *p-Chlorphenoxyisobuttersäure* die Elongation der Wurzelhaare von *Agrostis alba L.* Maximale Werte werden bei 10^{-8} m erreicht. Bei Konzz. über 10^{-7} m tritt zunehmende Hemmung ein. Das Längenwachstum beträgt bei 10^{-5} m 70% der Kontrolle u. kommt bei 10^{-4} m zum Stillstand. Die Behandlung dauert jeweils 2 Stunden. U. Mothes. 4485 □

Der Einfluß von Wuchsstoffen auf die Bildung von Sprossen bei Espenwurzeln. Lennart Eliasson. (Physiol. Plantarum [Copenhagen] **14**, 150—56, 1961; Stockholm, Forest Res. Inst.; engl.) — Wurzelsegmente von *Populus tremulus* wurden 24 Std. mit Wuchsstoff-Lsgg. behandelt u. dann bei Bedingungen gehalten, unter denen bei Kontrollen Wurzelsprosse gebildet werden. Die Sproß-Bldg. wurde untersucht nach Behandlung mit 10^{-5} bis 10^{-2} m *2.4.5-Trichlorphenoxyessigsäure* (**I**), *2.4-Dichlorphenoxyessigsäure* (**II**), *2-Methyl-4-chlorphenoxyessigsäure* (**III**), *4-Chlorphenoxyessigsäure* (**IV**), *1-Naphthylessigsäure* (**V**), *Indolyl-(3)-essigsäure* (**VI**), *2.3.6-Trichlorbenzoesäure* (**VII**) u. *3-Amino-1.2.4-triazol* (**VIII**). Die Wurzelsproß-Bldg. wird schwach gehemmt von: **II** u. **III** bei 10^{-5} m ,**IV** bei $3 \cdot 10^{-5}$ m, **V** u. **VI** bei 10^{-4} m. Sie wird stark gehemmt von: **I** bei 10^{-5} m, **II** u. **III** bei $3 \cdot 10^{-5}$ m, **IV** bei 10^{-4} m, **VI**—**VIII** bei 10^{-3} m. Keine Wurzelsprosse werden ausgebildet bei Behandlung mit: **I** ab $3 \cdot 10^{-5}$ m, **II** u. **III** ab 10^{-4} m, **IV** u. **V** ab 10^{-3} m, **VI**—**VIII** ab 10^{-2} m. Die Wirksamkeit von **I**—**IV** war im Sommer am größten, wenn auch die Kontrollen weniger Wurzelsprosse bildeten, als zu anderen Zeiten. Durch höhere Konzz. von **I**—**IV** wird die mikrobielle Zers. des Gewebes beschleunigt. **V**, **VI** u. **VII** fördern bes. die Wundkallusbildung. U. Mothes. 4485□

Untersuchung über natürliche Wuchsstoffe und ihren Einfluß auf das Aufblühen. Isolierung einer für das Aufrichten verantwortlichen Substanz. Hiroshi Harada. (Rev. gén. Bot. **1962**, 201—97, Mai; engl.) — Aus Rosenblättern wurde ein Wuchsstoff (a) isoliert mit einem von Kp. >290°, der weniger als 5% N enthält u. auf Grund seines IR-Spektrums kein Gibberelin u. kein Indol-Deriv. sein kann. Außer dieser Substanz E enthalten die Blätter weitere bisher unbekannte a. E. Lück. 4485□

Pflanze und Fluor. K. Garber. (Qualitas Plantarum Mater. vegetabiles [Den Haag] **9**, 33—43, 15/3. 1962; Hamburg, Staatsinst. für angewandte Bot.; dt.) Übersicht. — 11 Literaturangaben. P. Nachtwey. 4495□

E_5. Tierchemie. Tierphysiologie. Tierpathologie

Zur Berechnung des Grundumsatzes bei seiner Bestimmung mit dem Böhlauschen Leistungsprüfgerät. K. Fichtel. (Dtsch. Gesundheitswes. **17**, 763—68, 10/5. 1962; Berlin, Dt. Akad. der Wiss., Inst. für Kortiko-Viszerale Pathol. u. Therapie; dt.) — Vf. kritisiert die bisher veröffentlichten, vereinfachten Rechenformeln zur Berechnung des Grundumsatzes (GU) bei der Best. mittels offener Respiratorsysteme. Für die GU-App. Modell Goetze-Schulze (Prinzip Douglas-Haldane) der Leipziger Glasinstrumentenfabrik Robert Goetze, VEB, Leipzig, das GU-Gerät der Firma Hartmann u. Braun u. das Böhlausche Leistungsprüfungsgerät wurden die bisher verwendeten Formeln mit in Frage kommenden Werten berechnet u. in Form von Tabellen zusammengestellt. Diese gestatten es, das bei der GU-Unters. ermittelte O_2-Defizit so zu korrigieren, daß eine einfache Multiplikation mit dem auf 0° u. 760 Torr red. inspirator. Atemminuten-Vol. genügt, um den O_2-Verbrauch zu bestimmen. P. Nachtwey. 4500□

Eine einfache Methode zur Bestimmung des Glykogengehaltes von Seetieren. V. V. Srinivasan und S. Krishnaswamy. (Current Sci. [Bangalore] **30**, 353—54, Sept. 1961; Madras, Univ. Zoolog. Forsch.-Inst.; engl.) — Eine Verbesserung der Meth. van der Kleij (Biochim. biophysica Acta [Amsterdam] **7**, [1951], 481), die es ermöglicht, höhere Konzz. an *Glykogen* (I) als bisher zu bestimmen, wird beschrieben. Das neue Verf. erlaubt 150—750 μg I gegenüber 50—150 μg I/ml bei der kolorimetr. Best. zu messen. H. Liese. 4500□

Komplexbildung von O-phosphorylierten Peptiden mit Calcium, Magnesium und Mangan(II)-Ionen. Ragnar Oesterberg. (Acta physiol. scand. **50**, Suppl. Nr. 175, 159—60, 1960; Göteborg, Univ., Dep. of Med. Biochem.; engl.) — Es wird die Komplex-Bldg zwischen Ca^{2+}, Mg^{2+} u. Mn^{2+} einerseits u. *O-phosphoryliertem Äthanolamin, Serylglycin, Serylglutaminsäure, Glycylserin* u. *Glycylserylglycin* andererseits durch pH-Titration in 0,15 m KCl bei 25° untersucht. Es entstehen 2 Arten von Komplexen: MHA u. MA (M = Metallion; A = Ligand nach der vollständigen Abdissoziation der dissozierbaren H-Atome von den Phosphoryl-, Carboxyl- u. Aminogruppen). Für die Stabilität der Komplexe gilt Mn > Mg ≧ Ca u. *Phosphorylserylglutaminsäure* > *Glycylphosphorylserin* > *Glycylphosphorylserylglycin* > *Phosphorylserylglycin* > *Phosphoryläthanolamin.* P. Gregorzewski. 4500□

Versuche mit Komplexbildnern bei der Biuret-Reaktion. Notiz über Ruthenium- und Osmiumverbindungen mit Casein. 10. Mitt. F. Lieben und K. Steinbach. (Österr. Apotheker-Ztg. **29**, 161—64, 30/9. 1961; Wien, Univ., Inst. für Med. Chem.; dt.) — 9. vgl. C. **1961**, 16885. — Die Biuretfarbe von Eiweißkörpern mit Cu-Salzen besteht aus einer roten u. einer blauen Komponente. In Ggw. von Komplexbildnern (*KCN*, NH_3, *o-Phenanthrolin, 8-Oxychinolin, Dipyridyl* u. *Äthylendiamin*) variiert der Cu-Geh. von alkal. Eiweißfiltraten bis zum quant. Übertreten des Cu (*KCN, Äthylendiamin*) ins Filtrat. Bis auf NH_3 bewirken alle Komplexbildner eine Verschiebung der Farbe nach Rot, d. h. eine Verdrängung des Cu aus dem Eiweiß. *Ru* u. *Os* ergeben analog dem *Fe* in alkal. Milieu mit *Casein* keine Verbindung. H. Struck. 4510□

Heteropolysaccharidkomplexe der Tierhaut. S. Schultz-Haudt und N. Eeg-Larsen. (Acta physiol. scand. **50,** Suppl. Nr. 175, 139—40, 1960; Univ. of Olso, Inst. of Odontol., Dep. of Biochem. and Physiol.; engl.) — Meerschweinchenhaut wird in fl. N_2 eingefrorer, fein gemahlen, mit Aceton u. Ae. behandelt u. getrocknet. Der hieraus mit 5%ig. Trichloressigsäure erhaltene Extrakt besitzt die bei der Elektrophorese am langsamsten wandernde Perjodsäure-Schiff(P. S.)-positive Komponente (I). Eine schneller wandernde P. S.-positive Substanz (II) wird aus dem Rest mit 0,05 m Tris/KCl-Puffer bei pH 7,4 extrahiert. Auf Grund der Amidoschwarzanfärbbarkeit werden beide Substanzen als Polysaccharid-Protein-Komplexe erkannt. In I werden nach der Hydrolyse *Glucuronsäure, Glucosamin, Galaktose, Glucose, Mannose, Ribose* u. evtl. eine *Heptose* papierchromatograph. nachgewiesen. II enthält außerdem geringe Mengen *Fucose.* Die Proteinhälfte von I enthält *Hydroxyprolin.* P. Gregorzewski. 4520□

Die Isolierung von zwei neuen Glucose-Polypeptid-Komplexen aus dem Rattenzwerchfell. B. Borrebaek und O. Walaas. (Acta physiol. scand. **50,** Suppl. Nr. 175, 21—22, 1960; Univ. of Oslo., Dep. of Biochem., Inst. of Med. Biochem. and Physiol.; engl.) — Bei der Inkubation von Rattenzwerchfell in ^{14}C-Glucose-haltigem Krebs-Ringer-Medium wird Glucose in 2 Polypeptidkomplexe eingebaut. Diese Substanzen werden mit *A* u. *B* bezeichnet, beide sind in 80% A. lösl., *B* wird durch $HClO_4$ teilweise gefällt, *A* bleibt im Überstand. Die Substanzen werden papierelektrophoret. u. papierchromatograph. gereinigt, sie verhalten sich wie negativ geladene Substanzen u. enthalten beide *Asparagin-* u. *Glutaminsäure. Glucose* ist in *Verb. A* über eine Äther- oder Esterbindung gebunden. P. Gregorzewski. 4520□

Phosphorbindungen in α-Casein. Ragnar Österberg. (Biochim. biophysica Acta [Amsterdam] **54,** 424—31, 23/12. 1961; Göteborg, Univ., Dep. of Med. Biochem.; engl.) — Aller Peptid-*P* in α-Casein ist in O-Monophosphatesterform gebunden (6 Phosphatgruppen an Serinreste u. eine an einen Threoninrest). K. Zingraf. 4520□

Eine Infrarotuntersuchung der Oxydation der Disulfidbindung in der Wolle. A. Strasheim und K. Buijs. (Biochim. biophysica Acta [Amsterdam] **47,** 538—41, 4/3. 1961; Pretoria, Nat. Phys. Res. Labor.; engl.) — IR-spektroskop. wird nachgewiesen, daß die Disulfidbindung der Wolle durch *Peressigsäure* u. H_2O_2 in *Sulfonsäure*-Gruppen umgewandelt wird. Als Intermediärprodd. treten *Sulfen-* u. *Sulfinsäure*-Gruppen auf. Verwitterte Wolle enthält Sulfon- u. Sulfinsäuregruppen. P. Gregorzewski. 4520□

Strömungsdoppelbrechungseigenschaften von Tropomyosin. Kosçak Maruyama. (Sci. Pap. Coll. gen. Educat., Univ. Tokyo **9,** 147 -55, Juni 1959; Tokyo, Univ. of Tokyo, Coll. of Gen. Education, Biol. Inst.; engl.) - Bei Prüfung der Strömungsdoppelbrechung des Kaninchen- u. Krebs-*Tropomyosins* konnte durch Verdünnung eine beträchtliche Depolymerisierung erzielt werden; Ionen (hier KCl) führen zu schnellerer Disaggregation. Krebs-Tropomyosin zeigt größere Polymerisierungsfähigkeit als das des Kaninchens. Es werden die mol. Dimensionen unter verschiedenen Bedingungen berechnet. U. Tausendfreund. 4520□

Die chemische Zusammensetzung der Haut des Rindes. N. M. Tulloh. (Austral. J. agric. Res. **12,** 725—31, Juli 1961; Melbourne, Univ., School of Agric.; engl.) — Hautproben von dem Mittelstück von Hereford-, Angus- u. Shorthornrindern gleichen Alters wurden auf den Geh. an W., Rohprotein u. Fett untersucht. Die Werte für W. u. Protein wurden auf den Fett-Geh. der frischen oder getrockneten Haut berechnet. Zwischen den Rassen bestanden Unterschiede. P. Nachtwey. 4520□

Die Diffusion einiger organischer Nichtelektrolyte aus Blut in Hirngewebe. Christian Crone. (Acta physiol. scand. **50,** Suppl. Nr. 175, 33—34, 1960; Copenhagen, Univ., Inst. of Med. Physiol.; engl.) — Im Hunde-Vers. wird die Abnahme der Testsubstanzen im Blut untersucht, die durch die Carotis direkt in das Gehirn injiziert werden. Für *Inulin, Saccharose, Fructose, ^{14}C-Glycerin, ^{14}C-Propandiol-(1.2), ^{14}C-Harnstoff, ^{14}C-Thioharnstoff, Antipyrin, A., Propanol* u. *Butanol* wird eine enge Korrelation mit dem Collander-Bärlund-Schema [1933] gefunden Für *Glucose* (I) wird ein besonderer Mechanismus für die Hirncapillarpassage angenommen, weil bei normaler I-Konz. im Blut, 6—7 mal so viel I wie Fructose die Capillarwände durchdringt.
P. Gregorzewski. 4550□

Beziehung zwischen Fragment III des Kaninchen-γ-globulins und Meerschweinchenkomplement. Kenneth Amiraian und Edward J. Leikhim. (Proc. Soc. exp. Biol. Med. **108,** 454—57, Nov. 1961; Albany, N.Y., New York State Dep. of Health, Div. of Labor. and Res.; engl.) — Das durch Papainverdauung von *Kaninchen-γ-Globulin* erzielte *Fragment III* hemmt Immunhämolyse prim. durch seine Fähigkeit zur Beeinflussung von *Meerschweinchen-C'* sowie, in gewissem Ausmaß, von Schaferythrocyten.

Pept. Verdauungs-Prodd. von normalem oder Antipertussis-γ-Globulin des Kaninchens hemmen die Immunhämolyse nicht. Pept. Verdauungs-Prodd. von Kaninchen-Antischaferythrocyten-γ-Globulin agglutinieren Schaferythrocyten langsamer als intakte Antikörper; sie lösen Schaferythrocyten nicht in Ggw. von Meerschweinchen-C'.
U. Tausendfreund. 4551 □

Elektrophoretische und immunologische Untersuchungen an Kükenserum und Eigelb. Yuichi Tanabe, Tsuneo Abe, Tadatsune Kaneko und Tatsuo Hosoda. (Proc. Soc. exp. Biol. Med. **106**, 506—10, März 1961; Chiba-Shi, Japan, Nat. Inst. of Agricult. Sci.; engl.) — Aus dem Serum legender Hennen (l.H.) wurde durch fraktionierte Zentrifugation im Überstand ein phospholipoidfreies Protein (Pr) u. im Sediment ein Phosphoproteinkomplex (Pk) abgetrennt. Im Serum von Hähnen konnten diese Komponenten nicht nachgewiesen werden. Pr u. Pk bilden spezif. Antikörper, wobei das aus dem Eigelb (E) isolierbare Pr nur eine antigene Substanz darstellt, was durch das Auftreten einer einzigen Präcipitinzone in Agar–Antiserum-Gel nachgewiesen wurde. Das aus Serum von l.H. isolierte Pk ist nicht ident. mit dem aus E gewonnenen Prod., was aus der Löslichkeit beider Substanzen in physiol. NaCl-Lsg. u. aus der Struktur der Präcipitin-Rk.-Zone beider Substanzen in Agar–Antiserum-Gel hervorgeht.
R. Strufe. 4551

Untersuchungen über die komplexbildenden Eigenschaften von Calcium. A. Breustedt. (Dtsch. zahnärztl. Z. **16**, 883—88, 1/7. 1961; Jena, Univ., Klinik für Zahn-, Mund- u. Kiefernkrankheiten; dt.) — Vf. hat an Hand von Leitfähigkeitsmessungen u. von Lösungs-Verss. mit pulverisierter Zahnhartsubstanz nachgewiesen, daß die oft als Chelatoren angeführten Aminomono-, Aminodicarbon- u. Dicarbonsäuren, sowie Hydroxy- u. Ketosäuren mit *Ca* keine Komplexe bilden u. so keine Bedeutung für die Cariesgenese haben.
W. Lock. 4552 □

Speicheldrüsenfunktion und Elektrolytzusammensetzung bei Kaliummangelratten. C. A. Schneyer und L. H. Schneyer. (Proc. Soc. exp. Biol. Med. **108**, 584—86, Dez. 1961; Birmingham, Univ. of Alabama Med. Center, Dep. of Physiol. and Dentistry; engl.) — Bei Kaliummangelratten nahm der *K*-Geh. in der Submaxillardrüse im Vgl. zu Normaltieren um 10 mVal/kg Feuchtgew. u. in der Parotis um 4 mVal/kg ab, der *Na*-Geh. dagegen um 13 bzw. 8 mVal/kg zu; der Elektrolyt-Geh. der Sublingualdrüse war unverändert. Die Fl.-Sekretion der Drüsen war stark eingeschränkt.
K. Zingraf. 4555 □

Die Urin-Östrogene des Hengstes. Halina Pigon, Torleiv Lunaas und Weiert Velle. (Acta physiol. scand. **50**, Suppl. Nr. 175, 122—23, 1960; Oslo, Vet. Coll. of Norway, Dep. of Sexual Physiol. and Sexual Pathol.; engl.) — Inhaltlich ident. mit der C. **1691**, 11779 referierten Arbeit.
P. Gregorzewski. 4559 □

Normalwerte der Östrogenurie. Vladimír Vrtílek. (Scripta med. Fac. Med. Univ. Brunensis Olomucensis **34**, 53—64, 1961; Brno, Univ., J.E.P., lékařská fak., odd. klinické biochem.; tschech.) — Bei 27 gesunden Frauen im Alter von 18—40 Jahren beträgt die Exkretion der *Östrogene* durchschnittlich 32,8 (9,4—59) μg/24 Stunden. Vf. benützte Bachmans colorimetr. Meth. nach Säurehydrolyse. Papierchromatograph. nach Hais u. Zbudovská wurde das Verhältnis von *Östron* : *Östradiol* : *Östriol* als 4 : 1,5 : 1 festgestellt. Zur Orientierung sind die Werte der Exkretion von Männern (8,0 μg/24 Std.) u. 10 Säuglingen (♂, 2,9 μg/24 Std.) angeführt. Zwecks Vgl. ist die Exkretion der Östrogene bei 13 Frauen mit endokrinen Erkrankungen u. die Schwankung der Exkretion im Laufe des Menstrualcyclus angeführt.
Z. Pechan. 4559

Die Wirkung von 17β-Östradiol und Östriol auf die experimentelle diätetische Lebernekrose der Ratte. G. Brenner, W. Korte und A. Puck. (Endokrinologie **42**, 212—22, 1962; Bonn, Univ.-Frauenklin.; dt.). — Geschlechtsreifen ovarektomierten Albinoratten von 150—180 g, die mit einer Lebernekrose auslösenden Hefediät ernährt wurden, wurde durch 220 Tage 200 γ *Östriol* (I) bzw. 100 γ *17β-Östradiol* (II) subkutan injiziert. II verhindert das Auftreten der Lebernekrose, I verstärkt sie u. bewirkt verminderte Gw.-Zunahme u. vermehrtes Auftreten von fettiger Degeneration der Leber.
W. Stross. 4559 □

Der Eiweißstoffwechsel der weiblichen Genitalorgane. Autoradiographische Untersuchungen mit Isotopen-markierten Aminosäuren an der weiblichen Ratte. Heinrich Günther Müller. (Sonderbände zur Strahlentherapie **47**, 1—133, 1961; Düsseldorf, Med. Akad.; dt.) — Vgl. C. **1961**, 16157 u. **1962**, 13105. — Größe u. Verteilung des Eiweißstoffwechsels in den Genitalorganen der ♀ Wistar-Ratte wurden nach Zufuhr markierter Aminosäuren, bes. von ^{35}S-Thioaminosäuren, autoradiograph. untersucht. Während der Follikel- u. Corpus luteum-Entw. treten mehrere Wachstums- u. Ruhephasen auf, wobei zur Zeit der ersteren in Granulosa- u. Theca interna-Zellen der Follikel ein großer Eiweißumsatz stattfindet. Corpora lutea gravidatis zeigen gleichfalls hohen Eiweißumsatz, der in der 2. Hälfte der Gravidität langsam absinkt. In den Zellen atret. Follikel erfolgt keine Eiweiß-Synth. mehr. Die hormonbildenden Zellen des Ovars synthetisieren teilweise auch eiweißhaltige Substanzen. Der Eiweißumsatz der wachsenden Eizelle ist im Cytoplasma auch während der Wachstumsphasen auffallend klein, der im Eizellkern 2—3fach größer. Das Vaginalepithel läßt mit zunehmendem Wachstum u. eintretender Keratinisierung während Proöstrus u. Östrus eine stark erhöhte Eiweißneubildungsrate erkennen. Die Höhe des Eiweißumsatzes der verschiedenen Uterusgewebe ist der Größe des Wachstums während Cyclus u. Gravidität proportional. In allen untersuchten Zellen, Zellgruppen u. im Zellkern bestand eine Proportionalität zwischen der Basophilie (RNS-Geh.!) u. der Synth. von Proteiden u. Proteinen. — Zahlreiche Literaturangaben. K. Maier. 4559□

Die die in vitro-Synthese von Progesteron beeinflussenden Faktoren. G. W. Duncan, A. M. Bowerman, L. L. Anderson, W. R. Hearn und R. M. Melampy. (Endocrinology **68,** 199—207, Febr. 1961; Ames, Iowa, Iowa State Univ., Dep. of Animal Husbandry and Biochem. and Biophysics; engl.) — Hypophysenhomogenate junger Sauen zur Zeit verschiedener Stadien des Östruscyclus u. der Trächtigkeit aktivierten noch hemmten die in vitro-Synth. von *Progesteron* (I) in Krebs-Ringer-Bicarbonatpuffer + 20 mg% Glucose. Nichthypophysengonadotropine [*PMS* (*Gonadogen*, Upjohn-Co.); *HCG* (*Tollutein*, E. R. Squitt & Co.)], Relaxin u. oxytoc. Präpp. (Syntocinon, gereinigtes oxytoc. Prinzip) waren auf die in vitro-I-Synth. durch Schweinelutealgewebe ohne Einfluß. Lactogenes Hormon (Prolactin, uteotropes Hormon, LTH) vom Schafe beeinflußte die Lutealfunktion weder in vitro noch in vivo nachweisbar. Subtotale Hysteresektomie verlängerte die Funktion von Schweine-Corpora lutea, wie I-Geh. u. Fähigkeit des Gewebes zur I-Synth. in vitro zeigten. Endometriumfiltrate vom 12. u. 13. Tag des Östruscyclus erhöhten die in vitro-I-Synth. durch Lutealgewebe, Filtrate vom 16. u. 18. Tag hemmten die Hormonbildung. K. Maier. 4559□

Studien über die anästhetische Wirkung der Steroide. 6. Mitt. **Der Einfluß des Serotonins und seiner Antagonisten auf den Zentralhemmeffekt des Hydroxypregnandions.** Lubor Vacek. (Scripta med. Fac. Med. Univ. Brunensis Olomucensis **34,** 65—72, 1961; Brno, Univ., J.E.P., lékařská fak., II. vnitřní klinika, labor. pathofysiol. krevního oběhu; tschech.) — Die Hemmung von *21-Hydroxypregnan-3.20-dion* (*Viadril;* I) (Verhalten der Mäuse auf rotierender Stange) wurde durch vorausgehende Anwendung von *Reserpin, Serotonin, Lysergsäurediäthylamid* (LSD) u. *Lysergsäurecycloalkylamid* (*Cepentyl* VUFB) vermindert u. die Begrenzung der Beweglichkeit potenziert. Die Dauer des Schlafes nach einer Dosis von 20 mg I/kg wird durch nachfolgende Applikation von Reserpin u. Serotonin verlängert, durch Applikation von LSD u. Cepentyl dagegen verkürzt. Vf. schließt, daß die Wrkg. von I auf das Zentralnerven-Syst. nicht mit der des Serotonins gleichbedeutend ist. Z. Pechan. 4559

Die Spaltung von Steroidsulfatkonjugaten in der Placenta und im sich entwickelnden Organismus. Martii O. Pulkkinen. (Acta physiol. scand. **50,** Suppl. Nr. 175, 125—26, 1960; Univ. of Turku, Dep. of Physiol.; engl.) — Placentagewebe ist in der Lage, Sulfatkonjugate von *Dehydroepiandrosteron* u. *Östron*, nicht aber von *Androsteron*, zu spalten. Die Lebern von Rattenföten, von neugeborenen Ratten u. verschiedene menschliche fötale Gewebe spalten keine Steroidsulfate, wohl aber Lebern u. Nieren von erwachsenen Menschen sowie von 1 Monat alten Ratten. P. Gregorzewski. 4559□

Vergleich der Wirkungen von Valin^5-Angiotensin-II-amid und Pitressin auf die Ausscheidungsfunktion der Niere bei Diabetes insipidus. F. del Greco. (Proc. Soc. exp. Biol. Med. **109,** 105—10, Jan. 1962; Chicago, Ill., Passavant Memor. Hosp.; Northwestern Univ. Med. School, Dep. of Med.; engl.) — Bei Patienten mit Diabetes insipidus bei Mannit- u. Wasserdiurese i.v. angewandt, bewirkten 0,0025—0,0050 μg *Angiotensin II* (*Valin^5-Angiotensin-II-amid*)/kg eine geringe Blutdrucksenkung, eine Abnahme der Clearance des endogenen Kreatins um 11%, der Wasserdiurese u. Wasserclearance um 40%, der Na-Ausscheidung um 50% u. eine geringere Abnahme der K-Ausscheidung. *Pitressin* wirkte ähnlich auf die Wasserausscheidung, beeinflußte jedoch den Blutdruck u. die Ausscheidung von Na u. K nicht. K. Zingraf. 4560□

Eine Wirkung des antidiuretischen Hormons auf die renale Calciumexkretion beim hydratisierten Hund. N. A. Thorn. (Acta physiol. scand. **50,** Suppl. Nr. 175, 149—50, 1960; Copenhagen, Univ., Inst. of Med. Physiol.; engl.) — Nach i.v. Verabreichung verschiedener Präpp. des *antidiuret. Hormons* an trainierte hydratisierte Hunde steigt die renale *Ca*-Exkretion, die Serum-Konz. des Ca wird nicht beeinflußt.

P. Gregorzewski. 4560□

Der Einfluß des Pyridoxols auf den histologischen Bau der Nebennierenrinde. Juan Astruc. (Arzneimittel-Forsch. **12,** 440—43, April 1962; Granada, Univ., Anatom. Inst.; dt.) — Bei Katzen führen 100 mg *Pyridoxol*/kg pro Tag zu einer Veränderung des histolog. nachweisbaren *Lipoid*-Geh. der Nebennierenrinde (NNR). Im Gegensatz zu mit adrenocorticotropem Hormon oder mit 0,9% ig. NaCl-Lsg. behandelten Tieren verschwinden die mit Scharlachrot anfärbbaren Lipoide aus allen Schichten der NNR. Im äußeren Drittel der NNR kommt es zu einem Protoplasmaschwund, während die doppelbrechenden Lipoide dieser Schicht unverändert vorhanden sind. P. Lange. 4561 □

Zunahme der 17-Hydroxysteroide des Plasmas durch Hirnrinden- und Amygdaloidstimulation bei Katzen. J. Setekleiv, O. Skaug und B. R. Kaada. (Acta physiol. scand. **50,** Suppl. 142—44, 1960; Oslo, Univ., Anat. Inst., Neurophysiol. Labor.; Lier Mental Hosp.; engl.) — Elektr. Stimulation bestimmter Hirnregionen bei anästhesierten Katzen bewirkte eine 100—500% ig. Erhöhung des *17-Hydroxysteroid*-Geh. im Plasma. P. Gregorzweski. 4561 □

Isolierung von 20β-Dihydrocortison aus dem Plasma von Lachseiern. D. R. Idler, P. J. Schmidt und A. P. Ronald. (Canad. J. Biochem. Physiol. **40,** 549—53, Mai 1962. Vancouver, Fisheries Res. Board of Canada, Chem. Sect. of the Technol. Stat.; engl.) — Aus dem peripheren Plasma von ♀ u. ♂ Lachsen kann *20β-Dihydrocortison* (I) isoliert werden. Die Identifizierung erfolgte chromatograph. u. durch Rk. mit H_2SO_4. Das Steroid kann durch Na-Bismutat in *Adrenosteron* umgewandelt werden, welches durch Chromatographie u. Red. mit Natriumborhydrid zu *Δ^4-Androsten-17β-ol-3.11-dion* nachgewiesen wird. Im Laich der ♀ Tiere werden 2,1 μg I/100 ml Plasma gefunden. Eine UV-absorbierende Substanz mit der chromatograph. Beweglichkeit von 20α- u. 20β-Dihydrocortisol kann mit diesen nicht identifiziert werden. H. Struck. 4561 □

Der Einfluß von Hunden und Marsilid auf die Adrenalin- und Noradrenalinexkretion bei Meerschweinchen. Aimo Pekkarinen, Niilo Niemelä und Eero Sotaniemi. (Acta physiol. scand. **50,** Suppl. Nr. 175, 116, 1960; Turku, Univ., Dep. of Pharmacol.; engl.) — Meerschweinchen werden 5—10 Tage lang der Ggw. einer großen Anzahl von Hunden ausgesetzt. *Marsilid* (I; 10—15 mg/Tag) u. der psych. Stress erhöhen die *Adrenalin*- u. *Noradrenalin*-Ausscheidung mit dem Urin. I hat eine größere Wrkg. als der Stress. Die I-Wrkg. beruht auf einer Aminoxydasehemmung. P. Gregorzewski. 4561 □

Die Aktivierung von Adrenalin durch Kupfer, Ceruloplasmin und Ultraviolettbestrahlung. E. Walaas und O. Walaas. (Acta physiol. scand. **50,** Suppl. Nr. 175, 153—54, 1960; Oslo, Univ., Dep. of Biochem., Inst. of Med. Biochem. and Physiol.; engl.) — Spektrophotometr. wird nachgewiesen, daß *Adrenalin* (I) mit Cu einen Komplex bildet im Verhältnis 2 : 1. Durch UV-Bestrahlung wird I aktiviert. In einem Syst., das *Ceruloplasmin* u. DPNH enthält bei pH 6, wird durch I die Oxydation von DPNH gefördert, durch *Alkoholdehydrogenase* wird diese Rk. umgekehrt. Durch Cu oder UV aktiviertes I fördert dagegen die Oxydation von DPNH nicht. P. Gregorzewski. 4561 □

Die Einflüsse der Schilddrüsenfunktion auf die Tetrachlorkohlenstoff-Lebertoxizität. Deane N. Calvert und Theodore M. Brody. (J. Pharmacol. exp. Therapeut. **134,** 304—10, Dez. 1961; Ann Arbor, Mich., Univ. of Michigan, Med. School, Dep. of Pharmacol.; engl.) — Es wird der Einfl. von subkutan verabreichtem *Thyroxin* (I) u. Thyreoidektomie (T) auf die tox. Wrkg. von *CCl_4* auf die Rattenleber untersucht. I erhöht die CCl_4-Toxizität u. beeinflußt die Leberenzyme. Die Diphosphonucleotid-gebundene Mitochondrien-*Dehydrogenase* u. die oxydative Phosphorylierung sind verringert u. die Mg-*Adenosintriphosphatase*-Aktivität ist erhöht. T vermindert die durch CCl_4 verursachten Enzymaktivitätsveränderungen. I verstärkt die *Brenzcatechinamin*-Absonderung, T blockiert diese Wirkung. P. Gregorzewski. 4562 □

Die Wirkung von 1.1.3-Tricyan-2-aminopropen-(1) auf die Rattenschilddrüse und die Thyrotoxikose des Menschen. Sidney H. Ingbar. (J. clin. Endocrinol. Metabolism **21,** 128—39, Febr. 1961; Boston, Mass., Harvard Med. School, Dep. of Med.; City Hosp.; Miami, Fla., Howard Hughes Med. Inst.; engl.) — *1.1.3-Tricyan-2-aminopropen-(1)*, intraperitoneal verabreicht, inhibiert bei Ratten die organ. Bindung von J, erniedrigt die *Thyroxin*-Bldg. u. verhindert die Umwandlung von *Monojodtyrosin* in *Dijodtyrosin*. Beim Menschen tritt eine Besserung der Thyrotoxikose ein, doch werden bei einigen Patienten tox. Rkk. beobachtet. P. Gregorzewski. 4562 □

Der Gehalt an oxydiertem und reduziertem Nicotinamidadenindinucleotid in der Leber alloxandiabetischer Ratten. H. N. Haugen. (Acta physiol. scand. **50,** Suppl. Nr. 175, 68—69, 1960; Oslo, Univ., Inst. for Med. Biochem. and Physiol.; engl.) — Das Verhältnis von *Nicotinamidadenindinucleotid* (NAD^+) zu ·NADH ist in Leberhomogenaten alloxandiabet. Ratten in Übereinstimmung mit Glock u. McLean (C. **1957,** 5886) gegenüber den Kontrollen erniedrigt. P. Gregorzewski. 4564 □

Behandlung der Pankreatitis mit Corticosteroiden-Pankreatitis durch Behandlung mit Corticosteroiden (klinische und experimentelle Untersuchungen). M. Gülzow. (Dtsch. Z. Verdauungs- u. Stoffwechselkrankh. **20**, 168—80, Nov. 1960; Rostock, Univ., Med. Klinik; dt.) — Experimentelle Unterss. über den Zusammenhang zwischen Corticosteroidtherapie u. Entstehen einer Pankreatitis. Die Ergebnisse sprechen dafür, daß Cortison-Derivv. in hohen Dosen die exkretor. Pankreasfunktion stören (Fermententgleisung u. a.) u. auch Pankreaszellschädigungen hervorrufen können. Klin. Bedeutung erlangt diese Tatsache bei vorgeschädigtem Pankreas. K. Neumeister. 4564□

Insulinpotenzierende Wirkung von Tolbutamid bei ausgeweideten Katzen. J. Madsen. (Acta physiol. scand. **59**, Suppl. Nr. 175, 102—03, 1960; Copenhagen, Univ., Inst. of Med. Physiol.; engl.) — Im Katzen-Vers. wird gezeigt, daß vorherige Injektion von *Tolbutamid* die blutzuckersenkende Wrkg. von *Insulin* verstärkt.
P. Gregorzewski. 4564□

Experimenteller Beitrag zur Untersuchung des von den peripheren Geweben auf die Homöostase des Blutzuckers ausgeübten Einflusses. 3. Mitt. Blutzuckerkurve nach Insulin. G. Palma, C. Cordova und G. D. Bompiani. (Boll. Soc. ital. Biol. sperim. **35**, 1570—73, 15/12. 1959; Rom, Univ., Ist. di Clin. Med. Gener. e Med. Terap.; ital.) — Da die hypoglykämisierende Wrkg. des *Insulins* (I) auf 2fache Art zustande kommt, 1. durch Verringerung der hepat. Glykogenolyse (h.Gl.) u. 2. durch Steigerung der Glucoseassimilation in den peripheren Geweben (p.Gla.) u. man beide Wrkg.-Komponenten getrennt beeinflussen kann [*Dihydroergotamin* (**II**) red. h.Gl. u. erhöht p.Gla. — *Thyroxin* (**III**) erhöht p.Gla. u. h.Gl.], waren hiermit die experimentellen Voraussetzungen gegeben, das zur Diskussion stehende Problem anzugehen. — In den Verss. mit Kaninchen zeigt es sich, daß die **I**-Wrkg. sowohl durch **II** wie durch **III** verstärkt wird, wobei **II** diese Eig. in verstärktem Maße aufweist. Den größten Effekt zeigt erwartungsgemäß die Kombination von **II** + **III**. F. Kren. 4564□

Disulfid–Sulfhydryl-Austausch als ein Mechanismus der Insulin-Wirkung. Harold Carlin und Oscar Hechter. (J. biol. Chemistry **237**, PC 1371—72, April 1962; Shrewsbury, Mass., Worcester Found. for Exp. Biol.; engl.) — Von 18 Std. gehungerten Ratten wurden Diaphragmen isoliert u. direkt oder nach 3 Min. langer Inkubation mit 200 μg *Insulin* (**I**) pro 10 ml Fl. 3 Min. bei 37,5° unter 95% O_2 + 5% CO_2 mit 10^{-4}m, $5 \cdot 10^{-4}$m oder 10^{-3}m *N-Äthylmaleinimid* (**II**) in Krebs-Ringer-HCO_3^--Lsg. inkubiert. Nach Waschen wurden diese u. nicht mit **II** oder **I** behandelte Diaphragmen 90 Min. mit *^{14}C-Glucose* oder *$^{14}C_{(1)}$-α-Aminoisobuttersäure* (**III**) oder 180 Min. mit *$^{14}C_{(1)}$-Glycin* (**IV**) inkubiert. Die *D-Xylose*-Verteilung, der **III**-Transport, die *Glykogen*-Synth. u. der **IV**-Einbau in *Protein* wurden ermittelt u. sind angegeben. Die Wrkg. des **I** werden zwar durch vorherige Inkubation mit dem selektiven SH-Gruppen-Blocker **II** weitgehend gehemmt, doch umgekehrt wird die Hemmwrkg. von $5 \cdot 10^{-4}$m **II** durch Vorinkubation mit **I** nicht aufgehoben, sondern mitunter noch verstärkt. Daraus wird gefolgert, daß die **I**-Wrkg. im Diaphragmamuskel von Ratten nicht einfach als Disulfid–Sulfhydryl-Austausch gedeutet werden kann. S. Dittmann-Mitzscherlich. 4564□

Die Wirkung von Nephrektomie und Splanchnicusektomie auf das Verschwinden von markiertem Insulin in Kaninchenplasma. David L. Palmer und Robert E. Bolinger. (Proc. Soc. exp. Biol. Med. **107**, 809—12, Aug./Sept. 1961; Kansas City, Kans., Univ. of Kansas, School of Med., Dep. of Med.; engl.) — Kaninchen erhielten nach 48 Std. Fasten i.v. *^{131}J-Insulin*. Die Tiere waren in 3 Gruppen eingeteilt: a) normale, b) Tiere mit herausgenommenen Nieren kurz vor der Testprozedur, c) Tiere mit unterbundener Eingeweidezirkulation. Nach der Insulingabe wurde die Plasmaclearance bestimmt. Die Geschw. des Verschwindens des markierten Materials im Plasma nahm durch Nephrektomie ab, nicht jedoch durch Splanchnicusektomie. Die Plasmaclearance nahm durch Splanchnicusektomie ab. W. Hiller. 4564□

Zeit und Vorgang der Proteinsynthese im exokrinen Pankreas der Ratte. G. C. Hirsch. (Acta histochem. [Jena] **4**, 204—07, 25/10. 1957; Göttingen, Zool. Inst.) — Übersicht über den zeitlichen Ablauf der Proteinsynth. im exokrinen Pankreas nach Injektion radioakt. Aminosäuren in die Blutbahn. — 5 Literaturangaben.
P. Gregorzewski. 4564□

Proteingehalt isolierter Nuclei. Arthur J. Hale. (Acta histochem. [Jena] **4**, 222—29, 25/10. 1957; Glasgow, Univ., Inst. of Physiol.) — Vf. isolierte aus dem Kalbsthymus die Zellnuclei nach der Citronensäure-, der Saccharose–$CaCl_2$- u. der nichtwss. Methode. Es ergab sich, daß der Protein-Geh. durch die wss. Isolierung beträchtlich abnimmt. P. Gregorzewski. 4566□

Der Einfluß von Anoxia und Glucose auf die durch ein Prinzip in Ascaris suis verursachte Histaminfreisetzung. B. Diamant. (Acta physiol. scand. **50**, Suppl. 34, 1960; Stockholm, Karolinska inst., Dep. of Pharmacol.; engl.) — Es wird die *Histamin*-

freisetzende Aktivität (H.) eines dialysierten *Ascaris suis*-Extraktes während der Inkubation mit feingeschnittener Rattenlunge bei 37° untersucht. Wenn gleichzeitig N_2 in das Gemisch geleitet wird, wird H. fast vollständig inhibiert. Durch 1 mg *Glucose*/ml wird 80% der H, die in Ggw. von O_2 u. Glucose auftritt, wiederhergestellt.
P. Gregorzewski. 4569☐

Beobachtungen über die Histamin-Exkretion mit dem Urin bei adrenalektomierten Ratten. T. Bjuro und H. Westling. (Acta physiol. scand. **50,** Suppl. Nr. 175, 25–26, 1960; Göteborg, Univ., Labor. for Clin. Physiol.; engl.) — Wenn adrenalektomierte Ratten W. als Trinkfl. bekommen, tritt erst allmählich eine erhöhte *Histamin* (I)-Ausscheidung auf, erhalten sie Kochsalz-Lsg., wird die I-Ausscheidung progressiv erhöht. Wenn außer Kochsalz-Lsg. *Cortison* oder *Cortisol* gegeben wird, ist die I-Ausscheidung nur zeitweilig stark erhöht. P. Gregorzewski. 4569☐

Neue Angaben über die physiologische und pharmakologische Wirkung des 5-Hydroxytryptamins. I. Haulică. (Farmacia [Bucureşti] **6,** 9–20, Jan./Febr. 1958; rum.) — Übersicht. — 83 Literaturangaben. J. Lehmberg. 4569☐

Kinetik des Plasmahämoglobinabbaues bei der Ratte. 1. Mitt. **Blutclearance von ^{131}J-Hämoglobin.** E. R. Gabrieli, P. Heckert und A. Elliott. (Proc. Soc. exp. Biol. Med. **109,** 787–91, April 1962; Buffalo, N.Y., Millard Fillmore Res. Inst.; engl.) — Autologes *^{131}J-Hämoglobin* erfährt bei der Ratte eine Plasmaclearance mit Halbwertszeit von 25 Min. (Exponential-Geschw.). Innerhalb 3–10,2 mg Hämoglobin/100 g Körper-Gew. war die Clearance-Geschw. unabhängig von der Dosis. Renale Ausscheidung konnte nicht nachgewiesen werden. ^{131}J wird rasch vom Hämoglobin freigesetzt; der Anstieg der Plasmaradioaktivität über den aktuellen Hämoglobinspiegel ist erst nach 30 Min. erkennbar. U. Tausendfreund. 4572☐

Der Mineralgehalt im Plasma und in den Zellen des Blutes verschiedener Spezies. G. A. Charbon und M. H. Hoekstra. (Acta physiol. pharmacol. neerl. **10,** 209–14, 1962, Utrecht, Univ., Fac. Med., Labor. Pharmacol.; engl.) — Unterss. an Menschen, Pferden, Rindern, Schweinen, Kaninchen, Meerschweinchen, Ratten, Hunden u. Katzen. Der *Na*-Geh. der Zellen bei Rind, Hund u. Katze ist 4–5mal höher als bei den übrigen Species, aber noch niedriger als der Geh. im Plasma. Der *K*-Geh. der Zellen ist bei Hund u. Katze gleich dem Plasma-Geh.; bei den übrigen Species ist der Plasma-Geh. niedriger. Die Plasmawerte der Mineralien unterscheiden sich bei allen untersuchten Tieren nicht.
P. Lange. 4572☐

Die Reduktion von Disulfiden durch menschliche Erythrocyten. Lorentz Eldjarn und Hans Chr. Børresen. (Acta physiol. scand. **50,** Suppl. 35–36, 1960; Oslo, Univ., Clin. Labor., Dep. of Biochem., Rikshospitalet; engl.) — Unter den Organen sind, soweit untersucht, nur Erythrocyten in der Lage, Disulfide zu reduzieren. Wenn bei einer Konz. von 10^{-4} bis 10^{-3}m mit Erythrocyten inkubiert wird, werden folgende Disulfide reduziert: *Cystamin, Diacetylcystamin, Dimethylcystamin, Tetramethylcystamin* u. *Tetraäthylcystamin*. Höhere Disulfid-Konz. inhibiert teilweise oder vollständig die Red.-Fähigkeit der Erythrocyten. Durch Waschen mit Thiolen kann diese Hemmung rückgängig gemacht werden. *Cystin, oxydiertes Glutathion, Homocystin* u. *Dithiodiglykolsäure* werden nicht red., sie sind auch nicht fähig, in die Erythrocyten einzudringen. Gewaschene Erythrocyten in m/15 Phosphatpuffer bei pH 7,4 reduzieren nur, wenn *Glucose, Mannose, Adenosin, Xanthosin* oder *Inosin* hinzugegeben werden.
P. Gregorzewski. 4573☐

Über die Ganglioside der Hundeerythrocyten. K. Klenk und K. Heuer. (Dtsch. Z. Verdauungs- u. Stoffwechselkrankh. **20,** 180–83, Nov. 1960; Köln, Univ., Physiol.-Chem. Inst.; dt.) — Vff. isolierten aus roten Blutzellen von Hunden ein hexosaminfreies Gangliosid, das als Bausteine Fettsäuren, Sphingosin, Hexosen u. N-Acetylneuraminsäure im molaren Verhältnis 1 : 1 : 2 : 1 enthält. Das Fettsäuregemisch besteht u. a. aus *Behensäure, Lignocerinsäure* u. *Nervonsäure,* an Zuckern sind vor allem *Glucose* u. *Galaktose* vertreten. K. Neumeister. 4573☐

Durch Bindegewebesuspensionen und Kollagen hervorgerufene Thrombocytenverklumpung. Marjorie B. Zucker und Jennie Borrelli. (Proc. Soc. exp. Biol. Med. **109,** 779–87, April 1962; New York, N.Y., Sloan-Kettering Inst. for Cancer Res., Div. of Exp. Surg. and Physiol.; engl.) — Suspensionen verschiedener Bindegewebe in Salz-Lsgg. u. Kollagen bewirken eine Verklumpung von Thrombocyten in plättchenreichem Citratplasma, selbst in Verdünnungen von 1:100, unabhängig vom Gerinnungsvorgang. Das akt. Material des menschlichen Subkutangewebes sedimentiert bei 25000·*g* u. ist bei 56° stabil, instabil bei 70°, wird zerstört durch Kollagenase, Formamid u. 25% A., nicht jedoch durch proteolyt. Enzyme. In der Leber gibt es einen Hemmstoff. U. Tausendfreund. 4573☐

Die Wechselwirkungen zwischen nativem und chemisch verändertem menschlichen Serumalbumin und den zweiwertigen Kobalt- und Nickelionen in wässeriger Lösung. A. Coddington und D. J. Perkins. (Biochim. biophysica Acta [Amsterdam] **54,** 432—38, 23/12. 1961; London, St. George's Hosp. Med. School, Dep. of Chem. Pathol.; engl.) — Unter pH 6,0 waren die reaktionsfähigen Stellen für die Bindung von Co^{2+} u. Ni^{2+} in nativem *Serumalbumin* (I) die freien COOH-Gruppen. Acetylierung, Desaminierung, Dinitrobenzolsulfonierung, Phosphorylierung u. Carboxymethylierung steigerten die Bindungsaffinität von I gegenüber Co^{2+} (in den beiden letzten Fällen offenbar teilweise infolge der Substitution spezieller mit Metallen reaktionsfähiger Gruppen). K. Zingraf. 4574□

Die Rolle cytoplasmatischer Partikel bei der Hämoglobinbildung. Leif Eriksen und Nora Eriksen. (Acta physiol. scand. **50,** Suppl. Nr. 175, 39—40, 1960; Oslo, Univ., Dep. of Physiol., Inst. of Med. Biochem. and Physiol.; engl.) — Bei der Inkubation junger roter Blutzellen von anäm. Kaninchen unter aeroben Bedingungen in Kochsalz-Lsg. u. Glycin werden zwei verschiedene Protoporphyrinfraktionen gebildet, die sich lediglich durch ihre Lokalisation innerhalb des Zell-Syst. unterscheiden. Zu dieser Inkubations-Lsg. wird nach 30 Min. ^{14}C-Acetat gegeben. Nach 2—30 Min. werden Proben entnommen, eingefroren, aufgetaut, homogenisiert u. zentrifugiert. Der Überstand (I) u. die Partikelfraktion (II) werden mit Aceton/n Kochsalz-Lsg. (10:1) extrahiert. Es wird gefunden, daß die Acetatinkorporation in II stark zunimmt u. nach 10 Min. ein Maximum erreicht, während der Einbau in die Protoporphyrinfraktion des Überstandes sehr langsam verläuft u. nach 30 Min. langer Inkubation nur 60% desjenigen in II erreicht. P. Gregorzewski. 4574□

Kontinuierliches und intermittierendes Laufen. Myohämoglobin als Sauerstoffspeicher. E. Hohwü Christensen. (Acta physiol. scand. **50,** Suppl. Nr. 175, 29—30, 1960; Stockholm, Gymnastiska Centralinst., Dep. of Physiol.; engl.) — Es wird die Hypothese gestützt, daß O_2-Reserven, die wahrscheinlich an *Myohämoglobin* gebunden sind, im arbeitenden Muskel bei kurzen Anstrengungen bei intermittierender Arbeit, eine bedeutende Rolle für die O_2-Versorgung spielen. P. Gregorzewski. 4574□

Identifizierung eines die Hämoglobin-Synthese in vitro stimulierenden Plasma-Materials. J. Wildy, A. Nizet und A. Benson. (Biochim. biophysica Acta [Amsterdam] **54,** 414—23, 23/12. 1961; London, Univ., Coll. Hosp. Med. School, Dep. of Chem. Pathol.; Liège, Hôp. de Bavière, Inst. de Clin. et de Policlin. Méd.; engl.) — Im Hundeplasma u. im menschlichen Plasmaalbumin findet sich ein Material, welches die *Häm-*Biosynth. in einem Hämolysat von Hühnererythrocyten oder in Reticulocyten-reichem Hundeblut fördert. Dieses Material wurde gereinigt, u. es ergab sich, daß der wesentliche stimulierende Faktor darin *Citronensäure* ist. K. Zingraf. 4574□

Proteinfraktionierung. 4. Mitt. **Charakterisierung von Serumlipoproteinen durch Chromatographie auf DEAE-Cellulose.** Morton D. Prager und Ina Claire Atkins. (Biochim. biophysica Acta [Amsterdam] **54,** 405—13, 23/12. 1961; Dallas, Tex., Wadley Res. Inst. and Blood Bank; engl.) — 3. vgl. J. Lab. clin. Med. **58,** [1961], 278. — Beschreibung der Chromatographie der Seren von Patienten mit Polycythaemia vera u. Granulocytenleukämie, welche mit $^{32}PO_4{}^{3-}$ behandelt wurden, auf DEAE-Cellulose. 90% der Aktivität von ^{32}P befanden sich in der Lipidphase. K. Zingraf. 4574□

Serummucoprotein und proteingebundene Kohlenhydrate bei Erythroblastosis fetalis. T. A. Miettinen und J. Perheentupa. (Acta physiol. scand. **50,** Suppl. Nr. 175, 106—07, 1960; Univ. of Helsinki, Dep. of Med. Chem. and Childrens Clin.; engl.) — Bei durch Rh-Immunisation verursachter Erythroblastosis fetalis sind die *Serummucoproteine* u. etwas weniger ausgeprägt die *Serumkohlenhydrate* erniedrigt. Bei durch ABO-Immunisation verursachter Erythroblastosis werden normale oder leicht erhöhte Werte beobachtet. P. Gregorzewski. 4574□

Zur Bestimmung von konjugiertem Serumbilirubin. R. L. Nath und N. K. Ghosh. (Ann. Biochem. exp. Med. [Calcutta] **21,** 375—78, Dez. 1961; Calcutta, School of Tropical Med., Dep. of Biochem.; engl.) — *Mono-* u. *Diglucuronide* des *Bilirubins* werden mit einer leicht veränderten Meth. von Nath, Pain u. Dutt (Bull. Calcutta School Trop. Med. **8,** [1960], 61) getrennt bestimmt. Die Abänderung besteht in einer geringeren Konz. der verwendeten *Sulfanilsäure.* Die Bilirubin-Geh. (Mittelwerte) betrugen bei der hepat. Gelbsucht 1,21 u. bei der obstruktiven Gelbsucht 0,72 mg%. P. Gregorzewski. 4574□

Die Akkumulation von Tetrapyrrolen, Intermediärprodukten der Hämbildung, durch Kaninchenreticulocyten unter hypoxischen Bedingungen in vitro. Leif Eriksen, Nora Eriksen und Synnøve Haavaldsen. (Acta physiol. scand. **50,** Suppl. Nr. 175, 42—44, 1960; Oslo, Univ., Dep. of Physiol., Inst. of Med. Biochem. and Physiol.; engl.) —

Blutzellen anäm. gemachter Kaninchen werden mit ^{14}C-Acetat u. $^{55}FeCl_3$ unter verschiedenen Bedingungen inkubiert u. die Porphyrin-Bldg. radiometr. u. chromatograph. untersucht. Es wird gefunden, daß während der Inkubation in $N_2/CO_2/O_2$ ($N : CO_2 = 95 : 5$; O_2 höchstens 3%) Tetrapyrrole mit 8—2 Carboxylgruppen in den Zellen akkumuliert, nach der Inkubation in Luft aber keine Porphyrine mit 8—5 Carboxylgruppen, nur Spuren mit 4 u. 3 Carboxylgruppen gebildet werden, u. die *Protoporphyrin*-Menge einen Wert erreicht, der nur wenig unter dem der Gesamtporphyrinmenge liegt, die unter nichtaeroben Bedingungen gebildet wird. Es wird gefolgert, daß die Tetrapyrrole, die unter hypox. Bedingungen akkumuliert werden, normale Intermediärprodd. der Häm-Bldg. sind. P. Gregorzewski. 4574□

Die Bildung von Koproporphyrin III und I durch Kaninchenreticulocyten in vitro. Leif Eriksen, Synnøve Haavaldsen und Nora Eriksen. (Acta physiol. scand. **50,** Suppl. Nr. 175, 44—45, 1960; Oslo, Univ., Dep. of Physiol., Inst. of Med. Biochem. and Physiol.; engl.) — Vgl. vorst. Referat. — Bei Inkubation roter Blutzellen anäm. Kaninchen in Plasma/Glycin unter hypox. Bedingungen gibt die papierchromatograph. *Koproporphyrin*-Fraktion nur einen Fleck für das III-Isomere. Nach aerober Inkubation verschwindet die Gesamtkoproporphyrinmenge bis auf Spuren, doch diese geben zwei deutlich getrennte Flecke, die den Isomeren III u. I entsprechen. Diese Beobachtung zeigt, daß die Umwandlung der Kopro- in die Protointermediärprodd. hoch spezif. ist u. verstärkt die Annahme, daß die unter hypox. Bedingungen akkumulierten Tetrapyrrole echte Intermediärprodd. sind. P. Gregorzewski. 4574□

Sialsäure und Hexosamin im Plasma und Urin Aminonucleosid-nephrotischer Ratten. T. A. Miettinen. (Acta physiol. scand. **50,** Suppl. Nr. 175, 105—06, 1960; Univ. of Helsinki, Dep. of Med. Chem.; engl.) — Durch 9 tägliche subkutane Injektionen von 1,5 mg *Aminonucleosid*/100 g wird bei Ratten Nephrose erzeugt. Maximale Proteinurie von 110 mg/6 Std. wird 12—18 Tage nach der ersten Injektion beobachtet. Danach beginnt die Normalisierung. Die *Sialsäure* (I)- u. *Hexosamin* (II)-Ausscheidung läuft mit der Proteinurie parallel. Im Plasma herrscht während der maximalen Proteinurie eine ausgesprochene Hypoproteinämie. Maximale I- u. II-Mengen treten im Plasma etwas später als im Urin auf. Das Verhältnis I/II ist in Plasma u. Urin verschieden. P. Gregorzewski. 4574□

Cytologische Beobachtungen zur Kollidon-Speicherung. Fritz Heckner und Friedrich Gehlmann. (Z. ges. exp. Med. **127,** 213—26, 1956; Göttingen, Medizin. Univ.-Klinik; dt.) — *Polyvinylpyrrolidon* (I)-Lsgg. vom mittleren Molgew. (12600, 30000, 69000, 500000 u. über 500000) wurden Kaninchen injiziert u. die Milz der Tiere phasenopt. u. nach Färbung durch verschiedene Verff. untersucht. Offenbar übernehmen ausschließlich Zellelemente des reticulohistiocytären Syst. (RHS) der Kaninchenmilz die I-Speicherung. Eine funktionelle Blockade des RHS wurde auch bei hochmol. Fraktionen nicht gefunden. Sehr lange anhaltende Speicherung wurde nur nach Verabfolgung höchstmol. I-Fraktionen, nicht aber von Periston gefunden. Das Schicksal nicht nierengängigen I wurde beobachtet. W. Willenberg. 4576□

Vorkommen eines Formylrestes in Form von N-Formylhexosamin im Harnglykoprotein. Sen-itiroh Hakomori und Taiko Ishimoda. (J. Biochemistry [Tokyo] **49,** 264—65, März 1961; Sendai, Tohoku Pharmaceut. School, Attached Inst. for Cancer Res., Dep. of Biochem.; engl.) — Auf Grund nachst. Befunde enthält das in Harn aufgefundene anomale *Glykoprotein I* (I; J. Biochemistry, in Druck) *Hexosamin* (II) als *N-Formyl*-II u. nicht wie gewöhnlich als N-Acetylform. N-Formyl-D-glucosamin hemmt die Präzipitation zwischen I u. γ_2-Globin von Anti-„I"-Kaninchenserum stärker (500 μg) als N-Acetyl-Derivv. (2000 μg) von Hexosaminen. Nach I-Hydrolyse mit 25%ig. p-Toluolsulfonsäure (100°, 3 Std.), Dest. in alkal. W. u. Überführung in die Hydroxamate war eindeutig *Formylhydroxamat* papierchromatograph. feststellbar. I gab bei der Perjodatoxydation erhebliche Mengen NH_3, nicht aber bei Einw. verd. wss. Lauge u. verhält sich damit ähnlich wie N-Formyl-D-glucosamin. K. Maier. 4577□

Untersuchungen über Schwefelsäureester. 9. Mitt. **Über das Vorkommen von Sulfatacceptoren in menschlichem Urin.** H. Boström und A. Vestermark. (Scand. J. clin. Lab. Invest. **12,** 323—28, 1960; Stockholm, Wenner-Gren-Inst. of Exp. Biol., Dep. of Metabol. Res.; engl.) — 7. vgl. C. **1961,** 9100. — Es wird eine Meth. beschrieben zur chromatoautoradiograph. Sichtbarmachung von *Sulfatacceptoren* (**I**), die in normalen oder hydrolysiertem menschlichem Urin vorkommen. Die **I** wurden in vitro mit $^{35}SO_4^{2-}$ in Ggw. von sulfataktivierenden u. -übertragenden Enzymen umgesetzt. Die nach der Meth. gefundenen Schwefelsäureester im Urin von gesunden ♀ u. ♂ Personen u. Schwangeren werden beschrieben. H. Goebel. 4577□

Über die Protein-Fraktionen des Liquors des normalen Kindes. A. Lanza und G. Lombardo. (Boll. Soc. ital. Biol. sperim. **35**, 1561–63, 15/12. 1959; Catania, Univ., Clin. Pediatr. e Divis. Pediatr. del Sanator. Ferrarotto; ital.) — Die Unterss. werden an 11 Kindern im Alter von 1–9 Jahren durchgeführt. Im Gegensatz zum Elektropherogramm des Serums enthält das des Liquors immer u. konst. eine Welle v (Vorfraktion, Präalbumin), die 7,56% der Gesamtproteine ausmacht. Demgegenüber sind im Liquor des Serums die α_1-, α_2- u. γ-Globuline erniedrigt, die β-Globuline erhöht. F. Kren. 4578□

Verhalten der Protein-C-Reaktivität, der Chondroitinschwefelsäure und der Hyaluronsäure in den Flüssigkeiten der Kniegelenke des Menschen. U. Quatrini und G. Salomone. (Boll. Soc. ital. Biol. sperim. **35**, 1580–81, 15/12. 1959; Palermo, Univ., Ist. di Fisiol. Umana; ital.) — Es wurde der Geh. an *Chondroitinschwefelsäure* (I) u. *Hyaluronsäure* (II) in den Fll. des Kniegelenks bei verschiedenen patholog. Zuständen untersucht. Im Mittel erscheint I gegenüber den traumat. Fällen in den phlogist. Fällen um 117,1%, in den degenerativen Fällen um 53,3% erhöht; analog verhält es sich mit II, das um 87,4 bzw. 261,7% gegenüber den traumat. Fällen erhöht ist, u. der Protein-C-Aktivität, die beim Trauma immer negativ, in den anderen Fällen intensiv positiv ist. F. Kren. 4578□

Gasdrücke und pH der Lymphe. A. Carlsten, B. Søderholm und O. Thulesius. (Acta physiol. scand. **50**, Suppl. Nr. 175, 28–29, 1960; Univ. of Gøteborg, Dep. of Clin. Physiol.; engl.) — Lymphe vom Dünndarm des anästhesierten Hundes u. der Katze hat den niedrigsten pH-Wert. Er nimmt in folgender Reihenfolge zu: Lymphe des Thoraxlymphganges, Portalblut, rechtes Herzblut u. arterielles Blut. Der P_{CO_2} nimmt im gleichen Maße ab, wie der pH-Wert zunimmt. P. Gregorzewski. 4578□

Biochemie der Insekten-Hämolymphe. G. R. Wyatt. (Annu. Rev. Entomol. **8**, 75–102, 1961; New Haven, Conn., Yale Univ., Dep. of Biochem.; engl.) — Übersicht; allg. u. physikal. Eigg., anorgan. Bestandteile, freie Aminosäuren, andere N-Verbb. mit Nichtproteincharakter, organ. Säuren, P-Verbb., Kohlenhydrate u. verwandte Substanzen, Lipide, Pigmente, Proteine. — 306 Literaturangaben. P. Gregorzewski. 4578□

Chromatographisch ermittelte Fructosegehalte und Fructolyse in menschlichem Sperma. A. R. Sheth und Shanta S. Rao. (Experientia [Basel] **15**, 314–15, 15/8. 1959; Bombay, Indian Cancer Res. Centre, Parel; Contraceptive Testing Unit; engl.) — Zur *Fructose* (I)-Best. in menschlichem Sperma wird die Meth. der Rundfilterchromatographie angewandt; als Lsgm. dient Butanol/Aceton/W. 2 : 7 : 1 u. als Sprühreagens eine 1%ig. alkal.-alkohol. Lsg. von *Triphenyltetrazoliumchlorid.* Die auf dem Chromatogramm erhaltenen roten Zonen werden mit 95%ig. A. extrahiert, die Farbintensität der Lsgg. colorimetr. ermittelt u. mit einer Standardkurve verglichen. Der I-Geh. des Spermas beträgt ½ Std. nach der Ejakulation ca. 500 mg/100 ml u. nimmt innerhalb von 5 Std. infolge I-Hydrolyse durch die Spermatozoen allmählich um ca. 50% ab. Die zum Vgl. herangezogene Resorcin-Meth. für die I-Best. liefert zu hohe Werte, da sie zusätzliche reduzierende Verbb. miterfaßt. P. Fahrnlaender. 4582□

Veränderungen von Plasma-Proteinen bei der Metamorphose von Neunaugen (Petromyzon marinus dosatus). David P. Rall, Paul Schwab und Charles G. Zubrod. (Science [Washington] **133**, 279–80, 27/1. 1961; Bethesda, Md., Nat. Inst. of Health, Nat. Cancer Inst.; engl.) — Das Blut von Neunaugen (*Petromyzon marinus dosatus*) u. deren Larven (Lv) wurde nach Heparininjektion gewonnen. Das daraus erhaltene Plasma (Pl) wurde in Veronalpuffer bei pH 8,6 der Papierelektrophorese unterworfen u. die Zonen mit Bromphenolblau angefärbt. Als Referenzsubstanz diente Humanserumalbumin. Als Hauptkomponenten des Pl von Lv wird eine α_1- u. α_2-Globulinfraktion nachgewiesen. Nach der Metamorphose enthält das Pl zusätzlich eine Komponente mit einer höheren Beweglichkeit als alle Komponenten des Pl von Larven. Albumin konnte im Pl von Lv nicht nachgewiesen werden. R. Strufe. 4582

Einfluß von Nahrungsfaktoren auf die Plasmalipidverhältnisse beim wachsenden Huhn. Gilbert A. Leveille, James W. Shockley und Howerde E. Sauberlich. (Proc. Soc. exp. Biol. Med. **108**, 313–15, Nov. 1961; Denver, Colo., Fitzsimons Gen. Hosp., U. S. Army Med. Res. and Nutrit. Labor.; engl.) — Hühner zeigen bei Verfütterung von 20% Protein einen niedrigeren Plasma-*Cholesterin* (I)-, Plasma-*Phospholipid* (II)- u. -*Glycerid*-Spiegel als Hühner mit nur 10% Protein in der Kost. Bei 20% Protein wird eine Ausscheidung von 4,45 g Gallensäuren/kg/Tag gegenüber 3,06 g/kg/Tag bei 10% Protein beobachtet. Zwischen Gesamt-I u. II im Plasma besteht bei I-freier Kost eine hohe positive Korrelation, beide steigen im gleichen Ausmaß; bei I-Verfütterung steigt I schneller, so daß es zum Anstieg des I/II-Quotienten kommt. U. Tausendfreund. 4585□

Ernährungsuntersuchungen mit partiell hydrierten Rapssamenölen. Joyce L. Beare, B. M. Craig und J. A. Campbell. (J. Amer. Oil Chemists' Soc. **38,** 310–12, Juni 1961; Ottawa, Food and Drug Labor.; Saskatoon, Canada, Nat. Res. Council, Prairie Reg. Labor.; engl.) — Wistarratten (R) wurden mit einer gereinigten Basaldiät unter Zusatz von verschiedenen Proben von partiell hydriertem Rapssamenöl (RÖ) u. Sojaöl (SÖ) ernährt. Nach 4–8 Wochen bestimmte man die Futteraufnahme u. die Gew.-Zunahme (GZ) der Ratten. Die beste GZ wurde mit nicht hydriertem SÖ erzielt. Hydriertes SÖ allein ergab die schlechtere GZ, jedoch ließ sich durch Zufüttern von hydriertem oder nicht hydriertem RÖ die GZ verbessern. Die Ausscheidung freier Fettsäuren u. Neutrallipide bei den R war bei Verfütterung von unhydriertem SÖ am geringsten, bei Applikation von unhydriertem RÖ ca. 4fach höher. R. Strufe. 4585

Einfluß von Lauroyl- und Myristylperoxid und oxydiertem Leinsamenöl auf das Depotfett und die Leber. Lipidzusammensetzung. Hans Kaunitz, C. A. Slanetz, R. E. Johnson und S. F. Herb. (J. Amer. Oil Chemists' Soc. **38,** 301–05, Juni 1961; New York, N.Y., Columbia Univ., Dep. of Pathol.; Inst. of Comparative Med.; Philadelphia, Pa., Eastern Reg. Res. Labor.; engl.) — Albinoratten (R) wurden mit einer fettfreien Diät unter Zusatz von 2% *Linolensäure* (I), 5% *Lauroylperoxid* (II), 5% *Myristylperoxid* (III) bzw. 10 oxydiertem *Leinsamenöl* (IV) gefüttert. Nach 73–98 Tagen bestimmte man den Lipid-Geh. in Serum, Leber u. Testicularfettkörper sowie das Körper-Gew. der R u. verschiedene Organgewichte. Das beste Wachstum der R erfolgte unter Verw. von I. II u. III red. das Wachstum am stärksten. Die mit IV ernährten R hatten die höchsten Leber-, Nieren- u. Herzgewichte. Das Testicularfett solcher Tiere hatte den gaschromatograph. nachweisbaren höchsten Geh. an Ölsäure. Diese R sind demnach nicht imstande, IV zur Depotfett-Bldg. zu verwerten. In den mit II gefütterten R war der Geh. an Laurinsäure, in den mit III gefütterten R der Geh. an Myristylsäure am höchsten. Dagegen war die Zus. des Leberneutralfettes der mit I, II u. III ernährten R nahezu gleich. Der Serumcholesterinspiegel bei R, die II bzw. III erhielten, war mit 70% am höchsten. Der von mit IV ernährten R, betrug 53 mg%. R. Strufe. 4585□

Die Schaffung unrichtiger Aminosäureverhältnisse (Aminosäureungleichgewichte). J. Weits. (Voeding **22,** 281–91, 15/7. 1961; niederl.) — Vortrag, Übersicht, Toxizität von Aminosäuren, Antagonismus zwischen Aminosäuren, Ungleichgewicht zwischen Aminosäuren. — 27 Literaturangaben. W. Hiller. 4585□

Der Einfluß von Chlortetracyclin-Fütterung auf die Milchproduktion und die Gesundheit der Milchkühe. C. A. Lassiter und L. D. Brown. (Michigan State Univ., agric. Exp. Stat., quart. Bull. **43,** 105–16, Aug. 1960; Dep. of Dairy; engl.) — In einem 51 wöchigen Vers. wird festgestellt, daß *Aureomycin* (0,1 mg/lb. Körper-Gew.) die tägliche Milchleistung um 0,82 lb. erhöht, der Einfl. auf die Gesundheit ist unbedeutend. P. Gregorzewski. 4585□

Klinische Untersuchungen über die Vitamine der B-Gruppe. Katashi Inouye. (Vitamins **10,** 75–83, 1956; Kyoto, Kyoto Univ., School of Med., Dep. of Internal Med.; jap.) — Übersicht. — 44 Literaturangaben. P. Gregorzewski. 4587□

Cocarboxylase-Bestimmung in Blut bei Beriberi und einigen anderen Krankheiten. Susumu Yamashita. (Vitamins **10,** 102–07, 1956; Kanazawa, Univ., School of Med., Dep. of Internal Med.; jap.) — *Cocarboxylase* (I) ist im Blut von Patienten mit Beriberi, Lungentuberkulose, malignen Tumoren, bes. Magenkrebs, verringert. Dagegen ist I unverändert bei Ankylostomiasis, Diabetes mellitus u. Leberkrankheiten. P. Gregorzewski. 4587□

Reaktion von Thiamin und seiner Pyrimidinhälfte mit 2.4-Dinitrofluorbenzol. Chikataro Kawasaki, Shigeru Aonuma und Tsutomu Mimura. (Vitamins **10,** 99–102, 1956; Toyonaka, Osaka Univ., School of Pharmacol.; jap.) — In alkal. Lsg. reagiert Thiamin mit *2.4-Dinitrofluorbenzol* (I) unter Bldg. von *γ-[2.4-Dinitrophenylmercapto]-δ-[N-(2'-methyl-4'-aminopyrimidyl-(5')-methyl)-formylamino]-Δ^{γ}-n-pentenol,* F. 235°; 2-Methyl-4-amino-5-aminomethylpyrimidin liefert *2-Methyl-4-amino-5-[2'.4'-dinitrophenyliminomethyl]-pyrimidin,* F. 219–220°; u. 2-Methyl-4-amino-5-hydroxymethylpyrimidin liefert *2-Methyl-4-amino-5-[2'.4'-dinitrophenoxymethyl]-pyrimidin,* F. 169–170°. 2.5-Dimethyl-4-aminopyrimidin bildet mit I kein Derivat. P. Gregorzewski. 4587□

Thiamin-Veränderungen bei der Entwicklung des Hühnerembryos. Toshiro Kuboyama. (Vitamins **10,** 90–93, 1956; Osaka, Osaka Univ., School of Med., Dep. of Pediatrics; jap.) — Während der Gesamt-*Thiamin* (I)-Geh. konst. bleibt, wandert I im Laufe der Entw. des Embryos in den Kükenkörper u. liegt dort gebunden vor. Der I-Geh. des Kükens nimmt mit der Entw. zu, der höchste Geh. findet sich im Gehirn u. in den Muskeln. P. Gregorzewski. 4587□

Untersuchungen über Thiamin-zerstörende thermostabile Faktoren. 3. Mitt. **Isolierung eines Thiamin-zerstörenden thermostabilen Faktors aus Batatenblättern.** Sadahito Sakamoto. (Vitamins **10,** 96—98, 1956; Kyoto, Kyoto Prefectural Univ., School of Med., Biochem. Inst.; jap.) — Es wurde *Isoquercitrin* isoliert u. identifiziert, seine *Thiamin*-zerstörende Aktivität wird durch *Mn* beschleunigt. Mn konnte spektroskop. ebenfalls in Batatenblättern nachgewiesen werden. P. Gregorzewski. 4587□

Wirkung von Pyridoxinmangel auf das mit ^{131}J-Serumalbumin gemessene Blutvolumen und Organgewichte bei Ratten. Jeng M. Hsu und Bergene Kawin. (Proc. Soc. exp. Biol. Med. **109,** 222—25, Jan. 1962; Baltimore, Md., Veterans Admin. Hosp., Baltimore Fort Howard Div., Biochem. Res. Labor. and Radioisotope Serv.; Johns Hopkins Univ., School of Hyg. and Publ. Health, Dep. of Biochem.; engl.) — Die Blut- u. Plasma-Vol. von Ratten mit chron. *Pyridoxin* (I)-Mangel, gemessen mit ^{131}J-Serumalbumin, waren normal. Bei Mangeltieren waren die Gew. von Leber, Niere, Nebennieren, Milz u. Hoden größer als bei I-behandelten Tieren. Anwendung des Antivitamins *Desoxypyridoxin* bei Mangeltieren verstärkte die Hypertrophie dieser Organe u. die Atrophie des Thymus. K. Zingraf. 4587□

Über die Bestimmung von Pyridoxalphosphat in Blut durch Decarboxylierung von $^{14}C_{(1)}$-Tyrosin. Arne Hamfelt und Carl-Henric de Verdier. (Acta physiol. scand. **50,** Suppl. Nr. 175, 65—66, 1960; Uppsala, Univ. Hosp., Dep. of Med. and Clin. Chem.; engl.) — Von Tyrosindecarboxylase wird das Coferment *Pyridoxalphosphat* (I) abgetrennt, das Apoferment u. markiertes Tyrosin zur Blutprobe gegeben, inkubiert u. die Radioaktivität des freigesetzten $^{14}CO_2$ bestimmt. P. Gregorzewski. 4587□

Die Wirkung ionisierender Strahlung auf Pyridoxal-5-phosphat und Pyridoxinphosphat. Karl Ford Nakken. (Acta physiol. scand. **50,** Suppl. Nr. 175, 108—09, 1960; Oslo, Norsk Hydro's Inst. for Cancer Res., Norwegian Radium Hosp.; engl.) — *Pyridoxal-5-phosphat* (I) ist 10mal so empfindlich gegen Strahlung wie *Riboflavin.* Der Abbau von I verläuft nach folgender Exponentialfunktion: $[I] = [I]_0 \cdot e^{-D/D_{37}}$ (D = Röntgenstrahlendosis, D_{37} = Dosis, die zur 63%ig. Zerstörung notwendig ist). *Pyridoxinphosphat* zeigt die gleiche Strahlenempfindlichkeit.
P. Gregorzewski. 4587□

Die Wechselwirkung von Mercaptoaminen mit Pyridoxal-5-phosphat. Karl Ford Nakken. (Acta physiol. scand. **50,** Suppl. Nr. 175, 109—10; 1960; Oslo, Norsk Hydro's Inst. for Cancer Res., Norwegian Radium Hosp.; engl.) — Vgl. vorst. Referat — Die Rk. von *Pyridoxal-5-phosphat* mit *l-Cystein, Cysteamin, l-Cysteinylglycin, l-Cysteinyläthylester* u. *d-Penicillamin* in O_2-freier 0,067m Phosphatpuffer-Lsg. wird in Ggw. von Versene (0,02m) spektrophotometr. untersucht. Bei pH 7,4 u. 23° ist die Rk. 2. Ordnung mit einer Geschw.-Konst. von 1,7—6,1 $Mol^{-1} \cdot s^{-1}$. Die Rk.-Geschw. ist der Konz. der dissoziierten Mercaptoamine proportional. P. Gregorzewski. 4587□

Der Vitamin-B$_{12}$-Gehalt im Gewebe während der intrauterinen und postnatalen Entwicklung. Heikki A. Salmi. (Acta physiol. scand. **50,** Suppl. Nr. 175, 136—38, 1960; Turku, Univ. of Turku, Dep. of Physiol.; engl.) — Bei menschlichen Föten u. intrauterinen Ratten ist der B_{12}-Geh. in Leber u. Niere am höchsten. Bei Ratten enthalten diese Organe auch nach der Geburt am meisten *Vitamin* B_{12}. Für 20 weitere Organe werden die Geh. angegeben. P. Gregorzewski. 4587□

Die Bestimmung der biologischen Aktivität des Intrinsic factors der Magenschleimhaut des Schweines. René Wolff. (C. R. hebd. Séances Acad. Sci. **251,** 3142—44, 19/12. 1960; Nancy, Fac. de Méd., Labor. de Chim. biol.; franz.) — Die Darmschleimhaut des Meerschweinchens bindet in situ in Ggw. eines Schweinemagenschleimhautextraktes ^{60}*Co-Vitamin* B_{12}. Die Bindung ändert sich parallel dem Geh. des Extraktes an *Intrinsic factor* u. kann als Grundlage einer Meth. zu dessen quant. biol. Best. dienen.
K. Maier. 4587□

Untersuchungen über die lipotrope Wirkung von N-Carbobenzoxy-L-glutamylcholin. Nobuo Watarai. (Vitamins **10,** 118—24, 1956; Osaka, Osaka Univ., School of Med., Dep. of Pediatrics; jap.) — *N-Carbobenzoxy-L-glutamylcholin* intensiviert die Transmethylase- u. Cholinoxydaseaktivität, verhindert die Red. von Phospholipiden (bes. Lecithin) u. hemmt die Speicherung von Neutralfett in der Leber.
P. Gregorzewski. 4587□

Untersuchungen über Veränderungen der Hauttemperatur bei Poliomyelitis-Patienten und experimentell mit Poliomyelitis infizierten Affen durch intraspinale Glutamylcholin-Injektion. Shigeo Shimizu, Sumio Namba, Kazuo Kinugasa und Yoshio Mandokoro. (Vitamins **10,** 87—89, 1956; Osaka, Osaka Univ., School of Med., Dep. of Pediatrics; jap.) — *Glutamylcholin*- u. *Thiamin*-Injektionen führen zu einer beachtlichen Temp.-Erhöhung der Haut (ca. 2°). P. Gregorzewski. 4587□

Der Einfluß erhöhter Vitamin-C-Zufuhr auf Störungen im Mineralstoffwechsel durch Komplexon 3. L. Vozár. (Pharmazie **16**, 562—65, Nov. 1961; Bratislava, Chem. Gewerbeschule; dt.) — Störungen im Mineralstoffwechsel von Meerschweinchen durch *Komplexon 3* (I) können durch hohe Dosen *Vitamin C* nicht eindeutig kompensiert werden. In der grauen Gehirn- u. in der extracorticalen Masse werden die durch I hervorgerufenen Störungen in der Verteilung von Cu, Fe u. P aufgehoben. In Leber, Niere u. Skelettmuskulatur kommt es zu unterschiedlichen Veränderungen des Mineralhaushalts. G. Bormann. 4587□

Vitamin-C-Bestimmung. Shuntaro Ogawa und Eiichi Hiraoka. (Vitamins **10**, 125—29, 1956; Tokyo, Nat. Hyg. Labor.; jap.) — Übersicht. — 16 Literaturangaben. P. Gregorzewski. 4587□

Der Carotinoid-Gehalt des Colostrums. Kunie Kaneda. (Vitamins **10**, 93—95, 1956; Osaka, Osaka Univ., School of Med., Dept. of Pediatrics; jap.) — Der *Carotin*-Geh. im Blut der Mutter ist vor der Geburt hoch, der *Vitamin-A*-Geh. verringert, nach der Entbindung ist es umgekehrt. Der starke Geh. von *Carotinoiden* im Colostrum wird auf eine Störung der Bldg. von Vitamin A aus Carotin durch eine Leberdysfunktion infolge einer Schwangerschaftstoxicosis zurückgeführt. P. Gregorzewski. 4587□

Ernährungserfordernisse und Verbesserung der Nahrungsmittel, Ernährungsbedarf an Vitamin A und D. Thomas Moore. (Chem. and Ind. **1956**, 1436—38. 8/12.; Cambridge, Univ., Dunn Nutrit. Labor.; Med. Res. Council.) — Es wird der Bedarf an den *Vitaminen A* (I) u. *D* (II) untersucht u. festgestellt, daß infolge unterschiedlicher Resorption die Menge an I von der Art des Vitaminträgers abhängig ist. Ein Erwachsener (70 kg Körper-Gew.) benötigt 2500 I.E. I als vorgebildetes Vitamin, 5000 I.E. als Carotin in öliger Lsg. vorliegend oder bei Gemüse je nach Art als Carotin 6000—15000 I.E. Der I-Bedarf erhöht sich während der Schwangerschaft u. der Lactationsperiode auf 3000—4000 I.E. Es wird die aus Carotin u. I mögliche gemischte Diät angegeben. Der Bedarf an II verringert sich mit zunehmendem Alter (Kinder 800 I.E.). Vf. behandelt die auf den Bedarf einflußnehmenden Faktoren, wie Sonnenlicht, Ca, P, u. das Verhältnis beider Elemente zueinander. A. Täufel. 4587□

Ein verbesserter Test für Carotinoidepoxide. A. Laurence Curl und Glen F. Bailey. (J. agric. Food Chem. **9**, 403—05, Sept./Okt. 1961; Albany, Calif., Western Regional Res. Labor.; engl.) — Vff. geben eine Meth. an zur Unterscheidung der *Carotinoid-5.6-epoxide* von den *-5.8-epoxiden*. Dazu wird eine *Carotinoid*-Lsg. im Vakuum eingedampft, der Rest in 5 ml Ae. gelöst, Lsg. in zwei gleiche Teile geteilt, zu einer 5ml Methanol, zur anderen 5 ml 1%ig. methanol. Citronensäure-Lsg. gegeben, 1 Std. lang stehengelassen. Wenn *5.3-Epoxide* vorhanden sind, so ist die säurehaltige Lsg. etwas blasser im Vgl. zu anderen Proben. Diese Test ist positiv für 5.6-Epoxid, 5.6;5'.6'- u. 5.6;5'.8'-Diepoxide, negativ für 5.8-Epoxid u. 5.8;5'.8'-Diepoxide u. Nichtepoxide. Die Absorptionsmaxima von 14 Carotinoiden werden angegeben. P. Gregorzewski. 4587□

Wirkung von Vitamin A auf die Ablesung des Baudouin-Tests bei Vanaspati. L. V. L. Sastry, J. Meena Rao, D. D. Nanavati, J. S. Aggarwal, K. F. Kanga, A. P. Mahadevan, S. S. Phatak und F. G. T. Menezes. (J. sci. ind. Res. [New Delhi], Sect. B **18**, 377—80, Aug. 1959; Mysore, Central Food Technol. Res. Inst.; Poona, Nat. Chem. Labor.; Bombay, Hindustan Lever Ltd., New Delhi, Min. of Food and Agricult., Directorate of Sugar & Vanaspati; engl.) — Es wird gezeigt, daß Zugabe von *Vitamin A* (700 I.E./Unze) zu Vanaspati (eßbares, hydriertes Pflanzenöl) den Baudouin-Test u. auch die Speicherfähigkeit nicht beeinflußt. Ferner sind Temp. von 15—40° auf den Baudouin-Test ohne Wirkung. M. Wiedemann. 4587□

Untersuchungen von Antioxydantien für Vitamin A. 20. Mitt. **Wirkungen von Phenoldisulfiden auf die Stabilität von Vitamin A.** Goichiro Katsui und Hiroshi Kuyama. (Vitamins **10**, 115—17, 1956; Tokyo, Eisai Co. Ltd.; Fuse, Kinki Univ., School of Sci. and Technol.; jap.) — *Thymoldisulfid* u. *Mono-tert.-butyl-p-cresoldisulfid* schützen *Vitamin A* durch Entfernung von Metallionen, wie Cu, vor der Oxydation. P. Gregorzewski. 4587□

Über den Einfluß des Ca:P-Verhältnisses in der Nahrung auf die Bildung von Kalkmetastasen nach Vitamin-D-Verabreichung. F. Veraguth. (Z. ges. exp. Med. **133**, 203—20, 1960; Bern, Dr. A. Wander AG.; Zürich, Univ., Pathol. Inst.; dt.) — Ratten erhielten während der Vers.-Periode *Vitamin D* (I)-Mangeldiät mit einem prozentualen *Ca/P*-Verhältnis von 1,5/1,5 bzw. 1,0/0,03 bzw. 0,03/1 bzw. 0,03/0,03. Anschließend erhielten die Tiere i.m. 0,25 (therapeut.), 10,0 (subletale) u. 50 mg/kg (letale Dosis). Die Einlagerung von Kossa-positiven Substanzen findet schon ohne I-Gaben statt. Nach I-Verabreichung wird sie verstäkt. Unphysiolog. Ca- u. P-Zufuhr verursacht schon ohne I Auftreten von Phosphaten in Geweben. Starke I-Gaben bewirken zunächst Gewebeschädigungen, die die Grundlage der Verkalkung bilden. W. Hiller. 4587☐

Hemmende Einflüsse einer HCl-Eintropfung in das Duodenum auf die histamin- und gastrininduzierte Magensekretion bei Pawlow- und Heidenhain-Hunden. Sven Andersson. (Acta physiol. scand. **50**, Suppl. Nr. 175, 12—13, 1960; Stockholm, Karolinska Inst., Dep. of Pharmacol.; engl.) — Eine kontinuierliche i.v. *Histamin*-Verabreichung stimuliert die Magensekretion. Bei 5 von 7 Hunden wird diese Stimulierung durch Erniedrigung des pH-Wertes im Duodenum auf 2 nicht inhibiert, bei 2 Tieren wird eine schwache u. beständige Hemmung beobachtet. Die *Gastrin*-Stimulation wird dagegen bei 70% der Vers.-Tiere entscheidend inhibiert. P. Gregorzewski. 4594☐

Untersuchungen über den Mechanismus im Zusammenhang mit dem experimentellen Histamin-Ulcus. O. P. T. Häkkinen. (Acta physiol. scand. **50**, Suppl. Nr. 175, 72—74, 1960; Turku, Univ., Dep. of Physiol.; engl.) — Nach Verabreichung von *Histamin* (I) in Bienenwachs an Meerschweinchen steigt in der Submucosa des Duodenums der Sulfat-Geh., in der Mucosa bleibt er unverändert, der Sulfataustausch ist in der Mucosa erhöht, in der Submucosa leicht erhöht. HCl-Gaben mit der Sonde verstärken die Ulcus-Bldg. durch **I**. P. Gregorzewski. 4594☐

Über die Methoden des histotopochemischen Bilirubin- und Biliverdinnachweises. Igor E. Kutlík. (Acta histochem. [Jena] **4**, 141—57, 25/10. 1957; Košice, Comenius-Univ., Pathol.-Anat. Inst.; dt.) — Vf. gibt kurzen Überblick über die method. Entw. des topochem. *Bilirubin*- u. *Biliverdin*-Nachw. u. teilt Ergebnisse eigener Verss. mit, in denen eine größere Anzahl von Oxydationsmitteln geprüft werden. Bes. gut eignet sich $(NH_4)Fe(SO_4)_2$ u. $FeCl_3$. P. Gregorzewski. 4594☐

Absorptionsspektren von Bilirubinkonjugaten in Ikterusseren. Jørgen Fog. (Acta physiol. scand. **50**, Suppl. Nr. 175, 48—49, 1960; Oslo, Dep. of Biochem., Inst. of Med. Biochem. and Physiol.; engl.) — *Bilirubin*-Konjugate werden papierchromatograph. aus mit Äthylendiamintetraessigsäure stabilisiertem Ikterusserum abgetrennt, in Normalserum gelöst u. das Absorptionsspektrum aufgenommen. Das Spektrum zeigt gegenüber dem Spektrum des freien Bilirubins eine leichte Verschiebung des Maximums nach kürzeren Wellenlängen u. eine Verbreiterung. P. Gregorzewski. 4594☐

Elektrophoretisches Verhalten der menschlichen Galle. Rainer Pesola. (Acta physiol. scand. **50**, Suppl. Nr. 175, 118—19, 1960; Helsinki, Univ., Dep. of Med. Chem.; engl.) — Aus der Gallenblase entnommene Galle enthält einen typ. makromol. Komplex, der mit hoher Geschw. zur Anode wandert, bei Verdünnung mit Kochsalz-Lsg. verschwindet u. beim Einengen wieder entsteht. Dieser Komplex fehlt in der hepat. Galle, entsteht aber beim Konzentrieren oder Zugeben von Gallensalzen. P. Gregorzewski. 4594☐

Der Einfluß der Galle auf die Resorption von Phenolphthalein und seiner Konjugate im Verdauungskanal der Katze. Kalle Pekanmäki und Heikki A. Salmi. (Acta physiol. scand. **50**, Suppl. Nr. 175, 114—16, 1960; Univ. of Turku, Dep. of Physiol.; engl.) — Bei Katzen mit operativ unterbrochener Gallenzuführung in das Duodenum ist nach 100 mg *Phenolphthalein* (**I**)/kg die konjugierte **I**-Menge unverändert, die freie **I**-Menge auf $^1/_3$ verringert. **I** wird in die Galle nur in konjugierter Form abgesondert, diese Exkretion ist 5 mal so hoch wie die im Urin. Die Galle hat nur auf die Resorption von freiem **I** einen Einfluß. P. Gregorzewski. 4594☐

Direkte Veresterung von Monoglyceriden mit Palmityl-Coenzym A durch intestinal epithelial subcellulare Fraktionen. John R. Senior und Kurt J. Isselbacher. (J. biol. Chemistry **237**, 1454—59, Mai 1962; Boston, Mass., Harvard Med. School and Mass. Gen. Hosp., engl.) — Es wird experimentell zu der Frage Stellung genommen, ob intestinalepitheliale Zellen aus der Mucosa der Ratte die Veresterung der prim. gebildeten Monoglyceride mit Palmityl–CoA zu Diglycerid enzymat. bewerkstelligen können. Eingehende Angaben über die Vers.-Tiere (♀ Ratten), über die Gewichte u. Aufarbeitung der jejunalen Teile des Darms, über Abtrennung der Zellkerne u. Zelltrümmer, dann der Mitochondrien, schließlich der Mikrosomen aus dem Homogenat desselben durch fraktionelles Zentrifugieren, über die präparative Darst. der herangezogenen Monoglyceride (1- u. 2-Monopalmitin u. -olein) sowie von Monopalmitin (im Glycerinteil markiert mit ^{14}C), ferner von Palmityl–CoA; Beschreibung der Inkubations-Verss. sowie der Aufarbeitung u. analyt. Charakterisierung der Rk.-Systeme. Die tabellar. u. graph. mitgeteilten Befunde (Einbau von markiertem Palmityl–CoA, Synth. von Glyceriden aus im Glycerinteil markiertem Monopalmitin u. nichtmarkiertem Palmityl–CoA, Einfl. gewisser Faktoren auf die Veresterung, vergleichende Verss. über die einschlägige Zellaktivität von Kanincheneingeweide bzw. von Mikrosomen von Kükenleber) werden an Hand des Schrifttums krit. ausgewertet u. folgendermaßen zusammengefaßt.

Epitheliale Darmzellen von Ratten u. Kaninchen enthalten ein als *Monoglycerid–Acylase* bezeichnetes Enzym-Syst., das die direkte Veresterung von Palmityl–CoA u. Monoglyceriden zu Diglyceriden vollzieht: Monoglycerid + Palmityl–CoA → Diglyceride + CoA. Das Enzym-Syst. ist hitzeempfindlich; seine stärkste Aktivität findet sich in der Fraktion der Mikrosomen der mit Mannit hergestellten Homogenate der Mucosazellen; der Umsatz bedarf nicht des Adenosintriphosphats; phosphorylierte Intermediärprodd. werden nicht beobachtet. Es wird gezeigt, daß in der mikrosomalen Fraktion eine akt. Monoglycerid–Lipase vorhanden ist. Die Mikrosomen von intestinal epithelialen Rattenzellen enthalten ferner eine *Langkettenfettsäure–Thiokinase*, die solche Fettsäuren zu Acyl–CoA-Derivv. aktiviert, so daß mittels des ebenfalls vorhandenen, die Veresterung katalysierenden Enzym-Syst. die Resynth. höherer Glyceride möglich ist. Diese Feststellungen stehen in guter Korrelation mit den elektronenmkr. Beobachtungen an den intestinal epithelialen Zellen während der Fettresorption, wobei die aufgenommenen Fettpartikel von einer Strukturmembran des endoplasm. Reticulums umgeben sind. Es wird vermutet, daß diese Membran bei der Ultrazentrifugierung Ausgangspunkt für die mikrosomale Fraktion ist. Die vom endoplasm. Reticulum sich herleitenden Mikrosomen spielen, so wird vermutet, eine wesentliche Rolle bei der intrazellularen Resynth. von Lipiden u. ihrem Transport im intestinalen Epithel; Angabe eines Schemas über die Resynth. von Lipiden aus den Nahrungsfettglyceriden. K. Täufel. 4594□

Transport der Fettsäuren. D. Reichl. (Českoslov. Fysiol. **9,** 338—68, Juli 1960; Praha-Krč, Úst. pro chor. oběhu krevn; tschech.) — Übersicht über den Stand der Forschung zur Frage des Fettsäuretransports durch die Darmwand, die Lymphe, das Blut u. die Gefäßwände, den Fettsäurestoffwechsel der Gewebe u. die Transportregelung. — 288 Literaturangaben. R. K. Müller. 4594□

Die Ausscheidung von Ammoniak durch die Lungen der Säugetiere. Eugene D. Robin, David M. Travis, Philip A. Bromberg, Claude E. Forkner jun. und John M. Tyler. (Science [Washington] **129,** 270—71, 30/1. 1959; Boston, Mass., Peter Bent Brigham Hosp., Med. School and Med. Clin., Dep. of Med. Harvard; engl.) — Sieben ca. 15 kg schweren Bastardhunden wurden in Nembutalanaesthesie zwecks Erhöhung von NH_3-Geh. u. pH auf 7,36—7,59 je 100 mVal $NaHCO_3$ i.v. injiziert. Die Exspirationsluft (EL) der Tiere wurde 20 Min. durch 10 ml 0,1n HCl-Lsg. geschickt, ohne daß meßbare NH_3-Mengen nachweisbar wurden. Danach wurden in 46—90 Min. 80—125 mVal 0,2m Ammoniumacetat-Lsg. i.v. infundiert. Die EL wurde durch 0,1n HCl geschickt u. die Menge des ausgeschiedenen NH_3 mit Nesslers Reagens bestimmt. Sie lag zwischen 0,044 u. 0,098 mg/Hund. Die NH_3-Konz. betrug $1{,}7-6{,}1\cdot10^{-7}$ ml NH_3/ml EL, der Partialdruck des NH_3 in der EL $1{,}3-4{,}7\cdot10^{-4}$ mm Hg, in der alveolaren Luft $4-11\cdot10^{-4}$ mm Hg. Der Partialdruck von CO_2 in der EL betrug 12—22, im arteriellen Blut 31—58 mm Hg. H. G. W. Gleiß. 4596□

Einbau von ^{14}C-Formiat und ^{32}P-Orthophosphat in Knochenmarkzellen in vitro. 1. Mitt. **Wirkung des Cytosindesoxyribosid-5′-phosphats.** L. Beneš und V. Drášil. (Folia Biol. [Praha] **8,** 40—46, 1962; Brno, Czechoslovak Acad. of Sci., Inst. of Biophys.; engl.) — In Anlehnung an frühere Arbeiten, die ermittelt hatten, daß *Cytosindesoxyribosid-5′-phosphat* (I) die Synth. von Desoxyribonucleinsäure im bestrahlten Knochenmark fast verdoppelt, erweiterten Vff. ihre Unterss. dahingehend, daß sie Isotope in die Knochenmarkzellen einlagerten. Die Einlagerung von *^{14}C-Formiat* u. *^{32}P-Phosphat,* der die Zugabe von I folgte, wurde in unbestrahlten u. bestrahlten Knochenmarkzellen, bei Meerschweinchen untersucht. Dabei erwiesen sich die Reticulumzellen, die DNA synthetisieren, als strahlungsempfindlich. Zugabe von I zu einer Suspension unbestrahlter Zellen vermehrte die Anzahl der radioakt. markierten Zellen (3fach mit Formiat, 2,5fach mit PO_4^{3-}). Dagegen red. Bestrahlung ihre Anzahl bis um ein Drittel. Diese Verminderung wurde bei Zugabe von I wieder aufgehoben. Ch. Hanke. 4596□

Die Acetatkonzentration im Blut während des Alkoholstoffwechsels beim Menschen. Frank Lundquist. (Acta physiol. scand. **50,** Suppl. Nr. 175, 97, 1960; Copenhagen, Univ., Inst. of Forensic Med.; engl.) — Der *Acetat*-Geh. im Serum normaler Personen beträgt 3—7 μg/ml. Nach *A.*-Genuß steigt er schnell an u. bleibt eben so lange erhöht wie A. im Blut ist. Die Erhöhung hängt vom Zustand der Person (nüchtern oder nicht), nicht aber von der A.-Konz. ab u. beträgt 21—52 μg/ml. P. Gregorzewski. 4596□

Glucosestoffwechsel im Karpfen. W. Duane Brown. (J. cellular comparat. Physiol. **55,** 81—85, Febr. 1960; Davis, Calif., Univ. of California, Dep. of Food Science and Technol.; engl.) — Karpfen wurde *$^{14}C_{(1)}$-Glucose* oder *$^{14}C_{(6)}$-Glucose* intraperitoneal verabreicht u. im ausgeatmeten CO_2 die Aktivität gemessen. Unabhängig von der Markierungsstelle in der Glucose waren die $^{14}CO_2$-Mengen gleich. Die Aktivität verschiedener Leberfettfraktionen u. von Glutaminsäure u. Alanin aus verschiedenen Leberproteinen war ebenfalls von der Markierungsart unabhängig. Vf. schließt daraus, daß der Glucosestoffwechsel im Karpfen hauptsächlich nach dem Embden-Meyerhof-Schema u. unter geringer Beteiligung des Pentosecyclus verläuft. W. Damerau. 4596□

Glykogenspeicherkrankheit im Erwachsenenalter. Rolf Emmrich und Hans Petzold. (Dtsch. Z. Verdauungs- u. Stoffwechselkrankh. **20,** 162—68, Nov. 1960; Leipzig, Univ., Med. Klin.; dt.) — Beschreibung eines Falles der im Erwachsenenalter seltenen *Glykogen*-Speicherkrankheit bei einem 36jährigen Mann. Dabei zeigte sich eine vermehrte Glykogenablagerung in den Leberparenchymzellen. Gleichzeitig bestand eine erhebliche Verminderung der alkal. Gewebephosphatase u. der Cytochromoxydase in den Leberzellen. Der Mangel an Phosphatase ist möglicherweise für die Glykogenspeicherung erforderlich. Die geringe Aktivität der Cytochromoxydase weist auf eine Verlangsamung der Stoffwechselvorgänge hin. K. Neumeister. 4596□

Urinausscheidung saurer Mucopolysaccharide bei Kindern. Clayton Rich, Nicola Di Ferrante und Reginald M. Archibald. (J. Lab. clin. Med. **50,** 686—91; Nov. 1957; New York, N.Y., Rockefeller Inst. for Med. Res.) — *Saure Mucopolysaccharid* (*APS*)-Urinexkretion wurde an Kindern zwischen 3. u. 16. Lebensjahr beider Geschlechter bestimmt. Es fand sich eine Zunahme der Urinwerte in der Pubertät. APS- u. endogene Kreatininausscheidung standen in Korrelation. Auf vermehrte Ausscheidung der APS (Chondroitinschwefelsäure) bei bestimmten Stoffwechselerkrankungen wird hingewiesen. Niere u. ableitende Harnwege werden als Bildungsort abgelehnt. H.-W. Kreysel. 4596□

Biologische Inhomogenität von jodiertem Albumin. Lars Garby. (Acta physiol. scand. **50,** Suppl. 59—60, 1960; Uppsala, Univ. Hosp., Swedish Med. Res. Council Unit for Pediatric Hematol.; engl.) — Das Verh. von ^{131}J-*Albumin,* das keine physikochem. Zeichen einer Denaturierung zeigt, wird an 13 normalen erwachsenen Männern untersucht. Das Verh. in Plasma u. Urin spricht für eine biolog. Inhomogenität. P. Gregorzewski. 4596□

Die Bildung von Glycin und Serin: Berechnung der verschiedenen Reaktionsgeschwindigkeiten in der Ratte. Kenneth White. (Arch. Biochem. Biophysics **75,** 215—27, Mai 1958; Birmingham, Univ., Med. School, Dep. of Physiol.; engl.) — Vf. entwickelt eine mathemat. Theorie zur Berechnung der Synth.- u. Umwandlungs-Geschw. von *Serin* u. *Glycin* in Ratten an Hand von Werten aus der Literatur. P. Teichgräber. 4596□

Über die Ursache der übermäßigen Ausscheidung von Taurin nach Bestrahlung. E. Schram. (Arch. int. Physiol. Biochim. **69,** 101—02, Febr. 1961; Brüssel, Fac. de Méd., Labor. de Chim. biol. et de la Nutrit.; franz.) — Vf. injizierte Ratten 3 Tage lang täglich 1 mg ^{35}*S-Taurin* (I). 2 Tage nach der letzten Injektion werden die Ratten einmal mit 500 r bestrahlt. Die Ausscheidung von I ist während der nächsten 24 Std. um 75% erhöht. Diese Ausscheidung wie auch die von ***Kalium*** stammt aus den Zellen. P. Nachtwey. 4596□

Transport von Plasmalipoprotein durch die Intimaloberfläche. S. C. Christensen. (Acta physiol. scand. **50,** Suppl. Nr. 175, 30—31, 1960; Univ. of Aarhus, Dep. of Physiol.; engl.) — Durch *Stilböstrol*-Behandlung entwickelt sich bei Hähnen eine Hyperlipämie mit einem charakterist. Plasma–Lipoprotein-Komplex. Durch Injektion von $^{32}PO_4{}^{3-}$ wird dieser Komplex markiert. Dieses markierte Plasma wird normalen Hähnen injiziert u. die Aufnahme von ^{32}*P-Phospholipid* u. *Phosphoprotein* von der äußeren u. inneren Aortawand untersucht. Es zeigt sich, daß die Durchdringung der Intimaloberfläche mit der Phospholipid- u. Phosphoprotein-Konz. im Plasma proportional zunimmt. P. Gregorzewski. 4596□

Endogene Hypercholesterosis bei Kaninchen, die eine fettfreie gereinigte Diät erhalten, und der Einfluß von ungesättigtem Lipid. E. R. Diller, M. Korzenovsky und O. A. Harvey. (J. of Nutrit. **73,** 14—16, Jan. 1961; Indianapolis, Ind., Lilly Res. Labor., Biochem. Res. Div.; engl.) — Es wird der Einfl. einer 12wöchigen Ernährung mit einer cholesterinfreien gereinigten Diät, zu der 0, 5, 10 oder 20% Maisöl zugesetzt werden, auf den *Cholesterin* (I)-Geh. in Leber u. Serum an Kaninchen untersucht. Bei den fettfrei ernährten Tieren ist der Serumcholesterin-Geh. am höchsten, bei Maisölzusatz ist die Zunahme geringer. Dieser I-Anstieg ist keine Funktion der Maisölmenge. Der Leber-I-Geh. ist bei Fettmangel erhöht, er ist bei der kleinsten Maisölgabe am wenigsten erhöht u. nimmt mit steigenden Fettgaben zu, wobei die veresterte Fraktion stärker als die freie Fraktion zunimmt. P. Gregorzewski. 4596□

Wirkungszusammenhänge von pflanzlichen Nahrungsfetten und Cholesterin im Kaninchen. Joyce L. Beare, Harold C. Grice und Clarence Y. Hopkins. (J. Nutrit. **73,** 17—22, Jan. 1961; Ottawa, Canada, Food and Drug Labor. and Nat. Res. Council; engl.) — Kaninchen erhalten ein Futter mit 10% Fett. Das Fett besteht

aus 20, 39, 60 oder 80% gesätt. Fettsäureglyceriden u. 12% Linolsäure. Die 20% gesätt. Säuren enthaltende Diät erzielt den größten Gew.-Zuwachs. Der Serum-*Cholesterin* (I)-Geh. ist unverändert, der Leber-I-Geh. nimmt mit steigenden Mengen ungesätt. Fettsäuren ab. Zusatz von 0,5% I zur Nahrung verursacht eine starke Erhöhung des Serum-I u. Plaques-Bldg. in der Aorta. Diese Wrkg. werden durch den Sättigungsgrad des Nahrungsfetts nicht beeinflußt. Die I-Diät erhöht das Gew. von Leber, Milz u. Nebennieren, den Gesamtlipid- u. I-Geh. der Leber, verursacht die Ausbldg. einer normocyt. Anämie u. einer Hyperplasie des Magenschleimhautepithels.
P. Gregorzewski. 4596□

Untersuchungen über den Desmosteringehalt des Serums bei hypercholesterämischen Personen nach Triparanol(MER-29)-Therapie. Bernard A. Sachs und Lila Wolfman. (Amer. J. clin. Nutrit. **9**, 760—63, Nov./Dez. 1961; New York, N.Y., Montefiore Hosp., Med. Div., L. u. H. Moses Labor.; engl.) — Die Best. von *Desmosterin* (I) erfolgte nach den Meth. von Zoek bzw. Abell. Beide erfassen neben dem gesamten *Cholesterin* (II) nur 80 bzw. 56% I. Aus beiden kann der wahre I-Geh. berechnet werden. Die Unterss. zeigten, daß I + II nach *Triparanol* (III)-Therapie im Mittel um 17% abfallen. Wesentlich stärker (Durchschnitt 37%) ist der Abfall von II. Daraus ergibt sich, daß der I-Geh. ansteigt. Während der Verabreichung von III steigt I maximal auf 167 mg/100 ml Blut an. Über die physiolog. Wrkg. des erhöhten I-Spiegels ist bisher nichts bekannt.
H. Ackermann. 4596□

Rückkopplungs (Feedback)-Kontrolle der Cholesterinbiosynthese bei der Maus. William T. Beher, Gizella D. Baker und William L. Anthony. (Proc. Soc. exp. Biol. Med. **109**, 863—68, April 1962; Detroit, Mich., Henry Ford Hosp., Edsel B. Ford Inst. for Med. Res.; engl.) — Es wird gezeigt, daß die Geschw. sowohl der *Cholesterin*(I)-Biosynth. in der Leber, als auch der *Gallensäure*-Biosynth. durch 0,5% *Cholsäure* (II)-Zulage zur Kost vermindert werden. Da früher nachgewiesen worden war, daß die Geschw. der Gallensäure-Synth. durch II unabhängig von der II-Wrkg. auf die I-Synth. gehemmt werden kann, wird angenommen, daß die I-Biosynth. in der Leber der Maus durch II u. ihre Konjugate mit Hilfe eines doppelten Rückkopplungseffektes kontrolliert wird.
U. Tausendfreund. 4596□

Der Einfluß von Cholinmangel und Äthioninfütterung auf den Nucleinsäuregehalt der Rattenleber. Preston T. Farish, W. D. Salmon und H. E. Sauberlich. (J. of Nutrit. **73**, 23—27, Jan. 1961; Auburn, Ala., Auburn Univ., Agricult. Exp. Stat.; Dep. of Animal Husbandry and Nutrit.; engl.) — Durch *Cholin*-Mangeldiät oder *Äthionin*-Fütterung wird der *Desoxyribonucleinsäure* (I)-Geh. in der Rattenleber merklich erhöht. Nach Zusatz von *Vitamin* B_{12} u. *Folacin* zum Futter bleibt der I-Geh. der Lebern normal. In transplantierten Hepatomen u. Cholangiofibrosistumoren ist der I-Geh. sehr viel höher als in der tumortragenden Leber. P. Gregorzewski. 4597□

Die Beziehung zwischen G-Actin und Adenosintriphosphat. Sho Asakura. (Arch. Biochem. Biophysics **92**, 140—49, Jan. 1961; Nagoya, Nagoya Univ., Fac. of Sci., Dep. of Phys.; engl.) — Während überschüssiges Nucleotid (mit Hilfe von Ionenaustauschharzen) aus *G-Actin*-Lsgg. ohne Verlust der Polymerisierungsfähigkeit des Actins entfernt werden kann, wird G-Actin durch Mangel an überschüssigem *Adenosintriphosphat* (*ATP*) inaktiviert. Kinet. Unterss. weisen auf das Vorliegen eines Dissoziationsgleichgewichts zwischen G-Actin u. ATP; die Bindung ist vermutlich thermodynam. erklärbar.
U. Tausendfreund. 4597□

Stoffwechselaspekte von Ionenverschiebungen im Krötenmuskel. Margaret H. Muller. (Biochim. biophysica Acta [Amsterdam] **57**, 475—94, 12/3. 1962; Parkville, Vict., Australia, Univ. of Melbourne, Dep. of Pharmacol.; engl.) — Der O_2-Verbrauch u. die *Milchsäure* (I)-Bldg. des Krötensartorius in vitro nahm in Na^+-reicher Ringer-Lsg. (II) zu; die I-Bldg. war auch erhöht, wenn II die Hälfte des normalen Na-Geh. besaß. Es wurde eine Beziehung zwischen dem I-Geh. u. dem Na-Geh. des Muskels festgestellt. Dinitrophenol, Azid u. Methylenblau steigerten O_2-Verbrauch u. I-Bldg., Jodacetat hemmte sie. Alle Hemmstoffe bewirkten Na^+- u. K^+-Verschiebungen in Abwärtsrichtung der Gradienten.
K. Zingraf. 4597□

Stoffwechselveränderungen im Herzmuskel bei Anoxie. Gerhard Michal, Siegfried Naegle, William H. Danforth, Fred B. Ballard und Richard J. Bing. (Amer. J. Physiol. **197**, 1147—51, Dez. 1959; St. Louis, Mo., Washington Univ., Med. School, Dep. of Med.; Vet. Admin. Hosp., Washington Univ. Med. Serv.; engl.) — Vollständiger O_2-Mangel führt im Herzmuskel (von Hunden) zu einer schnellen Dephosphorylierung *energiereicher Phosphate* mit Bldg. von *anorgan. P. Diphosphopyridinnucleotid* (*DPN*) nimmt unter Vermehrung von *DPNH* ab, die Gesamtmenge der Diphosphopyridinnucleotide wird geringer; vermindert wird auch der Geh. an *red. Tri-*

phosphopyridinnucleotid (*TPNH*). Die *Adenosintriphosphat*-Abnahme geht schneller vor sich als die Verminderung des O_2-Quotienten in Herzmuskelschnitten. Die Glykogenolyse hängt anfangs nicht von dem *Glykogen*-Vorrat des Herzmuskels ab.
U. Tausendfreund. 4597□

Die Stellung der Fettsäuren im Cardiolipin. Marjorie G. Macfarlane und L. W. Wheeldon. (Nature [London] **183**, 1808, 27/6. 1959; London, Lister Inst. of Preventive Med.; engl.) — Nach Macfarlane u. Gray (C. **1958**, 9537 u. Biochem. J. **70**, [1958], 409) ist das Glycetin-Phosphorsäureskelett des *Cardiolipins* (I) ein *P.P'-Diglycerylglycerin-1.3-diphosphat* u. hat somit 5 für eine Veresterung verfügbare Hydroxylgruppen. — Um die Stellung der Fettsäurereste zu ermitteln, wird I mittels 90%ig. Essigsäure hydrolysiert, wobei fast nur die Phosphatesterbindungen angegriffen werden. In der in Ae. lösl. Fraktion sind 98% der Fettsäuren enthalten, von denen kaum 2% als Monoester vorliegen. Die in W. lösl. Fraktion enthält 80% des Phosphats, 32% des Glycerins. — Nach diesen Unterss. sind also die jeweils noch freien Hydroxylgruppen der endständigen beiden Glycerinreste verestert, die Hydroxylgruppe des mittelständigen Glycerinrestes jedoch frei. U. Gerhardt. 4597

Polarographische Bestimmung der renalen Sauerstofftension. K. Aukland und J. Krog. (Acta physiol. scand. **50**, Suppl. Nr. 175, 13—14, 1960; Univ. of Oslo, Inst. for Exp. Med. Res.; engl.) — Die O_2-Tension ist bei nembutalanästhesierten Hunden im allg. im Nierenmark niedriger als in der Rinde. P. Gregorzewski. 4597□

Die Trennung der Gehirnproteine durch Stärkegelelektrophorese. Joseph Bernsohn, Kevin D. Barron und Adeline R. Hess. (Proc. Soc. exp. Biol. Med. **107**, 773—75, Aug./Sept. 1961; Chicago, Ill., Northwestern Univ., Med. School and Hines, Vet. Adm. Hosp., Neuropsychiatr. Res. Labor.; engl.) — Vff. erzielten bei der Trennung der Proteine des Rattenhirns durch Stärkegelelektrophorese 11—13 Proteinbanden. Die Ergebnisse waren bei Verw. von weißer oder grauer Masse oder von Corpus striatum gleich. Beim Menschenhirn wurden 14—15 Banden ermittelt. 3 Banden wanderten zur Kathode, 7—8 Banden zeigten Positionen analog Serumalbumin u. α-Globulin. Die weiße Masse des Menschenhirns ist charakterisiert durch geringe Konz. an Proteinen des Albumintyps. W. Hiller. 4598□

Physiologische Aspekte der Äthanolwirkung auf stimulierte Hirnschnitte. Henrik Wallgren. (Acta physiol. scand. **50**, Suppl. Nr. 175, 151—52, 1960; Helsinki, State Alcohol Monopoly; engl.) — Die Rk. auf elektr. Stimulation von Hirnrindenschnitten wird durch ein Medium mit 0,9% *A*. um 50% verringert. Proportional zur Respiration verändert sich der Glucoseverbrauch u. die Milchsäureproduktion. Eine ähnliche Wrkg. wie A. erzielt *Pyridinaldoximdodecyljodid*, es wirkt synergistisch. P. Gregorzewski. 4598□

Pigmentstoffwechsel und Nervensystem. O. Gagel. (S.-B. physik.-med. Soz. Erlangen **80**, 61—73, 1960; dt.) — Vf. berichtet über einige Fälle, die darauf hindeuten, daß der *Pigment*-Geh. der Haare u. der Haut einer nervösen Steuerung unterliegt u. daß durch bestimmte Störungen der Nerven-Syst. Über- bzw. Unterpigmentierungen der Haare u. der Haut verursacht werden können. F. Krusen. 4598□

Ionenströme in myelisierten Nervenfasern. Bernhard Frankenhaeuser. (Acta physiol. scand. **50**, Suppl. Nr. 175, 54, 1960; Stockholm, Karolinska Inst., Nobel Inst. for Neurophysiol.; engl.) — Die Ionengröße großer isolierter myelinisierter Nervenfasern von *Xenopus laevis* werden in einen Initial-Na-Strom, einen verzögerten Strom, der hauptsächlich von K-Ionen getragen wird, u. in einen nichtspezif. Verluststrom geteilt.
P. Gregorzewski. 4598□

Das Sehpigment einer Crustaceen-Art. M. H. Briggs. (Austral. J. biol. Sci. **14**, 487—88, Aug. 1961; Wellington, N.Z., Victoria Univ. of Wellington, Dep. of Chem.; engl.) — Vf. extrahierte Augenhomogenate von *Porcellio scaber* mit 2%ig. Digitonin-Lsg. u. bestimmte die Spektren verschiedener Proben, λ_{max} bei 480 mμ; bei Belichtung wird *Retinen*$_1$ freigesetzt. Es handelt sich wahrscheinlich um ein *Rhodopsin*.
P. Gregorzewski. 4598□

E6. Pharmakologie. Therapie. Toxikologie. Hygiene

Pharmakologische Untersuchung der Receptoren und Theorie des Stoßes. 2. Mitt. M. Libonati und G. Segre. (Boll. Soc. ital. Biol. sperim. **35**, 1595—97, 15/12. 1959; Turin, Univ., Ist. di Farmacol. e Terap. Sperim.; ital.) — 1. vgl. Boll. Soc. ital. Biol. sperim. **34**, [1958], 1655. — Es wird die Theorie des Stoßes auf die Unters. der Kinetik angewandt, wobei die Rk. des Ileums des Meerschweinchens, isoliert in Tyrode-Lsg. bei 44—47°, in regelmäßigen Abständen von 4—5 Min. durch Acetylcholin u. $BaCl_2$ stimuliert, in Abhängigkeit von der Zeit abnimmt. Die Abnahme wird in Kurven ausgedrückt, die den Kurven des Überlebens bei verschiedenen Bestrahlungen gleichen u. prakt. mit der für Histamin (vgl. 1. Mitt.) ident. sind. Die pharmakolog. Unters. offenbart die Kinetik der Inaktivierung des Präp. durch die Temperatur. F. Kren. 4600□

Die Wirkung des Kristallwachstums auf die Fixierung von ^{89}Sr und ^{45}Ca in verkalkten Geweben. R. C. Likins, A. S. Posner, Boris Paretzkin und Ann P. Frost. (J. biol. Chemistry **236,** 2804—06, Okt. 1961; Bethesda, Md., Nat. Inst. of Dent. Res., Nat. Inst. of Health; Washington, D.C., Amer. Dent. Assoc. Res. Div., Nat. Bur. of Stand.; engl.) — Vgl. C. **1961,** 8359. — Als Fortsetzung älterer Arbeiten (l. c.) injizieren Vff. Ratten intraperitoneal ^{89}*Sr* u. ^{45}*Ca,* töten die Tiere 1 Std. später u. untersuchen Knochen u. Gewebe auf ihren Geh. an ^{89}Sr u. ^{45}Ca. Mit zunehmender krist. Struktur wird Sr gegenüber Ca im Einbau mehr benachteiligt. Das Verhältnis von ^{45}Ca:^{89}Sr im Plasma betrug nach 1 Std. 0,96. R. Lenschau. 4601□

Wirkung der kombinierten Verwendung von Calciumgluconat und Ammoniumchlorid auf die Entfernung von ^{85}Sr beim Menschen, 2 Wochen nach Exposition. Herta Spencer, Arthur Feldstein und Joseph Samachson. (Proc. Soc. exp. Biol. Med. **108,** 308—12, Nov. 1961; New York, N.Y., Montefiore Hosp., Div. of Neoplastic Dis.; engl.) — Durch Kombination von peroralem NH_4Cl u. i.v. *Ca-Gluconat* kann beim Menschen 2 Wochen nach 0,1—0,2 μc ^{85}Sr/kg die Ausscheidung von ^{85}*Sr* wirksamer gesteigert werden als mit jeder der genannten Maßnahmen allein. Der Ca-Stoffwechsel der Vers.-Person u. der Prozentsatz des zurückbehaltenen ^{85}Sr sind bestimmende Faktoren für die Vermehrung der Sr-Ausscheidung.
U. Tausendfreund. 4601□

Strahlungswirkungen auf die Herzfunktion bei Küken, insbesondere pharmakologische Untersuchungen durch Verwendung von Herzvorhofstreifen. Akira Yuyama. (J. Fac. Agric., Iwate Univ. Morioka, [Japan] **5,** 25—32, Nov. 1960; jap., Auszug: engl.) — Küken erhielten ^{32}P in einer Dosis von 1, 2 u. 5 μc/g Körper-Gew., u. anschließend wurden die Strahlenschäden untersucht. Die Atriumstreifen wurden dazu in Ringer-Lsg. gehalten u. mit normalen verglichen. Die Schlagzahl des Schrittmachers der Tiere, die ^{32}P erhalten hatten, war halb so groß im Vgl. zu normalen Tieren. Bei hohen ^{32}P-Dosen war die Funktion des Schrittmachers zu Beginn abnormal stimuliert. Die Empfindlichkeit des den Schrittmacher enthaltenden Atriums gegenüber *Adrenalin* u. *Acetylcholin* war bei behandelten Tieren herabgesetzt. Bei Zugabe von antiadrenerg. (Priscol) u. anticholinerg. Mitteln (Atropin) zur Ringer-Lsg. konnte die Erregung des Schrittmachers nicht mehr unter Kontrolle gehalten werden. W. Hiller. 4601□

Radioaktiver Gehalt einiger Viehschilddrüsen nach den letzten russischen Kerntesten. P. J. Gillespie. (Nature [London] **193,** 892—93, 3/3. 1962; Purdysburn, Belfast, Montgomery House, Northern Ireland Radiotherapy Centre, Physics Dep.; engl.) — Die Radioaktivität beträgt bei 28 Rinderschilddrüsen aus Nordirland zwischen 5,99 u. 30,5 μc/kg. P. Gregorzewski. 4601□

Einfluß des pH auf die Wirkung verschiedener Ionen auf den isolierten Darm des Meerschweinchens. M. Libonati und G. Segre. (Boll. Soc. ital. Biol. sperim. **35,** 1593—95, 15/12. 1959; Turin, Univ., Ist. di Farmacol. e Terap. Sperim.; ital.) — Es wird der Einfl. des pH bei der Wrkg. von Na^+, K^+, Ca^{2+} u. Mg^{2+} auf das Ileum des Meerschweinchens untersucht. Während sich NaCl in End-Konzz. von $2 \cdot 10^{-3}$ bei pH 5,3 als kompetitiver Inhibitor des *Acetylcholins* (**I**) u. *Histamins* verhält, ergibt sich vom pH von >7,3 eine stimulierende Wrkg.; auch KCl stimuliert das Präp., u. zwar ist die Aktivität bei saurem pH kleiner als bei alkal.; $CaCl_2$ wirkt als kompetitiver Inhibitor von **I**, u. zwar stärker bei alkal. als bei saurem pH; $MgCl_2$ antagonisiert nichtkompetitiv die Wrkg. von **I**, u. zwar stärker bei alkal. pH. F. Kren. 4606□

Die Wirkung einiger pharmakologischer Mittel auf die Arbeitsleistung bei wiederholter körperlicher Arbeit. Z. Bujas, S. Vidaček und Mirjana Vodanovič. (Arhiv Hig. Rada Toksikol. **11,** 261—87, 1960; Zagreb, Inst. za med. istraž. i. med. rada; serbokroat.) — An verschiedenen Arbeitsgeräten wird der Einfl. einiger Stimulatoren (*Phenamin, Ritalin, Preludin, Veronal*) auf die Arbeitsleistung u. die Zahl der bis zum Eintreten der Erschöpfung wiederholten Arbeitsvorgänge mit maximaler u. submaximaler Anstrengung untersucht. R. K. Müller. 4607□

Pharmakologische Wirkungen von Fettsäuren, Triolein und Baumwollsaatöl. Lars Orö und Arvid Wretlind. (Acta physiol. scand. **50,** Suppl. Nr. 175, 112—13, 1960; Stockholm, Karolinske Inst., Dep. of Pharmacol.; engl.) — Ident. mit der in C. **1962,** 10171 referierten Arbeit. P. Gregorzewski. 4607□

Toxizität und pharmakologische Wirkungen von Emusionen niedrigmolekularer Triglyceride. Peter Westerholm und Arvid Wretlind. (Acta physiol. scand. **50,** Suppl. Nr. 175, 155—56, 1960; Stockholm, Karolinska Inst., Dep. of Pharmacol.; engl.) —

Nach i.v. Injektion von *Trinorvalerin* wird eine biphas. Wrkg. auf den Blutdruck beobachtet, charakterisiert durch einen Druckabfall mit Bradycardie u. nachfolgendem Druckanstieg u. Tachycardie. Die pressor. Wrkg. wird durch *Trimetaphan* oder Spinaldurchtrennung bei C 1 inkubiert. Der Einfl. auf die Atmung ist gek. durch Apnoe u. folgende Hyperpnoe. P. Gregorzewski. 4607 □

Über die Wirkungen von SKF 525-A, Caronamid, Probenecid, Salicylat und Aspirin auf die Bioacetylierung von Sulfanilamid und Cholin. Kaname Kuriaki und Hirokazu Marumo. (Jap. J. Pharmacol. 8, 96—100, März 1959; Tokio, Dep. of Pharmacol.; engl.) — *SKF 525-A* (*β-Diäthylaminoäthyldiphenylpropylacetat*), *Caronamid*, *Probenecid* u. *Aspirin* vermögen in Konzz. von 10^{-4} bis 10^{-5}m die Acetylierung von *Cholin* bzw. *Sulfanilamid* zu verhindern; *Salicylat* hemmt wohl die Cholinacetylierung, nicht jedoch die von Sulfanilamid. Die genannten Substanzen hemmen auch die *Acetylcholinesterase*. W. Forth. 4607 □

Hunde-Erythrocytencholinesterase-Aktivität bei chronischer Tabun-Vergiftung. F. N. Craig. (J. Pharmacol. exp. Therapeut. **126**, 174—75, Juni 1959; Maryland, Army Chem. Center, U. S. Army Chem. Warfare Labor., Appl. Physiol. Branch.; engl.) — 5 Hunde erhalten i. m. 3mal wöchentlich 10 Wochen lang 12—200 mg *Tabun* (**I**)/kg. Es wird die Aktivität der *Erythrocytencholinesterase* (**II**) beobachtet. Die zurückbleibende Restaktivität der **II** kann durch die Zuführungsdauer des **I**, die Irreversibilität der Rk mit **I** u. die Regenerierung der Erythrocyten erklärt werden. H. Struck. 4607 □

N-Lost als entzündungshemmendes Mittel. Ch. Mrosack. (Dtsch. Gesundheitswes. **17**, 759—63, 10/5. 1962; Berlin-Buch, I. Innere Klinik des Hufeland-Krankenh.; dt.) — Vf. berichtet über Erfahrungen in der Therapie mit *N-Lost* (**I**), die in den Jahren 1956 bis 1960 in der Klinik gemacht worden sind. **I** wirkt gegen Erkrankungen, deren Ursache oder Verlaufsform allerg.-hypererg. Rkk. erkennen läßt u. die im Bereich der erkrankten Gewebe Exsudationen oder Proliferationen relativ frischen Datums aufweisen, wie sie z. B. für Polyarthritis rheumatica oder Asthma bronchiale angenommen werden. Bei höherer Dosierung wird stark antimitot. Wrkg. zur Hemmung maligner Neoplasien ausgenützt. Zur Anwendung kamen die Präpp. *Dimitan* (*Methyl-bis-[β-chloräthylamin]-hydrochlorid*) u. *Trimitan* (*Tris-[β-chloräthylamin]-hydrochlorid*). P. Nachtwey. 4607 □

Entzündungswidrige Wirkungen einiger Flavonderivate. M. Kroutil. (Českoslov. Fysiol. **9**, 376, Juli 1960; Olomouc, PU, lék. fak., Kat. farmakol.; tschech.) — In Verss. an gesunden u. epinephrektomierten Wistar-Ratten wird festgestellt, daß die Flavonole *Morin* u. *Quercetin* u. das Glykosid *Rutin* eine deutliche entzündungswidrige Wrkg. zeigen, die ca. zu 50—67% derjenigen von Phenylbutazon entspricht.
R. K. Müller. 4607 □

Klinische Erfahrungen mit dem neuen Antiphlogisticum Tanderil in der Chirurgie. J. F. Connell jun., R. Wallace und L. M. Rousselot. (Schweiz. med. Wschr. **91**, 760—64, 24/6. 1961; New York, N.Y., New York Univ., School of Med.; St. Vincent's Hosp., Dep. of Surg.; dt.) — *Tanderil* (*G 27202*) kann als gut u. rasch wirkendes, oral zu nehmendes entzündungshemmendes Mittel angesehen werden, das bei Kurzbehandlung keine von der Muttersubstanz (Phenylbutazon) her bekannte Nebenwrkg. aufweist. In Kombination mit geeigneten Antibioticis wird eine starke Wrkg. auf Keime im Wundgebiet ausgeübt. Bei präoperativer Verabreichung wird die entzündliche Rk. verringert.
U. Tausendfreund. 4607 □

Mephenesinpropylenglykol bei der Behandlung von Viruskrankheiten. 1. Mitt. **Inaktivierung von Influenzavirus mit Mephenesinpropylenglykol.** Kenzo Nakanishi, Isawo Yoshioka, Yusei Takata und Mitarbeiter. (Virus, J. Virol. [Kyoto] **8**, 96 bis 100, 1958; Tokyo, Med. Coll.; jap., Auszug: engl.) — Das klin. zur Behandlung von Influenza verwendete *Mephenesinpropylenglykol* zeigt in der Zellkultur, im Eitest u. bei Verss. an Mäusen nur geringe Hemmung des Influenzavirus. Vff. vermuten, daß die klin. Heilerfolge nicht auf Virusinaktivierung, sondern auf andere Faktoren zurückzuführen sind. L. Heinisch. 4607 □

Eine Untersuchung über die Wirkung von Citral und Vitamin A auf das Glaukom. F. C. Rodger, H. S. Saiduzzafar und Y. Dayal. (Trans. ophthalmol. Soc. United Kingdom **79**, 283—93, 1959, herausgeg. 1960; Aligarh Univ., Indien, Inst. of Ophthalmology; engl.) — Orale Gaben von *Citral* (2,67 mg/Ta), 1 Woche lang, oder 100000 I. E. *Vitamin A*, täglich 2 Wochen lang, bewirken eine Besserung bei Glaukom.
P. Gregorzewski. 4607 □

Versuche über die akute toxische Wirkung neuzeitlicher Kontaktinsektizide auf Süßwassertiere. 3. Mitt. **Chironomidenlarven.** Dietrich Lüdemann und Horst Neumann. (Z. angew. Zool. **47**, 493—505, 1960; Berlin-Dahlem, Bundesgesundheitsamt, Inst. für Wasser-, Boden- u. Lufthygiene, Biol. Abt.; dt.) — 2. vgl. C. **1962**, 5443;

vgl. C. **1962**, 278. — Für *Chironomus plumosus* L.-Larven wird die letale Konz. 50 (CL_{50}) folgender Insekticide ermittelt: *DDT* 0,02 (mg/Liter), *Lindan* 0,046, *Toxaphen* 0,31, *Chlordan* 0,01, *Heptachlor* 0,15, *Aldrin* 0,28, *Dieldrin* 0,17, *Endrin* 0,011, *Thiodan* 0,053, *Parathion* 0,039, *Chlorthion* 0,11, *Diazinon* 0,105, *Malathion* 0,012, *Systox* 0,1—1,0, *Metaseptox* 0,1—1,0 u. *Depterex* 0,03—0,04. P. Gregorzewski. 4607 □

Wirkungsweise der Insekticide. C. C. Roan und T. L. Hopkins. (Annu. Rev. Entomol. **8**, 333—46, 1961; Manhattan, Kans., Kansas State Univ., Dep. of Entomol.; engl.) — Übersicht, Symptomatologie, neuroendokrine Funktion, Intermediärstoffwechsel. — 78 Literaturangaben. P. Gregorzewski. 4607 □

Die Chemie organischer Insekticide. T. R. Fukuto. (Annu. Rev. Entomol. **8**, 313—32, 1961; Riverside, Calif., Univ. of California; engl.) — Übersicht, Phosphonsäure-Phosphinsäure-, Phosphorsäure- u. Carbaminsäureester, Organochlorverbindungen. — 87 Literaturangaben. P. Gregorzewski. 4607 □

Ernährungsfaktoren bei der Resistenz von Insekten gegenüber Chemikalien. H. T. Gordon. (Annu. Rev. Entomol. **8**, 27—54, 1961; Berkeley, Calif., Univ. of California, Dep. of Entomol. and Parasitology; engl.) — Übersicht, der gegenwärtige Stand des Problems der Insekticidresistenz, thenet. (nicht erbliche) Wrkg. der Ernährung auf die Insekticidtoleranz, genet. Wrkg. der Ernährung auf die Insekticidtoleranz, Biogenese der Nicotinalkaloide, physiolog. Wrkg. der Nicotinalkaloide, natürliche Empfindlichkeit u. Toleranz gegen Nicotin u. andere Insekticide, Bemerkungen zur brauchbaren Terminologie in der biochem. Genetik, Entgiftung organ. Phosphorsäureester durch Insektenesterasen, Bedeutung der Esterasen bei der Entgiftung der Pyrethrine u. Carbamate, Entgiftung von DDT u. seiner Analoga, Signifikanz der Wachstumsinhibitoren, Signifikanz des Analogsynergismus. — 195 Literaturangaben.
P. Gregorzewski. 4607 □

Die Neutralisation der Chinolinesterasehemmung durch verschiedene Oxime und durch Atropin. W. S. Hunter und Clement McCulloch. (Amer. J. Ophthalmol. [3] **52**, Nr. 5, Part 2, Proc. Assoc. Res. Ophthalmol. 841/409—844/412, Nov. 1961; Toronto, Ontario, Canada; engl.) — Bei Testung von Oximen als Andidot gegen die miot. Aktivität von 0,05% *Diisopropylfluorophosphat* (**I**) in Erdnußöl wurden folgende Resultate erzielt: 5%ig. in Hypophosphatpuffer-Lsg. erwies sich *Pyridin-2-aldoximmethansulfonat* (**II**) als am wenigsten wirksam, es übte jedoch keine Reiz-Wrkg. aus (51% ursprünglicher Pupillengröße unter **I**-Einfl. gegenüber 42% ursprünglicher Pupillengröße bei alleiniger Einw. des miot. wirkenden Stoffes; langsamer Rückgang der Miose). Wirksamer waren *DAM* (68%) u. *1-Oximino-3-pentanon* (**III**; 68%), wirkten jedoch stärker reizend. *3-Oximino-2-pentanon* wirkte sogar so stark irritierend, daß es von der Unters. ausgeschlossen werden mußte. 5%ig. Lsg. der Oxime in 1 : 1000 Zephiran-Lsg. (Erhöhung der Penetration) brachte eine Verbesserung der Antidot-Wrkg. von **II** mit schnellerem u. wirksamerem Rückgang der Miose; die Wrkg. von DAM, **III** u. *Monoisonitroaceton* waren in dieser Lsg. nicht verbessert. Die Wrkg. von **II** in Zephiran gegenüber der miot. Aktivität von 0,25% *Phospholinjodid* oder 0,25% *Demecariumbromid* war nicht so ausgeprägt u. entsprach ungefähr der Wrkg. bei den ersten Verss. mit **II** in Pufferlösung. Mit Hilfe von 2% *Atropin* konnte in Ggw. von **I** eine deutliche Mydriasis erzielt werden; gleichzeitige Zugabe von **II** ließ die Miosis noch etwas schneller zurückgehen. U. Tausendfreund. 4607 □

Struktur-Wirkungsbeziehungen. 6. Mitt. **Der Einfluß der Stereochemie auf die pharmakologischen Aktivitäten tertiärer Indoline und biogenetisch verwandter Alkaloide.** Satyesh Chandra Pakrashi. (Ann. Biochem. exp. Med. [Calcutta] **21**, 367—74, Dez. 1961; Calcutta, Ind. Inst. for Biochem. and Exp. Med.; engl.) — Es wird gezeigt, daß wie bei den tert. Indolalkaloiden die stereochem. Konfiguration der *tert. Indoline* u. verwandter Basen mit deren pharmakolog. Aktivität korreliert. — 37 Literaturanagen. P. Gregorzewski. 4607 □

Radioautographische Untersuchungen über die $^{35}SO_4$-Aufnahme des epiphysalen Gewebes bei experimentellem Lathyrismus. Yurika K. Shintani und H. E. Taylor. (Canad. J. Biochem. Physiol. **40**, 565—70, Mai 1962; Vancouver, Univ. of Brit. Columbia, Fac. of Med.; Dep. of Pathol.; engl.) — Bei Ratten mit experimentellem Lathyrismus [*β-Aminopropionitril* (**I**) oder *Semicarbazid* (**II**)] wird eine Störung in der Aufnahme von $^{35}SO_4^{2-}$ (**III**) durch das Epiphysengewebe beobachtet. Die Aufnahme ist stärker vermindert als Gewebsschädigungen auftreten, diese gehen beim Absetzen von **I** oder **II** wieder zurück. Bei normalen Ratten wird $^{35}SO_4^{2-}$ 4 Tage nach der Injektion hauptsächlich in der Calcifierungszone des Gewebes gefunden, 7 Tage nach der Injektion in der Trabecula. Bei den Lathyrismus-Tieren ist $^{35}SO_4^{2-}$ 4 u. 7 Tage nach der Injektion in der Gewebematrix konzentriert u. bewirkt somit eine Störung der sauren Mucopolysaccharide u. des endochondralen Wachstums. H. Struck. 4607 □

Hemmung von Haarwachstum durch Mimosin. R. G. Crounse, J. D. Maxwell und H. Blank. (Nature [London] **194**, 694—95, 19/5. 1962; Miami, Fla., Univ. of Miami, School of Med., Dep. of Dermatol.; engl.) — Unter einer Kost mit 10% *Leucaena glauca*-(L. gl.)-Samen oder 1% *Mimosin* (der tox. wirksamen Aminosäure von L. gl. oder Mimosa pudica) kann bei Mäusen das Neuwachstum enthaarter Hautbezirke verhindert werden. Nach ca. 9 Wochen kommt es auch zum Verlust von Haaren im Kopfbereich. Nur auf Haare in der Anagenphase kann eine Hemmwrkg. ausgeübt werden, so daß junge Tiere mit hoher Zahl von Haaren in der Wachstumsphase stärkere Rk. aufweisen, während bei älteren Tieren neues Wachstum durch Enthaarung induziert werden muß, um eine Wrkg. erkennen zu können. Die tox. Wrkg. ist vermutlich durch Hemmung von tyrosinverwertenden Enzymen oder möglicherweise durch Einbau der Substanz in biolog. bedeutsame Proteine, an Stelle von Tyrosin, zu erklären. U. Tausendfreund. 4608□

Neue chemische und toxikologische Untersuchungen über die Gattung Rhamnus L. René Salgues. (Qualitas Plantarum Mater. vegetabiles [Den Haag] **9**, 14—32, 15/3. 1962; Brignoles, Found. Salgues; franz.) — Das Heterosid der Familie *Rhamnus* gibt bei der hydrolyt. Spaltung *Rhamnose* u. *7-Methylquercetin*. Vf. untersuchte den Geh. an anorgan. Ionen, bes. den von Cu^{2+}, u. stellte fest, daß Rhamnusarten ohne *Emodin* (**I**) (*Rh. pumila*, *Rh. prinoides*) beträchtlich weniger Cu enthalten als die Pflanzen, die **I** enthalten. Ferner stellte er die Aminosäuren fest, bestimmte die chem. Aktivität von Peroxydasen u. fand bei allen untersuchten Arten *Tyrosinase*, eine *Cu-haltige Oxydase*, u. untersuchte ferner in Zweigen u. Blättern der verschiedenen Rhamnusarten den Geh. an organ. Säuren. Ein Extrakt aus den grünen Teilen von *Rh. prinoides* ruft eine idiopath. Strahlungstoxämie hervor. Durch UV-Strahlen werden die Porphyrine im Blutkreislauf photosensibilisiert unter Bldg. von Erythemen, Dermatitis, Ödemen u. Schorfen. Eiweißartige, organismusfremde Stoffe, die dabei in Mengen gebildet werden, werden durch die Nieren resorbiert. Diese entzünden sich u. werden nekrotisch. P. Nachtwey. 4608□

Die Wirkung eines bakteriellen Pyrogens-(Pyrexal) auf das Serumeisen. A. Bán, L. Kocsár, J. Kacskó, P. Demény, J. Csongor und B. Siró. (Dtsch. Arch. klin. Med. **208**, 45—52, 1962; Debrecen (Ungarn), Univ., I. Med. Univ.-Klin., Pathophysiolog. Inst.; dt.) — 1. 14 Normalpersonen wurden je 0,05 μg des *Salmonella abortus equi*-Lipopolysaccharids *Pyrexal* (**I**) i. v. injiziert. Best. des Serum-*Eisens* (SE) nach 3, 5, 6, 7 u. 9 Std. ergab bei 9 Personen ein Sinken des SE, bei 5 keine verwertbare Erniedrigung. — 2. Je 6 Normalpersonen wurden simultan a) 10 mg koll. Fe als *Ferronascin* (**II**), b) 10 mg **II** + 0,05 μg **I** (apyrogen), c) 10 mg **II** + 0,20 μg **I** (pyrogen) i. v. injiziert. Außerdem erhielten 6 manifest eisenmangelanäm. Patienten 10 mg **II** + 0,05 μg **I**. Best. des SE nach 1, 3 u. 5 Std. ergab bei den Gruppen a—c Anstieg auf 400 μg nach der Einspritzung, danach Abfall um 50 μg/2 Std., bei Gruppe d schon nach 1 Std. niedrigere SE-Werte als bei den Normalpersonen (300 μg). — 3. 4 Normalpersonen wurde je 25 mg *Hydrocortison* (*Hydro-Adreson*) i. m. u. einer weiteren 12,5 mg *Prednison* (*Hostacortin*) i. v. injiziert. Best. des SE ergab während der ersten 5 Std. keinen Abfall. — 4. 7 Kaninchen (a) wurden je 0,5 ml mit $^{59}FeCl_3$ in 10 ml physiolog. NaCl-Lsg. langsam in die Ohrvene injiziert. Die Fe-Menge betrug 750 μg, die Aktivität des ^{59}Fe 30 μc. 7 weiteren Tieren (b) wurden zusätzlich 0,05 μg/kg **I** (pyrogen) injiziert. Die Best. der Aktivität von je 0,5 ml Plasma im heparinisierten Reagenzglas mit dem Geiger-Müller-Zählrohr nach 1, 3, 6 u. 9 Std. ergab keine Unterschiede zwischen Gruppe a u. b. H. G. W. Gleiss. 4609□

Die akute orale Toxizität von Benzylpenicillin-Kalium beim Kaninchen. Carl E. Boyd. (Antibiotics and Chemotherapy **10**, 376—84, Juni 1960; Hingston, Ontario, Canada, Queen's Univ., Dep. of Pharmacol.; engl.) — Die akute DL_{50} von *Benzylpenicillin-K* betrug bei Kaninchen 5,25 ± 0,87 g/kg Körpergewicht. Der Tod trat bei 80% 1 Std. (a), bei den übrigen 20% 5—30 Tage (b) nach Applikation ein. Gleiche klin. Symptome bei a u. b waren Freßunlust, Adipsie u. Hypothermie, dazu kamen bei a häufiges Harnlassen, verminderte Atmungs-Geschw., Prostration, bei b Oligurie, Gewichtsabnahme, Diarrhöe, Mattigkeit. Der Tod trat bei a durch Versagen der Atmung u. cardiovaskulären Schock ein. Das patholog. Bild zeigte akute Gastroenteritis, Nierenschädigungen, interstitielles Lungenödem. W. Knöbel. 4611□

Chloramphenicol-Toxizität bei neugeborenen Ratten. Alfred F. Michael, Roger G. Giesel und James M. Sutherland. (Antibiotics and Chemotherapy **10**, 368—70, Juni 1960; Cincinnati, Ohio, Univ. of Cincinnati Coll. of Med., Dep. of Pediatrics and Dep. of Obstetrics, Children's Hosp.; engl.) — Subkutan verabreichtes *Chloramphenicol* (**I**) war bei neugeborenen Ratten (DL_{50} = 350 mg/kg) 14mal toxischer als bei erwachsenen Ratten (DL_{50} = 5000 mg/kg). Diese Unterschiede könnten auf ein Unvermögen des Neugeborenen zurückzuführen sein, **I** auszuscheiden.
W. Knöbel. 4611□

F. Pharmazie. Desinfektion

Modifikationen in Arzneimittelformen. Inkompatibilitäten. 3. Mitt. Stela Negoiţă, Lucreţia Istrătescu, Marieta Vasilache und Nadia Pîslăraşu. (Farmacia [Bucureşti] **7**, 455—64, Sept./Okt. 1959; rum.) — 2. vgl. Farmacia [Bucureşti] **7**, [1959], 369. J. Lehmberg. 4750

Modifikationen in Arzneimittelformen. Inkompatibilitäten. 4. Mitt. V. Stănescu, Letitia Lorenţ, Dumitra Zubcov, Gh. Mărăşoiu und Cornelia Vasilescu. (Farmacia [Bucureşti] **7**, 545—54, Nov./Dez. 1959; rum.) — 3. vgl. vorst. Referat. J. Lehmberg. 4750□

Automatisches Gerät mit Signalthermometer. F. Ja. Baikow. (Аптечное Дело (Apothekenwesen [UdSSR] **10**, Nr. 3, 59—61, Mai/Juni 1961; russ.) — Beschreibung der Konstruktion u. Arbeitsweise eines automat. Geräts mit Signalthermometer für Infusionsapparate. S. Baryschnikow. 4758

Herba Leonuri in der modernen Therapie. G. Rácz. (Farmacia [Bucureşti] **7**, 387—92, Sept./Okt. 1959; rum.) — Übersicht über *Leonuris cardiaca L.* als Arzneipflanze. — 52 Literaturangaben. J. Lehmberg. 4782□

Beiträge zur Untersuchung der Schwankungen des Alkaloidgehaltes des Stieles und des Blattrandes gewisser Arten von Solanaceen. Maria Retezeanu und Corneliu Constantinescu. (Farmacia [Bucureşti] **7**, 447—53, Sept./Okt. 1959; rum.) — Der Alkaloid-Geh. des Stieles verschiedener *Solanaceen*-Arten ist um 1,9—2,8mal größer als der des Blattrandes. J. Lehmberg. 4782□

Die Gewinnung von Alkaloiden aus den getrockneten Wurzeln und Wurzelstöcken von Valeriana officinalis L. B. Borkowski und J. Lutomski. (Pharmaz. Zentralhalle Deutschland **100**, 575—84, Nov. 1961; Poznań, Inst. für Heilpflanzenforschung; dt.) — Die mit Chlf. aus getrockneten Wurzeln u. Wurzelstöcken von *Valeriana officinalis L.* gemeinsam extrahierten Alkaloide *Valerin* (**I**; R_F 0,93) u. *Chatinin* (**II**; R_F 0,00) wurden säulen- u. papierchromatograph. getrennt. Sie wurden nach Reinigung u. Umkristallisieren durch die Kristallformen, die FF. (F. von **I** 114—118°, F. von **II** 136—138°), Elementaranalysen, Molgew.-Best. u. IR-Spektren identifiziert. Die Alkaloide sind nicht stabil. — 20 Literaturangaben. U. Drehmann. 4782□

Untersuchung der Furocumarine der Früchte von Pastinaca sativa L. N. P. Maxjutina und D. G. Kolessnikow. (Журнал Общей Химии. J. allg. Chem. [UdSSR] **29** (**91**), 3836—40, Nov. 1959; russ.) — Inhaltlich ident. mit der C. **1962** 9434 referierten Arbeit. Helmut Schäfer. 4782△

Untersuchung mittelasiatischer Arten von Süßholz auf ihren Gehalt an Glycyrrhizinsäure. N. K. Abubakirow und W. K. Jatzyn. (Узбекский Химический Журнал [Usbek. chem. J.] **1959**, Nr. 5, 81—86; Inst. für Chem. der Pflanzenstoffe der Akad. der Wiss. der UsbekSSR; russ.) — *Glycyrrhiza aspera* u. *G. glabra* wurden auf ihren Geh. an *Glycyrrhizinsäure* (**I**) untersucht; G. glabra ist für die industrielle Verw. zu empfehlen. G. glabra enthält 8,8%, G. aspera 1,4% **I** im Rohstoff 32,7 bzw. 10,0% im Trockenextrakt. Zur Abtrennung der rohen **I** werden kleine Wurzelstückchen von G. glabra mehrmals mit kochendem W. extrahiert, das Eiweiß durch Kochen entfernt u. durch Gewebe filtriert. Nach Zugabe von konz. H_2SO_4 entsteht ein brauner Nd., der abfiltriert wird. Es folgt Extraktion mit Aceton unter Erhitzen u. Zugabe von alkohol. KOH-Lsg., wobei das Trikaliumsalz ausfällt, das sich beim Umkristallisieren aus Eisessig in das Monosalz umwandelt (oder statt KOH Zugabe von NH_3-Gas oder gesätt. NH_4OH-Lsg. in Aceton zur Gewinnung des Monoammoniumsalzes der **I**). Darst. von *Glycyrrhetinsäure* durch Kochen des K- oder NH_4-Salzes der **I** mit 5%ig. H_2SO_4. Bei Verw. von A. zur Extraktion der rohen **I** werden gleichzeitig viele Harzstoffe extrahiert, welche Aufarbeitung u. Umkristallisieren erschweren. Ebenso ist eine längere Hydrolyse mit großem Überschuß an 5%ig. H_2SO_4 ungeeignet, weil dabei eine große Menge harziger Prodd. entsteht. K. Rintelen. 4782□

Herstellung von Hellebrin aus einer einheimischen Species von Helleborus. E. Cionga und S. Morganu. (Farmacia [Bucureşti] **7**, 407—11, Sept./Okt. 1959; rum.) — Die Wurzeln von *Helleborus purpurascens* werden mehrmals mit 30%ig. CH_3OH extrahiert, die Fl. einer Pb-Behandlung unterworfen u. das überschüssige Pb-Salz mit Na_2SO_4-Lsg. entfernt. Durch Aktivkohle wird der bittere Geschmack der Lsg. beseitigt u. die Kohle mit CH_3OH extrahiert. Der Rückstand wird mit A. behandelt u. konzentriert. Nach Präzipitation der Mutter-Fl. mit Ae., W. u. Aceton verbleibt größtenteils rohes

Hellebrin (I). Aus CH_3OH-Lsgg. kristallisieren weitere I-Mengen aus. Die Ausbeute beträgt insgesamt 0,042%. J. Lehmberg. 4782□

Beiträge zur Untersuchung einiger einheimischer kolloidaler Tonerden. N. Ţuchel und E. Lenhardt. (Farmacia [Bucureşti] **7**, 423—32, Sept./Okt. 1959; rum.) — Mit dem Ziel pharmazeut. Verw. werden 5 Arten Tonerde aus Breaza, Cluj, Rugi, Orsova u. Baia Mare untersucht. Die natürliche quant. Dispersion in den verd. Tonerdesuspensionen von Breaza u. Cluj, die durch die Best. des Durchmessers mittels der Sedimentations-Meth. ermittelt wird, findet sich im Verhältnis von 28—38% vor. Ferner wird an einem polydispersen Syst. die Abhängigkeit der relativen Viscosität vom Dispersionsgrad untersucht u. die Hydratationsfähigkeit der beiden Tonerdearten bestimmt. J. Lehmberg. 4786□

Eine Untersuchung über den Einfluß gewisser pharmazeutischer Materialien auf die Farbstabilität. Roy Kuramoto, Leon Lachman und Jack Cooper. (J. Amer. pharmac. Assoc., sci. Edit. **47**, 175—80, März 1958; Summit, N.J., Ciba Pharm. Prod., Inc., Res. Dep.; engl.) — Die Farbe FD & C Blau No. 2, ein Indigosulfonat, verblaßt unter dem Einfl. von Dextrose, Lactose u. Saccharose. Zuckeralkohole wie Mannit u. Sorbit haben keinen Einfluß. Reduktionsmittel beschleunigen das Verblassen des Farbstoffes. Mit Antioxydantien wie Hydrochinon, p-Hydroxypropiophenon u. Hydrochinonmonomethyläther kann keine Stabilisierung erreicht werden. Nordihydroguajaretsäure vermindert das durch Dextrose hervorgerufene Verblassen wesentlich. S. Erbe. 4786□

Anwendung der Silicone in der Pharmazie. Lucreţia Istrătescu. (Farmacia [Bucureşti] **7**, 393—98, Sept./Okt. 1959; rum.) — Übersicht. — 10 Literaturangaben. J. Lehmberg. 4786□

Untersuchung der Extraktion von Belladonna und Cortex Chinae im Gegenstrom. Elisabeta Creangă, C. Chelaru, V. Lupaşcu, E. Nichiforescu und D. Şerban. (Farmacia [Bucureşti] **7**, 413—22, Sept./Okt. 1959; rum.) — Im Gegenstrom-Verf. werden Alkaloid-Konzz. von 1 : 1 aus *Cortex chinae* (I), 1 : 1,5 aus den Blättern u. 1 : 2 aus Wurzeln u. Blättern von *Belladonna* in einer Gesamtausbeute von 95—98% gewonnen. Diese Ergebnisse stimmen mit Ausnahme der Extraktion aus I, wo eine Korrektur der Formel notwendig ist, mit den Hawleyschen Beziehungen überein. J. Lehmberg. 4790□

Untersuchung über die Verwertung des Kamillenpulvers. Al. Iuracec. (Farmacia [Bucureşti] **7**, 473—77, Sept./Okt. 1959; Bucureşti, Inst. de cercet. farmac. si control. medicament.; rum.) J. Lehmberg. 4790□

Einige Betrachtungen zur Lagerung und Prüfung von sterilisiertem Catgut. G. R. Wilkinson, E. L. Robins, J. J. Grimshaw und S. P. A. Hudson. (J. Pharmacy Pharmacol., Suppl. **11**, 283T—290T, Dez. 1959; Ware, Herts., Allen & Hanburys Ltd., Res. Div.; engl.) — Der Einfl. des unterschiedlichen Wasser-Geh. der Fll., in denen einfaches u. chromiertes Catgut (I) aufbewahrt wird, auf den Durchmesser (D.), die Zerreißfestigkeit (Z.) u. die Biegsamkeit des Fadens wird untersucht. Beobachtet wurde eine Abnahme von Z. u. eine Zunahme von D. bei steigendem Wasser-Geh. in Abhängigkeit von der Lagerzeit. Bei der Prüfung von Z. ergibt der chirurg. Knotentest ein verläßlicheres Ergebnis als ein gerader Zug. Die jetzige Meth. zur Best. von D. kann zu Fehlern infolge der Kompression des Fadens führen. Die Ausgleichszeit von I in Luft ist von Bedeutung für die Best. von Z. u. D. vor allem bei hohem Wasser-Geh. der Aufbewahrungsflüssigkeiten. Eine Beziehung zwischen Z., Dehnbarkeit u. Erweichung wurde gefunden u. als Charakteristikum für die Biegsamkeit des Fadens vorgeschlagen. Der Einfl. einiger Desinfektionsmittel auf I wurde untersucht. S. Erbe. 4794□

Neue Arzneimittel. Anonym. (Pharmaz. Ztg. verein. Apotheker-Ztg. **106**, 450, 13/4. 1961; dt.) — *Chophytol* (Rosa, Frankreich): Lsg. von Extr. Cynarae. Hepaticum. — *Eryngin* (Mielck, BRD): Auszüge aus Herb. Eryngil plan., Herb. Droserae, Herb. Thymi, Benzylbenzoat, Benzaldehyd. Antitussicum. — *Fibronorm* (Hefa, BRD): Ampullen mit allergenfreien Katalasen des Mesenchyms. Gegen Störungen des R. E. S. P, — *Madribon* (Hoffmann-La Roche, RBD): Ampullen mit 500 mg 2.4-Dimethoxy-6-sulfanilamido-1.3-diazin. Chemotherapeuticum. — *A-stoff* (Autolysat-Produkte, BRD): Salbe mit Echinacea, Chlorophyll, Essigsäure, Ca-Carbonat, Axerophthol. Gegen Akne; *B-stoff*- Auszüge von Ammi visnaga, Lichen island., Althaea, Ephedra, Asa foetida, Grindelia. Antiasthmaticum; *D-stoff*: Tabletten mit Extrakten aus Prunus spinosa, Rhamnus cathartica, Cort. Frangulae, Flor. Chamomillae, Herb. Veronicae, Rad. Liquiritiae, Ficus carica. Laxans; *H-stoff*: Lsg. von Auszügen aus Lichen island.,

Millefolium, Gelsemium, Drosera. Antitussicum; *K-stoff*: Salbe mit Auszügen aus Melissa, Crataegus, Capsicum, Valeriana, Menthol, Herzextrakt; *U-stoff*: Salbe mit Chlorophyll, Axerophthol, Zn-Oxid, Essigsäure, Echinacea, Dermaticum. K. Gerecke. 4800□

Neue Arzneimittel. Anonym. (Modern Drugs **1961,** 146–66, März; engl.) — *Aldactazide* (Searle, USA): Tabletten mit 75 (mg) Spironolacton, 25 Hydrochlorothiazid. Diureticum. — *Alkabarb* (Brewer, USA): Tabletten mit 0,2 (mg) Atropinsulfat, 15 Phenobarbital-Na, 120 Ca-Carbonat, 200 Al-Hydroxid-Gel. Antacidum. — *Cenalene* (Central, USA): Lsg. von Pentylentetrazol, Thiaminhydrochlorid, Nicotinamid, Cyanocobalamin. Geriatricum. — *Colrex Compound* (Rowell, USA): Kapseln mit 16 (mg) Codeinphosphat, 16 Papaverinhydrochlorid, 300 Acetylsalicylsäure, 5 Phenylephrinhydrochlorid, 2 Chlorpheniraminmaleat, 100 Ascorbinsäure. Gegen Erkältungskrankheiten. — *Cosa-Terrastatin* (Pfizer, USA): Kapseln mit 250 (mg) Hydroxytetracyclin, 250 Glucosamin, 250000 Einheiten Nystatin. Antibioticum. — *Entoquel* (White, USA): Sirup mit α.α-Bis-[thienyl-(2)]-[4-dimethylaminocyclohexyl]-carbinolmethobromid (Thihexinolmethylbromid). Antidiarrhoicum. — *Ferro Sequels* (Lederle, USA): Kapseln mit 150 (mg) Fe-Fumarat, 100 Dioctylsulfosuccinat-Na. Antianaemicum. — *Midrin* (Carnrick, USA): Kapseln mit 325 (mg) Paracetamol, 65 Isomethepten-mucat, 100 Dichloralphenazon. Antispasmodicum. — *Phazyme* (Reed & Carnrick, USA): Tabletten mit 100 (mg) Pepsin, 25 Diastase, 20 Dimethylpolysiloxan sowie mit 240 Pankreatin, 40 Dimethylpolysiloxan. Antiflatulens. — *Ropad* (Pitman-Moore, USA): Tabletten mit 0,075 (mg) Dexamethason, 325 Acetylsalicylsäure, 75 Al-Hydroxid, 20 Ascorbinsäure. Analgeticum. — *Sebasorb improved* (Summers, USA): Lotio mit Hexachlorophen, Schwefel, Resorcin, Zn-Oxid. Dermaticum. — *Suplex-C* (Bauer, USA): Tabletten mit 100 (mg) Ascorbinsäure, 250 Cholinbitartrat, 33 Methionin, 50 Inosit, 130 Betainhydrochlorid, 1000 Einheiten Axerophthol, 1 Riboflavin, 1 Thiaminmononitrat, 1 Pyridoxinhydrochlorid, 1 μg Cobalamin. Hepaticum. — *Tandearil* (Geigy, USA): Tabletten mit 100 mg 1-Phenyl-2-[p-hydroxyphenyl]-3.5-dioxo-4-n-butylpyrazolidinmonohydrat (Oxyphenbutazon). Antirheumaticum. K. Gerecke. 4800□

Bakteriensporen und Kulturmedien enthaltende trockene Sterilisator-Kontrollen. John H. Brewer und C. Baxter McLaughlin. (J. pharmac. Sci. **50,** 171–72, Febr. 1961; Baltimore, Md., Hynson, Westcott and Dunning, Inc., Biol. Res. Labor.; engl.) — Zur Überwachung von Sterilisatoren werden Papierstreifen empfohlen, die mit Sporen des hitzeresistenten, apathogenen *Bacillus stearothermophilus* u. mit Kulturmedien imprägniert sind. Durch Suspendieren der exponierten Streifen in dest. W. werden die imprägnierten Stoffe ausgewaschen, die ein Wachstum überlebender Bakterien ermöglichen. Die Herst. eines Nährbodens für die Kultur der Kontrollen entfällt. W. Knöbel. 4832□

Untersuchungen über die Kinetik fungicider Wirkung. 1. Mitt. **Der Einfluß von Konzentration und Zeit auf die Lebensfähigkeit von Penicillium notatum-Sporen in Phenol-Lösungen.** N. M. Chauhan und V. Walters. (J. Pharmacy Pharmacol. **13,** 470–78, Aug. 1961; Ibadan, Nigeria, The Nigerian Coll. of Technol., Dep. of Pharm.; engl.) — In fl. Nährmedien bildeten ca. 98% der *Penicillium notatum*-Sporen innerhalb von 12 Std. Keimschläuche aus. Die sporicide Wrkg. von Phenol (I) wurde durch Ermittlung des %-Satzes der gekeimten Sporen vor u. nach Kontakt mit der I-Lsg. bestimmt, wobei die Sporen auf Membranfiltern vom fungiciden Mittel durch rasche Filtration getrennt u. anschließend in einem fl. Medium nach Horowitz bebrütet wurden. Die Abtötungs-Geschw. in Lsgg. mit 0,5–1,25% I folgte einer Rk. erster Ordnung. Die Werte der Konz.-Exponenten (12 für 50% u. 10,5 für 100% Mortalität) waren beträchtlich höher als die, die von anderen Autoren für I z. B. gegen *Escherichia coli* erhalten wurden. W. Knöbel. 4832□

Die Wirksamkeit von Polymethylen-bis-4-aminochinaldinium-Salzen gegen Pityrosporum ovale und Candida albicans. W. A. Cox und P. F. D'Arcy. (J. Pharmacy Pharmacol. **13,** 34–38, Jan. 1961; Ware, Hertfordshire, Allen & Hanburys Ltd., Res. Div.; engl.) — Eine homologe Reihe von Polymethylen-bis-4-aminochinaldinium-Salzen erwies sich eindeutig als fungistat. wirksam gegen *Candida albicans* (C.) u. *Pityrosporum ovale* (P.). Gegen C. war die Verb. mit der Kettenlänge $(CH_2)_{12}$, gegen P. die mit $(CH_2)_6$ am stärksten wirksam. Das Dekamethylenglied der Reihe (Dequalinium) zeigte gegen beide Hefen eine starke u. schnelle fungicide Wrkg., die eine Funktion von Konz. u. Kontaktzeit darstellt. W. Knöbel. 4832

In vitro-Tests zur Bestimmung der antibakteriellen Aktivität von Toilettenseifen und Netzmittelstückseifen. L. J. Vinson, E. L. Ambye, A. G. Bennett, W. C. Schneider und J. J. Travers. (J. pharmac. Sci. **50,** 827–30, Okt. 1961; Edgewater,

N.J., Lever Brothers Co., Res. and Dev. Div.; engl.) — Getestet wurden 8%ig. Lsgg. von Seifen bzw. von Stückseifen auf Netzmittelbasis, welche als bakterieiden Wirkstoff *4'.5-Dibromsalicylanilid, 3.4'.5-Tribromsalicylanilid, 3.4.4'-Trichlorcarbanilid, 2.2'-Methylen-bis-[3.5.6-trichlorphenol]* oder *Tetramethylthiuramidsulfid* enthielten. In einem Vortest werden Filtrierpapierscheiben mit einem Durchmesser von 12,7 mm auf Nähragrarplatten, die mit *Staphylococcus aureus* beimpft sind, gelegt u. mit 0,05 ml der Seifen-Lsg. benetzt. Nach 24std. Bebrütung werden in üblicher Weise die Hemmzonen bestimmt. In einem „Hautsubstantivitätstest" werden nach bes. Vorschrift hergestellte Kalbshautscheiben, Durchmesser 8 mm, in die auf 45° erwärmte Seifen-Lsg. getaucht, anschließend unter fließendem W. gründlich gespült u. dann auf die beimpften Nähragarplatten gelegt. Auch hier werden nach entsprechenden Betrübungszeiten die Hemmzonen ermittelt. Bei dem Fingerabdrucktest schließlich werden die Hände zuvor 1 Min. mit einer Leerseife gewaschen, dann werden die Finger für 30 Sek. in die Testseifen-Lsg. getaucht, 1 Min. unter fließendem W. gespült u. dann für 30 Sek. auf Nähragarplatten aufgelegt. Nach der Bebrütung bei 37° werden die Hemmzonen festgelegt. Die Unterss. zeigen, daß die vorgeschlagenen Meth. hinreichend Auskunft darüber geben, in welchem Umfang die Haut aus einer Seifen-Lsg. den in der Seife enthaltenen germiciden Wirkstoff adsorbiert u. damit keimwachstumshemmende Eigg. besitzt. Die erhaltenen Ergebnisse stimmen gut mit den Werten überein, die nach der üblichen Handwasch-Meth. erhalten werden. Damit sind die entwickelten Teste zur orientierenden Bewertung der antibakteriellen Aktivität von Seifen gut geeignet. H. P. Fiedler. 4832□

Synthese und germicide Aktivität halogenierter Salicylanilide und verwandte Verbindungen. Henry Lemaire, C. H. Schramm und Arno Cahn. (J. pharmac. Sci. **50**, 831—37, Okt. 1961; Edgewater, N.J., Lever Brothers Co., Res. and Developm. Div.; engl.) — Vgl. vorst. Referat. — 92 Verbb. wurden nach an sich bekannten Meth. hergestellt u. in Ggw. von Seifen u./oder Netzmitteln nach den im vorst. Referat beschriebenen Meth. auf ihre antibakterielle Aktivität geprüft. Hergestellt u. getestet wurden Salicylanilide u. deren Homologe. Salicylanilide mit anderen Substituenten als Halogen oder Alkylgruppen, weitere Amide der Salicylsäure, Anilide anderer Säuren u. Schiffsche Basen des Salicylaldehyds. In einer Seifenbasis zeigten hohe antibakterielle Aktivität u. Hautsubstantivität Salicylanilide, die in den nachfolgenden Stellungen halogeniert waren: 4'.5-, 2'.4'.5-, 3.4'.5-, 3'.4'.5-, 4.4'.5-, 2'.3.4'.5-, 3.3'.4'.5- u. 2'.3.4'.5.5'-. In Netzmittel enthaltenden Stückseifen mit mittleren pH-Werten waren die Verbb. weniger wirksam; dies gilt bes. für die 4'.5-Dihalogensalicylanilide. In neutralen Netzmittelsyndets zeigten nur das 3.3'.4'.5-Tetrahalo-, das 2'.5'-Dichlor- u. das 3.4'.5-Tribromsalicylanilid ausreichende Aktivität. Die Substituierung des Salicylanilids mit anderen Substituenten als Halogen u. auch die Modifizierung der Salicylanilidstruktur setzten die antibakterielle Aktivität herab. Nur gewisse Homologe u. Nitro-Verbb. der Halosalicylanilide zeigten eine hohe Aktivität. Ringsubstituierung mit Hydroxyl-, Methoxyl-, Thiol- oder Sulfonamidgruppen reduzieren die Aktivität. Völlig aufgehoben wird die Aktivität, wenn der Amid-N methyliert oder das phenol. OH acetyliert werden. Die halogenierten Salicylanilide zeigten schließlich sämtlich eine höhere Aktivität als die analogen Derivv. des N-Benzylsalicylamids, die Salicylnaphthanilide oder die Schiffschen Basen des Salicylaldehyds.

Versuche: *3.4'.5-Tribromsalicylanilid,* F. 222—226°, aus 23,7 g 3.5-Dibromsalicylsäure (I) u. 13,8 g 4-Bromanilin in 200 ml Chlorbenzol (II) durch 4std. Kochen am Rückfluß mit 5,4 g PCl_3 u. 0,5 g $AlCl_3$; heiß filtrieren. 78% (Ausbeute). — *2'.3.4'.5-Tetrabromsalicylanilid,* F. 203—208°, aus 10 g **I** u. 9 g 2.4-Dibromanilin in 200 ml **II** durch 3std. Kochen am Rückfluß mit 1,5 ml PCl_3; heiß dekantieren. 68%. — *5-Brom-4'-chlorsalicylanilid,* F. 238—243°, durch Behandeln von 6 g 4'-Chlorsalicylanilid in 60 ml Essigsäure mit 4 g Br u. Erhitzen bis zum Auftreten von HBr-Dämpfen; 24 Std. stehenlassen. 86%. — *2-Acetoxy-4'.5-dibrombenzanilid,* F. 155—164°, 18 g 4'.5-Dibromsalicylanilid in 500 ml W. mit 6 g NaOH lösen, Lsg. filtrieren, mit 6 g Essigsäureanhydrid versetzen, Nd. abfiltrieren u. mit Chlf. waschen, Chlf.-Lsg. abtrennen, einengen u. abkühlen. — *4-Brom-N-[2-hydroxybenzyliden]-anilin,* F. 110—112°, durch Mischen alkohol. Lsgg. von 6 g Salicylaldehyd u. 8,6 g 4-Bromanilin, Nd. abfiltrieren, aus A. gelbe Plättchen; 72%. — *3.4'.5-Tribrom-2-aminobenzanilid,* F. 215—218°, durch Behandeln einer Lsg. von 2,65 g 2-Aminobenzanilid in 100 ml Essigsäure u. 3,8 g Triäthylamin mit 6 g Br. Nach 24 Std. Nd. abtrennen; aus A. umkristallisieren; 18%. — 35 Literaturangaben.

H. P. Fiedler. 4832□

Analyse von binären flüssigen nichtelektrolytischen Arzneimittelgemischen nach der Oberflächenspannung. I. W. Krassowski, M. W. Steingart und N. M. Komarowa. (Аптечное Дело [Apothekenwesen UdSSR] **10**, Nr. 3, 34—39, Mai/Juni 1961;

Charkow, Pharmazeut. Inst., Lehrst. für physik. Chem.; russ.; Auszug: engl.) — Die Analyse der bin. Syst. Chlf.-A., CS_2-Chlf., Bilsenkrautöl-Chlf. u. Ricinusöl-A. erfolgt durch die Best. der Additivitäts-Temp. des zu untersuchenden Syst. (Lsgg. aus denselben Komponenten wie das zu untersuchende Gemisch, aber von bekannter Konz. werden hergestellt). Nach der Best. der Oberflächenspannung (OS) des Gemisches u. der reinen Komponenten bei 2 beliebigen Temp. werden mit Hilfe einer angegebenen Gleichung die Abweichungen der Additivität der OS bei diesen Temp. festgestellt.

S. Baryschnikow. 4880

Angaben und Methode zur Untersuchung der Abgabe mehrwertiger Metallionen bei Medizingläsern. L. Barcza, M. Fehér und E. Schulek. (Pharmaz. Zentralhalle Deutschland **100,** 584—93, Nov. 1961; Budapest, L. Eötvös-Univ., Inst. für anorgan. u. analyt. Chemie; dt.) — Durch Überprüfung der Wechselwrkg. zwischen Lsg. u. Glasmaterial des Behälters wurde ein Verf. ausgearbeitet, das eine Qualifizierung der einzelnen Glasarten in bezug auf das Herauslösen mehrwertiger Metalle ermöglicht. Das zu untersuchende Gefäß wird mit Komplexon-III-Lsg. gefüllt, eine bestimmte Zeit erwärmt u. der Überschuß des Reagens bei verschiedenen pH-Werten zurücktitriert, wodurch Rückschlüsse auf die Art der herausgelösten Stoffe gezogen werden können.

U. Drehmann. 4880□

Komplexometrische Calciumbestimmung in der pharmazeutischen Analyse unter Anwendung eines neuen Indicators. K. W. Zerkassewitsch. (Аптечное Дело [Apothekenwesen UdSSR] **10,** Nr. 3, 24—28, Mai/Juni 1961; Saporoshje, Pharmazeut. Inst.; russ., Auszug: engl.) — Vf. untersuchte die komplexometr. *Ca*-Titration in pharmazeut. u. galen. Präpp. bei Verw. des H-Indicators. Die Genauigkeit der Best. entspricht den Forderungen der 8. Sowjet. Pharmakopöe sowie denen der üblichen Analysen-Meth. für Ca-haltige Präparate.

S. Baryschnikow. 4880

Amperometrische Titration des Kobalts im Coamid. M. K. Abramow. (Аптечное Дело [Apothekenwesen UdSSR] **10,** Nr. 1, 19—20, Jan./Febr. 1961; Taschkent, Pharmaz. Inst.; russ., Auszug: engl.) — Die Meth. der *Coamid*-Best. beruht auf der Umwandlung von $[Co(NH_3)_6]^{2+}$ in $[Co(NH_3)_6]^{3+}$ durch $K_3[Fe(CN)_6]$ unter amperometr. Endpunktbestimmung. Die Ergebnisse stimmen gut mit gewichtsanalyt. Best. überein.

G. Siewert. 4880□

Bestimmung von Thioalkoholen durch Protometrie in einem organischen Lösungsmittel. F. Pellerin und J.-A. Gautier. (Ann. pharmac. franç. **19,** 81—85, Febr. 1961; Paris, Fac. de Pharm., Chaire de Chim. organ.; franz.) — Die quant. Best. von Mercaptanen kann in Pyridin nach Zugabe von $AgNO_3$ elektrotitrimetr. durchgeführt werden. Das bei der Bldg. des Silbermercaptids freiwerdende Proton wird vom Lsgm. fixiert u. das gebildete stark saure Pyridiniumkation ist leicht mit Na_2CO_3 titrierbar.

U. Drehmann. 4880□

Zur Erfassung primärer biogener Amine in Pflanzen, insbesondere im Mutterkorn (Claviceps purpurea Tul.). D. Kordts, R. Voigt und F. Weiss. (Pharmazie **15,** 586—90, Nov. 1960; Berlin, Humboldt-Univ., Pharmazeut. Inst.; dt.) — Primäre biogene Amine werden aus Mutterkorn mit W. extrahiert u. nach Aufarbeitung der Lsg. mit 2.4-Dinitrofluorbenzol umgesetzt (DNP-Amine). Nach Vorreinigung wird die Ae.-Lsg. an wasserfreiem Na_2SO_4 getrocknet u. an Al_2O_3 „Woelm" Aktivitätsstufe 4 chromatographiert. Die Elution erfolgt mit einem Gemisch von CH_2Cl_2/CCl_4 (1:1), es werden 3 Fraktionen aufgefangen. Fraktion I enthält hauptsächlich DNP-Monoalkylamine, Fraktion III Bis-DNP-Histamin (**IX**) u. DNP-Äthanolamin (**X**), Fraktion II wird verworfen. Dann werden die Fraktionen I u. III papierchromatograph. aufgetrennt (Schleicher & Schüll 2043 bM). Mit dem Lsgm.-Syst. n-Hexan/Bzl. (80:20) werden auf dem mit 100%ig. Ameisensäure getränkten Papier die DNP-Derivv. der wasserdampfflüchtigen Amine getrennt u. können nach Elution der Substanzen photometr. bestimmt werden.

Ph. Fresenius. 4880□

Anwendung der Reaktionen der Nitrosierung und der Komplexbildung zur Identifizierung von β-Naphthol und Benzonaphthol. W. A. Saitzew. (Аптечное Дело [Apothekenwesen UdSSR] **10,** Nr. 3, 43—46, Mai/Juni 1961; russ., Auszug: engl.) — Die Identifizierung von *β-Naphthol* (**I**) beruht auf der Rk. von **I** mit $Na_3Co(NO_2)_6$ (**II**) im sauren Medium. Das entstandene α-Nitroso-β-naphthol bildet mit Co^{3+} eine rotgefärbte schwerlösl. Komplexverbindung. Die Empfindlichkeit der Meth. beträgt 20 μg/ml **I**, die Grenzverdünnung 1:50000. Nach alkal. Hydrolyse von *Benzonaphthol* (**III**) können durch Rk. von **III** mit **II** 0,001—0,005 g **III** identifiziert werden. Es wurde festgestellt, daß in Arzneimitteln, die Anästhesin, Dionin, Papaverinhydrochlorid, Sulgin, Phthalazol, Atropinsulfat, bas. Bi-Carbonat, Coffein, Salol, Phenacetin u. $MgCO_3$ enthalten, die

Identifizierung von **III** ohne vorherige Abtrennung der vorst. Verbb. durchgeführt werden kann. Zur Identifizierung von **III** in seinen Gemischen mit Resorcin muß dieses zuerst abgetrennt werden. S. Baryschnikow. 4880

Quantitative Bestimmung des Dibazols im Gemisch mit Papaverinhydrochlorid und Diuretin. M. Ss. Baron und I. I. Gurfinkel. (Аптечное Дело [Apothekenwesen] **10,** Nr. 3, 32—34, Mai/Juni 1961; Kiew, Gebietslabor. für Kontrollanalysen; russ., Auszug: engl.) — Zur Best. von *Dibazol* + *Papaverinhydrochlorid* werden ca. 0,3—0,5 g des zu untersuchenden Präp. in 10 ml heißem W. gelöst, mit 2—3 Tropfen 10%ig. NaOH-Lsg. versetzt u. 2—3mal mit je 25 ml Chlf. geschüttelt. Die vereinigten Chlf.-Auszüge werden bis auf 1—2 ml eingedampft, der Rückstand mit 5 ml 0,1n H_2SO_4-Lsg. versetzt, das verbleibende Chlf. abdestilliert u. der Überschuß an H_2SO_4 gegen Methylorange mit 0,1n NaOH-Lsg. zurücktitriert. Zur Best. von *Dibazol* wird die titrierte Lsg. auf 1—1,5 ml eingedampft, mit 5 ml A., 1 ml 25%ig. NH_4OH-Lsg. u. 5 ml 0,1n $AgNO_3$-Lsg. versetzt. Nach Zugabe weiterer 0,5 ml NH_4OH-Lsg. wird das Gemisch 10 bis 15 Min. stehengelassen, der entstandene Nd. abfiltriert, Ag-frei gewaschen u. in 1—2 ml 32%ig. HNO_3 gelöst. Die mit 30 ml W. verd. Lsg. wird mit 0,1n NH_4CNS-Lsg. titriert (Eisenalaun als Indicator). S. Baryschnikow. 4880

Quantitative Bestimmung der Barbitursäure-Derivate mittels Refraktometer. 4. Mitt. **Die refraktometrische Bestimmung und Identifizierung des Allylbarbiturals, Hexobarbiturals und Phenobarbituralnatriums.** Mária Mincsev-Ralcseva. (Gyógyszerészet [Pharmazie] **5,** 417—21, Nov. 1961; Budapest, Med. Univ., Pharm. Chem. Inst.; ung.) — 3. vgl. C. **1962,** 9814. G. Ligeti. 4880

Analytische Untersuchung von Alkaloiden mit Hilfe der Hydroxylamin-Eisenchlorid-Farbreaktion. D. Vincent und H. Schwal. (Ann. pharmac. franç. **19,** 73 bis 80, Febr. 1961; Toulouse, Fac. de Méd. et de Pharm., Labor. de Matière méd.; franz.) — Die sehr einfache Farb-Rk. mit Hydroxylamin-$FeCl_3$ ist sehr empfindlich u. in vielen Fällen sowohl zur Identifizierung von Alkaloiden als auch für ihre Best. u. die Aufbewahrungskontrolle offizineller Lsgg. anwendbar. U. Drehmann. 4880□

Trennung des Alkaloidgemisches Papaverin-Codein nach der Methode der Gegenstromverteilung. W. M. Baschilowa und N. A. Figurowski. (Аптечное Дело [Apothekenwesen] **10,** Nr. 3, 50—54, Mai/Juni 1961; russ., Auszug: engl.) — Vgl. C. **1962,** 18930. — Es wird die Trennung von *Papaverin* (**I**)- u. *Codein* (**II**)-Gemischen nach der Meth. der Gegenstromverteilung unter Verw. von Chlf. u. einer Puffer-Lsg. von pH 5,6 erörtert. So konnten durch systemat. Ausschütteln (5 Scheidetrichter) eines Gemisches aus 49,4 (%) **I** u. 50,6 **II,** 50,1 **I** u. 50,8 **II** im Gemisch festgestellt werden. S. Baryschnikow. 4880

Bemerkung über die Bestimmung der ätherischen Öle in Drogen. Krešimir Kovačić. (Farmac. Glasnik **17,** 2—4, 1961; kroat.) — Bei der Best. des Geh. an äther. Öl in Drogen mit dem App. von Unger wird durch die Eichung des Capillarrohrs auf Ausguß statt auf Einguß ein Fehler von ca. —5% verursacht. S. Beckmann. 4880□

Über α- und β-Fenchol. Walter Hückel und Stephen B. Hamilton. (Suomen Kemistilehti B **34,** 33—38, 1961; Tübingen, Univ., Pharm.-Chem. Inst.; dt.) — Bei den Arbeiten zur Aufstellung des vollständigen Schmelzpunktdiagramms von α- u. *β-Fenchol-3.5-dinitrobenzoat* (**I**) stellten Vff. fest, daß es sich bei der bei 157° schmelzenden Verb. um eine Molekül-Verb. des α- u. β-Isomeren im Verhältnis 1:1 handelt. Das reine β-**I** schmilzt bei 156°, das reine α-**I** bei 141°, das Eutektikum des β-**I** mit der Mol.-Verb. (90% β-**I**) schmilzt rund 3° tiefer als β-**I**, das Eutektikum von α-**I** u. der Mol.-Verb. (15% β-**I**) bei 138°. Die opt. Drehung der Mol.-Verb. deckt sich mit diesem Befund. Das nach dem Hydrieren durch Verseifung des Diaminobenzoates gewonnene, früher als reines β-Fenchol angesehene Gemisch enthält also noch 50% α-Fenchol u. einige Angaben über Fenchol-gemische aus der Red. von Fenchon müssen daraufhin korrigiert werden (mit Na u. A. 4—5% statt 8—10%, mit Al-Isopropylat rund 75% statt >95%). Opt. reines β-Fenchol für die Darst. von β-**I** wurde aus opt. reinem α-Fenchol über die Oxydation zum Fenchon mit Chromsäure u. anschließende Red. mit Al-Isopropylat erhalten. Die Methanolyse des *α-Fenchol-p-toluolsulfonates* wurde erstmalig präparativ studiert. Eine 2.6-Verschiebung wurde nicht, ebensowenig bei der Rk. mit Na-Isopropylat beobachtet. Auch die Wanderung einer Methylgruppe findet nicht statt; aus diesen Gründen wurde im Rk.-Gemisch kein β-, γ-, δ- u. ε-Fenchen gefunden. Die Methanolyse liefert nur *α-Fenchen, Limonen* u. *Methylfenchyläther* neben geringen Mengen noch nicht aufgeklärter Rk.-Prodd., die Rk. mit Na-Isopropylat α-, ζ-, Cyclofenchen u. α-Fenchol neben noch nicht aufgeklärten Verbb., wobei es ohne Einfl. ist, ob der zur Herst. des Na-Isopropylates benutzte Isopropylalkohol abs. ist oder 3% W. enthält. G. Meinhardt. 4880□

Beiträge zur analytischen Untersuchung der physikalisch-chemischen Bestimmungsmethoden des Vitamins C als solches und in „CIF"-Präparaten. C. Russu und I. Calafeteanu. (Farmacia [Bucureşti] **7**, 465—72, Sept./Okt. 1959; Inst. de cercet. farmac. si contol. medicament., Labor. de cercet. fizico-chim.; rum.) — Die polarograph. Meth. zur Best. von Vitamin C in Vitamin-C-haltigen Präpp. wird der chem. oder photometr. Meth. vorgezogen. Die Verss. werden mit Ascorutintabletten u. Fertonindragees vorgenommen. J. Lehmberg. 4880□

Farbwerke Hoechst Akt.-Ges., vormals Meister Lucius & Brüning, Frankfurt/M., *Herstellung den Blutzuckerspiegel erniedrigender Präparate.* (**Niederl. P. 101 465** vom 13/4. 1956, ausg. 15/5. 1962. D. Prior. 8/8., 3/9., 14/10. 1955 u. 7/1. 1956. — C. **1960,** 8608 [Oe. P. 196 413].)

Kemball, Bishop & Co. Ltd., London, England, *Herstellung von reinen Salzen des 1.4-Zuckersäurelactons.* (**Ind. P. 65 996** vom 2/12. 1958, ausg. 27/5. 1961. E. Prior. 9/12. 1957. — C. **1961,** 1291 [D. A. S. 1 081 443].)

Wellcome Foundation Ltd., London, England, *Bis-[2-chlorpropyl]-carbaminsäureäthylester aus Diisopropanolamin, Thionylchlorid und Chlorkohlensäureäthylester.* (**Belg. P. 563 672** vom 31/12. 1957, ausg. 17/6. 1960. E. Prior. 3/1. 1957. — C. **1959,** 9325 [D. A. S. 1 051 842].)

J. R. Geigy Akt.-Ges., Basel, Schweiz, *Herstellung von α-Aryl-ω-aminoalkancarbonsäuren.* (**Ind. P. 64 994** vom 19/8. 1958, ausg. 2/2. 1961. — C. **1962,** 5019 [F. P. 1 211 604].)

Wellcome Foundation Ltd., London, England (Erfinder: **Richard Baltzly** und **Peter Byrom Russel,** Tuckahoe, N.Y., V.St.A.), *β-Methoxy-β-äthyl-α-[p-chlorphenyl]-acrylsäurenitril aus α-[p-Chlorphenyl]-β-ketovaleriansäurenitril und Dimethylsulfat.* (**Schwz. P. 338 439** vom 7/3. 1956, ausg. 15/7. 1959. E. Prior. 10/3. 1955. — C. **1960,** 4604 [Aust. P. 210 865].)

Bristol Laboratories, Inc., East Syracuse, N.Y., V.St.A., *Aromatische Amide von Trialkoxybenzoesäuren.* (**Ind. P. 64 998** vom 19/8. 1958, ausg. 19/4. 1961. — C. **1962,** 221 [E. P. 837 266].)

Rheinpreussen Akt.-Ges. für Bergbau und Chemie, Homberg, übert. von: **Walter Grimme,** Utford, und **Heinrich Schmitz,** Moers, *Basische Ester von Aminosalicylsäure.* (**A. P. 3 029 274** vom 23/5. 1955, ausg. 10/4. 1962. D. Prior. 22/10. 1949. — C. **1954,** 5810 [Schwz. P. 289 538], C. **1954,** 11493 [Schwz. PP. 296 267 u. 296 271], C. **1955,** 875 [Schwz. PP. 296 265, 296 266, 296 268, 296 269, 296 270 u. 296 272] u. C. **1958,** 4270 [Niederl. P. 78 412].)

Henri Morren, Forest-Brüssel, Belgien, *Schwefelhaltige organische Ester.* (**Can. P. 555 847** vom 13/2. 1956, ausg. 15/4. 1958. Belg. Prior. 26/2. 1955. — C. **1958,** 7548 [D. A. S. 1 007 322].)

Farbwerke Hoechst Akt.-Ges., vormals Meister Lucius & Brüning (Erfinder: **Walter Aumüller, Gerhard Korger** und **Hans Wagner**), Frankfurt/M., *Sulfonylurethane.* (**Schwz. P. 358 073** vom 25/4. 1957, ausg. 30/12. 1961. D. Prior. 28/4., 3/11. u. 7/11. 1956. — C. **1961,** 4450 [Oe. P. 200 583].)

Farbwerke Hoechst Akt.-Ges., vormals Meister Lucius & Brüning, Frankfurt/M., *Herstellung von Sulfonylcarbaminsäureestern.* (**Niederl. P. 101 293** vom 26/4. 1957, ausg. 15/5. 1962. D. Prior. 28/4., 3/11. u. 7/11. 1956. — C. **1961,** 4450 [Oe. P. 200 583].)

Olin Mathieson Chemical Corp., New York, N.Y., V.St.A. (Erfinder: **Edward Joseph Pribyl** und **William Adolph Lott**), *Carbaminsäureester.* (**Aust. P. 230 231** vom 24/4. 1958, ausg. 6/10. 1960. A. Prior. 25/4. 1957. — C. **1959,** 16094 [A. P. 2 848 459].)

Imperial Chemical Industries Ltd. (Erfinder: **Stanley Birtwell, William Glynne Moss Jones** und **Roy Frederick Maisey**), *Herstellung von Guanidinverbindungen.* (**Aust. P. 229 641** vom 23/7. 1958, ausg. 25/8. 1960. E. Prior. 2/8. 1957. — C. **1962,** 7626 [Oe. P. 206 901].)

Farbwerke Hoechst Akt.-Ges., vormals Meister Lucius & Brüning, Frankfurt/M., *L(+)-3.5-Dijodthyronin.* (**E. P. 892 773** vom 12/8. 1959, ausg. 28/3. 1962. D. Prior. 19/8. 1958. — C. **1962,** 8346 [D. A. S. 1 077 673].)

UCLAF, Paris, übert. von: **Georges Muller,** Nogent-sur-Marne, **Bruno Vaterlaus,** Basel, Schweiz, und **Leon Velluz,** Paris, Frankreich, *4.5-6.7-Dibenzo-$\Delta^{4,6}$-cycloheptadiene.* (**A. P. 2 939 870** vom 16/6. 1958, ausg. 7/6. 1960. F. Prior. 28/6. 1957. — C. **1961,** 18044 [F. P. 71 758].)

Ciba Ltd., Basel, Schweiz (Erfinder: **Karl Hoffmann** und **Ernst Urech**), *10-(tert.-Aminoalkyl)-11-oxo-dibenzo-[b.f]-1-thia-4-aza-cycloheptadien-(2.6)-Verbindungen.* (**Aust. P. 230 228** vom 12/3. 1958, ausg. 6/10. 1960. Schwz. Prior. 14/3. 1957. — C. **1960,** 4286 [D. A. S. 1 062 246].)

Parke, Davis & Co. (Erfinder: **Erik Fred Godefroi** und **Robert Ford Parcell**), *Phenylcyclohexanverbindungen.* (**Aust. P. 231 869** vom 26/2. 1958, ausg. 9/2. 1961. A. Prior. 19/9. 1957 u. 22/1. 1958. — C. **1961,** 12560 [Belg. P. 565 258].)

Farmaceutici Italia Soc. An., Mailand, Italien, *Kaffeesäurechinidester und ihre Amide.* (**E. P. 816 053** vom 16/12. 1955, ausg. 8/7. 1959. It. Prior. 28/12. 1954. Zusatz zu E. P. 802 668; C. 1961, 18044 [F. P. 71 320].)

Farmaceutici Italia Soc. An., Mailand, Italien, *Kaffeesäureester der Chinasäure oder des Chinids.* (**Belg. P. 543 968** vom 27/12. 1955, ausg. 25/9. 1959. It. Prior. 28/12. 1954. — C. **1960,** 5251 [Schwz. P. 338 825 u. Aust. P. 212 539].)

Laboratoires Français de Chimiothérapie, Paris, übert. von: **Robert Joly,** Montmorency, **Jean Mathieu,** Montfermeil, und **Julien Warnant,** Neuilly-sur-Seine, Frankreich, *Lactone der 8β-Hydroxy-2α-methoxy-3β-5β-epoxy-1.2.3.4.4aα.5.8aα-oktahydronaphthalin-1β-carbonsäure.* (**A. P. 2 957 008** vom 5/1. 1959, ausg. 18/10. 1960. F. Prior. 9/1. 1958. — C. **1960,** 4933 [D. A. S. 1 067 034].)

Daiichi Seiyaku Co. Ltd., übert. von: **Misao Obika, Morio Sasaki,** Tokyo, **Katutaro Tanaka,** Ichikawa, und **Noboru Jijima,** Tokyo, Japan, *Hg-Proto- und Hämatoporphyrine.* (**A. P. 3 004 985** vom 7/5. 1957, ausg. 17/10. 1961. Jap. Prior. 7/2. 1957. — C. **1962,** 10191 [E. P. 824 705].)

Sandoz Ltd., Basel, Schweiz, *3.5-Diketopyrazolidine.* (**Ind. P. 65 192** vom 10/9. 1958, ausg. 28/12. 1960. Zusatz zu Ind. P. 60 874; C. 1962, 2835. — C. **1962,** 6508 [E. P. 843 993].)

Ciba Ltd. (Erfinder: **Renat Herbert Mizzoni**), *Thioparabansäurederivate.* (**Aust. P. 231 948** vom 11/7. 1958, ausg. 9/2. 1961. A. Prior. 16/7. 1957 u. 9/1. 1958. — C. **1962,** 6509 [F. P. 1 209 263].)

Farbenfabriken Bayer Akt.-Ges., Leverkusen, *Heterocyclische Bis-sulfoanmide.* (**E. P. 822 871** vom 2/1. 1958, ausg. 4/11. 1959. D. Prior. 2/1. 1957. — C. **1961,** 15123 [Oe. P. 205 974].)

Aktiebolaget Kabi, Stockholm, übert. von: **Bengt O. Melander**, Stockholm, und **Tore R. Nilsson**, Bromma, Schweden, *N^1-substituierte heterocyclische Biguanide.* (**Can. P. 561 630** vom 21/9. 1954, ausg. 12/8. 1958. — C. **1958**, 6335 [Oe. P. 190 940].)

Dr. A. Wander Akt.-Ges., Berne, übert. von: **Jan Rosicky**, Ascona, Schweiz, *Xanthenderivate.* (**A. P. 2 956 060** vom 6/1. 1954, ausg. 11/10. 1960. Schwz. Prior. 7/1. 1953. — C. **1957**, 10013 [D. A. S. 1 003 225].)

F. Hoffmann-La Roche & Co. Akt.-Ges., Basel, Schweiz, *Herstellung von Xanthenderivaten.* (**Niederl. P. 101 420** vom 31/5. 1957, ausg. 15/5. 1962. Schwz. Prior. 5/7. 1956. — C. **1959**, 10340 [D. A. S. 1 044 103].)

Irwin, Neisler & Co., übert. von: **Chester J. Cavallito** und **Allan P. Gray**, Decatur, Ill., V.St.A., *Pyridindolderivate.* (**Can. P. 562 096** vom 17/1. 1955, ausg. 19/8. 1958. A. Prior. 12/2. 1954. — C. **1957**, 10015 [E. P. 764 232].)

Dr. Karl Thomae G. m. b. H., Biberach/Riß, *Herstellung therapeutisch wirksamer Diarylpyridylmethanderivate.* (**Niederl. PP. 100 583** u. **100 584** vom 1/8. 1958, ausg. 15/2. 1962. D. Prior. 2/8. 1957. Zusätze zu Niederl. P. 84 532; C. 1959, 8423. — C. **1960**, 17542 [D. A. S. 1 068 714].)

Soc. des Usines Chimiques Rhône-Poulenc, Paris, Frankreich, *Herstellung von Estern des Piperidyl-(2)-arylmethanols.* (**Ind. P. 64 625** vom 11/7. 1958, ausg. 14/12. 1960. Zusatz zu Ind. P. 61 758; C. 1962, 1721. — C. **1961**, 10664 [F. P. 1 205 149].)

Paul Adriaan Jan Janssen, Vosselaar, Turnhout, Belgien, *2.2-Diaryl-ω-[4'-phenylpiperidino]-alkanonitrile.* (**E. P. 843 319** vom 3/7. 1958, ausg. 4/8. 1960. Niederl. Prior. 5/7. 1957. — C. **1962**, 10194 [A. P. 2 898 340].)

F. Hoffmann-La Roche & Co. Akt.-Ges., Basel (Erfinder: **Hugo Gutmann**, Reinach, **Otto Straub**, Bottmingen, und **Paul Zeller**, Allschwil), Schweiz, *Nicotinsäurehydrazid-Derivate.* (**Schwz. P. 360 057** vom 9/4. 1957, ausg. 30/3. 1962. — C. **1961**, 11184 [Oe. PP. 203 499 u. 203 500].)

Parke, Davis & Co., Detroit, übert. von: **Edward F. Elslager** und **Donald F. Worth**, St. Clair Shores, Mich., V.St.A., *Chinoliniumsalze der 2.2'-Dihydroxy-1.1'-dinaphthylmethan-3.3'-dicarbonsäure.* (**A. P. 2 925 417** vom 6/11. 1957, ausg. 16/2. 1960. — C. **1961**, 14020 [E. P. 834 990].)

Parke, Davis & Co., Detroit, Mich., V.St.A., *Herstellung von Acridinylamino-o-kresol-10-oxy-Verbindungen.* (**Ind. P. 64 358** vom 12/6. 1958, ausg. 25/9. 1961. — C. **1961**, 9896 [Oe. P. 205 029].)

Ciba Ltd. (Erfinder: **Jean Druey** und **Paul Schmidt**), *Herstellung von Aminopyrazolopyrimidinen.* (**Aust. P. 232 352** vom 21/11. 1958, ausg. 23/2. 1961. Schwz. Prior. 22/11. 1957. — C. **1962**, 6877 [F. P. 1 215 845].)

Soc. des Usines Chimiques Rhône-Poulenc, Paris, Frankreich, *Herstellung pharmakodynamisch wirksamer Phenthiazinderivate.* (**Niederl. P. 101 403** vom 20/4. 1959, ausg. 15/5. 1962. F. Prior. 23/4. 1958. — C. **1961**, 8038 [D. A. S. 1 090 217].)

Smith, Kline & French Laboratories, Philadelphia, Pa., V.St.A., *Herstellung von 10-substituierten Phenthiazinyltrifluormethylsulfonen.* (**Ind. P. 64 321** vom 9/6. 1958, ausg. 4/11. 1960. — C. **1961**, 17302 [D. P. [DDR] 20 902].)

Pfizer Ltd., Sandwich, Kent, England (Erfinder: **Eric Frederick James Thorpe**), *Salze des 1.4-Glucosaccharolactons.* (**E. P. 896 724** vom 9/12. 1957, ausg. 16/5. 1962. — C. **1961**, 1291 [D. A. S. 1 081 443].)

Sandoz Ltd., Basel, Schweiz, *Alkyläther der Podophyllum-Glucoside.* (**E. P. 777 900** vom 15/8. 1955, ausg. 26/6. 1957. Schwz. Prior. 20/8. 1954, 18/1., 11/3. u. 18/3. 1955. — C. **1960**, 16096 [F. P. 1 162 120].)

Sandoz Ltd., Basel, Schweiz, *Podophyll- und Pikropodophyllsäurehydrazide.* (**Ind. P. 64 860** vom 5/8. 1958, ausg. 8/2. 1961. E. Prior. 15/5. 1958. — C. **1961**, 15490 [Oe. P. 203 642].)

Sandoz Ltd., Basel, Schweiz, *Herstellung von Podophyllsäureamid und Pikropodophyllsäureamid.* (**Ind. P. 64 952** vom 14/8. 1958, ausg. 14/2. 1961. E. Prior. 5/6. 1958. — C. **1961**, 16572 [F. P. 1 198 268].)

Ciba Ltd., Basel, Schweiz, *Gewinnung von reserpinfreiem Deserpidin.* (**Niederl. P. 100 472** vom 8/4. 1957, ausg. 15/2. 1962. Schwz. Prior. 9/4. 1956. — C. **1961**, 2372 [Aust. P. 219 158].)

Sandoz Ltd., Basel, Schweiz, *Herstellung von Isodeserpidinsäure und ihren Lactonen.* (**Ind. P. 64 346** vom 11/6. 1958, ausg. 27/1. 1961. E. Prior. 3/4. 1958. — C. **1962**, 3555 [F. P. 1 203 798].)

Badische Anilin- & Soda-Fabrik Akt.-Ges. (Erfinder: **Wilhelm Sarnecki** und **Horst Pommer**), *Herstellung von [β-Jonylidenäthyl]-triarylphosphoniumhalogeniden.* (**Aust. P. 232 920** vom 3/9. 1958, ausg. 30/3. 1961. D. Prior. 3/9. 1957. — C. **1960**, 13777 [D. A. S. 1 060 386].)

Laboratoires Français de Chimiothérapie, Paris, Frankreich, *Herstellung von Steroiden.* (**E. P. 890 774** vom 14/11. 1960, ausg. 7/3. 1962. F. Prior. 24/11. 1959. — C. **1962**, 16417 [F. P. 1 249 939].)

Laboratoires Français de Chimiothérapie, Paris, Frankreich, *Herstellung von Steroiden.* (**E. P. 892 440** vom 3/8. 1960, ausg. 28/3. 1962. F. Prior. 18/9. 1959. — C. **1962**, 16416 [F. P. 1 244 445].)

Syntex Soc. An. (Erfinder: **Howard J. Ringold** und **George Rosenkranz**), Mexico, Mexico, *Herstellung von Steroiden.* (**Schwz. P. 361 802** vom 14/8. 1957, ausg. 30/6. 1962. Mexican. Prior. 25/8. 1956. — C. **1961**, 3413 [E. P. 827 556].)

Syntex Soc. An., Mexico, Mexico, *Herstellung von Steroiden.* (**E. P. 890 990** vom 10/6. 1958, ausg. 7/3. 1962. Mexican. Prior. 11/4. 1957. — C. **1961**, 14389 [D. A. S. 1 084 261].)

Syntex Soc. An., Mexico, Mexico, *Herstellung von Steroiden.* (**E. P. 890 989** vom 10/4. 1958, ausg. 7/3. 1962. Mexican. Prior. 11/4. 1957. — C. **1961**, 14389 [D. A. S. 1 084 261].)

Olin Mathieson Chemical Corp., New York, N.Y., V.St.A., *Herstellung von Steroiden.* (**E. P. 885 610** vom 4/11. 1959, ausg. 28/12. 1961. A. Prior. 18/11. 1958. — C. **1962**, 3907 [A. P. 2 941 997].)

Olin Mathieson Chemical Corp., New York, N.Y., V.St.A., *Herstellung von Steroiden.* (**E. P. 889 765** vom 20/6. 1958, ausg. 21/2. 1962. A. Prior. 9/8. 1957 u. 10/2. 1958. — C. **1962**, 2465 [D. A. S. 1 099 529].)

Olin Mathieson Chemical Corp., New York, N.Y., V.St.A., *Herstellung von Steroiden.* (**E. P. 896 596** vom 2/6. 1958, ausg. 16/5. 1962. A. Prior. 21/6. 1957. — C. **1962**, 3956 [Belg. P. 568 571, F. P. 1 208 443 u. A. P. 2 973 377].)

Schering Akt.-Ges., Berlin, *Herstellung von Steroiden.* (**E. P. 891 595** vom 18/11. 1958, ausg. 14/3. 1962. D. Prior. 18/12. 1957. — C. **1962**, 1718 [F. P. 1 223 364].)

Ciba Ltd., Basel, Schweiz, *Herstellung von Steroiden.* (**E. P. 893 577** vom 21/7. 1958, ausg. 11/4. 1962. Schwz. Prior. 19/7. u. 5/12. 1957. — C. **1960**, 5255 [D. A. S. 1 061 779].)

Merck & Co., Inc., Rahway, N.J., V.St.A., *Herstellung von Steroiden.* (**E. P. 890 511** vom 10/6. 1958, ausg. 28/2. 1962. A. Prior. 19/6. 1957. — C. **1960**, 6254 [D. A. S. 1 065 415].)

Upjohn Co., Kalamazoo, Mich., V.St.A., *Herstellung von Steroiden.* (**E. P. 887 080** vom 13/5. 1959, ausg. 17/1. 1962. A. Prior. 2/6. 1958. — C. **1962**, 6144 [D. A. S. 1 112 738].)

Upjohn Co., Kalamazoo, Mich., V.St.A., *Herstellung von Steroiden.* (**E. P. 888 994** vom 15/1. 1959, ausg. 7/2. 1962. A. Prior. 19/2. 1958. — C. **1959**, 11009 [A. P. 2 838 546].)

Schering Akt.-Ges., Berlin, *Herstellung eines 12-Hydroxysteroids.* (**E. P. 892 589** vom 13/1. 1959, ausg. 28/3. 1962. D. Prior. 13/2. 1958. — C. **1959**, 12943 [D. A. S. 1 049 859].)

Ciba Ltd., Basel, Schweiz, *Herstellung von Steroidestern.* (**E. P. 892 742** vom 8/7. 1958, ausg. 28/3. 1962. Schwz. Prior. 8/7. u. 20/12. 1957 u. 4/6. 1958. — C. **1961**, 18421 [D. A. S. 1 102 145] u. C. **1962**, 6143 [Belg. P. 569 202].)

American Cyanamid Co., New York, N.Y., V.St.A., *Herstellung von pentacyclischen Steroiden.* (**E. P. 895 400** vom 7/3. 1960, ausg. 2/5. 1962. A. Prior. 20/3. 1959. — C. **1962**, 4265 [A. P. 2 966 486].)

Ciba Pharmaceutical Products, Inc., Summit, N.J., V.St.A., übert. von: **Albert Wettstein, Karl Heusler**, Basel, **Hellmut Ueberwasser**, Riehen, und **Peter Wieland**, Basel, Schweiz, *Herstellung von 18-oxigenierten Steroiden.* (**A. P. 3 002 972** vom 28/11. 1958, ausg. 3/10. 1961. Schwz. Prior. 5/12. 1957. — C. **1962**, 18208 [D. A. S. 1 086 227].)

Schering Akt.-Ges., Berlin, *Herstellung von 1.2-Methylen-3-ketosteroiden.* (**Niederl. P. 101 425** vom 26/10. 1959, ausg. 15/5. 1962. D. Prior. 25/10. 1958 u. 11/7. 1959. — C. **1960**, 17211 [D. A. S. 1 072 991] u. C. **1961**, 15126 [D. A. S. 1 096 353].)

Ciba Soc. An., Schweiz, *Mikrobiologische Reduktion der 3-Oxogruppe von Steroiden.* (**F. P. 1 271 047** vom 30/7. 1959, ausg. 12/1. 1962. Schwz. Prior. 1/8. 1958 u. 24/2. 1959. — C. **1962**, 18208 [D. A. S. 1 110 637].)

Julian Laboratories, Inc., Franklin Park, Ill., V.St.A., *Herstellung von substituierten Steroid-2.5-dien-4-onen.* (**E. P. 894 636** vom 23/2. 1959, ausg. 26/4. 1962. A. Prior. 13/3. u. 22/8. 1958. — C. **1960**, 11036 [A. P. 2 891 974].)

Merck & Co., Inc., Rahway, N.J., V.St.A., *Reinigen von primären Phosphorsäuresteroid-21-estern.* (**Ind. P. 64 649** vom 14/7. 1959, ausg. 5/6. 1961. Can. Prior. 21/9. 1957. — C. **1961**, 10205 [D. A. S. 1 079 041].)

British Drug Houses Ltd., London, England, *Herstellung von 3-Oxo-$\Delta^{1.4}$-6-methyl- und 3-Oxo-$\Delta^{1.4.6}$-6-methylsteroiden.* (**Oe. P. 220 764** vom 4/3. 1959, ausg. 10/4. 1962. E. Prior. 4/3. 1958. — C. **1962**, 5398 [D. A. S. 1 102 144].)

American Cyanamid Co., New York, N.Y., V.St.A., *Herstellung von Δ^4-Pregnenverbindungen.* (**E. P. 887 546** vom 21/3. 1960, ausg. 17/1. 1962. A. Prior. 30/3. 1959. — C. **1962**, 951 [A. P. 2 938 917].)

American Cyanamid Co., New York, N.Y., V.St.A., *Herstellung von 3-Keto-4-pregnenen.* (**E. P. 890 565** vom 23/9. 1958, ausg. 7/3. 1962. A. Prior. 30/9. 1957. — C. **1962**, 3556 [F. P. 1 210 454].)

British Drug Houses Ltd. (Erfinder: **David Neville Kirk, Vladimir Petrow** und **David Morton Williamson**), *Δ^4-6α.16α-Dimethylpregnen-3.20-dion.* (**Aust. P. 232 397** vom 12/3. 1959, ausg. 23/2. 1961. — C. **1961**, 6245 [E. P. 841 003].)

Schering Ltd. (Erfinder: **Emanuel B. Hershberg**), *1.4-Pregnadien-16α.21-diol-3.20-dion.* (**Aust. P. 232 360** vom 9/12. 1958, ausg. 23/2. 1961. A. Prior. 30/12. 1957. — C. **1959**, 5573 [A. P. 2 833 797].)

Syntex Soc. An., Mexico, Mexico, *Herstellung von Pregnadienverbindungen.* (**E. P. 890 834** vom 10/3. 1958, ausg. 7/3. 1962. Mexican. Prior. 9/3., 26/3., 11/6., 18/6., 20/7., 9/8., 16/8., 3/9., 23/9., 26/9. u. 15/10. 1957. — C. **1961**, 3747 [D. A. S. 1 079 042].)

American Cyanamid Co., New York, N.Y., V.St.A., *Herstellung von halogenierten Pregnadienen und Pregnatrienen.* (**E. P. 886 926** vom 26/6. 1959, ausg. 10/1. 1962. A. Prior. 9/7. 1958. — C. **1962**, 9822 [A. P. 2 975 197].)

Upjohn Co., Dover, Del., V.St.A., *Herstellung von 2-Alkyl-9α-fluor-11β.17α-dihydroxy-21-acyloxy-4.6-pregnadien-3.20-dionen und den entsprechenden 21-Hydroxylverbindungen.* (**Niederl. P. 101 282** vom 23/3. 1957, ausg. 15/5. 1962. A. Prior. 29/3. 1956. — C. **1960**, 3966 [D. A.S. 1 048 580].)

American Cyanamid Co., New York, N.Y., V.St.A., *Herstellung von Pregnatetraenen.* (**E. P. 885 850** vom 26/9. 1958, ausg. 28/12. 1961. A. Prior. 8/10. 1957. — C. **1961**, 18051 [A. P. 2 864 834].)

Syntex Soc. An., Mexico, Mexico, *2-Hydroxymethylenverbindungen der Androstanreihe und deren Ester.* (**Ind. P. 65 284** vom 17/9. 1958, ausg. 4/1. 1961. — C. **1962**, 4645 [Belg. P. 567 724].)

G. D. Searle & Co., Chicago, Ill., V.St.A., *Herstellung von Androstenon- und Androstanonverbindungen.* (**E. P. 885 782** vom 22/1. 1959, ausg. 28/12. 1961. A. Prior. 24/1. 1958. — C. **1961**, 943 [A. P. 2 891 078].)

G. D. Searle & Co., Chicago, Ill., V.St.A., *Herstellung von 3-oxigenierten 17-Carboxyalkyl-6-methylandrostan-17-ol-lactonen.* (**E. P. 889 309** vom 10/12. 1959, ausg. 14/2. 1962. A. Prior. 11/12. 1958. — C. **1962**, 1328 [A. P. 2 938 031].)

G. D. Searle & Co., Chicago, Ill., V.St.A., *Herstellung von 11α-Hydroxy(und -alkoxy)-11.19-epoxyandrostanverbindungen.* (**E. P. 889 379** vom 27/9. 1960, ausg. 14/2. 1962. A. Prior. 28/9. 1959. — C. **1962**, 10198 [A. P. 2 975 173].)

Tadeus Reichstein, Basel, Schweiz, *Herstellung von 18- und bzw. oder 21-Äthern und Thioäthern des Aldosterons.* (**Oe. P. 217 646** vom 18/8. 1954, ausg. 10/10. 1961. Schwz. Prior. 11/9. 1953 u. 22/1. 1954. — C. **1958**, 8419 [D. A. S. 1 014 539].)

Farmaceutici Italia Soc. An. (Erfinder: **Bruno Camerino, Umberto Valcavi, Domenico Cattapan** und **Bianca Patelli**), Mailand, Italien, *Herstellung von 4-Methyl-17α-hydroxyprogesteron und dessen Estern.* (**Oe. P. 220 765** vom 15/4. 1959, ausg. 10/4. 1962. E. Prior. 16/4. 1958. — C. **1962**, 2093 [E. P. 836 361].)

Aktiebolaget Leo, Hälsingborg, Schweden, *Herstellung von Estern des Testosterons und 19-Nortestosterons.* (**E. P. 890 749** vom 9/1. 1959, ausg. 7/3. 1962. Dän. Prior. 14/1. 1958. — C. **1961**, 232 [D. A. S. 1 081 889].)

G. Analyse. Laboratorium

Trennung festsitzender Glasschliffe. Gilbert E. Moos und J. Pai-Fun Chen. (Chemist-Analyst **46,** 72, Sept. 1957; Canton, N.Y., St. Lawrence Univ.; engl.) A. Blaschette. 5010□

„Aspirette". Verbesserter Saugaufsatz für Pipetten. H. Tarbes. (Chim. analytique [4] **42,** 309, Juni 1960; franz.) — Beschreibung eines Saugballes zum Pipettieren von ätzenden u. giftigen Fll., der mit einer Hand bedient werden kann. G. Krien. 5012□

Messung von schnellen Temperaturänderungen mit Thermoelementen. J. A. Sirs. (J. sci. Instruments **38,** 489—90, Dez. 1961; London, Univ., St. Mary's Hospital, Med. School, Phys. Dep.; engl.) — Die Best. der Ansprechzeit verschiedener Thermopaare auf plötzliche Temp.-Änderungen wurde durchgeführt, indem die Thermodrähte an einem Widerstandsdraht befestigt wurden, dessen Temp. durch Kondensatorentladung um 2° erhöht wurde. Die kürzeste gemessene Ansprechzeit betrug ca. 15 ms, konnte aber durch einen Kompensationskreis im Verstärker weiter red. werden. K. Ross. 5016□

Schnell ansprechender Vakuumofen von geringer Trägheit. L. H. Rachal. (Rev. sci. Instruments **32,** 940—42, Aug. 1961; Canoga Park, Calif., Div. of North American Aviation, Inc., Atomics Internat.; engl.) — Es wird ausführlich ein Vakuumofen beschrieben, der sich sehr schnell auf die gewünschte Temp. einstellt u. auf schnelle Temp.-Änderungen reagiert. Zwischen 150 u. 950° beträgt die maximale Temp.-Schwankung lediglich 0,1°. G. Gattow. 5028□

Kompakter Vakuumofen für hohe Temperaturen. Stanley B. Austerman. (Rev. sci. Instruments **32,** 924—25, Aug. 1961; Canoga Park, Calif., Div. of North Amer. Aviat., Inc., Atom. Internat.; engl.) — Ausführliche Beschreibung eines Hoch-Temp.-Ofens, mit dem bis über 2200° im Vakuum oder unter nichtoxydierender Atmosphäre gearbeitet werden kann. G. Gattow. 5028□

Eine Laboratoriumsapparatur zur Anreicherung von Deuterium durch Rektifikation von flüssigem Wasserstoff. Rolf H. Weisser. (Chemiker-Ztg. **82,** 870—72, 20/12. 1958; Winterthur; dt.) — Beschreibung einer gläsernen Rektifizierkolonne zur Trennung von H_2-HD-Gemischen. W. Betcke. 5038□

Ein drehbarer Fraktionssammler für ein Halbmikro-Destilliergerät. L. G. Morrison. (Lab. Pract. **8,** 343—44, Okt. 1959; Ware, Herts., Smith & Nephew Res. Ltd., Hunsdon Labor.; engl.) — Beschreibung u. Abb. eines drehbaren Fraktionssammlers für eine Halbmikro-Vakuum-Dest.-App., bei dem ein kleines Gestell mit Röhrchen zum Auffangen der Fraktionen auf einen mit Schliff versehenen Trägerstiel angebracht ist. Der Stiel wird in einen am unteren offenen Ende der Schliffvorlage angebrachten Schliff eingesetzt u. läßt sich von außen drehen. Ph. Fresenius. 5038□

Ein verbessertes Viscosimeter mit hängendem Niveau. G. W. Harding. (J. Polymer Sci. **55,** S 27—S 29, Dez. 1961; Waltham Abbey, Essex, Min. of Aviat., Mat. Res. Labor., Explos. Res. and Dev. Establ.; engl.) — Die Verbesserung des Viscosimeters besteht darin, daß die Fritte zur Entfernung von unlösl. Verunreinigungen in der Lsg. hinter (statt bisher vor) das Vorrats-Vol. für die Lsg. eingebaut wird. Dadurch ist das Verdünnen der Lsg. zur Messung der Konz.-Abhängigkeit der Viscosität einwandfreier als bisher durchzuführen. Weitere Vorteile: rascheres Arbeiten, sehr geringer Substanzbedarf. Das Viscosimeter eignet sich bes. zum Arbeiten bei höherer Temperatur. Mit den angegebenen Abmessungen läßt sich die eingefüllte Lsg. im Verhältnis 8:1 verdünnen. O. Fuchs. 5040□

Radiale Strömung im Kegelteller-Viscosimeter. David B. Cox. (Nature [London] **193,** 670, 17/2. 1962; Paulsboro, N.J., Socony Mobil Oil Co., Inc., Res. Dep.; engl.) — Die Verteilung eines Tropfens rotgefärbten viscosen Öls wird verfolgt, der an den äußeren Rand des mit dem gleichen Öl gefüllten Zwischenraums zwischen Kegel u. Rand beim Kegeltellerviscosimeter gesetzt wird. Es wird der experimentelle Nachw. erbracht, daß bei der theoret. Behandlung der Strömungserscheinungen in diesem Viscosimeter eine radiale Geschw.-Komponente berücksichtigt werden muß, die bes. bei der Viscosimetrie nicht-Newtonscher Fll. zur Geltung kommt. W. Betcke. 5040□

Mikrobestimmung der Molekulargewichte mittels isothermer Destillation. J. Jonáš, J. Kánský und O. Knessl. (Collect. czechoslov. chem. Commun. **26,** 2073—75, Aug. 1961; Prague, Czechoslov. Acad. of Sci., Inst. of Org. Chem. and Biochem.; engl.) — Die Meth. von Niederl zur Molgew.-Best. mittels isothermer Dest. wurde modifiziert. Als Standard wurden meistens Lsgg. von Azobenzol (Konz. 0,025 bis 0,125 molal) verwendet. Als Lsgm. haben sich am besten Aceton, Bzl. u. Dioxan bewährt. Die Reproduzierbarkeit ist gewöhnlich besser als ± 5% für den Molgew.-Bereich 100 bis 1000. Die Meth. ist für thermolabile Stoffe bes. geeignet, da die Arbeits-Temp. meistens niedriger als 40° ist; nur geringe Stoffmengen werden benötigt, die nach der Messung regeneriert werden können. Die Meth. wurde zur Molgew.-Best. von Terpenen erfolgreich angewendet. I. Frič /Prag. 5044

Thermoelektrische EMK von Zinn-Cadmium-Legierungen. H. Charnock und S. A. Yeo. (J. sci. Instruments **36,** 478—79, Nov. 1959; Wormley, Godalming, Surrey, Nat. Inst. of Ozeanogr.; engl.) — Das Auftreten störender Ströme in μV-Galvanometern kann durch Verw. einer Cd-Sn-Leg. mit 65—75% Cd u. 35—25% Sn als Lot für die Cu-Zuleitungen weitgehend verhindert werden. W. Betcke. 5048□

Magnetometer zur Untersuchung von Phasenumwandlungen beim raschen Erhitzen und Abkühlen. Ju. Ja. Meschkow. (Український Фізичний Журнал [Ukrain. physik. J.] **5,** 252—58, März/April 1960; Akad. der Wiss. der UkrainSSR, Inst. für Metallphys.; ukrain., Auszug: engl.) — Vf. beschreibt ein Wechselstrommagnetometer mit einer Frequenz von 50 Hz zur Unters. von Phasenumwandlungen bei raschem Erhitzen u. Abkühlen. Das beschriebene Magnetometer dient als Ergänzung der vorhandenen Meth., da es die gleichzeitige Unters. der therm., dilatometr. u. magnet. Änderungen, sowie den Verlauf des elektr. Widerstandes bei der Erhitzung aufzeichnet. Es werden in der vorliegenden Arbeit nur Werte einer qual. Analyse angegeben, aber es wird auf die Möglichkeit hingewiesen, auch quant. Ergebnisse zu erhalten. G. Engelhardt. 5048□

Die Messung der Meyer-Härte und des Young-Moduls auf dem Rockwellprüfgerät. D. K. Mackenzie und T. P. Newcomb. (Brit. J. appl. Physics **8,** 398—99, Okt. 1957; Stockport, Cheshire, Ferodo Ltd.; engl.) — Die mit Hilfe eines Rockwell-Prüfgerätes erhaltenen Werte an verschiedenen Materialien werden zur Berechnung der Meyer-Härte u. des Young-Moduls benutzt. Es erfolgt ein Vgl. mit Messungen an einem Vickers-Härteprüfgerät bzw. mit Tabellenwerten des Young-Moduls. I. Ebel. 5048□

Radiochemie. N. Shibata, K. Seto, N. Saito, H. Sano, T. Nakai, Y. Kamemoto, T. Ishimori, K. Ueno und K. Watanabe. (Japan Analyst, annu. Rev. **1961** 43 R—66 R; jap.) — Übersicht mit 1253 Literaturangaben. E. Klever. 5052□

Mikroskop für Untersuchungen bei hohen Temperaturen. N. A. Toropow, E. K. Keler, A. I. Leonow und P. F. Rumjanzew. (Вестник Академии Наук СССР [Nachr. Akad. Wiss. der UdSSR] **32,** Nr. 3, 46—48, März 1962; russ.) — Beschreibung der Konstruktion u. Arbeitsweise eines Mikroskops für Unterss. bei hohen Temp. (Raum-Temp. bis 2800°). S. Baryschnikow. 5056

Tieftemperatur-Gaschromatographie. Roger S. Porter und Julian F. Johnson. (Analytic. Chem. **33,** 1152—55, Aug. 1961; Richmond, Calif., California Res. Corp.; engl.) — Vff. untersuchen die Möglichkeiten eines Einsatzes der Gaschromatographie bei der Temp. des festen CO_2 (—78°). Als Trägermaterial wurden Glaskugeln (**A**) u. Ziegelmehl (**B**) u. als Trenn-Fl. n-Heptan (**I**), n-Octan u. Aceton verwendet. Die Trennsäulencharakteristiken wurden mit **I**-Konzz. von 0,02—2,0% auf **A** u. von 0,5—28,0% auf **B**, aufgenommen. Zur Unters. der Natur der Trennungen, des Einfl. der Probenmenge u. der evtl. analyt. Verw.-Fähigkeit wurden Proben chromatographiert, die H_2, D_2, N_2, N_2O, CO, O_2, Ar, Kr, Xe, CH_4, C_2H_2, C_2H_4, C_2H_6, C_3H_6, C_3H_8, *cis*-C_4H_8 u. C_4H_{10} enthielten. W. Hein. 5062 □

Ionisationskammer für die Hochtemperatur-Gaschromatographie. L. H. Mason, H. J. Dutton und L. R. Bair. (J. Chromatogr. [Amsterdam] **2,** 322—23, Mai 1959; Peoria, Ill., U. S. Dep. of Agricult., Agricult. Res. Serv., Northern Utilizat. Res. and Developm. Div.; engl.) — Vff. geben genaue Beschreibung u. Skizze der bis zu 240° verwendbaren Kammer an. Zur Isolation wird Teflon benutzt. Weiterhin wird ein Gaschromatogramm von Methylstearat wiedergegeben, das mit ^3H markiert war. F.-M. Friedrich-Anderseck. 5062□

Verbesserte Probennahme- und Registriersysteme für die Gaschromatographie-Flugzeitmassenspektrometrie. A. A. Ebert jun. (Analytic. Chem. **33,** 1865—70, Dez. 1961; Wilmington, Del., du Pont de Nemours & Co., Inc., Res. and Developm. Div., Org. Chem. Dep., Jackson Labor.; engl.) — Ausführliche Konstruktionsbeschreibung mit Anwendungsbeispielen. W. Hein. 5062□

Sammeln chromatographischer Fraktionen im Probensystem eines Massenspektrometers. J. H. Beynon, R. A. Saunders und A. E. Williams. (J. sci. Instruments **36,** 375—76, Aug. 1959 Blackley, Manchester, I.C.I. Ltd., Dyestuffs Div.; engl.) — In einem Gaschromatographen aufgetrennte Komponenten werden nach Ausfrieren direkt in ein Massenspektrometer zur weiteren Unters. übergeführt. Das Verf. ist eingehend beschrieben. H. Schroeder. 5062□

Automatisierung des Gaschromatographen für Volumenmessung. Jarosław Janák und Karel Tesárik. (Chem. analit. [Warszawa] **3,** 349—56, 1958; Brno, Tschechoslov. Akad. der Wiss., Labor. für Gasanalyse; pol., Auszug: engl.) — Vgl. C. **1959,** 16739. F. Urban. 5062□

Nach der Methode von Cauchois arbeitender Röntgenspektrograph. Neue Abänderungen und ein Spektrograph-Typ mit Geiger-Müller-Zählrohr. Victor Miron. (An. ştiinţ. Univ. „Al. I. Cuza" Iaşi, Secţ. I **4,** 105—14, 1958; rum.) A. Blaschette. 5063□

Komparator für Röntgenspektrenaufnahmen. C. F. Smith. (J. sci. Instruments **36,** 377—78, Aug. 1959; Farnham Common, Bucks.; engl.) — Vf. beschreibt ein opt. Gerät zum direkten Vgl. zweier Röntgenspektrenaufnahmen. J. Schroeder. 5063□

Beschreibung eines Gerätes zur Messung der Quadrupol-Resonanz. J. M. Dereppe und M. van Meerssche. (Bull. Soc. chim. belges **69,** 194—203, 1960; Louvain, Univ., Labor. de Chim. Phys.; franz.) — Zur Klärung einer Reihe von Strukturproblemen ist die Beobachtung von Energieübergängen bei Atomkernen mit elektr. Quadrupolmomenten u. bes. auch von deren Resonanzerscheinungen von Bedeutung geworden. Für solche Unterss. wurden zwei Spektrographen entwickelt, die im Frequenzgebiet zwischen 20 u. 50 MHz arbeiten. Mit dem einen Gerät lassen sich nur sehr schnelle Vorgänge beobachten, da es auf dem Prinzip der Super-Rk. arbeitet. Das zweite, beschriebene Gerät arbeitet mit einem Audiondetektor u. erlaubt daher eine graph. Aufzeichnung der Resonanzlinien mit ihren Strukturen. H. Fahlenbrach. 5063□

Berechnung des Auflösungsvermögens eines Spektrographen mit zwei Konkavgittern bei streifendem Einfall. Pierre Jaegle. (C. R. hebd. Séances Acad. Sci. **250,** 3620—21, 30/5. 1960; franz.) — In Fortsetzung einer früheren Unters. (vgl. C. **1959,** 1695) berechnete Vf. die Änderung des Auflösungsvermögens eines Spektrographen mit 2 konkaven Gittern als Funktion der Öffnung des einfallenden Strahlenbündels u. verglich die erhaltene Kurve mit der, die Mack u. Mitarbeiter [1932] für einen Spektrographen mit einem Konkavgitter erhalten hatten. Aus dem Vgl. der Kurven ergab sich, daß die Hinzufügung eines 2. Konkavgitters bei geeignetem Einbau die Wirksamkeit des Spektrographen gegenüber dem mit nur einem Gitter beträchtlich erhöht. C. Gottfried. 5063

Der Bandgenerator und einige seiner Anwendungen. Allan Danielsson, Gustaf Sundkvist und Fred Lundgren. (Rev. univ. Mines, Métallurgie, Mécan., Trav. publ., Sci. Arts appl. Ind. [9] **15 (102),** 358—60, Mai 1959; Skelleftehamn, Bolidens Gruvaktiebolag; engl.) — Vf. beschreiben App. u. Arbeitsweise einer spektralanalyt. Meth. mit einem Bandgenerator, bei der die pulverförmige Substanz mit dem Band zwischen 2 Graphitelektroden geführt wird. Abweichungen u. die Behandlung der die Linienintensitäten beeinflussenden Parameter werden diskutiert. W. Sobieski. 5063□

Ionenaustauscher-Isoformierung für die spektrochemische Analyse nach der Streifentechnik. Gustaf Sundkvist. (Acta chem. scand. **15,** 1485—1506, 1961; Skelleftehamn, Boliden Mining Co., Res. Labor.; Stockholm, Roy. Inst. of Technol., Dep. of Analyt. Chem.; engl.) — Vf. beschreibt eine neue Meth. zur Vorbehandlung der Probe, die nach der Streifentechnik analysiert werden soll. Nach dem Lösen der Probe, dem Zusatz des inneren Standards u. des spektroskop. Puffers wird die Lsg. mit Kationen- bzw. Anionenaustauschern im Batch-Verf. behandelt. Die getrockneten u. gemahlenen Austauscher werden spektrochem. als Pulver analysiert. Die verschiedenen Parameter des Batch-Verf. werden eingehend untersucht. J. Peters. 5063□

Analysenreine Lösungsmittel für spektroskopische Zwecke. Anonym. (Current Sci. **28,** 275, Juli 1959; engl.) — Es werden bei gegebenen Wellenlängen die Durchlässigkeit in 1 cm-Küvetten für verschiedene Lsgm. bestimmt. CCl_4: 400 (μ Wellenlänge)/99 (% Durchlässigkeit); 300/99; 275/80; 260/4,5. — $CHCl_3$: 400/100; 300/98; 275/94; 250/35; 245/11. — *Cyclohexan*: 400/100; 300/100; 275/100; 250/99; 245/98; 240/93; 235/88; 230/80; 225/68; 220/52; 215/35; 210/20. — *Essigsäureäthylester*: 400/100; 300/95; 275/90; 250/27; 245/1,5. — *A.*: 400/100; 300/99; 275/99; 250/95; 245/92; 240/86; 235/80; 230/78; 225/66; 220/56; 215/46; 210/34. — *n-Hexan*: 400/100; 300/100; 275/99; 250/98; 245/98; 240/97; 235/94; 230/92; 225/88; 220/82; 215/71; 210/54. — *Methanol*: 400/100; 300/98; 275/97; 250/95; 245/93; 240/87; 235/81; 230/73; 225/64; 220/53; 215/41; 210/27. — *Isooctan*: 400/100; 300/99; 275/99; 250/99; 245/98; 240/95; 235/94; 230/91; 225/83; 220/68; 215/28,5; 210/0,5. — *Isopropanol*: 400/100; 300/99; 275/98; 250/96; 245/95; 240/92; 235/86; 230/79; 225/73; 220/63; 215/53; 210/38. P. Becker. 5063

Flammenphotometrie. Y. Ohyagi. (Japan Analyst, annu. Rev. **1961,** 24 R bis 30 R; jap.) — Übersicht mit 242 Literaturangaben. E. Klever. 5064□

Indirekte Methoden in der flammenphotometrischen Analyse. 1. Mitt. Jerzy Malinowski. (Chem. analit. [Warszawa] 3, 549—52, 1958; Warszawa, PAN, Inst. Bad. jądr., Zakł. Chem. analit.; pol., Auszug: engl.) — Die Intensität der Emission E von Ca u. Sr wird durch Be [als $Be(NO_3)_2$] mit steigendem Zusatz erniedrigt. Andere Zusätze, wie H_2SO_4, H_3PO_4, Na_3AsO_4, $(NH_4)_2MoO_4$, $(NH_4)_2WO_4$ u. $(NH_4)_4V_2O_7$ erniedrigen E nur bis zu einem bestimmten Wert. Die „Sättigungs-Konz." liegt stets so, daß definierte Verbb. gebildet werden. So entstehen mit Ca^{2+} $CaSO_4$, $Ca_3(PO_4)_2$, $CaMoO_4$, $CaWO_4$, $Ca_2V_2O_7$. $Ca_3(AsO_4)_2$ u. mit Sr^{2+} $SrWO_4$, $Sr_2V_2O_7$. Die Wrkg. von Be^{2+} auf E von Ca^{2+} u. Sr^{2+} ist chem. nicht zu erklären F. Urban. 5064□

Die direkte flammenphotometrische Analyse von pulverisiertem Material. Paul T. Gilbert jun. (Analytic. Chem. 34, 1025—29, Juli 1962; Fullerton, Calif., Beckman Instrum., Inc.; engl.) — Bei der flammenphotometr. Analyse von nicht vorbehandeltem Material wurden gute Erfolge mit einer Meth. erzielt, bei der die pulverisierte Probe in einer Isopropanol-Glycerin-Mischung suspendiert u. mit einem Zerstäuber in die Flamme eingetragen wird. W. Betcke. 5064□

Verwendung eines Photomultipliers bei der flammenphotometrischen Analyse von Substanzen mit Emissionsbanden im Rotbereich. E. J. Harris. (J. sci. Instruments 36, 369, Aug. 1959; London, Univ. College, Biophys. Dep.; engl.) — Vf. weist darauf hin, daß speziell entwickelte Photomultiplier zur Messung der Emissionen des Li, K, Rb bis 7800 Å verwendet werden können. 0,1—0,5 μM RbCl oder KCl pro ml können noch bestimmt werden. H. Schroeder. 5064□

Titration in nichtwässerigen Lösungen. T. Kashima. (Japan Analyst, annu. Rev. 1961, 38 R—42 R; jap.) — Übersicht mit 240 Literaturangaben. E. Klever. 5066□

Reinigung von Nitromethan zur Verwendung in der nichtwässerigen Säure-Base-Titrimetrie. G. A. Clarke und S. Sandler. (Chemist-Analyst 50, 76—77, Sept. 1961; Stamford, Conn., Amer. Cyanamid Co., Central Res. Div.; engl.) — Basenreste lassen sich aus Nitromethan mit Hilfe eines stark sauren Kationenaustauschers (z. B. Amberlite IR-120) entfernen. Vor dem Gebrauch wird der Austauscher einige Male mit wasserfreiem Methanol dekantiert, nach Füllung der Säule wird diese mit einem weiteren Liter Methanol u. anschließend mit 300 ml Nitromethan gewaschen. W. Betcke. 5066□

Potentiometrische Titration von Säuren in tert.-Butylalkohol. James S. Fritz und L. W. Marple. (Analytic. Chem. 34, 921—24, Juli 1962; Ames, Iowa, Iowa State Univ., Inst. for Atomic Res., Dep. of Chem.; engl.) — Vff. untersuchen die Möglichkeit, tert.-Butanol als Lsgm. für die Titration von Säuren zu benutzen. Mineralsäuren, Carbonsäuren, Dicarbonsäuren u. Phenole werden potentiometr. mit einer Glasindicatorelektrode u. einer Kalomelbezugselektrode titriert. Da die Titrationskurven der einzelnen Säuren sehr flach sind, eignet sich das Lsgm. bes. bei Anwendung der Differentialmethode. J. Peters. 5066□

Die Theorie der Chronopotentiometrie mit zylinderförmigen Elektroden. 1. Mitt. **Die Chinon-Hydrochinon-Reaktion an Elektroden aus Platin- und Golddraht.** Dennis G. Peters und James J. Lingane. (J. electroanalyt. Chem. [Amsterdam] 2, 1—16, Jan./Febr. 1961; Cambridge, Mass., Harvard Univ., Dep. of Chem.; engl.) — Die Grundgleichung der Chronopotentiometrie: $i\cdot\tau^{1/2}/C_i = \pi^{1/2}\cdot n\cdot F\cdot A\cdot D^{1/2}/2$ (i = konst. Stromstärke, τ = Übergangszeit, C_i = Konz. an elektroakt. Substanz in der Lsg., F = Faraday-Konst., A = Elektrodenoberfläche, D = Diffusions-Koeff.) wird nicht erfüllt, wenn Oxydation des Elektrodenmaterials eintritt u. wenn zylinderförmige Elektroden benutzt werden. Im 1. Falle muß von der gemessenen Stromstärke der Wert Q/τ (Q = zur Oxydation verbrauchte Elektrizitätsmenge) abgezogen werden. Q kann durch Blind-Verss. bestimmt werden. Bei Drahtelektroden nimmt mit fortschreitender Rk. der Ø des zylinderförmigen Diffusionsraumes ständig zu. Es kann eine größere Stoffmenge zur Elektrode diffundieren, wodurch τ größer wird als nach der Gleichung zu erwarten ist. Vff. führen deshalb einen Korrekturfaktor ein. Bei der Red. von Chinon u. der Oxydation von Hydrochinon in 1 m H_2SO_4 an Pt- bzw. Au-Draht wurde gute Übereinstimmung zwischen den gefundenen u. den berechneten Werten für $i\,\tau^{1/2}/C_i$ erhalten. G. Bock. 5066□

Integrale Chronoamperometrie mit Hilfe einer einfachen Handapparatur. Alvin L. Beilby und Alan L. Budd. (Analytic. Chem. 34, 493—95, April 1962; Claremont, Calif., Pomona Coll., Dep. of Chem.; engl.) — Es wird eine Hand-App. für Messungen an stationären Mikroelektroden beschrieben u. skizziert. Die Empfindlichkeit u. Genauigkeit wird am Beispiel der Jodidoxydation untersucht. E. Beyerle. 5066□

Der Einfluß von Proteinen auf das Ergebnis amperometrischer Titrationen. Mieczysław Wroński. (Chem. analit. [Warszawa] 3, 73—75, 1958; Łódź, Uniw., Zakł. Technol. chem.; pol.) — In Ggw. von Eiweiß (I) wird der Äquivalenzpunkt bei der amperometr. Titration von Metallionen, die mit I Komplexe bilden, verschoben.

Die Verschiebung ist der **I**-Konz. proportional, solange nicht alle Metallionen komplex gebunden sind. Bei äquimol. Konz. von **I** u. Metall in der Lsg. tritt keine Verschiebung ein. F. Urban. 5066□

Die analytische Bedeutung der Koordinationschemie. Philip W. West. (Magyar tudományos Akad. kem. tudományok Osztályának Közleményei [Ung. Akad. Wiss., Ber. Abt. chem. Wiss.] **16,** 389—95, Nov. 1961; Baton Rouge, La., Louisiana State Univ., Coates Chem. Labor.; ung.) — Die Komplex-Verbb. u. die Komplex-Bldg. sind für die analyt. Chemie von großer Bedeutung. In den spezif. Rkk. der Titrimetrie findet die Komplex-Bldg. weite u. wichtige Anwendung. Ebenso bedeutend sind die zur Vorbereitung der zu untersuchenden Syst. dienenden, eleganten Maskierungs- u. Demaskierungsreaktionen. Viele komplexe Reagentien werden in der analyt. Chemie benutzt. I. Náray-Szabó. 5066

Beiträge zu den Grundproblemen der Komplexometrie. 5. Mitt. **Gegenseitige Maskierung von Eisen und Mangan.** Rudolf Přibil und Vladimír Veselý. (Talanta [London] **8,** 270—72, April 1961; Praha, Czechosl. Acad. of Sci., Analyt. Labor.; engl.) — 4. vgl. C. **1962,** 17868. — Vff. berichten über eine Meth. zur Maskierung von Fe u. Mn, so daß ohne vorhergehende Fällungen komplexometr. Best. von Ca oder Mg vorgenommen werden können. Durch Zusatz von Triäthanolamin (**I**) u. KCN wird das Fe in Hexacyanoferrat(III) übergeführt, das nach $Fe(CN)_6^{3-} + Mn(CN)_6^{4-} \rightleftharpoons Mn(CN)_6^{3-} + Fe\cdot(CN)_6^{4-}$ sofort das Mn oxydiert. Die Lsg. enthält dann die komplexen Cyanide von Fe(II) u. Mn(III), die „komplexometr." inakt. sind. Da **I** auch Al maskiert, wird eine nachfolgende Best. durch Fe, Al u. Mn nicht gestört. Durch den Zusatz von KCN werden gleichzeitig Ag, Hg, Zn, Cd, Ni, Co u. Cu maskiert. Andere Schwermetalle, wie Pb u. Bi, lassen sich durch andere Komplexbildner, z. B. Thioglykolsäure, maskieren. Auf Schwierigkeiten, die bei der komplexometr. Best. der Erdalkalimetalle infolge Bldg. eines weißen kristallinen Nd. in Lsgg. der komplexen Fe- u. Mn-Cyanide auftreten, wird hingewiesen. Die Ursache ist die Bldg. von Ca-Salzen des Mn(III)-Cyanids, die sich nur schwer selbst in heißer EDTA-Lsg. lösen. Gerhard Schulze. 5066□

Beiträge zu den Grundproblemen der Komplexometrie. 8. Mitt. **Thioglykolsäure als maskierendes Reagens.** Rudolf Přibil und Vladimír Veselý. (Talanta [London] **8,** 880—84, Dez. 1961; Prague, Czechosl. Acad. of Sci., Analyt. Labor.; engl.) — 7. vgl. Talanta [London] **8,** [1961.] 743; 5. vgl. vorst. Referat. — Vff. untersuchen die Maskierungs-Eigg. von Thioglykolsäure (**I**) u. ihre Anwendung bei komplexometr. Titrationen. **I** maskiert in alkal. Medium Pb, Bi, Ca, Ag, Hg, Zn, Tl, In u. Sn vollständig unter Bldg. farbloser Komplexe. Dagegen ergeben Fe ,Ni u. Co intensiv gefärbte Komplexe mit **I**. Die Bldg. des roten Fe-Komplexes kann durch Zusatz von Triäthanolamin verhindert werden. Die **I**-Komplexe werden mit den entsprechenden EDTA-Komplexen verglichen. Die EDTA-Komplexe von Ni u. Co reagieren nicht mit **I**, so daß sich dadurch eine hochselektive Best. von Ni u. Co ergibt. Eine Mn-Best. kann in Ggw. von Fe, Cu, Al u. a., die sich mit **I** maskieren lassen, durchgeführt werden. Die Vorteile von **I** gegenüber KCN als Maskierungsmittel werden diskutiert. K. Ohls. 5066□

Analytische Reagentien. I. Muraki, K. Sato, H. Tanaka, K. Ueno und M. Saito. (Japan Analyst, annu. Rev. **1961,** 66R—76R; jap.) — Übersicht mit 362 Literaturangaben. E. Klever. 5072□

Dimercaptothiopyrone als neue analytische Reagentien. Ju. I. Ussatenko und O. M. Arischkewitsch. (Доповіді Академії Наук Української РСР [Ber. Akad. Wiss. UkrainSSR] **1962,** 504—09; Dnepropetrowsk, Chem.-Technol. Inst.; ukrain., Auszug: engl.) — Als Reagens für die Colorimetrie, Amperometrie u. Gew.-Analyse werden erstmalig die folgenden Verbb. vorgeschlagen: *2.6-Dimercapto-γ-thiopyron-3-carbonsäure, -3-methyl-γ-thiopyron, -3-n-pentyl-γ-thiopyron* u. *-3.5-dimethyl-γ-thiopyron.* Sie werden an der rotierenden Pt-Elektrode oxydiert u. bilden mit den Kationen der Schwermetalle Ndd. oder gefärbte lösl. Verbindungen. Auf Grund der Unters. der Bi-Komplexe wird eine colorimetr. Bi-Best. beschrieben, die es ermöglicht, 0,003—0,05% Bi-Beimengungen zu bestimmen. Die amperometr. Cu-Best. wird an Sulfid- u. Oxiderzen sowie an Lsgg. auf Grundlage von Al, Zn, Ni nachgeprüft. Die Verbb. **I, II, III** u. **IV** werden für die Best. von Bi, Cu, Pd, Ag, Hg u. Ti empfohlen. O. Lebtag. 5072□

Versuche zur Anwendung von Dithizonaten zur Bestimmung anderer Metalle. Jerzy Minczewski und Hanna Maleszewska. (Chem. analit. [Warszawa] **3,** 655—58, 1958; Warszawa, PAN, Inst. Bad. jądr., Zakł. Chem. analit.; pol., Auszus: engl.) — Die Anwendung von Schwermetalldithizonaten zur selektiven Extraktion anderer Schwermetallkationen ist nur möglich, wenn die Komplexzerfalls-Konst. sehr unterschiedlich sind. Die zur Extraktion notwendigen Lsgg. der Dithizonate werden durch Ausschütteln einer Chlf.-Lsg. von Dithizon mit der wss. Metallsalz-Lsg. erhalten. So läßt sich Ag^+ in saurer Lsg. mit Cu-Dithizonat (I) extrahieren u. dann spektrophotometr. bestimmen. Der Fehler der Best. beträgt ±8%. Pb^{2+}, Bi^{3+} u. Cd^{2+} stören nicht die Extraktion. Hg^{2+} darf nicht zugegen sein, da es vor Ag^+ mit I extrahiert wird. Die Extraktion von Hg^{2+} mit I ist zur Best. von Hg ungeeignet, da Hg-Dithizonat lichtempfindlich ist. Bi-Dithizonat zerfällt in saurer Lsg., es ist deshalb als Extraktionsmittel ungeeignet. F. Urban. 5072□

Wasserbestimmung nach Karl Fischer in Ammoniumperchlorat mit einer automatischen Titrationsapparatur. Ermittlung der Parameter der Reaktionsgeschwindigkeit und statistische Auswertung. Eugene A. Burns und R. F. Muraca. (Analytic. Chem. **34,** 848—54, Juni 1962; Menlo Park, Calif., Stanford Res. Inst., Propuls. Sci. and Space Sci. Div.; engl.) — Die Vers.-Bedingungen der Titration nach Karl Fischer unter Anwendung des Beckman-Aquameters Modell KF 2 zur Best. kleiner Mengen W. in NH_4ClO_4 werden untersucht. Die Rk.-Geschw. des Karl-Fischer-Reagens mit W. kann dadurch erhöht werden, daß die Probe in einem Pyridin–Methanol-Gemisch (3:1) gelöst wird, das beträchtliche Mengen gelöster Salze enthält. Zur visuellen Erkennung oder zur Registrierung des „dead stop"-Endpunktes wird ein billiges Zusatzgerät zum Aquameter beschrieben. Die vorgeschlagene Meth. erfaßt getrennt das an der Oberfläche u. im Innern gebundene Wasser. Die erhaltenen Ergebnisse werden statist. ausgewertet. Aus den korr. Werten ergibt sich eine Wiederholbarkeit von 0,0008 u. 0,0014% u. eine Reproduzierbarkeit von 0,0018 u. 0,0022% bei einem H_2O-Geh. von 0,01 bzw. 0,05%. J. Peters. 5074□

Automatisches Titrimeter von Prolabo. Wasserbestimmung mit der Karl-Fischer-Methode. Anonym. (Chim. analytique **42,** 252—53, Mai 1960; franz.) — Beschreibung eines Titrier-App. zur Wasser-Best. nach Karl Fischer, bestehend aus 2 Büretten, deren Zufluß automat. durch die Deadstop-Endanzeige unterbrochen werden kann u. einem Rk.-Gefäß mit Luftfeuchtigkeitsausschluß u. Magnetrührung. G. Krien. 5074□

Calorimeter zur Bestimmung der Wärmetönung langsam verlaufender Reaktionen fester Stoffe mit Gasen. Wojciech Olpiński. (Chem. analit. [Warszawa] **3,** 683—92, 1958; Mikołów, Fiz.-Chem. Inst. Bezp. Górn., Zakł. analit.; pol., Auszug: engl.) — Die Wärmetönung der Rkk. von Gasen mit Feststoffen bei gewöhnlicher Temp., z. B. der Oxydation von Kohle mit Luft-O_2, läßt sich in einem Zwillingscalorimeter, dessen Konstruktion u. Eichung beschrieben werden, mit guter Genauigkeit (Fehler 0,5 cal/h) bestimmen. F. Urban. 5084□

Anwendung des elektrischen Bogens in der Calorimetrie. A. F. Worobjew und Ss. M. Skuratow. (Журнал Физической Химии [J. physik. Chem.] **32,** 2580—85, Nov. 1958; Moskau, Lomonossow-Univ.; russ., Auszug: engl.) — Beschreibung einer Calorimeterbombe mit einer Gleitelektrode. H. Roschkowski. 5084□

Die Wärmeübertragung im Tian-Calvet-Mikrocalorimeter. L. Benjamin und G. C. Benson. (Canad. J. Chem. **40,** 601—09, April 1962; Ottawa, Ontario, Canada, Nat. Res. Council, Div. of Pure Chem.; engl.) — Für ein Tian-Calvet-Calorimeter zur Messung kleinster calorischer Effekte stellen Vff. eine Theorie des Wärmeüberganges auf, indem sie von den geometr. u. physikal. Materialvoraussetzungen ausgehen. Selbst wenn die experimentellen Ergebnisse z. T. bis zu 100% von den von der Theorie vorhergesagten Ergebnissen abweichen, so leistet die gegebene Theorie dennoch gute Dienste bei der Vorausplanung der Dimensionierung eines Tian-Calvet-Mikrocalorimeters. — Literaturhinweise zur Praxis des Gerätes. K. Jaeger. 5084□

Entwicklung eines calorimetrischen Wärmeüberführungsmeßgerätes zur Verwendung in Stoßrohren. Peter H. Rose. (Rev. sci. Instruments **29,** 557—64, Juli 1958; Everett, Mass., Avco Res. Labor.; engl.) — Vf. beschreibt ausführlich ein Wärmeüberführungsmeßgerät, das auf einem calorimetr. Prinzip beruht, für die Ermittlung extrem hoher Wärmeüberführungszahlen (WZ) unter quasiveränderlichen Bedingungen, wie sie in Stoßrohren auftreten. Experimentelle Best. von laminaren u. turbulenten WZ wurden bis zu Satelliten-Geschw. herauf (26000 ft/s) durchgeführt. G. Gattow. 5084□

a) Elemente und anorganische Verbindungen

Nichteisenmetalle. T. Kitazato und H. Kishi. (Japan Analyst, annu. Rev. **1961,** 83R—102R; jap.) — Übersicht über die analyt. Meth. für Nichteisenmetalle. — 767 Literaturangaben. E. Klever. 5106□

Analyse eines Ammoniumsalzgemisches der Amino-, Imino-, Nitrilosulfonsäure und der Schwefelsäure. Krystyna Lasiewicz und Barbara Byczyńska. (Chem. analit. [Warszawa] **3,** 1027—31, 1958; Luboń, Inst. Kwasu Siark. i Naw. fosfor.; pol.) — Im Gemisch der NH_4-Salze wird zunächst der Gesamt-N-Geh. nach Kjeldahl u. der

Gesamt-S-Geh. nach Hydrolyse als $BaSO_4$ bestimmt. Ebenso wird der NH_2-, NH- u. N-(Nitril)-Geh. nach Beseitigung des NH_4^+ nach Kjeldahl ermittelt. NH_2- wird direkt durch Titration mit einer $NaNO_2$-Lsg. erfaßt. NH_4^+ läßt sich durch Abdestillieren mit NaOH bestimmen. Der $(NH_4)_2SO_4$-Geh. ist direkt nicht bestimmbar, da Nitrilosulfonsäure (I) leicht in Ggw. von NaOH hydrolysiert. I wird deshalb vorher als schwerlösl. K-Salz abgetrennt u. darauf SO_4^{2-} mit Benzidin titriert. I wird als Differenz der SO_4^{2-}-Best. ohne u. mit Hydrolyse ermittelt. Iminosulfonat wird als Differenz auf 100% berechnet. — 26 Literaturhinweise. F. Urban. G 253□

Bestimmung anorganischer Verunreinigungen in Natriumsulfonaten. Zbigniew Gregorowicz und Joanna Kulicka. (Z. analyt. Chem. **188**, 263—66, 1962; Gliwice, Schles. TH, Inst. für Allg. Chem.; dt.) — Vff. beschreiben eine Meth. zur Best. von Sulfat u. Chlorid in Sulfonaten. Die SO_4^{2-}-Best. beruht auf der Fällung als $PbSO_4$ mit einem Überschuß an $Pb(NO_3)_2$ u. Rücktitration des unverbrauchten Pb^{2+} nach Entfernung des Nd. mit $[Fe(CN)_6]^{4-}$-Lsg. unter Verw. des Indicator-Syst. $[Fe(CN)_6]^{3-}$/Variaminblau. Die Best. des Cl^--Geh. erfolgt durch direkte Titration mit $Hg_2(NO_3)_2$-Lsg. gegen Variaminblau als Indicator. Verss. zur SO_4^{2-}- u. Cl^--Best. wurden in Ggw. von Na-Benzolsulfonat, Na-p-Toluolsulfonat u. Na-β-Naphthalinsulfonat durchgeführt. Die SO_4^{2-}-Best. ergibt neben Benzol- u. p-Toluolsulfonat sehr befriedigende Ergebnisse (Fehler bis zu 2%); in Ggw. des schwerer lösl. Na-β-Naphthalinsulfonats sind die Analysenfehler etwas größer (bis zu 3,6%). Die Cl^--Best. ist in allen Fällen genau. Gerhard Schulze. G 253□

Papierchromatographie anorganischer Ionen. 19. Mitt. **Die Chromatographie von Polonium und anderen Ionen auf acetyliertem Filterpapier.** Bente Klinken und Michael Lederer. (J. Chromatogr. [Amsterdam] **6**, 524—29, Dez. 1961; Paris, Inst. du Radium, Labor., Curie; Rome, Ist. di Chim. Gen. ed Inorgan., Labor. di Cromatogr. del C.N.R.; engl.) — 17. vgl. C. **1962**, 2845. — Durch Chromatographie auf acetyliertem Filterpapier (Binzer Nr. 202 oder Schleicher & Schüll, 20—25% acetyliert) gelingt Vff. die Trennung von Po^{2+}—Po^{3+}—Po^{4+} in reduzierender Atmosphäre (SO_2) mit den Laufmitteln n-Butanol–HCl (6n—12n; 2:1). Po^{3+} wurde auch bei der Chromatographie in CO_2-Atmosphäre von Lsgg. erhalten, die bei der Red. von Po^{4+} mit Fe^{2+}, SO_2 oder Ti^{4+} erhalten wurden. Die R_F-Werte von Po^{2+}, Po^{3+} u. Po^{4+} sinken mit steigendem pH-Wert. Für 15 weitere Kationen werden die R_F-Werte unter den gleichen Bedingungen mitgeteilt. M. Finke. G 256□

Anwendung der Neutronenaktivierungsanalyse bei der Untersuchung von Verunreinigungen in Reaktorgraphit. Serge May. (Bull. Soc. chim. France **1961**, 2203 bis 2208, Dez.; Saclay, Centre d'Études Nucl., Serv. de Phys.-Chim. Appl., Sect. de Cinét. Chim. Appl.; franz.) — Die Aktivierung im Neutronenstrom gestattet in Verbindung mit autoradiograph. Meth. die Dosierung u. bes. die Lokalisierung zahlreicher, Verunreinigungen in Reaktorgraphit. Die Kenntnis ihrer räumlichen Verteilung ist von großem Interesse bei der Unters. des Korrosions-Verh. des Graphits, z. B. bei der Oxydation an der Luft oder in CO_2. Vf. gibt eine Übersicht über die Bedingungen bei der Best. von *V, Na, Mn, Dy, Eu, Sm, F, S, Cl, Fe* u. *Sc* u. über die Wirksamkeit einer Reinigung durch Hochfrequenzerhitzung auf 3500°. A. Blaschette. G 260□

Bestimmung kleinster Mengen Magnesium. J. Ch. Van Schouwenburg und I. Walinga. (Netherl. J. agric. Sci. **10**, 154—56, Mai 1962; Wageningen, Agric. State Univ., Labor. of Soils and Fertilizers; Groningen, Inst. for Soil Fertility; engl. — Man versetzt die (bis 20 μg Mg enthaltende Lsg. mit KNa-Tartrat-Lsg., Borsäurepuffer-Lsg. (pH 7,6), Na-Diäthyldithioamidocarbonat-Lsg., extrahiert mit Chlf., versetzt die wss. Phase mit KOH u. Triäthanolamin, n-Butylamin u. einer Lsg. von 8-Hydroxychinolin in Chlf., schüttelt, versetzt die organ. Phase mit Na_2SO_4 u. mißt die Extinktion gegen eine Eichlsg. u. Blindprobe bei 380 nm. Mn, Fe, Cu, Zn, Co, Ni, Ca u. Al stören in Mengen bis 250 μg nicht. W. Wesly. G 282□

Spektrophotometrische Bestimmung von Magnesium in Uran. V. T. Athavale, R. L. Bhasin und B. L. Jangida. (Analyst **87**, 217—19, März 1962; Trombay, Bombay, Atom. Energy Establ., Analyt. Div.; engl.) — Man extrahiert U durch 3maliges Schütteln der salpetersauren Lsg. mit einer Tri-n-butylphosphat-Lsg. (30%ig. in CCl_4). Nach dem Neutralisieren (pH 7—8) der wss. Phase mit NH_4OH entfernt man die letzten U-Spuren durch mehrmaliges Extrahieren mit einer Oxin-Lsg. (3%ig. in $CHCl_3$), bis die organ. Phase farblos erscheint. Zu der wss. Phase gibt man dann 5 ml einer 50%ig. wss. Butylcarbitol-Lsg. sowie 10 ml konz. NH_4OH u. extrahiert das Mg durch Schütteln mit 20 ml Oxinlösung. Nach Abtrennung u. Filtration der organ. Phase wird die Extinktion bei 400 nm gegen eine Blindprobe ermittelt. Von den Metallen, die oft in U vorhanden sind, stören Cu, Ni, Zn, Fe, Cd, Cr, Mo u. Ca nicht. Bei U-Proben von 2 g, die 5—40 μg Mg enthielten, ergab sich ein Fehler von ca. 1%. J. Peters. G 282□

Spektrophotometrische Bestimmung von Aluminium in Uran und seinen Verbindungen. Allan W. Ashbrook und G. M. Ritcey. (Canad. J. Chem. **39,** 1109–12. Mai 1961; Ottawa, Ontario, Canada, Res. and Dev. Div., Eldorado Min. and Refin. Ltd.; engl.) — Zur Best. von Spuren von Al in U-Metall wird nach Auflösung in HCl–HNO_3 (3:1) u. Verkochen der Stickstoffoxide ein 5–50 µg Ae. enthaltendes Aliquot mit 30 ml gesätt., mit Ammoniak auf pH 9,5–10 eingestellter $(NH_4)CO_3$-Lsg. versetzt u., zur Abtrennung von Mn, mit 1 g Diäthylammoniumdiäthyldithioamidocarbonat u. $CHCl_3$ ausgeschüttelt. Die wss. Phase wird, zur Abtrennung von bis 100 µg Co, Ni, Zn, Cu, Pb u. Fe, erschöpfend mit einer 1%ig. Lsg. von Hydroxychinaldin in $CHCl_3$ ausgeschüttelt, die wss. Phase mit KCN versetzt, mit einer 1%ig. Lsg. von 8-Hydroxychinolin in CCl_4 ausgeschüttelt u. bei 430 nm in einer 5-cm-Küvette gemessen. Die Standardabweichung betrug 0,8 ppm bei einem Al-Geh. von 13 ppm u. 7,5 ppm bei Al-Geh. von 600 ppm. W. Stross. G 294□

Spektrophotometrische Studie der Reaktion von Uran(VI) und Eisen(III) mit Xylenolorange. Schnelle Bestimmung der Spuren von Eisen in Uran. B. Buděšinský. (Z. analyt. Chem. **188,** 266–72, 1962; Rez bei Prag, Tschech. Akad. der Wiss., Inst. für Kernforsch.; dt.) — Es werden die optimalen Bldg.-Bedingungen der Komplexe von UO_2^{2+} u. Fe^{3+} mit Xylenolorange (I) ermittelt, die Zus. der entstehenden Komplexe festgestellt u. ihre Stabilitäts-Konst. berechnet. Für den Komplex $(UO_2)_2(I)_2$ (aus ster. Gründen dimer) ergibt sich eine formale scheinbare Stabilitäts-Konst. bei pH 5,96 von $3{,}7 \cdot 10^{38}$. Fe^{3+} bildet mit I zwei verschiedene Komplexe, einen Komplex bei pH 1,15, den zweiten (wahrscheinlich ein Hydroxokomplex) bei pH 5,96. Beide haben die allg. Zus. Fe_2I. Die formalen scheinbaren Stabilitäts-Konst. ergeben sich zu $6{,}3 \cdot 10^{39}$ (pH 1,15) u. $1{,}9 \cdot 10^{23}$ (pH 5,96). Die allg. Gesetzmäßigkeiten der gegenseitigen Stör-Wrkg. der Komplexe werden abgeleitet u. die Bedingungen für die Best. von Fe-Spuren in U aufgestellt. J. Peters. G 354□

Chromatographische Bestimmung von Spurenverunreinigungen von Eisen in hochreinen Substanzen. Je. A. Boshewolnow und O. A. Karakowskaja. (Заводская Лаборатория [Betriebs-Lab.] **27,** 11–12, 1961; Allunions-Forsch.-Inst. für chem. Reagentien; russ.) — Es wird eine Meth. zur Best. von Fe-Spuren durch Adsorption des Fe^{2+}-o-Phenanthrolin (I)-Komplexes an einer Silicagelsäule beschrieben. Silicagel wird im Porzellanmörser zerrieben, durch Sedimentation von Anteilen unter 6 µ Ø befreit, mit 2%ig. I-Lsg. in A. (0,6 ml auf 1 g Silicagel) versetzt u. an der Luft getrocknet. Die Best. wird in 3%ig. CH_3COONa-Lsg., der HCl bis zum pH 5,5–6,0 u. 1–2 ml konz. $NH_2OH \cdot HCl$-Lsg. zugesetzt wird, durchgeführt. Vor Gebrauch wird die Puffer-Lsg. mit präpariertem Silicagel gereinigt. Die Probe-Lsg. wird durch eine 120 mm lange Säule von 1,5 mm Ø gegeben u. die erhaltene Rotfärbung visuell mit einer Standardreihe verglichen. 0,05 µg Fe können einwandfrei bestimmt werden, die Reproduzierbarkeit ist gut. Ein 2000facher Überschuß von Pb^{2+}, Bi^{3+}, Cr^{3+}, Tl^{3+}, Mn^{2+}, Sb^{5+}, W^{6+} u. Te^{6+} stört nicht. Ni^{2+}, Co^{2+}, Cu^{2+}, Zn^{2+} u. Mo^{6+} in 20fachem Überschuß vermindern etwas die Farbintensität. Zur Best. von Fe bis 10^{-7}% in hochreinen Säuren u. W. werden diese in einer Pt-Schale in einer Plexiglasbox eingedampft, mit Puffer-Lsg. aufgenommen u. auf die Säule gegeben. Die Übereinstimmung mit spektralanalyt. Ergebnissen ist gut. R. Gerbatsch. G 354□

Bestimmung von Spuren von Eisen in elektrolytischem Kupfer. František Vydra und Rudolf Přibil. (Z. analyt. Chem. **186,** 295–300, 1962; Prag, Tschechoslow. Akad. der Wiss., Polarograph. Inst., Analyt. Labor.; dt.) — Zur Best. von Fe-Spuren (bis zu 10^{-4}%) in Cu bzw. Cu-Salzen beschreiben Vff. eine Meth., die auf der photometr. Messung der Ferroinfärbung beruht. Das Cu wird mit Thioglykolsäure, deren farbloser Cu-Komplexe in alkal. Lsg. sehr gut lösl. ist, maskiert. Von Proben, die einen Fe-Geh. von mindestens 10^{-3}% aufweisen, löst man ca. 500 mg in HNO_3, dampft zur Trockne ein u. löst den Rückstand in wenig, evtl. mit HCl angesäuertem Wasser. In einem 50-ml-Kolben versetzt man die Lsg. mit 2 ml einer 0,1 m Phenanthrolin-Lsg. u. 10–13 ml 20%ig. Ammoniumthioglykolat-Lsg. vom pH 9. Nach dem Abkühlen fügt man 5 ml konz. NH_4OH (optimaler pH-Wert der Lsg. 9,5–10) zu, füllt mit W. auf u. mißt die Extinktion bei 510 nm gegen eine Blindlösung. Proben, die einen Fe-Geh. von weniger als 10^{-3}% haben, behandelt man wie vorst., fügt nach dem Auffüllen mit W. 1 g KJ hinzu u. extrahiert 2mal mit je 10 ml $CHCl_3$. Die vereinigten Auszüge füllt man mit A. auf 25 ml auf u. mißt die Extinktion bei 510 nm gegen eine Blindprobe. Ni u. Cu stören nicht, sofern sich die Eigenfarbe ihrer Thioglykolsäurekomplexe nicht bemerkbar macht; ebenso ist Zn in niedrigen Konzz. ohne Einfluß. F. Sarfert. G 354□

Spektrographische Bestimmung von Verunreinigungen in Schwarzkupfer. Kamihiko Itsuki, Fukunosuke Suzuki und Kazuo Nishino. (J. Japan Inst.

Metals [Nippon Kinzoku Gakkai-Si] **24,** 718—22, 1960; jap., Auszug: engl.) — Man löst die Probe in Säure, erhitzt u. führt Cu in CuO über, mischt mit Graphitpulver, gibt die Probe in eine Vertiefung einer Graphitelektrode u. spektrographiert. Die Arbeitsbedingungen für die Best. von As, Sb, Te, Bi, Ni, Al, Pb, Fe u. Sn werden angegeben. Der Variations-Koeff. beträgt 6—10% für die Best. von 0,003—0,03% Sb, Ni, Bi u. Al, 8—16% für 0,002—0,1% As, Pb u. Fe u. 18—25% für ca. 0,03% Fe u. Sn. W. Wesly. G 358□

Direkte Spektrophotometrie von Silber in nichtwäßrigem Medium. R. M. Dagnall und T. S. West. (Analytica chim. Acta [Amsterdam] **27,** 9—14, Juli 1962; Birmingham Univ., Chem. Dep.; engl.) — Vff. beschreiben eine Meth. zur spektrophotometr. Best. von Ag durch Extraktion aus Anthranil-N.N-diessigsäure enthaltender wss. Lsg. mit Methylisobutylketon u. Überführung in den Pyrogallolrotkomplex. Es können Ag-Mengen von 0,01—10 ppm bei einem 10fachen Überschuß an Mg, Ca, Zn, Pb, Al, Cu^{2+}, Ni, Co^{2+}, Mn^{2+}, Fe^{3+} u. Bi bestimmt werden. Hg^{2+} wird mitextrahiert, kann aber durch vorherige EDTA-Zugabe in der wss. Phase zurückgehalten werden. Die Extinktionsmessung erfolgt bei 390 nm gegen eine Blind-Lsg. in 4-cm-Küvetten. D. Heinrich. G 359□

Bestimmungsmethoden für Gold und Silber. P. Fauconnier. (Chim. analytique [4] **42,** 426—32, Sept. 1960; Adm. des Monnaies et Médailles; franz.) — Beschreibung der in der Münztechnik üblichen Meth. (nephelometr. Titration von Ag nach Gay-Lussac; Best. von Au durch Kupellieren im Muffelofen; Analyse von Rückständen). A. Blaschette. G 360□

Die Spektralbestimmung hoher Gehalte der Komponenten von Edelmetalllegierungen. N. I. Warlamowa und N. Ss. Swentitzki. (Известия Академии Наук СССР, Серия Физическая [Nachr. Akad. Wiss. UdSSR, physik. Ser.] **23,** 1133—35, Sept. 1959; russ.) — Vff. untersuchen die Cu-Best. in Ag-Cu-Legg. mit 8—50% Cu mit der Hochfrequenzfunken-Meth. unter Verw. der Linien CuI 3247,54 (Å), CuII 5218,2, AgI 3382,89 u. AgII 5209,1. Die günstigsten Ergebnisse wurden mit AgII u. CuII erhalten. Steigerung der Entladungsspannung führt zur Verschlechterung der Genauigkeit der Bestimmung. Analoge Ergebnisse wurden für Ag-Cu-Legg. erhalten, die zusätzlich noch Ni oder Au enthielten. D. Hoene. 5282□

b) Organische Verbindungen

Ein einfacher Apparat zum Wickeln von Silberdraht für den Gebrauch in Mikroverbrennungsrohren. A. C. Thomas. (Analyst **87,** 397—98, Mai 1962; Porton Down, Salisbury, Wilts., War Dep., Chem. Defense Exp. Establ.; engl.) — App.-Beschreibung. W. Betcke. 5350□

Neue silberhaltige Katalysatoren für die Elementar-(Verbrennungs)-Analyse. J. Horáček und J. Körbl. (Chem. and Ind. **1958,** 101—02, 25/1. 1958; Prague, Czechoslowak. Akad. of Sci., Inst. of Chem.; Res. Inst. for Pharmacy and Biochem.; engl.) — 4 Katalysatoren, die fein dispergiertes Ag in Co_2O_3, Fe_2O_3, CeO_2 u. MnO_2 enthielten, wurden in einer Halbmikro-App. untersucht. Die Verbrennung von ca. 15 mg Probe war bei 550° nach 5—10 Min. beendet. Die neuen Katalysatoren wirken auch als gute Absorptionsmittel für Cl^-, Br^-, J^- sowie für S-Oxide; die Absorptionskapazitäten sind angegeben. E. Schulte. 5350□

Mikroschnellmethoden der Elementaranalyse. 3. Mitt. **Genaue coulometrische Bestimmung von Wasserstoff in organischen Verbindungen.** Edward C. Olson, Ronald L. Houtman und William A. Struck. (Microchem. J. **5,** 611—16, Dez. 1961; Kalamazoo, Mich., Upjohn Comp.; engl.) — 2. vgl. C. **1962,** 17873. — Die beschriebene Meth. zur H-Best. in organ. Verbb. beruht auf der Elektrolyse des bei der Verbrennung organ. Substanzen entstandenen u. an P_2O_5 adsorbierten Wassers. Man erhält bei der Elektrolyse bei konst. Potential eine Genauigkeit von $\pm 0{,}01\%$ u. bei konst. Strom von $\pm 0{,}03\%$. Eine Analyse dauert 15—20 Minuten. A.-M. Fretzdorff. 5352□

Modifiziertes Nadelventil für die Stickstoffmikrobestimmung nach Dumas. Stephen P. Vango. (Chemist — Analyst **46,** 72, Sept. 1957; Pasadena, Calif., California Inst. of Technol., Jet Propuls. Labor.; engl.) A. Blaschette. 5352□

Bestimmung von Stickstoff in organischen Verbindungen ohne Destillation. 2. Mitt. **Bestimmung von Stickstoff in Nitro-, Nitroso- und Azoverbindungen.** Muhammad Ashraf, M. K. Bhatty und R. A. Shah. (Pakistan J. sci. ind. Res. **3,** 135—36, Juli 1960; Lahore, Panjab Univ., Dep. of Pharm. u. Lahore, Pakistan Council of Sci. and Ind. Res., West Regional Labor.; Karachi, Pakistan Council of Sci. and Ind. Res., Chem. Res. Div.; engl.) — 1. vgl. Pakistan J. sci. ind. Res. **3,** [1960], 1. — Zur N-Best. nach einer modifizierten Kjeldahl-Meth. unter Umgehung des üblichen Dest.-Schrittes werden die zu untersuchenden Nitro-, Nitroso- u. Azo-Verbb. mit Glucose zu Amino-Verbb. red. u. diese mit H_2SO_4 in $(NH_4)_2SO_4$ übergeführt. Nach Hypobromitoxydation wird $(NH_4)_2SO_4$ titrimetr. mit einer Genauigkeit von $\pm 0,2\%$ bestimmt. W. Hein. 5352□

Chloranilsäure als Reagens bei der Papierchromatographie von Stickstoffverbindungen. R. C. R. Barreto, H. S. R. Barreto und I. P. Pinto. (J. Chromatogr. [Amsterdam] **6,** 416—19, Nov. 1961; Rio de Janeiro, Univ. of Brazil, Inst. of Phthisiol. and Pneumol.; Rio de Janeiro, Rural Univ., Nat. School of Agricult.; engl.) — Vff. untersuchten die Brauchbarkeit von *Chloranilsäure* (I) für den Nachw. organ. N-Verbb. bei der Papierchromatographie. Untersucht wurden aliphat. u. aromat. *Aminosäuren, Amide* sowie *Guanidin-, Pyridin-* u. *Purinderivate.* In den meisten Fällen wurden Empfindlichkeiten von 2—6 μg gefunden, für Purin-Derivv. solche von 10—50 μg. Gearbeitet wurde auf Machery-Nagel-Papier Nr. 261 in verschiedenen Laufmittel-Syst. aus Butanol-W. u. Essigsäure, Aceton, A. oder NH_4OH. Es wurde aufsteigend gearbeitet u. die Chromatogramme bei 120° getrocknet, mit I in Amylacetat (**II**; 0,1- bzw. 1%ig. Lsg.) behandelt, mit **II** gewaschen u. unter der IR-Lampe getrocknet. Die Betrachtung erfolgt unter UV-Licht. M. Finke. 5368□

Chloramin-T als volumetrisches Reagens. Die Bestimmung organischer Hydrazinderivate. Balwant Singh, S. S. Sahota und R. P. Singh. (J. Indian chem. Soc. **37,** 392—94, Juli 1960; Chandigarh, Panjab Univ., Dep. of Chem.; engl.) — Organ. Hydrazin-Derivv. lassen sich in salzsaurer Lsg. (im allg. 2,5—4,5n) in Ggw. von Chlf. u. JCl als Indicator visuell gegen Chloramin-T-Lsg. bis zum Verschwinden der J_2-Farbe der Chlf.-Schicht titrieren. Eine potentiometr. Titration in 5,0—5,5n salzsaurer Lsg. in Ggw. eines Tropfens verd. KJ-Lsg. als Katalysator ist ebenfalls möglich. Analysenresultate werden für die Titration von *Semicarbazidhydrochlorid, Benzaldehydsemicarbazon, o-* u. *m-Nitro-, o-Hydroxy-, p-Methoxy-, p-* u. *o-Chlorbenzaldehydsemicarbazon, Benzalazin, Acetonsemicarbazon, Benzoylhydrazin, 4-Phenylsemicarbazidhydrochlorid, Thiosemicarbazid, Phenylhydrazinhydrochlorid* u. *β-Formylphenylhydrazin* wiedergegeben. W. Betcke. 5368□

Kaliumperjodat als volumetrisches Reagens. Die Bestimmung organischer Hydrazinderivate. Balwant Singh, S. S. Sahota und Mohinder Paul Gupta. (J. Indian chem. Soc. **38,** 189—92, März 1961; Chandigarh, Punjab Univ., Dep. of Chem.; engl.) — Hydrazin-Derivv. lassen sich in salzsaurer Lsg. in Ggw. von Chlf. visuell gegen KJO_4 (0,0166m Lsg.) titrieren. Die Probe wird in 60 ml HCl (1:2) gelöst, mit 5 ml Chlf. versetzt u. bis zur Entfärbung der wss. u. Purpurfärbung der Chlf.-Schicht titriert. Nach jedem weiteren Zusatz von Maß-Lsg. wird geschüttelt, bis die Chlf.-Schicht eine blaßgelbe Farbe (JCl) annimmt. Zur potentiometr. Endpunktsanzeige wird eine Pt-Redoxelektrode in Verbindung mit einer gesätt. Kalomelelektrode benutzt. Die gewöhnlich 2n salzsaure Lsg. wird zur Vermeidung einer Verflüchtigung von J_2 ebenfalls mit 5 ml Chlf. versetzt. Analysenergebnisse sind für die Best. von *Nitroaminoguanidin, β-Formylphenylhydrazin, β-Acetylphenylhydrazin, Adipinsäure-di-(phenylhydrazid), β-Propionylphenylhydrazin, 2.4-Dinitrophenylhydrazin, o-* u. *p-Chlorbenzaldehydsemicarbazon, Zimtaldehydsemicarbazon, Hydrazinsulfat, Semicarbazidhydrochlorid, Benzaldehydsemicarbazon, 4-Phenylsemicarbazidhydrochlorid, Benzalazin* u. *4-Hydroxy-3-methoxybenzaldehydsemicarbazon* aufgeführt. W. Betcke. 5368□

Trennung und Analyse von Gemischen von Kohlenwasserstoffen und anorganischen Gasen durch Gaschromatographie. G. J. Cvejanovich. (Analytic. Chem. **34,** 654—57, Mai 1962; Aruba, Netherlands Antilles, Lago Oil & Transport Co. Ltd.; engl.) — Beschrieben wird ein Verf., das die Best. von Paraffinen u. Olefinen (C_1—C_5) u. von H_2, O_2, N_2, CO u. CO_2 nebeneinander gestattet. Höhere KW-Stoffe ($C_{>5}$) werden als Summe bestimmt. Die App. setzt sich aus mehreren Kolonnen zusammen, die einzeln oder kombiniert in Betrieb genommen werden können. Bei einer Genauigkeit von ca. 0,4% beträgt der Zeitbedarf der Best. weniger als 3 Stunden. Da H_2S u. Wasserdampf stören, müssen sie in üblicher Weise entfernt werden.
F.-M. Friedrich-Anderseck. G 500□

Analyse von Spuren von Verunreinigungen in Tetrachlorkohlenstoff. L. R. Kiley und R. T. Scheddel. (Analytic. Chem. **31,** 157, Jan. 1959; Midland, Mich., Dow Chem. Co.; engl.) — Die in CCl_4 als Verunreinigung (0—0,15%) auftretenden Verbb. *1.2-Dichloräthan* ($C_2H_4Cl_2$; I), *Propanon-(2)* (C_3H_6O; II), *CS_2* (III), *Trichlormethan* ($CHCl_3$; **IV**), *Trichloräthylen* (C_2HCl_3; **V**) u. *Perchloräthylen* (C_2Cl_4; **VI**) können nebeneinander IR-spektrometr. (NaCl-Prisma) mit einer Genauigkeit von $\pm 0{,}001$ bis $\pm 0{,}05\%$ bestimmt werden. Angegeben werden die Analysenbanden 3,35 μ (I), 5,75 μ (II), 6,5 μ (III), 8,2 μ (IV), 10,7 μ (V) u. 10,95 μ (VI), die base-line-Punkte, die verwendeten Spaltbreiten sowie die relativen Extinktions-Koeff. der Verbb. bei den 6 Analysenwellenlängen. U. Uhlich. G 500□

Spektrometrische Bestimmung von Alkoholen in Oxydationsprodukten von Paraffinkohlenwasserstoffen. B. P. Kotelnikow, S. A. Prochorowa, N. T. Gerassimowa und G. B. Melusowa. (Маслобойно-Жировая Промышленность [Öl- u. Fett-Ind.] **28,** Nr. 5, 25—27, Mai 1962; Forsch.-Inst. für synthet. Fette u. Waschmittel; Moskau, Lomonossow-Univ.; russ.) — Die spektrophotometr. Best. prim. u. sek. Alkohole in Paraffinoxydaten (I) erfolgt nach den Absorptionsspektren ihrer Alkylnitrite bei $\lambda = 334{,}0$, 382,5 u. 395,5 mμ. Die Mol.-Konz. der Alkohole in I kann nach der Absorptionsbande der Valenzschwingung (VS) der freien Hydroxylgruppe bei der Frequenz 3620 cm^{-1} (Spektrometer mit Prisma aus LiF) bestimmt werden. Die Best. prim. u. sek. Alkohole im Bereich der VS 1000—1150 cm^{-1} erwies sich als kompliziert u. ungenau. S. Baryschnikow. G 550

Die Bestimmung einiger aliphatischer Alkohole und Aldehyde durch Oxydation mit saurem Kaliumdichromat. J. A. Barnard und N. Karayannis. (Analytica chim. Acta [Amsterdam] **26,** 253—58, März 1962; London, Univ. Coll., Dep. of Chem. Engng.; engl.) — Vff. untersuchten den Verlauf der Oxydation von n-Propanol u. n-Butanol sowie den entsprechenden Aldehyden mit sauren Lsgg. von $K_2Cr_2O_7$ (I). Dabei zeigte sich bei der Oxydation der Alkohole nach Erreichen der Aldehydform u. der Aldehyde direkt ein geringer Abbau der C-Ketten, der über eine Enolisierung der Aldehyde verlief. Durch steigende Geh. an Säure wird die Rk. erleichtert, da es sich um einen säurekatalysierten Vorgang handelt. Die Bldg. von Isopropionsäure u. nur geringen Mengen an Essigsäure während der Oxydation von n-Butanol u. n-Butyraldehyd führt zu der Annahme, daß die C-Kette hauptsächlich am α-C-Atom angegriffen wird. Die Ggw. von Essigsäure in den Oxydations-Prodd. erklärte sich durch Angriff an der Doppelbindung der Enolform der Ketoaldehyde. Die gefundenen Oxydations-Prodd. der Alkohole u. Aldehyde werden angegeben, der Rk.-Mechanismus wird diskutiert. Unter Berücksichtigung des beobachteten geringfügigen Abbaus der C-Kette läßt sich die bei den Unterss. der Rkk. angewendete Meth. zur quant. Best. einfacher aliphat. Alkohole u. Aldehyde über einen weiten Konz.-Bereich verwenden. Die Meth. hat eine Genauigkeit von ca. 2%. Es wurde der O-Verbrauch bei der Rk. gemessen u. daraus auf die Konz. der Ausgangsstoffe geschlossen. Arbeitsvorschrift: In eine 250-ml-Druckflasche werden eine bekannte Menge Alkohol bzw. Aldehyd, ein Überschuß einer 0,1n Lsg. von I u. 50 ml 2n H_2SO_4 gefüllt, die Flasche wird 1 Std. lang auf dem Wasserbad erwärmt, gekühlt, nicht verbrauchtes I mit einem Überschuß an Eisen(II)-ammonsulfat (II) red. u. das überschüssige II gegen eine Standard-Lsg. von I unter Verw. von Ba-Diphenylaminsulfonat als Indicator zurücktitriert. H. Fries. G 660□

Bestimmungsmethoden für Aldehyde durch Oxydation mit Silberoxid. Zygmunt Bellen. (Chem. analit. [Warszawa] **4,** 675—83, 1959; Warszawa, Inst. Chem. Ogóln., Zakl. analit.; pol., Auszug: engl.) — Krit. Übersicht. — 13 Literaturangaben. F. Urban. G 660□

Bestimmung von Acetaldehyd und Aceton in Vinylacetat durch UV-Spektrometrie. Yutaka Nishino. (Japan Analyst **10,** 83—86, Febr. 1961; Toyama, Kurashiki Rayon Co. Ltd., Toyama Plant; jap., Auszug: engl.) — Wenn man *Acetaldehyd* (**I**) in *Vinylacetat* (**II**) nach dem $NH_2OH \cdot HCl$-Verf. bestimmt, wird auch *Aceton* (**III**) vollständig mitbestimmt. Deshalb wurde das UV-Spektrum einer 10 mm dicken Schicht des zu prüfenden **II** gemessen, u. zwar bei 290 u. bei 300 mμ, wodurch $<0{,}05\%$ **I** u. **III** absorptiometr. gleichzeitig mit $\pm 0{,}002\%$ Genauigkeit beider Substanzen bestimmt werden können. W. Metzener. G 670□

Bestimmung von Acetaldehyd und Methylvinylketon in Acrylnitril. Hiroshi Hata und Kiyoshi Okada. (Japan Analyst **10,** 165—68, Febr. 1961; Uraga, Nitto Inst. of chem. Res.; jap., Auszug: engl.) — Die quant. Best. kleiner Mengen (0—0,1%) Acetaldehyd in Acrylnitril (I) mit der geeigneten Menge Fuchsinreagens wird durch Verunreinigungen nicht gestört. Die untere Nachw.-Grenze beträgt 0,001% mit $\pm 0{,}002\%$ Fehler. Die Best. von 0—0,02% Methylvinylketon gelingt mit m-Phenylendiamin bis zu 0,0003% mit $\pm$ 0,0006% Fehler. Das Verf. eignet sich zur qual. Prüfung des **I** als Rohmaterial für synthet. Produkte. W. Metzener. G 670□

Automatische Registrierung organischer Säuren bei der Säulenchromatographie. Olof Forsander und Peter Neuenschwander. (J. Chromatogr. [Amsterdam] **5,** 515—18, Juni 1961; Helsinki, State Alcohol Monopoly, Res. Labor.; engl.) — Vff. beschreiben den Aufbau eines Geräts zur kontinuierlichen Anzeige von Fettsäuren in Eluaten der Säulenchromatographie. Die aus der Säule (Silicagel) mit steigenden Mengen n-Butanol in Chlf. eluierten Säuren tropfen in ein Titriergefäß, das neben einem Magnetrührer eine Glaselektrode enthält. Die auftretenden pH-Änderungen setzen eine automat. Kolbenbürette in Bewegung, aus der eine entsprechende Menge Lauge ins Titriergefäß gedrückt wird. Die verbrauchte Laugenmenge (0,005n NaOH) wird als Integralkurve geschrieben u. ist ein direktes Maß für die austretenden Säuren. Die App. wurde erfolgreich bei der Best. organ. Säuren in physiolog. Präpp. benutzt. M. Finke. G 810□

Dünnschichtchromatographie von Carbonsäuren. Dietrich Braun und Helga Geenen. (J. Chromatogr. [Amsterdam] **7**, 56—59, Jan. 1962; Darmstadt, Dt. Kunststoff-Inst.; dt.) — Die Anwendung der Dünnschichtchromatographie an Kieselgel G zur Analyse von aliphat. *Dicarbonsäuren* sowie Citronen-, Wein-, Phthal-, Terephthal-, Benzoe-, p-Toluyl- u. Phosphorsäure aus Weichmachern gibt befriedigende Resultate bei Verw. eines Laufmittelgemisches 96%ig. A.-W.-25%ig. NH_4OH (100:12:16 Vol.). Aliphat. Monocarbonsäuren C_1—C_{18} lassen sich weder mit dem erwähnten Laufmittel, noch mit Bzl. oder Methanol trennen. M. Finke. G 820□

Das chromatographische Verhalten einiger Strukturanalogen von Dicarbonsäuren des Krebscyclus. Hebe L. Martelli und Olympia Pires. (J. Chromatogr. [Amsterdam] **6**, 159—63, Aug. 1961; Rio de Janeiro, Brazil, Univ. do Brazil, Escola Nac. de Quím.; engl.) — Vff. untersuchten das chromatograph. Verh. von *Epoxybernstein-*, *Mercaptobernstein-*, *Mercaptomilch-*, *Oxalessig-*, *Bernstein-*, *Milch-*, *Fumar-* u. *Weinsäure* auf Machery Nagel-Papier Nr. 210 in 12 verschiedenen Laufmittelsystemen. Zur Sichtbarmachung eignet sich allg. eine Bromkresolgrün-Lsg. nach Panek. Bei allen Trennungen erwies sich das Laufmittel Methylisobutylketon–Ameisensäure–W. (40:20:20) als geeignet. Die gefundenen R_F-Werte zeigen, daß die Mercaptosäuren nur durch 2dimensionale Chromatographie trennbar waren, wobei als erstes Laufmittel 95%ig. A. benutzt wurde. In den untersuchten Lsgm. wird der R_F-Wert durch die SH-Gruppe erhöht, durch die Epoxygruppe erniedrigt. M. Finke. G 820□

Nachweis von Rhodaniden in der organischen Tüpfelanalyse. F. Feigl und D. Haguenauer-Castro. (Mikrochim. Acta [Wien] **1962**, 701—04; Rio de Janeiro, Minist. das Minas e Energia, Labor. da Prod. Mineral.; dt.) — Organ. Rhodanide werden durch Raney- oder Devarda-Leg. (50% Ni, 50% Al) in saurer u. alkal. Lsg. reduktiv aufgespalten, wobei H_2S u. HCN bzw. Methylamin entstehen. Aus dem Nachw. dieser flüchtigen Verbb. läßt sich auf Mikromengen organ. Rhodanide schließen. Vff. nehmen an, daß das nascierende H die Rkk. bewirkt. Man vereinigt eine kleine Menge der festen Probe oder einen Tropfen der Lsg. mit einigen cg der Leg. u. 2 Tropfen 5n HCl. Nach Beendigung der H_2-Entw. führt man in den oberen Teil des Glases einen trockenen, mit Pb-Acetat imprägnierten Wattebausch ein u. legt auf die Öffnung ein Stück mit HCN-Reagens (Cu-Acetat-/Benzidinacetat-Lsg.) befeuchtetes Filtrierpapier. In Ggw. von Rhodaniden färbt sich beim Erwärmen auf dem Wasserbad der Wattebausch an seinem unteren Ende schwarz oder braun, das Reagenspapier blau. Bei der reduktiven Aufspaltung in alkal. Lsg. verwendet man 1—2 Tropfen 5n NaOH-Lsg. u. einige cg Devarda-Leg. (nicht Raney-Leg., da diese etwas Nitrid enthält, das beim Erwärmen mit Lauge zu NH_3 hydrolysiert u. dadurch den Nachw. von Methylamin beeinträchtigt). Nach Beendigung der H_2-Entw. legt man ein Stück feuchtes Indicatorpapier auf die Öffnung u. erwärmt vorsichtig auf dem Wasserbad. In Ggw. von Rhodanid tritt ein Farbumschlag ein. Bei der alkal. Red. dürfen keine Verbb. anwesend sein, die beim Erwärmen mit Lauge u. Devarda-Leg. NH_3 abspalten (NH_4-Salze, Amide u. Hydrazide oder Carbon- u. Sulfonsäuren, Hydroxamsäuren, Nitro- u. Nitroso-Verbb.). Der Nachw. durch saure Red. ist spezifisch. F. Sarfert. G 890□

Quecksilber(II)-Titrationen mit Variaminblau als Redoxindicator. 2. Mitt. **Bestimmung von Rhodanid- und Quecksilber(II)-ionen.** Zbigniew Gregorowicz, Franciscek Buhl und Barbara Piwowarska. (Z. analyt. Chem. **188**, 2—6, 1962; Gliwice, Schles. TH, Inst. für Allg. Chem.; Katowice, Pädagog. Hochsch., Analyt. Anst.; dt. — 1. vgl. C. **1961**, 5196. — Vff. bestimmen 20—100 mg SCN^- volumetr. mit 0,1n Hg(II)-Nitrat-Lsg. u. Variaminblau als Redoxindicator analog der l. c. beschriebenen Meth. zur Best. von CN^--Ionen. Störend wirken Halogene. Sulfate, Nitrate, K, Na u. NH_4^+ stören nicht bis zu einem 20fachen Überschuß, Mn^{2+}, Mg, Ni, Co, Cu^{2+}, Cd, Ca u. Al nicht bis zu einem 5fachen Überschuß. — Umgekehrt läßt sich Hg(II) indirekt durch Zugabe einer überschüssigen Menge 0,1n KSCN-Lsg. u. Rücktitration nach obiger Vorschrift bestimmen. Die Meth. liefert genaue u. wenig streuende Resultate. H. Nentwig. G 890□

Ausnutzung unterschiedlicher Reaktionsgeschwindigkeiten zur Analyse von Gemischen organischer Verbindungen, die die gleiche funktionelle Gruppe enthalten. Anwendung auf Amingemische. J. Gordon Hanna und Sidney Siggia. (Analytic. Chem. **34**, 547—49, April 1962; New Haven, Conn., Olin Mathieson Chem. Corp., Olin Res. Center; engl.) — Die Geschw. der Rkk. zwischen Aminen (**I**) u. Phenylisothiocyanat (**II**) zu Thioharnstoffen wird durch Zusätze von Eisessig (**III**) zu Dioxan-Lsgg. so weit erniedrigt, daß der Rk.-Ablauf in aliquoten Proben maßanalyt. ($HClO_4$-Titration mit Glas–Kalomel-Elektrode) verfolgt werden kann. Der Gesamtamin-Geh. wird wie üblich über den Gesamtbasen-N bestimmt; die Konz. der reaktionsfreudigeren **I** wird aus der kinet. Kontrolle des Rk.-Ablaufes graph. ermittelt. Das Konz.-Verhältnis **II**:**I** soll ca. 4:1 betragen. Unter gleichen Rk.-Bedingungen reagieren im allg. schneller: die aromat. **I** gegenüber den aliphat.; bei aromat. **I** die prim. gegenüber den sek.; bei aliphat. **I** die sek. gegenüber den prim. u. innerhalb homologer Reihen die niedriger mol. gegenüber den höher molekularen. Die Rk.-Geschw. wird beeinflußt von den Konzz. an **III**, **I** u. **II** sowie von der Temperatur. Durch Zusatz von 50 ml **III** zu 20 ml Proben der Rk.-Lsgg. wird die Rk. gestoppt. Die relativen Rk.-Geschw. für Anilin, 1- u. 2-Naphthylamin, n-Butylamin, sek.-Butylamin, Di-n-butylamin u. N-n-Propylanilin werden als charakterist. Beispiele graph. dargestellt. Es können mit dieser Meth. nebeneinander Gemische prim. u. sek. **I** (beide aliphat. oder beide aromat.), aliphat. u. aromat. **I** sowie homologer aliphat. u. aromat. **I** bestimmt werden. In günstigen Fällen kann man auch Gemische prim., sek. u. tert. **I** analysieren. Die Ggw. von W. erniedrigt zwar die **II**-Konz., da die Amine aber schneller reagieren, ist die Best. auch in Ggw. von W. möglich. Auf Amine, deren Basizität zu gering ist (infolge Substitution durch negative Gruppen oder ster. Hinderung) kann die Meth. nicht angewandt werden.
W. Kupfer. G 910 □

Spektralphotometrische Titration von primären aliphatischen Aminen. Yu-Lin G. Liu und Charles A. Reynolds. (Analytic. Chem. **34**, 542—44, April 1962; Lawrence, Kans., Univ. of Kansas, Dep. of Chem.; engl.) — Vff. beschreiben eine spektralphotometr. Titrations-Meth. zur Best. von prim. aliphat. Aminen in Ggw. von sek. u. tert.-Aminen sowie anderen bas. Substanzen. Die Aminprobe wird in Dioxan gelöst, mit Eisessig als Katalysator versetzt u. direkt mit einer Standard-Lsg. von 2-Äthylhexanal in Dioxan titriert. Der Endpunkt wird durch das Auftreten der Extinktion des überschüssigen Aldehyds bei 305 mμ angezeigt. F. Sarfert. G 910 □

Identifizierung und Trennung aliphatischer sekundärer Amine in Form von N.N-Dialkyl-3.5-dinitrobenzamiden. B. Voláková. (Collect. czechoslov. chem. Commun. **26**, 1332—36, Mai 1961; Pardubice, TH für Chem., Inst. der analyt. Chem.; russ., Auszug: dt.) — Es wird über ein einfaches Verf. zur Identifizierung u. papierchromatograph. Trennung aliphat. sek. Amine C_1—C_5 nach Überführung in entsprechende N.N-Dialkyl-3.5-dinitrobenzamide (**I**) berichtet. Darst. von **I**: Die Lsg. von 2,5 g eines Amins in 25 ml Pyridin u. 50 ml Bzl. wird mit 5 g 3.5-Dinitrobenzoylchlorid versetzt u. unter Rückfluß auf 60—70° bei n-Aminen 30 Min. lang, bei sek. Aminen mit verzweigten Alkylketten 1—2 Std. lang erwärmt. Das Rk.-Gemisch wird in 200 ml W. gegeben, die Benzolschicht abgetrennt u. die wss. Lsg. 2mal mit je 10 ml Bzl. geschüttelt. Die vereinten Benzolextrakte werden mit gesätt. $NaHCO_3$-Lsg. gewaschen, mit wasserfreiem Na_2SO_4 getrocknet u. auf ein kleines Vol. eingeengt, wonach das gebildete **I** mit Bzn. ausgefällt u. aus konz. bzw. wss. A. umkrist. wird. So können selbst kleine Aminmengen (ca. 0,1 g) erfaßt werden. Die Ausbeute beträgt 50—80%, beim **I** aus Diisopropylamin 15—20%; farblose bzw. gelbliche Kriställchen. **I** aus Dimethylamin ist lichtempfindlich. Die Identifizierung einzelner Amine erfolgt an Hand der FF. von **I** (60—136°) bzw. der eutekt. Temp. der Gemische von **I** mit geeigneten Standardsubstanzen sowie der Brechungsindices der **I**-Schmelzen. Liegen die FF. zweier **I** nahe beeinander, kann die Identifizierung nach dem F. des betreffenden bin. **I**-Gemisches durchgeführt werden. Papierchromatograph. lassen sich sek. Amine sowohl voneinander als auch von prim. Aminen trennen. Es wird mit Papier Whatman-Nr. 2 u. 30%ig. Formamid (**II**)-Lsg. in A. als stationäre Phase absteigend gearbeitet. **I** werden als ca. 1%ig. Lsgg. in Bzl. aufgetragen; die bewegliche Phase bildet gesätt. **II**-Lsg. in *Cyclohexan* (**III**). Zur Anfärbung wird ein Gemisch von Na-Äthylalkoholat u. Aceton (1:1) benutzt (intensive, nach einigen Min. sich bräunende u. verblassende Violettfärbung). Die R_F-Werte einzelner **I** liegen zwischen 0,02 (Dimethyl-**I**) u. 0,86 (Diisoamyl-**I**). Isomere mit verzweigten Ketten weisen gegenüber den entsprechenden n-**I**, bes. bei **I** aus sek. C_4- u. C_5-Aminen, prakt. ident. R_F-Werte auf, so daß ihre Trennung schwierig bzw. sogar unmöglich ist. Die Trennung der sek. von prim. Aminen ist sehr verläßlich, zumal die letzeteren (als **I**-Derivv.) insgesamt niedrigere R_F-Werte als **I**-Derivv. von sek. Aminen haben u. ihre Flecke nur schwachrot gefärbt sind. Als stationäre Phase wird hier 20%ig. alkohol. **II**-Lsg., als bewegliche das Syst. Bzl.–III (2:1) benutzt. In dieser Weise können z. B. die Komponenten eines aus etwa gleichen Gew.-Teilen von Ammoniak, CH_3NH_2, $(CH_3)_2NH$, $C_2H_5NH_2$ u. $(C_2H_5)_2NH$ bestehenden Gemisches leicht getrennt u. identifiziert werden; das dem Ammoniak entsprechende, nichtsubstituierte 3.5-Dinitrobenzamid bleibt am Startpunkt. Versuche: *Dimethylamin*, 33%ig. wss. Lsg.; *Diäthyl-* u. *Diisobutylamin*, durch fraktionierte Dest. techn. Präpp., Kpp. 55 bzw. 138°; *Diisopropylamin*, aus Hydrochlorid u. NaOH durch Dest., Kp. 83–85°; *Dipropyl-*, *Dibutyl-*, *Diamyl-* u. *Diisoamylamin*, aus Na-Cyanamid u. dem betreffenden Alkylbromid durch Hydrolyse mit HCl, Alkalisieren mit NaOH, Dest. u. Reinigen durch fraktionierte Dest., Kpp. 109–111, 158–159, 201–202 u. 188–189°. K. Kámen/Prag. G 910

Bestimmung der Chlorhydrate tertiärer Amine im wasserfreien Medium neben den Chlorhydraten acetylierbarer Amine. István Gyenes. (Magyar Kémiai Folyóirat [Ung. Z. Chem.] **65**, 264–76, Juli 1959; Budapest, Köbányai Gyógyszerárugyár Gyógyszertechn. Labor.; ung.) — Meth. zur Best. des tert. Amin-Geh. in einem Gemisch von tert.-Amin-HCl u. acetylierbaren Aminen, in Essigsäure–Essigsäureanhydrid, mit 0,05n Perchlorsäure-Maß-Lösung. Die prim. u. sek. Amine werden auf die Einw. des Acetylierungsgemisches in Säureamide umgewandelt, verbrauchen jedoch bei sorgfältigem Einhalten der Vers.-Bedingungen fast keine Maßlösung. Das das Acetylierungsgemisch auch $(CH_3COO)_2Hg$ enthält, erfolgt die Freilegung u. Acetylierung des Amins gleichzeitig. Es wurde eine Arbeitshypothese für den Rk.-Mechanismus der Acetylierung aufgestellt. G. Halmi. G 910□

Modifizierung gaschromatographischer Trägermaterialen zur Trennung aliphatischer Diamine. Edgar D. Smith und Richard D. Radford. (Analytic. Chem. **33**, 1160–62, Aug. 1961; Durham, N.C., Chemstrand Res. Center, Inc.; engl.) — Bei der gaschromatograph. Trennung von aliphat. Diaminen, wie z. B. *Tetra-*, *Penta-*, *Hexamethylendiamin*, *cis-* u. *trans-1.2.Diaminocyclohexan*, ist die Alkalivorbehandlung der Trägermaterialien von großem Einfl. auf deren Trennwirkung. Die Herst. u. Eigg. von 3 hochwirksamen Trennsäulen werden auf Grund von eingehenden Unterss. mit Firebrick, Chromosorb, Chromosorb W u. Celit als Trägermaterial u. Carbowax 20 M, Dow-Corning-Fl. 710 u. Apiezonfett L als Trenn-Fl. sowie verschiedenen KOH-Konzz. beschrieben. W. Hein. G 910□

Farbreaktion von 3.5-Dinitro-o-toluamid und verwandter Verbindungen mit aliphatischen Diaminen. Grant N. Smith und Marlene G. Swank. (Analytic. Chem. **32**, 978–81, Juli 1960; Midland, Mich., Agric. Chem. Res., Dow Chem. Co.; engl.) — Im Gegensatz zu sek. u. tert. aliphat. Aminen reagieren prim. aliphat. Amine (**A**) mit 3.5-Dinitro-o-toluamid (**I**) zu einem farbigen Komplex. Diamine mit 2 endständigen NH_2-Gruppen ergeben tiefer gefärbte u. stabilere Komplexe als solche mit je einer prim. u. einer sekundären. Das Spektrum der Komplex-Lsgg. zeigt 2 Absorptionsbanden, von denen eine (500–600 mμ) durch wechselnde **A** kaum beeinflußt wird, die andere (350–450 mμ) in Lage u. Intensität von den **A** stärker abhängig ist. Die Farbintensität ist von der **A**-Konz. (Optimum 55–65%) u. vom Lsgm. [ungeeignet: Aceton, A., Tetrahydrofuran; gut geeignet: Dimethylformamid (**II**), Acetonitril, Pyridin] abhängig. Untersucht wurden die Komplexe aus **I** u. *1.2-Äthan-*, *1.2-Propan-*, *1.3-Propan-* (**III**), *1.3-Butan-*, *1.4-Butan-*, *1.5-Pentan-*, *1.6-Hexan-* u. *3.3'-Imino-bis-propylendiamin*, *Triäthylentetramin* u. *Methylamin*. Durch Extinktions-Best. bei 560 mμ wurde das Verf. unter Verw. von **III** in **II** zur Best. von **I** benutzt. Es eignet sich auch zur Identifizierung u. Best. der Isomeren *2.4-* (λ: 355 u. 550 mμ; ε: 0,730 u. 1,150) u. *3.5-Dinitrobenazamid* (380 u. 540; 0,910 u. 1,090) sowie *3.5-* (560 u. 390; 0,800 u. 0,660) u. *4.6-Dinitro-o-toluamid* (560 u. 355; 0,800 u. 0,580) u. *4.6-Dinitro-m-toluamid* (625 u. 410; 0,310 u. 0,460). Die übrigen möglichen Isomeren beider Reihen reagieren nicht mit **III**. Außer den Spektren der Komplexe vorst. Verbb. u. **III** wurde zwischen 350 u. 700 mμ die von folgenden Verbb. angegeben: *2.5-Dinitrobenzamid*, *4.5-Dinitro-o-toluamid*, *3.5-* u. *2.6-Dinitro-p-toluamid*, *3.5-Dinitro-o-tolylchlorid* u. *3.5-Dinitro-o-tolylsäure*. U. Uhlich. G 910□

Wanderung von Aminoalkoholen auf Papier. Howard K. Zimmerman und Alexandros Cosmatos. (J. Chromatogr. [Amsterdam] **7**, 77–81, Jan. 1962; College Station, Tex., Agric. and Mechan. Coll. of Texas, Dep. of Chem.; engl.) — Vff. bestimmten die R_F-Werte (tabellar. angegeben) von 69 aliphat., cycloaliphat. u. aromat. Aminoalkoholen in den 3 Laufmittel-Syst.: n-Butanol (**I**)–Essigsäure–W. (77:6:17%); **I**-gesätt. mit 0,1%ig. wss. NH_3; Pyridin–Äthylacetat–W.–Essigsäure (42:25:25:8%). Gearbeitet wird auf Whatman Nr. 1-Papier, wobei in 3–4 Std. gute Trennungen erzielt werden. Sichtbarmachung erfolgt mit Ninhydrin in Pyridin–A. (1:1) u. Erwärmung auf 105°. M. Finke. G 920□

Verbesserte Trennung von Aminosäuren mit einem neuen Lösungsmittelsystem für zweidimensionale Papierchromatographie. K. S. Ambe und A. L. Tappel. (J. Chromatogr. [Amsterdam] **5**, 546—48, Juni 1961; Davis, Calif., Univ. of California, Dep. of Food Sci. and Technol.; engl.) — Vff. schlagen zur 2dimensionalen Papierchromatographie von Aminosäuren folgende Lsgm.-Kombinationen als Laufmittel vor: 1. Richtung sek.-Butanol–tert.-Butanol–Butanon-2–W. (4:4:8:5 Vol.), die Mischung wird mit 0,5 Vol.-% Diäthylamin oder NH_4OH versetzt. 2. Richtung n-Butanol–Essigsäure–W. (4:1:5), obere Schicht. Zwischen beiden Richtungen muß das Chromatogramm 2 Std. bei 55—65° getrocknet werden; nach der 2. Richtung wird mit 0,25%ig. aceton. Ninhydrin-Lsg. gesprüht u. 30 Min. bei 55—65° erwärmt. Whatman-Nr. 3 eignete sich am besten, Nr. 1 u. 4 zeigen Schwanz-Bldg. der Flecken. 24 aliphat., aromat. u. S-haltige Aminosäuren konnten gut getrennt werden. M. Finke. G 950□

Anwendung der Papierchromatographie zur quantitativen Bestimmung von Aminosäuren. M. N. Medwedewa, P. W. Kugenew und W. P. Schtschuka. (Лабораторное Дело [Laboratoriumswesen] **7**, Nr. 9, 3—8, Sept. 1961; Lehrst. für Milchwirtsch. der landwirtsch. Timirjasew-Akad.; russ.) — Auf einem chromatograph. Papierstreifen werden die Stellen zum Auftragen der zu untersuchenden Lsgm. durch Punkte markiert. Die Startlinie soll 7—8 cm vom Papierrand entfernt liegen. Die Abstände der Auftragstellen sollen nicht unter 3 cm betragen. Die Fl. wird mit einer Mikropipette (0,003 ml) aufgetragen. Eine größere Menge bewirkt diffuse u. verwaschene Aminosäureflecke nach der Entwicklung. Die Trennung der Aminosäuren wird mit einem Chromatogramm unter mehrfachem Durchleiten des Lsgm. durchgeführt. Man erhält auf diese Weise eine scharfe Trennung der Aminosäureflecke mit geringen Verlusten. Als Lsgm. verwendet man eine Mischung von n-Butylalkohol, Eisessig u. W. (4:1:1). Die Durchleitungsdauer des Lsgm. beträgt beim ersten Durchleiten 5 Std., dann 6, 12, 17, 19, 20 u. 24 Stunden. Man arbeitet bei 20°. Das Chromatogramm wird nach dem ersten Durchleiten an der Luft getrocknet. Dann kommt es erneut in die Wanne für die nächste Durchleitung usw. Auf diese Weise lassen sich Cystin, Lysin, Histidin, Arginin, Asparaginsäure, Serin, Glycin, Glutaminsäure, Treonin, Alanin, Prolin u. Tyrosin voneinander trennen. Alle übrigen Aminosäuren werden von dem herausfließenden Lsgm. herausgelöst u. können auf einem Parallelchromatogramm bestimmt werden. Vf. gibt auch eine Meth. zur quant. Best. der Aminosäuren an. E. Steinberg. G 950□

Die Zersetzung der Aminosäureester auf Einwirkung von HBr in Eisessig. J. Bayer, S. Dualyzky und L. Kisfaludy. (J. Chromatogr. [Amsterdam] **6**, 155—58. Aug. 1961; Budapest, Ungarn, Gedeon Richter AG, Analyt. u. Synthet. Forschungslabor.; dt.) — Bei der Herst. von Peptiden aus zwei Teilstücken wurde bei der Behandlung mit HBr nicht nur eine Abspaltung der Schutzgruppe am N, sondern auch eine Hydrolyse der Esterbindung beobachtet. Zum Studium dieser Neben-Rk. wurden verschiedene Aminosäureester einer kurzen HBr-Behandlung unterzogen (15 Min.) u. die Rk.-Prodd. papierchromatograph. untersucht. Mit dieser Meth. konnten bis zu 73% freie Säure im Rk.-Prod. nachgewiesen werden. M. Finke. G 950□

Bestimmung von L-Cystin (Mikrobestimmung von Verunreinigungen in Mononatriumglutaminat mit einem hochempfindlichen Polarographen. 1. Mitt.). Jutaroh Seto. (Japan Analyst **10**, 133—37, Febr. 1961; Kawasaki, Ajinomoto Co., Inc., Kawasaki Factory; jap., Auszug: engl.) — Mono-Na-Glutaminat (**I**) enthält häufig L-Cystein (**II**), welches im hochempfindlichen Wechselstrompolarogramm einen auffälligen Peak in der rechteckigen Welle aufweist. Die Ggw. von **II** in **I** wurde durch Vgl. des Spitzenpotentials mit dem einer Lsg. von einem als Norm dienenden **II** im Trägerelektrolyten aus hochgereinigtem **I** festgestellt. Auch das Spitzenpotential des nach Red. des **II** mit Na_2SO_3 erhaltenen Cysteins (**III**) stimmt mit dem des reinen, dem **I** zugefügten **III** überein. Der **II**-Geh. im **I** des Handels wurde durch Vgl. nach Zugabe bestimmter **II**-Mengen zu 0—0,12% gefunden. Pb-Spuren stören die Best. nicht.
W. Metzener. G 950□

Quantitative papierchromatographische Bestimmung von Phenolen. R. W. Keith, D. Le Tourneau und D. Mahlum. (J. Chromatogr. [Amsterdam] **1**, 534—36, Nov. 1958; Moscow, Idaho, Univ., Dep. of Agric. Chem.; engl.) — Gemische von *Phenolen* (**A**) werden wie folgt durch papierchromatograph. Trennung, Elution u. Colorimetrie quant. bestimmt: 10—100 μg **A** in 50%ig. A. werden auf Whatman-Nr. 1; 4 oder 54 mit den Laufmitteln 1) organ. Phase von Bzl.–Essigsäure (**I**)–W. (2:2:1) 24 Std. oder 2. organ. Phase von Äthylacetat–I–W. (2:1:2) 6 Std. oder 3. 20%ig. **I** 6 Std. lang entwickelt. Die **A**-Flecken werden entsprechend einem durch Besprühen mit Folin-Ciocalteu-Reagens (mit W. 1:1 verd.; **II**) u. 22%ig. Na_2CO_3-Lsg. angefärbten Vgl.-Chromatogramm ausgeschnitten, in einem Sintertiegel mit 2 · 10 ml heißem W. eluiert, das Eluat mit 0,5 ml **II** u. 2 ml 20%ig. Na_2CO_3-Lsg. versetzt, mit W. auf 25 ml aufgefüllt u. nach 2 Std. bei 660 nm gegen eine Blindprobe photometriert. Folgende **A** können auf diese Weise bestimmt werden: *Brenzcatechin, Resorcin* (**III**), *Hydrochinon* (**IV**), *Protocatechusäure* (**V**), *2.4-* u. *2.5-Dihydroxybenzoesäure, Protocatechualdehyd* (**VI**), *Orcin, Phoroglucin* (**VII**), *Pyrogallol* (**VIII**), *Gallus-, Kaffee-* u. *Chlorogensäure* (**IX**). Die R_F-Werte werden mitgeteilt. Die Gemische **III–IV–VI, V–VIII** u. **VII–IX** sind mit keinem der 3 Laufmittel trennbar. Reduzierende Verbb., Verunreinigungen der Lsgm. oder bestimmter Papiere (z. B. in S. &. S. 589 u. 598) stören die **A**-Bestimmung.

K. Prchal. G 1060□

Bestimmung einwertiger Phenole durch Verteilungschromatographie und Spektralphotometrie im ultravioletten Bereich. I. M. Belowa. (Журнал Аналитической Химии [J. analyt. Chem.] **16,** 229–36, März/April 1961; Swerdlowsk, Allunions-Forsch.-Inst. für die metallurg. Wärmetechn.; russ., Auszug: engl.) — Ein getrenntes Best.-Verf. für o-, p- u. m-Kresol in ihren Gemischen nach der Meth. der Verteilungschromatographie u. Spektrophotometrie im UV-Bereich wird erörtert. Als bewegliches Lsgm. wird Isooctan, als stationäres W. angewandt. Die Fehlergrenze der Meth. beträgt $\leqq 2\%$. Bei der Best. von o-Kresol ist die Ggw. anderer Phenol-Homologe störend.

S. Baryschnikow. G 1060

Anwendung des Folin-Reagens bei der quantitativen Bestimmung von Phenolverbindungen durch Papierchromatographie. M. N. Saprometow. (Физиология Растений [Pflanzenphysiol.] **9,** 389–92; 1962; Moskau, Timirjasew-Inst. für Pflanzenphysiologie der Akad. der Wiss. der UdSSR; russ., Auszug: engl.) — Zur Best. von Phenol-Verbb., die papierchromatograph. getrennt wurden, werden die ausgeschnittenen Flecke mit dest. W. 20 Std. ausgezogen u. die Rk. des Eluats mit Folin-Reagens in Ggw. von 1,5 ml 20%ig. Seignettesalz (**I**)-Lsg. angewandt. Die Ggw. von **I** stabilisiert den entstandenen blauen Komplex. Die Empfindlichkeit der Best. beträgt für Gallussäure **4**–5 μg u. für Protocatechusäure ca. 10 μg. S. Baryschnikow. G 1250

Nachweis von Tyrosin auf Papierchromatogrammen. Daniel P. Schwartz und Michael J. Pallansch. (Analytic. Chem. **29,** 1561–62, Okt. 1957; Washington, D.C., U.S. Dep. of Agric., Agric. Res. Serv., Eastern Utilization Res. and Dev. Div.; engl.) — Bis zu 10 $\mu g/cm^2$ *Tyrosin* (**I**) können auf Papierchromatogrammen identifiziert werden, wenn das Papier nach Entfernung phenol. Lsgm. kurze Zeit nitrosen Gasen (aus HNO_3 u. metall. Cu) u. anschließend NH_3 ausgesetzt wird. Es entsteht ein gelber Fleck, der an der Luft verblaßt, durch NH_3 aber regeneriert werden kann. 3.5-Dijod-**I**, Glycyl-**I**, **I**-Äthylester u. Tyramin reagieren ebenfalls stark positiv. Von anderen natürlichen Aminosäuren gibt nur Tryptophan eine schwache Reaktion.

W. Wirtz. G 1350□

Untersuchungen an zweiwertigen Chromsalzen. 10. Mitt. **Reduktion von Triphenylmethan, Indigoid- und Chinoniminfarbstoffen mit Chrom(II)-sulfat.** J. P. Tandon. (Z. analyt. Chem. **188,** 161–63, 1962; Gorakhpur, India, Univ. of Gorakhpur, Chem. Labor.; engl.) — 9. vgl. C. **1963,** 2565. — Vf. führt vergleichende Unterss. über die Red. von *Rhodamin, Rosanilin, Methylviolett, Anilinblau, Isatin* u. *Safranin* durch. Zur volumetr. Best. wird die Titration mit Chrom(II)-sulfat-Lsg. empfohlen.

H.-G. Moslé. G 2500□

Polarographische Bestimmung von Diphenylamin. Shiro Usami. (Japan Analyst **10,** 137–41, 1961; Toyama Plants, Kurashiki Rayon Co. Ltd.; jap., Auszug: engl.) — Die Best. von *Diphenylamin* (**I**) wird an Hand des Polarogramms von p-Anilinophenylquecksilberacetat durchgeführt, das sich durch Rk. zwischen Diphenylamin u. Hg(II)-Acetat in Eisessig (10%)-CH_3OH (90%)-Lsg. in 7½ Std. bei 50° bildet. Im Polarogramm werden 2 Stufen bei ca. $-0{,}3$ u. $-0{,}8$ V in Ggw. von Triton X-100 u. $NaNO_3$ festgestellt; die Stufenhöhen sind der Konz. von I proportional, jedoch ist die 2. Stufe zur quant. Best. besser geeignet. U. Skurnia. G 2510□

Bestimmung von Mononitrothiophen und Dinitrothiopen in Nitrobenzol. Wladimir Leibmann und J. T. Woods. (Analytic. Chem. **29,** 1845–46, Dez. 1957; Bound Brook, N.J., Amer. Cyanamid Co., Org. Chem. Div.; engl.) — Dinitrothiophen (**I**) gibt mit NaOH in A. eine violette Färbung, die bei **540** mμ spektrophotometr. gemessen wird. Mononitrothiophen kann leicht mit **97**%ig. HNO_3 nitriert werden. Zur Best. wird die Färbung aliquoter Teile der Probe vor u. nach der Nitrierung gemessen. Im Bereich von 5–500 ppm I hat die Meth. eine Standardabweichung von 3%. Nitro- (II) u. Dinitrobenzol stören nicht, dagegen aber Trinitrobenzol, das jedoch gewöhnlich in **II** nicht enthalten ist. W. Kupfer. G 3071□

Polarographische Standardisierung wässeriger Histaminlösungen. D. E. Sellers, K. L. Greenlee und R. E. van Atta. (Analytic. Chem. **34,** 441–42, März 1962; Carbondale, Ill., Southern Illinois Univ., Dep. of Chem.; engl.) — Wss. Histamin (I)-Lsgg. im Konz.-Bereich $0{,}481 \cdot 10^{-3}$ bis $1{,}443 \cdot 10^{-3}$m an I-Dihydrochlorid u. $0{,}287 \cdot 10^{-3}$ bis $1{,}162 \cdot 10^{-3}$m an I-Phosphat werden in 10^{-2}m Acetaldehyd-Lsg. mit 0,005% Gelatine bei pH 10 (eingestellt mit Puffer nach Fisher) polarograph. bei 1—3% Fehler standardisiert. Die Imin- u. Acetaldehyd-Red.-Stufen treten bei —1,4 bzw. —1,7 V auf (gemessen gegen die gesätt. Kalomelelektrode). E. Beyerle. G 3122 □

Schnellbestimmung kleiner Mengen Histamin in großen Mengen Histidin mit Hilfe der Papierchromatographie. Jutaroh Seto. (Japan Analyst **10,** 25—29, Jan. 1961; Kawasaki Factory, Ajinomoto Co., Inc.; jap., Auszug: engl.) — In Histidin (I) läßt sich ca. 1 γ Histamin (II) papierchromatograph. erfassen. Als Laufmittel eignen sich dazu Aceton/Chlf./Ammoniak (28%ig)/W. (30:15:0,4:12) u. Phenol/W. (4:1), wobei als Srühmittel Ninhydrin (0,2%ig. Lsg. in n-Butanol) oder 0,1%ig. alkohol. Jod-Lsg. verwendet werden können. Die R_F-Werte sind 0,05 (I) bzw. 0,35 (II). W. Betcke. G 3122 □

Spektrophotometrische Bestimmung von Isonicotinsäurenitril durch Farbreaktion mit Natriumnitroprussiat. Witold Czerwiński. (Chem. analit. [Warszawa] **3,** 47—51, 1958; Warszawa, Inst. Chem. ogóln., Zakł. analit.; pol.) — Isonicotinsäurenitril bildet in alkal. Lsg. mit $Na_2[Fe(CN)_5NO]$ einen rotgefärbten Komplex, dessen Absorptionsmaximum in wss. Lsg. bei 480 mμ liegt. Im Bereich 0—10 μg/ml ist das Beersche Gesetz erfüllt. Der Fehler der spektrophotometr. Best. beträgt ±3%. Nicotinsäurenitril u. Nicotinsäureamid stören die Best. nicht, Isonicotinsäure, Isonicotinsäureamid, Picoline u. NH_3 müssen vor der Best. entfernt werden. F. Urban. G 3231 □

Bestimmung von Isonicotinsäurenitril und Nicotinsäurenitril im Reaktionsprodukt nach der Oxydation der Picolinbasen in Gegenwart von Ammoniak. Witold Czerwiński. (Chem. analit. [Warszawa] **3.** 53—62, 1958; pol.) — Vgl. vorst. Referat. — Isonicotinsäurenitril (I) u. Nicotinsäurenitril (II) können in Ggw. der entsprechenden Säureamide, Picoline u. Ammoniak bestimmt werden. In Ggw. geringer Mengen Ammoniak wird der Geh. an I u. II aus der Differenz des Säureverbrauchs bei der Titration der Destillate errechnet, die einmal durch Dest. mit MgO, das andere Mal nach Kochen mit NaOH erhalten werden. In Ggw. von Säureamiden u. wenig Ammoniak wird die Summe (I + II) nach der Formel c — (a + b) berechnet: a ist der Säureverbrauch bei der Titration des MgO-Destillats; b der bei der Titration des Destillats nach Kochen des Rückstands von a mit NaOH; c der bei der Titration des Dest. nach Kochen der Probe mit NaOH. In Ggw. von Säureamiden u. von viel Ammoniak wird eine Probe zunächst mit 0,2n NaOH-Lsg. gekocht, dann NH_3 u. Picolinbasen mit Wasserdampf abdest. u. der Rückstand acidimetr. titriert. Das Ergebnis ist d. Eine zweite Probe wird zuerst mit Wasserdampf dest. u. dann weiter wie bei d untersucht: e; (d — e) entspricht der Summe von I u. II. I wird colorimetr. mit $Na_2[Fe(CN)_5NO]$ bestimmt, II ergibt sich aus der Differenz. F. Urban. G 3231 □

Reaktionen von Zuckern. Anwendung für die Glykosidbestimmung. H. Wachsmuth und L. van Koeckhoven. (J. Pharmac. Belgique [N. S.] **14 (41),** 165—72, März/April 1959; Auvers, Hôpital Stuivenberg, Labor. de Chim. et de Biochim.; franz.) — Übersicht über die von Zuckern gegebenen Farb-Rkk., bes. die Rk. mit Molybdänsäure, Phthalsäuredialdehyd u. Essigsäureanhydrid–$SbCl_3$ bzw. –$BiCl_3$ oder –$AsCl_3$. Manche Rkk. werden auch von Digitalisglykosiden gegeben u. können zu deren quant. Best. herangezogen werden. E. Lück. G 3450 □

Eine systematische Analyse von Alkaloiden auf Dünnschichtplatten. D. Waldi, K. Schnackerz und F. Munter. (J. Chromatogr. [Amsterdam] **6,** 61—73, Juli 1961; Darmstadt, E. Merck AG., Kontroll-Labor.; dt.) — Vff. berichten über Verss. zur adsorptionschromatograph. Trennung von Alkaloiden an Dünnschichtplatten nach Stahl. Auf alkal. Platten (Al_2O_3 G bzw. Kieselgel G mit n/10 NaOH bereitet) konnten 54 Alkaloide mit einem Laufmittel auf einer Platte getrennt werden. Mit sauren Kieselgel-G-Platten lassen sich die Alkaloide weiter auseinanderziehen. Es gelingt eine Auftrennung in 2 Gruppen, die sich mit Chlf.–Diäthylamin (I) (9:1) bzw. Cyclohexan–Chlf.–I (5:4:1) weiter auftrennen lassen. Die R_F-Werte in 5 Lsgm.-Syst., Fluorescenzfarben bei 365 mμ sowie die Farbe der Flecken nach dem Besprühen mit Jodplateatreagens werden tabellar. mitgeteilt. M. Finke. G 3500 □

Flüssig-flüssig-Verteilungschromatographie der Steroide. Systematischer Versuch, die Säulen- und Papierchromatographie mit Hilfe der R_M-Funktion zueinander in Beziehung zu setzen. Peter Kabasakalian und Joseph M. Talmage. (Analytic. Chem. **34,** 273—75, Febr. 1962; Bloomfield, N.J., Schering Corp., Chem. Res. and

Dev. Div.; engl.) — Vft. leiten folgende Beziehung zwischen Werten der Papier- u. Säulenchromatographie ab: $(1/R_F)_c = (K_p/K_c)[(1/R_F)_p - 1] + 1$, in der sich der Index c auf die Säule u. p auf das Papier bezieht u. K das Verhältnis der Vol. der beweglichen u. stationären Phase ist. Für einige Steroide u. die Laufmittel-Syst. $CHCl_3$-Formamid, Bzl.-Formamid, Toluol-Propylenglykol, Ligroin-Propylenglykol, Heptan-Monomethyläther des Äthylenglykols, Heptan-Monophenyläther des Äthylenglykols wurde die Gültigkeit der Beziehung nachgewiesen. R. Krämer. G 3700□

Eine Untersuchung verschiedener Farbreaktionen zur Cholesterinbestimmung. Bennie Zak und Emanuel Epstein. (Clin. chim. Acta [Amsterdam] **6,** 72—78, Jan. 1961; Detroit, Detroit Receiving Hosp., Wayne State Univ. Coll. of Med., Dep. of Pathol.; Pontiac, Mich., St. Joseph Mercy Hosp.; engl.) — Unter mehreren Best.-Meth. scheint die modifizierte Fe(III)-Ammoniumchlorid-Meth. für die Klinik am geeignetsten. P. Gregorzewski. G 3700□

Chromatographie von Proteinen an Celite-Ionenaustauschern. 2. Mitt. **Chromatographie von Insulin an einem Celite-Sulfonsäure-Ionenaustauschharz.** N. K. Boardman. (J. Chromatogr. [Amsterdam] **2,** 398—405, Juli 1959; engl.) — 1. vgl. C. **1963,** 3723. — Der l. c. beschriebene Celite-Sulfonaustauscher wurde zur Chromatographie verschiedener *Insulin* (I)-Präpp. verwendet. Reversible Adsorption erfolgte aus Na-Acetatpuffer, pH 3,39. Aus den Elutionskurven kann auf die Existenz mehrerer I-Fraktionen geschlossen werden, jedoch gelang es nicht, die einzelnen Fraktionen zu trennen. E. Moisar. G 3750□

Eine Methode für die Elektrophorese von Lipoproteinen. N. Ressler, R. Springgate und J. Kaufman. (J. Chromatogr. [Amsterdam] **6,** 409—15, Nov. 1961; Eloise, Mich., Wayne County General Hosp., Dep. of Med.; engl.) — Vff. beschreiben eine elektrophoret. Meth. für die Routineanalyse von Lipoporoteinen. Es wird auf Whatman Nr. 17-Papier in einen Veronalpuffer vom pH 8,6 unter Zusatz von *Difco Bacto Agar* mit einem Spannungsgefälle von 4 V/cm gearbeitet. Die zu trennenden Proteine werden vor der Aufgabe mit Sudanschwarz in Äthylenglykol angefärbt, wodurch Verluste beim Auswaschen des Untergrundes vermieden werden. Es konnte eine Trennung in α_1-, α_2- u. β-Lipoproteine erreicht werden. Die getrennten Proteine wurden entweder direkt oder nach Isolierung in einer Äthylenglykol-Lsg. bei 590 mμ vermessen. M. Finke. G 4070□

c) Bestandteile von Pflanzen und Tieren

Tylose, ein wasserlösliches Abdruckmaterial für Oberflächenunter uchungen. C. Pohlmann und O. H. Volk. (Z. wiss. Mikroskop. mikroskop. Techn. **64,** 252—56, Sept. 1959; Würzburg, Univ., Inst. für Hygiene u. Mikrobiol.; Botan. Inst.; dt.) — Beschreibung eines mkr. Abdruck-Verf. mit wss. Tylose-KZO-Lsg. als Abdruckmaterial. Das Verf. ermöglicht bei weitem Anwendungsbereich u. guten Auflösungs-Eigg. des Materials den Abdruck von biolog. Oberflächen ohne Schädigung der Oberflächenstruktur. W. Betcke. 5661□

Die Verwendung von wasserlöslichen Polywachsen als Einbettungsmittel in der histochemischen und histologischen Technik. W. Halle. (Mikrokosmos **48,** 275—76, Sept. 1959; Berlin-Buch; dt.) — Als Einbettungsmedien in der mkr. Gefriertrocknungstechnik u. in der Elektronenmikroskopie sowie zum histochem. Nachw. von Fetten, Glykogen, Mucopolysacchariden u. bestimmten Fermenten werden zwei Polyäthylenoxidwachse mit den FF. 56—64° u. ca. 39° empfohlen. Techn. Hinweise für die Anwendung werden gegeben. W. Betcke. 5661□

Verbesserte Polyesterwachseinbettung in der Histologie. R. L. Sidman, P. A. Mottla und N. Feder. (Stain Technol. **36,** 279—84, Sept. 1961; Boston, Mass., Harvard Med. School, Labor. of Cellul. Neutropathol.; engl.) — Polyäthenglykol-400-distearat (I), F. 35°, infiltriert Gewebe u. Schnitte von 2 bis $>30\,\mu$. Es empfiehlt sich, bei der Herst. von 2—6 μ starken Schnitten das Mikrotom durch ein über ihm angebrachtes, mit festem CO_2 gefülltes Küchensieb zu kühlen. Die Schnitte werden vor der Befestigung auf dem Mikroskopschlitten mit 0,05%ig. Toluidinblau-Lsg. in wss. Benzoatpuffer-Lsg. gefärbt. W. Wesly. 5661□

Die röntgenfluorimetrische und aktivierungsanalytische Brombestimmung in biologischem Material. Klaus Beyermann. (Z. analyt. Chem. **183,** 199—203, 1961; Mainz, Univ., Inst. für anorgan. Chem. u. Kernchem.; dt.) — Geringe Br-Mengen (1—100 ppm) in biolog. Material lassen sich einfach u. sicher röntgenfluorimetr. bestimmen. Die nach diesem Verf. erhaltenen Ergebnisse werden mit denen einer aktivierungsanalyt. Br-Best. verglichen. W. Hein. 5664□

Bestimmung von Natrium, Kalium und Phosphor in biologischem Material mit Hilfe der Radioaktivierung. H. J. M. Bowen und P. A. Cawse. (Analyst **86**, 506–12, Aug. 1961; Wantage, Berks., U.K.A.E.A., Wantage Res. Labor.; engl.) — Zur schnellen Best. von Na, K u. P in biolog. Material wurde die Neutronenaktivierungsanalyse herangezogen. Bei Verw. eines Neutronenflusses von 10^{12} n/cm$^2 \cdot$s eines Antikoinzidenzmeßgerätes liegen die Erfassungsgrenzen bei 10^{-10}, 10^{-9} bzw. 10^{-10} g. Die radiochem. Trenn-Verff. werden ausführlich beschrieben. W. Hein. 5664□

Der Einfluß von Anionen eines biologischen Materials auf die flammenphotometrische Bestimmung der Natrium-, Kalium- und Calciumkationen. Józef Skarżyński, Henryk Panusz und Janusz Greger. (Chem. analit. [Warzawa] **3**, 553–59, 1958; Lódz, Akad. Med., Zakł. Chem. ogóln., Zakł. Chem. fizjol.; pol., Auszug: engl) — Die Intensität der Emission E von Na^+, K^+ u. Ca^{2+} wird durch NH_4^+ u. Acetat nicht verändert. E von Na^+ wird durch HPO_4^{2-}, SO_4^{2-} u. HCO_3^- in Konzz. bis 100 mMol/Liter nicht beeinflußt. E von K^+ wird durch HPO_4^{2-} proportional zur Konz. erniedrigt. SO_4^{2-} u. HCO_3^- erniedrigen E von K^+ bei 100fachem Überschuß um 1,8 bis 4%, E von Ca^{2+} wird durch die angeführten Anionen schon in geringer Konz. erniedrigt. Die Wrkg. ist der Konz. proportional. Oberhalb der Äquivalent-Konz. (0,66 mMol HPO_4^{2-}, 1 mMol SO_4^{2-} u. 1 mMol HCO_3^-/1 mMol Ca^{2+}) findet keine Veränderung von E mehr statt. Liegt ein Gemisch der Anionen vor, so kann der Einfl. von SO_4^{2-} u. HCO_3^- auf E von Ca^{2+} durch Zugabe einer bestimmten Menge HPO_4^{2-} vollständig eliminiert werden. Der Einfl. der HPO_4^{2-}-Konz. muß aber an einer Vgl.-Lsg. ermittelt werden. F. Urban. 5664□

Pflanzenanalyse durch Röntgenfluorescensspektrographie. Bestimmung von Calcium und Kalium. D. F. Ball und D. F. Perkins. (Nature [London] **194**, 1163–65, 23/6. 1962; Bangor, Caernahrvohnsire, Nature Conservancy, Bangor, Res. Stat.; engl.) — Vff. untersuchen die Möglichkeiten der Best. von Ca u. K in pflanzlichem Material mit Hilfe der Röntgenfluorescenzspektrographie u. beschreiben ein Verf., bei dem die vermahlenen Proben zu Tabletten gepreßt werden, die das Probenfenster des Spektrographen vollständig bedecken. Ca. 1500 Einzelelementanalysen können in 8 Std. durchgeführt werden. J. Kraetsch. 5664□

Bestimmung von Strontium in biologischen Substanzen u. von austauschbarem Strontium in Bodenproben durch Atomarabsorptionsspektrophotometrie. D. J. David. (Analyst **87**, 576–85, Juli 1962; Canberra, A.C.T., C.S.I.R.O., Div. of Plant Ind.; engl.) — Vf. untersucht die Möglichkeit der Best. von Sr in biolog. Substanzen u. Bodenextrakten mit Hilfe der Atomarabsorptionsspektrophotometrie. Bei Ggw. von Ca u. Phosphat in Lsgg. wird die Absorption der Sr-Linie bei 4607 Å stark vermindert, während Ca oder Phosphat allein keinen Einfl. ausüben. Störungen durch Al können durch einen Überschuß von Ca beseitigt werden. Vf. empfiehlt für biolog. Substanzen ein Verf., bei dem Phosphat durch das Anionenaustauscherharz De-Acidite FF beseitigt u. anschließend die Best. des Sr nach der Zusatz-Meth. vorgenommen wird. Bei Bodenproben erfolgt erst eine Extraktion mit 1n NH_4Cl-Lösung. Diese Extrakte erfordern allg. keine weiteren Zusätze zur Eliminierung von Störungen, jedoch kann bei Vorliegen von sauren Böden ein Zusatz von Ca notwendig sein. Zur Erhöhung der Genauigkeit ist es manchmal erforderlich, NH_4Cl zu entfernen u. die Extrakte zu konzentrieren. J. Kraetsch. 5664□

Beitrag zur Bestimmung kleinster Mengen Molybdän in biologischen Substanzen mit Toluol-3.4-dithiol. W. Oelschläger. (Z. analyt. Chem. **188**, 190–94, 1962; Hohenheim, Landw. Hochschule, Inst. für Tierernährungslehre; dt.) — Kleine Mengen Mo in biolog. Substanzen können mit Hilfe von Toluol-3.4-dithiol photometr. bei 680 nm bestimmt werden, wenn zuvor eine Abtrennung der störenden Elemente durch Extraktion mit $CHCl_3$ u. α-Benzoinoxim (I) vorgenommen wird. Man gibt zu 20–50 ml der 0,05n–3n freies HCl enthaltenden Lsg. 1 ml 2%ig. äthanol. I-Lsg. u. 20 ml $CHCl_3$, schüttelt 2 Min. lang u. läßt den Chlf.-Extrakt in eine Abdampfschale ab. Das Ausschütteln (ca. 30 Sek. lang) mit weiteren 5 ml Chlf. wird wiederholt. Die vereinigten Extrakte werden abgedampft, der Rückstand wird mit 2 ml konz. H_2SO_4 aufgenommen. Nach Zugabe von 1–1,5 ml 30%ig. H_2O_2 erhitzt man ca. 30 Min. lang auf 120°, gibt zu der farblosen Lsg. ca. 0,2 g Hydroxylammoniumsulfat u. erhitzt weitere 30 Min. lang auf 120°. Man verd. mit W. auf ca. 15 ml, gibt 5 ml 1,5%ig. Na-Laurylsulfat-Lsg. u. 2 ml 0,2%ig. Dithiol-Lsg. zu, füllt auf 25 ml auf u. mißt die Extinktion bei 680 nm. Die Fehler sind kleiner als 2%. J. Peters. 5664□

Identifizierung, Bestimmung und Darstellung von Fettsäuren durch Rundpapierchromatographie. C. V. Viswanathan und B. Merra Bai. (J. Chromatogr. [Amsterdam] **6**, 264–68, Sept. 1961; Bangalore, India, Indian Inst. of Sci., Dep. of Biochem.; engl.) — Beschreibung einer Rundfilter-Meth. zur Papierchromatographie mit umgekehrten Phasen. 24 cm große Rundfilter (Whatman Nr. 3) wurden mit 10% Paraffinöl getränkt. Zur Identifizierung der geradkettigen Fettsäuren C_{12}—C_{18} wurde mit 90%ig. wss. Essigsäure entwickelt u. mit Hg-Acetat u. Diphenylcarbazid behandelt. Quant. Best. durch Extraktion des Farbkomplexes mit Methanol–Toluol (1:1) u. Ausmessung der Absorption bei 540 mμ. Diese Meth. läßt sich auch zur präparativen Gewinnung größerer Mengen einzelner Säuren benutzen, wobei die Ausbeuten 75—78% der eingesetzten Säuren ergibt. Höhere gesätt. Fettsäuren (> C_{20}) werden durch Chromatographie bei 55—85° getrennt. Die Meth. wurde erfolgreich zur Best. von gesätt. u. ungesätt. Fettsäuren in biolog. Material (Aspergillus niger, Sesamöl, Ziegenleber u. a.) angewendet. M. Finke. 5666□

Untersuchung über die Freisetzung von Zuckern, Hexuronsäure und Hexosamin aus biologischem Material. W. Haab und P. A. Anastassiadis. (Canad. J. Biochem. Physiol. **39,** 671—81, April 1961; Quebec, McGill Univ., MacDonald Coll., Fac. of Agric.; engl.) — Vff. untersuchen die Wirksamkeit einer Suspension von sulfoniertem Polystyrolharz in 0,05n HCl (a) im Vgl. mit der von 4n HCl (b) im Hinblick auf die Freisetzung von Zuckern aus Glykoproteinen u. Mucosacchariden u. das Ausmaß der Zers. verschiedener Monosaccharide. Die Best. von *Hexosamin, Hexuronsäuren, Hexosen, Ribose* (**I**) u. *Desoxyribose* (**II**) erfolgt nach der p-Dimethylaminobenzaldehyd-, Naphthoresorcin-, Anthron-, Orcin- u. Indol-Meth. auf spektrophotometr. Wege. Die Farbintensität der *Glucose* (**III**)-Anthron-Rk. wird durch Cl^- beeinflußt, so daß nach der Hydrolyse HCl entfernt werden muß. Die optimale Erhitzungsdauer bei der Best. mit Anthronreagens beträgt für **III** 12, für *Mannose* (**IV**) 4—5 u. für *Galaktose* (**V**) 8—10 Minuten. Beim Erhitzen mit a auf 100° werden **III, IV** u. **V** innerhalb eines Zeitraums, der zur Hydrolyse von Mucopolysacchariden oder Glykoproteinen ausreicht (ca. 8 Std.) nicht wesentlich angegriffen, während b eine erhebliche Zers. dieser Zucker bereits nach 1—2 Std. hervorruft; die größte Resistenz gegen Säurehydrolyse besitzt **III**, die geringste **IV**. Pentosen (**I** u. **II**) werden rascher zerstört als Hexosen; **I** zeigt jedoch in a innerhalb von 8 Std. eine weitgehende Beständigkeit. *Glucosamin* (**VI**) wird durch a u. b nicht angegriffen, jedoch nach langen Einw.-Zeiten (> 48 Std.) durch a stärker zersetzt als durch b. *Glucuronsäure* (**VII**) ist unbeständiger als **VI** u. wird durch b bei 100° schon nach 30 Min. zu 24% abgebaut. Der Zers.-Grad von **VII** in a weist geringere Werte auf u. läßt sich durch Temp.-Erniedrigung (von 100 auf 90°) noch vermindern. Erhöhung der HCl-Konz. in a von 0,05 auf 0,25 n HCl führt bei 100° keine Steigerung des **VII**-Abbaus herbei. Von Natur-Prodd. verhält sich *Heparin* (**VIII**) resistenter gegen Hydrolyse als *Chondroitinsulfat* u. *Hyaluronsäure.* **VIII** wird durch b innerhalb von 4 Std. abgebaut, wobei die abgespaltene Hexuronsäure einer vollständigen Zerstörung unterliegt. a in 0,25n HCl ergibt einen höheren Zers.-Grad als a in 0,05n HCl oder b. Die Ergebnisse zeigen, daß die N-Sulfatbindung schneller als die N-Acetylbindung gespalten wird. Unterss. über die Hydrolyse verschiedener biolog. Materialien (Eiweiß, Eigelb, Vogelhaut-, Rinder-α-Casein) lassen erkennen, daß Behandlung mit a unter Vermeidung von Abweichungen der Absorptionskurven eine vollständigere Freisetzung von Hexosen u. Hexuronsäuren nach sich zieht als Einw. von b. P. Fahrnlaender. 5666□

Qualitative und quantitative Bestimmung von freiem und konjugiertem Oestron, 17β-Oestradiol und Oestriol in biologischem Material. 1. Mitt. **Über das Vorgehen bei der chemischen Bestimmung.** W. Schild. (Z. ges. exp. Med. **135,** 1—12, 1961; Düsseldorf, Med. Akad., Frauenklinik; dt.) — Es wird eine Meth. zur Best. freier u. gebundener Östrogene in biolog. Material mitgeteilt. Nach Elution mit A. u. Ae. erfolgt Reinigung u. papierchromatograph. bzw. säulenchromatograph. Trennung nach Ittrich in Östron, 17β-Östradiol u. Östriol. Die quant. Best. wird entweder UV-spektrophotometr. bzw. fluorimetr. durchgeführt. Bei ersterem Verf. ist mit Verlusten von 18—22%, bei letzterem von 20—27% zu rechnen. Klaus Schmidt. 5666□

Miles Laboratories, Inc. (Erfinder: Marion H. Cook), Elkhart, Ind., V.S.tA., **Diagnostiziermittel zum Nachweis von Glucose(I)** in Fll., bes. Urin, nach D. A. S. 1 075 869, bestehend aus einem saugfähigen Träger, der ein Enzym (**II**), das Oxydasereaktivität für **I** aufweist, u. einen Indicator enthält, der in Ggw. eines Rk.-Prod., das sich bei der Berührung des **II** mit **I** bildet, eine Farb-Rk. gibt, dad. gek., daß es zusätzlich eine reduzierend wirkende Verb. (**III**) enthält. Als **III** dient *Hydrochinon, Ascorbinsäure, Cysteinhydrochlorid* oder *Dihydroxymaleinsäure.* (**D. A. S. 1 129 003** Kl. 42l vom 8/1. 1958, ausg. 3/5. 1962. A. Prior. 8/1. 1957. **Zusatz zu D. A. S. 1075869; C. 1962, 16433.**) W. v. Huhn. 5733

Miles Laboratories, Inc., Elkhart, Ind., V.St.A., *Indicatorpapier.* (Ind P. 66 018 vom 3/12. 1958, ausg. 6/1. 1961. — C. 1962, 2486 [F. P. 1 213 963].)

H. Angewandte Chemie

H_2. Betriebsschutz. Feuerschutz

Toxikologische Untersuchung der Luft in einer Kunstseidefabrik. N. Ioanid, Gh. Bors, I. Popa, Elena Zvîncă und Maria Sirăianu. (Farmacia [Bucureşti] **6,** 321—26; Juli/Aug. 1958; Bucuresti, Fac. de farm., Labor. de toxicol.; rum.) — Vff. bestimmen in der Luft einer Kunstseidefabrik H_2S nach der Meth. von Poleshajew, CS_2 nach Nifontowa, SO_2 u. SO_3 nach Schereschweski bei gleichzeitiger Best. der Zus. normaler Luft. Ferner wird der Urin der Fabrikarbeiter auf seinen CS_2-Geh. nach der Meth. von Fabre untersucht. J. Lehmberg. 5932□

Zink-65 im Körper von Reaktor-Arbeitern. Stanton H. Cohn, Robert A. Love und Ernest A. Gusmano. (Science [Washington] **133,** 1362—63, 28/4. 1961; Upton, N.Y., Brookhaven Nat. Labor., Med. Res. Center; engl.) — Im Körper von Reaktor-Arbeitern wurde ^{65}Zn nachgewiesen. Die höchste ermittelte Konz. liegt mit $1136 \pm 60{,}3$ $\mu\mu c/kg$ Körper-Gew. (gegenüber $9{,}31 \pm 9{,}24$ $\mu\mu c$ bei nicht am Reaktor beschäftigten Personen) unter 0,2% der für ^{65}Zn maximal zulässigen Konzentration. Der ^{40}K-Geh. der untersuchten Personen betrug durchschnittlich 1,84 g/kg Körpergewicht. Die ^{137}Cs-Konz. lag zwischen $56{,}3 \pm 15{,}8$ u. $71{,}1 \pm 19{,}2$ $\mu\mu c/g$ K. W. Fiedler. 5932□

Anwendung von Benetzungsmitteln in Bergwerken zur Verminderung des Staubes. A. J. Hargraves und R. L. McKinnon. (Australas. Inst. Mining Metallurgy, Proc. **1961,** Nr. 200, 37—46, Dez.; Univ. of Sidney, Dep. Mining Engng.; engl.) — Die mit verschiedenen Benetzungsmitteln (BM) erzielten Ergebnisse ergaben kein klares Bild, weil bei der Staubbekämpfung zu viel Faktoren berücksichtigt werden müssen (Menge der Lsg., der Luftstrom, die Menge der umgeschlagenen Kohle, deren Feuchtigkeit). Bei bestimmten BM besteht die Möglichkeit, krebserregend zu wirken, doch sind ionisierende BM hiervon ausgenommen. F. Rosendahl. 5932□

Stabilisierung eines Luftstromes durch ein Filter. S. H. Small. (J. sci. Instruments **35,** 380, Okt. 1958; Lillestrøm, Kjeller, Norwegian Defence Res. Establ.) — Beschreibung des Verf., das speziell zur laufenden Überwachung der Luftverschmutzung oder der Luftradiaktivität Verw. finden soll. C. Gottfried. 5948

Die Reinigung verunreinigter Luft in der Textolit-Industrie. G. Ss. Jessipow und I. P. Rotenberg. (Пластические Массы [Plast. Massen] **1961,** Nr. 7, 69—70; russ.) — Die Reinigung der Luft aus der *Textolit*-Produktion wird durch Absorption mit alkal. Abwässern aus der Herst. von Phenol–Formaldehyd-Harzen erreicht. Es werden dabei ca. 90% des in der Luft enthaltenden Phenols u. ca. 85% des Formaldehys absorbiert. Das gesätt. Absorbens kann für die Herst. von Faserplatten verwendet werden. T. Lukanoff. 5948□

Dainippon Toryo Kabushiki Kaisha, Osaka (Erfinder: Eijiro Abe und Shige Nishida, Tokyo), Japan, **Abziehbarer Strahlungsschutzanstrich,** z. B. für Räume, in denen mit Isotopen gearbeitet wird. Man verwendet als Grundanstrich einen Chlorkautschukanstrich, der Chlorparaffin u./oder Chlordiphenyl enthält, u. eine Deckschicht aus Vinylchloridmischpolymeren mit Indanthrenfarbstoffen, z. B. eine Grundierung aus einer Mischung von 74,5 (Teilen) Bleiweiß, 0,5 Ruß, 3 Chlorparaffin (70%), 2 Chlorparaffin (40%), 4 Chlorkautschuk, 8 Toluol u. Mineralspiritus u. eine Deckschicht aus 20 Vinylchloridharz Vinylite VYHH, 9 Tri-2-äthylhexylphosphat, 32 Methylisobutylketon, 32 Methyläthylketon, 3 Anon u. 3 Indanthrenblau RS. (**Jap. A. S. 11521/1960** vom 15/10. 1956, ausg. 11/8. 1960.) M. Pankow. 5933

Pyrene Co. Ltd., Brentford, England, **Pulverförmiges Feuerlöschmittel,** das mit Schaum verträglich ist, enthaltend $\geqq 80$(%) K_2SO_4, ein wasserunlösl., die Fließfähigkeit des Pulvers erhöhendes Mittel u. ein inertes Pulver. — Beispiel: 92,3 K_2SO_4, 3,8 MgO, 3,8 Glimmer u. 0,1 Mg-Stearat. (**Ind. P. 64 845** vom 4/8. 1958, ausg. 27/1. 1961.) C. Lüttgen. 5945

H_3. Elektrotechnik

Forschungsarbeiten über die Erzeugung von hochreinem Silicium für Halbleiter. 1. Mitt. **Die Erzeugung von borfreien Siliciumbarren aus Siliciumtetrachlorid und Lithium-Aluminiumhydrid.** P. Roman und Gh. Mózes. (Rev. Chim. [Bucureşti] 464—68, Aug. 1960; rum.) — Vff. beschreiben die Möglichkeit, B-freies Si durch therm. Zers. des aus $SiCl_4$ u. $Li(AlH_4)$ hergestellten Monosilans zu erhalten. Die angewandte Herst.-Meth. für $Li(AlH)_4$ aus Li_2CO_3, für Monosilan aus $Li(AlH)_4$ u. $SiCl_4$ sowie die Erzeugung von Siliciumbarren aus SiH_4 werden behandelt. H. Guischard. 5952□

Hochreines Silicium für Halbleiter in Barren und gekörnter Form durch Silanzersetzung. 2. Mitt. Fl. Nicolau, Gh. Mózes und E. Grigorovici. (Rev. Chim. [Bucureşti] **11,** 468—76, Aug. 1960; rum.) — 1. vgl. vorst. Referat. — Die im Forschungsinstitut für Elektrotechnik entwickelten Meth. u. verwendeten Anlagen zur Herst. u. Reinigung der Zwischenprodd. u. zur Herst. von Si in Barren u. in gekörnter Form durch Zers. von Trichlorsilan u. Monosilan werden beschrieben. Die optimalen Arbeitsbedingungen der Anlagen, die Wirksamkeit der Silanreinigungs-Meth. u. die Ergebnisse werden erörtert. H. Guischard. 5952□

Thermisches Übergangsverhalten in Graphit-Kupfer-Kontakten. J. A. Greenwood und J. B. P. Williamson. (Brit. J. appl. Physics **11,** 389, Aug. 1960; Cambridge, Tube Investm. Res. Labor.; engl.) — Stellungnahme zur Arbeit von Davies (C. **1962,** 2122). Vff. nehmen an, daß die Äquipotentialkurven nur unter Gleichgewichtsbedingungen Isothermen sein können, u. daß die l. c. betrachteten Fälle von einem vereinfachten Typ mit einer einzigen räumlichen Variablen sind. Weiterhin muß die anfängliche Höchst-Temp. in der Nähe der Grenzfläche Graphit/Cu liegen, so daß die Lage des wärmsten Bereiches nicht unabhängig von der Zeit ist. Die maschinell berechnete anfängliche Temp.-Verteilung an einem Graphit-Cu-Kontakt wird graph. mitgeteilt. P. Frenzel. 5952□

Thermisches Übergangsverhalten in Graphit-Kupfer-Kontakten. W. Davies. (Brit. J. appl. Physics **11,** 389—90, Aug. 1960; Cardiff, Univ. Coll., Univ. Coll. of South Wales and Monmouths.; engl.) — Vgl. vorst. Referat. — Erwiderung. P. Frenzel. 5952□

Platin und platinierte Metalle als korrosionsbeständige Anodenmaterialien. Gösta Wranglén. (Tekn. Tidskr. **90,** 551—56. 13/5. 1960; Stockholm; schwed.) — Die Ursachen der hohen Korrosionsbeständigkeit des Pt als Anode u. die Möglichkeiten der Verringerung des Pt-Verbrauchs durch Verw. platinierter Metalle werden erörtert. Platinierte passivierbare Metalle haben sich als Anodenmaterial bei techn. Prozessen wenig bewährt. Bei der Elektrolyse von höher konz. NaCl-Lsgg. bei erhöhter Temp. zur Herst. von Cl_2 u. $NaClO_3$ ist die Lebensdauer des Pt-Überzuges gering. Im Hinblick auf die geringe O_2-Entw. ist Graphit vorzuziehen. Blanke, gut haftende Pt-Schichten auf Ti oder Ta sind als Anoden beim kathod. Korrosionsschutz in Meerwasser dem Graphit überlegen. R. K. Müller. 5952□

Entwicklung der Magnesiumbatterien. Prem Behari Mathur und Nithiyanandan J. Paul. (J. sci. ind. Res. [New Delhi], Sect. A **19,** 597—602, Dez. 1960; Karaikudi, Centr. Electrochem. Res. Inst.; engl.) — Fortschrittsbericht. — 36 Schrifttumshinweise. W. Wesly. 5970□

Untersuchungen der Paste für Bleisammlerbatterien. 8. Mitt. **Bestimmung des in der $PbO-H_2SO_4$-Paste gebundenen Wassers nach der Absorptionsmethode.** Tokujiro Takagaki. (J. elctrochem. Soc. Japan **25,** 492—97, Sept. 1957; jap., Auszug: engl. S. E 104.) — 7. vgl. C. **1959,** 14526. — Vf. bestimmte durch Absorption an $CaCl_2$ die Mengen W., die beim Erhitzen von PbO (gelbe u. rote Modifikation)-H_2SO_4-Pasten im O_2-Strom freigesetzt wurden. In beiden Fällen gibt die vorher bei 80—90° getrocknete Paste bei 120 u. 170° W. ab. Das bei 170° entweichende W. stammt nach Ansicht des Vf. aus bas. Bleisulfat in der Paste. H. Roschkowski. 5970□

Die Technologie der Elektronenröhren in der Atomindustrie. Harry Huber. (Ind. atom. **5,** 85—97, 1961; Orsay, Comp. Générale de Télégraphie sans Fil, Dép. de Technol.; franz.) — Übersicht. — 20 Literaturhinweise. Gerhard Schmidt. 5974□

Intensivierung der Elektrolyseprozesse durch Einführung von Verbindungen mit kovalenter Bindung in die Lösungen. P. P. Beljajew. (Журнал Прикладной Химии [J. angew. Chem.] **32,** 2039—46, Sept. 1959; Forsch.-Inst. für chem. Maschinenbau; russ.) — Elektrolyt. Prozesse können durch Zusätze von Emulgatoren, Innerkomplex-Verbb., Glycerin oder Zucker wesentlich beschleunigt werden. Bei der elektrolyt. Entfernung einer Emulsion von kaltgewalztem Stahl ist der Emulgator OP-7 (**I,** Polyäthylenglykoläther mit 6—7 CH_2CH_2O-Gliedern) am wirksamsten; bei 10—20 A/dm² kann eine Schmierölschicht in 1—2 Sek. entfernt werden. Beim elektrolyt. Beizen gelingt die Entfernung von Oxidfilmen von 700 Å Dicke mit Zusatz von Trilon B (**II**) in 5—10 Sek. bei 0,5—4 A/dm². Beim elektrolyt. Verzinnen sind koll. Zusätze entbehrlich, wenn man dem schwefelsauren Elektrolyt **I** + **II** zugibt; eine 2—3 μ starke Schicht kann in 5—8 Sek. aufgetragen werden. Beim Verbleien aus alkal. Lsg. sind Zusätze von nichtionogenen Stoffen, wie Phenolalkoholen, Glycerin oder Zucker, zweckmäßig. R. K. Müller. 5992□

Union Carbide Corp. (Erfinder: **Ernest Emil Leger**), *Primäres Trockenelement.* (**Aust. P. 232 925** vom 8/10. 1958, ausg. 30/3. 1961. A. Prior. 9/10. 1957. — C. **1962,** 3584 [E. P. 858 205].)

Union Carbide Corp. (Erfinder: **Karl Kordesch**), *Kathoden für galvanische Primärelemente.* (**Aust. P. 232 830** vom 8/10. 1958, ausg. 23/3. 1961. A. Prior. 9/10. 1957. — C. **1962,** 260 [E. P. 851 201].)

Nederlandse Organisatie voor Toegepast-Natuurwetenschappelijk Onderzoek ten Behoeve van Nijverheid, Handel en Verkeer, Den Haag (Erfinder: **Gerard H. J. Broers,** Alkmaar), Niederlande, *Brennstoffelement.* (**D. A. S. 1 119 352** vom 10/9. 1958, ausg. 14/12. 1961. Niederl. Prior. 12/9. 1957. — C. **1961,** 17336 [E. P. 850 706].)

Electric Storage Battery Co. (Erfinder: **Paul Ruetschi**), *Ständig gasdicht verschlossene Akkumulatoren.* (**Aust. P. 232 144** vom 9/9. 1958, ausg. 23/2. 1961. — C. **1961,** 967 [E. P. 827 236].)

Aktiebolaget Tudor, Stockholm, Schweden (Erfinder: **Erik Gustav Sundberg** und **Karl Gustaf Soderberg**), *Elektroden für Akkumulatoren.* (**Aust. P. 230 305** vom 13/3. 1958, ausg. 13/10. 1960. Schwed. Prior. 11/6. 1957 u. 14/1. 1958. — C. **1962,** 7282 [E. P. 851 615].)

General Electric Co., übert. von: **William C. Martyny,** Lyndhurst, Ohio, V.St.A., *Auftragen von Luminescenzmaterial auf Flächen.* (**A. P. 2 987 414** vom 3/12. 1956, ausg. 6/6. 1961. — C. **1960,** 10014 [D. A. S. 1 066 089].)

E. I. du Pont de Nemours & Co. (Erfinder: **Maurice Edward Dumesnil**), *Anorganische Bindemittel zum Aufbrennen von Silber auf keramische Gegenstände.* (**Aust. P. 228 891** vom 24/4. 1958, ausg. 21/7. 1960. A. Prior. 3/5. 1957. — C. **1962,** 4294 [E. P. 834 382].)

H_4. Wasser. Abwasser

Shell Internationale Research Mij. N. V., Den Haag, Niederlande, **Bekämpfen von schleimbildenden Mikroorganismen in Industriewässern,** gek. durch die Verw. eines Ätheraldehyds der Formel RO—C(R′)(R′)—CH(R′)—CHO, wobei R bes. einen Cycloalkyl-, geradkettigen Alkyl- oder Alkenylrest mit 1—10 C-Atomen darstellt u. R′ jeweils für ein H-Atom bzw. eine niedrige Alkylgruppe mit höchstens 5 C-Atomen steht. — Beispiele. (**E. P. 873 951** vom 19/4. 1960, ausg. 2/8. 1961. A. Prior. 20/4. 1959.) H. Blachetzki. 6043

Shell Internationale Research Mij. N. V., Den Haag, Niederlande, **Bekämpfen von schleimbildenden Mikroorganismen in Industriewässern,** gek. durch die Verw. eines Esters einer Halogenacetessigsäure der Formel CH_3—CO—CHX—CO—O—R, wobei R ein substituierter oder unsubstituierter KW-Stoff-Rest u. X ein Halogenatom ist. — Beispiele. (**E. P. 874 064** vom 19/4. 1960, ausg. 2/8. 1961. A. Prior. 20/4. 1959.) H. Blachetzki. 6043

Armour Hess Chemicals Ltd., Littleborough, Lancashire, England (Erfinder: John Peter Hess und Leonard Clegg), **Entfetten wässeriger Emulsionen,** wie sie z. B. beim Viscosespinnen, beim Gerben oder bei der Herst. von Latex, Ruß oder Holzpülpe anfallen, durch Zusatz einer $Al_2(SO_4)_3$-Lsg., Elektrolyse u. Abführen des Abgeschiedenen durch Luftflotation. Beispiele, Tabellen. Minderung des Fett-Geh. auf 16—17% des ursprünglichen. Vorr.-Zeichnung. (**E. P. 859 417** vom 4/2. 1958, ausg. 25/1. 1961.) H. Schindler. 6043

Simons-Carves Ltd. (Erfinder: Kenneth Hope Todhunter und James William Abson), **Behandeln von Phenole, Thiocyanate, Cyanide und Ammoniak enthaltenden industriellen Abwässern** zwecks Verringerung ihrer schädlichen oder giftigen Eigg., indem man sie bei 25—29° u. pH 7—8 mit Bakterien in Kontakt bringt, u. zwar zur Vernichtung der Phenole mit Vibrio Cyclosites, Vibrio O 1, Pseudomonas S 7 oder Actinomycetaceae S 2, der Thiosulfate, Thiocyanate u. Cyanide mit Thiobacillus thiocyanoxidans, Thiobacillus S 3, S 4 u. S 5, des NH_3 mit Nitrobacteraceae S 6—S 11 (**Aust. P. 228 637** vom 22/10. 1958, ausg. 7/7. 1960.) K. Demmler. 6045

Dow Chemical Co., übert. von: **Jack D. Kerr** und **Robert F. Ryan,** Midland, Mich., V.St.A., *Klärung von organische Stoffe suspendiert enthaltendem Wasser.* (**A. P. 3 009 873** vom 5/3. 1956, ausg. 21/11. 1961. — C. **1961,** 7707 [E. P. 812 228].)

Passavant-Werke, Michelbacher Hütte (Erfinder: **Aale Pasveer,** Scheveningen, Niederlande), *Reinigen von Abwasser.* (**Schwz. P. 360 350** vom 24/12. 1955, ausg. 30/3. 1962. Niederl. Prior. 7/2. 1955. — C. **1961,** 15160 [D. A. S. 1 093 739].)

H_5. Anorganische Industrie

Ein optisches Verfahren zur Trennung von Diamanten von undurchsichtigem Kies. A. A. Linari-Linholm. (Int. Mineral Processing Congr., London **1960,** 789—99; Johannesburg, Diamond Res. Labor.; engl.) — Das Trenngerät besteht aus einem endlosen Band, auf dem die Mischung von Diamanten u. Kies durch einen Lichtstrahl geht, wobei die Diamanten mittels eines elektron. Detektors, der auf die von den Diamanten ausgelösten Lichtblitze anspricht, auf mechan. Wege aus dem Strom der Gangart abgelenkt werden. W. Wesly. 6148□

Untersuchungen über die wirtschaftliche Verwertbarkeit einiger Kalk- und Dolomitvorkommen aus dem Kambrium und Ordovicium in Blair und Centre Counties, Pennsylvanien. Richard R. Thompson. (Pennsylvania State Univ., Mineral Ind. Exp. Stat., Bull. **1961,** Nr. 77, 12—28, Juni; engl.) — An Hand von chem. Analysen u. Röntgen-Unterss. von Gesteinsproben wurde ermittelt, daß einige nach ihren Fundorten bezeichnete Vork. als Flußmittel für metallurg. Verff., zur Flaschenglas-Herst., zur Bodenverfestigung u. als Düngekalk geeignet sind, während bei anderen Vork. die wirtschaftliche Verwendbarkeit nicht sicher ist. G. Frikell. 6148□

Anreicherung von einheimischem Baryt durch Flotation. C. Braniște, Orest Nichita und Silvia Serban. (Bul. Inst. polytehn. Iași [N. S.] **4** **(8),** Nr. 1/2, 179—86, 1 Tafel, 1958; Iași, Inst. Politehnic, Catedra de Tehn. Produselor Anorganice, Labor. de Ind. Electrochim. și Corosiune; rum., Auszug: franz.) — Bei Verw. einer Seife aus Erdölrückständen, Kresol u. Na-Silicat erhält man bei einem Ausgangsmaterial mit 59,65% $BaSO_4$ bei gewöhnlicher Temp. ein Prod. mit 91,40% $BaSO_4$; bei 60° mit 93,25% $BaSO_4$. Bei einem Ausgangsmaterial mit 20% $BaSO_4$ führt die Anreicherung nicht zu befriedigenden Ergebnissen. I. Wann. 6148□

N. V. de Bataafsche Petroleum Mij. (Erfinder: **Johannes George Goetzee** und **Pieter Lambrecht Klaassen**), *Herstellung von Gasgemischen aus Wasserstoff und Kohlenmonoxid.* (**Aust. P. 228 694** vom 11/9. 1958, ausg. 7/7. 1960. E. Prior. 13/9. 1957. — C. **1961,** 9937 [D. A. S. 1 070 150].)

British Oxygen Co. Ltd. (Erfinder: **John Baxter Gardner** und **Thomas John Webster**), *Herstellung und Lagerung von flüssigen Ozon–Sauerstoff-Gemischen.* (**Aust. P. 230 866** vom 21/2. 1958, ausg. 17/11. 1960. E. Prior. 26/2. 1957. — C. **1961,** 4846 [E. P. 828 556].)

Food Machinery & Chemical Corp., übert. von: **Ekkehard Richter**, Rheinfelden, **Albert Groß**, Frankfurt/M., und **Gerhard Käbisch**, Rheinfelden, *Herstellung von Wasserstoffperoxid.* (**A. P. 2 990 251** vom 21/11. 1957, ausg. 27/6. 1961. D. Prior. 24/11. 1956. — C. **1959,** 4933 [D. A. S. 1 037 433].)

Pittsburgh Plate Glass Co., übert. von: **Wilmer B. Graybill**, Corpus Christi, Tex., V.St.A., *Konzentrieren von Wasserstoffperoxid.* (**A. P. 2 990 341** vom 27/8. 1956, ausg. 27/6. 1961. — C. **1960,** 5610 [D. A. S. 1 067 791].)

Shell Development Co., New York, N.Y., V.St.A., übert. von: **Kenneth W. Richmond**, Hale, und **Brian Hughes**, Sale, Cheshire, England, *H O-Emulsionen.* (**Can. P. 556 097** vom 25/5. 1956, ausg. 15/4. 1958. — C. **1960,** 10716 [A. P. 2 886 532].)

D. Napier & Sons Ltd. (Erfinder: **James William Laxton**), *Wasserstoffperoxidzersetzungskatalysator.* (**Aust. P. 228 634** vom 29/9. 1958, ausg. 7/7. 1960. E. Prior. 30/9. 1957. — C. **1960,** 5939 [D. A. S. 1 067 789].)

N. V. Philips' Gloeilampenfabrieken, übert. von: **Pieter Zalm**, Eindhoven, Niederlande, *Zinkselenid.* (**Can. P. 555 707** vom 26/4. 1957, ausg. 8/4. 1958. Niederl. Prior. 28/4. 1956. — C. **1958,** 13880 [D. A. S. 1 028 977].)

Centre d'Études pour les Applications de l'Énergie Nucléaire, Brüssel, Belgien, *Sublimieren von Fluoriden.* (**Niederl. P. 100 681** vom 29/9. 1956, ausg. 15/3. 1962. Belg. Prior. 19/9. 1956. — C. **1960,** 12467 [D. A. S. 1 070 151].)

Columbia-Southern Chemical Corp. (Erfinder: **Edwin Kennedy Plant**), *Kühlen von $FeCl_3$ enthaltenden Gasen.* (**Aust. P. 228 869** vom 9/10. 1957, ausg. 21/7. 1960. A. Prior. 15/10. 1956. — C. **1961,** 6991 [A. P. 2 940 541].)

Junta de Energia Nuclear, Spanien (Erfinder: **Jovino Diaz-Pedregal y Garcia de Tunon** und **Roberto Rodriguez-Solano Pastrana**), *Herstellung von Uranoxid.* (**Aust. P. 230 362** vom 8/5. 1958, ausg. 13/10. 1960. Span. Prior. 16/5. 1957. — C. **1961,** 621 [F. P. 1 183 115].)

Mark Barent und **Sidney Walgate Johnson**, London, England, *Herstellung von Manganhydroxid.* (**A. P. 2 997 368** vom 9/12. 1957, ausg. 22/8. 1961. E. Prior. 20/12. 1956. — C. **1960,** 3345 [D. A. S. 1063 136].)

H_6. Silicatchemie. Baustoffe

Zur Berechnung der Prozesse der Glasbildung. K. I. Braginski. (Стекло и Керамика [Glas u. Keram.] **18,** Nr. 10, 22—26, Okt. 1961; russ.) — Die bisher bekannten Arbeiten über die Glas-Bldg. berücksichtigen in erster Linie das Problem der Wärmeübertragung. Vf. beschreibt die mechan. u. therm. Vorgänge in der sich bildenden zähen Glasmasse durch ein Syst. von Differentialgleichungen. Als Randbedingungen werden Viscosität, Geometrie der freien Oberflächen im niederschm. Gemenge u. die langsame Bewegung der Glasmasse betrachtet. I. Berger. 6168

Die Anorthosite als aussichtsreicher Rohstoff für schwachalkalihaltiges Glas. E. I. Popowa und W. I. Magidowitsch. (Стекло и Керамика [Glas u. Keram.] **16,** Nr. 12, 33—35, Dez. 1959; russ.) — Die *Anorthosite,* die sich durch einen hohen Geh. an Al_2O_3 u. einen niedrigen Alkali-Geh. auszeichnen u. in der Sowjetunion in großen Mengen vorkommen, können als Rohmaterial für schwachbas., therm. beständige Gläser verwendet werden. G. Winkhaus. 6170□

Die Granulierung des Glassatzes mit grobem Sand. M. F. Gurjanowa und Ja. A. Frolow. (Стекло и Керамика [Glas u. Keram.] **18,** Nr. 10, 26—27, Okt. 1961; russ.) — Durch Verss. wurde nachgewiesen, daß sich Glassätze mit Quarzsand in der

Korngröße bis 0,5 mm u. Scherben bis 3 mm bei Verw. von Wasserglas u. W. als Bindemittel einwandfrei granulieren lassen. Die Festigkeit des Granulats ist bei konst. technolog. Bedingungen abhängig von der Bindemittelmenge u. der Scherbenkorngröße.
I. Berger. 6170

Die Entfärbung von Glas. M. M. Skornjakow. (Стекло и Керамика [Glas u. Keram.] **16,** Nr. 12, 29—33, Dez. 1959; russ.) — Zur Unterdrückung der Grünfärbung von Ca–Na-Silicatgläsern mit einem Fe_2O_3-Geh. von 0,04—0,05% u. ca. $5 \cdot 10^{-5}$% Cr_2O_3 werden folgende physikal. Entfärber empfohlen: 0,004% Se + $5 \cdot 10^{-5}$% CoO, wenn der Geh. an As_2O_3 u. Sb_2O_3 0,3 bzw. 0,1% erreicht, 0,0015% Se + $5 \cdot 10^{-5}$% CoO + 0,02—0,05% $KMnO_4$, wenn der As_2O_3-Geh. 0,05% beträgt u. Sb fehlt. Dabei muß im Schmelzofen ein oxydierendes Gasmedium vorhanden sein. Bei höheren Fe- u. Cr-Geh. wird mehr CoO zugesetzt. Die Menge des Se-Zusatzes ist abhängig vom Gasmedium des Ofens. Mn-Verbb. (z. B. Pyrolusit) verbessern die Schmelz-Eigg. des Glases u. können das teuerere Sb_2O_3 ersetzen. Se allein gibt dem Glas einen Gelbton; Kombination mit CoO ergibt neutrale weiße (graue) Färbung. G. Winkhaus. 6176□

Erhöhung der Hitzebeständigkeit von Glas durch thermochemische Bearbeitung. I. A. Bogusslawski. (Стекло и Керамика [Glas u. Keram.] **17,** Nr. 9, 26—28, Sept. 1960; russ.) — Verss. werden mit vertikalgezogenem Tafelglas der Zus. 71,9 (%) SiO_2 7,6 CaO, 3,8 MgO, 15 Na_2O, 1 Al_2O_3, 0,15 Fe_2O_3 u. 0,5 SO_3 unternommen, dem nach 3 Min. langer Brenndauer bei 660° eine 10%ig. Silicon-Lsg. zur Härtung aufgesprüht wird. Abkühlung erfolgt an der Luft. Gemessen wird die Abhängigkeit der Thermostabilität u. des Härtegrades von der Sprühdauer. Mit dieser Herst.-Meth. wird ein hochwiderstandsfähiges thermostabiles Glas ohne opt. Verzerrung produziert. Die Hitzebeständigkeit eines alkalifreien Glases mit kleinem Ausdehnungs-Koeff. ($\alpha = 42 \cdot 10^{-7}$) steigt bis 420—440° u. eines vertikalgezogenen Glases mit $\alpha = 87 \cdot 10^{-7}$ bis 330—360°.
J. Lehmberg. 6200□

Die Herstellung von hochfesten Gläsern. I. A. Bogusslawski. (Стекло и Керамика [Glas u. Keram.] **18,** Nr. 10, 19—22, Okt. 1961; russ.) — Durch intensives Abschrecken des bis zur Erweichungs-Temp. erhitzten Glases in fl. polymeren organ. Si-Verbb. kann die Festigkeit um ein mehrfaches gesteigert werden. Bei dünnem Glas (3 mm) u. niederpolymeren Verbb. (5 gliedrig) sind Abschreck-Wrkg. u. Festigkeitsanstieg besser als bei stärkerem Glas (5 mm) u. 15gliedrigen Verbindungen. Die erreichbaren Festigkeitswerte werden ebenfalls durch eine chem. Oberflächenbehandlung beeinflußt. — 2 Abb., 3 Tabellen. I. Berger. 6200

Neuere Untersuchungen an Verbundsicherheitsglas für Windschutzscheiben. G. Rodloff. (Automobiltechn. Z. **64,** 179—84, Juni 1962; Witten, Ruhr; dt.) — Unterss. über die Eigg. u. das Verh. von Verbundsicherheitsglas (VS) für Windschutzscheiben beim Aufschlag stumpfer Körper, z. B. des menschlichen Schädels, zeigen, daß die Glasdicke einen entscheidenden Einfl. auf alle Eigg. ausübt. Bei 6,6 mm dickem SV muß eine stärkere Folie eingesetzt werden, um gleiche Leistungen wie bei 5 mm SV zu erreichen; bei noch größeren Glasdicken ändert VS seinen Charakter völlig. Wird nicht der optimale Wasser-Geh. eingehalten u. die Folienstärke auf die Glasdicke abgestimmt, so entsteht ein VS mit geringer Leistung. W. Wesly. 6200□

Untersuchung gebrannter keramischer Körper aus der Römerzeit. W. F. Cole und D. N. Crook. (Trans. Brit. ceram. Soc. **61,** 299—315, Juni 1962; Melbourne, Div. of Building Res., Commonwealth Sci. and Ind. Res. Organization; engl.) — Durch chem. Analyse, DTA, Röntgenanalyse u. mkr. Unterss. wird die Zus. von 4 gebrannten keram. Körpern aus der Römerzeit untersucht sowie Porosität, Porengrößenverteilung, Schwindung beim Nachbrennen, Längenänderung beim Liegen in W. u. während der Behandlung im Autoklaven sowie der Widerstand gegen Seewasser festgestellt.
H. Noack. 6206

Theoretische Grundlagen der Zusammenstellung der Versätze für keramische Massen. Ss. P. Nitschiporenko, W. W. Chilko und E. A. Kosstenko. (Стекло и Керамика [Glas u. Keram.] **18,** Nr. 10, 28—32, Okt. 1961; russ.) — Die strukturchem. Eigg., wie Elastizität, Plastizität u. Relaxation beim Formgebungsprozeß keram. Massen, werden in Abhängigkeit von der granolometr., chem. u. mineralog. Zus. untersucht. Verff. teilen die Tone in 6 strukturchem. Typen ein u. untersuchen an Modellmassen die Formungs-Eigg. dieser Typen. Eine Vergrößerung der Dispersität führt zur Verringerung der Elastizität u. zur Erhöhung der Plastizität. Vff. untersuchen bes. den Einfl. von Löß u. Bentonit auf die Plastizität. I. Berger. 6206

Entwicklung in der sowjetischen Weißwarenindustrie. Kenneth Shaw. (Ceramics **13,** Nr. 159, 19—21, Mai 1962; engl.) — Bericht über die Fortschritte der sowjet. keram. Industrieerzeugung für Tafelgeschirr, Sanitärkeramik, Wandkacheln usw., Hinweise auf moderne Verff. der Elektrophorese bei Entwässerung keram. Kleinartikel, des

Schmelzgusses, des Glasierens unter Vibrationsbeschleunigung, der Aufbereitung armer Ton-, Feldspat- u. Kaolinlager, u. auf die Bestrebung zur Schaffung vollautomat. Anlagen mit Television u. Fernsteuerung für Massengüter, bes. Wandkacheln.
R. Kaiser. 6206□

Feuchtigkeitsdehnung. F. Vaughan und A. Dinsdale. (Trans. Brit. ceram. Soc. **61**, 1—19, Jan. 1962; British Ceram. Res. Assoc.; engl.) — An Hand von Tabellenwerten u. graph. Darst. wird bewiesen, daß die Feuchtigkeitsdehnung eines keram. Scherbens durch das Eindringen der Feuchtigkeit in die Glasphase entsteht u. zu einer Strukturänderung führt. Die Bedeutung der Feuchtigkeitsdehnung für verschiedene keram. Körper wird behandelt u. die Möglichkeit diskutiert, aus beschleunigten Test-Verss. die Ausdehnung, wie sie in der Praxis auftritt, voraussagen zu können.
H. Noack. 6206

Die Kinetik des Schlickergusses. Eldor R. Herrmann und Ivan B. Cutler. (Trans. Brit. ceram. Soc. **61**, 207—11, April 1962; Utah, Univ., Dep. of Ceram. Engng.; engl.) — Verss. zur Best. des Temp.-Einfl. auf die Gieß-Geschw. werden beschrieben. Nach einer kurzen Anlaufzeit, in der die Fl.-Aufnahme der Form geschwindigkeitsbestimmend ist, wird die Geschw. der Scherben-Bldg. von der Diffusion der Fl. durch die an der Formwand gebildete Schicht bestimmt. Bei Temp.-Änderung ist die Geschw. der Zähigkeit der Fl. umgekehrt proportional. H. Noack. 6206

Abhängigkeit der Verschleißfestigkeit des Schmelzbasalts von der Gußstückdicke. Jan Voldán. (Sklář a Keram. **12**, 183—85, Juni 1962; Hradec Králové; tschech.) — Die Eigg. geschmolzener Gesteine hängen vom Wärme-Verh. der Masse u. der Technologie der Formgebung ab. Es wird die Abhängigkeit der Verschleißhärte von der Gußstückdicke u. der Härteänderungen von der Oberflächenbeschaffenheit u. der chem. Zus. untersucht. Die Verbesserung der Oberflächenverschleißhärte von Fußbodenplatten, die in Metallformen gegossen werden, wird besprochen.
H. Noack. 6208

Glasur für Kanalisationsrohre. G. J. Roberts. (Trans. Brit. ceram. Soc. **61**, 34—44, Jan. 1962; British Ceram. Res. Assoc.; engl.) — Durch Zugabe von Glasbruch als Flußmittel wurde die Verw. verschiedener Gesteine (Basalt, Granit) zur Herst. einer preiswerten Glasur für Kanalisationsrohre möglich. H. Noack. 6212

Entwicklung einer Glasur für Drainagerohre. S. W. Ratcliffe, F. I. Ceram, B. Hirst und W. L. German. (Trans. Brit. ceram. Soc. **61**, 20—33, Jan. 1962; Stoke-on-Trent, North Staffordshire, Coll. of Technol.; engl.) — Es werden Verss. zur Entw. eines Glasurschlickers mit gemahlenem Basalt für Drainagerohre durchgeführt. Die chem. Beständigkeit dieser Glasur entspricht der einer Salzglasur. H. Noack. 6212

Die Viscosität einiger Zirkonglasuren. H. Jürine. (Trans. Brit. ceram. Soc. **61**, 104—20, Febr. 1962; Swedish Inst. für Silicate Res.; engl.) — Die Viscosität (Vi) der Glasphase einer Zirkonglasur wird durch gelöstes Zirkoniumsilicat erhöht, doch entfällt der größte Anteil der gemessenen Vi einer gefritteten Zirkonglasur auf die Einw. der krist. Phase auf die innere Reibung der Glasur. Während der Vi-Anteil der Glasphase nur einen geringen Einfl. auf die scheinbare Vi hat, steigt diese rasch mit dem Geh. der krist. Phase in der Zirkonglasur. H. Noack. 6212

Untersuchung der Oberflächenerscheinungen beim Brennen von Porzellanmassen. I. K. Matwejew. (Стекло и Керамика [Glas u. Keram.] **16**, Nr. 12, 4—7, Dez. 1959; russ.) — Die Oberflächenerscheinungen beim Erschmelzen von Porzellanmassen wurden durch photograph. Verfolgung der Tropfen-Bldg. u. durch Deformations-Verss. studiert. Es wurde gezeigt, daß bis 1200° die bei dem Vorgang freiwerdenden Oberflächenkräfte entscheidenden Einfl. auf die Struktur der erhaltenen Massen haben, da sie z. T. zur Verdichtung des Materials verbraucht werden, z. T. aber auch Deformationen u. Spannungen bewirken. G. Winkhaus. 6214□

Dekorierung von Porzellangegenständen mit einer Aluminiumschicht. T. I. Kudrina. (Стекло и Керамика [Glas u. Keram.] **16**, Nr. 12, 7—9, Dez. 1959; russ.) — Die Bedingungen der Dekorierung von Porzellangegenständen mittels Aufdampfen von Al wurden ausgearbeitet. Nach Reinigung der Porzellanoberfläche (6—8 Std. mit gesätt. $K_2Cr_2O_7$-Lsg. in konz. H_2SO_4, Waschen mit W., Trocknen, Behandeln mit Ae.-A.) wird die Oberfläche bei 10^{-2} mm Hg} 10—15 Min. mit O-Ionen beschossen (1600 bis 2000 V, 80—100 mA) u. dann innerhalb 5—10 Min. bei 10^{-4} mm Hg, 90—100 V u. 45—50 A bedampft. Al wird nach vorhergehendem Schmelzen von einer W-Spirale verdampft. Zur Stabilisierung wird die bedampfte Porzellanoberfläche nach vorhergehender 5 Min. langer Behandlung mit 5%ig. Soda- + 1,5%ig. K_2CrO_4-Lsg., 45 Min. bei 70—75° mit 0,5%ig. K_2CrO_4- u. $K_2Cr_2O_7$-Lsg. anoxydiert.
G. Winkhaus. 6214□

Untersuchungen an feuerfesten Rohstoffen. 1. Mitt. **Wärmewirkung auf natürliche Magnesite.** Chekuri N. S. Prasada Varma und A. L. Roberts. (Trans. Brit. ceram. Soc. **61,** 212—23, April 1962; Leeds, Univ., Houldsworth School of Appl. Sci.; engl.) — Unterss. der Strukturänderung u. der Eigg. beim Calcinieren von natürlichen Magnesiten bis 1800° zeigten, daß das entstehende Zers.-Prod. eine vom Periklas abweichende metastabile Pseudostruktur aufweist, die bis 1700° vorliegt. Zwischen 1700 u. 1800° findet eine Umwandlung in relativ große Periklaskristalle statt. Aus der Röntgen-Unters. geht hervor, daß Kalk zwischen 150 u. 1700° mit der metastabilen Phase eine feste Lsg. eingeht, bei 1800° jedoch wieder austritt. H. Noack. 6218

Eigenschaften und Verhalten Haldener tunnelofengebrannter Sinterdolomitsteine. F. Bischoff. (Ber. dtsch. keram. Ges. e. V. **39,** 321—25, Dolomitwerke Wülfrath, Labor. Hagen-Halden; dt.) — Zur Charakteristik der Haldener tunnelofengebrannten Sinterdolomitsteine wird der Einfl. der Beschaffenheit des Ausgangsmaterials auf das Verh. der fertigen Steine diskutiert. Folgende Eigg. u. Unterss. werden behandelt: Porositätsverhältnisse, Struktur u. Textur, Druckfestigkeit bei Raum-Temp., Druckfeuerfestigkeit u. andere Eigenschaften. N. Peters. 6218□

Feuerbeständige Korundstoffe. M. Bartuška. (Stavivo **40,** 51—57, Febr. 1962; Praha; tschech.) — Vf. untersucht die Eigg. der Korundstoffe in Abhängigkeit von Körnung, Geh. u. Eigg. des Al_2O_3, Formungsdruck u. Mineralisatoren u. beschreibt ausführlich verschiedene hochfeuerfeste u. volumenbeständige Materialien. H. Noack. 6218

Gegossene feuerfeste Materialien. Roy W. Brown. (Glass Ind. **43,** 68—75, 94, Febr. 1962; Falconer, N.Y., Harbison Carborundum Corp.; engl.) — Beschrieben werden 6 *feuerfeste Materialien,* angewendet in verschiedenen Zonen eines Glasschmelzofens. Gemessen u. graph. gegenübergestellt werden therm. u. elektr. Leitfähigkeit, Korrosion, Schmelz-Temp., Sinterung, therm. Schock-Wrkg., Porosität, Alkaliresistenz, Geh. an Glasphasen, Durchlässigkeit, Eindringen der Schmelze, Feuerfestigkeit u. oberer Bohrwiderstand. Vers.-Substanzen sind Mischungen aus Cr_2O_3–Al_2O_3, ZrO_2–Al_2O_3, α–β-Al_2O_3, α-Al_2O_3, β-Al_2O_3 u. Mullit. H. Schumann. 6218□

Die Haltbarkeit feuerfester Materialien bei der Hochtemperaturschmelze von Glas. O. A. Dubowa und L. M. Woloschinowa. (Стекло и Керамика [Glas u. Keram.] **18,** Nr. 10, 39—42, Okt. 1961; Lissitschansk, Glasfabrik; russ.) — Vff. beschreiben den chem. u. mineralog. Zustand verschiedener feuerfester Materialien nach einer 28 Mon. langen Ofenreise bei Schmelz-Temp. von 1515—1520°. Die Einschlüsse im Glas kurz vor Stillegung der Wanne wurden qual. u. quant. ausgewertet. I. Berger. 6218

Verschleiß von Feuerfeststoffen in Stahlgießpfannen. F. Savioli. (Trans. Brit. ceram. Soc. **61,** 343—57, Juni 1962; SANAC; engl.) — Bei der Auskleidung von Pfannen treten 3 Arten des Verschleißes auf: Lsg. der Oberfläche, Lsg. nach dem Eindringen mit Erosion u. Rißbildung. Untersucht werden feuerfeste Steine mit 25% Al_2O_3, feuerfeste Steine mit 22—24 Al_2O_3 u. Silicastampfmassen. Nach Feuerungsgrad werden sie in 4 Gruppen eingeteilt. H. Noack. 6218

Verfolgung der Mahlwirkung verschiedener Mühlentypen durch magnetische Messungen. G. Heimke. (Ber. dtsch. keram. Ges. e. V. **39,** 326—30, Juni 1962; Bonn, Magnetfabrik, Gewerkschaft Windhorst; dt.) — Die Dauermagnete aus *Bariumferrit* werden nach Verff. hergestellt, die den Arbeits-Meth. der keram. Industrie sehr ähnlich sind. Wird während der Feinmahlung die Koerzitivfeldstärke von Ba-Ferritpulvern beobachtet, so kann dies im Zusammenwirken mit einer Anlaßbehandlung zur Beurteilung des Einfl. des Mahlvorgangs auf das Mahlgut benutzt werden. Vgl. der Koerzitivfeldstärke nach dem Mahlen u. nach dem Anlassen gestatten die Abschätzung der relativen Dichte der Gitterfehler u. der erreichten Kornfeinheit. N. Peters. 6220□

Beitrag zur Kenntnis keramischer Werkstoffe mit Seltenen Erden zur Absorption radioaktiver Strahlung. Hans Lehmann und Karl Hermann Müller. (Tonind.-Ztg. keram. Rdsch. **86,** 195—212, 10/5. 1962; Clausthal, Bergakad., Inst. für Steine u. Erden; dt.) — Im Syst. BaO-Ln_2O_3-SiO_2 (Ln_2O_3 = Lanthanidenoxid) wurden Unterss. über die Herst.-Bedingungen keram. Werkstoffe, Rkk. beim Brand u. technolog. Eigg. bei Verw. von La_2O_3, Gd_2O_3 u. Monazitsand durchgeführt. La_2O_3 darf wegen seines stark bas. Charakters nur begrenzt zugesetzt werden. Die Bldg. der Silicate von La u. Gd ($Ln_2O_3 \cdot SiO_2$, 2 $Ln_2O_3 \cdot 3\ SiO_2$, $Ln_2O_3 \cdot 2\ SiO_2$) ist bei 1580° abgeschlossen. Die technolog. günstigste Zus. liegt bei 20 (Mol-%) BaO, 30 La_2O_3 bzw. Gd_2O_3 u. 50 SiO_2. Keram. Massen aus Monazitsand, $BaCO_3$ u. Ton müssen wegen ihrer starken Blähneigung während des Brandes bei 1500° vorgebrannt, mit Bindeton versetzt u. dann zur Herst. dichter Werkstücke bei 1400° gebrannt werden. Die Werkstoffe bleiben im Kernreaktor beständig. Ihre Schwächungs-Koeff., die für γ-Strahlung etwa im gleichen Bereich wie die von Beton, Pb u. W. liegen, erreichen für ^{60}Co-Strahlung $\mu = 0,26$ (cm^{-1}) u. für ^{137}Cs-Strahlung $\mu = 0,39$. H. Noack. 6220

Silberpasten für radiokeramische Produkte. Józef Widaj, Józef Szeliga und Maciej Zarukiewicz. (Szkło i Ceram. **13**, 47—57, Febr. 1962; pol.) — Silberpasten, d. h. Suspensionen vollständig zersetzbarer Ag-Komponenten u. Flußmittel in fl. organ. Medien, werden als Metallüberzüge für radiokeram. Prodd. verwendet. Die auf die Oberfläche der Prodd. aufgebrachte Suspension wird getrocknet u. gebrannt. Der auf diese Art erhaltene Metallüberzug ist gegen Abnutzung beständig u. seine elektr. Eigg. sind gut. Vorschriften für die Zus., Anwendung, Trocknung u. das Brennen der Ag-Pasten werden gegeben. H. Noack. 6220

Technische und wirtschaftliche Grenzen der Isolierung bei Kalkschachtöfen. O. Zachwy. (Zement-Kalk-Gips **15 (51)**, 255—61, Juni 1962; Wülfrath; dt.) — Die Leistungs-Entw. von Kalkschachtöfen ist mit Dauerleistungen bis zu 15 tato/m² noch nicht abgeschlossen. Entscheidend für die Leistung ist ein Optimum an Isolierung, wobei wirtschaftliche Grenzen durch hohe Futterinnen-Temp. u. damit verbundene Futtererweichungen gesetzt sind. H. Schumann. 6222 □

Beitrag zur Alkalifrage in Schwebegaswärmetauscheröfen. G. Mußgnug. (Zement-Kalk-Gips **15 (51)**, 197—204, Mai 1962; Hardegsen/Solling; dt.) — Als Ursache für die in Schwebegaswärmeaustauscheröfen auftretenden Verkrustungen durch Anreicherung von Alkali wird die Bldg. von Alkalichlorid betrachtet. Alkalichlorid verdampft quant. in der Sinterzone u. wird fast quant. im Wärmetauscher niedergeschlagen, so daß auch dann im Kreislauf eine hohe Anreicherung stattfindet, wenn die mit Rohmehl oder Brennstoff eingebrachten Cl_2-Mengen gering sind. Der Chloridkreislauf wird durch Abführung eines Teilstromes des Abgases fast vollständig unterbunden. Bei nicht zu hohen Chloridmengen genügt es, 10% der Abgasmenge zu verwerfen. Der Wärmeverbrauch der Anlage wird dadurch um ca. 40 kcal/kg Klinker höher, der Betrieb läuft jedoch störungsfrei. H. Noack. 6222

Die Bekämpfung von Sulfatringen im Drehofen. G. Witols. (Zement-Kalk-Gips **15 (51)**, 205—07, Mai 1962; São Paulo, Brasilien; dt.) — Zur Beseitigung der Sulfatring-Bldg. wurde durch Einbau von elektr. Vorwärmern die Temp. des Heizöls beim Eintritt in den Ofen von 110 auf 160° erhöht, wodurch eine bessere Zerstäubung des Öls, demzufolge eine schnelle Verbrennung des im Öl enthaltenen S sowie ein schnelles Entfernen des gebildeten SO_2-Gases erreicht wird. Um die katalyt. Wrkg. des Fe-Oxids zu verringern, wurde in der Rohmischung der Prozentsatz des Fe_2O_3 von 2,2(%) auf 1,35 herabgesetzt. Die Auswahl der Rohmaterialien erfolgt so, daß ein höherer Silicatmodul u. gleichzeitig ein niedrigerer Fe_2O_3-Geh. vorlag. Durch zusätzlich aufgegebenes W. im Ofen wurde die zur Bldg. von Sulfaten günstige Zone verkürzt. H. Noack. 6222

Probenahme in der Zementindustrie. K. Alberti und G. Mälzig. (Zement-Kalk-Gips **15 (51)**, 262—68, Juni 1962; Düsseldorf; dt.) — Der Einbau automat. Probenehmer sowie Notwendigkeit u. Grundsätze der Probenahme werden eingehend erläutert u. als Skizzen wiedergegeben. H. Schumann. 6222 □

Eine Hypothese über das Schrumpfen von Zement bei der CO_2-Sättigung. T. C. Powers. (J. PCA Res. Development Lab. **4**, Nr. 2, 40—50, Mai 1962; Portland Cement Assoc., Res. and Dev. Labor.; engl.) — Eine Hypothese über die Vol.-Verminderung von Portlandzement-Paste infolge Rk. mit CO_2 besagt, daß die Schrumpfung die Folge einer Auflösung von unter Druck stehenden $Ca(OH)_2$-Kristallen ist. Ohne Druck tritt keine Schrumpfung auf. Die Rk. anderer Hydratations-Prodd. mit CO_2 bewirkt keine Auflösung u. daher auch keine Schrumpfung. W. Wesly. 6222 □

Örtliche Bindemittel auf Grundlage von Alunit. K. Ss. Kutateladse und N. G. Dshintscharadse. (Строительные Материалы [Baumaterialien] **5**, Nr. 7, 35—37, Juli 1959) — Die Herst. von feuerfesten Zementen für Beton erfolgt aus Gemischen von grusin. *Alunit* u. Portlandzement unter Zusatz verschiedener Mineralisatoren. Die Feuerfestigkeit des Betons beträgt 1700°, der Brennschwund bei 1400° 0,75—1,8%. D. Rost. 6224 □

Der Einfluß der Eigenschaften von Aluminiumpuder auf die Eigenschaften von Gasbeton und Gassilicat. Ss. A. Krsheminski, B. B. Kryshanowski und Ss. G. Danilowa. (Строительные Материалы [Baumaterialien] **5**, Nr. 10, 31—34, 1959; russ.) — Die Verw. von *Al*-Puder zur Herst. von Gasbeton u. Gassilicat empfiehlt sich in geglühter Form. Als bes. geeignet erwiesen sich Al-Puder *PAK-4* (I) mit einer mittleren Korngröße von 40 μ u. *PAK-3* (II) mit 30—85 μ. Für I wurden bei Zusatz von 0,04%

(bezogen auf das Gew. des trockenen Gemisches) 819 kg/m³ Vol.-Gew. u. 47,6 kg/cm² Druckfestigkeit, bei Zusatz von 0,10% 584 u. 18,1 entsprechend der Prodd. erzielt. Bei II betrug bei Zusatz von 0,04% das Vol.-Gew. 862 kg/m³ u. die Druckfestigkeit 59,9 kg/cm², bei Zusatz von 0,20% 612 u. 16,8. D. Rost. 6224□

Physikalische Eigenschaften von Beton bei sehr niedrigen Temperaturen. G. E. Monfore und A. E. Lentz. (J. PCA Res. Development Lab. **4,** Nr. 2, 33—39, Mai 1962; Portland Cement Assoc., Res. and Dev. Labor.; engl.) — Unterss. über die Eigg. von Beton zwischen 75 u. —250° F zeigen: Der Elastizitätsmodul eines bes. feuchten Betons steigt von 5,5·10⁶ lbs./sq.in. bei 75° F auf 8,5·10⁶ lbs./sq.in. bei —250° F, die Druckfestigkeit von ca. 5000 auf >17000 lbs./sq.in. bei —150° F. W. Wesly. 6224□

Gips und seine Anwendung in der Sanitärporzellanindustrie. E. G. Walker. (Trans. Brit. ceram. Soc. **61,** 316—42, Juni 1962; British Ceram. Res. Assoc.; engl.) — Die Eigg. von Gips u. Autoklavengips wurden in bezug auf die Herst. von Formen, Wrkg.-Weise der Formen, Lebensdauer unter besonderer Berücksichtigung der prakt. Bedürfnisse der sanitärkeram. Industrie besprochen. Die Wrkg. von Anhydrit, nichtlösl. Calciumsulfaten u. Verzögerern wird behandelt. H. Noack. 6226

Schlämme der Soda- und Salzgewinnung als Beschleuniger der Gipsbindung. W. N. Aisenberg, I. N. Gladkin und O. M. Albin. (Строительные Материалы [Baumaterialien] **5,** Nr. 4, 34, April 1959; russ.) — Zum schnellen Binden von Gipserzeugnissen werden statt teuerem $CaSO_4 \cdot 2\,H_2O$ (I) u. *NaCl* die Schlämme der Soda- u. Salzgewinnung empfohlen. Die Verss. wurden sowohl unter Labor- als auch unter Betriebsbedingungen durchgeführt. Es stellte sich heraus, daß 1—4% Schlamm, bezogen auf Baugips, die Bindung nicht nur ebenso gut wie I fördern, sondern sie noch beschleunigen. K. Wekua. 6226

Einiges über die Feuerstandfestigkeit der Ziegelrohstoffe. G. Piltz. (Euro-Ceramic [Düsseldorf] **12,** 41—46, Febr. 1962; Ziegelindustrie **15,** 114—17, Febr., 151—53, März 1962; Essen-Kray, Inst. für Ziegel-Forsch. Essen e. V.; dt.) — Um das Brenn-Verh. der Rohstoffe für die Ziegel-Herst. beurteilen zu können, wird der Brennschwindungsverlauf graph. in Form einer Kurve erfaßt, aus der sich die Größenänderungen bis zur Schmelze ergeben. Bei materialgerechter Aufheizweise ist der Verlauf für die Mehrzahl der Ziegelrohstoffe im Prinzip gleich, mit Ausnahme der Rohstoffe mit hohem Geh. an feinverteiltem kohlensaurem Kalk. Von kalkarmen Materialien werden das Brenn-Verh. mit u. ohne Druckbelastung u. die Beeinflussungsmöglichkeiten der Feuerstandfestigkeit durch Variieren der Brennatmosphäre u. Versatz mit Zusatzstoffen bei Druckbelastung ausführlich beschrieben. H. Noack. 6228□

Zur Haltbarkeit von Engoben für Dachziegel. H. W. H. West und C. R. Atkinson. (Trans. Brit. ceram. Soc. **61,** 151—99, März 1962; British Ceram. Res. Assoc.; engl.) — Die Haftfestigkeit von Engoben für Dachziegel wird in Abhängigkeit von der Zugabe verschiedener Flußmittel, vom MnO_2-Geh., der Konsistenz u. der Auftragdicke der Engobe untersucht. Die Brenn-Temp. u. die Anwesenheit von Kalk beeinflussen die Haltbarkeit stark. H. Noack. 6228

Untersuchungen zum Ausbrennen von Ausbrennleichtsteinen. E. Gugel. (Ber. dtsch. keram. Ges. e. V. **39,** 212—21, April 1962; Oeslau-Coburg, Labor. der Anna-Werke; dt.) — Neben dem modernen Schaum-Verf. wird das ältere Ausbrenn-Verf. zur Herst. von Leichtsteinen angewendet, hierbei erhält der Rohversatz einen Anteil brennbarer Stoffe, die ausgebrannt werden, wodurch ein zusätzlicher Porenraum geschaffen wird. Es werden solche Steine mit Hilfe von Holz, Braunkohle u. Koks gefertigt u. ihr Ausbrenn-Verh. bei verschiedenen Temp. untersucht. Die Zünd-Temp. wird unter Benutzung des Erhitzungsmikroskops festgestellt. Bei gleicher Porosität während des Ausbrennens nimmt die Ausbrenndauer etwa proportional mit der Menge des Reinkokses im Stein zu. Eine Steigerung der Temp. erhöht naturgemäß die Ausbrenngeschwindigkeit. N. Peters. 6228□

Der im Autoklaven behandelte Schaumstein mit Perlit als Zuschlagstoff. L. Hamak. (Stavivo **40,** 37—39, Febr. 1962; Bratislawa; slowak.) — Perlit als Zuschlagstoff bewirkt eine Herabsetzung der spezif. Gew. u. eine Erhöhung der Temp.-Beständigkeit von Schaumstein. Der verwendete Perlit, die Zus. des Schaumsteins u. seine Eigg. werden beschrieben. H. Noack. 6228

Die Verwendung von Wasserglas für die Herstellung von wärmeisolierenden Platten. Je. A. Klimanowa. (Строительные Материалы [Baumaterialien] **5,** Nr. 10, 20—21, Okt. 1959; russ.) — Zur Herst. wärmeisolierender Platten werden als Bindemittel Wasserglas u. als Füllstoff Sägespäne verwendet. Durch Zusatz von 10% *Albumin*, 5% $CaCl_2$ u. 15% $Na_2[SiF_6]$ (bezogen auf das Gew. von Wasserglas) wird die Festigkeit u. Wasserbeständigkeit der Platten um das 4—5,3fache erhöht. Bei 15%

Wasserglas wird ein Vol.-Gew. von 0,35 g/cm³, eine Wärmeleitfähigkeit von 0,006 kcal/m·Grad·h u. eine Bruchfestigkeit von 20 kg/cm² erreicht. Bei 50% Wasserglas betragen diese Werte entsprechend 0,60, 0,106 u. 58. Die Platten werden mit 10 kg/cm² Druck vor- u. anschließend 45 Min. mit 20 kg/cm² nachgepreßt. D. Rost. 6228□

Über die Verbesserung der Technologie der Herstellung von Vulkanit. I. S. Woltschek, A. I. Kukuschkin und I. I. Sinow. (Строительные Материалы [Baumaterialien] **5**, Nr. 10, 14—18, Okt. 1959; russ.) — Die Technologie der Herst. von *Vulkanit* (Wärmeisolator) aus 60(%) Diatomit, 25 Kalk, 15 Asbest u. 4 Gips wird beschrieben. Bei einem Vol.-Gew. des Vulkanits von 400 kg/m³ beträgt die Biegefestigkeit nach der Lufttrocknung 7 kg/cm². Bei Zusatz von 0,1% Al-Pulver erhält man ein Material mit 300 kg/m³ Vol.-Gew. u. 4—6 kg/cm² Biegefestigkeit. D. Rost. 6228□

Neue Arbeitsweisen zur Überwachung von Temperatur und Feuchtigkeit bei der Röntgenstrahlenbeugungsmessung. Paul Seligmann und Nathan R. Greening. (J. PCA Res. Development Lab. **4**, Nr. 2, 2—9, Mai 1962; Portland Cement Assoc., Res. and Dev. Labor.; engl.) — Ein elektron. Röntgenstrahlenbeugungsmesser wird so abgeändert, daß man durch Eintritt von N_2 von bestimmtem Feuchtigkeits-Geh. die gewünschte Feuchtigkeit u. durch Eintritt von W. die gewünschte Temp. einstellt. Die Anwendung des Gerätes wird an Ca-Aluminat-Hydratproben gezeigt. W. Wesly. 6240□

Untersuchungen mit dem Enslingerät. H. Lehmann und M. Koltermann. (Ber. dtsch. keram. Ges. e. V. **39**, 222—26, April 1962; Clausthal, Inst. für Steine u. Erden; dt.) — Die verschiedenen Meth. zur Best. der Plastizität in Abhängigkeit vom Wasserbindungsvermögen tonmineralhaltiger Rohstoffe werden diskutiert u. die Bedeutung des *Enslin*-Verf. im Vgl. zu den anderen Unters.-Meth. herausgestellt. Nach eine Gerätebeschreibung u. dem Hinweis auf mögliche Fehlerquellen bei der Best. des *Enslin*-Wertes wird die Frage der Reproduzierbarkeit der Ergebnisse an Hand von Vgl.-Verss. behandelt. N. Peters. 6240□

Über das Wasseraufnahmevermögen körniger Haufwerke. H. Balduin. (Ber. dtsch. keram. Ges. e. V. **39**, 227—34, April 1962; Wien, Versuchsanstalt für industrielle Keramik; dt.) — Die Feststellung der Wasseraufnahme körniger Haufwerke, bes. von Ton oder anderen feinkörnigen Stoffen, mit dem Enslin-Gerät kann als ein Verf. zur Kennzeichnung einer bestimmten effektiven Porosität bezeichnet werden. Aus der Wasseraufnahme von Sanden bzw. von Sandfraktionen können Schlüsse auf die Kornform gezogen werden. Der Enslin-Wert kann mit der Stauchprobe nach Pfefferkorn in Beziehung gesetzt u. wie diese als ein Verf. zur Kennzeichnung der inneren Reibung aufgefaßt werden. N. Peters. 6240□

Zirkoniumsilicatdüsen für kontinuierlichen Guß. I. M. D. Halliday und J. R. Lakin. (Trans. Brit. ceram. Soc. **61**, 45—60, Jan. 1962; Rotherham, United Steel Co. Ltd., Swinden Labor.; engl.) — Es wird die Entw. eines Prüf-Verf. beschrieben, das eine zerstörungsfreie Güte-Best., bes. hinsichtlich der Temp.-Wechselbeständigkeit, der Zirkonsilicatdüsen ermöglicht. H. Noack. 6240

Bestimmung des B_2O_3-Gehaltes im Glas nach der Neutronenabsorptionsmethode. Wacław Tuszyński. (Szkło i Ceram. **13**, 33—38, Febr. 1962; pol.) — Die beschriebene u. zur Anwendung in der Industrie empfohlene Meth. beruht auf der Absorption therm. Neutronen, die emittiert werden von einer Ra–Be-Quelle unter Verw. von ^{10}B, das in den B-Komponenten enthalten ist. Die Best. der Neutronenzahl erfolgte durch ein mit BF_3 gefülltes Zählrohr. Das Zählen der Impulse nahm ca. 10 Min. in Anspruch. Die Genauigkeit dieser Meth. ist zur laufenden Produktionskontrolle befriedigend. H. Noack. 6242

Die Torsionsprüfung keramischer Werkstoffe bei hohen Temperaturen. Manfred Koltermann. (Tonind.-Ztg. keram. Rdsch. **86**, 305—16, 30/6. 1962; BA Clausthal, Inst. für Steine u. Erden; dt.) — An Hand des vorhandenen Schrifttums wird der derzeitige Stand der Torsionsprüfung keram. Werkstoffe diskutiert. Abschließend wird auf die prakt. Bedeutung der Torsionsprüfung u. auf die zu einer Verbesserung der Meth. notwendigen Maßnahmen u. Arbeiten sowie auf die gute Reproduzierbarkeit der Messungen u. auf die einfache schnelle Vers.-Durchführung hingewiesen. N. Peters. 6248□

Die orientierte Bildung von Mullit aus Al–Si-Spinell in der Umwandlungsreihe Kaolinit → Mullit. K. von Gehlen. (Ber. dtsch. keram. Ges. e. V. **39**, 315—20, Juni 1962; Erlangen-Nürnberg, Univ., Mineralog. Inst.; dt.) — Die Kornorientierung von Mullit in gebrannten Preßkörpern von Kaolin wurde mit einem Röntgenzählrohr-Texturgoniometer gemessen u. das Umwandlungsprinzip für den letzten Schritt der orientierten Umwandlungsreihe Kaolinit → Metakaolin → Al–Si-Spinell → Mullit

diskutiert. Auf der Basisfläche von Kaolinit u. einer (1 1 1)-Fläche von Al–Si-Spinell entsteht eine (3 1 0)-Fläche von Mullit, die in ihrer Sauerstoffpackung weitgehende Ähnlichkeit mit der (1 1 1)-Fläche zur Spinellphase aufweist. Es liegt also eine orientierte Umwandlung unter weitgehender Erhaltung von Bauelementen des Ausgangsgitters vor.
N. Peters. 6248□

Ein optisches Verfahren zur Bestimmung der Elastizitätskonstanten von Beton. Carlos R. Cruz. (J. PCA Res. Development Lab. **4**, Nr. 2, 24—32, Mai 1962; Portland Cement Assoc., Res. and Dev. Labor.; engl.) — Ein opt. Verf. zur Best. der Elastizitäts-Konst. von Beton besteht darin, einen zylindr. Betonausleger exzentr. zu belasten u. die durch Biegung u. Torsion bewirkte Winkelverschiebung opt. zu messen. Die auf diese Weise aus den Elastizitätsmoduln bei verschiedenen Temp. erhaltenen Werte für das Verhältnis Elastizität : Temp. stimmen mit den Werten überein, die ein dynam. Verf. ergibt. Ein bei Zimmer-Temp. ausgeführter Vgl. der Werte des opt. Verf. mit denen des dynam. Verf. u. den aus Druckmessungen errechneten Werten ergibt Übereinstimmung.
W. Wesly. 6252□

Bestimmung der Schmelzbarkeit von Emaillen nach der Schattenmethode. G. A. Kowtunenko und W. M. Orlowa. (Стекло и Керамика [Glas u. Keram.] **16**, Nr. 12, 14—15, Dez. 1959; russ.) — Zur Best. des Schmelzintervalls von Emaille wurde die Schatten-Meth. unter Verw. eines modifizierten Asarow-App. angewendet.
G. Winkhaus. 6260□

Azoplate Corp., Murray Hill, N.J., V.St.A., übert. von: **Wilhelm Neugebauer** und **Martin Glos**, Wiesbaden, und **Klaus Kasper**, Parkersburg. W.Va., V.St.A., *Photopolymerisation von Acrylverbindungen.* (**A. P. 2989455** vom 5/6. 1957, ausg. 20/6. 1961. D. Prior. 6/6. 1956. — **C. 1960**, 1297 [D. A. S. 1046317].)

Union Chimique Belge Soc. An., Brüssel, übert. von: **Abraam Ganeberg**, Forest-Brüssel, Belgien, *Wasserabweisendmachen von Mauerwerk.* (**A. P. 2982674** vom 30/11. 1956, ausg. 2/5. 1961. Belg. Prior. 23/12. 1955. — **C. 1960**, 1979 [D. A. S. 1065551].)

H_7. Agrikulturchemie. Schädlingsbekämpfung

Studien zur Wasserbewegung im Boden mit Tritiumwasser. H. W. Scharpenseel und H. Gewehr. (Z. Pflanzenernähr., Düng., Bodenkunde **88** (**133**), 35—49, 1/1. 1960; Bonn, Univ., Inst. für Bodenkunde; dt.) — In Freiland-Unterss. (1 m^2-Parzellen) wurde die Wasserbewegung einer Lößparabraunerde bei fast voller Wasserkapazität bzw. im trockenen Zustand (Trockenriß-Bldg.) mit Hilfe von mit Tritium markiertem W. untersucht. Eine Woche nach Zugabe des markierten W. wurden die Parzellen einschließlich einer umgebenden 1-m-Zone auf voller Regenkapazität gehalten. — In $<$24 Std. war in beiden Fällen das W. bis auf 1 m Tiefe (Kiesschicht) vorgedrungen. Der größte Anteil der Aktivität wurde in der Zone 10—50 cm gefunden. Eine Pseudovergleyung in 50—70 cm Tiefe verzögerte die Wasserbewegung in die tieferen, durchlässigeren Schichten. In mittlerer Tiefe wurde Aktivität auch seitlich im Abstand von mindestens 30 cm von der behandelten Parzelle gefunden, was auf eine seitliche Wasserwanderung schließen läßt. In Wurmröhren lag erhöhte Aktivität vor.
Wilfried Werner. 6302□

Der Blei-, Kupfer-, Zink- und Molybdängehalt einiger Kalksteine und verwandter Gesteine in Südontario. Harry V. Warren und Robert E. Delavault. (Econ. Geol. **56**, 1265—72, Nov. 1961; Vancouver, Univ. of British Columbia; engl.) — Vff. zeigen durch die Veröffentlichung von Daten über die Konz. der Spurenelemente Pb, Cu, Zn u. Mo in kanad. Sedimentgesteinen die Bedeutung derartiger geochem. Unterss. für die Land- u. Forstwirtschaft.
H. Moenke. 6304□

Bodenuntersuchungen zur Bestimmung der Verfügbarkeit der Elemente mit Hilfe des Ruchgrases. 4. Mitt. Phosphor. N. Wells und W. M. H. Saunders. (New Zealand J. agric. Res. **3**, 279—99, April 1960; engl.) — 3. vgl. C. **1960**, 10026. — In einer umfangreichen Erhebungs-Unters. wurden die Oberböden (A_0 u. A_1) zahlreicher neuseeländ. Böden, gruppiert nach Entw.-Stufen u. Bodentyp, auf folgende P-Fraktionen untersucht: Gesamt-P, organ. P, anorgan. P u. in n-H_2SO_4 lösl. P. Des weiteren wurde der P-Geh. von auf diesen Böden gewachsenem Ruchgras im Blütenstadium untersucht. Der Gesamt-P-Geh. der wenig verwitterten Oberböden stand in deutlicher Beziehung zur Natur des Ausgangsmaterials: Böden aus Basalt u. Andesit enthielten höhere P-Mengen als Böden aus sauren Gesteinen, wie Bimsstein. Bei gleichem Ausgangsmaterial war der P-Geh. um so geringer, je stärker verwittert u. ausgewaschen die Böden waren. Stark ausgewaschene u. verwitterte Böden haben einen um so höheren P-Geh., je höher der Al- u. Fe-Geh. der Ausgangsgesteine ist. Mit zunehmender Boden-Entw. nimmt der Geh. der Oberböden an in n-H_2SO_4 lösl. P ab, die P-Fixierung zu. Zwischen dem Geh. der Böden an organ. gebundenem P u. dem Verwitterungsgrad bestanden keine gesicherten Beziehungen. Er schwankte zwischen 25 u. 75% des Gesamt-P u. war in organ. Böden am höchsten. — Der P-Geh. von Ruchgras war unabhängig vom Ausgangsmaterial des jeweiligen Bodens auf rezenten, wenig verwitterten u. ausgewaschenen Böden am höchsten. Wilfried Werner. 6304□

Einfluß der mechanischen Bodenbearbeitung auf die Bewegung von Superphosphat im Boden, untersucht mittels radioaktiven Phosphors. A. Dam Kofoed. (Tidsskr. Planteavl **63,** 285—306, 1959; dän.) — Mit radioakt. P markiertes *Superphosphat* (I) wird vor der Bodenbearbeitung in einer Dosis von 1080 kg/ha auf Ton- u. Sandboden gestreut. Durch Messung der Radioaktivität des Bodens u. der darauf angebauten Kulturen (Gerste bzw. Rüben) wird der Einfl. der Bodenbearbeitung (Eggen, Pflügen in verschiedenen Tiefen) auf die Wanderung des I untersucht. Eine Wanderung von I bis zu 3½ m bei Ton- u. bis zu 4½ m bei Sandboden innerhalb eines Jahres u. bis zu 7½ m in 7 Jahren wird festgestellt. Die ursprünglich in der mit I behandelten Zone vorhandene I-Menge geht in 1 Jahr auf 77,1, in 6 Jahren auf 48,5% (Tonboden) bzw. in 7 Jahren auf 44,2% (Sandboden) zurück. R. K. Müller. 6304□

Über die Düngerwirkung feinstgepulverter Phosphate. Ettore Bottini. (Staz. chim.-agrar. sperim. Torino, Annu. **19,** Parte A 211—32, 1955/1957; ital. — C. **1961,** 2071.) M. Winiker. 6304□

Die Umwandlung der konzentrierten Phosphordünger im Boden. I. Sch. Schamijew. (Известия Академии Наук Азербайджанской ССР, Серия Биологических и Медицинских Наук [Nachr. Akad. Wiss. AserbaidshanSSR, Ser. biol. med. Wiss.] **1961,** Nr. 7, 73—77; russ.) — 1 Std., 15, 180 u. 365 Tage nach Einführung von 200 mg wasserlösl. P_2O_5 (I) in 1 kg hellen kastanienfarbigen Boden [I wurde als übliches Superphosphat (II), Monoammophos (II) bzw. als doppelt ammonisiertes Superphosphat (IV) gegeben] betrug der Anteil des nichtabsorbierten I bei **II, III** u. **IV**: 22,7(%), 26,9 u. 24,9; 6,2, 7,9 u. 8,2; 2,8, 3,1 u. 2,9 u. 1,4—1,8. In Böden geht das wasserlösl. I hauptsächlich in alkalilösl. u. essigsäurelösl. Formen über; im Anfangsstadium der I-Absorption ist die alkalilösl., später die essigsäurelösl. Form dominierend. Die Absorption des I erfolgt in grauen Wiesenböden im Gegensatz zu den untersuchten Böden durch Bldg. von HCl-lösl. Phosphaten. S. Baryschnikow. 6304

Einfache Düngemittel und Volldünger. Vergleichende Düngeversuche. Lelio Regi. (Staz. chim.-agrar. sperim. Torino, Annu. **20,** 169—79, 1958/1960; ital.) — C. **1962,** 4687. M. Winiker. 6304□

Die Mineralstoffversorgung (der Pflanzen) und die Komplexdünger. Ettore Bottini. (Staz. chim.-agrar. sperim. Torino, Annu. **20,** 181—98, 1958/1960; ital. — C. **1961,** 2072.) M. Winiker. 6304□

Dauerdüngeversuche auf leichtem Sandboden bei Jyndevad, 1942—57. Fr. Heick und K. Dorph-Petersen. (Tidsskr. Planteavl **64,** 481—514, 1960; dän.) — In mehrjährigen Unterss. mit wechselnden Früchten werden Düngungen mit N, P u. K u. deren Kombinationen mit u. ohne gleichzeitige Stalldüngung verglichen. Bei leichtem Sandboden mit geringem Wasserretentionsvermögen spielt die Nd.-Menge eine wesentliche Rolle für die Wrkg. der Düngemittel. Der N-Bedarf von Wurzelfrüchten wird durch Stalldüngung u. Jauche nahezu gedeckt, nicht aber der von Kornfrüchten. Bei Klee u. Roggen ist K-Zufuhr in allen Fällen erforderlich. Ohne Stalldünger müssen ca. 200 kg Superphosphat/ha zugeführt werden. R. K. Müller. 6304□

Landwirtschaftliche und bodenkundliche Probleme um den Bodenstickstoff. G. W. Harmsen. (Landbouwkund. Tijdschr. **74,** 505—19, Juni 1962; Groningen, Inst. voor Bodemvrucktbaarheid; niederl.) — Übersicht über die Form, in der N im Boden anwesend ist, die Best. des N-Bedarfs der Pflanzen u. der N-Mineralisierung im Boden, die senkrechte Verlagerung des lösl. N im Boden u. die Wechselwrkg. zwischen Boden- u. Luft-N. — 35 Literaturangaben. W. Wesly. 6304□

Versuche mit großen Mengen Kalksalpeter auf Grasflächen auf Marschboden. Viggo Nielsen. (Tidsskr. Planteavl **63,** 667—88, 1959; Højer; dän.) — Durch Düngen von Grasflächen mit *Kalksalpeter* (I) in hohen Dosierungen (450—1800 kg I/ha) wird in Ggw. von Weißklee ein kleinerer Ertragszuwachs beobachtet als bei Fehlen von Weißklee. Der Rohprotein-Geh. des Heues nimmt mit steigender I-Dosis zu, bei wenig Weißklee von 15,5 auf 18,9 kg. R. K. Müller. 6304□

Über den Wert des „Kalkammonsalpeters". Ergebnisse von Vegetationsversuchen mit „Kalkammonsalpeter", erhalten aus Ammoniumnitrat und Schwefelraffinationsabfällen. Kazimierz Boratyński und Zbigniew Turyna. (Chemik [Warszawa] **14,** 378—80, Okt. 1961; Wrocław, WSR, Kat. Chem. roln.; pol.) — „Kalkammonsalpeter" ist ein mit $CaCO_3$ gestrecktes NH_4NO_3 poln. Produktion. An Stelle von $CaCO_3$

kann auch Tuffstein oder Abbrand der S-Raffination verwendet werden. Feld-Verss. zeigten, daß diese Streckmittel den Düngewert des NH_4NO_3 nicht beeinträchtigen.

F. Urban. 6304□

Ergebnisse von Untersuchungen über die Wirkung eines Düngemittels aus Ammoniumnitrat und Abfällen aus dem Prozeß der Schwefelraffination im Vergleich mit anderen Stickstoffdüngern. Bronisław Wojciechowski und Józef Mękal. (Chemik [Warszawa] **14,** 456—57, Dez. 1961; Wrocław, Inst. Uprawy, Nawoz. i Glebozn.; pol.) — In Topf- u. Feld-Verss. zeigte ein aus NH_4NO_3 u. S-Raffinationsabfällen hergestelltes Düngemittel ähnliche gute Wrkg. wie mit $CaCO_3$ gestrecktes oder reines NH_4NO_3. Der geringe Sulfid-Geh. des Prod. stört nicht. F. Urban. 6304□

Untersuchungen über Magnesiummangel in Nutzpflanzen. 2. Mitt. Düngewirkungen von Magnesium enthaltenden Düngemitteln auf Gerstenpflanzen. Akira Sakagami, Kikuo Kawaguchi und Shigehisa Hashimoto. (J. Sci. Soil Manure, Japan [Nippon Dozyô-Hiryô-Gaku Zasshi] **26,** 273—78, Nov. 1955; jap., Auszug: engl.) — 1. vgl. C. **1957,** 1518. — Unterss. über die Dünge-Wrkg. Mg enthaltender Düngemittel auf Gerstenpflanzen in Mg-armen Böden zeigen, daß Mg als Phosphatträger wirkt u. die Kornerzeugung der Gerste fördert. Geschmolzenes Phosphat u. Mg enthaltendes $CaCO_3$ gleichen Mg-Mangel in Gerstenpflanzen aus u. bewirken eine ausgezeichnete Düngung der Böden. W. Wesly. 6304□

Die Bedeutung der Magnesiumdüngung. Jan Baier und Milena Smetánková. (Socialist. Zemědělství **11,** 1008—12, Nov. 1961; Praha-Ruzyně, ČSAZV, výzk. úst. rostl. výr.; tschech.) — Düngung mit 200 kg/ha Kunstdünger der Zus. 50 (%) $MgSO_4$, 8—10 K_2O u. 15 $CaSO_4$ erbringt bei Hafer eine Erntesteigerung, bei Rotklee eine Erhöhung des Futterwertes. E. Vevera. 6304

Der Einfluß von Bor und Mangan bei Wurzel- und Blattdüngung auf das Wachstum des Tabaks. Zofia Uziak, Barbara Marzec und Anna Strzelec. (Ann. Univ. Mariae Curie-Skłodowska, Sect. E **16,** 85—95, 1961, herausgeg. 1962; Lublin, WSR, Kat. Fizjol. Roślin; pol.) — Bei Fehlen von B u. Mn im Boden wird der Blattertrag bei Tabakpflanzen bedeutend erniedrigt. Außerdem wird der Nicotin-Geh. der Blätter kleiner. Mn-Mangel stört auch die Chlorophyll-Synthese. Übermäßige Gaben an B u. Mn sind bei der Wurzeldüngung unschädlich. Zu starke Blattdüngung mit H_3BO_3 u. $MnSO_4$ vertragen die Pflanzen nicht. Reichliche Wurzeldüngung mit H_3BO_3 erhöht den Nicotin-Geh. der Blätter bedeutend. Optimale Gaben bei der Wurzeldüngung sind 1,5 mg H_3BO_3 u. 6 mg $MnSO_4$/Pflanze, für die Blattdüngung sind 0,1%ig. H_3BO_3- u. 0,5%ig. $MnSO_4$-Lsgg. am besten geeignet. F. Urban. 6304□

Manganmangel bei Weizen (Triticum sativum L.) auf sandigem Lehm von Waimakaribi. A. F. Greenall und A. F. R. Adams. (New Zealand J. agric. Res. **3,** 845—52, Okt. 1960; Lincoln, Canterbury Agric. Coll., Dep. of Sci. and Ind. Res., Crop. Res. Div.; engl.) — Auf einem lehmigen Sandboden traten stellenweise bei Weizen typ. Mn-Mangelsymptome auf. Die Geh. des Bodens mit gesundem bzw. krankem Pflanzenwuchs an austauschbarem u. red. Mn unterschieden sich nicht, jedoch war der pH-Wert des Oberbodens an Stellen mit kranken Pflanzen deutlich höher (7,3 im Vgl. zu 6,9). Der Mn-Geh. des Bodens lag im krit. Bereich. Damit dürfte es sich bei den Symptomen um einen durch Kalk induzierten Mn-Mangel handeln. Sowohl im Freiland als auch in Gefäß-Verss. mit dem entsprechenden Boden konnten die Mangelsymptome durch Besprühungen mit Lsgg. von $MnSO_4$ bzw. $MnCl_2$ (1 oz./gal.; 20 Vol./acre) behoben u. ein normales Wachstum erzielt werden. Wilfried Werner. 6304□

Eine Untersuchung über die Wechselwirkungen von P-, K-, S-, Mg-, Mo- und B-Düngern sowie gemahlenem Kalkstein auf einer Kleegrasweide. C. During, P. B. Lynch, K. J. McNaught und R. S. Scott. (New Zealand J. agric. Res. **3,** 950 bis 993, Dez. 1960; Wellington, Dep. of Agric., Farm Adv. Div.; engl.) — Auf 2 Kleegrasdauerweiden (Lehm bzw. Schlufflehm) wurde in multifaktoriellen Düngungs-Verss. die Wechselwrkg. folgender Nährstoffe untersucht: Kalk, P, K, Mg, S, Mo u. B. Kalk, P u. K wurden jeweils in einer niedrigen sowie in einer hohen Gabe verabreicht, die anderen Elemente wurden nicht bzw. in einer hohen Gabe zugeführt. Ertragsrückgänge lagen vor bei starker Zufuhr von Mo, Mo + B sowie bei hoher Gabe von P u. Mg. Bei kombiniert hoher Gabe von B + P, S + K sowie bei hoher K-Düngung wurden die Erträge gesteigert. Kalkung erhöhte die Verfügbarkeit von Mo u. P, was im Ertrag sowie im P- u. Mo-Geh. des Aufwuchses zum Ausdruck kam. Die Geh. des Weideaufwuchses an N, P, Ca, K, Mg, Na, Mn, B, Mo u. Cu wurde durch die Düngungsmaßnahmen beeinflußt, wobei ebenfalls zahlreiche Wechselwrkg. festzustellen waren. Positive Wechselwrkg. auf den Ertrag waren stets auf eine Behebung von Nährstoffmangel bzw. -toxizität zurückzuführen. Die Unterss. untermauern die Notwendigkeit einer harmon. Düngung auf neuseeländ. Weiden. Wilfried Werner. 6304□

Gefäßversuche mit Molybdän. J. Jensen. (Tidsskr. Planteavl **63,** 706—09, 1959; dän.) — Durch Düngung mit 10—50 mg $Na_2MoO_4 \cdot 2 H_2O$ je Gefäß, entsprechend 2—10 kg/ha bei einer Grunddüngung mit 4,0 (g) KH_2PO_4, 0,5 $MgSO_4 \cdot 7 H_2O$, 0,5 $CuSO_4 \cdot 5 H_2O$, 0,5 $MnSO_4 \cdot 4 H_2O$ u. 0,03 H_3BO_3 nimmt bei Gefäß-Verss. mit Luzerne der Ertrag an Trockensubstanz im Vgl. mit Verss. ohne Mo stark zu, der N-Geh. auf das 3fache. Der Mo-Geh. in den oberird. Pflanzenteilen ist ziemlich gering, was auf hohe Fe-Konz. im Boden zurückgeführt wird. Wesentlich mehr Mo findet sich in den Wurzeln u. Knollen.
R. K. Müller. 6304□

Die Bekämpfung des Getreidemehltaus (Erysiphe graminis D. C.) durch ernährende Blattspritzungen. G. Krzysch und W. Eberhardt. (Z. Pflanzenernähr., Düng., Bodenkunde **88 (133),** 193—202, März 1960; Berlin, Techn. Univ., Inst. für Acker- u. Pflanzenbau; dt.) — Da in früheren Blattdüngungs-Verss. der Vff. neben den erwünschten Ertragseffekten auch überraschende Wrkg. hinsichtlich des Mehltaubefalles erhalten worden waren, führten Vff. weitere Gefäß-Verss. (Sommergerste) zur genauen Überprüfung der Wrkg. verschiedener blattzugeführter Nährstoffe auf den Mehltaubefall durch. Durch Blattdüngung mit 2—2,6%ig. Lsgg. von Superphosphat, Volldünger „Höchst", Kaliammonsalpeter u. Stickstoffmagnesia konnten die Pflanzen vor einem Befall geschützt werden. Bereits aufgetretener Mehltau ließ sich kurzfristig durch Spritzen mit den gleichen Verbb. sowie mit Kalimagnesia, $(NH_4)_2SO_4$, KNO_3, NH_4NO_3, KH_2PO_4 u. $Mg(H_2PO_4)_2$ wirksam bekämpfen. Harnstoff war unwirksam. Die erwähnten Blattdüngungsmaßnahmen wirkten sämtlich besser als das Standardmittel „Netzschwefel". Gleichzeitig wurden die Korn-, Stroh- u. Rohproteinerträge erhöht.
Wilfried Werner. 6304□

Ammoniakalische Lösung des Zinksalzes von Salicylanilid gegen Mehltau. G. Ss. Gambarjan. (Защита Растений от Вредителей и Болезней [Pflanzenschutz] **6,** Nr. 5, 27—28, Mai 1961; russ.) — Durch Spritzen von Reben mit 30%ig. ammoniakal. Lsg. des Zn-Salzes Salicylanilid (das Präp. wird in der Verdünnung 1:25 angewandt) konnte die Entw. des Mehltaues auf den Blättern, ähnlich wie bei Verw. einer 1%ig. Cu-Kalkbrühe, von 40 auf 12% herabgesetzt werden. S. Baryschnikow. 6312

Zwanzigprozentiges Dinitrorhodanbenzol gegen den amerikanischen Mehltau der Stachelbeere. Je. W. Tschemodanowa. (Защита Растений от Вредителей и Болезней [Pflanzenschutz] **6,** Nr. 8, 30—31, Aug. 1961; Welikije Luki, Landwirtsch. Inst.; russ.) — Durch Spritzen von stark durch amerikan. Mehltau befallenen Stachelbeersträuchern mit 0,3%ig. wss. Suspension von 20% *Dinitrorhodanbenzol,* 70% koll. S u. 10% Sulfatlauge konnte der Pilzbefall wesentlich herabgesetzt werden.
S. Baryschnikow. 6312

Chemische Bekämpfung von Zabrus tenebrionides. N. K. Jegorowa. (Защита Растений от Вредителей и Болезней [Pflanzenschutz] **6,** Nr. 8, 21—22, Aug. 1961; Sherebkowo, Vers.-Station; russ.) — Vf. berichtet über die Wrkg. u. Dosierung der nachst. Insekticide, die als Stäube zur Bekämpfung des *Zabrus tenebrionides* angewandt werden: *Chlorindan* (10% Wirkstoff enthaltendes Präp.), *Hexachloran* (12%ig.), *DDT* (5,5%ig.), *Parathion* (15%ig.) u. *Hexachlorcyclohexan* (12 u. 25% Wirkstoff enthaltend).
S. Baryschnikow. 6312

Die insekticiden Eigenschaften der wässerigen Lösungen von Chlorophos mit Ammoniumcarbonat und ihre Anwendung bei der Bekämpfung der Stubenfliege in Mittelasien. I. W. Gwosdewa. (Медицинский Журнал Узбекистана [Usbek. med. J.] **1962,** Nr. 3, 15—19, März; Minist. für Gesundheitswesen der UdSSR, Wiss. Zentral-Inst. für Desinfektion, Labor. zur Unters. der Mittel u. Meth. gegen sinanthrope Fliegen; russ.) — Zugabe von $(NH_4)_2CO_3$ (I) erhöhte die Toxizität des *Chlorophos* (**II**) bei Auflösung des **I** in der **II**-Lsg. für Mäuse (DL_{100} 1100 mg/kg) 1,6mal, für Stubenfliegen (0,005%ig. Lsg.) 6,7mal u. behielt seine Wrkg. 18 Std. bei Zimmertemperatur. In heißem u. trockenem Klima erhöhte **I** die insekticide Wrkg. des **II** 5mal.
I. v. Kloch-Kornitz. 6312□

Bekämpfung der Kohlblattlaus (Brevicoryne brassicae L.) mit einigen systemischen Materialien. A. D. Lowe. (New Zealand J. agric. Res. **3,** 842—44, Okt. 1960; Lincoln, Dep. of Sci. and Ind. Res., Entomol. Div.; engl.) — In Freiland-Verss. zur Bekämpfung der Kohlblattlaus (Brevicoryne brassicae L.) durch Besprühung mit system. Insekticiden kamen zu Beginn der Blüte in jeweils ca. 20 gal. W./acre folgende Materialien zur Anwendung: *Ekatin* (**I**), *Megatox* (**II**), *Metasystox* (**III**), jeweils 4 oz. akt. Material/acre, sowie Lebaycid (**IV**), Rogor (**V**) u. **III**, jeweils 8 oz./acre. Mit Ausnahme von **IV** wurde durch sämtliche Mittel der Blattlausbefall gesichert vermindert, wobei die besten Resultate durch **II**, gefolgt von **III** (8 oz.), **I**, **III** (4 oz.) u. **V** erhalten wurden.
Wilfried Werner. 6312□

Einflüsse von Emulgatoren und Zusatzstoffen auf die Desaktivierung von emulgierbaren Malathionkonzentraten. Hiroshi Honda und Ryo Yamamoto. (Botyu Kagaku [Sci. Insect Control] **24**, 199—207, Nov. 1959; Tokyo, Agric. Univ., Dep. of Agric. Chem., Labor. of Testic. Chem.; jap., Auszug: engl.) — Die Zers. von *Malathion* (I) in emulgierbaren Konzentraten ist bei $\leqq 0{,}5\%$ Feuchtigkeit gering, aber bei $\geqq 1\%$ beträchtlich. In Ansätzen von I mit *Polyoxyäthylenmonooleat* (II) in 5%ig. wss. Emulsion ist die I-Zers. bei pH 2,7 oder 4,5 gering, aber bei pH 7,3 beträchtlich. Der Grad der Zers. hängt stark von der Emulgatorart ab; die Zers. ist gering bei Verw. von II, sulfoniertem Ricinusöl u. Polyoxyäthylenalkylphosphat. Metallpulver u. oxydationshemmende Stoffe haben keinen nennenswerten Einfl. auf die Zers. von I. Die Zers. wird verringert durch Zusätze von Maleinsäureanhydrid, Diäthylmaleat, p-Toluolsulfosäure, Sulfosalicylsäure, Citraconsäureanhydrid u. Triphenylphosphat. W. Wesly. 6312□

Physikalisch-chemische Untersuchungen über landwirtschaftliche Sprays. 4. Mitt. Das Verbleiben von Sprayflüssigkeiten auf Blattoberflächen. C. G. L. Furmidge. (J. sci. Food Agric. **13**, 127—40, Febr. 1962; engl.) — 3. vgl. C. **1960**, 12820. — Das Verbleiben mehrerer Spray-Fll. verschiedener Netzfähigkeit auf der Oberfläche der Blätter verschiedener Pflanzen wird gemessen (Besprühen bis zum Abfluß vom Blatt u. bis darüber hinaus). Der Höchstwert des Spray-Fl.-Verbleibs wird zu dem theoret. Verbleibfaktor in Beziehung gesetzt, für den eine Gleichung abgeleitet wird. Die Übereinstimmung zwischen den gemessenen u. den theoret. Verbleibwerten gestattet die Anwendung der Theorie auf die Unters. der den Verbleib bestimmenden Variabeln, die erörtert werden (Blattrauheit, Kontaktwinkel, Oberflächenspannung, Spray-Fl., Netzmittel, Blattoberflächen-Eigg., Spraytropfengröße, Wind-Geschw., Spray-Fl.-Dichte, -Viscosität u. Flüchtigkeit. W. Wesly. 6312□

Qualitative Schnellbestimmung von Tonmineralien mit Hilfe von Neutralrot. Adam Wondrausch und Józef Zając. (Ann. Univ. Mariae Curie-Sklodowska, Sect. E **16**, 75—84, 1961, herausgeg. 1962; Lublin, WSR, Kat. Chem. roln.; pol.) — *Montmorillonit* (I) u. *Kaolinit* (II)-Mineralien lassen sich durch Titration der wss. Suspension des Bodens mit 1n HCl oder genauer mit Eisessig in Ggw. von Neutralrot unterscheiden. Während I schon bei geringer Säure-Konz. den Farbumschlag von Rot nach Blauviolett verursacht, verändert I die Farbe der Lsg. erst bei höherer Säure-Konz. (2—2,2n HCl). — 22 Literaturangaben. F. Urban. 6324□

Über die Austauschkapazität des Bodens und verschiedener Bodenbestandteile in Finnland. Reijo Heinonen. (J. Pflanzenernähr., Düng., Bodenkunde **88 (133)**, 49—59, 1/1. 1960; Helsinki, Univ., Agrikulturchem. Inst.; dt.) — Die Meth. zur Best. des Anteils der anorgan. u. organ. Komponenten am Gesamt-T-Wert des Bodens (H_2O_2-Behandlung) ist bekanntlich mit einigen Fehlerquellen behaftet, die nur schwierig beseitigt werden können. Vf. versuchte daher diese Frage durch statist. Analyse der T-Werte einer großen Zahl von Böden zu ergründen, die eine relativ einheitliche Mineral-Zus. aufwiesen, aber hinsichtlich Textur (3—75/Ton $< 2\,\mu$) u. Humus-Geh. (2,6—44%) stark variierten. Bei 126 Böden wurde die Umtauschkapazität als Funktion des Humus-Geh. u. der einzelnen Korngrößenfraktionen statist. berechnet. Es zeigte sich, daß der T-Wert der Schluff- u. Feinsandfraktionen statist. nicht zum Vorschein gebracht werden konnte, wogegen dies bei der Tonfraktion u. dem Humusgeh. sehr gut möglich war. Der T-Wert ließ sich mit großer Genauigkeit durch folgende partielle Regressionsgleichung darstellen: $T = b_1$ (% Humus) $+ b_2$ (log % Humus) $+ b_3$ (% Ton $< 1\,\mu$) $+ b_4$ (% Humus · % Ton) $+ a$. Mit dieser Gleichung ließ sich die gesamte Variation der Umtauschkapazität der untersuchten Proben zu 94% erklären. — Aus den Unters.-Ergebnissen geht hervor, daß der T-Wert der Fraktion $> 1\,\mu$ sehr gering ist, der T-Wert der Fraktion $< 1\,\mu$ ca. 40 mval/1 g beträgt. Letztere Fraktion hat auf den T-Wert des Bodens einen linearen, vom Humus-Geh. unabhängigen Einfluß. Der T-Wert der organ. Substanz lag in humusarmen, leichten Böden bei ca. 300 mcal u. fiel mit zunehmendem Humus-Geh. bis auf ca. 200 mval/100 g bei einem gut humifizierten Niedermoortorf ab.
Wilfried Werner. 6324□

Die Bestimmung der im Boden enthaltenen Phosphate mittels der ^{32}P-Isotopenverdünnungsmethode. Carlo Sapetti. (Staz. chim.-agrar. sperim. Torino, Annu. **20**, 69—76, 1958/1960; ital. — C. **1959**, 12981.) M. Winiker. 6324□

Veränderung der Oberflächeneigenschaften von Böden durch Ionenaustauscherharze. L. V. Vaidyanathan und O. Talibudeen. (Nature [London] **194**, 897, 2/6. 1962; Harpenden, Herts., Rothamsted Exp. Stat.; engl.) — Bei Best. der leicht austauschbaren Fraktion des isotop. labilen Boden-P können nach Vff. Fehler entstehen, wenn sich in der Bodensuspension ein synthet. Austauscherharz befindet. So betrug der in 10 Std. isotop. austauschbare P eines Vers.-Bodens 4,8 mg/100 g Boden, bei Zugabe eines Kationen–Anionen-Austauschergemisches wurden dagegen erst nach 4 Tagen 7,3 mg

P der gleichen spezif. Aktivität ausgetauscht. Der Isotopenaustauschvorgang wird demnach durch die Zugabe des Austauschergemisches verlangsamt. Es wird vermutet, daß Polyelektrolytanionen, die aus dem Austauschermaterial während der gemeinsamen Suspension mit dem Boden in W. durch chem. u. mechan. Abbau entstehen, sich in einem mehrschichtigen Film um die Bodenteilchen legen, so daß die am Boden sorbierten PO_4-Ionen bei der Diffusion in die Boden-Lsg. zunächst diese Schicht der oberflächenakt. Polyelektrolytanionen passieren müssen. Dadurch wird sowohl der Mechanismus als auch die spezif. Geschw. des PO_4-Austausches verändert. Wilfried Werner. 6324□

Untersuchungen über die Anwendbarkeit von organischem Bodenphosphor für Nutzpflanzen. 4. Mitt. Über die Fraktionierung von organischem Bodenphosphor. Takeshi Hayashi und Yasuo Takijima. (J. Sci. Soil Manure, Japan [Nippon Dozyô-Hiryô-Gaku Zasshi] **26**, 251—54, Nov. 1955; jap., Auszug: engl.) — 3. vgl. C. **1957**, 11694. — Unterss. über die Fraktionierung von organ. P in Böden zeigen: Das Verf. von Bower, bei dem mittels 2% ig. NaOH 2 P-Fraktionen (Phytin- u. Nucleinsäure) erhalten werden, versagt bei manchen Böden. Die „Nucleotid"-Fällung (Isolierung nach dem Verf. von Dyer unter Verw. von 4% ig. NH_4OH zur Extraktion) ist gegen die Entphosphorung mit Reiskleieenzym beständiger als das Filtrat der Fällung. Die Entphosphorung des bei Extraktion des Bodens mit 2 Vol 2% ig. NaOH bei 60° anfallenden Ca-Filtrats erfolgt durch Alkaliphosphatate. NaOBr oxydiert den organ. P leicht, so daß angenommen wird, daß der P im Filtrat in einer der Nucleinsäure ähnlichen Form vorliegt. W. Wesly. 6324□

Die Bestimmung des mineralisierbaren Stickstoffs im Boden. Corrado Nigro. (Ann. Sperimentaz. agrar. [N. S.] **14**, Nr. 2, 197—209, 1960; ital. — C. **1962**, 4312.) G. Platzer. 6324□

Die Auswertung von pF-Kurven. K. Hartge. (Z. Pflanzenernähr., Düng., Bodenkunde **88** (**133**), 221—27, März 1960; Hannover, TH, Inst. für Bodenkunde; dt.) — Die pF-Kurve eines Bodens stellt eine Summenkurve seiner Porenverteilung dar. Form u. Lage der Kurve hängen daher in starkem Maße von der Korngrößen-Zus. des Bodens ab. Vf. stellt am Beispiel einiger pF-Kurven den Einfl. der Korngrößenverteilung sowie der Adsorptions-Eig. u. der Benetzungsfähigkeit der Partikeloberfläche gegenüber W. auf die Ausbldg. der pF-Kurven dar. Wilfried Werner. 6324□

Über eine Feldmethode zur Messung der Bodendurchlüftung. H. Rid. (Z. Pflanzenernähr., Düng., Bodenkunde **88** (**133**), 227—31, März 1960; München, Bayr. Landesanst. für Pflanzenbau u. -schutz; dt.) — Vf. entwickelte einen pneumat. Durchlüftungsmesser nach dem Direktdrucksystem. Der App. wird eingehend beschrieben u. zur Diskussion gestellt. Bestandteile des App. sind die Luftquelle, eine Preßluftflasche, ein Federmanometer, ein Stechzylinder u. deren Schlauchverbindungen. Bei der Messung wird ein Luftdruck von 0,6 kg/cm^2 angewandt. An Hand der Unters.-Ergebnisse bei einigen Böden wird die Leistung u. der Anwendungsbereich des Verf. aufgezeigt. Wilfried Werner. 6324□

Ein Vergleich der Methoden von Penman und Thornthwaite zur Bestimmung des Feuchtigkeitsdefizits von Böden. P. D. Fitzgerald und D. S. Rickard. (New Zealand J. agric. Res. **3**, 106—12, Febr. 1960; Ashburton, Winchmore Irrigation Res. Stat.; engl.) — Zur Best. des Feuchtigkeitsdefizits von Böden bei der Feldbewegung wurden von Vff. die Meth. zur Berechnung der Transpirations-Geschw. von Penman bzw. von Thornthwaite herangezogen u. mit der gravimetr. Feuchtemessung verglichen. Es zeigte sich, daß beide Verff. geeignet sind, unter lokalen Bedingungen den Zeitpunkt des erforderlichen Beregnungseinsatzes zu bestimmen. Die Korrelation zwischen den bestimmten u. den berechneten Feuchtigkeitsdefiziten waren nach beiden Meth. gleich ($r = 0{,}57$). Wilfried Werner. 6324□

Eine vereinfachte Methode zur Bestimmung der wirksamen Stoffe in technischen Präparaten der Ester von 2.4-D und 2.4.5-T. W. Je. Kowalew und A. K. Ssemenowa. (Защита Растений от Вредителей и Болезней [Pflanzenschutz] **6**, Nr. 5, 32—33, Mai 1961; russ.) — 1 g des zu untersuchenden Präp. wird in 50 ml 85% ig. A. gelöst u. die Lsg. gegen Phenolphthalein mit 0,1 n NaOH-Lsg. neutralisiert. Nach Zugabe von 15 ml 0,5 n NaOH-Lsg. wird das Gemisch 1 Std. auf dem Wasserbad erwärmt (Rückflußkühler). Nach Abkühlung wird der Überschuß an NaOH mit 0,5 n H_2SO_4 zurücktitriert. Die Berechnung des Geh. des Präp. an Butyl- u. γ-Chlorcrotylester von 2.4-D bzw. an Butylester von 2.4.5-T erfolgt aus der Menge der verbrauchten NaOH-Lösung. S. Baryschnikow. 6328

Die Bestimmung von Sprührückständen von „Acricid". E. John Skerrett und E. A. Baker. (Analyst **87**, 493—94, Juni 1962; Bristol, Res. Stat.; engl.) — Zur Best. des Rückstandes aus *2-(1-Methylpropyl)-4.6-dinitrophenyl-β.β-dimethacrylat*, der nach Spritzen von Bäumen mit „Acricid" hinterbleibt, schlagen Vff. folgende Meth. vor: Der

Rückstand wird 3mal mit je 10 ml Bzl. abgewaschen, die Lsg. über Na_2SO_4 getrocknet, filtriert, bei 60° u. 200—250 Torr auf ca. 5 ml eingedampft, mit 1 ml A. u. 1,5 ml Tetraäthylammonium (I)-Lsg. (aus 1 Vol.-Teil einer 25%ig. wss. I-Lsg. u. 9 Vol.-Teilen A.) versetzt, 30 Min. lang auf 60° erwärmt u. abgekühlt. Die Lsg. wird mit je 5 ml Bzl. u. 0,1 n NaOH-Lsg. ausgeschüttelt u. 2mal mit je 5 ml 0,1 n NaOH-Lsg. nachgewaschen. Die vereinigten wss. Lsgg. werden mit 3 Tropfen konz. HCl angesäuert u. mit 5 ml Bzl. extrahiert. Den benzol. Extrakt filtriert man durch eine 10 mm starke Schicht aus wasserfreiem Na_2SO_4 u. wäscht das Salz mit Bzl. bis zu einem Gesamt-Vol. von 8,5 ml nach. Die Lsg. wird mit 5 ml A. u. 1,5 ml I-Lsg. vermischt u. die Extinktion bei 420 nm gemessen. J. Weiner. 6328□

Eine Ionenaustauschmethode zur Bestimmung von Menazonresten in Pflanzenmaterial. A. Calderbank und J. B. Turner. (Analyst **87**, 273—85, April 1962; Bracknell, Berks., Plant Protection Ltd.; engl.) — Vff. beschreiben ein Verf. zur *Menazon* (I)-Extraktion aus Pflanzenmaterial u. zu seiner Abtrennung von allen natürlich vorkommenden P-Verbb. mit Hilfe der Ionenaustauscherchromatographie. Nach Überführung in anorgan. Phosphat (II) wurde der I-Geh. nach einer wenig modifizierten colorimetr. Mikro-Meth. von Chen, Toribara u. Warner (C. **1957**, 11397) bestimmt. Die Reproduzierbarkeit betrug 0,1 ppm. Die Erfassungsgrenze lag bei ca. 0,05 ppm. Zur spezif. II-Best. wurde außerdem eine papierchromatograph. Meth. ausgearbeitet. W. Hein. 6328□

Quantitative Infrarotanalyse von Pesticiden im festen Zustand. Heino Susi und H. E. Rector. (Analytic. Chem. **30**, 1933—35, Dez. 1958; Philadelphia, Pa., Rohm & Haas Co.; engl.) — Es wird die Zweckmäßigkeit der Verw. von KBr-Tabletten bei der quant. Analyse von Pesticiden an *Mn-Äthylen-bis-[dithiocarbamat]-hydrat, p.p'-Dichlorbenzil* u. einer Mischung aus *1.1-Bis-[4-chlorphenyl]-trichloräthanol* u. *1.1-Bis-[4-chlorphenyl]-dichloräthylen* untersucht. Es zeigte sich, daß bei Einhaltung eines genauen Zerkleinerungsplanes zweckmäßige Ergebnisse erzielt werden, wenn auch eine vollständige Gleichmäßigkeit der Tabletten u. der Verteilung der Probe nicht sicher ist. Polymorphie u. Veränderungen der Tabletten beim Stehen scheinen ohne Einfl. zu sein. Es ist zweckmäßig, Proben bekannter Zus. zuvor zu untersuchen. J. Richter. 6328□

Die papierchromatographische Trennung und Bestimmung der Rückstände von chlorierten Insekticiden. W. H. Evans. (Analyst **87**, 569—75, Juli 1962; London, Labor. of the Government Chemist, Dep. of Scientific and Industrial Res.; engl.) — Vf. beschreibt die Trennung von Aldrin, p.p'-DDE, dehydrochloriertem p.p'-TDE (**I**), Heptachlor (**II**), p.p'-DDT, Endosulfan-A (**III**), Endrin (**IV**), Dieldrin, Heptachlorepoxid, p.p'-TDE, Endosulfan-B (**V**), γ-BHC (**VI**), Methoxychlor u. Endosulfanalkohol durch Phasenumkehrchromatographie. Vor der Entw. mit Aceton–W. (70:30) wird das Papier (Whatman Nr. 3) mit Paraffin–Ae. (10:90) als stationärer Phase vorbehandelt. Die Substanzen **I** u. **II, III** u. **IV** bzw. **V** u. **VI** wandern paarweise gemeinsam u. sind untereinander auch bei Verw. tern. oder quatern. Laufmittel nicht trennbar. Die Identifizierung erfolgt durch Behandlung mit einer Lsg., die aus 3,4 g $AgNO_3$ in 100 ml W., 50 ml 95%ig. A. u. 20 ml 2-Phenoxyäthanol zusammengesetzt ist, u. anschließende Betrachtung im UV-Licht. Im Bereich von 2,5—14 μg ist das Verh. von Fleckengröße zu Substanzmenge linear. Der Fehler der Meth. beträgt $\pm$ 10%; die Erfassungsgrenzen der einzelnen Verbb. wurden bestimmt. F.-M. Friedrich-Anderseck. 6328□

Armour & Co., Chicago, Ill., übert. von: Robert White, Atlanta, Ga., V.St.A., **Herstellung granulierter Düngemittel.** Rohphosphate werden mit konz. H_2SO_4 zu H_3PO_4 aufgeschlossen, die durch Vakuumfiltration oder dgl. von dem Phosphat–Gips-Kuchen getrennt u. unter Zusatz von NH_3, KCl, $(NH_4)_2SO_4$ u. dgl. auf hochkonz. Düngemittel (8/16/8 oder 10/20/19) verarbeitet wird. Der unausgewaschene Gipsfilterkuchen, der noch ca. 8—10% P_2O_5-Fl. enthält, wird mit verd. Säuren, z. B. H_2SO_4, H_3PO_4 oder HNO_3 oder deren Gemische, vermengt u. unter Zusatz von Rohphosphatstaub, Superphosphat u. NH_3 oder N-Lsgg. u. Umwälzen in Drehrohröfen in einer trocknenden Atmosphäre zu granulierten, niedrigprozent. Düngemitteln (z. B. 5/10/5) verarbeitet. Unter Ausnutzung des P_2O_5-Geh. des Gipskuchens werden brauchbare Düngemittel gewonnen. Das kostspielige Auswaschen desselben mit W. entfällt. — Fließdiagramme. (**A. P. 2 963 358** vom 17/11. 1955, ausg. 6/12. 1960.) H. Karst. 6283

Karoly Szepesi, Tibor Jancso, Jozsef Varga †, Etel Varga und Tibor Varga, Budapest, Ungarn, **Herstellung von Düngemitteln, die wasserlösliche Stickstoffverbindungen enthalten.** Mineral. Al- oder Al–K-Hydrosilicate, z. B. *Montmorillonit, Bentonit, Vermiculit, Glauconit* u. *Illit*, werden unter Zusatz von W. zu einer wss. Suspension verarbeitet, die in Absorptions-Vorr. gepumpt u. dort im Gegenstrom mit Stickoxidgasen behandelt wird. Der erhaltene saure Schlamm wird mit NH_3-Gas neutralisiert, im Vakuum konz., getrocknet u. granuliert. Die Mineralien können auch mit NH_4NO_3-Schmelzen innig vermischt u. auf feste Düngemittelgranulate verarbeitet werden. Erdalkalibentonite werden durch Behandlung mit konz. Lsgg. von K_2SO_4, KCl oder K-Phosphaten bei 30—90° in die entsprechenden K-Bentonite übergeführt, die der Einw. von Stickoxiden ausgesetzt werden. Den Prodd. können noch N_2-Düngemittel, z. B. $(NH_4)_2SO_4$ oder $CO(NH_2)_2$, zugesetzt werden. Bei dem Verf. werden N_2- u. Staubverluste vermieden. Man erhält N_2-Düngemittel mit hoher Wasserkapazität, die bes. für leichte, lockere, trockene Sand- oder Ödlandböden geeignet sind. (**A. P. 2 991 170** vom 3/12. 1957, ausg. 4/7. 1961. **E. P. 881 517** vom 6/2. 1958, ausg. 1/11. 1961.) H. Karst. 6285

Monsanto Chemical Co., St. Louis, Mo., übert. von: Eli Seifter und Norman Phillips, Dayton, Ohio, V.St.A., **Löslichmachung von unlöslichem Eisen in Kulturböden.** Alkal. Ton-Salz-Böden, saure Sandböden u. sonstige Kulturböden, die unlösl. oder für die Pflanzen nicht aufnehmbare Fe-Verbb. enthalten, werden je 4050 m^2 mit 1,125—22,5 kg eines *1-Nitrosonaphthalinsulfonats*, bes. *1-Nitroso-2-naphtholdisulfonsäure*, ggf. unter Zusatz eines wasserlösl. Fe-Salzes, z. B. das Chlorid, Sulfat oder Nitrat, innig vermischt. Die Sulfonate können in Form ihrer Na-, K- oder NH_4-Salze als Lsgg. oder Dispersionen dem Boden zugesetzt oder im Gemisch mit NPK-Düngemitteln oder Acrylsäurepolymeren auf den Ackerboden ausgestreut werden. Die Düngemittel sollen ca. 0,1—1% der Sulfonate enthalten. Die wasserlösl. Fe-Verbb. werden dem Boden in Mengen von 11,25—225 kg/4050 m^2 zugesetzt. Es können auch 1-Nitrosonaphthalinsulfonate verwendet werden, in welchen die Naphthalingruppe durch Amino-, Carboxyl-, Hydroxy-, Nitroso-, Nitro-, Azo- u. dgl. Gruppen substituiert ist. Die *Chlorosis* u. *Gelbfärbung* der Blätter bei Obst- u. Gemüsekulturen wird beseitigt. (**A. P. 2 996 371** vom 19/8. 1957, ausg. 15/8. 1961.) H. Karst. 6293

Tennessee Corp., New York, N.Y., übert. von: Alexander A. Nikitin, College Park, Charles C. Fite jun., East Point, und Janet Segers Gary, Union City, Ga., V.St.A., **Nährlösung für Pflanzen,** bestehend aus fl. Düngemitteln u. Spurenelementen aus einem in W. zu lösenden, trockenen Gemisch aus 200—600 g Diammonphosphat, 40—80 g Oxalsäure u. 20—50 g Verbb. an Spurenelementen, wie $FeSO_4$, $MnSO_4$, $ZnSO_4$ u./oder $CuSO_4$. Man löst dieses Gemisch in 10 l Wasser. (**A.P. 2 950 183** vom 24/3. 1958, ausg. 23/8. 1960.) H. Nebelsiek. 6293

Diamond Alkali Co., Cleveland, übert. von: Jamal S. Eden, Painesville, Ohio, V.St.A., **Mittel zur Regulierung des Pflanzenwachstums.** Äquimol. Mengen eines niederen Monoalkanolamins, z. B. Methanol-, Äthanol-, Propanol-, Butanolamin oder dgl., werden mit Paraformaldehyd in Ggw. von Bzl. bei Rückfluß-Temp. des Gemisches zur Rk. gebracht bis stöchiometr. Mengen W. gebildet werden. Die gebildeten Kondens.-Polymere werden mit W., organ. Lsgm., Trägerstoffen, Füll- oder Verdünnungsmitteln u. dgl. zu fl. oder festen *Herbiciden* u. *Fungiciden* verarbeitet, die in Mengen von 1,0—2000 ppm zur Vernichtung von Gramineen, Entblätterung von Bohnenpflanzen u. Abtötung von *Alternaria oleracea* u. *Sclerotina fructicola* geeignet sind. (**A. P. 2 990 266** vom 10/6. 1957, ausg. 27/6. 1961.) H. Karst. 6313

Farbenfabriken Bayer Akt.-Ges., Leverkusen (Erfinder: Paul-Ernst Frohberger, Burscheid, und Ewald Urbschat, Köln), **Fungicide Mittel** zur Saatgutbeizung u./oder Bodenbehandlung, bestehend aus oder enthaltend Mischungen von *Methyl-* oder *Äthylarsinsulfid* mit *Tetramethylthiuramdisulfid*, *Chinonoximbenzoylhydrazon*, einfachen *Derivv. des p-Dimethylaminobenzolazosulfonats* oder *Organomercuri-Verbb.* im Verhältnis 1:100 bis 2:1. (**D. A. S. 1 126 667** Kl. 451 vom 28/10. 1960, ausg. 29/3. 1962.) K. Koebke. 6313

Hercules Powder Co. (Erfinder: Karl Brack), Wilmington, Del., V.St.A., **Fungicides Mittel.** Es enthält als wirksamen Bestandteil eine Verb. der allg. Formel **I**, worin R ein gesätt. aliphat. oder ein aromat. KW-Stoffradikal, X = Cl oder Br u. Y = O oder 2 Cl- oder Br-Atome darstellt. (**D. A. S. 1 126 668** Kl. 451 vom 2/1. 1960, ausg. 29/3. 1962. A. Prior. 24/2. 1959.) K. Koebke. 6313

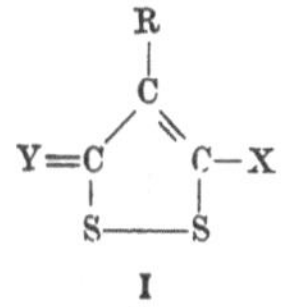

I

Institut of Paper Chemistry, übert. von: Irwin A. Pearl, Appleton, Wis., V.St.A., **Gewinnung eines fungiciden Mittels aus Sabal palmetto.** Die Stengel der als Unkraut wachsenden Pflanze, auch Cabbage palmetto genannt, werden zerkleinert u. mit einer alkal. Lsg. von pH ca. 10 etwa 6 Std. lang auf rd. 60° erhitzt. Die filtierte Lsg. wird auf einen pH von ca. 6—7 gebracht u. mit einem mit W. nicht mischbaren organ. Lsgm. ,wie Ae., Bzl. oder Trichloräthylen, extrahiert, das organ. Lsgm. abgetrennt u.

destilliert. Der Rückstand, eine hellbraun gefärbte Masse, wird aus heißem W., ggf. unter Zugabe von A-Kohle, gereinigt u. nach Filtration bei ca. 10—15° zur Kristallisation gebracht, F. 208—209°. (**A. P. 2 983 724** vom 3/4. 1958, ausg. 9/5. 1961.) W. Heyer. 6313

Farbenfabriken Bayer Akt.-Ges., Leverkusen (Erfinder: Otto Telle, Köln), **Insekticide und akaricide Spritzpulverzubereitungen** mit erhöhter Wrkg., enthaltend neben den akt. Stoffen eine Kombination von Fettalkoholpolyglykoläthern u. Mg-Salzen höherer Fettsäuren. (**D. A. S. 1 126 669** Kl. 451 vom 27/9. 1958, ausg. 29/3. 1962.) K. Koebke. 6313

Wisconsin Alumni Research Foundation, Madison, Wis., übert. von: Moshe Neeman, Buffalo, N.Y., V.St.A., **Insekticides DDT-haltiges Mittel**, das auch DDT-resistente Insekten abtötet, gek. durch den Zusatz von 0,025—10 (Teilen) p-Chlorbenzolsulfonsäure-N-di-(C_{2-7}-Alkyl)-amid pro 1 DDT. (**A. P. 2 974 083** vom 2/3. 1960, ausg. 7/3. 1961.) C. Lüttgen. 6313

Soc. des Usines Chimiques Rhône-Poulenc, Paris (Erfinder: Jean Metivier, Arpajon, Seine et Oise), Frankreich, **Herstellung von Phosphorsäureestern** der allg. Formel *$(CH_3O)_2P(:X)S—CH_2CH_2—S—CH(CH_3)—CO—NH·CH_3$* (X = O, S) durch Rk. von a) Halogenphosphaten der allg. Formel $(CH_3O)_2P(:X)$Hal mit Verbb. $HS—CH_2—CH_2—S—CH(CH_3)—CO—NH·CH_3$ oder b) P-Derivv. der allg. Formel. $(CH_3O)_2P(:X)—SH$ in Form ihrer Alkali- oder Ammoniumsalze mit einem reaktionsfähigen Ester der allg. Formel: $Y—CH_2—CH_2—S—CH(CH_3)—CO—NH·CH_3$ (Y = reaktionsfähiger Esterrest). — *Schädlingsbekämpfungsmittel.* (**Ung. P. 149 923** vom 22/6. 1960, ausg. 20/4. 1962. F. Prior. 7/7. 1959.) F. Landsberger. 6313

Farbenfabriken Bayer Akt.-Ges., Leverkusen (Erfinder: Ernst Schegk und Gerhard Schrader, Wuppertal), **Thiophosphorsäure-O.O-dialkyl-O-arylester** der allg. Formel $O_nS(R)C_6H(X)(Y)(Z)OP(S)(OR')_2$ [X, Y, Z = H, Halogen, Alkyl, Aryl, Nitro; R' = Alkyl; n = 0,1) werden durch Rk. der entsprechenden Oxyaryl-Verbb. mit Halogenthiophosphorsäure-O.O-dialkylestern in Ggw. säurebindender Mittel hergestellt. Die Mercaptogruppe in den O-Arylresten kann ggf. auch nachträglich zur Sulfoxidgruppe oxydiert werden. — Zu 0,5 Mol einer m Lsg. von $NaOCH_3$ gibt man 77 g p-Methylmercapto-m-kresol in 700 ml Bzl., nach Abdest. von Bzl. u. Methanol löst man das Na-Salz in 350 ml Methyläthylketon, tropft bei 50° 85 g $ClP(S)(OCH_3)_2$ zu u. kocht 1 Std. lang → 134 g *Thiophosphorsäure-O, O-dimethyl-O-(3-methyl-4-methylmercapto)-phenylester*, hellgelb; $Kp._{0,01}$ 102—105°; DL_{95} 250 (mg/kg Ratte per os); DL_{50} 500. — p-Methyl-(m-kresyl)-sulfoxid u. $ClP(S)(OCH_3)_2$ → *Thiophosphorsäure-O.O-dimethyl-O-(3-methyl-4-sulfoximethyl)-phenylester*, hellgelb; $Kp._{0,01}$ 110°; DL_{50} 100; DL_{95} 250. — Analog folgende *Thiophosphorsäure-O.O-diäthyl-O-* (**I**)*-phenylester* (**II**): **I**-(*3-methyl-4-methylmercapto*)-**II**, $Kp._{0,01}$ 104°; DL_{50} 100; — **I**-(*3-methyl-4-sulfoximethyl*)-**II**, nicht destillierbares Öl; n_D^{20} 1,5471; $D._4^{20}$ 1,2319; DL_{50} 50; — **I**-(*3-methylmercapto-4-chlor*)-**II**, $Kp._{0,01}$ 108°; DL_{50} 25; — **I**-(*3-methylmercapto-4-tert.-butyl*)-**II**, $Kp._{0,01}$ 113°; DL_{50} 50; — **I**-(*3-chlor-4-methylmercapto*)-**II**, $Kp._{0,01}$ 116°; DL_{50} 25; **I**-(*3-chlor-4-methylmercapto-6-methyl*)-**II**, $Kp._{0,01}$ 114°; DL_{50} 100; — **I**-(*2-sulf-oxymethyl-4-nitro*)-**II**, F. 95°; DL_{50} 10; — **I**-(*3.5-dichlor-4-methylmercapto*)-**II**, $Kp._{0,001}$ 142 bis 147°; **I**-(*3.5-dimethyl-4-methylmercapto*)-**II**, $Kp._{0,001}$ 135°; — **I**-(*3-äthyl-4-methylmercapto-5-methyl*)-**II**, $Kp._{0,001}$ 135°; — *Thiophosphorsäure-O O-dimethyl-* (**III**)—**II**: **III**-(*2-methyl-4-methylmercapto*)-**II**, $Kp._{0,01}$ 102°; DL_{50} 500; — **III**-(*2-methylmercapto-4-tert.-butyl*)-**II**, $Kp._{0,01}$ 105°; DL_{95} 250; — **III**-(*3-chlor-4-methylmercapto*)-**II**, $Kp._{0,01}$ 118°; DL_{50} 50; — *Thiophosphorsäure-O-äthyl-O-methyl-O-(3-methyl-4-methylmercapto)*-**II**, $Kp._{0,01}$ 128°; DL_{50} 25; — *Thiophosphorsäure-O-äthyl-O-methyl-O-(3-methyl-4-methylsulfoxy)*-**II**, nicht destillierbar, n_D^{20} 1,5583; $D._4^{20}$ 1,254; DL_{50} 25; — *Insekticide*, die biolog. Wrkg. gegen Spinnmilben u. Blattläuse ist angegeben. (**D. A. S. 1 116 656** Kl. 12o vom 28/5. 1958, ausg. 9/11. 1961. **Zusatz zu D. A. S. 1 101 406; C. 1961, 13697.**) A. Debo. 6313

Farbenfabriken Bayer Akt.-Ges., Leverkusen (Erfinder: Ernst Schegk und Gerhard Schrader, Wuppertal), **Thiophosphorsäureester** der allg. Formel $(RO)(R'O)P(S)OC_6H_4S(O)_nR''$ (R, R' = verschiedene Alkylreste; R'' = Alkyl; n = 0,1), die ggf. im Phenylrest noch weiter substituiert sein können, werden durch Rk. der entsprechenden Oxyaryl-Verbb. mit $ClP(S)(OR)(OR')$ in Ggw. säurebindender Mittel hergestellt. Die Mercaptogruppe kann ggf. auch nachträglich oxydiert werden. — Zu einer $NaOCH_3$-Lsg. mit 0,2 Mol Na gibt man 28 g p-Methylmercaptophenol u. 500 ml Bzl., Methanol u. Bzl. werden abdest., das Phenolat in 100 ml Methyläthylketon gelöst u. bei 70° 44 g $ClP(S)(OC_2H_5)OC_3H_7$-iso ($Kp._1$ 56—58°) zugetropft. Man kocht 1 Std. lang, gibt 300 ml Bzl. zu, wäscht, trocknet → 59 g *Thiophosphorsäure-O-äthyl-O-isopropyl-O-(4-methylmercapto)-phenylester* (96%), $Kp._{0,01}$ 105°; n_D^{20} 1,5404; $D._4^{20}$ 1,170; DL_{50} 10 (mg/kg Ratte per os). — Zu 31 g Methyl-p-oxyphenylsulfoxid in 100 ml Methyläthylketon gibt man 28 g trockenes K_2CO_3 u. erhitzt kurz zum Sieden. Bei 70° tropft man 43 g $ClP(S)(OC_2H_5)OC_3H_7$-iso zu. Man kocht 2 Std., verd. mit 300 ml Bzl., filtriert; wäscht u. trocknet das Filtrat → 54 g *Thiophosphorsäure-O-äthyl-O-isopropyl-O-(4-methylsulfoxy)-phenylester* (84%), gelbes Öl, n_D^{20} 1,5426; $D._4^{20}$ 1,220; DL_{50} 10; — Analog folgende *Thiophosphorsäure-O-äthyl-O-methyl-* (**I**)*-ester* aus $ClP(S)(OCH_3)OC_2H_5$ ($Kp._1$ 40°): **I**-*O-(4-methylmercapto)-phenylester* (98%), gelblich, $Kp._{0,01}$ 120°; n_D^{20} 1,5625; $D._4^{25}$ 1,250; DL_{95} 10; — **I**-*O-(4-methylsulfoxy)-phenylester* (97%), gelb, n_D^{20} 1,5638; $D._4^{20}$ 1,288; DL_{50} 5; — **I**-*O-(3-methyl-4-methylmercapto)-phenylester* (99%), hellgelb, $Kp._{0,01}$ 128°. — **I**-*O-(3-methyl-4-methylsulfoxy)-phenylester*, gelbes Öl. — *Insekticide*; die biolog. Wrkg. gegen Blattläuse, Spinnmilben u. Raupen ist angegeben. (**D. A. S. 1117110** Kl. 12o vom 14/6. 1957, ausg. 16/11. 1961. **Zusatz zu D. A. S. 1101406; C. 1961, 13697.**) A. Debo. 6313

United States of America, Secretary of Agriculture, übert. von: Morton Beroza, Silver Spring, Md., und Benjamin H. Alexander, Washington, D.C., V.St.A., **Lockmittel für die Melonenfliege,** bestehend aus 4-(p-Hydroxy-, -Acetoxy-, -Propionoxy- oder -Butyroxyphenyl)-2-butanon. Das Mittel kann in Fallen gegeben oder mit einem Giftstoff, z. B. Parathion, Malathion, Dimethyl-2.2-dichlorvinylphosphat usw., kombiniert werden. (**A. P. 2974086** vom 6/11. 1959, ausg. 7/3. 1961.) C. Lüttgen. 6313

F. Hoffmann-La Roche & Co. Akt.-Ges., Basel (Erfinder: Waldemar Guex, Rudolf Rüegg, Bottmingen, und Ulrich Schwieter, Basel), Schweiz, **Herstellung von ungesättigten, gegebenenfalls veresterten, Alkoholen** der allg. Formel $CH_3-R_1-CH=CH-CH=CH-R_2-X_1$, worin X_1 eine ggf. veresterte Hydroxymethylengruppe bedeutet u. R_1 u. R_2 für Alkylenreste stehen, deren C-Zahl zusammen 8—12, bes. 10 beträgt, dad. gek., daß man C_2H_2 durch eine metallorgan. Rk. in beliebiger Reihenfolge nacheinander mit Aldehyden der allg. Formel CH_3-R_1-CHO u. $OHC-R_2-X_2$, wobei in der letzteren X_2 eine ggf. veresterte Carboxylgruppe, eine ggf. veresterte oder verätherte Hydroxymethylengruppe oder eine acetalisierte Carbonylgruppe bedeutet, über ein Acetylencarbinol zu einem Acetylenglykol umsetzt, letzteres zu einer Alkadien-Verb. red. u. ggf. die funktionelle Gruppe X_2 in der Alkadien-Verb. in eine ggf. veresterte Hydroxymethylengruppe überführt. So erhält man durch Rk. von acetonfreiem C_2H_2 mit Butyraldehyd in fl. NH_3 in Ggw. von Li Hexin-(1)-ol-(3) als gelbliches Öl, welches mit einer Grignard-Lsg. durch Erhitzen unter N_2 umgesetzt wird. Das Rk.-Prod. wird mit 9-Oxononancarbonsäure-(1)-methylester, F. 24—26°, in sd. Ae. umgesetzt zu 10.13-Dihydroxypentadecain-(11)-carbonsäure-(1)-methylester, dunkelgelbes zähes Öl, n_D^{22} 1,4630, welcher in N.N-Diäthylanilin unter N_2 mittels Lithiumaluminiumhydrid red. wird zu Hexadecadien-(10.12)-ol-(1), farbloses Öl, UV_{max} 233 mμ. — *Insektenlockmittel*, zusammen mit Insekticiden verwendbar. (**D. A. S. 1124478** Kl. 12o vom 28/1. 1960, ausg. 1/3. 1962. Schwz. Prior. 16/2. 1959.) W. Gräger. 6313

Dow Chemical Co., übert. von: **Kenneth C. Kauer** und **Edgar C. Britton**, Midland, Mich., V.St.A., *O-Aryl-O-methylphosphorsäureamidester.* (**Can. P. 555937** vom 23/1. 1957, ausg. 15/4. 1958. A. Prior. 2/4. 1956. — **C. 1959**, 7271 [A. P. 2836612].)

Dow Chemical Co., übert. von: **Kenneth C. Kauer** und **Edgar C. Britton**, Midland, Mich., V.St.A., *N.N'-Dialkylthiophosphorsäurediamid-3.4-dichlorphenylester.* (**Can. P. 555939** vom 21/2. 1957, ausg. 15/4. 1958. A. Prior. 5/3. 1956. — **C. 1959**, 10044 [E. P. 800220].)

Dow Chemical Co., übert. von: **Fred J. Lowes** und **Roger F. Monroe**, Midland, Mich., V.St.A., *Tris-[1-äthinylcyclohexyl]-phosphit.* (**Can. P. 555940** vom 28/5. 1957, ausg. 15/4. 1958. A. Prior. 2/8. 1956. — **C. 1958**, 10188 [A. P. 2809982].)

Dow Chemical Co., übert. von: **Kenneth C. Kauer**, Midland, Mich., V.St.A., *N-Alkenylthiophosphorsäureamid-O-aryl-O-alkylester.* (**Can. P. 555941** vom 24/6. 1957, ausg. 15/4. 1958. A. Prior. 30/7. 1956. — **C. 1959**, 4005 [A. P. 2862018].)

H_8. Metallurgie. Korrosion

Senkung der Kupfergehalte der Mansfelder Rohhüttenschlacke. H. Nestler. (Ber. dtsch. Akad. Wiss. Berlin **1**, 776—77, 1959; Freiberg/Sa., Bergakad., Inst. für Metallhüttenkunde; dt.) — Weder Absitz-Verss. noch die Anwendung der Elektrophorese führten zur Absenkung des *Cu*-Geh. von 0,2% der Mansfelder Rohhüttenschlacke. F. Vier. 6360□

Überblick über die Untersuchungen zum Problem der Aufbereitung von Bleikupfersteinen. H. Hadamovsky. (Ber. dtsch. Akad. Wiss. Berlin **1**, 779—80, 1959; dt.) — Es wird über mkr. Unterss. an einer Reihe von Steinen u. Schmelzen verschiedener Zus. von Halsbrücke u. Muldenhütten berichtet. Danach ist es möglich, durch Pendelglühen bei 540—575° eine völlige Entartung des *Bleiglanz–Borit*-Eutektikums zu erreichen, wenn die Steine ein *Cn*:*Fe*-Mol-Verhältnis von 2:3 haben u. genügend

Pb als *Sulfid* enthalten. Die eine Voraussetzung für eine Trennung von Cu u. Pb bei der Aufbereitung von *Blei–Kupfer*-Stein konnte damit geschaffen werden. Dagegen gelang es nicht, auf diesem Wege eine Kornvergröberung zu erzielen, so daß eine Aufbereitung nicht möglich ist. F. Vier. 6360□

Bemerkungen zur Kupferflotation in Bor und Majdanpek (Jugoslawien). Werner Gründer. (Z. Erzbergbau Metallhüttenwes. **15,** 358—64, Juli 1962; Berlin; dt.) — Bericht über Lagerstätte, Verff. u. Anlagen. — Diskussion. F. Vier. 6362□

Entwicklung der neuzeitlichen Praxis der Herstellung feuerfester Stoffe und ihrer Anwendung. D. M. Humby. (Australas. Inst. Mining Metallurgy, Proc. **1961,** Nr. 200, 93—119, Dez.; Mayfield, New South Wales, Newbold General Refractories, Ltd.; engl.) — Fortschrittsbericht über die im Bergbau u. in der Metallurgie verwendeten feuerfesten Stoffe. W. Wesly. 6370□

Die Verwendung des Periklas-Spinellsteines in Elektrostahlschmelzöfen. M. N. Kaibitschewa, N. I. Marjewitsch, M. A. Jarzew und N. A. Tulin. (Сталь [Stahl] **21,** 992—95, Nov. 1961; Östl. Inst. für feuerfeste Stoffe; Tscheljabinsk, Hüttenwerk; russ.) — Ein *Periklas–Spinell*-Stein mit erhöhter Dichte besitzt eine höhere Haltbarkeit im Vgl. zu einem Chrommagnesitstein von normaler Dichte. Das Eindringvermögen von Reagentien des Schmelzraumes in den dichten Stein ist begrenzt; infolgedessen wird seine Verschleiß-Geschw. vermindert. Er erträgt in geringerem Maße den Einfl. reduzierender Gase. Dieser Stein wird als Werkstoff für Gewölbe u. für die Auskleidung der Wände von Elektrostahlschmelzöfen empfohlen. H. Hochstein. 6370□

Die kolloiden Eigenschaften als Kennwerte für die bindenden Eigenschaften von Bentonittonen. B. I. Marchassew. (Литейное Производство [Gießerei-Betr.] **1958,** Nr. 10, 10, Okt.) — Die koll. Eigg., gemessen nach der Meth. nach GOST 3226-57 stehen in keinem Zusammenhang mit dem Bindevermögen von Gießerei-*Bentoniten.* J. v. Schroeder. 6382□

Qualitätskontrolle in Verlaufe des Gießens. Ernesto Ruiz Pala. (Inst. Hierro Acero **13,** 505—11, Mai 1960; span.) — Auf Grund von Diagrammen für die Beziehung zwischen der Festigkeit u. der Härte von Gußstücken kann während des Gusses die Kontrolle der einen Eig. auf Grund der Best. der anderen erfolgen. R. K. Müller. 6382□

Sinterungsuntersuchungen mit einer vorgesinterten Beschickung. F. W. Kinsey und C. A. O'Malley. (Trans. metallurg. Soc. AIME **215,** 1008—14, 1959, herausgeg. 1960; Dearborn, Mich., Ford Motor, Co.; engl.) — Untersucht wird der Einfl. der Verw. einer vorgesinterten Beschickung auf die Erhöhung der Sinterleistung. Zu diesem Zweck wird ein sehr weiter Bereich von Sinterbeschickungen, einschließlich von durch Flotation erhaltenen Konzentraten, untersucht. Einige der wichtigsten Kennzeichen des Sinterbettes werden im Zusammenhang mit der Festigkeit u. Reduzierbarkeit des Sintergutes erörtert. Hierbei zeigt sich u. a., daß in einer vorgesinterten Beschickung der Feuchtigkeits-Geh. bei der Regelung der Sinterungs-Geschw. eine bedeutende Rolle spielt. Ein Feuchtigkeits-Geh. von 9,5% wird als der günstigste gehalten. Die Sinterfestigkeit hängt direkt vom C-Geh. im Möller ab; sein Optimum beträgt 4%. Höhere C-Geh. führen zu einem Sinter mit verminderter Reduzierbarkeit. Die Sinterproduktion ist eine umgekehrte Funktion des %-Anteiles von Konzentraten in der Beschickung, jedoch können Konzentratmengen in einer Höhe von 22% der Gesamtbeschickung mit einer geringsten Abnahme in der Sintererzeugungs-Geschw. verwendet werden. Minus 200-mesh-Western-Bentonit erhöht als Zusatz zur Beschickung die Sintererzeugungsgeschwindigkeit. 1% Bentonitzusatz ist für die Beschickung das Optimum. Auch die Durchlässigkeit des Sinterbettes spielt eine bedeutende Rolle. Eine Pelletgröße von 0,2 in. mittlerem Durchmesser ergab die höchste Produktionsgeschwindigkeit. Die Reduzierbarkeitsprüfungen ergaben eine direkte Beziehung zum Fe^{2+}-Geh., jedoch können bestimmte physikal. u. chem. Sinterkennwerte gelegentlich von größerer Bedeutung bei der Best. der Sinterreduzierbarkeit sein als der Fe^{2+}-Geh. in der Sinterbettbeschickung. H. Hochstein. 6390□

Technologie der Gewinnung von Agglomerat mit hoher Basizität. W. Ja. Miller, Ss. W. Basilewitsch, I. M. Rawikowitsch und W. A. Utkow. (Сталь [Stahl] **21,** 963—67, Nov. 1961; Nishni-Tagil, Hüttenkombinat u. Inst. für Metallurgie der Ural-Filiale der Akad. der Wiss. der UdSSR; russ.) — Auf Grund feinzerkleinerter Konzentrate einer naß-magnet. Aufbereitung kann ein Erzagglomerat mit hoher Basizität von 5 u. darüber erhalten werden, das hinsichtlich Festigkeit, Stückigkeit u. Reduzierbarkeit das zur Zeit verwendete Agglomerat mit einer Basizität von 1,25 übertrifft. Die Erhöhung der Festigkeit u. Reduzierbarkeit des hochbas. Agglomerats wird durch eine Veränderung des Phasenzustandes des Binders bedingt. Seine Festigkeit hängt im wesentlichen Grade von der linearen Sinter-Geschw. ab; die besten Ergebnisse werden bei einer solchen Geschw. von nicht über 20 mm/min u. bei einer Sinterleistung von ca. 1,0 t/m²·h erhalten. Die Verw. eines Gemisches aus zwei Agglomeraten mit einer Basizität von 0,7 u. 5,0 anstatt eines einzigen Agglomerats mit einer Basizität von 1,25 in einem Hochofenmöller kann die Stückigkeit der Beschickung verbessern u. den Widerstand der Beschickungssäule im Ofen erniedrigen. H. Hochstein. 6390□

Die Technologie der Gewinnung eines niedriggekohlten Halbproduktes mit erhöhter Temperatur. L. G. Schumakow, I. N. Warnawski, N. P. Isotow und Ss. Ss. Wolkow. (Сталь [Stahl] **21**, 986–91, Nov. 1961; Orsk-Chalilowo, Hüttenkombinat; russ.) — Ein Zusatz der Haupterzmenge (85–100%) zum Beginn der Schmelze, eine Erhöhung des Arbeitsquerschnittes des Konverterbodens (bis auf 442–486 cm²), ein Nachgießen von frischem Roheisen in einer Menge von 15–20% am Ende der Schmelze mit nachfolgendem Fertigblasen der Schmelze auf die vorbestimmte Zus. ermöglichen die Herst. eines Halbprod. mit erhöhter Temp. (1460–1500°) bei einer Entchromung von ca. 80%. Bei analogen Windfrischbedingungen senkt die Erniedrigung des C-Geh. bis auf 2,1–2,3% die Temp. des Halbprod. beispielsweise um 20°. Daher besitzt die Erzeugung einer möglichst hohen Temp. bei der Erschmelzung des Halbprod. bei einer Erniedrigung des C-Geh. eine bes. große Bedeutung, wobei der Einfl. einer Durchmesservergrößerung der Düsen u. die Verw. eines Dampf–Luft-Gemisches zum Schmelzbeginn auf den Oxydationsverlauf der Beimengungen zu berücksichtigen sind. Die Auskleidung der Konverter mit einer feuerbeständigeren Masse ist erforderlich, weil beim Windfrischen des Roheisens auf ein Halbprod. mit erhöhter Temp. eine Verschlechterung der Haltbarkeit der Auskleidung auftritt.
H. Hochstein. 6390□

Kornwachstum in Si-haltigem Eisen. P. K. Koh. (Trans. metallurg. Soc. AIME **215**, 1043–48, 1959, herausgeg. 1960; Brackenridge, Pa., Allegheny Ludlum Steel Corp.; engl.) — Isotherm. Salzbadglühen eines 0,014 in. dicken Bleches aus einer *Fe*-Leg. mit 3% *Si* wurde im Temp.-Bereich von 927–1260° durchgeführt, um das Kornwachstums-Verh. zu untersuchen. Zwischen 927 u. 1260° findet kein normales Kornwachstum statt, dafür herrscht Kornwachstum durch Keim-Wrkg. vor. Die Keim-Wrkg.-Häufigkeit nimmt mit der Glüh-Temp. zu u. mit entsprechender Abnahme im Korndurchmesser von Sekundärkörnern nach Langzeitglühung ab. Große Sekundärkörner, wie sie bei einer isotherm. Niedertemp.-Glühung gewachsen sind, sind im wesentlichen von der (1 1 0) [0 0 1]-Orientierung u. die (1 1 0) [0 0 1]-Textur ist stark ausgeprägt. Die relativ kleinen Sekundärkörner, wie sie durch eine isotherm. Hochtemp.-Glühung gewachsen sind, haben ebenfalls im Durchschnitt Orientierungen nahe von (1 1 0) [0 0 1], jedoch sind hier die Streuungen groß. Der Anteil der (1 1 0) [0 0 1]-Textur nimmt mit der isotherm. Glüh-Temp. ab. Kornwachstum u. Textur-Entw. bei verschiedenen Glüh-Temp. können durch Familien von σ-förmigen Kurven mit der Zeitachse beschrieben werden. H. Hochstein. 6390□

Untersuchungen über die Walztextur von Eisen und kubisch-raumzentrierten Eisenlegierungen. Jürgen Bennewitz. (Arch. Eisenhüttenwes. **33**, 393–403, Juni 1962; Dieringhausen; dt.) — Die Entw. der Walztextur eines *unlegierten Stahls* mit ca. 0,1% *C* u. zweier *Si-Stähle* mit 0,02% C u. 3 oder 3,25% *Si* werden unter Anwendung von Differentialdiskriminierung zusammen mit einer Mo–K_α-Strahlung untersucht u. dadurch die Festlegung der (2 2 2)-Polfiguren von polykristallinem kub.-raumzentrierten Fe u. polykristallinem kub.-raumzentrierten Fe-Legg. ermöglicht. Bei der Entw. der Walztextur werden dabei drei Stufen unterschieden. In der ersten erfolgt eine Drehung des Gitters um günstige [1 1 0]-Achsen. In der zweiten erfolgt eine Drehung des Gitters um die [1 1 0]-60°-Walzrichtung-Faserachse in Richtung auf (1 1 2) [1 $\bar{1}$ 0]. Nach Erreichen dieser Orientierung tritt in der dritten Stufe eine asymm. Plus–Minus-Drehung um eine [1 1 0]-Walzrichtung-Faserachse auf, wobei die (1 1 2) [1 $\bar{1}$ 0]-Orientierung Ausgangspunkt für diese Drehung ist. Da für verschiedene Ausgangsorientierungen unterschiedlich große Verformungsgrade erforderlich sind, um die Endlagen dieser einzelnen Gitterdrehungen zu erreichen, treten in fast allen vorkommenden Texturen Überlagerungen der zu den einzelnen Entw.-Stufen gehörenden Orientierungen auf. Es wird nachgewiesen, daß die (1 1 2) [1 1 0]-Orientierung für die Beschreibung der Polfiguren bei höheren Verformungsgraden von Bedeutung ist. Auf Grund der an (1 1 0)-, (2 0 0)- u. (2 2 2)-Polfiguren erhaltenen Ergebnisse wird gefolgert, daß die Walztextur nicht durch eine Überlagerung einer Zug- u. einer Stauchtextur entsteht. — 28 Literaturangaben. H. Hochstein. 6390□

Stabilisierung der martensitischen Umwandlung in Fe-Ni-Legierungen. John Woodilla, P. G. Winchell und Morris Cohen. (Trans. metallurg. Soc. AIME **215**,

849—51, 1959, herausgeg. 1960; Cambridge, Mass., Massachussets Inst. of Technol.; Lafayette, Ind., Purdue Univ.; engl.) — Die Stabilisierungskinetik wird mit Bezug auf die isotherm. Komponente der martensit. Rk. in *Fe–Ni*-Legg. mit 0,007% *C* u. 30,8% *Ni* untersucht. Obwohl der C- (oder N-)Geh. in diesen Legg. sehr gering ist, spielt er bei der Stabilisierungserscheinung eine bedeutende Rolle. Wenn aber diese Einlagerungselemente durch eine Behandlung mit feuchtem H_2 entfernt werden, tritt eine Stabilisierung nicht auf. In Ggw. von 0,007% C ist die Aktivierungsenergie für den Stabilisierungsprozeß vergleichbar mit der für die C- (oder N-)Diffusion eher im Ferrit als im Austenit. Hieraus wird gefolgert, daß die Einlagerungsdiffusion, welche die Stabilisierung regelt, eher innerhalb der martensit. Embryos als in der Grundmasse der Grundphase auftritt. Die Kinetik zeigt weiter an, daß die Einlagerungsatome danach streben, aus den Embryos heraus in die Umgebung zu diffundieren, wodurch sie die Grenzschicht unbeweglich machen. Dies scheint der Ursprung des Stabilisierungseffektes, der in diesen Legg. gefunden wird, zu sein. H. Hochstein. 6390□

Einfluß einer Neutronenbestrahlung auf die Martensitumwandlung in Fe-Ni-Legierungen. L. F. Porter und G. J. Dienes. (Trans. metallurg. Soc. AIME **215,** 854—63, 1959, herausgeg. 1960; Monroeville, Pa., U. S. Steel Corp.; Brookhaven, Nat. Labor.; engl.) — Der Einfl. einer Neutronenbestrahlung auf die Martensitumwandlung in dem *Fe–Ni*-Syst. wurde mittels elektr. Widerstands- u. magnet. Induktionsmessungen untersucht. Die Bestrahlung erniedrigt die Ms-Temp. der Leg., verursacht Änderungen in den elektr. u. magnet. Eigg. der Hochtemp.-Phase, welche entweder eine Beschleunigung der Phasenabscheidung oder eine Entmischung von Ni anzeigt, sowie erhöht die Spannungserholung in Proben, die teilweise schon vor der Bestrahlung zu Martensit umgewandelt sind. Der mögliche Mechanismus zur Erklärung dieser Erscheinungen wird zu erklären versucht. H. Hochstein. 6390□

Anomale Kinetik der Bainitumwandlung kurz oberhalb des Martensitbereiches. M. F. Smith, G. R. Speich und Morris Cohen. (Trans. metallurg. Soc. AIME **215,** 528—30, 1959, herausgeg. 1960; Concord, Mass., Nuclear Metals, Inc.; Monroeville, Pa., U. S. Steel Corp.; Cambridge, Mass., Massachusetts Inst. of Technol.; engl.) — Die Beschleunigung der isotherm. Umwandlung in hochreinem *Fe* mit 1,16% *C* kurz oberhalb der Ms-Temp. scheint aus der Martensit-Bldg. zu stammen, welche durch den Beginn der Bainitumwandlung aktiviert oder spannungsinduziert wird. Die schnelle Fortpflanzung der Martensitlamellen verdrängt dann das weitere Wachsen des Bainits. Hierdurch erscheint im Feingefüge ein Umwandlungs-Prod. früher als dies aus der Zunahme von Bainit selbst möglich sein kann. Andererseits wird es in den späteren Stufen der Umwandlung bei diesen Temp. allmählich für die Martensitkeim-Wrkg. schwieriger u. die normale Bainit-Rk. wird augenscheinlich. Dies kann erklären, warum die Umwandlungskurven bis zu 25% relativ geringe Anzeichen der anomalen Kinetik zeigen. H. Hochstein. 6392□

Die Verteilung des Schwefels zwischen der Beschickung und den geschmolzenen Produkten im Hochofen. G. A. Wolowik. (Сталь [Stahl] **21,** 967—71, Nov. 1961; Dnepropetrowsk, Metallurg. Inst.; russ.) — Zwischen den Abstichen eines Hochofens bestehen drei charakterist. Perioden: eine schwache Entschwefelung, sofort nach dem Roheisenabstich, wenn sich im Gestell wenig Schlacke befindet; eine aktivere, wenn im Hochofengestell eine maximale Schlackendecke vorhanden ist sowie nochmals eine schwache Entschwefelungsperiode vor dem Roheisenabstich, wenn in dem mit Roheisen angefüllten Gestell eine geringe, an *S* stark gesätt. Schlackenschicht verbleibt. Zur Erhöhung der S-Aufnahmefähigkeit der Schlacken ist ihre Aktivierung, bes. in der ersten Schmelzperiode bei der Bldg. der „unteren" Schlacke, wünschenswert, die durch die maximal mögliche Temp.-Erhöhung des Gestells nach dem Abstich sowie auch durch Einblasen verschiedener, die Schlackenbasizität erhöhender u. die FeO-Konz. erniedrigender Zusätze in das Hochofengestell ermöglicht wird. Zur besten Ausnutzung der oberen Schlacke zwecks Entschwefelung ist ein langes Verweilen der Schlacke im Ofen wünschenswert, was durch eine strenge Einhaltung der Abstichbedingungen, durch Vermehrung der Anzahl der Roheisenabstiche u. durch Erhöhung der Schlackenstichloch-Höhenlinie erreicht wird. H. Hochstein. 6400□

Untersuchungen über den Schwefelgehalt von Roheisen. K. J. Cannon. (Australas. Inst. Mining Metallurgy, Proc. **1961,** Nr. 200, 75—92, Dez.; Melbourne, Univ.; engl.) — Unterss. über die Ursachen des zwischen 0,034 u. 0,054% schwankenden *S*-Geh. von Roheisen aus Hochofen der Australian Iron and Steel Pty. Ltd. zeigen, daß möglicherweise die großen Schwankungen des $CaO:SiO_2$-Verhältnisses in dem dem Hochofen zugeführten Sinter verantwortlich dafür sind. Der allg. hohe Al_2O_3-Geh. der Charge begrenzt die entschwefelnde Wrkg. der Schlacke. Eine gut entschwefelnde Schlacke erzielt man durch Teilersatz von *CaO* durch *MgO*, entsprechend der Zus.: 32 (%) SiO_2, 26 Al_2O_3, 32 CaO, 6 MgO. — 16 Literaturangaben. W. Wesly. 6400□

Zur Frage der Auswahl einer optimalen Zusammensetzung der Schlacken. I. Ss. Kulikow (Сталь [Stahl] **21**, 972—75, Nov 1961; Baikow-Inst. für Metallurgie; russ.) — Die Ergebnisse über die Unters. der Entschwefelungsfähigkeit von Hochofenschlacken ermöglichen eine Berechnung des *S*-Verteilungs-Koeff. zwischen Roheisen u. Schlacke unter realen Bedingungen sowie die Auswahl der günstigsten Schlacken-Zus. bei gegebener Zus. der Schmelzmaterialien. H. Hochstein. 6400□

Internationale Vorschläge für die Gußeisen-Graphitklassifizierung. A. B. Everest. (Mod. Castings **41**, Nr. 4, 210—17, April 1962; engl.) — Überblick über die Vorschläge des International Committee of Foundry Technical Associations. H. Hochstein. 6402□

Magnesiumhaltiges Gußeisen für halbharte Walzen. Russi D. Russew. (Сталь [Stahl] **21**, 1049—52, Nov. 1961; Bulgarien, Metallurg. Leninwerk; russ.) — Mit einer Zunahme des eutekt. Zementits im Mikrogefüge von *Mg-haltigem Gußeisen* werden Härte u. Sprödigkeit erhöht. Dieses Gußeisen dient zweckmäßig als Werkstoff für das Gießen hochbelastbarer halbharter Walzen mit einer Härte nicht über 300 Brinell. Bei gleicher Härte besitzen die Walzen eine um 50—80% höhere Verschleißfestigkeit als normale Walzen. H. Hochstein. 6402□

Faktoren, welche den Gehalt an Wasserstoff im Stahl bestimmen. K. N. Iwanow. (Сталь [Stahl] **22**, 117—21, Febr. 1962; Werk „Bolschewik"; russ.) — Während des Kochens der Schmelze bei der Stahl-Herst. tritt eine mechan. Entfernung des H_2 mit den CO_2-Blasen nicht ein. Der *H*-Geh. im Stahl wird während dieser Schmelzperiode durch das Gleichgewicht mit *O* bestimmt, dessen Konz. vom *C*-Geh. abhängt. Bei einem niedrigen *C*-Geh. ist der Stahl nicht flockenempfindlich. H. Hochstein. 6408□

Schmelzen von Stahl in Lichtbogenöfen mit elektromagnetischer Durchmischung des Bades. Ss. M. Gnutschew, W. I. Trachimowitsch, A. F. Tregubenko, W. P. Franzow und T. M. Bobkow. (Сталь [Stahl] **21**, 519—22, Juni 1961; russ.) Die Anwendung einer elektromagnet. Durchmischungs-Vorr. für das Schmelzbad in elektr. Lichtbogenöfen ermöglicht nicht nur eine Erleichterung der Schmelzführung, sondern auch eine Verbesserung der Stahlqualität, da der Desoxydationsprozeß beim Erschmelzen niedriggekohlter Stähle um 30—40 Min. verkürzt wird. Ausschuß wird beim Erschmelzen von Bau- u. Kugellagerstählen vermieden. Bei hinreichenden Bewegungs-Geschw. der Schmelze wird keine Zunahme des *H*- u. *N*-Geh. sowie des Herdverschleißes festgestellt. Das Abziehen der Schlacke wird erleichtert. H. Hochstein. 6408□

Der Gefügeaufbau eines Stranggußblockes von unberuhigtem Stahl. G. M. Itzkowitsch und W. B. Gankin. (Сталь [Stahl] **21**, 505—14, Juni 1961; Zentr. wiss. Unters.-Inst. für Eisenhüttenwesen; russ.) — Ein nach dem Stranggieß-Verf. hergestellter Block aus unberuhigtem Stahl besitzt eine hohe Homogenität seines Gefüges u. seiner chem. Zus. nach Blockhöhe u. -querschnitt im Gegensatz zu den in üblicher Weise vergossenen Blöcken aus dem gleichen Stahl. Die aus den Stranggußblöcken hergestellten Warmwalzbleche sind von zufriedenstellender Qualität. Die ermittelte Abhängigkeit der Form u. Länge der Blockrandblasen von der Oxydation des Stahls, seiner chem. Zus., Temp. u. Gieß-Geschw. zeigt, daß die Randblasen an der Grenze zwischen fester u. fl. Phase gebildet werden. H. Hochstein. 6408□

Die Neigung von mit Sauerstoff geblasenem Konverterstahl zur Alterung. K. F. Starodubow und Ju. P. Gul. (Сталь [Stahl] **22**, 159—60, Febr. 1962; russ.) — Ein im bas. Konverter mit reinem O_2 verblasener Stahl unterscheidet sich hinsichtlich seines *N*- u. *O*-Geh., seiner Neigung zur Warm- u. Verformungsalterung sowie auch hinsichtlich seiner Empfindlichkeit zur Verfestigung prakt. nicht vom Siemens-Martin-Stahl. H. Hochstein. 6408□

Niedriglegierte leichtschweißbare Stähle 09G2Dt und 16GT. W. G. Djakow und S. A. Abramowa. (Сталь [Stahl] **21**, 1023—25, Nov. 1961; Forsch.- u. Projektierungs-Inst. für Maschinen der Erdölindustrie; russ.) — Bzgl. ihrer mechan. Eigg. bei Temp. von 450—500°, wie sie durch Kurzzeit- u. Langzeit-Verss. bestimmt werden, übertreffen die Stähle *09G2Dt* mit 0,10 (%) C, 1,45—1,64 Mn, 0,55 Si, 0,25 Cu, 0,014 Ti, 0,11 Cr, 0,05 Ni, 0,035 S, 0,025 P u. *16GT* mit 0,14—0,17 C, 0,86—1,00 Mn, 0,35 bis 0,45 Si, 0,08 Cu, 0,08—0,12 Cr, 0,06 Ni, 0,027 S, 0,02—0,03 P merklich die normalen niedriggekohlten Stähle. Sie neigen nicht zur Warmbrüchigkeit u. sind nach Dauerglühbehandlungen nicht entfestigt. H. Hochstein. 6408□

Die Herstellung von halbberuhigtem Blechstahl. I. G. Kasanzew, A. F. Kusnetzow, W. M. Pressnjakow, I. D. Kusema, G. D. Molonow, I. Ss. Tscherny-schew, T. I. Oleschkewitsch und M. P. Onogda. (Сталь [Stahl] **21**, 979—81,

Nov. 1961; russ.) — Bes. hohe techn.-wirtschaftliche Kennwerte für die Herst. dicker u. überdicker Bleche (9—32 u. >32 mm) aus *halbberuhigtem Stahl* werden bei einer Desoxydation des Stahls in der Pfanne durch *Ferromangan*, hochprozentiges *Ferrosilicium* u. *Al* (100—120 g/t) gewährleistet. Der fertige Stahl soll 0,35—0,60% Mn u. 0,12—0,15% Si enthalten. H. Hochstein. 6408□

Der niedriglegierte Bewehrungsstahl 28GS2. I. M. Leikin, W. N. Utkin und A. A. Roschtschina. (Сталь [Stahl] **21,** 1020—22, Nov. 1961; Zentr. Forsch.-Inst. für das Eisenhüttenw.; russ.) — Der neue Bewehrungsstahl *28GS2* mit erniedrigtem *Mn*-Geh. entspricht hinsichtlich seiner mechan. Eigg. völlig den Anforderungen der Norm GOST 5058-57 für period. Profile aus Stahl *25G2S*. Die Schweißbarkeit des Stahls *28GS2* ist ebenfalls zufriedenstellend. Bei der Herst. des neuen Bewehrungsstahls werden ca. 10 kg/t *Ferromangan* benötigt, was eine wesentliche Verringerung gegenüber *25G2S* bedeutet. H. Hochstein. 6408□

Vakuumbehandlung von legiertem Siemens-Martin-Stahl. K. M. Petrow, W. I. Djakonow, I. G. Fadejew, P. P. Ssemenenko und L. G. Krjukow. (Сталь [Stahl] **22,** 113—17, Febr. 1962; russ.) — Durch eine Vakuumbehandlung von legiertem Siemens-Martin-Stahl wird eine Güteverbesserung erzielt, da dabei sein H-Geh. in einem Kugellagerstahl um 20—56% vermindert wird. Die beste Variante für einen sauren Stahl *SchCh15*, welche eine Abnahme oxid. Einschlüsse gewährleistet, ist die Vakuumbehandlung des unvollständig desoxydierten Stahls im Strahl. Der größte Effekt wird bei einem minimalen *Si*-Geh. u. erniedrigten *Mn*-Geh. im Schmelzverlauf erzielt; *Ferrochrom* wird der kochenden Stahlschmelze zugesetzt u. die Desoxydation mit 45%ig. *Ferrosilicium* u. mit *Al* im Vakuum durchgeführt. Die Schmelzdauer mit der Desoxydation der Schmelze in der Vakuumkammer u. nicht im Ofen wird um 20—30 Min. verkürzt. Die Ofenleistung nimmt um ca. 4% zu u. der Verbrauch an Ferro-Legg. bedeutend ab. H. Hochstein. 6410□

Die Verbesserung der Technologie der Desoxydation und des Gießens von Stahl. N. N. Dobrochotow und K. K. Prochorenko. (Сталь [Stahl] **21,** 995—98, Nov. 1961; Akad. der Wiss. der UkrainSSR u. Inst. der Gasverwendung der Akad. der Wiss. der UkrainSSR; russ.) — Es werden Angaben über optimale *Al*- u. *Ti*-Zusätze zur Desoxydation von Stahl gemacht u. der Einfl. der Gieß-Geschw. auf die Stahlgüte sowie der Zus. einer reduzierenden Schlacke auf die Verschmutzung von Elektrostahl wird erörtert. Das Gießen hochlegierter Stähle in Kokillen unter einem fl. Flußmittel wird behandelt u. die theoret. Grundlagen der Stahldesoxydation werden erläutert. H. Hochstein. 6410□

Legierungszusätze für rostfreien Stahl. Nils Gunnar Lindberg. (Tekn. Tidskr. **90,** 699—702, 24/6. 1960; Trollhättan; schwed.) — Übersicht: Typen von *Cr*-Legg. u. ihre Anwendung; *Fe*-Legg. mit *Mo*, *Mn* u. *Ti*. R. K. Müller. 6410□

Untersuchung der Schlackenviscosität einer aluminothermischen Schmelze von Ferrotitan. Ss. I. Ssutschilnikow und Ju. L. Pliner. (Сталь [Stahl] **21,** 999—1000, Nov. 1961; Uraler Polytechn. Inst.; Kuibyschew, Werk für Ferrolegierungen; russ.) — Die Messung der Viscosität hochtonerdehaltiger *Ti-Schlacken* (68—75% Al_2O_3, die bei der aluminotherm. Erzeugung von *Ferrotitan* anfallen, zeigte den positiven Einfl. der die Schlackenviscosität erniedrigenden *CaO*-, *SrO*- u. *BaO*-Zusätze. H. Hochstein. 6418□

Die Entwicklung der elektrothermischen Zinkgewinnung auf der Duisburger Kupferhütte. Alfred Dietrich. (Z. Erzbergbau Metallhüttenwes. **15,** 181—89, April 1962; Duisburg; dt.) F. Vier. 6426□

Untersuchungen über die elektrolytische Raffination von Zink. 10. Mitt. Beseitigung von Blei aus der Zink-Elektrolytlösung. Seitaro Fukushima. (Bull. Res. Inst. Mineral Dressing Metallurgy, Tohoku Univ. **17,** 37—43, Juni 1961; 9. vgl. C. **1961,** 9959; jap., Auszug: engl.) — Pb^{2+} wird mit MnO_2-Schlamm (durch Rk. von Mn^{2+} mit MnO_4^- erzeugt) aus einer *Zn*-Elektrolyt-Lsg. zu 40—70% ausgefällt. Die ausgefällte Pb^{2+}-Menge steigt mit der angewandten MnO_2-Menge u. mit fehlender Zn- u. Säure-Konz. u. ist bei 30—50° von der Temp. der Lsg. unabhängig, außer bei neutraler $ZnSO_4$-Lösung. W. Wesly. 6426□

Untersuchungen über die elektrolytische Raffination von Zink. 11. Mitt. Einflüsse von Zusatzstoffen auf die gemeinsame Ausfällung von Blei und Mangan. Seitaro Fukushima. (Bull. Res. Inst. Mineral Dressing Metallurgy, Tohoku Univ. **17,** 45—50, Juni 1961; jap., Auszug: engl.) — 10. vgl. vorst. Referat. — Unterss. über den Einfl. mehrerer Zusatzstoffe auf die gemeinsame Ausfällung von Pb^{2+} u. Mn^{2+} zeigen, daß *Leim* die Pb^{2+}-Ausscheidung verhindert, weil er die MnO_2-Oberfläche bedeckt. Die Wrkg. von $SrCO_3$ auf die Pb^{2+}-Ausscheidung wird durch MnO_2 wenig beeinflußt. $BaCO_3$ wird bei geringen Mengen u. geringen MnO_2-Mengen wenig beeinflußt. Die Einfl. von

Ba^{2+} werden durch dessen Adsorption an MnO_2 stark vermindert. *$CaCO_3$* hat keinen Einfl. auf die Pb^{2+}-Ausfällung. W. Wesly. 6426□

Grundlagenforschung über den Einfluß von Zinn und Arsen auf die trockene Bleiraffination. H. Hadamovsky. (Mber. dtsch. Akad. Wiss. Berlin **1**, 778—79, 1959; dt.) — Der quasibin. Schnitt im Syst. *Pb–Sn–O–PbO–SnO_2* wurde neu aufgestellt. Die Abhängigkeit der Oxydations-Geschw. von *Sn* in *Pb–Sn*-Legg. von dessen Geh. wurde ermittelt. Der Einfl. von *Sb*, *As* u. *Cu* auf die *Sn*-Entfernung wurde überprüft. F. Vier. 6430□

Innere Oxydation von Cu-Al-Legierungen. D. L. Wood. (Trans. metallurg. Soc. AIME **215,** 925—32, 1959, herausgeg. 1960; Schenectady, N.Y., General Electric Res. Labor.; engl.) — Untersucht wurden in innenoxydierten *Cu-Al*-Legg. die *Al_2O_3*-Teilchenverteilung u. deren Einw. auf die mechan. Eigg. u. den Rekristallisationscharakter. Die festgestellten Härteveränderungen stehen in Übereinstimmung mit Veränderungen der Oxidteilchengröße, wie sich durch elektronenmetallograph. Unters. ermitteln läßt. Die durch die innere Oxydation verursachte Streckgrenzensteigerung hängt in starkem Maße von der Korngröße der Grundmasse ab u. wird von einer Abnahme des Formänderungsvermögens, bes. bei höheren Temp., begleitet. Die Verformbarkeit bei erhöhter Temp. wird aber beträchtlich verbessert, wenn eine größere Kornrückorientierung durch die der Prüfung voraufgehende Rekristallisation bewirkt wird. Die Oxidteilchen rufen eine beträchtliche Beschränkung des Erweichens während der einer Kaltverformung folgenden Glühung hervor. H. Hochstein. 6432□

Metallurgische Untersuchungen von eisenhaltigen Bauxiten auf Hawaii. W. A. Calhoun und T. E. Hill jun. (U.S. Dep. Interior, Bur. Mines, Rep. Invest. **1962,** Nr. 6003, 1—43; Rolla, Mo., Rolla Metallurgy Res. Center; engl.) — Es wurde untersucht, ob die *Fe*-haltigen Bauxite der Lagerstätten auf Hawaii, Kauai u. Maui auf *Al_2O_3* verarbeitet werden konnten. Die Ergebnisse waren ermutigend. Nach dem amerikan. Bayer-Verf. konnten 70,0—78,8% des Gesamt-Al_2O_3-Geh. extrahiert werden. Ausbeuten von 79,85% konnten durch eine Änderung des Verf. erhalten werden, die im wesentlichen darin bestand, daß das Erz gebrannt u. dann schwach alkal. das *Si* entfernt wurde. Der Rückstand wurde mit *CaO* behandelt u. Al_2O_3 stark alkal. ausgelaugt. F. Vier. 6446□

Einfluß der chemischen Zusammensetzung auf die Festigkeitseigenschaften von gießbaren Legierungen des Aluminiums mit Zink und Magnesium. Zdzisław Poniewierski. (Arch. Hutnictwa **6,** 309—25, 1 Tafel, 1961; Warszawa, Politechn. Wydział Mech. Energ. i Lotn., Kat. Materiałozn.; pol.) — Ziel der Unterss. war das Auffinden von *Al–Zn–Mg*-Legg. mit verbesserten mechan. Eigenschaften. Es wurde festgestellt, daß *Si* u. *Cu* die plast. Eigg. von Al–Zn–Mg-Legg. verschlechtern, *Fe* u. *Ni* sie aber verbessern. Die optimale Fe-Konz. ist dabei 1,5%. Je 0,15% *Cr* (zur Verbesserung der Korrosionsbeständigkeit) u. *Ti* (zur Verfeinerung des Gefüges) werden außerdem zugegeben. Eine Leg. mit **4,5—9** (%) *Zn,* 0,5—3 *Mg* u. den angegebenen Mengen Fe, Cr u. Ti hat die Zugfestigkeit 45—50 kg/mm², aber noch ungenügende plast. Eigg. (Dehnung 3,5—2%). Es wurde nach der Meth. von Krupkowski [1954] gefunden, daß die geringe Dehnung nicht charakterist. für die Leg. ist, sondern durch Gußfehler bedingt wird. Durch Vibration der erstarrenden Leg. in der Kokille werden die Fehler vermieden, man erhält eine Leg. mit besserer Plastizität u. der Dehnung 4,1%. F. Urban. 6446□

Kriechverformung von Aluminium-Kupfer-Zweiphasenlegierungen. R. M. N. Pelloux, A. R. Chaudhuri und N. J. Grant. (Trans. metallurg. Soc. AIME **215,** 204—09, 1959, herausgeg. 1960; Cambridge, Mass., Massechusetts Inst. of Technol.; engl.) — Stabile, überalterte Zweiphasen *Al–Cu*-Legg. (2—3% Cu) wurden durch Kriechen bei 500 u. 700°F verformt. Ihre Kriechfestigkeiten, Verformungs- u. Erholungsvorgänge, Brucharten u. Verformbarkeit werden untersucht. Die Vers.-Ergebnisse zeigen, daß eine aus einer Sekundärphase, die entweder im Mischkristall oder in reinem Grundmetall eingebettet ist, zusammengesetzte Leg. bei hohen Temp. am wirksamsten ist, wenn die Sekundärphase längs der Korngrenzen in Form von großen, weit voneinanderliegenden Teilchen auftritt. Die Korngrenzen sind dann nicht regelmäßig, sondern gezackt. Innerhalb der Körner liegt die Sekundärphase in Form von sehr dicht beieinanderliegenden Ausscheidungsteilchen vor. In einer solchen Leg. wird das Korngrenzengleiten auf ein Minimum verringert oder tritt in kleineren Zunahmen auf u. die Festigkeitsabnahme wird auf ein Minimum herabgesetzt, weil die Erholung der beiden Komponenten der Leg., der Körner u. Korngrenzen, möglichst klein wird. H. Hochstein. 6446□

Porosität in verformtem Titan. R. A. Wood, D. N. Williams, H. R. Ogden und R. I. Jaffee. (Trans. metallurg. Soc. AIME **215,** 308—15, 1959, herausgeg. 1960;

Columbus, Ohio, Battelle Mem. Inst.; engl.) — Durch Verformung erzeugte Porosität tritt in *Ti* bei Zugdehnungen auf, die größer sind als die gleichförmige Verlängerung des Materials. Die Porosität nimmt im Ti u. Ti-Legg. mit zunehmender Verformung u. Temp. zu u. ist im Bereich von 300—800° F am stärksten. Die durch die Verformung erzeugte Porosität wird als ein normaler Teil des Mechanismus der Verformung in duktilen Materialien angesehen. H. Hochstein. 6448 □

Einfluß von Zinn und Aluminium auf das Übergangsverhalten von mit Sauerstoff behandeltem Titan. E. H. Rennhack und J. F. Libsch. (Trans. metallurg. Soc. AIME **215**, 942—46, 1959, herausgeg. 1960; Palmerton, Pa., New Jersey Univ. Co; Bethlehem, Pa., Lehigh Univ.; engl.) — Ein bestimmtes Übergangs-Verh. wurde in unlegiertem Ti bei einem 0,13% O-Äquivalent ermittelt. Der Zusatz von 0,5 Sn, 1,0 Al, u. 1,0 Sn erniedrigte die Übergangs-Temp. von Ti bei O-Äquivalenten über 0,22, 0,29, 0,40 bzw. 0,51. Metallograph. wurde nachgewiesen, daß progressive Mengen von O die Verformung bei niedrigen Temp. einschränken u. so Sprödbruch hervorrufen können. Die Ggw. von *Sn* oder *Al* änderten die atomare O-Verteilung innerhalb des Ti-Gitters in einer derartigen Weise, daß ein gewisser Grad von Gleitung u. Zwillings-Bldg. erleichert wurde. H. Hochstein. 6448 □

Zusammensetzung und mechanische Eigenschaften von einigen in üblicher Weise und nach der „skull-cast"-Technik vergossenen Titanlegierungen. E. D. Calvert, P. C. Magnusson, M. D. Carver und R. A. Beall. (U.S. Dep. Interior, Bur. Mines, Rep. Invest. **1962**, Nr. 6014, 1—26; engl.) — Verglichen wurden Zus. u. mechan. Eigg. von Gußblöcken aus einer *Ti*-Leg. mit 8 (%) *Mn*, mit 6 *Al* u. 4 *V*, mit 6 *Mo* u. 2 Al sowie mit 16 V u. 2,8 Al in üblicher Weise vergossen nach Lichtbogenschmelzen u. nach der „skull-cast"-Technik, wobei die Schmelze in einer erstarrten Hülle aus demselben Metall schmilzt. In beiden Fällen waren die Mn-Geh. der Gußblöcke dieselben, aber $^1/_4$ des zugesetzten Mn ging durch Verdampfen verloren. Al-, Mo- u. V.-Geh. waren bei skull-cast"-Blöcken niedriger u. die C-Geh. höher. Bei in üblicher Weise vergossenen Blöcke aus *Ti-6 Mo-2 Al* waren härter als die nach der „skull-cast"-Meth. hergestellten, bei den *Ti-16 V-2,8 Al* war es umgekehrt. Die mechan. Eigg. unterscheiden sich wenig. F. Vier. 6448 □

Untersuchungen über die Herstellung von Germanium für elektronische Zwecke. G. Baralis, G. Chilosi, M. Marone und F. Saraceno. (Metallurgia ital. **52**, 145—51, April 1960; Turin, Centro Ric. Metallurg.; ital.) — Vff. beschreiben ein von ihnen entwickeltes Verf. zur Darst. hochreiner *Ge*-Einkristalle, gek. durch Überführung von techn. Ge in reines $GeCl_4$, Hydrolyse zu GeO_2, Red. zu metall. Ge u. Reinigung durch Zonenschmelzung zu *Reinst-Ge* für elektron. Zwecke. App. u. Arbeitsweise zur Herst. reinster Ge-Einkristalle sowie Prüfungs- u. Meßmeth. der elektron. Eigg. werden ausführlich behandelt. — 11 Literaturangaben. A. Sander. 6448 □

25 Jahre Fortschritt beim Raffinieren von Platinmetallen. F. S. Clements. (Ind. Chemist **38**, 345—54, Juli 1962; Internat. Nickel Comp. (Mond) Ltd.; engl.) — Überblick über die in 25 Jahren erzielten Fortschritte bei der Mond Acton Raffinerie der International Nickel Co of Canada. — 14 Literaturangaben. F. Vier. 6450 □

Stabilisierungserscheinungen in β-Phase-Au-Cd-Legierungen. Howard K. Birnbaum. (Trans. metallurg. Soc. AIME **215**, 786—92, Berichtigung: 1072, 1959, herausgeg. 1960; Chicago, Ill., Univ.; engl.) — Der Einfl. von Niedertemp.-Stabilisierungsglühungen auf die Struktur der β-Phase in *Au-Cd*-Legg. sowie auf die in diesen Legg. festgestellte diffusionslose Umwandlungen werden durch die Röntgenstrahl-Beugungs-Meth. überprüft. Auf Grund der experimentellen Ergebnisse wird eine Phasentrennung im β-Phasenbereich angenommen. Die Einfl. eines Abschreckens von erhöhten Temp. auf das Umwandlungs-Verh. dieser Legg. stimmen mit dem vorgeschlagenen Mechanismus überein. Es zeigt sich bei der Unters. einer Leg. mit 47,5° sowie 50 At.-% Cd, daß die „Normal"-Umwandlung der β-Phase (CsCl-Struktur) zu der orthorhomb. β'-Phase (47,5 At.-% Cd) u. zu der tetragonalen β''-Phase (50,0 At.-% Cd) nach einer Abkühlung von erhöhten Temp. mit mäßiger Abkühlungs-Geschw. auf ca. 60 bzw. 30° auftrat. Eine Glühung der Leg. mit 47,5 At.-% Cd oberhalb der Normalumwandlungs-Temp. stabilisierte die β-Phase relativ zu der β'-Phase u. verursachte vielleicht die Umwandlung zu der β''-Phase bei der Abkühlung. Die Struktur der so gebildeten β''-Phase war die gleiche wie die β''-Struktur, wie sie in der Leg. mit 50 At.-% gebildet wurde. Während der Stabilisierungsglühung nahm der Gitterparameter der β-Phase zu, die weitreichende Ordnung ab u. die Integralbreite der Beugungslinien zu. Die Geschw. der Stabilisierungserscheinungen war bei 75° am größten. Abschreckung von erhöhten Temp. erhöhte die Geschw., bei der die Stabilisierung eintrat. Eine Trennung der β-Phase in eine $β_1$-Phase von 50,0 At.-% u. eine $β_2$-Phase von niedrigerem Cd-Geh.

während der Stabilisierungsglühung wurde auf Grund der Unters.-Ergebnisse vermutet. H. Hochstein. 6462 □

Mechanismus der Bildung heterophasiger Zunderschichten auf binären Legierungen. Stanisław Mrowec. (Arch. Hutnictwa 6, 327—61, 1961; Krakow, PAN; pol.) — Die Bldg. von heterogenen Zunderschichten auf bin. Legg. wurde durch *Sulfidierung* von *Cu–Zn, Ag–Zn, Ag–Al, Cu–Au* u. *Cu–Ni* untersucht. Bei den ersten 4 Legg. bildet sich eine zweiteilige Zunderschicht. Die äußere Schicht wird durch Diffusion von Ionen u. Elektronen des edleren Metalls der Leg. nach außen u. Rk. mit *S* an der Grenzfläche der Schicht gebildet. Die innere Schicht entsteht durch Diffusion von S (atomar oder mol.) durch Mikroporen der Sulfidschichten in Richtung Metall u. Rk. mit beiden Metallen. Die innere Schicht besteht aus *Sulfiden* beider Metalle. Bilden die Sulfide ein mehrphasiges Gemisch, so entstehen Mikroporen in dieser Schicht. Bildet sich aber eine feste Lsg. der Sulfide, wie es bei der Leg. Cu–Ni der Fall ist, so fehlen die Mikroporen u. die Diffusion des S nach innen ist unterbunden. Nur in solchen Fällen ist das theoret. Modell der Zunder-Bldg. von Wagner gültig. — 53 Literaturangaben. F. Urban. 6470 □

Die elektrolytische Herstellung des Kupfers in Pulverform aus Ammoniumchloridlösungen von einwertigen komplexen Ionen. Ion Crişan. (Bul. Inst. politehn. Bucureşti **20**, Nr. 3, 107—19, Juli/Sept. 1958; Bukarest, Polytechn. Inst., Labor. für generalchem. Technol.; dt.) — Lsgg. von *CuCl* in NH_4Cl sind nach Zusatz von H_2SO_4 (pH $\leq$3,5) klar, braungrünlich u. luftempfindlich. Bei der Elektrolyse des durch eine Ölschicht geschützten Bades wird das gebildete *Cu*-Pulver durch H_2 an die Oberfläche getragen, von wo es schnell zu entfernen u. mit 0,1n HCl, W. u. A. zu waschen ist. Die Reinheit beträgt 99,99%. Das Verf. bietet gegenüber dem in Ggw. von *HCl* bes. folgende Vorteile; die Anodenpassivierung erfolgt langsamer u. ist reversibel, man kann mit höherer Stromdichte arbeiten, denn ein Ansteigen des pH an der Kathode verursacht keine Fällungen. Im Bad liegen bis zu 10% des eingesetzten Cu als Cu^{2+} vor. Der spezif. Energieverbrauch [Wh/kg Pulver] sinkt erst mit steigender Stromdichte, bis kein kompaktes Cu mehr ausgeschieden wird, u. steigt durch H-Eitw. dann wieder an. Die optimalen Bedingungen sind: 300 (g/Liter) NH_4Cl, 2—5 H_2SO_4, 30 Cu, Stromdichte 10 bis 40 A/dm². Spezif. Energieverbrauch ca. 0,4 kWh/kg, Vol.-Gewicht 1,3—0,3 g/cm³. R. Junge. 6474 □

Über die Spannungsverteilungen von gebrochenen Charpy-Proben. Minoru Tanaka und Sōkichi Umekawa. (Bull. Tokyo Inst. Technol. **1962**, 1—10; engl.) — Proben aus unlegiertem Baustahl mit 2 verschiedenen Korngrößen, die im Schlag-Biege-Vers. gebrochen waren, wurden auf ihre Spannungsverteilungen hin untersucht. Hierbei zeigt sich u. a., daß die Übergangs-Temp. in der feinkörnigen Probe bei —10° u. in der grobkörnigen Probe zwischen 40 u. 0° liegen. In einer gebrochenen Probe ist der verformte Bereich auf der äußeren Oberfläche größer als der des Kornes, unabhängig vom Verh. der Proben beim Bruch. Obwohl die Übergangs-Temp. von der Korngröße der Proben abhängt, wird der verformte Bereich in der Hauptsache durch die Prüftemp. u. nicht durch die Korngröße beeinflußt. H. Hochstein. 6480 □

Ein Vergleich der Kriechdehnungs-Brucheigenschaften von Nickel in Luft und im Vakuum. P. Shahinian und M. R. Achter. (Trans. metallurg. Soc. AIME **215**, 37—41, 1959, herausgeg. 1960; Washington, D. C., N. S. Naval Res. Labor.; engl.) — Bei niedrigen Spannungen sind die Kriechdehnungs-Bruch-Eigg. in Luft besser, während sie bei hohen Spannungen im Vakuum besser sind. Zu Beginn des Kriechens in einer Prüfung mit hoher Spannung kann die Probe in Luft eine niedrigere Kriechgeschw. besitzen, jedoch bei der Probe im Vakuum tritt ein langsameres Kriechen erst in den letzten Stufen auf. Eine diese Erscheinungen behandelnde Theorie nimmt eine Oxydationsverfestigung sowie eine Schwächung durch eine Oberflächenenergieabnahme an. H. Hochstein. 6480 □

Feingefügeveränderungen in einer aus 42% Ni, 30% Cr, 26% Fe bestehenden Legierung während der Kriechdehnungs-Bruchprüfung. R. J. Raudebaugh und E. P. Sadowski. (Trans. metallurg. Soc. AIME **215**, 23—29, 1959, herausgeg. 1960; Bayonne, N.J., International Nickel Co.; engl.) — Die Feingefügeausbldg. einer Leg. aus 0,05 (%) *C*, 25,83 *Fe*, 30,13 *Cr*, 41,59 *Ni*, 0,41 *Ti*, 0,42 *Al*, 0,75 *Mn*, 0,45 *Si*, 0,011 *S*, 0,34 *Cu* wurde in Abhängigkeit von dem Verh. beim Kriechen u. bei Zerreißprüfungen bei 1400, 1600 u. 1800°F untersucht. Eine bei 1600 u. bei 1800°F festgestellte N-Aufnahme der Proben war von einer Riß-Bldg. vor dem Bruch begleitet. Ferner zeigte sich, daß der unmagnet., hochchromhaltige raumzentr. kub. α-Ferrit nach sehr kurzen Zeiten bei 1400 u. 1600°F, dagegen überhaupt nicht bei 1800°F gebildet wurde. Diese Phase erscheint zunächst in nadeliger Form, die mit zunehmender Zeit bei Prüftemp. in Lsg. geht. Die bei 1800°F größere Bruchfestigkeit als bei 1600°F nach einer 550std. Glühung wird z. T. auf die bei 1800° F relativ schnelle Kornvergröberung sowie auf die Tatsache zurückgeführt, daß bei dieser Temp. die Leg. nur aus einer γ-Einzelphase im Gegensatz zu der feineren Zweiphasen $\gamma + \alpha$-Struktur bei 1600° F besteht. In allen Zuständen diser Leg. jedoch bleibt ein Gefügebestandteil nicht identifiziert. Die magnet. Veränderung (aus dem unmagnet. in den magnet. Zustand) hängt mit dem Betrag an gebildetem Cr_2N zusammen. Es wird angenommen, daß diese Änderung durch eine Cr-Verarmung der Grundmasse unter Bldg. von Cr_2N u. eines Ni-reichen magnet. Mischkristalls bedingt ist. H. Hochstein. 6480□

Einfluß einer Vorspannung auf die Kriechdehnungs-Brucheigenschaften von sehr reinem Aluminium und einer Aluminium-Legierung mit 2% Magnesium. N. J. Grant, A. R. Chaudhuri, I. R. Silver und D. C. Ganow. (Trans. metallurg. Soc. AIME **215,** 541—44, 1959, herausgeg. 1960; Cambridge, Mass., Massachussets Inst. of Technol. Waltham, Mass., Raytheon Mfg. u. Univ. of Calif.; engl.) — Proben aus sehr reinem *Al* u. einer Al-Leg. mit 1,92 (%) *Mg,* 0,002 *Cu,* 0,003 *Fe,* 0,002 *Si,* wurden durch Kriechen bei hohen Temp. (400° u. 600° F für Al u. 700° F für die Al-Leg.) bis zu Dehnungen von 25% vorgespannt. Die Kriechdehnungs–Bruch-Eigg. dieser Proben wurden dann mit nicht vorgespannten Proben verglichen. Die Kriechprüfungen wurden bei 500° F u. 1800 lbs./sq.in. für reines Al u. bei 600° F u. 3400 lbs./sq.in. für die Al-Leg. ausgeführt. Bei diesen Unters.-Bedingungen wurde gefunden, daß die Vorspannung einen Einfl. auf die Bruchhaltbarkeit u. die Kriechgeschw. hatte, welche im Vgl. zum ausgeglühten Zustand einen Faktor von unter 2 besaß u. daher innerhalb der normalen Grenzen einer Prüfreproduzierbarkeit lag. H. Hochstein. 6480□

Über den Ursprung des tertiären Kriechens in einer Aluminium-Legierung. A. S. Nemy und F. N. Rhines. (Trans. metallurg. Soc. AIME **215,** 992—98, 1959, herausgeg. 1960; Cleveland, Ohio, Thompson Ramo Wooldrige, Inc., Gainesville, Flor., Univ. of Florida; engl.) — Die Art des tert. Hochtemp.-Kriechens der Al-Leg. *52 S–O* ist stark spannungsabhängig. Bei niedriger Spannung tritt tertiäres Kriechen durch Keim-Wrkg. u. Wachstum von dünnen Rissen längs der Korngrenzen über den gesamten Querschnitt auf; eine Einschnürung erfolgt nicht. Bei einer mittleren Spannung tritt tert. Kriechen zuerst ohne Einschnürung, jedoch durch die Keim-Wrkg. u. das Wachstum abgerundeter Risse in dem der Oberfläche des Prüfstückes benachbarten Gebiet auf; nachfolgend erscheint auch eine Einschnürung u. die abgerundeten Risse wachsen längs der zentralen Verengungsachse. Bei hoher Spannung tritt tert. Kriechen allein durch Einschnüren ohne merkliche Riß-Bldg. auf. Die Ergebnisse werden durch Korngrenzengleiten u. hydrostat. Spannungen, wie sie durch die Hemmungen gegenüber dem Korngrenzengleiten erzeugt werden, zu erklären versucht. H. Hochstein. 6480□

Die Einflüsse einer Mischkristall-Legierung auf die Kriechdehnungs-Bruchfestigkeit von α- und β-Titan. L. S. Richardson und N. J. Grant. (Trans. metallurg. Soc. AIME **215,** 18—23, 1959, herausgeg. 1960; Cambridge, Mass. Inst. of Technol.; engl.) — Nach dem *Jodid*-Verf. hergestelltes *Ti,* 2 bin. *Ti–O*-Legg. sowie 2 *Ti–Al*-Legg. mit 3,32 bzw. 5,79% Al werden durch Kriechdehnungs-Bruchprüfungen von 1000—2000° F untersucht. Hierbei ergibt sich, daß die Bruchfestigkeit der hexagonal dichtest gepackten α-Struktur bedeutend größer als die der raumzentrierten kub. β-Struktur ist. Das α-Ti wird schneller verfestigt als β-Ti durch eine Auflsg. der Mischkristalle mit Al. Auf der atomaren %-Grundlage ist Al bei der Verfestigung des Ti wirksamer als O. Die Bruchhaltbarkeit u. die Kriechfestigkeit von α-Ti wird durch eine O-Verschmutzung oberhalb von 1200° erhöht, wobei der Erhöhungsgrad vom Materialquerschnitt abhängig ist. H. Hochstein. 6480□

Kriechdehnungs-Bruchprüfungen bei 1800° und 2000° F auf hyperreine Si-Vielkristalle. Jack T. Brown. (Trans. metallurg. Soc. AIME **215,** 1068—69, 1959, herausgeg. 1960; East Pittsburgh, Pa., Westinghouse Electric Corp.; engl.) — Es wird festgestellt, daß bei Vielkristallen aus hyperreinem *Si* (99,999%) die Kriechdehnungs-Bruchspannung bei 2000° F u. einer Zeit von 100 Std. zwischen 8000 u. 9000 lbs./sq.in. liegt. Dies zeigt, daß die Si-Festigkeit bei 2000° F etwa gleich der der besten handelsüblichen Super-Legg. ist. Unter Kriechbedingungen tritt ein beträchtliches plast. Fließen ein (erhöhte Bruchdehnungen). H. Hochstein. 6480□

Der Einfluß der Oberflächen-Gasadsorption auf die Rißfortpflanzung. M. R. Achter und H. W. Fox. (Trans. metallurg. Soc. AIME **215,** 295—96, 1959, herausgeg. 1960; Washington, D. C., U.S. Naval Res. Labor.; engl.) — Durch rechner. Überlegungen wird gefolgert, daß die Rißfortpflanzung durch Zunahme des O-Geh. der Oberflächenumgebung bis zu einem krit. Betrag erleichtert wird, der zur Sättigung der Oberfläche bei der durch die Kriechgeschw. der Probe vorgeschriebenen Geschw. erforderlich ist. H. Hochstein. 6480□

Diskontinuierliches Rißwachstum in mit Wasserstoff behandeltem Stahl. E. A. Steigerwald, F. W. Schaller und A. R. Troiano. (Trans. metallurg. Soc. AIME **215,** 1048—52, 1959, herausgeg. 1960; Cleveland, Ohio, Case Inst. of Technol.; engl.) — Die Kinetik einer Rißfortpflanzung in einem elektrolyt. mit H beladenem hochfestem Stahl (0,395 (%) *C*, 0,82 *Mn*, 0,29 *Si*, 1,76 *Ni*, 0,85 *Cr*, 0,25 *Mo*) bei Temp. unter 0°F gibt an, daß die Risse in diskontinuierlicher Art fortschreiten, zum Bruch führt dabei eher eine große Anzahl von Riß-Bldg. als ein kontinuierliches Wachsen eines Einzelrisses. Die Inkubationszeit, die für die Einleitung des verzögerten Bruches erforderlich ist, wird durch die H-Diffusion bestimmt. Die Aktivierungsenergie für den Prozeß ist 9120 cal/g-Atom. Wenn die Prüftemp. erniedrigt wird, macht die Inkubationszeit einen größeren Prozentsatz der gesamten Bruchzeit aus u. bei —50°F fallen Inkubations- u. Bruchzeiten im wesentlichen unter Bldg. eines augenblicklichen katastrophalen Bruches zusammen. H. Hochstein. 6480□

Die Alterung von mit Wasserstoff beladenem unberuhigtem Stahl. H. C. Rogers. (Trans. metallurg. Soc. AIME **215,** 666—72, 1959, herausgeg. 1960; Diskussion: **218,** 369; 1960, herausgeg. 1961; Schenectady, N. Y., General Electric. Res. Labor.; engl.) — Der ausgeprägte Streckgrenzenpunkt von aus unberuhigt vergossenem Stahl hergestelltem Blech wurde durch eine elektrolyt. Beladung des Stahles mit H zum Verschwinden gebracht. Die Aktivierungsenergie für sein Wiedererscheinen bei der Alterung wurde gemessen u. als ident. mit demjenigen Wert ermittelt, der für die Rückkehr des Streckgrenzenpunktes bei einer Alterung nach einer plast. Verformung derselben, jedoch nicht mit H beladenen Stahles gemessen wurde. Er wurde ferner verglichen mit der gemessenen Aktivierungsenergie für die Rückkehr der Verformbarkeit zu diesen durch H-Beladung versprödeten Stählen. Es wird angenommen, daß H die Streckgrenze durch Verursachung einer örtlichen plast. Verformung während der H-Behandlung beseitigt. H. Hochstein. 6480□

Rückläufige Bewegung beim Aushärten. L. F. Mondolfo. (Trans. metallurg. Soc. AIME **215,** 289—94, 1959, herausgeg. 1960; Chicago, Ill. Inst. of Technol.; engl.) — Eine bei Raum-Temp. bis zu 78000 Std. ausgealterte *Al*-Leg. mit 4% *Cu* wurde bei 170° geglüht sowie die Härte u. das elektrolyt. Potential wurden während einer rückläufigen Bewegung u. der nachfolgenden Alterung bestimmt. Es wurde dabei gefunden, daß mit zunehmender Ausalterungszeit bei Raum-Temp. eine Änderung im Verh. der Leg. auftritt, welche anzeigt, daß bei ausreichender Zeit die rückläufige Bewegung verschwindet u. die Raum-Temp.-Alterung direkt in die Hochtemp.-Alterung überzugehen trachtet. H. Hochstein. 6480□

Die Ermüdungshärtung von Kupfer. Alfred Siede und A. G. Metcalfe. (Trans. metallurg. Soc. AIME **215,** 947—49, 1959, herausgeg. 1960; Chicago, Ill.; San Diego, Calif., Armour Res. Found; engl.) — Das Härten von geglühtem *Cu* während einer Ermüdungsprüfung scheint von der angelegten Spannung unabhängig zu sein u. tritt in größerem Umfange innerhalb der ersten 4000 Lastwechsel auf. Das durch Ermüdung gehärtete Cu ist gegenüber einer Glühung beständiger als ein durch stat. Mittel gehärtetes Cu; es erweicht erst durch einen mehrstd. Prozeß. Kriech-Unterss. bei 300° zeigen, daß das durch Ermüdung gehärtete Cu eine größere Kriechfestigkeit besitzt als das stat. gehärtete Cu. Einige theoret. Erklärungen für diese Erscheinung werden gegeben. H. Hochstein. 6480□

Möglichkeiten der Anwendung von radioaktiven Isotopen im Hüttenwesen. Naim Košarić. (Kem. u Ind. [Zagreb] **9,** 115—16, April 1960; Zenica, Željezara; kroat.) — Übersicht über die Anwendung von radioakt. Isotopen bei Unterss. an Hochöfen, Stahlwerken u. Walzwerken sowie in Kokereien. R. K. Müller. 6484□

Anwendung von Radioisotopen in der NE-Metallurgie. Chr. Fischer-Bartelk. (Ber. dtsch. Akad. Wiss. Berlin **1,** 780—82, 1959; dt.) — Überblick. F. Vier. 6484□

Röntgenkinenatographie des Fließens von Metallen in Schalenformen unter Verwendung eines Bildverstärkers. K. Shobayashi und K. Okamoto. (Inst. Hierro Acero **13,** 455—59, Mai 1960; Tokyo Shibaury Electric Co. Ltd.; span.) — Das Fließen von Metallen in der Form kann röntgenkinematograph. verfolgt werden, wenn mit 200 kV u. 4 mA gearbeitet wird, um eine Fe-Schicht von bis zu 15 mm Stärke erfassen zu können. Bei Aufnahmen von geschmolzenem Metall ist eine Bildfolge von 64 Bildern/Sek., bei Aufnahmen von erstarrendem Metall eine solche von 8 Bildern/Sek. erforderlich. R. K. Müller. 6484□

Die Berechnung mechanischer Eigenschaften kaltgewalzter Metalle. G. P. Saitzew. (Физика Металлов и Металловедение [Physik Metalle Metallkunde] **9,** 103—11, Jan. 1960; Kuibyschew, Ind.-Inst.; russ.) — Vorgeschlagen wird eine Berechnungs-Meth. der mechan. Eigg. kaltgewalzter Metalle auf Grund ihrer Eigg. im unverfestigten Ausgangszustand u. des Abnahmegrades während des Kaltwalzens. Diese Meth. wird durch Verss. bestätigt, wenn die Verformung beim Kaltwalzen nicht die gleichmäßige Verformung des unverfestigten Ausgangsmetalls bei seiner Prüfung auf Zug übertrifft. H. Hochstein. 6490□

Feststellung der metallurgischen Reaktionen und deren Einfluß auf die mechanischen Eigenschften von nichtrostendem 17-7 PH-Stahl. H. C. Burnett, R. H. Duff und H. C. Vacher. (J. Res. nat. Bur. Standards, C **66**, 113—19, April/Juni 1962; engl.) — Zur Unters. des Zusammenhanges zwischen den metallurg. Rkk., die während Alterungsbehandlungen von einem nichtrostenden *17-7 PH*-Stahl auftreten, u. deren Einfl. auf die Festigkeits-Eigg. von bei 1950°F geglühten u. darauf 1½ Std. bei 1400°F ausgealterten, 0,0025 in. dicken Proben in Form von Folien wurden Alterungs-Verss. bei 850—1150°F durchgeführt. Hierbei zeigt sich, daß die schroffe Festigkeitszunahme u. die Abnahme der Bildsamkeit bei einer 68 Std. lang bei 1050°F gealterten Probe, durch die unmittelbare Bldg. des geordneten Ferritbestandteiles u. die nachfolgende rasche Rückgewinnung der Duktilität u. die langsamere Festigkeitsabnahme durch eine Umwandlung von ungeordnetem Ferrit zu Austenit verursacht werden. Bei 970° u. darunter tritt solche Umwandlung nicht ein u. nach der schroffen Festigkeitszunahme u. der Abnahme der Bildsamkeit tritt dann keine weitere Änderung der Eigg. mehr auf. H. Hochstein. 6490□

Streckungsvorgänge in cadmiumlegierten Zinkblechen. Gondi Primo. (Metallurgia ital. **52**, 152—63, April 1960; Venedig, Soc. Montevecchio, Centro ric.; ital.) — Vf. untersucht mit Cd legierte Zn-Bleche, bes. eine Leg. mit 0,01% Cd, auf den Einfl. von Zeit, Alterungs-Temp., Belastung, Verformungsbehandlungen, Verformungs-Geschw. u. Korngröße auf die Streckungsvorgänge. Auf Grundlage der Theorien über Dehnungs- u. Kriechvorgänge an den Korngrenzen sowie der allg. Theorie über viscoses Gleiten werden Ergebnisse, App. u. Ausführung der Verss. ausführlich besprochen. — 22 Literaturhinweise. A. Sander. 6490□

Normalisierendes Glühen von Kohlenstoffstahl für Gußstücke. Vladislav Osina. (Sborník vysokého Učení techn. v. Brně **1959**, 345—53; tschech.) — Erläuterung der Blдg. von Austenit u. dessen Zerfall bei langsamer Abkühlung von C-Stählen mit Hinweis auf den Verlauf dieser Vorgänge beim Normalisieren. Danach wird empfohlen, Stähle bis zu 0,4% C zu normalisieren anstatt zu glühen, da dieselben mechan. Eigg. erzielt werden u. die Normalisierung Zeitersparnis bedeutet. — 29 Literaturangaben. J. Tůmová. 6492□

Phasenänderungen bei der Ausscheidungshärtung von Nickel-Chrom-Eisen-Legierungen während einer verlängerten Erhitzung. C. C. Clark und J. S. Iwanski. (Trans. metallurg. Soc. AIME **215**, 648—51, 1959, herausgeg. 1960; Bayonne, N.J., Internat. Nickel Co., Inc.; engl.) — Die Mikrogefügeveränderungen werden in zwei handelsüblichen Hochtemp.-Legg.: *Inconel „X“* u. *Incoloy „901“* untersucht. Hierbei werden die Röntgenstrahl- u. die Elektronenbeugungs-Verff., das Elektronenmikroskop- u. das Elektronensondemikroanalysier-Verf. verwendet. Während der in die Länge gezogenen Kriechdehnungsbruchprüfungen unterliegen die ausgeschiedenen Phasen deutlichen Änderungen. Bei 1500°F wurde nach einer Vers.-Dauer von 35000 Std. eine Gleichgewichtsstruktur nicht erreicht; in dieser Zeit änderte sich die hauptsächliche ausgealterte Phase vom flächenzentrierten kub. Gitter zum hexagonalen Gitter. Die möglichen Ursachen hierfür werden erörtert. H. Hochstein. 6492□

Neue Stähle für automatisches elektrisches Aufschweißen der Walzen von kontinuierlichen Knüppel- und Blockwalzwerken. M. M. Finkelstein. (Сталь [Stahl] **21**, 535—38, Juni 1961; Makejewka, Hüttenwerk; russ.) — Die Walzen der *Knüppelwalzwerke* 630 u. 450 mm, die mit Stahldrähten *5Ch4W3F* u. *4Ch2G2W* (0,55 u. 0,42 (%) *C*; 0,93 u. 1,92 *Mn*; 0,98 u. 0,89 *Si*; 3,64 u. 2,88 *Cr*; 2,9 u. 1,08 *W*; 0,20 u. 0 *V*; 0,037 u. 0,026 *S*; 0,029 u. 0,040 *P*) eine Aufschweißung erhielten, besitzen eine höhere Lebensdauer als die mit einer Aufschweißung aus dem verhältnismäßig teueren Pulverdraht *PP3Ch2W8* aufwiesen. Auch ihre Verschleißfestigkeit ist wesentlich erhöht. H. Hochstein. 6506□

Einfluß der Dimensionen und der Form der Proben auf die Beurteilung der Neigung der Metallnaht zum Sprödbruch aus dem Aussehen des Bruches. G. W. Nasarow. (Заводская Лаборатория [Betriebs-Lab.] **26**, 984—87, 1960; Shdanow-Werk „Krassnoje Ssormowo“; russ.) — Der Bruch einer Schweißverbindung ist ein empfindliches Kennzeichen der Eigg. des Metalles gegenüber der Einw. einer Reihe von Faktoren. Die Neigung eines Metalles zu einer plast. Verformung, die dem Bruch vorausgeht, hängt von den Abmessungen u. der Form der Proben ab, was die Beurteilung der Neigung des Metalles zum Sprödbruch wesentlich beeinflussen kann. Dieser Einfl. tritt als Vergrößerung des faserartigen Bestandteiles im Bruch sowohl bei einer Verminderung als auch bei einer Erhöhung des Verhältnisses zwischen Höhe u. Breite des Bruchquerschnittes auf. Zu einer befriedigenden Beurteilung der Neigung einer Metallschweißnaht zum Sprödbruch bei der Elektroschlackenschweißung von Stahl *AK* unter Verw. des Elektrodendrahtes *E1581* führt die Erzielung eines faserartigen Bestandteiles in einer Menge von 30% bei Probenabmessungen von h/b = 0,7 u. b = 55—60 mm (h u. b = Probenhöhe u. -breite). H. Hochstein. 6506□

Beitrag zur Metallurgie des Schweißens von Elektroden mit Titandioxidumhüllungen unter besonderer Berücksichtigung des Verhaltens von Sauerstoff und Stickstoff. W. Hummitzsch und L. Hense. (Schweissen u. Schneiden **14**, 201—10, Mai 1962; Hamm u. Dortmund; dt.) — Menge u. Bindungsart von O u. N wurde in dem Schweißgut von 24 Elektroden für das Lichtbogenschweißen mit Umhüllungen verschiedener TiO_2-Geh. untersucht. Mit steigendem Geh. an *Fe-Oxiden* nimmt der O-Geh. im Schweißgut zu, mit steigenden *CaO*-Geh. ab. Ebenso verhält es sich mit den Einschlüssen. Bei beiden konnte eine Abhängigkeit vom TiO_2-Geh. der Umhüllung nicht festgestellt werden. Mit wachsendem TiO_2-Geh. nimmt die Red. von SiO_2 zu metall. *Si* zu. Si_3N_4 wurde nur in sehr geringen Mengen im Anlieferungszustand festgestellt. Mit steigendem Si-Geh. stieg die Menge Si_3N_4 beim Glühen an. F. Vier. 6506□

Fortschritte in der Oberflächenbehandlung von Aluminium. Norman I. Gaynes. (Metal Finishing **59**, Nr. 6, 75—78, 80, Juni 1961; Union, N.J., Titanine, Inc.; engl.) F. Vier. 6508□

Das Thallium im cyanalkalischen Cadmierungsbad. Cosimo Quattrone, P. I. Domenico La Rosa und Vittorio Sassi. (Galvanotecnica [Varese] **13**, 53—55, März 1962; Mailand, Borattini & C.S.p.A., Ind. Impianti galvan.; ital.) — Auf Grund von Verss. konnte keine prakt. Meth. zur Entfernung von *Tl* aus dem cyanalkal. Cadmierungsbad entwickelt u. die negative Einw. von Tl auf die Elektroabscheidung des Cd neutralisiert werden (Tabellen). G. Platzer. 6516□

Nickel-Chrom-Überzüge nach Vorschrift. D. J. Bouckley. (Electroplating Metal Finishing **14**, 152—56, 160, Mai 1961; Wm. Bate Ltd.; engl.) — Die Bedingungen, unter denen den Vorschriften entsprechende *Ni-Cr*-Überzüge durch Elektrolyse erhalten werden können, werden erörtert. F. Vier. 6518□

Zur Frage des Mechanismus der Bildung von glänzenden Nickelniederschlägen in Bädern mit schwefelhaltigen Zusätzen. R. M. Morgart und O. E. Pantschuk. (Журнал Прикладной Химии [J. angew. Chem.] **32**, 833—37, April 1959; Tschernowzy, Univ., Labor. für physik. Chem.; russ.) — Vff. schließen aus ihren Unterss., daß die verschiedenen Umwandlungen S-haltiger glanzbildender Stoffe im Kathodenraum beim elektrolyt. Niederschlagen von *Ni* ein für alle S-haltigen Zusätze gemeinsames End-Prod. ergeben: koll. *Ni-Sulfid*. Einige beim Glanzvernickeln beobachtete Gesetzmäßigkeiten lassen sich durch die Einw. des koll. Ni-Sulfids erklären. — 30 Literaturhinweise. H. Treumann. 6520□

Elektrochemische Niederschlagung eines Goldüberzuges erhöhter Verschleißfestigkeit. G. Ss. Wassiljewa. (Медицинская Промышленность СССР [Med. Ind. UdSSR] **13**, Nr. 5, 48—52, Mai 1959; Allunions-Forsch.-Inst. für med. Instrumente u. Apparate; russ.) — Um die Verschleißfähigkeit eines Au-Überzugs zu erhöhen, wird empfohlen, zum üblichen Cyanidelektrolyt für die Vergoldung 1,5—2 g/Liter (umgerechnet auf Metall) *Sb* (als Antimonylkaliumtartrat) hinzuzufügen. Optimal für die Erzielung eines glänzenden Überzugs aus Au + Sb sind: Temp. des Elektrolyten 20°, pH 10,5 bis 11,5; Kathodenstromdichte 0,2 A/dm². H. Treumann. 6526□

Prüfung der Schutzeigenschaften von Filmen des Klebstoffes BF-2 auf galvanischen Überzügen. R. G. Geness. (Журнал Прикладной Химии [J. angew. Chem.] **32**. 1872—74, Aug. 1959; russ.) — Das Auftragen eines Films aus Klebstoff *BF-2* auf galvan. *Zn*- oder *Ni*-Überzüge oder unmittelbar auf *Stahl* verlängert selbst unter schweren Prüfungsbedingungen bei erhöhter Temp. u. fast 100%ig. relativer Feuchtigkeit beim Anfeuchten mit 3%ig. NaCl-Lsg. die Dauer der Korrosionsfestigkeit der galvan. Überzüge um das 2—5fache u. mehr. Dieses Schutz-Verf. wird daher bes. für trop. Bedingungen empfohlen. Zweckmäßig ist auch ein Schutzfilm aus *BF-2* für Metalle ohne galvan. Überzüge. H. Treumann. 6528□

Wärme- und Erosionsschutz. A. P. Chalkley. (Nuclear Engng. **2**, 111, März 1957; engl.) — Vf. empfielt als Wärme- u. Erosionsschutz dünne Überzüge von *Rokide A* (Al_2O_3), *Rokide Z* (ZrO_2) u. *Rokide ZS* ($ZrSiO_4$). Die Meth. zum Aufbringen der Überzüge wird beschrieben. Durchschlagsspannungen von 0,002; 0,005 u. 0,010 in., unter normalen atmosphär. Bedingungen hergestellten Überzügen, wurden zu ca. 500; 1000 u. 1500 V gemessen. C. Gottfried. 6528

Zunderfeste Stähle und Korrosion. L. Guitton. (Chim. mod. **7,** 51—70, März/April 1962; Ugine-Ugine-Gueugnon; franz.) — Überblick über die Passivierungserscheinungen bei Stählen, über die Technik der Passivierung u. bes. über die möglichen anod. u. kathod. Schutzwirkungen. Die verschiedenen an Stählen auftretenden Korrosionsarten werden erläutert u. über Verss. zur Regulierung der Korrosion, zur Erhöhung der Korrosionsbeständigkeit u. bes. zur Passivierung der Stähle in sauren Mitteln, wofür allg. Richtlinien aufgestellt werden, berichtet. H. Hochstein. 6538□

Klimaeinflüsse auf Zinn und verzinntes Eisen. Fran Podbreznik. (Fruchtsaft-Ind. **7,** 55—62, Febr. 1962; Beograd, dt.) — Allg. Ausführungen. M. Winiker. 6538□

Metalle für den Seewasserbetrieb. Frederick W. Fink. (Ind. Engng. Chem., int. Edit. **52,** 56A—58A, Sept. 1960; Battelle Mem. Inst.; engl.) — Nach Erörterung einiger allg. Gesichtspunkte für die Seewasserkorrosion geht Vf. auf Metalle u. Legg. sowie deren Verh. in Seewasser ein. Stähle, Gußeisen, Al- u. -Legg., Legg. auf Cu-Basis, *Cupronickel, Hastelloy C* u. *Ti* werden besprochen. H.-J. Taschow. 6538□

Korrosion von Aerosoldosen. Paul A. Sanders. (Soap chem. Specialties **36,** Nr. 7, 95—103, 175, Juli 1960; Wilmington, Del., E.I. du Pont de Nemours & Co.; engl.) — Eine Unters. der chem. Rkk. in Syst., die Trichlormonofluormethan u. Äthylalkohol enthalten, zeigt Wege zur Herabsetzung der auf deren Aktivität zurückzuführenden Korrosion auf. CCl_3F u. A. reagieren in Ggw. von Benzoylperoxid bzw. α.α'-Azo-bis-[isobutylcyanid] in einer für freie Radikal-Bldg. typ. Rk. unter Bldg. von CH_3CHO, *Acetal*, *HCl*, *W.*, C_2H_5Cl, $CHCl_2F$ u. $C_2Cl_4F_2$. Ohne Beschleuniger tritt keine Rk. ein. O_2 u. Luft in höherer Konz. inhibieren den Vorgang, sind jedoch prakt. nicht anwendbar. Unterss. an Aerosolen zeigen die Wirksamkeit von Stabilisatoren. — 12 Literaturangeben. P. Frenzel. 6538□

Untersuchungen und Versuche über die Anwendung von elektrochemischem Korrosionsschutz von im Boden verlegten Rohrleitungen. Stefan Pawlikowski, Aleksander Kobyłczyk und Leszek Ludera. (Zeszyty naukowe Politechn. Śląskiej, Chem. **1954,** herausgeg. 1955, Nr. 1, 57—87; Gliwice, Politechn. Śląska; pol.) — Übersicht über Arbeiten über den kathod. Schutz von *Fe*. In eigenen Verss. zeigen Vff., daß der kathod. Schutz unabhängig von der Bodenbeschaffenheit mit einer Fremdstromquelle oder mit einer Zn-Schutzanode gleich gut funktioniert. Die zum Schutz ausreichende Stromdichte auf einer Fe-Oberfläche ist im 1. Fall 45, im 2. 30 mA/m^2 in einem Boden mit mittlerer Aggressivität. — 57 Literaturangaben. F. Urban. 6538□

Kolbenringverschleißversuche mit radioaktiven Isotopen. Walter Kaspar-Sickermann. (Kerntechn., Isotopentechn. u. -Chem. **3,** 301—03, Juli 1961; Karlsruhe; dt.) — Allg. Darst. des Verf. (Bldg. von ^{59}Fe durch Neutronenaktivierung bzw. Zulegieren von ^{60}Co; Messung der Aktivität im Schmieröl) u. der Meßmethoden. — 11 Literaturangaben. A. Blaschette. 6546□

Metallgesellschaft Akt.-Ges., Frankfurt/M., *Rösten sulfidischen Materials.* (**Niederl. P. 101 239** vom 26/4. 1956, ausg. 15/5. 1962. D. Prior. 12/5. 1955. — C. **1959, 946** [F. P. 1 148 356].)

Foundry Services Ltd., Nechells, Birmingham (Erfinder: **David Valentine Atterton**, Solihull, Warwickshire, und **Joseph Gordon Emmott**, Nechells, Birmingham), England, *Entfernung von Gasen aus Metallschmelzen.* (**D. A. S. 1 129 708** Kl. 40a vom 20/12. 1957, ausg. 17/5. 1962. E. Prior. 21/12. 1956 u. 4/2. 1957. — C. **1960,** 16925 [E. P. 815 847].)

Fierro Esponja Soc. An., Monterrey, Mexico (Erfinder: **Juan Celada**), *Eisenschwammgewinnung.* (**E. P. 885 890** vom 13/4. 1959, ausg. 28/12. 1961. — C. **1960,** 16250 [A. P. 2 900 247].)

Ruhrstahl Akt.-Ges., Hattingen (Erfinder: **Rudolf Spolders**, Bochum), *Betrieb von Hochöfen zur Roheisengewinnung.* (**D. A. S. 1 132 570** Kl. 18a vom 28/3. 1955, ausg. 5/7. 1962. — C. **1962,** 9143 [Niederl. P. 97 917].)

Meehanite Metal Corp. (Erfinder: **William H. Moore**), *Herstellung von Gußeisen mit Kugelgraphit aus einer Graugußschmelze.* (**Aust. P. 232 395** vom 6/3. 1959, ausg. 23/2. 1961. A. Prior. 3/10. 1958. — C. **1961,** 16995 [A. P. 2 933 385].)

British Oxygen Co. Ltd. (Erfinder: **Leslie Cook**), *Herstellung von Stahl.* (**Aust. P. 230 113** vom 2/1. 1959, ausg. 22/9. 1960. E. Prior. 13/1. 1958. — C. **1961,** 14088 [E. P. 843 289].)

Duisburger Kupferhütte, *Elektrothermische Gewinnung von Zink.* (**F. P. 76 140** vom 13/8. 1959, ausg. 17/1. 1962. D. Prior. 30/12. 1958. Zusatz zu F. P. 1 147 332; C. 1959, 6626. — C. **1961,** 3806 [D. A. S. 1 065 184].)

American Metal Climax, Inc., New York, N.Y. (Erfinder: **Marion Semchyshen**, Dearborn, Mich.), V.St.A., *Gußlegierungen auf Molybdängrundlage.* (**F. P. 1 231 990** vom 28/7. 1959, ausg. 4/10. 1960. **Oe. P. 216 221** vom 18/8. 1959, ausg. 10/7. 1961. **D. A. S. 1 125 187** Kl. 40b vom 11/8. 1959, ausg. 8/3. 1962. Alle A. Prior. 10/9. 1958. — C. **1962,** 7685 [A. P. 2 947 624].)

American Metal Climax, Inc., New York, N.Y. (Erfinder: **Marion Semchyshen**, Dearborn, Mich.), V.St.A., *Gegossene Molybdänlegierung.* (**Oe. P. 216 222** vom 2/9. 1959, ausg. 10/7. 1961. **D. A. S. 1 125 188** Kl. 40b vom 28/8. 1959, ausg. 8/3. 1962. Beide A. Prior. 10/9. 1958. — C. **1962,** 10631 [F. P. 1 233 810].)

Hugo Wachenfeld (Erfinder: **Johann Florenz**), *Einbringen brikettierter Legierungsmittel in Leichtmetallschmelzen.* (**Aust. P. 230 166** vom 8/4. 1958, ausg. 29/9. 1960. — C. **1962**, 6957 [Oe. P. 211 559].)

Titangesellschaft m. b. H., Leverkusen (Erfinder: **Marshall B. Alpert**, Tomkinsville, Staten Island, N.Y.), **Frank Julius Schultz**, Fords, N.J., und **William Francis Sullivan**, Roseland, N.J., V.St.A.), *Herstellung von Titan in einer Elektrolysezelle.* (**D. B. P. 975 587** Kl. 40c vom 20/3. 1951, ausg. 1/2. 1962. Anmeldung bekanntgemacht 16/4. 1953. A. Prior. 20/3. 1950. — C. **1954**, 643 [E. P. 682 919].)

Rem-Cru Titanium, Inc. (Erfinder: **Milton Bernard Vordahl**), *Titanlegierungen.* (**Aust. P. 230 282** vom 24/7. 1956, ausg. 13/10. 1960. A. Prior. 25/11. 1955. Zusatz zu Aust. P. 168 143; C. 1957, 9772. — C. **1962**, 3620 [F. P. 72 611].)

Titan Co. A/S, Fredrikstad, Norwegen, *Entschwefelung von pulverförmigem Eisen.* (**Belg. P. 571 360** vom 19/9. 1958, ausg. 26/1. 1962. Norw. Prior. 22/11. 1957. — C. **1961**, 6672 [F. P. 1 203 247].)

Metallwerk Plansee Akt.-Ges., Reutte, Tirol, Österreich, *Herstellung chromhaltiger Überzugsschichten.* (**E. P. 878 028** vom 26/5. 1959, ausg. 20/9. 1961. Oe. Prior. 9/7. 1958. — C. **1961**, 294 [Oe. P. 205 827].)

Gebr. Böhler & Co. Akt.-Ges., Wien, Österreich (Erfinder: **Erich Fitzer**, Meitingen bei Augsburg), *Herstellung von verschleißfesten Oberflächen auf Eisen und Eisenlegierungen.* (**D. A. S. 1 129 353** Kl. 48b vom 9/9. 1953, ausg. 10/5. 1962. — C. **1956**, 12124 [F. P. 1 083 319].)

Mond Nickel Co. Ltd., London, England, *Lot aus einer ternären Legierung von Palladium, Nickel und Kupfer.* (**Belg. P. 571 675** vom 1/10. 1958, ausg. 9/3. 1962. E. Prior. 1/10. 1957. — C. **1962**, 7316 [F. P. 1 214 295].)

Mond Nickel Co. Ltd., London, England, *Lot aus einer ternären Legierung von Palladium, Nickel und Kupfer.* (**Belg. P. 571 677** vom 1/10. 1958, ausg. 9/3. 1962. E. Prior. 1/10. 1957. — C. **1962**, 7316 [F. P. 1 214 195].)

Mond Nickel Co. Ltd., London, England, *Hartlot.* (**Belg. P. 571 676** vom 1/10. 1958, ausg. 9/3. 1962. E. Prior. 1/10. 1957. — C. **1962**, 1401 [E. P. 838 949].)

N. V. Philips' Gloeilampenfabrieken (Erfinder: **Paul Christiaan van der Willigen**), Niederlande, *Schweißelektrode.* (**D. B. P. 975 576** Kl. 49h vom 16/2. 1950, ausg. 25/1. 1962. Anmeldung bekanntgemacht 11/10. 1951. Niederl. Prior. 19/2. 1949. — C. **1954**, 3105 [F. P. 1 012 986].)

Air Reduction Co., Inc., New York, N. Y., V.St.A., *Schweißdraht.* (**E. P. 885 728** vom 18/11. 1958, ausg. 28/12. 1961. A. Prior. 26/12. 1957. — C. **1961**, 7024 [A. P. 2 913 815].)

H_9. Organische Industrie

J. R. Geigy Akt.-Ges., Basel, Schweiz, **Stabilisierung von sauerstoff- und oxydationsempfindlichen organischen Stoffen,** dad. gek., daß man ihnen geringe Mengen von Verbb. der allg. Formel $A-[NH-B-NR_1R_2]_n$, ggf. in Form von Salzen, zusetzt (A = n-wertiger, isocycl. oder heterocycl. aromat. Rest; B = mindestens 3 C-Atome enthaltender, gesätt. aliphat. Rest, der mittels α,γ-ständigen C-Atomen mit den beiden N-Atomen verbunden ist; R_1 = H; R_2 = H oder Acylgruppe; oder R_1 u. R_2 bilden zusammen eine Alkyliden- oder Aralkylidengruppe; n = 1 oder 2). (**Oe. P. 219 180** vom 21/4. 1960, ausg. 10/1. 1962. Schwz. Prior. 22/4. 1959.)
T. Oppermann. 6551

Hooker Chemical Corp. (Erfinder: David Solomon Rosenberg), Niagara Falls, N.Y., V.St.A., **Kontinuierliche photochemische Chlorierung aliphatischer und alicyclischer Kohlenwasserstoffe** mit 3—8 C-Atomen im Mol. u. von deren partiell chlorierten Derivaten. Vgl. A. P. 2 899 370; C. **1960**, 17275. Zu ergänzen ist, daß in der Chlorierungs-Vorr. zirkulierender fl. Polychlor-KW-Stoff (I) mit D. 1,3—1,8 mit einer Rk.-Zone in Verbindung steht, welche die Hauptmenge des I aufnimmt u. fl. Cl_2 u. fl. KW-Stoff, im Mol-Verhältnis von ca. 3:1 bis 12:1, getrennt durch Düsen außerhalb der Rk.-Zone in I eingetragen werden, wobei das Mindestverhältnis zwischen Umlauf-Geschw. des I u. der Geschw. der Cl_2-Zufuhr 5 beträgt, u. daß die Rk.-Temp. zwischen 25 u. 150°, bes. 50—125°, gehalten wird. Zweckmäßig wird mit mehreren I-Strömen in einer Vorr. gearbeitet. (**D. A. S. 1 131 198** Kl. 12o vom 11/4. 1957, ausg. 14/6. 1962. A. Prior. 16/4. 1956.)
W. Gräger. 6565

Farbenfabriken Bayer Akt.-Ges., Leverkusen (Erfinder: Hans-Helmut Schwarz, Hermann Schnell und Ludwig Strohmenger, Krefeld), **Kontinuierliche Herstellung von Carbonsäureestern** bei erhöhter Temp. u. erhöhtem Druck, ggf. in Ggw. von Veresterungskatalysatoren (H_2SO_4, p-Toluolsulfonsäure, HCl, $ClSO_3H$, $SOCl_2$, $CuSO_4$, $FeCl_3$, SnO_2, ZnO, Al_2O_3) aus einem im Überschuß vorhandenen, mit W. ein azeotropes Gemisch bildenden Alkohol u. einer Carbonsäure, deren Dampfdruck bei der Veresterung höchstens $^1/_{15}$ des Dampfdruckes des Alkohols beträgt, in einer senkrecht stehenden Gegenstromkolonne, dad. gek., daß man die Carbonsäure am Kopf der Kolonne, den dort abdest. verflüssigten u. wieder konz. wss. Alkohol an einer oder mehreren Stellen zwischen dem Kopf u. dem Fuß der Kolonne u. nur den Rest des insgesamt notwendigen Alkohols in wasserfreier oder wasserarmer Form (<1 Mol je COOH-Gruppe) am Fuß der Kolonne einführt. — Aus **433** g Phthalsäureanhydrid u. **448** g 5,5 (%) W. enthaltendem A. in Ggw. von 0,3 SnO_2 bei 240° u. 20 atü → *Phthalsäurediäthylester.* Die Glockenbodenkolonne enthält 35 Böden, am 15. Boden wird die vorst. Menge Alkohol u. am 35. Boden werden 237 g A. mit 0,3 W. eingeführt; Umsatz ca. 98,7. — *Ölsäure-*

äthylester, Umsatz >99. Ferner können verestert werden: Valerian-, Laurin-, Stearin-, Phenylessig-, Diglykol-, Benzoe-, Toluyl-, Bernstein-, Adipin- u. Sebacinsäure mit A., Propanol, Isopropanol u. tert.-Butanol. (**D. A. S. 1 129 159** Kl. 12o vom 11/10. 1960, ausg. 10/5. 1962.) G. Krauß. 6573

Farbwerke Hoechst Akt.-Ges., vormals Meister Lucius & Brüning, Frankfurt/M. (Erfinder: Hans Fernholz, Bad Soden/Taunus, Klaus Heimann-Trosien und Hans-Joachim Schmidt, Frankfurt/M.), **Herstellung von Vinylestern** durch Rk. von Carbonsäuren mit C_2H_2 in der Gasphase in Ggw. eines Katalysators (auf Aktivkohle, Al_2O_3, Bimsstein oder SiO_2-Gel aufgetragene Zn- u./oder Cd-Salze, ggf. mit Hg-Salzen aktiviert), dad. gek., daß man die Carbonsäure zusammen mit einem gegen Carbonsäuren, Vinylester u. C_2H_2 inerten, unter Normaldruck unzersetzt destillierbaren Schleppmittel verdampft, das mit der Carbonsäure ein azeotropes Gemisch bildet u./oder höchstens 40° unter- oder oberhalb des Kp. der Carbonsäure u. zweckmäßig 10° oberhalb des Kp. des entsprechenden Vinylesters siedet, u. das Dampfgemisch zusammen mit C_2H_2 bei >150° u. unterhalb des Zers.-Punktes der Carbonsäure, allg. bei 170—400°, bes. 180—320°, über einen Katalysator leitet u. den gebildeten Vinylester isoliert. Zweckmäßig werden auf 1 (Gew.-Teil) Carbonsäure höchstens 10, bes. höchstens 5, Schleppmittel verwendet. Als Schleppmittel kommen in Frage: aliphat., cycloaliphat., alkylaromat. oder aromat. KW-Stoffe, deren Halogen-Verbb., Äther, Ketone, keine reaktiven Gruppen enthaltenden Ester der zu vinylierenden Säure; Petroleumfraktionen, Hexan, Decan, Dodecan, Tri- oder Tetradecan, Diphenylmethan, Diphenylpropan, Bzl., Toluol, Cumol, Cymol, Mesitylen, Durol, Diphenyl, Pentamethylbenzol, 1- oder 2-Äthyl- oder 1.6-Dimethylnaphthalin, 1.5-Dichlor- oder -Dibrompentan, Tetrabromäthylen, Chlor- oder Brombenzol, o-, m- oder p-Dibrom- oder -Dichlorbenzol, 1-Chlornaphthalin, Dioxan, Tetrahydrofuran, Diäthylenglykoldimethyl-, -diäthyl- oder -dibutyläther, Triäthylenglykoldiäthyläther, Tetraäthylenglykoldimethyläther, Diphenyläther, 1- oder 2-Naphtholmethyläther, Diisobutylketon, Acetophenon, 4-Methoxyacetophenon, Propio- oder Butyrophenon, die Äthyl-, Propyl-, Butyl-, Isobutyl- oder Isoamylester der zu vinylierenden Säure. Zweckmäßig werden dem Gemisch 0,01—4%, bes. 0,04—2%, eines polymerisationshemmenden Stoffes (Hydrochinon, Brenzcatechin, Hydrochinonmethyläther, 2-Methylhydrochinon, 4-Methyl-2.6-di-tert.-butylphenol oder Thymol) zugesetzt. Herst.-Beispiele für die *Vinylester der Benzoesäure* ($Kp._{10}$ 83—89°), *p-Toluylsäure, o-Chlorbenzoesäure, Zimtsäure, Sorbinsäure* ($Kp._6$ 64°), *Crotonsäure, Ameisensäure, β-Butoxypropionsäure* ($Kp._5$ 67°) u. *Chloressigsäure.* (**D. A. S. 1 134 665** Kl. 12o vom 25/3. 1959, ausg. 16/8. 1962.) W. Gräger. 6573

Farbwerke Hoechst Akt.-Ges., vormals Meister Lucius & Brüning, Frankfurt/M. (Erfinder: Wilhelm Riemenschneider, Kurt Dialer, Otto Probst, Frankfurt/M., und Otto-Erich Bänder, Hofheim/Taunus), **Herstellung von Aldehyden, Ketonen oder den Aldehyden entsprechenden Säuren** durch Rk. von Olefinen mit O_2 oder freien O_2 enthaltenden Gasen im neutralen bis sauren Medium in Ggw. von W., Edelmetallsalzen, die mit den Olefinen Additions-Verbb. oder Komplexe bilden, u. in denen die Edelmetalle unter den Rk.-Bedingungen mindestens 2wertig sind u. Redox-Syst., indem man die Rk. ggf. neben anderen inerten Gasen unter Verw. von CO oder CO + H_2 als Verdünnungsgas durchführt. Durch die Verw. von CO u. ggf. H_2, welches nur geringfügig verändert wird, treten keine Umsatzminderungen auf, jedoch können jetzt für die Olefinoxydation auch techn. Gase, bes. Crackgase oder Raffineriegase verwendet werden. — Eine Gasmischung aus 10 (%) H_2, 10 CO, 30 CH_4 u. 50 Äthylen wird mit dem ½ Vol. O_2 vermischt u. bei 80° mit einer Katalysator-Lsg. aus 1 (g) Pd-Chlorid, 100 Cu-Chlorid u. 5 ml konz. Salzsäure im Liter W. umgesetzt u. ein >40%ig. Äthylenumsatz erzielt. (**D. A. S. 1 129 469** Kl. 12o vom 28/9. 1957, ausg. 17/5. 1962.) A. Jahn. 6583

Farbwerke Hoechst Akt.-Ges., vormals Meister Lucius & Brüning, Frankfurt/M. (Erfinder: Wilhelm Riemenschneider, Ulrich Schwenk und Lothar Hörnig, Frankfurt/M.), **Oxydation von Olefinen zu Aldehyden, Ketonen und Säuren.** Bei der Rk. von Olefinen mit O_2 oder diesen enthaltenden Gasen im neutralen bis sauren Medium in Ggw. von W., Edelmetallsalzen, die mit den Olefinen Additions-Verbb. bzw. Komplex-Verbb. bilden u. in denen die Edelmetallsalze mindestens 2wertig sind, u. Redox-Syst. verfährt man so, daß man beim Arbeiten mit fl. Halogenionen enthaltenden Katalysatoren die gebildeten Carbonsäuren durch Dest., Extraktion oder Ausfällung kontinuierlich oder diskontinuierlich entfernt. Die gebildeten Säuren erhöhen die Löslichkeit der Rk.-Prodd. in der Lsg. bzw. fällen die Cu-Salze aus, bewirken somit eine Halogenverarmung, die die Rk. ungünstig beeinflußt. — Wenn man bei der Rk. von Äthylen mit O_2 die Essigsäure-Konz. der Katalysator-Lsg. durch ständiges Herausdestillieren der Essigsäure auf 12—14% hält u. das abdest. W. wieder ersetzt, so läßt sich der Umsatz zu Acetaldehyd >1000 Std. auf ca. 30% halten. (**D. A. S. 1 130 427** Kl. 12o vom 29/10. 1957, ausg. 30/5. 1962.) A. Jahn. 6583

Farbwerke Hoechst Akt.-Ges., vormals Meister Lucius & Brüning, Frankfurt/M. (Erfinder: Otto-Erich Bänder und Emmerich Pászthory, Hofheim/Taunus, Lothar Hörnig, Wilhelm Riemenschneider und Ulrich Schwenk, Frankfurt/M.), **Oxydation von Olefinen zu Aldehyden, Ketonen und Säuren.** Man setzt Olefine mit O_2 oder diese enthaltenden Gasen im sauren oder neutralen Medium in Ggw. von W., Carbonsäuren, bes. Essigsäure, Salzen von Edelmetallen der 8. Gruppe des Period. Syst., Fe-Verbb. u. ggf. weiter Salzen von Metallen, die in mehreren Wertigkeitsstufen auftreten können, in der Weise um, daß von Beginn der Rk. an ein Teil der Fe-Verbb. in hydrolysierter Form als Aufschlämmung in W. oder einem W. enthaltenden Lsgm. vorliegt. Die Aufschlämmung wird bes. im Kreis geführt. Man erzielt starke Schaum-Bldg., gute Gasverteilung u. erhöhte Umsätze. — In ein 2 m hohes Rk.-Rohr von 1 Liter Inhalt füllt man eine Katalysator-Lsg. aus 3 g $PdCl_2$, 95 g $CuCl_2 \cdot 2 H_2O$, 64 g Cu-Acetathydrat u. 40 g $FeCl_3$ in 1 Liter W. u. erwärmt diese auf 80°, wobei die Lsg. gelbbraun wird. Dann düst man stündlich 60 Liter Äthylen + 15 Liter O_2 ein u. erhält Umsätze von über 50%. (**D. A. S. 1 130 428** Kl. 12o vom 5/4. 1958, ausg. 30/5. 1962.) A. Jahn. 6583

Farbwerke Hoechst Akt.-Ges., vormals Meister Lucius & Brüning, Frankfurt/M. (Erfinder: Alfons Steinmetz, Kelkheim/Taunus, Erhard Weber, Frankfurt/M., und Heinrich Lenzmann, Bad Soden/Taunus), **Oxydation von Olefinen zu Aldehyden, Ketonen und Säuren.** Man setzt Olefine mit O_2 in Ggw. von wss. Katalysator-Lsgg., die Edelmetallsalze der 8. Gruppe des Period. Syst., welche mit den Olefinen Komplex-Verbb. bilden können u. Metallredoxkatalysatoren enthalten, entweder in einstufiger Arbeitsweise oder mit getrenntem Rk.- u. Regenerationsschritt in der Weise um, daß man die durch die Gase an den Kopf der Rk.-Vorr. (I) geförderten Katalysator-Lsgg. eine Beruhigungszone (Gefäßerweiterung) durchlaufen läßt u. dann wieder am Boden der I, ggf. nach dem Abstreifen der Rk.-Prodd. einführt. Dadurch wird dem Schäumen der Lsgg. entgegengewirkt u. ein vollständiger Umsatz der Olefine erreicht. (**D. A. S. 1 132 111** Kl. 12o vom 31/10. 1957, ausg. 28/6. 1962.) A. Jahn. 6583

Fine Organics, Inc., Lodi, N.J., V.St.A. (Erfinder: Fujio Mashio, Sakyoku, und Shinichi Kato, Shimokyo-ku, Kyoto, Japan), **Hydroperoxide** erhält man durch Oxydation von KW-Stoffen, die ein oxydierbares, sek. oder tert. C-Atom benachbart zu einer —CH=CH-Gruppe oder zu einem aromat. Ring enthalten, wie olefin., alkylaromat., aliphat. u. hydroaromat. KW-Stoffe, in fl. Zustand mit O_2 oder diesen enthaltenden Gasen bei Raum-Temp. bis 130° unter Bestrahlung mit UV-Licht, bes. 3000—4000 Å (Hg-Dampflampe), in Ggw. von TiO_2, bes. 2—4%, als Oxydationskatalysator, das bes. Spuren von Fe-, Nb-, Ta- oder W-Oxiden als Beschleuniger enthält. Der Teildruck des O_2 soll >100 mm Hg betragen. Schwermetalle, wie Co, Mn, Cr, Sb, Ag, Cu u. deren Salze sollen nicht vorhanden sein, da sie die katalyt. Wrkg. des TiO_2 verringern. — Aus Tetrahydronaphthalin in Ggw. von 1% TiO_2 unter Einleiten von O_2 bei 50° u. Rühren mit 200—100 U/min → *Hydroperoxid*; Ausbeute 90%, bezogen auf O_2. — Cumol → *Cumolhydroperoxid.* — p-Cymol → *Cymolhydroperoxid.* — Äthylbenzol → *Äthylbenzolhydroperoxid.* — Diphenylmethan → *Diphenylmethanhydroperoxid.* — Cyclohexen → *Cyclohexenperoxid.* Die Anfangsoxydations-Geschw. von 1 g TiO_2 bei Bestrahlung mit UV-Licht mit 3656 Å u. 10^{-8} Einstein-Einheiten je Sek. beträgt $3-10 \cdot 10^{-9}$ Mol je Sek.; vgl. Tabelle u. Diagramm. (**D. A. S. 1 129 486** Kl. 12o vom 9/1. 1960, ausg. 17/5. 1962.) G. Krauß. 6583

California Research Corp., San Francisco (Erfinder: John Barker Wilkes, Albany), Calif., V.St.A., **Wiederbeleben von mit Schwefel vergiftetem Cobalt oder Nickel** (z. B. Raney-Ni u. -Co), die als *Katalysatoren zur Hydrierung organ. Verbb.* dienten, erfolgt durch deren wenigstens 1 std. Erhitzen in einem O_2-haltigen Gas auf 650—955, bes. 732—871°; anschließend werden die Oxide zum Metall reduziert. Es wird Isophthalsäurenitril in Ggw. von Co- oder Ni-Oxid zu *m-Xylylendiamin* hydriert; Ausbeute 90,7%; nach der Wiederbelebung 91,2%. — Vgl. A. P. 2 941 954; C. **1961,** 18498. (**D. A. S. 1 130 446** Kl. 12o vom 4/12. 1958, ausg. 30/5. 1962. A. Prior. 23/12. 1957.) G. Krauß. 6585

Dow Chemical Co. (Erfinder: William Ralph Nummy), Midland, Mich., V.St.A., **Anomale Addition von Schwefelwasserstoff an ungesättigte Verbindungen** mit olefin. Doppelbindung wird durch ionisierende Bestrahlung (γ-Strahlen aus ^{60}Co) eines fl. Gemisches der Rk.-Teilnehmer bewirkt. — 20 ml Octen-(1) u. 10 ml fl. H_2S

werden unter O_2-Ausschluß in einem geschlossenen Rohr bei 30—35° den γ-Strahlen aus ^{60}Co mit einer Gesamtdosis von 2 Megarep bei 250000 rep/Std. ausgesetzt. Dest. → 16 g *Octylmercaptan-(1)*, $Kp._{20}$ 80°, n_D^{25} 1,4520. — Analog aus 20 ml Styrol u. 10 ml H_2S → 12,1 g *β-Mercaptoäthylbenzol*, $Kp._{1,3}$ 59—60°, n_D^{25} 1,5577; aus 10 ml Diäthylenglykoldivinyläther ($Kp._{15}$ 90°) u. 10 ml H_2S mit 420000 rep 10 Min. bei 30—32° → *3.6.9-Trioxaundecan-1.11-dimercaptan*, $Kp._1$ 130°, n_D^{25} 1,4990. — Auch kontinuierliches Verf. wird beschrieben. (**D. A. S. 1 129 476** Kl. 12o vom 11/11. 1959, ausg. 17/5. 1962.) A. Debo. 6599

Rohm & Haas Co., Philadelphia, Pa. (Erfinder: Travis Edward Stevens, Huntsville, Ala.), V.St.A., **Herstellung von Trifluor- beziehungsweise Difluorkohlenwasserstoffen** der allg. Formel $R-CF_3$ bzw. $R_1-CF_2-R_2$, wobei R eine Alkyl- oder eine Halogenalkylgruppe mit 1—4 C-Atomen oder eine Alkenylgruppe bedeutet u. als Halogen ein oder mehrere F-, Cl- oder Br-Atome vorhanden sein können, $R_1 = H$ oder CH_3 u. R_2 = Alkylgruppe mit höchstens 4 C-Atomen, dad. gek., daß man Nitrile bzw. Carbonyl-Verbb. der Formel R·CN bzw. $R_1 \cdot CO \cdot R_2$ mit BrF_3 in Ggw. von fl. HF u./oder JF_5 als Lsgm. in inerter wasserfreier Atmosphäre (N_2 oder He_2) bei —40 bis +10°, bes. —20 bis —10°, umsetzt. BrF_3 u. Nitril sind im Verhältnis von 25:1 bis 1:1,5 verwendbar. Als Lsgm.-Gemisch wird zweckmäßig eine Zus. aus 2 (Teilen) HF u. 1 JF_5 verwendet. Geeignete umzusetzende Nitrile sind Aceto-, Propio-, Butyro-, Isobutyro-, Monochloraceto-, γ-Brombutyro-, Dichloraceto-, Acryl- oder Methacrylnitril, Allyl- oder Methallylcyanid. Die Rk.-Prodd. (1.1.1-Trifluoräthan, 1.1.1-Trifluor-2-chloräthan, 1.1.1-Trifluorpropan, -propen-(2) oder -butan, 2-(Trifluormethyl)-propan, 1.1-Difluoräthan oder 2.2-Difluorpropan, $Kp._{760}$ 2,5°) eignen sich als *Treibmittel* in *Aerosolbomben* oder als *Wärmeüberträger in Kühl-Syst.*, bei vorhandener Doppelbindung *Zwischenprodd. zur Herst. von Homo- oder Mischpolymeren.* (**D. A. S. 1 132 903** Kl. 12o vom 22/8. 1960, ausg. 12/7. 1962. A. Prior. 24/8. 1959.) W. Gräger. H 510

Farbenfabriken Bayer Akt.-Ges., Leverkusen (Erfinder: Albrecht Zappel, Köln, und Heinz Jonas, Leverkusen), **Herstellung von Fluor- beziehungsweise Chloralkanen, welche bis zu zwei Kohlenstoffatomen aufweisen,** durch therm. Spaltung von Fluor- bzw. Chlorsulfonsäuremethyl- bzw. -äthylestern, dad. gek., daß die Spaltung in Ggw. einer für die Bindung des bei der Spaltung entstehenden SO_3 ausreichenden Menge Alkalifluorid bzw. -chlorid durchgeführt wird. Bessere Ausbeuten. (**D. A. S. 1 131 197** Kl. 12o vom 24/12. 1959, ausg. 14/6. 1962.) W. Gräger. H 510

Minnesota Mining & Mfg. Co. (Erfinder: George V. D. Tiers), St. Paul, Minn., V.S.t.A., **Herstellung gegenüber Jodwasserstoffabspaltung beständiger organischer Fluorjodverbindungen** durch Rk. von Fluoralkyljodiden mit olefin. Verbb. in Ggw. eines freie Radikale bildenden Initiators (UV-Licht, Benzoylperoxid, Di-tert.-butylperoxid oder α.α'-Azodiisobuttersäurenitril), dad. gek., daß man ein Polyfluoralkylmethyljodid der Formel $Y(CF_2)_mCH_2J$ (Y = H oder F, m = ganze Zahl, bes. 1—12) mit einer mit anderen olefin. Verbb. mischpolymerisierbaren monoolefin. Verb. der Formel $-CH=C<$, in der die restlichen Valenzen durch eine Kombination einwertiger Reste abgesätt. sind, deren algebraische Summe der Hammett-Sigma(para)-Parameterwerte nicht > +0,2 ist, umsetzt. So sind zu Rk. geeignet endständige ungesätt. Verbb., wie Äthylen, Propylen, Butylen, Allylchlorid, 4-Butenylbromid u. deren höhere Homologen, Vinylacetat, Isopropenylacetat, Vinylmethyl- oder Vinylisobutyläther, Vinylmethyl- oder Vinyläthylthioäther, Allylacetat oder höhere Allylester, N-Allylacetamid, Methallylpropionsäureamid, 3-Butensäure, Vinylidenfluorid, alicycl. Verbb. mit olefin. Substituenten; auch Olefine mit innenständiger Doppelbindung, wie Buten-(2), Penten-(2), längerkettige Bromide oder Chloride, cycl. Olefine (Cyclopenten oder -hexen), Vinylmethyldiäthoxysilan, Vinyltriäthoxysilan, Vinyltrichlorsilan, 4-Cyclohexenyltrichlorsilan oder 4-Cyclohexenylmethyldichlorsilan. Nicht geeignet sind olefin. Verbb. mit Werten von > +0,2, wie Vinylidenchlorid, Maleinsäureanhydrid, Methacrylsäurenitril. So erhält man z. B. aus Octen-(1) u. 1.1-Dihydrogenperfluorbutyljodid [$C_3F_7CH_2J$] das Rk.-Prod. $C_3F_7CH_2CH_2CHJC_6H_{13}$, $Kp._{20}$ ca. 134°, n_D^{25} 1,4162, oder aus Undecylensäure u. $H(CF_2)_8CH_2J$ → die Verb. $H(CF_2)_8(CH_2)_2CHJ(CH_2)_8COOH$. Die Prodd. sind *zur Herst. von Oberflächenüberzügen, Polymerisaten, Wachsen* geeignet oder als *hydraul. Fll.* oder *Lsgm.* verwendbar; aus ihnen hergestellte Überzüge sind hydrophob u. oleophob, stoßen W., Glycerin, Octylalkohol, Hexachlorbutadien, Trikresylphosphat, Tetradecan, Xylol u. Bromnaphthalin ab. (**D. A. S. 1 132 105** Kl. 12o vom 17/4. 1957, ausg. 28/6. 1962. A. Prior. 18/4. 1956.) W. Gräger. H 510

Esso Research and Engineering Co., Elizabeth, N.J., V.St.A., **Herstellung von α-Olefinen.** Man läßt Trialkyl-Al mit 2—4 C-Atomen in den Alkylresten bei erhöhter Temp. u. Druck mit Äthylen zu Trialkyl-Al-Verbb. mit 4—16 C-Atomen in den Alkylresten reagieren, läßt hierauf in Ggw. eines Katalysators, wie Ni, Buten einwirken u. gewinnt die gebildeten α-Olefine durch fraktionierte Destillation. Durch die Verw. von Buten an Stelle von Äthylen — wie bekannt — sind die C_{10}—C_{14}-Fraktionen nicht durch Triäthyl-Al, das einen ähnlichen Kp. hat, verunreinigt. (**Niederl. P. 100751** vom 10/4. 1958, ausg. 15/3. 1962.) F. Böhm. H 520

Consortium für elektrochemische Industrie G. m. b. H., München, **Polymerisation von ungesättigten Verbindungen** mit Verbb. der Pt-Metallreihe, bes. Pd-Verbb., bei 50—170° zu Dimeren bis Hochmolekularen, z. B. von Äthylen zu *Butylen*, von Acetylen zu *Butadien*, *Vinylacetylen* u. *Divinylacetylen*, von Phenylacetylen zu einem spröden *Harz*. — Man löst 2 g $PdCl_2$ in 0,75 g $NaNO_2$ u. wenig W., dampft ein, nimmt mit 25 cm^3 Methyläthylketon auf u. schüttelt 9 Std. bei 70—90° unter 52 at Äthylendruck: 5 g *Butylen* u. 0,5 g Hochmolekulares. (**Oe. P. 219 056** vom 7/11. 1958, ausg. 10/1. 1962. D. Prior. 3/12. 1957.) M. Pankow. H 520

Kali-Chemie Akt.-Ges., Hannover (Erfinder: Karl-Heinz Mieglitz, Letter bei Hannover), **Entfernen von Acetylen aus einem Acetylen und Vinylfluorid enthaltenden Gemisch,** dad. gek., daß man dieses Gemisch mit einer dem C_2H_2 äquivalenten Menge HCl zum Vinylchlorid unter den hierfür üblichen Bedingungen umsetzt u. ggf. letzteres von dem Vinylfluorid durch fraktionierte Dest. trennt. Nach der Rk. enthält das Gemisch nur noch Spuren C_2H_2 u. prakt. kein Chlorfluoräthan. Ggf. kann das erhaltene Gemisch direkt zur Herst. von Mischpolymerisaten verwendet werden. (**D. A. S. 1 134 664** Kl. 12o vom 15/5. 1961, ausg. 16/8. 1962.) W. Gräger. H 520

E. I. du Pont de Nemours & Co., Wilmington, Del. (Erfinder: Klaus Bernd Kasper, Croton-on-Hudson, N.Y.), V.St.A., **Reinigung von Perfluorbutin-(2) enthaltendem Hexafluorpropylen,** dad. gek., daß das Gemisch von Hexafluorpropylen (**I**) u. Perfluorbutin-(2) (**II**), wie es durch Pyrolyse von Chlordifluormethan mit einem Geh. bis zu 10% **II** erhalten wird, entweder a) mit wasserfreiem NH_3 in fl. Zustand oder gasförmig gemischt u. dann verflüssigt wird, worauf das dampfförmig abgetrennte **I** mit W. gewaschen wird, oder b) mit wss. NH_3-Lsg. bes. in einem Absorptionsturm bei 0—50° u. Kontaktzeit von 0,05 Min. zweckmäßig in Ggw. eines Edelmetalls einschließlich Cu behandelt wird. Bei dem Verf. a) wird der wasserfreie NH_3 zweckmäßig in einer Menge verwendet, die der Menge des **II** stöchiometr. mindestens äquivalent ist. Das gereinigte **I** hat eine verbesserte chem. Rk.-Fähigkeit bei Polymerisation u. auch bei der Synth. von Verbindungen. (**D. A. S. 1 130 435** Kl. 12o vom 7/10. 1960, ausg. 30/5. 1962. A. Prior. 8/10. 1959.) W. Gräger. H 520

Nederlandse Organisatie voor Toegepast-Natuurwetenschappelijk Onderzoek ten Behoeve van Nijverheid, Handel en Verkeer, Den Haag (Erfinder: Hendricus Gerardus Peer, Rijswyk), Niederlande, **Herstellung von 2.3-Dichlorpropen-(1) und Propargylchlorid,** welche als Nematocide verwendbar sind, dad. gek., daß Allen in Ggw. eines inerten Lsgm. (Chlf., Methylenchlorid, symm. Tetrachloräthan, Dimethylformamid, Toluol u. p-Xylol), bes. einer polaren Fl., welches einen Kp. aufweist, der wesentlich vom Kp. der beiden Rk.-Prodd. abweicht, zweckmäßig bei —30 bis +30° mit ca. >1 Mol Chlor auf 1 Mol Allen umgesetzt wird. Hierbei entsteht kein 1.2.2.3-Tetrachlorpropan. (**D. A. S. 1 132 121** Kl. 12o vom 8/2. 1961, ausg. 28/6. 1962. E. Prior. 18/2. 1960.) W. Gräger. H 520

Chemische Werke Hüls Akt.-Ges. (Erfinder: Werner Schmidt, Willi Ziegenbein und Wolfram Lang), Marl, Kr. Recklinghausen, **Herstellung eines Gemisches von isomeren Dimethoxydecadienen,** das als Hauptprod. wahlweise, bes. das 1.10-Dimethoxydecadien-(3.7) oder die verzweigtkettigen Isomeren enthält, dad. gek., daß man in Ggw. eines organ. Lsgm. (Tetrahydrofuran, 2-Methyltetrahydrofuran, Tetrahydropyran, Methyl-n-butyläther) 3-Chlor-5-methoxypenten-(1) oder 1-Chlor-5-methoxypenten-(2) mit der äquimol. Menge Mg u. die erhaltene Mg-organ. Verb. mit einem weiteren Äquivalent des gleichen oder isomeren Chlormethoxypentens umsetzt, worauf man nach Hydrolyse des Rk.-Prod. die isomeren Dimethoxydecadiene isoliert. Außer 1.10-Dimethoxydecadien-(3.7) entsteht hierbei 3-Vinyl-1.8-dimethoxyocten-(5) u. 3.4-Divinyl-1.6-dimethoxyhexan. Die Prodd. dienen zur Herst. von ungesätt. Epoxiden, Diolen oder Tetrolen oder von Polymerisaten. (**D. A. S. 1 130 436** Kl. 12o vom 30/3. 1961, ausg. 30/5. 1962.) W. Gräger. H 520

Badische Anilin- & Soda-Fabrik Akt.-Ges., Ludwigshafen/Rh. (Erfinder: Dieter Ludsteck, Ludwigshafen/Rh., Gerald Neubauer, Frankenthal/Pfalz, Heinrich Pasedach und Matthias Seefelder, Ludwigshafen/Rh.), **Herstellung von aliphatischen Di- und Polychlorverbindungen** aus den entsprechenden Di- oder Polyhydroxy-Verbb. [Äthylenglykol, 1.3-Propylenglykol, 1.3-Butandiol, 1.4-Pentandiol, Neopentylglykol, Pentaerythritdichlorhydrin, Buten-(2)-diol-(1.4), Penten-(2)-diol-(1.4), Butin-(2)-diol-(1.4), Glycerin, Butantriol-(1.2.4), Trimethylolpropan oder -äthan, Pentaerythrit], dad. gek., daß man diese in Ggw. N.N-dialkylsubstituierter Carbonsäureamide niederer aliphat. Carbonsäuren (N.N-Dimethyl- oder N.N-Diäthylformamid, N.N-Dimethylacetamid, N.N-Dibutylpropionamid, N-Formylpyrrolidin) oder N-alkylsubstituierter Lactame (N-Methylpyrrolidon, N-Äthylcaprolactam) in Mengen von 0,01—1 Mol je Mol Chlorierungsmittel bei Raum-Temp., ggf. mit nachfolgendem Erwärmen auf 50°, ggf. auf 110°, mit den OH-Gruppen mindestens äquivalenten Mengen Thionylchlorid oder Phosgen umsetzt. Man erhält so *1.4-Dichlorbutin-(2)*, $Kp._{22}$ 68—70°, $Kp._{18}$ 63—64°; *1.4-Dichlorpentin-(2)*, $Kp._1$ 41—43°; n_D^{25} 1,4912; *Tetrachlormethylmethan*, $Kp._{18}$ 112—113°, F. 94—95°; *2.3.6-Trichlor-2.3-dimethylhexin-(4)* $Kp._{1,7}$ 85—87°; n_D^{25} 1,5167. (**D. A. S. 1 133 716** Kl. 12o vom 26/11. 1960, ausg. 26/7. 1962.) W. Gräger. H 530

Karl Ziegler, Mühlheim/Ruhr (Erfinder: Mark Trevor Atwood, Ponca City, Okla., V.St.A.), **Herstellung von Alkoholen aus Aluminiumalkylen** durch Oxydation zu Al-Alkoholaten u. Hydrolyse derselben, dad. gek., daß man eine Mischung aus Al-Alkyl-Verbb. u. Olefinen zu einer Al-Alkoholate u. nicht oxydierte Al-Alkyle enthaltenden Mischung oxydiert, die nicht oxydierten Al-Alkyle mit Verbb., die Hydroxylgruppen enthalten, umsetzt, die gebildete Mischung aus Al-Alkoholaten u. KW-Stoff-Nebenprodd. unter red. Druck dest. u. die anfallenden gereinigten Al-Alkoholate zu im wesentlichen keine KW-Stoffe als Verunreinigungen enthaltenden Alkoholen hydrolysiert. Als Hydroxylgruppen enthaltende Verbb. kommen bes. ein- oder mehrwertige Alkohole, Phenole u. W. in Betracht. (**D. A. S. 1 131 651** Kl. 12o vom 3/5. 1960, ausg. 20/6. 1962. A. Prior. 4/5. 1959.) G. König. H 560

Rheinpreußen Akt.-Ges. für Bergbau und Chemie, Homberg (Erfinder: Hermann Häußer, Utfort über Moers, und Fritz Lampe, Homberg), **Herstellung von Alkoholen** mit 3 u. 4 C-Atomen durch Umsetzung der entsprechenden Olefine oder olefinhaltigen Gase mit H_2SO_4 unter Bedingungen, bei welchen nur Monoalkylsulfate entstehen u. anschließende Hydrolyse der gebildeten Schwefelsäureester, dad. gek., daß das bei der Auswaschung der Olefine entstehende Monoester–Schwefelsäure-Gemisch vor der Hydrolyse nach mäßiger Verdünnung 15—240 Min., vorzugsweise 30—300 Min., auf Temp. zwischen 50 u. 100° gehalten wird. (**D. A. S. 1 132 107** Kl. 12o vom 23/6. 1959, ausg. 28/6. 1962.) G. König. H 560

International Flavors & Fragrances, Inc., New York, N.Y. (Erfinder: Jack Herbert Blumenthal, New Monmouth, N.J.), V.St.A., **Herstellung von 2-Methyl-6-methylenocten-(7)-ol-(2)**, dad. gek., daß man techn. Myrcen bes. in Ggw. eines Polymerisationsinhibitors (Hydrochinon, 2.6-Di-tert.-butyl-p-kresol oder Phenyl-β-naphthylamin) mit SO_2, zweckmäßig im Überschuß bei 60—100° unter eigenem Dampfdruck, zu Myrcensulfon, $Kp._{0,02-0,03}$ 80—90°; n_D^{20} 1,5069; $D._{20}^{20}$ 1,0985, umsetzt, an dieses zweckmäßig durch Behandlung mit einer wss. Säure, bes. 60%ig. H_2SO_4 bei 10—25°, W. anlagert, das entstandene Myrcensulfonhydrat, $Kp._{0,02}$ 90—95°; n_D^{20} 1,5020; $D._{20}^{20}$ 1,1500, therm., bes. bei 120—170° im Vakuum, unter Entw. von SO_2 spaltet u. das gebildete 2-Methyl-6-methylenocten-(7)-ol-(2), farblos, $Kp._5$ 78°; n_D^{20} 1,4731; $D._{20}^{20}$ 0,8711; Mol.-Refr. 49,60 gefunden, 48,98 berechnet, isoliert. Das Prod. hat einen frischen, schwach limonenartigen, blumigen Duft. Das Verf. kann auch ohne Reinigung der einzelnen Zwischenprodd. u. kontinuierlich durchgeführt werden. Mit einer niederen Alkansäure oder ihrem Anhydrid, bes. Essigsäureanhydrid, kann es z. B. in Ggw. geringer Mengen 85%ig. H_3PO_4 u. eines Polymerisationsinhibitors bei 40° verestert werden. Man erhält so 2-Methyl-6-methylenocten-(7)-ol-(2)-acetat, $Kp._{0,5}$ 53°; n_D^{20} 1,4590; $D._{20}^{20}$ 0,9100. Prodd. sind in der Riechstoffindustrie verwendbar. — Zeichnungen von Gas–Fl.-Chromatogramm, IR- u. UV-Spektrum. (**Schwz. P. 358 793** vom 20/4. 1960, ausg. 31/1. 1962. A. Prior. 21/5. 1959.) W. Gräger. H 560

Imperial Chemical Industries Ltd., London (Erfinder: Edmund Cecil Owen, Harrogate), England, **Reinigung von Glykolen zur Entfernung von feindispergiertem Kohlenwasserstofföl** durch Filtrieren über ein Adsorptionsmittel, dad. gek., daß zum Filtrieren ein Faserbett verwendet wird. Das rohe Glykol wird vor dem Filtrieren mit geschmolzenem Paraffinwachs in Berührung gebracht. Das rohe Äthylenglykol wurde durch den Abbau von Polyäthylenterephthalatfasern erhalten. Das Faserbett besteht aus Polyäthylenterephthalatfäden. (**D. A. S. 1 132 108** Kl. 12o vom 2/5. 1960, ausg. 28/6. 1962. E. Prior. 12/5., 14/9. 1959 u. 6/4. 1960.) G. König. H 570

Olin Mathieson Chemical Corp., New York, N.Y. (Erfinder: Donald W. Kaiser, Hamden, Conn.), V.St.A., **Herstellung von Glycerindichlorhydrin** durch Anlagerung von Cl an Allylalkohol, dad. gek., daß man die Rk. in Ggw. von 0,15—5 Gew.-

Teilen ca. 15—45 gew.-%ig. wss. Salzsäure je Gew.-Anteil Allylalkohol durchführt $Kp._{15}$ 70—80°. (**D. A. S. 1 132 109** Kl. 12o vom 13/12. 1960, ausg. 28/6. 1962. A. Prior. 29/12. 1959.) G. König. H 580

Badische Anilin- & Soda-Fabrik Akt.-Ges., Ludwigshafen/Rh. (Erfinder: Gerald Neubauer, Frankenthal, und Matthias Seefelder, Ludwigshafen/Rh.), **Herstellung von Pentaerythrittrichlorhydrin** durch Rk. von Pentaerythrit (I) mit HCl bei Temp. von 170—200° in Ggw. eines Lsgm. für I, dad. gek., daß man als Lsgm. das Rk.-Prod. des I mit HCl, vorzugsweise Pentaerythritdichlorhydrin, verwendet, $Kp._{10}$ 124°, F. 63—65°. Als Nebenprodd. entstehen Pentaerythritdichlorhydrin u. 5.5-Dichlormethyldioxan-(1.3) u. höher sd. Produkte. (**D. A. S. 1 129 940** Kl. 12o vom 17/9. 1960, ausg. 24/5. 1962.) G. König. H 580

Imperial Chemical Industries Ltd., London (Erfinder: John Maclelland Pollock, Northwich), England, **Verfahren zur Herstellung von organischen Orthosilicaten,** dad. gek., daß unter im wesentlichen wasserfreien Bedingungen SiF_4 mit einem Alkohol in Ggw. von Alkali- oder Erdalkalichloriden, -carbonaten, -carbiden, -oxiden oder -cyanaten umgesetzt wird. — Wasserfreies n-Butanol u. gemahlenes CaC_2 werden bis zum Rückfluß erhitzt u. SiF_4 in wasserfreiem n-Butanol zugesetzt. Während des Zusatzes von SiF_4 entwickelt sich C_2H_2. Man filtriert u. dest. aus der Rk.-Mischung das *Butylorthosilicat*, $Kp._4$ 124—134°, u. als Nebenprod. *Hexabutoxydisiloxan*, $Kp._{2,5}$ 160 bis 170°. (**D. A. S. 1 130 799** Kl. 12o vom 16/9. 1960, ausg. 7/6. 1962. E. Prior. 21/9. 1959 u. 31/8. 1960.) G. König. H 590

Chemische Werke Hüls Akt.-Ges. (Erfinder: Hermann Röhl, Oswald Wolff und Erhard Lange), Marl, **Kontinuierliche Herstellung von Dialkoxytitandihalogeniden** aus Titantetrahalogeniden u. Alkohol, dad. gek., daß man das Titantetrahalogenid u. den Alkohol im Mol-Verhältnis 1 : 2 bis 1 : 3 in der Gasphase bei Temp. von 20—180°, ggf. unter vermindertem Druck, umsetzt. Man kann unter Verdünnung mit ggf. im Kreislauf geführten inerten Gasen arbeiten. Die Alkohole sollen in möglichst wasserfreiem Zustand zur Rk. gebracht werden. — $TiCl_4$ u. A. ergeben bei 90° u. 40—50 mm Hg *Diäthoxytitandichlorid*, kristalline Masse. — $TiCl_4$ u. n-Propanol → *Dipropoxytitandichlorid*. — Es werden ferner hergestellt: *Di-n-butoxy-*, *Diisobutoxytitandichlorid*. Man kann auch die F-, Br- u. J-Titan-Verbb. anwenden. Als Alkohole kommen aliphat., cycloaliphat. u. aromat. bzw. deren Gemische in Betracht. Der Kp. des verwendeten Alkohols soll immer unterhalb des Kp. des Dialkoxytitandihalogenids liegen. (**D. A. S. 1 130 424** Kl. 12o vom 1/2. 1961, ausg. 30/5. 1962.) G. König. H 590

Stauffer Chemical Co. (Erfinder: Edward N. Walsh), Chicago Heights, Ill., V.St.A., **Herstellung von Dialkylphosphiten,** dad. gek., daß ein Diphenylphosphit bzw. ein Gemisch aus Triphenylphosphit u. H_3PO_3, mit einem Alkylalkohol in an sich bekannter Weise umgeestert wird. Der Alkohol soll mindestens 5 C-Atome, vorteilhaft 8—20 C-Atome, aufweisen, er soll ferner höher als das frei werdende Phenol sieden. Rk.-Temp. 60—150°, eine inerte Atmosphäre (N_2) während der Rk. ist vorteilhaft. — Eine Mischung von $(C_6H_5O)_2POH$ u. 2-Äthylhexanol werden 1 Std. auf 140° im N_2-Strom erhitzt. Das Rk.-Prod. wurde unter Vakuum vom Phenol befreit. Als Rückstand verblieb *Di-(2-äthylhexyl)-phosphit*; n_D^{25} 1,4457. — Analog: *Dilauryl-*; n_D^{25} 1,4521; *Distearyl-*, F. 54—57°; *Diamyl-*, $Kp._{<1}$ 85—87°. — 62 g $(C_6H_5O)_3P$ u. 156 g 2-Äthylhexanol werden bei 20—25° mit 8,2 g H_3PO_3 innerhalb 33 Min. versetzt. Das Rk.-Gemisch wird 126 Min. bei 100° verrührt, anschließend wird gekühlt u. destilliert. Nach Entfernen des Vorlaufs, bestehend aus Phenol, verbleibt bei 150° u. 1 mm Hg das *Di-(2-äthylhexyl)-phosphit*; n_D^{25} 1,4473. — *Flammenbeständige* Harzkomponenten, Zwischenprodukte. (**D. A. S. 1 131 652** Kl. 12o vom 5/2. 1960, ausg. 20/6. 1962. A. Prior. 30/3. 1959.) G. König. H 590

Ethyl Corp., New York, N.Y. (Erfinder: Merle Lester Gould und Gerald Wayne Kottong, Baton Rouge, La.), V.St.A., **Herstellung von Trimethylphosphat** durch Rk. von $POCl_3$ mit Methanol, wobei der entstehende HCl mit Hilfe eines Inertgases ausgetrieben wird, dad. gek., daß die Rk. in einer aus 3—10 Stufen bestehenden senkrechten Rk.-Zone durchgeführt wird, in welche kontinuierlich Methanol, $POCl_3$ u. ein inertes Gas im Gegenstrom hierzu durchgeführt werden, wobei das Methanol in einem Überschuß von mindestens 30%, bezogen auf den stöchiometr. Wert, eingesetzt wird. Das inerte Gas ist ein Alkylchlorid u. ein Teil des Alkylchlorids kann in fl. Phase in solcher Menge eingesetzt werden, daß es die Rk.-Wärme u. die Lsg.-Wärme des HCl im Rk.-Gemisch durch seine Verdampfungswärme aufzunehmen vermag, während der größte Teil des Alkylchlorids in Dampfform eingeführt wird. Als inerte Gase sind zu nennen: Methylchlorid, Äthylchlorid oder Äthylen. Vorteilhaft wird die Herst. des Trimethylphosphats mit der Herst. von Methyl- oder Äthylchlorid in Ggw. von Friedel-Crafts-

Katalysatoren, wie $AlCl_3$, ausgeführt. Rk.-Temp. 30—200°, Arbeitsdruck 2—30 at. (**D. A. S. 1 129 468** Kl. 12o vom 16/8. 1960, ausg. 17/5. 1962. A. Prior. 20/8. 1959.) G. König. H 590

E. I. du Pont de Nemours & Co., Wilmington (Erfinder: Werner Victor Cohen, Newark, Del.), V.St.A., **Fluorierte Chlorsulfonsäure- und Schwefelsäureester** bzw. deren Gemische, werden hergestellt durch Rk. von 0,5—1,25 Mol SO_2Cl_2 mit 1 Mol eines Alkalialkoholats eines Alkohols der allg. Formel $Y(CF_2)_nCH_2OH$ (Y = H, F; n = 1—12) in einem inerten Lsgm. bei 25—120°. — 168,5 (g) SO_2Cl_2 in 132 2.2.3.3-Tetrafluorpropanol-(1) (I) tropft man bei 45—65° zu 25 Na in 330 I. Man rührt ½ Std., filtriert vom NaCl ab u. dest. → 127,5 *Chlorsulfonsäure-2.2.3.3-tetrafluorpropylester*, $C_3H_3ClF_4O_3S$, Kp. 142—145°; n_D^{20} 1,3710. — Analog: *Schwefelsäure-di-(2.2.3.3-tetrafluorpropyl)-ester*, $C_6H_6F_8O_4S$, $Kp._6$ 90—91°; n_D^{20} 1,3498; *Chlorsulfonsäure-1H.1H.5H-octafluorpentylester*, $C_5H_3ClF_8O_3S$, $Kp._6$ 67—74°; n_D^{20} 1,3559, zusammen mit *Schwefelsäure-di-(1H.1H.5H-octafluorpentyl)-ester*, $C_{10}H_6F_{16}O_4S$, $Kp._{6-7}$ 127°; n_D^{20} 1,3379. — *Schwefelsäure-di-(1H.1H.11H-eikosafluorundecyl)-ester*, $C_{22}H_6F_{40}O_4S$, F. 123—124°. — *Schwefelsäure-di-(2.2.2-trifluoräthyl)-ester*, $C_4H_4F_6O_4S$, Kp. 150—154°; n_D^{20} 1,3320. — Lsgm. für PVC; Schmiermittel; Zwischenprodd.; Fluoralkylierungsmittel; zum Wasser- u. Ölabstoßendmachen von Holz, Metall u. Stein. (**D. A. S. 1 129 479** Kl. 12o vom 16/4. 1960, ausg. 17/5. 1962. A. Prior. 27/4. 1959 u. 26/1. 1960.) A. Debo. H 590

Gulf Research & Development Co., Pittsburgh (Erfinder: Bernard Henry Gwynn, Tawn Township), Pa., V.St.A., **Herstellung von Aldehyden nach der Oxo-Synthese.** Man führt die Hydroformylierung von Olefinen oder diese enthaltenden Gasgemischen in einem Langrohr (I) mit einem Innendurchmesser von 25—125 mm u. einem Längenfaktor (Verhältnis von Länge zu Durchmesser) von wenigstens 1440 durch u. leitet das Rk.-Gemisch so lange durch das Rohr, daß die Verweilzeit wenigstens ca. 10 Min. u. die Lineargeschw. wenigstens ca. 0,3 m/min, bes. 0,3—3 m/min, beträgt, wobei das Temp.-Gefälle über die gesamte Rohrlänge ca. 11° nicht übersteigt. — Zeichnungen. (**D. A. S. 1 132 112** Kl. 12o vom 8/3. 1955, ausg. 28/6. 1962. A. Prior. 10/3. 1954.) A. Jahn. H 660

Distillers Co. Ltd., Edinburgh (Erfinder: John Bernard Bream, Redbourn), Schottland, **Herstellung eines Katalysators zur Oxydation von Propylen zu Acrolein** aus einem Gemisch oder einer Verb. von Sb_2O_4 u. SnO_2. Das Gemisch der beiden Verbb. wird auf 550—1100° erhitzt. Die Oxide erhält man durch Einw. von HNO_3 auf metall. Sn bzw. Sb, u. von den gewonnenen hydrolysierten Oxiden wird mindestens eines in Ggw. von O_2 erhitzt. Die Hydrolyse erfolgt durch Zusatz einer flüchtigen Base (z. B. NH_3) bei pH > 5. Erhitzt wird in 2 Phasen: Zuerst wird in Ggw. von O_2 bis auf 300° erhitzt, wobei die verschiedenen Sn- u. Sb-Oxide zu Sn(IV)- u. Sb(IV)-Oxiden umgewandelt werden, dann mindestens 8 Std. bei Luftzufuhr auf 650°. (**Ung. P. 149 665** vom 9/6. 1961, ausg. 20/1. 1962. E. Prior. 16/6. 1960.) F. Landsberger. H 670

Standard Oil Co., Cleveland (Erfinder: James Louis Callahan, Bedford, Robert Walter Froeman, Cleveland, und Franklin Veatch, Lyndhurst), Ohio, V.St.A., **Acrolein beziehungsweise Methacrolein** erhält man durch Rk. von *Propylen* bzw. *Isobutylen* mit O_2, bes. Luft, bei 260—538° in Ggw. eines ggf. auf einem Träger aufgebrachten Katalysators der Formel $Bi_aP_bMo_cO_d$ (a = 0,5—18, b = 0—5, c = 12, d = 36—76), dessen Oberflächenausdehnung 500 m^2/g nicht überschreitet, zweckmäßig in Ggw. von Wasser. Das Verf. wird bevorzugt bei 400—455° mit einem Mol-Verhältnis von Olefin : W. = 1 : 1—10 bzw. O_2 : Olefin = 5—0,5 : 1 u. mit Kieselsäure als Träger durchgeführt. — Einer Lsg. von 170 g Molybdänsäure (85% MoO_3) in 150 g W. wurden 1330 g einer Lsg. eines wss., koll. SiO_2-Sols (30 Gew.-% SiO_2) zugesetzt, dann eine Lsg. von 364 g Bi-Nitrat + 200 g W. + 20 ml HNO_3 zugegeben, das Gemisch getrocknet u. 16 Std. auf 538° erhitzt. Der Katalysator wurde gemahlen u. gesiebt. Über 200 g dieses Katalysators führt man bei 427° 0,01 (Mol) Propylen, 0,056 Luft u. 0,039 W. je Min. (scheinbare Berührungszeit 3,1 Sek.) u. erhält bei 45%ig. Umwandlung des Propylens Acrolein in 73,1%ig. Ausbeute. Daneben erhält man 10% andere O-haltige Verbb., wie Acetaldehyd, Essigsäure u. Acrylsäure, u. als Rest Kohlenoxide u. Wasser. (**D. A. S. 1 129 150** Kl. 12o vom 9/6. 1958, ausg. 10/5. 1962. A. Prior. 10/6. 1957.) A. Jahn. H 670

Chemische Werke Hüls Akt.-Ges. (Erfinder: Rudolf Brockhaus und Walter Stumpf), Marl, Kr. Recklinghausen, **Monomeren Chloracetaldehyd (I)** erhält man durch Erhitzen von polymerem Chloracetaldehyd mit Oxalsäure u./oder Halogenessigsäuren, ohne daß Verharzungen auftreten, in Ausbeuten von 88—92%. 10 g trimerer Chloracetaldehyd wird mit 1 g Oxalsäure auf 145° erhitzt, wobei der entstehende monomere Aldehyd fortlaufend abdestilliert. Zuletzt erhitzt man auf 200° u. erhält 9 g monomeren Chloracetaldehyd. (**D. A. S. 1 130 425** Kl. 12o vom 13/3. 1961, ausg. 30/5. 1962.) A. Jahn. H 670

Consortium für elektrochemische Industrie G. m. b. H., München (Erfinder: Wilhelm Kuhn, München), **Abtrennung von Chloracetaldehyden aus verdünnten wässrigen Lösungen,** gelingt durch Dest. dieser Lsgg. unter Überdruck, bes. 1—5 atü. In einer mit Direktdampf beheizten Füllkörperkolonne mit 3,5 m Abtriebteil (lichte Weite 50 mm) werden stündlich 2 Liter einer wss. Lsg. aus 0,45 (%) Mono-, 0,85 Di- u. 0,35 Trichloracetaldehyd kontinuierlich destilliert. Nach Abtreiben von 0,5 Liter Destillat pro Std. bei 130° u. 1,8 atü erhält man einen von Cl-Acetaldehyden freien Blasenablauf (I), während bei der Dest. unter 712 Torr nach Abtreiben von 1,4 Liter Destillat der I 0,17 Gew.-% Dichloracetaldehyd enthält. (**D. A. S. 1 129 942** Kl. 12o vom 20/7. 1960, ausg. 24/5. 1962.) A. Jahn. H 670

Consortium für elektrochemische Industrie G. m. b. H., München (Erfinder: Jürgen Smidt, Wilhelm Kuhn, Walter Hafner und Reinhard Jira, München), **Abtrennung von Monochloracetaldehyd aus Mischungen von chlorierten Acetaldehyden.** Man dest. sehr verd. Lsgg. oder auch hochkonz. Gemische aus Mono-, Di- u. Trichloracetaldehyd in Ggw. von W. bei 50—1500 Torr, bes. 50—1000 Torr fraktionierend. Besonders zweckmäßig ist die Ausbildung als extraktive Dest. mit W. als Extraktionsmittel. — Bei der extraktiven Dest. von 1 Liter/Std. eines auf einen Geh. von 2,5 Gew.-% verd. wss. Chloracetaldehydgemisches mit 1,5 Liter W./Std. ändert sich das Verhältnis von Mono- : Di- : Trichloracetaldehyd im Ausgangsgemisch von 10 : 10 : 1 auf 100 : 2 : 1 im Destillat. Der Blasenablauf war frei von Monochloracetaldehyd. (**D. A. S. 1 130 426** Kl. 12o vom 27/6. 1961, ausg. 30/5. 1962.) A. Jahn. H 670

Rheinpreußen Akt.-Ges. für Bergbau und Chemie, Homburg/Ndrh. (Erfinder: Friedrich Engelhardt, Homburg, und Helmut Schwarzhans, Moers), **Herstellung von Ketonen.** Man leitet Methanol (I) zusammen mit einem sek. Alkohol im Mol-Verhältnis 1 : 1—15, bes. 1 : 10, bei erhöhter Temp. über einen Dehydrierungskatalysator (schwer reduzierbare Metalloxide: Al-, Zn-, Mg-, W-, Ti-, Ce-Oxid oder deren Mischungen). — Man leitet bei 270—290° eine äquimol. Mischung aus I u. sek. Butanol über einen Cu–MgO-Katalysator in einer Menge von 0,4 Vol.-Teilen je Katalysator-Schüttvol. u. Std. u. erhält eine Mischung aus 35 (Gew.-%) Methyläthylketon, 25 Methylisopropylketon u. 25 Diäthylketon. — Über einen Katalysator, bestehend aus 50 (Teilen) Cu, 35 MgO u. 50 Kieselgur leitet man 2-Pentanol u. I im Mol-Verhältnis 10 : 1 mit einer Belastung von 2,5 Vol.-Teilen je Katalysator-Schüttvol./Std. u. erhält ein Gemisch aus 80 (Gew.-%) Methylpropylketon, 4,5 Äthylpropylketon u. 4,5 Methylisobutylketon. (**D. A. S. 1 130 800** Kl. 12o vom 9/5. 1960, ausg. 7/6. 1962.) A. Jahn. H 700

Farbwerke Hoechst Akt.-Ges., vormals Meister Lucius & Brüning, Frankfurt/M. (Erfinder: Werner Fischer, Bad Soden/Taunus, Günter Mau, Frankfurt/M., Emmerich Pászthory, Hofheim/Taunus, Ulrich Schwenk, Frankfurt/M., und Rudolf Wimmer, Bobingen b. Ausgburg), **Herstellung von praktisch aldehydfreien Ketonen aus Olefinen.** Man setzt Olefine mit O_2, ggf. in Form von Luft, mit fl. wss. Katalysator-Lsgg., die Verbb. der Edelmetalle der VIII. Nebengruppe des Period. Syst. u. Redox-Syst. enthalten, in einem aus einer Rk.-Stufe u. einer Regenerationsstufe bestehenden 2-Stufen-Verf. derart um, daß man die die Olefinoxydations-Prodd. enthaltende Katalysator-Lsg. (II) in die Regenerationsstufe überführt, sie dort bei 120—200°, bes. 150—180°, u. Drücken, die ein Sieden der Lsg. verhindern, mit O_2 oder diesen enthaltenden Gasen behandelt, u. danach das aldehydfreie Keton ganz oder teilweise gewinnt. — Man leitet durch ein Strömungsrohr (I) von 100 m Länge u. 4 cm Ø stündlich 60 Nm^3 eines Gemisches aus 75 Vol.-% Propylen u. 25 Vol.-% Propan bei 170° u. 12 atü. I ist gefüllt mit 2 g $PdCl_2$, 100 g $CuCl_2 \cdot 2\,H_2O$ u. 15 g Cu-Acetat je Liter. In einem als gleichartiges I ausgebildeten Regenerator behandelt man die II bei gleichem Druck u. gleicher Temp. mit 150 Nm^3/Std. Luft u. entspannt dann die Lsg. auf 10 atü. Man erhält 108 kg Aceton/Std. mit $<0,1\%$ Propionaldehyd u. ca. 180 kg Wasserdampf u. die II frei von Cu-Oxalat. Arbeitet man bei 120° u. entspannt II vor der Regeneration auf 1 atü, so enthält das Aceton 1,5% Propionaldehyd bei einem stündlichen Anfall von 200 g Cu-Oxalat. (**D. A. S. 1 130 430** Kl. 12o vom 13/5. 1960, ausg. 30/5. 1962.) A. Jahn. H 700

Farbenfabriken Bayer Akt.-Ges., Leverkusen (Erfinder: Hans Joachim Kabbe, Leverkusen, Karl Eiter, Köln, und Ernst Truscheit, Leverkusen), **Herstellung von Octen-(4)-dion-(2.7),** dad. gek., daß man eine metallorgan. Verb.

der allg. Formel $HC{\equiv}C{-}CH_2MeX$ (Me = Mg, Zn oder $^2/_3$ Al; X = Cl, Br oder J) entweder a) mit Glyoxal, bes. in einem Lsgm. (Ae., Tetrahydrofuran, aromat. oder aliphat. KW-Stoffen oder deren Gemischen) umsetzt zum 4.5-Dihydroxyoctadiin-(1.7), $Kp._{0,04}$ 80—100°, F. 60—70°, dieses in wss. organ. Säuren (Essig- oder Ameisensäure) in Ggw. von katalyt. Mengen konz. H_2SO_4 u. eines lösl. Hg-Salzes ($HgSO_4$) hydratisiert zu 4.5-Dihydroxyoctandion-(2.7), hellgelbes Öl, $Kp._{0,001}$ 70—110°, daraus 2 Mol W. abspaltet zum Octadien-(3.5)-dion-(2.7), F. 120—123°, u. dieses partiell hydriert oder b) mit Glyoxal-Derivv. der allg. Formel X(RO)CH—CH(OR)X (R = gerader, verzweigter oder cycl. niederer Alkylrest oder ein Arylrest) umsetzt zu 4.5-Dialkoxy- bzw. -diaryloxyoctadiinen-(1.7), diese hydratisiert zu 4.5-Dialkoxy- bzw. -Diaryloxyoctandionen-(2.7), daraus 2 Mol ROH abspaltet zum Octadien-(3.5)-dion-(2.7) u. dieses partiell hydriert. So erhält man aus 1.2-Dichlor-1.2-diäthoxyäthan → 4.5-Diäthoxyoctadiin-(1.7), $Kp._{0,1}$ 67—70°, F. 30—35°; n_D^{20} 1,4530, → 4.5-Diäthoxyoctandion-(2.7), $Kp._{0,05}$ 100 bis 110°, → Octadien-(3.5)-dion-(2.7), $Kp._{0,01}$ 90°, F. 125—127°, → Octen-(4)-dion-(2.7), F. 34—35°. Verwendet man 1.2-Dichlor-1.2-dimethoxyäthan als Ausgangs-Prod. → 4.5-Dimethoxyoctadiin-(1.7), $Kp._{12}$ 88—90°, F. 25° (unscharf); n_D^{20} 1,4623, → 4.5-Dimethoxyoctandion-(2.7), $Kp._{0,08}$ 85—93°. Octen-(4)-dion-(2.7) ist *wichtiges Zwischenprod. zur Herst. von Carotinoiden, Terpenen u. Polyenen.* (**D. A. S. 1 133 718** Kl. 12o vom 28/1. 1961, ausg. 26/7. 1962.) W. Gräger. H 720

Wacker-Chemie G. m. b. H., München (Erfinder: Otto Frühwirth, Burghausen/Obb.), **Abtrennen von Aceton und anderen Carbonylverbindungen mit 3 C-Atomen aus vorgereinigtem Vinylacetat** mittels azeotroper Dest., dad. gek., daß ein zweckmäßig bei Raum-Temp. fl. u. mit W. nicht mischbarer Zusatzstoff verwendet wird, dessen azeotroper Kp. mit Aceton unter dem Kp. von reinem Vinylacetat liegt u. dessen krit. Druck sich um mindestens 3 at von dem des Acetons unterscheidet, wobei der Zusatzstoff nach Entfernung von Aceton aus dem azeotropen Gemisch (durch Auswaschen mit W.) der Dest.-Kolonne wieder zugeführt wird. Besonders geeignet sind Zusätze von n-Pentan, n-Heptan, Cyclopentan, -hexan oder -hexadien, Chlf., $Cl_2CH{-}CH_3$ u. CS_2; außerdem sind z. B. verwendbar Penten-(1), Isopren, 2-Methylbuten-(1), n-Hexan, Cyclopentadien, CCl_4, 1-Chlorpropan, 2-Chlorbutan. (**D. A. S. 1 133 719** Kl. 12o vom 21/2. 1961, ausg. 26/7. 1962.) W. Gräger. H 810

Minnesota Mining & Mfg. Co., St. Paul (Erfinder: Reynold E. Holmen, White Bear Lake, und George H. Smith, St. Paul), Minn., V.St.A., **Acrylsäure, Methacrylsäure oder deren Alkylester** mit 1—4 C-Atomen im Alkyl erhält man durch HCl-Abspaltung aus α-Chlorpropionsäuren oder deren Estern, die ggf. bei 200—300° vorher verdampft werden, in Dampfform bei 300—650°, bes. 300—500°, in Ggw. eines Katalysators, der aus mindestens einem Phosphat, Sulfat oder Halogenid (Chlorid oder Fluorid) des Mg, Ca, Sr, Ba u. Zn; besteht u. der mit einer geringen Menge eines Chlorids, Sulfats oder Phosphats eines Alkalimetalls oder einer 3wertigen Seltenen Erde, wie Ce u. La, aktiviert sein kann. — Aus 56,4 g α-Chlorpropionsäure in Ggw. von 21 cm^3 gefälltem $Ca_3(PO_4)_2$ (Schichtdicke 7,6 cm; Teilchengröße $5^1/_4$—14 Maschen je cm^2) bei 400° → 11,7 g *Acrylsäure*; 50% Ausbeute. Weitere Katalysatoren sind: $Mg_3(PO_4)_2$; $CaSO_4$ in Mischung mit $LaPO_4$ u. $CaHPO_4$ oder $BaTiO_3$ u. CsH_2PO_4 oder $CsPO_3$, $CePO_4$, Rb_2SO_4 oder $Th_3(PO_4)_4$; $BaSO_4$; $ZnCl_2$ auf SiO_2; BaF_2; $SrSO_4 + NaCl$. Die katalyt. Wrkg. scheint in der Richtung von den tert. Phosphaten zu den prim. Phosphaten abzunehmen. Die Durchsatzmenge beträgt 0,1—1,5 kg je Std. je Liter Katalysator. — Vorr., Zeichnung. (**D. A. S. 1 129 154** Kl. 12o vom 3/4. 1957, ausg. 10/5. 1962. **E. P. 865 379** vom 4/4. 1957, ausg. 19/4. 1961. Beide A. Prior. 4/4. 1956. **A. P. 2 890 241** vom 4/4. 1956, ausg. 9/6. 1959.) G. Krauß. H 810

California Spray-Chemical Corp., Richmond (Erfinder: Gustave K. Kohn, Berkeley), Calif., V.St.A., **Herstellung von Maleinsäureanhydrid (I)** aus wss. Maleinsäure-Lsgg. (**II**), die Alkalimetallionen u. andere Nebenprodd. enthalten, durch Entwässern u. Wasserabspalten in Ggw. von KW-Stoffen, von denen mindestens ein Teil einen Kp. zwischen 110 u. 185° hat (Xylol, Toluol, Mischung aus Bzl. u. o-Dichlorbenzol) als Schleppmittel für W., dad. gek., daß man der wss. ca. 10—35- bzw. 40%ig. **II**, die mindestens 50 (Teile) Alkalimetallionen je Million Teile des entstandenen **I** u. mindestens 15% Nebenprodd., bezogen auf den Maleinsäure-Geh., enthält, vor der Entwässerung u. Wasserabspaltung eine wasserlösl. Phosphorsäure (H_3PO_4) in Mengen von mindestens 1, bes. 3, Äquivalenten der sauren Gruppen je Äquivalent der Alkalimetallionen zusetzt u. die Mischung nach der Entwässerung u. zur vollkommenen Wasserabspaltung auf ca. 200—230° erhitzt. Durch den Zusatz einer O-haltigen Säure des 5wertigen P wird die Zers. des **I** in Ggw. der Alkalimetallionen verhindert (Tabelle). Die durch katalyt. Oxydation von o-Xylol nach Abtrennung des Phthalsäureanhydrids

u. der Phthalsäure erhaltene, z. B. 10—35%ig. **II**, die z. B. 34% Feststoffe, 400 Na, 4 Al, 240 Ca, 28 Cr, 2 Cu, 200 Fe, 11 Pb, 90 Mg, 4 Mn, 15 Ni, 18 Si u. 7 V je Million Teile **I** enthält, gibt nach der Aufarbeitung ein Rohprod., das aus 64% **I**, 19,8% Phthalsäureanhydrid u. anderen destillierbaren Stoffen u. 16,2% nicht destillierbaren Stoffen u. Fumarsäure besteht. — Vorr., Zeichnung. — Vgl. F. P. 1 149 595; C. **1959**, 3644. (**D. A. S. 1 129 473** Kl. 12o vom 26/4. 1956, ausg. 17/5. 1962. A. Prior. 9/5. 1955. **A. P. 2 863 880** vom 23/7. 1957, ausg. 9/12. 1958.) G. Krauß. H 820

Deutsche Gold- und Silber-Scheideanstalt vormals Roessler (Erfinder: Ludwig Hüter), Frankfurt/M., **Herstellung von wasserfreien kristallisierten α-Hydroxycarbonsäuren** durch Hydrolyse ihrer Ester mit W. in Abwesenheit eines Katalysators, dad. gek., daß man während der Hydrolyse ein Gemisch aus Alkohol u. W. abdest. u. anschließend dem Rückstand durch weitere Dest. das gesamte restliche W. im Vakuum entzieht. Bes. führt man die Hydrolyse mit Wasserdampf (**I**) in einer Destillier- oder Rektifizierkolonne unter Direktbeheizung mit **I** u. unter laufendem Esterzufluß durch oder man hydrolysiert bei Raum-Temp. u. nimmt die Abtrennung des Alkohol–W.-Gemisches erst nach einer Einw.-Zeit von 24 Std. vor. — Beispiele zur Herst. von *Glykolsäure* (F. 79°) aus dem Methylester; Ausbeute 98,6 (%). — *Milchsäure* (F. ca. 16°), aus dem Methylester; 98,6% (Ausbeute). — *Milchsäure* (F. ca. 16°), aus dem Äthylester; 95%. — *α-Hydroxyisobuttersäure* (F. 79°), aus Methylester; 90%. — *Mandelsäure* (F. 120°), aus Methylester; 97%. (**D. A. S. 1 130 431** Kl. 12o vom 27/8. 1958, ausg. 30/5. 1962.) O. Müller-Meiningen. H 850

Istituto Sieroterapico Italiano S. p. A., Mailand (Erfinder: Augusto Segre und René Viterbo, Neapel), Italien, **6.8-Dithioloctansäure.** 38,5 g 2-[Cyclohexanon-(2')]-essigsäureäthylester (**I**; Kp.$_{14}$ 131—134°, n_D^{23} 1,4564; 2.4-Dinitrophenylhydrazon, F. 126°) werden mit 14,5 g Äthylenglykol, 100 ml Toluol u. wenig p-Toluolsulfonsäure 3 Std. unter Rückfluß gekocht, wobei 4,5 ml W. ausgekreist werden. Nach Abkühlung wird mit gesätt. wss. $NaHCO_3$-Lsg. neutralisiert, das Toluol abdest. u. der Rückstand dest. → 32,8 g **I**-Äthylenacetal, Kp.$_{14}$ 147°; n_D^{23} 1,4630. 32 g der vorst. Verb. werden mit 4 g $LiAlH_4$ in Ae. red. → 19,1 2-[Cyclohexanon-(2')]-äthanol-Äthylenacetal (**II**), $C_{10}H_{18}O_3$, Kp.$_{13}$ 148—150°; n_D^{23} 1,4822; 2.4-Dinitrophenylhydrazon, F. 145—146°; die Red. kann auch mit Na in A. vorgenommen werden. Zu 14 g **II** in 42 ml Pyridin werden bei 0° 14 g Essigsäureanhydrid gegeben, bei Raum-Temp. stehengelassen u. dann das Gemisch mit Ae. extrahiert. Nach Waschen wird dest. → 14,9 g 1-Acetoxy-2-[cyclohexanon-(2')]-äthan-Äthylenacetal (**III**), $C_{12}H_{20}O_4$, Kp.$_{13}$ 152°, n_D^{27} 1,4632; 2.4-Dinitrophenylhydrazon, $C_{16}H_{20}N_4O_6$, F. 109—111°. 14 g **III** in 140 ml Aceton werden mit wenig p-Toluolsulfonsäure gekocht, das Lsgm. abdest. u. der Rückstand mit Ae. extrahiert. Dest. → 10,8 g 1-Acetoxy-2-[cyclohexanon-(2')]-äthan (**IV**), Kp.$_{15}$ 142—146°; n_D^{27} 1,4565; 2.4-Dinitrophenylhydrazon, $C_{16}H_{20}N_4O_6$, F. 109—111°. 10,8 g **IV** werden mit 2 Äquivalenten Peressigsäure in Eisessig oxydiert → 1.6-Lacton der 6-Hydroxy-8-acetoxyoctansäure, $C_{10}H_{16}O_4$, Kp.$_{0,5}$ 126—130°, n_D^{27} 1,4595. 2,2 g der vorst. Verb. werden mit 6,5 g Thioharnstoff u. 8 ml einer konz. Mineralsäure 36 Std. unter Rückfluß gekocht. Nach Abkühlung werden 30 ml 30%ig. KOH-Lsg. zugegeben u. anschließend mit Chlf. extrahiert. Der Extrakt wird dest. → 1,02 g *6.8-Dithioloctansäure*, $C_8H_{16}O_2S_2$, Kp.$_{1,5}$ 180° (Bad-Temp.), n_D^{22} 1,5228. Aus vorst. Verb. durch Oxydation → 0,8 g α-Liponsäure, F. 62°. — Vgl. D. A. S. 1 056 784; C. **1959**, 16731 u. D. P. [DDR] 16 488; C. **1960**, 7256. (**D. A. S. 1 131 205** Kl. 12o vom 21/3. 1957, ausg. 14/6. 1962. **Belg. P. 558 284** vom 12/6. 1957, ausg. 25/3. 1960. Beide It. Prior. 31/8. 1956.) A. Debo. H 850

Farbenfabriken Bayer Akt.-Ges., Leverkusen (Erfinder: Hans Holtschmidt, Köln, und Kuno Wagner, Leverkusen), **Herstellung von Bis-(chlormethyl)-carbamidsäurechlorid**, dad. gek., daß man Hexamethylentetramin bei höherer Temp. mit $COCl_2$ oder $COCl_2$-abspaltenden Mitteln umsetzt u. dabei ggf. in Ggw. eines Lsgm. arbeitet. Man kann auch zunächst bei leicht erhöhter Temp. (20—100°) Hexamethylentetramin mit $COCl_2$ in Ggw. eines Lsgm. umsetzen. Hierbei bildet sich ein polymeres Carbaminsäurechlorid. Man verdampft das Lsgm. u. erhitzt das Rk.-Gemisch auf Rk.-Temp. von 120—250°. Arbeitet man ohne Lsg., so wird erhöhter Druck (bis 250 at) angewendet. — 140 (Gew.-Teile) Hexamethylentetramin werden mit 1000 verflüssigtem $COCl_2$ in einem Autoklav auf 200° erhitzt u. 5 Std. diese Temp. gehalten. Anschließend wird das überschüssige $COCl_2$ abgeblasen u. das *Bis-(chlormethyl)-carbamidsäurechlorid*, Kp.$_{15}$ 95—97°, abdestilliert. Es verbleibt ein Rückstand von polymerem Carbamidsäurechlorid. — *Zwischenprod.* für die Herst. von *Schädlingsbekämpfungsmitteln, Farb-* u. *Kunststoffen.* (**D. A. S. 1 132 118** Kl. 12o vom 1/2. 1961, ausg. 28/6. 1962.) G. König. H 880

Chemisches Werk Lowi G. m. b. H. (Erfinder: Matthias Thoma), Waldkraiburg, **Kontinuierliche Herstellung von Guanidinnitrat** aus Dicyandiamid u.

NH_4NO_3 im Schmelzfluß, dad. gek., daß man zunächst die Ausgangsstoffe mittels ca. 5—10%ig. ammoniakal. W. bei 110—125° in eine viscose Lsg. überführt u. diese auf eine Guanidinnitratschmelze von 190—210° laufen läßt, u. zwar mit solcher Geschw., daß die Rk.-Temp. u. der pH-Wert des Rk.-Gemisches von ca. 5—5,8 erhalten bleibt, u. daß man fertige Guanidinnitratschmelze laufend mittels einer am Boden des Rk.-Gefäßes befindlichen Schnecke austrägt. — Skizze. (**D. A. S. 1 131 656** Kl. 12o vom 11/4. 1956, ausg. 20/6. 1962.) G. König. H 880

Badische Anilin- & Soda-Fabrik Akt.-Ges., Ludwigshafen/Rh. (Erfinder: Herwig Hoffmann, Hans Joachim Waldmann, Ludwigshafen/Rh., und Walter Simon, Neckargemünd), **Trennung von Äthylendiamin und Wasser** durch extraktive Dest. unter Zusatz eines aliphat. Diols oder Aminoalkohols, der in dem Gemisch lösl. ist u. dessen Kp. über dem des Äthylendiamins liegt, u. der weder mit W. noch mit Äthylendiamin ein Azeotrop bildet. — Als Beispiele für den Zusatz sind angegeben: N-Methyldiäthanolamin, Äthylenglykol, Propylenglykol u. Propandiol-(1.2). — 1 Fließbild. (**D. A. S. 1 129 160** Kl. 12q vom 4/6. 1959, ausg. 10/5. 1962.) A. Debo. H 910

W. R. Grace & Co., New York, N.Y., V.St.A., **Herstellung von Monoalkylmonochloraminen und Dialkylchloraminen.** Man läßt Cl_2 u. ein Mono- oder Dialkylamin mit 1—5 C-Atomen im Alkylrest in der Gasphase bei $>50°$ u. bei einem Überschuß von >2 (Mol) Amin je 1 Cl_2 miteinander reagieren, trennt festes Mono- oder Dialkylaminhydrochlorid ab u. kondensiert. — Zum Beispiel leitet man ein Gemisch aus 92 Dimethylamindampf u. 1 Cl_2 durch eine Rk.-Zone von 50—70° u. kondensiert das gebildete Dimethylchloramin bei —78°. — *Verw.* zur *Herst. substituierter Hydrazine*, die als Raketentreibstoff geeignet sind. (**Niederl. P. 100 683** vom 25/10. 1956, ausg. 15/3. 1962.) F. Böhm. H 910

National Distillers & Chemical Corp., New York, N.Y. (Erfinder: Irving Lester Mador und Louis Joseph Rekers, Cincinnati, Ohio), V.St.A., **Herstellung von dimeren Diaminoderivaten niedermolekularer Diolefine mit konjugierten Doppelbindungen** durch Rk. des fl. Diolefins mit einem Gemisch aus einer der Menge des Diolefins prakt. äquivalenten Menge eines Hydroxylamins (**I**) u. einem Salz eines mehrwertigen Metalls, welches das **I** red. u. dabei zu einer höheren nichtreduzierenden Wertigkeitsstufe oxydiert wird, dad. gek., daß die Rk. mit einer wesentlich geringeren als der dem **I** äquivalenten Menge, bes. 1—20 Mol-%, des Metallsalzes durchgeführt u. die höhere, nichtreduzierende Wertigkeitsstufe des Metallsalzes gleichzeitig im Rk.-Gemisch zu einer niedrigerwertigen, reduzierenden Wertigkeitsstufe red. wird. Die Rk. kann in Ggw. von H_2 u. einem Hydrierungskatalysator bei 1—352 at, bes. 21—70 at, u. 0—100°, bes. bis zu ca. 60°, oder in einer Elektrolysezelle bei 0,001—0,5, bes. 0,05 bis 0,2, A/cm^2 u. 10—60° oder in Ggw. eines Metalls bei 10—60° durchgeführt werden, das in der Spannungsreihe der Elemente höher liegt als das Metall des Salzes, das bei der Red. des **I** oxydiert wird. Bes. geeignete reduzierende Metallsalze sind $TiCl_3$, Ti(III)-Acetat, $SnCl_2$, $MnCl_2$ u. VCl_2. Zweckmäßig wird die Rk. in Ggw. einer 1—6n Säure durchgeführt. So erhält man aus Butadien in einem niederen Alkohol (Methanol, A., Isopropanol) als Rk.-Medium in Ggw. von $TiCl_3$ *Diaminooctadien* bzw. *Diaminooctan*, die sich nach Rk. mit 2bas. Säuren (Sebacin- oder Adipinsäure) zur Herst. von Linearpolyamiden für Fasern von guter Kaltstreckbarkeit eignen. (**D. A. S. 1 132 122** Kl. 12o vom 4/9. 1959, ausg. 28/6. 1962. A. Prior. 4/9. 1958.) W. Gräger. H 910

Sandoz Akt.-Ges., Basel (Erfinder: Ernst Jucker, Binningen, Anton Ebnöther, Adolf Lindemann, Basel, und Roy Steiner, Pfeffingen), Schweiz, **Herstellung von neuen Hydrazinverbindungen** der allg. Formel $R{-}NH{-}NH{-}(CH_2)_3{-}NH_2$ (R = H, Acylgruppe) entweder durch Rk. von Acrylnitril mit einem Säurehydrazid bei nachfolgender Red. der Cyangruppe zur Aminomethylgruppe u. Abspaltung der Acylgruppe oder von Acrylnitril mit Acetonhydrazon bei nachfolgender Abspaltung der Isopropylidengruppe u. Red. der Cyangruppe. (**Ung. P. 150 054** vom 6/8. 1959, ausg. 20/6. 1962. Schwz. Prior. 8/8. 1958.) F. Landsberger. H 910

Farbenfabriken Bayer Akt.-Ges. (Erfinder: Heinz Jonas und Hans-Joachim Abendroth), Leverkusen, **Herstellung asymmetrischer Dialkylhydrazine** durch Red. der entsprechenden N-Nitrosodialkylamine, dad. gek., daß man die Red. mit NaHg in Ggw. eines H_2-Donators, z. B. W., bei —20 bis +40° durchführt. Das Verf. verläuft nach: $(R)_2N{-}NO + H_2O \rightarrow (R)_2N{-}NH_2 + O_2$. — Man tropft z. B. zu 2,25 kg NaHg mit einem Na-Geh. von 0,56 Gew.-% innerhalb ca. 30 Min. eine Lsg. von 7,4 g Nitrosodimethylamin (**I**) in 60 ml W. bei 20°, rührt 20 Min. nach, bis der Na-Geh. des NaHg auf 0,13 Gew.-% gesunken ist u. erhält eine alkal. wss. Lsg. mit einem Geh. von 4,28 *N.N-Dimethylhydrazin* (6,0 Gew.-%). Ausbeute, berechnet auf eingestelltes **I**: 71,2%, auf verbrauchtes Na 67,6%. (**D. A. S. 1 130 821** Kl. 12q vom 4/2. 1960, ausg. 7/6. 1962.) O. Müller-Meiningen. H 910

Montecatini Soc. Gen. per l'Industria Mineraria e Chimica (Erfinder: Gian Paolo Chinsoli und Pierluidi Perazzoni), Mailand, Italien, **ω-Aminocaprylsäureamid** (II) $H_2N\cdot(CH_2)_7\cdot CO\cdot NH_2$ (F. 74—75°, Dioxan) erhält man entweder durch Rk. von 7-Cyan-2.5-heptadiensäure (I)-methylester mit wss. oder CH_3OH-haltigem NH_3 bei 0—50° zum I-*Amid* (F. 109—110°; A.), Red. desselben mit H_2/Pd bei 0—120° in A., wss. A., Ae. oder einem Keton zum *Korksäuremonoamidmononitril* (III) (F. 76,5—77,5°), das man mit H_2/Raney-Ni oder -Co in Ggw. von NH_3 bei 60—120° zu II red. oder man setzt I-Amid mit H_2/Raney-Ni oder -Co in Ggw. von NH_3 direkt zu II um oder red. I mit H_2/Pd zum *Korksäuremonomethylestermononitril*, setzt dieses mit NH_3, bes. unter Druck bei 0—140° zu III u. dieses mit H_2/Raney-Ni oder -Co in Ggw. von NH_3 zu II um, das als Zwischenprod. zur Herst. von „Nylon 8" dient. (**D. A. S. 1 130 449** Kl. 12q vom 24/7. 1959, ausg. 30/5. 1962. It. Prior. 29/7. 1958.)
O. Müller-Meiningen. H 950

Uclaf Soc. An., Paris, Frankreich, **Herstellung von L(+)-Glutamin** (I). Man löst L(+)-Glutaminsäuredibenzylesterhydrochlorid, Triäthylamin u. Tritylchlorid bei 0° in Chlf. u. läßt 48 Std. bei Raum-Temp. stehen → *N-Trityl-L(+)-glutaminsäuredibenzylester*, F. 87—89°, $[\alpha]_D^{20}$ +35,5° (c = 2 in Chlf.). Diesen kocht man in Ggw. von Na in Methanol → *N-Trityl-L-glutaminsäure-α-benzyl-γ-methylester*, F. 91—92°, $[\alpha]_D^{20}$ +36,2° (c = 2 in Chlf.). Katalyt. Hydrierung in Cyclohexan in Ggw. von Triäthylamin ergibt *N-Trityl-L-glutaminsäure-γ-methylester*, F. 116—117°, $[\alpha]_D^{20}$ +48° ± 1° (c = 2 in Methanol), den man in einem Gemisch von wss. NH_3 u. Methanol (2 : 1) löst, wonach man NH_3 einleitet → *N-Trityl-L(+)-glutamin*. Dieses erhitzt man mit 50%ig. Essigsäure auf dem Wasserbad, wobei sich Triphenylcarbinol u. I, F. 183—185°, $[\alpha]_D^{20}$ +7 ± 0,5° (c = 4 in W.), bildet. (**Niederl. P. 100 674** vom 3/7. 1956, ausg. 15/3. 1962. F. Prior. 7/7. 1955.)
F. Böhm. H 950

Inventa Akt.-Ges. für Forschung und Patentverwertung, Luzern (Erfinder: Gisela Buck-Hansen, Chur), Schweiz, **Gewinnung von l(+)-Lysinmonohydrochlorid** (I), von >99%ig. opt. Reinheit, dad. gek., daß man eine nicht gesätt. wss. Lsg. von I u. der d,l-Verb., deren I-Geh. einer opt. Reinheit von 80—99% entspricht, auf die Sättigungs-Konz. von I für eine unter der Eindampftemp. liegende Sättigungs-Temp. eindampft, die Lsg. dann auf letztere Temp. abkühlt u. während des Abkühlens mit der d,l-Verb. impft, worauf man die bei dieser Temp. abgeschiedene, wenig I enthaltende d,l-Verb. abfiltriert u. aus der Mutterlauge durch Abfiltrieren, Animpfen, Zerstäubungstrocknung, Eindampfen u. Kristallisation I gewinnt. (**D. A. S. 1 135 004** Kl. 12q vom 24/3. 1961, ausg. 23/8. 1962. Schwz. Prior. 7/4. 1960.)
O. Müller-Meiningen. H 950

Wacker-Chemie G. m. b. H., München (Erfinder: Siegfried Nitzsche und Paul Buchheit, Burghausen/Obb.), **Herstellung von Methyl- beziehungsweise Äthylchlorsilanen** mit hohem Geh. an Methyl- bzw. Äthyldichlorsilan durch Rk. von CH_3Cl bzw. C_2H_5Cl mit Si-Metall enthaltenden feinteiligen Massen, dad. gek., daß die Si-Massen (I) vor der Rk. mit den Alkylhalogeniden mit 0,1—3 Gew.-%, bezogen auf das Gewicht der I, an Chloriden (II) des Zr vermischt werden. II sind z. B. Zr-Oxychlorid, $ZrCl_4$ oder Hexachlorozirkonate von Elementen der I. u. II. Hauptgruppe des Perioden-Syst. oder von Übergangselementen, soweit sie elektropositiv ein- u./oder zweiwertig auftreten können. Eine bes. geeignete I besteht aus 80—98,99 (Gew.-%) Si, 1—19,7 Cu u. 0,01—0,3 Al. Die Rk. erfolgt bei ca. 250—500°. (**D. A. S. 1 134 671** Kl. 12o vom 22/6. 1961, ausg. 16/8. 1962.)
J. Mühleisen. H 980

Farbenfabriken Bayer Akt.-Ges., Leverkusen (Erfinder: Reinhard Schliebs, Köln), **Organische Phosphordisulfide und Oxysulfide** der allg. Formeln $R-PS_2$ u. $R-POS$ (R = ggf. über O an das P-Atom gebundener Alkyl- oder Arylrest) erhält man durch Rk. eines Alkyl- oder Aryl(thio)phosphor- bzw. phosphonsäurechlorids der allg. Formel $R-P(:X)Cl_2$ (X = O oder S) mit H_2S in Ggw. etwa stöchiometr. Mengen eines tert. Amins bei Normaltemp. bis zum Kp. des verwendeten Lsgm. (aromat. oder aliphat. ggf. chlorierte KW-Stoffe), bes. 40—150°. — Man löst 30 g *Methylthiophosphonsäuredichlorid* u. 42 g *Triäthylamin* (I) in 150 ml Toluol u. leitet über die Lsg. H_2S, wobei Erwärmung u. Ausfällung von Triäthylammoniumchlorid beobachtet wird. Man hält die Temp. durch Kühlung auf 50° u. beobachtet nach 7 Min. Temp.-Abnahme, wodurch das Ende der Rk. angezeigt wird. Man erhält nach dem Aufarbeiten in quant. Ausbeute *Methylphosphordisulfid*, weißer Feststoff. — *Phenylthiophosphonsäuredichlorid* + H_2S + I → *Phenylphosphordisulfid*, gelblicher Feststoff. *Phosphorsäureäthylesterdichlorid* + I + H_2S → *Äthoxyphosphoroxysulfid*, zähe Flüssigkeit. — Zwischenprodd. für die Herst. von Insekticiden, Schmierstoffen u. Treibstoffzusätze. (**D. A. S. 1 131 670** Kl. 12o vom 28/7. 1960, ausg. 20/6. 1962.)
A. Jahn. H 980

Union Carbide Corp., New York, N.Y. (Erfinder: Donald Joseph Forster, South Charleston, W.Va.), V.St.A., **Vinylphosphine** der allg. Formel $(CH_2{=}CH)_nP(R)_{3-n}$ (R = niederer Alkylrest, Aryl, Aralkyl; n = ganze Zahl von 1—3), bes. *Trivinyl-*, *Äthyldivinyl-*, *Diäthylvinyl-*, *Vinyldiphenyl-* u. *Propyldivinylphosphin*, erhält man durch Rk. von Halogenphosphinen der allg. Formel $X_nP(R)_{3-n}$ (X = Cl, Br, J) mit n Mol einer metallorgan. Verb. der allg. Formel $CH_2{=}CH{-}M$ (M = Na, K) bei —50 bis +50° ggf. in einem organ. Lsgm. (Tetrahydrofuran, Pentan, Hexan, Bzl., Toluol, Cyclohexan, Ae., Butyläther). — Man gibt 1 Mol PCl_3 in Butyläther (**I**) zu 3 Mol *Vinyl-Na* (**II**) in I bei ca. 20°, erhitzt 1 Std. zum Rückfluß u. dest. die Rk.-Mischung nach dem Stabilisieren mit Hydrochinon. Man erhält in 91%ig. Ausbeute *Trivinylphosphin*, $Kp._{760}$ 119°. *Äthyldichlorphosphin* + **II** → *Äthyldivinylphosphin*, $Kp._{751}$ 121°, n_D^{20} 1,4857. *Diäthylchlorphosphin* + **II** → *Diäthylvinylphosphin*, $Kp._{744}$ 125°, n_D^{20} 1,4764. Zusatzstoffe für die Herst. flammfester Polymerer bzw. zu Treibstoffen, Polymerisationskatalysatoren, Insekticide. (**D. A. S. 1 131 671** Kl. 12o vom 21/8. 1959, ausg. 20/6. 1962. A. Prior. 4/9. 1958.) A. Jahn. H 980

Lubrizol Corp., Wickliffe, Ohio (Erfinder: George Russel Norman, William Monroe Lesuer und Thomas William Mastin, Cleveland, Ohio), V.St.A., **Dithiophosphinsäureester** erhält man bei der Rk. von Dithiophosphinsäuren der allg. Formel R(R')P(:S) (SH) (R u. R' = ggf. verzweigte Alkylreste mit bis zu 8 C-Atomen oder Phenylreste) mit Monoolefinen, die ggf. durch die Carbalkoxy- oder die Hydroxyphenylgruppe substituiert sind, oder mit Pinenen oder mit Chinon ggf. in inerten organ. Lsgm. bei ca. 40—250°, bes. 100—110°. — Man erhitzt 330 g Diphenyldithiophosphinsäure (**I**) u. 296 g Ölsäuremethylester 10 Std. auf 90—100°, wobei sich die S.Z. von 87,5 auf 35 vermindert, wäscht die Rk.-Mischung mit etwa dem gleichen Vol. einer 5%ig. Na_2CO_3-Lsg. u. erhält nach dem Aufarbeiten 501 g *Diphenyldithiophosphinsäure-ω-carbomethoxyheptadecylester*. **I** + p-Chinon (**II**) → *Diphenyldithiophosphinsäure-2.5-dihydroxyphenylester*. *Di-(2-äthylhexyl)-dithiophosphinsäure* + **II** → *Di-(2-äthylhexyl)-dithiophosphinsäure-2.5-dihydroxyphenylester*. *Di-(4-methyl-sek.-amyl)-dithiophosphinsäure* + *n-Octen-(1)* → *Di-(4-methyl-sek.-amyl)-dithiophosphinsäure-2-octylester*. **I** + *Isobutylen* → *Diphenyldithiophosphinsäure-tert.-butylester*, F. 90—92°. **I** + p-Allylphenol → *Diphenyldithiophosphinsäure-2-(p-hydroxyphenyl)-1-methyläthylester*, braune, viscose Flüssigkeit. **I** + α-Pinen → *Diphenyldithiophosphinsäure-α-pinylester*. — *Therm. beständige Weichmacher für verschweißbare Kunststoffe oder Schmiermittelzusätze*. (**D. A. S. 1 132 133** Kl. 12o vom 26/8. 1954, ausg. 28/6. 1962.) A. Jahn. H 980

Montecatini Soc. Gen. per l'Industria Mineraria e Chimica (Erfinder: Giuseppe Losco, Giorgio Rossi und Giannantonio Michieli), Mailand, Italien, **Herstellung von Cyanalkylamiden der O.O-Dialkylthio- oder -Dialkyldithiophosphorylessigsäure** der allg. Formel $(RO)_2P(:X){-}S{-}CH_2{-}CO{-}N(R_1){-}Y{-}CN$ (R = niedrige Alkylgruppe; X = O, S; R_1 = H, niedrige Alkylgruppe; Y = niedrige aliphat. KW-Stoff-Gruppe, gerade oder verzweigt) durch Rk. einer Dialkylthio- oder Dialkyldithiophosphorsäure-Metallverb. mit Halogenessigsäurealkylamid-Derivv. Hal—CH_2—CO—$N(R_1)$—Y—CN in Ggw. eines Lsgm., in welchem wenigstens eine Rk.-Komponente lösl. ist (niedriges aliphat. Keton) bei 10—100°. (**Ung. P. 150 038** vom 28/12. 1960, ausg. 20/6. 1962. It. Prior. 30/12. 1959.) F. Landsberger. H 980

Farbenfabriken Bayer Akt.-Ges., Leverkusen (Erfinder: Herbert-Joachim Exner, Köln), **Mononitrieren von technischem Benzol, Xylol und Toluol**, welche den üblichen Geh. an aliphat. KW-Stoffen aufweisen, mittels einer Mischsäure, die aus HNO_3, H_2SO_4 u. W. besteht, wobei auf 1 (Mol) des zu nitrierenden aromat. KW-Stoffs 0,9—1,2, bes. etwa 1,1 HNO_3 verwendet werden, dad. gek., daß man den bei der Dest. des rohen Nitrierungs-Prod. anfallenden aliphatenhaltigen Aromatenvorlauf mit frischen, zu nitrierenden Aromaten mischt u. dieses Gemisch unmittelbar wieder zur Nitrierung einsetzt u. den erneut anfallenden Vorlauf beliebig oft im Kreislauf führt. Restlose Ausnutzung der aromat. KW-Stoffe ohne Erhöhung des üblichen 0,05—2, meist 0,1—0,5% betragenden Geh. an aliphat. KW-Stoffen, weil diese unter den Bedingungen der Nitrierung offenbar z. T. in gasförmige oder wasser- bzw. alkalilösl. Verbb. übergeführt werden. (**D. A. S. 1 129 466** Kl. 12o vom 30/4. 1960, ausg. 17/5. 1962.) W. Gräger. H 1010

Standard Oil Co., Chicago, übert. von: Luke A. Schaap, South Holland, Ill., V.St.A., **Alkylieren von Toluol.** Dieses wird bei 140—300° mit Propylen in Ggw. eines Katalysators aus 10—35 Gew.-% Na oder K auf Tierkohle zur Rk. gebracht. (**A. P. 2 995 610** vom 24/3. 1959, ausg. 8/8. 1961.) E. Kahles. H 1010

Soc. des Usines Chimiques Rhône-Poulenc, Paris (Erfinder: Jean Metivier, Arpajon, Seine-et-Oise), Frankreich, **Herstellung von 2-Hydroxymethyl-**

4-chlorphenoxyessigsäure durch Veresterung der 2-Methyl-4-chlorphenoxyessigsäure, Rk. des Esters mit Br_2 zur Bromalkylverb. u. Hydrolysieren mit Alkalihydroxid. (**Ung. P. 149 926** vom 14/6. 1961, ausg. 20/4. 1962. F. Prior. 24/6. 1960.) F. Landsberger. H 1050

Georg Kowalski, Köln, **Gewinnung von sauren Bestandteilen aus Teeren, Teerölen, Mineralölen oder Phenolextrakten.** Bei der Behandlung von Teeren, Teerölen, Mineralölen oder Phenolextrakten mit selektiv wirkenden Lsgm. zwecks Gewinnung der sauren Bestandteile vermeidet man die Mitextraktion von nur schwer abtrennbaren Neutralölen dadurch, daß man als Extraktionsmittel niedermol. Carbonsäureamide oder Harnstoff (I), Thioamide, Guanidine oder deren Derivv. verwendet u. aus den erhaltenen Extrakten die sauren Bestandteile in bekannter Weise abtrennt. Vor der Extraktion kann man den Teerölen usw. als Extraktionshilfsstoffe Paraffin- oder Naphthen-KW-Stoffe bzw. deren Mischungen zusetzen. Aus den mit I gewonnenen Extrakten kann man die Phenole in der gleichen Weise abtrennen, wie dies für die Abtrennung von geradkettigen Paraffinen aus n-Paraffin/Harnstoff-Addukten üblich ist. — Man schüttelt z. B. eine Mischung aus 75 (Vol.-Teilen) Carbolöl (Phenol-Geh. 40%) u. 25 Fischer-Tropsch-Kogasin, Kp. 180—230°, bei 32° 5 Sek. mit 60 einer wss. I-Lsg. (90 g I je 100 cm³ W.) aus, läßt die Schichten sich trennen u. schüttelt die Raffinat-Phase ein 2. Mal bei 20° mit der gleichen Menge frischer I-Lsg. aus. Das Raffinat ist dann frei von Phenol u. der Extrakt frei von KW-Stoff u. a. Verunreinigungen. Aus dem Extrakt werden die Phenol/I-Addukte abgenutscht, bei 75—100° in Phenol u. I gespalten u. die Phenole durch Zentrifugieren abgetrennt. Auf diese Weise wird die in der Ausgangsmischung enthaltene Gesamtmenge an *Phenol* gewonnen. (**D. A. S. 1 129 162** Kl. 12q vom 10/9. 1958, ausg. 10/5. 1962.) A. Mohr. H 1060

Koninklijke Industrieele Mij. voorheen Noury & van der Lande N. V., Deventer, Niederlande, **Herstellung organischer Peroxide** durch Rk. eines Alkohols mit einem Hydroperoxid in Ggw. eines sauer reagierenden Katalysators. Man dest. während der Rk. das gebildete u. ggf. auch das ursprünglich vorhandene W. ab, wodurch gute, oft nahezu quant. Ausbeuten erzielt werden. Es wird u. a. die Erzeugung von *Cumyl-tert.-butylperoxid* aus 2-Phenylpropanol-(2) u. tert.-Butylhydroperoxid unter Zusatz von verd. H_2SO_4 beschrieben. (**Niederl. P. 100 795** vom 3/3. 1959, ausg. 15/3. 1962.) F. Böhm. H 1060

Aschaffenburger Zellstoffwerke Akt.-Ges., Redenfelden/Obb. (Erfinder: Ottmar Töppel, Aschaffenburg/M.), **Reinigung von Vanillin.** Man behandelt rohes Vanillin, bes. in Lsgm., die mit Wasserdampf nicht flüchtig sind, kontinuierlich mit gespanntem, auf 160—250° überhitztem Wasserdampf in einem besonderen Mischteil am Boden einer Rektifizierkolonne u. scheidet aus dem abdestillierten Gemisch durch fraktionierte Kondens. bei 92—140° reines Vanillin ab. — Beispiel. (**D. A. S. 1 132 113** Kl. 12o vom 9/7. 1959, ausg. 28/6. 1962.) A. Jahn. H 1140

Chemische Werke Witten G. m. b. H., Witten (Erfinder: Ewald Katzschmann, Dortmund), **Phthalsäuredichlorid** erhält man durch Chlorieren von Phthalid, ggf. im Gemisch mit Phthalsäuredimethylester, mit Cl_2 in Ggw. von Licht, bei 80—220°. (**D. A. S. 1 130 432** Kl. 12o vom 1/4. 1961, ausg. 30/5. 1962.) L. Stadelmann. H 1220

Mid-Century Corp., Chicago, Ill. (Erfinder: Ralph Landau, Nassau, N.Y., David Brown, New York, N.Y., und Alfred Saffer, Bayside, N.Y.), V.St.A., **Herstellung von Isophthalsäure** durch Oxydation von m-Diisopropylbenzol mit O_2 in Ggw. von 0,1—5% von cuminsaurem Mn u. Benzoesäure oder deren Gemisch mit einer Carbonsäure, die 1—6 C-Atome enthält, bei 100—320° u. 1—105 at. Erhöhte Ausbeute. (**D. A. S. 1 131 201** Kl. 12o vom 26/4. 1954, ausg. 14/6. 1962. A. Prior. 27/4. u. 29/6. 1953. **Zusatz zu D. A. S. 1 015 421; C. 1958, 7312.**) L. Stadelmann. H 1220

Vereinigte Glanzstoff-Fabriken Akt.-Ges., Wuppertal (Erfinder: Erhard Siggel, Laudenbach/M., Lothar Riehl, Oberbruch, Rudolf Lotz, Obernburg/M., und Gerhard Wick, Erlenbach/M.), **Abbau von Polyäthylenterephthalat zu Terephthalsäuredimethylester,** dad. gek., daß man Polyäthylenterephthalat mit Wasserdampf bei ca. 400°, bes. im Gegenstrom, behandelt, anschließend in feinverteilter Form mit überschüssigem Methanol mischt, das Gemisch bei 280—340° u. 80—140 at zur Rk. bringt, die Rk.-Prodd., ggf. unter Wärmezufuhr, entspannt u. nach Abtrennung fester oder nebelförmiger Bestandteile fraktioniert abkühlt. (**D. A. S. 1 131 202** Kl. 12o vom 12/1. 1961, ausg. 14/6. 1962.) L. Stadelmann. H 1220

Badische Anilin- & Soda-Fabrik Akt.-Ges., Ludwigshafen/Rh. (Erfinder: Gustav Steinbrunn, Schwegenheim), **Herstellung von substituierten Harnstoffen** durch Rk. von Isocyanaten der Formel R—N=C=O, in der R einen ggf. substituierten Alkyl-, Cycloalkyl-, Aralkyl-, Aryl-, Alkenyl-, Akinyl-, oder Arylsulfonrest bedeutet, oder von Diisocyanaten der Formel OCN—R_1—NCO, in der R_1 einen ggf. substituierten Alkylen-, Diarylalkylen-, Dicycloalkylalkylen- oder Arylenrest bedeutet, mit Hydroxylaminen der Formel R_2NHOH, in der R_2 einen ggf. substituierten Alkyl- oder Alkenylrest bedeutet, dad. gek., daß man die Rk. in Ggw. von W. u. einem mit W. nicht oder nur wenig mischbaren organ. Lsgm. durchführt u. das Hydroxylamin in einer Menge von weniger als 4 Mol je Mol Isocyanat oder je ½ Mol Diisocyanat anwendet. Die Hydroxylamine können als Salze oder in freier Form angewendet werden. Die Rk. wird vorteilhaft < 100° durchgeführt. — N-Methylhydroxylaminhydrochlorid, gelöst in W., wird mit Methylenchlorid u. Dibutyläther gemischt, der Mischung 10 n NaOH zugesetzt u. bei 5 bis 10° tropfenweise mit p-Chlorphenylisocyanat, gelöst in Methylenchlorid, zur Rk. gebracht. Man saugt den Nd. ab, löst ihn in einer Lsg. aus 500 Gew.-Teilen W. u. 250 Vol.-Teilen 10 n NaOH bei 10—15°, saugt vom Ungelösten ab u. fällt durch Zusatz von verd. Säure. Man erhält *N-p-Chlorphenyl-N'-methyl-N'-hydroxyharnstoff*, in W. lösl., Zers.-Punkt 137—138°. — Analog erhält man *N-Phenyl-N'-äthylhydroxyharnstoff*, in W. leichtlösl., F. aus Methylenchlorid u. PAe. 93—95°; *N.N'-2.4-Toluylen-N''.N''-diäthyl-N''.N''-di-(hydroxyharnstoff)*, Zers.-Punkt 117°, in Laugen löslich. Ferner erhält man eine Verb. der Formel I, Zers.-Punkt 139°, die Verb. ist leicht alkalilöslich. — *Zwischenprod. für die Herst. von Pharmazeutica u. Herbiciden.* (**D. A. S. 1 129 151** Kl. 12o vom 17/8. 1960, ausg. 10/5. 1962.) G. König. H 1280

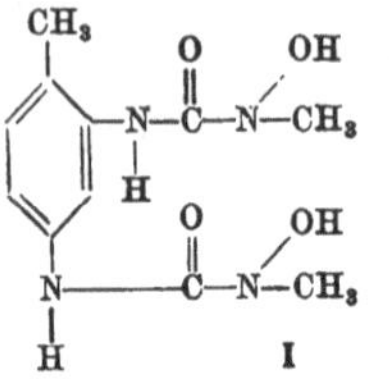

I

Farbenfabriken Bayer Akt.-Ges., Leverkusen (Erfinder: Engelbert Kühle und Ludwig Eue, Köln), **Herstellung von Urethanen,** dad. gek., daß man ggf. weitersubstituierte aromat. Verbb., die im Kern wenigstens eine OH-Gruppe enthalten, u. die in o- u./oder p-Stellung zur OH-Gruppe wenigstens eine tert. Aminomethylgruppe enthalten, mit Isocyanaten umsetzt. — 2.4.6-Tri-(dimethylaminomethyl)-phenol in Aceton gelöst, werden mit Phenylisocyanat (I) bei normaler Temp. versetzt. Die Temp. steigt hierbei auf 35°. Man rührt kurze Zeit u. dest. das Aceton ab. Man erhält ein goldgelbes Öl, $C_{22}H_{32}N_4O_2$. — Mit Methylphenylisocyanat → $C_{23}H_{34}N_4O_2$; mit Äthoxyphenylisocyanat → $C_{24}H_{36}N_4O_3$. — 2.4.6-Tri-(diäthylaminomethyl)-phenol u. Hexamethylendiisocyanat → $C_{50}H_{90}N_8O_4$. — 3.5-Dimethyl-6-(dimethylaminomethyl)-phenol u. I → $C_{18}H_{22}N_2O_2$. — 4-Methyl-6-(dimethylaminomethyl)-phenol u. I → $C_{17}H_{20}N_2O_2$; mit C_2H_5NCO → $C_{13}H_{20}N_2O_2$; mit $C_6H_3Cl_2$·NCO → $C_{17}H_{18}Cl_2N_2O_2$. — 2.6-Di-(dimethylaminomethyl)-4-methylphenol u. I → $C_{20}H_{27}N_3O_2$; mit C_2H_5NCO → $C_{16}H_{27}N_3O_2$; mit $C_6H_3Cl_2$·NCO → $C_{20}H_{25}Cl_2N_3O_2$. — 4-Acetylamino-6-(dimethylaminomethyl)-phenol u. 3.4-Dichlorphenyl·NCO → $C_{18}H_{19}Cl_2N_3O_3$. — 4-Chlor-6-(dimethylaminomethyl)-phenol u. I → $C_{16}H_{17}ClN_2O_2$; mit C_2H_5·NCO → $C_{12}H_{17}ClN_2O_2$. — *2.4-Dichlor-6-dimethylaminomethylphenol* u. I → $C_{16}H_{16}Cl_2N_2O_2$. — 2.5-Bis-(dimethylaminomethyl)-hydrochinon u. I → *Monophenylurethan*, F. bei 136°. F. des *Bis-phenylurethans* 144°. F. des *Chlorphenylurethans* 149°. F. des *Bis-(p-chlorphenylurethans)* bei 157°. — 7-Dimethylaminomethyl-8-hydroxychinolin u. I ergeben das *Phenylurethan*, F. 95—105°. — 1-(Dimethylaminomethyl)-2-naphthol u. I → den *Carbaminsäureester* der Formel I, F. 90—95°. — Verw. auf dem Kunststoffgebiet, als Zwischenprodd., als Schädlingsbekämpfungsmittel oder als Herbicide. (**D. A. S. 1 132 117** Kl. 12o vom 6/12. 1958, ausg. 28/6. 1962.) G. König. H 1280

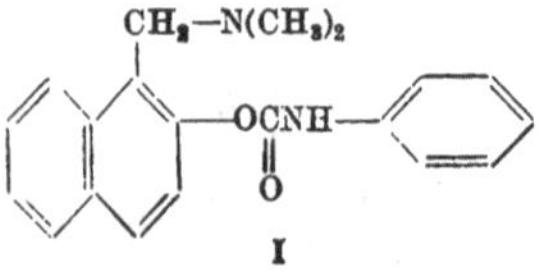

I

Wellcome Foundation Ltd. (Erfinder: Frederick Charles Copp und Harold Francis Hodson), London, England, **Herstellung von Phenoxyalkylguanidinderivaten** [A = —$(CH_2)_2$—, —$(CH_2)_3$—, —CH_2-$CH(CH_3)$—, —CH—(CH_3)-CH_2—; R = H, Halogen, Alkylgruppe mit 1—6 C-Atomen, Acetamido-, Propionamidogruppe; L u. M, gleich oder verschieden, = H, Halogen, Methyl-, Methoxy-, Nitrogruppe] a) durch Rk. von Guanidin oder Guanidinsalzen mit Verbb. der allg. Formel R'X (R' = entsprechend substituierte Phenoxyalkylgruppe; X = reaktionsfähige Atomgruppe oder Atom), b) durch Rk. von NH_3 oder Ammonium-Derivv. mit entsprechenden substituierten Isothiuroniumsalzen oder Cyanamidverbindungen. (**Ung. P. 150 069** vom 2/3. 1961, ausg. 20/6. 1962. E. Prior. 3/3. 1960.) F. Landsberger. H 1280

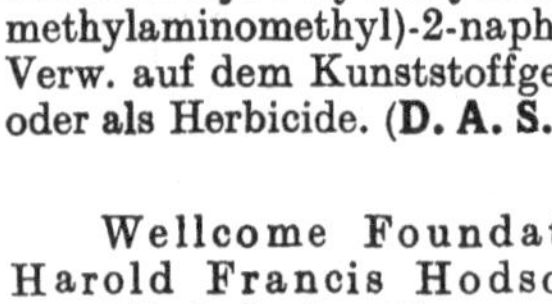

I

Wellcome Foundation Ltd., London (Erfinder: Eric Walton, Graham Keith Ruffel, London, England, und Eugene Grivsky, New York, N.Y., V.St.A.), **Herstellung von Benzylguanidinderivaten** der nebenst. allg. Formel (Z_1 u. Z_2, gleich oder verschieden, = Halogen, Methyl, Trifluormethyl, Nitrogruppe; R_1-R_4 = gleiche oder verschiedene Alkylgruppen mit 1—4 C-Atomen, wobei von Z_1 u. R_1-R_4 drei Reste = H sein können) u. deren *Salzen* durch Rk. von Guanidin-Derivv. der allg. Formel

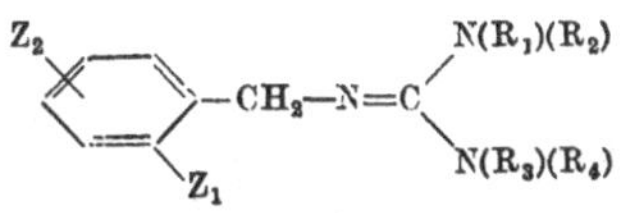

$R_5N=C[N(R_6)(R_7)]\cdot N(R_8)(R_9)$ oder deren Salzen mit Verbb. der allg. Formel $R_{10}Y$ (R_{10} = durch Z_1 u. Z_2 substituierte Benzylgruppe, R_5-R_9 = H oder Alkylgruppen mit 1—4 C-Atomen, eine jedoch = H; Y = reaktionsfähige Atomgruppe oder Atom). (**Ung. P. 150 073** vom 21/12. 1960, ausg. 20/6. 1962. E. Prior. 24/6. 1960.)
F. Landsberger. H 1280

Farbwerke Hoechst Akt.-Ges., vormals Meister Lucius & Brüning, Frankfurt/M. (Erfinder: Kurt Burgdorf, Offenbach/M.), **Nitrodiaminobenzole** werden durch Hofmannschen Abbau der Nitrobenzoldicarbonsäurediamide erhalten. — 125,4 (Gew.-Teile) 2-Nitrobenzol-1.4-dicarbonsäurediamid trägt man bei 5° in 2400 einer wss. Lsg. von 89,4 NaClO u. 96 NaOH ein. Nach $^1/_2$ Std. erwärmt man innerhalb 45 Min auf 95°, impft an u. hält noch 45 Min. auf 95°. Man kühlt dann auf 5°, saugt ab, wäscht mit gesätt. NaCl-Lsg., trocknet → 79 *2-Nitro-1.4-diaminobenzol* (86% Ausbeute), F. 138 bis 139°, schwarze, grünschimmernde Nadeln. — Analog: *5-Nitro-1.3-diaminobenzol* (96%), F. 143—144°, rotes feinkristallines Pulver. (**D. A. S. 1 132 140** Kl. 12q vom 7/12. 1960, ausg. 28/6. 1962.)
A. Debo. H 1310

Wellcome Foundation Ltd. (Erfinder: Charles Frederick Copp und George Geoffrey Coker), London, England, **Herstellung von quaternären Ammoniumverbindungen** der allg. Formel $ROCH_2\cdot CH_2\cdot \overset{+}{N}XY\cdot CH_2L$ (R = Phenylring, in m- oder d-Stellung durch Alkyl-, Alkoxy-, Allyloxy-, Methylmercapto-, Hydroxy-, Formyl-, Acetyl-, Alkoxycarbonyl-, Amino-, Methylamino-, Acetamido-, Cyan-, Nitro-, Nitrosogruppen substituiert, falls L ein in o-, m- oder p-Stellung durch Halogen oder eine Alkyl-, Alkoxy-, Methylmercapto-, Cyan- oder Nitrogruppe substituierter Phenylring oder ein in 5-Stellung halogenierter Thienyl- oder Furylrest ist; R = in o-Stellung durch Halogen, Alkyl-, Alkoxy-, Allyloxy-, Methylmercapto-, Hydroxy-, Formyl-, Acetyl-, Alkoxycarbonyl-, Amino-, Methylamino-, Acetamido-, Cyan-, Nitro-, Nitrosogruppe substituierter Phenylring, falls L ein in m- oder p-Stellung durch Alkyl-, Alkoxy-, Methylmercapto-, Cyan- oder Nitrogruppe substituierter Phenylring ist; X u. Y, gleich oder verschieden, = Alkyl-, Allyl-, Propargyl-, α-Hydroxyalkylgruppe, oder X u. Y zusammen = Tetramethylen-, Pentamethylen-, 3-Oxapentamethylengruppe) durch Rk. von tert. Aminen $R^aR^bR^cN$ mit Verbb. R^dZ, wobei R^a, R^b, R^c, R^d = $RO\cdot CH_2-CH_2-$, X, Y u. CH_2L, Z = reaktionsfähige Gruppe. Die erhaltenen Additionssalze können mit anderen Anionen, die in W. schwerlösl. quatern. Salze bilden, umgewandelt werden. (**Ung. P. 149 798** vom 12/3. 1960, ausg. 20/1. 1962. E. Prior. 13/3. 1959.)
F. Landsberger. H 1320

Wellcome Foundation Ltd. (Erfinder: Charles Frederick Copp und Geoffrey George Coker), London, England, **Herstellung quaternärer Ammoniumverbindungen** der allg. Formel $R-W-CH_2-CH_2-\overset{+}{N}(X)(Y)-CH_2L$ (R = Phenylrest, der in m- oder p-Stellung durch Halogen, Alkyl-, Alkoxy-, Allyloxy-, Methylmercapto-, OH-, Formyl-, Acetyl-, Alkoxycarbonyl-, NH_2-, Methylamino-, Acetamido-, Cyan-, NO_2-, NO-Gruppen substituiert sein kann; L = Thienyl- oder Furylgruppe oder Phenylring, der in m- oder p-Stellung durch Halogen, Alkyl-, Alkoxy-, Methylmercapto-, Cyan-, Nitrogruppe substituiert sein kann; W = gesätt. KW-Stoff-Kette, die 1—3 nicht benachbarte O-Atome enthält, mit 2—16 C-Atomen; X u. Y, gleich oder verschieden, = Alkyl-, Allyl-, Propargylgruppe, oder X + Y = Tetramethylen oder 3-Oxapentamethylen) durch Rk. von tert. Aminen der allg. Formel $(R^a)(R^b)(R^c)N$ mit einer Verb. der allg. Formel R^dZ (Z = reaktionsfähiges Atom oder Atomgruppe; wobei R^{a-d} den vorherigen Bezeichnungen entsprechend eine $RW-CH_2-CH_2$-, X-, Y- bzw. CH_2L-Gruppe bedeuten kann). (**Ung. P. 150 067** vom 19/11. 1960, ausg. 20/6. 1962. E. Prior. 20/11. 1959.)
F. Landsberger. H 1320

Wacker-Chemie G. m. b. H., München (Erfinder: Siegfried Nitzsche und Rudolf Riedle, Burghausen/Obb.), **Herstellung von Arylchlorsilanen** nach D. A. S. 1 046 619 durch Überleiten dampfförmiger Gemische von Arylchloriden u. H-Chlorsilanen über durch Red. von CuCl gewonnene Cu-Katalysatoren, dad. gek., daß der verbrauchte Katalysator nach Mahlen u./oder Sieben, anschließendem Vermischen mit CuCl, sodann Versetzen mit der für die Red. von CuCl zu Cu erforderlichen Menge Si-Metallpulver u. Erhitzen auf höhere Temp. jeweils wieder verwendet wird. (**D. A. S.**

1 130 807 Kl. 12o vom 5/12. 1959, ausg. 7/6. 1962. **Zusatz zu D. A. S. 1046619; C. 1959, 16841.)** J. Mühleisen. H 1380

Badische Anilin- & Soda-Fabrik Akt.-Ges., Ludwigshafen/Rh. (Erfinder: Hans Lautenschlager, Ludwigshafen/Rh., und Dietmar Wittenberg, Mannheim), **Triarylphosphine (I)** erhält man durch Rk. eines Halogenids des 3wertigen P, z. B. PJ_3, PBr_3, PCl_3, $C_6H_5PCl_2$, mit dem Gemisch, das durch Rk. von Arylhalogeniden, wie Br-, J- oder Cl-Benzol, 1- oder 2-Chlornaphthalin, Halogentoluolen, -xylolen, -diphenylen oder Halogenäthylbenzolen, mit durch Halogen, Halogenwasserstoff, Metall- oder Nichtmetallhalogenid, Organometall-Verb. aktiviertem Al bei erhöhter Temp. gewonnen wurde, ggf. in Ggw. eines inerten Lsgm. bei 100—300°, Hydrolyse des Rk.-Gemisches oder Bindung des darin enthaltenen $AlCl_3$ mit Komplexbildnern (Alkalimetallhalogeniden, tert. Aminen, $POCl_3$) u. Dest. des I aus dem Rk.-Gemisch. — Beispiel für die Herst. von Triphenylphosphin. **(D. A. S. 1 131 669** Kl. 12o vom 18/8. 1960, ausg. 20/6. 1962.) A. Jahn. H 1380

Chemische Fabrik Kalk G. m. b. H., Köln (Erfinder: Heinrich Hahn, Köln), **β.β-Bis-(3.5-dibrom-4-hydroxyphenyl)-propan (I)** erhält man durch Behandeln einer Lsg. bzw. Aufschlämmung von β.β-Bis-(4-hydroxyphenyl)-propan in 70—100%ig. Essigsäure bei 10—100°, bes. 20—60°, mit Br_2 u. Cl_2 im Mol-Verhältnis von 1 zu je 2,0 bis 2,75 unter ständiger Aufrechterhaltung eines geringen Bromüberschusses, wobei erst nach Beendigung der Rk. eine diesem Bromüberschuß mindestens äquivalente Cl_2-Menge in das Rk.-Gemisch eingeleitet wird. I, F. 164—165°, dient als *Zwischenprod.* für die Herst. von *Heilmitteln* bzw. als *flammenhemmender Zusatz zu Polyestern.* (**D. A. S. 1 129 957** Kl. 12q vom 27/2. 1959, ausg. 24/5. 1962.) A. Mohr. H 2260

Farbenfabriken Bayer Akt.-Ges., Leverkusen (Erfinder: Dieter Nachtsheim und Hermann Schnell, Krefeld), **4.4'-Dihydroxydibenzylketone.** Das bekannte Verf. zur Herst. von 4.4'-Dihydroxydibenzylketonen durch Behandeln von 1.3-Dichlor-2.2-bis-(p-hydroxyphenyl)-propan (I) oder dessen im Phenylrest ggf. durch niedermol. Alkylgruppen substituierten Derivv. mit verseifenden Mitteln wird hinsichtlich der Ausbeute dadurch verbessert, daß man die Behandlung mit einer wss.-methanol. Aufschlämmung von mindestens 1 Mol eines Erdalkalicarbonats je Mol verwendetes I durchführt. Die erhaltenen Ketone dienen als *Zwischenprodd.* für die Herst. von *Kunstharzen.* — So erhält man z. B. durch 40—50std. Erhitzen einer mit 60 (Gew.-Teilen) $CaCO_3$ (oder $MgCO_3$) versetzten Lsg. von 100 I in 400 Methanol u. 600 W. bei Rückfluß-Temp., Abfiltrieren des nicht verbrauchten Carbonats u. Einengen des Filtrats 67 g *4.4'-Dihydroxydibenzylketon,* F. 169°, entsprechend einer Ausbeute von 82,5%. *4.4'-Dihydroxy-3.3'-di-methyldibenzylketon,* F. 129°, entsteht analog durch Verseifen von 1.3-Dichlor-2.2-bis-(3-methyl-4-hydroxyphenyl)-propan. (**D. A. S. 1 129 163** Kl. 12q vom 1/8. 1957, ausg. 10/5. 1962.) A. Mohr. H 2380

Rütgerswerke Akt.-Ges., Frankfurt/M. (Erfinder: Julius Altpeter, Bad Homburg v. d. H., und Hubert Sauer, Hofheim), **Diphensäure** erhält man durch Oxydation von Phenanthren mit Peressigsäure, wobei man H_2O_2 fortlaufend zu der sd. Lsg. von Phenanthren u. Eisessig in Nitrobenzol als indifferentem Verdünnungsmittel gibt u. durch azeotrope Abtrennung von W. die Essigsäure-Konz. konst. hält. 90%ig. Ausbeute, verkürzte Rk.-Zeit. (**D. A. S. 1 130 801** Kl. 12o vom 9/5. 1959, ausg. 7/6. 1962.) L. Stadelmann. H 2420

Badische Anilin- & Soda-Fabrik Akt.-Ges. (Erfinder: Walter Stilz, Fritz Stolp und Horst Pommer), Ludwigshafen/Rh., **1.4-Bis-(p-carboxystyryl)-benzole** erhält man durch Rk. von Benzylphosphonsäure oder ihren Estern der allg. Formel I mit Terephthalaldehyd der allg. Formel II in Ggw. eines bas. Mittels (Alkali-, Erdalkalihydroxide, -alkoholate, -amide, stark bas. Amine u. Ionenaustauscher mit OH-Gruppen) u. bes.

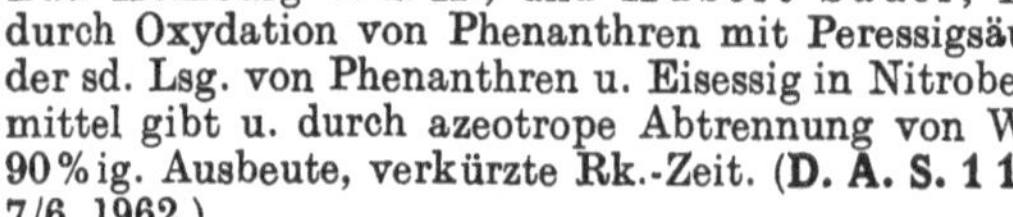

eines Lsgm. (aliphat. u. aromat. KW-Stoffe, Cyclohexan, Alkohole, Glykole, Äther, Tetrahydrofuran, Dioxan, Carbonsäureamide, N-Methylpyrrolidon, Dimethylsulfoxid, W.), bes. bei 0—100° (R = H, gesätt. oder ungesätt. Alkyl, Aralkyl; R_1 = H, gleiches oder verschiedenes Halogen, Alkyl, Aralkyl, Aryl, Alkoxy, Sulfonsäureester- oder Carbonsäurerest; R_2 u. R_3 = H, gleiche oder verschiedene Alkyle, die beide zusammen auch Bestandteile eines heterocycl. Ringes sein können; R_4 = H, Halogen, Alkyl, Aralkyl, Alkoxy, Sulfonsäurerest). Die beiden Carbonyl-O-Atome werden bei der Rk. durch die Benzalreste ersetzt. — Aus 39 (Teilen) Terephthalaldehyd u. 190 p-Carbomethoxybenzylphosphonsäurediäthylester (erhältlich aus Triäthylphosphit u. p-Chlormethylbenzoesäuremethylester zuerst bei 140—150, dann bei 180—200°, $Kp._{0,05}$ 138—140°; dickfl. Öl) in 250 N-Methylpyrrolidon unter Zusatz von 120 30%ig. methanol. Na-Methylat bei 40—60° → 92 *1.4-Bis-(p-carbomethoxystyryl)-benzol*, $H_3COOCC_6H_4CH{=}CHC_6H_4CH{=}CHC_6H_4COOCH_3$, aus Eisessig hellgelbe, glänzende Blättchen, F. 315° (Zers.); UV-Spektrum λ_{max} 372 mμ; Fluorescenzspektrum λ_{max} 410 u. 435 mμ (beide gemessen in Dioxan); Ausbeute 79,5%. — 3.4-Dicarbomethoxybenzylphosphonsäurediäthylester (aus 3.4-Dicarbomethoxybenzylchlorid u. Triäthylphosphit) → *1.4-Bis-(3'.4'-dicarbomethoxystyryl)-benzol*, aus Dimethylformamid gelbe, azurblau fluorescierende Blättchen, F. 223 bis 224°; Ausbeute 95,6%. — Verw. als opt. Aufheller für Polyamide u. Polyester; Lichtschutzmittel; Stabilisierungsmittel; Zwischenprodd. zur Herst. von Heilmitteln, Schädlingsbekämpfungsmitteln u. Farbstoffen. (**D. A. S. 1 129 947** Kl. 12o vom 29/7. 1959, ausg. 24/5. 1962.) G. Krauß. H 2420

Chemische Fabrik Stockhausen & Cie. (Erfinder: Eduard Barthell und Hermann-Dietrich Schmidt-Neuhaus), Krefeld, **Herstellung von Epoxiden** durch Halogenwasserstoffübertragung von Halogenhydrinen auf andere Epoxide in Ggw. von Katalysatoren, vornehmlich tert. Basen oder Oniumsalzen, dad. gek., daß man die Rk. bei erhöhter Temp., ggf. bei erhöhtem Druck u. mindestens der äquivalenten Menge des Ausgangsepoxids durchführt, wobei die Rk.-Prodd. so gewählt werden, daß sowohl das Ausgangsepoxid als auch das als Nebenprod. entstehende Chlorhydrin niedriger siedet als das zu gewinnende Epoxid. — 20 (Mol) 3-Chlorpropandiol-(1.2) werden in N-Äthylpyridiumjodid gelöst, die Lsg. in einen Autoklav gefüllt u. 65 Min. bei 115° mit 19 Propylenoxid behandelt. Bei der folgenden Dest. erhält man 13,5 *1-Chlorpropanol-(2)* u. 15,4 *2.3-Epoxypropanol-(1)* (Glycidol). — 3-Chlor-1-phenoxypropanol-(2) u. Äthylenoxid → *2-Chloräthanol* u. *Phenylglycidäther*. — Styrolchlorhydrin u. Äthylenoxid → *2-Chloräthanol* u. *Styroloxid*. — Das Halogenhydrin kann außer Halogen, C, H u. O auch andere Atome, bes. aus den Gruppen III bis VI des Period. Syst. enthalten. (**D. A. S. 1 132 110** Kl. 12o vom 25/11. 1960, ausg. 28/6. 1962.) G. König. H 3030

Olin Mathieson Chemical Corp., New York, N.Y. (Erfinder: Herman A. Bruson, North Haven, und Donald W. Kaiser, Hamden, Conn.), V.St.A., **Reinigung von niederen Alkylenoxiden,** welche Chlorolefine enthalten, dad. gek., daß das rohe Alkylenoxid 1—2 Std. bei ca. 0—100°, bes. 30—75°, mit ca. 0,2—5 Gew.-% eines Alkali- oder Erdalkalipermanganats behandelt wird. Das gereinigte Alkylenoxid wird durch Dest. abgetrennt. (**D. A. S. 1 131 653** Kl. 12o vom 13/12. 1960, ausg. 20/6. 1962. A. Prior. 30/12. 1959.) G. König. H 3030

Solvay & Cie., Brüssel, Belgien (Erfinder: Jaques Viriot und Hugues Pagniez, Tavaux-Cites, Frankreich), **Kontinuierliche Herstellung von α-Epichlorhydrin** durch Dehydrochlorierung einer wss. Mischung der Dichlorhydrine des Glycerins mittels eines bas. Stoffes in Ggw. eines nicht mit W. mischbaren Lsgm. für das α-Epichlorhydrin, dad. gek., daß das Lsgm. in gleichem Sinn wie die wss. Lsg. umläuft. Als Lsgm. wird vorteilhaft 1.2.3-Trichlorpropan verwendet u. die Rk. zwischen 40 u. 80° durchgeführt. (**D. A. S. 1 131 654** Kl. 12o vom 25/3. 1960, ausg. 20/6. 1962. Belg. Prior. 29/4. 1959.) G. König. H 3030

Beecham Research Laboratories Ltd. (Erfinder: Frank Peter Doyle, Betchworth, und Kamal Naguib Ayad, Wimbledon), England, **Herstellung von Derivaten des 3-Mercaptopropylensulfids** der allg. Formel **I**, in der R eine Alkylgruppe mit 2—12 C-Atomen, eine substituierte Alkylgruppe, eine ggf. substituierte Aryl-, Aralkyl-, Alkoxy-, Cycloalkylgruppe oder heterocycl. Gruppe darstellt, dad. gek., daß man 3-Mercaptopropylensulfid mit einem gemischten Anhydrid, das durch Rk. von Chlorkohlensäureäthylester mit einer Carbonsäure der allg. Formel RCOOH, in der R die angegebene Bedeutung hat, erhalten worden ist, behandelt.

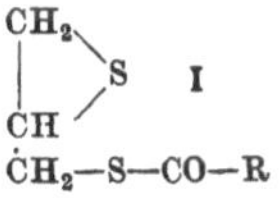

I

Die Rk. wird vorteilhaft unter wasserfreien Bedingungen u. bei Temp. nicht über 5° durchgeführt. Es ist ferner zweckmäßig, die als Ausgangsprod. verwendeten gemischten Anhydride unmittelbar vor der Rk. in dem Rk.-Gefäß herzustellen. — 4,1 g Chlorkohlensäureäthylester werden unter Rühren zu einer Lsg. von 7,7 (g) N-Carbobenzoxyglycin u. 3,8 Triäthylamin in 75 cm³ trockenem Toluol bei 0° zugegeben. Das Rk.-Gemisch mit ausgeschiedenem Triäthylammoniumchlorid wird mit 4 3-Mercaptopropylensulfid u. 2 Tropfen Pyridin versetzt u. 1 Std. bei 0° gerührt. Nach dem Stehen über Nacht bei 0—5° wurde das Gemisch bei normaler Temp. in W. eingerührt u. die gebildete organ. Schicht abgetrennt. Nach dem Waschen mit W. u. der Trocknung über $MgSO_4$ wird das Lsgm. entfernt. Man erhält *3-(N-Carbobenzoxyglycyl)-thiopropylensulfid*, F. 69—69,5° (Bzl.-Leichtpetroleum). Analog werden folgende „-thiopropylensulfide" hergestellt: *3-(p-Nitrobenzoyl)-*, F. 62° (wss. A.); *3-Lävulinyl-*, Kp.$_{0,01}$ 106°; *3-(N-Benzoyl-dl-phenylalanyl)-*, F. 130° (Bzl.); *3-Hippuryl-*, F. 121° (wss. A.); *3-(p-Acetylaminobenzoyl)-*, F. 163° (Bzl.-PAe.); *3-(Terephthalyl)-*, F. 112—113° (A.); *3-Diphenylacetyl-*, F. 62°; *3-(β-Carbo-*

methoxypropionyl)-, $Kp._{0,1}$ 120—124°; *3-Furoyl-*, $Kp._{0,1}$ 120°; *3-Trichloracetyl-*, $Kp._{0,2}$ 90—92°. (**D. A. S. 1 131 695** Kl. 12q vom 11/3. 1958, ausg. 20/6. 1962. E. Prior. 11/3. 1957.) G. König. H 3020

F. Hoffmann-La Roche & Co. Akt.-Ges., Basel (Erfinder: Arnold Brossi, Riehen, Max Gercche, Basel, Emil Kyburz, Riehen), Schweiz, **Herstellung von spirocyclischen Ketoalkoholen** der allg. Formel **I** (R_1, R_2, R_3, R_4 = H, Alkyl-, Haloalkyl-, Alkoxygruppe, OH oder Halogen; R_5 = H, niedermol. Alkylgruppe; R_6 = niedermol. Alkylgruppe) u. deren *Estern* u. *Äthern* durch Red. entsprechender Diketone mit Alkalimetallhydriden ($NaBH_4$) in Methanol. (**Ung. P. 149 681** vom 10/2. 1961, ausg. 20/1. 1962. Schwz. Prior. 12/2. 1960.) F. Landsberger. H 3061

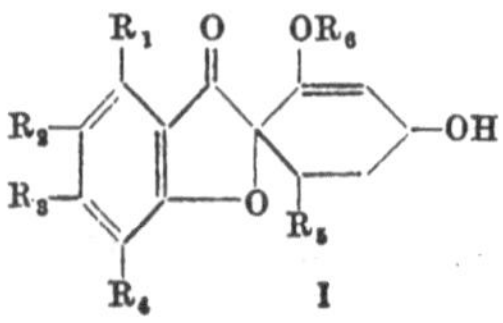

Sandoz Akt.-Ges., Basel (Erfinder: Albert Hofmann und Franz Troxler, Bottmingen), Schweiz, **Herstellung von basischen Indolderivaten** der allg. Formel **I** (R_1 = H, Aralkyl; R_2 = H, niedrige Aralkylgruppe; R_3 u. R_4, gleich oder verschieden, = H, niedrige Alkylgruppe; A = Alkylen mit höchstens 3 C-Atomen) u. deren *Salze* durch Rk. von Indolen der allg. Formel II (R_1' = Aralkyl(Benzyl)-Gruppe) mit Alkylmagnesiumhalogeniden, Umsetzung des entstehenden Prod. mit Verbb. der allg. Formel $X_1—CO—A—X_2$ (X_1 u. X_2, gleich oder verschieden, = Halogen) u. Rk. mit HNR_3R_4. Das erhaltene Indolyl-(3)-keton wird mit $LiAlH_4$ red. u. ggf. die Alkoxy- bzw. Aralkoxygruppe in die OH-Gruppe übergeführt. (**Ung. P. 149 908** vom 6/4. 1960, ausg. 20/4. 1962. Schwz. Prior. 7/4. 1959.) F. Landsberger. H 3081

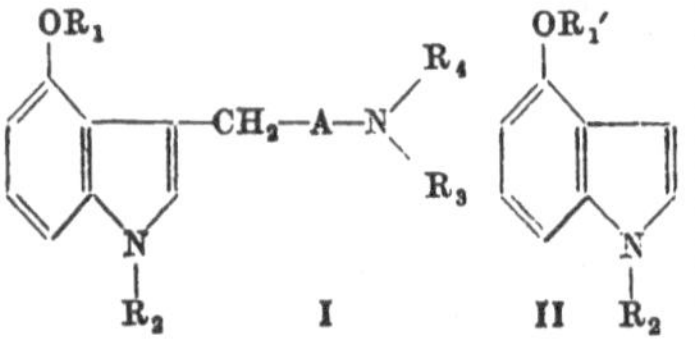

Sandoz Akt.-Ges., Basel (Erfinder: Ernst Jucker, Binningen, Adolf J. Lindenmann, Basel, und John Gmünder, Muttenz), Schweiz, **Herstellung von Pyrazolonderivaten** der allg. Formel **I** (R_1 = niedrige Alkylgruppe; R_2 = H, Halogen; R_3 = Halogen, niedrige Alkyl-, Alkoxy-, NO_2-Gruppe) durch Rk. von N-Alkylpiperidyl-(4)-hydrazin mit β-Ketocarbonsäurealkylestern $R_3—C_6H_4—CH_2—CH(COX)—CO—C_6H_4—R_2$ (X = OH, niedrige Alkoxygruppe) u. ggf. Bldg. der *Additionssalze*. (**Ung. P. 149 912** vom 21/4. 1961, ausg. 20/4. 1962. Schwz. Prior. 22/4. 1960.) F. Landsberger. H 3122

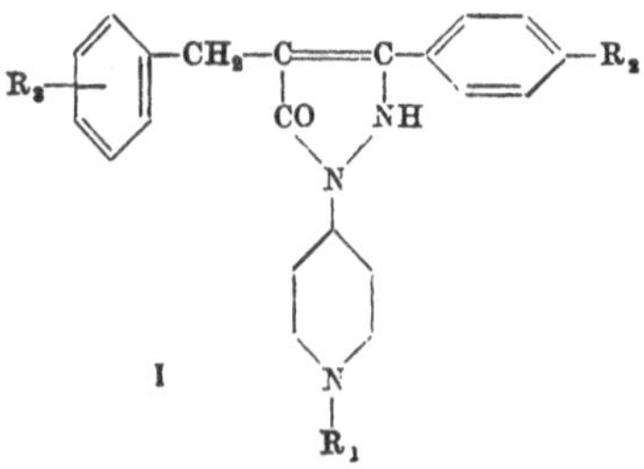

J. R. Geigy Akt.-Ges. (Erfinder: Rudolf Pfister und Franz Haefliger), Basel, Schweiz, **Herstellung von 4-substituierten 1.2-Diaryl-3.5-dioxopyrazolidinen**, der allg. Formel I (R_1 = H, niedrige Alkyl-, Alkoxygruppe oder Halogen; R_2, R_3 = H, niedrige Alkyl-, Alkoxygruppe oder Halogen; X = S, SO, SO_2; n = 2—4) u. deren mit anorgan. oder organ. Basen gebildete *Salze* durch Rk. von Malonsäurediestern II (Y = niedrige Alkylgruppe) mit Hydroxyhydrazobenzolen der allg. Formel III (R_4 = Alkyl; von Z_1 u. Z_2 ist eines = H, die andere = H oder leicht abspaltbare Acylgruppe) in Ggw. eines alkal. Kondens.-Mittels. Die erhaltene Mercapto-Verb. wird ggf. durch Oxydation in das Sulfoxid bzw. Sulfon übergeführt. (**Ung. P. 149 947** vom 17/2. 1961, ausg. 20/5. 1962. Schwz. Prior. 18/2. 1960.) F. Landsberger. H 3122

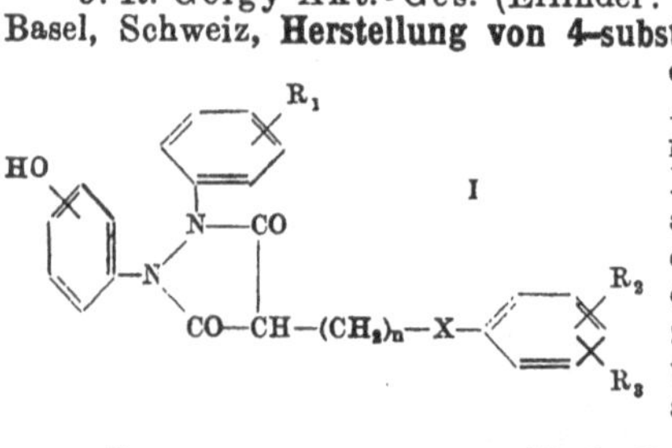

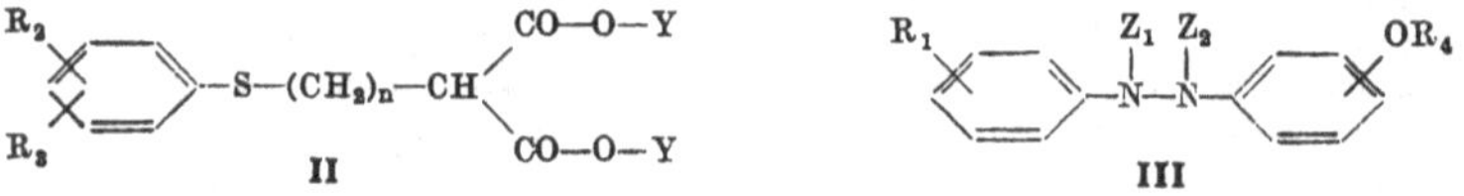

J. R. Geigy Akt.-Ges. (Erfinder: Rudolf Pfister, Franz Haefliger und Louis Müslin), Basel, Schweiz, **Herstellung von 4-substituierten 1.2-Diaryl-3.5-dioxopyrazolidinen** der allg. Formel **I** (R_1 = Alkyl mit höchstens 3 C-Atomen; R_2 = H,

Alkyl, Alkoxy mit höchstens 3 C-Atomen, Alkylsulfonyl, Halogen, OH; R_3 = H, KW-Stoffgruppe mit höchstens 10 C-Atomen oder in der Kette oder im Ring durch O, S, SO, SO_2 unterbrochen) durch Rk. eines Malonsäurediesters $R_3 \cdot CH(COOX)_2$ (X = KW-Stoffrest mit höchstens 8 C-Atomen) mit dem entsprechenden Hydrazobenzol-Deriv. II (von Y_1 u. Y_2 ist eines = H, das andere = H oder leicht abspaltbare Acylgruppe; $R_2' = R_2$ mit Ausnahme von OH) in Ggw. eines Kondens.-Mittels bei 80°, bes. in Ggw. eines Lsgm. (Bzl., Toluol, Xylol usw.). (**Ung. P. 149 948** vom 23/2. 1961, ausg. 20/5. 1962. Schwz. Prior. 24/2. 1960.) F. Landsberger. H 3122

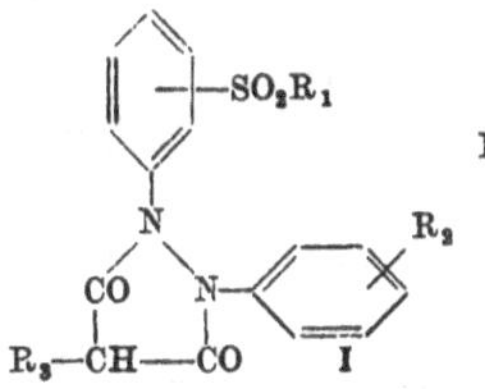

I

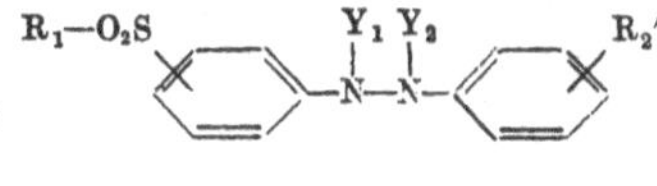

II

Richter Gedeon Vegyészeti Gyár R. T. (Erfinder: János Gyurkó und Judit Kálóczy), Budapest, Ungarn, **Herstellung von Benzimidazolderivaten** der allg. Formel I (R_1 = H, Halogen u. andere Gruppen, wobei der Benzolring mehrere gleiche oder verschiedene Gruppen enthalten kann, die miteinander ggf. einen Ring bilden können; R_2 = H, Alkyl-, Arylgruppen, wobei letztere substituiert sein können) durch Red. von N-haltigen Benzol-Derivv. der allg. Formel $R_1-C_6H_3 \cdot (NX_1)(NX_2)$ ($[NX_1]$ u. $[NX_2]$ sind H-haltige Amino-, Acylamino-, Hydroxylamino-, Nitroso-, Nitrogruppen) mit Na-Hydrosulfit in Ggw. eines Überschusses an Carbonsäureamiden der allg. Formel NH_2-CO-R_2 bei 120 bis 200°. (**Ung. P. 149980** vom 26/5. 1961, ausg. 20/5. 1962.) F. Landsberger. H 3122

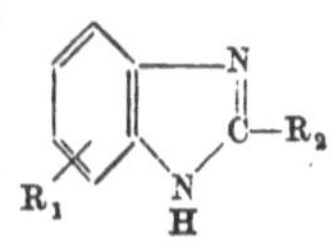

I

Merck & Co., Inc., Rahway (Erfinder: Lewis Hastings Sarett, Princeton, und Dean Horace Brown, Plainfield), N.J., V.St.A., **Herstellung von 2-substituierten 1-Acylbenzimidazol-Verbindungen** der allg. Formel I (R = N oder S enthaltende 5gliedrige heterocycl. Gruppe; R_1 = Alkyl-, Aryl- oder Aralkylgruppe; R_2 u. R_3 = H oder niedrige Alkylgruppe) durch Rk., von Alkalimetallsalzen eines Benzimidazols II mit Acylhalogeniden der allg. Formel $R_1CO \cdot X$ (X = Cl, Br). (**Ung. P. 149 843** vom 21/2. 1961, ausg. 20/3. 1962. A. Prior. 17/3. 1960.) F. Landsberger. H 3122

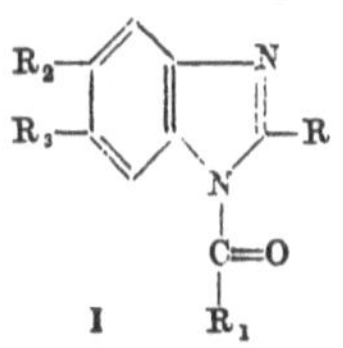

I

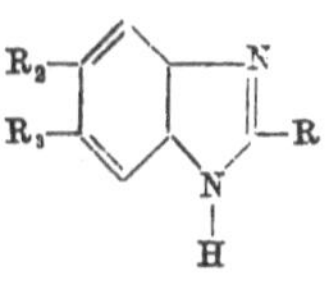

II

Merck & Co., Inc., Rahway, N.J., V.St.A. (Erfinder: Lewis Hastings Sarett und Dean Horace Brown), **Herstellung von Benzimidazolverbindungen** der allg. Formel I (R = N u. S enthaltende 5gliedrige heterocycl. Gruppe; R_1 = H, niedrige Alkyl- oder Alkenylgruppe; R_2 u. R_3 = H oder niedrige Alkylgruppe) u. deren *Salze* durch Rk. von Verbb. RB (B = Carboxy-, Carbalkoxy-, Carbonamid-, Acylhalogenid-, Aldehydgruppe) mit Verbb. der allg. Formel $(R_2)(R_3)C_6H_2(NH_2)(Y)$ (Y = NO_2, NH_2 oder NHR'; R' = niedrige Alkyl- oder Alkenylgruppe); bei R_1 = H wird das entstehende Deriv. alkyliert bzw. alkenyliert. — Z. B. läßt man o-Phenylendiamin mit Thiazolcarbonsäure, Isothiazolcarbonsäure, Thiadiazolcarbonsäure oder mit den entsprechenden Aldehyden reagieren, die gewonnenen Schiffschen Basen werden mit Cu-Acetat u. die Cu-Salze mit H_2S behandelt. (**Ung. P. 149 895** vom 3/1. 1961, ausg. 20/4. 1962. A. Prior. 18/1. 1960.) F. Landsberger. H 3142

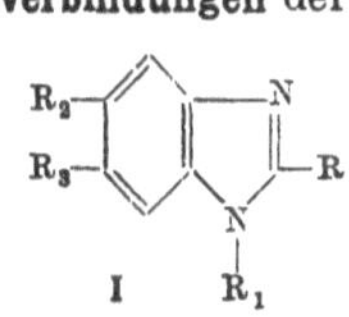

I

Sandoz Akt.-Ges., Basel (Erfinder: Jany Renz, Jean Pierre Bourquin, Rudolf Griot Leo Ruesch, Basel, und Gustav Schwab, Neuallschwil), Schweiz, **Herstellung von Thioxanthenverbindungen** der allg. Formel I (R = niedermol. Alkylgruppe) u. ihren *Salzen* durch Behandlung entsprechender Thioxanthenol-Verbb. mit wasserentziehenden Mitteln. Die Thioxanthenole erhält man durch Rk. von Thioxanthon mit metallorgan. Verbb. der allg. Formel II (Me = 2wertiges Metall; Hal = Cl, Br, J) bei nachheriger Hydrolyse. (**Ung. P. 149 779** vom 28/4. 1961, ausg. 20/2. 1962. Schwz. Prior. 29/4. 1960.) F. Landsberger. H 3221

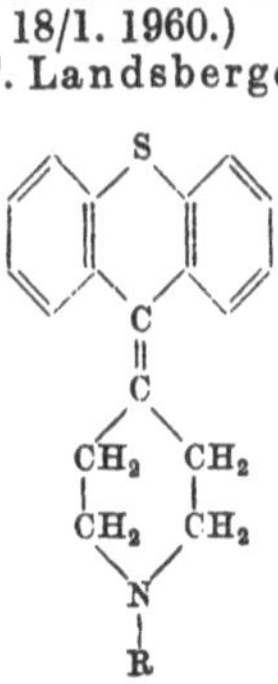

I

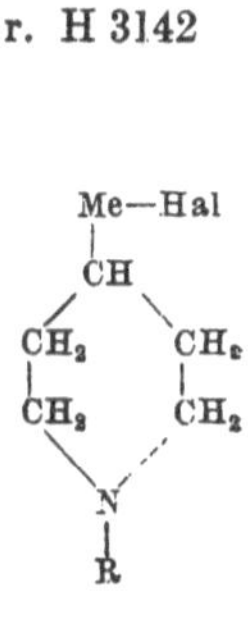

II

Sandoz Akt.-Ges., Basel (Erfinder: Ernst Jucker, Ettingen, Anton Ebnöther, Basel, und André Stoll, Birsfelsen), Schweiz, **Herstellung von basischen Verbindungen** der allg. Formel I (R_1 = H, niedrige Alkylgruppe; R_2 u. R_3 = niedrige Alkylgruppe; R_2 kann mit R_3 eine 2wertige gerade KW-Stoffkette bilden mit höchstens 5 C-Atomen, die ggf. durch ein O-Atom unterbrochen sein kann) u. deren *Salzen* durch Rk. von Thioxanthen mit einem Säureamid bzw. Lactam, Red. der gebildeten Verb. u. nachfolgende Wasserabspaltung. (**Ung. P. 150 057** vom 12/9. 1961, ausg. 20/5. 1962. Schwz. Prior. 13/9. 1960.) F. Landsberger. H 3221

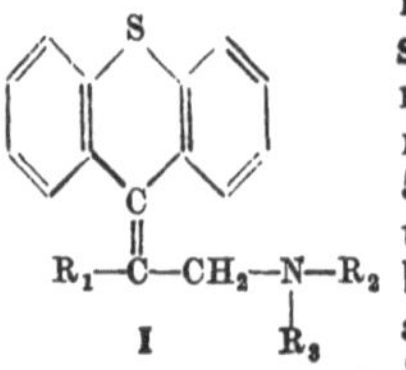

I

Sandoz Akt.-Ges., Basel (Erfinder: Ernst Jucker, Binningen, und Anton Ebnöther, Basel), Schweiz, **Herstellung von Piperidinderivaten** der allg. Formel I (R = H, Halogen, niedrige Alkyl- oder Alkoxygruppe) durch Rk. von 4-Hydroxypiperidin mit entsprechenden [2'-Halogenäthyl]-diphenylmethyläthern u. ggf. Umwandlung der gewonnenen Verbb. in *Säureadditionssalze*. (**Ung. P. 149 911** vom 12/1. 1961, ausg. 20/3. 1962. Schwz. Prior. 14/1. 1960.) F. Landsberger. H 3231

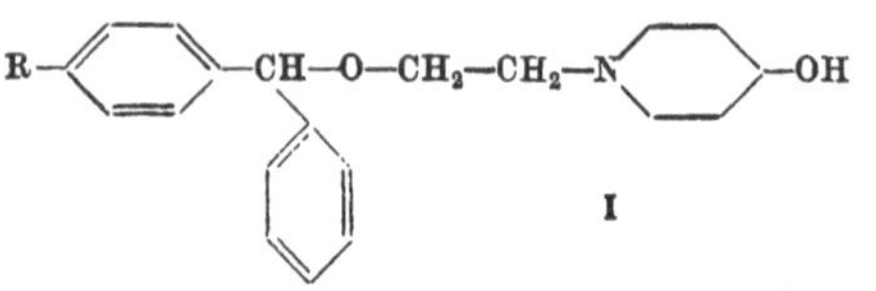

I

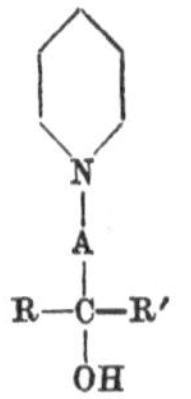

I

Chinoin Gyógyszer és Vegyészeti Termékek Gyára (Erfinder: Zoltán Ecsery und Frau Miklós Müller), Budapest, Ungarn, **Herstellung von Piperidinoalkanolen** der allg. Formel I (R, R' = gleich oder verschieden, aliphat. oder hydroaromat. Gruppe; A = Alkylengruppe oder direkte Bindung) durch Quaternieren von Pyridin mit Alkanol-Derivv. der allg. Formel HO–C(R')(R)–A–O–SO_2–R^2 (R^2 = Alkyl- oder aromat. Gruppe) bei 70 bis 140° in Ggw. eines Lsgm. u. Red. der gewonnenen Alkanolpyridiniumsulfonate mit H_2 in Ggw. eines Katalysators (Pd, Pt, Raney-Ni.) (**Ung P. 149 938** vom 16/5. 1961, ausg. 20/5. 1962.) F. Landsberger. H 3231

Gyógyszeripari Kutató Intézet (Erfinder: Oszkár Fuchs und Eva Falta), Budapest, Ungarn, **Herstellung von Pyridin-o-dicarbonsäurediestern** u. deren im Kern substituierten Derivv. durch Rk. des entsprechenden Pyridin-o-dicarbonsäureanhydrids mit Alkoholen (z. B. Methanol) in Ggw. von Mineralsäure (z. B. 25–30 Gew.-% HCl-Gas) > 60°. (**Ung. P. 149 751** vom 17/5. 1960, ausg. 20/2. 1962.) F. Landsberger. H 3231

Farmaceutici Italia Soc. An. (Erfinder: Claudio Pasini und Paolo Mantegazzini), Mailand, Italien, **Herstellung von N.N-Diphenylisonicotinamid** durch Kondens. von Isonicotinsäure-Derivv. (z. B. Isonicotinsäurechlorid) mit Diphenylamin in Ggw. eines tert. Amins (Pyridin) u. eines inerten Lsgm. (Dioxan) bei 80–100°. (**Ung. P. 149 877** vom 3/5. 1961, ausg. 20/4. 1962. It. Prior. 5/5. 1960.) F. Landsberger. H 3231

Imperial Chemical Industries of Australia and New Zealand Ltd. (Erfinder: G. L. Varcoe, Essendon, Victoria), Australien, **Herstellung von 2.2'-Dipyridyl** aus Pyridin mit Raney-Ni bei < 80°, dad. gek., daß die Rk.-Prodd. kontinuierlich oder in Abständen durch Dest. u. Verdrängung mit Pyridin entfernt werden. Das abdest. Pyridin wird in den Prozeß zurückgeführt. – Zeichnung. (**Ung. P. 150 041** vom 18/1. 1961, ausg. 20/6. 1962. Aust. Prior. 18/1. 1960.) F. Landsberger. H 3231

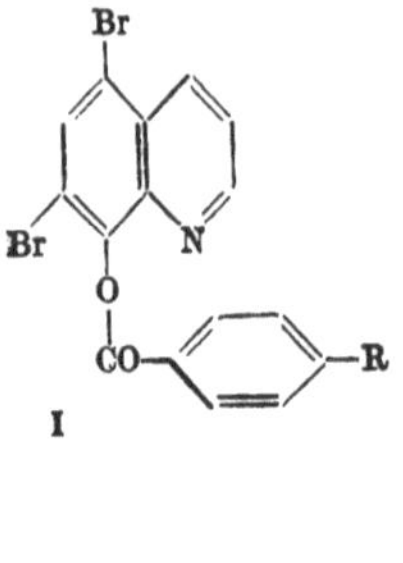

I

Sandoz Akt.-Ges., Basel (Erfinder: Jany Benz, Jean Pierre Bourquin und Erhard Schenker, Basel), Schweiz, **Herstellung von 5.7-Dibrom-8-hydroxychinolinestern** der allg. Formel I (R = H, Halogen, NO_2) durch Rk. von 5.7-Dibrom-8-hydroxychinolin mit den entsprechenden Säureanhydriden oder -chloriden bzw. deren Mischungen. (**Ung. P. 149 712** vom 20/3. 1961, ausg. 20/1. 1962. Schwz. Prior. 29/3. 1959.) F. Landsberger. H 3231

F. Hoffmann-La Roche & Co. Akt.-Ges., Basel (Erfinder: Otto Schneider und Max Walter, Basel), Schweiz, **Herstellung von Oktahydroisochinolinderivaten** der allg. Formel I (R_1 = H, Alkyl; R_2 = NO_2, Halogen, Halogenalkyl, z. B. CF_3; n = 1—3) durch N-Methylieren eines entsprechend substituierten Oktahydroisochinolins, z. B. 1-[ω-Phenylalkyl]-1.2.3.4.5.6.7.8-oktahydroisochinolin als Racemat oder in opt.-akt. Form, mittels wss. HCHO. Das zunächst erhaltene Prod. wird mit HCOOH oder H_2 red. (Raney-Ni). Hiernach kann mit 100% ig. HNO_3 in Eisessig der Phenylring nitriert werden. (**Ung. P. 149 957** vom 17/3. 1961, ausg. 20/5. 1962. Schwz. Prior. 29/9. 1960.) F. Landsberger. H 3231

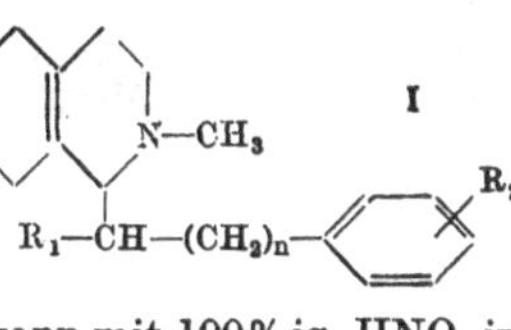
I

F. Hoffmann-La Roche & Co. Akt.-Ges. (Erfinder: Otto Schneider und Max Walter), Basel, Schweiz, **Herstellung von Tetrahydroisochinolinderivaten** aus Verbb. der allg. Formel I (R_1 = H, Alkyl; von R_2 u. R_3 ist das eine = OCH_3, das andere = H oder Methoxy, oder beide bilden eine Methylendioxygruppe; n = 1, 2) durch N-Methylierung. Die als Ausgangsmaterial dienenden substituierten Tetrahydroisochinoline können z. B. aus Phenyläthylamin hergestellt werden durch Kondens. mit im Kern substituierten Phenylalkancarbonsäuren; das gebildete Säureamid wird zum entsprechenden Dihydroisochinolin cyclisiert, letzteres reduziert. (**Ung. P. 149958** vom 1/4. 1961, ausg. 20/5. 1962. Schwz. Prior. 1/4. 1960.) F. Landsberger. H 3231

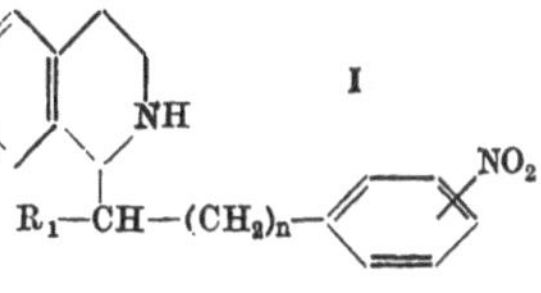
I

American Cyanamid Co. (Erfinder: Robert Gordon Shepherd, Cambride, und Edgar William Taft), New York, N.Y., V.St.A., **Herstellung von disubstituierten Pyrimidinen** der allg. Formel I (wenn Z = NH_2 ist Y = —OR, —SR; wenn Z = Halogen ist Y = $-\overset{+}{N}R_3$, —OR, —SR oder A—C_6H_4—SO_2NH—, wenn Z = —OR ist Y = —OR, —OR', —SR, —SR' oder $-\overset{+}{N}R_3$; wenn Z = $-\overset{+}{N}R_3$ ist Y = —SR, —SR', $-\overset{+}{N}R_3$ oder A—$C_6H_4SO_2$·NH—; wenn Z = R ist Y = —SR oder —SR'; R = niedermol. Alkylgruppe; R' = Arylgruppe; A = NHR'', wobei R'' = H oder niedermol. Alkanoyl-, oder eine in NHR'' umwandelbare Gruppe) durch Kondens. von 4.6-Dihalogenpyrimidinen (z. B. Dichlor- oder Dibrompyrimidin) bei 0—100° in Ggw. eines Lsgm. mit einer oder 2 Verbb. a—g in beliebiger Reihenfolge: a) Metallalkoholat (OR-Substitution); b) Metallalkylmercaptid (SR-Substitution); c) NH_3; d) Metallarylmercaptid; e) niedermol. Alkylgruppen enthaltendes Trialkylamin ($\overset{+}{N}R_3$-Substitution); f) Anion, gebildet aus A—C_6H_4—SO_2NH_2; g) Metallphenolat (OR'-Substitution). (**Ung. P. 149 732** vom 21/10. 1960, ausg. 20/2. 1962.) F. Landsberger. H 3272

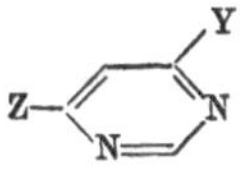
I

Wellcome Foundation Ltd., London, England (Erfinder: Paul Stenbuck, New York, N.Y., V.St.A., und Malcolm Harold Hood, London, England), **Herstellung von 2.4-Diamino-5-arylmethylpyrimidinen** der allg. Formel I durch Kondens. der 2—3fach mol. Menge Guanidin mit Verbb. ArCH=C(CN)·CH_2Z bzw. $ArCH_2C(CN)$=CHZ (Ar = aromat. Gruppe, bes. 3.4-Dialkoxyphenyl oder Trimethoxyphenyl; Z = elektrophile Gruppe, z. B. Alkoxygruppe) in Ggw. von Alkohol. Die Ausgangsverbb. werden durch Kondens. aromat. Aldehyde in Ggw. einer starken Base u. eines Alkoxydanions mit β-substituierten Propionitrilen Z—CH_2—CH_2—CN in alkhol. Lsg. erhalten. (**Ung. P. 149 799** vom 2/9. 1960, ausg. 20/2. 1962. E. Prior. 3/9. 1959.) F. Landsberger. H 3272

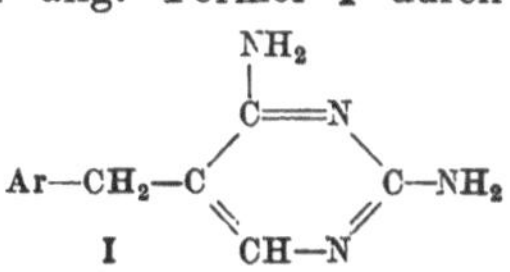
I

May & Baker Ltd., Dagenham, Essex (Erfinder: Anthony Stanley Fenton Ash, Andrew Malcolm Creighton und William Robert Wragg, England, **Herstellung von [Trifluormethylphenyl]-piperazinen** der allg. Formel I (R = H, Trifluormethyl) durch Rk. von Verbb. $(R)(CF_3)C_6H_3NH_2$ mit Diäthanolamin bei erhöhter Temp. in Ggw. von konz. wss. Lsgg. einer starken Säure (HBr) u. Überführung des gewonnenen Salzes in die freie Base. (**Ung. P. 149 965** vom 19/10. 1960, ausg. 20/5. 1962.) F. Landsberger. H 3272

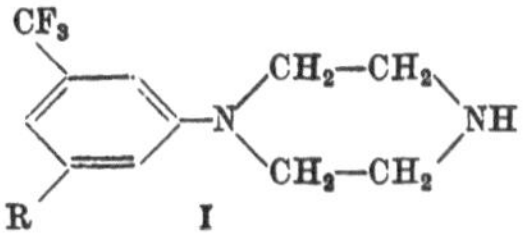
I

May & Baker Ltd., Dagenham, Essex (Erfinder: Anthony Stanley Fenton Ash, Epping, Andrew Malcolm Creighton, London, und William Robert Wragg, Woodford Green, Essex), England, **Herstellung von N-Phenylpiperazin-**

derivaten der allg. Formel I (R_1 = H oder Trifluormethylgruppe; R_2 = H, Nitro-, Amino-, Mono- oder Dialkylamino-, Mono- oder Dihydroxyalkylaminogruppe, aliphat. Acylamino-, N-Alkylacylaminogruppe in m- oder p-Stellung) durch Rk. von Verbb. der allg. Formel II mit Verbb. der allg. Formel III in Ggw. säurebindender Mittel u. inerter

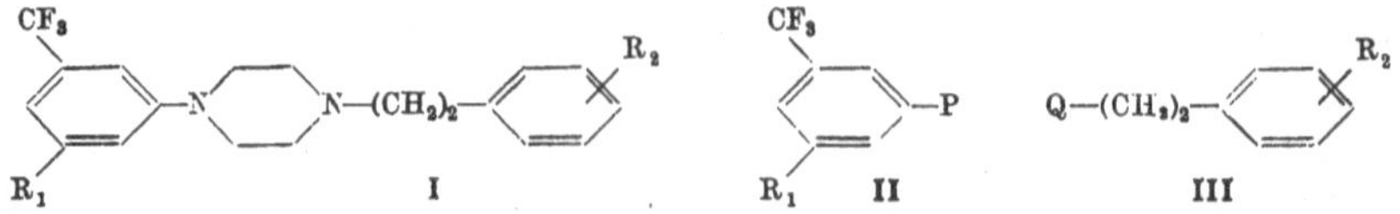

Lsgm. (von P u. Q ist eine Gruppe = NH_2, die andere = $N(CH_2CH_2Y)_2$, wobei Y = Säurerest eines reaktionsfähigen Esters oder P = Piperazinorest u. Q = Y). (**Ung. P. 149 688** vom 19/10. 1960, ausg. 20/1. 1962. E. Prior. 20/10. 1959.) F. Landsberger. H 3272

Sandoz Akt.-Ges., Basel (Erfinder: Jany Renz, Jean Pierre Bourquin, Basel, und Gustav Schwab, Neuallschwil), Schweiz, **Herstellung von heterocyclischen Verbindungen** der allg. Formel I (R_1, R_2 = niedrige Alkylgruppen; n = 1, 2) durch Kondens. von entsprechenden Phenthiazin-Verbb. mit Verbb. der allg. Formel II (Hal = Cl, Br, J) in Ggw. bas. Katalysatoren (Hydroxide, Amide der Alkalimetalle) in Ggw. von organ.

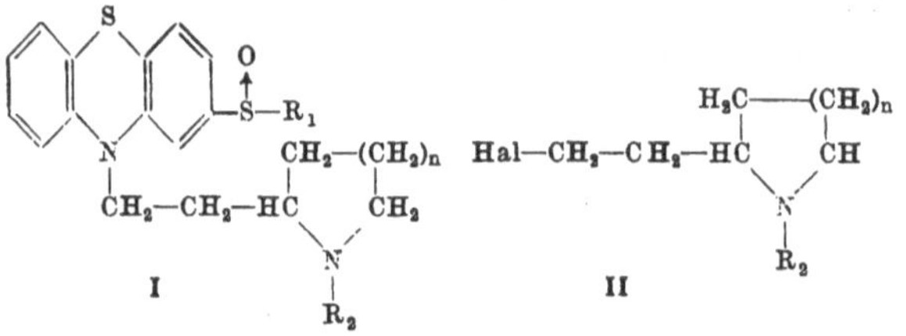

Lsgm. (Bzl., Toluol). (**Ung. P. 149 981** vom 8/3. 1961, ausg. 20/5. 1962. Schwz. Prior. 10/3. 1960.) F. Landsberger. H 3292

Soc. des Usines Chimiques Rhône-Poulenc, Paris (Erfinder: Michel Robert Jacob, Ablon-sur-Seine, Georges Jacques Robert, Gentilly, und Roland Gaillard, Nogent), Frankreich, **Herstellung von Phenthiazinderivaten** der allg. Formel I (A = gerade oder verzweigte aliphat. KW-Stoff-Kette mit 2—6 C-Atomen; X = Halogen, niedrige Alkylsulfonyl-, Cyan-, Dimethylsulfamid-, Trifluormethylgruppe; Y = S, —SO—, —SO_2—; R u. R_1, gleich oder verschieden, = Alkylgruppen mit

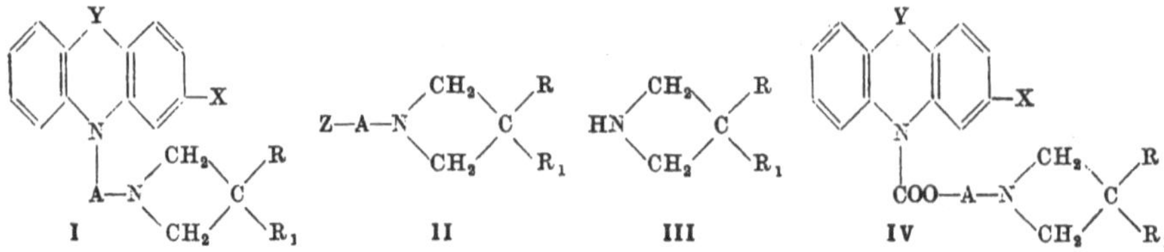

höchstens 4 C-Atomen, oder eines der beiden = H) sowie von deren *Salzen* u. *quart. Ammonium-Verbb.* a) durch Rk. einer am N-Atom unsubstituierten Phenthiazin-Verb. mit Verbb. der allg. Formel II (Z = Rest eines reaktionsfähigen Esters), b) durch Rk. einer am N-Atom durch —AZ substituierten Phenthiazin-Verb. mit einem Azetidin der allg. Formel III, c) durch Erhitzen von Verbb. der allg. Formel IV. (**Ung. P. 149 925** vom 28/3. 1961, ausg. 20/3. 1962. E. Prior. 28/3. 1960.) F. Landsberger. H 3292

Montecatini Soc. Gen. per l'Industria Mineraria e Chimica (Erfinder: Gerlando Marullo, Giuseppe Rimando, Ibrahim Dakli, Mario Donati, Eraldo Fornasieri und Tiziano Garlanda), Mailand, Italien, **Herstellung von reinem Melamin** (über 99%ig.) durch Umwandlung von Carbamid in 2stufiger Rk., wobei die zweite in Abwesenheit von CO_2 vorgenommen wird. In der ersten Stufe wird bei 340—400° u. 10 at gearbeitet, u. das gebildete CO_2 wird mit Alkali-Lsg. durch Absorption aus dem NH_3-CO_2-Gemisch entfernt. Melamin wird mittels Cyclon abgeschieden u. das im Rk.-Gemisch gelöste CO_2 im Gegenstrom mit NH_3 entfernt. Nachher wird die völlige Umwandlung in reines Melamin im zweiten Reaktor bei Ggw. von NH_3 bewirkt. (**Ung. P. 149 763** vom 19/10. 1960, ausg. 20/2. 1962. It. Prior. 22/10. 1959.) F. Landsberger. H 3313

Ciba Soc. An., Basel, Schweiz (Erfinder: George de Stevens, New-Providence, und Harvey Lincoln Werner, Summit, N.J., V.St.A.), **Herstellung von 2-Alkenyl-3.4-dihydrobenzo-1.2.4-thiadiazin-1.1-dioxiden** der allg. Formel I (R_1 =

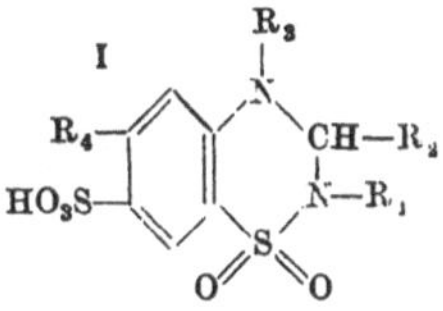

Alkenyl; R_2 = ggf. substituierte niedrige aliphat., cycloaliphat., araliphat., aromat. KW-Stoff-Gruppen; R_3 = H, niedrige Alkylgruppe; R_4=Halogen, niedrige Alkyl-, Halogenalkylgruppe) u. deren Salzen a) durch Rk. von 3.4-Dihydrobenzo-1.2.4-thiadiazin-1.1-dioxid oder dessen Alkalisalz mit Alkoholen der allg. Formel R_1-OH; b) durch Rk. des entsprechenden 2.4-Disulfamylanilins mit Aldehyden der Formel R_2-CHO. (**Ung. P. 149936** vom 8/11. 1960, ausg. 20/5. 1962. A. Prior. 8/10. 1959.) F. Landsberger. H 3333

J. R. Geigy Akt.-Ges. (Erfinder: Walter Schindler und Henri Dietrich), Basel, Schweiz, **Herstellung von Iminodibenzylverbindungen** der allg. Formel I (Y = niedermol. Alkylgruppe, wenn Z = H; Y = H, wenn Z = OH, niedermol. Alkoxy- oder Aralkoxygruppe; X = gerade oder verzweigte Alkylengruppe[2—6 C-Atome]; AM = niedermol. Dialkylaminogruppe, wobei eine Alkylgruppe von AM mit der Alkylgruppe von X verbunden sein kann, oder beide Alkylgruppen miteinander oder über eine O-, niedermol. Alkylimino-, Hydroxyalkylimino-, Alkanoyloxyalkyliminogruppe verbunden sein können) durch Kondens. einer am N-Atom unsubstituierten Verb. mit einem reaktionsfähigen Ester eines Alkohols der allg. Formel HO—X—AM in Ggw. alkal. Kondensationsmittel. (**Ung. P. 149 677** vom 27/5. 1960, ausg. 20/1. 1962. Schwz. Prior. 29/1. 1960.)

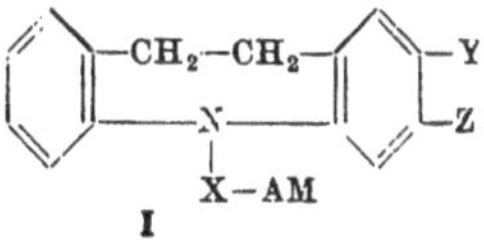

I

F. Landsberger. H 3370

J. R. Geigy Akt.-Ges., Basel (Erfinder: Walter Schindler, Riehen, und Henri Dietrich, Basel), Schweiz, **Herstellung von N-heterocyclischen Iminodibenzylderivaten** der allg. Formel I (X = gerade oder verzweigte Alkylengruppe mit 2—6 C-Atomen, in welcher die C-Atome 2—4 mit dem N-Atom der Am-Gruppe verbunden sein können; Am = niedrige Alkylgruppen enthaltende Dialkylaminogruppe wobei die eine der beiden Alkylgruppen mit der X-Alkylengruppe unmittelbar verbunden sein kann, auch beide Alkylgruppen miteinander oder über ein O-Atom oder über eine niedrige Alkylimino-, Hydroxyalkylimino- oder Alkanoyloxyalkyliminogruppe

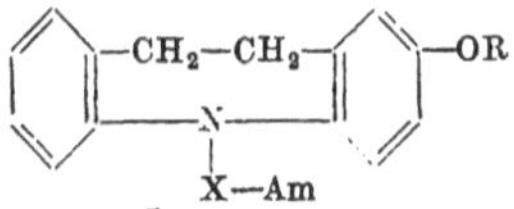

I

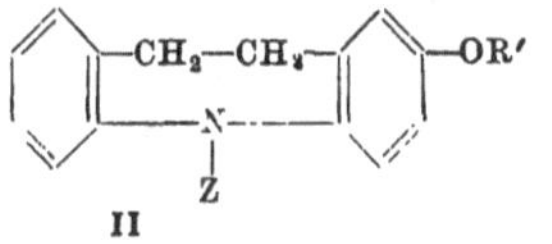

II

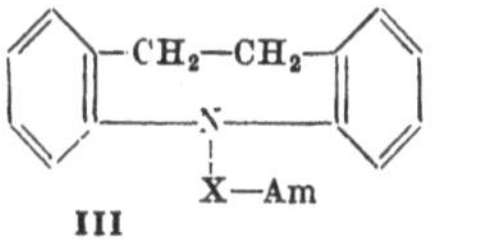

III

verbunden sein können; R = H oder Benzylgruppe, letztere auch substituiert) durch Rk. von a) Verbb. der allg. Formel II [Z = H; R' = Benzyl- (ggf. substituiert), α-Alkoxyalkyl-, Tetrahydropyranylgruppe] in Ggw. eines Kondens.-Mittels mit Alkoholen der allg. Formel: HO—X—Am; b) reaktionsfähigen Estern der Verbb. II mit Z = X—OH mit Verbb. der allg. Formel Am—H; c) durch Oxydation von Verbb. der allg. Formel III in neutraler oder schwachsaurer wss. Lsg. mit H_2O_2 in Ggw. von —CO—C(OH)=C(OH)— oder —CO—CO—CO-Gruppen enthaltenden Verbb. u. von Fe-, Ni-, Co-, Mn-Ionen **Ung. P. 149 946** vom 27/5. 1960, ausg. 20/5. 1962. Schwz. Prior. 28/5. 1959.)

F. Landsberger. H 3370

F. Hoffmann-La Roche & Co. Akt.-Ges., Basel, Schweiz (Erfinder: Earl Reeder, Nutley, Leo Henrik Sternbach, Upper Montclair, Oscar Keller, Cliften, Norbert Steiger, Nutley, Jean Redney Fryer, Westorange, Arthur Stempel, Teaneck, George S. Sach, Belleville, N.J., V.St.A., und Gabriel Saucy, Riehen, Schweiz), **Herstellung von 1.4-Benzodiazepinderivaten** durch Rk. von Benzophenon-Derivv. der allg. Formel I (R = H, Alkyl-, Alkenyl-, Aralkylgruppe; R_2 = H, Alkyl-, Alkoxy-, Trifluormethylgruppe oder Halogen; Kern A ist in 5-Stellung monosubstituiert durch den Trifluormethylrest oder unsubstituiert oder mono- bzw. disubstituiert durch Alkyl-, Alkoxy-, Alkylmercapto-, Hydroxyalkylmercaptoreste, Halogen, NO_2, NH_2, OH, Alkylsulfinyl-, Alkylsulfonyl- oder Acylaminogruppen) mit α-Aminosäuren der allg. Formel $H_2N-CH(R_1)-COOH$ (R_1 = H, Alkyl-, Alkoxyalkyl-, Aryl-, Hydroxyaralkyl-, Alkylmercaptoalkyl-, Hydroxyalkylgruppe) oder einem funktionellen Deriv. derselben. Die Kondens. erfolgt in Ggw. von Basen der Pyridin-, Chinolin- oder Piperidinreihe. (**Ung. P. 149 754** vom 9/12. 1960, ausg. 20/2. 1962.) F. Landsberger. H 3370

I

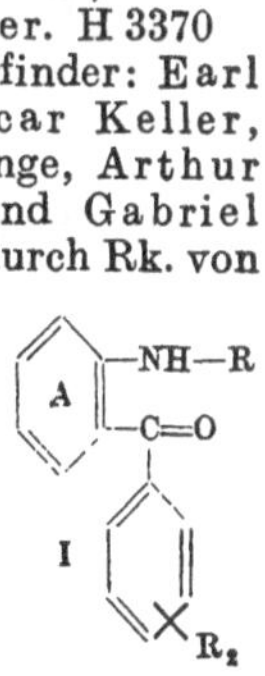

F. Hoffmann-La Roche & Co. Akt.-Ges., Basel, Schweiz (Erfinder: Earl Reeder, Nutley, und Leo Henryk Sternbach, Upper Montclair, N.J., V.St.A.), **Herstellung von 1.4-Benzodiazepinabkömmlingen** der allg. Formel I (R = H, Alkyl-,

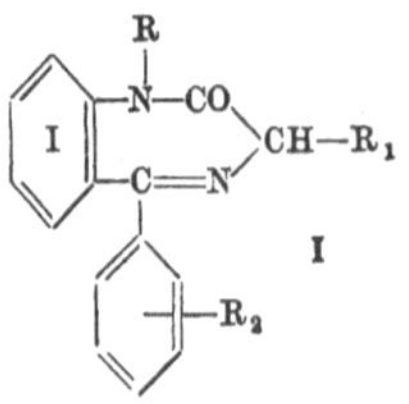

I

Alkenyl-, Aralkylgruppe; R_1 = H oder Alkylgruppe; R_2 = H, Alkyl-, Alkoxy-, Trifluormethylgruppe oder Halogen. Der Ring I kann durch CF_3-, Alkyl-, Alkoxy-, Alkylmercapto-, Hydroxyalkylmercaptogruppen, Halogen, NO_2, OH, Alkylsulfinyl-, Alkylsulfamyl- oder Acylamingruppen mono- oder disubstituiert sein) durch Rk. von 2-Aminobenzophenon-β-oxim mit α-Halogenacylhalogeniden der allg. Formel $X \cdot CO \cdot CHR_1 \cdot Y$ (X u. Y = Halogen; R_1 wie oben). Als Säurebinder werden Alkali- oder Erdalkalihydroxide verwendet. (**Ung. P. 149 885** vom 9/12. 1960, ausg. 20/4. 1962.) F. Landsberger. H 3370

F. Hoffmann-La Roche & Co. Akt.-Ges., Basel, Schweiz (Erfinder: Earl Reeder, Nutley, Leo Henryk Sternbach, Upper Montclair, Oscar Keller, Clifton, und Norbert Steiger, Nutley, N.J., V.St.A.), **Herstellung von 1.4-Benzodiazepinverbindungen** durch Rk. von Benzophenonabkömmlingen der allg. Formel **I** (R = H, Alkyl-, Alkenyl-, Hydroxyalkyl- oder Aralkylgruppe; R_1 = **H**, Alkyl- oder Arylgruppe; R_2 = H, Alkyl-, Alkoxy-, Trifluormethylgruppe, Halogen; X = Halogen; Ring I kann unsubstituiert, durch CF_3^- monosubstituiert oder durch Alkyl-, Alkoxy-, Alkylmercapto-, Hydroxyalkylmercaptogruppen, Halogen, NO_2, NH_2, Alkylsulfinyl-, Alkylsulfonyl-, OH-, Acylaminogruppen mono- oder disubstituiert sein) mit NH_3 in Ggw. eines neutralen Lsgm.; das Rk.-Prod. wird ggf. nitriert u. die Nitro-Verb. reduziert. (**Ung. P. 149 886** vom 9/12. 1960, ausg. 20/4. 1962.)

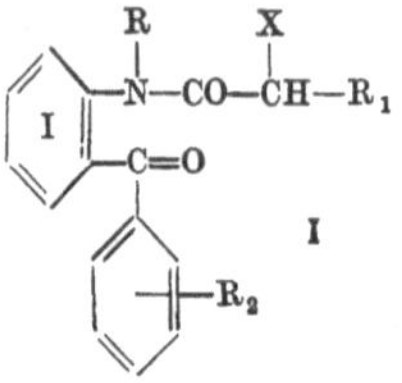

I

F. Landsberger. H 3370

F. Hoffmann-La Roche & Co. Akt.-Ges., Basel, Schweiz (Erfinder: Earl Reeder, Nutley, Leo Henryk Sternbach, Upper Montclair, Oscar Keller, Clifton, und Norbert Steiger, Nutley, N. J., V.St A.), **Herstellung von Benzo-1.4-diazepinverbindungen** aus Verbb. der allg. Formel **I** (R = H, Alkyl, Hydroxyalkyl, Aralkyl, OH; R_1 = H, Alkyl; R_2 = Phenyl, Alkyl, Alkoxy, CF_3 oder durch Halogen monosubstituierter Phenylrest; Ring I kann unsubstituiert oder durch CF_3 monosubstituiert, oder durch Alkyl-, Alkoxy-, Alkylmercapto-, Hydroxyalkylmercaptoreste, Halogen, NO_2-, Amino-, Alkylsulfinyl-, Alkylsulfonyl-, OH-, Acylaminogruppen mono- oder disubstituiert sein) durch Rk. mit Red.-Mitteln oder P-Halogeniden; das erhaltene Prod. wird ggf. nitriert, die Nitro-Verb. aminiert, das Amin acyliert. (**Ung. P. 149 953** vom 9/12. 1960, ausg. 20/5. 1962.) F. Landsberger. H 3370

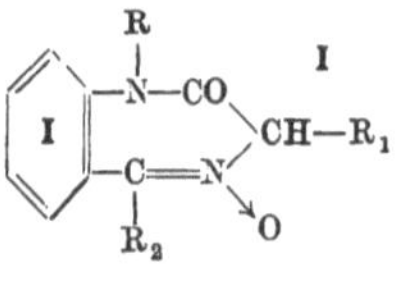

I

F. Hoffmann-LaRoche & Co. Akt.-Ges., Basel, Schweiz (Erfinder: Earl Reeder, Nutley, Leo Henryk Sternbach, Upper Montclair, Oscar Keller, Clifton, Norbert Steiger, Nutley, N. J., V.St.A., und Gabriel Saucy, Riehen, Schweiz), **Herstellung von Benzo-1.4-diazepinverbindungen** der allg. Formel **I** (B = $-C(R_2) = N(\rightarrow O)-$, $-CH(R_2)-N(OH)-$, $-C(R_2) = N-$, $-CH(R_2)-NH-$; R = Alkyl, Alkenyl, Hydroxyalkyl, Aralkyl; R_1 = H, Alkyl; R_2 = durch Alkyl-, Alkoxy-, CF_3-Rest oder Halogen substituierte Phenylgruppe; Ring I kann durch CF_3 monosubstituiert oder durch Alkyl-, Alkoxy-, Alkylmercapto-, Hydroxyalkylmercaptoreste, Halogen, Nitro-, NH_2-, Alkylsulfinyl-, Alkylsulfonyl-, OH-, Acylgruppen mono- oder disubstituiert sein) durch Behandlung von Diazepin-Verbb. der allg. Formel **I** mit R = H mit Alkylierungs-, Alkenylierungs- oder Aralkylierungsmitteln. Hiernach wird ggf. nitriert, die Nitro-Verb. red., das Amin acyliert. (**Ung. P. 149 955** vom 1/12. 1960, ausg. 20/5. 1962.) F. Landsberger. H 3370

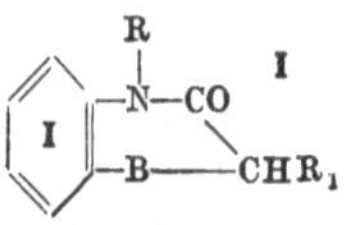

I

F. Hoffmann-La Roche & Co. Akt.-Ges., Basel (Erfinder: Gabriel Saucy, Riehen, Schweiz, und Leo Henryk Sternbach, Upper Montclair, N.J., V.St.A.), **Herstellung von fluorhaltigen Benzodiazepinverbindungen** aus Verbb. der allg. Formel **I** (R_1 = H, Alkyl; X = Halogen; ein R_3 = CF_3, das andere = H) durch Behandlung mit NH_3 oder prim. Aminen (Methylamin) in W. oder organ. Lsgm. (Dioxan, Tetrahydrofuran) bei Zimmer-Temp. u. Überführung der entstandenen Verbb. in *Säureadditionsprodukte*. (**Ung. P. 149 956** vom 14/1. 1961, ausg. 20/5. 1962. A. Prior. 15/1. 1960.) F. Landsberger. H 3370

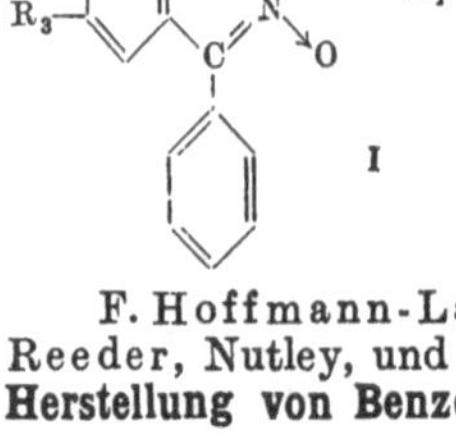

I

F. Hoffmann-La Roche & Co. Akt.-Ges., Basel, Schweiz (Erfinder: Earl Reeder, Nutley, und Leo Henryk Sternbach, Upper Montclair, N.J., V.St.A.), **Herstellung von Benzo-1.4-diazepinderivaten** der allg. Formel **I** (R = H, niedrige

Alkyl-, Alkenylgruppe; R_1 = H, niedrige Alkylgruppe; R_2, R_3, R_4 = H, Halogen niedrige Alkylgruppe) durch Rk. von Benzophenonen der allg. Formel II mit α-Aminosäuren der allg. Formel $NH_2-CH(R_1)-COOH$ oder deren funktionellen Derivv. als Säureadditionssalz. (**Ung. P. 150 020** vom 9/12. 1960, ausg. 20/6. 1962. A. Prior. 10/12. 1959.) F. Landsberger. H 3370

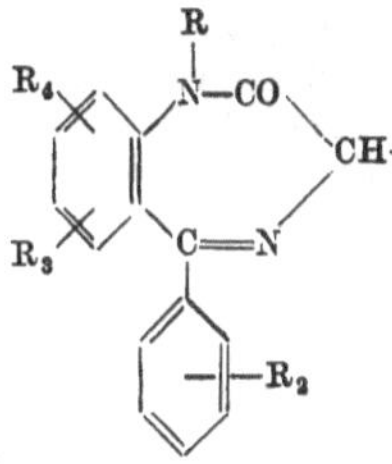
I

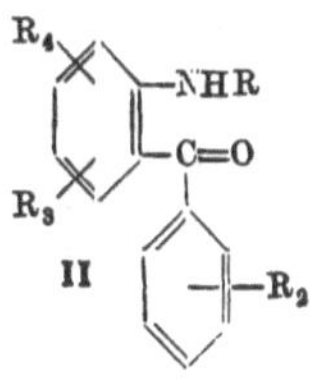
II

Sandoz Akt.-Ges., Basel (Erfinder: Hans Peter Sigg, Binningen), Schweiz, **Herstellung von Thiocolchicinverbindungen** der allg. Formel I (A = Alkylen-, Alkenylen-, Arylenrest) durch Rk. von Desacetylthiocolchicin mit einer gesätt. oder ungesätt. Dicarbonsäure. Das Prod. wird krist. u. ggf. in das *Alkalisalz* übergeführt. (**Ung. P. 150 056** vom 8/6. 1961, ausg. 20/5. 1962. Schwz. Prior. 20/6. 1960.) F. Landsberger. H 3500

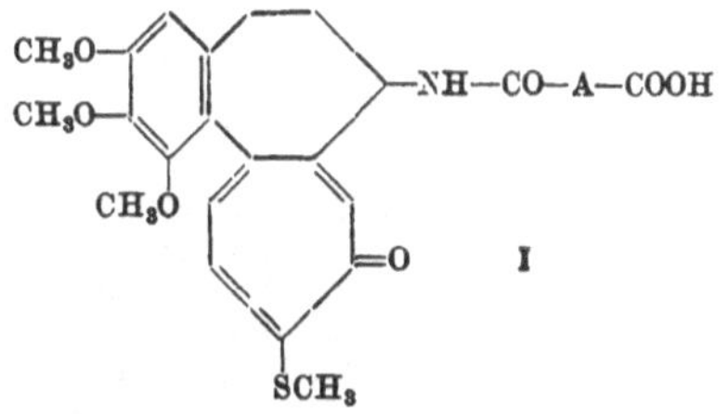
I

Upjohn Co., Kalamazoo, Mich., V.St.A., **Herstellung von Steroiden** der allg. Formel I (Y = H, α-OH, β-OH oder keton. gebundener O) oder 9(10)-ungesätt. Verbb. der Formel I in der Y = H, oder NO-Acyl-Derivv. dieser Verbindungen. Man setzt die entsprechenden Keton-Verbb. in Oxime um u. acyliert ggf. die Oximgruppe. — Zum Beispiel erwärmt man 11β-Hydroxyandrostan-17-on (F. 182—184°; $[\alpha]_D$ +87° in Chlf., erhalten durch Kochen von Androstan-11.17-dion mit p-Toluolsulfonsäure u. Äthylenglykol in Bzl. u. Behandeln des entstandenen 17-Äthylenketals mit $LiAlH_4$ in Tetrahydrofuran) mit Hydroxylamin in Pyridin → *17-Isonitrosoandrostan-11β-ol*, F. 90°. Dieses ergibt mit Essigsäureanhydrid in Pyridin *17-Isonitrosoandrostan-11β-ol-17-O-acetat*, F. 185—191°. — Analog: Androstan-11.17-dion (F. 129—129,5°; $[\alpha]_D^{23}$ +139° in Chlf.) → *17-Isonitrosoandrostan-11-on*, F. 191—193°. — 9(11)-Androsten-17-on (F. 134—135°; $[\alpha]_D$ +142° in Chlf.) → *17-Isonitroso-9,11-androsten*, F. 175,5 bis 175,6°. —*17-Isonitrosoandrostan*, F. 170—172°. — Ferner ist noch die Herst. von 11.20-Diketo-3.5-pregnadien (F. 141,5—143°; $[\alpha]_D^{23}$ +41° in Chlf.) u. Allopregnan-11.20-dion (F. 139,5—141°; $[\alpha]_D$ +122° in Chlf.), jedoch nicht deren Umsetzung zu Oximen, beschrieben. (**Niederl. P. 100 791** vom 5/2. 1959, ausg. 15/3. 1962. A. Prior. 10/2. 1958.) F. Böhm. H 3700

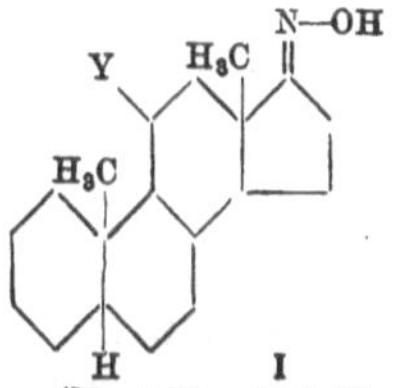
I

Ciba Ltd., Basel, Schweiz, **Einführung von Sauerstoff in Steroide.** In Steroide der Pregnanreihe, die in 21-Stellung nicht substituiert sind, führt man in die 21-Stellung O ein durch Bebrüten mit *Sclerotinia fructiola*. — Die Umwandlung von Progesteron in 11-Desoxycorticosteron u. von 1-Dehydro-11-keto-17α-hydroxyprogesteron in 1-Dehydrocortison ist beschrieben. (**Niederl. P. 100 799** vom 1/7. 1955, ausg. 15/3. 1962. Schwz. Prior. 8/3. 1955.) F. Böhm. H 3700

Farbwerke Hoechst Akt.-Ges., vormals Meister Lucius & Brüning (Erfinder: Heinz Schmidt, Günther Roos und Hans-Dieter Hermann), Frankfurt/M., **Makromolekulare Polyacetale** werden durch polymere N-Vinyllactame der nebenst. allg. Formel, wobei n = 3—7, ggf. zusätzlich in Ggw. von üblichen Stabilisatoren, gegen die gleichzeitige Einw. von Hitze u. O_2 stabilisiert. (**D. A. S. 1 129 689** Kl. 39b vom 3/8. 1960, ausg. 17/5. 1962.) F. Koch. H 4010

$H_2C{=}CH\cdot N$——$C{=}O$ (N und C=O verbunden über $(CH_2)_n$)

H_{IIa} Farben. Anstriche. Lacke. Naturharze

Eine kontinuierliche Methode zur Gewinnung von Bleisalzen. M. A. Stern und G. N. Gorelik. (Лакокрасочные Материалы и их Применение [Lacke Farben Anwend.] **1960**, Nr. 2, 50—55; Leningrad, Forsch.- u. Projektierungs-Inst. der Lack- u. Farbenindustrie; russ.) — Aus granuliertem *Pb* u. 10%ig. *HNO_3* wird in einem kontinuierlich arbeitenden App. bei 90° *$PbNO_3$* dargestellt. Bei längerer Einw. von 5%ig. HNO_3 auf Pb bei 100° entstehen bas. Pb-Nitrit-Nitrate. J. v. Schroeder. 7092□

Modifizierung von Titandioxid zur Gewinnung von Pigmenten für verschiedene Zwecke. T. A. Jermolajewa. (Лакокрасочные Материалы и их Применение [Lacke Farben Anwend.] **1961**, Nr, 5, 46—53; russ.) — Übersicht über die bekannten Meth. der Modifizierung von *TiO_2*. — 74 Literaturangaben. J. v. Schroeder. 7092□

Der Einfluß von Keimen, welche bei der Herstellung von Titandioxyd verwandt werden, auf dessen Pigmenteigenschaften. M. L. Borodina, W. G. Gomosowa, Ju. W. Michailowa und A. N. Solotuchina (Лакокрасочные Материалы и их Применение [Lacke Farben Anwend.] **1961**, Nr. 4, 16—21; russ.) — Je nach den Hydrolyse-Bedingungen erhält man ein nach Kristallform, Teilchengröße u. Weißgrad verschiedenes *TiO_2* (Anatas oder Rutil). Für die Erreichung der optimalen Teilchengröße wird die konz. Ilmenit-Lsg. mit bestimmtem pH-Wert in Ggw. von Keimen der Hydrolyse unterworfen. Die *Anatas*-Keime erhält man durch teilweise Neutralisation von Ilmenit-haltiger $TiOSO_4$-Lsg. mit NaOH unter gleichzeitigem Erwärmen u. nachfolgendem schnellen Kühlen. Es ist dies eine leicht opalescierende koll. Lsg. von H_4TiO_4. Für die Herst. der *Rutil*-Form werden der konz. Ilmenit-Lsg. spezielle Rutilkeime zugesetzt, welche akt. TiO_2 enthalten. Bes. behandelt wird der Einfl. der Anatas- u. Rutilkeime u. von SnO, ZnO, Sb_2O_3 u. HCl auf die Pigment-Eigg. von TiO_2.
H. Bieber. 7092□

Die rheologischen Eigenschaften von Lösungen des Copolymeren von Butylmethacrylat mit Methacrylsäure. P. I. Subow und N. F. Proschljakowa. (Лакокрасочные Материалы и их Применение [Lacke Farben Anwend.] **1960**, Nr. 3, 8—13; russ.) — In konz. Lsgg. des Copolymeren von *Butylmethacrylat* u. *Methacrylsäure* entsteht in Ggw. von NaOH ein Gel. Die Pigmente TiO_2 u. TiO_2 + 3% ZnO rufen in Lsgg. des Copolymers in Cyclohexanon keine Struktur-Bldg. hervor, wohl aber das Pigment ZnO.
J. v. Schroeder. 7092□

Die Technologie der Ultramarinherstellung. I. A. Gorlowski, Je. Ss. Aisenberg, G. N. Wedenow, Ss. K. Shigarew, I. Ss. Schapiro und Ss. S. Epstein. (Лакокрасочные Материалы и их Применение [Lacke Farben Anwend.] **1961**, Nr. **3**, 20—25; russ.) — Vff. beschreiben neue Verff. zur Gewinnung von *Ultramarin* (**I**) u. bringen Anlagenskizzen. Nach dem period. Verf. können zuerst das grünblaue **I** u. dann durch dessen Oxydation das blaue hergestellt werden. Nach dem kontinuierlichen Verf. werden grünblaues u. blaues **I** in einem Prozeß gewonnen. Während die Herst. von **I** nach dem alten Tiegel-Verf. in den Kammern (3000 Stück Tiegel) eine Temp. von über 750° erfordert u. mehrere Tage dauert, ist für die neuen Verff. eine Temp. von nur 300 bis 420° notwendig, u. der Prozeß wird auf einige Std. verkürzt. Das nach diesen Verff. gewonnene **I** übertrifft in der Qualität das nach dem Tiegel-Verf. hergestellte bei weitem.
K. Wekua. 7092□

Die Bestimmung des Auswaschungsgrades von Miloriblau. D. Ss. Gorelik und O. A. Kasakowa. (Лакокрасочные Материалы и их Применение [Lacke Farben Anwend.] **1961**, Nr, 5, 79—80; russ.) — Es wird festgestellt, daß das Auswaschen von *Miloriblau* bis zu pH 6 des Waschwassers unzweckmäßig ist, da beim Auswaschen bis pH 3,5—5 ein höherwertiges Prod. erzeugt wird, wobei auch weniger W. verbraucht u. die Dauer der Filtration wesentlich verkürzt wird. J. v. Schroeder. 7092□

Die Feststellung der optimalen Volumenkonzentration der Pigmente in Farben auf Grundlage von Styrol–Butadien-Laticis. W. M. Kobetzkaja und O. N. Usstinowa. (Лакокрасочные Материалы и их Применение [Lacke Farben Anwend.] **1961**. Nr. 4, 11—13; Leningrad, Technol. Lensowjet-Inst.; russ.) — Da die bekannten Meth. für die Best. der optimalen Vol.-Konz. der Pigmente bei Emulsionsfarben langwierig sind, wurde eine Meth. der Best. nach der Ölbindefähigkeit ausgearbeitet. Danach wird eine Mischung von festgelegten Komponenten mit dem Bindemittel (*Styrol–Butadien-Latex*) verrieben u. der Zeitpunkt der Benetzung des Pigmentes u. der Bldg. der fl. Farbe festgestellt. Neben dieser prakt. Meth. wurden die krit. optimale Vol.-Konz. der Pigmente u. die zu verwendenden Pigment- u. Bindemittelmengen bei verschiedenen Pigment-Konzz. berechnet. Die Filme solcher Farben wurden auf Härte, Dampfdurchlässigkeit u. Wetterbeständigkeit geprüft. Danach besteht für jedes Pigment u. Bindemittel ein bestimmtes Fassungsintervall, in dessen Grenzen die optimalen Eigg. des Auftrages erreicht werden. H. Bieber. 7092□

Die Synthese von Dodecylphenolformaldehydharz und die Untersuchung seiner Eigenschaften. Ss. G. Bagashkow und M. I. Archipow. (Лакокрасочные Материалы и их Применение [Lacke Farben Anwend.] **1961**, Nr. 5, 16—19; russ.) — Für die Synth. von *Dodecylphenol* (**I**) verwendet man dest. Phenol (**II**) u. durch Dimerisation von 2-Methylpenten-1 erhaltenes tetrameres Propylen. Die Ausbeute an **I** beträgt 29% der Theorie, bzw. 82% des eingesetzten **II**. Die optimalen Bedingungen zur Synth. des Harzes sind **I** : Formaldehyd = 1 : 1,25 u. 90°. Die auf dieser Basis erhaltenen *Farben* sind wasser- u. wetterfest u. widerstandsfähig gegen Mineralöle sowie verd. Laugen u. Säuren. J. v. Schroeder. 7096□

Die Synthese von Harzen aus p-tert.-Butylphenol in Gegenwart von oberflächenaktiven Stoffen. M. F. Ssorokin. (Лакокрасочные Материалы и их

Применение [Lacke Farben Anwend.] **1960,** Nr. 3, 2—8; russ. — Bei der Rk. von p-tert.-*Butylphenol* (I) mit CH_2O (II) erhält man nur in Ggw. von anionenakt. *Nekal* (III) in saurer Lsg. eine Harzausbeute. Kationenakt. u. nicht ionogene oberflächenakt. Substanzen beeinflussen die Rk. nicht. Das **III** wirkt nicht als Katalysator, der Mechanismus der Rk. ist noch unklar. Die Konz. von **III** beeinflußt die Kondens. von **I** u. **II**. Mit ihrer Erhöhung wird die Rk.-Geschw. (aber nur bis zum pH 2) nach einer linearen Gleichung beschleunigt. Ohne **III** verläuft die Rk. nur mit geringer Ausbeute. Die Rk. in saurer Lsg. wurde genau untersucht. Die Eigg. des Rk.-Prod. aus saurer u. alkal. Lsg. sind gleich. Untersucht wurden Einfl. der Temp. u. das Mol-Verhältnis von **I** u. **II** auf die Ausbeute. Die Prodd. werden in der Lackfarbenindustrie verwendet. J. v. Schroeder. 7096□

Die optimalen Parameter der Lackierung der Färbung von Gegenständen nach dem Sprühverfahren. L. B. Schischmarewa, P. G. Gissin und G. Ja. Miroschnitschenko. (Лакокрасочные Материалы и их Применение [Lacke Farben Anwend.] **1961,** Nr. 4, 30—34; russ.) — Die Vorteile des Sprühverf. für die Lackierung von Gegenständen wird unter Verw. von Harnstoff–Formaldehyd-Harzlack *MTsch-13* beschrieben u. mit dem Tauchverf. verglichen. Die grundlegenden Bezugsgrößen dieses Verf. werden ausgearbeitet (Viscosität des Lackes, Temp., bei welcher sich die geeigneteste Film-Bldg. vollzieht, Konz. der Lsgm.-Dämpfe, Dauer der Einw. auf die lackierten Gegenstände). Es wird dabei festgestellt, daß dieses Verf. dem Tauchverf. überlegen ist. Tabellen über die Unters.-Ergebnisse u. graph. Darstellungen. H. Bieber. 7106□

Benzinresistente Farblacke. Ja. L. Rasskin, Ss. A. Uranow und T. L. Tatarinowa. (Лакокрасочные Материалы и их Применение [Lacke Farben Anwend.] **1960,** Nr. 3, 13—19; russ.) — Aus *Harnstoff–Formaldehyd*-Harzen (**I**) in Kombination mit Alkydharzen gewinnt man Deckfarben mit guten Eigg., nur ist ihre Widerstandsfähigkeit gegen heißes W. u. Dampf ungenügend. Die hieraus hergestellte Grundfarbe u. Lack werden für den Innenanstrich von Kanistern benutzt. Mit Tungöl u. Glyphthalharzen modifizierte **I**, die widerstandsfähig gegen W., Dampf u. A. sind, werden zum Anstrich von Autobenzintanks benutzt. Ein gegen Bzn. unempfindliche Lack (**II**) wurde aus Butadien–Acrylonitril-Kautschuk u. Kresol–Formaldehyd-Harz erhalten. Er ist bes. schlagfest u. sehr elastisch. Zum Anstreichen großer Benzintanks ist ein Lack aus Polyvinylbutyral mit **II** geeignet. J. v. Schroeder. 7106□

Fungicide Nitrolacke auf Grundlage von Hydroxyterpenharzen. L. L. Korschun, T. W. Trifonowa, A. L. Pirjatinski, B. M. Buglai und I. I. Schubina. (Деревообрабатывающая Промышленность [Holzverarb. Ind.] **7.** Nr. 11, 1—2, Nov. 1958; russ.) — Vff. untersuchten die Hydroxyterpen-Kolloxilinlacke: *6 TC*, *TK-3*, *312* u. *Nr. 754* bei 28 ± 2^0 u. 98% relativer Luftfeuchtigkeit auf ihre Wirkg. auf *Aspergillus niger, Aspergillus amstelodami, Chaetomium globosum, Penicillium brevicompentum, Penicillium cyclopium stachybotris atra* u. *Paecilomuces varioti.* Das beste Resultat liefert 6 TC, das nächstbeste TK-3. K. Wekua. 7106

Wege zur Erhöhung der mechanischen Festigkeit siliziumorganischer Lackfilme. K. A. Andrianow, O. I. Gribanowa, N. N. Ssokolow und W. Ss. Tichonow. (Лакокрасочные Материалы и их Применение [Lacke Farben Anwend.] **1960,** Nr. 4, 10—13; russ.) — Verss. zur Erhöhung der durch schwache zwischenmol. Kräfte bedingten geringen mechan. Festigkeit (60—70 kg/cm^2) von Si-organ. Lackfilmen werden durchgeführt. Der Anbau polarer Radikale an die Si-Atome führt zwar zu Lackfilmen von höherer Festigkeit, hat aber eine merkliche Abnahme der Wärmefestigkeit zur Folge. Vff. fanden, daß der Zusatz von 10% Asbest mit einer Korngröße von 15 bis 20 μ zu den Si-organ. Lackfilmen ihre Festigkeit erhöht. Der Zusatz von 2% Cr_2O_3 erhöht die Festigkeit des Films zwar nicht, fördert aber die Dispergierung von Asbest im Lack. K. Wekua. 7106□

Der Elektroisolationslack KW-17 und dessen Anwendung. A. P. Nagajewa, D. Ja. Shinkin und M. F. Borissow. (Лакокрасочные Материалы и их Применение [Lacke Farben Anwend.] **1961,** Nr. 5, 58—60; russ.) — Der Si-organ. Lack *Kch-17* (Polymethylphenylsiloxan in Toluol) hat hohe stromisolierende Eigg., ist widerstandsfähig gegen Alterung bei hohen Temp. u. trop. Feuchtigkeit. Er kann zum Imprägnieren u. als Überzug von oxydierendem Al bei —60 bis 350^0 u. von Glaswolleisolation an oxydierenden Leitungen benutzt werden. J. v. Schroeder. 7106□

Lackfarben auf der Grundlage von modifizierten Epoxidharzen. 1. Mitt. **Die Gewinnung von Epoxyestern aus Epoxidharzen und Fettsäuren pflanzlicher Öle.** W. W. Shebrowski, Ch. M. Liwschitz und L. I. Schenderowitsch. (Лакокрасочные Материалы и их Применение [Lacke Farben Anwend.] **1961,** Nr. 5, 11—15; russ.) — Die Ester werden aus Epoxidharz *E-44* (aus E-40 u. Dihydroxydiphenylpropan) u. *E-15* (aus Epichlorhydrin u. Dihydroxydiphenylpropan) u. den Fettsäuren aus dehydrier-

ten *Ricinus-*, *Lein-* u. *Sonnenblumenölen* durch Erwärmen von 40 (Gew.-Teilen) Fettsäure, 60 Epoxidharz u. 3% Xylol auf 110—120° u. nachfolgende Erhöhung der Temp. auf 175—200° gewonnen. Nach Abscheidung des W. wird auf 220—230° u. bis zur Beendigung der Rk. erhitzt. Deckfarben aus Epoxidestern aus dem Ricinusöl haben gute Schutzeigenschaften. Unter Zusatz von Melamin–Formaldehyd-Harzen werden Lacke erhalten, die unter trop. Bedingungen positive Resultate ergaben.
J. v. Schroeder. 7106□

Initiierende Redoxsysteme, welche bei Polyesterlacken verwendet werden. N. G. Schtanko. (Лакокрасочные Материалы и их Применение [Lacke Farben Anwend.] **1961**, Nr. 3, 14—19; russ.) — An Hand von 40 Literaturangaben gibt Vf. einen Überblick über Redox-Syst., die als Polymerisationsinitiatoren bei der Herst. von *Polyesterharzen* verwendet werden. K. Wekua. 7106□

Verfahren zur Gewinnung von thixotropen Lackfarben. B. I. Iwanow, W. N. Isstomina, A. A. Ljudkowskaja, A. Ja. Kosstikowa und G. P. Talysenkowa. (Лакокрасочные Материалы и их Применение [Lacke Farben Anwend.] **1961**, Nr. 4, 21—27; russ.) — Thixotrope Lackfarben sind Gele, die sich beim Rühren oder Schütteln verflüssigen u. nach Aufhören dieser mechan. Beeinflussung wieder in Gele übergehen. Behandelt werden die Eigg. u. die Herst. thixotroper Lackfarben. Man unterscheidet Zusatzmittel, wie Bentone, Lecithin, hydriertes Ricinusöl, u. Bindemittel, wie thixotrope Alkydharze, Polyamidharze u. andere. Die Herst. thixotroper Lackfarben, die Rohstoffe dazu, wie Bindemittel, Pigmente u. Füllstoffe, werden ausführlich beschrieben.
H. Bieber. 7106□

Die Gewinnung von Pfropfcopolymeren auf Grundlage von Celluloseestern und Isocyanaten. A. A. Blagonrawowa, I. A. Pronina und I. I. Bondarewskaja. (Лакокрасочные Материалы и их Применение [Farben Lacke Anwend.] **1962**, Nr. 2, 4—7; russ.) — Aus molaren Mengen *1.6-Hexamethylendiisocyanat* u. *Allylalkohol* wurde durch langsames Zugeben (1 Std.) des letzteren bei 58—60° u. anschließendes Halten des Rk.-Gemisches während 3—3$^1/_2$ Std. bei der gleichen Temp. *Monoisocyanat* (**I**) erhalten. Die Umsetzung von **I** mit Nitrocellulose (**II**) erfolgte in Ggw. von Co-Naphthenat als Katalysator in einem Lsgm.-Gemisch (40 [%] Toluol, 20 Cyclohexanon u. 40 Äthylacetat u. Butylacetat) bei einem Verhältnis von **I** zu **II** wie 1 : 5. Die Copolymerisation mit Acrylnitril wurde im gleichen Lsgm.-Gemisch bei 70—75° mit Benzoylperoxid als Initiator vorgenommen. Konz. Lsgg. der erhaltenen Copolymeren zeigen *thixotrope Eigenschaften*. Die Stabilität der Prodd. übertrifft diejenige der ursprünglichen **II** wesentlich. R. Wittwer. 7106□

Verwendung der Oxydationsprodukte von Styrol–Butadien-Copolymeren als Filmbildner. I. Ss. Ochrimenko und T. P. Wassiljewa. (Лакокрасочные Материалы и их Применение [Lacke Farben Anwend.] **1961**, Nr. 5, 31—34; Leningrad, Technol. Lensowjet-Inst.; russ.) — Durch Oxydation mit Luft wurde aus der Dispersion von einem *Styrol-* (65 Gew.-Teile)-*Butadien* (35 Gew.-Teile)-Copolymeren in Xylol eine Lsg. des Oxydations-Prod. von hoher Viscosität erhalten. Die hieraus hergestellte *Lackfarbe* war brauchbar als Überzug für Stahl u. Holz. J. v. Schroeder. 7106□

Neue Polyurethan-Lackfarbenüberzüge. I. N. Nikiforow und W. M. Kowalenko. (Лакокрасочные Материалы и их Применение [Lacke Farben Anwend.] **1961**, Nr. 4, 13—15; russ.) — Die Grundbestandteile von *Polyurethanlackfarben* sind hydroxylhaltige Polyester u. Polyisocyanate. Unverzweigte Polyester geben elast., verzweigte dagegen harte u. widerstandsfähige Filme. Als hydroxylhaltige Komponente wird ein teilweise verseiftes Copolymeres von Vinylchlorid u. Vinylacetat empfohlen, als Polyisocyanat eine hochmol. Verb. mit freien Isocyanatgruppen, die 1 Mol Diäthylenglykol u. 2 Mol Toluylendiisocyanat enthalten. Eine aus diesen beiden Komponenten, Al-Pulver u. Lsgm. hergestellte Farbe blieb 24 Std. verwendungsfähig. Als Überzug von Metallflächen zeigt dieser Schutzlack gegen die Einw. von Erdöl-Prodd., Süß-, Meerwasser, Salz-Lsgg. u. anderen aggressiven Medien nach 2—2$^1/_2$ Jahren noch keine Veränderung. H. Bieber. 7106□

Die Auswahl von Lackfarbenüberzügen, die gegenüber heißem Wasser beständig sind. N. W. Korsin, Ju. M. Gurewitsch und M. L. Ioschpe. (Лакокрасочные Материалы и их Применение [Lacke Farben Anwend.] **1961**, Nr. 5, 67—68; russ.) — Aus einer Reihe von Materialien für Lackfarbenüberzüge wurden die gegenüber heißem W. beständigsten ausgesucht u. aus diesen Deckfarben zusammengestellt.
J. v. Schroeder. 7106□

Die Schutzwirkung von Lackfarbenüberzügen. L. W. Nitzberg. (Лакокрасочные Материалы и их Применение [Lacke Farben Anwend.] **1961**, Nr. 5, 35—43;

russ.) — Die Schutz-Wrkg. der Lackfarben u. Überzüge wird darauf zurückgeführt, daß sie die Rolle einer Diffusionsbarriere, eines Passivators oder Protektors spielen, je nach ihrer chem. Zus. u. ihren physikal. Eigenschaften. — 137 Literaturangaben.
J. v. Schroeder. 7106□

Die Anwendung chemisch widerstandsfähiger Lackfarbenüberzüge für den Schutz von Ausrüstungen, die der Einwirkung aggressiver Mittel ausgesetzt sind. A. I. Reibman. (Лакокрасочные Материалы и их Применение [Lacke Farben Anwend.] **1961**, Nr. 4, 45—48; russ.) — Lacke aus synthet. Harzen, die sich als Schutzlacke für Metallkonstruktionen u. in unter der Einw. verschiedener aggressiver Medien stehenden Anlagen bes. bewährt haben, werden angeführt u. die Arten des Auftragens beschrieben.
H. Bieber. 7106□

Untersuchung von Überzügen aus Alkydharzlacken unter Bedingungen einer erhöhten Feuchtigkeit und Temperatur. M. I. Karjakina und Ss. W. Jakubowitsch. (Лакокрасочные Материалы и их Применение [Lacke Farben Anwend.] **1961**, Nr. 4, 35—38; russ.) — Stahlteile werden mit Lacken aus Alkydharzen (*Glyptal-* u. *Pentaphthalat*-Harze) u. *Melamin–Formaldehyd*-Harzen versehen u. dem trop. Klima ausgesetzt. Die verwendeten Lacke sowjet. Produktion u. die Verw.-Bedingungen sind angegeben. Es wird festgestellt, daß Alkyd–Melamin-Emaillen unter trop. Bedingungen auf phosphatierte Oberflächen u. Antikorrosionsuntergrund aufgetragen werden müssen. Ergebnisse nach 1—3½ jähriger Beobachtung sind angegeben. H. Bieber. 7106□

Prüfungen von Lackfarbenüberzügen aus Tetrachloräthylen unter Bedingungen des feucht-tropischen Klimas. M. I. Karjakina. (Лакокрасочные Материалы и их Применение [Lacke Farben Anwend.] **1961**, Nr. 2, 44—48; russ.) — Der Oberflächenschutz mit Tetrachloräthylenharzanstrichen der Marke *PChW-715* (I) wird in Südchina untersucht. Die Verss. ergaben, daß I nur zusammen mit der Phenolgrundfarbe *Fl-03-K* oder der Butylmethacrylatgrundfarbe *Ag-10c* verwendet werden dürfen. Die phosphatierende Grundierung *WL-08* übertrifft für I die phosphatierende Grundierung *WL-02*. I aus den trocken gewalzten Pasten haben keine Vorteile vor den auf übliche Weise hergestellten. Neben I kann für Überzüge für trop. Klima auch der schwarze matte Anstrich *ChW-16* empfohlen werden. K. Wekua. 7106□

Die Widerstandsfähigkeit von Lackfarbenüberzügen gegenüber Meerwasser bei gleichzeitigem Schutz durch elektrischen Strom. W. P. Bardina, L. A. Ssuprun und P. Ss. Schtscherbakow. (Лакокрасочные Материалы и их Применение [Lacke Farben Anwend.] **1961**, Nr. 4, 38—45; Zentr. Forsch.-Inst. der Hochseeflotte; russ.) — Gegen Korrosion von Schiffskörpern wird neben Lackfarben auch ein elektrochem. Schutz in Form eines Kathodenstromes verwendet, der aber ungünstig die Lackschutzschichten beeinflußt. Ziel der Verss. war es, die Widerstandsfähigkeit (Wf) verschiedenartiger Lackschichten gegenüber dem elektr. Strom festzustellen. Die Verss. wurden bei stat. u. dynam. Bedingungen durchgeführt. Ein Schema der elektr. Vers.-Anlage ist angegeben. Zur Prüfung der Wf der Lackschichten wurden verschiedene Stromdichten verwendet u. der Zustand der Schichten period. überprüft. Die beste Wf gegen den elektr. Strom weisen Lacke auf Basis von *Epoxidharzen* u. *Äthanol* auf. Ungenügend sind die Eigg. der Farben auf Grundlage von Cl-haltigen Polymeren. Ölhaltige Farben mit Pb_3O_4 dürfen nicht gleichzeitig mit dem elektrochem. Schutz verwendet werden. Am Unterwasserteil des Schiffsrumpfes soll die Stromdichte mindestens 0,03 bis 0,04 A/m^2 betragen. H. Bieber. 7106□

Eine Methode zur Bestimmung der optimalen Bedingungen der Trocknung von Anstrichen. L. L. Pawlowski. (Лакокрасочные Материалы и их Применение [Lacke Farben Anw.] **1960**, Nr. 4, 83—89; russ.) — Um die optimalen Bedingungen zur Trocknung von Anstrichen nach der Meth. der Wärmestrahlung zu ermitteln, stellte Vf. Trocknungskurven für bestimmte Temp. u. Trocknungszeiten auf, bis der Anstrich die erwünschte Härte erreicht hat, ohne dabei eine Änderung der Farbtönung zu erfahren. Vf. ermittelt unter diesen Bedingungen die Festigkeit von Melamin–Alkydharzlacken der Marke Nr. *814*, *840* u. *871* u. bringt Skizzen der Anlage sowie Beschreibungen der Durchführung der Versuche. K. Wekua. 7106□

Untersuchung der in Lackfarbenüberzügen bei der Alterung auftretenden inneren Spannungen. Ss. W. Jakubowitsch und N. L. Masslennikowa. (Лакокрасочные Материалы и их Применение [Lacke Farben Anwend.] **1961**, Nr. 5, 27—30; russ.) — Filme der untersuchten *Lackfarben* auf Basis von *Alkyd-* u. *Alkyd–Melamin*-Harzen u. auf Basis von *Nitrocellulose* haben nur geringe innere Spannungen. Diese sind um so größer, je höher die Temp. u. ihre Einw.-Dauer ist. Die größten Änderungen der Eigg. der Filme gehen im Anfangsstadium der Alterung vor sich. J. v. Schroeder. 7106□

Innere Spannungen in polymeren Überzügen und Methoden zu ihrer Messung. P. I. Subow und L. A. Lepilkina. (Лакокрасочные Материалы и их Применение [Lacke Farben Anwend.] **1961,** Nr. 5, 19—27; Physik.-chem. Inst. der Akad. der Wiss. der UdSSR; russ.) — Ein neues Schema eines App. mit automat. Registrierung der *inneren Spannungen σ* von polymeren Überzügen wird vorgeschlagen. In Überzügen mit viel flüchtigen Lsgm. unterscheiden sich die Grenzspannungen in dicken u. relativ dünnen Filmen durch das Vorzeichen. Die σ sind nach Dicke u. Fläche ungleichmäßig verteilt. Während der Bldg. von Filmen, die flüchtige Lsgm. enthalten, tritt eine Veränderung der Vorzeichen von σ auf. Die σ in Deckfilmen hängen von der Konz. der Ausgangs-Lsg. u. der Polymerisations-Temp. ab. Modifizierte Oberflächen der Unterlage üben eine Einfl. auf die Größe der σ bei der Bldg. von Polyesterfilmen u. ihre Adhäsions-Eigg. aus. Zwischen den σ u. den Festigkeits- u. Adhäsions-Eigg. verstärkter Plaste bestehen Wechselwirkungen. Stärker gespannte Proben haben eine geringere Widerstandsfähigkeit gegen das Altern. J. v. Schroeder. 7106□

Filmbildende Stoffe aus den Polymeren 1.3-Dichlorbuten-(2) und Divinylacetylen. A. G. Ssajadjan, A. L. Klebanski und M. G. Barchudarjan. (Лакокрасочные Материалы и их Применение [Lacke Farben Anwend.] **1961,** Nr. 4, 27—28; russ.) — „Äthinol", ein Nebenprod. bei der Herst. von Chloroprenkautschuk, hat als Filmbildner Unzulänglichkeiten, welche einer Verw. entgegenstehen. Es ist aber möglich, die Prodd. der Polykondens. von 1.3-Dichlorbuten-(2) zusammen mit dem „Äthinol" zu verwenden. Man erhält Filmbildner mit guten Kennzahlen. Das optimale Verhältnis des Polymers zum Äthinol, bezogen auf das Trockengew., liegt bei 35 : 65 bei 40%ig. Lösungen. Die Filme sind im Gegensatz zu Filmen aus den einzelnen Komponenten beständig. H. Bieber. 7106□

Die Untersuchung der filmbildenden Fähigkeit gemischter Polyester der Acrylreihe in Gegenwart eines Redoxsystems. M. M. Mogilewitsch und M. I. Archipow. (Лакокрасочные Материалы и их Применение [Lacke Farben Anwend.] **1961,** Nr. 3, 3—8; russ.) — Zur Unters. des Einfl. von Redox-Syst. auf die Geschw. der Polymerisation (Pol.) von Polyesteracrylaten (PA) verwendet man Benzoylperoxid (I) u. -hydroperoxid, 1.1'-Dihydroperoxidicyclohexylperoxid, Iso- u. Diisopropylbenzolhydroperoxid, p-tert.-Butylisopropylbenzolhydroperoxid, Co-Linoleat (II) u. Co-Naphthenat. Die Wirksamkeit der einzelnen Syst. wird tabellar. u. graph. gebracht. Es wird festgestellt, daß eine Erhöhung der Temp. oder der Schichthöhe des Films zu einer Beschleunigung der Pol. von PA in Ggw. von Redox-Syst. führt. Nur im Syst. I—II wird bei ungereinigten PA eine Verlangsamung der Pol. beobachtet. Else Heinemann. 7106

Untersuchung der Verträglichkeit von Filmbildnern. Je. Ss. Gurewitsch und A. M. Frosst. (Лакокрасочные Материалы и их Применение [Lacke Farben Anwend.] **1961,** Nr. 3, 11—13; Leningrad, Zweigstelle des Forsch.- u. Projektierungs-Inst. der Lack- u. Farbenind.; russ.) — Die Bedingungen, unter welchen zwei oder mehrere Filmbildner miteinander klare, homogene Schichten bilden werden untersucht. Die Verträglichkeit von Filmbildnern bei konst. Temp. u. Druck kann durch die Gleichung: $\Delta F = \Delta H - T \Delta S$ ausgedrückt werden, wobei ΔF die Änderung der freien Energie, ΔH der Wärmekapazität, ΔS der Entropie u. T die abs. Vers.-Temp. bedeuten. Die Verträglichkeit von Filmbildnern, die polare Gruppen enthalten, nach ihrer Mischungswärme wird in einem hierfür nach dem Prinzip eines üblichen Kalorimeters konstruierten Gerät untersucht. Es wird festgestellt, daß die Verträglichkeit von Filmbildner-Lsgg. durch einen Temp.-Sprung charakterisiert wird, den man auf den Kurven der kalorimetr. Verss., unabhängig vom Wärmeeffekt bei der Mischung feststellt. K. Wekua. 7106□

Die Vergütung von Kolophonium durch Schmelzen. M. D. Bodnja, G. M. Baranowskaja und I. N. Ssemiletkowa. (Лакокрасочные Материалы и их Применение [Lacke Farben Anwend.] **1961,** Nr. 5, 80—81; Taschkent, Lackfabrik; russ.) — Das durch längeres Schmelzen (4—5 Std.) bei Temp. über 240° mit Baumwollsaatöl (1 : 1) behandelte *Kolophonium* hat eine größere Löslichkeit in PAe. u. die Stabilität desselben in Lackfarben wird erhöht. J. v. Schroeder. 7140□

Die Bestimmung von Kobalt und Eisen in Kobaltnaphthenat in Styrol und Polyesterlacken. E. A. Nawjashskaja und Je. Ss. Orlowa. (Лакокрасочные Материалы и их Применение [Lacke Farben Anwend.] **1960,** Nr. 2, 48—49; russ.) — Für die *Co*-Best. im Co-Naphthenat werden die gewichtsanalyt., elektrolyt. u. photocolorimetr. Meth. beschrieben. Verunreinigungen durch Fe im Naphthenat u. in Polyestern werden durch Veraschen, Lösen der Asche in 20%ig. HCl, Zugabe von Sulfosalicylsäure u. NH_3 bis zu alkal. Rk. photocolorimetr. bestimmt. J. v. Schroeder. 7158□

Untersuchung der Alterung von Nitrocellulosefilmen nach der Methode der Infrarotspektroskopie. A. W. Uwarow und Ss. W. Jakubowitsch. (Лакокрасочные

Материалы и их Применение [Lacke Farben Anwend.] **1961**, Nr. 6, 49—52; russ.) — Filme aus *Nitrocellulose* (I) (12,09% N) wurden bis zu 13 Std. im UV bestrahlt u. nach bestimmten Zeiten Infrarotspektren derselben aufgenommen. Während die Intensität der Absorptionsbanden der Nitroestergruppen u. von KW-Stoffbindungen mit der Bestrahlungsdauer abnimmt, werden die Banden der C=O- u. OH-Gruppen intensiver. Zusatz von *2.4-Dihydroxybenzophenon*, auch schon in Mengen von 2%, zum I-Film übt eine durch Infrarotspektroskopie deutlich nachweisbare Schutz-Wrkg. aus. Es genügt aber auch schon eine Filterschicht einer Lsg. des Stabilisators zwischen die UV-Strahlungsquelle u. den I-Film dazwischenzuschalten. M. Ulmann. 7158□

Canadian Titanium Pigments Ltd., Montreal, Quebec, Canada, übert. von: **John P. Waddington**, Keyport, N.J., V.St.A., *Titandichloriddiacetatpulver*. (**Can. P. 555 585** vom 20/2. 1953, ausg. 8/4. 1958. A. Prior. 21/2. 1952. — C. **1955**, 1615 [A. P. 2 670 363].)

Farbwerke Hoechst Akt.-Ges., vormals Meister Lucius & Brüning, Frankfurt/M., *Herstellung von Pigmentfarbstoffen* (**Ind. P. 65 041** vom 22/8. 1958, ausg. 18/7. 1960. — C. **1962**, 1042 [D. A. S. 1 078 259].)

N. V. de Bataafsche Petroleum Mij., Den Haag, Niederlande (Erfinder: **Warren C. Simpson**, Calif., V.St.A.), *Präparat für Oberflächenüberzüge*. (**Jap. A. S. 14 396/1960** vom 22/4. 1958, ausg. 30/9. 1960. A. Prior. 24/4. 1957. — C. **1962**, 8078 [Aust. P. 222 145].)

Rohm & Haas Co., V.St.A. (Erfinder: **James Paul Shelley**), *Überzugsmasse aus Aminoplastharz*. (**F. P. 1 187 882** vom 24/10. 1957, ausg. 17/9. 1959. A. Prior. 24/10. 1956. — C. **1960**, 312 [D. A. S. 1 053 698].)

Consortium für elektrochemische Industrie G. m. b. H., Deutschland, *Herstellung von Polyvinylacetatdispersionen*. (**F. P. 1 211 521** vom 11/8. 1958, ausg. 16/3. 1960. D. Prior. 10/8. 1957. — C. **1960**, 2357 [D. A. S. 1 046 314].)

Badische Anilin- & Soda-Fabrik Akt.-Ges., Deutschland (Erfinder: **Herbert Willersinn, Hans Scheuermann** und **Alfred Woerner**), *Herstellung von Mischpolymeren auf Basis ungesättigter Polyester*. (**F. P. 1 226 144** vom 1/6. 1959, ausg. 8/7. 1960. D. Prior. 31/5. 1958. — C. **1960, 9041** [D. A. S. 1 067 210].)

Badische Anilin- & Soda-Fabrik Akt.-Ges., Deutschland, *Härten von Polyglycidyläthern*. (**F. P. 1 202 258** vom 11/3. 1958, ausg. 8/1. 1960. D. Prior. 12/3. 1957. — C. **1959**, 3313 [D. A. S. 1 033 407].)

Cowles Chemical Co., Cleveland, Ohio, übert. von: **Clinton W. MacMullen**, Fayetteville, und **Alfred Marzocchi**, Camillus, N.Y., V.St.A., *Siliconzement*. (**Can. P. 555 602** vom 14/12. 1951, ausg. 8/4. 1958. A. Prior. 23/12. 1950. — C. **1954**, 8230 [D. B. P. 905 770].)

Pittsburgh Coke & Chemical Co. (Erfinder: **Fred Whittier** und **Raymond J. Lawn**), Pittsburgh, Pa., V.St.A., *Kalthärtendes Bitumenpräparat*. (**Jap. A. S. 15 240/1960** vom 30/3. 1957, ausg. 13/10. 1960. — C. **1960**, 8023 [E. P. 811 905].)

Farbenfabriken Bayer Akt.-Ges., Leverkusen (Erfinder: **Erwin Windemuth** und **Herbert Gensel**, Leverkusen), *Herstellung von Flächengebilden*. (**Schwz. P. 360 495** vom 8/1. 1955, ausg. 14/4. 1962. D. Prior. 23/2. 1954. — C. **1958**, 7270 [D. A. S. 1 012 456].)

H_{11b}. Plaste (Kunstharze. Plastische Massen)

Furfurol und seine Derivate als Rohstoffe für die Plastindustrie. A. I. Koslow und N. S. Schabadasch. (Пластические Массы [Plast. Massen] **1961**, Nr. 9, 47—51; russ.) — Durch die Verw. von *Furfurol* ist es möglich, das Sortiment an Kunstharzen u. Plasten zu erhöhen, deren Qualität zu verbessern, Bzl., Phenol u. andere Chemikalien einzusparen u. die Selbstkosten um ca. 50% zu senken. Die Anwendungsmöglichkeiten von Furfurol in der Plastmassenindustrie sind zahlreich. An Stelle von Phenolformaldehydharzen lassen sich vorteilhaft Phenolfurfurolharze verwenden. Die Preßpulver sind elast. u. haben bessere dielektr. Eigenschaften. Carbamidharze werden durch Furfurolzusatz elast., hitze u. wasserbeständiger u. altern langsamer. Furanharze, die auf der Basis von Furfurol, Furylalkohol u. in Verbindung mit Phenol- u. Epoxidharzen u. Acetalen erhalten werden, zeichnen sich durch Beständigkeit gegenüber Alkalien u. einigen Mineralsäuren sowie durch gute Adhäsion an Metallen, Holz, Beton aus, weshalb sie für Leim-, Klebe- u. Schutzzwecke bes. geeignet erscheinen. Hitze-, Wasserbeständigkeit u. dielektr. Eigg. übertreffen die der Phenolharze. Die Verw. in Plastbeton ist aussichtsreich. Wichtig ist Furfurol als Rohstoff für die Darst. von Maleinanhydrid. Es wird auf die großen Reserven für die Furfurolgewinnung aufmerksam gemacht.
Helmut Schäfer. 7170□

Materialien für Modelle, die bei der optischen Polarisationsuntersuchung von Spannungen angewandt werden. N. A. Schtschegolewskaja und Ss. I. Ssokolow. (Пластические Массы [Plast. Massen] **1961**, Nr. 8, 30—34; Moskau, Inst. für chem. Maschinenbau; russ.) — Unter Ausnutzung der Möglichkeit, im polarisierten Licht an durchsichtigen Körpern Spannungszustände zu erfassen, werden Modellsubstanzen für verschiedene Maschinenteile entwickelt. Aus der Kenntnis der Spannungszustände lassen sich konstruktiv wertvolle Schlüsse auch für andere, undurchsichtige Stoffe ziehen. Folgende Rkk. werden für diese Meth. erprobt: Blockpolymerisation von ungesätt. *Polyestern* mit Vinylmonomeren, Härtung von *Glyptalharzen*, Herst. einiger neuer Arten von Glyptalharzen u. Blockpolymerisation verschiedener *Vinylmonomeren* in verschiedenem Verhältnis. Daraus werden verschiedene Stoffe mit den erforderlichen Spannungsmoduli

u. therm. Eigg. gewonnen, die eine hohe opt. Empfindlichkeit (Proportionalitäts-Koeff. der Gleichung von Brewster) haben. Bei Epoxidharzen lassen sich für diese Meth. durch Zusatz von Polyesterweichmachern die gewünschten Moduli einstellen.
O. Kramm. 7170□

Über die Bestimmung des Fließvermögens von Thermoplasten im Hinblick auf ihre Verarbeitung. I. F. Kanawetz und L. G. Batalowa. (Пластические Массы [Plast. Massen] **1962,** Nr. 6, 23—27; russ.) — Die Meßergebnisse mit dem vom Vf. (Kanawetz) entwickelten *Schubplastometer* geben die Besonderheiten des Fließvermögens von Thermoplasten besser wieder als die Messungen mit dem Kapillarviscosimeter.
J. v. Schroeder. 7170□

Dauerfestigkeit von plastischen Massen. Ss. B. Ratner, A. W. Stinskass und Je. I. Schpakowskaja. (Пластические Массы [Plast. Massen] **1961,** Nr. 7, 59—65; russ.) — Literaturübersicht. — 24 Literaturhinweise. T. Lukanoff. 7170□

Einfluß der Polydispersität und Verzweigung auf die mechanischen Eigenschaften des Hochdruckpolyäthylens. L. F. Schalajewa und N. M. Domarewa. (Пластические Массы [Plast. Massen] **1962,** Nr. 6, 3—4; russ.) — Die Grenzfestigkeit beim Reißen relativ monodisperser Hochdruckpolyäthylenproben ist um so höher, je niedriger der Grad der langkettigen Verzweigung bei gegebenem Molgew. ist. Die Art der Molgew.-Verteilung bestimmt nicht eindeutig die mechan. Eigg. des Polyäthylens. Ggw. von Gel im Polyäthylen verringert nicht die Festigkeit, aber verschlechtert die elast. Eigg. des Films.
J. v. Schroeder. 7172□

Stand der Untersuchungen über verbesserte Wetterbeständigkeit linearer Polyäthylene und Copolymerer. C. Gottfried und M. J. Dutzer. (J. appl. Polymer. Sci. **5,** 612—19, Sept./Okt. 1961; Clark, N.J., Celanese Polymer Comp.; engl.) — Zur Verbesserung der Wetterbeständigkeit wird die Wrkg. von 3 UV-Absorbern (*2-Hydroxy-4-methoxybenzophenon, 2.2'-Dihydroxy-4-n-octoxybenzophenon* u. 4-tert.-Butylphenylsalicylat) u. 16 Pigmenten sowie Kombinationen zwischen Pigmenten u. UV-Absorbern untersucht. Die Spritzgußfestproben werden einer Bestrahlungsquelle ausgesetzt u. teilweise im Freien exponiert. Die Verss. ergeben eine Oberflächenriß-Bldg., der eine merkliche Abnahme der Zugfestigkeit, der Dehnbarkeit u. des Schmelzindex parallel geht. Für eine gute Widerstandsfähigkeit gegen UV-Bestrahlung im Freien sind folgende Maßnahmen zu beachten: die Dichte des Harzes soll hoch u. der Schmelzindex niedrig sein, Spannungen u. Deformationen an den Spritzgußteilen sollen auf ein Minimum beschränkt sein. Die 3 eingesetzten UV-Absorber u. die Pigmente Grün, Orange, Pfauenblau, Purpur, Rot u. Schwarz in Konzz. von ca. 5% verlängern die Wetterbeständigkeit der Teile um das 2—3fache. H. Giehring. 7172□

Untersuchung des Quellungsprozesses von Polyvinylchloridharzen. W. N. Zwetkow, I. F. Kanawetz und M. P. Polikanowa. (Пластические Массы [Plast. Massen] **1961,** Nr. 7, 3—8; russ.) — Mit Hilfe eines von Vff. konstruierten Gerätes zur Best. der Restkompressibilität (G) wurde die Quellung von *Polyvinylchlorid* (PVC) in Ggw. von Weichmachern in Abhängigkeit von Temp. u. Viscosität der PVC-Probe untersucht. Als optimale Quellungszeit (τ) wurde die Erhitzungsdauer einer Mischung von PVC mit 30% Weichmacher bei gegebener Temp. bis zur Erreichung von $G = 1\%$ gewählt. τ nimmt mit ansteigender Temp. u. sinkender Viscosität stark ab.
T. Lukanoff. 7172□

Schaumbildung in Polyvinylchloridpasten. Untersuchung der die Schaumstruktur beeinflussenden Faktoren. O. G. Tarakanow und A. W. Krassnoperowa. (Пластические Массы [Plast. Massen] **1962,** Nr. 8, 30—33; russ.) — Die Schaum-Bldg. in *Polyvinylchlorid*-Pasten hängt wesentlich von der Ggw. oberflächenakt. Substanzen ab. Feuchtigkeit von CO_2 u. den Komponenten der Pasten ist von Einfl. auf die schaumbildenden Eigenschaften. Die Struktur des Schaumes hängt von der Meth. mit der die optimale Viscosität erreicht wird (250—400 cP) ab. J. v. Schroeder. 7172□

Kalt erhärtender Klebstoff zum Verkleben von Polyvinylchloridplasten miteinander und mit anderen Materialien. A. Ss. Trachter, L. I. Trepelkowa und M. I. Palei. (Пластические Массы [Plast. Massen] **1962,** Nr. 8, 64—67; russ.) — Die von Vff. ausgearbeiteten Klebstoffe *PFED, PN-E, PR-E* (Polyvinylchloridharz oder Tetrachloräthylenharz, gemischt mit Epoxidharz in organ. Lsgm.) erhalten als Weichmacher Dibutylphthalat oder einen Kautschuk *SKN-26* (Butadiennitril). Sie erhärten nach Zugabe von Polyäthylenpolyamin in 12—24 Stunden. Die Widerstandsfähigkeit dieser Klebstoffe gegen W., Öle u. Brennstoffe wurde bestimmt. J. v. Schroeder. 7172□

Einige Fragen der Emulsionspolymerisation von Styrol bei Anwendung markierter Atome. M. M. Grudinina und Je. M. Alexandrowa. (Известия Высших Учебных Заведений (Иваново), Химия и Химическая Технология [Hochschulnachr. (Iwanowo), Chem. u. chem. Technol.] **3,** Nr. 1, 176—78, 1960; Chem.-Technol.

Mendelejew-Inst., Lehrstuhl für Kolloidchem.; russ.) — Vff. untersuchten die Verteilung des Emulgators zwischen den Phasen des Syst. nach der Anwendung eines markierten Emulgators (^{14}C-Ölsäure). Als Ursache der Bldg. von Mikroblockpolymeren kann die Verteilung des Emulgators betrachtet werden. Das Mikroblockpolymere, das 3 bis 4 mal weniger Emulgator enthält als das koagulierte Polymere, bildet sich bei der Tropfpolymerisation des Monomeren. Bei der Emulsionspolymerisation darf die Löslichkeit des KW-Stoffes in den Seifenmicellen eine bestimmte Grenze nicht überschreiten. Die Festigkeit der Adsorptionsschichten der Oleate von K, Na u. NH_4 reicht als Schutz der Mikrovol. des Styrols vor der Vernetzung nicht aus. K. Wekua. 7172□

Copolymerisation von Vinylphosphinsäuredi-β.β'-chloräthylester mit einigen ungesättigten Verbindungen. A. Juldaschew, I. K. Rubzowa und P. A. Moschkin. (Пластические Массы [Plast. Massen] **1962,** Nr. 8, 10—11; russ.) — Das Homopoly-Kondens.-Prod. von *Vinylphosphinsäure-di-β.β'-chloräthylester* (I; Tetramer) wurde mit Diallylophenylphosphorsäureester u. Vinylphosphinsäureester, Methylmethacrylat u. den ungesätt. Polyestern PN-1 u. PN-4 copolymerisiert. Durch die Copolymerisation wurden einige Mängel des I beseitigt u. feste, gleichförmige glasartige Prodd. erhalten. Mit Erhöhung des I-Geh. in den Copolymeren erhöht sich ihre Hitzebeständigkeit u. erniedrigt sich ihr Flammpunkt. J. v. Schroeder. 7172□

Physiko-mechanische Kennziffern von Glasfaser verstärkten Plasten auf Grundlage von Polyesterharz. Elastizitätskonstanten. B. Ss. Lwow, M. A. Koltunow, W. N. Kusnetzow und Je. I. Schpakowskaja. (Пластические Массы [Plast. Massen] **1962,** Nr. 8, 38—40; russ.) — Die untersuchten Glasfaser verstärkten Plaste erwiesen sich als orthotrop. Die Dehnungskurve ist bis zu Deformationen von $\varepsilon = 3 \cdot 10^{-3}$ linear. J. v. Schroeder. 7176□

Thermische Spaltung von Kondensationsharzen. Untersuchung der thermischen Spaltung von Epoxidharzen mit Hilfe von markierten Atomen. W. D. Moissejew, M. B. Neiman, B. M. Kowarskaja, I. Je. Senowa und W. W. Gurjanowa. (Пластические Массы [Plast. Massen] **1962,** Nr. 6, 11—15; russ.) — Bestimmt wurden gasförmige u. feste Zers.-Prodd. bei verschiedenen Temp. von *Epoxid*-Harz *ED-6,* dessen zentrales C-Atom im Diphenylolpropan markiert worden war. Es wurde festgestellt, daß prakt. die gesamte Radioaktivität in die festen Zers.-Prodd. übergeht.
J. v. Schroeder. 7176□

Herstellung elektroisolierender Imprägnierungsgemische, die keine Lösungsmittel enthalten. Imprägnierungsgemische auf Grundlage des Epoxidharzes 5 N. R. Ss. Cholodowskaja, O. K. Gosstewa, K. I. Sabyrina, N. M. Spiwak und W. I. Kirilowitsch. (Пластические Массы [Plast. Massen] **1962,** Nr. 8, 14—16; russ.) — Epoxidharz *5 N* mit 5% eines Härtungsmittel (Polyalumophenylsiloxan) ist als Imprägnierungsmittel für elektroisolierende Materialien geeignet. J. v. Schroeder. 7176□

Herstellung von Polycarbonaten durch Umesterung niedrigmolekularer Polymerer. I. P. Lossew, O. W. Smirnowa und Je. W. Smurowa. (Пластические Массы [Plast. Massen] **1962,** Nr. 6, 15—17; russ.) — Bei der Umesterung niedrigmol. *Polycarbonate* erhöht sich das Molgew. des Ausgangspolymeren. Unter Verw. von ZnO (0,1 bis 1%) als Katalysator kann man Polycarbonate vom Molgew. 28000—46700 erhalten. Bei der Umesterung in 2 Stadien (210—220 u. 230—280°) erzielt man Prodd. von höherem Molgew. als bei Rk. in einem Stadium. Bei Verw. von durch Zwischenphasen-Kondens. gewonnenen Polycarbonaten als Ausgangs-Prod. war die Erhöhung des Molgew. unbedeutend. Bester Katalysator in diesem Fall war CH_3COONa. J. v. Schroeder. 7176□

Rheologische und thixotrope Eigenschaften von Dispersionen von Alkydharzen, die durch Polyamidharze modifiziert sind. A. A. Trapesnikow, T. G. Schalopalkina und T. A. Amfiteatrowa. (Лакокрасочные Материалы и их Применение [Lacke Farben Anwend.] **1961,** Nr. 5, 3—10; russ.) — Dispersionen von *Alkyd–Polyamid*-Harzen haben ausgesprochene Festigkeits- u. Viscositätsthixotropien. Die viscose Struktur der Farbe kann ohne Zerstörung bei kleinem u. nach Zerstörung bei hohem Geschw.-Gradienten wiederhergestellt werden. Nach kurzer Ruhe werden die Eigg. der Dispersionen durch viscose Thixotropie, nach langer Ruhe durch viscose u. Festigkeitsthixotropie bestimmt. Mit Konz.-Erhöhung wachsen Festigkeit der Struktur u. Viscosität rasch an. Es wird angenommen, daß die Teilchen des Alkyd–Polyamid-Harzes kompakt sind u. daß das Syst. den Charakter einer konz. Suspension hat.
J. v. Schroeder. 7176□

Erhöhung der Wasserfestigkeit und Lagerbeständigkeit von Carbamidharzen. R. S. Temkina. (Деревообрабатывающая Промышленность [Holzverarb. Ind.] **7,** Nr. 11, 7—9, Nov. 1958.) — Die Verss. zeigten, daß ein geringer Zusatz von Melamin (I) zum *Harnstoff* (II)-*Formaldehyd* (III)-*Harz* eine Steigerung der Lebensdauer von damit verleimten Gegenständen zur Folge hat. Es wurde festgestellt, daß eine gemeinsame

Kondens. der Komponenten **I, II** u. **III** beim Mengenverhältnis **I** : **II** = 40 : 60 bei 80° u. einem Anfangs-pH-Wert von 6,5—7,0 erforderlich ist. So hergestelltes Harz ist bei 18—20° 3—4 Monate stabil, d. h. seine Viscosität ändert sich nicht. Die Stabilität des Harzes wird durch Zusatz von Na-Tetraborat erhöht. Als Beschleuniger bedient man sich bei der Kondens. des NH_4Cl (0,5—1% auf **I** + **II**). Die mittlere Festigkeit dieses Harzes beträgt 21, die maximale 27 kg/cm². Das Harz wird zur Verleimung von Sperrholz, Möbelstücken, Musikinstrumenten u. für viele andere Zwecke verwendet.
K. Wekua. 7180

Physikomechanische Eigenschaften des elastischen Polyurethans. 1. Mitt. **Abhängigkeit der Relaxationseigenschaften des elastischen Schaumpolyurethans von der Temperatur.** Ju. N. Poljakow und O. G. Tarakanow. (Пластические Массы [Plast. Massen] **1962,** Nr. 6, 34—36; russ.) — Im Gebiet von 100—110° wurde eine auffallende Änderung der elast. Eigg. von *Schaumpolyurethan* festgestellt.
J. v. Schroeder. 7180□

Herstellung von Polyalkylcyclosilazanen aus Alkylchlorsilanen und Ammoniak. D. Ja. Shinkin, Je. A. Ssemenowa und N. W. Markowa. (Пластические Массы [Plast. Massen] **1962,** Nr. 8, 18—20; russ.) — Das neue vorgeschlagene Verf. zur Darst. von *Polyalkylcyclosilazanen* aus Alkylchlorsilanen u. NH_3 besteht darin, daß an Stelle der Filtration des gebildeten NH_4Cl die Rk.-Masse mit W. oder wss. Alkali-Lsg. behandelt wird. Hierbei bilden sich in 2 Schichten Cyclosilazan u. eine wss. Lsg. des Alkalis, die durch Scheidetrichter getrennt werden. J. v. Schroeder. 7188□

Über die katalytische Dehydrokondensation von Phenyldichlorsilan mit Benzol. G. N. Malnowa und Je. P. Michejew. (Пластические Массы [Plast. Massen] **1962,** Nr. 8, 20—23; russ.) — Bei der Rk. von *Phenyldichlorsilan* (**I**) mit *Bzl.* u. H_3BO_3 als Katalysator bilden sich gleichzeitig mit den Dehydrokondens.-Prodd. von **I** u. Bzl., wobei Diphenyldichlorsilan entsteht, mit bedeutender Geschw. Nebenprodd., deren Rk.-Geschw. durch Erhöhung der Benzolmenge im Ausgangsgemisch bis zu einem Mol-Verhältnis von Bzl. : **I** von 3 : 1 erniedrigt werden kann. J. v. Schroeder. 7188□

Dielektrische Eigenschaften des Preßmaterials der Marke WNP. S. Ss. Utjanski und M. N. Bragina. (Пластические Массы [Plast. Massen] **1962,** Nr. 8, 17—18; russ.) — Das dargestellte Preßpulver mit einem Sägespänefüllmittel u. einem Bindemittel aus Novolakharz u. Resolharz auf Basis eines mit ungesätt. Verbb. alkylierten Methylol-Deriv. von Phenol *WNP* ist wegen seiner hohen elektroisolierenden Eigg. zur Herst. hocharmierter Erzeugnisse geeignet. J. v. Schroeder. 7204□

Die Bestimmung von Chlor in Epoxidharzen. Ss. T. Baibajewa und L. P. Bunakowa. (Лакокрасочные Материалы и их Применение [Lacke Farben Anwend.] **1960,** Nr. 2, 46—47; russ.) — Zur Best. des Gesamt-*Cl* erwies sich eine Modifizierung der Liebigschen Kalk-Meth. als die geeignetste. Zur Best. von wasserlösl. *Cl* in Epoxidharzen wird die Probe bei 200—300° 1 Std. verascht u. dann im Muffelofen bei 400—450° erhitzt. Die Asche wird in HNO_3 (10%ig) gelöst u. weiter nach Volhard behandelt.
J. v. Schroeder. 7210□

Ein Viscosimeter zur Bestimmung der Viscosität in der Industrie der Alkydharze. Ju. N. Kasanski. (Лакокрасочные Материалы и их Применение [Lacke Farben Anwend.] **1960,** Nr. 2, 55—61; Moskau, Technolog. Inst. für Flugzeugbau; russ.) — Vf. beschreibt ein von ihm konstruiertes, kontinuierlich arbeitendes *Viscosimeter,* das direkt in den Rk.-Kessel eingesetzt werden kann. Es arbeitet nach dem Prinzip der Messung des Druckes der von einer Pumpe angetriebenen Unters.-Fl. in einem Meßrohr. Dieser Druck ist von der Viscosität abhängig, die nach den angeführten Formeln berechnet wird.
J. v. Schroeder. 7210□

Neuer Apparat zur mikromechanischen Prüfung und seine Anwendung zur Untersuchung der mechanischen Eigenschaften von Polymeren. W. R. Regel, G. W. Bereshkowa und G. A. Dubow. (Заводская Лаборатория [Betriebs-Lab.] **25,** 101—05, 1959; Inst. für Kristallographie der Akad. der Wiss. der UdSSR.) — Beschreibung der Konstruktion u. Arbeitsweise einer App. für mikromechan. Materialprüfungen u. ihre Anwendung zur Unters. der mechan. Eigg. von Polymeren.
S. Baryschnikow. 7210

B. F. Goodrich Co., New York, N.Y., übert. von: Vincent C. Vesce, Butler, N.J., V.St.A., **Pigmentierte plastische Massen,** die aus Naturharzen, Cellulose-, Vinyl- (Polyäthylen, Polyvinylidenchlorid, Polyisobutylen, Polyvinylchlorid, Polystyrol, Polyacrylnitril, Polymethylacrylat, Polyvinylcarbazol, Polymethylmethacrylat, Copolymere von Vinylchlorid mit Vinylacetat oder Acrylnitril, Acrylnitril u. Vinylacetat oder Vinylidenchlorid), Alkydharzen oder Wachsen bestehen. Pigment u. Harz werden in fl. Medium aus W., einem organ., mit W. mischbaren u. einem organ., mit W.

nicht mischbarem Lsgm. so lange gemahlen, bis eine Dispersion des Pigments im Harz erreicht ist. (**Can. P. 554960** vom 18/5. 1954, ausg. 25/3. 1958. A. Prior. 2/6. 1953.) S. Böttcher. 7171

Badische Anilin- & Soda-Fabrik Akt.-Ges., Ludwigshafen/Rh. (Erfinder: Dietmar Wittenberg, Mannheim), **Herstellung von Arylzinnverbindungen,** die ggf. Halogen enthalten, dad. gek., daß man eine Sn-Verb. der allg. Formel SnX_mY_m, in der X einen Arylrest u. Y ein Halogenatom bedeutet u. in der m = 0, 1, 2 oder 3 u. n = 1, 2, 3 oder 4 ist, wobei die Summe von m + n = 4 ist, mit dem Einw.-Prod. von Al auf ein Arylhalogenid (**I**), zweckmäßig in überschüssigem **I**, umsetzt. Bei der Aufarbeitung des Prod. wird bes. ein Stoff zugesetzt, der mit Al-Halogeniden Komplexe bildet. — 25 (Teile) aktiviertes Al werden mit 300 Chlorbenzol (**II**) 24 Std. auf 130—140° erhitzt. Die filtrierte Lsg. gibt man zu 143 $SnCl_4$, setzt 55 NaCl zu u. rührt 3 Std. bei 120°. Bei der Fraktionierung erhält man 120 **II**, 35 $C_6H_5SnCl_3$, Kp. 105—115°/10 Torr, 120 $(C_6H_5)_2SnCl_2$, Kp. 100—120°/0,005 Torr, u. 18 rohes $(C_6H_5)_2SnCl$, Kp. 150 bis 200°/0,0005 Torr. Gesamtausbeute an zinnorgan. Verbb. 94%. Als Rückstand verbleibt der $AlCl_3$-NaCl-Komplex. Bestandteile von metallorgan. Mischkatalysatoren u. Stabilisatoren für Polymere. (**D. A. S. 1124947** Kl. 12o vom 10/12. 1960, ausg. 8/3. 1962.) J. Mühleisen. 7171

Canadian Industries Ltd., Montreal, Quebec, Canada (Erfinder: Andrzej Pajaczkowski und John Michael Turner), **Herstellung von Acylperoxycarbonsäureestern** erfolgt nach der allg. Gleichung RCO—O—OH + X—CO—OR' → RCO—O—O—CO—OR' + HX (X = Halogen) in Ggw. einer bas. Verb., z. B. NaOH oder Pyridin (**III**). — Man gibt z. B. zu einem Gemisch aus 5,4 (g) Perlaurinsäure (**I**), 2,4 Chlorameisensäure (**II**)-methylester u. 15 cm^3 abs. Ae. bei 0—5° 2,0 **III** u. weitere 25 cm^3 Ae., rührt 1 Std., verd. mit W., extrahiert mit Ae. u. erhält nach mehrfachem Umkristallisieren aus Pentan bei —25° *Lauroylperoxymethylcarbonat*, $C_{14}H_{26}O_5$, F. 118°, Zers. bei 80°. — C_6H_5CO—O—ONa + **II**-Isopropylester (**IV**) → *Benzoylperoxyisopropylcarbonat*, $C_{14}H_{10}O_4$, F. 56—58°. — **I** + **IV** → *Lauroylperoxyisopropyl*-Verb., $C_{16}H_{30}O_5$, F. 10°, Zers. bei 80—85°. — **I** + **II**-3.5.5-Trimethylhexylester → *Lauroylperoxy-3.5.5-trimethylhexyl*-Verbindung. — *Polymerisationskatalysatoren.* (**E. P. 870584** vom 16/1. 1959, ausg. 14/6. 1961.) O. Müller-Meiningen. 7171

Allied Chemical & Dye Corp., New York, N.Y., übert. von: Kenneth D. Meiser und Andrew W. Kassay, Toledo, Ohio, V.St.A., **Herstellung von Weichmachern,** dad. gek., daß man 1,1—2,1 (Mol) HCHO in wss. Lsg. mit 1 Harnstoff umsetzt, das nur wenig kondensierte Rk.-Prodd. in wss. Lsg. mit einem Cellulosefüllstoff im Verhältnis 7 : 2—9 (Teile) u. 1 Zn-Stearat als Schmiermittel mischt u. die wss. Suspension bei pH 5—7 einer Sprühtrocknung unterwirft, so daß das Pulver bei 7000 lbs./sq.in. eine Fließzeit von 5—15 Sek. besitzt. — Zeichnungen. (**Can. P. 554460** vom 29/8. 1952, ausg. 18/3. 1958. A. Prior. 6/9. 1951.) S. Böttcher. 7171

Coalite & Chemical Products Ltd., Chesterfield, England, **Herstellung von ungiftigen Arylphosphaten** durch Rk. von Kresol- u./oder Xylenolfraktionen mit $POCl_3$, dad. gek., daß man von Fraktionen ausgeht, die kein o-Kresol, o-Äthylphenol, o-Propylphenol oder andere o-Alkylphenole enthalten. — *Weichmacher.* (**Ind. P. 64403** vom 7/6. 1958, ausg. 9/12. 1960.) C. Lüttgen. 7171

Elfriede Husemann (Erfinder: Helmut Ringsdorf und Gerd Greber), Freiburg/Breisgau, **Als Vulkanisations- oder Vernetzungsmittel für organische Polymere geeignete ungesättigte Phenoläther oder -ester** der allg. Formel CH_2=C(R)—R'—O—C_6H_4—X (R = H, Alkyl; R' = Methylen- oder Carbonylrest; X = Aldehydrest, ein durch den Anilin-, Hydroxylamin- oder Phenylhydrazinrest substituierter Aldehydrest, Carbonsäurerest, Carbalkoxy, Carbaryloxy, NH_2, das auch durch den Benzaldehydrest substituiert sein kann) erhält man durch Rk. eines ungesätt. Carbonsäurechlorids oder α-ungesätt. Alkylchlorids der allg. Formel CH_2=C(R)—R'—Cl mit einem Phenol in Ggw. eines säurebindenden Mittels, ggf. einem Phenolat der allg. Formel HOC_6H_4—X. — Aus 24 g 4-Hydroxybenzaldehyd-K in 200 cm^3 trocknem Ae. u. 14,1 g Methacrylsäurechlorid bei Raum-Temp. → *4-Methacryloxybenzaldehyd*, $C_{11}H_{10}O_3$, nach Reinigung über Al_2O_3, F. 27—28°, $Kp._{0,01}$ 84—85°; 90% (Ausbeute); aus 9,5 g davon in 85 cm^3 Ae. u. 4,65 g Anilin unter Rückfluß → Schiffsche *Base*, $C_{17}H_{15}NO_2$, aus Methanol, Plättchen, F. 83—84°; lösl. in Bzl., Styrol, Ae., Methanol; 93%; polymerisiert u. mischpolymerisiert. — Acrylsäurechlorid → *4-Acryloxybenzaldehyd*, $C_{10}H_8O_3$, nach chromatograph. Reinigung, F. 29—30°, Kp. 126—127°; 83%. — Benzyliden-4-hydroxyanilin + Allylbromid → *$C_{16}H_{15}NO$*, aus A., F. 72—73°; lösl. in Methanol u. Bzl.; 64%. — 4-Aminophenol + Allylbromid → *$C_9H_{11}NO$*, Kp. 103—105°; lösl. in Methanol, Chlf., Styrol; 51%. — Die Äther lassen sich *polymerisieren* u. *mischpolymerisieren*; dabei können *Pfropf*- u. *Vernetzungs-Rkk.* auftreten. (**D.A.S. 1128855** Kl. 12o vom 23/12. 1957, ausg. 3/5. 1962.) G. Krauß. 7171

DEHYDAG Deutsche Hydrierwerke G. m. b. H. (Erfinder: Konrad Höpfner und Willi Offermann), Düsseldorf, **Homogenes Verteilen von trockenen, festen und pulverförmigen Zusatzstoffen in hochpolymeren Stoffen mit Ausnahme von Kautschuk und Kautschukersatzstoffen.** Organ. Elektroneutralsalze, welche durch Rk. von äquimolaren Mengen anionakt. u. kationakt. Verbb. erhalten werden, verwendet man mit Vorteil bei der Verarbeitung hochpolymerer Stoffe. Bes. erreicht man eine Verbesserung bei der Einarbeitung u. Feinverteilung von Zusatzmitteln, wie Füllstoffe, Beschwerungsstoffe, Farbpigmente, die rasch benetzt u. homogen verteilt werden. Bei der Herst. der Elektroneutralsalze geht man von bekannten kationakt. Omnium-Verbb. aus, z. B. von Ammonium-, Sulfonium-, Phosphoniumverbindungen. Anionakt. Verbb. als weitere Komponente sind Verbb. der aliphat., cycloaliphat., aliphat.-aromat. oder cycloaliphat.-aromat. Reihe, welche im Mol. wenigstens einen Rest mit wenigstens 6—20 Kohlenstoffatomen u. mehr u. wenigstens eine saure, salzbildende Gruppe enthalten, die durch anorgan. oder organ., zur Bldg. wasserlösl. Salze befähigte Basen neutralisiert ist. (**D. A. S. 1 104 172** Kl. 39b vom 25/9. 1953, ausg. 6/4. 1961.) H. Nather. 7171

E. I. du Pont de Nemours & Co., übert. von: Eugene E. Magat und Donald R. Strachan, Wilmington, Del., und Ray C. Houtz, West Chester, Pa., V.St.A., **Herstellung von vernetzten Polymerisaten,** dad. gek., daß man eine polymerisierbare Verb. mit mindestens 3 funktionellen Gruppen (Hydroxymethyl-, NH_2-, Amidino-, phenol. OH- oder SH-Gruppe) mit einer Verb. mit mindestens 2 funktionellen Gruppen (Estergruppen) in fl. Phase einer Kondens.-Polymerisation unterwirft. — Zeichnungen. (**Can. P. 555 275** vom 26/4. 1952, ausg. 1/4. 1958. A. Prior. 12/5. 1951 u. 25/3. 1952.) S. Böttcher. 7171

Lonza Elektrizitätswerke und Chemische Fabriken Akt.-Ges., Basel (Erfinder: Herbert Lindemann, Sins, Aargau), Schweiz, **Herstellung von Körpern mit geschlossenen Zellen** aus pulverförmigen oder krümeligen, warmverformbaren Lsgm. u./oder Weichmacher enthaltenden Kunststoffmassen, die in Druckformen mit Gasen als Expansionsmittel begast, anschließend erwärmt, abgekühlt, vom Druck entlastet u. expandiert werden, dad. gek., daß ein Kunststoff zunächst durch Vorbehandlung in eine großoberflächige Kunststoffmasse gebracht wird, deren großoberflächige Form bei kaltem mechan. Druck erhalten bleibt, indem entweder a) der Kunststoff mit einem Lsgm. angequollen wird u. in diesen dann ein Weichmacher eingearbeitet u. die so erhaltene großoberflächige Masse ggf. angeliert wird oder b) in den Kunststoff zunächst eine Teilmenge, ggf. in zwei Anteilen, Weichmacher eingearbeitet u. die Restmenge an Weichmacher erst nach einer Verweilzeit eingebracht u. die so erhaltene großoberflächige Masse ggf. angeliert wird oder c) der Kunststoff mit einem Zusatz an Lsgm. u./oder Weichmacher zunächst geliert u. dann zerkleinert wird, dann die großoberflächige Kunststoffmasse in einer Form unter mechan. Druck gesetzt u. in die gasdicht geschlossene Form ein komprimiertes Gas eingeführt wird, worauf die Kunststoffmasse unter Aufrechterhaltung des Druckes erwärmt u. weiterbehandelt wird. (**D. A. S. 1 103 013** Kl. 39a vom 21/11. 1952, ausg. 23/3. 1961. Schwz. Prior. 12/12. 1951.) H. Nather. 7171

United States Rubber Co., New York, N.Y., V.St.A., **Formkörper** erhält man, indem man eine Kunststoffplatte (z. B. je gleiche Teile Butadien–Acrylnitril-Kautschuk, Polystyrol–Acrylnitril, Polyvinylchlorid u. Weichmacher), die auf eine Temp. erwärmt wird, bei der sie durch mäßigen Druck verformbar ist, jedoch nicht unter ihrem Eigengew. erweicht, z. B. 200—220° F, mit einer Metallform in Berührung bringt, die sich auf einer um 60—100° F höheren Temp. befindet, u. indem man zwischen Kunststoffplatte u. Metallform ein Vakuum anlegt, so daß der Kunststoff gleichmäßig u. fest an die Metallform angepreßt wird. Nach Abschneiden des über die Form hinaus überstehenden Materials erhält man einen formgetreuen Kunststofformkörper, der sich leicht von seiner Form ablösen läßt. — 5 Zeichnungen. (**E. P. 802 163** vom 25/7. 1955, ausg. 1/10. 1958. A. Prior. 15/9. 1954.) A. Jahn. 7171

Petrochemicals Ltd., London, England (Erfinder: Edward William Duck und Kenneth Leonard Fletcher), **Herstellung von Polyolefinen nach dem Niederdruck-Verfahren** durch Polymerisation von α-Olefinen mittels eines Katalysators, der ein Metall der Gruppe IVa—VIIa u. VIII des Period. Syst. in 2 verschiedenen Wertigkeitsstufen enthält, hergestellt durch Vermischen einer Verb. der genannten Metalle, in der das Metall in seiner höchsten Wertigkeitsstufe vorliegt, mit einer O-haltigen, metallorgan. oder Metallhydridbindungen enthaltenden Verb. eines Metalls der Gruppe II oder IIIb des Period. Syst., bes. solcher der allg. Formel $MeR_{m-1}X$ (R = H oder KW-Stoff-Rest, X = Alkoxy- oder Aryloxyrest, m = Wertigkeit des Metalls Me) (I) vorzugsweise entsprechender Al- oder Zn-Verbindungen. Man kann auch zunächst durch Umsetzung der genannten Komponenten u. Alterung der umgesetzten Mischung eine um 1 Wertigkeitsstufe red. Verb. der Metalle der Gruppe IVa—VIIa u. VIII erzeugen u. dann einen bestimmten Anteil der nicht red. Metall-Verb. zusetzen. Ebenso kann von einer fertigen Mischung von Metall-Verbb. ausgegangen werden, in denen sowohl eine entsprechende Verb. in ihrer höchsten Wertigkeitsstufe wie eine in niedrigerer vorliegt. Als reduzierende Komponente sind bes. Alkoxide von einwertigen u. mehrwertigen aliphat. Alkoholen, die der allg. Formel I entsprechen, geeignet. Die Polymerisation des Aethylens wird bei 60—90° in inertem fl. Medium, bes. in o-Dichlorbenzol oder in einem aliphat. KW-Stoff oder einer Mischung beider durchgeführt, ggf. in Ggw. von H_2. Man erhält Polyäthylen mit einem Erweichungspunkt von mindestens 115°. (**E. P. 873 226** vom 28/6. 1957, ausg. 19/7. 1961.) M. Maierhauser. 7173

Universal Oil Products Co., Des Plaines, übert. von: Louis Schmerling, Riverside, Ill., V.St.A., **Polymerisieren von α-Olefinen** mit 2—12 C-Atomen, bes. Äthylen, 1-Buten u. 1-Penten in Ggw. eines ein Ti-Tetrahalogenid u. Al enthaltenden Katalysators, dad. gek., daß man dem Katalysator Metalle der VIII. Gruppe des Period. Syst., bes. Pt u. Pd auf Al-Oxyd als Träger, zusetzt. — Man mischt z. B. 5 g Al-Staub, 5 Katalysator (0,1% Pt, 1,5% Cl, 1,5% F u. Al-Oxid enthaltend) u. 2 g $TiCl_4$ unter N_2, preßt Äthylen mit 40 at ein, erhitzt unter Rotation des Autoklaven auf 90°, läßt die Temp. durch die Rk. auf 101° steigen u. kühlt nach 3½ Std. auf Raum-Temp.; bernsteinfarbiges *Polyäthylen.* — Beispiele. (**A. P. 2 945 845** vom 28/4. 1958, ausg. 19/7. 1960.) G. Vogel. 7173

Esso Research and Engineering Co. (Erfinder: Egi Victor Fasce und Joseph Kern Mertzweiller), **Polymerisation von Olefinen.** Der bei z. B. der Niederdruckpolymerisation erhaltene Polymerisatschlamm wird in seiner Viscosität herabgesetzt durch den Zusatz von (0,01—3%, bezogen auf das Verdünnungsmittel) höhermol. geradkettigen α-Olefinen, z. B. Hexen-(1), Octen-(1), Tetradecan-(1), vor der Polymerisation. Als Katalysatoren geeignet sind Gemische aus Ti-Halogeniden u. Alkyl-Al, z. B. ein bei 40—65° erhaltenes Gemisch aus $(C_2H_5)_2AlCl$ u. $TiCl_4$. (**Aust. P. 224 756** vom 16/5. 1957, ausg. 19/11. 1959. A. Prior. 14/6. 1956.) H. Möllering. 7173

Allied Chemical Corp., New York, N.Y., übert. von: John C. Eck, Convent Station, und William C. Kraemer, Berkeley Heights, N.J., V.St.A., **Kunstharzmassen** erhält man durch Chlorieren eines harten, hochschm., oxydierenden telomeren Polyäthylen-C_2—C_4-Alkanolwachses mit Molgew. 600—3000 u. O-Geh. von ca. 3—9%, so daß das Prod. einen O-Geh. von ca. 1—5% u. einen Cl-Geh. von ca. 30—70% besitzt, 150 (Teile) Harz in 100 Xylol lösl. u. in Hexan u. Cyclohexan im wesentlichen unlösl. sind. Man löst z. B. 75 Polyäthylen-Isopropanol-Telomerisat (O-Geh. 9%, Molgew. durchschnittlich 800, Penetration ca. 1—1,5 mm nach ASTM-Meth. D-5-25, SZ. ca. 50, VZ. ca. 50, Fließpunkt ca. 90—95°, in 1196 CCl_4 unter Belichtung mit 2 100-W-Lampen), erhitzt die Masse auf ca. 65°, leitet 1,2 Liter Cl_2/min bei ca. 65—70° 33 Min. bis 15 Tage ein, entfernt restliches Cl_2 u. HCl im Vakuum, fällt das Harz durch Einrühren in kaltes Methanol zu einem weißen freifließenden Pulver. Nach 15std. Chlorierung wird z. B. ein Harz mit 67,5% Cl-Geh., 3,1% O-Geh. u. einem Fließpunkt von 200° erhalten. Das Prod. bildet auf Glas, Metall, Papier usw. festhaftende, transparente Filme, wenn diese Unterlagen in eine mindestens 50% Cl enthaltende Harz-Lsg. in Aceton oder $CH_3COC_2H_5$ getaucht werden. Herst. von wasserdichten Baustoffen (Steinen), feuerresistenten Imprägnierungen von Bekleidung u. Papier u. (mit synthet. Kautschuk gemischt) von Klebstoffen. — Beispiele, Tabellen mit physikal. Eigg., Kurve. (**A. P. 2 964 517** vom 25/10. 1957, ausg. 13/12. 1960.) G. Vogel. 7173

Shell Development Co., New York, N.Y., V.St.A., übert. von: Gerrit Wouter Van Raamsdonk und Jan Selman, Amsterdam, Niederlande, **Lineare α-Olefinpolymerisate,** bes. Polyäthylen u. Polypropylen, die noch Katalysatorrückstände aus Metallen der IV.—VI. Gruppe des Period. Syst. enthalten, gek. durch den Zusatz von 0,5—25% Cetylbenzol (**I**). Man suspendiert 0,95 (Teile) $TiCl_4$, 0,67 $(C_2H_5)_2AlCl$ nach (20 Min. langem) Mischen in 1000 Isooctan, bläst Äthylen durch die Suspension, unterbricht die Äthylenzufuhr nach 3 Std., fügt 100 ml Methanol zu, rührt mehrere Min., filtriert, wäscht u. trocknet bei 50° u. mischt 1—5 **I** zu. — Erhöhung der Biegefestigkeit u. Schlagzähigkeit. (**A. P. 2 917 479** vom 28/10. 1957, ausg. 15/12. 1959. Niederl. Prior. 23/11. 1956.) G. Vogel. 7173

Bataafse Petroleum Mij. N. V., Den Haag, Niederlande (Erfinder: Lee Marion Porter, Concord, Jaroslav George Balas, Orinda, und Richard Johnson Reynolds, Walnut Creek, Calif., V.St.A.), **cis-1.4-Polydiene** erhält man durch Polymerisation von konjugierten Diolefinen in Ggw. eines Katalysators aus einer Al-organ. Verb. u. einem Ni- oder Co-Halogenid, der vorzugsweise gealtert worden ist. — Beispiele: Polymerisation von Butadien u. Isopren. (**D. A. S. 1 127 592** Kl. 39c vom 4/11. 1958, ausg. 12/4. 1962. A. Prior. 6/11. 1957.) L. Stadelmann. 7173

E. I. du Pont de Nemours & Co., Wilmington, Del. (Erfinder: Stanley Tocker, Wilmington, Del.), V.St.A., **Mischpolymerisate** mit vorwiegendem Geh. an α-Olefinkomponenten erhält man durch Polymerisation von geradkettigen α-Olefinen, die 2—10 C-Atome pro Mol enthalten, u. substituierten Dienen mit konjugierten Doppelbindungen in einem halogenierten KW-Stoff als Lsgm. bei —40 bis +10° in Ggw. eines Katalysators aus Al-Triisobutyl u. Vanadylchlorid. — Beispiel: Polymerisation einer zu 99—90% aus Äthylen u. zu 1—10% aus Isopren bestehenden Monomerenmischung. — In den Seitenketten ungesätt. hochkristalline Prodd., zähe, schlagfeste Filme. (**D. A. S. 1 127 593** Kl. 39c vom 27/1. 1960, ausg. 12/4. 1962. A. Prior. 27/1. 1959.) L. Stadelmann. 7173

Ciba Akt.-Ges. (Erfinder: Arthur Maeder), Basel, Schweiz, **Mischpolymerisate in stabiler wäßriger Dispersion** erhält man durch Emulsionspolymerisation von Estern oder Amiden copolymerisierbarer Säuren, die im Ester- oder Amidteil des Mol. mindestens eine quatern. Ammoniumgruppe haben, die nicht über eine Methylenbrücke an das Heteroatom der Ester- oder Amidgruppe gebunden ist, zusammen mit mindestens einer anderen polymerisierbaren Verb., die keine Nitrilgruppe enthält, u. mit Acrylnitril oder dessen Homologen in wss. Emulsion, wobei Acrylnitril höchstens in einer Menge von 50% des Gesamtgew. der Monomeren verwendet wird. Folgende Monomerenmischungen wurden polymerisiert: Acrylnitril + n-Butylacrylsäureester + quatern. Verb. aus N-[(β-Diäthylamino)-äthyl]-acrylamid u. N-Methylolchloracetamid; Acrylnitril + Isobutylacrylat + quatern. Verb. aus Acrylsäure-(3-dimethylaminopropyl)-amid u. Chloracetamid. — Feinteilige Emulsionen, Verw. für Imprägnierungen u. Beschichtungen. (**D. A. S. 1 131 406** Kl. 39c vom 25/10. 1954, ausg. 14/6. 1962. Schwz. Prior. 11/10. 1954.) L. Stadelmann. 7173

Farbwerke Hoechst Akt.-Ges., vormals Meister Lucius & Brüning, Frankfurt/M., **Mischpolymerisate von α-Alkenen.** Polymerisate von hohem Molgew. werden aus α-Alkenen mit 2—8 C-Atomen durch Polymerisation in Ggw. von metallorgan. Katalysatoren durchgeführt, bes. von Alkylaluminiumdihalogeniden, die 1 bis 8 C-Atome in der Alkylgruppe u. Cl oder F als Halogenatome enthalten. Außerdem können noch VCl_4 oder VCl_3 zugesetzt werden. Die Rkk. werden in inerten organ. Lsgm. durchgeführt. (**Port. P. 38 088** vom 18/2. 1961, Auszug veröff. 26/4. 1961. D. Prior. 19/2. 1960.) A. Kalix. 7173

Farbenfabriken Bayer Akt.-Ges., Leverkusen (Erfinder: Gottfried Pampus, Heinz Gröne, Leverkusen, und Josef Witte, Köln), **Mischpolymerisation von konjugierten Diolefinen** mit monovinylaromat. KW-Stoffen mit Hilfe eines Katalysators, der durch Rk. von Alkalimetallen u./oder Alkalimetall-Verbb., bes. Li-Metallen oder Li-Verbb., mit Halogen-KW-Stoff in Ggw. von Graphit erhalten wurde. — Beispiele: Polymerisation von Isopren–Styrol u. Butadien–p-Vinyltoluol. (**D. A. S. 1 131 410** Kl. 39c vom 13/9. 1960, ausg. 14/6. 1962. A. Prior. 10/5. 1960. **Zusatz zu D. A. S. 1 114 037; C. 1962, 6226.**) L. Stadelmann. 7173

Phillips Petroleum Co., Bartlesville, Okla., V.St.A., **Mischverfahren.** Harzartiges Monoolefinpolymerisat mit 2—8 C-Atomen im monomeren Mol., z. B. Polyäthylen, wird in lockerer geblähter Form bei einer D. 0,13—0,35 g/cm³ unterhalb seiner Erweichungs-Temp. mit einem Zusatzstoff, z. B. Ruß, gemischt u. dann bei höherer Temp. erweicht u. homogenisiert. — 3 Zeichnungen. (**E. P. 863 732** vom 16/3. 1959, ausg. 22/3. 1961. A. Prior. 18/4. 1958.) W. Overbeck. 7173

British Rubber Producers' Research Association, London, England, **Herstellung von Polymerisaten** aus Mischungen von Polymeren u. polymerisierbaren *Olefinen* (I), die bei Beginn des Verf nichtgummiähnliche Eigg. haben, bes. *Polyvinylchlorid* u. *Methylmethacrylat, Styrol* oder *Acrylnitril,* bei dem das Ausgangsmaterial in Partikelform der Einw. von Scherkräften gemäß Hauptpatent unterworfen wird, dad. gek., daß der Polymerisationsvorgang durch Zusatz von 0,1—6% einer festen Verb., die sich in dem I nicht löst, z. B. Zn-, Cu-Pulver, NaCl, Ruß usw., oder durch Zusatz von 0,025—1% einer in dem Gemisch dispergierbaren organ. Verb., bes. Acetamid, beschleunigt wird. — Zeichnung. (**Ind. PP. 64 257** vom 2/6. 1958, ausg. 15/6. 1960 u. **64 361** vom 12/6. 1958, ausg. 11/8. 1960. Beide E. Prior. 14/6. 1957. **Zusätze zu Ind. P. 62 355; C. 1962, 6605.**) C. Lüttgen. 7173

Eastman Kodak Co., Rochester, N.Y. (Erfinder: James Edwin Guillet, James Powell Hawk und Edmund Barber Towne, Kingsport, Tenn.), V.St.A., **Katalysatoren für die Polymerisation** von äthylen. ungesätt. Verbb. sind ungesätt. α-substituierte Diacylperoxide der Formel $[R_1-CH=CR_2-CO-O-]_2$, worin R_1 ein aliphat. Alkaryl- oder ein cycloaliphat. Rest mit 1—14 C-Atomen u. R_2 ein Alkyl- oder Cycloalkyl- oder ein Alkoxyrest mit 1—6 C-Atomen ist, z. B. Bis-(2-äthyl-2-hexenyl)-

peroxid. Stoßempfindliche Katalysatoren bes. zur Herst. von *Polyäthylen* mittlerer Dichte. (**D. A. S. 1 131 407** Kl. 39c vom 12/4. 1961, ausg. 14/6. 1962. A. Prior. 6/6. 1960.) L. Stadelmann. 7173

Sun Oil Co., Philadelphia, Pa., V.St.A. (Erfinder: James R. Jezl und Robert M. Kennedy), **Herstellung von Katalysatoren für die Olefinpolymerisation** durch Mischen von Rk.-Prodd. aus Al–Mg-Legg. u. organ. Halogenverbb. (Äthyl- bis Amylchlorid oder -jodid) mit den Halogeniden der Metalle der Gruppen IV—VI des Period. Syst. u. inakt. fl. KW-Stoff-Lsgm., wobei letztere Metalle nicht in ihrer höchsten Wertigkeitsstufe vorliegen. — Zu 1,1 (Gew.-Teile) Mg–Al (1 : 2 Mol)-Leg. gibt man Spuren J u. in 1 Std. unter Rühren 7,2 C_2H_5J, hält 1 Std. bei 70°, gibt bei Raum-Temp. 205n-Pentan zu u. danach 4,63 $TiCl_3$, erwärmt die Dispersion auf 60°, leitet etwas Propylen ein, erhitzt bis 120° u. leitet Propylen mit 125 lb./in.^{2} in das Rk.-Gefäß, hält die Temp. bei 120—130° u. den Druck bei 125—148 lb./in.^{2}, kühlt nach 8,2 Std. vom Beginn des Propylenzusatzes an ab u. zersetzt den Katalysator mit CH_3OH u. HNO_3. (**Jap. A. S. 13 212/1960** vom 11/12. 1957, ausg. 12/9. 1960. A. Prior. 17/12. 1956.) M. Pankow. 7173

Shell Internationale Research Mij. N. V., Den Haag, Niederlande, **Trägerkatalysator zur Olefinpolymerisation.** Trägermaterial, das SiO_2 u. Al_2O_3 wenigstens teilweise chem. gebunden enthält, wird mit einer solchen Menge einer nicht flüchtigen Alkaliverb., die ein Oxid, Hydroxid, Alkoholat oder ein Salz einer flüchtigen Säure sein kann, behandelt, die 20—250% der Menge, ausgedrückt in Val, beträgt, die nötig ist, um 75 cm^3 reines W., das mit 1 g dieses Materials durchgeschüttelt worden war, auf ein pH = 7 zu bringen. Gleichzeitig oder anschließend erfolgt eine Erhitzung des Trägermaterials auf 200—800°. Bes. werden Li-Verbb., z. B. LiOH, verwendet. Als katalyt. akt. Komponente wird bes. Cr-, V- oder Mo-Oxid verwendet. Es wird so eine Steigerung der katalyt. Wirksamkeit (höhere Ausbeuten) gegenüber Katalysatoren aus saurem Trägermaterial erzielt. (**E. P. 862 604** vom 21/9. 1959, ausg. 15/3. 1961. Niederl. Prior. 22/9. 1958.) M. Maierhauser. 7173

Phillips Petroleum Co., V.St.A. (Erfinder: John Jeffery Moon und Harold Mills Hawkins), **Automatische Filtriereinrichtung,** bes. zur *Entfernung von Katalysator aus Lsgg. von Polymeren,* z. B. von Cr-Oxid–Katalysator aus Lsgg. von Polyolefinen. Man leitet eine Dispersion des Polymeren, z. B. aus 0,113 (kg) CH_4, 14 C_2H_6, 1,366 Äthylen, 15,383 Cycolhexan, 276,240 Polyäthylen, 1,360 niedrigmol. Polyäthylen, 0,045 Katalysator u. 168,700 Diatomeenerde als Filtrationshilfsstoff, auf das Filter u. nach Bldg. einer Nd.-Schicht eine weitere Dispersion, wäscht den Filterkuchen, pastet ihn mit zusätzlicher Fl. an u. entfernt ihn. Die einzelnen Verf.-Schritte sind automat. gesteuert. — Zeichnung. (**F. P. 1 190 567** vom 8/11. 1957, ausg. 14/10. 1959. A. Prior. 14/11. 1956.) M. Pankow. 7173

Chemische Werke Hüls Akt.-Ges. (Erfinder: Hermann Röhl, Erhard Lange, Alfred Schmidt und Franz Broich), Marl, **Aufarbeiten von Niederdruckpolyolefin-Dispersionen,** wie sie bei der Polymerisation in Ggw. von Katalysatoren aus Alkoxytitanhalogeniden u. metallorgan. Verbb. von Metallen der I. bis III. Gruppe des Period. Syst. erhalten werden. Man läßt 2-Äthylhexandiol-(1.3) in Mengen von 0,1—5%, in der Dispersion durch Rühren verteilt, 1—5 Std. vorzugsweise bei 0—90° auf die Dispersion einwirken u. trennt die Dispersion dann in bekannter Weise ab, z. B. durch Filtrieren, Dekantieren oder Abschleudern. Ggf. behandelt man die Dispersion vor oder nach der Diol.-Einw. mit O_2. Man erhält Polymerisate mit einem Asche-Geh. unter 0,01%. (**D. A. S. 1 128 981** Kl. 39c vom 14/12. 1959, ausg. 3/5. 1962.) L. Stadelmann. 7173

Imperial Chemical Industries Ltd., London, übert. von: Michael Taylor, Norton-on-Tees, England, **Stabilisierte Polyolefine.** Bes. *Polypropylen* läßt sich gegen oxydativen Abbau, Verfärbung u. Verschlechterung seiner elektr. u. physikal. Eigg. stabilisieren durch Zusatz von 0,0005—2, bes. 0,02—1 Gew.-% *Bis-[o-(1.1.3.3-Tetramethylbutyl)-phenol]-sulfid.* (**A. P. 2964498** vom 11/3. 1959, ausg. 13/12. 1960. E. Prior. 24/3. 1958.) A. Jahn. 7173

Farbwerke Hoechst Akt.-Ges., vormals Meister Lucius & Brüning, Frankfurt/M., **Stabilisieren von Polyolefinen.** Bei der Stabilisierung von nach dem Ziegler-Verf. hergestellten Polyolefinen werden als Stabilisator 0,001—5%, bezogen auf das Polyolefin, einer Mischung aus Phenolen oder deren Derivv. u. S-haltige P-Verbb. der allg. Formel I verwendet, wobei n 1 oder 2, R einen aliphat. KW-Stoff-Rest mit 1—20 C-Atomen, einen Cycloalkyl-, Aryl-, Alkylaryl- oder Arylalkylrest, R′ einen Alkylenrest mit 1—10 C-Atomen u. R″ einen Alkyl-, Cycloalkyl-, Aryl-, Alkylaryl-Arylalkylrest oder die Gruppe —(O—R′—S—R) oder —O—R′(—S—R)$_2$ bedeutet u.

I

wobei das Verhältnis der beiden Komponenten 5 : 1 bis 1 : 5 beträgt. — So werden zugesetzt: 0,25 (%) P-Komponente, wie Tris-(octylmercaptoäthyl)-phosphit u. das Kondens.-Prod. von Nonylphenol u. Aceton. (**D. A. S. 1 130 162** Kl. 39b vom 3/9. 1960, ausg. 24/5. 1962.) F. Markhoff. 7173

Shell Internationale Research Mij. N. V., Den Haag, Niederlande, **Polyolefinen** wird vor dem Verformen im Extruder in 2 Stufen bis zu 5 Gew.-% W. zugefügt, ggf. zusammen mit 0,5 Trilaurylphosphit als Antioxydans. (**E. P. 867 028** vom 2/7. 1959, ausg. 3/5. 1961.) F. Koch. 7173

Esso Research and Engineering Co., übert. von: William P. Fitzgerald, Florham Park, Joseph F. Nelson, Westfield, und Ober C. Slotterbeck, Rahway, N.J., V.St.A., **Geruchsverbesserung von Harzen mit Vanillin.** Polymere, die man durch Polymerisation von bei 20—280° in Ggw. eines Friedel-Crafts-Katalysators ($AlCl_3$) gekrackter Erdölfraktionen, welches aus 45—62% Olefinen, 12—30% Diolefinen, 0—36% Aromaten u. 1—15% Paraffinen u. Naphthenen besteht, erhält, versetzt man mit 0,02—1%, bes. 0,05% Vanillin. Durch weiteren Zusatz eines Antioxydationsmittels, wie 0,05—2% bes. 0,2% Butylhydroxyanisol, ist das Polymere selbst bei 110° geruchsfrei. (**A. P. 2 857 361** vom 14/10. 1954, ausg. 21/10. 1958.) A. Jahn. 7173

Esso Research and Engineering Co. (Erfinder: James Edward Shewmaker und Joseph Frederick Nelson), **Herstellung von verbesserten Petroleumharzen.** Man setzt ein polymerisiertes ungesätt. Harz mit 0,5—25 Gew.-% einer aromat. Divinyl-Verb., bes. Divinylbenzol, bei —10 bis +150° unter der Einw. einer ionisierenden Strahlung um, deren Dosierungsrate wenigstens 0,1 Äquivalent Megaröntgen pro Std. beträgt, wobei die Bestrahlung bis zu einer Totaldosis von wenigstens 0,5 Megaröntgen fortgesetzt wird. (**Aust. P. 228 627** vom 24/7. 1958, ausg. 7/7. 1960.) K. Demmler. 7173

Union Carbide Corp., N.Y., übert. von: William E. Loeb, Berkeley Heights, N.J., V.St.A., **Polymerisation von α-Olefinen,** bes. Äthylen u. Propylen. Man verwendet einen Katalysator, der aus Bis-cumylchrom u. einem Metallalkyl von Metallen der Gruppen Ia, IIa oder IIIb des Period. Syst. besteht. — Beispiel: *Äthylenpolymerisation.* (**A. P. 2 985 640** vom 15/9. 1959, ausg. 23/5. 1961.) L. Stadelmann. 7173

N. V. de Bataafsche Petroleum Mij. (Erfinder: Willem Frederick Engel), **Äthylenpolymerisation** erfolgt in Ggw. eines Katalysators, der im Verhältnis 35 : 65 bis 5 : 95 Al_2O_3 u. SiO_2 enthält. Zweckmäßig erfolgt die Rk. in Ggw. eines gesätt. aliphat. KW-Stoffes, z. B. Isooctan (2.2.4-Trimethylpentan). (**Aust. P. 224 802** vom 29/5. 1958, ausg. 19/11. 1959. E. Prior. 31/5. 1957.) H. Möllering. 7173

Bjorksten Research Laboratories, Inc., Ill., übert. von: Lawrence Zeldin, Madison, Wis., V.St.A., **Polymerisieren von Äthylen** mittels einer Katalysatormasse, die durch Einw. eines Diazoalkans auf eine B-Verb., wie BF_3, B_2H_6, Methylborat, H_3BO_3, B_2O_3 oder Borsilicatglas erhalten wurde, bei Temp. von —40 bis 150° u. Drücken von 1—100 at. (**A. P. 2 962 489** vom 10/2. 1955, ausg. 29/11. 1960.) G. Vogel. 7173

National Distillers & Chemical Corp., übert. von: William H. Rader, Champaign, Ill., V.St.A., **Herstellung von Polyäthylen,** dad. gek., daß man Äthylen (I) in einer 1. Stufe bei erhöhtem Druck, bes. 10000—50000 lbs./sq.in, u. Temp. unterhalb ca. 150° in Ggw. eines Trägerstoffs u. eines Katalysators in eine Mischung aus I u. festem Polymerisat umwandelt, die zweiphasige Mischung in einer 2. Stufe unter Rühren bei Drücken u. mit Zusätzen wie in Stufe 1 u. Temp. > 150° in eine Mischung aus I u. Polymerisat mit geringerer Dichte als 0,93 umwandelt, in deren Gasphase sich das Polymerisat aus Stufe I löst, so daß diese Gasphase I u. Polyäthylen mit D. > ca. 0,93 enthält, wobei als Katalysator in der 1. Stufe ein organ. Hyponitrit oder Peroxid u. in der 2. Stufe ein organ. Peroxid dient. Katalysatoren der 1. Stufe sind bes. Isopropylperoxidcarbonat (II), die homologe Isoamyl-Verb. (beide wirksam bei 100° u. höher) u. Pivalylperoxid (Optimum bei ca. 80° u. höher), ferner Methyl-, Äthyl-, Isobutyl- u. Benzylhyponitrit (Optimum bei 15—50° u. höher), Diisobutyryl-, Dipivalyl-, Bis-trichloracetyl- u. Bis-α-methoxyisobutyrylperoxid (Optimum bei 20—60°). Trägerstoffe sind in beiden Stufen bes. Cyclohexan, ferner H_2, Propan, Isobutan, auch CCl_4, Chlf, Cl_3C–CCl_3, gesätt. Halogencarbonsäuren, deren Ester oder Aldehyde, Alkylester von anorgan., O u. S enthaltenden Säuren, H_3PO_3, Kieselsäure u. Mercaptane. (**A. P. 2 964 515** vom 1/7. 1957, ausg. 13/12. 1960.) G. Vogel. 7173

National Distillers & Chemical Corp., New York, N.Y., übert. von: Ervin Pritchett, Silverton, und Harry Greenberg, Cincinnati, Ohio, V.St.A., **Polymerisieren von Äthylen** zu festen Prodd. bei —20 bis 300° u. bis ca. 5000 lbs./sq.in. Druck in Ggw. eines ein Ti-Tetrahalogenid u. Na (Partikel < 5 μ) in einer inerten Fl.

enthaltenden Katalysators, dad. gek., daß man das Na in Ggw. von 0,1—1, bes. 0,2 bis 0,4% W., auf Na bezogen, zerteilt. Man bringt z. B. bei 25—30° 300 (ml) Heptan unter Ar in einen Rührautoklaven, spült 0,0375 g-Atome Na in Form vorst. Dispersion mit 50 Heptan u. 0,009 Mol $TiCl_4$ mit 50 Heptan ein, drückt Äthylen bei 300—500 lbs./sq.in. ein, rührt 60 Min. weiter, zieht das Äthylen ab, filtriert, wäscht u. trocknet im Vakuum → Polyäthylen (D. 0,96; 49,6—59%, Molgew. > 1000000). (**A. P. 2 951 068** vom 12/5. 1958, ausg. 30/8. 1960.) G. Vogel. 7173

Shigeru Tsutsumi, Hirakata-City, Osaka, Japan, **Herstellung von Polyäthylen,** dad. gek., daß man Äthylen bei mindestens 150° u. ca. 40 at Druck in Ggw. eines KW-Stoffes, bes. eines naphthen., wie Methylcyclohexan (I) oder Dimethylcyclohexan, u. 2% eines durch Verbrennen von $CoCl_2$ auf einem SiO_2–Al_2O_3-Träger bei 50° hergestellten Katalysators umsetzt. (**A. P. 2 965 628** vom 15/5. 1957, ausg. 20/12. 1960.) G. Vogel. 7173

Union Carbide Corp., New York, N.Y., V.St.A., **Katalysatoren zur Polymerisation von Äthylen** bestehen aus einer Mischung, die ein in KW-Stoffen lösl. Al-Trihalogenid (I), eine Organometall-Verb. von Zn, Cd, Hg, Ge, Sn, Pb, Sb oder Bi u. eine in KW-Stoffen lösl. V-Verb. (**II**) oder ein in KW-Stoffen lösl. Rk.-Prod. von **I** mit **II** enthalten. **II** braucht. nur in einer Menge von 0,00002—0,05 Mol auf 1 Mol **I**, ggf. als Verunreinigung in dem **I** vorhanden sein, das Verhältnis von **I** zur Organometall-Verb. liegt zwischen 1 : 20 u. 20 : 1. Bes. geeignet sind die V-Halogenide, z. B. VCl_3, $VOCl_3$, VBr_3, VCl_4 u. VF_5. Bei der Polymerisation des Äthylens, durchgeführt bei 10—140° u. Drücken bis 50 lbs./sq.in., soll der O_2-Geh. des Äthylens 50—3000 ppm betragen. Man erhält Polyäthylen mit einem Schmelzindex < 10 bei 190°. (**E. P. 873 498** vom 25/3. 1958, ausg. 26/7. 1961. A. Prior. 25/3. 1957.) M. Maierhauser. 7173

Československá Socialistická Republika, Tschechoslowakei (Erfinder: Gilbert Bô, Eduard Fichet, André Perrot, Lyon, und Philippe Perras, Collonges, Mont d'Or, Frankreich), **Katalysator für die Polymerisation von Äthylen** durch Rk. von Al mit $TiCl_4$ in der Wärme in Ggw. gesätt. aliphat. oder cycloparaffin. KW-Stoffe, die 0,5—10 Vol.-% aromat. KW-Stoffe, vor allem Bzl. enthalten. — Beispiel: 3 (g) Al-Pulver, 3,4 $TiCl_4$, 35 ml Cyclohexan u. 0,5 ml Bzl. in einer Ampulle 1 Std. auf 220° erhitzt, ergeben den Katalysator, der in einem Autoklav in N_2-Atmosphäre in Ggw. von 1000 ml Cyclohexan bei 90° u. 25 at unter gleichzeitiger Einführung von Äthylen u. O_2 (50 ml O_2 je ml $TiCl_4$) die stark exotherme Polymerisation bewirkt. Man erhält 241 Polyäthylen (70 g je g $TiCl_4$), das nach Reinigung in Cyclohexan eine spezif. Viscosität von 1,27 hat. (**Tschech. P. 98 728** vom 22/3. 1958, ausg. 15/2. 1961. F. Prior. 23/3. 1957.) L. Macher. 7173

W. R. Grace & Co., Conn., übert. von: Calvin J. Benning, Kensington, Md., V.St.A., **Aktivieren von $TiCl_2$-Katalysatoren für die Äthylen-Polymerisation.** Man mahlt $TiCl_2$ in Äthylen-Atmosphäre u. bei Drücken bis 50 lbs./sq.in. bis es 3,5% Äthylen absorbiert hat. (**A. P. 2 956 050** vom 13/1. 1959, ausg. 11/10. 1960.) G. Vogel. 7173

Food Machinery & Chemical Corp., New York, N.Y., übert. von: Ernest R. Gilmont, Princeton, N.J., V.St.A., **Quervernetzung von Polyäthylen mit neuen Peroxiden.** Man mischt zu 100 Teilen *Polyäthylen* (**I**) 0,1—10 Teile eines Peroxids der Formel R—O—O—C(R') (R'')—$(CH_2CH_2)_n$—C(R') (R'')—O—O—R (R = tert. Alkylrest mit 4—8 C-Atomen; R' u. R'' = prim. Alkylreste mit 1—8 C-Atomen; n = 1 oder 2) wie *2.5-Bis-(tert.-amylperoxy)-2.5-dimethylhexan, 2.5-Bis-(tert.-butylperoxy)-2.5-dimethylhexan, 1.1'-Äthylen-bis-[1-(tert.-amylperoxy)-cyclohexan], 2.5-Bis-(tert.-butylperoxy)-2.5-diphenylhexan, 3.6-Bis-(tert.-butylperoxy)-3.6-dimethyloctan, 2.7-Bis-(tert.-butylperoxy)-2.7-dimethyloctan, 2.5-Bis-(tert.-butylperoxy)-2.5-dibenzylhexan, 8.11-Bis-(tert.-butylperoxy)-8.11-dimethyloctadecan, 2.5-Bis-(2.5-dimethyl-2-hexylperoxy)-2.5-dimethylhexan*, u. erhitzt die Mischung, falls **I** niederer Dichte (0,92—0,95) verwendet wurde auf ca. 240—260° F, falls **I** höherer Dichte (0,95—0,98) verwendet wurde, auf 275 bis 315° F. Das quervernetzte **I** hat ausgezeichnete Biegsamkeit, Bruch- u. Schlagfestigkeit. (**A. P. 2 916 481** vom 4/5. 1959, ausg. 8/12. 1959.) A. Jahn. 7173

British Rubber Producers' Research Association, London, England (Erfinder: **William Ferguson Watson, Raymond John Ceresa** und **James Donald Burnett**), *Herstellung von Polymeren.* (**Jap. A. S. 15 386/1960** vom 22/11. 1957, ausg. 14/10. 1960. E. Prior. 23/11. 1956, 14/6. u. 10/7. 1957. — C. **1962**, 6604 [F. P. 1 200 760].)

Chemische Werke Hüls Akt.-Ges., Deutschland, *Polymerisationsregelung.* (**F. P. 1 211 853** vom 28/10. 1958, ausg. 18/3. 1960. D. Prior. 15/3. 1958. — C. **1960**, 11484 [D. A. S. 1 058 258].)

N. V. de Bataafsche Petroleum Mij., Den Haag (Erfinder: **Robert van Helden, Eduard Cornelis Kooyman, Samuel Herzberg** und **Pieter Piet**, Amsterdam), Niederlande, *Polymerisieren von äthylenisch ungesättigten Kohlenwasserstoffen.* (**Jap. A. S. 13 693/1960** vom 12/8. 1957, ausg. 19/9. 1960. Niederl. Prior. 13/8. u. 31/10. 1956. — C. **1962**, 6227 [Aust. P. 226 334].)

Montecatini Soc. Gen. per l'Industria Mineraria e Chimica (Erfinder: **Giulio Natta, Mario Farina** und **Mario Ragazzini**), Mailand, Italien, *Olefinpolymerisation.* (**Jap. A. S. 15 387/1960** vom 20/7. 1957, ausg. 14/10. 1960. It. Prior. 25/7. 1956. — C. **1961,** 674 [F. P. 1 179 677].)

Phillips Petroleum Co. (Erfinder: **William Lloyd Fawcett**), Bartlesville, Okla., V.St.A., *Polymerisation von Olefinen.* (**Jap. A. S. 15 246/1960** vom 10/9. 1957, ausg. 13/10. 1960. A. Prior. 10/9. 1956. — C. **1961,** 3165 [Belg. P. 560 662].)

Sun Oil Co., Philadelphia, Pa., V. St.A. (Erfinder: **Robert M. Kennedy**), *Olefinpolymerisation.* (**Jap. A. S. 15 247/1960** vom 27/11. 1957, ausg. 13/10. 1960. A. Prior. 27/11. 1956. — C. **1962,** 669 [E. P. 834 856].)

Union Carbide & Carbon Corp., New York, N.Y., V.St.A. (Erfinder: **Alford Gailey Farnham**), *Olefinpolymerisation.* (**F. P. 1 171 023** vom 9/4. 1957, ausg. 21/1. 1959. **Belg. P. 556 382** vom 3/4. 1957, ausg. 26/2. 1960. Beide A. Prior. 10/4. 1956. — C. **1962,** 668 [E. P. 823 306].)

Deutsche Gold- und Silber-Scheideanstalt vormals Roessler, Deutschland, *Polymerisieren ungesättigter Verbindungen mit Redoxsystemen.* (**F. P. 1 210 025** vom 16/7. 1958, ausg. 4/3. 1960. D. Prior. 16/7. 1957. — C. **1961,** 1386 [D. A. S. 1 062 935].)

E. I. du Pont de Nemours & Co., Wilmington, Del., V.St.A. (Erfinder: **Robert William Hendricks**), *Pfropfpolymerisation auf Cellulose.* (**F. P. 1 207 694** vom 5/7. 1958, ausg. 18/2. 1960. **Jap. A. S. 14 796/1960** vom 8/7. 1958, ausg. 6/10. 1960. Beide A. Prior. 8/7. 1957. — C. **1962,** 8440 [E. P. 845 690].)

Ciba Ltd., Basel (Erfinder: **Arthur Maeder,** Therwil, und **Georg Sulzer,** Basel), Schweiz, *Herstellung von Mischpolymerisaten.* (**Jap. A. S. 14 939/1960** vom 6/6. 1959, ausg. 10/10. 1960. Schwz. Prior. 6/6. 1958 u. 4/5. 1959. — C. **1962,** 6606 [D. A. S. 1 113 820].)

N. V. de Bataafsche Petroleum Mij., Den Haag, Niederlande, *Herstellung von Katalysatorsuspensionen.* (**Jap. A. S. 13 905/1960** vom 20/2. 1958, ausg. 22/9. 1960. Niederl. Prior. 22/2. 1957. — C. **1962,** 6990 [Aust. P. 223 430].)

Esso Research and Engineering Co., Elizabeth, N.J., V.St.A., *Herstellung eines Katalysators für Niederdruckpolymerisation von Olefinen.* (**D. A. S. 1 135 172** Kl. 39c vom 4/4. 1957, ausg. 23/8. 1962. A. Prior. 16/4. 1956. — C. **1962,** 9535 [Aust. P. 224 150].)

Sun Oil Co., Philadelphia, Pa., V.St.A., *Katalysator für die Olefinpolymerisation.* (**Jap. A. S. 13 904/1960** vom 21/9. 1957, ausg. 22/9. 1960. A. Prior. 26/9. 1956. — C. **1961,** 13019 [E. P. 817 887].)

Phillips Petroleum Co. (Erfinder: **Norman Francis McLeod**), Bartlesville, Okla., V.St.A., *Gewinnung von Polymeren aus ihren Kohlenwasserstofflösungen.* (**Jap. A. S. 15 245/1960** vom 17/5. 1957, ausg. 13/10. 1960. A. Prior. 11/6. 1956. — C. **1961,** 11540 [Belg. P. 558 040].)

Imperial Chemical Industries Ltd., London, England (Erfinder: **Robert Gilmour Jamieson Telfer**), *Nachbehandlung von Polymeren.* (**Jap. A. S. 14 787/1960** vom 31/5. 1958, ausg. 6/10. 1960. E. Prior. 31/5. 1957. — C. **1962,** 9535 [F. P. 1 196 370].)

N. V. de Bataafsche Petroleum Mij., Den Haag (Erfinder: **Gerrit W. van Raamsdonk** und **Jan Selman,** Amsterdam), Niederlande, *Verbessern der Eigenschaften von Polyolefinen.* (**Jap. A. S. 15 242/1960** vom 21/11. 1957, ausg. 13/10. 1960. Niederl. Prior. 23/11. 1956. — C. **1962,** 3277 [Aust. P. 221 232].)

Du Pont Co. of Canada (1956) Ltd., Quebec, Canada, *Modifizierung von linearem Polyäthylen.* (**Jap. A. S. 14 786/1960** vom 29/10. 1957, ausg. 6/10. 1960. E. Prior. 31/10. 1956. — C. **1962,** 10662 [F. P. 1 184 813].)

Standard Oil Co., Chicago, Ill. (Erfinder: **Ralph W. Myerholtz jun.,** Highland, und **Donald Eugene Burney,** Whiting, Ind.), V.St.A., *Polymerisation von Vinylmonomeren.* (**D. A. S. 1 122 707** Kl. 39c vom 27/10. 1959, ausg. 25/1. 1962. — C. **1961,** 11917 [A. P. 2 920 065].)

Dynamit-Akt.-Ges. vormals Alfred Nobel & Co. (Erfinder: **Walter Hönig**), Troisdorf, *Suspensionspolymerisation von Vinylverbindungen.* (**F. P. 1 203 383** vom 24/9. 1958, ausg. 18/1. 1960. **Jap. A. S. 14 934/1960** vom 19/11. 1958, ausg. 10/10. 1960. Beide D. Prior. 19/11. 1957. — C. **1960,** 14533 [D. A. S. 1 056 830].)

B. F. Goodrich Co., New York, N.Y. (Erfinder: **Carl Herbert Wollen,** Avon Lake, Ohio), V.St.A., *Polymere von Vinylhalogeniden.* (**Schwz. P. 359 542** vom 30/1. 1957, ausg. 28/2. 1962. A. Prior. 30/1. 1956. — C. **1961,** 18522 [F. P. 1 172 131].)

Union Carbide Corp., New York, N.Y. (Erfinder: **Joseph Hughes Ross jun., William Stephen Molnar,** South Charleston, und **Horace Elgin Riley,** Verona, N.J.), V.St.A., *Acrylnitril-Styrol-Mischpolymerisation.* (**Jap. A. S. 14 936/1960** vom 6/5. 1959, ausg. 10/10. 1960. A. Prior. 20/5. 1958. — C. **1962,** 3279 [D. A. S. 1 097 142].)

Badische Anilin- & Soda-Fabrik Akt.-Ges., Deutschland (Erfinder: **Wilhelm Baumeister, Rudolf Gaeth, Erich Haarer** und **Adolf Schwarz**), *Poröse Massen aus Butylalkoholpolymeren.* (**F. P. 1 213 473** vom 25/7. 1958, ausg. 1/4. 1960. D. Prior. 30/7. 1957. — C. **1960,** 9394 [Oe. P. 204 285].)

Union Chimique Belge Soc. An., Brüssel (Erfinder: **Albert Verheyden,** St. Denis-Westrem, Belgien, und **Paul Ochsner,** Genf, Schweiz), *Herstellung von Polybutadien.* (**Jap. A. S. 13 695/1960** vom 31/5. 1958, ausg. 19/9. 1960. Belg. Prior. 6/6. 1957. — C. **1961,** 13377 [D. A. S. 1 101 765].)

Deutsche Gold- und Silber-Scheideanstalt vormals Roessler, Deutschland, *Polymerisieren von Acrolein.* (**F. P. 1 233 543** vom 29/1. 1959, ausg. 12/10. 1960. D. Prior. 5/2. 1958. — C. **1961,** 1389 [D. A. S. 1 062 012].)

Deutsche Gold- und Silber-Scheideanstalt vormals Roessler, Deutschland, *Herstellung makromolekularer Säuren.* (**F. P. 1 231 054** vom 9/1. 1959, ausg. 26/9. 1960. D. Prior. 31/1. 1958. — C. **1961,** 1389 [D. A. S. 1 063 806].)

H_{12}. Kautschuk

Elektronenmikroskopische Untersuchung des Bildungsprozesses von Kolloidteilchen heller Füllmittel in Laticis. A. R. Narinskaja, A. P. Pissarenko und B. W. Schtarch. (Коллоидный Журнал [Kolloid-J.] **23,** 177—79, März/April 1961. Moskau, Forschungsinst. für filmbildende Materialien u. Kunstleder; russ., Auszug: engl.) — Vff. untersuchen unter verschiedenen Bedingungen ausgefällte *Kreide* durch elektronenmikroskop. Aufnahmen (7500fache Vergrößerung). Bei einfacher Ausfällung erhält man grobe monolith.-rhomb. Kristalle von ca. 2 μ u. deren Aggregate. In Ggw. der oberflächenakt. Substanz OP-10 haben die Kristalle kugelförmige Gestalt u. eine bedeutend geringere Teilchengröße von 0,1—0,12 μ; die Kristallite bilden girlanden- u. kettenartige Strukturen. Wird die Ausfällung des Füllstoffes in einem *Butadien-Styrol-Kautschuklatex* (**I**; SKS-30) vorgenommen, erhöht sich die Festigkeit eines Filmes aus diesem Latex von 12 auf 50 kg/cm². Die Größe der Partikel von I nimmt während der Ausfällung von 0,05—0,5 auf 0,5—0,6 μ zu. Ähnliche Resultate werden durch Ausfällung von $Al_2(CO_3)_3$ aus $Al_2(SO_4)_3$ u. Na_2CO_3 erzielt. Hieraus ergibt sich die Möglichkeit der Gewinnung von verbesserten Latex-Füllstoff-Mischungen durch Ausfällung des Füllstoffs im Latex. O. Kramm. 7222□

Adhäsion synthetischer Kautschuke gegenüber verschiedenen hochmolekularen Verbindungen. Ss. Ss. Wojutzki und W. L. Wakula. (Известия Высших Учебных Заведений (Иваново), Химия и Химическая Технология [Hochschulnachr. (Iwanowo), Chem. u. chem. Technol.] **3**, Nr. 1, 186—89, 1960; Moskau, Lomonossow-Inst. für chem. Feintechnol.; russ.) — Vff. untersuchten die Haftfestigkeit von synthet. Kautschuken an Cellophan, Polyamid, Polyäthylen, Polyisobutylen u. Kautschuk SKN-40 u. stellten fest, daß die Adhäsion mit dem Mol.-Aufbau sowohl des Kautschuks als auch des Substrats zusammenhängt. Hierfür sind maßgebend die Polarität u. die Verzweigung eines jeden Moleküls. Bei den Verss. fiel bes. das Verh. des Polyäthylenfilmes auf. Die Adhäsion von Polymeren erwies sich dem Polyäthylen gegenüber als ausgesprochen schlecht, unabhängig davon, ob sie polar oder unpolar waren. Vff. erklären diese Erscheinung damit, daß die Polyäthylenmoll. hochkrist. sind u. eine große Dichte der Molekülpackung besitzen. K. Wekua. 7224□

Über einen aktiven weißen Füllstoff aus Abfällen der Superphosphatherstellung. M. G. Gabrijelowa und W. F. Lewin. (Химическая Промышленность [Chem. Ind.] **1961**, 433; Juni; russ.) — Der Vorschlag von Dinsburg u. Ssafrai (C. **1962**, 9179), den *„weißen Ruß"* (I) als Füllstoff für Gummi durch Abfälle der Superphosphatfabrikation („Belax", II) zu ersetzen, wird abgelehnt. I ist amorph mit einer Teilchengröße von 0,05—1 μ, II nicht amorph mit Teilchen von 0,3—5,4 μ. Die spezif. Oberfläche von I (II) ist 50—55 (2—9) m²/g, die Zereißfestigkeit von I (II) enthaltendem Gummi 75—80 (40—54) kg/cm². R. K. Müller. 7226□

Besonderheiten der Vulkanisation Kautschuk SKMS-30. L. Je. Winitzki. (Известия Высших Учебных Заведений (Иваново), Химия и Химическая Технология [Hochschulnachr. (Iwanowo), Chem. u. chem. Technol.] **3**, Nr. 1, 182—85, 1960; Allunions-Inst. für das Fernstudium der Bauingenieure, Lehrstuhl für Chemie; russ.) — Die mit Ruß gefüllten Vulkanisate des *Butadien-Dimethylstyrolkautschuks SKMS-30* unterscheiden sich von den gleichen Kautschuktypen auf Grundlage von SKS-30 wenig, besitzen jedoch eine höhere relative Dehnung. SKMS-30 erweicht beim Walzen u. therm. Behandlung leichter als SKS-30. Die ungleichmäßige Änderung einiger mechan. u. physikal.-chem. Eigg. ungefüllter Vulkanisate von SKMS-30 (Zerreißfestigkeit, Quellungswerte), die Verringerung der Deformierbarkeit u. das Wachstum des „Gleichgewichts"-Moduls sprechen für das Vorhandensein von 2 Prozessen, die das Zustandekommen eines Optimums bestimmen. Die starke Steigerung der Inhomogenität nach Erreichen des Optimums bei den Vulkanisaten SKMS-30 ist eine weitere Ursache für das Auftreten der ungleichmäßigen Abhängigkeiten der Festigkeitszahlen von der Dauer der Vulkanisation. — 6 Literaturhinweise. K. Wekua. 7230□

Gewinnung und Eigenschaften wässeriger Dispersionen von synthetischen u. Naturkautschukvulkanisaten. B. A. Dogadkin, G. N. Satschessowa und I. A. Schochin. (Коллоидный Журнал [Kolloid-J.] **23**, 150—56, März/April 1961; Moskau, Forschungsinst. der Reifenind.; russ.; Auszug: engl.) — Gummi vom Laufstreifentyp auf Basis von *Natur-* (I), *Isopren-* (SKJ), *Na-Butadien-* (SKB) u. *Butadien-Styrolkautschuk* (SKS-30 ARM) wird durch Walzen u. Zusatz von Emulgatoren u. W. in eine Regenerat-Dispersion übergeführt. Wird die Seife im Gummi selbst erzeugt, erhält man besser dispergierte Lsgg. als bei Zugabe des Emulgators direkt. Untersucht werden *Kolophonium* (II), *Ölsäure, Naphthalin-β-Sulfonsäure*, β-Dinaphthylmethansulfonsäure sowie NaOH, KOH u. NH_4OH (bis zu je 10% Zusatz). Die größte Dispersität wird durch die Alkalimetallsalze des II erzielt, wobei der Teilchenradius mit zunehmendem Walzenspalt wächst. Steigende Dosierung an Seife in kürzerer Zeit führt zu einer schnelleren Gewinnung der Dispersion bei gleichzeitiger Abnahme der Dispersität. Zusätzliche Zugabe von bis zu 4% Renacit-2 (Prod. mit 42,5% Trichlororthothiophenol) ergibt kleinere Teilchendurchmesser. Von den untersuchten Gummisorten läßt sich der auf Basis von I am schlechtesten dispergieren. Wird jedoch der Vernetzungsgrad als Maßstab herangezogen, ergibt sich, daß die Dispergierbarkeit nicht von der Art des Polymeren, sondern von der Vernetzung abhängt (Teilchendurchmesser ca. 0,25—0,45). Die für das Dispergieren aufgewandte Energie beträgt $^2/_3$ der für das Plastizieren des Elastomeren erforderlichen. O. Kramm. 7230□

Einfluß der Bildungsbedingungen von Gummigewebematerialien auf ihre Gasdurchlässigkeit. M. G. Maisels, W. G. Rajewski und I. T. Gridunow. (Известия Высших Учебных Заведений (Иваново), Химия и Химическая Технология [Hochschul-

nachr. (Iwanowo), Chem. u. chem. Technol.] 3, Nr. 1, 179—81, 1960; Moskau, Lomonossow-Inst. für chem. Feintechnol., Lehrstuhl für Technol. des Gummis; russ.) — Die Einführung von Textilgeweben setzt die Gasdurchlässigkeits-Konst. von Gummimaterialien im Vgl. zu den Ausgangsüberzügen herab. Der Mechanismus der Gasdiffusion durch Gummigewebematerialien setzt sich aus der aktivierten Diffusion u. dem Gleiteffekt der durch Uneinheitlichkeit der Grenzschicht bedingt ist, zusammen. Die Verformungsbedingungen beeinflussen die Kennzahlen der Gasdurchlässigkeit von Gummigewebematerialien wesentlich. Das Tränken mit Epoxyaminharz führt zur Herabsetzung der Gasdurchlässigkeit. Zur Unters. der Gasdurchlässigkeit wurde die Meth. der gemeinsamen Best. der Konst. P (Gasdurchlässigkeit) u. D (Diffusion) angewandt, wonach die Durchlässigkeit nach der Gleichung $P = D \cdot \gamma$ berechnet wurde. Als Gummigewebe wurde Baumwolle (Perkal), Polyamid (Capron) u. Glaswolle verwendet. Die Gummiüberzüge waren: Polybutadien (SKB), Polychloropren (Nairit), Copolymer des Isoprens mit Isobutylen. Die Überzüge enthielten in allen Fällen 10 Vol.-% Lampenruß.
K. Wekua. 7230□

American Cyanamid Co., New York, N.Y., V.St.A., **Kautschuk-Kunststoff-Mischung.** Ein ggf. durch niederes Alkyl substituiertes harzartiges Styrolpolymerisat wird mit Kautschuk dadurch vermischt, daß man eine Mischung von beiden als Lsg. oder Dispersion gleichzeitig unter Strangpressen vom Lsg.- bzw. Disperionsmittel befreit, wobei eine Temp. von 110—245° u. ein abs. Druck von 5—200 mm Hg nicht länger als 5 Min. eingehalten wird. (**E. P. 874 805** vom 10/11. 1958, ausg. 10/8. 1961. A. Prior. 15/11. 1957.) W. Overbeck. 7225

Shell Internationale Research Mij. N.V., Den Haag, Niederlande, **Polymerisation äthylenisch ungesättigter Kohlenwasserstoffe.** Herst. des Katalysators: Man setzt ein V-Tetrahalogenid mit einer geringeren Menge eines Al-Alkyls um u. gibt dann eine Al-Verb., die Alkoxygruppen trägt, zu, z. B. $AlOC_2H_5(C_2H_5)_2$. — Beispiele: Polymerisation von Propylen, Äthylen/Propylen, Butadien, Isopren mit einem Katalysator, der aus VCl_4, $Al(C_2H_5)_3$ u. $AlOC_2H_5(C_2H_5)_2$ hergestellt wurde. — *Kautschukähnliche Polymerisate* von atakt. Struktur u. niedriger Kristallinität. (**E. P. 881 212** vom 19/8. 1960, ausg. 1/11. 1961. Niederl. Prior. 21/8. 1959.) L. Stadelmann. 7225

Firestone Tire & Rubber Co., übert. von: Walter R. Hausch, Akron, Ohio, V.St.A., **Zusätze für Kunst- oder Naturkautschuk,** bestehend aus Polyäthylen, dem 1,5—10% eines höheren Fettsäuresalzes von Dehydroabietylamin u./oder Dehydroabietinsäurenitril zugesetzt sind. Die Fettsäure soll 12—20 C-Atome enthalten. Nach den Beispielen wird Dehydroabietylaminstearat verwendet, wodurch eine homogene Dispersion des Polyäthylens im Kautschuk erzielt wird. — Übliche Anwendungsgebiete, wobei verbesserte physikal. Eigg. erwünscht sind. — Tabellen. (**A. P. 2 955 708** vom 7/5. 1956, ausg. 11/10. 1960.) H. Schindler. 7227

Wyandotte Chemicals Corp., Wyandotte, Mich., V.St.A., **Calciumcarbonatpigment** mit einem Überzug aus einem höhermol. prim. n-Alkylamin mit 10 bis 18 C-Atomen oder einem Aminharz u. aus einer Fettsäure-Verb. mit hohem Molgew., z. B. einer Fettsäure mit 10—20 C-Atomen, einer Harzsäure, einem niedermol. Ester oder einem Alkalisalz einer Harzsäure, wobei das Mol.-Verhältnis der Fettsäure-Verb. zu dem Amin zwischen 1 : 1 bis 7 : 1, z. B. bei 3 : 1, u. das Gewicht des Überzugs zwischen 2 u. 3,5% des $CaCO_3$ betragen u. als Amin bes. Dehydroabietylamin benutzt wird. (**E. P. 863 864** vom 11/4. 1958, ausg. 29/3. 1961.) K. Demmler. 7227

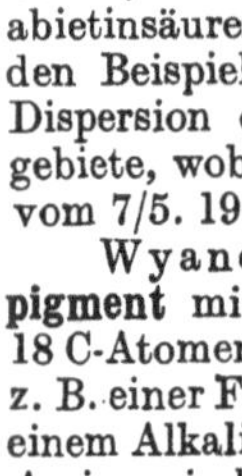

I

Farbenfabriken Bayer Akt.-Ges., Leverkusen (Erfinder: Robert Seydel, Köln, Rudolf Stroh, Leverkusen, und Theo Kempermann, Köln), **Stabilisierung von natürlichem oder synthetischem Kautschuk oder Latex.** Zu D. A. S. 1 075 313; C. **1960,** 7706 ist nachzutragen: Außer den angegebenen Benzyläthern sind auch solche Verbb. der allg. Formel **I** als Alterungsschutzmittel geeignet, in denen R_3 wie R_1, R_2 u. R_4 einen Alkyl-, Aryl-, Aralkyl- oder Cycloalkylrest darstellt, z. B. *α-(3.5-Di-tert.-butyl-4-hydroxyphenyl)-n-butylmethyläther* u. *α-(3-sek. butyl-5-cyclohexyl)4-hydroxyphenyl)-isobutylmethyläther*. (**Niederl. P. 99 711** vom 10/3. 1958, ausg. 15/11. 1961. D. Prior 29/4. 1957.) F. Böhm. 7227

Farbenfabriken Bayer Akt.-Ges., Leverkusen, **Schaumstabilisator** für Kautschuk- oder Harz-Dispersionen, bestehend aus einem Polyätherthioäther der allg. Formel $R_1(XR_2)_m(XR_3)_n(XR_4)_{p + n + 2p}$. R_1 = H oder einwertiger KW-Stoffrest; R_2 ist ein bifunktioneller KW-Stoffrest; R_3 ist ein trifunktioneller KW-Stoffrest; R_4 ist ein tetrafunktioneller KW-Stoffrest. Die Indices m, n u. p bedeuten Null oder eine ganze Zahl, wobei deren Summe so groß sein muß, daß die Verb. ein Molgew. ≧ 500 hat. X = O oder S, bes. O. — 3 Beispiele. (**E. P. 869 247** vom 12/8. 1959, ausg. 31/5. 1961. D. Prior. 12/8. 1958.) W. Overbeck. 7227

B. F. Goodrich Co., V.St.A. (Erfinder: Roger-Alfred Mathes), **Alterungsschutzmittel für Kautschuk,** bestehend aus Verbb. der Formel I (X = Alkylrest oder beide X bilden zusammen mit dem C-Atom einen gesätt. Ring; R = H oder C_{4-10}-Alkyl bzw. Aralkylrest), z. B. *2.2-Bis-[4-hydroxy-3-methylphenyl]-propan,* F. 138—139° oder *1.1-Bis-[4-hydroxy-3-methylphenyl]-cyclohexan,* F. 187 bis 188°, ferner *2.2-Bis-[3-methyl-4-hydroxy-5-(tert.-butyl)-phenyl]-propan,* F. 130—131°. (**F. P. 1 190 510** vom 30/3. 1956, ausg. 13/10. 1959. A. Prior. 1/4. u. 5/4. 1955.) M. Pankow. 7227

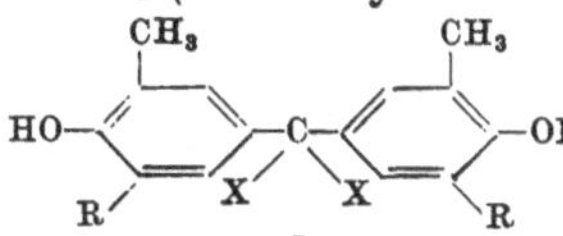
I

Firestone Tire & Rubber Co., Akron, Ohio, V.St.A., **Vulkanisierverfahren.** 60—95 (Gew.-Teile) Butylkautschuk, 2—20 harzartiges, in 4-Stellung durch einen KW-Stoffrest substituiertes 2.6-Dimethylolphenol u. 5—40 chlorierter Butylkautschuk mit ≧ 0,5% Cl-Geh. werden 5 Min. bis 6 Std. bei 220—440° F (= ca. 105—225°C) vulkanisiert. — Verwendung für Heizschläuche, Laufflächen, Seitenwände u. Innenschichten von schlauchlosen Reifen, Formartikel, Lösungen, Dispersionen, Überzüge u. Anstriche. — Zeichnung, Diagramm. (**E. P. 872 267** vom 4/12. 1958, ausg. 5/7. 1961. A. Prior. 11/3. 1958.) W. Overbeck. 7229

Firestone Tire & Rubber Co., Akron, Ohio, V.St.A., **Vulkanisierbare Kautschukmischung,** enthaltend 10—90 (Gew.-Teile) Butylkautschuk, 5—40 halogenierten Butylkautschuk, 10—90 Butadien- oder Butadien-Styrol-Kautschuk u. 5—30 in 4-Stellung durch KW-Stoff substituiertes 2.6-Dimethylolphenol. Verw. bes. für Reifenlaufflächen. — Zeichnung. (**E. P. 870 947** vom 27/10. 1958, ausg. 21/6. 1961. A. Prior. 13/5. 1958.) W. Overbeck. 7229

Esso Research and Engineering Co., Del., übert. von: Robert L. Zapp, Florham Park, Miller W. Swaney, Westfield, Wilbur Frank Fischer, Cranford, und Robert Frederick Neu, Westfield, N.J., V.St.A., **Beschleuniger für Dampfvulkanisation von Butylkautschuk,** einem Mischpolymerisat aus 85—99,5 (%) eines C_{4-7}-Isoolefins u. 0,5—15 eines C_{4-10}-Multiolefins, bestehend aus dem Metallsalz eines Dithiocarbaminats der allg. Formel I, worin R' = Alkyl-, Aryl-, Alkaryl- oder Cycloparaffinrest mit 4—10 C-Atomen, R'' = die gleichen Reste mit 2—10 C-Atomen, M = Te, Cu, Zn, Pb, Fe, Ca, Sr, K oder Na u. n = Wertigkeit von M, bes. 2—4, ist. In den Mengenbeispielen sind aufgeführt: Te-Diäthyl-, -Dimethyl- -Dipropyl-, -Methylbutyl-, -Äthylbutyl-, -Methyloctyl-, -Äthylbenzyldithiocarbaminat, Te-Methyl-, -Äthyl- -Butylcyclohexyldithiocarbaminat, Zn-Dimethyl-, -Diäthyl-, -Dibutyl- u. -Dibenzyldithiocarbaminat (Tabellen). Außer diesen Verbb. kann noch eine Acrylthiazolverb. der allg. Formel II zusätzlich verwendet werden, in der X = H, —SH, cycl. Amin, Aryl, Alkyl, Alkylaryl oder ein Metall, wie Zn, Te, Cd, Cu, ist. Bes. aufgezählt sind Benzthiazolyldisulfid, Zn-Benzthiazolylsulfid, Benzthiazolylthiobenzoat, N-[Oxydiäthylen]-benzthiazol-2-sulfonamid. — Je 100 (Teile) Butylkautschuk werden 0,5—10 einer Dithiocarbaminatverb. (u. 0,3—2,5 einer der vorst. Arylthiazol-Verbb. auf 1 der Carbaminatverb.) zugesetzt. Es wird dann wie üblich mit S bei 120—200° in Dampf vulkanisiert. Die Vulkanisate zeigen gute Widerstandsfähigkeit gegen O_3 u. gegen Quellung in Cyclohexen. (**A. PP. 2 977 343** vom 14/5. 1957 u. **2 977 345** vom 2/1. 1958, beide ausg. 28/3. 1961.) H. Schindler. 7229

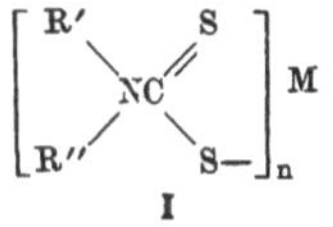
I

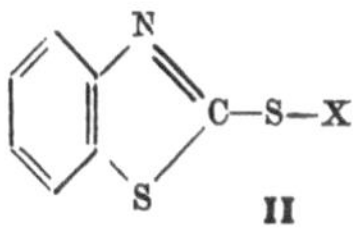
II

Goodyear Tire & Rubber Co., V.St.A., **Herstellung von Aminoazoldisulfiden** *R(R¹)N·S·S·R²* (R u. R¹ = aliphat., cycloaliphat. oder Arylalkylreste; oder R u. R¹ sind Glieder einer Kette eines Ringes; R² = Thiazol-, Oxazol- oder Imidazolrest). Man läßt Aminoazolsulfenamid R(R¹)NSR² mit S reagieren. — 26 (g) N-[Oxydiäthylen]-benzothiazol-2-sulfenamid (Morpholinobenzthiazolyl-(2)-sulfid) 3,2 S, 150 cm³ A. u. 8,5 Morpholin erhitzt man 2 Std. unter Rückfluß: Verb. I, F. 133—135°. Das gleiche Prod. kann man auch durch Rk. von Morpholin, S, 2.2'-Bis-[benzothiazyl] u. Isopropanol bei Zusatz von NaOCl erhalten. — Die erhaltenen Sulfenamide sind *Vulkanisationsbeschleuniger für Kautschuk.* (**F. P. 1 196 560** vom 2/6. 1958, ausg. 25/11. 1959.) M. Pankow. 7229

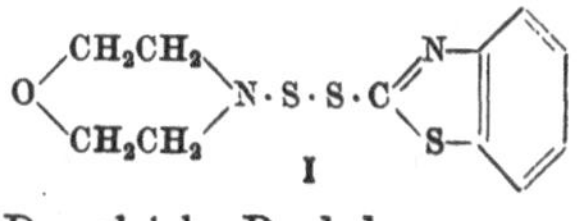
I

Firestone Tire & Rubber Co., Akron, Ohio, V.St.A., **Herstellung von N-(Propinyl)-2-(thiazol)-sulfonamiden.** Durch Rk. von 2-Mercaptothiazolen mit Monochloraminen, die aus prim. Aminen der allg. Formel $R_3R_4C(NH_2)-C{\equiv}CH$ gewonnen

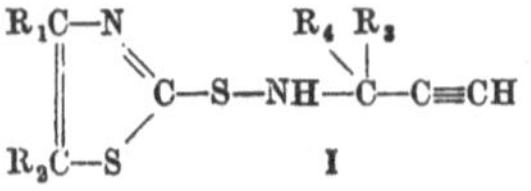

I

worden sind, erhält man N-(Propinyl)-2-(thiazol)-sulfonamide der allg. Formel I. Hierbei sind R_1 u. R_2 H-Atome oder Alkylreste, oder sie bilden zusammen mit dem Äthylenrest, an den sie gebunden sind, einen alicycl. oder aromat. Ring, R_3 = H oder ein Alkylrest, R_4 ist ein (ggf. substituierter) KW-Stoffrest, oder R_3 + R_4 bilden zusammen mit dem daran gebundenen C-Atom einen cycl., bes. einen Cycloalkylrest. Die gleichen I erhält man auch durch Kondens. von 2-Mercaptothiazolen mit prim. Acetylenaminen in Ggw. von Oxydationsmitteln. — Beispiele: Aus 0,15 Mol 2-Mercaptobenzothiazol, 1.1-Dimethyl-2-propinylamin (Kp. 78,5 bis 81°), 0,15 Mol NaOH, 150 cm³ 1 m KJ_3-Lsg. u. 47 cm³ W. erhält man N-(1.1-Dimethyl-2-propinyl)-2-benzo-benzothiazolsulfonamid, F. 110—111,5° aus W. + Methanol; weiterhin: N-(1-Methyl-1-äthyl-2-propinyl)-2-benzothiazol (II), F. 94,5—95°; N-(1-Methyl-1-isobutyl-2-propinyl)-2-benzothiazol-II, F. 124,5—126,5°; N-(1-Methyl-1-n-hexyl-2-propinyl)-2-benzothiazol-II, F. 92,5—94,5°; N-(1-Äthinylcyclohexyl)-2-benzothiazol-II F. 110—112°; N-(1-Methyl-1-äthyl-2-propinyl)-2-(4.5-dimethylthiazol)-III, F. 92,5—94,5°, N-(1-Methyl-1-äthyl-2-propinyl-2-thiazol-II, N-(1-Äthyl-1-isobutyl-2-propinyl)-2-(äthylthiazol-I); N-(1.1-Diäthyl-2-propinyl)-2-(6-phenylbenzothiazol)-II, N-(1-n-Propy-1-n-amyl-2-propinyl)-2-(4-p-tolylbenzothiazol)-II; N-(1-Methyl-1-eicosyl-2-propinyl)-(6-chlorbenzothiazol)-II; N-[1-Äthyl-1-(1-methylcyclopentyl)-2-propinyl]-2-(5.6.7.8-tetrahydrobenzothiazol)-II; N-(1-Methyl-1-allyl-2-propinyl)-2-naphththobenzothiazol-II, N-(1-Methyl-1-tert.-dodecyl-2-propinyl-2-(6-nitrobenzothiazol)-II, N-(1-Methyl-1-benzyl-2-propinyl)-2-benzothiazol-II; N-(1-Äthinylcyclopentyl)-2-(4.6-dimethylbenzothiazol-II, N-(1-Äthinylcyclobutenyl)-2-benzothiazol-III; N-(Äthinylcyclohexadienyl)-2-benzothiazol-III, N-(1-Äthinylcycloheptatrienyl)-2-benzothiazol-III. — *Vulkanisationsbeschleuniger für Kautschuk.* (**E. P. 865 334** vom 2/6. 1959, ausg. 12/4. 1961. A. Prior. 5/6. 1958.)
A. Kalix. 7229

Firestone Tire & Rubber Co., Akron, Ohio, V.St.A., **Verbundverfahren.** Eine vulkanisierte Kautschukschicht (I) wird mit einer vulkanisierten Kautschukschicht (II) dadurch verbunden, daß man I mit einer Kautschukschicht (III) überzieht, die bei der Vulkanisation von I nur teilweise vulkanisiert; daß man eine Vulkanisation ausführt, indem man auf die freie Oberfläche von III eine Kautschuk-Lsg. aufstreicht, die Vulkanisiermittel enthält, die in III einwandern u. diese vulkanisieren können; daß man hierauf II aufbringt, worauf die Schichten gemeinsam ausvulkanisiert werden. — 2 Zeichnungen. (**E. P. 873 102** vom 24/11. 1959, ausg. 19/7. 1961. A. Prior. 24/2. 1959.) W. Overbeck. 7229

United States Rubber Co., New York, N.Y. (Erfinder: Ivan Mankowich, Conn., Frank Peter Chiavetta, Calif., und Raymond Albert Chartier, Ohio), V.St.A., **Knetbarmachen von Kautschukvulkanisat.** Man erhitzt eine Mischung aus zerkleinertem Vulkanisat, W. u. Styrol, α-Methylstyrol oder Acrylnitril bis zu ihrer Verharzung auf 125—250° u. knetet die erhaltene trockene Mischung zur Homogenisierung. Außer Kautschuk kommen auch synthet. Prodd., wie Buna, Butylkautschuk, Neopren, in Frage. — 10 (Gew.-Teile) zerkleinerte vulkanisierte Reifenabfälle, 10 Styrol u. 20 W. werden 5 Std. auf 200° erhitzt. (**Jap. A. S. 13 229/1960** vom 20/6. 1959, ausg. 12/9. 1960. **F. P. 1 230 063** vom 4/5. 1959, ausg. 13/9. 1960. Beide A. Prior. 20/6. 1958.)
M. Pankow. 7233

United States Rubber Reclaiming Co., Inc., übert. von: Edward F. Sverdrup, Buffalo, N.Y., V.St.A., **Kautschukregenerierung** durch Mischen von weichem Vulkanisat mit 2,5—16% S, kontinuierliches Kneten bei 300—500° u. anschliessendes Vulkanisieren mit weiteren Mengen S. (**Can. P. 559 102** vom 10/11. 1953, ausg. 17/6. 1958. A. Prior. 20/3. 1953.) H.-J. Nitzschke. 7233

Esso Research and Engineering Co., V.St.A. (Erfinder: **Robert S. Brodkey** und **John Rehner jun.**), *Herstellung von stabilem Butylkautschuklatex.* (**F. P. 1 180 355** vom 30/7. 1957, ausg. 3/6. 1959. A. Prior. 14/8. 1956. — C. **1961**, 3173 [E. P. 831 833].)

Columbian Carbon Co., New York, übert. von: **Harold A. Braendle**, Garden City, N.Y., V.St.A., *Kautschuk-Ruß-Mischungen.* (**A. P. 2 980 639** vom 29/5. 1957, ausg. 18/4. 1961. — C. **1960**, 15598 [E. P. 825 345].)

Imperial Chemical Industries Ltd., London, übert. von: **Harry E. Jackson, Boris N. Leyland** und **John F. Wood**, Manchester, England, *Alterungsschutzmittel für Kautschuk.* (**Can. P. 568 460** vom 16/7. 1952, ausg. 6/1. 1959. E. Prior. 16/7. 1951. — C. **1955**, 1861 [F. P. 1 062 638].)

Dominion Rubber Co. Ltd., Montreal, Quebec, Canada, übert. von: **George S. Mills**, Clifton, N.J., V.St.A., *Triphenyl-Sb als Antioxydationsmittel.* (**Can. P. 555 263** vom 6/1. 1954, ausg. 1/4. 1958. A. Prior. 31/3. 1953. — C. **1957**, 3407 [F. P. 1 091 918].)

American Cyanamid Co., New York, N.Y., übert. von: **Frank A. V. Sullivan**, Glenbrook, und **Arnold R. Davis**, Riverside, Conn., V.St.A., *Trisphenole.* (**Can. P. 555 199** vom 4/10. 1954, ausg. 1/4. 1958. A. Prior. 5/2. 1954. — C. **1958**, 5233 [A. P. 2 773 907].)

H_{16}. Nahrungs-, Genuß- und Futtermittel

Die Anwendung von Fermentpräparaten für die Verbesserung der Eigenschaften von Brot aus Weizenmehl mit verminderter Backeignung. R. R. Tokarewa, G. M. Smirnowa, L. A. Jegorowa und W. I. Kalinina. (Хлебопекарная и Кондитерская Промышленность [Brot- u. Konditorei-Ind.] **5**, Nr. 3, 1—5, März 1961; Zentr. Forsch.-Inst. für die Brotind.; russ.) — Es wird festgestellt, daß die Qualität von Brot aus Mehl, das aus gekeimtem Korn gemahlen u. falsch getrocknet wurde (Sorte II), durch Verw. fl. Hefe verbessert werden kann, die mit Ferment-Präpp. aus Aspergillus oryzae u. Aspergillus awamori statt mit akt. Malz zubereitet wurde. H. Treumann. 7674□

Untersuchungen über das Nachsäuern von Brot bei Berücksichtigung langer Lagerzeiten. E. Drews. (Brot u. Gebäck **16**, 101—08, Juni 1962; Detmold, Bundesforschungsanst. für Getreideverarbeitung; dt.) — Der Säuregrad von krustenfreiem Roggenmischbrot, Vollkornbrot u. Pumpernickel steigt bei der Lagerung, in Saranfolie oder Dosen verpackt, in der Krumenmitte zunächst an, fällt dann ab, erreicht nach 60—70 Tagen einen Mindestwert u. steigt dann wieder leicht an. Biolog. gesäuertes u. mit Teigsäuerungsmitteln hergestelltes Brot zeigen gleiches Verhalten. Feuchtigkeits-, Milch- u. Essigsäure-Geh. verhalten sich wie der Säuregrad. Die Ergebnisse werden so gedeutet, daß die lösl. u. diffusionsfähigen Stoffe u. die Feuchtigkeit danach streben, sich bei der Lagerung gleichmäßig zu verteilen. Bei Abbruch der Unterss. (240 Tage) hatte sich das Gleichgewicht noch nicht eingestellt. W. Wesly. 7674□

Die industrielle Verwertung von Kartoffeln. Melbourne L. Jackson. (Ind. Engng. Chem., int. Edit. **54**, 50—56, Febr. 1962; Moscow, USA, Univ. of Idaho, Coll. of Engineering; engl.) — Übersicht über die techn. Möglichkeiten der industriellen Verw. der Kartoffel unter bes. Berücksichtigung der Herst. von Kartoffelstärkeflocken, Stärke-Derivv., Alkohol aus Stärke, der Verwertung der Kartoffelschalen u. der mikrobiolog. Möglichkeiten der Kartoffelverarbeitung, bes. der Proteingewinnung. Die Zus. der normalen Kartoffeln wird mit 77,5 (%) W., 18,8 Kohlenhydraten, 2,0 Protein, 0,6 Rohfaser, 0,1 Fett u. 1,0 Asche angegeben. E. Lück. 7678□

Ausbildung einer Wundschutzschicht und Fäulnisentwicklung an Kartoffelscheiben bei 70° F unter dem Einfluß der vorhergehenden Lagerungstemperatur. W. L. Smith jun. (Amer. Potato J. **38**, 240—43, Juli 1961; Beltsville, Md., U.S. Dep. of Agric., Agric. Marketing Serv., Hortic Crops Branch; engl.) — Mahagoniartige Braunfärbung bei Kartoffeln der Sorten Katahdin u. Chippewa wird im allg. niedriger Lagerungs-Temp. zugeschrieben u. tritt bei anderen Sorten kaum auf. Vf. fand bei Kartoffeln der Sorten Katahdin u. Irish-Cobbler nach 2monatiger Lagerung bei 32° u. 34° F keinerlei innere Symptome, dagegen bei der erstgenannten Sorte meist nach 3monatiger Lagerung. Scheiben von Knollen dieser Arten bildeten nach 2monatiger Lagerung (32°F) bei 70°F nicht so schnell u. ausgeprägt eine Wundschutzschicht, wie es bei höherer Lagerungstemp. der Fall war. Fäulnis trat schneller ein als nach Lagerung bei höheren Temperaturen. Dieser symptomlose Schaden durch niedrige Temp. dürfte für den hohen Anteil mancher Saatkartoffellieferungen an verdorbenen Kartoffeln verantwortlich sein.
H. Thiele. 7678□

Saccharosegehalt von Kartoffeln und Verfärbung von Chips von Frühsommerkartoffeln. M. D. Clegg und H. W. Chapman. (Amer. Potato J. **39**, 212—16, Juni 1962; Fort Collins, Colo., Colorado Agric. Exp. Stat., Dep. of Horticult.; engl.) — In Abständen von 3 Tagen ausgeführte Unterss. von Kartoffeln, die im Juli u. August geerntet u. bei 50, 70 bzw. 90°F gelagert worden waren, ergaben niedrigere Geh. an *Saccharose* (**I**) als bei unreif geernteten Proben. Aus letzteren hergestellte Chips dunkelten nach. Wahrscheinlich ist ein hoher I-Geh. unreifer Kartoffeln eine leicht verwertbare Quelle für reduzierende Zucker, die die Ursache dunkler Chips sind. W. Wesly. 7678□

Wasseraufnahme von Sojabohnen. Allan K. Smith und Arlo M. Nash. (J. Amer. Oil Chemists' Soc. **38**, 120—23, März 1961; Peoria, Ill., North. Reg. Res. Labor.; engl.) — Die für die Nahrungsmittelbereitung oft wichtige Geschw. der Wasseraufnahme (WA) von Sojabohnen hängt nach Unterss. der Vff. vom anfänglichen Feuchtigkeits-Geh. (FG) u. vom Zustand der Samenhülse ab. Die WA steigt mit zunehmendem FG u. bei Vergrößerung der Anzahl Bohnen mit beschädigter Samenschale, während der FG bei „harten" Bohnen am geringsten ist. Der FG ist klimat. bedingt (USA niedrig, Japan hoch) u. läßt sich durch gleiche Lagerbedingungen ausgleichen. N. Trzebowski. 7684□

Über „Mehlbeeren" (Weißdornfrüchte). E. Benk. (Flüssiges Obst **27**, Nr. 7, VII/27—VII/28, Juli 1960; Reutlingen; dt.) — Vf. macht Angaben über die Zus. von frischen Mehlbeeren sowie über die Zus. eines Kaltwasserauszugs aus Mehlbeeren. Wss. Auszüge aus Mehlbeeren können für die Herst. von süßmostartigen Getränken u. Limonaden Verw. finden. — 8 Literaturangaben. M. Winiker. 7706□

Alginate aus Seetang. E. R. Webber. (Food Manufact. **37**, 328—30, Juli 1962; engl.) J. Lehmberg. 7708□

Der Nährwert der Konsummilch. (Der Gehalt an Vitamin A, Carotin und den Vitaminen B_1 und B_2 in der Konsummilch in Warschau.) Maria Łuczak, Celina Barska und Teresa Kwinta. (Prace Inst. Przemysłu mleczarskiego **8**, Nr. 2, 43—55, 1961; Warszawa, Inst. Przem. mlecz., Zakł. Chem.; pol.) — In 1 Liter Milch mit 2,5% Fett wurden gefunden 260 (Februar) bis 795 (Juni) I. E. *Vitamin A* (**I**), 165 (März) bis 345 (Oktober) µg *Carotin* (**II**), 0,300 (Juni) bis 0,450 (September) mg *Vitamin* B_1 (**III**) u. 1,486 (Januar) bis 1,690 (Juli) mg *Vitamin* B_2 (**IV**). Bei der Pasteurisierung gehen im Mittel 4,65 (%) **I** im Winter u. 3,95 im Sommer u. 2,87 **II** im Winter u. 5,23 im Sommer verloren. Der Verlust an **III** beträgt im Mittel 9,85, an **IV** 3,92. — 24 Literaturangaben. F. Urban. 7756□

Bildung flüchtiger Verbindungen als Folge des Strecker-Abbaues von DL-Methionin und deren Bedeutung für den Geschmack von Nahrungsmitteln. P. E. Ballance. (J. Sci. Food Agric. **12**, 532—36, Juli 1961; London, Bovril Ltd., Res. Dep.; engl.)— Vf. erwärmte 40 mg *DL-Methionin* (**I**) mit 200 mg *Ninhydrin*, 10 ml W., 2 g NaCl u. 1 g NaH_2PO_4 2 Std. lang auf 80° u. leitete die durch Strecker-Abbau gebildeten flüchtigen Verbb. mit N_2 in eine Kondens.-Vorrichtung. Diese Verbb. wurden durch Gas-Fl.-Chromatographie u. Massenspektrometrie qual. bestimmt. Im Kondensat wurde hauptsächlich *Methylmercaptan* (**II**) neben *Acrolein* (**III**), *Dimethylsulfid, Dimethyldisulfid* u. *Isobutyraldehyd* nachgewiesen. Durch Abbau-Verss. von *Methional* (**IV**) mit Ninhydrin wird die Vermutung gestützt, daß der **I**-Abbau über **IV** verläuft. **IV** konnte als Abbau-Prod. direkt nachgewiesen werden u. wird zu **II** u. **III** abgebaut. Die Bedeutung der flüchtigen Verbb. für den Sonnenlichtgeschmack der Milch, den Geschmack von Fleisch u. gekochtem Kohl wird diskutiert. Hans Thiele. 7756□

Untersuchungen über die mechanische Reinigung der Milch und über ihren Einfluß auf die Qualität des daraus erhaltenen Käse. Jerzy Jakubowski. (Prace Inst. Przemysłu mleczarskiego **8**, Nr. 3, 1—47, 1961; Warszawa, Inst. Przem. mlecz., Zakł. Technol.; pol.) — Zweimaliges Zentrifugieren der Milch, wobei beim ersten Mal die Sahne abgetrennt wird, u. beim zweiten Mal Kaolin zugesetzt werden kann, beseitigt 75—99% der Mikroorganismen, darunter 99% der vorhandenen Sporen. Chem. Zus. u. biolog. Wert der Magermilch werden dadurch nicht beeinträchtigt. Die Gerinnungsfähigkeit wird geringfügig herabgesetzt. Die Qualität des aus so gereinigter Milch erhaltenen Käses wird erhöht. Pasteurisierung der Milch wird durch doppeltes Zentrifugieren nicht überflüssig, da Coli-Bakterien so nicht beseitigt werden können. F. Urban. 7760□

Einfluß von Sauerstoff auf den Verlauf der Gärung von Lactose im Käse. A. Świątek und S. Poznański. (Prace Inst. Przemysłu mleczarskiego **8**, Nr. 2, 11—19, 1961; Olsztyn, WSR, Kat. Technol. Mlecz.; pol.) — Zusatz von *Dibenzoylperoxid* zur Käsemasse bewirkt keinerlei Hemmung der Gärung von *Lactose* (**I**). Ebensowenig hat KNO_3 einen negativen Einfl. auf die Gärung. Die **I**-Gärung in CO_2-Atmosphäre ist nur in den ersten 24 Std. intensiver als an der Luft. Innerhalb der folgenden 12 Std. wird die Gärung soweit verzögert, daß kein Unterschied zwischen beiden Meth. erkennbar ist. — 13 Literaturangaben. F. Urban. 7760□

Versuch der Käsefabrikation aus Frischquark mit Hilfe eines Berge-Gerinnungsfilters. L. Vassal, P. Ducruet und G. Mocquot. (Ind. laitière **1962**, 39—46, Febr.; Jouy-en-Josas, Stat. Centr. de Microbiol. et Rech. Laitières; franz.) J. Lehmberg. 7760□

Die Qualität der auf den Böden der Turiner „Vauda" erzeugten Futterpflanzen. Ettore Bottini. (Staz. chim.-agrar. sperim. Torino, Annu. **20**, 33—44, 1958/1960; ital. — C. **1961**, 12304.) M. Winiker. 7782□

Molybdän und Kobalt des Alpenvorlandes als Mikronährstoffelemente von Futterpflanzen. Ettore Bottini, Carlo Sapetti und Emanuele Morra di Lavriano. (Staz. chim.-agrar. sperim. Torino, Annu. **20**, 89—112, 1958/1960; ital. — C. **1962**, 1066.) M. Winiker. 7782□

Das Silieren von Hirse in verschiedenen Reifestufen. V. R. Catchpoole. (Austr. J. exp. Agric. animal Husbandry **2**, 101—05, Mai 1962; Higbett, Victoria, C.S.I.R.O., Fodder Conserv. Sect.; engl.) — Unterss. über den Einfl. der Reifestufe von Hirse beim Silieren auf die Eigg. der Silage zeigen, daß im Alter von 8 Wochen geerntete Hirse gute, saure Silage gibt. Die Geh. an Roheiweiß betragen 22,6 bzw. 14% (bezogen auf Trockensubstanz) in Silagen aus 4 bzw. 8 Wochen alter Hirse; die Geh. fallen in dem Maße, wie die Reife der Hirse beim Silieren zunimmt. Der Feuchtigkeits-Geh. fällt ebenfalls mit der Hirsereife. Die Silageausbeuten u. deren Eiweiß-Geh. zeigen Höchstwerte in Proben, die im Alter von 10 Wochen siliert werden. Die 4 u. 6 Wochen alten Proben liefern

Silagen von schlechter Qualität mit pH-Werten $>4,2$; das Verhältnis der nichtflüchtigen zu den flüchtigen Säuren beträgt <1. Dagegen sind die aus >8 Wochen alten Proben erzeugten Silagen von bester Qualität. Alle Proben zeigen in den ersten 1—2 Tagen der Gärung einen starken pH-Abfall. W. Wesly. 7782□

Die Verbesserung des Nährwertes von rohem Weizenkeimmehl durch Behandlung im Autoklaven. R. D. Creek, Valeria Vasaitis und George Schumaier. (Poultry Sci. **40,** 822—24, Mai 1961; College Park, Md., Univ. of Maryland, Dep. of Poultry Husbandry; engl.) — An Leghornküken ausgeführte Fütterungs-Verss. zeigen, daß der Ersatz von im Futter zu 55,5% enthaltenem Mais durch rohes Weizenkeimmehl (WK) das Wachstum u. die Futterverwertung vermindert. Wenn aber das WK 30 Min. lang im Autoklaven bei 15 lb. Druck auf 121° erhitzt u. nach dem Abkühlen dem Futter zugesetzt wird, werden Wachstum u. Futterverwertung der Küken gesteigert. Daraus folgt, daß WK einen thermolabilen Faktor enthält, der die Verdauung verschlechtert. Leber u. Pankreas von 20 Tage alten Küken, die rohes WK erhielten, zeigen im Vgl. mit Tieren die kein WK oder im Autoklaven erhitztes WK erhielten, eine Gew.-Zunahme. W. Wesly. 7786□

Der Herstellungseinfluß auf die Zusammensetzung von Sesamsamenmehl. Fairie Lyn Carter, Vidabelle O. Cirino und Layton E. Allen. (J. Amer. Oil Chemists' Soc. **38,** 148—50, März 1961; New Orleans, La., South. Reg. Res. Labor.; New York, N.Y., UNICEF, United Nations; engl.) — Vff. beschrieben den Einfl. der Entölungsbedingungen von Sesamsamen auf die Nährqualität des entstehenden Mehles (Geh. an Aminosäuren, Oxalat, Calcium, Zucker u. SiO_2). N. Trzebowski. 7786□

Herstellung von Futterhefen aus Abfällen der Hirse und Hafer verarbeitenden Betriebe. N. W. Romenski, M. Ss. Dudkin und L. G. Atanass. (Известия Высших Учебных Заведений (Краснодар), Пищевая Технология [Hochschulnachr. (Krasnodar), Nahrungsmittel-Technol.] **1960,** Nr. 3, 23—27; Odessa, Technol. Stalin-Inst., Lehrstuhl für Getreidebiochem., Lehrstuhl für organ. Chem.; russ.) — Vff. erörtern die Herst. von Hydrolysaten (H) aus Hafer- u. Hirsehüllen sowie den Geh. der H an reduzierenden Substanzen (**I**; Xylose, Arabinose, Glucose, Galaktose, Rhamnose, Uronsäuren), Gesamt-N u. Furfurol. Der Einfl. der **I**-Konz., sowie des pH des Mediums u. einer Zugabe von $NH_4H_2PO_4$ u. $(NH_4)_2SO_4$ auf das Wachstum der Futterhefe sowie ihren Protein-Geh. wird diskutiert. S. Baryschnikow. 7786□

Mikrobiologische Bewertung von Nahrungsmittelzusätzen. D. J. Cook. (Food Manufact. **37,** 230—31, Mai 1962; Warwickshire, Studley Coll.; engl.) — Vf. behandelt die Verw. von Mikroorganismen für die Prüfung von Nahrungsmittelzusätzen. J. Lehmberg. 7788□

Neue Anwendungen der Probe von Reinsch. Milton Lessa Bastos. (Rev. brasil. Quím. **51** (**26**), 237—38, 240, 242, März 1961; port.) — Überblick über die Theorie, die Bedingungen u. Anwendungen des Verf. von Reinsch, wobei die Wichtigkeit der Cu-Folie als Sammler von Metallspuren für die toxikolog. u. bromatolog. Analyse hervortritt. Es ermöglicht die schnelle u. sichere Identifizierung verschiedener, giftiger Metalle mit Hilfe von mikrochem. u. spektrograph. Rkk., für die letzteren unter Gebrauch von Hochspannungs- u. Hochfrequenzanregung. W. Metzener. 7788□

Eine verbesserte Methode zur Ascorbinsäurebestimmung in Lebensmitteln und biologischem Material. H. Moor. (Food Manufact. **32,** 119—21, 1/3. 1957; engl. — C. **1963,** 3823.) F. Krusen. 7788

Durchführung von Laboratoriumsuntersuchungen an Mehl und Forschung über den „Cookie Quality"-Test im Soft Wheat Quality Laboratory. W. T. Yamazaki. (Cereal Sci. today **7,** 98—104, 125, April 1962; Wooster, Ohio, Crops Res. Div., Soft Wheat Qual. Labor.; engl.) — Vf. gibt eine Übersicht über die zur Unters. von Weizenproben durchzuführenden Arbeiten. Bes. eingehend werden Backteste wie der „Cake-Quality"-Vers. u. der „Cookie"-Test behandelt, die Aufschluß geben über die Backfähigkeit eines Mehles. Hierbei stehen Faktoren wie Wassersorption durch die verschiedenen Mehlbestandteile u. Wassermigration bei Erhitzen des Teiges, wie auch die Neigung zum Gelieren in deutlicher Beziehung zur Viscositätsänderung des Teiges u. damit zum Ausfall des „Cookie"-Testes. Nach vollständiger Klärung der für die „Cookie"-Qualität bedeutungsvollen Faktoren hofft Vf. durch einfachere physikochem. Teste Aussagen über die Backfähigkeit eines Mehles machen zu können. Hans Thiele. 7800□

Ein neues Schnellverfahren zur Fettbestimmung in Pommes frites. L. R. Ross und R. H. Treadway. (Amer. Potato J. **39,** 207—11, Juni 1962; Philadelphia, Pa., U. S. Dep. of Agric., Eastern Reg. Res. Labor.; engl.) — Man zerkleinert die Probe in Ggw. eines Gemisches von W., A., NaCl u. eines fl. KW-Stoffes (Skellysolve B, Kp. 63

bis 70°), filtriert durch Glaswolle, trennt das Filtrat durch NaCl-Zusatz in 2 Schichten, verbrennt den KW-Stoff einer aliquoten Menge der oberen Schicht u. bestimmt das Gew. des Fettrückstandes. W. Wesly. 7802□

Colorimetrische und chromatographische Bestimmung der Aromastoffe des Obstes. Alexander Príbela. (Průmysl Potravin **13**, 47—49, Jan. 1962; Bratislava, Slov. vys. škol., kat. chem. technol. uhl'ohydr.; slowak.) — Übersicht über Meth., die zur Best. von Aromastoffen in Früchten angewendet werden können. — 12 Literaturangaben. E. Vevera. 7808

Bestimmung von Citral in Citrusextrakten und Citrusölen durch herkömmliche und neuzeitliche Analysenverfahren. Fumi Yokoyama, Leo Levi, Paul M. Laughton und William L. Stanley. (J. Assoc. off. agric. Chemists **44**, 535—41, Aug. 1961; Ottawa, Dep. of Nat. Health and Welfare, Food and Drug Dir., Carleton Univ., Dep. of Chem.; Pasadena, Calif., Fruit and Vegetable Chem. Labor.; engl.) — Ein Vgl. des m-Phenylendiamin-Verf. (**a**) von Hiltner [1909], des Barbitursäure-Kondens.-Verf. (**b**) von Levi u. Laughton (C. **1960**, 13797) u. der Vanillin-Piperidin-Rk. (**c**) von Stanley Lindwall u. Vannier (C. **1960**, 2032) zur Best. von Citral in Citrusextrakten bzw. -ölen zeigt, daß bei Extrakt-Unterss. befriedigende Übereinstimmung zwischen den Verff. **a** u. **b** besteht. Die Unters. von Citrusölen mittels der klass. Titrationen mit Phenylhydrazin u. Hydroxylamin gibt vergleichbare, aber relativ hohe Werte. Niedrigere, reproduzierbare Werte liefern die Verff. **b** u. **c**. Das Verf. **a** liefert zu unregelmäßige Werte. W. Wesly. 7818□

Pflanzliche Phenole. 3. Mitt. **Trennung von Polyphenolen aus fermentiertem und schwarzem Tee durch Cellulosesäulenchromatographie.** L. Vuataz und H. Brandenberger. (J. Chromatogr. [Amsterdam] **5**, 17—31, Jan. 1961; engl.) — 2. vgl. Pictet u. Brandenberger, C. **1961**, 18543. — Die polyphenol. Inhaltsstoffe von fermentiertem sowie fermentiertem u. geröstetem (schwarzem) *Ceylon-Tee* wurden durch Säulenchromatographie an Cellulosepulver untersucht u. mit den in frischen Teeblättern vorhandenen Verbb. verglichen. Als überwiegende Bestandteile der frischen Teeblätter konnten (—)-*Epigallocatechingallat* (**I**) u. (—)-*Epicatechingallat* (**II**) quant. bestimmt werden (10,55 bzw. 2,15% der trockenen Blätter). Durch die Fermentation, die als enzymat. Oxydation einiger Polyphenole mit nachfolgender nichtenzymat. Umlagerung u. Polymerisation aufgefaßt wird, werden **I** u. **II** auf 0,5 bzw. 0,3% erniedrigt. Die Fermentations-Prodd. wurden nach ihren UV-Spektren in 4 Gruppen eingeteilt: a) farblose Verbb. mit 1 Maximum, die als Bisflavanole aus der oxydativen Dimerisation von **I** u./oder **II** erkannt wurden (λ_{max} 277, 274 u. 270 mμ); b) 3 farbige Verbb. mit je 3 Absorptionsmaxima; c) 4 farbige Verbb. mit je 2 Absorptionsmaxima u. d) eine braune Fraktion mit nur einem Maximum bei 275 mμ, in deren sauren Hydrolyse-Prodd. papierchromatograph. 14 Aminosäuren nachgewiesen werden konnten. M. Finke. 7830□

Methoden zur Bewertung von „Fettreif" auf Schokoladen-Erzeugnissen. Jaroslava Rašperová. (Listy Cukrovarnické **74**, 218—20, 15/10. 1958; Hrdlořezy, Prům. trvanlv. pečiva, n.p.; tschech.) — 1. vgl. C. **1963**, 3820. — 2 neue Meth. ermöglichen die Best. des Grades des Grauwerdens von Schokoladeerzeugnissen: Die 1. Meth. beruht auf der Messung des Kontaktwinkels (**a**) eines Wassertropfens, der auf die Probe aufgebracht wird. Die Änderung des **a** ist in einem bestimmten Zeitintervall der Zeit des Grauwerdens direkt proportional. Die 2. Meth. beruht auf der Intensität des von der Probe reflektierten Lichtes. Beschreibung der Durchführung u. Ergebnisse. E. Rotter. 7832□

Anwendung der Fischer-Methode zur Bestimmung von Wasser in Rohstoffen und Erzeugnissen der Schokoladenindustrie. 1. Mitt. Vladimír Rašper. (Listy Cukrovarnické **74**, 108—10, 15/5. 1958; Praha, VŠCHT, kat. technol. glycidů; tschech.) — Problemstellung u. Literaturübersicht. — 22 Literaturhinweise. E. Rotter. 7832□

Anwendung der Fischer-Methode zur Bestimmung von Wasser in Rohstoffen und Erzeugnissen der Schokoladenindustrie. 2. Mitt. Vladimír Rašper. (Listy Cukrovarnické **74**, 135—39, 15/6. 1958; tschech.) — 1. vgl. vorst. Referat. — Verss. zeigen, daß nur Schokoladeerzeugnisse, bei welchen es möglich ist, das darin enthaltene W. rasch in das Lsgm. überzuführen, der Meth. zugänglich sind, während bei anderen zu viele Neben-Rkk. auftreten. E. Rotter. 7832□

Die Bestimmung von Blut in Kuhmilch. C. G. Rammell. (J. Dairy Res. **28**, 131—38, Juni 1961; Wellington, New Zealand, Wellaceville Dairy Labor., Dep. of Agric.; engl.) — Es wird eine Meth. zur quant. Best. von Blut in Kuhmilch beschrieben, die auf der Messung der Peroxydaseaktivität der sedimentierten Erythrocyten beruht. Diese werden hämolysiert, dann wird o-Toluidin-Lsg. u. H_2O_2 zugegeben u. die entstehende Färbung colorimetriert. E. Lück. 7856□

Ein Vergleich der hydrometrischen und gravimetrischen Methoden zur Bestimmung der fettfreien Trockenmasse bei Anwendung auf Milch von einzelnen Kühen aus einer Herde. R. A. Edwards. (J. Dairy Res. **28,** 109—15, Juni 1961; Edinburgh, School of Agric.; engl.) — 569 Milchproben von 45 Kühen aus einer Herde wurden nach der Gerber-Meth. auf ihren Fett-Geh. sowie nach der gravimetr. Meth. u. nach der krit. hydrometr. Meth. auf ihren Geh. an fettfreier Trockenmasse (**a**) untersucht. Die beiden Verff. zur Best. der **a** zeigten erhebliche Abweichungen; die Unterschiede werden wesentlich durch den Protein-Geh. der Milch verursacht. Es werden gewisse Korrekturfaktoren hierfür angegeben. Die hydrometr. Meth. wird weitgehend abgelehnt. E. Lück. 7856□

Beurteilung des Wertes von Schnellmethoden zur Bestimmung von Coli-Bakterien. Halina Hattowska und Celina Myślińska. (Prace Inst. Przemysłu mleczarskiego **8,** Nr. 2, 1—10, 1961; Warszawa, Inst. Przem. mlecz., Zakł. Mikrobiol.; pol.) — Die Bacto-strip-Meth. liefert stets niedrigere Werte als die Fermentations-Meth. bei der Best. von Coli-Bakterien in Milch, sie ist aber besser reproduzierbar bei Bakterienarten, die punktförmige Kolonien bilden. — 14 Literaturangaben. F. Urban. 7856□

Methode zum Nachweis einer kurzfristigen schonenden Milchpasteurisierung. Bohumil Hylmar und Miloš Teplý. (Průmysl Potravin **13,** 44—46, Jan. 1962; Praha-Vokovice, Sdružení mlékáren; tschech.) — Zu 5 ml Milch fügt man 10 ml einer gesätt. $MgSO_4$-Lsg., 0,5 ml Benzidindihydrochlorid-Lsg. u. 1 Tropfen 1%ig. H_2O_2-Lsg. zu. Der entstandene Nd. muß sich nach 30 Min. absetzen, wenn eine vorschriftsmäßige Pasteurisierung (Kurzzeiterhitzung bei 75—78°) vorgenommen worden war. E. Vevera. 7856

Eine viscosimetrische Untersuchung des Abbaus von Milchcasein durch Rennin und Lab. G. W. Scott Blair und J. C. Oosthuizen. (J. Dairy Res. **28,** 165—73, Juni 1961; Shinfield, Reading, Nat. Inst. for Res. in Dairying; engl.) — Der Abbau von Milchcasein durch Labfermente ist im Anfangsstadium, nicht aber in den späteren Rk.-Stadien gut viscosimetr. zu verfolgen. Bei Magermilch tritt linearer Viscositätsabfall ein. E. Lück. 7856□

Colorimetrische Methode zur Bestimmung von Eigelb in Speiseeis. Kazimierz Laskowski und Blandyna Lewandowska. (Prace Inst. Przemysłu mleczarskiego **8,** Nr. 2, 33—48, 1961; pol.) — Da der Cholesterin-Geh. im Eigelb konst. ist, läßt sich der Eigelb-Geh. in Speiseeis durch Colorimetrieren des Chlf.-Extraktes feststellen. Die Best. erfolgt mittels einer Modifikation der Meth. von Liebermann u. Burchard (vgl. Laskowski, C. **1963,** 3821). Das Ergebnis muß auf gleichen Fett-Geh. der Vgl.-Probe umgerechnet werden. F. Urban. 7856□

Apparatur zur Schnellbestimmung des Wassergehalts in Käse, Casein und Quark. Jan Cesul, Stefan Filipkowski und Eugenia Nowak. (Prace Inst. Przemysłu mleczarskiego **8,** Nr. 3, 49—54, 1961; Warszawa, Inst. Przem. mlecz., Zakł. Technol.; pol.) — Das in der Käseprobe enthaltene W. wird durch Verdampfen zwischen zwei auf 150° erhitzten Platten bestimmt. Je nach Art der Probe muß das W. zwischen 2 u. 4,5 Min. verdampft sein. Der Wasser-Geh. entspricht dem Gew.-Verlust. F. Urban. 7860□

α-Tocopherylacetat in Vormischungen und Futtermitteln. F. Howard Tinkler und Stanley R. Ames. (Cereal Sci. today **7,** 156—58, Mai 1962; Rochester, N.Y., Eastman Kodak Co., Dist. Products Ind., Res. Labor.; engl.) — Zur Best. von *α-Tocopherylacetat* (**I**) in Futtermitteln extrahiert man die Probe mit Skellysolve F, engt den Extrakt ein, gibt ihn auf eine chromatograph. Säule, die mit $Ce(SO_4)_2$ getränkte Fullererde enthält, eluiert **I** mit Bzl., löst den Abdampfrückstand in einem PAe.-A.-Gemisch u. teilt die Lsg. in 2 Teile. In einem Teil ermittelt man die gesamten, reduzierenden Stoffe colorimetr. nach dem Verf. von Emmerie u. Engel, das auf der Red. von $FeCl_3$ zu $FeCl_2$ basiert. Den anderen Teil verseift man u. verwandelt so **I** in α-Tocopherol (**II**), das man mit PAe. extrahiert. Man löst den Abdampfrückstand in einem PAe.-A.-Gemisch u. bestimmt die reduzierenden Verbb. nach Emmerie u. Engel. Auf diese Weise erhält man die Werte von **II**, gewonnen durch **I**-Verseifung, vermehrt durch die chromatograph. nicht beseitigten reduzierenden Stoffe. Die gefundenen **I**-Werte entsprechen 98,7% der Theorie; die mittlere Abweichung beträgt ±5,3%. W. Wesly. 7868□

Die Thiobarbitursäureprüfung, auf Futtermittel angewandt. E. F. Budde und Robert C. Wornick. (Cereal Sci. today **7,** 134—36, 164, Mai 1962; Barrington, Ill., Quaker Oats Co. u. Terre Haute, Ind., Chas. Pfizer and Co.; engl.) — Übersicht über die Grundlagen u. Anwendung des Thiobarbitursäuretests zur Prüfung von Fett enthaltenden Futtermitteln auf Ranzigkeit. — 30 Literaturangaben. W. Wesly. 7868□

H_{17}. Fette. Seifen. Wasch- und Reinigungsmittel

Regelungstechnische Probleme der Fett-Industrie. F. Piwinger. (Fette, Seifen, Anstrichmittel **63,** 1144—49, Dez. 1961; Stuttgart-Bad Cannstatt, J.C. Eckardt AG; dt.) — Übersicht über Bau u. Arbeitsweise von Regeleinrichtungen u. Beschreibung der Regelung einer diskontinuierlichen Anlage, der Automatisierung eines halbkontinuierlichen Prozesses u. der Regelung einer kontinuierlichen Anlage der Fettindustrie.
W. Wesly. 7870□

Eine neue ölhaltige Frühjahrspflanze (Crambe abyssinica Hochst.). Hans-Georg Zimmermann. (Oléagineux **17,** 527—30, Juni 1962; Berlin, Landwirtschaftl. Akad.; franz.) — Ausführlich beschriebene Anbau-Verss. lassen den Anbau der oben genannten Pflanze aus der Familie der *Cruciferen* für Mitteleuropa aussichtsreich erscheinen.
W. Rittler. 7894□

Der Lichteinfluß auf Veränderungen des Olivenöls. 2. Mitt. **Feinöle in verschlossenen Gefäßen.** J. M. R. de la Borbolla y Alcalá und R. Vázquez Ladrón. (Grasas y Aceites **13,** 75—80, März/April 1962; Sevilla, Inst. de la Grasa y sus Deriv.; span.) — Gemische aus raffiniertem u. rohem Olivenöl werden bis zu 306 Tage lang in fast ganz gefüllten (Öl/Luft 9 : 1), hermet. verschlossenen farblosen oder schwach gefärbten oder topasfarbenen Gläsern oder in solchen mit einer Umhüllung aus Cellophan, das auch z. T. UV-Adsorber enthält, unter verschiedenen Bedingungen aufbewahrt. Die festgestellten u. allg. als Geschmacksrückgang bezeichneten Veränderungen werden als die Folge einer gelinden Oxydation angesehen u. sind mit den üblichen Ranziditätstesten nicht zu erfassen; Antioxydantien bieten keinen merklichen Schutz dagegen. Die Schutz-Wrkg. des Topasglases u. der wenig gefärbten, lichtabsorbierenden Gläser u. Umhüllungen wird festgestellt. Wirtschaftlich interessant sind Umhüllungen, die Wellen von $< 420—450$ mμ verschlucken.
M. Hagedorn. 7894□

Untersuchungen über das Ranzigwerden von Olivenöl. 11. Mitt. **Versuche mit Antioxydantien bei der Lagerung in offenen Gefäßen bei Raumtemperatur.** R. Gutiérrez González-Quijano. (Grasas y Aceites **13,** 69—74, März/April 1962; Sevilla, Instit. de la Grasa y sus Deriv.; span.) — 10. vgl. C. **1962,** 15446. — Muster von drei verschiedenen Sorten raffinierter Olivenöle werden mit u. ohne Zusatz von Antioxydantien (Ao) in mit Papier verschlossenen Glasgefäßen ein Jahr lang bei 25—28° u. anschließend, nach Verschnitt mit 15% rohem Olivenöl, ein weiteres Jahr aufbewahrt. Der Konservierungszustand der Öle wird an Hand der Peroxidzahl, nach dem Kreiss-Test, der AOM-Stabilität u. durch Geschmacksprüfung verfolgt. Der Ao-Zusatz bringt eine deutliche Verbesserung.
M. Hagedorn. 7894□

Die reinigende und bakterienbefreiende Wirkung der Seife. W. Schweisheimer. (Seifen-Öle-Fette-Wachse **87,** 174—75, 1. April-H. 1961; New York, dt.) — Überblick über abtötende Wrkg. von gewöhnlicher Seife auf Bakterien der menschlichen Hautoberfläche (Streptokokken, Staphylokokken, Gonokokken, Diphtheriebazillen, Influenzakeime) u. bei Acne vulgaris sowie über Verss. bei Ekzemen, Neuro- u. Kontaktdermatitis unter Verw. von Hydrocortisonsalbe u. Eucerincreme. Als antibakteriellen Zusatz zu Seife weist Vf. bes. auf das in der Chirurgie bewährte Hexachlorophen hin u. erwähnt die zwar reinigenden, aber durch Abspülung an therapeut. Wrkg. verlierenden Medizinalseifen.
H. Franzen. 7910□

Resultate der technischen Gewinnung von Asolat-A. P. Ss. Kutjumow, G. A. Gamidsade und W. M. Milman. (Известия Высших Учебных Заведений, Нефт и Газ [Hochschulnachr., Erdöl Gas] **3,** Nr. 12, 121—23, 1960; russ.) — Die industrielle Herst. des Detergens *Asolat-A* (alkylbenzosulfonsaures Na) durch Alkylierung von Bzl. mit Amylen u. Hexylen u. nachfolgende Sulfurierung mit H_2SO_4 u. Neutralisierung mit NaOH wird beschrieben. Das Detergens stellt eine gelbe Paste mit schwach spezif. Geruch dar mit einem Geh. von 45—50% Aktivstoffen, 34—42% W. u. 10—12% Na_2SO_4. Die Waschwrkg. beträgt 115% der von Standardseife. Waschverss. an Baumwoll- u. Leinengeweben, Pelzen u. Fellen u. bei der Reinigung von Waggons verliefen befriedigend.
J. Lehmberg. 7912

Reinigungsmittel für harte Oberflächen. Raymond L. Liss und Thomas B. Hilton. (Soap chem. Specialties **36,** Nr. 8, 51—54, Aug. 1960; St. Louis, Monsanto Chem. Co.; engl.) — Ein einfaches Verf. zur Bewertung der Reinigung harter Oberflächen (Vinyl, Asbest, Asphalt, Linoleum, Gummi u. Betonfußboden, Holz, Metall usw.) wird besprochen. Es ist reproduzierbar u. empfindlich. Der zu entfernende Schmutz enthält Gemische von anorgan. Festkörpern u. organ. Stoffen, wie Fetten, Ölen.
E. Karutz. 7916

Glaspapierchromatographie der Lipide. James G. Hamilton und James E. Muldrey. (J. Amer. Oil Chemists' Soc. **38,** 582—88, Okt. 1961; New Orleans, La., Tulane Univ., School of Med.; engl.) — Zusammenfassend wird über Entw. u. Anwendung der Adsorptionschromatographie an imprägnierten u. unimprägnierten Glasfaserpapieren auf dem Gebiete der Lipide berichtet. Dabei werden bes. die Erfahrungen u. die Arbeitsweisen in den Labor. der Vff. hervorgehoben. Sie betonen die Überlegenheit der mit 1—2%ig. Lsgg. leicht imprägnierten Materialien gegenüber solchen, die mit 10—20%ig. Lsgg. imprägniert wurden. Ungünstig ist nur deren geringe Kapazität von 0,2—2 μg Substanz. Vorteile bestehen jedoch in der photometr. Auswertbarkeit der durch Substanzzerstörung mit H_2SO_4 erzeugbaren Flecken u. der ausgesprochen kurzen Entw.-Zeiten von 7—20 Min. bei hoher Trenn-Wrkg. u. Empfindlichkeit der Sichtbarmachungsreaktionen. — 54 Literaturangaben. R. Ristow. 7932□

Methoden zur Bestimmung der Farbe von Fetten und Ölen. Jan Pokorný, Věra Pokorná und František Pták. (Průmysl Potravin **10,** 653—55, Dez. 1959; Praha, Vys. škol. chem. technol., kat. chem. Zkouš. potrav.; tschech.) — Es wird eine neue Meth. mittels eines geeigneten Colorimeters u. zweckmäßigen Filters zur Best. von Gleichungen für die Ausrechnung trichromat. Größen beschrieben. Sie ist einfach, schnell, genügend genau u. gestattet Kontrolle während der Verarbeitung. E. Karutz. 7932

Schnellbestimmung von Monoglyceriden zur Beobachtung der Umesterung von Fetten durch Glycerin. Emil Mareš. (Průmysl Potravin **10,** 650—52, Dez. 1959; Ústi nad Labem, Vys. ust. túkov. prům.; tschech.) — Vgl. C. **1960,** 2381. — Die Umesterung gehärteter Pflanzenfette durch Glycerin wird durch Messung der sich ändernden DK verfolgt. Die Best.-Dauer beträgt ca. 5 Min. bei einer Genauigkeit von $\pm 1\%$, bezogen auf Monoglyceride. Beziehungen zwischen dem Geh. an Monoglyceriden, der Anzahl der Hydroxylgruppen, der Menge des gelösten Glycerins u. der DK werden in relativen Werten ausgedrückt. E. Karutz. 7932

Eine chromatographische Methode zur Trennung von ungesättigten Fettsäureestern über ihre Quecksilberderivate. D. F. Kuemmel. (Analytic. Chem. **34,** 1003—07, Juli 1962; Cincinnati, Ohio, Proctor & Gamble Co., Miami Valley Labor.; engl.) — Zur quant. Best. werden ungesätt. Fettsäuren in ihre Methylester übergeführt, diese mit $Hg(CH_3COO)_2$ umgesetzt u. die erhaltenen Hg-Derivv. an Al_2O_3 säulenchromatograph. getrennt. Es werden 3 Fraktionen mit den gesätt., einfach ungesätt. u. mehrfach ungesätt. Verbb. erhalten. Mit Hilfe der IR-Spektroskopie sowie der JZ.-Best. der eluierten Komponenten läßt sich eine Aufgliederung in gesätt., in einfach ungesätt. cis-, einfach ungesätt. trans-, mehrfach ungesätt. cis.cis- u. mehrfach ungesätt. cis. trans-Fettsäuren vornehmen. Das Verf. ist zur Unters. teilweise hydrierter Öle, wie Sojabohnen-, Erdnuß- u. Baumwollsamenöl, geeignet. Harro Zimmer. 7936□

E. F. Drew & Co., Inc., New York, übert. von: George Barsky, New York, N.Y., und Vigen K. Babayan, Livingston, N.J., V.St.A., **Lösungen eines eßbaren Öls** in einem einwertigen Alkohol von 1—6 C-Atomen, bes. A., wobei das Öl das Triglycerid eines Gemisches aus Capryl- u. Caprinsäure im Verhältnis von wenigstens 2 : 1 ist u. Capron- u. Laurinsäure im Verhältnis 1 : 1 in Mengen von 0—5% der gesamten Säuren vorhanden sind. Die Lsgg. werden als Trägerstoffe für Vitamine, Antibiotica, Kosmetika, Parfüms usw. verwendet. (**A. PP. 2 988 483** vom 19/10. 1960 u. **2 988 484** vom 24/7. 1956, beide ausg. 13/6. 1961.) K. Demmler. 7895

Anderson, Clayton & Co., Houston, übert. von: Hjalmer E. Seestrom, William B. Guerrant jun. und Robert L. Campbell jun., Sherman, Tex., V.St.A., **Verbessern der Backeigenschaften von Schmalz** durch Erhitzen mit 0,3 bis 1 (%) Glycerin in Ggw. von 0,02—1 eines Katalysators, bes. Alkali- oder Erdalkalialkoholat, bis zur Bldg. von Diglyceriden, Auswaschen der gebildeten Seife, Trocknen im Vakuum u. Desodorieren. — *Backfett.* (**A. P. 2 999 021** vom 27/4. 1960, ausg. 5/9. 1961.) C. Lüttgen. 7901

Air Reduction Co., Inc., New York, N.Y. (Erfinder: Gilbert Brown Carpenter, Mountain Lakes, Morton W. Leeds, Union, und Robert James Tedeschi, Whitehouse Station, N.J.), V.St.A., **Herstellung von Alkinol-Äthylenoxid-Addukten** dad. gek., daß tert. Äthinylglykole u./oder tert. Äthinylcarbinole, in denen die OH-Gruppen mit solchen C-Atomen verknüpft sind, die den 3fach gebundenen C-Atomen benachbart sind, mit einem molaren Überschuß von Äthylenoxyd, bes. in Ggw. eines bas. Katalysators (N.N-Dimethylamin, NaOH, KOH, bes. tert. aliphat. Amine, wie Triäthyl-, Trimethyl- oder Tripropylamin), umgesetzt werden, wobei die Rk. zweckmäßig abgebrochen wird, wenn die Addukte 3—60, bes. 3—20, Oxyäthylenanteile enthalten. Man verwendet zweckmäßig bes. symm. Äthinylglykole, bes. mit > 14 C-Atomen, der allg. Formel I, in der R_{1-4} Alkyl-, Cycloalkyl-, Aryl- oder Aralkylreste mit insgesamt mindestens 7 C-Atomen darstellen oder in der sich die Reste R_1 u. R_2 u./oder R_3 u. R_4 zu Cycloalkyl- oder Arylringen ergänzen, oder Äthinylcarbinole der allg. Formel II, in der R_1 einen Alkylrest mit wenigstens 3 C-Atomen, einen Cycloalkyl-, Aryl- oder Aralkylrest u. R_2 einen Alkyl-, Cycloalkyl-, Aryl- oder Aralkylrest darstellt oder R_1 u. R_2 sich zu einem Cycloalkyl- oder Arylring ergänzen, wobei — falls R_1 u. R_2 Alkylreste sind — R_2 wenigstens 6 C-Atome enthält. Durch geringen Überdruck kann die Rk. (bes. bei 55—60°) beschleunigt werden. So erhält man Addukte von 2.4.7.9-Tetramethyldecin-(5)-diol-(4.7), 7.10-Dimethylhexadecin-(8)-diol-(7.10), 1-Äthinylcyclohexanol-(1) oder von einem Gemisch von 7.10-Dimethylhexadecin-(8)-diol-(7.10) u. 3-Methylnonin-(1)-ol-(3), die wegen ihrer ausgezeichneten *oberflächenakt. Eigg.* als *Netz-*, *Reinigungs-* bzw. *Waschmittel* verwendbar sind. (**D. A. S. 1 127 347** Kl. 12o vom 21/6. 1958, ausg. 12/4. 1962. A. Prior. 24/6. 1957.) W. Gräger. 7913

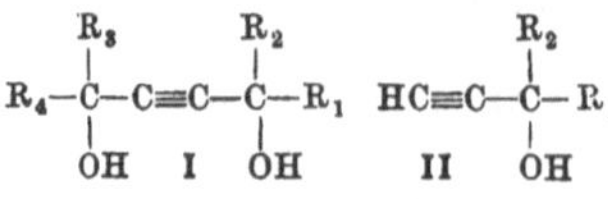

Unilever N.V., Rotterdam, Niederlande, **Herstellung von Waschmitteln.** Die Waschmittel enthalten folgende drei Komponenten: ein Alkaliisoäthionat oder -methylisoäthionat (I), das einen Fettsäurerest mit 12—18 C-Atomen enthält, oder ein Gemisch verschiedener **I**; ein Dialkalisulfonat (**II**) einer Fettsäure mit 12—18 C-Atomen oder ein Gemisch mehrerer **II**; ein „Weichmachungsmittel" (**III**), das jedoch keine Na-Seife darstellen darf. Das Gemisch soll 40—70% **I** + **II** enthalten u. die Mengenverhältnisse von **I** : **II** sollen 10 : 1 bis 1 : 4 betragen. (**Port. P. 38 090** vom 18/2. 1961, Auszug veröff. 26/4. 1961. E. Prior. 23/2. 1960.) A. Kalix. 7913

Glovers (Chemicals) Ltd. und Council for Scientific & Industrial Research (Erfinder: Leslie Robert Burgess Shackleton und Cedric Duncan Moore), **Herstellung von oberflächenaktiven Verbindungen** durch Rk. eines Glykols mit einem Molgew. von wenigstens 850, z. B. eines Polyoxypropylenglykols mit einem Molgew. von 1000—2000, mit einem Gemisch von Alkylenoxiden mit 2—4 C-Atomen in einer Menge von 20—200 Gew.-% des Glykols u. anschließende Rk. des erhaltenen Kondens.-Prod. mit Äthylenoxid in einer Menge von 50—350 Gew.-% des Glykols. (**Aust. P. 228 611** vom 20/2. 1958, ausg. 7/7. 1960. E. Prior. 22/2. 1957.) K. Demmler. 7913

Soc. Belge de l'Azote et des Produits Chimiques du Marly, Lüttich, und Soc. Carbo-Chimique Soc. An., Brüssel, Belgien, **Viscositätsbeständige, oberflächenaktive Verbindungen.** Man kondensiert 1 Mol eines Alkanols, mit 8—18, bes. 12—14 C-Atomen, mit 2—6 Mol Äthylenoxid, führt das entstandene Polyglykol in den Schwefelsäureester über u. neutralisiert diesen mit MgO oder dessen Salzen u. NH_3 oder Aminen bei > 25, bes. 35°. Durch Lösen des Salzes in W. wird eine 15—25%ig. Lsg. hergestellt. — 11,29 kg Laurylalkohol (enthält 10% Alkohol mit 10, 52% mit 12, 23% mit 14, 9% mit 16 u. 6% mit 18 C-Atomen) werden mit 4,96 kg Äthylenoxid umgesetzt; das Gemisch wird dann mit 7,74 kg $ClSO_3H$ bei 30—35° kondensiert. Das Sulfat gießt man in ein Gemisch aus 73,3 kg W., 0,835 kg MgO u. 3,5 kg 27%ig. wss. NH_3 bei 35—38°; dadurch erhält man 100 kg einer 20%ig. Lsg. mit der Viscosität 4900 cSt/5° bzw. 4460 cSt/20°. — Verw. als *Reinigungsmittel* u. bes. für *Shampoo.* (**Belg. P. 559 094** vom 9/7. 1957, ausg. 8/4. 1960.) G. Krauß. 7917

Tennessee Corp., New York, N.Y., übert. von: Leonard M. Wylie, Ray E. Smith, Atlanta, und Thomas W. Sauls, College Park, Ga., V.St.A., **Reinigungsmittel,** bestehend aus 90—50 (%) Dodecylbenzolsulfonsäure oder deren Salzen u. 10—50 sulfonierter Ölsäure (**I**) mit einem Geh. von 1 (Mol) SO_3 pro 1 **I** oder deren Salzen. Der Trübungspunkt des Gemisches liegt erheblich unter dem der Einzelkomponenten. (**A. P. 2 995 524** vom 22/1. 1958, ausg. 8/8. 1961.) C. Lüttgen. 7917

Joh. A. Benckiser G. m. b. H., Chemische Fabrik, Ludwigshafen/Rh. (Erfinder: Friedrich Schönaich, Mannheim, und Hildegard Kehrer, Ludwigshafen/Rh.), **Reinigungs- und Desinfektionsmittel,** bestehend aus Soda, $NaHCO_3$, kondensierten Phosphaten, einer Puffersubstanz, p-Benzylphenol u. evtl. o-Benzylphenol, z. B. aus 35 (Teilen) eines Gemisches aus 30 Soda, 20 $NaHCO_3$, 20 Na_2HPO_4, 20 Tripolyphosphat, 10 Na-Disilicat, 10 p-Benzylphenol u. 5 anionakt. Emulgator. (**Schwz. P. 358 536** vom 24/7. 1957, ausg. 15/1. 1962. D. Prior. 27/7. 1956. **Zusatz zu Schwz. P. 332 086; C. 1960. 335.**) C. Lüttgen. 7917

Tadao Agatsuma und Michiyasu Ohira, **Extraktion von Lanolin aus Wolle** im Gegenstrom in mehreren Stufen, wobei die Wolle zwischen den einzelnen Stufen so gepreßt wird, daß das Gew. des in der Wolle zurückgehaltenen Lsgm., bes. Tri- oder

Perchloräthylen, gleich ist dem Gew. der trockenen Wolle, u. in jeder Stufe ca. 75% der jeweilig anwesenden Lanolinmenge extrahiert wird; die aus der letzten Stufe kommende Wolle hat z. B. die Zus.: 100 (Teile) Wolle, 99,5 Lsgm., 0,5 Lanolin. (**Aust. P. 231 557** vom 3/2. 1958, ausg. 19/1. 1961.) K. Demmler. 7925

Swift & Co., übert. von: **Karl F. Mattil**, Chicago, und **Rex J. Sims**, La Grange, Ill., V.St.A., *Stabilisierung von Fetten und Ölen.* (**Can. P. 559 833** vom 6/7. 1953, ausg. 1/7. 1958. A. Prior. 27/4. 1953. — C. **1958,** 885 [A. P. 2 759 829].)

Unilever Ltd., Port Sunlight, England (Erfinder: **Alan Roylance, Stanley Paul** und **Reginald James Taylor**), *Reinigen von eßbaren Ölen.* (**E. P. 865 807** vom 21/3. 1957, ausg. 19/4. 1961. — C. **1959,** 17557 [Oe. P. 203 123].)

Badische Anilin- & Soda-Fabrik Akt.-Ges. (Erfinder: **Heinrich Mertens, Oswald Schmidt** und **Karl Adam**), Ludwigshafen/Rh., *Stabilisieren von festen synthetischen Reinigungsmitteln.* (**E. P. 875 720** vom 30/12. 1959, ausg. 23/8. 1961. D. Prior. 2/1. 1959. — C. **1961,** 2475 [D. A. S. 1 083 011].)

General Aniline & Film Corp., New York, N.Y., V.St.A., *Herstellung von anionaktiven Produkten.* (**Niederl. P. 101 307** vom 7/8. 1957, ausg. 15/5. 1962. A. Prior. 10/8. 1956. — C. **1962,** 1836 [Aust. P. 223 389].)

Dow Chemical Co., übert. von: **Alfred F. Steinhauer**, Midland, Mich., V.St.A., *Alkyldiphenyläthersulfonsäuren.* (**Can. P. 562 347** vom 18/11. 1957, ausg. 26/8. 1958. A. Prior. 20/11. 1956. — C. **1962,** 8463 [A. P. 2 854 477].)

Pure Oil Co., Chicago, übert. von: **Le Roi E. Hutchings**, Lakewood, Crystal Lake, Ill., V.St.A., *Sulfonierung von Erdölen.* (**Can. P. 559 792** vom 8/9. 1955, ausg. 1/7. 1958. A. Prior. 26/11. 1954. — C. **1961,** 4556 [A. P. 2 834 802].)

Böhme Fettchemie G. m. b. H., Düsseldorf, *Flüssiges Geschirrspülmittel.* (**E. P. 884 546** vom 14/1. 1960, ausg. 13/12. 1961. D. Prior. 30/1. 1959. — C. **1961,** 5648 [D. A. S. 1 093 507].)

Unilever Ltd. (Erfinder: **George Peter Best**), *Flüssiges Wasch- und Bleichmittelkonzentrat.* (**Aust. P. 233 623** vom 25/6. 1959, ausg. 25/5. 1961. E. Prior. 10/7. 1958. — C. **1962,** 15809 [E. P. 855 679].)

Sidol-Werke Siegel & Co., Köln, *Herstellung eines wasserfreien Bohnerwachses.* (**Niederl. P. 101 371** vom 28/8. 1958, ausg. 15/5. 1962. D. Prior. 22/10. 1957. — C. **1961,** 6722 [Oe. P. 208 480].)

H_{18a}. Holz. Cellulose. Zellstoff. Papier. Papierdruck. Celluloid. Linoleum

Bewertung von Holzkonservierungsmittel im Laboratorium: Kreosot aus Tieftemperaturteer. B. K. Bakshi, Y. N. Puri, H. K. Mukerji und Sujan Singh. (J. sci. ind. Res. [New Delhi], Sect. D **20,** 273—76, Juli 1961; Dehra Dun, Forest Res. Inst.; engl.) — Zur Best. der Wirksamkeit von Kreosot aus Tieftemp.-Teer zur Holzkonservierung wurden Splinte von *Pinus roxburghii* Sargent (chir) u. *Salamalia malabarica* (DC) Schott (semul) nach der Agarblock-Meth. in Kolle-Flaschen verwendet. Als Testorganismen wurden eingesetzt: *Lentinus lepideus* Fr., *Poria moesticula* Murr. u. *Polyporus versicolor* (Linn.) für chir u. *P. versicolor* für semul. Die Mindestmenge an Kreosot betrug bei chir 1,18—1,57 lb./cu.ft., während der Wert für semul bei 3,9 lb./cu.ft. lag. F. Rosendahl. 7952

Das Bleichen von Zellstoff aus Holz von Birke und Espe. F. P. Komarow. (Бумажная Промышленность [Papier-Ind.] **37,** Nr. 9, 20—22, Sept. 1962; Allunions-Forsch.-Inst. für die Cellulose-Papierind.; russ.) — Während sich weiche u. mittlere *Zellstoffe* (**I**) von Laubhölzern wie Nadelholz-**I** bleichen lassen, müssen bei harten **I** Zweistufenbleichen mit Zwischenschaltung einer Alkalibehandlung angewandt werden. Es empfiehlt sich in der 1. Stufe *Hypochlorit,* in der 2. ClO_2 zu verwenden. Viscositätsmessungen bei **I** von Birke u. Espe zeigten öfters sehr hohe Werte, was sich auf Anteile einer unvollständigen Delignifizierung zurückführen läßt. M. Ulmann. 7956□

Die Anwendung von Peroxiden in der Papier- und Zellstoffindustrie. W. Gärtner. (Zellstoff u. Papier **11,** 136—42, April 1962; Frankfurt/M.; dt.) — Behandelt werden die Bleiche von Holzschliff u. Zellstoff, die Regenerierung von Altpapier, wobei in Verbindung mit einer Flotation Regenerate desselben mit höherem Weiß-Geh. als der des unbedruckten Rohstoffes erzielt werden, u. Verhütung von Algen- u. Pilz-Bldg. durch kontinuierliche oder stoßweise Zugabe von H_2O_2. M. Hagedorn. 7956□

Weißgehalt von Zellstoffen hoher Ausbeute. 3. Mitt. **Weitere Untersuchungen zur Bleichung mit Natriumborhydrid.** Philip Luner und Robert Supka. (Tappi **44,** 620—24, Sept. 1961; Syracuse, N.Y., Syracuse Univ., State Univ. Coll. of Forester, Empire State Paper Res. Inst.; engl.) — 2. vgl. C. **1962,** 18320. — *Zellstoff* aus Weißbirke wird mit $NaBH_4$ (**I**) in alkal. Lsg. *gebleicht.* Die Zunahme des *Weiß-Geh.* in Abhängigkeit vom Verbrauch an **I** wird graph. dargestellt. Bei niedrigeren Bleich-Temp. werden geringere Zunahmen des Weiß-Geh. beobachtet. Der quant. Verbrauch an **I** unter milden Bedingungen (pH 9,2; Raum-Temp.) wird für 8 Holzarten bestimmt. 40% des Verbrauchs an **I** entfällt auf Lignin u. extrahierbare Bestandteile des Holzes. **I** hat bessere Bleich-Wrkg. als andere alkal. Bleichmittel. A. Seuffert. 7956□

Einige Untersuchungen über den Einfluß der Bleich- und Veredlungsbedingungen auf die Kettenlängenverteilung von Kunstfaserzellstoffen. 2. Mitt. H. I. Iwanow und Regina Fritz. (Zellstoff u. Papier **11,** 4—6, Jan. 1962; Heidenau, Inst. für Zellstoff u. Papier; dt.) — 1. vgl. C. **1961,** 17054. — Die Änderung der Molgew.-Verteilung bei der *Chlorierung* u. *alkal. Veredlung* wird an einem vorhydrolysierten *Fichtensulfatzellstoff* (**A**) untersucht. Der kurzkettige Bereich verhält sich bei Cl_2-Zugaben von 6—10% konst., im Bereich DP >1000 tritt ein Abbau erst bei Cl_2-Zusätzen von mehr als 10% auf. Die Heißveredlung ist für **A** nicht zu empfehlen. A. Seuffert. 7956□

Kaltnatron-Zellstoff aus einer einstufigen Mahlung. John Beaujean und V. B. Bodenheimer. (Pulp Paper Mag. Canada **63,** Nr. 3, techn. Sect., T198—T200, März 1962; Augusta, Ga., U.S.A., Continental Can. Comp., Inc.; engl.) — Beschreibung einer neuen Anlage zum Aufschluß von Hartholzschnitzeln durch Tränken mit *NaOH* u. anschließendes gleichzeitiges *Mahlen* u. *Bleichen* mit H_2O_2 u. Wasserglas (u. etwas Epsomsalz) bei 4—5% Stoffdichte. Die bisherigen Erfahrungen u. die Zellstoffqualität werden erörtert. M. Hagedorn. 7958□

Untersuchungen über die Herstellung von Zellstoffen niedrigen Polymerisationsgrades. Irena Łapińska. (Przegląd papierniczy **18,** 6—11, Jan. 1962; pol.) — Die optimalen Herst.-Bedingungen für Sulfitzellstoffe (**A**) von niedriger Viscosität für die Reyonfabrikation unter gleichzeitiger Alkalisierung u. Sulfidierung werden ermittelt. Zu empfehlen sind eine Koch-Temp. von 145° u. ein höherer Geh. an SO_2, der Kochung u. Ligninaufschluß beschleunigt. Ungebleichter **A** sollte eine Viscosität von ca. 100 ep u. einen α-Cellulose-Geh. von ca. 90% haben; dieser führt zu gebleichtem **A** mit >88% α-Cellulose u. 6,5—9 ep Viscosität. Ausbeute dabei ca. 35%. M. Hagedorn. 7962□

Papierherstellung aus Fichte nach dem Zweistufen-Neutralsulfit-Bisulfit-Verfahren. Svein Wennerås. (Norsk Skogind. **16,** 118—26, März 1962; Trondheim, Norges Tekniske Høgskole, Dep. of Cellulose Technol.; engl.) — Die Verf.-Bedingungen eines *Zwei-Stufen-Neutralsulfit-Bisulfit-Verf.* auf Basis *Fichtenholz* werden untersucht. Die Eigg. der erhaltenen Papiere werden beschrieben u. mit den Eigg. von Papieren, die nach dem Bisulfit- oder dem sauren Sulfit-Verf. erhalten wurden, verglichen. St. Blumberg. 7962□

Die mechanischen und chemischen Verluste bei der Herstellung von gebleichtem Strohzellstoff nach dem Neutralsulfit-Verfahren. F. Wultsch und Th. Tscharf. (Wbl. Papierfabrikat. **88,** 127—30, Ende Febr. 1960; dt.) — Die *Verluste* bei der Herst. von *Strohzellstoff* werden in einer mittelgroßen Vers.-Anlage bestimmt, bei der es in der Zellstoffaufbereitung möglich ist, die Aussortierung unerwünschter Bestandteile von der teuren Stroh- in die billige Zellstoffaufbereitung, also von der Trocken- auf die Naßseite, zu verlegen u. somit trotz vereinfachter Strohsortierung einen knoten- u. strippenfreien *Bleichstoff* zu erhalten. In Sankey-Diagrammen für die Stoff- u. Wasserführung wird die Ausbeute in den einzelnen Stufen unter Berücksichtigung der *Verluste* durch *chem. Aufschluß* u. *mechan. Reinigung* aufgezeigt. A. Haag. 7962□

Die Reaktionen von Thiosulfat während der Sulfitkochung. 2. Mitt. **Mechanismus der Sulfidierung von Vanillylalkohol mit Thiosulfat.** Marit Goliath und Bengt O. Lindgren. (Svensk Papperstidn. **64,** 469—71, 30/6. 1961; Stockholm, Sweden, Wood Chem. Dep., Swed. Forest Prod. Res. Labor.; engl.) — 1. vgl. C. **1961,** 11186. — Die einzelnen Stufen der Rk. zwischen Vanillylalkohol u. Thiosulfat werden untersucht. Die Rk. wird verglichen mit der Sulfonierung des Vanillylalkohols mit Sulfit. An Hand experimenteller Ergebnisse wird ein für beide Rkk. gemeinsamer monomol. Rk.-Mechanismus diskutiert. St. Blumberg. 7962□

Chemische Untersuchungen von Espenholz. 4. Mitt. **Oxydation von Espen-Ligninsulfonaten mit alkalischem Kupfer- beziehungsweise Silberoxid.** Irwin A. Pearl und Donald L. Beyer. (Tappi **42,** 800—04, Sept. 1959; Appleton, Wis., Inst. of Paper Chem.; engl.) — 2. vgl. C. **1959,** 2824. — Nach Vergärung von Sulfitablauge aus Espenholz durch *Torulopis utilis* wird die Lauge selbst bzw. deren Ca-Salze mit Cu- bzw. Ag-Hydroxid alkal. oxydiert. Neben den erwarteten Abbau-Prodd. des Lignins der Vanillin- u. Syringasäurereihe werden *Ferula-* u. *p-Cumarinsäure* erhalten. Die benutzten Arbeits-Meth. zur Gewinnung, Isolierung u. quant. Best. dieser Substanzen werden angegeben. H. Meyer. 7966□

Chemische Untersuchungen von Espenholz. 5. Mitt. **Eine Untersuchung der verschiedenen Ablaugen von Espenholz als Rohstoff zur Gewinnung von p-Hydroxybenzoesäure und anderen Verbindungen.** Irwin A. Pearl und Donald T. Beyer. (Tappi **43,** 568—72, Juni 1960; engl.) — 4. vgl. vorst. Referat. — In der *Kochlauge* (*Ablauge*) der Zellstoffkochung verschiedener Espenarten können größere Mengen *p-Hydroxybenzoesäure* (**I**) nachgewiesen werden, die ein wichtiges Ausgangsmaterial bei der Herst. von Polyestern ist. Es wird geprüft, ob die Gewinnung von **I** aus solchen Ablaugen möglich ist. Als mögliche Rohmaterialien für die **I**-Gewinnung kommen die Ablaugen der Bisulfit-, Sulfat- u. Natronkochung in Frage. Die aus den Kochlaugen isolierten **I**-Mengen werden den Ausbeuten der direkten Darst. aus den entsprechenden Hölzern gegenübergestellt. Bei den papierchromatograph. Unterss. können noch einigen unbekannte Verbb. in den Ablaugen nachgewiesen werden. H. Meyer. 7966□

Chemische Untersuchungen von Espenholz. 6. Mitt. **Produkte der alkalischen Hydrolyse verschiedener Teile einer Espe.** Irwin A. Pearl und Donald L. Beyer. (Tappi **43**, 611—13, Juli 1960; engl.) — 5. vgl. vorst. Referat. — *Sägespäne* aus dem *Splintholz, Kernholz, Wurzelholz* sowie der *Rinde* einer *Espe* werden durch Kochen mit verd. NaOH hydrolysiert. Aus dieser Lauge werden für die einzelnen Hölzer getrennt jeweils die so entstandenen Hydrolysen-Prodd. qual. u. quant. ermittelt. Als Hauptprod. wird *p-Hydroxybenzoesäure* gefunden. Im Splintholz wird *Syringaaldehyd,* in der Rinde *p-Cumarsäure* sowie im Wurzelholz *p-Ferulasäure* u. *p-Hydroxybenzaldehyd* in größerer Menge nachgewiesen. Die Arbeits- u. Analysen-Verff. sind angegeben. H. Meyer. 7966□

Entwicklungen in der Tallölindustrie. W. Krohnstad. (Svensk kem. Tidskr. **72,** 509—15, 1960; Landskrona, Sweden, Garvämnes AB Weibull; engl.) — Kurze Übersicht. A. Senning. 7966□

Untersuchungen über den Einsatz von initialfeuchtem und getrocknetem Zellstoff bei holzhaltigen Papieren. E. Unger und J. Blechschmidt. (Zellstoff u. Papier **11,** 142—49, April 1962; Dresden, TH, Inst. für Papiertechn.; dt.) — Bei Verw. von *trockenem Zellstoff* (**A**) an Stelle von feuchtem **A** in Holzschliff–**A**- oder Altpapier–**A**-Mischungen treten in der Papiermaschine u. bei der Verarbeitung Bahnrisse auf. Für Mischungen mit bis 30% **A** kann der Fehler durch vorsichtiges Anmahlen von trokkenem **A** behoben werden; das durch die Trocknung verminderte Adhäsionsvermögen von **A** wird dadurch genügend regeneriert. Ähnlich wirkt eine mechan. Hochfrequenzbehandlung. Kann nur ungemahlener, trockner **A** eingesetzt werden, sollte die Zugfestigkeit von Schliff u. Altpapier bei nicht $<$2000 m Reißlänge liegen. In allen Fällen sind Änderungen der Durchreißfestigkeit bes. zu beachten. M. Hagedorn. 7974□

Zellstoffbewertung mit der P.F.I.-Mühle. F. W. Major und W. Lawford. (Pulp Paper Mag. Canada **63,** Nr. 3, techn. Sect. T175—T180, März 1962; Hawkesbury, Ontario, Canada, Ind. Cellulose Res., Ltd., Phys. Properties Res. Labor.; engl.) — Vergleichende *Labor.-Bewertungen* von *Zellstoffen* (**A**) im Iron-Valley-Holländer u. in der *P(apier)F(orschungs)I(nstitut)-Mühle* ergeben gute Übereinstimmung. Die mit einer rotierenden Schlägerwelle u. einem langsamer in derselben Richtung rotierenden Gehäuse ausgestattete u. ohne Berührung von Metall mit Metall arbeitende PFI-Mühle wird für Labor.-Serien-Unterss. u. für schnelle Bewertung kleiner **A**-Proben empfohlen. Ihre Vorteile, Nachteile u. Grenzen der Vergleichbarkeit mit anderen Mühlen werden besprochen. Die Reproduzierbarkeit der Ergebnisse ist gut, wird aber durch unmittelbar vorangegangene Mahlungen (einer anderen **A**-Type) etwas beeinträchtigt. Das Spiel zwischen Welle u. Gehäuse beeinflußt die Mahl-Geschw. u. die Berstfestigkeit von **A** jeden Grades von Knotenfreiheit u. kann für Vgl.-Verss. mit anderen Mühlentypen durch entsprechendes Einstellen nutzbar gemacht werden. M. Hagedorn. 7976□

Optische Bleiche. István Hegedüs und Andor Nemes. (Kolorisztikai Ertesitö [Kolorist. Rdsch.] **4,** 36—44, Febr. 1962; Szentendrei Papírgyár; Papíripari Kutatö Intézet; ung. — C. **1962,** 12141.) J. Plank. 7978

Einiges über die Probleme der Beschichtung von Papier und Pappe mit Kunststoffdispersionen. Diethelm Brüning. (Papier **16,** 186—91, 5/5. 1962; dt.) — Beim Aufbau wss. *Kunststoffdispersionen* (Dp) werden die Variablen bei der Dp-Herst. sowie die Dp- u. Film-Eigg. besprochen. Weiterhin werden die für die Verw. als Klebe-, Schutz- oder Siegelpapiere entscheidenden Verarbeitungs-Eigg. der *Beschichtungen* u. die ihren Einsatz beeinflussenden Faktoren aufgeführt. Die Verarbeitung der Dp behandelt: die Beschichtung endloser Bahnen, speziell verfahrenstechn. Gesichtspunkte bei Luftbürstenanlagen, Mehrfachbeschichtungen, Formatbeschichtung u. Trocknung beschichteter Formatpappen. M. Hagedorn. 7982□

Untersuchungen über das Überziehen von Kraft-Papier mit in Polen hergestellten Kunststoffdispersionen. Magdalena Siniarska-Czaplicka und Karol Palenik. (Przeglad Papierniczy **18,** 1—5, Jan. 1962; pol.) — Verwendet werden wss. Dispersionen von *Polyvinylchlorid* (*PVC*) u. *-acetat* (*PVA*). Der Einfl. der Temp. u. der Zeit der Wärmebehandlung auf Dichtigkeit u. Elastizität des mit PVC- oder PVA-Dispersionen überzogenen Papiers wird untersucht. Bei PVC-Vers.-Reihen über Art u. Menge des mitverwendeten Weichmachers bringt der Zusatz von 57,5% Trikresylphosphat die kleinste Wasserdampfpermeabilität. Ein Zusatz von 1,5% Stearatochromchlorid zu PVA-Dispersionen setzt die Benetzbarkeit durch W. herab, ein solcher von 5% $CaCO_3$ verbessert die Gleitfähigkeit. M. Hagedorn. 7982□

Streichfarben und Streichverfahren für gestrichene Papiere. K. Engel. (Stärke **14**, 179—85, Mai 1962; Simmern, Hunsrück; dt.) — In einer allg. Übersicht werden besprochen: die auf die Anforderungen der verschiedenen Druck-Verff. hin entwickelten Chromo-, Kunstdruck- u. PMS (maschinengestrichene)-Papiere; in ihren Vor- u. Nachteilen, die Bindemittel der *Streichfarben*, wie Leim, Eiweiß, Stärke — allein oder zusammen mit Styrol-Butadien- oder Acrylesterpolymerisatdispersionen — Methylcellulose u. Carboxymethylcellulose, die Pigmentierung; Härtungsmittel; die Technik verschiedener *Streich-Verff.* u. Prüfung einiger Eigg. der *gestrichenten Papiere.* M. Hagedorn. 7982□

Beitrag zu Untersuchungen über die Glätte von Zeitungspapier. Henryka Poradowska. (Przegląd papierniczy **18**, 246—49, Aug. 1962; Inst. Celulozowo-Papierniczy; pol.) — Erhöhung der Füllstoffmenge verbessert die *Glätte* u. setzt die Festigkeits-Eigg. herab. Längeres Mahlen von Zellstoff (**A**) beeinflußt die Glätte günstig; mit Rücksicht auf die dabei abnehmenden Durchlässigkeitswerte sollen 21° SR nicht überschritten werden. Erhöhung des Kochgrades von **A** wirkt sich ebenfalls günstig auf die Glätte aus, vermindert aber die Trockenfestigkeiten. Ersatz von Sulfit-**A** durch halbgebleichten Sulfat-**A** führt zur Erhöhung von Glätte u. Festigkeit von *Zeitungspapier.* Ein Zusatz bis zu 15% an chem. aufgeschlossenem **A** aus Harthölzern oder bis zu 7% von Stroh-**A** verschlechtern die Glätte nicht. M. Hagedorn. 7984□

Gewachste Wellpappe. Donald S. Brown. (Adhäsion **6**, 189—92, April 1962; Philadelphia, Atlantic Refining Co.; dt.) — Die zum *Wachsen* von *Wellpappe* dienenden 3 Verff.: Wachsen an der Well-Vorr., Eintauchen u. Trocknen im Ofen, Eintauchen u. Trocknen an der Luft, werden beschrieben u. mit dem Wachsverbrauch in Beziehung gebracht. Die Einfl. von Wachs-Zus., Eintauch-, Ablauf- u. Erstarrungszeit auf die Qualität der Pappe u. die Vorteile des Wachsens einzelner Kartonrohlingen im Vgl. mit dem Wachsen ganzer Bündel werden erörtert. W. Wesly. 7992□

Forschungen und Fortschritte der Holzphysik. Franz Kollmann. (Forsch. u. Fortschr. **36**, 161—66, Juni; 196—200, Juli 1962; München, Ludw.-Maxim.-Univ., Inst. für Holzforsch. u. Holztechn.; dt.) — Auf neuere Ermittlungen der Dichte (in He), des Poren-Vol., des Sorptions-Verh. u. damit der Quellungsphänomene von *Holz* wird eingegangen u. auf die Überlagerung biolog. Einfl. auf physikal. Meßergebnisse hingewiesen. Nach Behandlung der Sorptionshysterese, für die chem. u. rheolog. Bedingungen angeführt werden, wird ausführlich auf die Werkstoffprüfung an Holz eingegangen. Es werden dabei moderne Interpretationen der Zug-, Druck- u. Biege-Verss. gegeben. Auch hier werden rheolog. Gegebenheiten u. Modellvorstellungen zu physikal. einwandfreien Deutungen, des Verh. von Holz bei stat. (u. dynam.) Prüfungen herangezogen. Abschließend wird auf die Bedeutung der statist. Unterss. u. Betrachtungsweisen hingewiesen u. diese durch den Zusammenhang der Wärmeleitzahl des Holzes u. der Rohdichte belegt. — 76 Literaturhinweise. H. H. Schmiedeknecht. 8004

Colorimetrische Methode zur Bestimmung von Carbonylgruppen in Cellulose. Uno Albertsson und Olof Samuelson. (Analytica chim. Acta [Amsterdam] **27**, 434—40, Nov. 1962; Göteborg, Chalmers Tekniska Högskola, Dep. of Engng. Chem.; engl.) — 20—40 mg Hydrocellulose werden mit 15 ml 0,5m Hydrazin (**I**)-Lsg. bei pH 9 20 Std. lang bei 25° umgesetzt. Nach gründlichem Auswaschen des Cellulosehydrazons mit W. wird dieses in 6 g 70%ig. H_2SO_4 gelöst u. nach Zusatz von 10 ml W. bei 35° mit p-Dimethylaminobenzaldehyd (**II**) versetzt. Aus der Absorption bei 458 nm wird mit Hilfe von Eichkurven die **I**- u. damit die Carbonyl-Konz. der Probe bestimmt. Da Glas **I** stark adsorbiert, das in saurer Lsg. wieder abgelöst wird, müssen für die Umsetzung mit **I** u. **II** verschiedene Glasgefäße benutzt werden. Die einzelnen Rk.-Stufen wurden gründlich untersucht, die gefundenen Geh. liegen etwas über den Werten, die nach bisher üblichen Verff. gewonnen werden. W. Kupfer. 8006□

Studien auf dem Fettgebiet. 262 Mitt. **Die Papier-Chromatographie auf dem Fettgebiet.** 45. Mitt. **Die pc-Analyse der Fett- und Harzsäuren des Tallöls.** H. P. Kaufmann und R. Güldenpfennig. (Fette, Seifen, Anstrichmittel **63**, 353—60, April 1961; Münster, Westfalen, Dt. Inst. für Fettforsch.; dt.) — 261. vgl. C. **1962**, 18679; 44. vgl. C. **1962**, 18680; 46. vgl. C. **1962**, 18681. — Unter Hinweis auf die Analytik von *Rohtallöl* sowie von *Talldöldestillaten* u. *-raffinaten* wird über die Anwendung der *Papierchromatographie* zur qual. u. quant. *Analyse* von Harzsäuren u. ihren Gemischen mit

Fettsäuren unter besonderer Berücksichtigung von Tallöl-Prodd. berichtet. Zur Unters. auf Fettsäuren werden diese aus Tallöl von Harzsäuren u. Unverseifbarem abgetrennt u. chromatographiert unter Verw. von Undecan/CH_3COOH bzw. Undecan/CH_3COOH/CH_3CN; nach dem photometr. ausgewerteten Chromatogramm des Vorlaufs der Tallölaufarbeitung sind vorhanden *Linolen-* (3%), *Linol-* (33), *Öl-* (30), *Palmitolein-* (4), *Palmitin-* (20), *Myristinsäure* (6), *C_{17}-Säuren* (1), *C_{20}-Säuren* (ungesätt., 3); für das Tallharz werden gefunden C_{18}- (17%), C_{20}- (37), C_{22}- (27), C_{24}-Säuren (19). Ausführungen über Meth. der Harzanalyse u. die sich daraus für die chromatograph. Analyse ergebenden Folgerungen werden gemacht; es werden stark hydrophobierte (Undecan) Papiere eingesetzt; der Imprägnierungsgrad ist hierbei von entscheidender Bedeutung, wie bei Modell-Verss. an Hand der variierenden R_F-Werte experimentell gezeigt wird. Als Fließmittel eignen sich saure Syst. [95%ig. CH_3COOH; CH_3COOH/CH_3CN (90:30), CH_3COOH/CH_3CN/W. (90:30:7)]; Modellchromatogramme für einige Harzsäuren, für deren Nachw. auf Papier verschiedene Vorschläge gemacht werden, werden mitgeteilt; gut geeignet ist die für Fettsäuren viel benutzte Bldg. der Cu-Seifen mit Anfärbung durch Rubeanwasserstoff. Eine genaue Vorschrift für die Analyse bei Modellsubstraten bekannter Mengen an Harzsäuren u. krit. Erörterung der Ergebnisse werden gegeben u. auf Tallöl-Prodd. angewendet. Über Harz- u. Fettsäuren wird berichtet, die sich papierchromatograph. überlagern, so daß eine vorherige Trennung erforderlich ist; dies wird erreicht durch partielle Veresterung (Bldg. der Fettsäureester) u. anschließend Extraktion der Harzsäuren mit 1%ig. wss. KOH. Die abgetrennten Harzseifen werden mit Cyclohexylamin unter Einhaltung gewisser Vorsichtsmaßregeln gefällt. Die langwierige Trennung von Fett- u. Harzsäuren ist in gewissen Fällen durch Papierchromatographie umgehbar. Bei hohem Geh. an Harzsäuren wird prim. partiell verestert, das Rk.-Prod. direkt chromatographiert u. entwickelt. Werden im Harz ungesätt. C_{18}- oder höhermol. Vertreter vermutet, die sich mit Harzsäure überlagern, so erfolgt Trennung der „krit. Partner" durch Hydrierung auf dem Papier; es werden Chromatogramme als Beispiele für die erzielte Differenzierung von Harz- u. Fettsäuren mitgeteilt. K. Täufel. 8008□

Nachweis und Identifizierung von Alkoholen, Alkoxygruppen, Lignin und Holz durch Gas-Flüssigkeits-Chromatographie. K. F. Sporek und M. D. Danyi. (Analytic. Chem. **34,** 1527—29, Nov. 1962; Toledo, Ohio, Owens-Illinois Techn. Center; engl.) — Die Best. von Alkoxygruppen nach dem HJ-Aufschluß durch gaschromatograph. Trennung der Alkyljodide (I) wird durch drei Änderungen der üblichen Verff. erheblich beschleunigt. Die beim HJ-Aufschluß gebildeten I werden nicht in einem inerten Gasstrom dest., sondern durch eine Extraktion mit CCl_4 isoliert. Als Verteilungsphase wird eine Beladung von Chromosorb W mit 20 Gew.-% Silicongummi benutzt, die quant. Trennungen der I bei 25° bzw. wenig höheren Temp. in knapp 20 Min. (bis n-C_5H_{11}J) ermöglicht. Zum Nachw. der getrennten I wird ein ^{90}Sr-Ionisationsdetektor verwendet. Die Aufschlußbedingungen (vor allem Rk.-Dauer u. HJ-Konz.) werden noch einmal kontrolliert. Das Verf. dient zur Kontrolle von Papier- u. Fasermaterialien (Lignin-Anteile) u. dürfte zur Best. von geringen Mengen Alkoholen in verd. Lsgg. geeignet sein. W. Kupfer. 8010□

Die Bestimmung des Weißpigments Titandioxid in Papier, Karton, Preßmassen und mattierten Fasern — Autoklavenmethode. Otto Huber. (Wbl. Papierfabrikat. **88,** 1070—78, Mitte Dez. 1960; München, Inst. der Papiertechn. Stiftung; dt.) — Ein alkal. oxydatives Aufschluß-Verf. für *TiO_2* unter Anwendung von Druck wird beschrieben, das gleichzeitig die Zerstörung der organ. Substanz ermöglicht. Das Verf. erfordert nur kurze Zeit, erfaßt den TiO_2-Geh. verlustlos u. ist für Betriebs- u. Serienanalysen geeignet. Die in W. leicht lösl. Salzschmelze wird colorimetr. über den orangegelben Peroxytitanylkomplex durch Messung der Extinktion mit monochromat. Licht (blaue Hg9Linie 4360 Å) ausgewertet. Das Lambert-Beer-Gesetz wird für den in Frage kommenden Konz.-Bereich erfüllt. A. Haag. 8010□

Untersuchungen zur Festlegung der Streuung von Resultaten, die für die Festigkeitswerte handgeschöpfter Blätter (Rapid-Köthen Laboratoriumsapparat) aus chemisch aufgeschlossenen und in einer Jokro-Mühle gemahlenen Zellstoffen ermittelt wurden. Tadeusz Nierychlewski und Andrzej Winczakiewicz. (Przegląd papierniczy **18,** 241—46, Aug. 1962; Inst. Celulozowo-Papierniczy; pol.) — Auf Grund der mathemat. Analyse der Ergebnisse sind alle Werte als eine zusammengehörige Reihe anzusehen. Vom Durchschnitt wesentlich abweichende Werte sind nach Chauvenet oder nach der 2σ-Regel auszumerzen. Die Koeff. für die Abweichung liegen durchschnittlich bei 5% für Bruchlast u. -dehnung, 6,6% für die Berstfestigkeit u. 4,2% für die Durchreißfestigkeit. M. Hagedorn. 8010□

Depressionsverteilung in der Papieroberfläche: Eine Bestimmungsmethode. Bay-Sung Hsu. (Brit. J. appl. Physics **13,** 155—58, April 1962; Leatherhead, Surrey, Printing, Packaging and Allied Trades Res. Assoc.; engl.) — Wenn Druckfarbe mittels einer glatten Platte auf eine *Papieroberfläche* aufgebracht wird, so hängt die bedruckte Fläche von der Dicke des Farbfilms auf der Druckplatte ab. Eine einfache Beziehung zwischen 2 Parametern wird aufgefunden, die diese Zusammenhänge erfaßt. Diese Beziehung kann in einfacher Weise benutzt werden, um Aussagen über die Beschaffenheit der Papieroberfläche zu machen. Ein Verf., mit dem die Eindringtiefe in eine Papieroberfläche dadurch ermittelt werden kann, daß Farbfilme mit verschiedener Dicke aufgetragen werden, wird entwickelt. Die bedruckten Flächen werden entweder direkt ausgemessen, oder es wird die diffuse Reflexion des bedruckten Papiers gemessen. Mit letzterem Verf. erhaltene typ. Verteilungskurven zeigen Maxima bei ca. 0,2 μm für gestrichene Papiere u. bei ca. 1 μm bei Zeitungspapieren. F. Lang. 8010□

H_{19}. Brennstoffe. Erdöl. Mineralöle

Stamicarbon N. V., Heerlen (Erfinder: Centinus Krijgsman, Hoensbroek), Niederlande, **Schwereflüssigkeitsaufbereitung von Steinkohle,** wobei das Rohgut in zwei Fraktionen aufgeteilt wird, von denen die gröbere Fraktion in einem Schwimm-Sink-Scheider u. die feinere Fraktion in einem Waschzyklon derart getrennt werden, daß der Asche-Geh. der im Zyklon getrennten Kohle dem Asche-Geh. der im Schwimm-Sink-Scheider getrennten Kohle annähernd gleich ist, während die durch Berieselung der getrennten Fraktionen erhaltene verd. Suspension nach anschließender Reinigung u. Eindickung wieder der unterschiedlichen Trennvorr. zugeführt wird. Die verd. Suspension beider Trennvorr. wird in einer gemeinsamen Regenerationsanlage gereinigt u. auf die gewünschte Wichte eingedickt. Die eingedickte Suspension wird hierauf sowohl dem Schwimm-Sink-Scheider als auch dem Waschzyklon zugeleitet. (**D. B. P. 975 555** Kl. 1c vom 24/11. 1953, ausg. 18/1. 1962. Anmeldung bekanntgemacht 31/3. 1955. Niederl. Prior. 26/11. 1952.) W. Hauswald. 8135

Esso Research and Engineering Co., Elizabeth, N.J., V.St.A., **Entschwefeln von Wirbelschicht-Petrolkoks** unter gleichzeitiger Dichteerhöhung mittels gasförmiger KW-Stoffe mit 1—4 C-Atomen, z. B. CH_4. Der heiße Petrolkoks wird im freien Fall unter Vermeidung einer Wirbel-Bldg. im oberen Teil eines Rk.-Raumes bei 1090 bis 1480° mit im Gegenstrom aufsteigendem H_2 behandelt, der im unteren Teil durch therm. Zers. des dort eingeführten, mit dem heißen Petrolkoks in Berührung kommenden CH_4 bei 980—1200° unter Ablagerung des Zersetzungskohlenstoffs auf den Petrolkoksteilchen gewonnen wird. Der so behandelte, durch die therm. Zers. gekühlte Petrolkoks wird aus dem Rk.-Raum abgezogen. Die gesamte Behandlungszeit in diesem Raum beträgt 30 Min. bis 6 Std. u. die größte Gas-Geschw. im Rk.-Raum 6 cm/Sekunde. (**D. A. S. 1 123 287** Kl. 10a vom 24/5. 1956, ausg. 8/2. 1962. A. Prior. 24/5. 1955.) W. Hauswald. 8143

Office National d'Études et de Recherches Aéronautiques O.N.E.R.A., Chatillon-sous-Bagneux (Erfinder: André Moutet und Helène Moutet, Villaine par Massy), Frankreich, **Erzeugung von Druckgas** durch hypergol. miteinander reagierenden Brennstoff- u. Oxydationsmitteln, dad. gek., daß die eine Komponente in fl. oder gasförmigen Form mit der anderen, als fester, nicht oder nur wenig poröser Formkörper vorliegenden Komponente in Kontakt gebracht wird, wobei beide Komponenten gegenseitig weder mischbar noch ineinander lösl. sind. (**D. A. S. 1 130 343** Kl. 78d vom 2/9. 1960, ausg. 24/5. 1962. F. Prior. 2/9. u. 12/12. 1959.) A. Gradl. 8151

Badische Anilin- & Soda-Fabrik Akt.-Ges. (Erfinder: Helmut Nonnenmacher und Hermann Meyer), Ludwigshafen/Rh., **Umsetzung von flüssigen schwefelhaltigen Kohlenwasserstoffen, besonders Mineralölen, zu Kohlenoxid und Wasserstoff in der Wirbelschicht.** Die Umsetzung wird mit zur vollständigen Verbrennung unzureichenden Mengen O_2 u. evtl. Wasserdampf u./oder CO_2 bei 700—1300° vorgenommen, wobei bei 3—50 at gearbeitet wird u. Katalysatoren, die mindestens ein Element der VI. Nebengruppe des Period. Syst. enthalten, verwendet werden. (**D. A. S. 1 124 927** Kl. 12i vom 29/8. 1959, ausg. 8/3. 1962.) K. Wolk. 8153

Badische Anilin- & Soda-Fabrik Akt.-Ges. (Erfinder: Helmut Nonnenmacher und Hermann Meyer), Ludwigshafen/Rh., **Katalytische Umsetzung von flüssigen schwefelhaltigen Kohlenwasserstoffen zu Kohlenoxid und Wasserstoff nach dem Wirbelschichtverfahren,** wobei bes. unverdampfbare Anteile enthaltende KW-Stoffe (Rohöle) mit zur vollständigen Verbrennung unzureichendem O_2, ggf. unter Zusatz von Wasserdampf u./oder CO_2, in einer aus Katalysatorkörpern bestehenden Wirbelschicht umgesetzt werden, erfolgt dadurch, daß man die KW-Stoffe in einer 1. Wirbelschicht an Ni- u./oder sulfid. Katalysatoren bei 800—1200°, bes. 900—1100°, in die als Wirbelmittel zur Umsetzung erforderlicher Wasserdampf u./oder CO_2 eingeführt wird, einspritzt u. das entstehende Gasgemisch zur weiteren Umsetzung der in ihm noch enthaltenden KW-Stoffe u. des Rußes in eine 2. Wirbelschicht in Ggw. von Ni-Katalysatoren bei einer um wenigstens 20°, bes. wenigstens 50°, unter der Temp. der 1. Wirbelschicht liegenden Temp. umsetzt. (**D. A. S. 1 129 134** Kl. 12i vom 26/7. 1960, ausg. 10/5. 1962.) K. Wolk. 8153

VEB Leuna-Werke „Walter Ulbricht" (Erfinder: Horst Grünert, Günter Herdmann und Günther Kobelt), Leuna, Kr. Merseburg, **Entfernen von Kohlendioxid aus wasserstoffreichen Synthesegasen.** Die Synthesegase werden einer Druckwasserwäsche unterworfen, das Waschwasser entspannt u. die beim Entspannen frei werdenden Gase nach Komprimieren einer Tieftemp.-Zerlegung zugeführt, wobei das bei der Zerlegung gewonnene reine CO_2 ganz oder teilweise in einer Expansionsturbine, die mit einer zur Verdichtung des zu zerlegenden Gasgemisches auf den Zerlegungsdruck notwendigen Kompressionsanlage gekoppelt ist, unter Arbeitsleistung entspannt wird. — Verfahrensschema. (**D. A. S. 1 124 928** Kl. 12i vom 19/7. 1960, ausg. 8/3. 1962.) K. Wolk. 8153

Badische Anilin- & Soda-Fabrik Akt.-Ges., Ludwigshafen/Rh. (Erfinder: Rolf Platz, Mannheim, und Werner Fuchs, Ludwigshafen/Rh.), **Herstellung von Brenngasen mit hohem Heizwert aus flüssigen Kohlenwasserstoffen,** dad. gek., daß man KW-Stoffe mit O_2 nach dem Tauchflammen-Verf. spaltet u. die dabei entstehenden gasförmigen Umsetzungs-Prodd., ggf. nach Abkühlung, bei erhöhter Temp., z. B. bei 60—400°, über Katalysatoren, die Metalle der VI. u./oder VIII. Gruppe des Period. Syst. der Elemente enthalten, führt u. ggf. die nach Verlassen des Katalysatorraumes bei erneuter Abkühlung der Gase sich abscheidenden fl. KW-Stoffe in die Spaltzone zurückführt. (**D. A. S. 1 131 350** Kl. 26a vom 16/2. 1961, ausg. 14/6. 1962.) E. Kahles. 8157

Dr. C. Otto & Co. G. m. b. H. (Erfinder: Ildefons Neff), Bochum, **Entfärben von Ammoniumsulfat aus Kokereien** durch Überführen des als Verunreinigung vorhandenen dreiwertigen Eisens in ein Komplexsalz, dad. gek., daß das I mit einer verd. Lsg. von Ammoniumoxalat oder Ammoniumphosphat besprüht wird. (**D. A. S. 1 124 930** Kl. 12k vom 19/11. 1960, ausg. 8/3. 1962.) H. Roos. 8169

Esso Research and Engineering Co., übert. von: Paul Earl Eberly jun., Baton Rouge, Clark Edward Adams und Charles Newton Kimberlin jun., East Baton Rouge, La., V. St. A., **Reinigen von metallhaltigen Kohlenwasserstofffraktionen** vom Kp. > 950° F. Diese werden fl. 0,3—10 Std. unter Druck bei 600—900° F einem elektr. Feld von 680—10000 V/cm ausgesetzt. — Zeichnung. (**A. P. 2 996 442** vom 25/6. 1958, ausg. 15/8. 1961.) E. Kahles. 8195

Deutsche Gold- und Silber-Scheideanstalt vormals Roessler, Frankfurt/M., **Entschwefelung von Kohlenwasserstoffen,** dad. gek., daß die S-haltigen KW-Stoffe mit einer Na-organ., d. h. die C—Na-Bindung enthaltenden, Verb. (C_6H_5Na, Cyclopentadienyl-Na) u. Na behandelt werden. (**Oe. P. 220 271** vom 7/11. 1960, ausg. 12/3. 1962. D. Prior. 10/11. 1959.) T. Oppermann. 8195

M. W. Kellogg Co., Jersey City, übert. von: Charles E. Slyngstad, Rutherford, N.J., Marvin F. Nathan, New York, N.Y., und Roland L. Nagy, Clifton, N.J., V.St.A., **Umwandlung von Kohlenwasserstoffen.** Rückstandsöl wird in Ggw. von feinverteilten Feststoffteilchen zusammengebracht. Die heißen Feststoffteilchen werden in mehreren Strömen in die Rk.-Zone nach oben eingeführt. Das Rückstandsöl wird oberhalb des Bodens in die Feststoffe eingeleitet u. dabei aufgespalten. Nach Abtrennung der Spalt-Prodd. gelangen die Feststoffe in eine Abstreifzone, werden dort abgestreift u. dann zur Regenerierzone geführt. — Vorr., Zeichnungen. (**A. P. 2 994 659** vom 16/10. 1959, ausg. 1/8. 1961.) E. Kahles. 8197

Fa. Aug. Klönne, Dortmund (Erfinder: Theodor Wolbring, Recklinghausen), **Thermische und/oder katalytische Spaltung von Kohlenwasserstoffen.** Hierzu wird ein ringförmig ausgebildeter Rk.-Raum verwendet, wobei die Innenwandung des ringförmigen Rk.-Raumes als Flammrohr ausgebildet ist u. dieser Rk.-Raum unmittelbar in einen Abhitzekessel eingesetzt ist. — Vorr., Zeichnung. (**D. A. S. 1 126 556** Kl. 26a vom 17/5. 1960, ausg. 29/3. 1962.) E. Kahles. 8197

Socony Mobil Oil Co., Inc., übert. von: Charles J. Plank, Woodbury, und Edward J. Rosinski, Almonesson, N.J., V.St.A., **Herstellung eines Kohlenwasserstoffumwandlungskatalysators.** Ein wasserlösl. Silicat u. eine wasserlösl. Hf-Verb. [z. B. $Hf(SO_4)_2 \cdot H_2SO_4$] werden miteinander zu einem gelierbaren Sol gemischt, wobei ein pH-Wert von 6 eingehalten wird. Der Geh. an HfO_2, bezogen auf Trockenbasis,

beträgt 1—30 Gew.-%. Das Sol wird in ein Gel übergeführt u. dann der pH-Wert <5 gehalten u. das Gel bei 150—220°F bei normalem Druck mindestens 1 Std. mit W. gewaschen. — Zeichnung. (**A. P. 2 996 448** vom 7/12. 1959, ausg. 15/8. 1961.)
E. Kahles. 8197

Phillips Petroleum Co., übert. von: Paul F. Warner, Phillips, Tex., V.St.A., **Umwandlung von verzweigten Olefinen** mit 10—12 C-Atomen vom Kp. 340 bis 400°F in Olefin mit höherer C-Zahl vom Kp. 400—500°F. Diese werden in Ggw. eines Kieselsäure–Tonerde-Katalysators mit 0,25—2 Mol Propylen auf 150—220°F erhitzt. (**A. P. 2 993 941** vom 17/11. 1958, ausg. 25/7. 1961.) E. Kahles. 8201

British Petroleum Co. Ltd., London, England, **Selektive Hydrierung von Benzin,** dad. gek., daß man das Bzn., welches aus einem bei $>593°$ arbeitenden therm. Spaltprozeß stammt, zusammen mit einem H_2-haltigen Gas über einen Ni-Katalysator unter Bedingungen, welche die Harz-Bldg. des Bzn. vermindern, leitet. Diesen Prozeß unterbricht man, sobald der Katalysator desaktiviert ist, u. regeneriert ihn durch Überleiten eines H_2-enthaltenden Gases bei $>150°$. (**Oe. P. 219 746** vom 12/10. 1960, ausg. 12/2. 1962. E. Prior. 13/10. 1959.) T. Oppermann. 8201

Farbenfabriken Bayer Akt.-Ges., Leverkusen (Erfinder: Walter Krönig, Leverkusen, Arno Meckelburg und Bernhard Schleppinghoff, Dormagen), **Selektive Hydrierung von flüssigen Kohlenwasserstoffen des Benzinsiedebereichs,** die unerwünschte ungesätt., bes. leicht verharzende Verbb. enthalten, in der Rieselphase in Ggw. von Hydrierungskatalysatoren, dad. gek., daß man bei $<50°$ arbeitet u. Hydrierungskatalysatoren auf makroporösen Trägern verwendet, die bei einer Wasseraufsaugfähigkeit von $\geqq 10\%$ eine innere Oberfläche von <ca. 50 m^2/g besitzen. (**Oe. P. 219 745** vom 14/4. 1960, ausg. 12/2. 1962. D. Prior. 17/4. 1959.) T. Oppermann. 8201

Union Oil Co. of California, übert. von: Thomas F. Doumani, Los Angeles, und Hal C. Huffman, Long Beach, Calif., V.St.A., **Hydroformieren von Schwerbenzin.** Zum Bzn. werden 500—10000 Standardkubikfuß H_2 je Barrel KW-Stoff zugesetzt u. mit einem Katalysator in Kontakt gebracht, der aus einem akt. Gel-Typ (Tonerdeträger) besteht u. 0,001—0,5 (Gew.-%) Rh u. 0,05—5 Cl oder F aufweist. (**A. P. 2 992 985** vom 5/3. 1951, ausg. 18/7. 1961.) E. Kahles. 8201

British Petroleum Co. Ltd., London, übert. von: Frederick William Bertram Porter und Peter Thomas White, Sunbury-on-Thames, England, **Katalytisches Reformieren von Erdölkohlenwasserstoffen.** Um ein Motorbenzin mit einer Flüchtigkeit von 40—60 Vol.-% bei 100° u. einer Research-Octanzahl von 90 zu erhalten, wird schweres Schwerbenzin an einem Pt-Katalysator bei 600—1200°F, 50 bis 1000 lbs./sq.in., einer Raumströmungs-Geschw. von 0,5—10 V./V./Std. u. einem mol. H_2–KW-Stoff-Verhältnis von 0,5—15 reformiert. Das Platformat wird fraktioniert in eine leichte Fraktion vom End-Kp. 80—120° u. eine schwere Fraktion. Die schwere Fraktion wird bei 900—1100°F, 200—750 lbs./sq.in., einer Raumströmungs-Geschw. von 0,5—5 V./V. /Std. u. einem mol. H_2–KW-Stoff-Verhältnis von 0,5—15 hydrogecrackt. Die hydrogecrackte Fraktion wird mit der leichten Fraktion gemischt. (**A. P. 2 996 447** vom 7/4. 1959, ausg. 15/8. 1961. E. Prior. 14/10. 1958.) E. Kahles. 8201

Pure Oil Co., Chicago, übert. von: Norman L. Carr, Crystal Lake, Ill., V.St.A., **Reformieren von Schwerbenzin** vom Kp. 180—400°F, welches paraffin. u. naphthen. KW-Stoffe enthält. Das Schwerbenzin wird in mehreren Zonen katalyt. reformiert. Vor der Reformierung wird das Schwerbenzin fraktioniert u. eine Fraktion von C_6- u. höheren KW-Stoffen, die >35—40 Vol.-% Cyclohexan u. Methylcyclohexan enthält, abgetrennt. Die Restfraktion des Schwerbenzins wird reformiert u. das C_5- + RON-Reformat mit der C_6- u. höheren KW-Stoff-Fraktion gemischt. Dieses Gemisch wird bei 850—960°F, 200—500 lbs./sq.in. u. einer Raumströmungs-Geschw. von 2—12 katalyt. reformiert. Der Geh. an Aromaten entspricht der Formel: $Y = 0{,}2\,X + 0{,}10\,Z - 8{,}5$, worin Y der Geh. an Bzl., X die Vol.-% der C_6-KW-Stoffe des Schwerbenzins u. Z die C_5 + RON des Reformats bedeuten. — Zeichnung. (**A. P. 2 995 509** vom 12/9. 1958, ausg. 8/8. 1961.) E. Kahles. 8201

Texaco, Inc., übert. von: Edward R. Christensen, Beacon, Jack Ryer, Wappingers Falls, und Howard V. Hess, Glenham, N.Y., V.St.A., **Verbesserung von Schwerbenzin.** Dieses wird in eine Fraktion vom End-Kp. 200—280°F u. eine schwere Fraktion mit einem Siedebeginn von 200—280°F zerlegt. Die schwere Fraktion wird bei 900—1050°F u. 400—600 lbs./sq.in. in Ggw. von H_2 an einem Katalysator aus 10—90% ZnO u. Rest Zn-Chromit umgewandelt. Die leichte Fraktion wird entschwefelt u. dann einer Trennzone zugeleitet, in der die geradkettigen von den nichtgeradkettigen KW-Stoffen abgetrennt werden u. die geradkettigen KW-Stoffe isomerisiert u. zur Trennzone zurückgeführt werden. Die nichtgeradkettigen KW-Stoffe werden mit der umgewandelten schweren Fraktion gemischt. — Zeichnung. (**A. P. 3 000 810** vom 3/7. 1957, ausg. 19/9. 1961.) E. Kahles. 8201

Texaco, Inc., New York, übert. von: Louis D. Friedman, Beacon, N.Y., V.St.A., **Regenerieren eines Reformierungskatalysators.** Der aus Zn-Oxid-Zn-Chromit bestehende Katalysator, der 5—50 Gew.-% Sb-Oxid aufweist, wird durch Behandlung im O_2-Strom regeneriert. (**A. P. 2 993 854** vom 30/7. 1959, ausg. 25/7. 1961.) E. Kahles. 8201

British Petroleum Co. Ltd. (Erfinder: Peter Thomas White und Ernest Carlton Housam), **Dehydrieren von nichtaromatischen Kohlenwasserstoffen,** bes. **Leichtölfraktionen von Naphtha,** indem man die KW-Stoffe bei 800—1300° F mit einem fluidisierten Katalysatorbett in Berührung bringt, das außer einem aus Cr_2O_3, Al_2O_3, Ce_2O_3 u. K_2O bestehenden Katalysator noch ein Metalloxid, bes. CuO, enthält, das unter Wärme-Entw. bei den Rk.-Bedingungen red. wird. (**Aust. P. 231 501** vom 7/5. 1958, ausg. 19/1. 1961.) K. Demmler. 8201

Gelsenkirchener Bergwerks-Akt.-Ges., Essen (Erfinder: Franz Sonntag, Dortmund), **Verhinderung der Bildung unlöslicher Ablagerungen bei der Aufheizung und Verdampfung von Benzolvorerzeugnissen,** dad. gek., daß man das Benzolvorerzeugnis mit einer wss.-alkal. Waschfl. behandelt, die reduzierende Bestandteile enthält. — Zeichnungen. (**D. A. S. 1 127 912** Kl. 12r vom 18/9. 1959, ausg. 19/4. 1962.) E. Kahles. 8203

American Potash & Chemical Corp., Los Angeles (Erfinder: Ross I. Wagner, Whittier), Calif., V.St.A., **Motortreibstoff auf Benzinbasis,** dad. gek., daß er in geringer Menge einen Geh. an wenigstens einem Phosphinborin oder Phosphinoborin aufweist. (**D. A. S. 1 126 673** Kl. $46a^6$ vom 3/8. 1960, ausg. 29/3. 1962.) E. Kahles. 8205

Atlantic Refining Co. und Pennsalt Chemicals Corp., Philadelphia, übert. von: William S. Young, Albert C. Condo jun., James B. Hunter und Hyman Iserson, Newtown Square, Pa., V.St.A., **Motortreibstoff.** Er besteht aus einem Leichtbenzin u. Bleitetraalkyl sowie 0,02—2 g-Atomen P je 3 g-Atomen Pb in Form einer Fluorphosphor-Verb. der allg. Formel $(R_1O)(R_2O)(R_3O)P{=}O$, worin R_1, R_2 u. R_3 Alkyl-, Aralkyl-, Fluoralkyl-, Fluoraralkyl- u. Fluoralkenylreste bedeuten, deren C-Gesamtzahl 3—30 u. die F-Gesamtzahl im Mol. 2—15 beträgt, wobei jedes F-substituierte C-Atom mindestens 2 F-Atome benachbart hat. (**A. P. 3 007 783** vom 18/11. 1958, ausg. 7/11. 1961.) E. Kahles. 8205

British Petroleum Co. Ltd., London (Erfinder: Jorace John Eatwell und Stanley Thomas Walker, Sunbury-on-Thames), England, **Treibstoff zum Einfahren von Verbrennungsmotoren auf Kohlenwasserstoffbasis,** gek. durch einen geringen Geh. an einer in der Treibstoffbasis gelösten organ. Al-Verb., die bei Betriebs-Temp. des Motors in Al-Oxid umwandelbar ist. (**D. A. S. 1 130 225** Kl. $46a^6$ vom 13/1. 1960, ausg. 24/5. 1962. E. Prior. 14/1. 1959.) E. Kahles. 8205

Esso Research and Engineering Co., Elizabeth, N.J., V.St.A. (Erfinder: Fritjof Schmeling, Lingen, und Herbert Brockhaus, Hamburg), **Motortreibstoff auf der Grundlage von katalytischem Reformat,** dad. gek., daß dieser ca. 2 bis 20 Vol.-%, bezogen auf den Gesamtkraftstoff, hochsd. niedrigoctaniges Destillatbenzin (Schwerbenzin) vom Kp. 80—200°, bes. aus paraffin. Rohöl, enthält. (**D. A. S. 1 128 701** Kl. $46a^6$ vom 30/5. 1959, ausg. 26/4. 1962.) E. Kahles. 8205

Esso Research and Engineering Co., Elizabeth (Erfinder: Richard F. Neblett, Plainfield, und William E. Lovett, Westfield), N.J., V.St.A., **Motortreibstoff** auf Benzinbasis, dad. gek., daß er eine geringe Menge eines acylierten Dest.-Rückstandes der Oxo-Synth. (Acylierungs-Prod. des Oxo-Bodenrückstands mit einer Carbonsäure mit 1—30, bes. 1—12, C-Atomen) enthält. (**D. A. S. 1 129 763** Kl. $46a^6$ vom 8/2. 1961, ausg. 17/5. 1962. A. Prior. 17/3. 1960.) E. Kahles. 8205

Ethyl Corp., New York, N.Y., übert. von: Glenn E. Irish, Fullerton, Calif., und Lewis F. Gilbert, Fraser, Mich., V.St.A., **Motorbenzin.** Dieses enthält 0,005 bis 5 Gew.-% eines fl. metallorgan. Materials, welches durch Erhitzen einer normal festen Metallchelat-Verb., die aus einem β-Ketoester der Formel $R_1{-}CO{-}CH{-}R_3{-}COOR_2$ gebildet wird, worin R_1 u. R_2 Alkyl, Cycloalkyl, Aralkyl, Aryl oder Alkaryl u. R_3 H u. Alkylreste mit höchstens 10 C-Atomen bedeuten, erhalten wird. Das Erhitzen erfolgt bis zu einer Temp., bei der die Verb. schmilzt, jedoch nicht zersetzt wird. (**A. P. 3003859** vom 31/5. 1956, ausg. 10/10. 1961.) E. Kahles. 8205

Ethyl Corp., New York, N.Y., übert. von: Jerome E. Brown, Detroit, Mich., und Hymin Shapiro, East Baton Rouge, und Earl G. De Witt, Baton Rouge, La., V.St.A., **Motortreibstoff.** Dieser enthält 0,5—6,34 g Pb/Gallon u. 0,005—1 g Ni/

Gallon als Cyclopentadienylnickel. (**A. P. 3 006 742** vom 29/10. 1958, ausg. 31/10. 1961.) E. Kahles. 8205

Chemische Werke Hüls Akt.-Ges. (Erfinder: Kurt Weichert und Herwalt Keil), Marl, **Treibstoff für Verbrennungsmotoren auf Benzinbasis,** gek. durch einen Geh. von 0,02—0,05 Vol.-%, bezogen auf das Benzin-Vol., an einem Gemisch aus benzinlösl., durch Anlagerung von 1—3 Mol 1.2-Propylenoxid an 1 Mol Propandiol-(1.2) entstehenden Diolen u. benzinlösl. Äthylenglykoläthern der allg. Formel $R-(OCH_2\cdot CH_2-CH_2)_n-OH$, in der R einen Methyl-, Äthyl-, Propyl- oder Butylrest u. n 1 oder 2 bedeuten, der ggf. im teilweisen oder vollständigen Austausch gegen eine der vorgenannten Mischungskomponenten zusätzlich bis zu 20, bes. bis zu 10 Vol.-%, eines benzinunlösl. niedermol. Diols mit stark gefrierpunkterniedrigender Wrkg. enthält. (**D. A. S. 1 128 700** Kl. $46a^6$ vom 12/5. 1961, ausg. 26/4. 1962.) E. Kahles. 8205

E. I. du Pont de Nemours & Co., Wilmington, Del. (Erfinder: Anthony Francis Benning, Woodstown, N.J.), V.St.A., **Motortreibstoff für Verbrennungsmotoren,** bestehend aus im Benzinsiedebereich sd. KW-Stoffen u. wenigstens einem *Li-Salz einer alkoxysubstituierten Carbonsäure,* in der die Alkoxygruppe 1—15 C-Atome enthält u. die Alkoxygruppe u. der Carboxylrest an einen KW-Stoffrest gebunden sind, der aus einem acycl. oder alicycl. Rest mit 1—6 C-Atomen besteht, in einer Menge, daß sich pro 3,8 Liter Treibstoff ein Li-Geh. von 0,01—2 g ergibt. (**D. A. S. 1 126 674** Kl. $46a^6$ vom 23/2. 1961, ausg. 29/3. 1962. A. Prior. 18/3. 1960.) E. Kahles. 8205

E. I. du Pont de Nemours & Co., Wilmington, übert. von: Gordon B. Robbins, Claymont, Del., V.St.A., **Motortreibstoff** enthält 0,01—2 g Li je Gallon, wobei mindestens ein Li-Salz einer N-substituierten, aliphat. Aminocarbonsäure der Formel Li—OOC—Q—Z vorhanden ist. Q bedeutet einen gesätt., acycl. Rest mit 1—6 C-Atomen u. Z einen substituierten Aminorest. Ein oder zwei Substituenten sind gesätt. Reste mit 1—24 C-Atomen. — Beispiele, u. a.: 3-[tert.-Alkyl (C_{12}—C_{15})-amino]-propionsaures Li. (**A. P. 3 008 814** vom 8/7. 1959, ausg. 14/11. 1961.) E. Kahles. 8205

Lawrence E. Riemenschneider, Chelsea, Mich., V.St.A., **Motortreibstoff,** bestehend aus Schwerbenzin u. über 6 Vol.-% eines Zusatzes, der hauptsächlich fl. Polymere von niedermol. Olefinen mit einem mittleren Molgew. von 300 u. ca. 0,5 bis 10 Gew.-% eines Polypropylenglykols mit einem mittleren Molgew. von wenigstens ca. 600 enthält. (**A. P. 3 004 837** vom 9/8. 1956, ausg. 17/10. 1961.) E. Kahles. 8205

Shell Oil Co., übert. von: Theodore R. Lusebrink, Concord, Calif., V.St.A., **Motortreibstoff** besteht aus einer KW-Stoffbasis vom Kp. —60 bis 700° F u. 1 bis 250 ppm eines Gemisches aus a) einer Aminofettsäure der Formel RNH—R'—COOH, worin R einen Alkyl- oder Alkenylrest von 8—24 C-Atomen mit 0—2 Doppelbindungen u. R' einen Alkylrest mit 3—17 C-Atomen bedeuten (das N-Atom ist durch 1—3 C-Atome von der COOH-Gruppe getrennt), u. b) einem organ. Polymeren, welches mindestens zu 50% aus dem Hydrolyse-Prod. eines Vinylesters aus einer ein niedriges Molgew. aufweisenden Fettcarbonsäure u. einem acycl. Monoolefin mit endständiger Doppelbldg. u. 10—40 C-Atomen besteht, wobei der Vinylester vor der Hydrolyse das Monoolefin im Mol-Verhältnis 0,5 : 1 bis 10 : 1 enthält u. das Hydrolyse-Prod. ein Molgew. von 4000—100000 hat. (**A. P. 3 006 747** vom 17/9. 1959, ausg. 31/10. 1961.) E. Kahles. 8205

Socony Mobil Oil Co., Inc., New York, N.Y., übert. von: John J. Giammaria, Woodbury, N.J., V.St.A., **Motortreibstoff** enthält wenig Zn-Salz einer Mischung von Phosphorsäuren, die einen bzw. zwei niedrige Alkylphenylreste aufweisen, z. B. Mono- u. Di-(diamylphenyl)-phosphorsäure. (**A. P. 3 010 811** vom 2/11. 1959, ausg. 28/11. 1961.) E. Kahles. 8205

Standard Oil Co., Chicago, übert. von: Frederick K. Kawahara, Park Forest, Ill., V.St.A., **Motortreibstoff.** Er besteht aus einem Crackbenzin u. 0,001 bis 1% eines Harzinhibitors, z. B. p-Phenylendiamin, N-sek.-Butyl-p-phenylendiamin, N.N' Di-sek.-butyl-p-phenylendiamin, N-tert.-Butyl-p-phenylendiamin, N-Hexyl-p-phenylendiamin oder N-Dodecyl-p-phenylendiamin, u. 0,00—1% eines Perfluoralkylamido-tert.-amins der allg. Formel Perfluoralkyl—CONH—Alkyl—N—$(Alkyl)_2$, worin der Perfluoralkylrest 4—12 C-Atome, der Alkylrest 1—6 C-Atome u. der N-Alkylrest 1—6 C-Atome aufweisen. (**A. P. 3 006 741** vom 31/3. 1958, ausg. 31/10. 1961.) E. Kahles. 8205

Standard Oil Co., Chicago, Ill., übert. von: Russell H. Brown, Hammond, Ind., und Martin Hamer, Chicago, Ill., V.St.A., **Motortreibstoff.** Er besteht aus Leichtbenzin u. 0,002—0,1 Vol.-% eines Salzes aus einem aliphat. C_8—C_{18}-Amin u. einem Dialkylphosphat, in dem die Alkylreste 8—12 C-Atome aufweisen, u. 0,01 bis 3 Vol.-% eines Alkanols von 1—4 C-Atomen als Antieismittel. (**A. P. 3 007 782** vom 31/7. 1958, ausg. 7/11. 1961.) E. Kahles. 8205

Standard Oil Co., Cleveland, übert. von: Donald D. Emrick, Shaker Heights, Ohio, V.St.A., **Motortreibstoff, Heizöl oder Schmieröl.** Diese enthalten 0,001–1 Gew.-% einer B-Verb., die der Formel I entspricht, worin X gleich H oder II

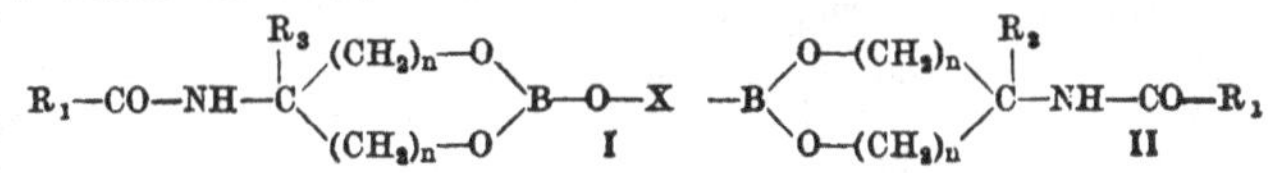

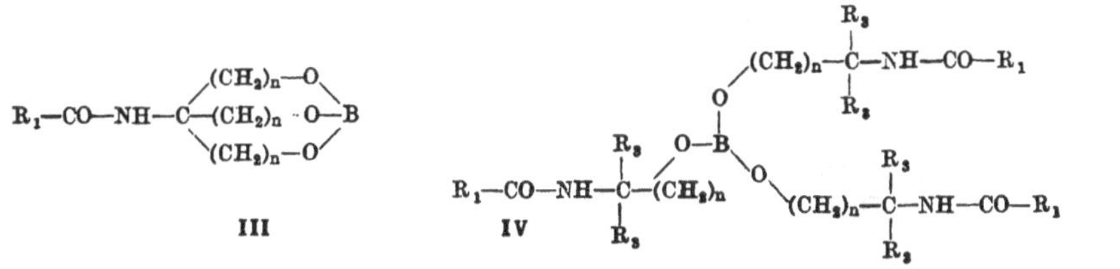

oder III oder IV sein kann u. R_1 ein Alkyl-, Alkenyl- oder Arylalkylrest mit 7 bis 21 C-Atomen, n 1–3 u. R_3 ein Alkylrest mit 1–8 C-Atomen sind, wobei diese Alkylreste voneinander verschieden sind, sofern R_3 mehrmals im Mol. enthalten ist. (**A. P. 3 009 791** vom 31/8. 1959, ausg. 21/11. 1961.) E. Kahles. 8205

Sun Oil Co., Philadelphia, Pa., übert. von: Donald H. Antonsen, New Castle, Del., V.St.A., **Motortreibstoff** bestehend aus Leichtbenzin, Tetraalkylblei u. einer geringen Menge *Hexamethylbenzolmolybdäntricarbonyl*. (**A. P. 3 001 858** vom 15/12. 1958, ausg. 26/9. 1961.) E. Kahles. 8205

Texaco, Inc., übert. von: George W. Eckert, Wappingers Fall, und Howard V. Hess, Glenham, N.Y., V.St.A., **Motortreibstoff** enthält mindestens 10 Vol.-% hochoctanige Anteile u. Pb-Antiklopfmittel sowie ein synergist. Gemisch einer Monocarbonsäure von 1–30 C-Atomen u. einem ein- oder zweikernigen, prim. oder sek. Arylamin, wobei die Säure u. das Amin jeweils in einer Konz. von 0,1–5 Vol.-% vorhanden sind. — Beispiel: 0,5% Cyclohexancarbonsäure, 0,5% N-Methylanilin. — Weitere Beispiele. (**A. P. 3 009 792** vom 7/3. 1958, ausg. 21/11. 1961.) E. Kahles. 8205

Esso Research and Engineering Co., übert. von: John M. Jordan, Plainfield, und Charles E. Hemminger, Westfield, N.J., V.St.A., **Komprimieren von Motortreibstoff.** Der entbutanisierte Treibstoff wird mit einem Gemisch aus Propan u. Pentan eingedüst, so daß das Gesamtgemisch 1–4 Vol.-% aufweist u. das Vol.-Verhältnis von Propan zu Pentan zwischen 1 : 5 u. 1 : 50 beträgt. — Zeichnungen. (**A. P. 3 009 789** vom 15/12. 1959, ausg. 21/11. 1961.) E. Kahles. 8205

Esso Research and Engineering Co., übert. von: Dilworth T. Rogers, Summit, und John P. McDermott, Springfield, N.J., V.St.A., **Düsentreibstoff,** bestehend aus einem Erdöldestillat vom Kp. 75–750° F mit einem Zusatz von 0,00001 bis 0,1 Gew.-% eines Komplexsalzes aus einem Cr-Salz einer gesätt. aliphat. Monocarbonsäure mit 1–6 C-Atomen u. einem Alkylphenolsulfid mit Alkylresten von 8 bis 20 C-Atomen, wobei das Mol-Verhältnis des Cr-Salzes im Komplex 1 : 1 bis 25 : 1 beträgt u. das Cr-Salz mit dem Alkylphenolsulfid bei 150–300° F reagiert. (**A. P. 2 992 909** vom 31/12. 1958, ausg. 18/7. 1961.) E. Kahles. 8205

Petrolite Corp., Wilmington, übert. von: Verner L. Stromberg, Webster Groves, Mo., V.St.A., **Düsentreibstoff,** bestehend aus einem KW-Stoffgemisch vom Kp. bis 500° F u. 0,001–2 Gew.-% eines Rk.-Prod. aus einer Alkenylbernsteinsäure bzw. deren Anhydrid, deren Alkenylrest 3–32 C-Atome aufweist, u. einem Amin (**I**), das mindestens 1 C-Atom aufweist, wobei die C-Zahl des Rk.-Prod. 10–82 ist. Als **I** sind genannt höhermol. Monoalkylamine, Aminoalkanole, Polyamine, Hydroxypolyamine. (**A. P. 2 993 771** vom 2/2. 1959, ausg. 25/7. 1961.) E. Kahles. 8205

Petrolite Corp., Wilmington, übert. von: Verner L. Stromberg, Webster Groves, Mo., V.St.A., **Düsentreibstoff,** bestehend aus einem KW-Stoffgemisch vom Kp. bis 500° F u. 0,001–2 Gew.-% einer Alkenylbernsteinsäure oder deren Anhydrid, worin der Alkenylrest 8–31 C-Atome aufweist. (**A. P. 2 993 772** vom 2/2. 1959, ausg. 25/7. 1961.) E. Kahles. 8205

Petrolite Corp., Wilmington, übert. von: Verner L. Stromberg, Webster Groves, Mo., V.St.A., **Düsentreibstoff,** bestehend aus einem KW-Stoffgemisch vom Kp. bis 500° F u. 0,001–2 Gew.-% eines Esters aus einer Alkenylbernsteinsäure oder deren Anhydrid, worin der Alkenylrest 3–31 C-Atome hat u. einem ein- oder mehrwertigen Alkohol, z. B. Isopropanol, Allylalkohol, Glykol, Cyclohexanol, Ätheralkoholen, wie Glykolmonobutyläther, Polyäthylenglykol. (**A. P. 2 993 773** vom 2/2. 1959, ausg. 25/7. 1961.) E. Kahles. 8205

Schering Akt.-Ges., Berlin, und BV-Aral Akt.-Ges., Bochum (Erfinder: Gerhard Rohlffs, Arthur Bokranz, Kamen, Hans Plum, Heessen, und Theodor Hammerich, Bochum), **Vergasertreibstoff mit hoher Klopffestigkeit,** dad. gek., daß er entsprechend der gewünschten Klopffestigkeit Anteile an KW-Stoffen, bevorzugt vom Kp. 60—115°, enthält, die durch Erhitzen von Propen oder Buten oder Gemischen dieser Verbb. auf 120—250° unter Druck unter Anwendung Al-organ. Verbb. als Katalysator u. anschließendes Überleiten des Rk.-Prod. über oberflächenakt. Stoffe, bes. über naturakt. Bleicherde, bei <150° erhalten worden sind. (**D. A. S. 1 128 222** Kl. 46a[6] vom 12/12. 1958, ausg. 19/4. 1962.) E. Kahles. 8207

Ethyl Corp., New York, N.Y. (Erfinder: Sidney Milton Blitzer, Orland Morgan Brown und William Burke Grandjean, Baton Rouge, La.), V.St.A., **Gewinnung von Tetraalkylblei (I)** aus einem bei der Rk. von Pb-Alkalimetall-Legg. mit einem Alkylierungsmittel (II) erhaltenen Rk.-Gemisch nach Entfernung des überschüssigen II, dad. gek., daß man zu dem trocknen Stoffgemisch ein mit W. nicht mischbares Lsgm. (III) für das I u. eine wss. verd. Säure zugibt, das Gemisch verrührt u. die das I enthaltende organ. Schicht abtrennt. III bes. ein Alkylchlorid. — Zeichnung. (**D. A. S. 1 125 924** Kl. 12o vom 17/8. 1954, ausg. 22/3. 1962. A. Prior. 17/8. 1953.) J. Mühleisen. 8209

Ethyl Corp., New York, N.Y., übert. von: Hymin Shapiro, Baton Rouge, La., und Herbert R. Neal, Farmington, Mich., V.St.A., **Stabilisierung von Alkylbleiverbindungen,** bes. von Bleitetraäthyl, gegen therm. Zers. bei Temp. von 100 bis 160° erfolgt durch Zugabe einer geringen Menge einer aromat. Sulfonsäure, die im aromat. Teil 6—24 C-Atome enthält. Geeignete Verbb. sind z. B.: 3.5-Di-1.1.3.3-tetramethylbutylbenzol-, 2.4-Xylol-, Cumol-, 1- u. 2-Naphthalin-, 1- u. 2- u. 9-Anthracensulfonsäure. (**A. P. 2 992 259** vom 8/12. 1959, ausg. 11/7. 1961.) J. Mühleisen. 8209

Ethyl Corp., New York, N.Y., übert. von: Hymin Shapiro, Baton Rouge, La., und Herbert R. Neal, Farmington, Mich., V.St.A., **Stabilisierung von Alkylbleiverbindungen,** bes. von $Pb(C_2H_5)_4$, gegen therm. Zers. bei 100—160° erfolgt durch Zusatz einer geringen Menge einer Verb. der Formel I (Ar = Arylrest mit 6—12 C-Atomen, der 1 Halogen- oder NO_2-Rest enthalten kann, R = Alkylrest mit 1—10 C-Atomen, n u. m = 0 oder 1). Bes. geeignete Verbb. sind: Benzol-azo- u. 2-Chlorbenzol-azo-resorcin, α- u. β-Naphthalin-azo-phenol u. -resorcin, p- u. m-Nitrobenzol-azo-resorcin. (**A. P. 2 992 261** vom 8/12. 1959, ausg. 11/7. 1961.) J. Mühleisen. 8209

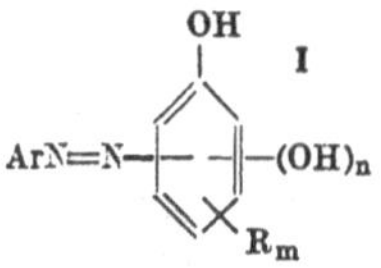

I

Ethyl Corp., New York, N.Y., übert. von: Harold D. Orloff, Oak Park, und James B. Hinkamp, Birmingham, Mich., V.St.A., **Antiklopfmittelgemisch.** Es besteht aus Leichtbenzin u. einer Alkyl-Blei-Verb., wobei 0,02 bis 6,5 g Pb/Gallon Bzn. vorhanden sind, sowie einer cycl. P-Verb. der allg. Formel I, worin R ein Amino- oder Monoalkylamino- oder Dialkylaminorest mit einem Alkylrest von 1—2 C-Atomen, R_1 u. R_2 H oder CH_3 sowie R_3 u. R_4 H, CH_3 oder C_2H_5 sind. (**A. P. 3 000 709** vom 24/10. 1956, ausg. 19/9. 1961.) E. Kahles. 8209

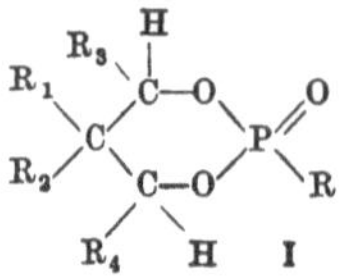

I

Esso Research and Engineering Co., übert. von: Joel R. Siegel, Irvington, N.J., V.St.A., **Erdöldestillatbrennstofföl** vom Kp. 75—750° F mit einem Geh. von 0,001—1 Gew.-% eines aschefreien öllösl. polymeren Stabilisators. Dieser kann entweder ein Mischpolymeres eines Alkylchlorpropylenoxymischesters einer ungesätt. konjugierten zweibas. Säure u. eines Monomeren mit einem Vinylrest oder ein N-haltiges Mischpolymeres eines freien Monomeren mit einer Alkylenbindung u. 8—18 C-Atomen u. eines Monomeren, das N-haltig ist u. eine Äthylenbindung hat, sowie 0,00025 bis 0,01 Gew.-% eines Dialkyldimethylammoniumchlorids, in dem mindestens 50% der Alkylreste C_{12}—C_{14}-Reste sind, sein. — Zeichnung. (**A. P. 3 008 813** vom 29/10. 1958, ausg. 14/11. 1961.) E. Kahles. 8211

Esso Research and Engineering Co., übert. von: Merrell R. Fenske, State College, Pa., V.St.A., **Dieselöl,** bestehend aus 30—55 Gew.-% eines niedrigoctanigen Erdöldestillats, welches als Raffinat einer Extraktion anfällt, vom Kp. 150 bis 450° F, 25—40 Gew.-% eines mehrkernigen aromat. KW-Stoffes, der als Extrakt bei der Erdölextraktion anfällt, vom Kp. 400—750° F u. 15—30 Gew.-% eines in nichtbenzoligen KW-Stoffen lösl. Alkohols mit mindestens 6 C-Atomen vom Kp. <750° F. Das Dieselöl hat eine Viscosität von mindestens 1,2 cSt bei 100° F. (**A. P. 3 002 827** vom 29/11. 1957, ausg. 3/10. 1961.) E. Kahles. 8213

Robert T. Pollock, New York, N.Y., V.St.A., **Dieselöl.** Es enthält 0,1 bis 6 Gew.-% eines Zusatzes, der aus einem hochwertigen Dieselöl u. einem Alkylnitrat, wie Methylnitrat, n-Butylnitrat oder Isoamylnitrat, sowie einem N-Alkyl oder N-Nitroalkylcarbamat besteht. (**A. P. 3 001 857** vom 5/6. 1958, ausg. 26/9. 1961.) E. Kahles. 8213

Robert S. Norris, Larchmont, N.Y., V.St.A., **Zusätze für Diesel- und Gasturbinenöl zur Verhinderung zu starker Abnutzung.** Sie bestehen aus einer W.-in-Öl-Emulsion, wobei Ca-Sulfonat als Emulgiermittel dient, die Wasserphase 25% eines wasserlösl. Ca-, Ba- oder Mg-Salzes aufweist, u. die Ölphase, 60 Vol.-% der Emulsion ausmachend, aus neutralem leichtem Naphthenöl besteht. (**A. P. 3 002 825** vom 14/9. 1954, ausg. 3/10. 1961.) E. Kahles. 8213

Esso Research and Engineering Co., Elizabeth, N.J., V.St.A. (Erfinder: Raymond Gay und Emmanuel Siganos, Notre-Dame-de-Gravenchon, Frankreich), **Heizöl beziehungsweise Dieselöl,** dad. gek., daß es 0,001 bis 0,2 Gew.-% an einem Zusatzgemisch enthält, welches zu 20—35 Gew.-% aus einer öllösl. Verb. eines Cycloalkens mit einem Metall der Gruppe IV, VIb oder VIII des Period. Syst. u. zu 60—80 Gew.-% aus einem Detergens besteht. — Zeichnung. (**D. A. S. 1 126 053** Kl. 23b vom 7/11. 1958, ausg. 22/3. 1962. F. Prior. 15/1. 1958.) E. Kahles. 8217

Perolin Co., Inc., New York, N.Y., übert. von: William H. Carls jun., Chicago, Ill., V.St.A., **Heizöl.** Dieses enthält neben einem Destillatrückstandsöl eine homogene Lsg. eines organ., in Öl lösl. Silicats u. Methylnaphthalin. (**A. P. 3 003 857** vom 4/11. 1957, ausg. 10/10. 1961.) E. Kahles. 8217

Standard Oil Co., übert. von: Herman G. Ebner, Chicago, Ill., V.St.A., **Heizöl.** Es besteht aus einem Destillatheizöl u. einem geringen Anteil eines tert. Aminoxids der allg. Formel (R')(R)(R)N=O, worin R' einen aliphat. Rest mit 1—22 C-Atomen u. die anderen R aromat. Reste von 6—10 C-Atomen, aliphat. Reste von 1 bis 22 C-Atomen u. aromat. Reste, die aliphat. Substituenten mit 7—30 C-Atomen aufweisen, bedeuten. (**A. P. 3 007 784** vom 28/3. 1960, ausg. 7/11. 1961.) E. Kahles. 8217

Sinclair Refining Co., New York, N.Y., übert. von: James H. Kirk, Dyer, Ind., V.St.A., **Behandlung eines vanadiumhaltigen Rückstandsheizöles.** Es wird mit soviel Mg-Nitrat versetzt, daß 3 Teile Mg auf einen Teil V kommen, u. das Ganze auf 212—900° F erhitzt. Anschließend wird filtriert. (**A. P. 3 000 710** vom 16/2. 1956, ausg. 19/9. 1961.) E. Kahles. 8217

Robert S. Norris, Larchmont, N.Y., V.St.A., **Zusätze für Brennöle.** Um Korrosion u. Ablagerungen zu verhindern, wird eine W.-in-Öl-Emulsion zugesetzt. Die Wasserphase derselben weist eine konz. wss. Metallsalz-Lsg. (Al-, B-, Cu-, Si- oder Zn-Salz) auf, u. als Emulgiermittel dient ein Alkalisulfonat. Die Ölphase, 1—6 Vol.-% ausmachend, besteht aus einem Mineralöl. (**A. P. 3 002 826** vom 3/10. 1955, ausg. 3/10. 1961.) E. Kahles. 8217

Esso Research and Engineering Co., Elizabeth, N.J., V.St.A. (Erfinder: Leslie Babington Day, Letcombe Regis, Wantage, Berkshire, und Ronald Charles Watkins, East Hendred, England), **Schmieröl** mit einem Geh. an öllösl. Mischpolymerisaten, dad. gek., daß es A) ein Drei- oder Vierkomponentenmischpolymerisat aus Fumarsäureestern, Vinylacetat, Maleinsäureanhydrid, Maleinsäuremonoestern, Maleinsäurehydrazid u./oder Butyrolactamen, wobei am Aufbau des Mischpolymerisats wenigstens ein ungesätt. Monomeres mit einer Estergruppe beteiligt ist, sowie B) ein Mischpolymerisat des Polyäthylens mit einem Ester aus Vinylalkohol u. einer C_1- bis C_4-Monocarbonsäure enthält. — Beispiel: Zusatz von 6,25 Gew.-% einer 40% ig. Öl-Lsg. eines Mischpolymeren aus n-C_{9-10}-Alkylfumarsäureestern, n-C_{12-18}-Alkylfumarsäurediestern, Vinylacetat u. Maleinsäureanhydrid u. von 0,1 Gew.-% Mischpolymerisat (Molgew. 1300) aus Polyäthylen u. 8% Vinylacetat. (**D. A. S. 1 133 848** Kl. 23c vom 20/1. 1961, ausg. 26/7. 1962. E. Prior. 26/2. 1960. **E. P. 875 053** vom 26/2. 1960, ausg. 16/8. 1961.) E. Drews. 8221

Sinclair Refining Co., New York, N.Y., übert. von: David W. Young, Homewood, Ill., V.St.A., **Synthetische Schmieröle** bestehen aus einer Diesterbasis u. enthalten 0,001—5 (Gew.-%) einer mit der Basis verträglichen organ. Ti-Verb. (I). Diese wird hergestellt durch Rk. eines Ti-Tetraesters mit einem C_{2-24}-Glykol im Mol-Verhältnis 1:0,5—4. Zugabe von I in solchen Mengen, daß die Belastbarkeit des Schmieröls erhöht wird u. die therm. Stabilität herabgesetzt wird. Zur Vermeidung dieses Nachteils gibt man 0,05—3 N-Butyryl-p-aminophenol zu. (**A. P. 2 998 387** vom 3/5. 1957, ausg. 29/8. 1961. **E. P. 886 749** vom 13/1. 1958, ausg. 10/1. 1962. A. Prior. 11/1. u. 3/5. 1957.) E. Drews. 8221

Shell Research Ltd., London (Erfinder: Peter Kirby, Cheshire), England, **Schmierölzubereitung,** gek. durch den Geh. einer geringen Gew.-Menge eines Mischpolymerisats aus einer alkenylsubstituierten Organophosphor-Verb. mit einer Phosphinylidyngruppe u. mindestens einer polymerisierbaren monoolefin. ungesätt. Verb. ohne Phosphoratome im Mol., wobei mindestens eine der Komponenten des Mischpolymerisats eine oleophile KW-Stoffkette von mindestens 8 C-Atomen besitzt. — Beispiel: Mischpolymerisat, hergestellt aus 3,4 (g) Dialkylhydrogenphosphat (erhalten durch Hydrolyse von Trialkylphosphat) u. 25 Laurylmethacrylat in 15,5 Weißöl in Ggw. von 0,5 Benzoylperoxid. Zugabe von 4 Gew.-% zu Mineralschmieröl. (**D. A. S. 1 124 620** Kl. 23c vom 27/1. 1961, ausg. 1/3. 1962. E. Prior. 29/1., 27/10. 1960 u. 11/1. 1961.) E. Drews. 8221

Shell Internationale Research Mij. N.V., Den Haag, Niederlande (Erfinder: Philip Pozzaglia, El Cerrito, Calif., Lyman Edward Lorensen, Rye, N.Y., und Thair Lee Higgins, El Cerrito, Calif., V.St.A.), **Herstellung von keine Asche bildenden, öllöslichen Mischpolymeren** mit verbesserten Eigg. als Zusatz- bzw. Wirkstoffe für *Schmieröle,* dad. gek., daß ein Gemisch aus einem Vinylpyridin (**I**), mindestens einem Ester (**II**) einer ggf. α-substituierten Acrylsäure mit einem langkettigen aliphat. Alkohol von mindestens 8 C-Atomen, einem freie Radikale bildenden, z. B. Peroxid, Polymerisationskatalysator u. mindestens 10 Gew.-% eines neutralen Mineralöls (**III**) auf mindestens 80° erhitzt wird, wobei man während der Rk. eine weitere Menge **I** zusetzt u. ferner **I** u. der gesamte **II** in solchen Anteilen verwendet werden, daß in dem fertigen Mischpolymerisat die beiden letzteren Bestandteile in einem Mol-Verhältnis von 1:15 bis zu 2:1, z. B. 1:5—2:1, vertreten sind. Das **III** wird dem Rk.-Gemisch erst zugesetzt, wenn 20—70(%) des Gesamt-**II** umgewandelt sind. Die Zusatzmenge beträgt 15—45, bezogen auf das Gew. der Monomeren. Schließlich können bis zu 70 (Gew.-%), bes. 55—25, des **III** durch einen flüchtigen KW-Stoff, wie Bzl., ersetzt werden, oder durch einen paraffin. KW-Stoff mit einer Viscosität von 15—50 cSt bei 38° u. von 1—8 cSt bei 99°. Das Verf. wird in Abwesenheit von Luft u. bei 100—150° durchgeführt. Die Konz. des Katalysators im Rk.-Gemisch soll durch weitere Zugaben während der Rk. auf mindestens 0,1, bes. auf mindestens 0,25 Gew.-%, gehalten werden. Die langkettigen **II** können z. B. aus Lauryl- u. Stearylmethacrylat im Gemisch bestehen. Bis zu 60% der Gesamtmolzahl der **II** können sich von kurzkettigen C_{1-6}-Alkoholen ableiten, z. B. Methyl- oder Butylmethacrylat. Mengenbeispiele entsprechend den Variationsmöglichkeiten; als **I** ist 2-Methyl-5-vinylpyridin eingesetzt. Mittel zum Herabsetzen des Stockpunktes u. zum Verbessern des Viscositätsindex bei Schmierölen. (**D. A. S. 1 132 336** Kl. 39c vom 27/7. 1959, ausg. 28/6. 1962. **E. P. 857 180** vom 27/7. 1959, ausg. 29/12. 1960. Beide A. Prior. 28/7. 1958.) H. Schindler. 8221

Shell Internationale Research Mij. N.V., Den Haag, Niederlande (Erfinder: Bobby Wright Malone, Roxana, Ill., und Julian Gilbert Ryan, Wood River, Ill., V.St.A.), **Schmierölmischung,** bestehend aus einem KW-Basisschmieröl, bes. einem Mineralschmieröl, u. einem synerget. wirkenden Zusatzgemisch aus A) einem als Schmierölzusatzstoff an sich bekannten öllösl. Mischpolymerisat aus 1. einem Vinylpyridin u. 2. einer Mischung von a) mindestens einem Ester aus einer Acrylsäure u. einem langkettigen aliphat. Alkohol mit mindestens 10 C-Atomen sowie b) mindestens einem Ester aus einer Acrylsäure u. einem niederen aliphat. Alkohol mit nicht mehr als 6 C-Atomen, wobei in dem Mischpolymerisat das Vinylpyridin u. das gesamte Estergemisch in einem Mol-Verhältnis 2:1—1:10 vorliegen, sowie B) einem als Schmierölzusatz bekannten p.p'-Methylen-bis-phenol oder dessen Monoäther-Deriv., in welchem jeder aromat. Ring durch zwei tert. Alkylreste substituiert ist. — Beispiel: Zusatz von 1,5 Gew.-% Mischpolymerisat aus 1,12 (Mol) Stearyl-, 2,24 Lauryl-, 5,04 Methylmethacrylat u. 1 2-Methyl-5-vinylpyridin u. 0,2 Gew.-% 4.4-Methylen-bis-(3.5-di-tert.-butylphenol). (**D. A. S. 1 134 172** Kl. 23c vom 29/12. 1960, ausg. 2/8. 1962. A. Prior. 31/12. 1959.) E. Drews. 8221

Röhm & Haas G. m. b. H., Darmstadt (Erfinder: Theodor Völker, Darmstadt, und Alfred Neumann, Raunheim), **Schmier- und Hydrauliköle** auf der Basis von Esterölen, die aus zwei- oder mehrbas. gesätt. Carbonsäuren u. höheren prim. gerad- oder verzweigtkettigen Monoalkoholen aufgebaut sind, gek. durch einen Geh. an einem neutralen Halbester eines Diols mit den zwei- oder mehrbas. Carbonsäuren in solchen Mengen, daß der Geh. an freien OH-Gruppen 0,04—0,2 Gew.-% des Gesamtmittels beträgt. (**D. A. S. 1 135 603** Kl. 23c vom 30/12. 1960, ausg. 30/8. 1962.) E. Drews. 8221

Shell Internationale Research Mij. N.V., Den Haag, Niederlande (Erfinder: William Walter Reynolds, East Alton, Ill., V.St.A.), **Schmiermittel und**

hydraulische Flüssigkeit für hohe Betriebstemperaturen, bestehend aus Estern der Benzolpolycarbonsäure der allg. Formel $(ROOC)_a$—⟨ ⟩—$[COOR'(CF_2)_nX]_b$, in welcher R ein Alkylrest, R' ein gesätt. zweiwertiger organ. Rest, X = H oder F, n = 1—24 u. a u. b ganze Zahlen von 1—3 sind, wobei a + b = 3 oder 4. — Beispiel: *Phthalsäure-(1.1.3-trihydroperfluorpropyl)-(1.1.5-trihydroperfluorpentyl)-ester.* (**D. A. S. 1 135 605** Kl. 23c vom 29/2. 1960, ausg. 30/8. 1962. A. Prior. 2/3. 1959.) E. Drews. 8221

Castrol Ltd., London, England, **Schmieren von Dampfturbinen.** Man verwendet ein Mineralöl, das eine geringe Menge, bes. 0,5—2 (Gew.-%), einer Verb. der allg. Formel $(R_1)(R_2)N-CS-S-C(R_5)(R_4)-COOR_3$ enthält (R_1, R_2 = Alkyl-, Aryl- oder Cycloalkylreste oder zusammen ein Ring; R_4, R_5 = KW-Stoffreste u./oder H; R_3 = Alkyl-, Aryl- oder Cycloalkylrest). Diese Zusätze sind mit üblichen Antioxydantien u. Korrosionsschutzmitteln verträglich. — Ein Schmieröl enthält z. B. 1,5 *n-Butyl-(dimethyldithiocarbamyl)-acetat,* 0,015 alkylierte Bernsteinsäure u. 0,001 Ca-Erdölsulfonat. (**Niederl. P. 100 694** vom 8/3. 1957, ausg. 15/3. 1962. E. Prior. 8/3. 1956.) F. Böhm. 8221

Esso Research and Engineering Co., Elizabeth, N.J., V.St.A. (Erfinder: Roland Cicero Nunn), **Schmieröl für Dieselmaschinen,** bestehend aus einem hydrofinierten, phenolextrahierten Coastalöldestillat ($Kp._{10}$ 340—700° F, V.I. 50—80, Viscosität 800—1200 SUS/100° F) als Basis mit Zusätzen von 1—5 (Vol.-%) Erdalkalialkylphenolsulfid, 1,5—8 Erdalkalisulfonat u. 0,2—1 Gew.-% Phenyl-α-naphthylamin. (**E. P. 888 502** vom 29/8. 1960, ausg. 31/1. 1962. **A. P. 3 007 869** vom 29/6. 1959, ausg. 7/11. 1961.) E. Drews. 8221

Gerhard Collardin G. m. b. H., Köln (Erfinder: Johannes Rascher, Schönbach, und Gerhard Collardin, Köln), **Hilfsmittel für die Kaltverformung von Metallen,** bes. für das Tiefziehverf. auf der Basis einer wss. Emulsion von verseifbaren oder unverseifbaren tier. Ölen u. Fetten mit einem Geh. an Seife, dad. gek., daß sie Glimmer einer Teilchengröße $<50\,\mu$ sowie feinverteilte amorphe Kieselsäure u./oder Kieselkreide enthalten, wobei der Gesamtgeh. der Si-haltigen Verbb. 3—25 Gew.-% beträgt. (**D. A. S. 1 131 833** Kl. 23c vom 25/11. 1960, ausg. 20/6. 1962.) E. Drews. 8221

Esso Research and Engineering Co., Elizabeth (Erfinder: Arnold J. Morway, Clark), N.J., V.St.A., **Schmierfett** auf der Basis eines mineral. oder synthet. Schmieröls, dad. gek. daß es ein Metallsalz einer gesätt. oder ungesätt. Monocarbonsäure mit 1—3 C-Atomen im Mol. u. in geringeren Mengen ein Polyäthylenharz enthält. Weiterer Geh. an Metallsalzen anorgan. Säuren. Die Herst. erfolgt durch Dispergieren des Harzes im Öl unter Erhitzen, Abkühlen u. Zugabe des Alkali- oder Erdalkalihydroxids u. der Säure. (**D. A. S. 1 133 488** Kl. 23c vom 13/1. 1960, ausg. 19/7. 1962. **A. P. 2 935 477** vom 30/11. 1955, ausg. 3/5. 1960.) E. Drews. 8223

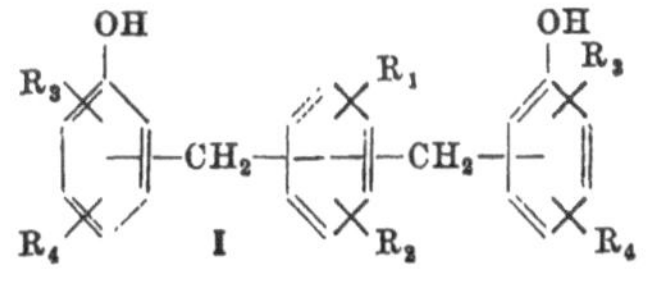

Badische Anilin- & Soda-Fabrik Akt.-Ges., Ludwigshafen/Rh. (Erfinder: Hans Engel, Heidelberg, und Karl Merkel, Ludwigshafen/Rh.), **Schmiermittel** auf Mineralölbasis, gek. durch einen Geh. an *Bis-(hydroxybenzyl)-alkyl-benzolen* der allg. Formel **I**, in welcher R_1 bis R_4 Alkylgruppen sind u. R_1 oder R_2 u. R_3 u. R_4 auch H-Atome bedeuten können, in Form der Erdalkali-, Zink- u. Aluminiumsalze. (**D. A. S. 1 126 055** Kl. 23e vom 14/3. 1958, ausg. 22/3. 1962.) E. Drews. 8223

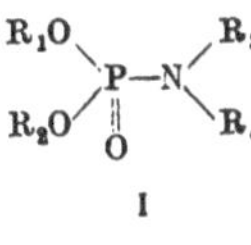

I

British Petroleum Co. Ltd., London (Erfinder: Alexander Robertus Todd und Peter Michael Blanchard, Sunbury-on-Thames, Middlesex), England, **Schmiermittel** auf der Basis fl. Diester, dad. gek., daß es geringe Mengen, z. B. 0,1—5 Gew.-% der Gesamtmischung eines *Aminophosphonats* der allg. Formel **I** enthält, in der R_1 u. R_2 Alkyl-, Cycloalkyl-, Aryl- oder Aralkylreste, R_3 = H oder einen Alkylrest u. R_4 = H oder einen Alkyl-, Cycloalkyl-, Aryl- oder Aralkylrest bedeuten, wobei R_3 u. R_4 auch zu einem Ring geschlossen sein können, der neben dem Stickstoff KW-Stoffreste oder auch daneben ein zweites Heteroatom enthalten kann. — Beispiele für **I**: Dibutyl-, Dibutyldiäthyl-, Dibenzylaminophosphonat, Dibutylmorpholinophosphonat. (**D. A. S. 1 126 056** Kl. 23c vom 31/10. 1960, ausg. 22/3. 1962. E. Prior. 30/10. 1959.) E. Drews. 8223

British Petroleum Co. Ltd. (Erfinder: Samuel Richard Pethrick und Brian Baker), **Schmiermittel,** bestehend aus einem Schmieröl, das 5—25 Gew.-% einer polymeren organ. Al-Verb. der allg. Formel $O_nAl_mX_p$ gelöst enthält (X = Acylatrest; m, n u. p = Zahlen, wobei m nicht kleiner als 2, m : n 0,75—2,0 u. m : p 0,5—3,0 ist). Die Acylatreste stammen bes. von Benzoe-, Salicyl- oder aliphat. Monocarbonsäuren mit 12—20 C-Atomen her. Verw. bes. für Maschinen, die mit Kraftstoffen betrieben werden, die wenigstens 0,1 Gew.-% S enthalten. (**Aust. PP. 231 575 u. 231 576** vom 26/8. 1958, ausg. 19/1. 1961. E. Prior. 29/8. 1957 u. 21/3. 1958.) K. Demmler. 8223

Esso Research and Engineering Co., Elizabeth, N.J., V.St.A., **Herstellung von als Schmierstoffe dienenden Estergemischen** der Zus. ROOC—R'—COO—R''—OOC—R'—COOR + ROOC—R'—COOR (R = Alkyl C_6—C_{10}; R' = Alkylen C_6—C_8; R'' = O in Ätherbindung enthaltende Alkylengruppe), dad. gek., daß man ca. 2 (Mol) eines Dicarbonsäuredialkylesters, dessen Alkoholteile bes. verzweigtkettig sind, z. B. Sebacinsäure (I)-di-2-äthylhexylester, mit ca. 1 eines Glykols, z. B. Polyäthylenglykol, u. ca. 1 einer freien Dicarbonsäure, z. B. I, in Ggw. eines sauren oder bas. Katalysators, z. B. 0,001—1 Gew.-% $NaHSO_4$ oder CaO, bezogen auf das theoret. errechnete Gewicht des herzustellenden Mischesters, bei ca. 225—270° innerhalb ca. 3—6 Std. umsetzt. (**D. A. S. 1 124 935** Kl. 12o vom 30/4. 1955, ausg. 8/3. 1962. A. Prior. 15/12. 1954.) O. Müller-Meiningen. 8223

Shell Internationale Research Mij. N. V., Den Haag (Erfinder: Hendrik Laurens Reudink, Amsterdam), Niederlande, **Schmiermittel für Drahtseile**, bestehend aus 20—30 (Gew.-%) mikrokristallinem Paraffinwachs, F. >80°, 25—35 eines aromat. Extraktes aus einer mineral. Rückstandsschmierölfraktion einer Redwood-Viscosität >1000 Sek./60°, je 5—15 Lanolin u. Alkalinaphthasulfonat u. 25—40 flüchtigem Lösungsmittel. Die Herst. erfolgt durch Schmelzen der Bestandteile bei 100—120° u. langsames Zugeben von Lsgm. unter Kühlung. (**D. A. S. 1 130 103** Kl. 23c vom 27/2. 1961, ausg. 24/5. 1962. Niederl. Prior. 29/2. 1960.) E. Drews. 8223

„Shell“ Research Ltd., London (Erfinder: Philip Alan Winsor, Willington, Cheshire, und Kenneth Alan Lloyd, Barrow, Chester), England, **Schmiermittel zur Bearbeitung von Metallen** auf der Basis einer emulgatorhaltigen wss. Emulsion, deren ölige Phase aus einer Polyoxyalkylen-Fl. (I) mit negativem Löslichkeits-Koeff. besteht, gek. durch den weiteren Geh. von vorzugsweise 0,05—10 Gew.-% an einer I, deren Löslichkeit in W. weniger als 1 Gew.-% beträgt. — Beispiel: Schmiermittel aus je 1 Gewichtsteil eines Gemisches aus 85 (Gew.-%) Propylenoxid, 15 Äthylenoxidblockmischpolymerisat, im wesentlichen wasserunlösl., u. 50 Propylenoxid, 50 Äthylenoxidmischpolymerisat beliebiger Struktur mit negativem Löslichkeits-Koeff. in W., 0,05 Äthylenoxid–Octylphenyl-Kondens.-Prod., 0,1 Na-Oleat, 0,5 Diäthanolamin, 98,4 Wasser. (**D. A. S. 1 125 579** Kl. 23c vom 28/1. 1960, ausg. 15/3. 1962. E. Prior. 30/1. 1959. **E. P. 846 839** vom 30/1. 1959, ausg. 31/8. 1960.) E. Drews. 8223

Badische Anilin- & Soda-Fabrik Akt.-Ges. (Erfinder: Wieland Zacher, Hans Eilbracht, Heinrich Friedenreich und Siebert Goebel), Ludwigshafen/Rh., **Farblose Schmiermittel für Gaskompressoren**, bestehend aus einer trüben Suspension von 0,1—5 Gew.-% Hartwachs mit polaren Gruppen in farblosen Schmierölen, insbes. Paraffinöl. (**D. A. S. 1 135 602** Kl. 23c vom 10/3. 1960, ausg. 30/8. 1962.) E. Drews. 8223

Felix Hempel, Wuppertal, **Herstellung von Bitumina** (**I**) mit ganz bestimmten rheolog. Eigg., dad. gek., daß die aus sehr hochgeblasenen **I** nach bekannten Verff. (z. B. Fällung) gewonnenen Prodd. mit sehr hohem Asphalt-Geh. „gefluxt“ werden mit a) Extrakten (**II**) aus **I** oder Schmierölen bzw. -destillaten oder Rückständen; b) Mischungen aus den unter a) genannten **II** u. Weichmachern (**III**) mit längeren aliphat. Seitenketten u. c) mit **III**. (**D. A. S. 1 125 342** Kl. 80b vom 29/12. 1958, ausg. 8/3. 1962.) M. Böttcher. 8225

John Culver Warr, London, England, **Behandeln bituminöser Stoffe für Bauzwecke** zur Verhinderung des Schmelzens u. Zerfließens bei hoher Temp. u. damit zur Verhinderung der Ausbreitung eines Brandes, dad. gek., daß man 2 oder mehrere anorgan. Verbb., z. B. ein Al-Salz u. ein Bicarbonat oder Kalialaun u. $NaHCO_3$, in eine zum warmen oder kalten Auftrag verwendete bituminöse Zubereitung in der Weise einbringt, daß sie bei der Auftrags-Temp. nur sehr langsam oder überhaupt nicht, jedoch bei höherer Temp. schneller derart miteinander reagieren, daß sie einen unbrennbaren, in dem Bitumen dispergierten Stoff erzeugen. (**D. A. S. 1 125 831** Kl. 80b vom 14/10. 1958, ausg. 15/3. 1962. E. Prior. 15/10. 1957.) M. Böttcher. 8225

Farbwerke Hoechst Akt.-Ges., vormals Meister Lucius & Brüning, Frankfurt/M. (Erfinder: Friedrich Wilhelm Weingarten), **Herstellung von Paraffinemulsionen** aus Paraffinen durch gleichzeitige Einw. von Chlor u. Schwefeldioxid u. Verseifung der entstandenen Rk.-Prodd., dad. gek., daß man Paraffin-KW-Stoffe mit Siedetemp. von ca. 300—650°, nach Siedebereichen getrennt, der Sulfochlorierung unterwirft, wobei die tiefer, im Bereich von ca. 300—360° sd. KW-Stofffraktion in geringerem Maße, bis zu ca. 15—30 Mol.-%, sulfochloriert wird als die höher, im Bereich von ca. 350—650° sd. KW-Stofffraktion, die bis zu einem Anteil von ca. 50—80 Mol.-% sulfochloriert wird, u. die erhaltenen Sulfochloride gemeinsam verseift. (**D. A. S. 1 125 105** Kl. 23c vom 22/3. 1958, ausg. 8/3. 1962.) E. Drews. 8227

Edeleanu G. m. b. H. (Erfinder: Hermann Franz), Frankfurt/M., **Wiedergewinnung des im Kondenswasser gelösten Öllösers bei der Entparaffinierung von Kohlenwasserstoffölen mit Harnstoff,** dad. gek., daß der Öllöser aus dem Kondenswasser mit dem Einsatzöl extrahiert wird. (**D. A. S. 1 131 832** Kl. 23b vom 8/12. 1960, ausg. 20/6. 1962.) E. Kahles. 8227

N. V. de Bataafsche Petroleum Mij., Den Haag, Niederlande, **Herstellung härtbarer bituminöser Mischungen,** bes. für den Straßenbau. Sie enthalten neben üblichem bituminösem Material ein Polyepoxid (I) u. eine polymerisierte ungesätt. Fettsäure mit langer Kette (II). Zweckmäßig kondensiert man I u. II 10—30 Min. bei 100—170° vor u. setzt das erhaltene Prod. dem bituminösen Material zu. Diese Arbeitsweise empfiehlt sich vor allem dann, wenn die endgültige Aushärtung der Mischung bei niedriger Temp. erfolgen soll. Als I verwendet man bes. Polyglycidyläther mehrwertiger Phenole oder Alkohole mit Molgew. 200—900 u. als II trimerisierte ungesätt. Fettsäuren mit 12—20 C-Atomen, z. B. trimerisierte 9.11-Octadecadiencarbonsäure. (**Niederl. P. 100 778** vom 4/11. 1958, ausg. 15/3. 1962. A. Prior. 25/4. 1958.) F. Böhm. 8237

Bataafse Petroleum Mij. N. V., Den Haag (Erfinder: Cornelis Jan Krom und Reyerus Nicolaas Jan Saal, Amsterdam), Niederlande, **In flüssigem Zustand aufzutragende bituminöse Masse für Wasserbauarbeiten,** bestehend aus einem Mineralaggregat u. einem KW-Stoff-Wachs enthaltenden, bituminösen Bindemittel (I), dad. gek., daß sie 85—60 (Gewichtsteile) Sand u./oder Füllstoff u. 15—40 I mit einer Penetration von 50—1000 u. einem Wachs-Geh. von 2—15 Gew.-% enthält. (**D. A. S. 1 128 353** Kl. 80b vom 2/1. 1959, ausg. 19/4. 1962. Niederl. Prior. 3/1. 1958.) M. Böttcher. 8237

H_{20}. Schieß- und Sprengstoffe. Zündmittel

Moderne Sprengstoffe. Melvin A. Cook. (Science [Washington] **132,** 1105—14, 21/10. 1960; engl.) — Besprechung von Sprengstoffen auf der Grundlage von NH_4NO_3 (eingebettet in ein Grundmedium), Übersicht über ihre Eigg. im Vgl. zu TNT u. Dynamit u. Hinweise zu ihrer Handhabung u. ihren Anwendungsmöglichkeiten. — 36 Literaturangaben. W. Betcke. 8304□

Stabilisierung von Nitroglycerin im Magnetfeld. Stanisław Ropuszyński. (Chem. stosowana **3,** 511—16, 1959; Wrocław, Politechn., Kat. Technol. Związk. azot. II; pol.) — Die Instabilität von techn. Glycerin rührt nach Ansicht des Vf. von seinem Geh. an Säuren her. Die Stabilisierung kann durch Behandlung mit $NaHCO_3$ erfolgen. Zusätzliche Behandlung im Magnetfeld (100 Oe) unter Rühren verbessert weiter die Stabilität. Wahrscheinlich werden dabei Einschluß-Verbb. der Säure, die durch einfache Zugabe von $NaHCO_3$ nicht zerstört werden können, zersetzt. F. Urban. 8304□

Die Ballistik von Raketen. Jean Boisson. (Mém. Poudres **31,** 397—414, 1959; franz.) — Ref. über die mathemat., physikal. u. chem. Grundlagen der Raketentechnik. R. Lafferenz. 8310□

Die Analyse von Tränengasgranaten. N. K. Iyengar und P. S. Raju. (Sci. and Cult. [Calcutta] **26,** 236, Nov. 1960; Calcutta, Central Forensic Sci. Labor.; engl.) — *ω-Chloracetophenon* in der Füllung von Tränengasgranaten wird nach der Rk. $C_6H_5 \cdot COCH_2Cl + NaOC_6H_5 = C_6H_5COCH_2OC_6H_5 + NaCl$ durch Titration von NaCl, *Nitrocellulose* durch Lösen des A.-Extraktrückstands in Aceton u. Eindampfen des Acetonauszugs bestimmt. K. Maier. 8320□

Josef Meissner, Köln, **Trocknung von feuchten Sprengstoffen.** Die feuchte Masse wird in dünner Schicht auf einer Unterlage verteilt, die mit einer Heizvorr. im Kontakt steht u. zunächst nicht bewegt wird. Wenn ein bestimmter Trocknungsgrad erreicht ist, wird die Unterlage in vibrierende Bewegung versetzt u. so gestellt, daß die trockne Masse allmählich davon abgleitet. (**Port. P. 38 061** vom 10/2. 1961, Auszug veröff. 26/4. 1961. D. Prior. 12/2. 1960.) A. Kalix. 8299

Atlas Chemical Industries, Inc., Wilmington, Del., übert. von: Fred W. Cox jun. und John J. Roemer, Tamaqua, Pa., V.St.A., **Aufbereitung von Ammonnitrat** zur *Verw. in Sprengstoffen,* dad. gek., daß festes, porenfreies NH_4NO_3 zu einem dünnen, selbsttragenden Blatt verpreßt u. dann zu einem Prod. mit niederer Dichte vermahlen wird. Das Prod. hat eine Absorptionsfähigkeit für leichte Heizöle von 5—8%. (**A. P. 2 997 378** vom 14/5. 1959, ausg. 22/8. 1961.) A. Gradl. 8299

Hendrik Jean Louis Donker, Muiden, Niederlande, **Nitrocellulose-Schießpulver** mit progressiven Verbrennungs-Eigg. wird durch 7—48std. Untertauchen des Pulvers bei 35—50° in eine Lsg. von 10—21% eines Phlegmatisierungsmittels (Diamylphthalat, Äthylcentralit, Diphenylamin) in A. erhalten. (**A. P. 3 000 721** vom 13/6. 1960, ausg. 19/9. 1961.) A. Gradl. 8301

Olin Mathieson Chemical Corp., East Alton, Ill., übert. von: Thomas Gaynor Blake, Florissant, Mo., V.St.A., **Sprengstoff,** bestehend aus 30—70 (%) pulverisierten Al, Mg, Zn, Ti, Zr, B oder einer Leg. oder Mischung davon, 18—36 eines Ammonium- oder Alkaliperchlorats oder -nitrats oder eines Erdalkalinitrats, 2—4 TNT in Form eines oberflächlichen Überzugs auf dem anorgan. Salz u. 6—30 Cyclotetramethylentetranitramin. (**A. P. 2 982 640** vom 17/1. 1955, ausg. 2/5. 1961.) A. Gradl. 8305

Standard Oil Co., Chicago, übert. von: Wayne A. Proell, Chicago, Ill., und William G. Stanley, Hammond, Ind., V.St.A., **Spreng- und Treibstoff,** bestehend im wesentlichen aus NH_4NO_3, einem Brennstoff u. 0,5—25% von lösl. Preußisch Blau als Verbrennungskatalysator. Als Brennstoff kommen bes. 5—25% eines KW-Stoffs (Petroleum, Öl) in Betracht. (**A. P. 2 987 389** vom 20/2. 1952, ausg. 6/6. 1961.) A. Gradl. 8305

Hugh P. Jenkins jun., Inyokern, Calif., Ross W. Moshier, Miamisburg, Ohio, und Richard D. Cadle, Palo Alto, Calif., V.St.A., **Herstellung von Brennstoffen,** bes. für *Spreng- und Treibstoffe*, durch Rk. von polymerisiertem Vinylpyridin mit $HClO_4$; man kann auch erst Vinylpyridinperchlorat herstellen u. dieses dann polymerisieren. (**A. P. 2 989 390** vom 22/12. 1949, ausg. 20/6. 1961.) A. Gradl. 8305

United States of America, Secretary of Navy, übert. von: Samuel J. Porter, Scituate, Mass., V.St.A., **Geschoß-Sprengladung,** bestehend aus 20—70% feinteiligem Al, dichromiertem Al-Pulver, Mg, Ni-platiertem Zr, 50/50 Mg-Al-Leg., Mg_3B_2, Ti, Ti-Ni-Leg. TiH_4, V, Zr, 70/30 Zr-Ni-Leg., Si, Zn, Ni, Sb oder Mischungen dieser Stoffe, 10—65% NH_4ClO_4 oder KNO_3 u. 5—50% TNT, 97/3 Hexogen-Wachs-Mischung oder „Tetryl", (2.4.6-Trinitrophenolmethylnitramin), wobei eine ausgeglichene O_2-Balance einzuhalten ist. (**A. P. 2 992 086** vom 30/10. 1953, ausg. 11/7. 1961.) A. Gradl. 8305

Hercules Powder Co., Wilmington, Del., übert. von: David T. Zebree, Kingston, N.Y., V.St.A., **Verzögerungssatz,** bestehend aus 40—86% BaO_2 u. 14 bis 60% Te, wobei die Korngröße mindestens eines dieser Bestandteile im Bereich von 1—20 bis 5—40 μ liegt. (**A. P. 3 006 748** vom 5/5. 1959, ausg. 31/10. 1961.) A. Gradl. 8309

Melvin A. Cook und Henry Earl Farnam jun., **Zündkapsel** für verhältnismäßig unempfindliche Sprengstoffe mit hohem $(NH_4)NO_3$-Geh., bestehend aus geformtem u. gepreßtem Pentolit, Tetryl oder RDX (Cyclotrimethylentrinitramin). (**Aust. P. 232 056** vom 4/11. 1958, ausg. 16/2. 1961. Can. Prior. 25/4. 1958.) C. Lüttgen. 8309

Phillips Petroleum Co., übert. von: Ernest J. Walden, Waco, Tex., V.St.A., **Zündsatz für Raketenzünder,** gek. durch eine Grundsubstanz, bestehend aus 60—75% NH_4-, Alkali- oder Erdalkalinitrat, -chlorat oder -perchlorat, 10—40% eines Bindemittels, bestehend aus Polysulfidpolymeren, Polyurethanen oder Kopolymeren konjugierter Diene mit Vinyl-substituierten, heterocycl. N-Basen, u. 5—25% feinteiligem Al, Mg oder Ti, u. in dieser Grundsubstanz wahllos eingebetteten Körnern aus 2—15% Äthylcellulose u. 98—85% eines pyrotechn. Gemisches aus 0—68 (%) $KClO_4$, 0—70 $BaNO_3$, 0—58 $Zr(Cr_2O_7)_2$, 0—80 Zr-Ni-Leg., 0—33 Al, 0—47 Mg, 0—65 Ti, 0—2 ZrH_4, 0—9 B, 0—3 Schwarzpulver, 0—5 Tetranitrocarbazol. (**A. P. 2 990 683** vom 30/12. 1957, ausg. 4/7. 1961.) A. Gradl. 8309

Commonwealth Engineering Co. of Ohio, übert. von: Harry A. Toulmin jun., Dayton, Ohio, V.St.A., **Treibgas-Ladung,** bestehend aus 40 (%) NH_4NO_3, 30 $MgHCO_3$, 20 Cellulosenitrat, 8 Al-Pulver u. 2 Al-Stearat, wobei das Al-Pulver oberflächlich mit dem Al-Stearat überzogen ist. (**A. P. 2 989 388** vom 17/3. 1958, ausg. 20/6. 1961.) A. Gradl. 8311

Aerojet-General Corp., Cincinnati, Ohio, übert. von: Henry I. Mahon, Honolulu, Hawaii, und Merwyn C. Gill, Los Angeles, Calif., V.St.A., **Fester Treibstoff,** enthaltend a) eine gehärtete Mischung aus ca. 45—90% eines anorgan. oxydierenden Salzes (auf Treibstoff bezogen); b) ein ungesätt. Polyesterharz aus einem Kondens.-Prod. aus einem gesätt. mehrwertigen Alkohol u. einer Polycarbonsäure, das mit einer ungesätt. Verb., wie niedermol. Alkenen oder Alkinen, phenylsubstituierten niedermol. Alkenen, niedermol. Alkyldienen, niedermol. Alkenylestern von niedermol. Alkan- oder Alkensäuren, niedermol. Alkylestern von niedermol. Alkensäuren, Allyldiglykolcarbonat, Diallyldiglykolat u. Mischungen daraus mischpolymerisiert ist; c) einen den Treibstoff z. T. bedeckenden Überzug aus mehreren Gewebelagen, die hauptsächlich mit einem Polyesterharz imprägniert u. verbunden sind, das durch Kondens. eines gesätt. mehrwertigen Alkohols mit einer Polycarbonsäure u. Einpolymerisieren einer ungesätt. Verb., wie phenylsubstituierten niedermol. Alkenen, niedermol. Alkylestern von niedermol. Alkensäuren, niedermol. Alkenylestern von niedermol. Alken- oder Alkansäuren, Diäthylenglykol-bis-(allylcarbonat), niedermol. Alkenylphthalaten, niedermol. Dialkenyldiglykolaten u. niedermol. Alkensäurediestern von niedermol. Alkandiolen u. Mischungen dieser Stoffe u. d) eine Lage eines gehärteten Harzes als Klebstoff, das hauptsächlich aus einem ungesätt. Polyester wie bei b) besteht, in den eine ungesätt. Verb. wie bei b) einpolymerisiert ist. Der Ester für die Verb. c) wird bes. aus Propylenglykol u. einer Mischung von Sebacinsäure u. Maleinsäureanhydrid, der Ester für den Teil d) aus einer Mischung von Diäthylenglykol u. Äthylenglykol u. einer Mischung von Phthalsäureanhydrid u. Fumarsäure hergestellt. In den Ester wird als ungesätt. Verb. für die Teile b), c) u. d) bes. Styrol oder Methylmethacrylat einpolymerisiert. Das Gewebe des Teiles c) besteht bes. aus mehreren Schichten von Glas-, Metall- oder Textilgeweben. Nach der Polymerisation des Harzes im Teil c) wird das Mehrschichtgewebe außen, bes. mit Asbest als feuerfestem Material, u. einer Lsg. von cycl. synthet. Kautschuk in Methyläthylketon (als wärmehärtbare Masse) überzogen. — *Verzögernd brennende Raketentreibladung.* — Beispiele, Zeichnung. (**A. P. 2 977 884** vom 11/8. 1950, ausg. 4/4. 1961.) G. Vogel. 8311

United States of America, Secretary of Navy, übert. von: Walter G. Berl, Washington, D.C., und Daniel W. Dembrow, Greenbelt, Md., V.St.A., **Verformen von kristallinen, oxydierenden Treibstoffkomponenten zu Formkörpern,** bes. von $KClO_4$ zu Treibsatzkörpern, dad. gek., daß die $KClO_4$-Teilchen mit einem pulverisierten eutekt. Mischung von $KClO_4$ u. $NaNO_3$ vermengt werden u. das Gemisch auf eine Temp. zwischen dem F. des eutekt. Gemisches u. der Zers.-Temp. des Perchlorats erhitzt wird. (**A. P. 2 993 767** vom 11/12. 1953, ausg. 25/7. 1961.) A. Gradl. 8311

Commonwealth Engineering Co. of Ohio, übert. von: Harry A. Toulmin jun., Dayton, Ohio, V.St.A., **Düsen- oder Raketentreibstoff,** gek. durch ein Gemisch aus 1—35% eines Metallpulvers (Al, Mg oder Be) mit Kohlepulver, 0,1—1% fl. O_3 u. 0,1 bis 5% (bezogen auf das Metallpulver) einer Seife des Al, Mg, Be, Ti, Zr oder Sn. (**A. P. 3 004 841** vom 4/5. 1959, ausg. 17/10. 1961.) A. Gradl. 8311

Thiokol Chemical Corp., Trenton, N.J., übert. von: Harry R. Ferguson, Morrisville, Pa., V.St.A., **Treibsatz,** bestehend aus einem Gel aus bei normaler Temp. bis 250° F vulkanisiertem Kautschuk (unter Zusatz eines Katalysators) u. einem KW-Stoff-Öl mit einem Gießpunkt von —10 bis 50° F u. darin eingebetteten anorgan. O_2-Salzen; das Verhältnis von Kautschuk : KW-Stoff-Öl ist 1 : 1—25. (**A. P. 2 991 166** vom 18/8. 1955, ausg. 4/7. 1961.) A. Gradl. 8311

Phillips Petroleum Co., übert. von: Charles C. Bice und William B. Reynolds, Bartlesville, Okla., V.St.A., **Feststofftreibsatz,** bestehend aus 75—95% anorgan., oxydierenden Salzen u. 5—25% Bindemittel, dad. gek., daß das Bindemittel zu 50 bis 90% aus einem durch Vakuum-Dest. erhaltenen Petroleumpech mit hohem Aromaten-Geh., prakt. naphthenfrei, einem Erweichungspunkt von 190—250° F u. einer Durchdringung von 0—5 bei 115° F, u. zu 10—50% aus einem gummiartigen Polymeren (Nativgummi, Polybutadien, -isobutylen, -isopren, Copolymere von Isobutylen u. Isopren) besteht. (**A. P. 2 993 769** vom 14/3. 1958, ausg. 25/7. 1961.) A. Gradl. 8311

Phillips Petroleum Co., übert. von: Homer M. Fox und John A. Keller, Bartlesville, Okla., V.St.A., **Feststofftreibsatz,** gek. durch ein Gemisch aus 60—90% eines Oxydationsmittel wie NH_4ClO_4, Hexanitroäthan, Hydrazinperchlorat, Hydrazindiperchlorat, Nitrosylperchlorat, Ammoniumperchlorat oder $KClO_4$, 2—35% eines Binders, wie gummiartige Polymere u. Copolymere, natürlicher u. synthet. Gummen, Asphalte, Wachse, Peche, Epoxy-, Polyäthylen-, Acryl- u. Polyvinylharze, sowie Nitropolymere, u. 5—30% Decaboran. (**A. P. 3 006 743** vom 3/1. 1956, ausg. 31/10. 1961.) A. Gradl. 8311

Phillips Petroleum Co., übert. von: Barnet R. Adelman, Los Angeles, Calif., V.St.A., **Ammonnitrat,** bes. für *Feststofftreibsätze*, gek. durch einen Überzug aus einem Gemisch von NH_4ClO_4 oder $KClO_4$, dispergiert in einem KW-Stoff-Wachs, Polystyrolharz oder einem thermoplast., niederen Polyalkenharz mit F. $<230°$F. (**A. P. 3 005 692** vom 21/9. 1956, ausg. 24/10. 1961.) A. Gradl. 8311

Standard Oil Co., Chicago, Ill., übert. von: William G. Stanley, Munster, Ind., V.St.A., **Ammonnitrathaltiger Feststofftreibsatz,** dad. gek., daß er als oxydierbares, thermoplast. Bindemittel ein weichgemachtes, cellulosehaltiges Prod. enthält (Celluloseacetat mit 51—57% CH_3COOH, Celluloseacetobutyrat mit 7—55% CH_3COOH u. mit 16—61 Buttersäure), daß er 1—10% eines Verbrennungskatalysators der Gruppe Preußisch Blau, $(NH_4)_2Cr_2O_5$, $(NH_4)_2CrO_7$, Alkali-chromat oder -dichromat oder Nabarbiturat umfaßt u. daß das Treibsatzkorn oberflächlich mit einer 2—10 mm dicken Schicht eines Verbrennnngsmoderators, bestehend aus 40—60% Celluloseacetat mit 54—56% CH_3COOH u. 40—60% Trimethyl-, Triäthyl-, Acetyltrimethyl- oder Acetyltriäthylcitrat, überzogen ist. — Zeichnung. (**A. P. 2 987 388** vom 28/11. 1955, ausg. 6/6. 1961.) A. Gradl. 8311

Standard Oil Co., Chicago, Ill., übert. von: William G. Stanley, Munster, und Paul O. Marti jun., Seymour, Ind., V.St.A., **Ammonnitrathaltiger Feststofftreibsatz,** dad. gek., daß er als Brennstoffbindemittel 8—25% einer Substanz enthält, die zu 30—60% aus einer plastifizierbaren Mischung eines Styrol-Acrylnitril-Copolymeren mit 15—40 Mol.-% Acrylnitrileinheiten u. eines Petroleumasphalts mit einem Erweichungspunkt von 200—300° F besteht, wobei 30—90% dieser Mischung aus dem Copolymeren bestehen, u. die zu 70—40% aus mindestens einem Weichmacher der Gruppe Dinitro-benzol, -toluol, -diphenyläther, -phenylpropyläther, -phenylallyläther, -stilben, -anisol, Bis-dinitrophenyl-triglycoläther oder -propyläther u. Mischungen von mindestens einem der vorgenannten Nitroaromaten mit mindestens einem Ester der Gruppe Dialkylphthalat mit 1—8 C-Atomen pro Alkylrest, Triäthylenglykoldi-2-äthylbutyrat oder -hexoat, Triäthyl- oder Acetyltriäthyl-citrat oder Triacetin, wobei solche Mischung nicht mehr als 40% Ester enthalten, bestehen, u. daß der Treibsatz 1—10% eines Verbrennungskatalysators der Gruppen Preußisch Blau, $(NH_4)_2Cr_2O_7$, Alkalidichromat, feinteiligem C, Anilinschwarz, Monoalkalibarbiturat u. Amin-N-oxiden enthält. (**A. P. 2 988 435** vom 30/4. 1956, ausg. 13/6. 1961.) A. Gradl. 8311

Shell Oil Co., übert. von: Samuel K. Talley, Berkeley, Calif., V.St.A., **Ammonnitratkomponente** für Raketentreibsätze, gek. durch ein Gemisch von NH_4NO_3 u. Asphalt, wobei vor der Vermischung das NH_4NO_3 mit 2—10% u. der Asphalt mit 1—10% eines Verdickungsmittels vermengt sind. Geeignete Verdickungsmittel sind SiO_2-Gel, Ton, NH_4-Tone mit einem 8fachen Quellvermögen in Nitrobenzol, hydrophobe Amine mit absorbierten Tonen. (**A. P. 2 984 556** vom 19/3. 1954, ausg. 16/5. 1961.) A. Gradl. 8311

Phillips Petroleum Co., übert. von: William B. Reynolds, Bartlesville, Okla., V.St.A., **Raketenfeststofftreibsatz,** bestehend aus einem polymeren Salpetersäureester als Brennstoff im Gemisch mit 50—100% der zur Verbrennung theoret. erforderlichen Menge eines anorgan. O_2-Trägers. Der Ester wird erhalten durch Nitrierung eines hydroxylierten, polymeren, olefin. Materials, dessen Grundsubstanz ein Molgew. von mindestens 350 u. eine JZ. von 150—625 hat. (**A. P. 2 982 636** vom 14/4. 1952, ausg. 2/5. 1961.) A. Gradl. 8311

Soc. An. d'Explosifs et de Produits Chimiques, Paris, Frankreich, *Herstellung eines Sprengstoffs.* (**Niederl. P. 100 709** vom 15/7. 1957, ausg. 15/3. 1962. — C. **1961**, 3208 [Belg. P. 559 214].)

Dynamit Nobel Akt.-Ges., Troisdorf, *Ammonnitratsprengstoff.* (**E. P. 882 665** vom 6/1. 1960, ausg. 15/11. 1961. D. Prior. 7/1. 1959. — C. **1961**, 719 [D. A. S. 1 077 589].)

Poudreries Réunies de Belgique Soc. An., Brüssel, Belgien, *Gelatinöser beziehungsweise halbgelatinöser Sicherheitssprengstoff.* (**E. P. 882 583** vom 6/1. 1958, ausg. 15/11. 1961. Belg. Prior. 5/1. u. 23/2. 1957. — C. **1961**, 3208 [Belg. PP. 553 954 u. 555 262].)

H_{21}. Leder. Gerbstoffe

Council of Scientific & Industrial Research, Neu Delhi (Erfinder: Sudhamoy Bose und Sushil Chandra Dhar, Madras), Indien, **Enzymatisches Mittel zum Enthaaren von Häuten.** Man mischt getrocknete u. gepulverte Pankreasdrüsen mit einer Kultur von Aspergillus oryzae, parasiticus oder flavus, die in einem Medium folgender Zus. gezüchtet wurde: 100 (Teile) Weizenkleie, 100 Tapiokamehl, 5 40%ig. Milchsäure, 0,2 $CaCl_2$, 0,2 K_2HPO_4, 0,1 Na_2SO_4, 0,1 $MgCl_2$, 0,002 $MnSO_4$, 0,002 $ZnSO_4$ u. W. bis zur pastenförmigen Konsistenz. (**Ind. P. 64 354** vom 12/6. 1958, ausg. 19/4. 1961.) C. Lüttgen. 8335

Böripari Kutató Intézet (Erfinder: Paul Lénárt, Georg Vágó, Stephan Fehér, Eugen Lendvai, Adalbert Tóth und Stephan Kovács), Budapest, Ungarn, **Synthetischen Gerbstoff für die Herstellung schwerer Ledersorten** erhält man bei der Kondens. einer 2wertige Phenole enthaltenden Teerfraktion mit Salzen der H_2SO_3 u. CH_2O oder solches abgebenden Verbb., wie Paraformaldehyd, Hexamethylentetramin, wobei man durch Zugabe von gerbend u. dispergierend wirkenden Stoffen, wie Sulfonsäuren des Al, Cr oder NH_4, den pH-Wert des Rk.-Mediums auf 3,5—4,5 einstellt. Die erhaltene feste Masse ist wasserlösl. u. zum Gerben von Häuten für die Herst., z. B. von Sohlenleder oder Transmissionsriemen, bes. geeignet. (**Ung. P. 145 134** vom 3/7. 1957, ausg. 15/8. 1959.) G. König. 8337

Ladislaus Fenyö, Zoltán Kaposi, Alexander Rákosi und Georg Szalay, Budapest, Ungarn, **Lederabfälle,** die mit pflanzlichen Gerbstoffen behandelt wurden, werden nach einer ggf. vorgenommenen Wässerung u. Enttannisierung mit einer wss. Lsg. eines 0,25% Al_2O_3 enthaltendem Al-Salzes behandelt, wobei der pH-Wert der Lsg. sich auf 4—4,5 einstellen soll. Um das Bindevermögen des Al-Salzes zu erhöhen, wird der Salz-Lsg. ein Cr-Salz als Aktivator zugesetzt. (**Ung. P. 145 103** vom 25/1. 1957, ausg. 15/8. 1959.) G. König. 8341

Deutsche Gold- und Silber-Scheideanstalt vormals Roessler, Frankfurt/M., **Kleben von Leder mit hohem Fettgehalt.** Auf das zu klebende Leder wird zunächst als Sperrschicht ein Überzug aus einer wss. Dispersion von natürlichem oder synthet. Kautschuk, z. B. Polychlorobutadien, aufgebracht u. die gebildete Schicht getrocknet. Auf den Überzug bringt man dann in üblicher Weise den Klebstoff auf. (**E. P. 838 754** vom 6/5. 1958, ausg. 22/6. 1960. D. Prior. 7/5. 1957.) P. Krug. 8341

Goodyear Tire & Rubber Co., Akron, Ohio, V.St.A., **Polyesterurethane,** die zur *Herst. von Schuhsohlen, Absätzen, Oberteilen* geeignet sind, erhält man aus nichtviscosen, gießbaren Gemischen von Polyestern vom Molgew. 900—1500 (SZ. <5), Toluylendiisocyanat (I), Holz- oder Nußschalenmehl u. einem Vernetzer (aromat. Diamine), wie Methylen-bis-o-chloranilin, 0,5—0,8 Mol pro Mol Polyester. I wird in Mengen von 1,7—2,2 Mol/Mol Polyester, mindestens aber in 10%ig. Überschuß, bezogen auf Polyester + Vernetzer, zugesetzt. (**E. P. 855 000** vom 23/4. 1959, ausg. 23/11. 1960. A. Prior. 31/10. 1958.) E. Dörfel. 8353

General Dyestuff Corp., New York, N.Y., übert. von: **Joseph S. Kirk,** Newton, Pa., V.St.A., *Lederherstellung.* (**Can. P. 562 051** vom 26/1. 1953, ausg. 19/8. 1958. — C. **1956,** 3740 [E. PP. 725 671 u. 725 672].)

American Zinc, Lead & Smelting Co., St. Louis, übert. von: **Harlan A. Pepew** und **George R. Waitkins,** Kirkwood, Mo., V.St.A., *Lederherstellung.* (**Can. P. 562 591** vom 16/2. 1955, ausg. 2/9. 1958. A. Prior. 13/5. 1954. — C. **1957,** 13227 [F. P. 1 121 304].)

Göppinger Kaliko- und Kunstleder-Werke G. m. b. H. und **Kötitzer Ledertuch- und Wachstuch-Werke Akt.-Ges.,** Göppingen, übert. von: **Victor Jilge,** Eislingen, *Herstellung von wildlederähnlichem Kunststoff.* (**Can. P. 559 865** vom 7/2. 1955, ausg. 1/7. 1958. D. Prior. 8/2. 1954. — C. **1958,** 11123 [F. P. 1 131 453].)

B. F. Goodrich Co., New York, N.Y., übert. von: **Donald V. Sarbach,** Cuyahoga Falls, Ohio, V.St.A., *Vinylplaste.* (**Can. P. 562 079** vom 15/7. 1955, ausg. 19/8. 1958. A. Prior. 4/8. 1954. — C. **1959,** 8019 [E. P. 782 719].)

H_{22}. Leim. Klebstoffe usw.

Tierischer Leim zur Papierleimung. R. Tutt jun. und L. B. Lane. (Adhäsion **6,** 57—65, Febr. 1962; dt.) — Vgl. C. **1962,** 9200. — Vff. berichten über die Verw. tier. Leime für die Papierleimung u. die dabei auftretenden Probleme. Speziell wird eingegangen auf: Leimtypen; Sorteneinteilung; charakterist. Eigg. der tier. Leime; Herst. der Leim-Lsgg. für Papierüberzüge; Labor.-Entw. in der Leimanwendung; verwendete Leimsorten u. Klebstoffbedarf; Faktoren, die den Klebstoffbedarf bestimmen; Feuchtigkeitsbeständigkeit; Schaum-Bldg.; Herst. von Pigmentaufschwemmungen. Helmut Schäfer. 8384

Fischleim — ein vielseitiger Rohstoff. Heinz Stecher. (Adhäsion **6,** 8—10, Jan. 1962; Schorndorf/Wttbg.; dt.) — Es wird kurz über die Herst. von Fischleim u. seine Anwendung im Bausektor („Gipserleim", Anstrichbindemittel, bei der Herst. von Poren- u. Schaumbeton), in der Flotationstechnik, in Schlichtebädern, als Fixativ für Insekticide u. Fungicide u. auf dem Klebstoffsektor berichtet. Helmut Schäfer. 8384

John Woolley Batty, Cecil Frederick Pearson und Malcolm Sandall, Blackley, Manchester, und Imperial Chemical Industries Ltd., London, England, **Schaumverhinderung.** Es werden Ester–Äther der allg. Formel $H(OCH_2-CH_2)_n \cdot O \cdot R \cdot CO \cdot O(CH_2 \cdot CH_2O)_mH$ verwendet, worin bedeuten R einen Rest der Ricinolsäure oder der Ricinusölfettsäuren u. n sowie m gleiche oder verschiedene ganze Zahlen, wobei die VZ. der Ester–Äther zwischen 90 u. 115 mg KOH/g betragen. Die Mittel eignen sich *bes. zur Schaumbekämpfung in wss. Leimlösungen.* (**E. P. 874 550** vom 5/2. 1958, ausg. 10/8. 1961.) P. Krug. 8381

A. E. Staley Mfg. Co., übert. von: Clifford E. Smith und John V. Tuschhoff, Decatur, Ill., V.St.A., **Zur Herstellung von Wellpappe geeignete Stärkeklebstoffe.** Zu einer Stärkepaste mit einem pH-Wert von mindestens 9 setzt man bis zu 5% eines mehrwertigen Vernetzungsmittels (I) zu u. läßt dieses mit den OH-Gruppen der Stärke reagieren. Die so hergerichtete, viscositätsstabile Stärke vermischt man mit einer angepasteten, nichtgelatinierten Stärke. Nach kurzem Verrühren kann die Klebmasse angewendet werden. Geeignete I sind z. B. Epichlorhydrin, Acrolein, Divinylsulfon oder Acrylnitril. (**A. P. 3 004 855** vom 30/6. 1958, ausg. 17/10. 1961.) P. Krug. 8385

Adhesive Tapes Ltd., Bristol, England (Erfinder: Geoffrey Arthur Dawe), **Druckempfindliche Klebstoffe,** enthaltend neben natürlichem Gummi noch ein modifizierendes Gemisch aus einem Terpenharz (Erweichungspunkt nach der Ring- u. Kugel-Meth. 100—135°) u. einem Esterharz. (**E. P. 861 358** vom 10/9. 1958, ausg. 22/2. 1961.) P. Krug. 8389

Adhesive Tapes Ltd., Bristol, England (Erfinder: Rowland Whincup Saville und Derek Wilfred Aubrey), **Druckempfindliche Klebstoffe.** Sie enthalten ein Epoxidharz sowie eine damit reagierende elastomere Substanz, wie Acrylsäureester-Mischpolymerisate, z. B. aus 2-Äthylhexylacrylat u. Acrylsäure. Als Katalysator kann z. B. Tris-[dimethylaminomethyl]-phenol verwendet werden. In organ. Lsgm. lösl. Melamin- oder Phenolharze können zugesetzt werden. (**E. P. 870 679** vom 20/8. 1958, ausg. 14/6. 1961.) P. Krug. 8389

Geoffrey Buxton Weeks Badsey, Waterlooville, Portsmouth, England, **Druckempfindliche Klebstoffmischung.** Sie enthält neben einem natürlichen oder synthet. Elastomeren u. einem die Klebrigkeit verbessernden Harz, z. B. Terpenharz, noch ein Mischpolymerisatharz aus Butadien u. mindestens 70% Styrol. Die Klebstoffe können zur Herst. von Klebbändern auf Filme oder Gewebe aufgebracht werden. (**E. P. 879 134** vom 26/11. 1958, ausg. 4/10. 1961.) P. Krug. 8389

Imperial Chemical Industries Ltd., London, England (Erfinder: Clifford Stanley Swaffer), **Klebstoffe auf Epoxidharzbasis.** Man setzt zu einem Rk.-Prod. aus Epichlorhydrin u. Diphenylolpropan (mit einem Epoxid-Geh. von 4,5—5,5 Äquivalenten je kg), das bei 21° eine Viscosität von 150—750 p hat, außer dem Härter noch 10—25 Gew.-% Antimontrioxid zu. (**E. P. 884 578** vom 1/8. 1958, ausg. 13/12. 1961.) P. Krug. 8389

Monsanto Chemicals Ltd., London, England (Erfinder: Donald Victor Wilson), **Fungistatischer Sperrholzleim.** Als wirksame Substanz enthält der Leim 1—20 Gew.-% Na- oder K-Pentachlorphenolat (I). 6 g Na-I mischt man 100 g einer 40 Gew.-%ig. wss. Lsg. von einem alkal. kondensierten Phenol–Formaldehyd-Harz (Phenol:Formaldehyd 1:2) zu u. arbeitet in das Gemisch 15 g Füllstoff aus Schiefermehl u. Holzmehl ein. (**E. P. 860 010** vom 28/10. 1958, ausg. 1/2. 1961.) H. Raeithel. 8389

Comp. Française Thomson-Houston (Erfinder: Arthur Maynard Bueche und Curtis Stanley Oliver), Frankreich, **Klebemittel für metallische Flächen,** z. B. aus Al, Cu, Messing oder Ni, zum Verbinden von Metall mit Metall, Glas oder plast. Massen aus einem vulkanisierbaren Organopolysiloxan, z. B. einem Methyl- oder Methylphenylpolysiloxan, welches 1,99—2,01 Methyl- oder Methyl- u. Phenylgruppen pro Atom Si enthält, mit einem Zusatz von 0,2—8 Teilen eines K-, Cs- oder Rb-Salzes eines vulkanisierbaren Organopolysiloxans u. eines Vulkanisiermittels, z. B. Dibenzoyl-, Di-[tert.-butyl]- oder Bis-[2.4-dichlorbenzoyl]-peroxid. — Beispiel: 25 (Teile) Methylpolysiloxan, erhalten durch Erhitzen von Oktamethylcyclotetrasiloxan mit 0,001 Gew.-% KOH während 6—8 Std. bei 140—150°, bis die Masse sehr viscos ist (Molgew. 700000—800000), u. 0,1 K-Salz von Methylpolysiloxan, erhalten durch Erhitzen von 10 Methylpolysiloxan mit 1 KOH u. 1 A. (1 Std. bei 100° u. 2 Std. bei 150°), u. 10 eines SiO_2-Gels, erhalten aus Trimethylchlorsilan, werden miteinander gemischt, worauf 0,5 Dibenzoylperoxid eingerührt werden. Man erhält ein homogenes Gemisch, welches als Klebemittel zum Verbinden von Al-Streifen dient. (**F. P. 1 235 721** vom 4/8. 1959, ausg. 9/11. 1960. A. Prior. 4/8. 1958.) M. F. Müller. 8389

Wrightcel Proprietary Ltd. (Erfinder: Robert Ernest White Kettle), **Beschreib- und bedruckfähiges Klebstreifenmaterial,** dessen eine Seite mit einem druckempfindlichen Klebemittel u. dessen andere Seite mit dem im getrockneten Zustand beschreib- u. bedruckbaren Rückstand einer Suspension oder Dispersion versehen ist, die aus einem inerten Pulver [TiO_2, ZnO, Baryt, Lithopone, $Al(OH)_3$, SiO_2-Aerogelen u. Gemischen davon], einem hydrophoben Binder (Polyvinylchlorid, Vinylchlorid–Vinylacetat-Mischpolymerisat) u. einem wss. oder nichtwss. Medium (Toluol, Xylol, Methyläthylketon, Methylisobutylketon) besteht. (**Aust. P. 228 602** vom 11/4. 1957, ausg. 7/7. 1960.) K. Demmler. 8389

Benjamin Broughton Blackford, Metuchen, N.J., V.St.A., **Klebbänder.** Zur Erhöhung der Alterungsbeständigkeit der auf Natur- oder Kunstkautschuk aufgebauten Klebmasse setzt man dieser vor dem Auftragen auf das Trägerband 1—10% pulverisierten Sand mit einer Partikelgruppe von 0,01—0,03 μ zu. (**Ind. P. 64902** vom 8/8. 1958, ausg. 15/2. 1961.) C. Lüttgen. 8389

American Cyanamid Co., New York, N.Y., übert. von: **Justus C. Barthel und Randall Hastings**, Stamford, Conn., V.St.A., *Tallölharzleim.* (**Can. P. 562 588** vom 28/4. 1952, ausg. 2/9. 1958. **A.** Prior. 11/7. 1951. — **C. 1958**, 10251 [A. P. 2 717 838].)

Minnesota Mining & Mfg. Co., übert. von: **Clarence J. Ebel**, St. Paul, Minn., V.St.A., *Vinylharzkleber.* (**Can. P. 560 088** vom 23/5. 1946, ausg. 8/7. 1958. — **C. 1953**, 4149 [Schwed. P. 132 135].)

H_{24}. Photographie

Zum Mechanismus der Schwefelsensibilisierung photographischer Emulsionen. H. Frieser und E. Ranz. (Z. Naturforsch. **17a**, 821—22, Sept. 1962; München, TH, Inst. für wiss. Phot.; dt.) — Eine NH_3-gereifte, solarisierende AgBr-Emulsion u. eine nichtsolarisierende Siedeemulsion wurden durch $Na_2S_2O_3$, welches am äußeren S-Atom ^{35}S-markiert war, chem. gereift. Die vergossenen Schichten, auf denen sich ^{35}S autoradiograph. nachweisen ließ, wurden nach Belichtung folgenden alternativen Nachbehandlungen unterworfen: a) Wässern, b) Fixierung mit $Na_2S_2O_3$, c) Baden in 0,1m KBr- oder KJ-Lsg., d) Fixieren mit KCN. Eine optimal gereifte Emulsion verliert nach maximaler Belichtung bereits durch a) einen geringen Teil des am Korn befindlichen ^{35}S, während durch c) prakt. der gesamte ^{35}S auch ohne Belichtung desorbiert wird. Eine überreifte, verschleierte Emulsion behält nach c) einen Teil des ^{35}S; demnach ist bei optimaler Reifung nur sehr wenig Ag_2S gebildet worden; dieses tritt jedoch parallel zur Verschleierung bei Überreifung auf. Thiosulfat scheint nur an der Kornoberfläche adsorbiert zu sein u. wirkt dort als Halogenacceptor. E. Moisar. 8596□

Mittel zur Erhöhung der Empfindlichkeit photographischer Systeme. K. W. Tschibissow. (Журнал Научной и Прикладной Фотографии и Кинематогфарии [J. wiss. angew. Photogr. Kinematogr.] **6**, 67—74; Jan./Febr. 1961; russ.) — Übersicht. Histor. Entw., photochem. Prozesse bei der Bldg. des latenten Bildes, Wrkg. innerer u. äußerer Gitterfehler bei Licht-Einw., Mittel zur Empfindlichkeitseinstellung photograph. Emulsionen (Sensibilisierung mit Au), Elektronentechnik zur Erhöhung der Bildhelligkeit. — 21 Literaturangaben. Ch. Weiske. 8604□

Einfluß von Polyäthylenglykol auf die Lichtempfindlichkeit photographischer Emulsionen. A. M. Tschurajewa und A. I. Rybnikowa. (Журнал Научной и Прикладной Фотографии и Кинематографии [J. wiss. angew. Photogr. Kinematogr.] **6**, 139—40, März/April 1961; russ.) — Polyäthylenglykole der allg. Formel $HO(CH_2 \cdot CH_2O)_nH$ ($n = 3—100$; Molgew. 150—4420) können den Entwicklungsprozeß beschleunigen u. die Lichtempfindlichkeit um so mehr erhöhen, je größer das Molgew. des Polymeren ist (steiler Anstieg der Kurve bei $n = 10—20$). Es wurde aber auch gefunden, daß mit Hilfe von Polyäthylenglykolen die für die gegebene Emulsion mögliche maximale Lichtempfindlichkeit jedoch nicht erreicht werden kann. C. Kozák. 8604□

Die Ausbildung der Kristallform von Silberbromid im Laufe der physikalischen Reifung. A. De Cugnac und H. Chateau. (Sci. Ind. photogr. [2] **33**, 121—25, April 1962; Paris, Kodak-Pathé, Labor. de Rech.; franz. — Durch gleichzeitigen Einlauf von $AgNO_3$- u. KBr-Lsgg. in Gelatine-Lsg. wurden AgBr-Emulsionen hergestellt, deren anschließende physikal. Reifung in Ggw. eines Br^--Überschusses von ca. 0,1m untersucht wurde. Die Primärkristalle (PK) verschwanden im Laufe der Reifung, während sich zunehmend flache oktaedr. Kristalle bildeten. Deren interferometr. gemessene Dicke änderte sich (im Gegensatz zu deren Projektionsfläche) während der Reifung nur wenig u. entsprach etwa dem mittleren Durchmesser der PK. Es wird angenommen, daß der physikal. Reifung folgender Mechanismus zugrunde liegt: 3—6 der PK aggregieren zu flachen, einschichtigen Gebilden, deren weiteres Wachstum bevorzugt an den schmalen Seitenflächen erfolgt, u. zwar entweder durch Rekristallisation (Ostwald-Reifung) oder durch fortgesetzte Anlagerung weiterer PK. E. Moisar. 8610□

Die Rolle der Inertgelatine bei der Goldreifung. B. Tavernier und P. Faelens. (Sci. Ind. photogr. [2] **33**, 125—28, April 1962; Mortsel, Gevaert Photo-Prod., Serv. des Rech.; franz.) — Au^{3+}-Ionen werden durch eine inerte *Gelatine* (I) zu Au^+ reduziert. Aus potentiometr. Messungen wurde geschlossen, daß die Red. bis zu einem Au^{3+}/Au^+-Gleichgewicht entsprechend $\log[Au^+] = 0{,}46 \log[Au^{3+}] - 2{,}25$ abläuft. Die I tritt mit dem gebildeten Au^+ zu einem Gelatinatkomplex zusammen. Die Bldg. des Au-Gelatinats konnte experimentell dadurch bewiesen werden, daß sich $[Au(SCN)_2]^-$ aus einem I-Gel durch einfaches Extrahieren mit W. nicht entfernen ließ. Benutzt man zum Extrahieren hingegen eine $Na_2S_2O_3$-Lsg. (z. B. $3 \cdot 10^{-4}$m) oder setzt man dem Gel eine entsprechende $Na_2S_2O_3$-Menge zu, so nimmt der Au-Geh. des Gels im Laufe der Extraktion infolge Bldg. des lösl. Komplexes $[Au(S_2O_3)_2]^{3-}$ ab. Bei der Goldreifung einer photograph. Emulsion in Abwesenheit von $S_2O_3^{2-}$ wird eine Herandiffusion von Au^+ an die Kornoberfläche durch den sehr stabilen Au^+-Gelatinatkomplex verhindert. Daraus erklärt sich die Hemmung der Goldreifung durch eine inerte I. Durch $S_2O_3^{2-}$ wird das Au^+ aus dem Gelatinatkomplex verdrängt u. kann als leicht diffundierender Thiosulfatkomplex an die Kornoberfläche gelangen. E. Moisar. 8610□

Über eine Rezeptur für Ausgleichsentwickler. Ss. G. Bogdanow. (Журнал Научной и Прикладной Фотографии и Кинематографии [J. wiss. angew. Photogr. Kinematogr.] **6**, 117–24, März/April 1961; Opt. Wawilow-Inst.; russ.) — Ausgleichsentwickler, die bei einer Entwicklung bis zu einem geringen Kontrast-Koeff. eine hohe Empfindlichkeit ermöglichen, müssen ein kleines Redoxpufferungsvermögen, ein hohes elektronegatives Potential u. eine möglichst geringe Konz. von KBr haben. Je positiver das Red.-Potential des Entwicklers ist, desto kleiner muß sein Bromid-Geh. sein. Die Ausgleichs-Wrkg. des Entwicklers hängt außer von der Größe der Redox-Pufferkapazität auch von der Dicke der Emulsionsschicht u. von ihrem photometr. Äquivalent ab. Je kleiner die Dicke der Schicht u. das Äquivalent sind, um so kleiner muß die Redox-Pufferkapazität des Entwicklers sein. C. Kozák. 8618□

Über die Farbschleierbildung bei Schwarz-Weiß-Emulsionen. Z. Staněk und J. Tušl. (Photogr. Korresp. **98**, 147–51, Okt. 1962; Prag, Karlsuniv., Inst. für physikal. Chem.; dt.) — Unter Farbschleier verstehen Vff. die Verfärbung der photograph. Schicht, die bei der Verarbeitung der Schicht unter normalen Bedingungen — ohne Rücksicht auf die Farbe — entstanden ist. Den dichroit. Schleier halten sie für eine Art des Farbschleiers, der die visuell zu beobachtende Streuung des Lichts verursacht. Die Verfärbung, die bei den abnormalen Bedingungen der Behandlung der lichtempfindlichen Schicht entstanden ist, halten Vff. nicht für Farbschleier, sondern sprechen von Verfärbung der Schicht. Auf Grund der experimentellen Ergebnisse kommen sie zu dem Schluß, daß der Farbschleier aus koll. verteilten Ag-Teilchen besteht. Es wird ein Rk.-Mechanismus der Farbschleier-Bldg. gegeben. Mit Hilfe des Schemas, das den katalyt. Einfl. der Oxydations-Prodd. des Red.-Stoffes nicht einschließt, kann der Einfl. fast aller bei der Farbschleierentstehung wirkenden Faktoren erklärt werden, wie Einfl. des pH, p_{Br}, der Konz. des Red.-Stoffes, der Temp. des Entwicklers, der Entwicklungszeit u. der Anwesenheit von Ag-Halogenid-lösenden Stoffen. H. Czech. 8618□

Über Besonderheiten der Kinetik der Farbentwicklungsprozesse. W. I. Usspenski und N. I. Rodionowa. (Журнал Научной и Прикладной Фотографии и Кинематографии [J. wiss. angew. Photogr. Kinematogr.] **6**, 125–29, März/April 1961; Allunions-Kino-Photo-Forsch.-Inst.; russ.) — Es wurde nachgewiesen, daß bei der Farbentwicklung von Halogenidsilber–Gelatine-Schichten, die solche nichtdiffundierenden Komponenten enthalten, bei welchen die Bldg. der Farbstoffe über das Stadium der Leukobase verläuft, die Abhängigkeiten der Kontrastwerte von der Dauer der Farbentwicklung (für alle Konzz. der Komponenten) durch gerade Linien dargestellt werden können. Dagegen kann die Kinetik der Dichtezunahme des Ag-Bildes wie gewöhnlich durch eine Kurve mit stufenweise sich verringernden Gradienten dargestellt werden. — 4 Literaturangaben. C. Kozák. 8630□

Autoradiographische Untersuchungen in der Biologie und Metallurgie. Jaroslav Beneš. (Photogr. Korresp. **98**, 151–55, Okt. 1962; Prag, Tschechoslowak. Akad. der Wiss., Inst. für Kernforsch., Radiolog. Dosimetrie; dt.) — Es wird eine für autoradiograph. Unterss. geeignete Kernemulsion hergestellt, ihre charakterist. Daten mit ausländ. autoradiograph. Materialien verglichen u. auf die photograph. Probleme bei der Anwendung der Autoradiographieübergießtechnik in der Biologie u. Metallurgie eingegangen. Zur Abschwächung der Schwärzungsdichte des photograph. Bildes wird eine Meth. mitgeteilt, die beim mkr. Betrachten des biolog. Materials angewandt wird. H. Czech. 8662□

Eastman Kodak Co., übert. von: Donald A. Smith, Rochester, N.Y., V.St.A., **Acrylcyanacetylhydrazine** der allg. Formel $CH_2{=}C(R){-}CO{-}NH{-}NH{-}CO{-}CH_2{-}CN$ (R = H, Methyläthyl, Propyl, Isopropyl, Butyl) erhält man durch Rk. von Acrylylchlorid oder -anhydrid mit Cyanacetylhydrazin, $H_2NNHCOCH_2CN$,

bei 15—100° u. Ausfällen aus der Rk.-Mischung, z. B. mit Wasser. — Aus 0,2 Mol Cyanacetylhydrazin in 50 ml Dimethylformamid u. 0,2 Mol Acrylylchlorid bei 60°, dann Zusatz von 25 ml Triäthylamin bei 20°, Behandeln des entstandenen Sirups nach mehreren Tagen mit 150 ml W. → *N-Cyanacetyl-N'-acrylylhydrazin*, $C_6H_7N_3O_2$, aus A. F. 188°. — Methacrylsäureanhydrid → *N-Cyanacetyl-N'-methacrylylhydrazin*, $C_7H_9N_3O_2$, aus A. F. 138—140°. Die Verbb. lassen sich in Ggw. von Per-Verbb. *polymerisieren* u. *mischpolymerisieren* bei 25—100° mit 2—98% eines Vinyl- u. Isopropenylesters einer gesätt. Fettsäure mit 1—18 C-Atomen (Vinylacetat, -stearat, Isopropenylacetat) oder mit Vinylbenzoat, Styrol, Vinylchlorid, Vinylidenchlorid, N-Vinylpyrrolidon, Vinyläthylurethan, Vinylphthalimid, Acrylsäure, -anhydrid, -amid, -N-alkylamid, -nitril, -methyl, -äthyl-, -butyl-, -benzyl- u. -phenylester, den entsprechenden Derivv. der Methacrylsäure oder β-Methacryloxyäthyltrimethylammoniummethosulfat. Die Polymeren sind lösl. in Aceton, Methyläthylketon, Dioxan, Acetonitril, Dimethylformamid, Dimethylacetamid; durch Rk. mit HCHO, Dialdehyden, wie Succin- u. Adipaldehyd, erhält man *unlösl. Harze*; mit aromat. Aldehyden *lichtempfindliche Harze* u./oder *polymere Farbstoffe*. — Die Polymeren u. Mischpolymeren dienen bes. als *Träger* für *lichtempfindliche photograph. Schichten*. (**A. P. 2 940 956** vom 7/11. 1957, ausg. 14/6. 1960.)
G. Krauß. 8601

Farbenfabriken Bayer Akt.-Ges., Leverkusen, übert. von: Hermann Bernhard, Köln, Ottmar Wahl, Opladen, und Hermann Genth, Krefeld, **Umsetzung von Proteinen mit Pyrokohlensäureestern** (I) erfolgt bei 35—50° nach dem Rk.-Schema: ROOC—O—COOR (I) + XH → X—COOR + CO_2 + ROH (R = Alkyl, Cycloalkyl, Aralkyl, Phenyl, Benzyl, Furfuryl; X = Proteinrest). I entsteht durch Rk. von Chlorameisensäureestern mit Alkalisalzen von Carbonsäurehalbestern. — 1 kg 15%ig. wss. Gelatine-Lsg. wird mit 4 cm^3 Pyrokohlensäurediäthylester bei 35—50° unter starkem Rühren behandelt. Die Lsg. wird in üblicher Weise zur Trockne eingeengt. Durch die Behandlung wird die Viscosität der Lsg. erhöht. Ferner kann umgesetzt werden: Casein, Zein, Sojaprotein u. Leim. — Verw. bes. zur Herst. *photograph. Schichten*. (**A. P. 2 920 068** vom 2/7. 1957, ausg. 5/1. 1960. D. Prior. 5/7. 1956.) G. Krauß. 8603

Eastman Kodak Co., übert. von: Dorothy J. Beavers, Charles V. Wilson und James L. Graham, Rochester, N.Y., V.St.A., **Allgemeinsensibilisatoren für Halogensilberemulsionen** bilden bis-quatern. Verbb. der allg. Formeln Q(R·NH·$COO)_{n-1}$R'OOC·NHANH·CCOR'·(COO·NH·$R)_{n-1}$·Q' u. Q(R·NH·COO)·A (COO·$NHR')_{n-1}$Q', die als Mono-, Bis- u. Tetraurethane aufgefaßt werden können. Hierbei sind Q u. Q' (gleiche oder verschiedene) organ. Reste, die jeder eine quart. N-Gruppe enthalten, z. B. Trialkylammonium, Pyridinium oder Chinolinium, R u. R' sind organ. Reste, bes. Alkylengruppen, die auch durch O- u. S-Atome aneinander gebunden sein können, n u. n' sind Zahlen von 1—10, wobei die Zahl der zwischen Q u. Q' befindlichen kettenbildenden Atome (z. B. C u. N, jedoch nicht N u. O) nur zwischen 14 u. 30 liegen darf, da sonst die sensibilisierende Wrkg. verlorengeht; A stellt 2—22 Alkylengruppen dar, die durch O- oder S-Atome, —CO-, —CONH-, —COONH-, —COO-, —NHCONH-, —C_6H_4- u. —C_6H_4—C_6H_4-Reste miteinander verbunden sein können, wobei gleichfalls die Regel gilt, daß Q von Q' nur durch 14—30 Kettenatome getrennt sein darf. — Beispiele: 8.15-Diaza-6.17-dioxa-7.16-dioxodocosan-1.22-bis-(trimethylammonium-p-toluolsulfonat), F. 201,5—203,5°; 9.16-Diaza-7.18-dioxa-8.17-dioxotetracosan-1.24-bis-(pyridiniumperchlorat), F. 63—65°; 3.18-Diaza-5.16-dioxa-4.17-dioxoeicosan-1.20-bis-pyridiniumperchlorat, F. 120—122,5°; 3.10.17.24-tetraza-5.8.19.22-tetroxa-4.9.18.23-tetroxohexacosan-1.26-bis-(pyridiniumperchlorat), unkristallisierbar; 3-Aza-5-oxa-4-oxopentadecan-1.15-bis-(pyridiniumperchlorat), gelbes Öl; 4.17-Dioxo-3.5.16.18-tetrazaeicosan-1.20-bis-(pyridiniumperchlorat), F. 180—185°; 3.14-Dimethyl-4.13-dioxo-3.5.12.14-tetrazahexadecan-1.16-bis-(α-N-methylpyridinium-p-toluolsulfonat). Herst. z. B. durch Rkk. zwischen den entsprechenden Alkoholen u. Diisocyanaten u. Quaternisierung der Rk.-Prodd.; Dosierung: 0,30—0,75 mg auf 1 Mol Halogensilber, zweckmäßig unter gleichzeitiger Zugabe von Tetrazaindenen als Stabilisatoren. (**A. P. 2 944 898** vom 27/11. 1957, ausg. 12/7. 1960.) A. Kalix. 8605

Ilford Ltd., Ilford, England (Erfinder: Douglas James Fry, John David Kendall und Anthony John Morgan), **Pentamethincyanine** der allg. Zus. **I** (R_1 = H, Alkyl, Aryl oder Aralkyl, R_3 = Alkyl, Aryl, Aralkyl, Hydroxyalkyl oder Carboxyalkyl, M = —N= oder —CH=, X u. Y = Säurereste, D = Rest eines 5- oder 6gliedrigen Ringes, n = 0 oder 1) erhält man in guten Ausbeuten durch Rk. eines (Moläquivalents) eines quatern. Pyrimidinsalzes der Zus. **II** (A = H oder einwertiger Substituent, R_2 = Alkyl, Aryl oder Aralkyl) unter Aufspaltung des Pyrimidinrings in Ggw. eines säurebindenden Mittels mit 2 eines quatern. Salzes der allg. Zus. **III**. —

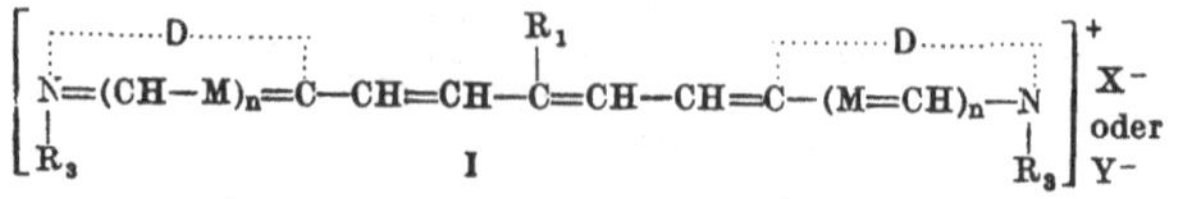

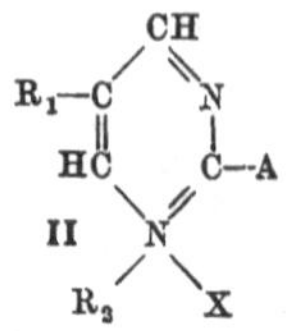

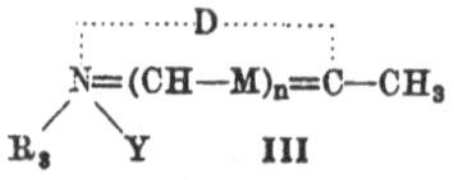

Sensibilisatoren für photograph. Ag-Halogenid-Emulsionen, Anthelmintica. — Die Rk. kann in Pyridin (**IV**) allein, in A. oder Methanol in Ggw. eines tert. Amins, wie Triäthylamin (**V**) oder in Essigsäureanhydrid in Ggw. eines tert. Amins durchgeführt werden. — 2-Methylbenzothiazoläthojodid (**Va**) u. 2-Methylopyrimidinmethojodid (**Vb**; grünstichiggelbe Verb., F. 152—153°) erhitzt man in Ggw. von **V** 20 Min. unter Rückfluß. Man erhält (pentamethincyanin = **VI**) *Bis-2-(3-äthylbenzthiazol)-***VI***-jodid* (**VII**), hellgrüne Kristalle mit Bronzeglanz, F. 257° (Zers.), Ausbeute 91,2%. Erhitzt man **Va** u. **Vb** 30 Min. in **IV** unter Rückfluß, wird **VII** in Form dunkelgrüner Kristalle mit dem F. 254—255° erhalten. An weiteren Verbb. kann erhalten werden: *Bis-2-(3-methylbenzthiazol)-***VI***-jodid*, F. 265,5—268°; *Bis-2-(3-methylbenzthiazol-γ-methyl-***VI***-p-toluolsulfonat* (aus 2-Methylbenzthiazol, 2-Methylo-5-methylpyrimidin u. p-Toluolsulfonsäuremethylester, dunkelgrüne Kristalle, F. 224—226°, aus der Mutterlauge mit KJ ist noch das Jodid erhältlich, F. 260—270°; *Bis-2-(3-methyl-5.6-dimethoxybenzthiazol)-γ-methyl-***VI***-p-toluolsulfonat*, grüne bronzeglänzende Kristalle aus W., F. 230° (Zers.); *Bis-2-(1-methylchinolin)-γ-methyl-***VI***-bromid*, F. 270° (Zers.); **VII** [aus **Va** u. 2-Aminopyrimidinmethojodid (**VIIa**, farblose Verb., F. 248—249°) durch Erwärmen in A. in Ggw. von **V**]; *Bis-2-(1-methylchinolin)-***VI***-jodid* (aus Chinaldinmethojodid u. **Vb**), bronzeglänzende braune Kristalle, F. 258,5—260° (Zers.); *Bis-2-(1.3.3-trimethylindolenin)-***VI***-perchlorat*, rotblaue Kristalle aus Methanol, F. 232° (Zers.); *Bis-4-(1-methylchinolin)-***VI***-jodid*, Desensibilisator, dunkelbraune Kristalle, F. 223—227° (Zers.); *Bis-2-(3-äthyl-5-chlorbenzothiazol)-***VI***-jodid*, dunkelgrüne Kristalle, F. 297—298,5° (Zers.), sensibilisiert bei 720 mμ, Sensibilisierungsmaximum (SM) 710 mμ; *Bis-4-(1-methylpyrimidin)-***VI***-jodid* (aus 4-Methylpyrimidin u. **Vb**), dunkelbraune Kristalle aus Methanol, F. 216—219°, SM 680 mμ; *Bis-2-(3-methyl-6.7-benzbenzothiazol)-***VI***-jodid* (aus 2-Methyl-α-naphthothiazolmethojodid u. **Vb**), goldgrüne Kristalle, F. 263—264° (Zers.), SM 740 mμ; *Bis-2-(3-methyl-4.5-benzbenzothiazol)-***VI***-jodid*, goldglänzende grüne Kristalle, F. 218 bis 220° (Zers.), SM 740 mμ; *Bis-2-[3-(β-hydroxyäthyl)-benzothiazol]-γ-methyl-***VI***-jodid* (aus 2-Methylbenzothiazol-β-hydroxyäthobromid u. 2-Methylo-5-methylpyrimidinmethojodid), silbergrünglänzende grüne Kristalle, F. 257—258° (Zers.), SM 705 mμ; *Bis-2-[3-β-hydroxyäthyl)-benzothiazol]-γ-phenyl-***VI***-jodid*, grünglänzende braune Kristalle, F. 236 bis 237° (Zers.), SM 705 mμ; **VII**, aus **Va** u. 2-Aminopyrimidinmethomethylsulfat (F. 130 bis 133°); *Bis-2-[3-(β-hydroxyäthyl)-benzothiazol]-γ-n-butyl-***VI***-jodid*, bronzeglänzende dunkelgrüne Kristalle, F. 242° (Zers.), SM 705 mμ; *Bis-2-(3-äthyl-6-phenylbenzothiazol)-***VI***-jodid*, dunkelgrüne Nadeln, F. 214—216,5° (Zers.), sensibilisiert schwach, SM 725 mμ; *Anhydro-bis-2-[3-(β-carboxyäthyl)-5-chlorbenzothiazol]-***VI***-hydroxid* (aus 2-Methyl-5-chlorbenzothiazol-β-carboxyäthochlorid u. **VIIa**, grüne Kristalle, F. 210—213° (Zers.); *Bis-2-(3-äthyl-5-methylbenzothiazol)-***VI***-jodid*, dunkelgrüne Kristalle, F. 285—286° (Zers.), SM 710 mμ; *Bis-2-[3-(β-phenyläthyl)-benzothiazol]-***VI***-jodid*, goldenglänzende Nadeln, F. 162 bis 164°, SM 710 mμ; *Bis-2-(3-methylthiazolin)-***VI***-jodid*, metallglänzende graue Kristalle, F. 223—225° (Zers.), SM 575 mμ; *Bis-2-(3.5-dimethyl-1.3.4-thiadiazol)-***VI***-jodid*, dunkelblaue Nadeln aus Methanol, F. 210—212°, SM 640 mμ; *Bis-2-(3-methylbenzoselenazol)-***VI***-jodid*, dunkelgrüne Kristalle aus Methanol, F. 263—264° (Zers.), sensibilisiert schwach, SM 705 mμ; *Bis-2-(3-methyl-4.5-diphenylthiazol)-***VI***-jodid*, dunkelgrüne Kristalle aus Methanol, F. 250—251°, sensibilisiert schwach, SM 725 mμ; *Bis-2-(3-äthylbenzothiazol)-γ-phenyl-***VI***-jodid*, grüne Kristalle aus Methanol, die ihre Kristallform bei 150—153° ändern, F. 200° (Zers.), SM 700 mμ; *Bis-2-(3-äthyl-5-phenylbenzoxazol)-***VI***-jodid*, bronzeglänzende grüne Kristalle, F. 251—254° (Zers.). (**E. P. 870 633** vom 14/5. 1958, ausg. 14/6. 1961.)

O. Roick. 8605

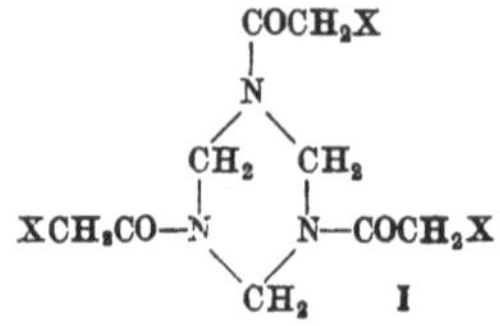

General Aniline & Film Corp., New York, übert. von: Harold A. Levine, Vestal, N.Y., V.St.A., **Härtungsmittel für photographische Silberhalogenid-Gelatine-Emulsionen** sind 1.3.5-Tris-[halogenacetyl]-perhydro-1.3.5-triazine der Formel **I**. (**A. P. 2 976 152** vom 19/12. 1958, ausg. 21/3. 1961.)

A. Dandl. 8611

Magyar Állam (Erfinder: Evva Franz), Budapest, Ungarn, **Barytsuspensionen für photographische Zwecke** erhält man bei der Verw. von synthet. hergestellten Polymeren, bes. von polymeren Carbonsäuren oder deren Derivaten. Bes. geeignet sind die anorgan. oder organ. Salze der polymeren Carbonsäuren. (**Ung. P. 145 533** vom 9/3. 1955, ausg. 15/11. 1959.) G. König. 8611

Eastman Kodak Co., übert. von: John H. van Campen, Rochester, N.Y., V.St.A., **Filterfarbstoffe für photographische Schichten** bilden sulfonierte Azonaphthalinfarbstoffe der allg. Formel **I**. Hierbei sind R_2, R_3, R_4 u. R_5 H-Atome, OH-, CN-, (ggf. substituierte) NH_2-, Acyl-, Alkyl-, Alkoxyl- oder Acylaminogruppen, M ist ein H- oder Alkalimetallatom oder eine NH_4-Gruppe, d, m, n u. q sind je 1—3 u. d + m + n + q = 7—8. Bevorzugt verwendet werden I, in denen R_2 oder R_5 = OH ist. — Beispiele: Brillant-Scharlach 3 R (Schultz, Farbstofftabelle Nr. 185); Farbstoff Nr. 212 der Farbstofftabelle von Schultz. Das Absorptionsmaximum der I liegt im grünen Spektralbereich, sie wirken weder sensibilisierend noch desensibilisierend auf Halogensilber (**II**) u. sind aus den Schichten u. Papierfasern restlos auswaschbar. Dosierung: 0,5—10 g auf 1 g-Mol II. (**A. P. 2 956 879** vom 7/1. 1958, ausg. 18/10. 1960.) A. Kalix. 8613

I

Imperial Chemical House, London, England, **Photographischer Entwickler** mit erhöhter Stabilität gegenüber dem O_2 der Luft, enthaltend Salze von evtl. substituierten Aminen mit Säuren der allg. Formel X—Ar—SO_3H, in der X einen Carboxyl- oder Sulfonsäurerest u. Ar einen Arylrest bedeuten, bes. *naphthalindisulfonsaures 4-Amino-3-methyl-N-äthyl-N-(δ-hydroxybutyl)-anilin*. (**Ind. P. 64 021** vom 12/5. 1958, ausg. 10/5. 1960. E. Prior. 27/5. 1957.) C. Lüttgen. 8619

Radio Corp. of America, übert. von: Edward C. Giaimo jun., Cranbury, N.J., V.St.A., **Elektrostatisches Drucken**, wobei das Aufladen der xerograph., Schicht, das Belichten u. Entwickeln durch Kontrollieren des Kontrastes des entwickelten Bildes mittels Lichtzellen gesteuert werden. — Vorrichtung. (**A. P. 2 956 487** vom 23/3. 1955, ausg. 18/10. 1960.) C. Kittler. 8642

Xerox Corp., New York, N.Y, übert. von: Warren G. Van Dorn, Columbus, und Osmar A. Ullrich jun., Worthington, Ohio, V.St.A., **Xerographisches Material.** Die photoleitfähige, ca. 10—200 μ dicke Schicht des Materials besteht aus einem Bindemittel von harzartigem Polyacrylsäureester (I) (u. a. *Polybutylmethacrylat*), in welchem tetragonales PbO (II) fein verteilt ist. Das Verhältnis von I:II veträgt ca. 2:1 bis 1:2. Solche Schichten sind um ein Mehrfaches empfindlicher als gläsernes Se. Die spektrale Empfindlichkeit erstreckt sich über das ganze sichtbare Spektrum. (**A. P. 3 008 825** vom 20/11. 1957, ausg. 14/11. 1961.) E. Fuchs. 8642

Kalle Akt.-Ges., Wiesbaden (Erfinder: Oskar Süs und Heinz Schlesinger, Wiesbaden), **Material für elektrophotographische Reproduktion.** Es besteht aus einer leitenden Unterlage u. einer darauf haftenden photoleitenden Isolierschicht, die als photoleitende Substanzen *1.3-Diphenyltetrahydroimidazole* der allg. Formel I enthält oder hieraus besteht. Hierin ist R = H, Alkyl, Alkenyl, Aralkyl, Aralkenyl, Aryl (ggf. substituiert) oder ein heterocycl. Rest, R_1 u. R_2 = ggf. substituiertes Phenyl. Diese Verbb. können in der Isolierschicht im Gemisch mit organ. Koll. vorliegen, ggf. in Form fester Lsgg. mit den Koll. u. ggf. in Anwesenheit von Sensibilisatoren (Triphenylmethanfarbstoffe, Rhodamine usw.): *1.3-Diphenyl-2-(4'-dimethylaminophenyl)-tetrahydroimidazol*, *1.2.3-Triphenyltetrahydroimidazol* u. *1.3-Diphenyl-2-(N-β-chloräthyl-N-phenyl-4'-aminophenyl)-tetrahydroimidazol*. Der Vorteil dieser Materialien liegt in ihrer vielseitigen Brauchbarkeit. Es können auch Flachdruckformen aus dem fertigen Bild hergestellt werden. (**D. A. S. 1 116 057** Kl. 57b vom 9/8. 1958, ausg. 26/10. 1961. **E. P. 874 437** vom 28/7. 1959, ausg. 10/8. 1961. D. Prior. 9/8. 1958.) E. Fuchs. 8642

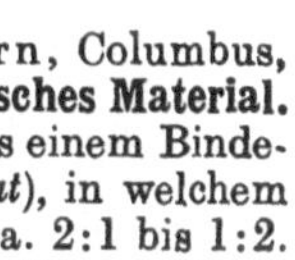

I

Agfa Akt.-Ges., Leverkusen, **Schicht für das elektrophotographische Verfahren.** Als photoleitfähige Substanz wird ein heterocycl. Verb. verwendet, die mindestens 2 benzol. Ringe enthält, die durch Halogen, NH_2, OH, Nitroalkyl, Acyl substituiert sein können. Im Falle einer heterocycl. N-Verb. kann das N-Atom durch Alkyl (Methyl bis Butyl) oder Aryl (Phenyl, Tolyl, Benzyl) substituiert sein: *Anthrapyridon*, *Anthra-*

pyrimidon, Anthrapyrimidin, N-Methylanthrapyrimidon, 4-Brom-N-methylanthrapyridon, 4-Amino-N-methylanthrapyridon, 4-p-Toluidino-N-methylanthrapyridon oder *5-Amino-anthrapyrimidin*. Als Bindemittel für die Schicht dienen bes. Siliconharze, wie Phenyl- u. Methylpolysiloxane. (**E. P. 883 785** vom 12/11. 1957, ausg. 6/12. 1961. D. Prior. 14/11. 1956.) E. Fuchs. 8642

Agfa Akt.-Ges., Leverkusen, **Schicht für das elektrographische Verfahren.** Als photoleitfähige Substanz wird ein Benzodinitril verwendet, das durch eine oder mehrere NH_2- oder NO_2-Gruppen substituiert sein kann. Das Bindemittel — bes. Siliconharze (Methyl- oder Phenylpolysiloxan) — soll einen höheren spezif. Widerstand besitzen, als dem Dunkelwiderstand der photoleitfähigen Substanz entspricht: *Aminophthalodinitril, Nitrophthalodinitril.* (**E. P. 883 786** vom 12/11. 1957, ausg. 6/12. 1961. D. Prior. 14/11. 1956.) E. Fuchs. 8642

Agfa Akt.-Ges., Leverkusen, **Schicht für das elektrophotographische Verfahren.** Als photoleitfähige Substanz wird eine mehrkernige organ. Verb. verwendet, die mindestens 2 kondensierte Benzolringe enthält, die durch NO_2, CN, Halogen, OH, einen Aldehydrest, Alkyl, Acyl oder Aryl substituiert sein können. Das Bindemittel — bes. Siliconharze (Methyl- oder Phenylpolysiloxan) — soll einen höheren spezif. Widerstand besitzen, als dem Dunkelwiderstand der photoleitfähigen Substanz entspricht: *9.10-Dichloranthracen, 3.9-Dibrombenzanthron, 1.5-Dicyannaphthalin, 3-Nitrobenzanthron, 9.10-Diphenylanthracen, 9-Anthracenaldehyd* oder *2-Hydroxyanthracen.* (**E. P. 883 790** vom 12/11. 1957, ausg. 6/12. 1961. D. Prior. 14/11. 1956.) E. Fuchs. 8642

Plastic Coating Corp. (Erfinder: Jay J. Uber und Morgan E. Gager), **Lichtempfindliches Papier für die elektrophotographische Reproduktion.** In dem Papier (I) ist ein hygroskop. anorgan. Salz, z. B. $ZnCl_2 \cdot 1/2\ H_2O$, $CaCl_2 \cdot 6\ H_2O$, $Zn(NO_3)_2 \cdot 6\ H_2O$, CH_3COOK, in solcher Menge dispergiert, daß die Feuchtigkeit (II) der I auf $\geqq 1,3$ (%) gehalten wird, wenn es im Gleichgewicht mit einer Atmosphäre von 20 relativer **II**, u. $\leqq 10$ gehalten wird, wenn es im Gleichgewicht mit einer Atmosphäre von 10 relativer **II** steht. Auf der Oberfläche des **I** befindet sich ein Film aus elektr. nichtleitendem Material, in dem ZnO dispergiert ist. — Zeichnung. (**Aust. P. 229 706** vom 24/2. 1959, ausg. 25/8. 1960. A. Prior. 18/8. 1958.) C. Lüttgen. 8642

E. N. Mason & Sons Ltd., Colchester, Essex, England (Erfinder: Albert Leonard Newman), **Entwicklung elektrostatischer Bilder.** Das latente Bild auf einer aufgeladenen Halbleiterschicht (ZnO) wird mit Hilfe eines entwickelnden Pulvers entwickelt, das ferromagnet. Teilchen enthält u. das mit einer rotierenden magnet. Walze auf die Photoschicht aufgetragen wird. — 3 Abbildungen. (**E. P. 871 041** vom 11/10. 1956, ausg. 21/6. 1961.) E. Fuchs. 8642

Rank-Xerox Ltd., London, England, **Entwicklung latenter xerographischer Bilder.** Man verwendet einen fl. Entwickler aus wss. Druckfarbe oder solcher auf Ölbasis, der auf lyophobe u. lyophile Stellen der bildtragenden Oberfläche verschieden einwirkt u. dieselbe elektr. Aufladung erhält wie die zu entwickelnde Oberfläche. (**E. P. 880 597** vom 3/5. 1960, ausg. 25/10. 1961. A. Prior. 7/5. 1959.) E. Fuchs. 8642

Haloid Xerox, Inc., Rochester, übert. von: John H. Dessauer, Pittsford, Robert W. Gundlach, Spencerport, und George R. Mott, Rochester, N.Y., V.St.A., **Fixieren xerographischer Bilder.** Das latente Bild wird mit entgegengesetzt geladenen Teilchen entwickelt u. auf ein absorbierendes Material übertragen. Das übertragene Bild besitzt eine elektrostat. Restladung von derselben Polarität wie das Entwicklungspulver u. wird in einen Nebel elektrostat. entgegen der erwähnten Restladung geladener Tröpfchen der Lsg. eines Farbstoffs in einem flüchtigen Lsgm. gebracht, wobei die Tröpfchen an den Bildstellen absorbiert u. die Pulverteilchen nach Verdunsten des Lsgm. entfernt werden. (**A. P. 2 965 482** vom 8/9. 1955, ausg. 20/12. 1960.) C. Kittler. 8642

Azoplate Corp., Murray Hill, N.J., V.St.A., übert. von: Maximilian P. Schmidt und Oskar Süs, Wiesbaden, **Reproduktionsmaterial.** Auf einem beliebigen Träger befindet sich eine Koll.-Schicht, die in W. quellbar ist (Gelatine, Casein Polyvinylpyrrolidon, Acrylsäureamid) u. eine Verb. der allg. Formel **I** (R u. R_1 = Chinon-(1.4)-diazid-Reste u. X = H oder Metallkation] enthält, z. B. eine Verb. der Formel **II**. Farbstoffe, wie Eosin oder Erythrosin, können zugemischt werden. Nach der

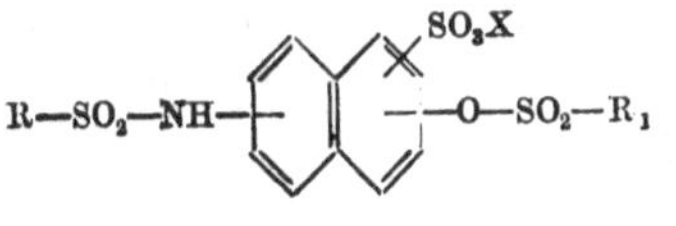

I

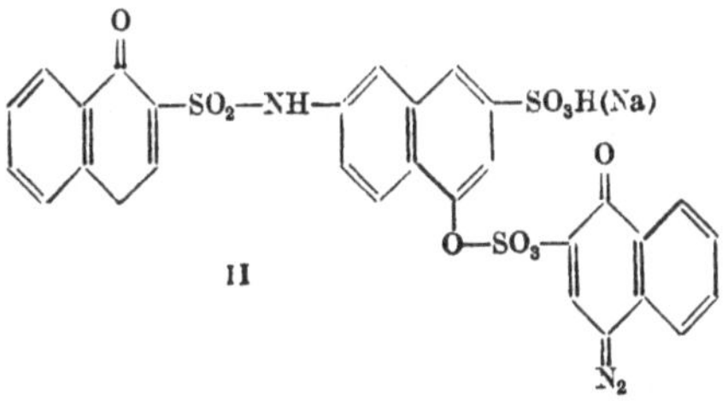

II

Belichtung unter einer Vorlage, wobei die belichteten Stellen gehärtet werden, wird in W. entwickelt, wobei unter Auswaschen der nicht gehärteten Stellen ein gefärbtes Reliefbild erhalten wird, das durch Baden in bas. Farbstoffen (Methylenblau, Methylviolett) verstärkt werden kann. Das Relief kann auch als *Druckform* verwendet werden. (**A. P. 2 975 053** vom 6/10. 1958, ausg. 14/3. 1961.) E. Fuchs. 8645

Azoplate Corp., Murray Hill, N.J., V.St.A., übert. von: Maximilian P. Schmidt und Oskar Süs, Wiesbaden, **Photographisches Material.** Auf einem Schichtträger, z. B. Al-Folie, Celluloseester, befindet sich eine Koll.-Schicht (I) aus Gelatine, Polyvinylpyrrolidon, Polyvinylalkohol oder Acrylsäureamid, in der eine Verb. der allg. Formel $R-CO-NH-R_2NH-COR_1$ enthalten ist. Hierin sind R u. R_1 Quinon-(1.4)-diazid-Reste u. R_2 ein Arylen-Rest mit mindestens einem $-SO_3H$-Substituenten. — Beispiel: Das Rk.-Prod. des Bis-amides der Benzochinon-(1.4)-diazid-(4)-2-carbonsäure mit 4.4'-Diaminodiphenyl-2.2'-disulfonsäure. Nach der Belichtung werden die vom Licht nicht gehärteten Teile der I ausgewaschen. Wenn die I mit einem Farbstoff angefärbt ist, entsteht von einem Negativ ein farbiges Positiv. Das entstandene, ggf. nachgehärtete Bildrelief kann auch als *Druckform* verwendet werden. (**A. P. 2 994 608** vom 2/4. 1958, ausg. 1/8. 1961. D. Prior. 25/2. 1955.) E. Fuchs. 8645

Wilhelm Ritzerfeld und Gerhard Ritzerfeld, Berlin, **Herstellung von lithographischen Druckformen durch photographische Reproduktion.** Auf die ententwickelte Gelatineschicht (I) wird ein fett-wachshaltiges Schichtübertragungsblatt (II), bes. heiß z. B. mittels Heizwalzen, aufgepreßt. Beim Trennen des II von der I geht die weiche Gelatine an den Bildstellen auf das II über, das dann auf ein Druckformblatt (III) mit einer lithograph., später wasserführenden Oberfläche aufgepreßt wird, so daß nach Erstarren der Gelatinebildstellen diese beim Trennen von II u. III auf das III übergehen. (**D. A. S. 1 129 165** Kl. 15b vom 29/4. 1960, ausg. 10/5. 1962. D. Prior. 24/4. 1960 [Deutsche Industriemesse Hannover].) C. Kittler. 8645

E. I. du Pont de Nemours & Co., Wilmington, Del., V.St.A., **Herstellung von Druckformen mit Hilfe photopolymerisierbarer Schichten.** Als lichtempfindliche Schicht dient ein Gemisvh aus mindestens 40% eines in einem Lsgm. lösl. Elastomeren (Polymerisate von *1.3-Butadien* mit *Acrylsäure, Acrylnitril, Methacrylnitril*) u. mindestens 10% einer polymerisierbaren Vinyl-Verb. (*Äthylenglykoldimethacrylat, Triäthylenglykoldiacrylat* oder *-dimethacrylat*). Die Schicht enthält außerdem einen Aktivator für die Photopolymerisation (*Diacetyle, Benzyle, Benzoin, Pivaloin, Azonitrile*) sowie ggf. noch Inhibitoren zur Verzögerung der therm. Polymerisation (Hydrochinon oder dessen Monomethyläther bzw. 2.6-Di-tert.-butyl-4-methylphenol). Das nach der Belichtung u. Entw. entstandene Relief wird in üblicher Weise als Druckform verwendet. (**Belg. P. 569 759** vom 25/7. 1958, ausg. 16/6. 1961.) E. Fuchs. 8645

Time, Inc., New York, N.Y., übert. von: Margaret H. Murray, Springdale, und Robert M. Leekley, Westport, Conn., V.St.A., **Lichtempfindliche Polyamidharze.** Zur Herst. von Photoreliefs, die bes. als *Druckformen* geeignet sind, verwendet man Schichten, die aus Polyamiden bestehen, die in der Polymerenkette Stilbeneinheiten enthalten. Diese polymeren Verbb. erhält man durch Erhitzen von z. B. Diäthyl-4.4'-stilbendicarboxylat mit 1.6-Hexamethylendiamin, 1.6-Hexamethylendiammoniumadipat, ε-Caprolactam u. W. im Stahlautoklav. Nach der Belichtung unter einem Negativ entwickelt man in einer Lsg. von z. B. $CaCl_2$ in Methanol, wodurch die nicht belichteten Teile ausgewaschen werden. Die Polyamidschicht kann neben Farbstoffen (Methylenblau) auch noch ungesätt. Verbb. mit $CH_2=C<$-Gruppen u. Photoinitiatoren (Acetophenon) enthalten. (**A. P. 2 997 391** vom 22/4. 1957, ausg. 22/8. 1961.) E. Fuchs. 8645

Kalle & Co. Akt.-Ges., Wiesbaden, **Photomechanische Herstellung von Flachdruckformen.** Nach dem Belichten unter einer Kopiervorlage wird die lichtempfindliche Schicht mit der wss. Lsg. eines Ammonium- oder Alkalisalzes der Hexafluotitan-, Hexafluosilicium-, Hexahydroxozinn-, Zinn-, Metasilicium- oder Tetrafluoborsäure entwickelt. Die Lsg. enthält 0,2—10% Salz u. besitzt einen pH-Wert 7—12. (**E. P. 881 593** vom 5/8. 1959, ausg. 8/11. 1961. D. Prior. 8/8. 1958.) C. Kittler. 8645

Polychrome Corp., Yonkers (Erfinder: Robert Gumbinner, Wilson Park Tarrytown), N.Y., V.St.A., **Herstellung vorsensibilisierter Flachdruckplatten.** Auf die Metalloberfläche wird durch Behandeln mit einem Alkalisilicat eine hydrophile dünne Silicatschicht aufgebracht, diese mit einer Lsg. von Citronen- u./oder Weinsäure behandelt u. vor dem Lichtempfindlichmachen mit einer Diazo-Verb. ggf. mit einer 0,01 bis 0,1%ig. wss. Hydrochinon-Lsg. gegen Oxydation geschützt. (**D. A. S. 1 118 009** Kl. 57d vom 21/3. 1957, ausg. 23/11. 1961. A. Prior. 26/3. 1956.) C. Kittler. 8645

J. Martin & Sons Ltd., Manchester, England (Erfinder: Magdolna Frank), **Herstellung von Negativen für Tiefdruckzwecke.** Für Tiefdruckzylinder, die für das Drucken auf Textilien verwendet werden, stellt man Negative in 4 Stufen her: Auf einen hartarbeitenden Film wird zuerst von der Vorlage eine Kurzzeitaufnahme mit Blitzlicht gemacht, dann ein Linienraster (I) mit normaler Belichtungszeit auf den Film kopiert, anschließend ein zweiter **I**, der die Linien des ersten kreuzt, in gleicher Weise, u. schließlich die Vorlage mit normaler Belichtungszeit. (**E. P. 849 940** vom 20/12. 1957, ausg. 28/9. 1960.) A. Kalix. 8645

A. B. Dick Co., Niles, Ill., V.St.A., **Photomechanische Herstellung von Schablonen.** Ein Schablonengewebe wird mit einem halogensilberhaltigen Koll. beschichtet, unter einem Negativ belichtet u. unter Auswaschen der unbelichteten Stellen der Koll.-Schicht die Schablone erzeugt. (**E. P. 857 632** vom 13/2. 1959, ausg. 4/1. 1961. A. Prior. 19/2. 1958. **A. P. 2 969 014** vom 19/2. 1958, ausg. 24/1. 1961.) C. Kittler. 8645

General Aniline & Film Corp. (Erfinder: Helene Donn Evans), New York, N.Y., V.St.A., **Photographische Bilder durch Photopolymerisation.** Eine lichtempfindliche Gelatineschicht, die ein Monomeres (Vinyl-Verbb., wie *Acrylamid*), einen Vernetzer, wie *N.N'-Methylen-bis-acrylamid*, *Triallylcyanurat*, *Divinylbenzol*, *Divinylketon*, *Diglycoldiacrylat*, eine lichtempfindliche Fe(III)-Verb. (*Ferriammoniumcitrat*) u. ein Peroxyd (*Di-tert.-butylperoxyd*) enthält, wird unter einer Kopiervorlage belichtet. Die nicht im Licht polymerisierten Monomeren u. die lösl. gebliebenen Gelatineanteile werden ausgewaschen, so daß ein Bildrelief entsteht, das auch farbig sein kann, wenn der Schicht Farbstoff zugegeben wird. (**E. P. 883 811** vom 13/4. 1960, ausg. 6/12. 1961. A. Prior. 27/4. 1959.) E. Fuchs. 8645

Otto Kurt Kolb und Rank-Xerox Ltd., London, England, **Xerographisches Kopierverfahren.** Die Photoleitschicht befindet sich auf einer rotierenden elektr. leitenden Trommel. Nach der Belichtung der elektr. aufgeladenen Schicht u. Entw. wird das Bild auf ein tangential an der Trommel vorbeigeführtes Band übertragen. Dann wird die photoleitende Schicht mit entgegengesetzter Polarität aufgeladen u. gleichförmig belichtet, worauf erneut kopiert werden kann. (**E. P. 867 668** vom 21/11. 1957, ausg. 10/5. 1961.) E. Fuchs. 8645

Jones Graphic Products of Ohio, Inc., übert. von: Clarence A. Brown, Toledo, Ohio, V.St.A., **Lichtempfindliche Schicht.** Die schichtbildende lichtempfindliche Masse besteht aus einer wss. Dispersion von 0,2—1,2% Dichromat u. 5—25% eines Prod., das durch Wärmepolymerisation von 0,7—2,5 Teilen Acryl- oder Methacrylalkylester mit 1—4 C-Atomen im Alkylrest u. 1 Teil eines zu 75—95% hydrolysierten Polyvinylacetats entsteht. Diese Schicht kann für *Druckplatten* verwendet werden, die durch Ätzen der freigelegten unbelichteten Stellen hergestellt werden. (**A. P. 3 004 851** vom 2/12. 1957, ausg. 17/10. 1961.) E. Fuchs. 8647

Minnesota Mining & Mfg. Co., St. Paul, übert. von: Carl A. Kuhrmeyer, Maplewood, Minn., V.St.A., **Hitzeempfindliches Kopierpapier.** Zum Kopieren von graph. Originalen mit Hilfe von wärmeerzeugenden Strahlen (z. B. Quarz- oder Pyrexglaslampe mit Xenon unter Druck gefüllt) verwendet man ein Kopierpapier, auf dessen gewebeartigem Träger sich eine Schicht aus einem Bindemittel (z. B. Äthylcellulose) u.

einer in der Hitze die Farbe wechselnden Mischung (Thioharnstoff + bas. Pb-Carbonat oder Fe(III)-Stearat + Gallussäure) u. einem die Strahlen der Lampe absorbierenden Pigment (Ruß oder Kohlepigment) befindet. (**A. P. 2 976 415** vom 21/7. 1958, ausg. 21/3. 1961.) E. Fuchs. 8647

General Electric Co., Schenectady, N.Y., V.St.A., **Kombinations-Kopierverfahren für technische Zeichnungen.** Zunächst wird eine Tuschezeichnung von denjenigen Bildteilen hergestellt, die nur für die betreffende Zeichnung charakterist. sind, u. auf Direktpositivfilm kopiert. Dann werden Kopiervorlagen für Symbole, die vielen Zeichnungen wiederkehren, z. B. solche für elektr. Anlagen, auf einer durchsichtigen Unterlage in entsprechender Anordnung bzgl. der prim. Zeichnung mit durchsichtigen Klebefolien befestigt u. schließlich beide Arten von Zeichnungen registerhaltig auf einen Direktpositivfilm kopiert. Dieser dient dann zur Anfertigung von Lichtpausen. (**E. P. 840 738** vom 7/12. 1956, ausg. 13/7. 1960. A. Prior. 7/12. 1955.) A. Kalix. 8647

General Aniline & Film Corp., New York, N.Y., V.St.A., **Lichtempfindliches Material für die Diazotypie.** Die lichtempfindliche Schicht enthält ein diazotiertes p-Phenylendiamin (I) u. als Kupplungskomponente ein Gemisch aus einem m.m'-Dihydroxydiphenol u. einer Verb. der allg. Formel II, in der R ein H-Atom oder Alkylrest u. n = 1 oder 2 ist. Als I werden bes. N.N-disubstituierte 2.5-Dialkoxy-I verwendet. (**Port. P. 38 130** vom 28/2. 1961, Auszug veröff. 26/4. 1961. A. Prior. 2/3. 1960.) A. Kalix. 8647

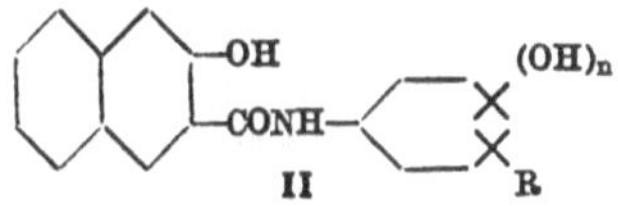

II

Hall Harding Ltd. und Werner Paul Leuch (Erfinder: Werner Paul Leuch), **Lichtempfindliche Diazo-Kompositionen,** die außer der Diazo-Verb. u. der Kupplungskomponente noch ein Neutralsalz einer stark bas. organ. Amino-Verb. mit der Gruppe $-\overset{|}{N}-CH_2-CH_2-O-$ enthalten. — Beispiel: 1000 cm^3 W., 40 (g) Citronensäure, 40 $ZnCl_2$, 30 2.3-Dihydroxynaphthalin-6-sulfonsäure, 13 $ZnCl_2$-Doppelsalz des N-Äthyl-N-hydroxyäthylaminobenzoldiazoniumchlorids, 100 Triäthanolaminhydrochlorid, 0,5 Saponin. (**Aust. P. 228 724** vom 10/9. 1957, ausg. 14/7. 1960. E. Prior. 14/9. 1956.) K. Demmler. 8647

General Aniline & Film Corp., New York, N.Y., übert. von: John Sulich jun., Johnson City, N.Y., und Carl Botkin, Teaneck, N.J., V.St.A., **Herstellung von Diazotypie-Papier.** Die eine Seite eines kalandrierten glatten Papiers mit einer Porösität von ca. 100 der Tappi-Skala wird mit einer wss. Lsg. einer filmbildenden Substanz bestrichen (*Gelatine, Hydroxyäthylcellulose, Carboxymethylcellulose, Methylcellulose, Carboxymethylhydroxyäthylcellulose, Polyvinylalkohol*) u. getrocknet. Auf die andere Seite des getrockneten Papiers wird die Lsg. einer lichtempfindlichen Diazo-Verb. oder Diazotypiemischung aufgetragen. (**A. P. 2 993 803** vom 8/8. 1958, ausg. 25/7. 1961.) E. Fuchs. 8647

Ilford Ltd., Ilford, England (Erfinder: Kenneth Reynolds und George Frank Duffin), **Kupplungskomponenten für die Diazotypie** bilden Verbb. der allg. Formel I. Hierbei ist R_3 ein H-Atom, eine Alkyl-, Aryl- oder Aralkylgruppe. Bevorzugt verwendet werden 1.3.4-Cyclopentatrion (herstellbar nach Amer. chem. Soc. **75**, [1953.] 1732) u. das 2-Phenyl-Deriv. davon (herstellbar nach Wislicenus, Liebigs Ann. **436**, 106). Als Diazokomponenten werden dazu bes. Verbb. der allg. Formel II verwendet, weil sie in neutraler Umgebung nicht kuppeln u. daher zur Herst. von haltbaren Zweikomponentenpapieren mit I verwendet werden können. Hierbei ist R_1 eine Alkylgruppe mit 1—3 C-Atomen, R_2 ein H-Atom oder eine Methylgruppe in 3'.5'- oder 6'-Stellung. — Beispiel: 3-p-Tolylthio-2.5-diäthoxyanilin. Die Kupplungs-Prodd. sind meist tiefschwarz. (**E. P. 848 458** vom 23/11. 1956, ausg. 14/9. 1960.) A. Kalix. 8647

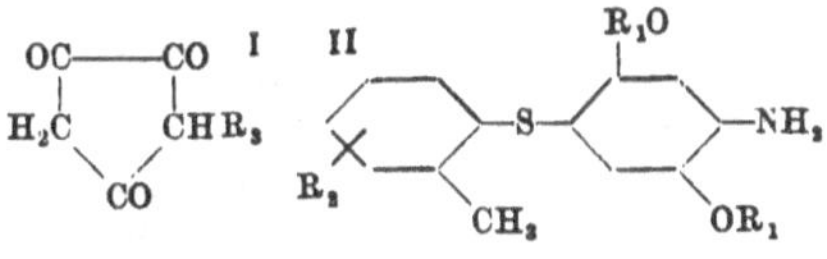

Ilford Ltd., Ilford, Essex, England (Erfinder: Kenneth Reynolds, Douglas James Fry und John David Kendall), **Herstellung von Diazotypien.** Man belichtet eine Schicht, die aus Diazo-Verbb. besteht, die bei der Diazotierung von 4-Aminodiphenylsulfid, Monoacyl-p-phenylendiamin oder 4-Aminodiphenyl entstehen, wobei jedes dieser Amine in 2- u. 5-Stellung durch Äthoxygruppen substituiert ist. Die Entw.

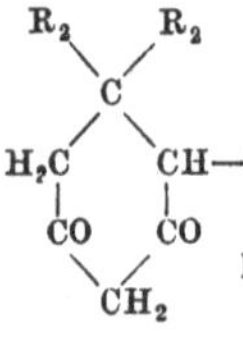
I

erfolgt in neutralem, schwach saurem oder alkal. Medium in Ggw. eines Kupplers der allg. Formel I (R_1 = H, Alkyl-, Aralkyl- oder Arylrest, der ggf. durch Halogenalkyl-, Alkoxy-, Alkylamino- oder NO_2-Gruppen substituiert ist; R_2 = H oder Alkyl; R_1 u. R_2 zusammen auch ein carbocycl. Ring, R_3 = H, Alkoxycarbonyl, CN oder Aryl). — Der Vorteil liegt in der schnellen Farbkupplung selbst bei Raumtemperatur. (**E. P. 868 715** vom 3/10. 1956, ausg. 25/5. 1961.)
E. Fuchs. 8647

Kalvar Corp., New Orleans, La., V.St.A., **Photographisches Verfahren.** Zur Erhöhung der Empfindlichkeit u. Herabsetzung des Kontrastes bei Photomaterialien, mit denen Bilder durch Licht-Zers. einer Diazo-Verb. erhalten werden, badet man das Material vor der Belichtung u. Entw. 10—300 Sek. lang in W. oder in einer Lsg., die Hydroäthyl-2-heptadecenylglyoxalidin u. Eisessig enthält, bei 140—212° F. Die lichtempfindliche Schicht enthält bes. eine Dispersion von p-Diazodimethylanilin–$ZnCl_2$ in einem thermoplast. hydrophoben synthet. Harz (Polyvinylidenchlorid oder sein Mischpolymerisat mit Arylnitril). (**E. P. 874 698** vom 14/10. 1959, ausg. 10/8. 1961. A. Prior. 14/10. 1958.)
E. Fuchs. 8647

Kalvar Corp., New Orleans, übert. von: Albert Baril jun. und Elias Klein, Metairie, La., V.St.A., **Photographisches Material.** Auf einem beliebigen Träger befindet sich eine Schicht aus Gelatine oder einem synthet. thermoplast. in W. unlösl. Polymeren (Vinylidenchlorid, Polystyrol, Polyvinylchlorid, Acrylnitril), die eine Diazonium-Verb. der allg. Formel I (R_1 u. R_2 = Alkyl, R_3 = H, Alkyl u. Alkaryl u. X = Halogen) enthält, z. B. das $ZnCl_2$-Salz des *7-Dimethylamino-3-oxodihydrobenz-1.4-thiazin-6-diazoniumchlorids.* Nach der Belichtung wird auf ca. 250° F erhitzt. Die belichtete Diazonium-Verb. wird zersetzt. (**A. P. 2 976 145** vom 4/6. 1957, ausg. 21/3. 1961.)
E. Fuchs. 8647

I
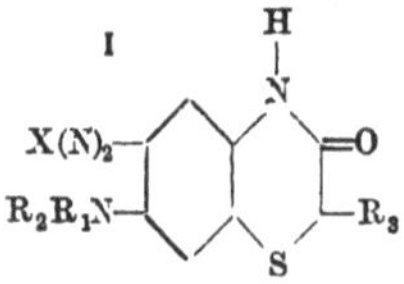

Kalvar Corp., New Orleans, La., V.St.A. (Erfinder: Raymond W. James und Rienzi B. Parker), **Photographisches Kopiermaterial.** Auf einem Träger befindet sich eine Schicht aus einem Polyvinylharz (Vinylidenacrylnitrilmischpolymerisat), einem Polymethacrylat u. einer Diazo-Verb. (p-Diazodimethylanilin–$ZnCl_2$). Diese Verbb. werden aus einer Lsg. in Methyläthylketon u. Methylalkohol aufgetragen. Nach der Belichtung wird zwischen 2 auf ca. 190° F erhitzten Stahlplatten, von denen eine ggf. elektr. geheizt ist, entwickelt. Durch die Bldg. von Gasbläschen an den belichteten Stellen entsteht ein Bild infolge Lichtstreuung. (**E. P. 861 250** vom 16/8. 1957, ausg. 15/2. 1961.)
E. Fuchs. 8647

Redaktionsschluß: 28. Dezember 1962

Herausgeber: Prof. Dr. Heinrich Bertsch, Berlin, u. Prof. Dr. Dr. h. c. Wilhelm Klemm, Münster. Chefredakteure und verantwortlich für den Inhalt: Dr. Eugen Klever, Berlin 30, Geisbergstraße 39, Fernsprecher: 249541 u. Prof. Dr.-Ing. Eberhard Leibnitz, Berlin N 4, Schiffbauerdamm 19, Fernsprecher: 425571.

Verlag: Akademie-Verlag GmbH, Berlin W 8, Leipziger Str. 3—4 (Fernsprecher: 220441, Telex-Nr. 011773, Postscheckkonto Berlin 35021), und Verlag Chemie, GmbH, Weinheim/Bergstr. (Fernsprecher: Weinheim 3635 [Sammelnummer]; Fernschreiber: 0465516 chemieverlwhn; Postscheckkonten: Frankfurt/M. 145314 u. Berlin [West] 7430). Bestellnummer: 1007/134. Das Chemische Zentralblatt erscheint wöchentlich. Preis des Jahrganges einschl. Autoren-, Patent-, Sach- u. Formelregister: DM 1200,—; einseitig bedruckte Ausgabe: DM 1350,—. Abgabe der Zeitschrift nur mit sämtlichen Registern. Abbestellungen nur bis spätestens 6 Wochen vor Ablauf des Kalenderjahres.

Satz u. Druck: VEB Leipziger Druckhaus, Leipzig, III/18/203. III. 63.
Veröffentlicht unter der Lizenznummer 1273 des Presseamtes beim Vorsitzenden des Ministerrates.
Printed in Germany.

Kolibri 360 GmbH
Ferdinand-Jühlke-Straße 7
99095 Erfurt, Deutschland
produktsicherheit@kolibri360.de